Eugen Brühwiler
Christian Menn

Stahlbetonbrücken

Dritte, aktualisierte
und erweiterte Auflage

Springer-Verlag Wien GmbH

Prof. Dr. ès sc. techn. dipl. Bauing. ETH Eugen Brühwiler
Lehrstuhl für Erhaltung und Sicherheit von Bauwerken
Institut für Tragwerke
Eidgenössische Technische Hochschule Lausanne
Lausanne, Schweiz

Prof. em. Dr. ès sc. techn. dipl. Bauing. ETH Christian Menn
Chur, Schweiz

Datenkonvertierung: Thomson Press (India) Ltd., Chennai

Gedruckt auf säurefreiem, chlorfrei gebleichtem Papier – TCF
SPIN 10873950

Mit 508 Abbildungen

Bibliografische Information Der Deutschen Bibliothek
Die Deutsche Bibliothek verzeichnet diese Publikation in der Deutschen Nationalbibliografie; detaillierte bibliografische Daten sind im Internet über http://dnb.ddb.de abrufbar.

ISBN 978-3-7091-7261-2   ISBN 978-3-7091-6070-1 (eBook)
DOI 10.1007/978-3-7091-6070-1

Vorwort

Everything should be made
as simple as possible, but
not simpler.
A. Einstein

Das vorliegende Buch soll dem Brückeningenieur in umfassender Form einen Überblick über die Grundlagen der Projektierung und Ausführung von Stahlbetonbrücken vermitteln. Diese Grundlagen sind erfahrungsgemäß entscheidend für die Sicherheit und die Qualität des Bauwerks. Weitergehende subtile Detailuntersuchungen und -berechnungen sind dagegen meistens von sekundärer Bedeutung und haben weder auf die Qualität noch auf die Wirtschaftlichkeit einen nennenswerten Einfluss.

Das Buch entspricht, soweit es sich um spezielle Brückenprobleme handelt, den Vorlesungen über Stahlbeton-Brückenbau, die an der Abteilung für Bauingenieurwesen der Eidgenössischen Technischen Hochschule Zürich (ETH) im Diplom- und Nachdiplomstudium angeboten werden.

Der behandelte Stoff umfasst im Wesentlichen Entwurf, Grundlagen, Überbau und Unterbau von Stahlbetonbrücken und ist in neun Kapitel gegliedert.

Der Entwurf ist für den Wert und die Wirtschaftlichkeit einer Brücke von ausschlaggebender Bedeutung. Deshalb werden in den ersten Kapiteln die Entwurfsgrundlagen und Entwurfsziele eingehend erläutert. Bezüglich Berechnung und Bemessung wird – modernen Normen entsprechend – zwischen Tragsicherheit und Gebrauchsfähigkeit unterschieden. Die vorgeschlagenen Berechnungsmodelle und Berechnungsmethoden sind einfach, übersichtlich, praxisnah und ausreichend genau. Der Kraftfluss wird meistens mit Hilfe von Fachwerkmodellen ermittelt. Dieses altbekannte und in den letzten Jahren „wiederentdeckte" Verfahren wurde im ehemaligen Büro des Verfassers konsequent angewendet und hat sich auch in komplizierten Fällen bestens bewährt. Es liefert oft zuverlässigere und sinnvollere Ergebnisse als FE-Berechnungen, die auf isotrop-elastischem Materialverhalten basieren. Beim Nachweis der Tragsicherheit werden – gestützt auf die Erkenntnisse aus der Plastizitätstheorie – Tragreserven, die sich durch das plastische Materialverhalten aktivieren lassen, berücksichtigt. Dabei wird aber die „Philosophie" vertreten, dass sich der Konstrukteur grundsätzlich am natürlichen elastischen, allenfalls gerissenen Zustand orientieren soll und dass er sich mit zunehmender Abweichung von diesem Zustand um so gründlicher überlegen muss, ob ein ausreichendes plastisches Verformungsvermögen des Materials gewährleistet ist oder gewährleistet werden kann und ob allenfalls Rückwirkungen auf den Tragwiderstand, das Verhalten im Gebrauchszustand oder die Ermüdung zu erwarten sind. Die Erfahrung hat gezeigt, dass sich die erforderliche Qualität und Dauerhaftigkeit von Stahlbetonkonstruktionen mit sorgfältiger Berechnung und Bemessung allein nicht erreichen lassen. Diesbezüglich spielen die Anordnung der Bewehrung und die konstruktive Ausbildung der einzelnen Bauteile eine entscheidende Rolle. Es werden deshalb immer wieder entsprechende grundsätzliche Überlegungen und Lösungsmöglichkeiten dargestellt.

Der Anhang enthält die wichtigsten Diagramme zur Berechnung schlanker Druckglieder. Nebst dem Tragwiderstand ist in diesen Diagrammen – in Ergänzung zu analogen Grafiken – auch die Biegesteifigkeit im Bruchzustand, die bei der Ermittlung der Verformung unerlässlich ist, angegeben. Im Literaturverzeichnis sind nur wenige besonders wichtige Literaturangaben aufgeführt. Zur Vertiefung in spezielle Probleme finden sich dort wieder zusätzliche Hinweise.

Die Fülle von Informationen und Untersuchungen, mit der der Ingenieur heute konfrontiert wird, hat abgesehen von der wertvollen Auswirkung auf die künftige Entwicklung leider auch den Nachteil, dass er von den wesentlichen Grundlagen abgelenkt wird. Es ist ein Ziel dieses Buches, die Aufmerksamkeit des Ingenieurs wieder einmal auf diese wesentlichen Grundlagen zu lenken.

Die umfangreichen Vorarbeiten für das vorliegende Buch wurden von der ETH Zürich und folgenden Institutionen in dankenswerter Weise finanziell unterstützt: Eidgenössisches Verkehrs- und Energiewirtschaftsdepartement, Straßenbauforschung, Bern, und Stiftung für wissenschaftliche, systematische Forschung auf dem Gebiet des Beton- und Eisenbetonbaus, Zürich.

Meinen besten Dank möchte ich an dieser Stelle auch den Angehörigen des Institutes für Baustatik und Konstruktion (ETH) und meinen persönlichen Mitarbeitern aussprechen. Insbesondere Herrn Dr. B. Zimmerli für die Koordination der Arbeit, Frau S. Schenkel und den Herren M. Käser, Th. Keller, Ch. Künzli, S. Toscano und M. Wagner für die Unterstützung bei der Ausführung von Berechnungen, Beispielen und Skizzen, Herrn G. Göseli für die Herstellung der Zeichnungen sowie Frau S. Burki und Frau R. Feusi für die Anfertigung des Manuskriptes. Mein besonderer Dank gilt auch dem Springer-Verlag in Wien für die ausgezeichnete und verständnisvolle Zusammenarbeit.

November 1986 C. Menn

Vorwort zur zweiten Auflage

Die vorliegende 2. Auflage enthält verschiedene Ergänzungen und Berichtigungen. Überarbeitet wurden insbesondere die Abschnitte „Beton", „Vorspannung" und „Schiefe Brücken".

Die Betontechnologie hat einen entscheidenden Einfluss auf die Dauerhaftigkeit. Mit zunehmender Durchlässigkeit der Betondeckschicht dringt die Karbonatisierungsfront rascher in den Beton ein. Die Dicke der Bewehrungsüberdeckung muss deshalb unter Berücksichtigung der Porosität bzw. des hierfür vor allem maßgebenden W/Z-Wertes festgelegt werden; oder umgekehrt ist bei einer vorgesehenen Dicke der Bewehrungsüberdeckung ein entsprechender W/Z-Wert einzuhalten.

Im Spannbeton-Brückenbau besteht heute zunehmend die Tendenz, die Spannglieder extern anzuordnen, damit diese dauernd kontrolliert und allenfalls verstärkt oder ausgewechselt werden können. Es wird gezeigt, wie extern vorgespannte Träger berechnet und bemessen werden können.

Zudem wurde die Berechnung schiefer Träger überarbeitet. Dabei wird insbesondere der Einfluss der Querträgerausbildung bei Durchlaufträgern genauer analysiert.

Bei Projektüberprüfungen und Schadensfällen zeigt sich immer wieder, dass der konstruktiven Durchbildung und den Maßnahmen zur Gewährleistung der erforderlichen Dauerhaftigkeit zu wenig Beachtung geschenkt wird. Das Ziel des vorliegenden Buches besteht nach wie vor darin, alle Aspekte im Beton-Brückenbau ausgewogen darzustellen, denn mit umfangreichen Berechnungen allein lässt sich nicht eine einwandfreie Qualität gewährleisten.

Oktober 1989 C. Menn

Vorwort zur dritten Auflage

Auch die dritte, neu überarbeitete Auflage bleibt dem Grundsatz treu, sich auf die wesentlichen und maßgebenden Aspekte von Stahlbetonbrücken zu konzentrieren. Dies ist wichtig, denn heute befinden sich die größten Mängel im Brückenbau im technischen und architektonischen Entwurf. Eine überhandnehmende Reglementierung durch Normen lähmt die Phantasie und Kreativität der Bauingenieure, und eine große Menge von Nachweisen und Detailberechnungen lenken vom Wesentlichen ab. Zudem ist nicht nur in der Öffentlichkeit das Bild entstanden, der Bauingenieur sei in Gestaltungsfragen zu wenig kompetent. Die Bauingenieure werden so leider immer mehr zu Ausführenden anstatt zu Führenden im Bauwesen. Dieses Buch soll dazu beitragen, diesen besorgniserregenden Tendenzen entgegenzuwirken.

Die überarbeitete Neuauflage behandelt umfassend die Materie, die der Bauingenieur für den Entwurf bis zum Vorprojekt braucht. Mit einfachen Modellen soll ein Höchstmaß an Klarheit und Verständlichkeit erreicht werden. Auch werden in jedem Kapitel vorgängig Ziel, Zweck und das Wichtigste mit ein paar Grundsätzen erläutert. Auf Detailberechnungen wird verzichtet, da sie meistens nur von sekundärer Bedeutung sind und weder auf die Qualität noch auf die Wirtschaftlichkeit einen nennenswerten Einfluss haben. Das kreative Denken soll also eindeutig Vorrang gegenüber Detailberechnungen und Normnachweisen erhalten.

Die Erhaltung bestehender Stahlbetonbrücken gewinnt immer mehr an Bedeutung. Bei der Überprüfung einer Brücke, der Beurteilung von Schäden und Mängeln und der Projektierung einer Instandsetzung oder eines Umbaus einer Brücke handelt es sich um vorwiegend statisch-konstruktive Fragestellungen, welche grundlegende Kenntnisse des Stahlbetonbrückenbaus voraussetzen. Dieses Buch ist somit auch für den mit der Erhaltung bestehender Stahlbetonbrücken betrauten Bauingenieur eine Grundlage.

Gegenüber der zweiten Auflage bringt die vorliegende Auflage neben den Aktualisierungen die folgenden inhaltlichen Neuerungen.

Das erste Kapitel über die Entwicklung des Betonbrückenbaus ist neu bebildert und mit dem neuesten Stand des Brückenbaus und dessen Tendenzen ergänzt worden.

Das Grundsätzliche zum Entwurf ist neu, umfassend und ganzheitlich in einem eigenen Kapitel mit folgenden Abschnitten festgehalten: Entwurfsziel, Entwurfsgrundlagen, Wirtschaftlichkeit, Ästhetik und Überlegungen beim konzeptionellen Entwurf.

Die Themen Baustoffe und Einwirkungen haben eigene Kapitel erhalten. Die Ausführungen über die Beständigkeit von Stahlbeton und neuartige Baustoffe sind wesentlich ergänzt worden. Der Inhalt über die Einwirkungen ist mit weiterführenden Angaben über Verkehr, Wind, Anprall und Erdbeben sowie deren dynamischen Effekte auf das Brückentragwerk vervollständigt worden.

Im Kapitel „Grundlagen der Tragwerksanalyse, Bemessung und konstruktiven Durchbildung“ sind die konzeptionellen Aspekte grundlegend erneuert worden. Neu ist der Abschnitt über die Tragfähigkeit unter Ermüdungseinwirkung. Die Abschnitte über die Gebrauchstauglichkeit und die Dauerhaftigkeit sind vollständig erneuert worden.

Die folgenden Kapitel „Bemessung von Brückenträgern“ und „Bemessung des Brückenunterbaus“ sind nur geringfügig verändert und einzig mit einem neuen Abschnitt über Brückenpfeiler in Gewässern ergänzt worden.

Das Kapitel über Ausrüstungsteile ist ausgebaut worden.

Das Kapitel „Entwurf, Konstruktion und Ausführung von Tragsystemen“ hat nur kleine Änderungen erfahren, mit Ausnahme des Abschnitts über Schrägkabelbrücken, das völlig neu aufgebaut und grundlegend überarbeitet wurde.

Das Buch schließt mit einem neuen Kapitel über die Erhaltung von Stahlbetonbrücken ab.

Die ästhetische Qualität einer Brücke ergibt sich aus der technischen Effizienz, der kulturellen Integration in das Umfeld sowie der Beziehung der Brücke zu Gleichgewicht, Ausgewogenheit, Einheitlichkeit und Ordnung. Der Brückenbau befindet sich nahe bei der exakten Wissenschaft und folgt weitgehend rationalen Kriterien, was die künstlerische Freiheit begrenzt. Dies ist im Sinne eines Gedankens von Le Corbusier: „Les ingénieurs font de l'architecture, car ils emploient le calcul issu des lois de la nature, et leurs œuvres nous font sentir l'harmonie. (Die Ingenieure machen Architektur, denn sie wenden Berechnungen an, die auf den Gesetzen der Natur beruhen, und ihre Bauwerke lassen uns Harmonie spüren.)“ Dieses Buch soll dazu einen Beitrag liefern und dem Bauingenieur ein Hilfsmittel sein, zu kreativen Lösungen zu finden.

Die Autoren bedanken sich bei Jean-Louis Guignard, der alle Zeichnungen überarbeitet oder neu hergestellt hat, und Christine Benoit Roulin, die verschiedene Sekretariatsarbeiten ausgeführt hat. Ein besonderer Dank geht an den Springer-Verlag in Wien für die angenehme und verständnisvolle Zusammenarbeit.

Der erste Autor konnte in der Abgeschiedenheit des Schweizerischen Juras die nötige Ruhe und Umgebung finden, um die Überarbeitung des Buchs entscheidend voranzubringen.

April 2003 E. Brühwiler und C. Menn

Inhaltsverzeichnis

Verzeichnis der Formelzeichen

Die verwendeten Formelzeichen sind aus einer Grundform und aus zusätzlichen Kopf- und Fußzeigern aufgebaut. Die Kopfzeiger stehen für übergeordnete Ortsbezeichnungen, Hinweise auf Berechnungsmethoden oder zeitliche Zustände. Die Fußzeiger charakterisieren detaillierter die Grundform selbst.

Formelzeichen

a	Abstand
b	Breite der oberen Kastenplatte
b_{m}	mitwirkende Plattenbreite
b_0	Breite der unteren Kastenplatte, Abstand zwischen den Stegachsen
b^{W}	Stegdicke
c	Bewehrungsüberdeckung, Konstante
c_f	Bettungsziffer, Federkonstante
d	statische Höhe
e	Exzentrizität
f	Pfeilhöhe
f_{c}	Bemessungswert der Betondruckfestigkeit
f_{cp}	Prismendruckfestigkeit des Betons
f_{ct}	Rechenwert der Zugfestigkeit des Betons
f_{cw}	Würfeldruckfestigkeit des Betons
f_i	Festigkeit der *i*-ten Probe, *i*-te Eigenfrequenz
f_{sy}	Bemessungswert der Fließgrenze des Betonstahls
f_{Pt}	Zugfestigkeit des Spannstahls
f_{yk}	charakteristische Streckgrenze des Betonstahls
f_{Pk}	charakteristische Zugfestigkeit des Spannstahls
f_{Py}	Bemessungswert der Fließgrenze des Spannstahls
$f_{\mathrm{P0,1k}}$	charakteristische Fließgrenze der Spannstahls
f_{Tt}	Zugfestigkeit des Stahls für Schrägkabel
f_{Ty}	Bemessungswert der Fließgrenze des Stahls für Schrägkabel
$f(t-\tau)$	zeitlicher Verlauf des Kriechens
g	ständige Last
Δg	Zusatzlast
$g(t)$	zeitlicher Verlauf des Schwindens

g_0	Konstruktionsgewicht
h	Trägerhöhe
h_0	Abstand zwischen den Mittelebenen der oberen und unteren Kastenplatten
i	Trägheitsradius
k_τ	Schonzeitfaktor
k_φ	Steifigkeits-Abminderungsfaktor
l	Länge, Spannweite
l_a	Momentenaufbaulänge
l_b	Verankerungslänge, Stoßlänge
l_e	Eintragungslänge der Stahlzugkraft
l_k	Knicklänge
m	bezogenes Moment, Masse
m_d	Bemessungswert des bezogenen Momentes
m_t	Drehmoment
m_R	bezogener Biegewiderstand
n	bezogene Normalkraft, Rissanzahl, Porosität
n_0	Rissanzahl des abgeschlossenen Rissbildes
n^*	Kapillarporosität
p	bezogene Vorspannkraft, Ereigniswahrscheinlichkeit
q	verteilte Last, maßgebende Kombination der Einwirkungen
q_{fat}	Ermüdungslast
q_P	Umlenkkräfte aus Spannkabelkrümmung
r	Krümmungsradius, bezogene Ablenkkraft in Kastenquerschnitten
s	Standardabweichung, Stab- oder Bügelabstand
s_{rm}	mittlerer Rissabstand
t	Zeitfunktion, Plattendicke
t_0	Betonalter, ab dem das Schwinden zu berücksichtigen ist
u^T	Trägerverschiebung
v	Schubfluss
v_0	Länge des gestörten Verbundes
w_0	Anfangsexzentrizität
w^K	Stützenkopfverschiebung
w_m	mittlere Rissbreite
$w(x)$	Biegelinie
x	Koordinate, Koordinate in der Stabachse
y	Koordinate, Koordinate senkrecht zur Stabachse, horizontal
z	Hebelarm der inneren Kräfte, Koordinate, Koordinate senkrecht zur Stabachse, vertikal

A	Fläche, Auflagerreaktion, Amplitude
A_c	Querschnittsfläche des Betons
A_{gt}	Gesamtdehnung des Betonstahls unter Höchstlast

A_s	Querschnittsfläche des Betonstahls
A_s^W	Querschnittsfläche der Bügel
A_P	Querschnittsfläche des Spannstahls
A_T	Querschnittsfläche des Stahls für Schrägkabel
C_i	Konstanten
E	Elastizitätsmodul
F_c	Betondruckkraft
F_{cu}	Betondruckkraft im Bruchzustand
F_s	Betonstahl-Zugkraft
F_{sy}	Zugkraft beim Fließen des Betonstahls
F_P	Spannstahl-Zugkraft
F_{py}	Zugkraft beim Fließen des Spannstahls
G	Schubmodul
H	Horizontalschub
I	Trägheitsmoment
K	Kantenkraft, Torsionskonstante
K_a	aktiver Erddruckbeiwert
K_p	passiver Erddruckbeiwert
K_0	Ruhedruckbeiwert
M_d	Bemessungswert des Momentes
M_r	Rissmoment
M_{sP}	Zwangsmoment aus Vorspannung
M_D	Dekompressionsmoment
M_E	Steifeziffer des Bodens
M_{0P}	Moment aus Vorspannung am statisch bestimmten System
M_P	Moment aus Vorspannung
M_R	Biegewiderstand
N	Normalkraft
P	Vorspannkraft
ΔP	Spannkraftverluste
Q	Einzellast, maßgebende Kombination der Einwirkungen
Q_E	Euler'sche Knicklast
R	Tragwiderstand, Reibungskraft, Ablenkkraft in Kastenquerschnitten
S	Schnittkraft, Kabel
S_d	Bemessungswert der Beanspruchung
S_r	Rissschnittkraft
S_{sP}	Zwangsschnittkraft aus Vorspannug
S_{0P}	Schnittkraft aus Vorspannung am statisch bestimmten System
S_P	Schnittkraft aus Vorspannung
T	Torsionsmoment, Temperatur
V	Querkraft
V_d	Bemessungswert der Querkraft
V_R	Schubwiderstand

W	Widerstandsmoment
W/Z	Wasserzement-Wert
Z	Zugkraft
α	Neigungswinkel der Betondruckdiagonalen, Koeffizient
α_0	natürlicher Neigungswinkel der Betondruckdiagonalen
$\alpha(x)$	Umlenkwinkel der Spannglieder
α_T	Temperaturausdehnungskoeffizient
β	Neigungswinkel der Bügel, Böschungsneigung
γ	globaler Sicherheitsfaktor
γ_m	Schiebung
γ_R	Widerstandsfaktor
γ_S	Einwirkungsfaktor
δ	Durchbiegung, Verformung, logarithmisches Dekrement
ε_{c}	Betondehnung im ungerissenen Zustand
$\varepsilon_{\mathrm{c}}^{\mathrm{II}}$	Betondehnung im gerissenen Zustand
$\varepsilon_{\mathrm{cc}}$	Kriechdehnung des Betons
$\varepsilon_{\mathrm{cs}}$	Schwinddehnung des Betons
$\varepsilon_{\mathrm{cs},n}$	Baustoff-Klimawert Schwinden
$\varepsilon_{\mathrm{cu}}$	Bruchdehnung des Betons
$\varepsilon_{\mathrm{s}}^{\mathrm{II}}$	Stahldehnung im Rissquerschnitt
$\varepsilon_{\mathrm{sm}}^{\mathrm{II}}$	mittlere Stahldehnung im Risselement
$\varepsilon_{\mathrm{sr}}^{\mathrm{II}}$	Stahldehnung unter Risslast im Rissquerschnitt
$\varepsilon_{\mathrm{srm}}^{\mathrm{II}}$	mittlere Stahldehnung unter Risslast im Risselement
$\varepsilon_{\mathrm{sy}}$	Stahldehnung bei Fließbeginn
$\varepsilon_{\mathrm{P0}}$	Vordehnung des Spannstahls
ϑ	Querschnittsverdrehung
κ	Kreisfrequenz, Einflusswert
λ	Eigenwert, Schlankheit
μ	Reibungskoeffizient, Abminderungskoeffizient der Kriechfunktion
ν	Querdehnungszahl
ρ	Bewehrungsgehalt, Rohdichte
σ_{c}	Betonspannung
σ_{o}	obere Spannungsgrenze der Spannungsschwingbreite
σ_{s}	Spannung im Betonstahl
$\sigma_{\mathrm{s}}^{\mathrm{II}}$	Stahlspannung im Rissquerschnitt
$\sigma_{\mathrm{sm}}^{\mathrm{II}}$	mittlere Stahlspannung im Risselement
$\sigma_{\mathrm{sr}}^{\mathrm{II}}$	Stahlspannung unter Risslast im Rissquerschnitt
$\sigma_{\mathrm{srm}}^{\mathrm{II}}$	mittlere Stahlspannung unter Risslast im Risselement
σ_{u}	untere Spannungsgrenze der Spannungsschwingbreite
σ_{P}	Spannung im Spannstahl
σ_{T}	Spannung im Stahl für Schrägkabel
σ_{E}	Euler'sche Knickspannung

σ^{W}	Wölbspannung
$\Delta\sigma$	Spannungsschwingbreite
τ	Schubspannung, Betonalter beim Aufbringen der kriecherzeugenden Spannung
τ_{c}	Rechenwert der Schubspannungsgrenze für Beton
τ_{d}	Bemessungsschubspannung
τ_{vm}	mittlere Verbundspannung
φ	dynamischer Vergrößerungsfaktor, Winkel, Reibungswinkel
φ_{n}	Baustoff-Klimawert Kriechen
$\varphi(t, \tau)$	Kriechfunktion
ω	mechanischer Bewehrungsgehalt, Rotation

Kopfzeiger

inf	unten
sup	oben
A	Anfangszustand
B	Bogen
E	Endzustand, Eingusszustand
F	Feld
G	Gelenk
K	Bogenkämpfer
P	Platte
S	Stütze, Bogenscheitel
SV	St. Venant
T	Träger
W	Wölb-, Steg

Fußzeiger

0	zum Zeitpunkt $t = 0$
∞	zum Zeitpunkt $t = \infty$
28	nach 28 Tagen
a	außen
eff	effektiv
el	elastisch
erf	erforderlich
h	horizontal
i	innen
id	ideell
inf	unten
l	links
m	mittlere

max	maximal
min	minimal
r	rechts
red	reduziert
rel	Relaxation
s	aus Zwängung
sup	oben
v	vertikal
y	Fließen
zul	zulässig

1 Entwicklung des Betonbrückenbaus

1.1 Brückenbau bis Ende des 19. Jahrhunderts

In den Anfängen der Brückenbaukunst, die wohl 2000 Jahre vor unserer Zeitrechnung zurückliegen, lieferten Holz und Stein den Baustoff für die Übersetzung von Schluchten und Wasserläufen. Die Griechen verwendeten für den Bau von Steinbrücken ausschließlich Überdeckungen mit Platten und Steinbalken. Der eigentliche Gewölbebau gelangte erst bei den Römern zu breiter Anwendung und Entwicklung.

Typisch für die römischen Bogenbrücken sind halbkreisförmige Gewölbe, die auf Lehrgerüsten aus Holz erstellt wurden. Es ist beachtenswert, wie die konstruktiven Elemente für die Abfangung dieser Lehrgerüste damals und auch noch bei den letzten im 20. Jahrhundert erbauten Natursteinbrücken immer mit besonderer Sorgfalt in die formale Gestaltung des Bauwerks einbezogen wurden.

Da Tragwerke aus zusammengefügten Steinen nur Druckkräfte übertragen können, bestanden die Tragsysteme der Steinbrücken ausschließlich aus Gewölben, Pfeilern und Schwergewichtsmauern. Auf die Gewölbe wurden meistens mit Erde hinterfüllte Seitenmauern aufgesetzt, wobei die Auffüllung als Straßenunterbau oder bei Aquädukten als Träger der Wasserleitung diente. Die Strombrücken haben Öffnungsweiten bis etwa 20 m und kurze, dicke Pfeiler, die teilweise bereits auf Beton zwischen Pfahlwänden gegründet waren.

Aus der Römerzeit sind heute noch verschiedene großartige Natursteinbrücken erhalten geblieben, wie der Pons Fabricius (Abb. 1.1) und die Engelsbrücke in Rom, die Alcántare-Brücke über den Tajo in Spanien oder der Pont du Gard bei Nîmes in Frankreich.

Mit dem Untergang der römischen Kultur verfiel auch die Brückenbaukunst, und erst ab etwa dem 11. Jahrhundert zeigte sich mit der Entwicklung des Städtewesens eine Neubelebung des Brückenbaus. Die wesentlichste Leistung des Mittelalters war der Übergang vom römischen Halbkreisbogen zum flacheren Segmentbogen, der jedoch infolge seines größeren Bogenschubs bei den beschränkten Gründungsmöglichkeiten der damaligen Zeit viele Gefahren in sich barg. Bei Flussübergängen konnten aber starke Überhöhungen des Verkehrsweges vermieden werden, die in früheren Zeiten mit einer Überwölbung als unvermeidlich in Kauf genommen wurden.

In der auf das Mittelalter folgenden Renaissancezeit war die Kunst des Brückenbaus noch ganz dem Gebiete der Architektur vorbehalten. Als typisches Beispiel

Abb. 1.1. Pons Fabricius, Rom, Italien, 60 v. Chr

dieser Epoche gilt die außergewöhnlich elegante Arnobrücke Sta. Trinità in Florenz, die drei elliptische Gewölbe von 26 m bis 29 m aufweist (Abb. 1.2).

Bis zur Mitte des 18. Jahrhunderts blieben die Leistungen im Steinbrückenbau auf wenig bemerkenswerte Bauwerke beschränkt. Die Barockzeit mit ihrer Neigung zur Unterordnung aller Bauformen unter gekünstelte Gestaltungsgesetze führte zu tief eingeschnittenen Bogenleibungen. Die Stützlinie trat häufig in der Nähe der Kämpfer aus dem Gewölbe heraus, was zu statisch ungünstigen Beanspruchungen führte.

Mit dem 1716 ins Leben gerufenen „Corps des Ingenieurs des Ponts et Chaussées" wurde nun Frankreich für den Bau von Steinbrücken beispielgebend, und die moderne wissenschaftliche Bauingenieurtätigkeit nahm vor allem an der 1760 von Jean Perronet, Ingenieur Schweizer Abstammung, gegründeten École des Ponts et Chaussées ihren Anfang.

Der Bau von Steinbrücken, bis anhin eine Kunst, wurde nun zu einer Ingenieurwissenschaft. Die von Perronet erbauten 13 großen Brücken zeigen in der Hauptsache bereits die Maßverhältnisse der Natursteinbrücken des 19. und 20. Jahrhunderts. Der Pont de Neuilly mit fünf elliptischen Bogen von 37 m Spannweite und mit 4,5 m Pfeilhöhe gilt als sein Hauptwerk (Abb. 1.3). Diese kühne Anwendung sehr flacher Bogen und die schmalen Zwischenpfeiler von 4,3 m Stärke stellten alles bis dahin Geleistete in den Schatten.

Aber auch in England und Deutschland blieben die Leistungen der Ingenieure in dieser Epoche nicht hinter jenen ihrer französischen Kollegen zurück. Besonders das Auftreten der Eisenbahnen trug in diesen Ländern zu einer lebhaften Entwick-

Abb. 1.2. Ponte di Santa Trinità über den Arno, Florenz, Italien, 1570, Bartolommeo Ammannati

Abb. 1.3. Pont de Neuilly, Paris, Frankreich, 1773–1956, Ingenieur Jean Perronet

lung des Brückenbaus bei, von der zunächst der Bau steinerner Brücken und Viadukte Nutzen zog.

Die Anwendung der Elastizitätstheorie auf die Natursteinbauten, insbesondere die Auffassung des Gewölbes als elastischer Bogen, führte zur Stützlinienform des Gewölbes, welche, den statischen Bedingungen richtig angepasst, eine viel weiter gehende Ausnutzung der Festigkeit der Baustoffe und dadurch sparsamere Konstruktionen als früher ermöglichte.

Eine letzte Blütezeit erreichten die Natursteinbrücken zu Beginn des 20. Jahrhunderts mit dem Bau der Rhätischen Bahn in der Schweiz. In konzeptioneller Hinsicht unterscheiden sich diese Brücken nicht von den traditionellen Steinbrücken. Die Tragelemente (Bogen, Pfeiler und Seitenmauern) wurden jedoch nach statischen Berechnungen ingenieurmäßig konstruiert. Als imposantes Bauwerk gilt der 210 m lange Wiesner Viadukt mit einem Hauptbogen von 55 m Spannweite, der auf einem Lehrgerüst aus Holz von Richard Coray gebaut wurde (Abb. 1.4).

Von antiken Holzbrücken sind nur vereinzelte Beschreibungen und Zeichnungen überliefert worden. Das Tragsystem bestand in der einfachsten Form aus Balken auf

Abb. 1.4. Wiesener Viadukt, Wiesen, Schweiz, 1908, Ingenieur Hans Studer

Steinpfeilern. Für größere Spannweiten wurden aber schon sehr früh Bogen- und Sprengwerke und später immer komplexere Mehrfachsprengwerke verwendet. Der handwerkliche Holzbrückenbau erreichte den Höhepunkt im 18. Jahrhundert mit den außerordentlich kunstvollen, bis 70 m weit gespannten Brücken des Schweizer Baumeisters H. U. Grubenmann (1709–1783).

Mit der industriellen Revolution im 18. Jahrhundert, die mit der technischen Nutzung von Kohle und Eisen sowie der Erfindung der Dampfmaschine eingeleitet wurde, vollzog sich im Transportwesen ein Strukturwandel. Das Saum- und Reitpferd wurde von der Postkutsche und schließlich von der Eisenbahn verdrängt, und der damit verbundene Ausbau der Verkehrsnetze erforderte den Bau zahlreicher neuer Brücken.

Etwa zur gleichen Zeit entwickelten insbesondere die französischen Ingenieure Charles A. Coulomb (1736–1806) und Louis M. H. Navier (1785–1836) auf den Grundlagen der technischen Mechanik das Spezialgebiet Baustatik und begründeten damit den Übergang von der empirisch-handwerklichen zur wissenschaftlich-ingenieurmäßigen Brückenbautechnik.

Die Entwicklung des zugfesten Schweißeisens sowie der Walztechnik Mitte des 19. Jahrhunderts öffneten entscheidende neue Möglichkeiten im Brückenbau. Der Eisenbrückenbau verdrängte in der zweiten Hälfte des 19. Jahrhunderts dank seiner offensichtlichen Vorteile (kurze Bauzeit, große Spannweiten, geringe Fundationskosten wegen der kleinen Eigenlasten) die Naturstein- und Holzbrücken mehr und mehr. Bald zeigten sich aber auch Nachteile in Form hoher Unterhaltskosten und bescheidener Tragreserven bei den rasch steigenden Verkehrslasten.

Die Methoden der graphischen Statik von Carl Culmann (1821–1881) erlaubten den Bau ingenieurmäßig konzipierter Fachwerkbrücken. Verschiedenartigste Tragsysteme für Spannweiten bis zu 500 m prägten das Aussehen des Groß-

Abb. 1.5. Bahnbrücke über den Rhein bei Waldshut, Deutschland, und Koblenz, Schweiz, 1858, Ingenieur Robert Gerwig

brückenbaus in der zweiten Hälfte des 19. Jahrhunderts. Die gewaltigen Abmessungen, die Wucht und technisch-abstrakte Gliederung dieser Tragwerke waren Symbole für die Spitzentechnologie im Brückenbau und finden auch heute noch größte Bewunderung.

Die Gitterfachwerkbrücke über den Rhein bei Waldshut ist nach dem Vorbild von Ithiel Towns hölzernen Lattenträgerbrücken konzipiert (Abb. 1.5). Der 141 m lange, 5,1 m hohe und 527 Tonnen schwere Brückenbalken wurde am Ufer aus 12 bis 18 cm breiten Flacheisen zusammengesetzt und im Taktschiebeverfahren mit Hilfe eines Vorbauschnabels längs eingeschoben. Diese „Gitterliträgerbrücke" mit einer Mittelspannweite von 55 m, die 1858 in nur 18 Monaten Bauzeit erstellt wurde, ist ein typischer Vertreter eines Konstruktionstyps, der im 3. Viertel des 19. Jahrhunderts für mittlere bis große Spannweiten oft verwendet wurde. Die Rheinbrücke Waldshut wird heute durch die S-Bahn befahren; sie ist die älteste in Betrieb stehende Bahnbrücke aus Stahl auf dem europäischen Kontinent.

Mit der Entwicklung des Schweißeisens und später des ersten Flussstahls konnten Zugbänder und Biegeträger hergestellt werden. Mit Hängebrücken gelang sehr bald der Vorstoß in große, kaum vorstellbare Spannweitenbereiche. Thomas Telford erbaute 1819/26 die 127 m weit gespannte Conway-Castle-Brücke in Wales, deren Zuggurte aus schmiedeeisernen Ketten bestanden. Führend in der Technik des Hängebrückenbaus waren jedoch die USA. 1851/55 erbaute John A. Roebling die erste große Eisenbahnhängebrücke, die mit einer Spannweite von 250 m bei den Niagarafällen in 60 m Höhe den Niagara überquerte. Henry Dufour (1787–1875) baute 1822/23 in Genf die erste größere Hängebrücke Europas. Höchste Bewunderung fand der 1834 vom französischen Ingenieur J. Chaley erbaute, mit einer Spannweite von 273 m kühne Grand-Pont über die Saane in Fribourg (Schweiz). Ein weiterer Meilenstein in der Technik des Hängebrückenbaus ist zweifellos J. Roeblings Brooklyn Bridge, die mit einer Spannweite von 488 m den East River in New York überbrückt.

1.2 Anfänge des Betonbrückenbaus

Gegen Ende des 19. Jahrhunderts entwickelte sich der Betonbau, der im Brückenbau sowohl für die Herstellung von gewölbten Brücken als auch in Form des mit Stahl bewehrten Betons eingesetzt wurde. Beton hat den Anwendungsbereich des Massivbaus beträchtlich erweitert.

Die Erfindung des Stahlbetons (damals Eisenbeton genannt) geht auf verschiedene Urheber zurück, die für unterschiedliche Anwendungsbereiche Patente erwarben. Der Amerikaner T. Hyatt (1816–1901) unternahm bereits 1850 Versuche mit bewehrten Betonbalken und entwickelte Konstruktionselemente, die der Zeit ein halbes Jahrhundert voraus waren. In Frankreich erwarb A. Lambot 1855 ein Patent für ein Boot aus „Eisenbeton", und F. Coignet erwarb 1860 ein Patent für Betondecken mit Eisengeflecht. Als erster erkannte aber der französische Gärtner Joseph Monier (1823–1906) die großen Entwicklungs- und Anwendungsmöglichkeiten des bewehrten Betons. 1867 ließ er seine drahtbewehrten Blumenkübel patentieren, und aufgrund eines 1873 erworbenen Zusatzpatentes erbaute er 1875 auf einem Landsitz bei Chazelet über einen Bach die erste Stahlbetonbrücke der Welt mit einer Spannweite von 16,5 m (Abb. 1.6). Das Brückengeländer besteht aus in Beton nachgeformtem Astwerk.

Aufgrund der Patente Moniers fand die neue Bauweise bald auch in anderen europäischen Ländern Verbreitung. In Deutschland erarbeitete M. Koenen (1849–1924) die ersten theoretischen Grundlagen zur Berechnung von Querschnitten aus Stahlbeton. Er vernachlässigte die Zugfestigkeit des Betons und ermittelte

Abb. 1.6. Erste Stahlbetonbrücke bei Chazelet, Frankreich, 1875, Joseph Monier

die Beton- und Stahlspannungen infolge Biegung aufgrund einer Nulllinie in der Mittelachse des Querschnitts. Koenen entwickelte seine Theorie des Eisenbetonbaus aufgrund von umfangreichen Versuchen, die von den Baufirmen G. A. Wayss und Freytag & Heidschuch 1886 in Berlin unter Aufsicht der Baubehörden durchgeführt wurden. Zahlreiche weitere Versuche, vor allem in Deutschland, Frankreich und Österreich, bestätigten die grundsätzliche Annahme, alle inneren Zugkräfte müssten von Stahleinlagen übernommen werden. Es konnte auch der entscheidende Nachweis erbracht werden, dass die einbetonierten Stahleinlagen auch nach längerer Zeit noch keine Korrosionserscheinungen aufwiesen.

Die bedeutendsten Beiträge zur Anwendung und Verbreitung der Eisenbetonbauweise lieferten zweifellos der französische Ingenieur François Hennebique (1842–1931) und der deutsche Ingenieur Emil Mörsch (1872–1950).

Hennebique, ein genialer Konstrukteur, nutzte die Vorteile der Stahlbetonbauweise einerseits durch eine wirkungsvolle optimale Anordnung der Stahleinlagen und andererseits durch die monolithische Verbindung und das polyvalente Tragverhalten der Querschnittselemente. 1892 erwarb er ein Patent für die Herstellung von Plattenbalken, und 1893 ließ er seine Idee, einen Verbundquerschnitt durch Bügel und aufgebogene Längseisen herzustellen, patentieren. Die von ihm entworfenen Stahlbetonbrücken waren wesentlich wirtschaftlicher als die traditionellen Stein- und Stahlbrücken. Trotz erheblicher Widerstände seitens vieler Baubehörden gegen die neue Bauweise gelang es Hennebiques Zentralbüro in Paris, mit seinen Lizenznehmern in verschiedenen europäischen Ländern in wenigen Jahren mehr als 600 Brücken zu bauen.

Mörsch befasste sich vorwiegend mit der Theorie des Stahlbetons. Dank seiner vielseitigen Tätigkeit als Konstrukteur verfügte er aber auch über hervorragende praktische Kenntnisse. Die Grundlage seiner theoretischen Untersuchungen bestand einerseits in der Ermittlung der Schnittkräfte nach der Elastizitätstheorie und andererseits in einer klaren Bewehrungsanordnung aufgrund einfacher Fachwerkmodelle mit konsequenter Zuordnung der Druck- und Zugkräfte an den Beton bzw. an die Eiseneinlage. Alle viel später durchgeführten Forschungsarbeiten über das Tragverhalten von Stahlbetonquerschnitten bestätigen immer wieder die grundsätzliche Fachwerkanalogie von Mörsch.

Die Querschnittsbemessung erfolgte nach Mörsch aufgrund zulässiger Spannungen im Gebrauchszustand. Damit sollten die Tragsicherheit gewährleistet und die Rissbildung beschränkt werden. Diese ersten theoretischen Erkenntnisse wurden von Mörsch 1902 in einem von der Firma Wayss und Freytag herausgegebenen Buch, *Der Betoneisenbau: seine Anwendung und Theorie*, veröffentlicht.

Im Hinblick auf eine ausreichende und einheitliche Tragsicherheit von Stahlbetonbauen erstellte der Schweizerische Ingenieur- und Architekten-Verein 1903 die erste provisorische Norm „Bauten in armiertem Beton“. Diesem Beispiel folgten in kurzer Zeit auch Deutschland, Frankreich, Italien und Österreich. Mit der Bezeichnung „SIA-Norm“ erschienen die ersten definitiven schweizerischen Normen im Jahre 1909. Als zulässige Rand- und Schwerpunktspannungen für Beton wurden

Abb. 1.7. Stahlbetonbrücke über Fabrikkanal bei Wildegg, Schweiz, 1890–1974

4,5 N/mm^2 respektive 3,5 N/mm^2 festgelegt. Die zulässigen Zugspannungen für Bewehrungsstahl betrugen 120 N/mm^2.

Bei den Berliner Versuchen wurde 1886 festgestellt, dass die bewehrten „Monier-Bogen" bei halbseitiger Verkehrslast nahezu dreimal mehr trugen als unbewehrte Betonbogen gleicher Abmessungen. Diese Tatsache veranlasste die Pioniere des Stahlbetonbaus zur Ausführung extrem flacher und dünner Gewölbe.

In der Schweiz wurde die erste Stahlbetonbrücke 1890 über einen Fabrikkanal bei Wildegg gebaut (Abb. 1.7). Das Tragsystem entsprach im Prinzip demjenigen traditioneller Steinbrücken. Das Gewölbe mit den aufgesetzten Seitenmauern wurde mit Schotter bis unter die Fahrbahnnivellette aufgefüllt. Die Spannweite des im Scheitel nur 0,2 m dicken Gewölbes betrug 37,2 m bei einer extrem kleinen Pfeilhöhe von 3,5 m. Ohne Berücksichtigung der versteifenden Wirkung der Seitenwände müsste dieser äußerst flache und schlanke Bogen, der für eine Nutzlast von 500 kg/m^2 bemessen wurde, als sehr gewagt bezeichnet werden.

Hennebiques Brücken dienten vielen Konstrukteuren als Vorbilder. Bei flachen Bogen wie bei der für die Weltausstellung 1905 in Lüttich gebauten Brücke über die Ourthe mit einer Spannweite von 55 m (Abb. 1.8) oder bei der Risorgimento-Brücke in Rom (1910/11, Spannweite 100 m) bilden Gewölbe, Seitenwände und Fahrbahn einen Kastenquerschnitt. Bei Bogen mit größerer Pfeilhöhe wie zum Beispiel bei der 1899 erbauten Vienne-Brücke in Châtelleraut (Frankreich) mit drei Spannweiten von 40, 50 und 40 m ist das Tragsystem dagegen klar in Bogen, Stützen und Fahrbahnträger gegliedert.

1907 wollte Eugène Freyssinet (1879–1962) beim Bau der Brücke über die Allier bei La Veurdre (Frankreich) mit seinem Projekt alle bisherigen Stahlbetonbrücken an Kühnheit übertreffen. Die 240 m lange Brücke überquerte den Fluss in geringer Höhe mit drei Dreigelenkbogen von 72,5 m Spannweite. Das Verhältnis Pfeilhöhe zu Spannweite von 1 : 15 war so klein, dass es kaum noch als statisch vernünftig bezeichnet werden kann. Der junge und damals noch wenig erfahrene

Abb. 1.8. Brücke über die Ourthe, Lüttich, Belgien, 1904, Ingenieur François Hennebique

Abb. 1.9. Brücke über den Allier, Boutiron/Vichy, Frankreich, 1912, Ingenieur Eugène Freyssinet

Ingenieur begab sich damit auf ein unsicheres und gefährliches Terrain. Nachdem bis anhin flache Bogen immer mit Seitenwänden ausgeführt worden waren, die den Bogen versteifen und die Druckspannungen abmindern, wählte Freyssinet für seine neue Brücke eine durchbrochene Aufständerung der Fahrbahn. Die fachwerkförmige Ausbildung der Stützen ist allerdings sehr geschickt, weil sie die Knickstabilität des Gewölbes wesentlich vergrößert. 1940 wurde dieses äußerst schlanke Bauwerk zerstört. Ein Duplikat steht noch heute bei Boutiron, seine Diagonalen und Fahrbahnplatte wurden 1912 in nur drei Tagen und zwei Nächten betoniert (Abb. 1.9).

Im Gegensatz zu seinem „Lehrmeister" Hennebique bildete Freyssinet die Gewölbe den Vorschriften entsprechend als Dreigelenkbogen aus, was sich später als sehr vorteilhaft erweisen sollte. Der Bogenschub wurde beim Ausrüsten erstmals durch Pressen im Scheitelgelenk eingetragen. Damit ließen sich beim Ausrüsten Einsenkungen aus elastischen Gewölbeverformungen weitgehend vermeiden. Nach relativ kurzer Zeit traten aber doch Scheitelsenkungen von ca. 130 mm auf, eine Folge des damals noch unbekannten Betonkriechens. Freyssinet konnte nun nochmals mit Pressen in den Scheitelgelenken die ursprüngliche Systemlage herstellen, und er ließ hierauf die Scheitelgelenke ausbetonieren.

Der Stahlbeton erlaubte die Herstellung biegesteifer Tragwerksteile. Damit wurde es möglich, die klassischen Formen der Steinbrücken zu verlassen und innerhalb gewisser Grenzen jede beliebige äußere Form zu verwirklichen. Vor allem gelang es, durch Auflösung der schweren Gewölbe und der massigen Überbauten in Bogenrippen und Plattenbalken die statisch nicht notwendigen Eigenlasten stark herunterzusetzen.

Da man das Kräftespiel in derartigen Raumtragwerken immer schärfer zu erfassen lernte und aus wirtschaftlichen Gründen die Stärke der einzelnen Bauelemente den statischen Forderungen anpasste, wurde der Ingenieur für die Form der Brücke verantwortlich. Es entstand der reine Konstruktivismus, der Wert darauf legte, die Art des Tragens deutlich und uneingeschränkt zum Ausdruck zu bringen.

Dabei bevorzugten die meisten Ingenieure aufgelöste, in einzelne Elemente gegliederte Tragsysteme. Diese Tendenz zeigt sich bei der von Mörsch projektieren Gmündertobelbrücke, die eine Bogenspannweite von 79 m aufweist (Abb. 1.10). Der Langwieser-Viadukt, die erste Bahnbrücke mit einer Bogenspannweite von 100 m, weist eine noch stärkere Gliederung des Tragsystems auf und gilt als eine der herausragendsten Brücken aus den Anfängen der Stahlbetonbauweise (Abb. 1.11).

Abb. 1.10. Gmündertobelbrücke, Teufen, Schweiz, 1908, Ingenieur Emil Mörsch

Abb. 1.11. Langwieser-Viadukt, Langwiesen, Schweiz, 1914, Ingenieur H. Schürch, Firma Züblin

1.3 Stahlbetonbrücken zwischen 1910 und 1940

1.3.1 Brücken von Robert Maillart

Einen ganz anderen Weg beschritt der Schweizer Robert Maillart (1872–1940). Fasziniert von der Formbarkeit, der Einfachheit der monolithischen Verbindung und den zweidimensionalen Konstruktionselementen des Stahlbetons begnügte sich Maillart nicht nur mit der Berücksichtigung der polyvalenten Tragwirkung einzelner Querschnittselemente, sondern versuchte überdies das interaktive Tragverhalten des Gesamtsystems auszunützen. Anstelle eindimensionaler, gegliederter Tragelemente wie Stäbe und Balken bevorzugte er Platten, Scheiben und Schalen, die sich dank ihres zweidimensionalen Tragverhalten günstig auf die Lastverteilung und die Stabilität auswirkten. „... Nicht etwa das Schönheitsgefühl allein weckt den Wunsch, die Funktion des Ganzen vor derjenigen der Einzelteile im Auge zu behalten. Die Gesamtbeurteilung bringt auch stets wirtschaftlichen Vorteil" (Maillart).

Maillarts erste Brücke als selbständiger Ingenieur, die Innbrücke in Zuoz (Abb. 1.12), gleicht in der äußeren Form der Kanalbrücke in Wildegg (Abb. 1.7). Neu sind jedoch die dünnen Seitenwände und die Fahrbahnplatte, die monolithisch mit dem Gewölbe verbunden einen Kastenquerschnitt bilden. Die Spannweite beträgt 30 m. Wegen des geringen Verhältnisses der Pfeilhöhe zur Spannweite von 1 : 10 ist der Bogen als Dreigelenkbogen mit Betongelenken an den Kämpfern und im Scheitel ausgebildet. Das Tragsystem und die Querschnittsausbildung sind

Abb. 1.12. Brücke über den Inn, Zuoz, Schweiz, 1901, Ingenieur Robert Maillart

Abb. 1.13. Salginatobelbrücke, Schiers, Schweiz, 1930 (Foto vor der Instandsetzung von 1997), Ingenieur Robert Maillart

überzeugend. Schwierigkeiten wie große Risse oder starke Verformungen, die bei vielen anderen flachen Bogenbrücken auftraten, konnten hier vermieden werden.

Später ließ Maillart die statisch wenig wirksame Zone der Seitenwände in der Kämpfergegend weg und gelangte damit zu einer bestechenden architektonischen Form. Das berühmteste Beispiel dieses Brückentyps ist die Salginatobelbrücke mit einer Spannweite von 90 m (Abb. 1.13). Auch hier bot der Dreigelenkbogen mit der dünnen Gewölbeplatte und den aufgesetzten Wänden erhebliche wirtschaftliche Vorteile. Das in schwierigem Gelände zu erstellende Gerüst musste nur für die Gewölbeplatte bemessen werden; das Gewicht der Seitenwände wurde auf die inzwischen erhärtete und durch das Gerüst ausgesteifte Gewölbeplatte abgegeben.

Auch bei Bogenbrücken mit großer Pfeilhöhe bevorzugte Maillart im Hinblick auf die Lehrgerüstkosten leichte dünne Gewölbe und verwendete deshalb

Abb. 1.14. Brücke über den Schwandbach, Hinterfultigen, Schweiz, 1933, Ingenieur Robert Maillart

Stabbogensysteme. Bei diesen Systemen ist die Interaktion des Gesamttragwerks, insbesondere das Zusammenwirken von Bogen und Überbau, besonders deutlich erkennbar. Der Bogen übernimmt die Normalkraft aus dem Bogenschub, die Biegemomente aus Verkehrslast werden hingegen dem Fahrbahnträger zugewiesen. Im Prinzip ist es nicht zweckmäßig, den Bogen vollständig von Biegung zu entlasten, da die Aufnahme der Biegemomente bei mitwirkender Normalkraft weniger Bewehrung erfordert. Maillart dürfte den klassischen Stabbogen wohl hauptsächlich wegen der ansprechenden Form und der interessanten statischen Wirkungsweise gewählt haben. Mit der 37,4 m weit gespannten Schwandbachbrücke (bei einer Pfeilhöhe des Bogens von 6 m) erreichte Maillart den Höhepunkt im Bau seiner Stabbogenbrücken (Abb. 1.14).

1.3.2 Betonbrücken in verschiedenen Ländern

In den 1930er Jahren, der Zeit der wirtschaftlichen Depression, und in den ersten Kriegsjahren entstand noch eine große Anzahl beachtlicher Stahlbetonbrücken. Bogenspannweiten von über 100 m waren durchaus keine Seltenheit, und auch Balkenbrücken erreichten bereits beträchtliche Spannweiten. Die Herstellung weitgespannter Balkenbrücken in Stahlbeton bereitete damals große Schwierigkeiten, einerseits wegen der Anordnung der umfangreichen Bewehrung und deren Stöße im Zuggurt und andererseits wegen der großen Verformungen und der unvermeidlichen, starken Rissbildung. Zudem wirkten diese Balken mit einem Verhältnis der Spannweite zur Trägerhöhe von etwa 10 schwer.

Abb. 1.15. Rhonebrücke, Dorénaz, Schweiz, 1933, Ingenieur Alexandre Sarrasin

In der Schweiz sind nebst den vielen kunstvollen Maillart-Brücken die von Alexandre Sarrasin (1895–1976) in der Westschweiz gebauten Brücken erwähnenswert. Die 99 m lange Straßenbrücke über die Rhone bei Dorénaz hielt 1933 mit 45 m Mittelspannweite in der Schweiz den Rekord für Balkenbrücken (Abb. 1.15). Die Eleganz der Brücke ist durch die geringe Trägerhöhe von 2,3 m begründet, indem Sarrasin die Brüstung in den Hauptträger integrierte und so einen Trogquerschnitt herstellte. Bemerkenswert ist auch die Betonung der Pfeilerbereiche durch einen gevouteten Anzug. Die unter Denkmalschutz stehende Brücke wurde 1998 instandgesetzt.

Die Gueuroz-Brücke überquert mit einem 99 m weit gespannten Bogen eine 190 m tiefe Schlucht (Abb. 1.16). Der Bogen ist in zwei nur 0,6 m breite Rippen aufgelöst, und die dünne Brüstung der Fahrbahn wurde als Versteifungsträger ausgebildet. In statisch-konstruktiver Hinsicht zählt diese Brücke zweifellos zu den Spitzenleistungen der Ingenieurbaukunst. Andererseits zeigt sich aber sowohl hier als auch bei den Maillart-Brücken eine Tendenz zu gewagten, immer dünneren Querschnittsabmessungen, was schließlich zu heiklen Unterhaltsproblemen führte. Diese Brücke wurde 1993 durch eine Verbundbrücke vom Verkehr entlastet. Nach der Instandsetzung im Jahr 2004 könnte sie für einspurigen Straßenverkehr wieder in Betrieb genommen werden.

Ende der 1930er Jahre musste bei der Einfahrt in den Bahnhof Bern die eiserne Aarebrücke der Schweizerischen Bundesbahnen ersetzt werden. Die Verlegung des neuen Streckenabschnittes und der Ausbau auf vier Gleise erforderten eine 1150 m lange Brücke. Aufgrund eines Wettbewerbs wurde schließlich das Projekt für eine Stahlbetonbrücke mit einem 150 m weit gespannten Bogen über die

Abb. 1.16. Gueuroz-Brücke, Schweiz, 1934, Ingenieur Alexandre Sarrasin

Aare gewählt (Abb. 1.17). Die beidseitigen Zufahrtsviadukte bestehen aus Durchlaufträgern mit einer Regelspannweite von 27 m. Die der Berechnung zugrunde gelegte Verkehrslast von 30 kN/m^2 war etwa fünfmal größer als diejenige für Straßenbrücken. Der eingespannte Bogen ist als dreizelliger Hohlkasten ausgebildet, und der 17,4 m breite Fahrbahnträger weist einen vierstegigen Plattenbalkenquerschnitt auf. Das gewählte Tragsystem ist allerdings nicht ganz überzeugend. In den beiden Feldern über den Bogenansätzen sind Einhängeträger angeordnet, die eine wirkungsvolle Aussteifung des Bogens durch den Fahrbahnträger ausschließen. Vermutlich wollte man dadurch übersichtlichere statische Verhältnisse schaffen und der weitverbreiteten Lehrmeinung entgegenkommen, ein Zusammenwirken des Zufahrts- und des Bogenbereichs sei zu vermeiden. Die Gestaltung dieser außergewöhnlichen und für schwerste Lasten konzipierten Brücke ist jedoch hervorragend. Trotz der großzügig bemessenen Tragelemente wirkt sie sehr harmonisch und elegant. Die sorgfältige Ausbildung der konstruktiven Details und die einwandfreie Bauausführung haben sich zweifellos gelohnt. Seit der Inbetriebnahme waren nie nennenswerte Unterhaltsarbeiten erforderlich.

In Deutschland erforderte der Autobahnbau zahlreiche Großbrücken, wobei einige weniger als Zeugen von Ingenieurbaukunst, sondern mehr als Monumentalviadukte ausgeführt wurden. Beachtlich waren hingegen die sorgfältig gestaltete Donaubrücke bei Leipheim (Abb. 1.18) mit vier Dreigelenkbogen von 73 m, 80 m und 78 m Spannweite, die stark an Maillart-Brücken erinnert, sowie die Teufelstal-Brücke bei Jena (Abb. 1.19), die mit 138 m die größte Bogenspannweite aufwies. Während für die Leipheim-Brücke bei einem Verhältnis von Pfeilhöhe zu Spannweite von 1 : 7 noch Dreigelenkbogen gewählt wurden, ist das mit einem Verhältnis

Abb. 1.17. Bahnbrücke der SBB über die Aare, Bern, 1940, Ingenieur Adolf Bühler

Abb. 1.18. Donaubrücke, Leipheim, Deutschland, 1937, Ingenieur Paul Bonatz und Unternehmung Wayss u. Freytag

von Pfeilhöhe zur Spannweite von 1 : 5,3 etwas steifere Gewölbe der Teufelstal-Brücke als eingespannter Bogen ausgebildet. Beachtenswert ist bei dieser Brücke auch die fugenlose Ausbildung des Fahrbahnträgers über den gesamten Zufahrts- und Bogenbereich von insgesamt 250 m Länge.

Abb. 1.19. Teufelstal-Brücke, Jena, Deutschland, 1938, Ingenieur/Unternehmung Grün & Bilfinger AG

Abb. 1.20. Elorn-Brücke, Plougastel, Frankreich, 1930, Ingenieur Eugène Freyssinet

In Frankreich war wie in keinem anderen Land eine unübersehbare Tendenz zu innovativen Tragsystemen festzustellen. Die bedeutendste Brücke wurde nach Plänen von Eugène Freyssinet bei Plougastel (Bretagne) erstellt (Abb. 1.20). Sie überquert mit drei großen Spannweiten von 186 m bei einer Pfeilhöhe von 33,6 m die Mündung des Elorn in den Atlantik. Der Fahrbahnträger ist als Fachwerk ausgebildet und nimmt mit dem Untergurt den Bahnverkehr auf, während der Obergurt als Fahrbahnplatte für den Straßenverkehr ausgebildet ist. Das Lehrgerüst wurde als freitragender Fachwerkbogen aus Holz mit Zugband am Ufer hergestellt und eingeschwommen. (Dieses gewagte neuartige Gerüstkonzept wurde später auch beim Bau der Sandö-Brücke [Abb. 1.23] übernommen. Dort stürzte der 260 m weit gespannte Holzfachwerkbogen dann allerdings während der Betonierarbeiten ein, und das zweite Gerüst wurde wieder an Ort als traditionelles Fächergerüst erstellt.)

Für die Überbrückung der Geleiseanlagen im Bahnhof Paris-Est baute Albert Caquot einen Rautenträger mit ungewöhnlichen Abmessungen (Abb. 1.21). Die parallelgurtigen, in einem Abstand von 20,4 m angeordneten und als einfache

Abb. 1.21. Überführung Bahnhof Paris-Est, Frankreich, 1928, Ingenieur Albert Caquot

Balken ausgebildeten Träger weisen bei Spannweiten von 72 m und 77 m eine Höhe von 10,4 m auf. Die unteren Rautenknoten sind durch fachwerkartige Querträger verbunden. Die Fahrbahn verläuft etwa auf der Höhe des unteren Viertels der Rautenträger. Die Bewehrungsanordnung in den Knotenpunkten stellte höchste konstruktive Anforderungen. Dieses Bauwerk darf als außergewöhnliche Pionierleistung im Stahlbetonbrückenbau bezeichnet werden.

Die Spannweite der Geleiseüberführung Paris-Est wurde erst 1939 mit der Seine-Brücke Villeneuve-St.Georges geringfügig übertroffen. Es handelt sich allerdings um ein Kragsystem mit einem entsprechend günstigeren Momentenverlauf. Die Spannweiten betragen 39 m, 78 m und 39 m. Das Tragsystem ist statisch bestimmt, da die Randfelder 11 m vor dem Endauflager ein Gelenk aufweisen. Damit sollten vermutlich negative Auflagerdrücke vermieden werden. Der Querschnitt ist als dreizelliger Kasten mit stark variabler Höhe ausgebildet. Über den Zwischenstützen beträgt die Trägerhöhe 7,75 m, im Scheitel 2,52 m. Die Spannweite dieser Seine-Brücke wurde von keiner anderen schlaff bewehrten Balkenbrücke mehr übertroffen.

Englands bedeutendste Stahlbetonbrücke ist die Waterloo Bridge über die Themse bei London (Abb. 1.22). In Anlehnung an die Form der alten im Jahr 1817 erstellten mehrfeldrigen Bogenbrücke aus Mauerwerk wurde sie als Durchlaufträger mit stark variabler Höhe ausgeführt. Die Spannweiten betragen 74 m, 3-mal 77 m und 74 m. Der Querschnitt besteht aus zwei 7,6 m breiten Hohlkasten, die über einen 10 m breiten Plattenbalken verbunden sind. Die Trägerhöhe variiert zwischen 7,5 m über den Auflagern und 2,4 m in Feldmitte.

Die weitaus größte Stahlbetonbogenbrücke wurde Anfang der vierziger Jahre in Schweden gebaut. Nachdem bereits 1934 die Tranebergsund-Brücke bei Stock-

Abb. 1.22. Waterloo Bridge, London, 1940, Ingenieure Rendel, Palmer & Tritton und Architekt Sir G. Scott

Abb. 1.23. Sandö-Brücke, Schweden, 1943

holm mit einer Bogenspannweite von 181 m ohne nennenswerte Schwierigkeiten erstellt werden konnte, wurde bei der 810 m langen Sandö-Brücke in Mittelschweden eine Rekordspannweite von 267 m (bei einer Pfeilhöhe von 40 m) projektiert (Abb. 1.23). Damit stieß der Stahlbetonbau in Spannweitenbereiche vor, die bis anhin ausschließlich dem Stahlbau vorbehalten waren. Die Grenzspannweite für Betonbogen war damit zwar noch lange nicht erreicht, aber es zeigte sich bei der Ausführung der Sandö-Brücke, dass mit wachsender Spannweite den Problemen der Herstellungstechnik immer größere Bedeutung beigemessen werden musste. Zwanzig Jahre lang hielt die Sandö-Brücke den Spannweitenrekord, erst dann war die Gerüst- und Herstellungstechnik so weit entwickelt, dass Betonbrücken in noch größeren Spannweitenbereichen mit Stahlbrücken konkurrieren konnten.

Abb. 1.24. Brücke über den Rio de Peixe, Herval, Brasilien, 1930

In den USA war die Marktlage für Stahlbetonbrücken wesentlich weniger günstig als in Europa. Einfache Stahlbrücken ließen sich rascher herstellen, und der Materialaufwand spielte keine entscheidende Rolle. Große Stahlbetonbrücken wie die Franklin-Avenue-Brücke in Minneapolis sind deshalb eher eine Ausnahme. Bemerkenswert ist bei dieser Brücke neben der Gesamtlänge von über 300 m der 122 m weit gespannte Mittelbogen.

In Südamerika wurde 1930 über den Rio de Peixe in Südbrasilien eine ausführungstechnisch äußerst interessante Stahlbetonbrücke gebaut (Abb. 1.24). Dieser Fluss führt unberechenbare Hochwasser mit Wasserspiegelschwankungen von mehr als 10 m innerhalb weniger Stunden. Die Erstellung eines Lehrgerüstes hätte deshalb größte Schwierigkeiten bereitet, und man entschloss sich, die 68,5 m weit gespannte Mittelöffnung im Freivorbau auszuführen. Die Betonierabschnitte waren 1,5 m lang, und die Bewehrung, bestehend aus Stäben mit einem Durchmesser von 45 mm, wurde mit Muffen gestoßen. Obwohl der Freivorbau vom Stahlbrückenbau her bekannt war, handelte es sich hier um eine hervorragende Pionierleistung, deren große Bedeutung damals weder erkannt noch gebührend gewürdigt wurde.

Bei Santa Fé in Argentinien wurde 1941 die letzte große schlaff bewehrte Stahlbeton-Balkenbrücke gebaut, ein Gerberträger mit einer Mittelspannweite von 76 m. Das Projekt dieser Brücke war in Anbetracht der fortschrittlichen Querschnittsausbildung und der optimalen Bewehrungsanordnung eine außergewöhnliche Ingenieurleistung.

1.3.3 Weiterentwicklungen

Während der ersten, 50jährigen Entwicklungsphase des Stahlbetons wurde immer wieder versucht, die Qualität und die Wirtschaftlichkeit der neuen Bauweise zu verbessern. Erfindungen im konstruktiven Bereich hatten allerdings kaum Erfolg, denn sie erwiesen sich oft als wenig wirtschaftlich.

Die interessantesten bautechnisch-konstruktiven und nach den Erfindern benannten Besonderheiten waren etwa die Melan-Bauweise, bei welcher das Lehrgerüst aus Stahl als Bewehrung einbetoniert wurde, die von Emperger vorgeschlagene Gewölbeverstärkung durch Gusseisenkerne oder Visintinis vorfabrizierte Fachwerkträger. Für die Weiterentwicklung und die verbreitete Anwendung der Vorfabrikation fehlte es damals vor allem an geeigneten Montagegeräten.

Bedeutend mehr Erfolg war den Neuerungen auf materialtechnischem Gebiet beschieden. Eine wesentliche Verbesserung der Betonqualität in Bezug auf Festigkeit und Dichtigkeit konnte durch das Vibrieren des Betons mit Innenrüttlern erreicht werden. 1932 wurde diese Verarbeitungstechnik erstmals beim Bau der Gueuroz-Brücke (Abb. 1.16) angewendet. Ebenso bedeutend war die Einführung des gereckten profilierten Betonstahls. Dank der beträchtlichen Erhöhung der Zug- und Haftfestigkeit konnten die zulässigen Stahlspannungen wesentlich angehoben werden, beispielsweise in der SIA-Norm (1935) von 120 N/mm^2 auf 170 N/mm^2.

1.4 Erste Spannbetonbrücken (1930–1955)

Einen umwälzenden Einfluss auf die weitere Entwicklung der Stahlbeton-Bauweise hatte die Einführung der Vorspanntechnik. Das Prinzip der Vorspanntechnik, das darin besteht, dass den Beanspruchungen aus äußeren Einwirkungen ein künstlich erzeugter und günstig wirkender Spannungszustand überlagert wird, war an sich schon im Altertum beim Schiffsbau oder bei der Herstellung von Fässern sowie später auch bei der Ausführung von Mauerwerk bekannt. Die ersten Versuche mit vorgespannten Stahlbetonbalken wurden bereits Ende des 19. Jahrhunderts durchgeführt. 1888 ließ der deutsche Ingenieur W. Döhring die Herstellung von Platten, Latten und Balken für den Hochbau, bei denen zur Verminderung der Rissbildung gespannte Drähte einbetoniert wurden, patentieren. Zu einer verbreiteten baupraktischen Anwendung kam es aber vorerst nicht.

Erst der überragende französische Ingenieur Eugène Freyssinet erkannte die große Bedeutung und die vielseitigen Möglichkeiten dieser Technik. Er widmete sich intensiv der Entwicklung geeigneter Spannsysteme und ließ von 1928 bis 1936 mehrere Erfindungen von Spannpressen und Spanngliedverankerungen patentieren. 1935 konnte er der Société des Ingénieurs Civils de France mit dem viel beachteten Vortrag „Une révolution dans les techniques du béton“ die ersten vorgespannten Bauwerke vorstellen. Freyssinet propagierte von Anfang an Vorspannung in Verbund mit hochfesten, möglichst stark vorgespannten Drähten, und zwar sowohl für die Herstellung vorfabrizierter Elemente im Spannbettverfahren als auch für Ortsbeton mit eingelegten und nach dem Erhärten des Betons gespannten Kabeln.

Freyssinets Idee fand auch in Deutschland großes Interesse. Franz Dischinger (1887–1953), einer der erfahrensten Stahlbetonkonstrukteure, wählte vorerst einen anderen Weg in der Anwendung der Vorspanntechnik. Er konzipierte Zuggurte ohne Verbund aus Stahl mit einer Festigkeit von 520 N/mm^2, deren relativ kleine Vorspannung etwa 220 N/mm^2 betrug. Als Spannglieder verwendete er Stangen mit einem Durchmesser von 70 mm, an die ungefähr 1 m lange Gewindestücke stumpf angeschweißt waren. Die von Dischinger vorgeschlagene Art der Vorspannung wies allerdings verschiedene, zum Teil schwerwiegende Mängel auf. Die Spannstahlvordehnung war kaum doppelt so groß wie der Absolutwert der Schwind- und Kriechverkürzungen des Betons. Bei voller Vorspannung waren deshalb sehr große Spannkraftverluste zu erwarten, und im gerissenen Zustand war die Wirkung der verbundfreien Zuggurte relativ klein. Der Krümmungsradius der dicken Spannstangen war stark beschränkt, weshalb bei unterspannten Trägern die Spannpressen an den Umlenkstellen der Spannglieder angesetzt werden mussten. Problematisch waren außerdem die stumpf angeschweißten Gewindestücke. 1936/37 baute Dischinger mit diesem Spannsystem eine Straßenbrücke in Aue, einen vorgespannten Dreifeld-Gerberträger mit einer Hauptspannweite von 69 m, an den sich einseitig schlaff bewehrte Randfelder anschlossen. Trotz sorgfältigster Projektierung und Ausführung bewährte sich diese Brücke nicht. Nach 25 Jahren betrug der Spannkraftverlust etwa 75% der Anfangsspannung, d. h., die Zuggurte wiesen beinahe dieselbe Spannung auf, die sie ohne Vorspannung aus ständiger Last des Trägers ohnehin aufgewiesen hätten. Im Träger bildeten sich deshalb Risse und eine Einsenkung von etwa 200 mm.

Eine weitere Entwicklung blieb der Vorspannung ohne Verbund lange Zeit versagt. Erst etwa ab Mitte der 1970er Jahre wurde sie, allerdings in Verbindung mit stark vorgedehnten Spanngliedern, „wieder entdeckt“ und fand zunächst im Hochbau, dann aber auch im Brückenbau immer größere Verbreitung.

Die sehr ungünstigen Auswirkungen von Schwinden und Kriechen bei Trägern mit schwach vorgespannten Spanngliedern bewogen Dischinger zu einer eingehenden Abklärung des Verformungsverhaltens von Beton. Die von ihm hergeleitete zeitabhängige Dehnungs-Differentialgleichung zur Berücksichtigung von Kriechen und Schwinden ermöglichte erstmals eine zuverlässige Ermittlung der Spannkraftverluste. Die unzweckmäßige Vorspanntechnik mit schwach vorgedehnten Zuggliedern hatte zur Folge, dass besonders in Deutschland dem Kriech- und Schwindverhalten des Betons auch später eine unverhältnismäßig große Bedeutung beigemessen wurde. Der wissenschaftliche Wert der außerordentlich umfangreichen Forschungsarbeiten über das Verformungsverhalten von Beton ist zwar unbestritten, doch die baupraktischen Auswirkungen dieser Untersuchungen sind eher bescheiden. Auch anspruchsvolle Aufgaben wie z. B. die Berechnung der Überhöhungen und Schnittkraftumlagerungen bei Freivorbauträgern lassen sich mit einfachen Methoden aufgrund weniger, zuverlässig bestimmter Baustoffkennwerte mit ausreichender Genauigkeit lösen.

Für die weitere Entwicklung des Spannbetons waren Freyssinets Ideen richtungsweisend. Wenn auch das Ziel der Vorspannung primär darin bestand, einen günstigen Spannungszustand zur Vermeidung von Rissen und unerwünschten Ver-

Abb. 1.25. Marne-Brücke, Luzancy, Frankreich, 1949, Ingenieur Eugène Freyssinet

formungen herzustellen, war die Verwendung und festigkeitsmäßige Ausnützung hochwertiger Stahldrähte willkommen und von wirtschaftlich entscheidender Bedeutung. Freyssinet bevorzugte bei seinen vorgespannten Konstruktionen, wenn immer möglich, extrem dünnwandige vorfabrizierte Elemente. Die Vorspannung dieser Elemente erfolgt nicht nur im Spannbettverfahren, sondern auch mit Kabelvorspannung. Damit waren alle Grundlagen für die Vorspannung in Ortsbeton ebenfalls vorhanden. Nach der Herstellung mehrerer kleiner Brücken aus vorfabrizierten einfachen Balken begann Freyssinet 1941 mit dem Bau der 55 m weit gespannten Marne-Brücke bei Luzancy (Abb. 1.25). Die Bauarbeiten wurden durch den Krieg unterbrochen, aber 1945 erfolgreich beendet. Nach dem gleichen Prinzip wurden 1945/49 die berühmten Marne-Brücken bei Esbly, Annet, Trilbardou, Ussy und Changis-St. Jean gebaut. Es sind Zweigelenkrahmen mit Spannweiten von 74 m. Der Querschnitt besteht aus drei Kastenträgern mit einer sehr dünnen aufbetonierten Fahrbahnplatte. Bemerkenswert ist die Montage, indem etwa 2,4 m lange Fertigteile auf dem Wasser zur Baustelle transportiert und dort zu je drei Montageeinheiten zusammengefügt wurden. Zunächst wurden die relativ kurzen Kämpfereinheiten montiert und dann, ohne Gerüst und nur an Seilen aufgehängt, das lange Mittelstück eingebaut. Nach dem Einregulieren wurden die restlichen Spanndrähte eingezogen und die 2 cm breiten Fugen ausgemörtelt. Freyssinet verstand unter vorgespanntem Beton eine vollständig neue Bauweise mit extrem dünnen, in allen Richtungen voll vorgespannten Elementen, die sich deutlich vom traditionellen Stahlbetonbau unterschied. Bei den Marne-Brücke sind die Trägerstege nur 10 cm dick, und auch die Bügel sind vorgespannt. Diese Philosophie war für die weitere Entwicklung richtungsweisend und hatte zur Folge, dass Spannbetontragwerke lange Zeit nur mit voller Vorspannung ausgeführt wurden.

Der Wiederaufbau und die Erstellung neuer Verkehrsanlagen für den rasant anwachsenden Motorfahrzeugverkehr verhalfen dem Spannbetonbrückenbau, der dank seiner Wirtschaftlichkeit in immer größere Spannweitenbereiche vorstieß, zu einem ungeahnten Aufschwung. An den Technischen Hochschulen waren die Berechnung und Bemessung von Spannbetontragwerken eines der wichtigsten Forschungsziele. Aus unzähligen wissenschaftlichen Beiträgen ergab sich allerdings erst nach relativ langer Zeit ein klares Bild über das Verhalten von Spannbetonkonstruktionen. Für die Praxis in den nicht Französisch sprechenden Ländern war das von Fritz Leonhardt 1954 veröffentlichte Buch *Spannbeton für die Praxis* von überragender Bedeutung.

Bereits Ende der vierziger Jahre wurden – mehr oder weniger nach dem Vorbild des Spannsystems von Freyssinet – zahlreiche neue Systeme entwickelt. In Deutschland fand das System Dywidag große Verbreitung. Der Erfinder, Ulrich Finsterwalder, war als Schüler Dischingers bereits beim Bau der ersten unterspannten Brücken beteiligt. Von Dischingers ursprünglichem Konzept blieb allerdings wenig übrig. Als Spannglieder wurden zwar noch Stangen verwendet, aber mit einem viel kleineren Durchmesser (26 mm) und einer bedeutend höheren Zugfestigkeit von etwa 900 N/mm^2; die Vorspannung erfolgte mit nachträglichem Verbund.

Fritz Leonhardt entwickelte mit seinem Partner W. Baur das Spannverfahren Leoba. Er verwendete Litzen aus hochfestem Stahl (Zugfestigkeit 1800 N/mm^2), die er in einem Spannkanal konzentrierte und am Brückenende um einem Spannblock herumführte.

Mit den Spannsystemen Freyssinet, Dywidag und Leoba wurde mit Erfolg eine Anzahl großartiger Rahmenbrücken wie die Gänstor-Brücke in Ulm gebaut, die alle noch bestehenden Zweifel an der neuen Brückenbautechnik ausräumten.

In Belgien erwarb sich G. Mangel mit grundlegenden theoretischen Untersuchungen und der Entwicklung eines eigenen Spannsystems große Verdienste in der Verbreitung der Vorspanntechnik. 1949 erbaute er die Maas-Brücke in Sclayn bei Namur, den ersten vorgespannten, statisch unbestimmt gelagerten Durchlaufträger mit zwei Hauptöffnungen von 68 m.

In der Schweiz führten M. Ritter und P. Lardy 1941 die ersten Versuche mit Spannbettträgern durch, und 1943 wurde in Fribourg erstmals nach einem Projekt von A. Panchaud eine kleine Bahnbrücke aus vorfabrizierten Spannbetonträgern gebaut. Einen entscheidenden Einfluss auf die rasche Verbreitung und Weiterentwicklung der Spannbetonbauweise hatte die Firma Stahlton der Ingenieure M. Birkenmaier, A. Brandestini und M. R. Roš. Das 1948 unter der Bezeichnung BBRV entwickelte Spannsystem mit Kabeln aus hochfesten profilierten Drähten mit einer Zugfestigkeit von 1600 N/mm^2, die mit aufgestauchten Köpfchen an der Spannhülse verankert werden, fand dank sorgfältigster konstruktiver Durchbildung und hoher Zuverlässigkeit rasch eine weltweite Verbreitung. Mit diesem System wurden 1950/51 in der Schweiz die ersten kleineren Brücken erstellt. Der eigentliche Durchbruch der Spannbetontechnik in der Schweiz erfolgte 1956/58 mit dem Bau der 360 m langen Weinlandbrücke, eine Balkenbrücke, deren Hauptöffnung 88 m beträgt.

System wurden 1950/51 in der Schweiz die ersten kleineren Brücken erstellt. Der eigentliche Durchbruch der Spannbetontechnik in der Schweiz erfolgte 1956/58 mit dem Bau der 360 m langen Weinlandbrücke, eine Balkenbrücke, deren Hauptöffnung 88 m beträgt.

Bereits in den frühen 1950er Jahren verhalfen hervorragende Konstrukteure, wie Ulrich Finsterwalder und Fritz Leonhardt, Deutschland zu einer führenden Rolle im Spannbetonbrückenbau. Finsterwalder erkannte 1950 als erster die großen Vorteile des Freivorbaus im Spannbetonbau. 1951 erprobte er dieses im Stahlbau übliche und vor vielen Jahren bereits in Brasilien (Abb. 1.24) bei einer Stahlbetonbrücke angewendete Verfahren erstmals beim Bau der 62 m weit gespannten Lahn-Brücke bei Balduinstein. Die guten Erfahrungen mit dieser neuen Baumethode führten bereits zwei Jahre später zum Bau der ersten Spannbetonbrücke über den schiffbaren Rhein, der Nibelungenbrücke bei Worms, die drei Öffnungen mit Spannweiten von 102 m, 114 m und 104 m aufweist. Diese Brücke fand weltweit größte Beachtung und öffnete dem Spannbeton den Weg in den eigentlichen Großbrückenbau.

F. Leonhardt erbaute 1954 die Donaubrücke Untermarchtal, einen 334 m langen Durchlaufträger über fünf Felder. Um das Gerüst und die Schalung zweimal verwenden zu können, wurde der Träger in zwei Abschnitten ausgeführt. Diese Idee bildete die Grundlage für die feldweise Herstellung langer Durchlaufträger und veranlasste die Vorspannfirmen mit Kabelsystemen zur Entwicklung verschiedenartiger Kupplungsverankerungen. Mit der rasch wachsenden Verbreitung der Vorspanntechnik kamen auch weitere kostengünstige Kabelsysteme auf den Markt, unter anderem in Deutschland das bei Polensky & Zöllner entwickelte PZ-System und in der Schweiz 1954 das aus dem Freyssinet-Verfahren abgeleitete, aber schon nach kurzer Zeit vollständig modifizierte und für Litzen konzipierte VSL-System.

1.5 Entwicklung der Baumethoden zwischen 1950 und 1985

Inzwischen zeigte sich immer deutlicher, dass Freyssinets Philosophie der absolut vollen Vorspannung den Anwendungsbereich der Vorspanntechnik beträchtlich einengte. P. W. Abeles hatte bereits 1946 auf Vorteile einer teilweisen Vorspannung hingewiesen. Er verstand darunter allerdings eine reduzierte Vorspannung der Spannglieder oder aber eine Kombination gespannter und nicht gespannter Spannglieder. Immerhin zeigte er mit seinen Versuchen, dass voll und teilweise vorgespannte Biegebalken bei gleicher Bewehrung annähernd die gleiche Tragfähigkeit aufweisen. In verschiedenen Ländern wurden in den fünfziger Jahren unter ungünstigen Einwirkungen begrenzte Zugspannungen im Beton zugelassen. In Deutschland wurde 1953 der Begriff „Beschränkte Vorspannung" eingeführt und es wurden der Betonfestigkeit entsprechende rechnerische Randzugspannungen bis etwa 4 N/mm^2 zugelassen. Diese mussten durch eine schlaffe Bewehrung „abgedeckt" werden, wobei gemäß DIN 4227 die schlaffe Bewehrung beim Nachweis

Abb. 1.26. Rheinbrücke Tamins bei Reichenau, Schweiz, 1962, Ingenieur Christian Menn

Bei verschiedenen Tragsystemen lässt sich volle Vorspannung gar nicht oder nur mit sehr großem Aufwand an Spannbewehrung realisieren. In Maienfeld, Schweiz, wurde 1961 eine sehr schiefe vierfeldrige Eisenbahnbrücke gebaut, bei der die in Brückenlängsrichtung angeordneten Spannglieder im Sinn teilweiser Vorspannung durch eine schlaffe Bewehrung ergänzt werden mussten. Ein ähnliches Problem stellte sich ein Jahr später beim Bau der Rheinbrücke in Reichenau (Abb. 1.26). Da der Versteifungsträger einer Bogenbrücke infolge Verkehrslast stark variable positive und negative Momente aufweist, wurde eine relativ schwach bemessene zentrische Vorspannung durch eine schlaffe, den Momenten-Grenzwertlinien angepasste Bewehrung ergänzt. Es dürfte sich hier um die erste Bogenbrücke mit einem teilweise vorgespannten Versteifungsträger handeln.

In den sechziger Jahren nahm die Bautätigkeit, insbesondere der Straßenbau, ein ungeahntes Ausmaß an, was zu einer eigentlichen „Lohnexplosion" im Baugewerbe führte. Diese Situation erforderte Vereinfachungen und Rationalisierungen in der Brückenbautechnik. Brücken mit komplizierten, arbeitsintensiven Lehrgerüsten und Schalungen wie beispielsweise Bogenbrücken waren immer weniger und nur in Ausnahmefällen konkurrenzfähig. Für kleinere Spannweitenbereiche waren Brücken aus vorfabrizierten Trägern wirtschaftlich. Vor allem in Italien wurden mit diesem Verfahren sehr viele Brücken in außerordentlich kurzer Bauzeit erstellt. Zahlreiche Fugen und Lager wirkten sich aber nachteilig auf die Dauerhaftigkeit und den Benützerkomfort aus. Mit der Verbindung der Trägerelemente zu einem Durchlaufträger ließ sich diese Baumethode später wesentlich verbessern. Ein Beispiel dieser Bauweise ist der längste Autobahnviadukt in der Schweiz, der 3155 m lange Viaduc d'Yverdon (Abb. 1.27) mit Regelspannweiten von etwa 32 m, der auf sehr schwierigem Baugrund erstellt werden musste.

Bei langen Brücken aus Ortsbeton mit Spannweiten von etwa 40 m hatte die Lehrgerüsttechnik einen entscheidenden Einfluss auf die Wirtschaftlichkeit und die Bauzeit. In Deutschland wurde 1959/60 beim Bau der Autobahnbrücke Kettiger

Abb. 1.27. Viaduc d'Yverdon, Schweiz, 1982, Ingenieurbüro Perret-Gentil, Rey & Associés

Abb. 1.28. Krahnenbergbrücke, Deutschland, 1961, Ingenieur Hans Wittfoht

Hang erstmals ein Zweiphasen-Vorschubgerüst eingesetzt. Für die 1100 m lange Krahnenbergbrücke entwickelte H. Wittfoht das klassische und kostengünstige Einphasen-Vorschubgerüst, das zahlreichen weiteren Gerüstvarianten als Vorbild diente (Abb. 1.28).

Abb. 1.29. Rheinbrücke, Bendorf, Deutschland, 1956, Ingenieur Ulrich Finsterwalder

Abb. 1.30. Siegtalbrücke, Eiserfeld, Deutschland, 1965, Ingenieur Hans Wittfoht

Beim Bau der Caroni-Brücke in Venezuela schlug Fritz Leonhardt erstmals vor, den Träger über Stützen und provisorische Zwischenauflager einzuschieben. Aus dieser gerüstfreien Herstellungsmethode entwickelte er später das außerordentlich wirtschaftliche Taktschiebeverfahren.

Für große Spannweiten war der Freivorbau konkurrenzlos. Mit der von U. Finsterwalder erbauten Rheinbrücke bei Bendorf wurde erstmals im Spannbetonbrückenbau eine Spannweite von über 200 m realisiert (Abb. 1.29).

Eine interessante Variante entwickelte H. Wittfoht für die Herstellung der Siegtalbrücke (Abb. 1.30), indem ein Rüstträger für das Aufhängen der Vorbaugerüste, die Materialzufuhr und die Trägerstabilisierung benützt wurde.

Die ersten Brücken im Freivorbau mit vorfabrizierten Querschnittselementen wurden Ende der fünfziger Jahre gebaut. Ein besonders heikles Problem stellte sich bei der Ausbildung der Segmentfugen. In Russland wurden für die 148 m weit gespannte, im Jahre 1958 gebaute Moskwa-Brücke beim Lichačer-Autowerk die Stöße der schlaffen Bewehrung mit 20 cm dicken Betonfugen ausgebildet. Dies hatte jedoch eine beträchtliche Verzögerung des Baufortschritts zur Folge, und man verzichtete bei anderen Brücken auf eine durchgehende schlaffe Bewehrung. Bei der Irtysch-Brücke mit einer Hauptspannweite von 110 m wurden 20 mm dicke Mörtelfugen gewählt, und die im Winter erstellte, 64 m weit gespannte Ojat-Brücke weist erstmals Trockenfugen auf. Die Engländer haben mit der Medway-Brücke bei London ebenfalls im Freivorbau eine Spannweite von 150 m erreicht.

In Frankreich verfügte man bereits seit dem Bau der Marne-Brücken von Luzancy und Esbly über Erfahrungen mit der Montage von Fertigteilen. Weil Mörtelfugen ausführungstechnische Probleme verursachten und Trockenfugen bei Vorspannung im Verbund eine einwandfreie Injektion der Spannkanäle kaum zuließen, wurden neue Lösungen entwickelt. Die 1962/65 im Freivorbau erstellte Seine-Brücke von Choisy-le-Roi (Spannweiten 37,5 m, 55,0 m, 37,5 m) weist erstmals mit Epoxidharz beschichtete Segmentfugen auf. Die gleiche Fugenausbildung kam 1964 auch beim Bau der 3 km langen Brücke zur Insel Oléron an der Westküste Frankreichs zur Anwendung. Die Querschnittsegmente für die beiderseits fast 40 m weit auskragenden Freivorbauträger wurden über den bereits erstellten Brückenabschnitt antransportiert und mit einem auf das Kragarmende und die Vorbaupfeiler abgestützten Laufkran versetzt. Dieses System, das pro Tag die Montage von acht 3 m langen Segmenten ermöglichte, wurde mit Erfolg auch bei vielen anderen Brücken angewendet. Besonders bekannt ist vor allem der 2100 m lange Viaduc

Abb. 1.31. Viaduc de Chillon, Schweiz, 1969, Ingenieurbüro Piguet (J.C. Piguet und R. Hofer)

de Chillon am Genfersee (Abb. 1.31), der Spannweiten von 96 m bis 106 m und stark variable Krümmungen im Grundriss aufweist, oder die 1973 fertiggestellte, 6 km lange Brückenverbindung von Rio nach Niteroi, ein Parallelgurtträger mit Spannweiten von 80 m.

Die Holländer waren aufgrund ihrer Erfahrung mit großen Seebauten stets führend in der Montage von Schwerelementen mit Schiffskranen. Die 5 km lange Oosterschelde-Brücke mit eigenartiger Pfeilerform wurde 1962/65 in Rekordbauzeit erstellt (Abb. 1.32). Die ganze Brücke inklusive Fundationen und Pfeiler besteht aus Fertigteilen, die bis 600 Tonnen schwer sind. Die Elemente der im Freivorbau erstellten, 95 m weit gespannten Überbaufelder sind 12,5 m lang und wurden mit 40 cm dicken Betonfugen verbunden. Der durchschnittliche Baufortschritt betrug bei der Montage des Überbaus 3500 m^2 Brückenfläche pro Monat.

Die Überlegenheit beim Bauen mit riesigen, bis zu 1400 Tonnen schweren Fertigteilen demonstrierten die Holländer wiederum 1982/85 bei der Erstellung des Saudi Arabia–Bahrain Causeway, einem Brückenzug aus fünf Einzelbrücken mit Längen von 934 m, 2034 m, 5194 m, 3334 m und 934 m. In England und in Australien wurde die Segmentbauweise weniger in Verbindung mit Freivorbau verwendet. In der Regel, z. B. für den 1960/61 erstellten, 600 m langen Hammersmith-Flyover in London, wurden die Querschnittsegmente auf ein feldweise montiertes Lehrgerüst versetzt und nach dem Verfüllen der etwa 10 cm breiten Fugen mit Feinbeton zusammengespannt.

Eine ganz andere Methode zur Reduktion der Gerüst- und Schalungskosten wählte man in der Schweiz beim Bau der Birsbrücke in Basel. Der 25 m breite

Abb. 1.32. Oosterschelde-Brücke, Niederlande, 1965, Bauverwaltung Zeeland und Firma Van Huttum en Blankevoort

Abb. 1.33. Viadukt am Lac de Gruyère, Schweiz, 1978, Ingenieure E. u. A. Schmidt und B. Bernardi

Abb. 1.34. Brücken zur Insel Krk, Kroatien, 1979, Ingenieur Ilija Stojadinovic

Brückenquerschnitt wurde als einzelliger, relativ schmaler Kasten ausgebildet, wobei die weit ausladenden Fahrbahnkonsolen erst nach der Herstellung des Kastens mit einem Nachlaufgerüst erstellt wurden. Im Prinzip das gleiche Verfahren kam 1972/74 beim Bau der Zufahrtsviadukte der Felsenaubrücke in Bern und 1976/78 beim Bau des Viaduktes am Lac de Gruyère zur Anwendung. Bei diesen Brücken wurde zudem der Querschnittstrog so vorgespannt, dass das Gewicht der Fahrbahnplatte das Lehrgerüst nicht zusätzlich belastete. Der Autobahnviadukt am Lac de Gruyère weist 8,9 m weit auskragende, mit Querrippen versehene Kragplatten und einen schmalen Kastenträger von nur 6 m auf (Abb. 1.33).

Eine Bogenspannweite von 390 m erforderte die Brücke, die an der zerklüfteten Adriaküste Kroatiens die Insel Krk mit dem Festland verbindet (Abb. 1.34). Der Bogen besteht aus vorfabrizierten Kastensegmenten und wurde im Freivorbau erstellt. Der Transport der Bogensegmente an die Einbaustelle erfolgte mit einem Kabelkran. Im Bauzustand bildeten der Bogen, die Stützen, der Fahrbahnträger, provisorische Diagonalzugglieder und das am Brückenende im Fels verankerte Zugband ein auskragendes Fachwerk. Nach dem Scheitelschluss wurden die provisorischen Zugglieder wieder ausgebaut. Die extrem große Bogenspannweite dieses technisch und gestalterisch großartigen Bauwerks war gerade noch machbar, weil einerseits die geologisch-topographischen Verhältnisse und andererseits die Marktlage für eine Betonbogenbrücke sehr günstig waren.

1.6 Schrägkabelbrücken

In den Jahren 1959 bis 1962 erbaute Riccardo Morandi die 8678 m lange Brücke über den Maracaibo-See in Venezuela (Abb. 1.35). Für die 235 m weit gespannten Schifffahrtsöffnungen nutzte er die Vorteile der Kabelabspannung. Jedes Feld weist ungefähr in den Drittelspunkten zwei Abspannstellen auf. Die Trägerabschnitte von den Pylonen bis zu den Abspannstellen wurden auf Lehrgerüsten in Ortsbeton erstellt und nach dem Vorspannen an den Schrägkabeln aufgehängt. Das Feldmittelstück, als Einhängeträger ausgebildet, besteht aus vier schlanken vorfabrizierten T-Trägern. Die Abspannkabel sind mit Beton umhüllt, der beim Spannen der Kabel beliebig vorgedrückt werden konnte. Damit werden ein guter Kabelschutz und eine wesentlich größere Kabelsteifigkeit erreicht. Diese Betonumhüllung ist allerdings nur bei einer Konzentration der Abspannung in wenige Kabel wirtschaftlich, und im Weiteren wird der Bauvorgang dadurch wesentlich erschwert. Obwohl es nicht die erste Schrägkabelbrücke aus Beton war, wird Morandis Entwurf wegen seines persönlichen Stils als ein epochaler Fortschritt angesehen.

Die Brotonne-Brücke über die Seine ist mit einer Hauptspannweite von 320 m die erste große Vielkabelbrücke aus Spannbeton (Abb. 1.36). Die Abspannung erfolgte in einer einzigen Kabelebene mit harfenförmiger Kabelanordnung, wobei

Abb. 1.35. Brücke über den Maracaibo-See, Venezuela, 1962, Ingenieur Riccardo Morandi

Abb. 1.36. Seinebrücke Brotonne, Frankreich, 1976, Ingenieure Jacques Mathivat und Jean Muller

die Kabel nur noch mit Hüllrohren und Korrosionsschutz eingebaut wurden. Bei nur einer Kabelebene ergaben sich Einsparungen an den Pylonen, aber der Träger musste als torsionssteifer Kasten ausgebildet werden. Die harfenförmige Kabelanordnung erforderte einen etwas größeren Aufwand an Kabeln und hatte in den Nadelpylonen relativ große Biegebeanspruchungen zur Folge. Andererseits sind mit der durchwegs konstanten Neigung der Kabel beträchtliche konstruktive und ausführungstechnische Vorteile verbunden. Über den Pfeilern lassen sich dank der kurzen Kabellänge die Stützmomente beträchtlich reduzieren. Der Träger und die Pylone sind biegesteif miteinander verbunden. Der Überbau ist auf den Pfeilern mit Neopren-Platten gelagert. Der Träger der etwa 25 m breiten Brücken weist einen einzelligen Kastenquerschnitt auf und wurde im Freivorbau hergestellt. Die geneigten Stege waren vorfabriziert, und die Kastenplatten wurden etappenweise an Ort gegossen.

Abb. 1.37. Pasco-Kennewick-Brücke, USA, 1978, Ingenieurbüro Leonhardt und Andrä mit Arvid Grant

Die Pasco-Kennewick-Brücke, ebenfalls eine Vielkabelbrücke, wurde im Nordwesten der USA über den Columbia River gebaut (Abb. 1.37). Das Konzept dieser Brücke unterscheidet sich jedoch grundlegend von demjenigen der Brotonne-Brücke. Die Abspannung besteht aus zwei Kabelebenen, und die Kabel sind fächerförmig angeordnet. Dank einer konzentrierten Verankerung an der Pylonspitze treten in den H-Pylonen nur kleine Biegebeanspruchungen auf. Die Kabelverankerung stellt aber insbesondere in Bezug auf die Pylonspitze sehr hohe konstruktive und ausführungstechnische Anforderungen. Der Trägerquerschnitt ist als zweistegiger Plattenbalken ausgebildet. Nur an den Querschnittsrändern bilden die Stege mit der Fahrbahnplatte kleine dreieckförmige Hohlkästen. Der Träger ist bei den Pylonen nicht aufgelagert; er ist durchgehend an der Kabelabspannung aufgehängt. Der 25 m breite Träger wurde ebenfalls im Freivorbau hergestellt, indem vorfabrizierte Querschnittsegmente, die mit 8,2 m gleich lang waren wie der Abstand der Kabelverankerungen, eingeschwommen, von der Brücke aus hochgezogen und montiert wurden. Die Segmentstöße bestehen aus Epoxidharz-Kontaktfugen. Die schlaffe Längsbewehrung ist in den Fugen verschweißt. Hierfür wurden kleine Aussparungen vorgesehen.

Die Brotonne-Brücke und die Pasco-Kennewick-Brücke mit ihren unterschiedlichen Konzepten waren richtungsweisend für die weitere Entwicklung der Schrägkabelbrücken. Mit neuen geschickten Varianten wurde versucht, die Vorteile beider Konzepte zu verbinden und besser zu nutzen. Schrägkabelbrücken sind bei großen Spannweiten am wirtschaftlichsten. Sie wurden mit zunehmender Verbreitung und Perfektionierung der Herstellungstechnik auch im Spannweitenbereich unter 150 m kostengünstig.

Die Barrios-de-Luna-Brücke in Spanien (Abb. 1.38) wies 1984 mit 440 m die

Abb. 1.38. Barrios-de-Luna-Brücke, Spanien, 1984, Ingenieurbüro Carlos Fernandez Casado (Javier Manterola Armisen et Leonardo Fernández Troyano)

größte Spannweite für Schrägkabelbrücken auf. Die Abspannung dieser Vielkabelbrücke besteht aus zwei Kabelebenen mit halbharfenförmig angeordneten Kabeln. Wegen der außerordentlich kurzen Randfelder sind die Rückhaltekabel direkt im Baugrund verankert, und in der Trägermitte musste eine Dilatationsfuge versehen werden. Der Träger weist einen dreizelligen Kastenquerschnitt auf und wurde in Ortsbeton im Freivorbau ausgeführt.

In den 80er Jahren wurden Schrägkabelbrücken mit schlanker Fahrbahnplatte und Vielkabel-Abspannung entwickelt, nicht nur wegen ihrer Eleganz, sondern hauptsächlich wegen ihrer Wirtschaftlichkeit und des einfachen Baus. Der geringe Abstand der Kabel erlaubt wegen den kurzen Etappenlängen einen einfachen Freivorbau. Die Beanspruchungen der Kabel sind dabei gering, was den Gebrauch von geläufigen und standardisierten Kabeln gestattet und demzufolge die Kosten bedeutend verringert. Diese Vorteile wirken sich auch auf die Fahrbahnplatte aus, indem ihre Biegemomente in Längsrichtung bei geringem Abstand zwischen den Kabeln klein bleiben. Eine große Steifigkeit der Fahrbahnplatte ist also nicht wünschenswert. Somit ist der Fahrbahnträger eine leicht ausführbare und in Längsrichtung weiche Platte, die aber genügend Eigengewicht aufweist, um die Spannungsschwankungen im Gebrauchszustand klein zu halten. Das statische und dynamische Verhalten dieser Brückenart, insbesondere in Bezug auf die Stabilität des Fahrbahnträgers, konnte anhand von Forschungsarbeiten nachgewiesen werden. Eine erste Anwendung dieser Idee wurde für die Rheinbrücke bei Die-

Abb. 1.39. Brücke über den Rhein bei Diepoldsau, Schweiz, 1985, Ingenieure René Walther und Dialma J. Bänziger

Abb. 1.40. Ganterbrücke bei Brig, Schweiz, 1981, Ingenieur Christian Menn

poldsau (Abb. 1.39) mit einer Hauptspannweite von nur 97 m und einer 70 cm starken massiven Fahrbahnplatte ausgeführt. Diese Konstruktionsart ist heute für Schrägkabelbrücken mit Spannweiten bis etwa 250 m weit verbreitet.

Die Ganterbrücke (Abb. 1.40) hat neben einigen technischen Neuerungen eine einzigartige Silhouette, die ein neues optisches und ästhetisches Erscheinungsbild mit den Schweizer Alpen als passendem Hintergrund vermittelt. Die Linienführung für eine neue Straße über das Gantertal oberhalb der Stadt Brig im Wallis, Schweiz, sollte als Doppel-S-Kurve geschwungen verlaufen. Diese Anforderung erfüllt die Ganterbrücke mit einem geraden Haupttragwerk von 174 m Spannweite, das von gegenläufig geschwungenen, 127 m langen Anfahrtsrampen mit einem Krümmungsradius von nur 200 m flankiert wird.

Der als 9,6 m breiter Hohlkasten ausgebildete Fahrbahnträger wurde ohne seitliche Konsolen ausgebildet, was die Anordnung und Verankerung der speziellen

Schrägabspannung erleichterte, welche der Fahrbahnträger neben der eigenen Versteifung als weiteres Stützsystem benötigte. Da die Abspannung dem gebogenen Straßenverlauf folgen musste, wurden die Kabel mit einer ebenfalls geschwungenen, starren Betonhülle ummantelt und vorgespannt, womit eine volle Vorspannung der Zugscheiben erreicht wurde. Aus optischen Gründen wurde das Detail auch bei der Hauptspannweite wiederholt, obwohl es hier konstruktiv nicht erforderlich war.

Aufgrund der Tiefe des Tales musste einer der Pfeiler 150 m hoch werden und konnte nicht als schlanke Säule entworfen werden. Die steif wirkenden Pfeiler sind als vertikale Hohlkasten ausgebildet und verlängern sich oberhalb der Fahrbahn zu kurzen Pylonen, welche die Schrägkabel aufnehmen und eine Art Portique über der Straße bilden.

1.7 Neuester Stand und Tendenzen (1985–2000)

1.7.1 Balken-, Rahmen- und Bogenbrücken

Obwohl heute die Baustofftechnologie und die Bauverfahren hoch entwickelt sind und dem Ingenieur leistungsfähige Berechnungsmethoden zu Verfügung stehen, mit denen komplexe Tragsysteme statisch und auch dynamisch untersucht werden können, beschränkt sich die große Masse der neu gebauten Brücken auf die allgegenwärtigen Parallelbalken, die oft einförmig, phantasielos und banal wirken. Zu dieser Situation hat auch die in den letzten Jahren überhandnehmende Reglementierung im Bauwesen beigetragen.

Der Ausbau des Bahnnetzes, insbesondere für Hochgeschwindigkeitszüge, führte zum Bau von vielen Viadukten und Brücken, in Europa vor allem in Deutschland, Frankreich und Italien. Bei Neubaustrecken für die Bahn stellt sich die Frage einer einheitlichen Gestaltung und konstruktiven Durchbildung der Ingenieurbauwerke, wobei den Anforderungen des Lärmschutzes oft mit gestalterisch wenig befriedigenden, auf den Konsolen aufgesetzten Lärmschutzwänden entsprochen wird.

Eine andere Lösung der Lärmschutzfrage wurde mit der 448 m langen Inntalbrücke als Teil der Umfahrungsstrecke von Innsbruck gefunden (Abb. 1.41). Die Brücke übersetzt die Autobahn und den Inn, und anschließend an die Brücke verschwindet die Bahnlinie in einem Tunnel. Der als Trog ausgebildete Balken wurde aus Gründen des Lärmschutzes gewählt. Das 14 m breite Spannbetontragwerk mit einer Konstruktionshöhe von 5,9 m besteht aus elf einfachen Balken mit einer Regellänge von 50 m. Die Enden zweier aufeinanderfolgenden Brückenfelder ruhen jeweils auf einem Pfeiler, der aus runden, konisch ausgebildeten Schäften besteht, auf denen umgekehrte Pyramidenstumpfe als Pfeilerköpfe aus Spannbeton aufgesetzt sind. Der Balkenquerschnitt besteht aus dreizelligen Spannbeton-Hohlkästen, und die Trogwände mit integriertem Lärmschutz sind mittragend. Das Tragwerk weist eine Längsvorspannung im unteren Querschnittsbereich sowie in

Abb. 1.41. Inntalbrücke, Innsbruck, Österreich, 1994, Ingenieure Horst Passer und Oswald Neuner

Abb. 1.42. Autobahn-Viadukte von Sylans bei Lyon, Frankreich, 1990, Ingenieur/Unternehmung Bouygues

den Längsstegen auf. Die Fahrbahnplatte ist quer vorgespannt, und in der Außenwand des Troges ist noch eine Ringverspannung vorhanden.

Ein spezielles Zusammenspiel von Material und Konstruktion wurde mit den rund 1300 m langen Autobahn-Viadukten von Sylans erreicht, deren Fahrbahnen von leichten und wirtschaftlichen Fachwerken getragen werden (Abb. 1.42). Dabei handelt es sich um eine Weiterentwicklung der für die Bubiyan-Brücke in Kuwait bereits 1981 angewandten Technik. Die Längsvorspannung der Brückenbalken mit außenliegenden Spanngliedern erlaubt aufgelöste Stege in Form von gekreuzten Diagonalen, die durch eine entsprechende Spanngliedführung vorgespannt sind. Der Fahrbahnträger mit einer Regelspannweite von rund 60 m besteht aus vorfabrizierten Elementen und ist in Segmentbauweise erstellt worden.

Abb. 1.43. Brücke bei Arbois, Frankreich, 1991, Ingenieur Michel Virlogeux und SETRA

Für die Aufnahme von Querkräften ist Stahl gegenüber Stahlbeton leistungsfähiger und für die Aufnahme von Zugkräften ist Spannbeton wirtschaftlich. Daraus folgt die Konzeptidee von Verbundbrücken mit einer oberen und unteren Platte aus Stahlbeton und einem Steg aus Stahl, ausgeführt als ausgesteiftes Blech, als Wellblech oder aufgelöst in Form von Diagonalen. Die Brücke bei Arbois im französischen Jura über drei Felder mit Spannweiten von 30 m sind die Stege aus Stahlfachwerk ausgebildet (Abb. 1.43).

In Ländern mit einem bereits seit einiger Zeit bestehenden Bahn- und Straßennetz ist es immer öfter notwendig, bestehende Brücken umzubauem oder in wesentlichen Bauteilen zu ersetzen, um neuen Nutzungsanforderungen zu genügen. Dies führt zu reizvollen gestalterischen Aufgaben, indem beispielsweise neue und alte Bausubstanz kombiniert werden soll. Außerdem ergeben sich anspruchsvolle ausführungstechnische Problemstellungen, denn die baulichen Eingriffe müssen in der Regel unter Aufrechterhaltung des Verkehrsbetriebs ausgeführt werden.

Bei der Bahnbrücke über die Aare bei Brugg wurde wegen der großen Lärmimmissionen und wegen der für den modernen Bahnbetrieb ungenügenden Tragfähigkeit ein 90-jähriger stählerner Überbau mit fünf einfeldrigen, halbparabelförmigen Fachwerkträgern durch einen durchlaufenden Spannbetonbalken mit variabler Höhe ersetzt (Abb. 1.44). Der neue Überbau wurde seitlich auf provisorischen Pfeilern erstellt und in zwei Etappen quer eingeschoben. Bis auf eine 10-stündige Betriebseinstellung beim zweiten Querverschub konnte dank dieses Bauvorgangs ein mindestens einspuriger Betrieb während der ganzen Bauzeit aufrechterhalten werden. Der 120 Jahre alte Unterbau aus Natursteinmauerwerk konnte für die wesentlich höheren Eigenlasten des neuen Überbaus instandgesetzt werden. Dieses Bauvorhaben verlangte die Anwendung modernster Verfahren des Brücken- und Spezialtiefbaus sowie der Messtechnik. Eine Besonderheit ist die Gestaltung

Abb. 1.44. Bahnbrücke über die Aare, Brugg, Schweiz, 1996 (Umbau), Ingenieurbüro Gerber und Partner (Ingenieur Bruno Kuhn)

Abb. 1.45. São-João-Brücke, Porto, Portugal, 1991, Ingenieur Edgar Cardoso

des Balkens im Bereich der Pfeiler zur Einbindung des neuen Überbaus in den bestehenden Unterbau.

Die S.-João-Brücke über den Douro-Fluss in Portugal ersetzt die ursprüngliche, einspurige Bahnlinie mit der benachbarten, von Gustave Eiffel 1877 gebauten Bogenbrücke (Abb. 1.45). Die neue doppelspurige Brücke hat mit einer Hauptspannweite von 250 m die größte Spannweite für Bahnbrücken aus Beton. Der Überbau mit einer Gesamtlänge von 1028 m wurde ohne Fugen gebaut. Hydraulische Vorrichtungen in den Widerlagern sorgen dafür, dass das Tragwerk einerseits frei von Längsverschiebungen bei langsamen thermischen und zeitabhängigen Einwirkungen ist, andererseits aber bei schnellen horizontalen Einwirkun-

Abb. 1.46. Stolmabrücke bei Bergen, Norwegen, Baujahr 1998, Ingenieurbüro Instanes A/S

gen infolge Bremsen und Erdbeben die entsprechenden Kräfte aufnehmen kann. Die beiden rund 50 m hohen Mittelpfeiler sind fest mit dem Balken verbunden, um so eine Rahmenkonstruktion zu bilden. Der Überbau besteht aus einem dreistegigen Hohlkasten mit veränderlicher Höhe von 3,8 m am Scheitel zunehmend auf 12 m über den Hauptpfeilern. Der Balken ist sowohl in Längsrichtung als auch in vertikaler Richtung zur Aufnahme der Querkraft vorgespannt. Der Obergurt hat eine Breite von 12 m. Die Fahrbahn ist über spezielle Betonträger fest mit der oberen Platte verbunden; die Schienenbefestigung ist mit einer Dämpfung versehen, um Vibrationen zu lindern, und vermag die großen Dilatationen infolge der Temperaturänderungen aufzunehmen.

Mit einer Spannweite von 260 m war die 1986 gebaute Gateway-Bridge an der Ostküste Australiens während acht Jahren die am weitesten gespannte Freivorbau-Balkenbrücke. Dieser Brückentyp gelangte vor allem in Norwegen zu einer breiten Anwendung. Die Stolmabrücke mit einer Mittelspannweite von 301 m ist heute die am weitesten gespannte Freivorbau-Balkenbrücke (Abb. 1.46). Der einzellige Hohlkasten variiert von 3,5 m im Scheitel bis auf 15 m über den Pfeilern. Die beiden kurzen Seitenspannweiten von 94 m respektive 72 m wurden mit Kies gefüllt, um so als Gegengewicht wirken zu können. Die Balkenbreite von 9 m ergab sich aus der Windlast, denn eine Straßenbreite von 6,5 m hätte genügt, um das relativ bescheidene Verkehrsvolumen zwischen zwei Inseln zu bewältigen. Obwohl die mittleren 182 m der Mittelspannweite in Leichtbeton ausgeführt wurden, ergeben die ständigen Lasten 90% der Bemessungswertes der Schubkraft bei den Pfeilern. Im Querschnitt über den Pfeilern befinden sich rund 100 Vorspannkabel in der Fahrbahnplatte und im oberen Stegbereich. Zur Aufnahme der Schubkräfte wurden die Kabel des oberen Stegbereichs in den Seitenspannweiten in die untere Platte geführt. Der Fundamentbereich der Pfeiler ist mit einem kathodischen Korrosionsschutz versehen. Die Spannweite dieser Brücke dürfte kaum noch wesentlich übertroffen werden können, denn bei einer so großen Spannweite sind Schrägkabelbrücken in der Regel wirtschaftlicher.

In den letzten Jahren wurden in China mehrere bemerkenswerte Brücken gebaut. Die heute weltweit größte Spannweite für Bogenbrücken aus Beton ist die Wanxian-

Abb. 1.47. Wanxian Yangtze River Bridge, China, 1998, Zhi-Hua Yang, Highway Planning and Design Institute of Sichuan Province

Straßenbrücke, die den Yangtse-Fluss mit 420 m überspannt (Abb. 1.47). Beim Bau wurde zunächst ein Stahlbogen aus Rohrprofilen montiert, die mit Beton gefüllt wurden, um so als steifes Gerüst beim Betonieren des Bogens mit Beton einer Druckfestigkeit von 60 N/mm^2 zu dienen. Die einbetonierte Stahlkonstruktion dient im Endzustand als Bewehrung des Bogens, der als dreizelliger Hohlkasten mit Abmessungen von 7 m mal 16 m ausgebildet ist. Aufgrund der schwierigen geologischen Verhältnisse mussten die Bogenwiderlager auf vertikalen Pfählen und massiven Blöcken für den Bogenschub fundiert werden.

In den letzten Jahren wurden mehrere lange Viadukte gebaut, um zwischen Festland und Insel eine feste Verbindung herzustellen. Dabei erwiesen sich Hohlkastenträger mit veränderlicher Höhe und großen Spannweiten als wirtschaftlich. Einige prominente Beispiele sind die 6,6 km lange Westbrücke mit Regelspannweiten von 110 m über den Stoerebelt in Dänemark, der 12,9 km lange Northumberlandviadukt (Abb. 1.48) mit Regelspannweiten von 250 m vom kanadischen Festland auf die Prince Edward Island oder die 1987 gebaute, 5,5 km lange Mahatma-Gandhi-Brücke mit Regelspannweiten von 121 m über den Ganges-Fluss in Indien.

In den sich in den letzten Jahren rasch entwickelnden Großstädten des asiatischen Raumes sind viele Viadukte mit einer Länge von mehreren Kilometern für Straßen und leichte Bahnen entstanden, beispielsweise der 8 km lange Viadukt für die innerstädtische Leichtbahn in Singapur (Abb. 1.49). Dabei wurde oft die Segmentbauweise eingesetzt, bei der vorfabrizierte Betonelemente mit Hilfe von speziellen Versetzgerüsten oder im Freivorbau montiert und mit Vorspannkabeln zu einem monolithischen Brückenüberbau zusammengespannt werden. Insbesondere im Großbrückenbau können durch eine weitgehende Vorfabrikation von zusammensetzbaren Segmenten teure Lehrgerüste entfallen und die Baukosten sinken.

Abb. 1.48. Northumberlandviadukt, Kanada, 1997, Ingenieurbüro J. Muller Int., San Diego, Kalifornien, and Stanley Atlantic, Calgary, Alberta

Abb. 1.49. Viadukt für eine Leichtbahn, Singapur, 1999, Unternehmung: Gammon Pte Ltd Singapur, Ingenieur Maunsell Consultants Asia

Außerdem kann die Bauzeit verkürzt werden. Diese äußerst wirtschaftliche Bauweise hat sich in den letzten 20 Jahren rasch entwickelt und ist heute eine weltweit etablierte Bauweise.

Abb. 1.50. Annacisbrücke, Vancouver (Canada), 1986, Ingenieurbüro Buckland & Taylor

1.7.2 Kabelverspannte Brücken

Mit der raschen Verbreitung der Schrägkabelbrücken wurden neuartige Entwurfsmöglichkeiten eröffnet. Die Verbundbauweise beispielsweise wurde erstmals für den Bau des Trägers der 465 m weit gespannten Annacisbrücke über den Fraser bei Vancouver eingesetzt (Abb. 1.50). Die nur 22 cm starke Fahrbahnplatte aus Beton wird durch ein 2 m hohes Rahmensystem von Längs- und Querträgern aus Stahl unterstützt. Die Stahlkonstruktion wurde von den Pylonen aus als Ausleger gebaut und dann mit vorfabrizierten Betonplatten belegt. Dieser schlanke Fahrbahnträger ist über der gesamten Länge im Abstand von jeweils 9 m an den Kabeln am Rahmen befestigt. Dies ergibt eine durchgängige Aufhängung der Fahrbahn, und die Schrägkabel sind als Halbfächerabspannung geführt. Die 154 m hohen Zwillingspylone haben einen H-förmigen Aufriss.

Abb. 1.51. Rhonebrücke, St-Maurice, Schweiz, 1986, Ingenieure René Walther und Bonnard & Gardel S.A.

Abb. 1.52. Tsukuhara-Brücke, Kobe, Japan, 1998, Ingenieure der Japan Highway Public Corporation und Sumitomo Construction Company, Architektin Miyoko Ohno

Die Originalität der Rhonebrücke bei St-Maurice in der Schweiz ist deren Integration in die Landschaft, indem die Pylone derart gestaltet wurden, dass sie auch Teil des Tunnelportals sind (Abb. 1.51). Der 111 m lange, an drei Schrägkabeln abgespannte Fahrbahnträger ist in Verbundbauweise konstruiert.

Die Tsukuhara-Brücke ist ein dreifeldriges Rahmentragwerk mit einer Hauptspannweite von 180 m (Abb. 1.52), wobei die über relativ kurze Pylone geführten

Abb. 1.53. Skarnsundet-Brücke, Trondheim Fjord, Norwegen, 1991, Ingenieurbüro Johs. Holt S.A. und René Walther (Berater)

Schrägkabel als außenliegende Vorspannung verstanden werden können. Während noch vor 10 Jahren für solche Spannweiten entweder Freivorbaubrücken oder Schrägkabelbrücken gebaut wurden, führt deren Kombination zu kostengünstigen Lösungen. Dieses Tragwerkskonzept wurde in Japan bereits 1994 mit der Odawara-Brücke realisiert.

Die Skarnsundet-Brücke war mit 530 m Spannweite die erste Schrägkabelbrücke mit einer Spannweite von mehr als 500 m (Abb. 1.53). Obwohl die Brücke eine wichtige Verbindung schafft, rechtfertigte das Verkehrsaufkommen nicht mehr als zwei Fahrspuren, was zu einem außerordentlich schmalen Träger in Verhältnis zur Länge führte. Dreieckförmige, hohle Kastensegmente aus Beton verleihen der nur 2,15 m hohen und 13 m breiten Fahrbahn aerodynamische Stabilität und Torsionssteifigkeit unter Verkehrslast. Die Schmalheit der Brücke wird durch die 152 m hohen A-förmigen Pylone betont. Die Fahrbahn wird in Fächerabspannung von zahlreichen Kabeln getragen. Der Kastenträger der landwärts führenden Zufahrtsviadukte erhält durch Füllung mit Ballast zusätzliche Masse als Gegengewicht zur Kabelabspannung. Die Skarnsundet-Brücke ist heute noch immer die weitest gespannte Schrägkabelbrücke in reiner Betonbauweise.

In China gibt es heute drei Schrägkabelbrücken mit einer Spannweite von etwa 600 m. Die Yangpu-Brücke über den Huangpu-Fluss wird seit der Inbetriebnahme von 50.000 Fahrzeugen pro Tag befahren und ist somit ein wichtiges Bauwerk, um den starken Verkehr in der sich schnell entwickelnden Stadt Shanghai aufzunehmen. Die schwierigen Baugrundverhältnisse gaben den Vorzug für die Schrägkabelbrücke mit einer Spannweite von 602 m anstelle einer Hängebrücke,

Abb. 1.54. Normandie-Brücke, Le Havre, Frankreich, 1995, Ingenieure SETRA (Michel Virlogeux), Architekt Charles Lavigne

die im schwierigen Baugrund nur schwer hätte verankert werden können. Der in Verbundbauweise ausgeführte Fahrbahnträger ist an 223 m hohen, als umgekehrte Y konzipierten Pylonen in Fächerabspannung aufgehängt.

Mit der Normandiebrücke über die Mündung der Seine in der Nähe von Le Havre wurden die sehr großen Spannweiten für Schrägkabelbrücken eröffnet (Abb. 1.54). Die Brücke ist insgesamt 2140 m lang und die Mittelspannweite beträgt 856 m. Der 624 m lange Mittelteil des Fahrbahnträgers besteht aus einem orthotropen Stahlquerschnitt; für die Zufahrtsrampen und die ersten 116 m der Hauptspannweite erwies sich jedoch ein Spannbetonträger als vorteilhaft. Diese Kombination von vorgespanntem Beton und Stahlbau ist ein Hauptmerkmal des Tragwerkskonzeptes. Der leichte Stahlträger erlaubt die Kabelgrößen zu begrenzen, während der schwere Betonbalken die Steifigkeit der Brücke erhöht und als Rückverankerung der Schrägkabel dient. Die durch Wind induzierten Kräfte bestimmten die Form des 214 m hohen Pylons und des Fahrbahnträgers, der einen einzelnen stromlinienförmigen Querschnitt mit hoher Torsionssteifigkeit über die gesamte Brückenlänge aufweist. Es wurde ausschließlich Hochleistungsbeton mit einer Druckfestigkeit von 60 N/mm^2 verwendet. Das Erscheinungsbild wird durch den stromlinienförmigen Fahrbahnträger und die dynamische Form des Pylons geprägt. Bei der Detailgestaltung der Pfeiler und Pylone war der Beitrag des Architekten sehr wichtig, um den überzeugenden Gesamteindruck zu erhalten.

Die Tatara-Brücke in Japan in Stahlbauweise hat die Normandiebrücke 1999 mit einer Spannweite von 890 m übertroffen, und es scheint, dass der Wettlauf um die größte Spannweite von Schrägkabelbrücken noch nicht abgeschlossen ist.

In den letzten Jahren sind einige, auch größere Brücken von Architekten entworfen worden und durch eine besondere Gestaltung aufgefallen. Dabei sind Brücken mit überraschender Formenvielfalt auf hohem ästhetischen Niveau entstanden, die großen Eindruck machen. Allerdings wurde manchmal die konstruktive Konsequenz des Kräfteflusses zugunsten großartiger Formideen geopfert. Spannweiten wurden unnötig vergrößert oder Kräfte auf Umwegen geführt. Fragile Tragwerkselemente wurden dort eingesetzt, wo die größten Kräfte wirken, oder umgekehrt wurden überdimensionierte Details konstruiert, wo nur kleine Kräfte aufzunehmen waren. Auch wenn Brücken nicht immer nur auf Zweckbauten reduziert werden müssen, so haben diese Inkonsequenzen zu unausgewogenen, da teuren Bauwerken geführt. Dies ist in Ausnahmefällen durchaus gerechtfertigt, wenn beispielsweise bewusst ein Zeichen für ein besonderes Ereignis oder einen kulturellen Wert gesetzt werden soll. Der Brückenbau ist damit zu einem Teil des modernen Kunstbetriebs geworden, der von medienwirksamen Neuheiten und Attraktionen in Gang gehalten wird.

In diesem Bereich hat sich vor allem der Ingenieur und Architekt Santiago Calatrava hervorgetan. Seine Alamillo-Brücke ist nicht nur eine Flussüberquerung, sondern auch ein „landmark" für die Weltausstellung 1993 in Sevilla (Abb. 1.55). Diese Brücke gilt als eine der schönsten Schrägkabelbrücken, obwohl auf die eigentlichen wirtschaftlichen Vorteile des Schrägkabelbrückenbaus verzichtet wurde. Der 200 m weit gespannte schlanke und leichte Fahrbahnträger aus Stahl besteht aus einem hexagonalen Kastenquerschnitt mit lateralen, 13,2 m ausladenden Kragarmen, welche eine 23 cm dicke Betonplatte tragen. Dieser Fahrbahnträger ist an einem massiven, um 32° geneigten Pylon in Verbundbauweise aufgehängt, wodurch das Bild einer Harfe entsteht. Das ist wohl architektonisch überzeugend, technisch aber aufwendig, insbesondere weil der Pylon nicht zurückgespannt ist. Sowohl der Fahrbahnträger als auch der Pylon mussten in die Fundation eingebettet werden. Bei dieser Konstruktion, wo die Fahrbahn mit der Verkehrslast durch die Masse und die Neigung des Pylons balanciert werden, ist es wichtig, die wirklichen Kabelkräfte

Abb. 1.55. Alamillo-Brücke, Sevilla, Spanien, 1993, Ingenieur/Architekt Santiago Calatrava

Abb. 1.56. Brücke über den Lerez-Fluss, Pontevedra, Spanien, 1995, Ingenieurbüro Carlos Fernandez Casado S.L. (Leonardo Fernández Troyano, Javier Manterola Armisén, Miguel A. Astiz Suárez)

genau zu kennen, denn bei einer kleinen Veränderung der Kabelkräfte ändern sich die Beanspruchungen im Tragwerk stark. Eine Reduktion der Kabelkräfte um 10% verursacht beispielsweise etwa eine Verdoppelung des Biegemomentes im Pylonfuß.

Die Schrägkabelbrücke über den Lerez-Fluss weist eine einzelne Spannweite von 125 m auf, die mit einem einzelnen geneigten Pylon mit Rückhaltekabeln im Gleichgewicht steht (Abb. 1.56). Gleich wie bei der Vorgängerbrücke, der 1978 gebauten Sancho-el-Mayor-Brücke über den Ebro, befindet sich der Pylon in der Brückenlängsachse, und die Rückhaltekabel mussten je seitlich der Straßenfahrbahn angeordnet werden. Die Ebene der Hauptkabel bildet so zusammen mit den in räumlicher Anordnung als hyperbolische Paraboloide ausgebildeten Rückhaltekabelflächen im Grundriss einen Winkel von etwa 120°, was zu einem attraktiven Erscheinungsbild führt. Die vertikale Komponente der Rückhaltekraft wird mit zwei Gegengewichten und Ankern aufgenommen. Die horizontale Kraftkomponente wird auf eine Druckdiagonale zwischen den Gegengewichten und dem Pylonfundament abgetragen.

Moderne Verkehrsbedürfnisse führen vermehrt dazu, dass sich auch Brücken mit großen Spannweiten der Linienführung unterzuordnen haben. Dies führt zu Fahrbahnen, die im Grundriss gekrümmt sind. Gegenüber geraden Brücken eröffnen gekrümmte Fahrbahnen das Gebiet von räumlichen Tragwerken mit einzigartigen Eigenschaften bezüglich Steifigkeit und Erscheinungsbild.

Abb. 1.57. Fußgängerbrücke, Kehlheim, Deutschland, 1987, Ingenieur Jörg Schlaich (mit Architekten K. Achermann und Partner)

Abb. 1.58. Sunnibergbrücke, Klosters, Schweiz, 1998, Ingenieure Christian Menn (Konzept) und Bänziger + Bacchetta + Partner (Detailprojekt), Architekt Andrea Deplazes (Berater)

Die Fußgängerbrücke in Kehlheim mit ihrem im Grundriss gekrümmten und nur einseitig aufgehängten Träger deutet die mögliche Formenvielfalt der Hängebrücken an und zeigt, dass es mit ihr besonders gut gelingt, die Forderung nach der Übereinstimmung von Form und Funktion zu erfüllen (Abb. 1.57). Mit einem im Grundriss gekrümmten Träger konnten die Platzgestaltung vor dem Stadttor, die Wegführung und die Forderungen der Schifffahrt auf dem Rhein-Main-Donau-Kanal günstig gelöst werden. Gleichzeitig wurden die speziellen statischen Eigenschaften des Kreisringträgers dadurch genutzt, dass man ihn nur einseitig aufhängen muss.

Die Sunnibergbrücke ist eine mehrfeldrige Schrägkabelbrücke mit einer Gesamtlänge von 526 m (Abb. 1.58). Sie ist Bestandteil einer Umfahrungsstraße in einer sensitiven Berglandschaft in den Schweizer Alpen. In Bezug zur Topographie und Linienführung der Straße passten fünf Felder mit einer Hauptspannweite von 140 m in Brückenmitte am besten. Wegen seiner starken Krümmung im Grundriss konnte der Fahrbahnträger an beiden Enden ohne Dilatationsfugen fest mit den Widerlagern verbunden werden, denn die Längenänderungen des Überbaus werden durch horizontale Radiusveränderungen aufgenommen. Die Pfeilerköpfe sind dadurch in der Horizontalebene stabilisiert. Die Pylone sind wegen der Lichtraumverhältnisse in der Kurve leicht nach außen geneigt und bilden mit den rund 60 m hohen Pfeilern eine statische und formale Einheit. Die Pylone sind mit 14 bis 16 m niedrig gehalten, etwa 1/10 der Spannweite oder 1/4 der Pfeilerhöhe. Dies führt zu einer flachen Kabelneigung und einem entsprechend biegeweichen Fahrbahnträger. Da somit die Momente aus feldweiser Last nicht in den Nachbarfeldern aufgenommen werden können, müssen sie direkt in den Pfeiler eingeleitet werden. Die Pfeilermomente infolge feldweiser Trägerbelastung nehmen nach unten linear ab. Die Pfeilerform reflektiert diesen Kräfteverlauf. Überbau und Pfeiler bilden somit eine Einheit. Bei der Querspannweite der Fahrbahnplatte von etwas mehr als 10 m wurde eine Plattenstärke von 40 cm mit 80 cm dicken, den Nocken der Kabelverankerungen entsprechenden Randversteifungen gewählt. Der Abstand der Kabelverankerungen wurde im Hinblick auf den Freivorbau, die Kabelgröße und die Knickstabilität des Fahrbahnträgers auf 6 m festgelegt. Die Detailgestaltung zeigt sich vor allem in der lichtplastischen Querschnittsgestaltung der Pfeiler.

2 Entwurf

2.1 Entwurfsziel

2.1.1 Einleitung

Der Entwurf einer Brücke beruht auf dem Vergleich verschiedener Vorprojektstudien und bildet als geeignetste, weiterentwickelte Lösung die Grundlage des Bauprojekts. Für den Vergleich der Vorstudien muss die Ausführbarkeit der verschiedenen Entwurfsideen nachgewiesen werden, und der Kostenaufwand muss näherungsweise bekannt sein.

Mit einer angemessenen Weiterentwicklung der besten Lösung wird gewährleistet, dass nachher die Ausarbeitung des Bauprojekts ohne wesentliche Änderungen möglich ist. Es ist deshalb unbedingt notwendig, dass bei der Entwicklung des konzeptionellen Entwurfs alle Aspekte, welche die konstruktive Gestaltung des Gesamttragwerks und der wichtigsten Details beeinflussen, in Betracht gezogen und in ihren Auswirkungen überprüft werden.

2.1.2 Zielsetzung

Beim konzeptionellen Entwurf einer Brücke besteht das Ziel darin, unter Berücksichtigung der Entwurfsgrundlagen (Abschn. 2.2) ein Tragsystem zu entwickeln, in dem

- das Gleichgewicht zwischen *Wirtschaftlichkeit* (Abschn. 2.3) und *Erscheinungsbild (Ästhetik)* (Abschn. 2.4) ausgewogen ist und
- die allgemeinen funktionellen Anforderungen an *Tragsicherheit*, *Gebrauchstauglichkeit* und *Dauerhaftigkeit* eingehalten werden.

Dabei werden die Spannweiten, das Zusammenwirken der Bauteile, die Querschnittsausbildung, die wichtigsten Baustoffe und Konstruktionsdetails, die Fundationen sowie weitgehend auch der Bauvorgang und die Bauzeit festgelegt. Die Entwurfsgrundlagen bestehen aus funktionellen und den kulturellen Anforderungen.

Ideallösungen, die minimale Kosten und ein Maximum an ästhetischer Qualität aufweisen, sind nicht möglich. Das Ziel der Entwurfsarbeit und damit die eigentliche Kunst des Brückenbaus besteht darin, möglichst nahe an die Ideallösung heranzukommen, die ein Höchstmaß an wirtschaftlicher und ästhetischer Qualität aufweist. Dazu braucht es neben unternehmerischer Erfahrung in Bautechnik und

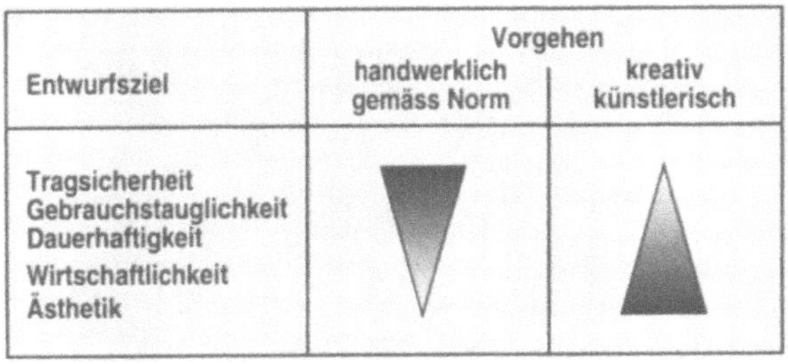

Abb. 2.1. Erreichen eines Entwurfs von hoher Qualität

architektonischem Formgefühl vor allem innovative Phantasie und Kreativität (Abb. 2.1).

Auch bei zahlreichen Randbedingungen sind viele Entwurfsvarianten möglich, wobei es immer sinnvoll ist, ein breites Variantenspektrum zu untersuchen. Da aufgrund der Wirtschaftlichkeit und Ästhetik viele grundsätzlich mögliche Varianten im Voraus ausgeschieden werden können, sollten umso intensiver neuartige, noch nie ausgeführte Entwürfe studiert werden.

Geeignete Entwurfsvarianten müssen aufgrund konstruktiver Überlegungen aus den Randbedingungen entwickelt werden; sie dürfen nicht auf einer mehr oder weniger willkürlichen, architektonisch-skulpturalen oder architektonisch-metaphorischen Idee basierend in die Randbedingungen eingezwängt werden. Mit einer kleinen Zahl von konstruktiven Maßnahmen sollten möglichst viele Randbedingungen erfüllt werden. Das Richtige ist meistens einfach.

2.1.3 Ästhetik und Wirtschaftlichkeit

Wirtschaftlichkeit und Ästhetik sind die nicht normierbaren, kulturellen Ziele des kreativen Teils des Entwurfs, der nur in Ansätzen erlernbar ist.

Ästhetik lässt sich nicht quantifizieren und die Form des Tragwerks ist nicht errechenbar. Die Gestaltung bleibt ausschließlich der Begabung des Entwerfenden vorbehalten. Immerhin lassen sich mit der Beachtung einiger grundsätzlicher Regeln der Brückenästhetik schwerwiegende Fehler vermeiden und architektonisch ansprechende Lösungen erarbeiten.

Für die *Wirtschaftlichkeit* einer Brücke entscheidend sind in erster Linie das Gesamtkonzept und das vorgesehene Bauverfahren. Spannweiten- und Querschnittsoptimierungen sowie andere subtile Berechnungen sind demgegenüber nur von geringer Bedeutung.

Zwischen Ästhetik und Wirtschaftlichkeit besteht eine gewisse Interdependenz. Als Zweckbau bedarf eine moderne Brücke keiner Verzierungen, und unnötige oder ineffiziente Bauteile sind fehl am Platz. Formal überzeugende Brücken sind deshalb immer wirtschaftlich, müssen aber im gegebenen Fall durchaus nicht am kostengünstigsten sein. Die These, die kostengünstigste Lösung sei zugleich die ästhetisch beste, ist keineswegs haltbar.

Ästhetik und Wirtschaftlichkeit sollten aufgrund der Exposition und Bedeutung des Brückenstandorts gegeneinander abgewogen werden. Die Zusatzkosten für eine erhöhte ästhetische Qualität müssen sich in einem relativ engen Rahmen bewegen, da eine aus den ortspezifischen Randbedingungen konstruktiv einwandfrei entwickelte Lösung bereits eine beachtliche ästhetische Qualität aufweist.

Bei großen Brücken sollten diese Zusatzkosten auch bei anspruchsvollster Exposition des Brückenstandorts nicht mehr als 5 % und bei mittleren Brücken nicht mehr als 15 % betragen. Wenn diese Grenzen überschritten werden, ist der konzeptionelle Entwurf ungeeignet und sollte aufgegeben werden. Bei kleinen Brücken wie zum Beispiel Fußgängerstegen dürfen die Zusatzkosten gegenüber der wirtschaftlichsten Lösung auch 100 % oder mehr betragen.

Bei Brücken, die vorwiegend eine skulpturale Bedeutung haben oder beispielsweise als Wahrzeichen einer Ausstellung dienen, sind Kostenlimiten nicht sinnvoll.

2.2 Entwurfsgrundlagen

2.2.1 Einleitung

Brücken sind in der Regel öffentliche Bauwerke, die über mehrere Generationen genutzt werden. Die Entwurfsgrundlagen müssen somit sehr sorgfältig erarbeitet und festgelegt werden. Die Grundlagen der Entwurfsarbeit bestehen aus:

- bauwerkspezifischen, verkehrstechnischen Vorgaben als funktionelle Anforderungen,
- den ortspezifischen Randbedingungen,
- den umfeldbezogenen Anforderungen,
- den allgemeinen funktionellen Anforderungen,
- den kulturellen Anforderungen und immateriellen Werten.

Die Entwurfsgrundlagen sollten im so genannten Nutzungsplan und Sicherheitsplan festgehalten werden. Schließlich bedarf die erfolgreiche Durchführung eines Projekts einer gut funktionierenden Projektorganisation.

Die verkehrstechnischen Vorgaben und die ortspezifischen Randbedingungen bilden die Grundlage für das gesamte Spektrum prinzipiell geeigneter Tragsysteme. Die kulturellen Anforderungen grenzen dieses Spektrum bereits stark ein. Auf Grund der funktionellen Anforderungen werden dann die Querschnittsabmessungen bestimmt und damit die Machbarkeit und Eignung eines konzeptionellen Entwurfs nachgewiesen. Auf diesem Entwicklungsniveau ist es in der Regel möglich, die beste Lösung zu ermitteln, die schließlich in einem interdependenten Prozess auf funktionell-kultureller Basis optimiert wird; d. h., jede Formverfeinerung muss in Bezug auf die funktionelle Eignung und die wirtschaftlichen Auswirkungen sorgfältig überprüft werden.

2.2.2 Bauwerkspezifische, verkehrstechnische Vorgaben

Linienführung. Die Brücke muss sich im Prinzip der Linienführung des Verkehrsträgers unterordnen. Dieser Grundsatz darf jedoch keinesfalls zu absolut angewendet werden, und der Projektverfasser sollte deshalb bei der Wahl des Brückenstandorts sowie der Linienführung und Fahrbahngeometrie im Bereich der Brücke mitwirken.

Mit einigem Planungsaufwand lassen sich nämlich unter Umständen komplizierte, teure Verzweigungen auf der Brücke, die einen rationellen Bauvorgang ausschließen, vermeiden. Die zu bauende Brücke muss auch an die Brückenanschlüsse eingepasst werden, wobei es oft zweckmäßig ist, die optimalsten Brückenzufahrten festzulegen. Für den konzeptionellen Entwurf der Brücke ist es sehr vorteilhaft, wenn Standort und Linienführung gleichmäßige Spannweiten und eine ausreichende Bauhöhe zulassen. Im Weiteren sollte das Längsgefälle im Hinblick auf eine wirkungsvolle Entwässerung wenn möglich mindestens 1,5 % betragen.

Verkehrsart, Querschnitt der Fahrbahn, Raumprofile. Im Straßen- und Bahnverkehr werden je nach Art und Bedeutung des Verkehrsträgers Verkehrsarten mit einem entsprechenden Verkehrsvolumen definiert. Beispiele von Verkehrsarten sind Autobahnen, Straßen von regionaler Bedeutung oder Bahnlinien für Hochgeschwindigkeitsverkehr. Aus der Verkehrsart und dem vorgesehenen Verkehrsvolumen ergeben sich die Anzahl Fahrspuren, die Fahrbahnbreite sowie die Raumprofile.

Obwohl diese verkehrstechnischen Vorgaben aus einer übergeordneten Infrastrukturplanung hervorgehen, sollten diese grundsätzlich in Bezug auf die Auswirkungen einer Erhöhung der Verkehrslast oder einer Verbreiterung des Fahrbahnquerschnitts im Zeitraum der vorgesehenen Nutzungsdauer der Brücke von üblicherweise 70 bis 100 Jahren überprüft werden. Es kann zweckmäßig sein, die normierte Verkehrslast allenfalls zu erhöhen und Maßnahmen für eine Querschnittsverbreiterung vorzusehen, um die künftig erforderliche Tragfähigkeit in Haupttragrichtung bereits von Anfang an sicherzustellen.

Eine weitere verkehrstechnische Anforderung ist ein unbehinderter Verkehrsfluss, möglichst auch bei Unterhaltsarbeiten.

Zu den verkehrstechnischen Vorgaben gehören auch die Lichtraumprofile von allenfalls zu überbrückenden Wasser- und Verkehrswegen. Die Anzahl möglicher Abstützungen in einem Flusslauf oder die Bedingungen, um beispielsweise Sichtbehinderungen durch Pfeiler oder Widerlager zu vermeiden, müssen zu Beginn der Projektierung festgelegt werden.

Ausrüstungsteile. Art und konstruktive Merkmale der Ausrüstungsteile wie Geländer, Brüstungen, Randsteine, Beleuchtungskörper und die Belagsart beeinflussen vor allem die konstruktive Durchbildung der Betonkonstruktion, aber auch die Gesamtwirkung und das Erscheinungsbild der Brücke. Sie sollten somit bereits beim Brückenentwurf im Grundsatz festgelegt werden.

2.2.3 Ortspezifische Randbedingungen

Die ortspezifischen Randbedingungen sind entscheidend für die Erarbeitung der Entwurfsvarianten. Die vorliegenden Randbedingungen sollten deshalb nicht kritiklos übernommen werden. Die Lage eines Feldwegs ist sicher nicht maßgebend bei der Wahl der Pfeilerstandorte und bautechnische Angaben in geologischen Berichten dürfen und sollten vom Brückenbauer hinterfragt werden. Es gilt aber auch, sich Gedanken über künftige Veränderungen im Umfeld der Brücke zu machen.

Standort. Eine Brücke steht in Wechselwirkung mit der näheren und weiteren Umgebung. Die Nutzung und Dichte der Besiedlung oder rechtliche Bestimmungen (z. B. Baulinien) können den Brückenentwurf beeinflussen. Speziell zu beachten sind auch die Bodenchemie und die lokale Klimatologie sowie das Gefährdungspotential des Standorts durch Naturgefahren wie Hochwasser, Lawinen, Erdrutsche oder Erdbeben. Naturgefahren sind im Verhältnis zur wahrscheinlichen Lebensdauer der Brücke zu bewerten.

Baustoffe. Die Verfügbarkeit von Baustoffen, vor allem von Zuschlagstoffen und Zement für die Herstellung von Beton, sollte vorgängig abgeklärt und die Kennwerte sollten bestimmt werden. Auch sollte die Art und Qualität der örtlichen Betonherstellung im Voraus bekannt sein.

Baugrund. Die wirtschaftlichen Auswirkungen der Systemwahl, der Einteilung der Spannweiten und des Bauvorgangs lassen sich aufgrund eines geologischen Profils mit Angaben über die wichtigsten Baugrundkennwerte (innerer Reibungswinkel, Kohäsion, Zusammendrückungsmodul) und der Hydrologie zuverlässig abschätzen. Gegebenenfalls sind weitere Kennwerte zur Beurteilung der Seismizität notwendig.

Bei heterogenem Baugrund muss das geologische Profil nach der Ausarbeitung des jeweiligen Brückenprojekts durch Sondierbohrungen an den Pfeilerstandorten ergänzt werden. Die Tiefe der Sondierbohrung ist dem vorgesehenen Fundament entsprechend festzulegen. Bei Flachfundamenten sollten die Bohrungen um etwa das Zwei- bis Dreifache der Fundamentbreite unter die vorgesehene Fundamentsohle hinabreichen. Bei schwimmenden Pfählen sollten die Bohrungen 1,5- bis 2-mal so lang sein wie die vorgesehene Pfahllänge. Bei den Pfeilerstandorten sollten immer auch die Baugrundkennwerte und die hydrologischen Verhältnisse nochmals überprüft werden. Diese Untersuchungen bilden die wichtigste Grundlage für die konstruktive Ausbildung der Fundamente, die kostenmäßig stark ins Gewicht fallen können.

2.2.4 Umfeldbezogene Anforderungen

Bauzeit und Bauverfahren. Es besteht eine direkte Abhängigkeit zwischen der Bauzeit, dem Bauverfahren und den Baukosten. Das Bauverfahren muss entsprechend der für den Brückenbau zur Verfügung stehenden Zeit und den Baukosten gewählt werden. Dabei gilt es zu bedenken, dass die Bauzeit durch klimatische

Randbedingungen stark beeinflusst werden kann. Damit die neuesten Entwicklungen bei den Bauverfahren und die aktuelle Preissituation berücksichtigt werden können, ist es oft ratsam, in der Projektphase das passende Bauverfahren, das generelle Bauprogramm und die Baukosten mit einem auf Brückenbau spezialisierten Unternehmer zu diskutieren.

Ressourcen und Umweltverträglichkeit. Bei der Beurteilung der Umweltverträglichkeit einer Brücke werden die Auswirkungen auf die Umwelt und die Ressourcen während dem Bau und der Nutzung der Brücke betrachtet. Die dabei zu beachtenden Aspekte sind:

- Landbedarf,
- Umweltverträglichkeit von Baustoffen,
- umweltschonende Baumethoden,
- Energie- und Rohstoffverbrauch sowie Emissionen während der Bauzeit,
- Dauerhaftigkeit der Brücke,
- Abbruch und Entsorgung nach Ablauf der Nutzungsdauer.

Die Emissionen (Lärm, Luftverschmutzung) durch den über die Brücke führenden Verkehr und die Auswirkungen auf benachbarte Gebäude und den Naturraum (Wasser, Vegetation) werden in der Regel im Rahmen einer Umweltverträglichkeitsprüfung für die gesamte zu bauende Verkehrsanlage untersucht und beurteilt.

2.2.5 Allgemeine funktionelle Anforderungen

Die allgemeinen funktionellen Anforderungen beinhalten eine genügende *Tragsicherheit*, *Gebrauchstauglichkeit* und *Dauerhaftigkeit*. Sie sind weitgehend durch die Normen festgelegt. Sie entsprechen anerkannten Regeln der Baukunde und müssen immer erfüllt werden. Lange Zeit wurden beim Entwurf und bei der Bemessung nur die Tragsicherheit und die Gebrauchstauglichkeit (Verformungen) behandelt. Analog dazu sollten heute auch konsequent die Einwirkungen auf die Dauerhaftigkeit untersucht und Maßnahmen zur Gewährleistung der Dauerhaftigkeit ergriffen, nachgewiesen und auf der Baustelle auch durchgesetzt werden.

Das Erfüllen der genormten Anforderungen an die Tragsicherheit, Gebrauchstauglichkeit und die Dauerhaftigkeit ist mit beliebig vielen Lösungen möglich und erfordert fast nur „handwerkliche" Arbeit. Die Grundlagen der Nachweise sind erlernbar; sie werden im Abschn. 5.1 näher behandelt.

2.2.6 Kulturelle Anforderungen und immaterielle Werte

Die kulturellen Anforderungen bestehen aus einer dem Standort und der Bedeutung der Brücke entsprechenden Ausgewogenheit von Wirtschaftlichkeit (Abschn. 2.3) und Ästhetik (Abschn. 2.4) des Bauwerks. Die zulässigen ökonomischen Abweichungen von der kostengünstigsten Lösung sind beschränkt. Große Abweichungen sind fast immer ein Anzeichen für ein ungeeignetes Konzept. Bei der Entwicklung des konzeptionellen Entwurfs ist die Wirtschaftlichkeit somit ein wichtiger Leitparameter. Le Corbusier versteht Ökonomie im Tragwerksbau als eine wichtige Grundlage der künstlerischen Wahrheit: „L'ingénieur inspiré par la loi d'économie et conduit par le calcul, nous met en accord avec les lois de l'univers. Il atteint l'harmonie." In diesem Sinne gehört Wirtschaftlichkeit klar zur Baukultur im Brückenbau.

Beim Entwurf muss auch beachtet werden, dass eine Brücke immaterielle Werte erhält.

Der *Situationswert* einer Brücke ergibt sich aus seiner Exposition und Wirkung auf die Umgebung als Raumbegrenzung oder markante Erscheinung. Die Brücke kann zu einem Bezugspunkt werden und das Umfeld prägen, die Orientierung erleichtern und eine Identifikation des Orts ermöglichen. Die Exposition der Brücke ist entscheidend für die Begründung zusätzlicher Kosten für eine erhöhte ästhetische Qualität der Brücke. Die Wertung von Standort und Bedeutung ist zwar subjektiv, die vertretbaren Mehrkosten sollten sich aber je nach Größe der Brücke in einem bestimmten objektiven Rahmen bewegen.

Eine Brücke kann auch Teil eines Verkehrsbauwerks in einem *übergeordneten Zusammenhang* sein. In diesem Fall ist es oft angebracht, gewisse gestalterische Elemente für alle Bauwerke der Verkehrsanlage vorzugeben. Damit soll die Verkehrsanlage als einheitliches Ganzes erkennbar werden.

Mit der Zeit kann eine Brücke einen *historisch-kulturellen Wert* erhalten, der aus seiner Stellung innerhalb der wirtschaftlichen, politischen oder sozialen Entwicklung einer Epoche resultiert, beispielsweise als markanter Repräsentant einer technischen Entwicklung (Baustoffe, Konstruktionsmerkmale, Baumethode) oder durch seine Beziehung zu einem berühmten Erbauer. Kühne, neuartige und wegweisende Konstruktionen können ebenfalls einen historisch-kulturellen Wert erhalten.

Der *ästhetische Wert* einer Brücke ergibt sich aus ihrem Erscheinungsbild, das durch die optische Beziehung zur Umgebung, die Formgebung und Struktur sowie die Oberflächenbeschaffenheit und Farbgebung bestimmt wird. Dabei kann die gestalterische Qualität einzelner, auch kleiner Bauteile einen großen Effekt auf die Gesamtwirkung haben. Es gilt allerdings zu beachten, dass sich die öffentliche Meinung über den ästhetischen Wert einer Brücke über Generationen hin ändern kann.

Brücken können auch *emotionale Werte* beinhalten. Brücken werden – heute immer öfter – auch zur Mehrung von Prestige und zur Erzielung einer Publizität beispielsweise für eine Stadt oder Region gebaut, sozusagen als sozial-kulturelle Geste. Brücken können mit der Zeit aber auch an Liebhaberwert gewinnen, zu einer speziellen gesellschaftlichen Stellung gelangen oder zur Wahrung einer Tradition beitragen.

2.2.7 Nutzungsplan und Sicherheitsplan

Alle für die künftige Nutzung und die Sicherheit der Brücke relevanten Grundlagen und Informationen sollten im so genannten Nutzungsplan und im Sicherheitsplan festgehalten werden, die vom Projektverfasser im Einvernehmen mit dem Leiter der Projektierung und Ausführung verfasst werden.

Im *Nutzungsplan* werden die für das Tragwerk zu berücksichtigenden Nutzungszustände zusammengestellt sowie die geplante Nutzungsdauer und die Anforderungen hinsichtlich Gebrauchstauglichkeit (Funktionstüchtigkeit), Dauerhaftigkeit und Aussehen festgelegt. Der Nutzungsplan gibt auch an, mit welchen Maßnahmen diese Anforderungen erfüllt werden.

Im *Sicherheitsplan* werden die für das Tragwerk zu berücksichtigenden Gefährdungen zusammengestellt. Gefährdungsbilder werden erhalten, indem kritische Situationen durchdacht werden. Ein Gefährdungsbild wird durch eine maßgebende Leiteinwirkung und allenfalls durch eine oder mehrere Begleiteinwirkungen beschrieben. Es wird festgelegt, mit welchen Maßnahmen den Gefährdungen begegnet werden soll. Zudem enthält der Sicherheitsplan Angaben über die Baugrundkennwerte, die wesentlichen Annahmen für die Tragwerksanalyse und die Bemessung sowie die allenfalls akzeptierten Risiken.

2.2.8 Projektorganisation

Die Projektorganisation ist von grundlegender Wichtigkeit, denn die Planung, Projektierung und Ausführung einer Brücke ist eine Gemeinschaftsarbeit vieler Beteiligter. Eine reibungslose und einwandfreie Durchführung dieser Arbeiten erfordert eine klare Organisation, die normalerweise die in Abb. 2.2 aufgeführten Funktionsbereiche umfasst. Dabei werden die Verantwortlichkeiten, Prozessabläufe, Kontrollen und Korrekturmaßnahmen festgelegt. Die Aufgaben und die Zusammenarbeit der beteiligten Fachleute sollten personenbezogen geregelt und schriftlich festgehalten werden. Dabei ist es besonders wichtig, den Informationsfluss eindeutig festzulegen.

Zu Beginn der Projektierung muss der Projektverfasser zusammen mit dem Leiter der Projektierung und Ausführung (Vertreter des Bauherrn) die verkehrstechnischen Vorgaben, die ortspezifischen Randbedingungen und umfeldbezogenen Anforderungen abklären und festlegen. Der Leiter der Projektierung und Ausführung veranlasst allenfalls unter Beizug geotechnischer Experten auch die Sondierungen und die Ermittlung der Baugrundkennwerte. Bereits vor der Projektierung arbeitet der Projektverfasser ein generelles Bauprogramm aus.

Vor der eigentlichen Bauausführung erstellt der Bauleiter in Zusammenarbeit mit dem Projektverfasser einen Kontrollplan und regelt für jede Kontrollarbeit die

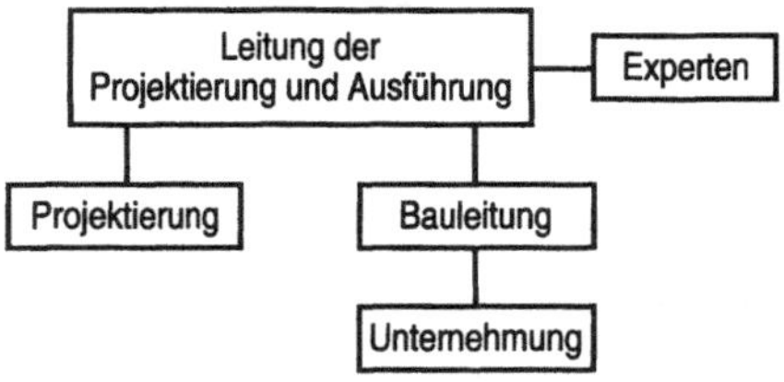

Abb. 2.2. Projektorganisation (Organisation der Funktionsbereiche)

Aufgabenzuordnung. Oft ist es vorteilhaft, dass das projektierende Ingenieurbüro auch die Bauleitung ausübt. Der Projektverfasser überprüft die Bau- und Montagevorgänge und gibt Überhöhungen für Schalungen und Gerüste sowie die zulässigen Verformungen der Lehrgerüste vor.

Die vom Unternehmer durchgeführte Vorbereitung der Bauausführung steht meistens unter großem Zeitdruck. Sie ist aber außerordentlich wichtig und umfasst insbesondere Pläne und Berechnungen für die Baustelleneinrichtungen, die Lehr-, Schutz- und Arbeitsgerüste, die Baugruben, das detaillierte Bauprogramm sowie die Montagevorgänge. Der Projektverfasser seinerseits vergewissert sich über die Zweckmäßigkeit des Betonierprogramms und die Anordnung der Arbeitsfugen. Er erstellt das Spannprogramm und gibt die minimalen Festigkeiten und die Bedingungen für das Ausschalen und Ausrüsten der Bauteile vor.

Oft lässt es sich nicht ganz vermeiden, dass Änderungen im Bauprogramm oder in der Ausbildung der Fundationen notwendig werden. Solche Änderungen dürfen aber immer nur im Einverständnis mit dem Projektverfasser vorgenommen werden. Der Leiter der Projektierung und Ausführung muss deshalb um einen raschen und geregelten Informationsfluss besorgt sein. Er muss überdies veranlassen, dass der Projektverfasser über die protokollierten Kontrollen, insbesondere der Baustoffprüfungen, in Kenntnis gesetzt wird.

2.3 Wirtschaftlichkeit

2.3.1 Einführung

In der Entwurfsphase lassen sich die Baukosten für eine Brücke aufgrund einer Abschätzung des Massenaufwands und von Richtofferten recht gut quantifizieren. Da es sich aber bei Bauwerken um Unikate handelt, ist die Relation zur baukostengünstigsten Lösung nie genau bekannt.

Die Wirtschaftlichkeit einer Brücke kann nicht allein aufgrund einer Optimierung der Baukosten beurteilt werden. Die Kosten für Überwachung und Unterhalt, Amortisation sowie den Abbruch müssen ebenfalls berücksichtigt werden. Dazu muss die Nutzungsdauer bekannt sein.

Die Nutzungsdauer einer Brücke beträgt deutlich über 100 Jahre, falls sie nach dem aktuellen Kenntnisstand einwandfrei konstruiert und ausgeführt wurde und falls sie bei unveränderter vorgesehener Nutzung entsprechend dem bauwerkspezifischen Überwachungs- und Unterhaltsplan überwacht und unterhalten wird. Die Nutzungsdauer des originalen Bauwerks kann jedoch beispielsweise durch einen Umbau infolge stark geänderter verkehrstechnischer Anforderungen oder durch eine Außerbetriebsetzung des Verkehrswegs begrenzt werden.

Für die Beurteilung der Wirtschaftlichkeit kann man von einer Nutzungsdauer von etwa 100 Jahren ausgehen. In diesem Zeitraum setzen sich die Kosten zusammen aus:

- Baukosten (inklusive Landerwerb),
- Kosten für Überwachung und Unterhalt über die Nutzungsdauer,
- Abbruchkosten.

Während diese Kostenträger noch einigermaßen zuverlässig abgeschätzt werden können, fehlen für eine aussagekräftige Bezifferung des Transportnutzens einer Brücke die Datengrundlagen und Methoden noch weitgehend. Auch sind Angaben über die Kapitalverzinsung und Teuerung über die geplante Nutzungsdauer rein spekulativ, so dass eigentliche Wirtschaftlichkeitsberechnungen, beispielsweise in Form von Kosten-Nutzen-Betrachtungen, mit vielen Unsicherheiten behaftet sind. Sie bedürfen außerdem einer klaren Abgrenzung des betrachteten Systems. Immerhin können aber Wirtschaftlichkeitsbetrachtungen beim Variantenvergleich Entscheidungshilfen liefern.

Die Wirtschaftlichkeit einer Brücke kann außerdem aufgrund der Art der Finanzierung unterschiedlich betrachtet werden.

Im Normalfall wird eine Brücke als Bauwerk der öffentlichen Infrastruktur mit Steuergeldern finanziert. Dabei sind für die Beurteilung der Wirtschaftlichkeit alle anfallenden Kosten während der Referenz-Nutzungsdauer von beispielsweise 100 Jahren maßgebend.

Die Wirtschaftlichkeit einer Brücke als Renditeobjekt ergibt sich dagegen aus dem Vergleich von Aufwand und Ertrag in einem bestimmten Zeitraum. Der Aufwand besteht in diesem Fall aus Bauzinsen, Kapitalzinsen, Amortisation, Kosten für Überwachung und Unterhalt und eventuell den Abbruchkosten. Der Betriebsertrag besteht im Wesentlichen aus den vorgesehenen Einnahmen (z. B. Brückenzoll) im gleichen Zeitraum.

2.3.2 Baukosten von ausgeführten Brücken

Die Baukosten einer Brücke sind vor allem vom Konzept des Tragwerksystems abhängig. Bei den Baukosten von Stahlbetonbrücken können folgende Hauptpositionen unterschieden werden:

- Baustelleneinrichtung;
- Unterbau: Fundationen, Pfeiler und Widerlager;
- Überbau: Lehrgerüst, Schalung, Montage, Beton, Bewehrung (Betonstahl, Spannstahl);
- Ausbau: Lager, Fugen, Entwässerung, Leitschranken, Fahrbahnabdichtung, Belag;
- Projektgrundlagen, Projekt, Bauleitung, Projektprüfung.

Die Kostenstruktur einiger Straßenbrücken, die in der Schweiz in den Jahren 1958 bis 1985 ausgeführt worden sind, ist in Abb. 2.3 dargestellt. Die Analyse der Kostenstruktur dieser Brücken sowie ihre Erkenntnisse dürften auch für Brücken, die seit 1985 gebaut wurden, noch gültig sein.

Die untersuchten Brücken weisen zwar in Bezug auf die Topographie, Geolo-

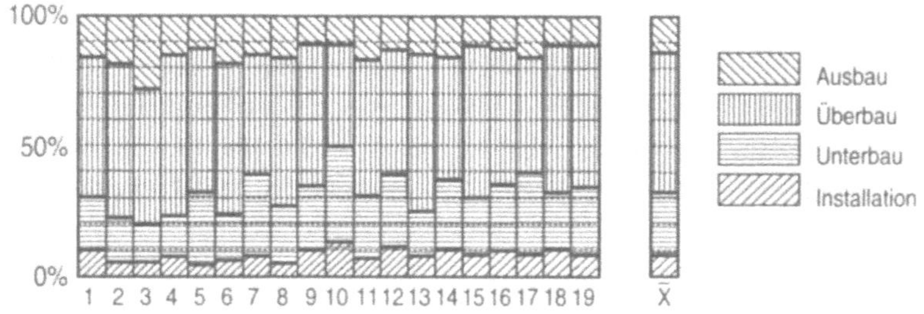

Abb. 2.3. Struktur der Baukosten von 19 Straßenbrücken. 1–4, *Hochstraßen*: 1, Europabrücke, Zürich (1964); 2, Sihlhochstraße, Zürich (1975); 3, Grenzbrücke, Basel (1960); 4, Weyermannshausbrücke, Bern (1977). 5–11, *Hangbrücken*: 5, Viaduc de Chillon, Montreux, Kanton Waadt (1969); 6, Lehnenviadukt Ilbach, Kanton Luzern (1971); 7, Linden-Mettlen-Boli-Brücken, Arth-Goldau, Kanton Schwyz (1978); 8, Pregordabrücke, Mesocco, Kanton Graubünden (1972); 9, Viaduc du Lac de la Gruyère, le Bry, Kanton Freiburg (1979); 10, Lehnenviadukt Beckenried, Kanton Nidwalden (1980); 11, Pont de la Praz, Ballaigues, Kanton Waadt (1984). 12–19, *Talbrücken*: 12, Reussbrücke Rotkreuz, Kanton Zug (1974); 13, Lättenbrücke, Glattfelden, Kanton Zürich (1977); Weinlandbrücke Andelfingen, Kanton Zürich (1958); 15, Felsenaubrücke, Bern (1974); 16, Saanebrücke Gümmenen, Kanton Bern (1978); 17, Biaschinabrücke, Lavorgo, Kanton Tessin (1984); 18, Rheinbrücke Reichenau, Kanton Graubünden (1962); 19, Naninbrücke, Mesocco, Kanton Graubünden (1964)

Tabelle 2.1. Durchschnittliche Kostenstruktur von 19 in den Jahren 1958 bis 1985 ausgeführten Brücken

Hauptposition	Anteil (%) an	
	Gesamtbaukosten (ohne Projekt und Bauleitung)	Kosten der Hauptposition
Baustelleninstallation	8	
Unterbau	23,5	
Fundationen		18
Pfeiler und Widerlager		5,5
Überbau	54,5	
Lehrgerüst, Schalung, Montage		20
Beton		10
Bewehrung		
Betonstahl		13,5
Spannstahl		11
Ausbau	14	

gie, Länge, Spannweite, Breite und Höhe sehr unterschiedliche Eigenschaften auf. Die Vergleiche zeigen jedoch, dass die wichtigsten Kostenfaktoren nicht wesentlich voneinander abweichen. Gesamthaft ergibt sich aus der Auswertung der in die Analyse einbezogenen Brücken die durchschnittliche Kostenstruktur gemäß Tabelle 2.1.

Die Untersuchung lieferte die folgenden Erkenntnisse.

Lehrgerüst und Schalung. Der Kostenaufwand für Lehrgerüst und Schalung wird vor allem durch das Gesamtkonzept und das Bauverfahren beeinflusst. Obwohl im Zeitraum von 1958 bis 1985 bei den Bauverfahren vor allem dank der Entwicklungen auf dem Gebiet des Spannbetons große Fortschritte erzielt wurden und die Teuerung zu einer Vervierfachung der Löhne führte, konnten die Kosten für Lehrgerüst und Schalung gegenüber Beton und Bewehrung konstant gehalten werden.

Beton und Bewehrung. Die Kostenanteile von Beton und Bewehrung sind von der Ausbildung der Querbewehrung (Quervorspannung) und der Spannweite abhängig. Relativ dicke Querschnittselemente erfordern eine kleine Querbewehrung, aber infolge des höheren Eigengewichts eine umso größere Längsbewehrung. Bei kleinen Spannweiten ist es somit zweckmäßig, relativ dicke Querschnittselemente zu wählen, während bei großen Spannweiten dünnwandige Querschnitte wirtschaftlicher sind.

Beton, Betonstahl und Spannstahl. Bei Brücken mittlerer Spannweite mit relativ dicken Querschnittselementen und ohne Quervorspannung sind die Kostenanteile für Beton, Betonstahl und Spannstahl mit etwa je einem Drittel nahezu gleich groß. Der Bewehrungsgehalt an Betonstahl beträgt bei solchen Brücken im Mittel etwa 110 kg je m^3 Beton. Die konstruktiv erforderliche Mindestbewehrung beträgt dabei etwa 65 bis 70 kg je m^3 Beton, was mehr als der Hälfte der gesamten schlaffen Bewehrung entspricht. Folglich haben verfeinerte statische Berechnungen nichts mit Kosteneinsparungen zu tun, denn es lassen sich damit allein kaum bedeutende Kosteneinsparungen erzielen. Ebenso wichtig ist eine sorgfältige Anordnung und Abstufung der statisch erforderlichen Bewehrung.

Unterbau. Obwohl die Ausführung der Fundationen oft mit beträchtlichen Unsicherheiten verbunden ist und deshalb mit ungünstigen Annahmen gerechnet werden muss, liegen die Kosten des Unterbaus auch bei sehr ungünstigen geologischen Verhältnissen meistens beträchtlich unter denjenigen des Überbaus. Bei der Brücke 10 (Lehnenviadukt Beckenried) in Abb. 2.3 mit Spannweiten von 50 m und Pfeilerhöhen von bis zu 80 m in schwierigen Fundamentschächten bis zu 70 m Tiefe erreichten die Unterbaukosten nicht mehr als 50 % der Überbaukosten.

Fundation und Pfeiler. Das Verhältnis der Fundations- zu den Pfeilerkosten variiert bei den untersuchten Brücken stark, weil Geologie und Brückenhöhe diesbezüglich eine entscheidende Rolle spielen.

2.3.3 Abschätzung der Baukosten

Bei der Entwurfserarbeitung ist die Abschätzung der Baukosten einer Standard-Balkenbrücke wichtig, denn sie befinden sich in der Regel nahe bei den Mindestkosten. Die Baukosten einer Standard-Balkenbrücke können aufgrund von Erfahrungswerten für die Kosten je Quadratmeter der Brückenfläche grob abgeschätzt werden. Etwas genauer lassen sich diese Baukosten unter Verwendung der in Tabelle 2.1 angegebenen Prozentsätze der Gesamtbaukosten über die mittlere Spannweite des Überbaus und den Massenaufwand abschätzen.

Der Massenaufwand für einen über mehrere Felder durchlaufenden Brückenträger lässt sich mit einfachen Mitteln recht zuverlässig abschätzen. Bei einer mittleren Spannweite l_{m} (geometrisches Mittel der Spannweiten l_i)

$$l_{\mathrm{m}} = \sum l_i^2 \Big/ \sum l_i$$

und bei Trägerschlankheiten von $l_{\mathrm{m}}/h \cong 16$ bis 20 beträgt die mittlere Trägerdicke h_{m} (beziehungsweise das Betonvolumen je m^2 Brückenfläche) etwa

$$h_{\mathrm{m}} \cong 0{,}35 + \frac{0{,}45 \cdot l_{\mathrm{m}}}{100} \; [\mathrm{m}].$$

Träger für kleinere Spannweiten weisen meistens eher kräftige Querschnittsabmessungen mit einem kleinen Bewehrungsgehalt auf. Bei großen Spannweiten lohnen sich dagegen Gewichtseinsparungen, was zu relativ schlanken Querschnittsabmessungen mit einem eher großen Bewehrungsgehalt führt.

Für die Mindestbewehrung muss unabhängig von der Spannweite mit einem Bewehrungsgehalt von etwa 65 bis 70 kg Betonstahl je m^3 Beton gerechnet werden. Vor allem die Fahrbahnplatte erfordert einen beträchtlichen zusätzlichen Aufwand an statischer Bewehrung. Es lohnt sich somit, die Bewehrung der Fahrbahnplatte sorgfältig zu ermitteln und anzuordnen.

Ohne Quervorspannung beläuft sich schließlich der Massenaufwand an Betonstahl auf etwa $m_{\mathrm{s}} \cong 90 + 0.35 \cdot l_{\mathrm{m}}$ [kg je m^3 Beton].

Der Spannstahlaufwand ist von der Spannweite und vom Herstellungsverfahren des Brückenträgers abhängig. Bei Trägern, die konventionell auf einem Lehrgerüst hergestellt werden, beträgt der Massenaufwand an Spannstahl etwa $m_{\mathrm{p}} \cong 0.4 \cdot l_{\mathrm{m}}$ [kg je m^3 Beton].

Taktschiebebrücken erfordern herstellungsbedingt mehr Vorspannung. Sie weisen meistens eine geringere Schlankheit ($l_{\mathrm{m}}/h \cong 14$) auf, so dass der Spannstahlaufwand im Allgemeinen nicht viel größer ist als bei den schlankeren, konventionell hergestellten Trägern. Bei Freivorbaubrücken wird die Vorspannung der Biegebeanspruchung entsprechend abgestuft. Der Massenaufwand an Spannstahl ist deshalb etwas kleiner: $m_{\mathrm{p}} \cong 0.35 \cdot l_{\mathrm{m}}$ [kg je m^3 Beton].

Aufgrund der Einheitspreise für Beton, Betonstahl und Spannstahl kann damit der Kostenanteil für Beton und Bewehrung am Überbau ermittelt werden. Der Kostenanteil für Lehrgerüst, Schalung und Montage sollte nicht mehr als etwa 60 bis 70 % der Kosten für Beton und Bewehrung betragen. Andernfalls sollte ein Brückenkonzept mit einem zweckmäßigeren Herstellungsverfahren gewählt werden.

Die Kosten für den Überbau betragen je nach Baugrundverhältnissen und Brückenhöhe etwa 40 bis 60 % der Gesamtkosten. Die Kostenanteile für die Erschließung und Einrichtung der Baustelle und für den Brückenausbau sind mit je 8 bis 14 % nahezu unabhängig von Brückenkonzept und Bauverfahren.

Diese einfachen Kostenschätzungen sind für Variantenvergleiche bezüglich Lage der Brücke und Vorprojektstudien durchaus ausreichend.

2.3.4 Kosten für Überwachung und Unterhalt

Für Balkenbrücken, die nach dem heutigen Kenntnisstand einwandfrei konstruiert und ausgeführt wurden, können aufgrund von Erfahrungen die jährlichen Kosten für Überwachung und Unterhalt gemäß Tabelle 2.2 grob abgeschätzt werden. Bei

Tabelle 2.2. Jährliche Kosten für Überwachung und Unterhalt während der Nutzungsdauer

Maßnahme	Einzelne Tätigkeit	Zeitintervall	Kosten pro Jahr (% Neubaukosten[a])
Überwachung (inklusive betriebliche Instandhaltung)	*Gezielte, meist visuelle Beobachtungen*: Entwässerung; Verformungen und Risse; Stellen mit Spritz- und Kontaktwasser u. Ä.	alljährlich	0,10
	Hauptinspektion (Brückenprüfung): Zustandsaufnahme der ganzen Brücke durch visuelle und einfache Untersuchungen, vor allem von Lagern und Fugen, Rissverhalten; Aufnahme sichtbarer Korrosionsstellen u. Ä.	alle 5 Jahre	
	Betriebliche Instandhaltung: Reinigung von Fahrbahn, Entwässerung und Drainage; eventuell Behebung kleiner Schäden u. Ä.	alljährlich	
Instandhaltung (Behebung kleiner Schäden)	(Lokale) Ausbesserungen an Belag, Leitschranken, Entwässerungen und Drainagen; Reparaturen von sichtbaren Korrosionsstellen u. Ä.	alle 10 Jahre	0,05[b]
Instandsetzung (inklusive Überprüfung)	Umfassende Zustandserfassung und Überprüfung; vollständige Erneuerung von Belag und Abdichtung; Instandsetzung oder Ersatz von Lagern, Fugen und Drainageelementen; Instandsetzungen von Oberflächen und Oberflächenschutzmaßnahmen	alle 30 Jahre	0,35 bis 0,50[c]
Summe			0,50 bis 0,65

[a] Auf den Zeitpunkt der jeweils ausgeführten Maßnahme z. B. mit Hilfe des Baukostenindexes aktualisierte ursprüngliche Baukosten
[b] 0,5 % der Neubaukosten zur Zeit der Instandhaltung (Ausbesserung)
[c] 10 bis 15 % der Neubaukosten zur Zeit der Instandsetzung

spezielleren Tragsystemen wie Bogen- und Schrägseilbrücken kann die Überwachung, unter Umständen auch der Unterhalt, entsprechend umfangreicher und somit teurer sein.

Die angegebenen Kosten betreffen einzig die *geplanten* Tätigkeiten, deren Aufwand vorhersehbar ist. Demzufolge sind frühzeitige, unplangemäße Instandsetzungen, beispielsweise für umfangreiche Korrosionsschäden an der Bewehrung, nicht darin enthalten. Auch kostspielige Schäden wie große Verformungen bei Freivorbaubrücken oder Spannkabelkorrosion bei mangelhafter und schadhafter Abdichtung der Fahrbahn können nach heutigen Kenntnissen vermieden werden und dürfen nicht als „normale" Instandsetzungen betrachtet werden.

Außerdem wird davon ausgegangen, dass Überwachung und Instandhaltung ohne Nutzungseinschränkung (Sperren einzelner Fahrspuren, Außerbetriebsetzung) durchgeführt werden können, so dass keine indirekten, volkswirtschaftlichen Kosten durch Zeit- und Ressourcenverlust infolge Umleitung oder Verkehrsstau entstehen. Bei der Instandsetzung ist hingegen in der Regel eine Nutzungseinschränkung erforderlich. Die dadurch entstehenden indirekten Kosten sollten beim Vergleich von Instandsetzungsvarianten berücksichtigt werden. Sie sind bei der Variantenwahl oft ausschlaggebend.

Bei Brücken als Bauwerken der öffentlichen Infrastruktur werden die Aufwendungen für die Überwachung und Instandhaltung im Rahmen der ordentlichen Budgets der öffentlichen Verwaltungen finanziert und in der Regel durch permanent angestelltes Personal durchgeführt. Bei Instandsetzungen kann es bei großen Aufwendungen und entsprechend hohen Kostenvoranschlägen vorkommen, dass die Finanzierung außerhalb des ordentlichen Budgets gefunden werden muss. Dadurch können Verzögerungen mit der Ausführung der Instandsetzung entstehen.

Gemäß Tabelle 2.2 betragen die gesamten Kosten für die Überwachung und den Unterhalt einer Brücke bei einer Nutzungsdauer von 100 Jahren etwa 50 bis 65 % der Neubaukosten. Für die Überwachung und den Unterhalt einer Brücke müssen somit über die gesamte Nutzungsdauer betrachtet nochmals beinahe 2/3 der ursprünglichen Baukosten aufgewendet werden.

Dieser Tatsache wird bei der Planung von Infrastrukturanlagen oftmals zu wenig Beachtung geschenkt, da die großen Aufwendungen für den Unterhalt normalerweise erst nach etwa 30 Jahren anfallen. Im Sinne der Nachhaltigkeit sollte aber eine Art „Vorsorgesystem" eingeführt werden, mit dem die Finanzierung des Unterhalts gesichert werden kann.

2.3.5 Abbruchkosten

Die Kosten für den Abbruch der Brücke und die Entsorgung sind stark abhängig von Baustoff, Standort und Abbruchmethode. Der Abbruch einer Überführung, bei der keine Rücksicht auf den Raum unter der Brücke genommen werden muss, beträgt nur wenige Prozent der Neubaukosten. Der Rückbau einer hohen, weitgespannten

Betonbrücke kann dagegen sehr teuer sein, vor allem wenn auch noch der Raum unter der Brücke nicht beeinträchtigt werden darf.

2.4 Ästhetik

2.4.1 Grundsätzliches

Ästhetik wird in der Philosophie mit verschiedenen Qualitäten in Verbindung gebracht: mit nach Maß und Zahl geordneten Formverhältnissen, mit interesselosem Wohlgefallen, mit Zweckmäßigkeit in der organischen Natur, mit Lebenssteigerung, Lebensqualität oder Kunst. Das konstruktive Ingenieurwesen beruht auf dem Gleichgewicht der einwirkenden und widerstehenden Kräfte, einem zeitlosen, universalen Phänomen, das ausgewogene Strukturen vom Aufbau der Atome bis zu den Bahnen der Himmelskörper bestimmt. Im bildlichen Sinne, bezogen auf die menschliche Psyche, bedeutet *Gleichgewicht* (Balance), aber auch *Harmonie* und einen ausgewogenen Gemütszustand, die ein Gefühl des *Wohlbefindens* erzeugen.

Eine Ästhetik, die sich auf das physikalisch bestimmte, mit der Aufwandminimierung verknüpfte Kräftegleichgewicht bezieht, reflektiert die in der Philosophie beschriebenen Qualitäten wie (mathematische) Formverhältnisse (Heraklit, Polyklet u. a.), Zweckmäßigkeit in der organischen Natur (Kant) oder Lebensqualität (Santayana).

Die kunstvolle *Visualisierung* des optimal mit der Umwelt, der Ökonomie des Aufwands und dem Stand der Technik vernetzten Gleichgewichts der Kräfte übt deshalb immer eine ganz besondere Faszination auf den Menschen aus. Sie ist eine objektivierte Grundlage der technisch-konstruktiven Baukultur und unterscheidet sich damit grundlegend von einer subjektiv-willkürlichen, architektonisch-künstlerischen Baukultur.

Die ästhetische Qualität einer Brücke ist einerseits von der *Einfügung der Brücke in ihr Umfeld* und andererseits von der *Gestaltung der Brücke* selbst abhängig. Sie kann grundsätzlich im Erscheinungsbild des Tragsystems, in der Gestaltung der Tragwerkskomponenten und Details sowie in der Ornamentik liegen.

Messbare Gestaltungskriterien sind bei der Entwurfsarbeit außerordentlich nützlich, und es lohnt sich, einen Entwurf in Bezug auf diese Gestaltungskriterien sorgfältig zu überprüfen. Abschließend sollte der Entwurf einer anspruchsvollen Brücke aber immer auch noch gesamthaft überprüft werden.

In Bezug auf das Einfügen der Brücke in das Landschaftsbild kann dies mit computergenerierten Fotomontagen aus den am stärksten frequentierten Blickpunkten und aus der Sicht des Brückenbenützers erfolgen. Hinsichtlich der Gestaltung und der Dreidimensionalität des Erscheinungsbilds der Brücke selbst sollte mit einem großen physischen Modell gearbeitet werden. Ein Modell ist immer bedeutend aussagekräftiger als zweidimensionale Bilder, denn es kann aus allen, vor allem auch aus den ungünstigen Blickwinkeln betrachtet und so lange verbessert werden, bis die befriedigende Lösung gefunden ist.

2.4.2 Brücke und Umfeld

Beim Einfügen der Brücke in ihr Umfeld sind räumliche und zeitliche Komponenten zu beachten.

Die *räumlichen Komponenten* betreffen

- die Maßstäblichkeit der Brücke bezüglich der Landschaft und Topographie,
- die Maßstäblichkeit und den Charakter der Brücke in Bezug auf das gebaute Umfeld.

Das Tragsystem und seine Spannweiten spielen dabei eine wichtige Rolle. Sie müssen durch Visualisierung ökonomischer, bautechnischer und umweltrelevanter Vorteile eine logische Antwort auf das landschaftliche und gebaute Umfeld geben.

- Das Tragsystem sollte die Topographie und die geotechnische Struktur des Baugrunds respektieren.
- Die Spannweiten sollten eine mit dem Landschaftsraum unter der Brückenfahrbahn und mit dem gebauten Umfeld der Brücke vergleichbare Größenordnung aufweisen.
- Die Abstützungen des Tragsystems sollten sich an topographisch charakteristischen, wenn möglich gut zugänglichen Stellen befinden; z. B. auf Schultern von Abhängen, in Flachzonen oder landseitig der Uferlinie.
- Einem sanften Landschaftsbild entspricht am besten ein ruhiges Tragsystem, während in einer lebhaften Landschaft ein markantes Tragsystem durchaus berechtigt sein kann.
- Das Haupthindernis, z. B. ein breiter Fluss oder eine Schlucht, sollte sich in einer entsprechend betonten Hauptöffnung im Tragsystem widerspiegeln.

Die *zeitlichen Komponenten* beziehen sich auf

- die Geschichte und Tradition der lokalen Brückenbautechnik,
- die aktuelle Baukultur und den Stand der (lokalen) Bautechnologie.

Brücken sind oder werden oft zu Wahrzeichen, wobei den Baustoffen und dem Tragsystem eine zeichenhafte Bedeutung zukommt. In solchen Fällen wird meistens erwartet, dass Ersatz-, aber auch Neubauten die lokale brückenbautechnische Geschichte und Tradition wieder aufnehmen. Allerdings muss dieser Bezug in moderner Form erfolgen, denn Brücken sollten zumindest im vorhandenen technologischen Umfeld den neuesten Stand der Bautechnik reflektieren.

2.4.3 Gestaltung der Brücke

Brücken sind technische Bauwerke. Ihre Funktionalität erfordert Tragsystemformen, die auf klaren naturwissenschaftlichen Grundlagen beruhen. Die architektonisch-künstlerische Gestaltungsfreiheit ist deshalb stark begrenzt. Den eindeutigen naturwissenschaftlich-technischen Grundlagen entsprechend lassen sich einige wichtige Gestaltungskriterien definieren, die im Hinblick auf die ästhetische Qualität der Brücken beachtet werden müssen:

- Visualisierung technischer Effizienz durch Transparenz und Schlankheit
- Visualisierung von Einheitlichkeit und Ordnung im Tragwerk durch:
  ganzheitliches Erscheinungsbild des Tragsystems
  klare Gliederung des Systems
  kohärente, einheitliche Typologie der Systemelemente
- Künstlerische Gestaltung in der Verfeinerung der rohen statischen Form durch:
  Visualisierung des Kraftflusses
  makellose Detailausbildung
  Licht- und Schatteneffekte durch Querschnittsprofilierung
  strukturelle Ornamentik
  architektonische Ornamentik

Visualisierung der technischen Effizienz

Die *technische Trägerschlankheit* wird als Verhältnis von Trägerspannweite zu Trägerhöhe definiert. Für die Ästhetik spielen jedoch die sichtbare Trägerlänge und Trägerhöhe sowie ihr Verhältnis zueinander eine wesentlich wichtigere Rolle.

Die *sichtbare Trägerlänge* ist je nach Betrachterstandort unterschiedlich, und es ist deshalb wichtig, dass die besonders stark frequentierten Betrachterstandorte in die Beurteilung der Schlankheit einbezogen werden. Für die *sichtbare Trägerhöhe* ist die Gestaltung des Trägerquerschnitts maßgebend. Mit einem kräftigen, sichtbaren Brückenrand und einem stark zurücktretenden, im Schatten liegenden Träger kann die sichtbare Trägerhöhe wesentlich reduziert werden.

Wenn stark frequentierte Betrachterstandorte tiefer als die Fahrbahn liegen, muss auch der unteren Trägerbreite (z. B. untere Kastenbreite) Beachtung geschenkt werden. Sie kann unter Umständen als Teil der Trägerhöhe in Erscheinung treten.

Vor allem bei Bogen- aber auch bei Kabelbrücken visualisiert die *Systemhöhe* neben der Querschnittshöhe des Trägers und des Bogens ebenfalls einen Schlankheitseffekt. Das Erscheinungsbild flacher Bogenbrücken mit einem großen Verhältnis von Bogenspannweite zu Bogenpfeilhöhe ist beispielsweise bedeutend spannungsvoller als dasjenige steiler Bogen.

Die *Baukosten* wachsen aber meistens mit zunehmendem Schlankheitsgrad bei flachen Bogen- und insbesondere bei flachen Kabelbrücken genau gleich wie bei schlanken Trägern rasch an. Die schlankheitsbedingten zusätzlichen Kosten im Vergleich zum analogen System mit optimierter Systemhöhe sollten deshalb immer in Betracht gezogen werden.

Für die *Transparenz* einer Brücke sind im Wesentlichen die Spannweiten und die Gestaltung des Unterbaus, insbesondere der Pfeiler, maßgebend.

Bei hohen Brücken sollte die Spannweite kaum größer als die *Brückenhöhe* selbst gewählt werden, denn mit zunehmenden Spannweiten steigen die Baukosten in der Regel progressiv an. Bei sehr kleinen Brückenhöhen hat eine kleine Trägerhöhe bei entsprechend kleineren Spannweiten einen günstigen Effekt auf die Transparenz. Bei niedrigen und schmalen Brücken wird die beste Transparenz mit Einzelstützen erreicht.

Vor allem bei breiten Brücken hat die *Ausbildung der Pfeiler* erhebliche Auswirkungen auf die Transparenz. In der Regel sind bei breiten Brücken Träger mit einem Einheitsquerschnitt für die gesamte Breite und dementsprechend mit einzelnen Pfeilern ästhetisch wesentlich vorteilhafter als Zwillingsbrücken mit Doppelpfeilern.

Zwillingsbrücken weisen zwar bei umfangreichen Instandsetzungsarbeiten insbesondere an der Fahrbahnplatte arbeitstechnische Vorteile auf. Bei neuen, nach dem heutigen Stand der Brückenbautechnik konstruierten, erstellten und unterhaltenen Brücken muss aber nicht mit umfangreichen Schäden an der Fahrbahnplatte gerechnet werden. Die marginalen bautechnischen Vorteile bei Instandsetzungsarbeiten wiegen deshalb die beachtlichen ästhetischen Nachteile geringer Transparenz bei Zwillingsbrücken normalerweise nicht mehr auf.

Visualisierung von Einheitlichkeit und Ordnung

Einheitlichkeit im Erscheinungsbild des Tragsystems visualisiert vor allem eine ganzheitliche, effiziente Systemtragwirkung, und umgekehrt vermittelt eine ganzheitliche Tragwirkung bereits eine wichtige Grundlage für ein einheitliches Erscheinungsbild. Die Visualisierung einer ganzheitlichen Tragwirkung ist vor allem bei Bogen- und Schrägkabelbrücken wünschenswert.

Symmetrie und Regelmäßigkeit bringen Ordnung und Klarheit in das Tragsystem. Die Brücke repräsentiert sich als harmonische Einheit. Ein symmetrisches Tragsystem ist ein ausgesprochenes Merkmal der meisten „schönen" Brücken, die den Eindruck höchster Ausgewogenheit vermitteln. Die Regelmäßigkeit der Form drückt sich in der Anordnung der Spannweiten und in der Gestaltung der Querschnittsform aus. Gleichmäßige Spannweiten und eine im Prinzip gleichbleibende Querschnittform von Träger und Stützen sind auch aus technischen Gründen erwünscht, da sie den geringsten Materialaufwand erfordern und die günstigsten Ausführungsbedingungen ergeben.

Tragsysteme mit einer *ganzheitlichen Tragwirkung* sind meistens wesentlich ökonomischer als Tragsysteme, die aus einzelnen, unabhängigen Teilen bestehen. So sind beispielsweise Ketten aus einfachen Balken bezüglich Montage zwar etwas einfacher als *Durchlaufträger*; sie sind aber bei gleicher Trägerhöhe bedeutend weniger steif und sie erfordern eine höheren Baustoffaufwand, breitere Auflagerquerträger sowie viel mehr Lager und Fugen, die relativ heikle Schwachstellen bezüglich Dauerhaftigkeit und somit unterhaltsanfällig sein können. Zahlreiche Fugen vermindern zudem deutlich den Fahrkomfort.

Bei *Bogenbrücken* vermittelt die ganzheitliche Tragwirkung – z. B. die Versteifung des Bogens mit dem Träger – ganz besonders dann ein ausgewogenes, einheitliches Erscheinungsbild, wenn Bogen, Stützen und Träger auch noch gleiche Querschnittsformen aufweisen. Kräftige Bogen mit einem leichten, vom Bogen unabhängigen und formal verschiedenartigen Aufbau, der praktisch nichts zur Systemsteifigkeit beiträgt, vermögen dagegen in ästhetischer Hinsicht meistens nicht zu überzeugen. In diesen Fällen ist dann auch noch die Trägerhöhe in den

Zufahrtsviadukten größer als im Bogenbereich, was die formale Heterogenität der Brücke noch vergrößert.

Vor allem bei *Schrägkabelbrücken* bereitet die kohärente Gestaltung der Pylone mit den darunter stehenden Pfeilern oft erhebliche Schwierigkeiten. Um die Einheitlichkeit des Tragsystems nicht stark zu beeinträchtigen, sollte vermieden werden, dass der Eindruck entsteht, der Schrägkabelüberbau sei willkürlich und zusammenhangslos auf den Unterbau aus konventionellen Pfeilern aufgesetzt.

Ein wichtiges Merkmal im Erscheinungsbild einer überzeugenden Konstruktion besteht in der übersichtlichen, geordneten *Gliederung der Konstruktionselemente*. In diesem Sinne ist es vorteilhaft, die Anzahl der Systemelemente auf ein Minimum zu reduzieren und ein *geometrisches Ordnungsprinzip* zu visualisieren. Auf jeden Fall darf nicht der Eindruck einer willkürlichen Gliederung entstehen, die reduziert oder verändert werden könnte. Der Betrachter muss den Eindruck gewinnen, dass an der Konstruktion nichts hinzugefügt werden muss und nichts weggelassen werden kann.

Besonders anspruchsvoll in Bezug auf Gliederung ist die *Anordnung der Kabel* bei Schrägkabelbrücken. Kabelüberschneidungen in zahlreichen Richtungen können außerordentlich störend und verwirrend sein. Bei einer fächerförmigen Kabelanordnung und relativ kleinen Abständen führen auch Doppelkabel zu vielen unschönen Überschneidungen, weil die Zuordnung der Doppelkabel in der Schrägsicht nicht mehr erkannt werden kann. In solchen Fällen und bei mehr als drei sich überschneidenden Kabelebenen ist es hinsichtlich der ästhetischen Qualität meistens von Vorteil, die teurere harfenförmige Kabelanordnung zu wählen.

Die meisten ästhetisch überzeugenden Brücken zeichnen sich auch durch eine *einheitliche Querschnittstypologie der Tragelemente* aus. Die Grundform der Tragelemente kann dabei eindimensional stabförmig oder zweidimensional flächig sein. Die Charakteristik der Querschnittsform kann sehr verschiedenartig sein, z. B. flach gedrungen oder plattenbalkenförmig gegliedert. Eine einheitliche Querschnittstypologie für alle Tragelemente ist allerdings meistens etwas teurer als eine differenzierte, kostenmäßig optimierte Querschnittsausbildung für die einzelnen Tragelemente.

Künstlerische Gestaltung

Meistens ist es ohne großen Kostenaufwand möglich, die rohe statische Form zu verfeinern. Am wirkungsvollsten ist dabei die *Visualisierung des Kraftflusses* in den Tragelementen, indem im Sinne einer passiven Gestaltung die Querschnittsabmessungen dem Beanspruchungsverlauf entsprechend variiert werden oder im Sinne aktiver Gestaltung durch den Verlauf der Querschnittsabmessungen die Beanspruchung gesteuert wird.

Ein außerordentlich wichtiger Teil der Gestaltung besteht in der sorgfältigen *Detailausbildung*, die von der Einpassung der Endwiderlager bis zur Durchbildung des Brückenrands und zur Formgebung der Beleuchtungskörper reicht. Im Prinzip sollte die Detailgestaltung einfach, klar und funktionell sein; auf die Ausschmückung des Tragwerks mit unnötigen Details wie z. B. „barocke" Pfeilerkapitelle sollte besser verzichtet werden.

Mit *Licht- und Schatteneffekten* lassen sich relativ große, dominierende Betonflächen durch eine Profilierung unterbrechen oder strukturieren. Die Profilierung kann aus einer starken Kerbe, wenigen Kerben oder aus einer schwachen flächendeckenden Profilierung bestehen. Bei konzentrierten Kerben muss die Kerbtiefe in einem angemessenen Verhältnis zu den Abmessungen des profilierten Bauteils stehen, damit die Schattenfläche auch bei diffusem Licht erkennbar ist und die Maßstäblichkeit von Schattenbreite zu Gesamtbreite gewahrt wird. Flächendeckende, relativ schwache Profilierungen sind mit einer Verstärkung des Schalungsbilds vergleichbar; sie können die Tragrichtung eines Tragelements betonen oder auf großen Betonflächen Helligkeitsunterschiede vermitteln.

Unter *struktureller Ornamentik* versteht man Tragsysteme mit unnötig extensiver räumlicher Ausgestaltung oder mit einem gewollt verkomplizierten Kraftfluss, Konstruktionsteile, die einen fiktiven Beanspruchungszustand visualisieren, oder Tragelemente mit einem beanspruchungsfremden Querschnittsverlauf. Strukturelle Ornamentik kann ästhetisch durchaus gefällig und belebend sein. Sie weist aber immer einen Mangel an statischer Effizienz auf und ist deshalb oft teurer als statisch optimierte und formal reduzierte Systeme und Tragelemente.

Architektonische Ornamentik an oder mit nicht tragenden Elementen, Ornamentik an den Widerlagern oder außerhalb der Brücke sowie Ornamentik an Einrichtungen zur Beleuchtung der Brücke selbst liegen – klar außerhalb des technischen Bereichs – im künstlerischen Bereich und lassen sich deshalb nicht mit rationalen Gestaltungskriterien qualifizieren. Diese Art Ornamentik ist bei modernen Brücken sehr heikel; sie sollte zurückhaltend und nur in Zusammenarbeit mit einem Architekten oder Künstler eingesetzt werden.

2.5 Überlegungen beim konzeptionellen Entwurf

2.5.1 Einleitung

Die Erarbeitung eines konzeptionellen Entwurfs, der möglichst nahe an die Ideallösung, d. h. minimale Kosten bei maximaler ästhetischer Qualität, herankommen soll, muss auf technischer Grundlage erfolgen, da die Baukosten nur mit bautechnischen und konstruktiven Maßnahmen tief gehalten werden können. Es ist auch viel einfacher, einen funktionellen, konstruktiv einwandfreien Entwurf, der meistens an sich schon von der Gestaltung her überzeugt, formal zu verfeinern und zu optimieren, als eine willkürliche, meistens unwirtschaftliche, gestalterische Idee mit den technisch-funktionellen Randbedingungen so in Einklang zu bringen, dass die Kosten wesentlich gesenkt werden können. Meistens gelingt es bei architektonisch-willkürlichen Lösungen nicht, die Kosten ohne konzeptionelle Änderungen zu reduzieren, d. h., man bleibt dann entweder bei der unwirtschaftlichen Lösung oder man beginnt mit einem völlig neuen Konzept.

Abb. 2.4. Salginatobelbrücke

2.5.2 Konzeptioneller Entwurf der Salginatobelbrücke

Die Salginatobelbrücke von Robert Maillart ist ein typisches und ausgezeichnetes Beispiel für eine auf rein technisch-konstruktiver Grundlage entwickelte Brücke, die sehr nahe an die Ideallösung bezüglich Kosten und Erscheinungsbild herankommt (Abb. 2.4).

Bei der Linienführung der Straße wurde offensichtlich großes Gewicht auf eine topographisch geeignete Lage der Brücke gelegt. Für die Überquerung der 80 m tiefen Schlucht eignete sich eine Bogenbrücke in wirtschaftlicher und ästhetischer Hinsicht am besten. Die Widerlager des 90 m weit gespannten Bogens liegen nur 13 m unter der Fahrbahn, jedoch topographisch und bautechnisch sehr günstig. Auf der rechten Talseite befindet sich das Bogenwiderlager auf einer markanten Geländeschulter, auf der linken Talseite ist es in der steilen Felswand wegen der geringen Tiefe unter der Fahrbahn von oben relativ gut erreichbar.

Der mit einem Pfeilverhältnis von 1 : 7 sehr flache Bogen wurde als Dreigelenkbogen konzipiert und weist einen nach oben offenen Plattenbalkenquerschnitt auf. Dieser Querschnitt lässt sich dem Beanspruchungsverlauf sehr gut anpassen: Die Seitenwände sind im Viertel der Spannweite, beim Maximum der Biegemomente am größten und hier mit dem Fahrbahnträger verbunden. Der Plattenbalkenquerschnitt ist auch bautechnisch sehr vorteilhaft, weil das Lehrgerüst nur für die dünne Bogenplatte bemessen werden musste; das Gewicht der Seitenwände wie auch jenes der Stützen und des Fahrbahnträgers konnten dann zusammen mit dem Lehrgerüst von den jeweils bereits tragenden Bauteilen übernommen werden.

Der flache Bogen über der tiefen Schlucht visualisiert eine hohe technische Effizienz, und an der Bogenform ist der Kraftverlauf deutlich ablesbar. Bogen- und Zufahrtsabschnitt bilden in Bezug auf die Sekundärspannweiten, die Querschnittsform und die Querschnittsabmessungen eine monolithische Einheit.

Maillarts Rohkonzept für die Salginatobelbrücke gehörte ohne jeden Zweifel zu den denkbar wirtschaftlichsten Lösungen, und bei der Formverfeinerung beschränkte er sich auf drei Konstruktionselemente, die er künstlerisch und nicht im kostengünstigsten Sinn gestaltete. Die entsprechenden Zusatzkosten waren aber sehr bescheiden; sie betrugen sicher weniger als 1 % der gesamten Baukosten.

Anstatt eines einfachen Eisengeländers wählte Maillart eine durchgehende Betonbrüstung. Diese Brüstung bildet einerseits eine Einheit mit den flächigen Bogenrippen und verbindet andererseits Zufahrts- und Bogenbereiche zu einer Einheit. Die Betonbrüstung hat zudem auch den Vorteil, dass sie die Sicherheit auf der schmalen, oft schneebedeckten Fahrbahn der hohen Brücke physisch und psychologisch erhöht.

Bei den Stützen wären wandartige Scheiben oder aufgelöste Stützen etwas billiger gewesen als die von Maillart gewählten Stützen mit I-Querschnitt. Aber auch hier bevorzugte Maillart im Sinne einer einheitlichen Typologie die etwas teurere, gleiche Querschnittsform wie bei Bogen und Fahrbahnträger.

Das dritte gestalterisch verfeinerte Konstruktionselement sind die Bogenkämpfer. Zur Visualisierung der räumlichen Bauwerks-Plastizität und der Querstabilität der schmalen Brücken erweiterte Maillart den Fuß der Kämpferstützen und die Breite der Bogenplatte bei den Bogenkämpfern (Abb. 2.5).

Abb. 2.5. Salginatobelbrücke

2.5.3 Generelle Tragsysteme

Die Entwurfsarbeit beginnt in der Regel mit der Wahl des generellen Tragsystems, das im Prinzip einen Balken-, Bogen- oder Kabelbrückencharakter haben kann und nicht an einen bestimmten Baustoff gebunden ist.

Balkenbrücken sind in der Regel kostengünstiger, aber auch weniger ausdrucksvoll als Bogen- oder Kabelbrücken. Sie eignen sich bei fast allen technischen Randbedingungen. Gekrümmte Linienführungen, seitlich anschließende Rampen sowie komplizierte topographische oder geotechnisch-geologische Verhältnisse bereiten keine grundsätzlichen Schwierigkeiten. Bei Spannweiten über etwa 200 m machen Balkenbrücken einen eher massigen, schwerfälligen Eindruck, und die Kosten steigen mit zunehmender Spannweite rascher an als bei anderen Tragsystemen.

Bogenbrücken eignen sich vor allem dann, wenn nur eine einzige Spannweite für die Überbrückung eines tiefen Einschnitts oder einer Schifffahrtsöffnung erforderlich ist und für die Zufahrtsviadukte zum Bogenbereich kleine Spannweiten genügen. Bei entsprechender Höhenlage der Fahrbahn eignen sich Bogenreihen gut zur Überquerung breiter Wasserwege.

Bei Bogen mit obenliegender Fahrbahn ist von Anfang an zu klären wie der Horizontalschub des Bogens aufgenommen werden kann, ob sich der Bogenscheitel in horizontaler Richtung teilweise oder ganz blockieren lässt und wie der Bogen am wirtschaftlichsten hergestellt werden kann. Bogen mit untenliegender Fahrbahn eignen sich, wenn die Bauhöhe unter der Fahrbahn beschränkt ist. Sie lassen sich, da der Horizontalschub des Bogens mit der Fahrbahn aufgenommen werden kann, als geschlossene Systeme oft durch Verschiebemanöver kostengünstig einbauen.

Bogenbrücken können auch in Spannweitenbereichen von 300 bis 400 m durchaus noch wirtschaftlich sein. Mit zunehmendem Verhältnis von Bogenspannweite zu Krümmungsradius der Linienführung sind Bogentragwerke allerdings immer weniger oder überhaupt nicht mehr zweckmäßig, und besonders bei Bogen mit obenliegender Fahrbahn haben auch Topographie und Geologie einen entscheidenden Einfluss auf die Kosten und das Aussehen. Es macht keinen Sinn, Bogenbrücken mit großem Aufwand in enge Kurven einzuzwängen. Als Rahmen durchgebildete Voutenträger sind hierfür konstruktiv und gestalterisch viel besser geeignet.

Kabelbrücken eignen sich bei mittleren bis sehr großen Spannweiten. Sie erschließen Spannweitenbereiche, die mit Balken- und Bogentragwerken nicht mehr erreichbar sind. Bei Fußgängerbrücken mit bescheidenen Spannweiten können Kabelbrücken besonders wegen ihrer Leichtigkeit und Eleganz wesentlich höhere Kosten durchaus rechtfertigen, zumal Kabelwerk, gut gestaltete Pylone und eine sorgfältig dosierte Tragwerksdynamik dem Fußgänger ein ganz besonderes Brückenerlebnis vermitteln können. Krümmungen in der Linienführung wirken sich bei Kabelbrücken wie bei Bogenbrücken erschwerend aus. Topographie und Geologie haben hingegen kaum einen Einfluss auf die Eignung dieser Tragwerke.

2.5.4 Mutationen von Tragsystemen

Zwischen den Standardsystemen – Balkenbrücken, Bogenbrücken, Kabelbrücken – gibt es unzählige Übergangssysteme. Einige aus dem Dreifeldträger abgeleitete Mutationen sind in Abb. 2.6 dargestellt. Bei allen Systemen lassen sich selbstverständlich die Spannweitenverhältnisse, die Tragwerksschlankheit und die Querschnittsform variieren.

Abgesehen von Serienbrücken wie Überführungen und Unterführungen sind sowohl die technisch-funktionellen Randbedingungen wie auch die Standortexposition bei allen Brücken verschieden. Dieser Differenziertheit der ortspezifischen Entwurfsgrundlagen kann im konzeptionellen Entwurf genauso differenziert Rechnung getragen werden.

Neben der Systemdifferenzierung spielen auch die mit der Ausgestaltung des Systems eng verbundene Baustoffwahl und die Art der Vorspanntechnik eine wichtige Rolle bei der Tragwerksoptimierung.

Grundsätzlich kann für jedes Bauteil der geeignetste Baustoff verwendet werden. Kosteneinsparungen und allfällige Nachteile für die visuelle Einheitlichkeit müssen jedoch gegeneinander abgewogen werden.

Auch die Vorspanntechnik sollte in der ganzen Bandbreite, und nicht nur in Standardformen, verwendet werden. Die Vorspannung sollte insbesondere eingesetzt werden als Ergänzung der schlaffen Bewehrung, beispielsweise bei Platzproblemen bis zur vollen Vorspannung, sowie als beliebige Mischung von interner und externer Vorspannung, von Vorspannung mit oder ohne Verbund sowie von Spannbettvorspannung und Vorspannung des erhärteten Betons.

Außerdem muss die Bauausführung unbedingt in den Entwurfsprozess einbezogen werden, denn die Herstellungstechnik hat große Auswirkungen auf die Baukosten. Sie ist unter Umständen aber auch von Bedeutung für die Tragwerksform. Die Grundprinzipien einer rationellen Herstellungstechnik bestehen darin, dass ausgeführte Bauteile so rasch wie möglich in den weiteren Bauvorgang integriert und gleiche Arbeitsabläufe mit dem entsprechenden Lerneffekt taktförmig wiederholt werden.

Bei niedrigen Brücken ist die Herstellung auf einem Lehrgerüst meistens am wirtschaftlichsten. Bei hohen Brücken muss die Herstellung ohne Abstützung auf dem Boden erfolgen, was bei allen Standardsystemen möglich ist. Oft sind auch Verschiebetechniken wie Längsvorschub, seitlicher Verschub oder Eindrehen ganzer Brückensegmente interessant.

Die Wahl der generellen Tragwerksform erfolgt aufgrund technischer und ästhetischer Überlegungen. Bei der Evaluation muss in erster Priorität die technische Eignung des Tragsystems gewährleistet sein. Erst in zweiter Linie können unter Berücksichtigung der Standortexposition Kosten und ästhetische Qualität gegeneinander abgewogen werden. Die Optimierung des Tragsystems erfolgt mit Maßnahmen, die geeignet sind, die technisch-funktionellen Randbedingungen mit kleinstem Aufwand zu erfüllen.

1)  Dreifeldträger mit konstanter Bauhöhe

2)  Voutenträger mit Variationen bezüglich Voutenverlauf

3)  Dreifeldträger auf Stützen mit V-Kopf und Zugband (Starke Reduktion der Stützmomente aus Eigenlast: "keine" Zwängungen in den Stützen)

4)  Dreifeldträger auf V-Stützen mit Zugband

5)  V-Stiel-Rahmen (Zwängungen bei Trägerverkürzungen)

6)  Klassische V-Stiel-Brücke ohne Widerlager

7)  Sprengwerk; Horizontalschub auf Baugrund

8)  Vouten-Rahmen mit vertikalen Stützen (Horizontalschub unbedeutend)

9)  Durchlaufträger mit konstanter Bauhöhe auf den Stützen beliebig gelagert

10)  Voutenträger

11)  Bogenförmiger Kragträger mit Verschiebegelenk im Scheitel (kein Horizontalschub)

12)  Bogentragwerk; Horizontalschub aus Eigenlast ausbalanciert (mit oder ohne Horizontalschub bei Verkehrslast)

13)  Klassische Bogenbrücke (mit Variationen bezüglich Bogensystem, Bogenform, Bogenaufbau, Steifigkeitsverhältnis zwischen Bogen und Träger)

14)  Bogenbrücke mit teilweise unten liegender Fahrbahn

15)  Bogen mit untenliegender Fahrbahn auf Kragsystemen

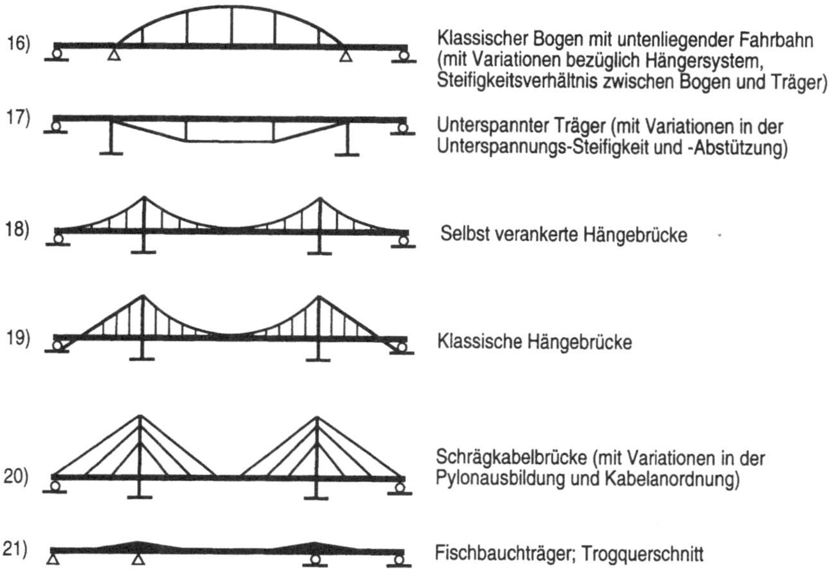

Abb. 2.6. Mutationen von Tragsystemen

Weil mit geschickten Maßnahmen oft mehrere technische Anforderungen effizient und formal überzeugend erfüllt werden können, ergeben sich bereits daraus – besonders bei Brücken mit zahlreichen, komplizierten Randbedingungen – sehr oft außerordentlich originelle und visuell faszinierende Tragwerksformen.

Die eigentliche Formverfeinerung und die Ausgestaltung der Details beginnt erst in der Schlussphase des Entwurfs. Vor allem in dieser Phase muss mit Blick auf die Standortexposition immer sorgfältig zwischen vorteilhafter künstlerischer Gestaltung und zusätzlichen Baukosten abgewogen werden. Bei diesem Vorgehen bleiben die Kosten immer unter Kontrolle.

3 Baustoffe

3.1 Beton

3.1.1 Herstellung

Ausgangsstoffe

Im Brückenbau werden in der Regel normale, normierte Portlandzemente (CEM I 42.5) verwendet, wobei der Sulfat- und der Chloridgehalt des Zements 4,5 % bzw. 0,1 % des Zementgewichts nicht übersteigen sollte. Bei tiefen Temperaturen werden unter Umständen hochwertige Zemente (CEM I 52.5) mit beschleunigter Erhärtung verwendet. Dadurch entsteht allerdings eine höhere Abbindewärme, und die Maßnahmen, um die Rissbildung im jungen Alter zu vermeiden, sind demzufolge entsprechend zu intensivieren.

Mit Portlandkompositzementen (CEM II), die Zusatzstoffe wie Kalkstein oder Silicastaub enthalten, können Eigenschaften wie eine verlängerte Verarbeitbarkeit, eine bessere Eignung zum Pumpen, einwandfreie Sichtbetonflächen oder ein hoher Sulfatwiderstand erzielt werden. Die langsam erhärtenden Hochofenzemente (CEM III) werden für Betone mit niedriger Hydratationswärme und hoher Dichtigkeit verwendet.

Das Anmachwasser darf keine schädlichen Beimengungen, insbesondere organischer Natur, enthalten. Sulfat- und Chloridgehalte von mehr als 1000 mg/l respektive 100 mg/l können die Dauerhaftigkeit des Betons beeinträchtigen. Wenn für das Anmachwasser Trinkwasser verwendet wird, sind keine speziellen Untersuchungen erforderlich. Andernfalls sollte eine Wasseranalyse durchgeführt werden.

Die Eignung der Zuschlagstoffe (Sand und Kies) sollte vorgängig nachgewiesen werden, vor allem, wenn besondere Betoneigenschaften wie z. B. Frost- oder Frost-Tausalz-Beständigkeit verlangt sind. Zu untersuchende Eigenschaften der Zuschlagstoffe sind beispielsweise die Petrographie, Sauberkeit, Härte, Kornform und Oberflächenbeschaffenheit sowie allfällige organische Beimengungen. Glimmerhaltige Gesteine sind auf jeden Fall ungeeignet.

Die Kornzusammensetzung von Zuschlagstoffen wird anhand von Sieblinien dargestellt (Abb. 3.1). In der Regel werden Korngrößenverteilungen gemäß stetigen Sieblinien gefordert, die Körner jeder Größe enthalten. Diese Sieblinien wurden empirisch gefunden, wovon die Sieblinie nach Fuller die älteste und bekannteste ist. In der Regel werden gewaschene Zuschlagstoffe bis zu einem Größtkorndurch-

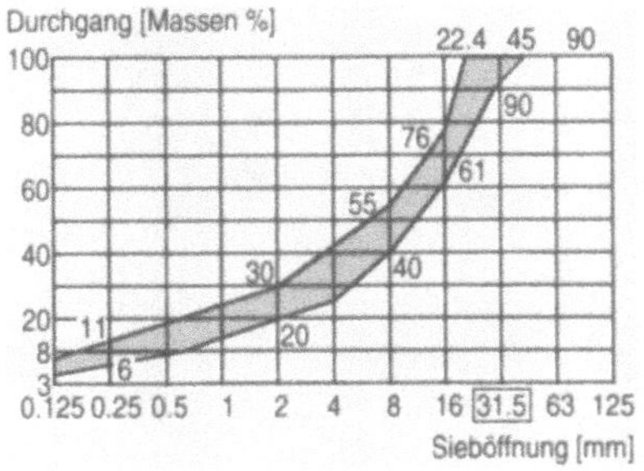

Abb. 3.1. In Normen geforderter Bereich der Korngrößenverteilung

messer von 32 mm verwendet. Sowohl die Betonverarbeitung als auch das Mischen des Betons werden durch die Verwendung kugeliger Zuschlagstoffe mit glatter Oberfläche erleichtert.

Die Sandfraktion von 0 bis 4 mm ist die Schlüsselkomponente für die Qualität der Zuschlagstoffe. Die entscheidende Rolle spielen dabei der Feinanteil ($\leq$0.02 mm) und der Mehlkorngehalt (Zuschläge mit einem Korndurchmesser von $\leq$0.125 mm). Der Feinanteil soll klein sein und 1 % der Gesamtmasse nicht überschreiten. Ein genügend hoher Mehlkorngehalt verbessert die Verarbeitbarkeit und das Wasserrückhaltevermögen (Verhinderung des „Blutens“) des Betons sowie die Wirksamkeit von Zusatzmitteln. Für einen Beton mit einem Größtkorn von 32 mm sollte der Mehlkorngehalt (inklusive Zement) 350 kg/m^3 nicht unterschreiten.

Bei den meisten Betonwerken sind die Zuschlagstoffe nicht immer der Siebkurve entsprechend vorhanden. Zur Vermeidung von Überschüssen in einem bestimmten Korngrößenbereich besteht immer wieder die Tendenz, etwas von der vorgeschriebenen Verteilung abzuweichen, weshalb während der Bauausführung periodische Kontrollen unerlässlich sind.

Zusätze (Zusatzmittel und Zusatzstoffe) sind chemisch oder physikalisch wirksame Produkte, die in geringen Mengen dem Frischbeton zugegeben werden. Zur Reduktion des Wasserzementwerts werden heute im Brückenbau fast immer Verflüssiger verwendet. Ein Beton mit einem Wasserzementwert von 0,40 lässt sich nur unter Zugabe von Verflüssigern einwandfrei verarbeiten. Dies bedeutet, dass ohne Verflüssiger mit einem höheren Wasserzementwert gearbeitet werden muss, und dadurch die Betondichtigkeit vermindert wird. Die Luftporenmittel bilden kleine Luftporen mit etwa 50 bis 300 μm Durchmesser, womit vor allem die Frostbeständigkeit und die Frost-Tausalz-Beständigkeit des Betons erhöht wird. Als unerwünschter Effekt nimmt aber in der Regel die Druckfestigkeit ab. Die Eignung solcher Zusätze sollte somit vorgängig mit Vorversuchen nachgewiesen werden, und zwar insbesondere dann, wenn dem Beton gleichzeitig mehrere Zusätze beigegeben werden.

Die Nassmischdauer muss mindestens eine Minute betragen, damit eine gleichmäßige Verteilung und Durchmischung aller Bestandteile erreicht wird. Bei kürzerer Mischdauer können Festigkeit und Dichtigkeit unter Umständen markant abfallen. Bei der Verwendung von Zusätzen ist die Mischdauer unter Umständen wesentlich zu verlängern.

Frischbeton und Schalungen

Unter Frischbeton wird die Mischung unmittelbar vor der Verarbeitung im Bauwerk verstanden. In dieser Phase werden die besonders wichtigen Prüfungen auf der Baustelle am unverdichteten Beton und an verdichteten Probekörpern durchgeführt, wobei es sich empfiehlt, Vorversuche auf der Baustelle durchzuführen. Mit diesen Prüfungen werden die Steuergrößen zum Erreichen der Zielgrößen des Festbetons nachgewiesen, die für die Tragsicherheit, Gebrauchstauglichkeit und Dauerhaftigkeit des Bauwerks erforderlich sind. Es wird somit endgültig entschieden, ob der Beton im Bauwerk verwendet werden darf oder nicht. Geprüft werden:
Wasserzementwert,
Konsistenz,
Ergiebigkeit,
Luftporengehalt.
In erster Linie ist eine ständige Kontrolle des Wasserzementwerts des Frischbetons erforderlich. Der Wasserzementwert als eine der wichtigsten betontechnologischen Größe hat einen maßgebenden Einfluss auf praktisch alle Festbetoneigenschaften. Die Bestimmung des Wassergehalts durch Austrocknen (Darrversuch) ist einfach und liefert eindeutige Resultate. Bei der Ermittlung des Wasserzementwerts muss der gesamte Wassergehalt, also auch der Wassergehalt in Zusätzen und die so genannte Kernfeuchte von Zuschlagstoffen, berücksichtigt werden. Falls dieser Wert eine vernünftig vereinbarte Toleranzgrenze übersteigt, muss der Frischbeton ausgeschieden werden. Bei der Vereinbarung der Toleranzgrenze muss berücksichtigt werden, dass in der Regel sowohl an die Steuergrößen (z. B. Wasserzementwert, Zementgehalt) als auch an die Zielgrößen (z. B. Verarbeitbarkeit, Festigkeit) jeweils eigene Anforderungen gestellt werden, was zu Widersprüchen führen kann.

Die Konsistenzprüfung (Messung des Setzmaßes infolge Verdichtung) gibt Aufschluss über den Wasserzementwert und die Korngrößenverteilung. Nur falls einer dieser beiden Parameter (z. B. die Korngrößenverteilung) konstant ist, lässt sich der andere Parameter (der Wasserzementwert) zuverlässig überwachen.

Die Ergiebigkeitsprüfung (Ermittlung des Zementgehalts je Kubikmeter Festbeton) wird bei Brückenbaustellen, wo die Zuschlagstoffe immer gewichtsmäßig gemischt werden, meistens an Festbetonprobekörpern durchgeführt. Aus dem Volumen und der Rohdichte der Probekörper lässt sich der Zementgehalt je Kubikmeter Festbeton mit ausreichender Zuverlässigkeit bestimmen.

Sofern ein Luftporenbildner für frost- oder frost-tausalz-beständigen Beton beigegeben wird, sollte am verdichteten Frischbeton auch der vorgesehene Luftporengehalt überprüft werden.

Von größter Bedeutung für eine einwandfreie Betonverarbeitung sind die Anordnung der Bewehrung, zweckmäßig verteilte Einfüll- und Vibrierlücken sowie eine geringe Fallhöhe, damit sich der Beton beim Einfüllen nicht entmischen kann.

Beim Verdichten des Betons darf nicht zu lange vibriert werden, damit in den schalungsnahen Schichten keine Entmischungen und kein Ausscheiden von Wasser und feinen Luftporen auftritt. Eine gute Verdichtung ist die Voraussetzung für eine erhöhte Dichtigkeit, eine genügende Druckfestigkeit und Haftung zwischen Bewehrung und Beton.

Diese Maßnahmen und eine geeignete Schalungsoberfläche sind auch entscheidend im Hinblick auf die Dichtigkeit des Oberflächen- und Überdeckungsbetons. Saugfähige Schalungen wie Holzschalungen ergeben im Allgemeinen eine glatte, geschlossene Betonoberfläche, weil sie überschüssiges Wasser und Luftblasen aufsaugen. Nicht saugfähige, wasserabweisende Schalungen wie Stahl- oder Kunststoffschalungen begünstigen partielle Anreicherungen von Feinstmörtel sowie Erhöhungen des Wasserzementwertes. Dies führt zu farblichen Unregelmäßigkeiten an der Betonoberfläche (Wolkenbildung) und zur Beeinträchtigung der Dichtigkeit des Oberflächenbetons. Außerdem sollten in einer Schalfläche nur Holzbretter verwendet werden, die gleich oft verwendet wurden, da bei jedem Einsatz das Saugvermögen des Holzes zurückgeht und sich dadurch die Farbe der Betonoberfläche ändert.

Nachbehandlung

Die Nachbehandlung hat zum Ziel, eine genügende Zementhydratation bis zum Erreichen einer ausreichenden Betonerhärtung sicherzustellen. Dabei wird der Beton unmittelbar nach dem Einbringen und Verarbeiten gegen Auswaschen, Frost, starke Temperaturwechsel, Erschütterungen und Rissbildung durch Austrocknen (Sonnenbestrahlung, Wind) geschützt. Die Nachbehandlung des Betons ist vor allem in Bezug auf die Oberflächendichtigkeit außerordentlich wichtig.

Die Hydratationswärme im Inneren eines Betonkörpers verursacht zusammen mit der Oberflächenabkühlung Dehnungsdifferenzen, die der junge Beton, der noch eine kleine Dehnfähigkeit und Festigkeit aufweist, nicht aufnehmen kann. Erreichen die Spannungen die noch geringe Zugfestigkeit des jungen Betons, führt dies zu Rissen, vor allem zu den durchgehenden Trennrissen (beispielsweise in Kragplatten und Randabschlüssen von Fahrbahnplatten), die sich für die Dauerhaftigkeit besonders nachteilig auswirken können. Durch vorzeitiges Austrocknen der Oberfläche entstehen viele fein verteilte Risse, die zu einer Zerstörung der Dichtigkeit der Betonhaut führen. Es müssen somit Maßnahmen ergriffen werden, damit zwischen Oberfläche und Kern des Betons die Temperaturunterschiede klein bleiben. Diese Temperaturunterschiede werden von den Witterungsbedingungen (Lufttemperatur, Windgeschwindigkeit, relative Luftfeuchtigkeit) und der Betontemperatur, die von der Zementart und -menge, Betonzusammensetzung, Bauteilabmessungen, Betoniervorgang abhängig ist, beeinflusst.

Als wichtigste Nachbehandlung werden nichtgeschalte Betonoberflächen so früh wie möglich mit verdunstungshemmenden Matten oder Folien abgedeckt. Auch kann auf die Betonoberfläche ein Nachbehandlungsfilm aufgebracht werden, oder der Beton wird kontinuierlich mit Wasser besprüht. Die Wahl dieser Maßnahmen oder einer Kombination davon muss unbedingt auf die herrschenden Witterungsbedingungen und die Betontemperatur abgestimmt sein. Beispielsweise ist die Berieselung mit Wasser nur bei hohen Temperaturen sinnvoll; bei tiefen Außentemperaturen, d. h. tiefer als etwa 10 °C, kann die Berieselung die Rissbildung gar fördern, da sie die Temperaturdifferenz zwischen Oberfläche und Betonkern nur noch vergrößert. Bei tiefen Temperaturen muss der junge Beton durch eine Wärmedämmung geschützt werden. Demgegenüber ist eine Wärmedämmung bei hohen Außentemperaturen, d. h. höher als etwa 25 °C, ungeeignet.

Außerdem gilt es zu beachten, dass die Schalung selbst eine schützende und isolierende Funktion hat und somit eine gute Nachbehandlung ermöglicht. Falls sehr früh, beispielsweise nach bereits 24 Stunden, ausgeschalt wird, muss der Nachbehandlung eine umso größere Aufmerksamkeit geschenkt werden, da es sonst unter Umständen zu starker Rissbildung mit nachteiligen Folgen für die Dauerhaftigkeit kommen kann.

In den meisten Fällen ist es durchaus möglich, die erforderliche Betonfestigkeit ohne eine besondere Nachbehandlung zu erreichen. Demgegenüber ist für die Schutzfunktion des Betons, die durch die Dichtigkeit des Überdeckungsbetons gewährleistet wird, eine Nachbehandlung in jedem Falle unumgänglich. Schrumpf- und Schwindrisse und sogar Kiesnester sind selten ein statisches Festigkeitsproblem, aber immer von großer Bedeutung hinsichtlich des Korrosionsschutzes für die Bewehrung.

Festigkeitsentwicklung

Die Festigkeitsentwicklung des Festbetons ist großen Streuungen unterworfen und wird von der Betonzusammensetzung, Zementsorte und -qualität, Zusätzen, Herstellungsbedingungen, Nachbehandlung und Erhärtungsbedingungen (insbesondere Temperatur, Feuchtigkeit) wesentlich beeinflusst. Bei durchschnittlichen Bedingungen kann etwa mit der in Abb. 3.2 dargestellten Festigkeitsentwicklung gerechnet werden. Wenn beispielsweise bei voller Vorspannung der Spannglieder eine hohe Betonfestigkeit nach zwei bis drei Tagen erforderlich ist, empfiehlt es sich, die Festigkeit an gleichzeitig erstellten Probekörpern und mit dem für den verwendeten Beton geeichten Prüfhammer zu kontrollieren. Um einen raschen Bau-

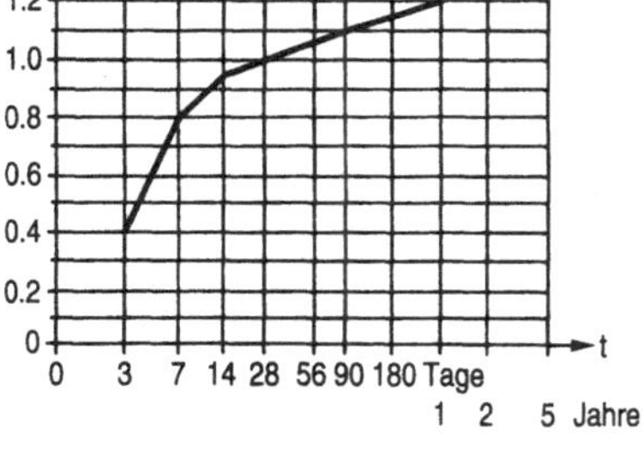

Abb. 3.2. Festigkeitsentwicklung des Festbetons

fortschritt einzuhalten, können gewisse Risiken eingegangen werden, falls ein Betonbruch, wie beispielsweise unter einer Spannkabelverankerung, nur beschränkte, leicht reparierbare Schäden zur Folge hat.

Sowohl die Festigkeit als auch alle anderen besonderen Betoneigenschaften sollten mit Voruntersuchungen einwandfrei abgeklärt werden. Die Frostbeständigkeit des Beton lässt sich mit einer Porenanalyse, der Bestimmung der Porosität und des kritischen Sättigungsgrades zuverlässig beurteilen. Für frost-tausalz-beständigen Beton ist auch eine Untersuchung mit Frostwechselbelastungen unter Tausalzeinwirkung erforderlich.

Für den Zeitpunkt des Ausschalens ist meistens nicht die Festigkeit, sondern die Nachbehandlungsdauer oder die zu erwartende Tragwerksverformung infolge Kriechens des früh beanspruchten Betons maßgebend.

3.1.2 Festigkeit und kurzzeitiges Verformungsverhalten

Bezeichnung des Betons

Der Beton wird in der Regel entsprechend der nach 28 Tagen erreichten Druckfestigkeit bezeichnet, wobei neben dem Mittelwert auch der für den Nachweis der Tragsicherheit maßgebende Mindestwert der Druckfestigkeit unterschieden werden muss. Dabei ist genau anzugeben, ob es sich um die Würfel- oder die Zylinderdruckfestigkeit handelt und mit welchem Fraktilewert der Gauß'schen Normalverteilung die Festigkeitsklasse bezeichnet wird. In den Normen entspricht die Festigkeitsklasse oft der 5%-Fraktile, dem charakteristischen Wert der Zylinderdruckfestigkeit f_{ck}.

Zur Betonbezeichnung werden nebst der Festigkeit normalerweise auch die Zementsorte und die Zementmenge in kg/m^3 des Festbetons sowie die zur Gewährleistung der Dauerhaftigkeit erforderlichen besonderen Betoneigenschaften wie Wasserdichtigkeit, Frostbeständigkeit, Beständigkeit in Bezug auf bestimmte chemische Einwirkungen oder Abriebfestigkeit angegeben.

Druckfestigkeit

Die Betondruckfestigkeit wird meistens aus separat hergestellten Probekörpern, in speziellen Fällen aber auch aus Bohrkernen des Tragwerks ermittelt. Die Prismendruckfestigkeit beträgt etwa 80 % der Würfeldruckfestigkeit. Meistens wird angenommen, dass die Festigkeitswerte der einzelnen Proben entsprechend der Gauß'schen Normalverteilung streuen. Unter dieser Voraussetzung lässt sich der Fraktilewert f_{frak} aus dem Mittelwert f_{m} und der Standardabweichung s wie folgt bestimmen:

$$f_{\text{frak}} = f_{\text{m}} - \alpha \cdot s$$

mit

$$s = \sqrt{\frac{1}{n-1} \cdot \sum_{i=1}^{n} (f_i - f_{\text{m}})^2} = \sqrt{\frac{1}{n-1} \cdot \left(\sum_{i=1}^{n} f_i^2 - n \cdot f_{\text{m}}^2 \right)}.$$

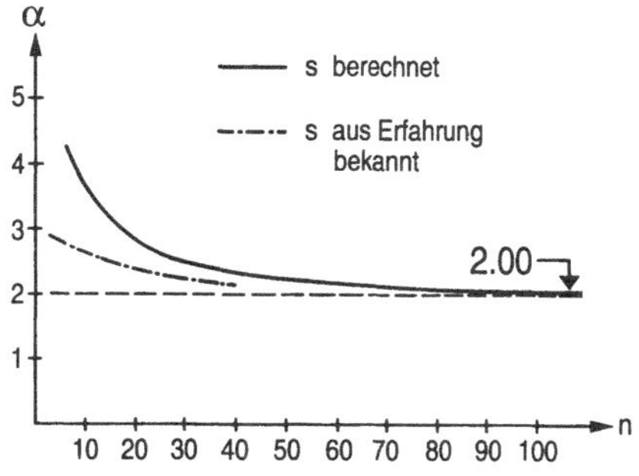

a

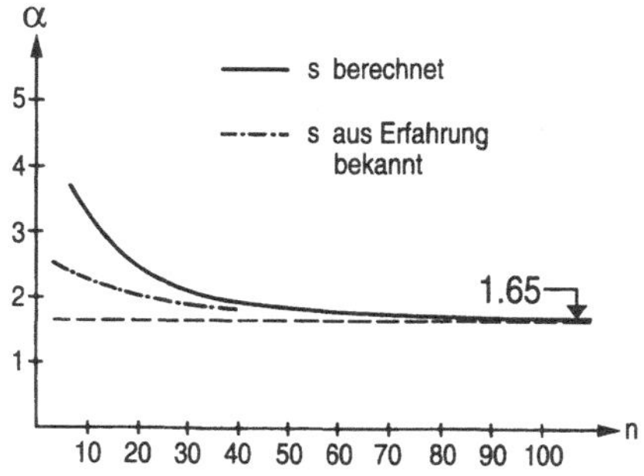

b

Abb. 3.3. α-Werte für 2%- (**a**) und 5%-Fraktile (**b**)

Es bedeuten f_i die Festigkeit der i-ten Probe, n die Anzahl der Probekörper und α den Koeffizienten zur Ermittlung des Fraktilewerts unter Berücksichtigung der Probenanzahl (Abb. 3.3).

Normalerweise wird sowohl der Mittelwert als auch die Standardabweichung aus den Proben ermittelt. Unter Umständen kann für die Standardabweichung aber auch ein von den Proben unabhängig bestimmter Wert verwendet werden; z. B. aufgrund der Statistik des Betonwerks, von dem der Frischbeton bezogen wird, oder aufgrund repräsentativer Untersuchungen mit dem Prüfhammer an bereits ausgeführten Bauteilen.

Beton unter Druckbeanspruchung

Das Spannungs-Dehnungs-Verhalten des Betons ist vor allem von der Betonfestigkeit, der Belastungsgeschwindigkeit und dem Betonalter abhängig. Das Spannungs-Dehnungs-Diagramm wird in der Regel an unbewehrten Prismen gemessen, wobei das Kurzzeitverhalten mit einer Belastungsgeschwindigkeit von etwa $0{,}6\,\mathrm{N/mm^2} \pm 0{,}4\,\mathrm{N/mm^2}$ pro Sekunde oder mit einer Dehnungszunahme von 1 ‰ pro Minute ermittelt wird. Die Stauchung unmittelbar vor dem Beginn der Entfestigung wird als Bruchstauchung ε_{cu} bezeichnet. Sie beträgt etwa 2 bis 2,5 ‰. Bei der dem Kurzzeitversuch zugrunde gelegten Dehnungsgeschwindigkeit erfolgt die Entfestigung relativ schnell; die Festigkeit beträgt bei einer Stauchung von $2 \cdot \varepsilon_{cu}$ nur noch etwa 50 % des Maximalwerts. Bei kräftiger Verbügelung ist die Bruchstauchung wesentlich größer als beim unbewehrten Prisma, und die Entfestigung ist relativ klein (Abb. 3.4 und 3.5).

Im Hinblick auf die Gebrauchstauglichkeit ist zu beachten, dass bei der üblichen Bewehrung mit naturhartem oder kaltverformtem Betonstahl die Kurzzeitdehnung des Betons im Gebrauchszustand 2 ‰ nicht überschreiten sollte, da der Überdeckungsbeton abplatzen kann. Der Querschnittwiderstand wird aufgrund einer idealisierten Spannungs-Dehnungs-Beziehung mit einer Bruchstauchung ε_{cu} von 3,5 ‰ und dem Rechenwert der Druckfestigkeit f_c ermittelt.

Die elastischen Verformungen eines Tragwerks unter Kurzzeitbelastung (z. B. Verkehrslasten) können näherungsweise mit einem Elastizitätsmodul E_c berechnet

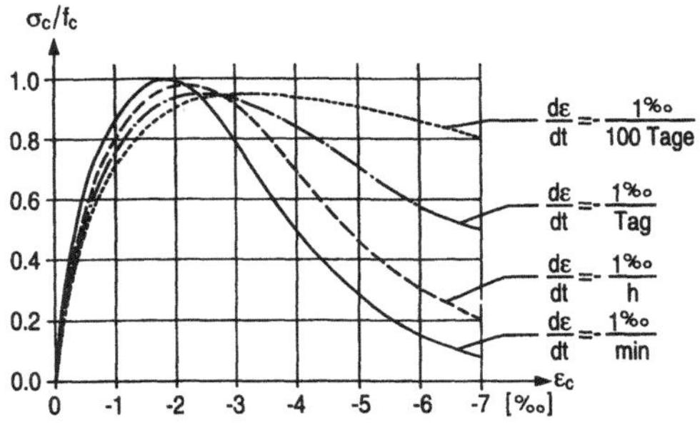

Abb. 3.4

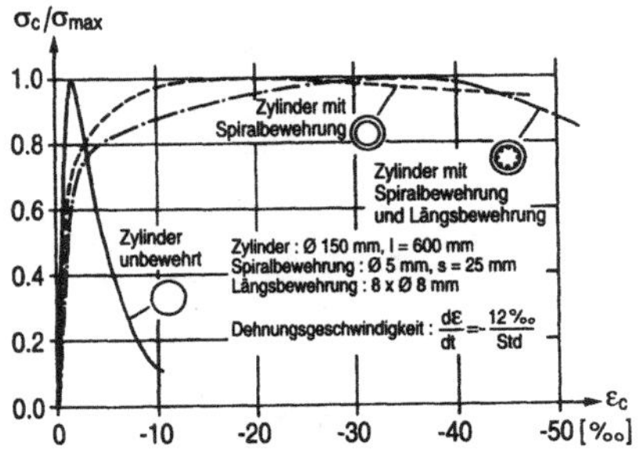

Abb. 3.5

Abb. 3.4. Normalisiertes Druckspannungs-Dehnungs-Diagramm von Beton, gemessen bei unterschiedlichen Verformungsgeschwindigkeiten

Abb. 3.5. Normalisiertes Spannungs-Dehnungs-Diagramm für Betonsäulen mit unterschiedlicher Bewehrung

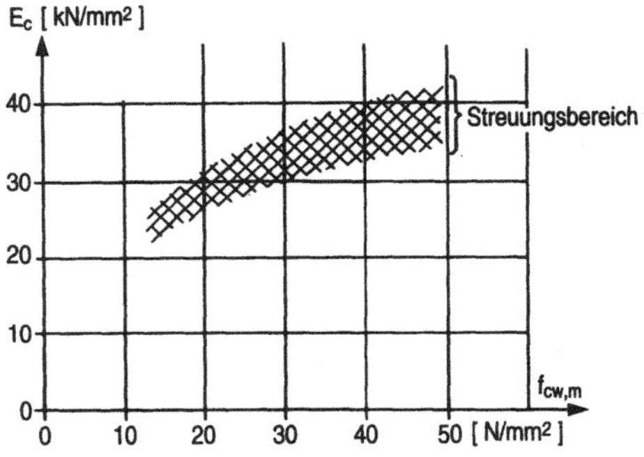

Abb. 3.6. Elastizitätsmodul E_c in Abhängigkeit der mittleren Würfeldruckfestigkeit $f_{cw,m}$ für Beton aus dem schweizerischen Mittelland

werden. Dieser Elastizitätsmodul wird normalerweise an Prismen gemessen, indem ein Sekantenmodul $\Delta\sigma/\Delta\varepsilon$ im Spannungsbereich von $f_{cp}/20$ bis $f_{cp}/3$ nach 10 bis 20 Lastwechseln (f_{cp}, Prismendruckfestigkeit) bei einer Belastungsgeschwindigkeit von 0,5 N/mm^2 je Sekunde bestimmt wird.

Der Festigkeit entsprechend ist auch der Elastizitätsmodul abhängig vom Betonalter. Aus dem in Abb. 3.6 dargestellten Zusammenhang zwischen Elastizitätsmodul und mittlerer Würfeldruckfestigkeit $f_{cw,m}$ ist ersichtlich, dass bei hochfestem Beton ($f_{cw,m} > 50$ N/mm^2) der Elastizitätsmodul nur noch geringfügig zunimmt. Der Elastizitätsmodul ist außerdem nur wenig geschwindigkeitsabhängig. Bei Untersuchungen von dynamischen Einflüssen bei entsprechend höheren Belastungsgeschwindigkeiten kann der angegebene Elastizitätsmodul um 10 % erhöht werden.

Die Querdehnungszahl ν_c des Betons beträgt etwa 0,15 bis 0,2. Der Schubmodel G_c ist kein Baustoffkennwert; er lässt sich aus dem Elastizitätsmodul und der

Querdehnungszahl wie folgt ermitteln:

$$G_c = \frac{E_c}{2 \cdot (1 + \nu_c)}.$$

Der Temperaturausdehnungskoeffizient α_T von Beton beträgt etwa $\alpha_T = 10^{-5}/°C$.

Beton unter Zugbeanspruchung

Das Verhalten von Beton unter Zugbeanspruchung lässt sich anhand des Zugversuchs erklären (Abb. 3.7). Wird dem Probekörper eine stetig zunehmende Verformung aufgebracht (verformungsgesteuerter Versuch), so verhält sich der Probekörper zunächst elastisch bis nahe der maximalen Zugspannung, die als Zugfestigkeit f_t definiert wird. Bei weiter zunehmender Verformung bildet sich in einem schmalen Band die so genannte Rissprozesszone, in der sich der Beton „entfestigt", d. h., die übertragbaren Spannungen nehmen mit zunehmender Aufweitung der Rissprozesszone ab. Der Beton außerhalb dieser Rissprozesszone entlastet sich. Bei der maximalen Rissöffnung w_c ist das Tragvermögen erschöpft, und der Probekörper liegt in zwei Teilen vor. Hillerborg [3.5] hat für die Rissprozesszone den Begriff des „fiktiven Risses" eingeführt, da es sich nicht um einen eigentlichen Riss als Diskontinuität handelt.

Die Materialgesetze zur Beschreibung des vollständigen Zugverhaltens von Beton sind einerseits ein Spannungs-Dehnungs-Diagramm für den Beton als Kontinuum mit der Zugfestigkeit und dem Elastizitätsmodul als Baustoffkennwerte sowie der Spannungs-Rissöffnungs-Beziehung (Entfestigungsdiagramm) zur Beschreibung der Rissbildung mit der spezifischen Bruchenergie G_f als Baustoffkennwert. Für üblichen Konstruktionsbeton beträgt G_f etwa 100 bis 200 J/m^2 und die maximale Rissöffnung w_c etwa 0,2 bis 0,4 mm. Feine „Risse" des Stahlbetons sind somit noch keine eigentlichen Risse; diese Risse übertragen noch Spannungen.

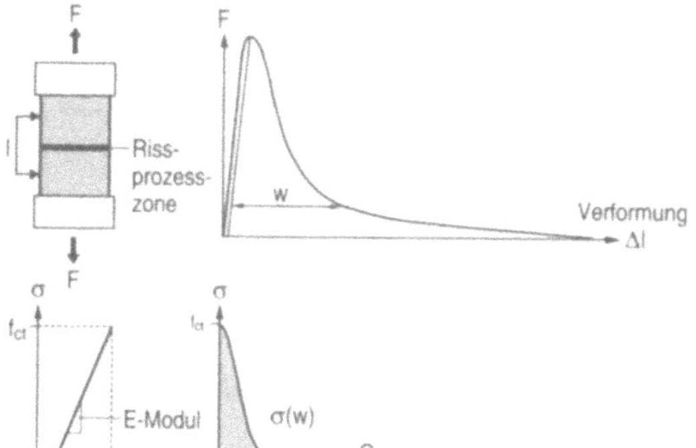

Abb. 3.7. Beton unter Zugbeanspruchung und entsprechende Materialgesetze

Das Entfestigungsverhalten von Beton, d. h. seine Fähigkeit, Spannungen im sich bildenden Riss zu übertragen, ist von Bedeutung für das Tragverhalten von Stahlbetonbauteilen auf Gebrauchsniveau bei verformungsinduzierten Einwirkungen (Temperatureinflüsse, Setzungen), bei Fragen des minimalen Bewehrungsgehalts sowie bei der Ermittlung des Tragwiderstands bei „sprödem" Bruchverhalten (Durchstanzen, Schub, Verankerung von Dübel), das einen markanten Maßstabeinfluss zeigt.

3.1.3 Ermüdungsfestigkeit

Das Ermüdungsverhalten von Beton ist bisher wenig erforscht worden. Die große Mehrheit der durchgeführten Ermüdungsversuche sind Druckversuche an Betonzylindern oder -prismen, wobei es nur vereinzelte Versuchsergebnisse bei mehr als 5 Millionen Spannungswechseln gibt. Diese Untersuchungen zeigen, dass eine oft wiederholte Beanspruchung zum Bruch des Betons führen kann und die ertragbare Anzahl an Spannungswechseln sowohl von der maximalen Spannung als auch von der minimalen Spannung abhängig ist.

Die Ermüdungsfestigkeit von Beton wird üblicherweise im Goodman-Diagramm als Beziehung zwischen dem Spannungspaar (σ_{min}, σ_{max}) und der Anzahl der Spannungswechsel N beschrieben (Abb. 3.8). Allerdings ist die Abhängigkeit der Ermüdungsfestigkeit von der Anzahl der Spannungswechsel gering, und außerdem müssen die maximalen Spannungen infolge Ermüdungseinwirkung größer sein als 50 % der Druckfestigkeit, damit im interessierenden Bereich von bis zu 100 Millionen Lastwechseln Ermüdungsbrüche auftreten.

Betonermüdung unter Schubbeanspruchung ist bei Bauteilen ohne Schubbewehrung wie Fahrbahnplatten denkbar. Untersuchungen an nicht schubbewehrten Plattenstreifen zeigen, dass ein eigentliches Betonversagen durch Ausbildung eines Schubrisses erst bei einem Belastungsniveau von mehr als 50 % der Traglast der Probekörpers auftreten kann [3.6]. Außerdem hat sich gezeigt, dass die nominelle Schubspannung τ_c keine relevante Kenngröße zur Beschreibung der Schubbean-

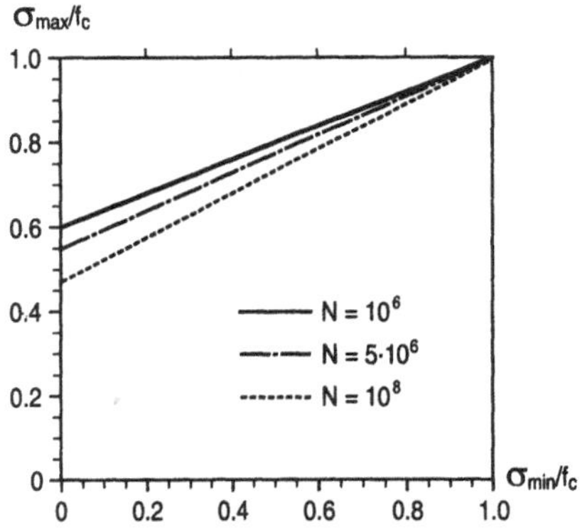

Abb. 3.8. Darstellung der Ermüdungsfestigkeit im Goodman-Diagramm für Beton unter Druckbeanspruchung

spruchung unter Ermüdung ist, denn die Betonermüdung unter Schubbeanspruchung ist vom Rissverhalten des Bauteils abhängig.

3.1.4 Langzeitiges Verformungsverhalten

Grundsätzliche Hinweise

Die Betonerhärtung, Schwinden und Kriechen sind sehr komplexe zeitabhängige Vorgänge, die nicht isoliert betrachtet werden können. Dennoch können mit den nachfolgenden Angaben im Sinne einer groben Abschätzung erste Antworten auf das langzeitige Verformungsverhalten infolge Kriechens und Schwindens gegeben werden.

Diese Angaben gelten hauptsächlich für Verhältnisse im schweizerischen Mittelland für Beton mit normalem Portlandzement und Zuschlagstoffen aus fluvioglazialen Ablagerungen. Bei Beton mit besonderer petrografischer Zusammensetzung oder bei Verwendung anderer Zemente und Betonzusätze können größere Abweichungen auftreten. Die nachfolgenden Diagramme und Richtwerte sollten deshalb nur dann verwendet werden, wenn aufgrund der Erfahrung bekannt ist, dass zumindest die Baustoffkennwerte (Elastizitätsmodul E_c und die Baustoffklimawerte φ_n und $\varepsilon_{cs,n}$) mit jenen der Diagramme der Abb. 3.9 und 3.12 übereinstimmen.

Heute stehen Simulationsprogramme zur Verfügung, welche die für das Verformungsverhalten von Beton relevanten Parameter in einem ganzheitlichen Ansatz erfassen. Diese Hilfsmittel ermöglichen, die kurz- und langzeitigen Verformungen des Betontragwerks und seiner Bauteile vorgängig zu simulieren sowie die Gefahr der Rissbildung, insbesondere beim Betonieren von zusammengesetzten Querschnitten, zu beurteilen.

Kriechen

Unter Kriechen wird die durch Spannungen verursachte zeitabhängige, vor allem elastoplastische Verformung des Betons verstanden. Kriechen setzt sich zusammen

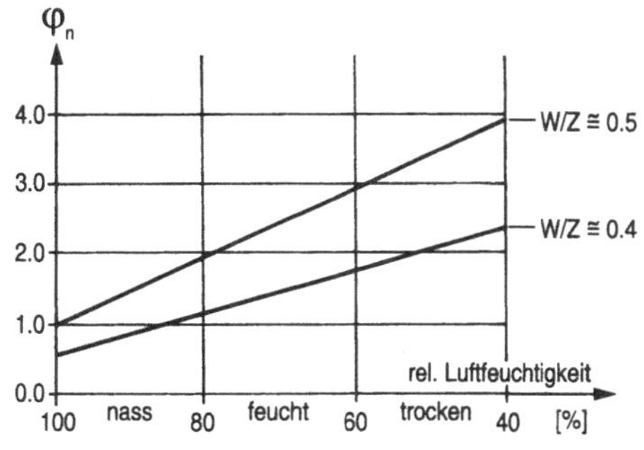

Abb. 3.9

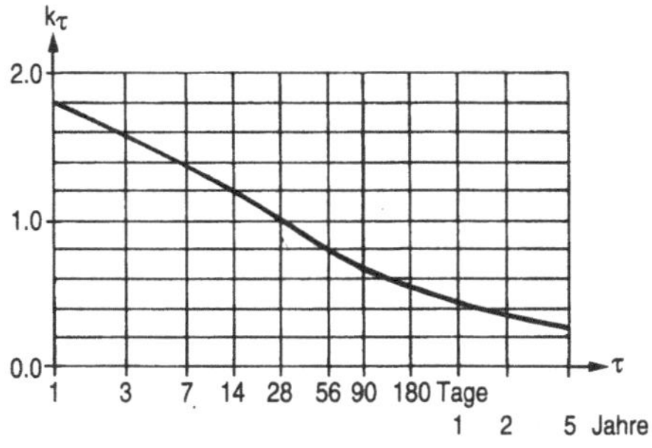

Abb. 3.10

Abb. 3.9. Baustoff-Klimawert φ_n

Abb. 3.10. Schonzeitfaktor k_τ

aus dem so genannten Grundkriechen (basic creep) ohne Feuchtigkeitsaustausch mit der Umgebung und dem Trocknungskriechen (drying creep) mit Feuchtigkeitsabgabe an die Umgebung. Der zeitliche Verlauf der Kriechdehnung ist bei konstanter Spannung am Anfang relativ stark zunehmend und verlangsamt sich stark nach Jahren. Im Spannungsbereich $\sigma_c \leq f_{cp}/3$ sind die Kriechdehnungen ε_{cc} proportional zur elastischen Dehnung $\varepsilon_{c,el}$. Der zeitabhängige Proportionalitätsfaktor, die Kriechzahl φ, ist von verschiedenen Faktoren abhängig und nimmt zu mit
abnehmender Luftfeuchtigkeit,
zunehmender Mahlfeinheit des Zements,
zunehmendem Wasserzementwert,
abnehmender Betondichte,
kleineren Querschnittsabmessungen,
jüngerem Betonalter bei Belastungsbeginn oder kürzerer Schonzeit.
Unter Berücksichtigung dieser Einflussgrößen lässt sich die Kriechdehnung $\varepsilon_{cc}(t,\tau)$, bezogen auf die elastische Dehnung $\varepsilon_{c,el}$, wie folgt darstellen:

$$\varepsilon_{cc}(t,\tau) = \varphi(t,\tau) \cdot \varepsilon_{c,el}$$

mit $\varphi(t,\tau) = \varphi_n \cdot k_\tau \cdot f(t-\tau)$.

Es bedeuten $\varphi(t,\tau)$ die Kriechzahl, φ_n den Baustoff-Klimawert gemäß Abb. 3.9, k_τ den Schonzeitfaktor gemäß Abb. 3.10, t das Betonalter, τ das Betonalter beim Aufbringen der kriecherzeugenden Spannung, $f(t-\tau)$ den zeitlicher Verlauf des Kriechens gemäß Abb. 3.11.

Zur Berücksichtigung der Temperaturbedingungen während der Schonzeit werden die Werte k_τ aufgrund eines fiktiven Zeitmaßstabs ermittelt:

$$\tau_f\ [\text{Tage}] = \sum \text{Einzeltage} \cdot \Big(\sum (T_i[°C] + 10[°C])\Big)/30[°C].$$

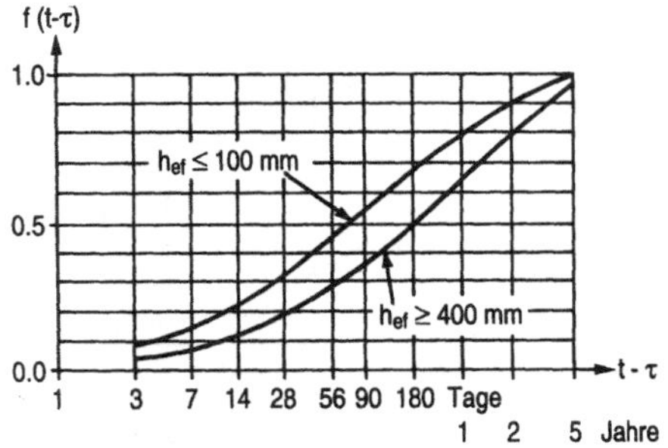

Abb. 3.11

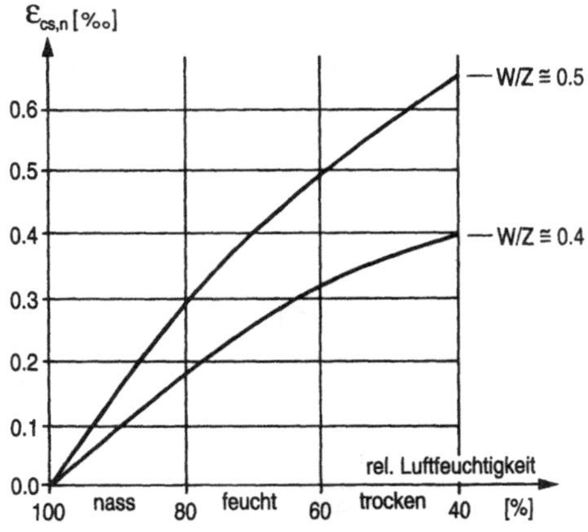

Abb. 3.12

Abb. 3.11. Zeitlicher Verlauf des Kriechens $f(t-\tau)$

Abb. 3.12. Baustoff-Klimawert $\varepsilon_{cs,n}$

Die Funktion $f(t-\tau)$ gibt den zeitlichen Verlauf des Kriechens an. Die Bauteildicke wird mit

$$h_{\mathrm{ef}} = 2 \cdot A_{\mathrm{c}}/U$$

berücksichtigt, wobei A_{c} die Querschnittsfläche und U den Umfang bezeichnet, welcher der Austrocknung ausgesetzt ist.

Die Werte für φ_n beruhen auf einem Mehlkorngehalt (inkl. Zement) von 350 kg/m^3; eine Erhöhung um 50 kg/m^3 vergrößert die φ_n-Werte um 5 % bis 10 %.

In einfachen Fällen können die Kriechverformungen des Betons mit einem reduzierten Elastizitätsmodul $E_{\mathrm{c,red}} = \frac{1}{3}E_{\mathrm{c}}$ abgeschätzt werden. Demgegenüber müssen in Tragwerken mit Spannungen $\sigma_{\mathrm{c}} > f_{\mathrm{cp}}/3$ sowie in Tragwerken, wo die Verformungen von großer Bedeutung sind (z. B. Freivorbaubrücken), eingehendere Untersuchungen durchgeführt und die erwähnten Parameter anhand von Versuchen genauer ermittelt werden.

Schwinden

Das Schwinden ist eine spannungsunabhängige Volumenverminderung, die auf den Feuchtigkeitshaushalt im Beton zurückzuführen ist. Üblicherweise besitzt ein frisch betonierter Körper einen Überschuss an Wasser, das chemisch oder physikalisch nicht gebunden ist. Ein Betonkörper schwindet folglich so lange, bis er den mit der Umgebung im Gleichgewicht stehenden Feuchtigkeitsgehalt erreicht hat.

Es werden verschiedene Arten von Schwinden unterschieden. Das endogene Schwinden (endogenous shrinkage) erfolgt vor allem bei der Betonerhärtung ohne Feuchtigkeitsaustausch mit der Umgebung; das Trocknungsschwinden (drying shrinkage) mit Feuchtigkeitsabgabe an die Umgebung beginnt nach der Nachbehandlung des jungen Betons und ist in den ersten Monaten ausgeprägt.

Das Schwinden nimmt zu mit
abnehmender Luftfeuchtigkeit,
zunehmendem Feinanteil (inkl. Zement),
zunehmender Mahlfeinheit des Zements,
zunehmendem Wasserzementwert,
abnehmender Betondichte,
kleineren Querschnittsabmessungen.
Durch eine optimale Nachbehandlung kann das Frühschwinden des jungen Betons kontrolliert und die Rissbildung im jungen Alter wesentlich reduziert oder gar vermieden werden. Der zeitliche Verlauf des Schwindens ist ähnlich demjenigen des Kriechens, d. h., die Schwinddehnung wächst am Anfang stark an und strebt nach Jahren einem Endwert zu. Näherungsweise kann für bewehrten Beton ein mittleres Endschwindmaß von 0,2 ‰ angenommen werden.

Unter der Voraussetzung konstanter Wärme- und Feuchtigkeitsbedingungen kann die Schwinddehnung $\varepsilon_{\mathrm{cs}}$ bei nachbehandeltem Beton wie folgt ermittelt werden:

$$\varepsilon_{\mathrm{cs}}(t,t_0) = \varepsilon_{\mathrm{cs},n} \cdot (g(t) - g(t_0)).$$

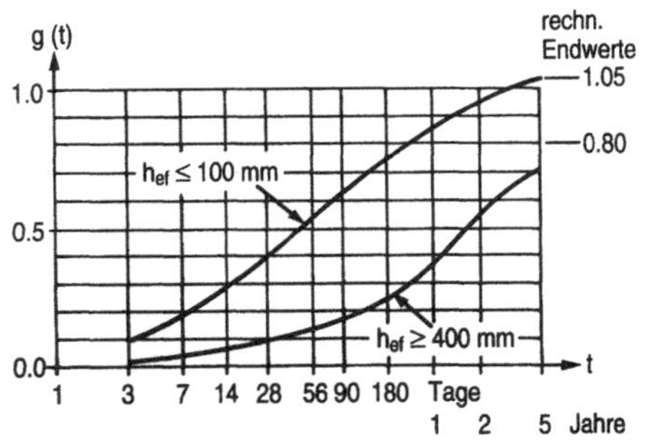

Abb. 3.13. Zeitlicher Verlauf des Schwindens $g(t)$

Es bedeuten $\varepsilon_{cs,n}$ den Baustoff-Klimawert gemäß Abb. 3.12, t das Betonalter, t_0 das Betonalter, ab dem das Schwinden zu berücksichtigen ist, $g(t)$ den zeitlichen Verlauf des Schwindens gemäß Abb. 3.13.

Ähnlich wie beim Kriechen führt ein um 50 kg/m^3 höherer Mehlkorngehalt (inkl. Zement) zu einer Vergrößerung des $\varepsilon_{cs,n}$-Wertes um 5 % bis 10 %.

Ganzheitliche Erfassung des Verformungsverhaltens

Das Verformungsverhalten von Beton in jungem Alter und längerfristig über mehrere Monate oder Jahre ist abhängig von

- der Hydratationswirkung des Zements,
- den Betoneigenschaften (Wärmeentwicklung infolge Zementhydratation, thermische und hygrische Transporteigenschaften, endogenes Schwinden, Kriechen, Entwicklung der Zugfestigkeit, Elastizitätsmodul),
- den klimatischen Einwirkungen (Temperatur, Feuchtigkeit).

Die Verformungen des Betons können sich je nach Systemeigenschaften des Tragwerks (statisches System, Einspanngrad der Bauteile, Abmessungen der Bauteile) und Bauvorgang mehr oder weniger frei entwickeln. In gewissen Fällen werden diese Verformungen stark behindert, und die sich daraus ergebenden Beanspruchungen können die Zugfestigkeit des Betons erreichen, was zur Bildung von Rissen führen kann. Diese Verformungsbehinderung kann insbesondere beim Betonieren von zusammengesetzten Bauteilen auftreten; beispielsweise beim Betonieren von Kastenträgern (Betonieren der Fahrbahnplatte auf den vorgängig betonierten U-förmigen Bauteil, Anbetonieren von Randabschlüssen) besteht die Gefahr der Bildung von Trennrissen im hinzugefügten jüngeren Teilquerschnitt.

Diese Vorgänge sind nicht nur baustoff-, sondern auch tragwerksspezifischer Natur und ihr Zusammenwirken ist sehr komplex. Heute gibt es entsprechende numerische Simulationsprogramme, mit denen diese Verformungen mit einer ganzheitlichen Betrachtungsweise wirklichkeitsnah simuliert und die Gefahr der Rissbildung recht zuverlässig vorausgesagt werden können [3.8, 3.9]. Auch kann mit solchen Programmen die Wirksamkeit von Maßnahmen zur Vermeidung von Rissen, insbesondere von Trennrissen, untersucht werden.

3.2 Bewehrung

3.2.1 Betonstahl

Grundsätzliche Hinweise

Im Brückenbau werden üblicherweise hochwertige Betonstähle verwendet. Diese Stähle werden gemäß Herstellungsart und Festigkeit bezeichnet. Neben der Festigkeit muss auf folgende Eigenschaften ein besonderer Wert gelegt werden:
gute Haftfestigkeit,
genügende Duktilität,
gute Schweißbarkeit,
hohe Ermüdungsfestigkeit.
Die Festigkeit und die besonderen Materialeigenschaften werden in den Stahlwerken oder an Prüfanstalten geprüft. Auf der Baustelle sind die Kennzeichnung, der Oberflächenzustand (Walzfehler, Verschmutzung), Biegeradien und stichprobenweise auch das Laufmetergewicht zu kontrollieren. Auf der Baustelle sollten nur Bewehrungsstäbe mit einem Durchmesser von höchstens 12 mm ohne Biegeradien gebogen werden. Biegen durch Wärmen des Stabes ist auf jeden Fall unzulässig.

Stahlsorten

Grundsätzlich werden heute drei verschiedene Sorten für Betonstahl mit einer charakteristischen Streckgrenze f_{yk} von 500 N/mm^2 unterschieden:
naturharte Stähle,
kaltverformte Stähle,
vergütete Stähle.

Naturharte Stähle erreichen die erforderliche Festigkeit allein aufgrund der speziellen Legierung (hoher C-Gehalt) und weisen eine ausgeprägte Fließgrenze auf.

Kaltverformte Stähle werden nach dem Walzen gezogen oder verdrillt und damit verfestigt. Das Spannungs-Dehnungs-Diagramm dieser Stähle zeigt kein ausgeprägtes Fließplateau. Die Fließgrenze wird nominell bei einer Spannung festgelegt, die nach der Entlastung einer bleibenden Dehnung von 0,2 % entspricht.

Vergütete Stähle werden durch Temperaturbehandlung (Abschrecken) verfestigt. Sie weisen ein ähnliches Spannungs-Dehnungs-Verhalten auf wie die kaltverformten Stähle.

In Abb. 3.14 sind typische Spannungs-Dehnungs-Diagramme für naturharte und kaltverformte bzw. vergütete Betonstähle dargestellt. Sämtliche Stähle weisen den gleichen Elastizitätsmodul $E_s = 210$ kN/mm^2 auf.

Betonstähle mit kleinerem Durchmesser werden im Stahlwerk als „Ringmaterial" produziert. Beim Lieferanten wird dieses Ringmaterial gerade gebogen und erhält erst durch diesen Bearbeitungsgang die erforderliche Festigkeit. Es weist somit die gleichen Eigenschaften auf wie die kaltverfestigten Stähle.

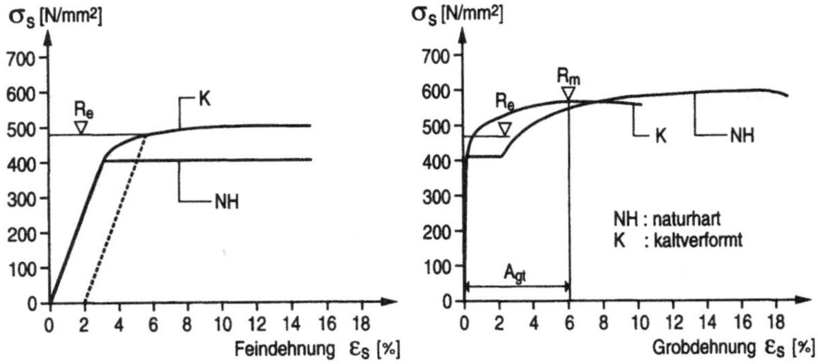

Abb. 3.14. Spannungs-Dehnungs-Diagramme von Betonstählen

Anforderungen an Betonstähle

Festigkeit. Die Fließgrenze und die Zugfestigkeit werden in der Regel an einer repräsentativen Anzahl Proben im Zugversuch (Dehngeschwindigkeit von ca. $5 \cdot 10^{-5}$/s im elastischen Bereich und ca. $25 \cdot 10^{-5}$/s im Verfestigungsbereich) gemessen. Aus diesen Versuchswerten und aufgrund von Zugversuchen mit Relaxationsphase lässt sich die charakteristische Streckgrenze f_{yk} ableiten. Die Festigkeitswerte müssen immer auf den effektiven Stabquerschnitt (berechnet aus Laufmetergewicht und Dichte $\rho = 78.5\,\mathrm{kN/m^3}$) bezogen werden, denn eine allenfalls ausreichende Fließzugkraft im Bewehrungsstab bei ungenügendem Stabquerschnitt führt zu übermäßigen Dehnungen und Rissöffnungen, die im Gebrauchszustand (große Verformungen, beeinträchtigte Dauerhaftigkeit) unerwünscht sind.

Die Haftfestigkeit ist von entscheidender Bedeutung für die erforderliche Verankerungs- und Stoßlänge der Bewehrung und hat auch einen großen Einfluss auf das Rissverhalten. Maßgebend für die Haftfestigkeit ist die Profilierung des Stahlstabes. Die Prüfung der Haftfestigkeit erfolgt mit dem Ausziehversuch.

Duktilität. Die Stahlbearbeitung einerseits und ein genügendes Verformungsvermögen des Tragwerks im Bruchzustand andererseits erfordern eine genügende Zähigkeit und Duktilität des Stahls. Die erforderliche Zähigkeit für die Stahlbearbeitung wird mit dem Alterungs-Rückbiege-Versuch nachgewiesen.

Das Verformungsvermögen des Betonstahls hat einen entscheidenden Einfluss auf die Duktilität des Tragwerks. Besonders bei außergewöhnlichen Einwirkungen (Erdbeben, Anprall u. a.) kommt dem Verformungsvermögen der Bauteile große Bedeutung zu, damit die üblicherweise erwartete Tragsicherheit eingehalten werden kann. Als Duktilitätskennwerte gelten die Gesamtdehnung unter Höchstlast A_{gt} als Summe von elastischer und bleibender Dehnung außerhalb des Einschnürungsbereichs (Abb. 3.14) sowie das Verfestigungsverhältnis R_m/R_e (R_m, Zugfestigkeit; R_e, Streckgrenze). In Stahlbetontragwerken mit zyklischen als auch mit monotonen Beanspruchungen sollte nur Bewehrungsstahl verwendet werden, dessen Duktilitätseigenschaften mindestens bei $R_m/R_e = 1{,}15$ und $\varepsilon_u = 6\,\%$ liegen.

Schweißbarkeit. Die Erhitzung des Stahls beim Schweißen bewirkt bei naturharten Stählen (mit hohem C-Gehalt) eine Versprödung und bei kaltverformten und vergüteten Stählen eine gewisse Entfestigung. Bei kraftschlüssigen Schweißungen muss deshalb die erforderliche Qualität der Schweißverbindung durch Vorprüfungen nachgewiesen werden. Bei ermüdungsbeanspruchten Stahleinlagen und bei allen Abbiegungen sollten Schweißungen grundsätzlich immer vermieden werden.

3.2.2 Spannstahl

Grundsätzliche Hinweise

Spannstahl weist eine Zugfestigkeit von mehr als 1000 N/mm^2 auf und wird von den Stahlwerken in Form von Drähten, dünnen Stäben, 7-drähtigen Litzen oder Stangen geliefert. Die Vorspannfirmen verarbeiten Drähte und Litzen normalerweise zu Spannkabeln sowie einzelne Stäbe und Stangen zu Einzelspanngliedern.

Spannstahl ist ein hochwertiger Baustoff. Er ist empfindlich auf Beschädigungen und muss deshalb besonders sorgfältig gelagert und behandelt sowie gegen Korrosion geschützt werden. Die Vorspannfirmen beziehen den Spannstahl aus verschiedenen, teilweise in Übersee gelegenen Stahlwerken. Eine kontinuierliche, werkunabhängige Qualitätskontrolle durch offizielle Prüfanstalten ist deshalb stark erschwert. Die Vorspannfirmen führen jedoch über die von ihnen weiterverarbeiteten Stähle eine Dokumentation. Es empfiehlt sich, mit der Lieferung des Spannstahls oder der Spannglieder auf die Baustelle auch die betreffenden Prüfprotokolle zur Einsichtnahme anzufordern. Auf der Baustelle selbst ist normalerweise nur noch eine sehr beschränkte visuelle Kontrolle der Spannglieder möglich.

Abgesehen von der vorgeschriebenen Festigkeit, die bei den verschiedenen Stahlsorten unterschiedlich festgelegt ist, muss Spannstahl auch die folgenden besonderen Eigenschaften aufweisen:
hohe Zähigkeit und geringe Kerbempfindlichkeit,
geringe Tendenz zu Spannungsrisskorrosion und Wasserstoffversprödung,
gute Haftfestigkeit,
günstiges Relaxationsverhalten,
hohe Ermüdungsfestigkeit.

Stahlsorten

Drähte werden mit Durchmessern von 3 mm bis 8 mm hergestellt. Die Oberfläche ist glatt oder leicht profiliert. Dünnere Drähte haben eine höhere Zugfestigkeit, sind aber schwieriger in der Handhabung und werden deshalb bereits im Stahlwerk zu 7-drähtigen Litzen verarbeitet. Paralleldrahtkabel bestehen in der Regel aus Drähten mit einem Durchmesser von 6 bis 7 mm. Der Durchmesser der Litzendrähte beträgt normalerweise etwa 4 mm.

Bezüglich ihrer Herstellung unterscheidet man zwei Drahtsorten: gezogene Drähte und schlussvergütete Drähte.

Gezogenen Drähte werden nach dem Walzen zunächst wärmebehandelt (patentiert) und dann (in 5 bis 6 Stufen) kalt gezogen. Dadurch erhalten sie die hohe Festigkeit und eine achsparallele Kristallstruktur, die den Drähten eine hohe Zähigkeit und eine geringe Kerbempfindlichkeit verleiht. Nach dem Ziehen werden die Drähte zur Verbesserung des Relaxationsverhaltens nochmals einer relativ schwachen Wärmebehandlung bei gleichzeitigem Recken unterzogen.

Schlussvergütete Drähte erreichen die hohe Festigkeit nur durch intensive Wärmebehandlung (Abschrecken). Die Kristallstruktur ist deshalb nicht achsparallel, sondern nach innen gerichtet. Die Zähigkeit ist entsprechend klein und die Kerbempfindlichkeit groß. Kleine Beschädigungen oder Kerben infolge Korrosion können direkt zum Drahtbruch führen. Schlussvergütete Drähte dürfen nicht für Spannglieder verwendet werden. Bei sehr sorgfältiger Behandlung verwendet man sie allenfalls für die Vorspannung im Spannbett.

Stäbe mit Durchmessern von 9 bis 12 mm bestehen ebenfalls aus Drahtmaterial, weisen aber dem größeren Durchmesser entsprechend eine kleinere Zugfestigkeit auf. In der Regel verwendet man dünnere Stäbe als Einzelspannglieder. Stangen bestehen aus naturhartem Stahl und werden mit Durchmessern von 20 bis 36 mm hergestellt. Nach dem Walzen werden die Stangen meist noch wärmebehandelt und gereckt. Sie sind mit kalt oder warm aufgewalzten Gewinden versehen. Die Verbundeigenschaften sind entsprechend gut, und die Endverankerung mit einer Schraubenmutter ist sehr einfach. Andererseits sind aber die naturharten Stangen relativ spröd und kerbempfindlich. Dies ist unbedingt zu beachten, wenn solche Stangen im Gerüstbau eingesetzt werden. Wiederholte Zwängungen (mit plastischen Verformungen) oder Schweißnarben können unter Umständen plötzlich zum Bruch führen.

In Abb. 3.15 sind typische Spannungs-Dehnungs-Diagramme für Spannstahl dargestellt. Naturharte Stangen weisen ein ausgeprägtes Fließplateau auf. Der Elastizitätsmodul beträgt bei Drahtkabeln 205 kN/mm^2, bei Litzen 195 kN/mm^2 und bei Stangen 210 kN/mm^2.

Anforderungen an Spannstähle

Festigkeit. Bei Drähten, Litzen und dünnen Stäben wird in den Normen die charakteristische Zugfestigkeit f_{pk} und Fließgrenze $f_{p0,1k}$ (charakteristische Spannung bei 0,1 % bleibender Dehnung) als 5%-Fraktile-Werte abgeleitet. In Tabelle 3.1 sind diese charakteristischen Werte in Abhängigkeit von Draht- oder Stabdurchmesser, der aus dem Laufmetergewicht und der Dichte ermittelt wird, sowie der nominellen Querschnittsfläche von Litzen angegeben.

Zähigkeit und Kerbempfindlichkeit. Diese Eigenschaften sind wichtig im Hinblick auf unvorhergesehene kleine Oberflächenbeschädigungen und Kerben infolge Korrosion. Bei Stählen, die den diesbezüglichen Anforderungen nicht genügen, treten beim Spannen häufig Brüche auf.

Haftfestigkeit. Eine gute Haftfestigkeit ist vor allem beim Spannbettverfahren erforderlich, da die Spannkraft nur über Haftung in den Beton eingetragen wird.

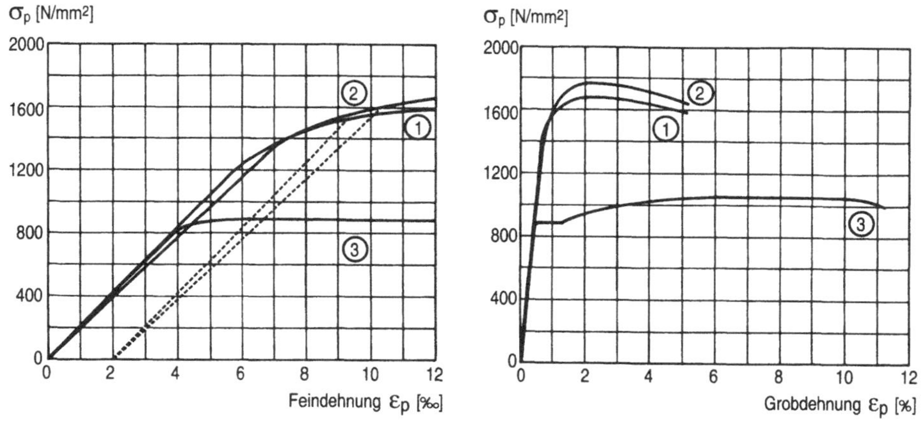

Abb. 3.15. Spannungs-Dehnungs-Diagramme für Spannstahl: 1, Drähte; 2, Litzen; 3, Stangen

Tabelle 3.1. Festigkeitseigenschaften von Drähten, Litzen und Stäben aus Spannstahl

Erzeugnis	Charakterist. Zugfestigkeit f_{pk} [N/mm^2]	Charakterist. Fließgrenze $f_{p0,1k}$ [N/mm^2]
Drähte (Durchmesser, mm)		
3 bis 5	1860	1600
6	1770	1520
7 und 8	1670	1440
10	1570	1300
Litzen (Querschnitt, mm^2)		
100	1860	1600
140 und 150	1770	1520
Stäbe (Durchmesser, mm)		
20	1100	900
26, 32, 36 (naturhart)	1030	830
26, 32, 36 (kaltverformt)	1080	960

Aber auch bei nachträglicher Vorspannung ist eine gute Haftfestigkeit erwünscht, damit der Spannstahl und der Betonstahl nach Überschreiten der Risslast nicht wesentlich verschiedene Dehnungen aufweisen.

Korrosionsverhalten. Spannstähle sind besonders korrosionsempfindlich. Zur Verminderung dieser Gefahr, insbesondere bei allfälligen Fehlstellen wie Injektionsmängel, Undichtigkeiten in der Betonüberdeckung (besonders bei den Hüllrohrentlüftungen im Stützbereich) oder reparierten Kiesnestern, müssen Mindestanforderungen an das Korrosionsverhalten der Spannstähle eingehalten werden.

Relaxationsverhalten. Die Relaxation des Spannstahls wächst progressiv mit der vorhandenen Spannung. Durch Wärmen und Recken nachbehandelte Stähle weisen kleinere Relaxationswerte auf als Stähle ohne Nachbehandlung.

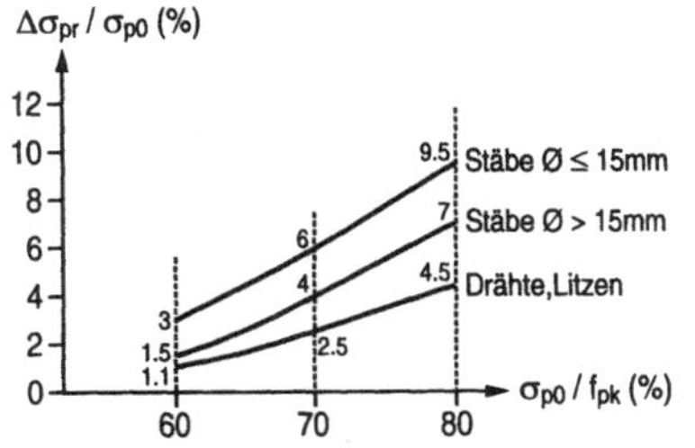

Abb. 3.16. Relaxation von Spannstahl nach 1000 Stunden bei einer Temperatur von 20 °C

Abbildung 3.16 zeigt die in Normen angegebene Größe der Spannstahlrelaxation $\Delta\sigma_{pr}$ nach 1000 Stunden in Abhängigkeit von der anfänglichen Stahlspannung σ_{p0}, bezogen auf die Zugfestigkeit f_{pk}. Die Langzeitwerte für Relaxationsverluste können als das 2,5-fache der angegebenen Werte angenommen werden.

3.2.3 Spannsysteme

Merkmale von Spannsystemen. Spannsysteme betreffen im Beton innenliegende Zug- und Spannglieder mit oder ohne Verbund mit dem Beton sowie außenliegende Spannglieder, die mittels Verankerungen und Umlenkstellen mit dem Tragwerk verbunden sind.

Seit Beginn der Vorspanntechnik wurden verschiedene Spannsysteme entwickelt, die sich hauptsächlich in der Art des Vorspannens, der Ausbildung der Verankerungsköpfe und des verwendeten Spannstahls (Drähte, Litzen oder Stangen) unterscheiden. Oft verwendete Spannsysteme und ihre Hauptmerkmale werden nachfolgend aufgeführt.

- Das BBRV-System verwendet Drähte, die mit aufgestauchten Köpfchen an einem gelochten Stahlzylinder verankert sind. Dieser Zylinder wird beim Spannvorgang mittels der Spannpresse aus der Hüllrohr-Trompete herausgezogen und über einen Verankerungsring auf die einbetonierte Ankerplatte abgestützt.
- Das VSL-System verwendet Litzen, die mit Klemmkeilen an einem gelochten Stahlzylinder verankert werden.
- Das *Freyssinet*-System und das *Dywidag*-Bündelspannverfahren verwenden ebenfalls Litzen. Die Verankerung erfolgt auch bei diesen Spannverfahren mit Klemmkeilen.
- Beim *Dywidag*-Einzelspannglied-Verfahren werden Gewindestäbe verwendet. Die Stäbe werden mit einer Stützmutter an der Ankerplatte verankert.

Verankerungen und Kupplungen. Für alle Spannsysteme wurden spezielle Verankerungen und Kupplungen für die verschiedensten konstruktiven Bedürfnisse entwickelt wie einfache Teile für die Verankerung des nicht gezogenen Endes des Spannglieds oder relativ komplizierte Vorrichtungen für die Kupplung von Spanngliedern. Für die verschiedenen Verankerungen und Kupplungen werden in Plänen und Zeichnungen im Allgemeinen die Symbole gemäß Abb. 3.17 verwendet.

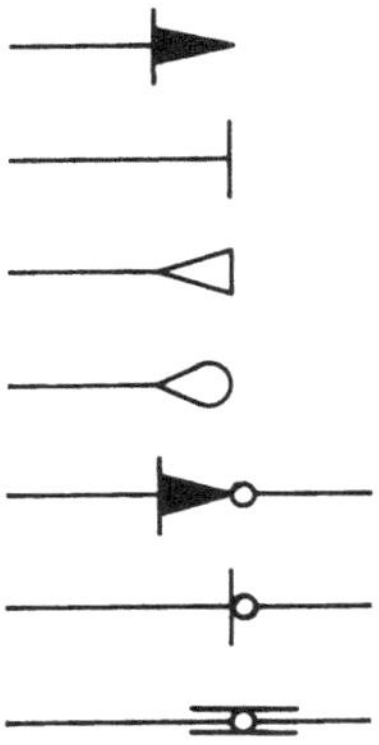

Abb. 3.17. Symbole für verschiedene Verankerungen und Kupplungen

Hüllrohre. Bei Spanngliedern befindet sich der Spannstahl in Hüllrohren, die eine gewellte oder glatte Oberfläche aufweisen können und entweder aus Stahl oder Kunststoff hergestellt sind. Die Wahl des Hüllrohrs erfolgt projektspezifisch.

Gewellte Hüllrohre werden für innenliegende Spannglieder zur Erzielung der Verbundwirkung mit dem Beton verwendet, wobei bei stark ermüdungsbeanspruchten mit Vorteil Kunststoffhüllrohre verwendet werden sollten. Spannglieder mit Kunststoffhüllrohren haben außerdem den Vorteil, dass der Spannstahl elektrisch isoliert werden und dadurch die Dichtigkeit der Umhüllung und somit der Korrosionsschutz des Spannstahls überwacht werden kann. Die elektrische Isolierung schützt auch vor Streustromeinwirkung.

Glatte Hüllrohre, in der Regel aus Kunststoff, werden für innenliegende Spannglieder ohne Verbund (Monolitzen) oder für außenliegende Spannglieder verwendet.

Injektionsgut. Bei Spanngliedern im Verbund müssen die Spannkanäle mit größter Sorgfalt ausinjiziert werden. Die vollständige Verfüllung der Hüllrohre mit einem qualitativ einwandfreien Injektionsgut ist von entscheidender Bedeutung für die Dauerhaftigkeit der Spannglieder und für die Sicherung des Verbundes zwischen Spannglied und Beton. Die Injektion muss deshalb sorgfältig ausgeführt und genau kontrolliert werden. Das Injektionsgut besteht normalerweise aus Portlandzement, Wasser und Zusatzmittel und darf weder Chloride noch andere die Korrosion des Spannstahls fördernde Beimengungen enthalten. Der Wasserzementwert sollte 0,40 nicht übersteigen. Die Injektion darf nur durchgeführt werden, wenn die Temperatur in den Spannkanälen mehr als 5 °C beträgt.

Ausführung. In der Regel dürfen nur nach gewissen Prüfverfahren zugelassene Spannsysteme eingebaut werden. In der jeweiligen technischen Dokumentation finden sich die für die Projektierung und Ausführung erforderlichen Angaben wie Art und Abmessungen von Verankerungen und Kupplungen, Reibungsbeiwerte, minimal zulässige Krümmungsradien oder Spanngliedunterstützungen (Abstände, Auflagerung, lokale Verankerung mit Halbschalen).

Früher wurden die fertigen Spannkabel (Hüllrohr, Spannglied, Anker) in der Regel mit der Bewehrung verlegt und einbetoniert. Heute verlegt man mit der

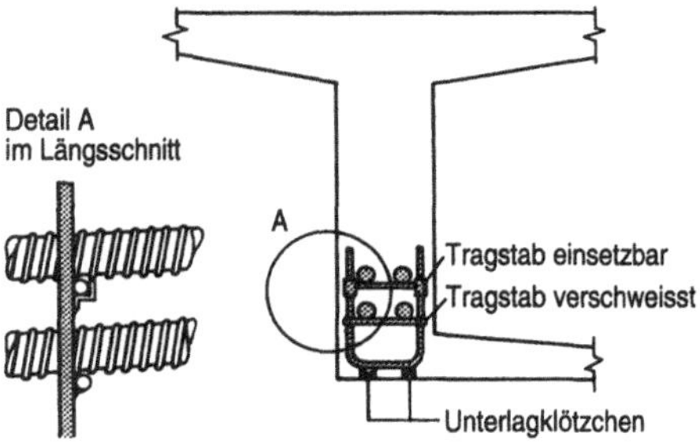

Abb. 3.18. Kabelhalter

Bewehrung meistens nur noch die Hüllrohre und Ankerplatten. Die Spannglieder werden erst nach dem Betonieren in die Hüllrohre eingezogen. Bei Litzenkabeln ist es üblich, die Litzen einzeln direkt ab Bobine einzustoßen und abzulängen. Die Verlegearbeit wird dadurch wesentlich erleichtert. Es ist aber bei diesem Vorgehen wichtig, dass nur dichte Hüllrohre verwendet werden, damit keine Zementmilch eindringt, und dass die Hüllrohre keine Beulen aufweisen, damit die Spannbewehrung mühelos eingezogen oder eingestoßen werden kann. Für das Verlegen und Fixieren der Hüllrohre verwendet man so genannte Kabelhalter, die in das Bewehrungsgeflecht eingebaut werden (Abb. 3.18).

3.2.4 Ermüdung

Ermüdungsverhalten

Das Ermüdungsverhalten der im Stahlbetonbau verwendeten Bewehrungen unterscheidet sich grundsätzlich nicht von demjenigen der im Stahlbau verwendeten Baustähle und ihren Verbindungen. Die Erkenntnisse aus dem Stahlbau können somit weitgehend auf das vergleichsweise wenig erforschte Gebiet der Ermüdung von Bewehrungen übertragen werden.

Die Ermüdungsschädigung eines Stahlstabs beginnt mit der Mikrorissbildung an einem Ort mit hoher Spannungskonzentration. Es folgt die Phase des stabilen Risswachstums, und schließlich bricht der Stahlstab schlagartig. Die wichtigsten Parameter zur Beschreibung des Ermüdungsverhaltens sind die aufgebrachte Spannungsdifferenz $\Delta\sigma$, die ertragbare Anzahl an Spannungswechseln N sowie die konstruktive Durchbildung der Bewehrung hinsichtlich Spannungskonzentrationen (Kerben). Außerdem spielen korrosive Umgebungseinflüsse und im Fall von Spannstahl die Reibung zwischen Spannglied und Hüllrohr eine wichtige Rolle.

Die Ermüdungsfestigkeit wird üblicherweise als Beziehung zwischen der ertragbaren Anzahl an Spannungswechseln N und der aufgebrachten Spannungsdifferenz im doppellogarithmischen Maßstab mittels zweier Geraden beschrieben (Abb. 3.19). Dabei unterscheidet man zwischen dem Bereich der Zeitfestigkeit, in welchem die Bewehrung bei Erreichen einer bestimmten Anzahl von Spannungswechseln versagt, und dem Bereich der nominellen Dauerfestigkeit ab der empirisch festgelegten Spannungswechselzahl von $N_{s,D} = 5 \cdot 10^6$, in welchem die

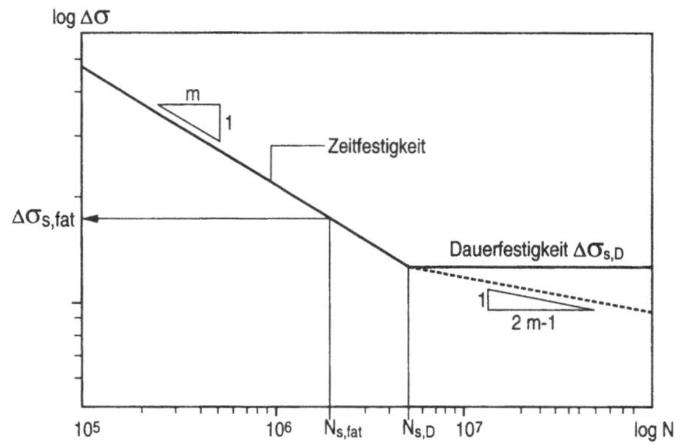

Abb. 3.19. Beziehung zwischen der Anzahl an Spannungswechseln und der ertragbaren Spannungsdifferenz für Bewehrungsstahl (Betriebsfestigkeitskurve)

Bewehrung eine beliebige Anzahl von Spannungswechseln ertragen kann.

Die Ermüdungsfestigkeit der Bewehrungsarten wird mit Ermüdungsversuchen untersucht. Statistisch ausgewertete Ergebnisse zeigen, dass für die Bewehrungen die Zeitfestigkeit im doppeltlogarithmischen Maßstab mit einer Geraden einer Neigung von $m = 4$ beschrieben werden kann. Eine Zeitfestigkeitsgerade der Neigung m ist in ihrer Lage durch einen Kennpunkt festgelegt. In Analogie zum Stahlbau kann dieser Kennpunkt bei $N_{s,fat} = 2 \cdot 10^6$ angenommen werden; die zugehörige Spannungsdifferenz $\Delta\sigma_{s,fat}$ zu diesem Kennpunkt wird als nominelle Ermüdungsfestigkeit bezeichnet. Die Beziehung zwischen der nominellen Ermüdungsfestigkeit und der nominellen Dauerfestigkeit ist somit gegeben durch:

$$\Delta\sigma_{s,D} = \Delta\sigma_{s,fat} \cdot \sqrt[4]{\frac{2 \cdot 10^6}{5 \cdot 10^6}} \cong 0{,}8 \cdot \Delta\sigma_{s,fat}.$$

Nominelle Ermüdungsfestigkeit

In Tabelle 3.2 werden die Bewehrungsarten in Ermüdungskategorien eingeteilt, die durch je eine nominelle Ermüdungsfestigkeit beschrieben werden; die aufgeführten Werte sind das Ergebnis einer Literaturstudie [3.7]. Damit wird eine einheitliche und überschaubare Grundlage für die Erkennung ermüdungsrelevanter Bewehrungsarten, eine ermüdungsgerechte konstruktive Durchbildung der Bewehrung sowie den rechnerischen Nachweis der Ermüdungssicherheit bereitgestellt.

Bei den in Tabelle 3.2 angegebenen Ermüdungskategorien handelt es sich um empfohlene Werte, denn wegen des teilweise ungenügenden und unvollständigen Kenntnisstandes dürfen die angegebenen Werte keinesfalls als abgesichert betrachtet werden. Zusätzlich können die nachfolgenden Angaben für eine ermüdungsgerechte konstruktive Durchbildung verwendet werden.

Tabelle 3.2. Ermüdungskategorien für Betonstahl und Spannsysteme

Ermüdungskategorie $\Delta\sigma_{s,fat}$ [N/mm^2]	Bewehrung
Betonstahl	
170	gerade Stäbe ⌀ $\leq$ 20 mm
155	vertikale Bügel ⌀ $\leq$ 16 mm
140	gerade Stäbe 20 mm < ⌀ < 40 mm
50	geschweißte Längsstöße geschweißte Stabkreuzungen (z. B. Netzbewehrung) mechanische Stabverbindungen
Spannsysteme	
200	Einzellitzen und einlagige Spannglieder in Kunststoffhüllrohren
170	gerade Spannglieder ohne Hüllrohr (z. B. profilierte Drähte im Spannbett, gerippte Stäbe)
170	Mehrlitzenkabel und Paralleldrahtkabel in Kunststoffhüllrohren
110	Mehrlitzenkabel und Paralleldrahtkabel in Stahlhüllrohren
80	Verankerungen, Kabelkupplungen

Betonstahl. Für Betonstahl können die folgenden Aussagen getroffen werden.

Experimentell wird das Ermüdungsverhalten von Betonstahl entweder mittels Zugversuchen an Stäben oder mit Hilfe von Biegeversuchen an Betonbalken mit einbetonierten Stäben untersucht. Der Verbund zwischen Stahl und Beton bewirkt, dass die Stahlspannungen zwischen den Rissen im Beton variieren. Tiefere Ermüdungsfestigkeiten können dadurch erklärt werden, dass eine Kerbstelle in einen Riss im Beton zu liegen kommt. Die Unterschiede zu den Resultaten von Versuchen an freiliegenden Stahlstäben sind aber unwesentlich.

Bei den heute erhältlichen, gerippten Betonstählen sind hinsichtlich der Ermüdungsfestigkeiten statistisch keine signifikanten Unterschiede zwischen den einzelnen Stahlsorten festzustellen. Parameter wie Rippenformen, Stahlqualitäten oder zufällig vorhandene Oberflächenanomalien können deshalb beim Nachweis der Ermüdungssicherheit vernachlässigt werden.

Etwas deutlicher zeigt sich hingegen eine Abhängigkeit der Ermüdungsfestigkeit vom *Stabdurchmesser*. Es können jedoch keine scharfen Abgrenzungen vorgenommen werden, weshalb lediglich zwischen Stäben mit ⌀ $\leq$ 20 mm und solchen mit ⌀ > 20 mm unterschieden wird.

Die Ermüdungsfestigkeiten von Bewehrungsstäben werden durch *Abbiegungen* vermindert, weil dem Stahl beim Abbiegen plastische Verformungen aufgezwungen werden, was lokal zu Eigenspannungen und auch zu Mikrorissen führt. Zudem wirkt sich die Beanspruchung im Bereich der Abbiegung ungünstig auf das Ermüdungsverhalten aus. Je kleiner der Biegeradius, desto größer ist die Reduktion der Ermüdungsfestigkeit. Für den Nachweis der Ermüdungssicherheit kann die Ermüdungsfestigkeit für Stäbe mit Abbiegungen gegenüber denjenigen gerader Stäbe mit folgendem Beiwert abgemindert werden:

$$\kappa = 0{,}35 + 0{,}026\ D/\varnothing$$

mit D für den Biegerollendurchmesser und $\varnothing$ den Stabdurchmesser.

Eine Ausnahme bilden die Abbiegungen von *Bügeln*. In Versuchen wurde festgestellt, dass Bügel ausschließlich im Schubriss, also nicht in den Abbiegungen versagten. Außerdem konnte eine Abnahme der Stahlspannungen hin zu den Abbiegungen gemessen werden. Dies kann mit lokalen Betonpressungen und der Verbundwirkung des bei den Abbiegungen ungerissenen Betons erklärt werden. Da für große Bügeldurchmesser entsprechende Untersuchungen jedoch fehlen, sollte diese Regel nur für Bügel mit $\varnothing \leq 16$ mm angewendet werden.

Gerade *Bewehrungsstöße* (Übergreifungsstöße) weisen bei Einhaltung der in den Normen vorgeschriebenen Verankerungslängen etwa die gleichen Ermüdungsfestigkeiten auf wie durchlaufende Stäbe.

Schweißungen der Bewehrung wirken sich besonders ungünstig auf das Ermüdungsverhalten aus und sind in stark ermüdungsbeanspruchten Bauteilen wie Fahrbahnplatten strikt zu vermeiden. Durch den Schweißvorgang entstehen im Bereich der Schweißnaht Mikrorisse im Grundmaterial, die Ausgangspunkt für das Wachstum von Ermüdungsrissen sind. Schweißungen vermindern damit die Ermüdungsfestigkeit der Bewehrung deutlich.

Mechanische Stabverbindungen weisen grundsätzlich eine tiefe Ermüdungsfestigkeit auf. Sie verhalten sich je nach Fabrikat unterschiedlich und können deshalb bezüglich ihrer Ermüdungsfestigkeit schlecht klassifiziert werden. Solche Verbindungen sollten bei hoher Ermüdungsbeanspruchung nur dann verwendet werden, wenn ihre Eignung durch entsprechende Versuche im Voraus geklärt wurde.

Spannstahl und Spannsysteme. Für Spannstahl und -systeme können die folgenden Aussagen für eine ermüdungsgerechte konstruktive Durchbildung der Bewehrung getroffen werden.

Die Auswertungen der Versuchsergebnisse für Spannstahl, die zu Tabelle 3.2 geführt haben, beziehen sich auf den ersten Drahtbruch. Die weitere Lebensdauer bis zum Versagen des Probekörpers war je nach Art und Größe des Spannglieds in mehreren Fällen nochmals gleich lang wie die Lebensdauer bis zum ersten Drahtbruch.

Spannstahl unterliegt grundsätzlich den gleichen Ermüdungseinflüssen wie Betonstahl. Bei nachträglich injizierten Spanngliedern wirkt sich zudem die Reibung sowohl zwischen Spannstahl und Hüllrohr als auch zwischen den einzelnen Litzen oder Drähten maßgeblich auf die Ermüdungsschädigung aus. Diese Form der Schädigung wird als *Reibermüdung* bezeichnet. Die wichtigsten Einflussgrößen sind das Material und die Geometrie des Hüllrohrs, die Größe der Querpressungen (Umlenkradien) und Relativverschiebungen zwischen Spannstahl und Hüllrohr. Da auch zwischen den einzelnen Spanngliedteilen Reibung auftritt, spielt auch die Anzahl der Drähte oder Litzen in einem Hüllrohr und somit die Größe des Spannglieds eine Rolle. Die quantitative Unterscheidung all dieser Einflussfaktoren ist auf der Grundlage des heutigen Wissens allerdings nicht möglich. In allen Versuchen mit Reibung wurden aber bisher deutlich tiefere Ermüdungsfestigkeiten festgestellt als in Versuchen an einzelnen Spannstählen.

Durch die Verwendung von *Hüllrohren aus Kunststoff* anstelle von Stahlhüllrohren wird das Ermüdungsverhalten deutlich verbessert, was einerseits auf die günstigeren Reibverhältnisse an den Kontaktflächen und andererseits auf das nachgiebigere Verbundverhalten zurückzuführen ist. Das Rissverhalten wird dadurch kaum beeinträchtigt, da die Rissverteilung primär durch die zusätzlich eingelegte, schlaffe Bewehrung bestimmt wird. Bei ermüdungsbeanspruchten Bauteilen ist somit die Verwendung von Kunststoffhüllrohren vorteilhaft.

Bei voll vorgespannten Trägern mit im Verbund liegenden Spanngliedern treten nur geringe Relativverschiebungen zwischen Spannstahl und Hüllrohr auf, da der Beton unter Betriebslasten rissfrei bleibt. Auch die Spannungsdifferenzen bleiben im Vergleich zu teilweise vorgespannten Trägern klein. Das Problem der Ermüdung und besonders der Reibermüdung wird dadurch wesentlich entschärft.

Über das Ermüdungsverhalten von *Kabelkupplungen und Verankerungen* liegen nur wenige Literaturhinweise vor, die zudem uneinheitlich und widersprüchlich sind. In der Regel wurde für die Versuche eine hohe Spannungsdifferenz gewählt, so dass der Ermüdungsbruch meistens bei weit weniger als einer Million Lastwechseln eintrat. Im Bereich der im Brückenbau interessierenden hohen Lastwechselzahlen liegen nur vereinzelte Ergebnisse vor. Aus den bisherigen Erkenntnissen kann gefolgert werden, dass Verankerungen und Kabelkupplungen gegenüber durchlaufenden Spanngliedern stark verminderte, je nach Fabrikat unterschiedliche Ermüdungsfestigkeiten aufweisen. Diese Festigkeitseinbußen ergeben sich aufgrund des Aufspreizens der einzelnen Spanndrähte oder Litzen und der dreiachsigen Spannungszustände in den Krafteinleitungsbereichen. Kupplungen und Verankerungen sind daher systembezogen zu beurteilen, und bei der Anordnung ist darauf zu achten, dass diese in Bereiche kleiner Spannungsdifferenzen zu liegen kommen. Es sind nur Systeme einzubauen, welche die Anforderungen der Normen nachweisbar erfüllen. Dabei sind die Angaben der Hersteller heranzuziehen, und in speziellen Fällen sind gar ergänzende Versuche erforderlich.

3.3 Beständigkeit von Stahlbeton

3.3.1 Schadensbilder

Stahlbetonbrücken haben sich in der Regel bezüglich Tragsicherheit, Gebrauchstauglichkeit und Dauerhaftigkeit bewährt. Unter gewissen klimatischen Bedingungen sind jedoch Schäden aufgetreten, die zu vorzeitigen und damit unplangemäßen, oft teuren Instandsetzungen geführt haben. Diese Schäden sind selten auf eine mangelnde Betonfestigkeit, sondern auf konstruktive Mängel und Fehler bei der Ausführung zurückzuführen.

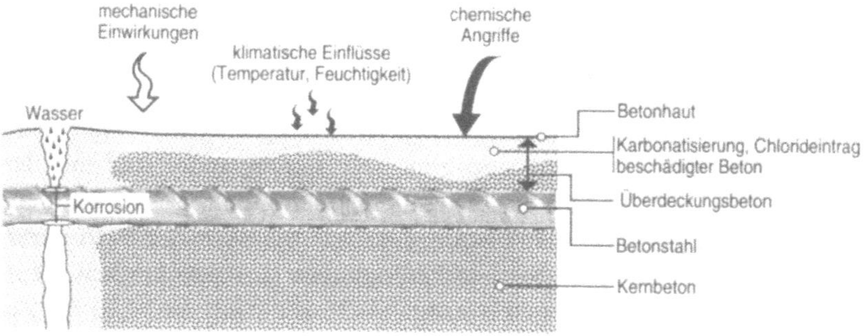

Abb. 3.20. Einwirkungen aus Umgebungseinflüssen auf Stahlbeton

Stahlbeton hat nicht nur eine Tragfunktion. Die Betonhaut und der Überdeckungsbeton haben eine Schutzfunktion für die Bewehrung. Sie müssen gegenüber Einwirkungen physikalischer, chemischer und biologischer Natur widerstandsfähig sein (Abb. 3.20). Einwirkungen aus Umgebungseinflüssen (Abschn. 4.1.4) können die Dauerhaftigkeit von Stahlbeton beeinträchtigen, indem sie zu den folgenden häufigsten Schadensbilder führen:

- Bewehrungskorrosion, induziert im karbonatisierten Beton oder durch eine gewisse Konzentration von Chloridionen an der Stahloberfläche,
- Gefügeschädigung des Betons durch Frost-Tau-Wechsel ohne und mit Taumittel oder durch innere chemische Reaktionen,
- Gefügeschädigung der Betonoberfläche durch mechanische Verschleißbeanspruchung.

Diese Schädigungsvorgänge im Stahlbeton sind auf die Wechselwirkung zwischen den Baustoffen und der Umgebung zurückzuführen. Eine ungenügende Dichtigkeit der oberflächennahen Betonschicht (große Permeabilität, Risse) begünstigt generell das Eindringen von Flüssigkeiten und Gasen in den Beton, was Schädigungsmechanismen beschleunigen kann. Die Dichtigkeit von Betonhaut und Überdeckungsbeton hat folglich einen entscheidenden Einfluss auf die Dauerhaftigkeit von Stahlbeton.

3.3.2 Beton und seine Poren

Für die vollständige Hydratation des Zements ist eine Wassermenge von 35 % des Zementgewichts erforderlich. Von dieser Wassermenge werden 55 % chemisch als Kristallwasser gebunden, 30 % werden physikalisch in den Gelporen (Durchmesser von 2 bis $4 \cdot 10^{-6}$ mm) gehalten, und die restlichen 15 % bilden die so genannten Schrumpfporen. In den Gelporen verdampft das Wasser nur sehr schwer. Normalerweise kann es erst bei einer Temperatur von 105 °C ausgetrieben werden. Andererseits gefriert dieses Wasser erst bei −78 °C, weshalb eine Sprengwirkung durch Eisdruck nicht befürchtet werden muss. Die Gelporen werden deshalb zum Feststoffgehalt des Zementsteins gezählt.

Wenn die Wassermenge größer ist als 35 % des Zementgewichts, bilden sich die gegenüber den Gelporen etwa hundertmal größeren Kapillarporen. Sie weisen eine unterschiedliche Form auf und sind zum Teil untereinander und mit den Schrumpfporen verbunden. Bei der Frischbetonherstellung beträgt der minimale Wasserzementwert bezüglich der Verdunstungsverluste bis nach der Betonverarbeitung je nach Umwelt- und Verarbeitungsbedingungen (Luftfeuchtigkeit, Temperatur, Transportweg, Verarbeitungszeit u. dgl.) 0,36 bis 0,42. Aus 100 kg Zement entstehen nach der vollständigen Hydratation 0,061 m^3 fester Zementstein (inkl. 0,012 m^3 Gelporen). Überdies entstehen 0,006 m^3 Schrumpfporen, und die zusätzliche Wassermenge über 35 % des Zementgewichtes führt zur Bildung der Kapillarporen.

Bei der Verarbeitung und Verdichtung des Frischbetons verbleiben etwa 2 Volumen-% des Festbetons als Luftporen im Beton. Der Durchmesser der Luftporen beträgt mehr als 10^{-1} mm und ist somit wesentlich größer als jener der Kapillarporen. Die Luftporen können deshalb die kapillare Saugwirkung unterbrechen und bei der Eisbildung in den Kapillaren als Expansionsräume dienen. Zur Erhöhung der Frostbeständigkeit des Betons werden aus diesem Grunde auch gezielt Luftporenbildner verwendet, um den Luftporengehalt bis etwa auf 5% zu steigern.

Bei einer Dosierung von 300 kg Zement je m^3 Festbeton und einem Wasserzementwert von 0,5 (im verarbeiteten Frischbeton) entstehen somit (Abb. 3.21): 0,183 m^3 Zementstein (inkl. 0,035 m^3 Gelporen), 0,063 m^3 Kapillaranteil (Schrumpf- und Kapillarporen) und 0,020 m^3 Luftporen.

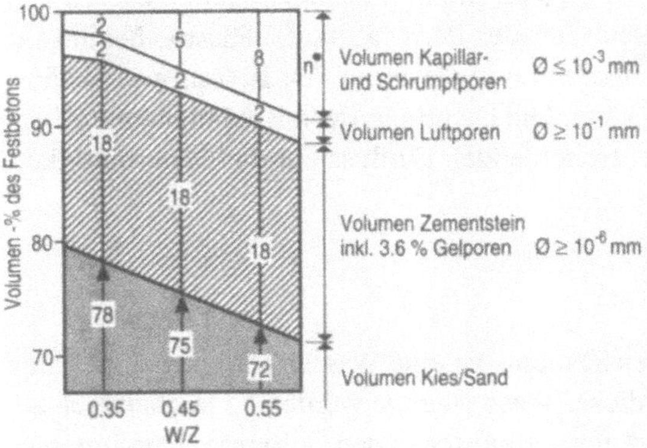

Abb. 3.21

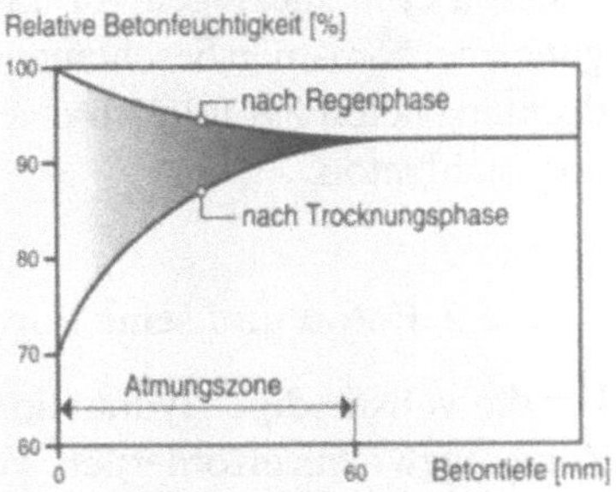

Abb. 3.22

Abb. 3.21. Porengehalt im Beton in Abhängigkeit des W/Z-Wertes; Beispiel 300 kg PC pro m^3 Festbeton

Abb. 3.22. Wassergehalt im Überdeckungsbeton

Die Gesamtporosität (Gel-, Schrumpf-, Kapillar- und Luftporen) beträgt

$$V(n) = 0,12\,\mathrm{m}^3, \quad n = 12\,\%,$$

und der Kapillaranteil (Schrumpf- und Kapillarporen) beträgt

$$V(n^*) = 0,06\,\mathrm{m}^3, \quad n^* = 6\,\%.$$

Über das Kapillarsystem kann nach dessen teilweiser Austrocknung Luft und Feuchtigkeit eindringen, was die Karbonatisierung des Betons und den Eintrag von Schadstoffen wie Chloriden bei der Aufnahme von Salzwasser ermöglicht. Zudem gelangt über das Kapillarsystem immer eine für die Korrosion ausreichende Sauerstoffmenge zur Bewehrung. Dem Kapillarsystem kommt somit im Hinblick auf Transportvorgänge eine entscheidende Rolle zu.

Beton nimmt über seine Poren aus der Luft Wasser auf oder gibt Wasser an die Luft ab. Es existiert eine eigentlich Atmungszone über eine Betontiefe bis zu etwa 60 mm, über welche die relative Betonfeuchtigkeit in Abhängigkeit von den äußeren Witterungsverhältnisse sich laufend ändert (Abb. 3.22). Bestimmend für die Wasseraufnahme und -abgabe sind strukturelle Parameter des Zementsteins wie die Verteilung der Porenradien und die Ausdehnung der inneren Oberfläche sowie auch die Porosität der Kontaktzone zwischen Zuschlagskorn und Zementstein. Die Transportvorgänge werden durch die relative Luftfeuchtigkeit (Verhältnis des Wasserdampfpartialdrucks zum Sättigungsdampfdruck) angetrieben. Die strukturellen Parameter sind sowohl von der Art und Menge des Zements, vom Wasserzementwert, von der Art und Menge der Zusätze als auch vom Alter und vom Hydratationsgrad (Nachbehandlung, Exposition) des Betons abhängig.

3.3.3 Transportvorgänge

Feuchtigkeitstransport. Im ungerissenen Beton werden Stoffe ausschließlich im Zementstein transportiert. Über seine Porosität und sein Kapillarsystem kann der Zementstein Wasser in flüssigem und dampfförmigem Zustand aufnehmen und in unterschiedliche Richtungen weitergeben. Schadstoffe werden meistens in gelöster Form in den Beton eingetragen. Folglich sind Transportvorgänge von Schadstoffen direkt mit dem Feuchtigkeitstransport verbunden. Die wichtigsten Transportmechanismen sind der kapillare Feuchtetransport, die Wasserdampfdiffusion und die Kondensation.

Der *kapillare Feuchtetransport* beruht auf Oberflächenspannungen aufgrund der gegenseitigen Anziehungskräfte der Flüssigkeitsmoleküle (Kohäsion) und auf der Benetzbarkeit aufgrund der Kraft an der Grenzfläche von Flüssigkeit zu Feststoff (Adhäsion). Die beiden Kräfte führen zum Aufsteigen von Flüssigkeit zwischen eng beieinander liegenden Flächen. Die Ansätze zur Beschreibung der kapillaren Wasseraufnahme gehen von einer Proportionalität zwischen der Strömungsgeschwindigkeit und dem Druckgradienten aus; die Massenaufnahme ist proportional zur Wurzel der Zeit. Diese einfachen Wurzel-Zeit-Gesetze vermögen jedoch Versuchsergebnisse nur ungenügend zu beschreiben. Bei der *Wasserdampfdiffusion* wandern die gasförmigen Wassermoleküle wegen eines Konzentrationsgefälles im Porensystem des Zementsteins. Der Transport wird üblicherweise mit dem 1. Fick'schen Diffusionsgesetz beschrieben.

Unter *Kondensation* wird die Ausscheidung von Wasserdampf aus der Atmosphäre auf der Betonoberfläche verstanden. Der Feuchtigkeitsgehalt in der Luft (relative Luftfeuchtigkeit) ist von der Temperatur abhängig. Wird im gesättigten Zustand die Wasserdampfmenge erhöht oder die Temperatur gesenkt, so scheidet sich Wasser in flüssiger Form aus.

Der Feuchtigkeitstransport ist in der Regel eine Überlagerung einzelner Transportmechanismen, deren Leistungsfähigkeit von der Gesamtporosität, dem Kapillaranteil, der Verteilung der Porengrößen und vom Feuchtigkeitsgehalt kontrolliert wird. Beispielsweise wird bei einem hohen Feuchtigkeitsgehalt der Diffusionstransport allmählich durch einsetzende Kondensation behindert oder durch kapillaren Feuchtigkeitstransport gar ersetzt.

Karbonatisierung. Bei der Hydratation von Portlandzement entstehen Calciumhydroxidionen $Ca(OH)_2$, die zum größten Teil gebunden sind. Ein Teil davon ist jedoch im Porenwasser gelöst und setzt den pH-Wert des Porenwassers auf Werte von 12 bis 13. In diesem stark alkalischen Milieu bildet Bewehrungsstahl auf der Oberfläche eine dünne, aus Ferritionen bestehende Schutzschicht, die eine korrosionsinhibierende Wirkung hat.

Der für diese Passivierung der Bewehrung erforderliche alkalische Charakter des Porenwassers im Beton kann durch CO_2 aus der Atmosphäre zerstört werden, indem die Calciumhydroxidionen chemisch in Calciumcarbonat umgewandelt werden:

$$Ca(OH)_2 + CO_2 + H_2O \rightarrow CaCO_3 + 2H_2O.$$

Durch die als Karbonatisierung bekannte Reaktion sinkt der pH-Wert des Porenwassers auf Werte von <9 ab, wo die spontane Schutzschicht auf dem Bewehrungsstahls nicht mehr beständig ist.

Das Eindringen von CO_2 aus der Atmosphäre erfolgt, ähnlich wie bei Sauerstoff, vornehmlich über die Gasphase. Da die Diffusionsgeschwindigkeit von CO_2 in Wasser um Größenordnungen langsamer ist als in Luft, hängt die Karbonatisierung stark von den Feuchtigkeitsverhältnissen ab. Bei bewitterten Bauteilen ist der Feuchtigkeitsgehalt des Betons groß, und die Karbonatisierung ist langsam. Demgegenüber ist die Geschwindigkeit der Karbonatisierung bei regengeschützten Flächen oder gar bei Innenräumen groß. Da für die Karbonatisierung selbst Wasser erforderlich ist, ergeben sich bei ganz trockenen oder völlig mit Wasser gefüllten Poren die geringsten Karbonatisierungsgeschwindigkeiten, während bei nur teilweise gefüllten Poren die Karbonatisierung am schnellsten fortschreitet. Es gilt zu beachten, dass die Karbonatisierungsfront lokal weit fortgeschritten sein kann, so dass an einigen Stellen lokale Korrosion auftreten kann.

Chlorideintrag. Gelöste Stoffe wie Chloride können grundsätzlich *im Wasser* durch Diffusion oder aber *mit dem Wasser* durch kapillare Aufnahme transportiert werden. Die kapillare Aufnahme ist der wichtigste Transportmechanismus für Chloride. Die Diffusion gehört zu den weniger leistungsfähigen Transportmechanismen; ihre Bedeutung für den Chlorideintrag ist gering. Der Transport von Chloriden ist von der Wassereinwirkung in Form von Sprühnebel, Spritzwasser oder Standwasser sowie den klimatischen Verhältnissen (Temperatur, Feuchtigkeit) an der Betonoberfläche stark abhängig.

Chloridionen zerstören – auch bei hohen pH-Werten im nichtkarbonatisierten Beton – den Passivfilm des Bewehrungsstahls. Allerdings bindet Portlandzement Chloridionen chemisch in Form des sogenannten Friedel'schen Salzes, so dass Korrosionsangriffe erst nach Überschreiten bestimmter Konzentrationen von Chloridionen möglich sind. Dieser Grenzwert ist von verschiedenen Parametern wie dem Wasserzementwert (Gesamtporosität), der Feuchtigkeit im Beton sowie von der Menge und Zusammensetzung des Zementes abhängig und darf somit nicht als feste Größe angesehen werden. Bei Chloridgehalten von weniger als 0,5 Gewichts-% bezogen auf das Zementgewicht können intakte Bewehrungen erwartet werden, während starke Korrosionsangriffe gehäuft bei Chlorid-Konzentrationen von über 1 % wahrscheinlich sind.

3.3.4 Risse

Risse vermindern generell die Widerstandsfähigkeit des Betongefüges gegenüber Umgebungseinflüssen und damit die Schutzfunktion des Überdeckungsbetons. Hinsichtlich der Dauerhaftigkeit von Stahlbeton können Mikro- und Makrorisse unterschieden werden (Abb. 3.23).

Mikrorisse. Mikrorisse und feine oberflächennahe Risse treten im Betongefüge auf, d. h. im Zementstein und entlang der Grenzschichten zwischen Zuschlagkorn und Zementstein. Diese Risse sind in der Regel gleichmäßig im Zementstein und an der Grenzschicht verteilt; sie sind kürzer als die Größe der größten Zuschlagkörner.

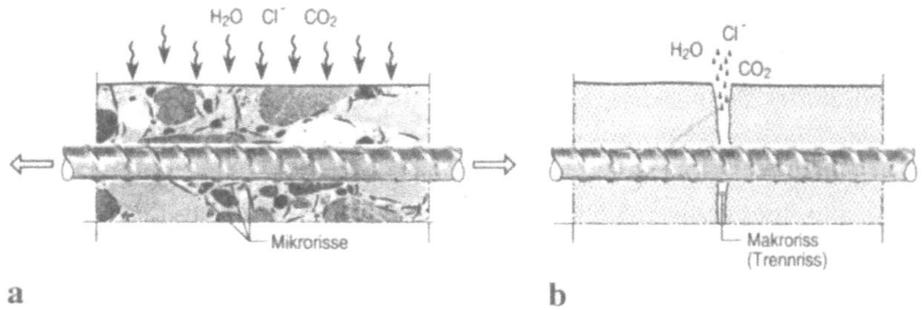

Abb. 3.23. Rissarten: **a** Mikrorisse, **b** Makroriss

Mikrorisse und feine Oberflächenrisse werden hauptsächlich verursacht durch differenzielle Verformungen zwischen Zementstein und Zuschlägen infolge endogenen Schwindens und Trocknungsschwindens des Zementsteins sowie durch differentielles Ausdehnen zwischen Zementstein und Zuschlägen infolge von Temperaturänderungen.

Zudem zeigen neuere Untersuchungen, dass die Permeabilität des Überdeckungsbetons bei hohem Beanspruchungsniveau in der benachbarten Bewehrung zunimmt. Dies dürfte darauf zurückzuführen sein, dass der Beton neben dem stark gedehnten Bewehrungsstab ebenfalls stark gedehnt ist und sich somit zusätzliche Mikrorisse bilden können.

Mikrorisse im Überdeckungsbeton beeinflussen die porositätsbedingte Permeabilität und erleichtern das Eindringen von Wasser und anderen Stoffen, die für die Dauerhaftigkeit des Betons und der Bewehrung relevant sind. Mikrorisse reduzieren die Dichtigkeit des Überdeckungsbetons, womit die Wasserdurchlässigkeit erhöht und Transportmechanismen begünstigt werden. Die Bildung von Mikrorissen kann mit einer fachgerechten Betonherstellung und Betonnachbehandlung deutlich vermindert werden.

Makrorisse. Makrorisse sind am Bauwerk von Auge sichtbare Risse. Sie sind oftmals Trennrisse, d. h., sie gehen durch das Bauteil hindurch. Im Nutzungszustand eines Betontragwerks werden Makrorisse durch innere Kräfte aus Lasten, Kräften und Zwängungen verursacht. Trennrisse infolge Trocknungsschwindens treten üblicherweise erst nach mehreren Monaten auf.

Oft entstehen jedoch Makrorisse bereits im Bauzustand beim Betonieren von zusammengesetzten Bauteilen (z. B. Kastenträger) oder beim Anbetonieren von Randabschlüssen an Kragplatten. Die Rissbildung erfolgt im hinzugefügten jüngeren Teilquerschnitt, wenn die Beanspruchung (Zugeigenspannungen) infolge Behinderung seiner Verformungen durch den bestehenden Teilquerschnitt die Zugfestigkeit des jungen Betons erreicht (Abb. 3.24). Für die Beurteilung des Risikos einer Rissbildung interessiert somit der Verlauf der (Zug)spannungen im hinzugefügten Teilquerschnitt im Vergleich zur Entwicklung der Zugfestigkeit im jungen Betons. Die Größe der Zugspannungen im jüngeren Teilquerschnitt infolge Verformungsbehinderung ist im Wesentlichen abhängig von:

- Hydratationswirkung des Zements und Betoneigenschaften (Wärmeentwicklung infolge Zementhydratation, thermische und hygrische Transporteigenschaften, endogenes Schwinden, Kriechen, zeitliche Entwicklung der Zugfestigkeit und des Elastizitätsmoduls),
- äußeren klimatischen Einflüssen (Temperatur, Feuchtigkeit),
- Systemeigenschaften (statisches System, Einspanngrad des hinzugefügten Teilquerschnitts im neuen Teilquerschnitt) und Betoniervorgang.

Es können Maßnahmen ergriffen werden, um die Bildung von Makrorissen in jungem Alter möglichst zu begrenzen oder gar zu vermeiden. Dies kann bei der

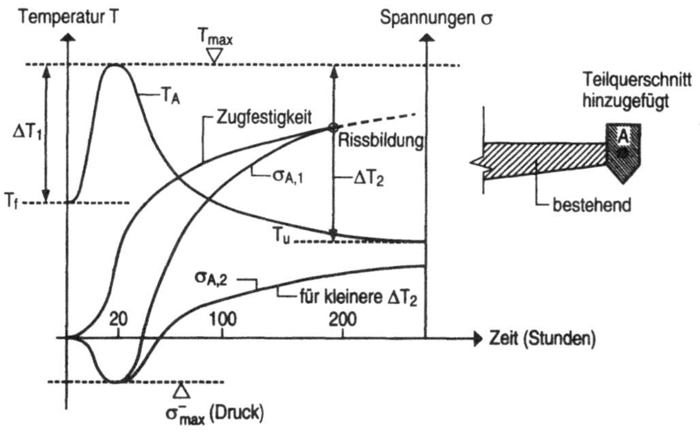

Abb. 3.24. Verlauf der Temperatur und Spannungen im jungen Beton eines hinzugefügten Teilquerschnitts (schematisch)

Bauausführung mit konstruktiven, materialtechnologischen und ausführungstechnischen Maßnahmen erreicht werden. Die dabei zu treffenden Maßnahmen zielen auf eine sanftere Temperatureinwirkung bei der Betonerhärtung hin, indem die maximale Temperaturdifferenz ΔT_2 zwischen der Temperatur im hinzugefügten Teilquerschnitt und der Umgebungstemperatur kleiner als etwa 12 °C gehalten wird und so die Eigenspannungen klein bleiben. Dies kann auf folgende drei Arten erreicht werden (Abb. 3.24):

- Reduktion der Temperatur T_f des Frischbetons gegenüber der Temperatur des bestehenden Teilquerschnitts T_U, beispielsweise durch Beigabe von kaltem Anmachwasser, Eis, flüssigem Stickstoff,
- Verminderung der Wärmeentwicklung ΔT_1 im abbindenden hinzugefügten Querschnittsteil durch Beeinflussung der Betonzusammensetzung, beispielsweise Verwenden von Zement mit grober Mahlfeinheit, Ersatz eines Teils des Zements durch Feinanteile wie Flugasche oder Kühlung im Innern des hinzugefügten Querschnittsteils mit Kühlschlangen,
- Erhöhung der Temperatur T_U des bestehenden Teilquerschnitts, falls wesentlich tiefere Umgebungstemperaturen als die Frischbetontemperatur T_f herrschen.

Die Beschleunigung der Erhärtung zur Förderung einer hohen Frühfestigkeit des Betons ist demzufolge in der Regel ungeeignet, denn oft geht damit eine hohe Temperaturentwicklung beim Abbinden einher.

Die Wirksamkeit dieser Maßnahmen ist stark von den Systemeigenschaften der zusammenwirkenden Teilquerschnitte abhängig. Mit einer entsprechenden Tragwerksanalyse kann die erwartete Wirksamkeit von Maßnahmen vorgängig simuliert werden. Dazu stehen heute numerische Modelle und entsprechende Untersuchungen zur Verfügung, aus denen einfach anwendbare Bemessungsdiagramme für eine erste Beurteilung möglicher Maßnahmen abgeleitet wurden [3.8, 3.9].

Bedeutung von Makrorissen. Risse sind Indikatoren für das Tragverhalten eines Betontragwerks und ihre Ursachen sollten somit immer ergründet werden. Insbesondere gilt es zu unterscheiden zwischen Rissen, die auf Beanspruchungen infolge von Lasten, Kräften und Vorspannungen zurückzuführen sind, und jenen, die durch Zwängungen infolge von Eigenspannungen aus dem Bauvorgang, Auflagerverschiebungen und thermischen Verformungen verursacht werden.

Es gilt, die Bedeutung von Makrorissen für die Dauerhaftigkeit zu untersuchen. Makrorisse bilden singuläre Undichtigkeitsstellen und erleichtern damit den Transport von Stoffen, welche Schädigungsvorgänge auslösen können. Beispielsweise kann Feuchtigkeit beinahe ungehindert bis auf die Bewehrung eindringen, womit ein erhöhtes Risiko der Bewehrungskorrosion gegeben ist (Abschn. 3.3.5).

3.3.5 Bewehrungskorrosion

Korrosionsvorgang im ungerissenen Beton. Damit es zur Bewehrungskorrosion kommt, müssen drei Voraussetzungen gleichzeitig erfüllt sein (Abb. 3.25):

- Es muss ein leitendes Medium (Elektrolyt) vorhanden sein; Beton mit einer gewissen Feuchtigkeit wirkt in der Regel als Elektrolyt.
- Die dünne, korrosionsinhibierende Schutzschicht auf dem Bewehrungsstahl ist infolge Karbonatisierung oder Anwesenheit von Chloridionen zerstört, d. h., der Bewehrungsstahl ist depassiviert.
- Sauerstoff ist durch den Beton bis zur Bewehrung vorgedrungen; diese Bedingung ist immer erfüllt, außer bei Bauteilen, die sich ständig unter Wasser befinden.

Die ersten beiden Voraussetzungen sind direkt von der Dichtigkeit des Überdeckungsbetons abhängig. Je durchlässiger der Überdeckungsbeton ist, umso weniger Widerstand wird den Transportvorgängen von Wasser und Chloriden sowie der Karbonatisierung entgegengesetzt. Der Transportweg bis zur Bewehrung ist im

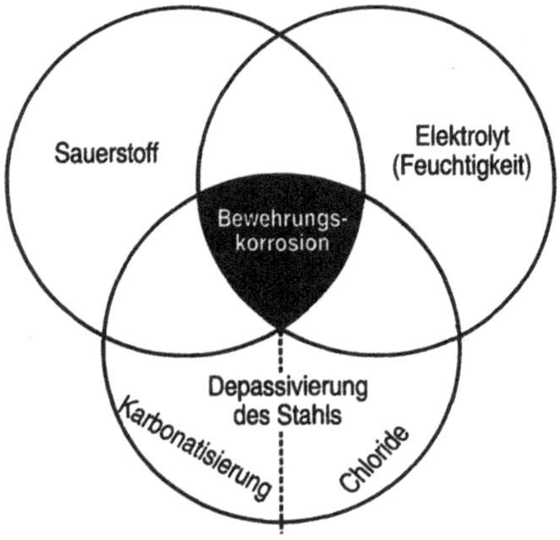

Abb. 3.25. Voraussetzungen für die Bewehrungskorrosion

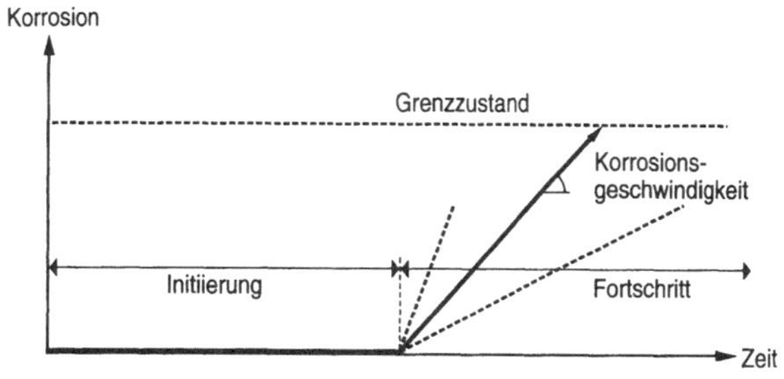

Abb. 3.26. Bewehrungskorrosion in Abhängigkeit der Zeit

Wesentlichen von der Dicke und Durchlässigkeit (Permeabilität) des Überdeckungsbetons abhängig. Das Einhalten einer genügenden Dicke des Überdeckungsbetons ist dabei von zentraler Bedeutung.

Der Schädigungsvorgang von Stahlbeton infolge Bewehrungskorrosion kann in zwei Phasen unterteilt werden (Abb. 3.26):

- *Initiierungsphase.* In der Initiierungsphase erfolgt die Karbonatisierung des Betons und/oder Chloride dringen von der Oberfläche zur Bewehrung vor. Die Initiierungsphase beginnt mit dem Betonbau und dauert bis zur Depassivierung des Bewehrungsstahls.
- *Fortschrittsphase.* Während der Fortschrittsphase korrodiert die Bewehrung. Der Korrosionsprozess ist mit einer Volumenvergrößerung des Bewehrungsstabes im Innern des Betonkörpers verbunden, was zum Absprengen des die Bewehrung überdeckenden Betons führen kann. Die Dauer dieser Phase hängt von der Korrosionsgeschwindigkeit ab. Das Ende der Fortschrittsphase ist gleichbedeutend mit einem durch den Querschnittsverlust der Bewehrung bedingten Grenzzustand der Tragsicherheit oder der Gebrauchstauglichkeit des Bauteils.

Die Korrosionsgeschwindigkeit ist nicht gleichbleibend, sondern vor allem bei Feuchtigkeitswechseln stark variabel. Oftmals ist nach einer langen Initiierungsphase die Korrosionsgeschwindigkeit langsam. Es können drei Arten von Korrosionsgeschwindigkeiten unterschieden werden:

- Bei karbonatisierten Bauteilen, die nur durch Kondenswasser befeuchtet werden, ist die Korrosion sehr langsam und flächenhaft.
- Eine mittlere Korrosionsgeschwindigkeit erfolgt bei freiliegendem, dem Kondenswasser und der Luftfeuchtigkeit ausgesetztem Stahl, bei beregneten karbonatisierten Bauteilen und bei chloridkontaminierten Bauteilen, die durch Kondenswasser befeuchtet werden.
- Eine hohe Korrosionsgeschwindigkeit liegt bei chloridinduzierter Korrosion bei Bauteilen, die regelmäßig befeuchtet werden, in Form von Lochfraß vor.

Dabei gilt es zu beachten, dass bei mittleren und kleinen Stabdurchmessern und großer Bewehrungsüberdeckung der Lochfraß keine Betonabplatzungen zur Folge hat.

Korrosionsbeständiger Stahlbeton hat folglich eine lange Initiierungsphase, die – im Sinne eines Bemessungskriteriums – grundsätzlich länger sein sollte als die Nutzungsdauer des Bauwerks. Allerdings muss wegen der Streuung der maßgebenden Parameter davon ausgegangen werden, dass immer eine gewisse Wahrscheinlichkeit für einen kleinen Anteil an korrodierender Bewehrung besteht.

Chlorideintrag, Karbonatisierung und Stahlkorrosion sind äußerst komplexe und stark veränderliche Vorgänge. Sie hängen von Parametern ab wie der Dicke und Durchlässigkeit (Permeabilität) des Überdeckungsbetons, der Konzentration von Chloriden und dem Mikroklima an der Oberfläche des Bauteils. Heute liegen Modelle für Transport- und Korrosionsvorgänge vor, welche den stochastischen Charakter der Vorgänge mit Methoden aus der Wahrscheinlichkeitstheorie berücksichtigen. Diese Modelle ermöglichen, quantitative Aussagen über die Dauerhaftigkeit von Bauteilen in Abhängigkeit von ihrer Exposition zu machen. Allerdings sollten solche Modelle nicht dazu verwendet werden, bei der Bemessung von Bauteilen die Initiierungs- und Fortschrittsphase und damit die Dauerhaftigkeit zu „berechnen". Vielmehr erlauben diese Modelle, die Wirksamkeit von Maßnahmen für korrosionsbeständigen Stahlbeton zu erkennen und zu beurteilen. Diese vorwiegend konstruktiven Maßnahmen sind zu befolgen und auf der Baustelle auch durchzusetzen (Abschn. 5.11).

Korrosion in Rissen. Risse ermöglichen eine beschleunigte Karbonatisierung entlang der Rissflanken und erleichtern den Eintrag von Wasser und Chloriden in den Beton, wobei vor allem feine Risse eine starke kapillare Wasserabsorption zeigen. Damit sind die Voraussetzungen für die Bewehrungskorrosion beinahe unmittelbar nach der Rissbildung erfüllt. Die Bewehrung kann demzufolge im gerissenen Beton wesentlich früher korrodieren als im ungerissenen Beton. Die Initiierungsphase ist entsprechend kurz, und lokale Korrosion setzt sofort ein.

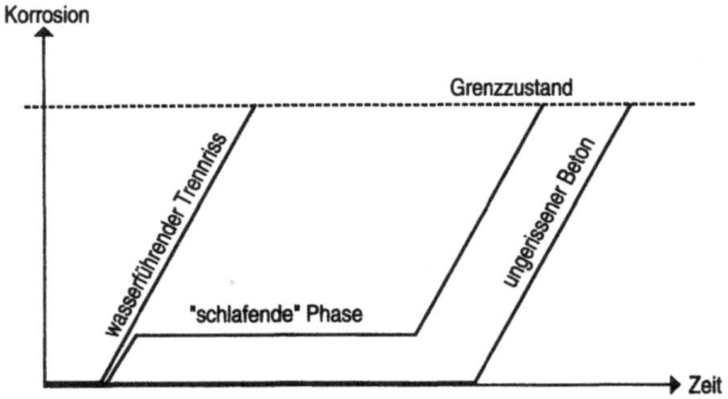

Abb. 3.27. Korrosionsgeschwindigkeit in Rissen

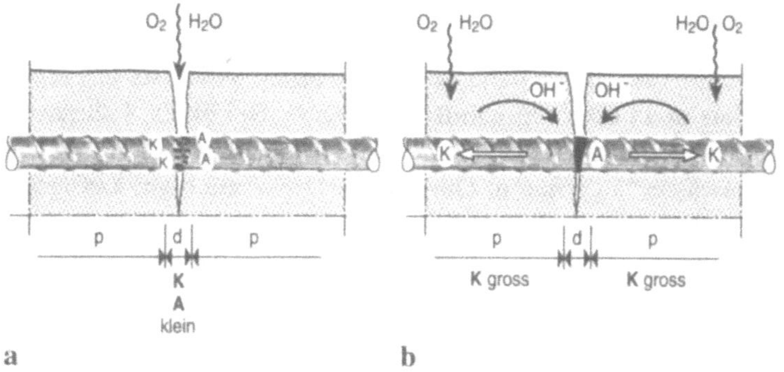

Abb. 3.28. Korrosionsvorgänge in Rissen, durch Karbonatisierung (**a**) und Chloride induziert (**b**), nach Lit. 3.11. K, Kathode; A, Anode; d, Stahl depassiviert; p, Stahl passiviert

Für den weiteren Korrosionsverlauf lassen sich drei Szenarien unterscheiden (Abb. 3.27):

- Bei Korrosion infolge Karbonatisierung (Abb. 3.28a) wird nach einer Anfangsphase die Korrosionsgeschwindigkeit bald sehr klein und es stellt sich eine „schlafende Phase" ein, denn die Korrosionsprodukte, die sich im Riss ansammeln, behindern den Korrosionsprozess stark. Dieser günstige Vorgang stellt sich in der Regel bei Rissöffnungen bis maximal etwa 0,4 mm ein.
- Bei chloridinduzierter Korrosion hängt die Korrosionsgeschwindigkeit von der kathodischen Teilreaktion ab (Abb. 3.28b). Der dem Riss benachbarte Teil des Bewehrungsstabs wirkt als große Kathode. Die kathodische Teilreaktion benötigt Sauerstoff und Wasser, die durch den Überdeckungsbeton bis zum Bewehrungsstab eindringen müssen. Folglich hängt die Korrosionsgeschwindigkeit von der Dicke und Permeabilität des Überdeckungsbetons ab.
- Bei wasserführenden Trennrissen und Rissen mit übermäßigen Öffnungen (größer als 0,5 mm) bleibt die Korrosionsgeschwindigkeit sehr groß, wobei der Wechsel von feuchten und trockenen Perioden zusätzlich ungünstig wirkt. Bei Korrosion infolge Karbonatisierung werden in wasserführenden Rissen die Korrosionsprodukte sofort ausgewaschen, und es kann sich kein „Pfropfen" im Riss bilden. In wasserführenden Rissen ist auch die Zufuhr von Sauerstoff und Wasser für die kathodische Teilreaktion im Falle von chloridinduzierter Korrosion begünstigt.

Die Rissöffnung allein ist kein hinreichendes Kriterium zur Beurteilung des Risikos der Bewehrungskorrosion. Zusätzlich müssen die Betonüberdeckung, die Art des Risses (Trennriss, Biegeriss), die Position des Risses gegenüber der Bewehrung sowie die Bedeutung der korrosionsgefährdeten Bewehrung für die Tragsicherheit des Bauteils beurteilt werden. Um die Gefahr der Korrosion im Riss zu begrenzen, sind vor allem die Trennrisse zu vermeiden und ein möglichst dichter Überdeckungsbeton herzustellen.

3.3.6 Gefügeschädigung infolge Frost- und Frost-Tausalz-Einwirkung

Frostwechsel betreffen die oberflächennahe Zone des Betons, wobei vor allem die Verteilung von Kapillar- und Luftporen von Bedeutung ist. Bei tiefen Außentemperaturen kann das an der Betonoberfläche reichlich vorhandene Wasser in den Kapillarporen („Porenwasser“) gefrieren. Die Volumenzunahme beim Übergang von Wasser zu Eis beträgt 9 % des Wasservolumens; dies entspricht bei einem Würfel einer Längenänderung der Kante von 3 % verglichen mit der Bruchdehnung von Beton unter Zug von etwa 0,1 ‰. Bei behinderter Expansion, z. B. bei Eisbildung in einer vollständig gefüllten Pore, entsteht ein hydraulischer Druck und eine entsprechende Sprengwirkung (Abb. 3.29). Dieser Vorgang wird durch vorhandene Mikrorisse begünstigt. Frostschäden beginnen meist mit oberflächlichen Ablösungen von kleinen Mörtelteilchen. Frostschäden treten somit vor allem in wassergesättigtem Beton auf.

Bei kombinierter Einwirkung von Frost und Tausalz wird das oberflächennahe Betongefüge stärker beansprucht, was im Wesentlichen auf die folgenden drei Phänomene zurückzuführen ist.

Temperaturschock. Bei der spontanen endothermen Reaktion des Salzes mit dem Eis wird dem Beton die für das Schmelzen erforderliche Energie entzogen. Es kommt zu einem in der oberflächennahen Schicht besonders ausgeprägten Temperatursturz, der im Betongefüge beträchtliche Eigenspannungen verursacht.

Hygroskopischen Eigenschaften des Tausalzes. Im porösen Betonkörper wird – verstärkt noch durch die Kapillarwirkung – mehr Wasser mit gelöstem Salz aufgenommen, weil der Dampfdruck über einer wässerigen Salzlösung kleiner ist als über reinem Wasser. Damit ist in Anwesenheit von eingedrungenem Tausalz der Wassergehalt im Beton wesentlich größer, und der allfällige Eisdruck kann sich entsprechend stärker auswirken als bei reinem Wasser.

Schichtweises Gefrieren des Betons. Zusätzlich zu den beiden genannten Phänomen wird die Schadenwirkung infolge Frost in Verbindung mit Tausalz durch allfälliges schichtweises Gefrieren des Betons verstärkt. Das in den Beton eingedrungene Tausalz führt – je höher die Konzentration von Tausalz – zu entsprechend tieferen Gefrierpunkten im Porenwasser. Zunächst gefriert das Porenwasser an der

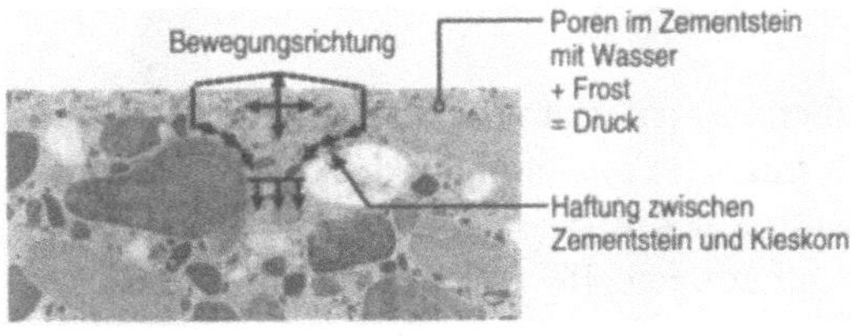

Abb. 3.29. Schematische Darstellung der Beanspruchung des oberflächennahen Betons bei Frost, nach Lit. 3.12

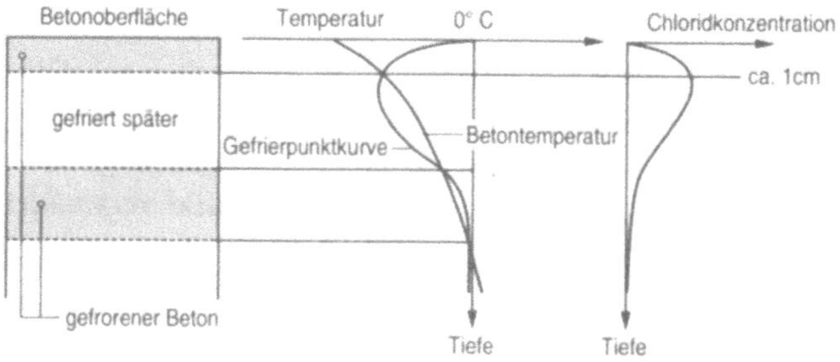

Abb. 3.30. Schichtweises Gefrieren bei Überschneidung der Temperaturkurve des Betons mit der durch Konzentrationsgefälle von Tausalz veränderten Gefrierkurve des Porenwassers

Oberfläche und in einer tiefer liegenden Schicht, denn die Betontemperaturen sind in diesen Bereichen tiefer als die Gefrierpunktskurve des Porenwassers (Abb. 3.30). Bei weiterer Abkühlung gefriert auch die dazwischen liegende Schicht. Dabei entsteht ein Gefrierdruck, der in den benachbarten, bereits gefrorenen Schichten nicht abgebaut werden kann und somit zur Absprengung der äußersten Schicht (und zu Rissen im Innern) führen kann.

3.3.7 Gefügeschädigung infolge Alkali-Aggregat- und Sulfat-Reaktion

Bei der *treibenden Form* der Betonzerstörung führt die Reaktion eines in den Beton eingedrungenen Stoffes mit Bestandteilen des Betons zu einem Produkt, das mit Volumenexpansion verbunden ist. Dies führt zu starker Rissbildung und zu einer bedeutenden Festigkeitsreduktion.

Bei der *Alkali-Aggregat-Reaktion* werden Zuschlagstoffe mit reaktivem Siliciumoxid durch die stark alkalische Porenlösung angegriffen, was zu Treiberscheinungen und Rissen führen kann. Das sichere Erkennen der Reaktion ist schwierig, weil sich die Vorgänge über lange Zeiträume erstrecken können. Die Alkali-Aggregat-Reaktion kann nur erfolgen, falls gleichzeitig reaktive Zuschlagsstoffe, eine gewisse Feuchtigkeit und genügend Alkalien im Beton vorhanden sind und der Beton eine hohe Permeabilität aufweist.

Daraus lassen sich die Maßnahmen zur Vermeidung der Alkali-Aggregat-Reaktion ableiten. Die Zuschlagsstoffe können mit Versuchen auf ihre potentielle Reaktivität hin untersucht werden. Durch konstruktive Maßnahmen (Drainage, Abdichtungssysteme) sollte Feuchtigkeit vom Beton möglichst ferngehalten werden. Mit der Herstellung eines kompakten Überdeckungsbetons von geringer Permeabilität kann das Eindringen von Wasser in den Beton beschränkt werden. Unter Umständen kann auch der Gehalt an aktiven Alkalien im Bindemittel vermindert werden, indem Portlandzemente durch Silicastaub, Flugasche oder Hüttensand ersetzt werden.

Beim *Sulfattreiben* dringt mit den oben beschriebenen Transportmechanismen Sulfat in das Porensystem des Zementsteins ein. Sulfate in wässriger

Lösung können den erhärteten Beton angreifen. Der Sulfatangriff bedroht vor allem erdberührende Bauteile, wo wasserlösliche, sulfatische Mineralien wie Gips und Anhydrit (Calciumsulfat) vorhanden sein können. Als Maßnahmen zur Vermeidung von Sulfattreiben gilt es wiederum, einen dichten Überdeckungsbeton herzustellen. Außerdem kann Zement mit erhöhtem Sulfatwiderstand verwendet werden.

3.4 Neuartige Baustoffe und Tendenzen

3.4.1 Einleitende Bemerkung

Seit jeher haben Fortschritte in der Baustofftechnologie dem konstruktiven Ingenieurbau zu wesentlichen Entwicklungsschritten verholfen. Neben neuartigen Baustoffen wie Faserverbundwerkstoffen sind seit ein paar Jahren auch im Bereich der „traditionellen“ Baustoffe wie Beton und Stahl große Fortschritte zu verzeichnen. Diese erfreuliche Entwicklung bietet an sich interessante Möglichkeiten für Innovation im Brückenbau. Dies darf jedoch nicht vom grundlegenden Entwurfsziel ablenken, eine Brücke mit einem Höchstmaß an wirtschaftlicher und ästhetischer Qualität zu konzipieren (Abschn. 2.1). Mit einem geschickten Ausschöpfen der technischen Eigenschaften neuartiger Baustoffe soll dazu beigetragen werden, dieses Ziel zu erreichen.

3.4.2 Hochleistungsfähiger Beton

Neuere Entwicklungen in der Betontechnologie gehen in Richtung einer gezielten Verbesserung gewisser Betoneigenschaften.

- Dem Beton können puzzolanische Zusatzstoffe wie Steinkohleflugasche oder Silicastaub zur Erhöhung der Dichtigkeit des Zementsteins beigegeben werden.
- Mit Betonzusatzmitteln wie Hochleistungsverflüssiger kann die Verarbeitbarkeit des Frischbetons bei gleichzeitig starker Reduktion der beizugebenden Wassermenge verbessert werden.
- Die Homogenität des Betons kann durch eine Reduktion der größten Korngröße und durch Erreichen einer optimalen Packungsdichte mit einer größeren Menge an Feinanteilen verbessert werden.
- Durch die Beigabe von Fasern (aus Stahl oder synthetischen Werkstoffen) unterschiedlicher Formen und Abmessungen (Fasercocktails) kann das Verformungsvermögen von Beton verbessert werden.

Diese Maßnahmen oder ihre Kombination ergeben so genannte hochleistungsfähige Betone mit gegenüber herkömmlichem Beton verbesserten Eigenschaften in Bezug auf die Verarbeitbarkeit, Dauerhaftigkeit und mechanischen Kennwerte. Diese Eigenschaften können im Brückenbau wie folgt genutzt werden.

Verarbeitbarkeit. In den letzten Jahren wurden vor allem in Japan selbstverdichtende Betone entwickelt, die sich unter ihrem Eigengewicht verdichten und somit nicht vibriert werden müssen. Trotz der hohen Fließfähigkeit des Frischbetons kann dabei die Segregation verhindert werden, indem die größeren Zuschlagsstoffe beim Mischvorgang vollständig mit einer Schicht von Zementleim umgeben werden. Selbstverdichtender Beton ermöglicht eine regelmäßigere Verarbeitung des Frischbetons und damit eine regelmäßigere Festbetonqualität. Eine einfachere Verarbeitbarkeit kombiniert mit einer beschleunigten Festigkeitsentwicklung erlaubt auch eine kürzere Bauzeit.

Dauerhaftigkeit. Hochleistungsfähige Betone sind in der Regel wesentlich dichter als herkömmliche Betone. Sie bieten damit einen deutlich größeren Widerstand gegen das Eindringen von Stoffen wie Wasser, Chloride oder CO_2. Damit wird der Betonwiderstand gegenüber Umgebungseinflüssen und somit die Schutzfunktion des Überdeckungsbetons für den Bewehrungsstahl wesentlich verbessert. Die Dauerhaftigkeit von Stahlbeton kann folglich mit hochleistungsfähigem Beton generell verbessert werden.

Mechanische Eigenschaften. In den letzten Jahren wurden auf mehreren Baustellen Betone mit einer Druckfestigkeit von mehr als 100 N/mm^2 hergestellt. Ein Ende der Entwicklung zu noch höheren Festigkeiten ist noch nicht absehbar; Druckfestigkeiten bis 200 N/mm^2 werden wohl bald erreicht werden. Mit so genanntem Reactive Powder Concrete sind unter Laborbedingungen bereits heute Druckfestigkeiten bis 800 N/mm^2 möglich.

Neben einer Erhöhung des Tragwiderstands der Bauteile bestehen die Hauptvorteile hochfester Betone in der Reduktion des Eigengewichts des Tragwerks sowie in kleineren Mengen an Beton und Bewehrung. Allerdings können die Bauteilstärken nicht beliebig verringert werden, da sie auch von der Anordnung der Bewehrung und den Abmessungen von Bewehrungsdetails (z. B. Verankerung der Vorspannung) abhängen. Druckfestigkeiten von mehr als 100 N/mm^2 können für den Tragwiderstand von Biegeträgern oft nur dann voll ausgenutzt werden, wenn die Festigkeit der Bewehrung ebenfalls entsprechend zunimmt.

Der Einsatz von sehr hochfestem Beton könnte neue Möglichkeiten für die Vorspannung mit einer Entwicklung hin zu hochgradig vorgespannten Tragelementen aufzeigen. Solche Tragelemente müssten unter kontrollierten Bedingungen, wie sie die Vorfabrikation bieten könnte, hergestellt werden.

Der Elastizitätsmodul der hochfesten Betone ist gegenüber herkömmlichen Betonen nur geringfügig größer und erreicht Werte von etwa 50 kN/mm^2, so dass beim Entwurf und der Bemessung der Tragelemente die Kriterien der Gebrauchstauglichkeit (Verformungen, Durchbiegungen) oft maßgebend sein dürften. Beim Entwurf von Brücken aus hochfestem Beton steht also die Suche nach einer möglichst großen Steifigkeit der Tragelemente im Vordergrund.

Bei der Verwendung von hochleistungsfähigen Betonen muss den zeitabhängigen Verformungen eine besondere Beachtung geschenkt werden. Schwind- und Kriechverformungen können wegen der hohen Mengen an Zement beträchtliche Werte annehmen. Gewisse hochleistungsfähige Betone können aber auch weniger empfindlich gegenüber zeitabhängigen Verformungen sein.

Die Zugfestigkeit der hochfesten Betone nimmt nicht in gleichem Maß zu wie die Druckfestigkeit. Durch Hinzufügen von Fasern kann das Rissverhalten des Betons kontrolliert und das Verformungsvermögen verbessert werden. Örtliche Querzugkräfte durch konzentrierte Krafteinleitungen können im Faserbeton aufgenommen und die konstruktive Mindestbewehrung kann vermindert oder gar weggelassen werden.

3.4.3 Hochleistungsfähiger Betonstahl

Gegenüber herkömmlichem Betonstahl weisen so genannte hochleistungsfähige Betonstähle einen erhöhten Korrosionswiderstand und höhere mechanische Festigkeitseigenschaften auf. Zur Erhöhung der Korrosionsresistenz werden hochlegierte nichtrostende Stähle (1.4571, 1.4462, 1.4301) oder aber weniger hochlegierte Stähle (1.4003) eingesetzt. Mit gewissen Legierungen können mit einem entsprechenden Fabrikationsprozess feinkörnige Stähle mit deutlich höheren Streckgrenzen hergestellt werden.

Diese Betonstähle, die im konstruktiven Betonbau bereits vereinzelt eingesetzt wurden oder sich noch in Entwicklung befinden, sind teilweise wesentlich teurer als der herkömmliche Betonstahl. Gegenüber Betonbauten mit herkömmlichem Betonstahl sind jedoch bei Ausnutzung der besseren technischen Eigenschaften von hochleistungsfähigen Stählen und über die gesamte Nutzungsdauer betrachtet dennoch wirtschaftlichere Stahlbetonbauten möglich.

Für die Anwendung im Brückenbau können hochleistungsfähige Betonstähle wie folgt genutzt werden.

Dauerhaftigkeit. Hochleistungsfähige Betonstähle zeichnen sich dadurch aus, dass im Vergleich zu herkömmlichem Betonstahl die Bewehrungskorrosion erst bei wesentlich höheren kritischen Chloridgehalten ausgelöst wird und dass sie im karbonatisierten Beton korrosionsbeständig sind. Die kritischen Chloridgehalte sind teilweise so hoch, dass sie z. B. in einer Tiefe von 40 mm äußerst selten oder nur bei schlechter Qualität des Überdeckungsbetons (d. h. erhöhte Permeabilität) überhaupt möglich sind. Somit können Bauteile mit hochleistungsfähigen Betonstählen auch bei stärkster Chlorideinwirkung korrosionsbeständig sein. In gewissen Fällen kann sogar eine Reduktion der Stärke des Überdeckungsbetons in Erwägung gezogen werden.

Mechanische Eigenschaften. Die gegenüber herkömmlichem Betonstahl höhere Fließgrenze von etwa 550–700 N/mm^2 von gewissen hochleistungsfähigen Betonstählen ermöglicht grundsätzlich kleinere Bewehrungsgehalte oder schlankere Tragelemente. Dabei muss beachtet werden, dass zur Erfüllung der Duktilitätsanforderungen ein gewisses Verhältnis zwischen der Zugfestigkeit und der Fließgrenze eingehalten muss.

Wegen der höheren Fließgrenze sind an sich auch höhere Spannungen im Gebrauchszustand möglich, wobei zwei Aspekte zu beachten sind:

- *Ermüdung.* Da die Ermüdungsfestigkeit von Betonstahl nicht von der Stahllegierung, sondern von Kerbwirkungen (Abbiegungen von Bewehrungsstäben, Rippung an der Staboberfläche) abhängt, muss davon ausgegangen werden, dass hochleistungsfähige Betonstähle die gleiche Ermüdungsfestigkeit aufweisen wie herkömmliche Betonstähle. Dies bedeutet, dass bei der Bemessung von ermüdungsbeanspruchten Tragwerksteilen dem Nachweis der Ermüdungssicherheit eine größere Beachtung geschenkt werden muss.
- *Rissbildung.* Höhere Gebrauchsspannungen im hochleistungsfähigen Betonstahl haben auch entsprechend größere Dehnungen und eine ausgeprägtere Rissbildung mit entsprechend größeren Rissöffnungen zur Folge. Fragen der Dauerhaftigkeit und Maßnahmen zur Begrenzung der Rissbildung kommen damit eine größere Bedeutung zu.

Höhere Gebrauchsspannungen im Betonstahl und die Tendenz hin zu schlankeren Bauteilen haben zur Folge, dass Stahlbetontragwerke mit hochleistungsfähigem Betonstahl eine kleinere Steifigkeit aufweisen und sich somit unter Nutzlasten stärker verformen. Dem Nachweis von Verformungen (Durchbiegungen) kommt daher ein größerer Stellenwert zu. Der Verformungsnachweis dürfte allerdings in der Regel für Tragwerke mit hochleistungsfähigem Betonstahl kaum ein beschränkendes Kriterium sein, denn die meisten Tragwerke aus herkömmlichem Stahlbeton erfüllen den Verformungsnachweis mit großen Reserven.

3.4.4 Faserverbundwerkstoffe

In den letzten Jahren wurden nicht-metallische Bewehrungen als Alternative zu Bewehrungen aus Stahl entwickelt und in Brücken eingebaut. Diese nicht-metallischen Bewehrungen werden in der Regel als Faserverbundwerkstoffe oder FRP (Fiber Reinforced Plastics) bezeichnet. Sie enthalten meistens Kohlestoff-, Glas- oder Aramidfasern, welche in einer Matrix aus Epoxidharzen eingebettet sind. Verbundwerkstoffe werden als eigentliche Bewehrungsstäbe oder als Spannsysteme hergestellt. Die Hauptschwierigkeit von Spannsystemen aus Faserverbundwerkstoffen sind die Vorrichtungen für die Verankerungen und Kupplungen, da die Faserverbundwerkstoffe in Querrichtung gegenüber der Längsrichtung eine sehr kleine Festigkeit aufweisen.

Eine wichtige Eigenschaft von Faserverbundwerkstoffen und wohl auch der wichtigste Grund für ihren Einsatz im Brückenbau ist die Unempfindlichkeit gegenüber Korrosionsvorgängen. Zudem weisen diese Werkstoffe in der Regel eine hohe Festigkeit und eine große elastische Verformbarkeit auf. Sie sind auch unempfindlich gegenüber elektromagnetischen Feldern.

Die Nachteile der Verbundwerkstoffe sind eine kleine Bruchdehnung und ein entsprechend sprödes Bruchverhalten, große zeit- und temperaturabhängige Verformungen infolge Kriechens und Relaxation sowie ein gegenüber Beton unterschiedlicher Temperaturausdehnungskoeffizient. Auch ist die Herstellung dieser

Werkstoffe heute noch verhältnismäßig teuer.

Ob sich Bewehrungen aus Faserverbundwerkstoffen schließlich gegenüber den herkömmlichen Bewehrungen aus Stahl durchsetzen können, dürfte eine Frage der Wirtschaftlichkeit sein. In Situationen, wo die Maßnahmen für die Dauerhaftigkeit aufwändig sind (z. B. Brücken an Meeresküsten, außenliegende Vorspannung), könnten sich Bewehrungen aus Faserverbundwerkstoffen gegenüber Stahl als vorteilhaft erweisen.

Faserverbundwerkstoffe werden mit Erfolg zur Verstärkung bestehender Tragwerksteile aus Stahlbeton verwendet. Das Aufkleben von Lamellen aus Kohlestofffasern als zusätzliche Zugbewehrung zur Erhöhung des Tragwiderstands von Trägern oder das Umwickeln von Stützen mit Geweben aus Faserverbundwerkstoffen zur Verbesserung des Erdbebenverhaltens sind heute etablierte Technologien.

3.4.5 Beurteilung

Der Einsatz neuartiger Baustoffe im Brückenbau hat allgemein zum Ziel, das Tragvermögen von Bauteilen zu erhöhen, die Dauerhaftigkeit der Bauwerke zu verbessern und den Bauvorgang zu vereinfachen. Die Kombination von Beton und Bewehrung mit verbesserten Eigenschaften ergibt den *hochleistungsfähigen Stahlbeton*, der Perspektiven sowohl für den Entwurf innovativer Tragwerke als auch in der Erhaltung bestehender Betonbauten eröffnet.

Die Anwendung neuartiger Baustoffe im Brückenbau setzt immer einen *kreativen und originellen Entwurf* durch den Ingenieur voraus und sollte sich somit nie allein auf die Umsetzung einzelner Werkstoffeigenschaften oder das Ersetzen von Baustoffen beschränken. Echte Entwicklungen setzen eine ganzheitliche Betrachtung von Tragwerk und Baustoffe voraus, die erst dann den Entwurf neuartiger Tragwerke ermöglicht. Auf keinen Fall dürfen neuartige Baustoffe dazu verleiten, konzeptuelle Mängel zu überdecken.

Hochleistungsfähige Baustoffe sind wohl teurer als herkömmliche, ermöglichen dafür aber qualitativ bessere Bauwerke. Betrachtet man alle Kosten, die über die Nutzungsdauer eines Bauwerks anfallen, so kann in den meisten Fällen leicht gezeigt werden, dass die etwas höheren Baukosten etwa durch die wesentlich geringeren Unterhaltskosten leicht kompensiert werden. Dies ist übrigens ganz im Sinne der Prinzipien einer nachhaltigen Entwicklung.

Der Einsatz vieler neuartiger Baustoffe wird sich wohl auf spezielle Anwendungen beschränken. Denn hochleistungsfähige Baustoffe sind allgemein empfindlicher als herkömmliche Baustoffe, und ihre Herstellung auf der Baustelle erfordert eine hohe Fachkompetenz aller am Bau Beteiligten. Auch in Zukunft wird herkömmlicher Stahlbeton bei vielen Brückenprojekten eine zweckmäßige Lösung bieten können. Der hochleistungsfähige Stahlbeton ist in erster Linie als Ergänzung zum herkömmlichen Stahlbeton zu sehen, nämlich für diejenigen Bauteile, die höheren mechanischen und umgebungsbedingten Beanspruchungen ausgesetzt sind und somit einen höheren Widerstand erfordern.

4 Einwirkungen

4.1 Arten von Einwirkungen

Bei Stahlbetonbrücken unterscheidet man vier verschiedene Arten von Einwirkungen, nämlich Lasten und Kräfte, Vorspannung, Zwängungen sowie Einwirkungen aus Umgebungseinflüssen (Abb. 4.1).

4.1.1 Lasten und Kräfte

Als *Lasten* bezeichnet man Einwirkungen, die durch die Erdbeschleunigung verursacht werden. Einwirkungen wie Wind, bremsende Fahrzeuge oder Erdbeben erzeugen im Tragwerk *Kräfte*.

Lasten und Kräfte werden durch drei Arten von Einwirkungen verursacht:

- *ständige Einwirkungen* sind während langer Zeit vorhanden und ihre Änderung im Verlauf der Zeit ist vernachlässigbar klein;
- *veränderliche Einwirkungen* wie Verkehrslasten und Wind ändern ihre Größe im Verlauf der Zeit stark;
- *außergewöhnliche Einwirkungen* wie Anprall oder Erdbeben treten während der geplanten Nutzungsdauer der Brücke nicht oder nur selten in bedeutsamer Größe auf.

Veränderliche und außergewöhnliche Einwirkungen erzeugen im Tragwerk dynamische Kräfte, welche von der Art der Einwirkung und vom Schwingungsverhalten der Brücke selbst abhängen. Merkmale dynamischer Einwirkungen sind die Lastwechselzahl, die im Bauteil hervorgerufene Beanspruchungsgeschwindigkeit sowie die Ereigniswahrscheinlichkeit der Einwirkung und deren Extremwerte.

Bei der Tragwerksanalyse wird aufgrund der Bedeutung der im Bauteil hervorgerufenen Trägheits- und Dämpfungskräfte zwischen statischen und dynamischen Lasten und Kräften unterschieden. Langsame Einwirkungen können als quasi-statische Lasten und Kräfte behandelt werden.

Aus Lasten und Kräften lässt sich bei statisch bestimmten Tragwerken ein eindeutiger Gleichgewichtszustand ermitteln. Bei statisch unbestimmten Tragwerken kann unter Berücksichtigung der Verträglichkeitsbedingungen der Gleichgewichtszustand des elastischen Systems bestimmt werden. Dabei wird vorausgesetzt, dass das Materialverhalten im elastischen Bereich bleibt. Andernfalls entwickeln sich bei der Systembiegelinie Unstetigkeiten (Fließgelenke), und es können sich Gleichgewichtszustände einstellen, die unter Umständen wesentlich vom elastischen

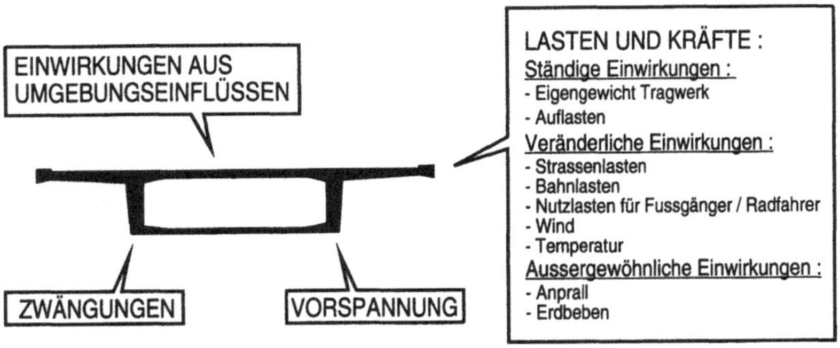

Abb. 4.1. Einwirkungen auf Stahlbetonbrücken

Gleichgewichtszustand abweichen. Beim Nachweis der Tragsicherheit dürfen die Schnittkräfte auch aus solchen Gleichgewichtszuständen ermittelt werden.

4.1.2 Vorspannung

Bei Vorspannung mit gespannten Zuggliedern (Spannsysteme) wird im Tragwerk ein spezieller Eigenspannungszustand erzeugt. Die Zugkraft erzeugt eine gleich große, auf den Betonquerschnitt wirkende Druckkraft, die bei statisch bestimmten Systemen gleichgerichtet und am gleichen Ort wie die Zugkraft angreift. Bis zum Erreichen der Dekompression M_D (d. h. Betonspannung null am vorgedrückten Zugrand) sind die Spannungen im Spannglied größer als zur Aufnahme der effektiven Schnittkraft notwendig wäre. Nachher und bis zum Erreichen des Tragwiderstands M_R entsprechen sie etwa der Spannung, die auch ohne Vorspannung zur Gewährleistung des inneren Gleichgewichts notwendig ist (Abb. 4.2).

Im ungerissenen Zustand (vor Erreichen der Dekompression) lassen sich die Verformungen des Tragwerks durch Überlagerung der Verformungen aus Eigenspannungszustand und äußerer Einwirkung berechnen. Im gerissenen Zustand (nach der Dekompression) überlagert sich der Verformung im Dekompressionszustand die Verformung infolge der Zusatzdehnung (nach der Dekompression) von Beton und Bewehrung, die im Prinzip gleich zu ermitteln sind wie bei schlaff bewehrten

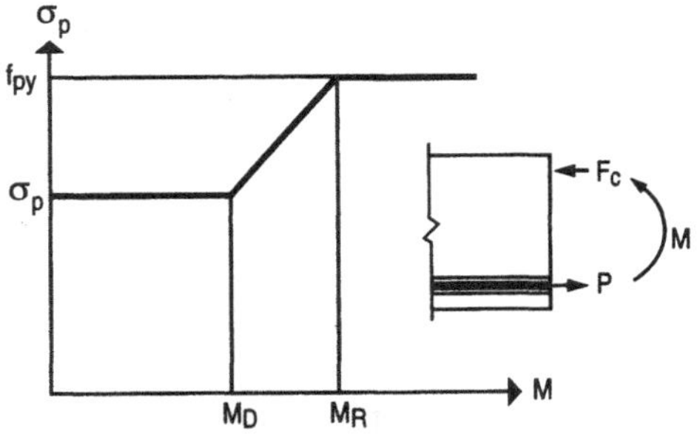

Abb. 4.2. Schematische Darstellung des Spannungsverlaufs im Spannstahl bei Biegebeanspruchung eines vorgespannten Querschnitts

Bauteilen. Solange die Rissbildung klein bleibt, können die überzähligen Größen eines statisch unbestimmten Systems auch im gerissenen Bereich wie üblich unter Berücksichtigung der Verformungen (im Zustand 1) aus Eigenspannungszustand und äußeren Einwirkungen berechnet werden.

In der Anordnung der Spannglieder und der Wahl der Spannkraft ist der Konstrukteur völlig frei. Als Grundlage dient aber immer ein Vorspannkonzept mit optimierten Auswirkungen auf Gebrauchstauglichkeit und Wirtschaftlichkeit (Abschn. 5.7).

4.1.3 Zwängungen

Zwängungen sind Einwirkungen durch Auflagerverschiebungen oder Behinderungen der spannungsfreien System- oder Querschnittsfaserverformungen bei Temperaturänderungen, Schwinden und Kriechen. Die dadurch verursachten Beanspruchungen sind somit direkt proportional zur System- oder Fasersteifigkeit. Die Systemsteifigkeit wird bereits durch Rissbildung stark reduziert, und bei duktilen Systemen hat die Ausbildung eines Gelenkmechanismus im Bruchzustand einen vollständigen Abfall der Systemsteifigkeit zur Folge. Zwangsbeanspruchungen sind somit keineswegs proportional zur Größe der Zwangseinwirkung (Auflagerverschiebung, Temperaturänderung etc.), und bei duktilen Systemen treten im Bruchzustand keine Zwangsbeanspruchungen auf.

Im Allgemeinen sind somit Zwängungen nur für das Verhalten des Tragwerks im Gebrauchszustand (Risse, Verformungen) von Bedeutung. Oft ist die erforderliche Bewehrung für die Begrenzung der Rissbreiten unabhängig von der Größe der im Gebrauchszustand auftretenden Zwangseinwirkungen. Mit der für die Entwicklung des vollständigen Rissbilds bei 1- bis 1,5-facher Rissschnittkraft erforderlichen Mindestbewehrung lassen sich Zwängungen aufnehmen, die kaum je erreicht werden.

4.1.4 Einwirkungen aus Umgebungseinflüssen

Stahlbetonbrücken sind natürlichen und nutzungsbedingten Umgebungseinflüssen ausgesetzt, welche als physikalische und chemische Einwirkungen auftreten. Dazu gehören (Abb. 3.20):

- Kontakt des Bauteils mit Wasser, Gasen oder Lösungen von Chemikalien, die in den Beton eindringen und mit dem Beton oder dem Bewehrungsstahl eine chemische Reaktion eingehen;
- Feuchtigkeitsaustausch mit der Umgebung sowie Temperaturwechsel, insbesondere Frost-Tau-Wechsel;
- mechanische Verschleißbeanspruchung.

Bei der Projektierung einer Brücke ist die Exposition der Bauteile gegenüber den Umgebungsbedingungen im Sinne von Gefährdungen für die Dauerhaftigkeit zu untersuchen. Eine Übersicht möglicher Gefährdungen für verschiedene

Tabelle 4.1. Gefährdungen für die Dauerhaftigkeit von Brückenbauteilen

Stärke der Exposition	Umgebungsbedingung	Exemplar. Brückenbauteil
Gefährdung 1: Bewehrungskorrosion in karbonatisiertem Beton		
schwach	trocken	Betonflächen im Innern eines Kastenträgers
schwach	nass, selten trocken	Fundamente
mittel	mäßig feucht	von Regen geschützte Außenflächen
stark	wechselnd nass und trocken	Außenbauteile mit direkter Beregnung; Zonen von Stützen oder Widerlagern in Gewässern mit wechselnden Wasserständen
Gefährdung 2: Bewehrungskorrosion induziert durch Chloride von Taumitteln (oder bei Kontakt mit Meerwasser)		
mittel	mäßig feucht (Sprühnebel) (salzhaltige Luft in Meeresnähe)	Bauteile im Sprühnebelbereich von Straßenverkehrsflächen, (Brücken in Meeresnähe)
sehr stark	nass, selten trocken (Standwasser)	Fahrbahnplatten
sehr stark	wechselnd nass und trocken (Spritzwasser)	Randabschlüsse, Brüstungen, Zonen von Pfeilern und Widerlagern entlang von Straßenverkehrsflächen (im Meerwasser stehende Stützen im Bereich wechselnder Wasserstände)
Gefährdung 3: Gefügeschädigung des Betons bei Frosteinwirkung mit und ohne Taumittel		
schwach	mäßige Wassersättigung, mit und ohne Taumittel	Außenbauteile, vertikale Oberflächen; Bauteile in taumittelhaltigem Sprühnebel (Trägerunterseite von Überführungen)
mittel	hohe Wassersättigung, ohne Taumittel, häufige Frostwechsel	Bauteile in der Wasserwechselzone von Süßwasser, horizontale Oberflächen
stark	hohe Wassersättigung, mit Taumittel, häufige Frostwechsel	Bauteile in taumittelhaltigem Spritzwasser (Fahrbahnplatten, Randabschlüsse, Brüstungen, Fugen, Auflagernischen von Widerlagern)
Gefährdung 4: Gefügeschädigung des Betons durch chemischen Angriff		
mittel	mäßiger Angriff	Fundament in stark säure- oder sulfathaltigem Baugrund
Gefährdung 5: mechanische Verschleißbeanspruchung der Betonoberfläche		
stark	extreme Verschleißbeanspruchung	Pfeiler in Geschiebe führenden Flüssen

Brückenbauteile mit einer Beurteilung der Stärke ihrer Exposition ist in Tabelle 4.1 gegeben. Eine ähnliche Einteilung in Expositionsklassen befindet sich in heutigen Normen.

Keine Gefährdung für die Dauerhaftigkeit besteht bei sehr niedriger Luftfeuchtigkeit (weniger als 40 % relative Luftfeuchtigkeit), wenn keine Frost-Tau-Wechsel vorkommen, kein chemischer Angriff stattfindet oder keine Verschleißbeanspruchung erfolgt.

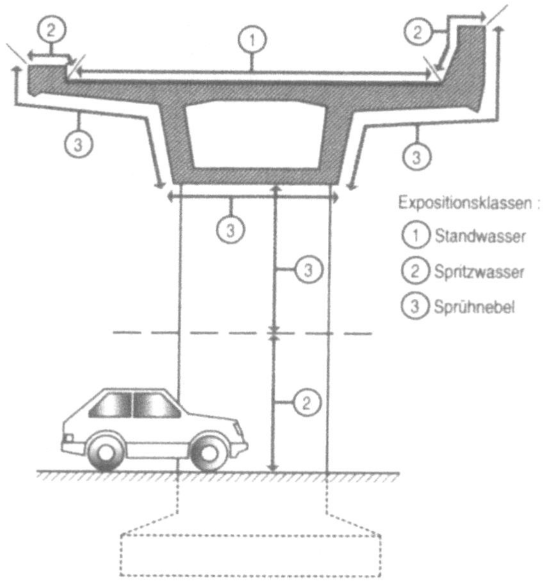

Abb. 4.3. Expositionszonen bei Einsatz von Tausalzen zur Schneeräumung

Zur Gefahrenerkennung und Wahl von Maßnahmen können die Bauteile aufgrund der Art und Intensität der Exposition in Expositionsklassen eingeteilt werden, was am Beispiel von Abb. 4.3 gezeigt wird.

Chemische und physikalische Einwirkungen können zu Schäden und zur Beeinträchtigung der Dauerhaftigkeit von Brückenbauteilen führen. Solche Schäden können, falls keine unvorhergesehenen Einwirkungen auftreten, durch die Wahl geeigneter Baustoffe sowie durch konstruktive und ausführungstechnische Maßnahmen vermieden oder wenigstens auf ein annehmbares Maß verringert werden (Abschn. 5.11).

4.2 Ständige Lasten

Unter ständigen Lasten wird die Summe aus den Eigenlasten des Tragwerks und den Auflasten verstanden. Ihre Änderung im Verlauf der Zeit ist vernachlässigbar klein.

Die *Eigenlasten des Tragwerks* sind Einwirkungen, die ausschließlich durch die Masse des Tragwerks selbst erzeugt werden. Die Eigenlasten werden als Produkt des Volumens der plangemäßen Abmessungen und der mittleren Raumlasten $\rho = 25.5\,\text{kN/m}^3$ der eigentlichen Tragkonstruktion (mittlere Raumlast des Betons $\rho = 24.5\,\text{kN/m}^3$, mittlerer Stahlgehalt von 1 kN/m^3 des Betons) berechnet.

Auflasten sind Lasten nichttragender Bauteile, die über lange Zeiträume (z. B. Jahrzehnte) weitgehend konstant sind. Wie bei den Eigenlasten des Tragwerks werden die Auflasten als Produkt aus den plangemäßen Abmessungen und den mittleren Raumlasten ermittelt. Als Auflasten für Brücken gelten der Belag (mittlere

Raumlast von bituminösen Belägen $\rho = 24\,\text{kN/m}^3$) sowie die Brüstungselemente und Leitungen. Bei Bahnbrücken entspricht der Kennwert von Gleisschotter (mittlere Raumlast $\rho = 18\,\text{kN/m}^3$) einem vorsichtig gewählten Erwartungswert. Dabei ist darauf zu achten, dass die plangemäße Schütthöhe während der Nutzungsdauer der Brücke überschritten werden kann. Gleiches gilt für Straßenbrücken, wo die plangemäßen Belagsschichten überschritten werden können.

4.3 Verkehrslasten

4.3.1 Grundsätzliches

Bei der Untersuchung von Verkehrslasten können die Einwirkungen auf das Brückentragwerk gemäß der Hauptbeanspruchung in vertikaler und horizontaler Richtung wirkend unterschieden werden. Neben statischen Lasten erzeugen Verkehrslasten auch dynamische Kräfte im Tragwerk.

Lastmodelle für vertikale statische Ersatzlasten. Die durch den wirklichen Verkehr auf ein Tragwerk einwirkenden Lasten werden Betriebslasten genannt, wobei noch keine dynamischen Effekte berücksichtigt sind. Diese Betriebslasten werden beispielsweise durch Verkehrserhebungen ermittelt. Anhand dieser Daten werden dann Typenfahrzeuge identifiziert, die durch ihre Geometrie, Achslasten, Geschwindigkeit sowie ihren Anteil am Gesamtverkehr beschrieben werden. Verschiedene Typenfahrzeuge werden schließlich zu so genannten Verkehrsmodellen zusammengefasst.

Basierend auf diesen Verkehrsmodellen und Annahmen einer zukünftigen Verkehrsentwicklung werden in den Normen Lastmodelle für normalen Verkehr festgelegt. Zusätzlich werden in den Normen auch Lastmodelle für bewilligungspflichtige Schwertransporte definiert. Diese Lastmodelle sind statische Ersatzlasten. Sie sollten für alle Nachweise (Tragsicherheit, Gebrauchstauglichkeit, Ermüdungssicherheit) einheitlich sein sowie mit wenigen Einzellasten Q und gleichmäßig verteilten Flächenlasten q möglichst einfach festgelegt werden, denn für die Ermittlung der für die Bemessung maßgebenden Schnittkräfte genügen einfache Lastmodelle. Zudem vereinfacht sich dadurch auch die Tragwerksanalyse. Komplizierte Lastmodelle sind deshalb auch fragwürdig, weil sich Verkehrslasten über die Nutzungsdauer einer Brücke beträchtlich ändern können.

Kräfte aus dynamischen Effekten. Die sich bewegenden Verkehrslasten erzeugen Kräfte und Schwingungen in der Brücke, die vom dynamischen Verhalten des betrachteten Bauteils abhängig sind. Dabei sind Bauteile wie Fahrbahnplatten, die sich nahe der Radlasten befinden, besonders empfindlich auf dynamische Einflüsse.

Die Beanspruchungsgeschwindigkeiten liegen im Bereich von $10^{-5}\ \text{s}^{-1} < \dot{\varepsilon} < 10^{-3}\ \text{s}^{-1}$, was vergleichsweise geringe Trägheits- und Dämpfungskräfte verursacht. Die Antwort von Brücken auf dynamische Einwirkungen kann mit Hilfe von Messungen und numerischen Simulationen untersucht werden. In den meisten Fällen können die dynamischen Effekte vereinfachend mit einem dynamischen Vergrößerungsfaktor angenähert berücksichtigt werden.

Horizontale Kräfte. Brems-, Anfahr- und Fliehkräfte sind dynamische Einwirkungen, die meistens wiederum vereinfachend als horizontale statische Ersatzkräfte beschrieben werden können.

Arten von Verkehrslasten. Entsprechend der Nutzung einer Brücke können als Verkehrslasten unterschieden werden:
Straßenlasten
Bahnlasten
Nutzlasten für Fußgänger und Radfahrer

4.3.2 Straßenlasten

Vertikale statische Ersatzlasten. Die in den Normen vorgegebenen Lastmodelle bestehen aus Einzellasten, in der Regel eine Doppelachse, und einer gleichmäßig verteilten Flächenlast, die superponiert auf einem 3 m breiten, fiktiven Fahrstreifen angeordnet werden (Abb. 4.4). Solche Fahrstreifen sind über die gesamte Breite der Verkehrsfläche und entsprechend der Bemessungssituation in der ungünstigsten Laststellung anzuordnen.

Die Einzellasten erzeugen eine konzentrierte Wirkung von Rad- respektive Achslasten, die vor allem für die Bauteile des Fahrbahnbereichs (Fahrbahnplatte, Querträger) oder bei kleineren Brücken mit Spannweiten bis 20 m maßgebend werden. Die aktuellen Euronormen geben als Maximalwert einer einzelnen Achslast einen Wert von 300 kN vor, wobei dynamische Effekte bereits enthalten sind.

Flächenlasten repräsentieren unter anderem eine langsam fahrende Lastwa-

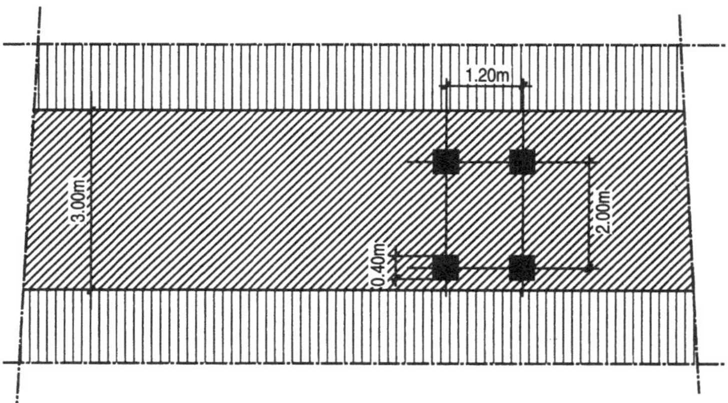

Abb. 4.4. Fiktiver Fahrstreifen als Lastmodell für Straßenlasten

genkolonne oder stillstehenden, gemischten Straßenverkehr mit Lastwagen und leichten Motorwagen auf großen Verkehrsflächen. Gemäß Euronormen beträgt die maximale Flächenlast 9 kN/m^2.

Kräfte aus dynamischen Effekten. Die Empfindlichkeit eines Bauteils gegenüber dynamischen Einwirkungen infolge Straßenverkehrs hängt vorwiegend von der Grundfrequenz der Eigenschwingungen des Bauteils und von der Belagsqualität ab. Dem Erreger-Frequenzspektrum der Fahrzeuge entsprechend können im Bereich von 2 Hz bis 4 Hz (Frequenz der Fahrzeugaufbau-Schwingung) und im Bereich von 8 Hz bis 12 Hz (Frequenz der Fahrzeugachs-Schwingung) Resonanzerscheinungen auftreten.

Das dynamische Verhalten der meistens auf dynamische Effekte wenig empfindlichen Haupttragelemente in Längsrichtung mittlerer und großer Brücken ist recht gut bekannt. Demgegenüber wurde das dynamische Tragverhalten von Fahrbahnplatten mit ihrer hauptsächlichen Tragwirkung in Querrichtung bisher kaum untersucht. Numerische Modelle und moderne Computer erlauben, wirklichkeitsnahe numerische Simulationen der Interaktion zwischen überfahrendem Fahrzeug und der Brücke durchzuführen.

Eine Parameterstudie mit einem dreidimensionalen Finite-Element-Modell, das die Interaktion zwischen überfahrendem Fahrzeug und der Brücke unter Berücksichtigung der Oberflächenrauigkeit des Belags simuliert, führte zu den folgenden Erkenntnissen über das dynamische Verhalten der Fahrbahnplatten von Straßenbrücken [4.1, 4.2].

- Mit zunehmenden Achslasten nimmt die dynamische Lastvergrößerung ab.
- Die Oberflächenrauheit eines erneuerungsbedürftigen Belags ergibt gegenüber einem Belag guter Qualität bis zu 20 % größere dynamische Effekte.
- Unterschiedliche Fahrzeuggeschwindigkeiten beeinflussen die dynamischen Effekte nur unwesentlich.
- Die dynamische Lastvergrößerung für Fahrbahnplatten unterschiedlich steifer Trägerquerschnitte (Plattenquerschnitt, Kastenquerschnitt mit Kragplatten verschiedener Spannweite und Randabschlüssen unterschiedlicher Ausbildung) unterscheiden sich nur unwesentlich, falls die durch die Fahrzeuge angeregten Schwingungsfrequenzen nicht nahe bei der Grundfrequenz der Fahrbahnplatten liegen.

Ein dynamischer Vergrößerungsfaktor muss nur für Lastmodelle mit konzentrierten Einzellasten, die für das Tragverhalten der Fahrbahnplatte maßgebend sind, berücksichtigt werden. Unter der Voraussetzung einer Belagsqualität, die während der Nutzung die minimalen Anforderungen erfüllt, nimmt bei üblichen Brücken der dynamische Vergrößerungsfaktor Werte von etwa 1,2 bis maximal 1,4 an.

Diese Angaben gelten unter Annahme eines ständigen Kontakts von Rad und Fahrbahn bei der Brückenüberfahrt eines Fahrzeugs. Lokale Unstetigkeiten der

Fahrbahn beispielsweise bei defekten Fahrbahnübergängen oder Löchern im Belag führen zu Stoßeinwirkungen, die zu wesentlich größeren Beanspruchungen führen können.

Horizontale Kräfte. Bei Straßenbrücken spielen Brems- und Anfahrkräfte eine untergeordnete Rolle. In Brückenlängsrichtung ist der Horizontalschub aus Erdbeben normalerweise wesentlich größer als der Kennwert der Gesamtbremskraft von beispielsweise 300 kN einer Fahrzeugkolonne von 100 m Länge. Fliehkräfte von Straßenfahrzeugen nehmen erst bei engen Kurvenradien (kleiner als 400 m) bedeutende Werte an.

4.3.3 Bahnlasten

Vertikale statische Ersatzlasten. Im Gegensatz zu Straßenlasten sind bei Bahnlasten die maximal auftretenden Lasten zuverlässig bekannt. Die Masse der Lokomotiven ist konstant, und Überschreitungen der maximal zulässigen Lasten der Personen- und Güterwagen sind aus wagenbautechnischen Gründen nicht oder nur in geringem Maß möglich.

Die statische Wirkung der gebräuchlichen Bahnlasten für Normalspur in Europa werden durch das Lastmodell UIC 71 der Union Internationale des Chemins de Fer beschrieben (Abb. 4.5). Die Kennwerte gelten für den Nachweis der Tragsicherheit, Gebrauchstauglichkeit und Ermüdungssicherheit. Für Normalspur auf dem europäischen Bahnnetz beträgt gegenwärtig die maximale Achslast 225 kN. Sie soll in absehbarer Zukunft auf 250 kN angehoben werden. Für Schwertransportwagen ist eine Linienlast von 150 kN/m über eine Länge von 60 m anzunehmen.

Die Entgleisung von Eisenbahnfahrzeugen ist als außergewöhnliche Einwirkung zu behandeln. Die Bahnverwaltungen legen entsprechende Lastbilder für den Entgleisungszustand fest.

Für die Bahnlasten für Schmalspur von lokomotivbespannten Zügen und Bahnen des Stadt- und Agglomerationsverkehrs werden ähnliche Lastmodelle mit entsprechend kleineren Achs- und Linienlasten festgelegt. Diese Lastmodelle befinden sich in den Normen oder werden vom Bahnbetreiber vorgegeben.

Kräfte aus dynamischen Effekten. Die dynamischen Einwirkungen werden durch die Bahnlasten und Unregelmäßigkeiten von Gleis- und Rollmaterial verursacht. Die beiden Hauptanforderungen an die Verformbarkeit von Bahnbrücken unter dynamischen Einwirkungen sind durch die sichere Zugsfahrt und den Komfort der Passagiere begründet.

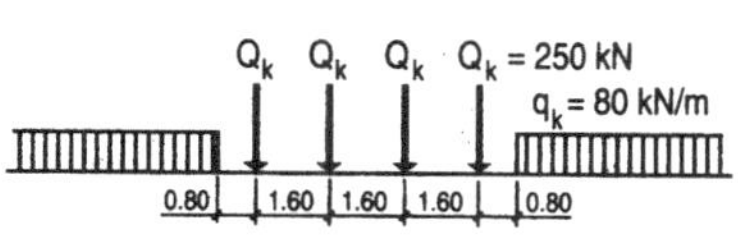

Abb. 4.5. Lastmodell UIC 71 für Bahnlasten (Normalspur).

- Für eine sichere Bewegung der Schienenfahrzeuge muss der Kontakt der Räder mit den Schienen immer gewährleistet sein, und die Schwingungen dürfen keine Gleisinstabilität oder den Verlust der Gleisgeometrie zur Folge haben.
- Um beim Zugspassagier kein Unbehagen bei der Überfahrt einer Brücke zu erzeugen, müssen die Beschleunigungen begrenzt werden.

Diese Anforderungen führen zu Kriterien zur Begrenzung der Verformungen und der Eigenfrequenzen der Brücke. Beispielsweise werden in den Normen die vertikale Beschleunigung auf $0{,}35g$ und die Verdrehungen am Brückenende auf etwa $0{,}5 \cdot 10^{-3}$ rad begrenzt. Diese Grenzwerte sollen garantieren, dass die dynamischen Einflüsse von Zügen mit Geschwindigkeiten kleiner als 200 km/h kleiner sind als die quasi-statischen Beanspruchungen mit dem Lastmodell UIC 71 multipliziert mit einem dynamischen Vergrößerungsfaktor.

Dieser dynamische Vergrößerungsfaktor wurde in den 70er Jahren anhand von Brückenmessungen und einer Untersuchung der Steifigkeit bestehender Brücken hergeleitet. Daraus folgte, dass der dynamische Vergrößerungsfaktor Φ für das Lastbild UIC 71 (Einzel- und Linienlasten) von der Einflusslänge l_Φ des betrachteten Bauteils (z. B. Querträger- oder Hauptträgerabstand als kleinste Stützweite von Fahrbahnplatten) abhängig ist und bei sorgfältigem Unterhalt der Gleise wie folgt beschrieben werden kann:

$$\Phi = \frac{1{,}44}{\sqrt{l_\Phi} - 0{,}2} + 0{,}82,$$

wobei $1{,}0 \leq \Phi \leq 1{,}67$. Für beschotterte Bahnbrücken mit guter Gleisqualität sind die so ermittelten Φ-Werte oft deutlich größer als gemessene Werte.

Bei Brücken für Hochgeschwindigkeitszüge (d. h. Ausbaugeschwindigkeiten größer als 200 km/h) ist eine dynamische Analyse unter wirklichen Verkehrseinwirkungen erforderlich. Die dynamische Analyse hat zum Ziel, allfällige Resonanzerscheinungen im Tragwerk festzustellen. Bei einer solchen dynamischen Analyse werden basierend auf der Finite-Elemente-Methode an einem Gesamtmodell die Bewegungsgleichungen für das Tragwerk ermittelt und numerisch gelöst, um so die Schwingungsformen und ihre Frequenzen sowie Beschleunigungen zu ermitteln. Entsprechende numerische Modelle stehen zur Verfügung [4.3, 4.4].

Horizontale Kräfte. Im Gegensatz zu Straßenbrücken beeinflussen bei Bahnbrücken Brems- und Anfahrkräfte das Brückenkonzept. Die Kennwerte der Bremskräfte der Bahnlasten für Normalspur betragen gemäß Lastmodell UIC 71 20 kN/m (oder maximal 6000 kN bei Annahme einer maximalen Zuglänge von 300 m), was 25 % der vertikalen Lasten entspricht. Diese relativ großen Kräfte sind maßgebend bei der Festlegung des Lagerungskonzepts der Brücke.

Ebenfalls von großer Bedeutung sind die Fliehkräfte F_Z bei kleinem Krümmungsradius des Gleises:

$$F_Z = \frac{v^2}{g \cdot r} Q_r$$

mit v für die Ausbaugeschwindigkeit in m/s, g die Erdbeschleunigung, r den Krümmungsradius in m und Q_r den Kennwert der vertikalen Bahnlasten (ohne dynamischen Beiwert).

Für Ausbaugeschwindigkeiten $v > 120$ km/h kann der Kennwert der Fliehkraft mit einem Beiwert, der in Abhängigkeit der Ausbaugeschwindigkeit und der Einflusslänge zwischen 0,45 und 1 variiert, abgemindert werden. Dieser Beiwert berücksichtigt die gegenüber dem UIC-Lastmodell kleinere Masse von Zugkompositionen für Hochgeschwindigkeitszüge, die auch entsprechend kleinere Fliehkräfte verursacht.

Schlingerbewegungen der Fahrzeuge zwischen den beiden Schienensträngen verursachen ebenfalls horizontale Kräfte. Diese können mit einer Schlingerkraft von 100 kN als Ersatzkraft für Seitenstöße berücksichtigt werden.

Bei durchlaufendem Gleis (ohne Dilatation) muss die Situation an den Brückenenden besonders beachtet werden. Anfahr- und Bremskräfte, Verdrehungen des Trägerendes infolge Biegeverformungen der Brücke sowie Temperaturdehnungen können bedeutende zusätzliche horizontalen Kräfte in Gleis und Brücke erzeugen. Die Verteilung dieser Kräfte auf Gleis und Brückentragwerk hängt vom Verschiebewiderstand des Gleises in Längsrichtung und von der Steifigkeit der Brücke in Längsrichtung (Steifigkeit von Lagerkörpern, Pfeilern, Fundationen) ab. Zur Berücksichtigung dieser horizontalen Kräfte werden in den Normen Grenzwerte für den maximalen Verschiebeweg von Brückenträgern, die maximal zulässige Längsverschiebung unter Temperaturänderungen, Brems- und Anfahrkräften sowie zulässige Verdrehungen an Trägerenden angegeben.

4.3.4 Nutzlasten für Fußgänger und Radfahrer

Vertikale statische Ersatzlasten. Zu den Nutzlasten auf Brücken für Fußgänger und Radfahrer zählen die Einwirkungen infolge der normalen Nutzung durch Personen, Ansammlung von Personen und Lasten leichter Unterhaltsfahrzeuge.

Für diese Nutzlasten werden für den Nachweis der Tragsicherheit in den Normen Kennwerte von 4 kN/m^2 für eine Flächenlast und von 10 kN als Einzellast für lokale Beanspruchungen vorgeschrieben.

Dynamische Einflüsse. Brücken für Fußgänger und Radfahrer können durch ihre Benutzer zu vertikalen und horizontalen Schwingungen angeregt werden. Seitenschwingungen können in einem horizontal quer zur Gehrichtung weichen und meist auch schwach gedämpften Bauwerk auftreten. Das Schwingungsverhalten kann aufgrund eines Vergleichs der Frequenz der Einwirkung (Erregerfrequenz) mit den Eigenfrequenzen der Brücke beurteilt werden. Die Schrittfrequenz beim Gehen beträgt ungefähr 2 Hz. Eigenfrequenzen des Tragwerks für vertikale Biegeschwingungen zwischen 1,6 und 2,4 Hz sind somit zu vermeiden.

Bei Brücken mit verhältnismäßig geringer Steifigkeit und Dämpfung können zudem bedeutende dynamische Effekte durch die doppelte Schrittfrequenz auftreten, so dass Eigenfrequenzen des Tragwerks zwischen 3,5 und 4,5 Hz vorsichtshalber ebenfalls vermieden werden sollten. Läufer können bei Brücken mit Eigenfrequenzen zwischen 2,4 und 3,5 Hz Schwingungen anregen.

In vielen Fällen ist somit das Hochabstimmen der Grundfrequenz für vertikale Schwingungen auf über etwa 5 Hz eine zweckmäßige Lösung. Für seitliche Schwingungsanregung durch Fußgänger sollte der Frequenzbereich von 0,8 bis 1,2 Hz vermieden werden.

Horizontale Kräfte. Bei Brücken für Fußgänger und Radfahrer müssen einzig horizontale Kräfte auf Geländer berücksichtigt werden.

4.3.5 Anprall

Anprallrisiko und Maßnahmen. Beim Anprall von Fahrzeugen auf Bauteile wie Stützen und Brüstungen muss zwischen der globalen und lokalen Auswirkung auf das Tragverhalten der Brücke unterschieden werden.

Bei der *globalen Auswirkung* interessieren vor allem die durch den Aufprall im gesamten Tragwerk induzierten Beanspruchungen, Schwingungen und die Möglichkeit von Kraftumlagerungen infolge Überbeanspruchung oder Ausfall von Bauteilen.

Bei der *lokalen Auswirkung* sind die Vorgänge und Auswirkungen im Bauteil der Aufprallstelle maßgebend. Je nach Eigenschaft des aufprallenden Körpers oder des getroffenen Bauteils wird zwischen einem harten und weichen Stoß unterschieden. Beim *harten Stoß* dissipiert die kinetische Energie im anprallenden Fahrzeug. Beim *weichen Stoß* ist die Verformungsenergie im getroffenen Bauteil wesentlich größer als die im anprallenden Fahrzeug dissipierte Energie.

Bei der *Beurteilung des Anprallrisikos* gilt es zunächst, die Verletzbarkeit sowie das Schadenpotential bei Versagen eines Bauteils oder der ganzen Brücke abzuschätzen. Die Verletzbarkeit ergibt sich als Ereigniswahrscheinlichkeit eines Anpralls und folgt auch aus dem Tragverhalten der Brücke bei Anprall. Bei der Ermittlung des Schadenpotentials muss zudem die Bedeutung der Brücke zur Aufrechterhaltung des Betriebs des Verkehrssystems, zu welchem die betrachtete Brücke gehört, in die Untersuchungen mit einbezogen werden. Das Anprallrisiko sollte mit anderen Risiken im Verkehrssystem – unter Umständen mit einer Abschätzung von Kosten zur Risikominderung – verglichen werden.

Das Anprallrisiko kann beispielsweise gemäß einer Klassifizierung in drei Kategorien als beschränkt, beträchtlich oder hoch bezeichnet werden.

Mit den folgenden *Maßnahmen* kann dem Anprallrisiko und der Gefahr eines Tragwerkversagens infolge eines Anpralls begegnet werden.

Mit *vorbeugenden Maßnahmen* (z. B. genügender Abstand zwischen Bahngleis und Brückenstütze; keine Weichen in Stützennähe), welche die Ereigniswahrscheinlichkeit eines Anpralls vermindern, oder einer Änderung des Tragwerkskonzepts (z. B. Weglassen von Stützen im Gleisbereich) lässt sich die Anprallgefahr stark reduzieren oder gar umgehen.

Mit *abweisenden oder abbremsenden Bauteilen*, die einen wesentlichen Teil der kinetischen Energie eines sich unkontrolliert bewegenden Fahrzeugs aufzunehmen vermögen, kann die Anprallkraft auf das getroffene Bauteil vermindert oder gar verhindert werden. Dabei ist allerdings der harte Stoß zu vermeiden.

Wenn keine Maßnahmen zur Umgehung der Gefahr des Anpralls möglich sind, und der Ausfall des betroffenen Tragelementes zum Einsturz des Gesamttragwerks führen kann, ist die Tragsicherheit des Tragwerks durch einen *ausreichenden Tragwiderstand* gegenüber der Anprallkraft zu gewährleisten. Stützen müssen dabei wegen der durch den Anprall verursachten Verformung nach der Theorie 2. Ordnung untersucht werden.

Anprallkraft. Die Anprallkraft hängt von der Masse m des sich bewegenden Fahrzeugs, seiner Anprallgeschwindigkeit sowie vom Tragwiderstand und dem Energieabsorptionsvermögen des getroffenen Bauteils ab.

Die Anprallgeschwindigkeit v_0 ist abhängig von der Fahrgeschwindigkeit v_E des Fahrzeugs im Punkt E (Ort der Entgleisung), dem zurückgelegten Weg l von E bis zum Anprall und der dabei dissipierten Energie (Abb. 4.6).

Über eine Energiebetrachtung lässt sich eine einfache, grobe Abschätzung der Anprallgeschwindigkeit durchführen:

$$E_{kE} = E_{d0} + E_{k0}$$

mit $E_{kE} = mv_E^2/2$ als der kinetischen Energie des Fahrzeugs im Punkt E, $E_{d0} = (\mu mgl) + (Fw)$ als der entlang der Wegstrecke l bis zum Anprall dissipierten Energie mit dem Reibungsbeiwert μ (z. B. 0,25), der Erdbeschleunigung g sowie der Fließkraft F und Verschiebung w von allfällig entlang der Wegstrecke l vorhandenen, abbremsenden Bauteilen sowie $E_{k0} = mv_0^2/2$ als der kinetischen Energie beim Anprall.

Mit Hilfe der so abgeschätzten Anprallgeschwindigkeit v_0 kann die statische Ersatzkraft Q_A wiederum über eine Energiebetrachtung grob abschätzt werden:

$$Q_A = \frac{mv_0^2}{2u}.$$

Die Schätzung der Verschiebung u des getroffenen Bauteils ist schwierig, und die Annahme einer konstanten Verzögerung ist stark vereinfacht.

Meistens sind in den Normen die zu berücksichtigenden Anprallkräfte als statische Ersatzkräfte in Abhängigkeit des Anprallwinkels festgelegt. Als Bemes-

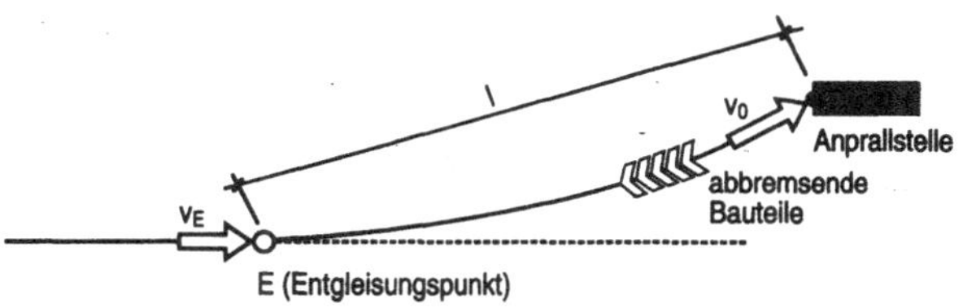

Abb. 4.6. Schematische Darstellung der Bewegung eines entgleisten Fahrzeugs

sungswert der Anprallkraft von Straßenfahrzeugen kann in einem ersten Ansatz für den direkten Anprall ein Wert von 1,5 MN angenommen werden. Die Anprallkraft von Schienenfahrzeugen ist wesentlich höher. Je nach Anprallwinkel und Masse des anprallenden Fahrzeugs liegt sie im Bereich von 4 bis 10 MN.

Während die vorhergehenden Abschätzungen für Bauwerke mit einem beschränkten oder beträchtlichem Anprallrisiko vertretbar sind, muss bei Bauwerken mit einem hohen Risiko das Anprallszenario mit Hilfe eines dynamischen Modells untersucht werden. Die bei einem Anprall auftretenden Beanspruchungsgeschwindigkeiten sind im Bereich von $10^{-2}\,s^{-1} < \dot{\varepsilon} < 10\,s^{-1}$, was bedeutende Trägheits- und Dämpfungseffekte im Tragwerk hervorruft. Die Bewegungsgleichung des Systems bestehend aus dem anprallenden Fahrzeug und dem getroffenen Bauteil kann dabei mit einer Reihe konzentrierter Masse-Feder-Modelle formuliert werden, wobei das Federverhalten mit nichtlinearen Federkennlinien inklusive Entfestigung unter großen Verformungen im postkritischen Bereich beschrieben werden kann [4.5].

4.4 Wind

4.4.1 Grundsätzliches

Windkräfte sind für die meisten Stahlbetonbrücken von untergeordneter Bedeutung. Die Auswirkungen auf das Konzept und die Bemessung einer Brücke und damit auf die Baukosten sind gering, so dass sich eingehende Untersuchungen kaum lohnen. Die Tragwerksanalyse kann meistens vereinfachend anhand von statischen Ersatzkräften durchgeführt werden. Die Kennwerte dieser Ersatzkräfte sind in den Normen angegeben. Sie lassen sich auch mit Windmessungen am Brückenstandort ermitteln.

Eine eingehende Untersuchung der Kräfte aus dynamischen Einflüssen der Windeinwirkungen ist im Hinblick auf die Sicherheit und die Baukosten hingegen erforderlich bei

- schlanken Brücken (große Spannweiten, flacher Querschnitt),
- hohen Brücken oder hohen freistehenden Pfeilern,
- der Ausführung von großen Brücken im Freivorbau,
- Schrägkabelbrücken.

Windinduzierte Einwirkungen können Ermüdungsschäden, den Verlust der Tragfähigkeit oder eine Beeinträchtigung des Wohlbefindens von Personen (Fußgängerbrücken) zur Folge haben. Zur Vermeidung solcher Auswirkungen stehen beim Tragwerksentwurf grundsätzlich folgende Maßnahmen im Vordergrund:

- Änderung der Steifigkeit des Tragwerks zur Vermeidung von Resonanzerscheinungen,
- Wahl aerodynamisch günstiger Querschnitte,
- Einbau von Schwingungstilgern.

4.4.2 Statische Ersatzkräfte

Windmessungen. Die Windeinwirkungen werden mit Windmessungen am Bauwerkstandort erfasst. Daraus werden folgende Größen ermittelt:

- mittlere Windgeschwindigkeit $\overline{v(T)}$ im Zeitintervall T (normalerweise Stundenmittel);
- maximale Windgeschwindigkeit $v_{\max}(\tau)$ im Zeitintervall τ;
- Dauer und Verlauf von Geschwindigkeitsspitzen, Höhen- und Richtungsabhängigkeit der Windgeschwindigkeiten,
- räumliche Veränderung und Übereinstimmungsgrad der Windvektoren zweier benachbarter Messpunkte. (Der Durchmesser von Windböen beträgt normalerweise etwa 70 m.)

Extreme Windgeschwindigkeiten. Die maßgebenden hohen Windgeschwindigkeiten treten bei Großwetterlagen auf. Durch Vergleiche mit langjährigen Messreihen von benachbarten Messstationen lassen sich Rückschlüsse auf die langjährigen Windgeschwindigkeiten am Standort ziehen.

Das Verhältnis von maximaler Windgeschwindigkeit im Zeitintervall τ zur mittleren Windgeschwindigkeit im Zeitintervall T wird als Böigkeitsfaktor $f(T,\tau)$ bezeichnet:

$$f(T,\tau) = v_{\max}(\tau)/\overline{v(T)}.$$

Der Böigkeitsfaktor nimmt mit zunehmender Höhe über Boden ab. Größe und Verlauf des Böigkeitsfaktors müssen ebenfalls aus Messungen am Standort ermittelt werden.

Die Jahresmaxima v_i der Windgeschwindigkeit ($\overline{v}$ oder $v_{\max}$) gehorchen weitgehend dem Verteilungsgesetz von Gumbel, das in einem Koordinatensystem mit der Abszisse $x = -\ln(-\ln p_i)$ und der Ordinate v_i als eine Gerade beschrieben wird (Abb. 4.7).

Die jährliche Nicht-Auftretenswahrscheinlichkeit p_i der Windgeschwindigkeit kann aus einer in aufsteigender Reihenfolge der Extremwerte v_i geordneten Messreihe mit nv_i-Daten aus dem Rang m_i des i-ten Extremwertes (n Ränge) wie folgt bestimmt werden:

$$p_i = \frac{m_i}{n+1}.$$

Die Wiederkehrperiode eines Extremwertes v_i beträgt

$$T_{\mathrm{w}} = \frac{1}{1-p_{\mathrm{w}}} = \frac{1}{1-\exp[-\exp(-x)]}.$$

Die Ereigniswahrscheinlichkeit $p_v(T_{\mathrm{w}},N)$ einer Windgeschwindigkeit mit der Wiederkehrperiode T_{w} im Beobachtungszeitraum N beträgt

$$p_v(T_{\mathrm{w}},N) = 1 - \left(1 - \frac{1}{T_{\mathrm{w}}}\right)^N.$$

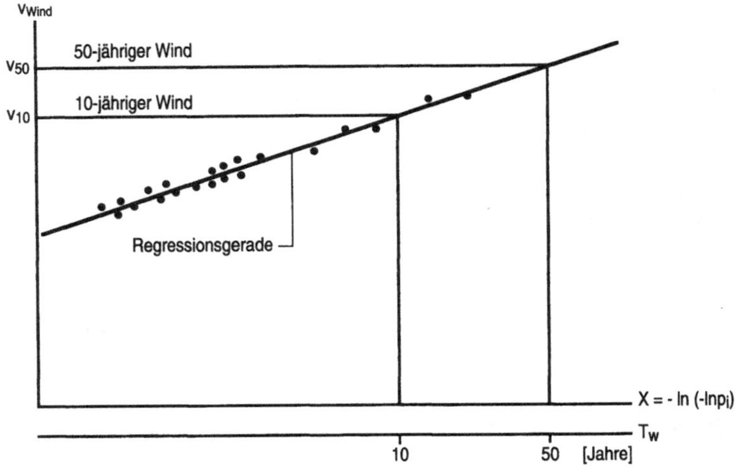

Abb. 4.7. Extrapolation der Windgeschwindigkeit

Als Berechnungsgrundlage wird in der Regel eine Windgeschwindigkeit mit einer Wiederkehrperiode von 50 Jahren bezogen auf eine rechnerische Lebensdauer des Bauwerks von ebenfalls 50 Jahren angenommen. Dies ergibt eine Ereigniswahrscheinlichkeit von

$$p_v(50, 50) = 0{,}63.$$

Dieser Wert dient auch als Grundlage für die Ermittlung der maßgebenden Wiederkehrperiode bei Bauzuständen. Aus der so ermittelten Windgeschwindigkeit können nun – allenfalls im Windkanal – die entsprechenden Windkräfte ermittelt werden.

Einfluss der Bodenrauigkeit. Die Höhenabhängigkeit der mittleren Windgeschwindigkeit hängt von der Rauigkeit der Bodenoberfläche ab (Abb. 4.8). Die Windgeschwindigkeit $v(z)$ auf der Höhe z kann mit einem logarithmischen Gesetz

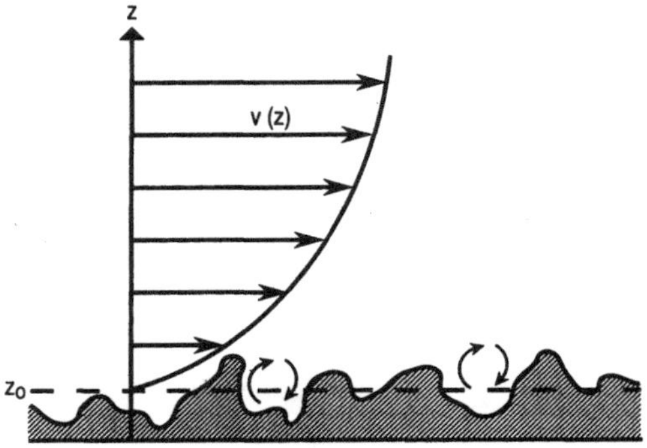

Abb. 4.8. Schematische Darstellung der Höhenabhängigkeit der Windgeschwindigkeit und der Rauigkeitslänge

erfasst werden:

$$v(z) = \frac{1}{\kappa} v_0 \ln\left(\frac{z}{z_0}\right)$$

mit von Karmans Konstante $\kappa \approx 0{,}4$. Die Reibungsgeschwindigkeit v_0 beträgt:

$$v_0 = \sqrt{\tau_0/\rho}$$

mit der Schubspannung τ_0 an der Bodenoberfläche und der Luftdichte ρ (= 1,25 kg/m^3). Typische Werte für die Reibungsgeschwindigkeit v_0 sind in der Größenordnung von 1 bis 2 m/s.

Die so genannte Rauigkeitslänge z_0 ist abhängig von der Bodenbeschaffenheit und kann als charakteristische Größe des Wirbels, der sich infolge Reibung zwischen Luft und der Bodenoberfläche bildet, interpretiert werden (Abb. 4.8). Typische z_0-Werte sind 0,01 m für offenes Land mit wenig Vegetation und wenig Häusern oder 1–10 m für städtische Gegenden.

Dieses Gesetz ist für Höhen bis etwa 100 m gültig. Für größere Höhen kann der Einfluss der Bodenrauigkeit auf die Windgeschwindigkeit vernachlässigt werden.

Statische Ersatzkräfte. Für die meisten Betonbrücken sind die windinduzierten Schwingungen vernachlässigbar klein und die alternierende Windantwort kann mit statischen Ersatzkräften erfasst werden. Bereits 1687 entdeckte Isaac Newton, dass der Druck auf einen Körper, der sich in einer Strömung befindet, proportional ist zur Strömungsgeschwindigkeit im Quadrat. Für den Staudruck p_w gilt bei einer Windgeschwindigkeit v und der Luftdichte ρ (= 1,25 kg/m^3):

$$p_w = \tfrac{1}{2}\rho v^2.$$

Für eine Windgeschwindigkeit von 136 km/h beträgt somit der Staudruck 0,9 kN/m^2, was gemäß Normen dem Kennwert für den Staudruck entspricht.

Die statische Ersatzkraft F_w infolge Windeinwirkung kann für Brücken vereinfachend wie folgt erfasst werden:

$$F_w = C_k \cdot C_h \cdot p_w \cdot A_w.$$

Der Kraft- oder Druckbeiwert C_k beschreibt den Einfluss der Form, Abmessungen und Oberflächenbeschaffenheit der Brücke sowie der Anströmrichtung des Windes. Für übliche Fälle können die C_k-Werte in Tabellen gefunden werden. Der Höhenbeiwert C_h beschreibt den Einfluss der Bodenrauigkeit als Verhältnis $v(z)/v$ (z = 100 m) gemäß obenstehender Beziehung. Die Fläche A_w ist die Windangriffsfläche auf das Bauwerk, wobei beachtet werden muss, dass diese durch das Verkehrsband auf der Brücke wesentlich vergrößert werden kann.

Beim Nachweis der Tragsicherheit ist die mit dem Lastfaktor multiplizierte

Windkraft (und nicht etwa die mit dem Lastfaktor multiplizierte Windgeschwindigkeit) zu berücksichtigen.

4.4.3 Kräfte aus dynamischen Effekten

Windeinwirkungen auf Brücken sind stark veränderlich. Sie können zwei Arten von windinduzierten Bauwerksschwingungen verursachen.

- Schwingungen in Windrichtung werden in erster Linie durch das Auftreffen von Böen verursacht. Die dabei entstehenden Bauwerksschwingungen erzeugen ihrerseits bewegungsinduzierte Kräfte im Tragwerk, was zu einer Verstärkung der Schwingungen führen kann.
- Schwingungen quer zur Windrichtung werden durch alternierende, periodische Wirbelablösungen erzeugt.

Diese alternierenden Windeinwirkungen spielen beim aerodynamischen Verhalten von schlanken und hohen Brücken, von hohen freistehenden Pfeilern (Freivorbau) sowie von Schrägkabelbrücken eine wichtige Rolle. Sie können zu Resonanzerscheinungen im Tragwerk führen. Bei einer Grundfrequenz des Tragwerks von weniger als 1 Hz sollten immer genauere Untersuchungen des dynamischen Tragverhaltens durchgeführt werden.

Die Interaktion zwischen den alternierenden Windeinwirkungen und den Bauwerksschwingungen ist komplex. Einzig mit Versuchen im Windkanal kann diese Interaktion zuverlässig erfasst werden. Heute stehen zudem numerische Modelle aus der Fluidmechanik zur Verfügung, mit denen die experimentellen Untersuchungen im Windkanal ergänzt werden können. Numerische Berechnungen ermöglichen, aerodynamische Kraft- und Druckbeiwerte kostengünstig und mit guter Genauigkeit zu ermitteln. Auch werden diese numerischen Methoden eingesetzt, um beispielsweise aerodynamisch effiziente Querschnittsformen von Brückenträgern in einer Parameterstudie zu evaluieren, bevor ein Versuch im Windkanal durchgeführt wird [4.7].

4.5 Temperatur

Brücken sind Einwirkungen infolge Temperaturänderungen durch die täglichen und saisonalen Änderungen der Intensität der Sonneneinstrahlung ausgesetzt. Die Größe der Temperaturänderungen wird durch das regionale Klima und die lokalen Verhältnisse sowie durch die Brückenabmessungen bestimmt.

Thermische Bewegungen und Verformungen der Brücke beeinflussen das Lagerungskonzept und die Ausbildung der Fahrbahnübergänge sowie die Gebrauchstauglichkeit, beispielsweise die Durchbiegungen bei Brücken für Hochgeschwindigkeitszüge.

Die Temperaturänderungen in einem Querschnitt können in zwei Anteile aufgeteilt werden (Abb. 4.9):

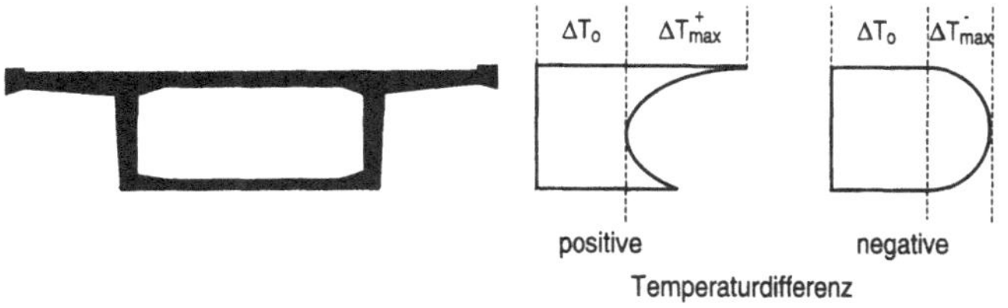

Abb. 4.9. Temperaturverteilung über die Höhe eines Brückenträgers

- eine gleichmäßige mittlere Temperaturänderung ΔT_0 (bezogen auf die mittlere Ortstemperatur, z. B. 10 °C im schweizerischen Mittelland),
- eine Temperaturverteilung charakterisiert durch die größte Temperaturdifferenz $\Delta T_{\max}$ über die Querschnittshöhe, welche aus kurzfristiger einseitiger Erwärmung oder Abkühlung des Tragwerks resultiert.

Die gleichmäßigen Verformungen können mit Hilfe des Temperaturausdehnungsbeiwerts $\alpha_T = 10^{-5}/°C$ für Stahlbeton berechnet werden. Für den Kennwert der gleichmäßigen Temperaturänderung von ±20 °C für Betonbrücken beispielsweise im schweizerischen Mittelland beträgt die Längenänderung einer 100 m langen Brücke ±20 mm. Bei der Ermittlung des Verschiebewegs von beweglichen Brückenlagern und Fahrbahnübergängen sind zur Gewährleistung eines gewissen Vorhaltemaßes die so ermittelten Temperaturbewegungen mit einem Beiwert von beispielsweise 1,5 zu multiplizieren.

Bei Straßenbrücken mit Fahrbahnbelag und einer Trägerhöhe größer als 1 m treten für Verhältnisse im schweizerischen Mittelland die folgende Temperaturdifferenzen auf.

- Die größten positiven Temperaturdifferenzen (d. h., die Temperatur an der Oberfläche ist größer als im Innern) von $T^+_{\max} \approx +20\,°C$ treten etwa 3- bis 6-mal jährlich typischerweise am frühen Nachmittag während der Sommermonate auf.
- Negative Temperaturdifferenzen (d. h., die Temperatur an der Oberfläche ist kleiner als im Innern) von $T^-_{\max} \approx -\frac{1}{2}T^+_{\max} \approx -10\,°C$ kommen nachts und früh morgens vor, etwa 3- bis 5-mal während der Wintermonate.

Bei Brücken ohne Belag und kleinen Trägerhöhen (<1 m) können diese Temperaturdifferenzen größer sein. Bei Bahnbrücken mit Schotterbett können diese Kennwerte halbiert werden.

Es gilt zu beachten, dass bei Straßenbrücken bedeutende Temperatureinwirkungen beim Aufbringen der Abdichtung und beim Einbringen des Belags vorkommen können. Die dabei erzeugten Spannungen im Tragwerk sind allerdings im Allgemeinen nicht größer als die durch die klimatischen Temperaturänderungen verursachten Spannungen.

Die nichtlineare Temperaturverteilung im Querschnitt kann mit numerischen Methoden über die Fourier'sche Wärme-Transport-Gleichung genauer ermittelt werden. Dabei werden statistische Auswertungen von Temperaturmessungen unter Berücksichtigung lokaler Klimaeinflüsse verwendet [4.8].

Temperaturänderungen führen zu Zwängungsbeanspruchungen im Tragwerk, die proportional zur Systemsteifigkeit sind. Diese Spannungen nehmen bei kleineren Verhältnissen zwischen Spannweite und Trägerhöhe stark zu und können ähnliche Werte erreichen wie die Spannungen, die durch Verkehrslasten verursacht werden. Jedoch reduziert die Rissbildung diese Spannungen bereits stark. Somit sind Zwängungen infolge Temperaturänderungen üblicherweise nur für das Verhalten der Tragwerke im Gebrauchszustand (Risse, Verformungen) von Bedeutung.

4.6 Erdbeben

4.6.1 Grundsätzliches

Erdbeben werden meistens durch geologisch-tektonische Dislokationsvorgänge in der Erdkruste oder im oberen Erdmantel ausgelöst. Bei diesen Dislokationsbeben wird in einer Bruchfläche (Verwerfung), die oft vor dem Beben bereits vorhanden ist, über längere Zeit elastische Formänderungsenergie gespeichert und beim Erreichen der Gesteinsfestigkeit plötzlich freigesetzt. Beim Bruchvorgang wird ein beträchtlicher Teil der Energie in Form von kinetischer Energie der in der Bruchzone abgestrahlten seismischen Wellen umgesetzt. Dadurch werden Brücken zu horizontalen und vertikalen Schwingungen angeregt, welche entsprechende Kräfte im Tragwerk verursachen. Diese Kräfte können zum Verlust der Tragfähigkeit, zur Plastifizierung von Querschnitten oder zur Beschädigung von Ausrüstungselementen (Lager) führen.

Bei Balkenbrücken bewirken Erdbeben horizontale Relativverschiebungen zwischen dem Brückenträger und dem Widerlager oder den Stützen sowie zwischen Trägerabschnitten, die durch Fugen getrennt sind. Dadurch entstehen horizontale Kräfte, die auf die Lager, Widerlager und Stützen wirken und diese beschädigen können. Die Relativverschiebungen können aber auch zum Absturz und damit zum Totalschaden des Brückenträgers führen.

Bei geringer und mäßiger Seismizität sind die vertikalen Erdbebenkräfte im Brückentragwerk kaum größer als die Beanspruchung infolge Dauerlasten und maximaler Verkehrslasten. Die horizontale Anregung hingegen führt bereits bei relativ kleinen Bodenbeschleunigungen zu wesentlichen horizontalen Kräften und Verschiebungen insbesondere in den Lagern, Stützen und Widerlagern. Bei starker Seismizität in eigentlichen Erdbebengebieten sind dynamische Untersuchungen zur Ermittlung der horizontalen und vertikalen Kräfte sowie der Verschiebungen des Brückentragwerks unerlässlich.

Brücken gehören häufig zu Infrastrukturanlagen, die gerade im Katastrophenfall funktionstüchtig sein müssen. Somit ist – auch in Gebieten geringer und mäßiger Seismizität – die Erdbebensicherheit bereits beim Brückenentwurf entsprechend zu beachten, denn mit einem geeigneten Tragwerkskonzept und einer entsprechenden konstruktiven Durchbildung lassen sich oft kostspielige Maßnahmen in Form hoher Tragwiderstände vermeiden.

Bei der Behandlung der Erdbebeneinwirkung auf Brücken besteht gelegentlich die Gefahr, der Tragwerksanalyse dank leistungsfähigen Computern eine übermäßig große Bedeutung beizumessen. Demgegenüber werden konzeptionelle und konstruktive Aspekte öfters vernachlässigt. Bei einer ausgewogenen Untersuchung der Auswirkungen des Erdbebens auf Brücken erfahren die folgenden Aspekte je eine etwa ähnlich große Aufmerksamkeit:

– erdbebengerechter Entwurf mit geeigneten konzeptionellen Maßnahmen;
– sorgfältige konstruktive Durchbildung der Bewehrung, vor allem bei den Stützen;
– Schnittkraftermittlung und Bemessung des Tragwerks.

4.6.2 Verfahren zur Ermittlung von Kräften und Verschiebungen

Ersatzkraftverfahren. Beim Ersatzkraftverfahren wird eine Tragwerksanalyse unter Annahme elastischen Materialverhaltens durchgeführt, wobei die Erdbebeneinwirkung durch eine horizontale statische Ersatzkraft F_{el} dargestellt wird. Es wird eine rein statische und keine dynamische Tragwerksanalyse durchgeführt. Das Ersatzkraftverfahren führt zu befriedigenden Resultaten, wenn beim Schwingungsverhalten die Grundschwingungsform dominiert, was bei „einigermaßen regelmäßigen" Brückentragwerken wie beispielsweise bei Balkenbrücken mit konstanter Trägerhöhe der Fall ist.

Die *horizontale statische Ersatzkraft* ist das Produkt aus der Beschleunigung a_{h} aus dem elastischen Bemessungsantwortspektrum (Spektralbeschleunigung) und der Massen der ständigen Lasten $(G_m + Q_{\mathrm{Auflast}})$ und der beim Erdbeben wahrscheinlich vorhandenen Verkehrslasten (Q_{Verkehr}) auf der Brückenträger:

$$F_{\mathrm{el}} = \frac{a_{\mathrm{h}}}{g} C_{\mathrm{k}} (G_m + Q_{\mathrm{Auflast}} + Q_{\mathrm{Verkehr}}).$$

Die Grundfrequenz zur Ermittlung der Spektralbeschleunigung kann durch Näherungsformeln oder mittels einer numerischen Eigenwertberechnung abgeschätzt werden. Der Konstruktionsbeiwert C_{k} erfasst den Einfluss der plastischen Verformungen des Tragwerks und hängt von dessen Verformungs- und Energieaufnahmevermögen sowie dessen Eigenfrequenz ab. Er liegt in der Größenordnung von 0,25 bis 0,45.

Für die *Längsrichtung* muss bei der Ermittlung der Erdbebenbeanspruchung unterschieden werden zwischen (Abb. 4.10)

schwimmender Lagerung der Brücke,
fester Lagerung der Brücke.

In Längsrichtung bilden *Balkenbrücken mit schwimmender Lagerung* im Allgemeinen ein einfaches schwingungsfähiges System mit großer Masse und bei relativ geringer Steifigkeit, was zu eher niedrigen Grundfrequenzen mit entsprechend

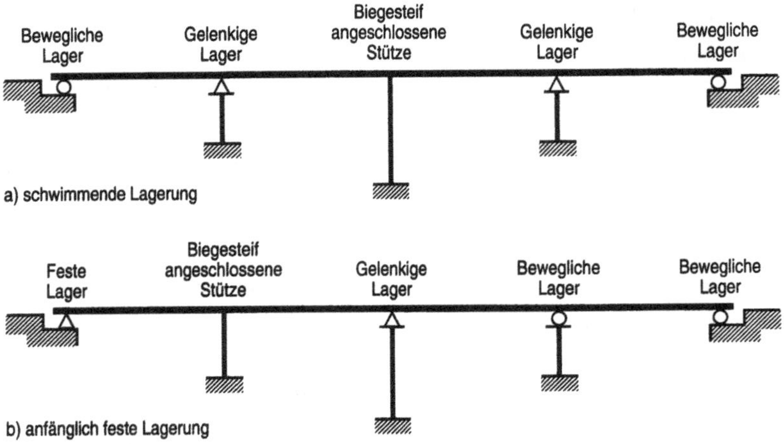

Abb. 4.10. Lagerungsarten von Brücken, nach Lit. 4.9

großen Verschiebungen führt. Bei tiefer Grundfrequenz ist die Erdbebenanregung in der Regel relativ gering.

Zur Ermittlung der Ersatzkraft auf Stützen und Lager kann das Tragwerk als Einmassenschwinger modelliert werden. Bei einer Gesamtmasse m des Brückenträgers beträgt die Eigenfrequenz des Einmassenschwingers

$$f = \frac{1}{2\pi}\sqrt{\frac{k}{m}}.$$

Die Gesamtsteifigkeit k der n Stützen mit einer Biegesteifigkeit EI_i und Höhe h_i beträgt

$$k = \sum_1^n k_i = \sum_1^n c_i \frac{EI_i}{h_i^3},$$

wobei der Koeffizient c_i für gelenkige Lager am Stützenkopf gleich 3 und für Einspannung am Stützenkopf gleich 12 beträgt. Die gesamte horizontale Ersatzkraft F_{el} kann entsprechend der Stützensteifigkeit k_i wie folgt auf die einzelnen Stützen verteilt werden:

$$F_{\mathrm{el},i} = F_{\mathrm{el}}\, k_i / k.$$

Diese Ersatzkraft kann am oberen Stützenende angesetzt werden.

Balkenbrücken mit fester Lagerung bilden in Längsrichtung ein kompliziertes dynamisches System. Eine einfache Modellbildung wie im Falle der schwimmenden Lagerung ist somit nicht möglich.

Im Allgemeinen ist es nicht zweckmäßig und auch kaum machbar, die für die Aufnahme von Bremskräften und Verschiebungswiderständen der Lager angeordneten festen Lager auch für die bereits bei mäßigen Erdbebenstärken sehr großen Erdbebenkräfte zu bemessen. Es gilt auch zu beachten, dass nach einer Zerstörung der festen Lager Rückstellkräfte fehlen, so dass der Brückenträger eine unkontrollierte Bewegung durchführt, welche dann den Stützen und Widerlagern aufgezwungen wird.

Oft kann eine Beschädigung oder die Zerstörung der festen Lager akzeptiert werden. Falls aber solche Schäden vermieden werden müssen, sollte das feste Lager als vorgespanntes Zug-Druck-Lager ausgebildet werden, oder aber es sollte geprüft werden, ob nicht anstelle einer festen Lagerung einer schwimmenden Lagerung der Vorzug gegeben werden kann.

In der *Querrichtung* (horizontal) bilden Balkenbrücken im Allgemeinen ein eher kompliziertes schwingungsfähiges System. Bei hoher horizontaler Biegesteifigkeit des Brückenträgers und bei in Längsrichtung einigermaßen symmetrischen Verhältnissen kann das Tragsystem näherungsweise als Einmassenschwinger mit der Gesamtmasse des Brückenträgers und der Gesamtsteifigkeit aller Unterstützungen in Querrichtung modelliert werden.

Bei längeren Brücken mit wenig unterschiedlichen Spannweiten und relativ freier Querverschieblichkeit bei den Widerlagern kann auch ein Ausschnitt aus der Brücke, bestehend aus einer einzelnen Stütze und dem Brückenträger von der Länge der Hälfte der angrenzenden Spannweiten, als Einmassenschwinger modelliert werden. Dabei sollte vorsichtigerweise ein eher zu steifes Tragsystem gewählt werden, welches zu einer eher höheren Spektralbeschleunigung und damit größeren Ersatzkraft führt.

Antwortspektrenverfahren. Beim Antwortspektrenverfahren wird eine dynamische, lineare Berechnung, in der Regel an einem räumlichen Tragwerksmodell, unter Berücksichtigung elastischen Materialverhaltens und der viskosen Dämpfung durchgeführt. Außer der Grundschwingungsform werden auch die maßgebend angeregten höheren Eigenschwingungsformen berücksichtigt. Für jede Eigenschwingungsform wird mit einem entsprechenden Einmassenschwinger die Schwingungsform, die Eigenkreisfrequenz und das modale Dämpfungsmaß ermittelt. Die Beanspruchung des gesamten Tragwerks wird dann durch eine geeignete Superposition der verschiedenen Eigenschwingungsformen erhalten.

Das Antwortspektrenverfahren wird vor allem für Brücken in eigentlichen Erdbebengebieten verwendet. Es ist aber auch bei Tragwerksschwingungen zweckmäßig, wo neben der Grundschwingung auch höhere Eigenschwingungen wesentlich sind. Dies kommt vor allem bei unregelmäßigen Tragwerken wie z. B. Bogenbrücken oder Schrägkabelbrücken mit deutlichen Steifigkeitssprüngen oder wesentlichen Torsionsschwingungen (d. h. erheblicher Exzentrizität zwischen Massenzentren und Steifigkeitszentren) vor.

Das Antwortspektrenverfahren vernachlässigt allerdings die Dauer des Erdbebens, und somit kann es keine Auskunft über den Schwingungsverlauf und die Schadenwirkung des Erdbebens geben. Auch können plastische Verformungen des Tragwerks nur pauschal berücksichtigt werden. Immerhin erlaubt das Verfahren ein tieferes Verständnis des Schwingungsverhaltens eines Tragwerks, was gerade bei unregelmäßigen Brücken für konzeptionelle Verbesserungen genutzt werden kann.

Zeitverlaufsverfahren. Die Zeitverlaufsverfahren – auch Methoden im Zeitbereich genannt – gehen von der Bewegungsgleichung aus. Diese lautet für lineare Tragwerke mit den Koeffizientenmatrizen für die Masse M, die Dämpfungskonstante C und die Federkonstante K auf starrer Fundation mit nur einer Erregung $\ddot{x}_g(t)$ (als Zeitverlauf der Bodenbewegung) wie folgt:

$$M\ddot{x} + C\dot{x} + Kx = -M\ddot{x}_g(t)$$

mit den Trägheitskräften $M\ddot{x}$, den Dämpfungskräften $C\dot{x}$, den Federkräften Kx und den anregenden „Erdbebenkräften" $M\ddot{x}_g(t)$. Für die Integration dieser Differentialgleichung werden heute vor allem numerische Methoden verwendet.

Der Anwendungsbereich der Zeitverlaufsverfahren liegt weniger in der Bemessung neuer Tragwerke als viel mehr in der Überprüfung bereits bemessener oder bestehender Brücken zur Ermittlung des Duktilitätsbedarfs, von Verschiebungen und Beanspruchungen infolge spezifischer Erdbeben. Zeitverlaufsberechnungen erfordern vertiefte Kenntnisse entsprechender Finite-Elemente-Programme.

Es gilt auch zu beachten, dass zwischen dem numerischen Modell und der Wirklichkeit oft bedeutende Unterschiede bestehen und die gewählte Erdbebeneinwirkung mit großen Unsicherheiten behaftet ist. Dadurch muss die Genauigkeit und vielfach sogar die Größenordnung der Rechenergebnisse stark relativiert werden.

4.6.3 Hinweise für Bemessung und konstruktive Durchbildung

Die Erdbebenkräfte sind in Brückenlängsrichtung fast immer maßgebend für die *Bemessung der festen Lager* (bei fester Brückenlagerung) oder der Stützen (bei schwimmender Lagerung). Die mit Hilfe des Ersatzkraftverfahrens ermittelten Beanspruchungen bilden in den meisten, auch anspruchsvollen Aufgaben eine durchaus brauchbare Grundlage für die Bemessung. Dies gilt insbesondere bei Anwendung der Methode der Kapazitätsbemessung.

Bei der Bemessung und konstruktiven Durchbildung gilt es die folgende Aspekte zu beachten.

In Gebieten mit mäßiger Seismizität ist die Verhinderung eines Absturzes des Brückenträgers die wichtigste Maßnahme zur Erdbebensicherung von Balkenbrücken. Durch phänomenologische Überlegungen zum Erdbebenverhalten von Brücken und durch entsprechende numerische Auswertungen können einfache Regeln für die *Absturzsicherung* von Brückenträgern aufgestellt werden. Diese Regeln verlangen bestimmte Mindestabmessungen der Auflagerbereiche in Brückenlängsrichtung, welche meist ohne oder mit einem nur unwesentlichen Mehraufwand eingehalten werden können.

Bei einer Balkenbrücke wird insbesondere der *Unterbau* (Stützen, Widerlager und Lager) je nach Größe der Erdbebeneinwirkung bemessen und entsprechend konstruktiv durchgebildet. Der Brückenträger selbst ist horizontal in Quer- und

Längsrichtung sowie vertikal in der Regel genügend steif und tragfähig, so dass er normalerweise für die Erdbebenkräfte nicht besonders bemessen werden muss.

Bei der *Kapazitätsbemessung der Stützen* können das plastische Gelenk am Stützenfuß oder am Stützenkopf sowie die elastisch bleibenden Bereiche nach den gleichen Grundsätzen wie für Tragwände bemessen werden. Die konstruktive Durchbildung der Bewehrung sollte ein Ausknicken der Vertikalbewehrung in plastifizierten Bereichen oder ein Verankerungsbruch der Vertikalbewehrung bei Stößen vor allem am Stützenfuß verhindern.

Die *Fundamente* sollten auf die von den Stützen her angreifenden Schnittkräfte so bemessen werden, dass sie immer elastisch bleiben.

Auch gilt es nachzuweisen, dass durch die *Verschiebungen* die Fahrbahnübergänge nicht zerquetscht werden und der Brückenträger beim Widerlager oder bei Dilatationsfugen nicht anprallt.

Bei hoher Seismizität können zusätzlich *konstruktive Bauteile* zweckmäßig sein wie spezielle Blei-Gummi-Lager mit einem vertikalen Bleikern, der bei horizontalen Verschiebungen durch plastische Verformungen ein Hysterese-Verhalten mit Energiedissipation entwickelt, oder Stoßdämpfer und Schubnocken bei Widerlagern und Stützen, die als Absturzsicherung die Relativverschiebung zwischen Brückenträger und Unterstützung beschränken.

4.7 Einwirkungen aus Baugrund

Zu den Einwirkungen aus dem Baugrund gehören Erddrücke, Wasserdrücke sowie aufgezwungene Verformungen wie Setzungen und Verschiebungen aus Baugrundverformungen.

Erddruckkräfte sind außerordentlich wichtig für die Bemessung von Widerlagern, Stützen, Schachtfundamenten und Pfählen. Eine zuverlässige Ermittlung dieser Kräfte ist nur aufgrund eingehender geotechnischer Untersuchungen möglich. Erddrücke sind im Wesentlichen von der Dichte des Erdmaterials und vom Winkel der inneren Reibung abhängig. Wasserdrücke auf Bauwerke und dichte Baugrubenwände sind nach dem höchsten Grundwasserstand in voller hydrostatischer Höhe anzusetzen.

Der aktive Erddruck und der Ruhedruck wirken in der Regel nur an der Kontaktfläche zwischen Erdmaterial und der Tragkonstruktion. Passiver Erddruck, z. B. verursacht durch die Kriechbewegung eines Hanges auf eine Stütze, kann dagegen von einer Erdmasse ausgelöst werden, die wesentlich breiter ist als die direkte Kontaktfläche von Erdmaterial und Tragkonstruktion. Bei kleinen Stützenabständen kann es dabei sogar zur Bogenbildung im Erdreich und entsprechenden Kräften auf die Stützen kommen. In solchen Fällen sind spezielle Schutzmaßnahmen meistens zweckmäßiger als das Vorhalten eines ausreichenden Tragwiderstands.

Baugrundverformungen wie Setzungen und Verschiebungen sind nicht als unabhängige Einwirkungen, sondern als systemabhängiges Verformungsproblem zu behandeln.

4.8 Brand

Fahrzeugbrand auf einer Brücke und auf die Fahrbahn auslaufender brennender Treibstoff als Folge beispielsweise einer Fahrzeugkollision ist ein Gefährdungsbild, mit dem gerechnet werden muss. Das Brandschutzkonzept ergibt sich aus dem Brandrisiko, d. h. aus der Auftretenswahrscheinlichkeit eines Brandes und dem Schadensausmaß, das von der Nutzung und Bedeutung der Brücke im Verkehrsnetz abhängt. Dabei ist es unter Umständen sinnvoll, mit numerischen Brandsimulationen die Auswirkungen eines Brandes auf das Tragwerksverhalten genauer zu erfassen.

Die Brandschutzziele werden mit entsprechenden Maßnahmen umgesetzt. Beispielsweise sollten Entwässerungsleitungen nur dann im Trägerkasten angeordnet werden, wenn sie einen hohen Feuerwiderstand aufweisen. Denn ein Brand in einer Längsleitung lässt sich kaum ersticken, da durch die Einlaufschächte und Querleitungen Luft zugeführt wird. Außerdem sollten bei Brücken mit oben liegender Hauptbewehrung Feuerlöschgeräte installiert werden.

4.9 Weitere Einwirkungen

Verschiebungswiderstände der Lager. Die Verschiebungswiderstände der Lager sind in jeder möglichen Bewegungsrichtung zu berücksichtigen. Die Kenngrößen der Roll-, Gleit- und Verschiebungswiderstände sind entsprechend der Angaben des Lagerherstellers anzunehmen. Die Reaktionskräfte der beweglichen Lager werden durch das feste Lager aufgenommen.

Auswechseln von Lager. Beim Anheben des Brückenträgers für das Auswechseln von Lagern werden im statisch unbestimmten Brückenträger Zwängungen verursacht.

Schneelasten. Für den Endzustand einer Brücke braucht eine Schneelast im Allgemeinen nicht berücksichtigt zu werden, da die vertikalen Verkehrslasten wesentlich größer und damit maßgebend sind. Auch können extreme Schnee- und Verkehrslasten nicht gleichzeitig auftreten. Einzig in Bauzuständen kann allenfalls die Schneelast eine bedeutende Beanspruchung im Tragwerk erzeugen.

Spezielle Einwirkungen aus Bauzuständen. Hier handelt es sich um Lasten von Baugeräten und Lehrgerüsten, aus lagernden und transportierten Baustoffen sowie Kräften aus Hebe-, Senk- und Vorschubvorgängen von Lehrgerüsten oder ganzen Bauteilen.

5 Grundlagen der Tragwerksanalyse, Bemessung und konstruktiven Durchbildung

5.1 Grundsätze

5.1.1 Einleitung

Mit der Tragwerksanalyse werden die Schnittkräfte und Verformungen eines Tragwerks, das sich in den zu betrachtenden Grenzzuständen befindet, ermittelt. Die Methoden der Tragwerksanalyse beruhen auf einer anerkannten, nötigenfalls experimentell bestätigten Theorie und Ingenieurpraxis.

Die Bemessung eines Tragwerks basiert grundsätzlich auf zwei getrennt geführten Nachweisen:

Nachweis der *Tragsicherheit*,
Nachweis der *Gebrauchstauglichkeit*.

Dabei wird von einem schadenfreien Bauwerk ausgegangen. Schäden durch eine ungenügende Dauerhaftigkeit oder durch einen ungenügenden Ermüdungswiderstand können wohl die Gebrauchstauglichkeit und die Tragsicherheit beeinträchtigen. Diese Schäden sollten jedoch grundsätzlich durch Maßnahmen zur Gewährleistung der *Dauerhaftigkeit* und durch das Vorhalten eines genügenden Ermüdungswiderstands ausgeschlossen werden.

5.1.2 Nachweis der Tragsicherheit

Beim Nachweis der Tragsicherheit ist das in den Normen implizit festgelegte Maß an Sicherheit für Personen, Sachwerte und Umwelt zu gewährleisten. Die normierte Tragsicherheit ist verbindlich und in der Regel juristisch relevant. Sie hat deshalb höchste Priorität.

Es gilt Grenzzustände der Tragfähigkeit nachzuweisen, indem als einzige Kriterien das Kräftegleichgewicht im Bruchzustand erfüllt und die Standsicherheit gewährleistet sein muss. Es muss immer ein externer und interner Gleichgewichtszustand vorhanden sein. Schnittkräfte, Lasten oder einwirkende Kräfte sowie Auflagerreaktionen bilden einen externen Gleichgewichtszustand. Die Zug- und Druckkräfte im Querschnitt sind mit den Schnittkräften im internen Gleichgewicht.

Im Grenzzustand der Tragfähigkeit, also unmittelbar vor dem Verlust der Standsicherheit, sind übermäßige Risse und Verformungen im Tragwerk nicht relevant. Im Rahmen des vorhandenen Verformungsvermögens dürfen somit beschränkte Schnittkraftumlagerungen und plastische Tragwerkswiderstände berücksichtigt werden. Der Spannstahl wird in der Regel in den plastischen Gelenken über die Vordehnung infolge Vorspannung hinaus bis zur Streckgrenze gedehnt. Im Widerstandsmodell wird er deshalb als Zugkomponente im Querschnitt mit der effektiv vorhandenen Zugkraft berücksichtigt. Bei duktilen Tragsystemen werden meistens auch die Vordehnungen infolge Zwängungen überschritten. Beim Nachweis der Tragsicherheit müssen deshalb Zwängungen nicht berücksichtigt werden.

Der Tragsicherheitsnachweis und die Bemessung sollten grundsätzlich mit der statischen Methode der Plastizitätstheorie mit Hilfe von Fachwerkmodellen und Spannungsfeldern vorgenommen werden, weil damit ein Gleichgewichtszustand im Sinne des unteren Grenzwertsatzes der Plastizitätstheorie nachgewiesen wird. Kinematische Methoden, die einen oberen Grenzwert der Tragfähigkeit ergeben, sollten bei der Bemessung nicht oder höchstens für Kontrollen verwendet werden.

Die Tragsicherheit von Brücken betrifft das Tragverhalten unter statischen Nutzlasten und Ermüdungslasten sowie bei verkehrs- und windinduzierten Schwingungen und bei Erdbeben. Sofern diesen Einwirkungen nicht konzeptionell begegnet werden kann, wird die erforderliche Tragsicherheit bemessungstechnisch erfüllt. Dabei werden aufgrund der nach der Norm maßgebenden ungünstigen Einwirkungen und mit normierten Baustoffkennwerten die Widerstände im Tragwerk analytisch ermittelt.

Die normierte Tragsicherheit gilt als nachgewiesen, wenn folgende Bedingung erfüllt ist:

$$S_{\mathrm{d}} \leq R_{\mathrm{d}},$$

wobei S_{d} den Bemessungswert der Auswirkung (Schnittkräfte, Verformungen) und R_{d} den Bemessungswert des Tragwiderstands bedeutet.

Die Bemessungswerte der Auswirkung und des Tragwiderstands beinhalten charakteristische (obere) Werte für Einwirkungen S_{k}, charakteristische (untere) Werte für Baustoffeigenschaften R_{k} sowie Modellunschärfen (Abb. 5.1). Als repräsentative untere und obere Werte werden oft die 5%- respektive 95%-Fraktilenwerte der statistischen Verteilung verwendet, wobei in der Regel die Gauß'sche Normalverteilung angenommen wird. Modellunschärfen werden mit Partialfaktoren erfasst. Die charakteristischen Werte für Einwirkungen und Baustoffeigenschaften sowie die Partialfaktoren sind in den Normen festgelegt.

Für *normale Bemessungszustände* beträgt der gemäß den Normen definierte *Bemessungswert der Einwirkung*:

$$S_{\mathrm{d}} = S\left\{\gamma_G G_{\mathrm{k}}, \gamma_{Q1} Q_{\mathrm{k}1}, \sum \psi_i Q_{\mathrm{k}i}\right\}.$$

Es bedeuten G_{k} den charakteristischen Wert der Eigenlasten des Tragwerks, $Q_{\mathrm{k}1}$ den charakteristischen Wert einer veränderlichen (oder ständigen) Einwirkung als

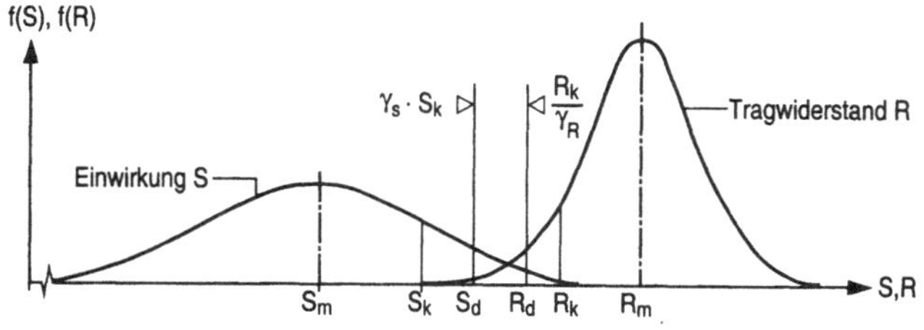

Abb. 5.1. Häufigkeitsverteilung von Einwirkungen S und Tragwiderstand R

Leiteinwirkung, in der Regel die Verkehrslasten als Nutzlast, Q_{ki} die charakteristischen Werte veränderlicher oder ständiger Begleiteinwirkungen sowie γ_G, γ_Q, ψ_i Partialfaktoren (oder Lastfaktor) für Eigenlasten, Leiteinwirkung und Begleiteinwirkungen, welche Modellunschärfen bezüglich Ein- und Auswirkungen berücksichtigen.

Es wird davon ausgegangen, dass die Vorspannung beim Nachweis der Tragsicherheit grundsätzlich als Tragwiderstand berücksichtigt wird. Bei lokalen Einwirkungen infolge Vorspannung, beispielsweise bei Krafteinleitungen, wird jedoch die Vorspannung als Leiteinwirkung $\gamma_Q P$ betrachtet.

Für *außergewöhnliche Bemessungszustände* (z. B. Erdbeben, Anprall) muss im Allgemeinen angenommen werden, dass neben der außergewöhnlichen Einwirkung Q_{k1} und den ständigen Einwirkungen noch eine veränderliche Einwirkung $\psi_2 Q_{k2}$ mit ihrem häufigen Wert auftritt:

$$S_d = S\{G_k, Q_{k1}, \psi_2 Q_{k2}\}.$$

Für den *Bemessungswert des Tragwiderstands* gilt in der Regel:

$$R_d = R_k/\gamma_R.$$

Der Partialfaktor γ_R (oder Widerstandsbeiwert) berücksichtigt Unschärfen im Widerstandsmodell und auch kleine Ungenauigkeiten bei der Bauausführung (Ausführungstoleranzen).

Die praktische Bedeutung der Partialfaktoren liegt vor allem in der Herstellung einer Tragreserve, die abgesehen von den erwähnten theoretischen Überlegungen notwendig ist, um nebst kleinen Bemessungsfehlern auf lange Sicht auch entwicklungsbedingte Einwirkungsänderungen und nutzungsbedingte Tragfähigkeitsverluste bis zu einem gewissen Grad abzudecken.

5.1.3 Nachweis der Gebrauchstauglichkeit

Unter der Gebrauchstauglichkeit wird die Fähigkeit eines Bauwerks, seiner Bauteile und Verbindungen verstanden,

die Funktionstüchtigkeit,
den Komfort der Benutzer,
das Aussehen

über die geplante Nutzungsdauer zu gewährleisten. Dazu sind konzeptionelle und konstruktive, aber auch bemessungs- und materialtechnologische Maßnahmen erforderlich (Abschn. 5.10). Die Gebrauchstauglichkeit lässt sich nur ansatzweise normieren. In jedem Fall sollten für alle Anforderungen an die Gebrauchstauglichkeit die entsprechenden Maßnahmen in einem Gebrauchstauglichkeitsnachweis aufgeführt werden.

Die Gebrauchstauglichkeit gilt als nachgewiesen, wenn folgende Bedingung erfüllt ist:

$$S_{ser} \leq C_{ser}.$$

S_{ser} bedeutet die maßgebende Auswirkung infolge der im untersuchten Bemessungszustand betrachteten Lastfälle und C_{ser} die zugehörige Gebrauchsgrenze.

Die Gebrauchsgrenzen sind dem untersuchten Bemessungszustand entsprechend normiert oder müssen objektbezogen vereinbart und festgelegt werden. Quantifizierbare Gebrauchsgrenzen betreffen Verformungen und Schwingungen.

Bei der Ermittlung der Schnittkräfte im Gebrauchszustand gilt es zu beachten, dass die Steifigkeitsänderungen infolge Rissbildung gering sind und sich somit Schnittkräfte nur beschränkt umlagern. Unter ständigen Lasten bleibt eine vorgespannte Konstruktion in der Regel rissefrei, und die Schnittkräfte werden nach der Elastizitätstheorie ermittelt. Unter maximalen Schnittkräften, und vor allem wenn diese mit Zwängungen überlagert werden, können Schnittkraftumlagerungen und damit eine Abweichung vom Elastizitätszustand auftreten.

5.1.4 Gewährleistung der Dauerhaftigkeit

Eine Brücke gilt als dauerhaft, wenn sie die Anforderungen an die Tragsicherheit und die Gebrauchstauglichkeit im Rahmen der vorgesehenen Nutzung und der vorhersehbaren Einwirkungen, ohne unvorhergesehenen Aufwand für Instandhaltung und Instandsetzung, erfüllt.

Unter Annahme einer Nutzungsdauer von 80 bis 100 Jahren sollten bei ausreichender Dauerhaftigkeit nach 100 Jahren höchstens etwa 5 % der Bauteile der Tragkonstruktion Schadstellen aufweisen. Für mechanische Ausrüstungsteile wie Lager, Fahrbahnübergänge, Entwässerungen, für „Verschleißbauteile“ wie Konsolköpfe, Brüstungen oder Schutzelemente sowie für Oberflächenschutzsysteme (Abdichtungen, Beschichtungen, Hydrophobierungen) kann die Nutzungsdauer wesentlich kürzer als 100 Jahre sein. Für diese Komponenten sollte bei der Projektierung die Lebensdauer festgelegt und der Ersatz oder die Erneuerung vorgesehen werden.

Eine ausreichende Dauerhaftigkeit der Brücke lässt sich heute ohne weiteres gewährleisten. Beim Entwurf müssen vor allem mit materialtechnologischen und konstruktiven Maßnahmen die notwendigen Voraussetzungen für eine genügende Dauerhaftigkeit geschaffen werden (Abschn. 5.11). Zur Gewährleistung der erwünschten Dauerhaftigkeit sind jedoch überdies eine sorgfältige Bauausführung sowie eine plangemäße Durchführung von Überwachung und Unterhalt erforderlich. Folglich lässt sich die Dauerhaftigkeit nicht normieren. Die Normen enthalten zwar Vorschriften, die zur Gewährleistung der Dauerhaftigkeit unbedingt notwendig, jedoch keineswegs ausreichend sind.

5.1.5 Vorgehen bei der Bemessung

Ein übersichtliches und effizientes Vorgehen bei der Bemessung des Tragwerks beinhaltet folgende Schritte:

1. Die Betonabmessungen und Eigenlasten des Tragwerks werden aufgrund einer überschlägigen Berechnung unter Berücksichtigung der Betonfestigkeit sowie der Platzverhältnisse für die Bewehrung bestimmt.
2. Eine ausreichende Menge an schlaffer Bewehrung wird in die Querschnitte eingelegt, so dass die Rissverteilung entlang der Bauteilachse gleichmäßig ist.
3. Die zur Erfüllung des Tragsicherheitsnachweises erforderliche Bewehrung (schlaffe Bewehrung A_{s}, Vorspannung A_{p}) wird bestimmt. Zunächst wird der dem maßgebenden Gleichgewichtszustand entsprechende Schnittkraftverlauf ermittelt. Der Nachweis der Querschnittsdruckfestigkeit und die Bemessung der Bewehrung werden sodann Schnitt für Schnitt durchgeführt. Dieses Vorgehen ergibt für den zugrunde gelegten Bemessungswert der Auswirkung gerade die erforderliche Tragsicherheit.
4. Die Gebrauchstauglichkeit wird überprüft. Dies betrifft vor allem die Verformungen des Tragwerks.
5. Schließlich werden die Betonabmessungen und die Bewehrung für das gesamte Tragwerk ganzheitlich überprüft, insbesondere in Bezug auf eine genügende Verformungsfähigkeit und auf ein gleichmäßig verteiltes Rissbild.

5.2 Ermittlung der Schnittkräfte

5.2.1 Grundlagen der Schnittkraftermittlung

Die Schnittkräfte müssen normalerweise für den Gebrauchszustand und für den Grenzzustand der Tragfähigkeit (Bruchzustand) ermittelt werden. Der generelle Schnittkraftverlauf zwischen den Auflagern wird mit den Gleichgewichtsbedingungen für die äußeren und inneren Kräfte bzw. mit der Gleichgewichts-Differentialgleichung festgelegt. Sie lautet im einfachsten Fall (für ein Stabtragwerk):

$$\mathrm{d}^2 M/\mathrm{d}x^2 = -q(x).$$

Bei statisch unbestimmten Systemen müssen die Randwerte des Schnittkraftverlaufs je nach Beanspruchungszustand entweder aufgrund von Verträglichkeitsbedingungen oder aufgrund von Plastizitätsbedingungen ermittelt werden.

Im Gebrauchszustand sind kleine verteilte Risse zulässig. Große, durch Fließen der Bewehrung verursachte Risse und Fließgelenke dürfen jedoch nicht entstehen. Die Schnittkräfte sind deshalb unter Berücksichtigung der Verträglichkeitsbedingungen des elastischen Systems zu ermitteln, wobei die Verformungen in der Regel am ungerissenen Tragwerk bestimmt werden. Es ist aber zu beachten, dass Steifigkeitsänderungen infolge von Rissbildung zu Umlagerungen der Schnittkräfte führen können. Diese Umlagerungen sind umso größer, je stärker sich Steifigkeitsänderungen beim Übergang vom ungerissenen zum gerissenen Zustand auf die Verträglichkeitsbedingungen auswirken. Die Ermittlung der Schnittkräfte erfolgt somit in Anlehnung an die Elastizitätstheorie. Der entsprechende Schnittkraftverlauf wird als „elastische Lösung" bezeichnet.

Im Bruchzustand ist keine Rissbeschränkung in Betracht zu ziehen, und es darf mit der Ausbildung von Fließgelenken gerechnet werden. Die Randwerte des Schnittkraftverlaufs sind dementsprechend nicht aus Verträglichkeitsbedingungen, sondern aus Plastizitätsbedingungen zu ermitteln. Die Annahme von Fließgelenken ist unter folgenden Voraussetzungen zulässig:

- Die erforderliche Duktilität des Systems muss gewährleistet sein.
- Ein allfälliger Einfluss der Systemverformung auf den Gleichgewichtszustand muss berücksichtigt werden.
- Die Ausbildung von Fließgelenken darf die Schubtragfähigkeit nicht entscheidend beeinträchtigen.

Sofern bei definiertem Querschnittswiderstand die Systemtraglast berechnet werden muss (im Allgemeinen für eine nachträgliche Überprüfung der Tragsicherheit), wird für den Schnittkraftverlauf derjenige Gleichgewichtszustand ermittelt, der ohne Verletzung der Plastizitätsbedingungen den obersten Lastgrenzwert ergibt (oberer Grenzwert der Plastizitätstheorie).

Im Normalfall dient der Schnittkraftverlauf im Bruchzustand jedoch als Bemessungsgrundlage. Es liegt deshalb kein Grund vor, bei der Ermittlung der Schnittkräfte wesentlich von der elastischen Lösung abzuweichen, da sie in der Regel zu einer wirtschaftlichen Bemessung führt und eine zweckmäßige Anordnung der Bewehrung für eine ausgewogene Beanspruchung im Gebrauchszustand liefert. Andererseits liegt aber auch kein Grund vor, sich peinlich genau an die Elastizitätstheorie zu halten, insbesondere dann nicht, wenn die Rissbildung bereits eine beträchtliche Schnittkraftumlagerung zur Folge hat, wenn eine generelle Lastaufteilung das Tragverhalten bzw. die Tragwerksverformungen nur unwesentlich beeinflusst oder wenn die Berechnung mit der Elastizitätstheorie einen unverhältnismäßig großen Aufwand erfordert. Dies trifft beispielsweise bei der Aufteilung der Torsionsbelastung in St.-Venant-Torsion und Wölbtorsion zu.

5.2.2 Schnittkräfte aus Lasten, Vorspannung und Zwängung

Für die Ermittlung der Schnittkräfte sind folgende, grundsätzlich verschiedene Einwirkungen zu unterscheiden:

- Lasten und Kräfte infolge von Eigenlasten, Auflasten (Belag), Verkehr, Wind, Erdbeben etc.,
- Vorspannung,

– Eigenspannungen und Zwängungen infolge von Temperaturänderungen, Schwinden, Kriechen, Auflagerverschiebungen etc.

Unter Beachtung der dargestellten grundsätzlichen Überlegungen empfiehlt es sich, bei Bemessungsaufgaben die Schnittkräfte für diese Einwirkungen wie nachfolgend beschrieben zu ermitteln.

Lasten und Kräfte

Im Gebrauchszustand werden die Schnittkräfte in Anlehnung an die Elastizitätstheorie ermittelt, d. h., es genügt eine näherungsweise Erfüllung der Verträglichkeitsbedingungen des homogen-ungerissenen Systems. Den Steifigkeitsverhältnissen im gerissenen Zustand kann Rechnung getragen werden. Vereinfachungen in Bezug auf die Steifigkeitsannahmen des der Ermittlung der Schnittkräfte zugrunde gelegten Modells sind somit durchaus zulässig, solange das Verformungsverhalten des Modells nicht wesentlich von demjenigen des wirklichen Systems abweicht.

Im Bruchzustand sind Schnittkraftumlagerungen bei duktilen Systemen grundsätzlich zulässig, da die Verträglichkeitsbedingungen nicht erfüllt werden müssen. Der elastischen Lösung können somit beliebige lastfreie Spannungszustände überlagert werden. Der Gleichgewichtszustand der inneren und der äußeren Kräfte bleibt dabei erhalten.

Die Gleichgewichts-Differentialgleichung lastfreier Spannungszustände lautet:

– bei „einfachen“ Stabtragwerken:

$$\mathrm{d}^2 M/\mathrm{d}x^2 = 0,$$

– bei Platten:

$$\frac{\partial^2 m_x}{\partial x^2} + 2 \cdot \frac{\partial^2 m_{xy}}{\partial x \cdot \partial y} + \frac{\partial^2 m_y}{\partial y^2} = 0.$$

Die Anzahl unabhängiger lastfreier Spannungszustände entspricht dem Grad der statischen Unbestimmtheit des Systems. Lösungen für lastfreie Spannungszustände erhält man sehr einfach, z. B. durch Auflagerverschiebungen oder durch Überlagerung zweier Spannungszustände, wobei das System einmal mit einer beliebigen Last q und einmal mit $-q$ (bei verändertem Tragverhalten bzw. veränderten geometrischen Randbedingungen) belastet wird.

Bei der Bemessung von Stabtragwerken wird für den Schnittkraftverlauf aus ständiger Last im Allgemeinen die elastische Lösung gewählt, und mit einer zweckmäßigen Umlagerung der Schnittkräfte aus variablen Lasten wird eine kleine Bandbreite der Grenzwertlinien angestrebt. Zur Ermittlung der Grenzwertlinien von Durchlaufträgern wird normalerweise die elastische Lösung bei feldweiser Volllast benützt (Abb. 5.2). Die Auswirkungen von großen Schnittkraftumlagerungen sollten immer aufgrund der Beanspruchung im Gebrauchszustand überprüft werden.

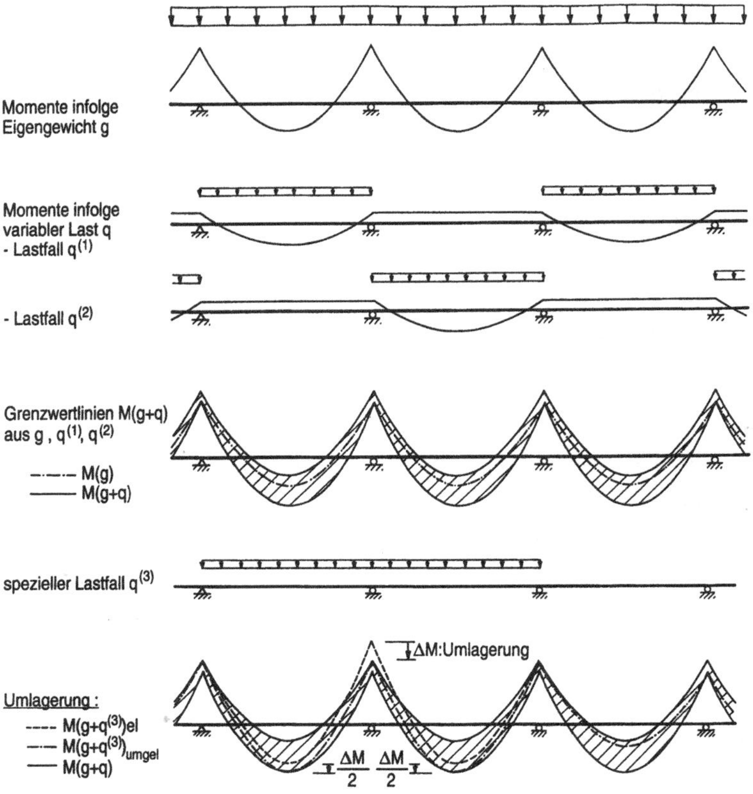

Abb. 5.2. Beispiel zur Ermittlung der Grenzwertlinien

Die herstellungsbedingte Spannungsgeschichte muss in der Regel nicht untersucht werden. Es genügt, wenn die Schnittkraftverteilung für den kritischen bzw. den maßgebenden Bauzustand und den Eingusszustand ermittelt wird. Die Spannungsgeschichte entwickelt sich immer in Richtung des Eingusszustandes (siehe Abschn. 5.8). Kleine Differenzen zwischen der rechnerischen und der effektiven Schnittkraftverteilung sind insbesondere beim Nachweis der Tragsicherheit nicht relevant, da sie nur eine geringfügige Schnittkraftumlagerung erfordern.

Bei Platten, die in der Regel ein großes Schnittkraft-Umlagerungsvermögen aufweisen, sind unter Umständen auch Schnittkraftumlagerungen bei ständiger Last insbesondere dann zweckmäßig, wenn örtliche Beanspruchungsspitzen abgebaut werden sollen oder wenn sich aus ausführungstechnischen Gründen eine Bewehrungsanordnung aufdrängt, die nicht der elastischen Lösung entspricht.

Die inneren Kräfte von Scheiben können vereinfacht aufgrund eines dem Kraftfluss entsprechenden Fachwerkmodells ermittelt werden. Dabei ist hinsichtlich des „natürlichen Kraftflusses" zu beachten, dass sich die Spannungen infolge einer konzentrierten Einzellast in ungestörten Scheibenbereichen unter einem Winkel von ca. 30° zur Kraftrichtung ausbreiten (Abb. 5.3).

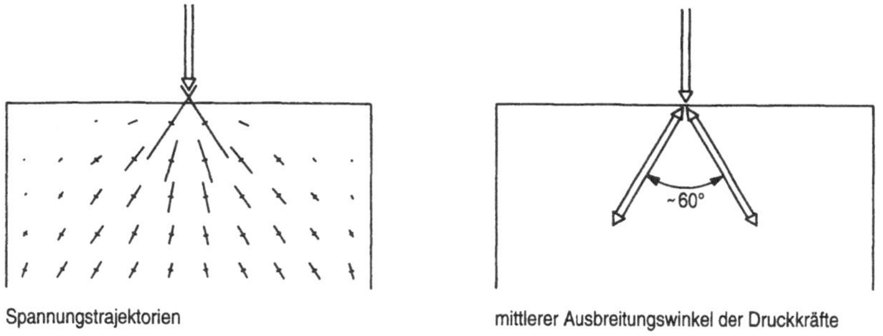

Abb. 5.3. Kraftausbreitung in ungestörten Scheibenbereichen

Vorspannung

Vorspannung verursacht einen Eigenspannungszustand. Auf den „Betonquerschnitt“ wirkt eine Druckkraft, die bei statisch bestimmter Lagerung in Größe und Richtung der Stahlzugkraft entspricht und die auch am gleichen Punkt des Querschnittes angreift wie die Stahlzugkraft. Dieser Eigenspannungszustand verursacht Systemverformungen. Bei statisch unbestimmten Systemen sind zur Erfüllung der Verträglichkeitsbedingungen Zwangsschnittkräfte erforderlich. Die am „Betonquerschnitt“ wirksamen Schnittkräfte bestehen somit aus zwei Anteilen:

$$S_P = S_{0P} + S_{sP},$$

wobei S_{0P} die „Schnittkräfte“ des reinen Eigenspannungszustandes (infolge Exzentrizität e) bedeutet und S_{sP} die Zwangsschnittkräfte aus Vorspannung.

Die Zwangsschnittkräfte aus Vorspannung unterscheiden sich prinzipiell von den üblichen Zwangsschnittkräften. Da sie vom Eigenspannungszustand infolge der vorgespannten Bewehrung erzeugt werden, bleiben sie der Vorspannung entsprechend und im Gegensatz zu üblichen Zwangsschnittkräften auch bei einem Steifigkeitsabfall (z. B. infolge Rissbildung) praktisch unverändert erhalten.

Im Gebrauchszustand sind beide Anteile, der Eigenspannungszustand und die Zwangsschnittkräfte, zu berücksichtigen. Bei Stabtragwerken wird im Allgemeinen zuerst der Eigenspannungszustand am statisch bestimmten Grundsystem ermittelt; sodann werden die Zwangsschnittkräfte in Anlehnung an die Elastizitätstheorie berechnet. Bei Platten werden (normalerweise) die effektiven Vorspannmomente als Summe beider Anteile aufgrund der „Plattenbelastung“ durch Umlenkkräfte und Ankerkräfte infolge Vorspannung ermittelt. Die Berechnung der Normalkräfte aus Vorspannung ist im Allgemeinen nicht erforderlich.

Im Bruchzustand besteht im Prinzip kein Unterschied zwischen Querschnitten mit vorgespannter Bewehrung oder nicht vorgespannter Bewehrung. Das Vorspannmoment M_{0P} wird deshalb beim Nachweis der Tragsicherheit nicht mehr berücksichtigt. Andernfalls müsste auch der Querschnittswiderstand unter Berücksichtigung des Vorspannmomentes ermittelt werden (Abb. 5.4).

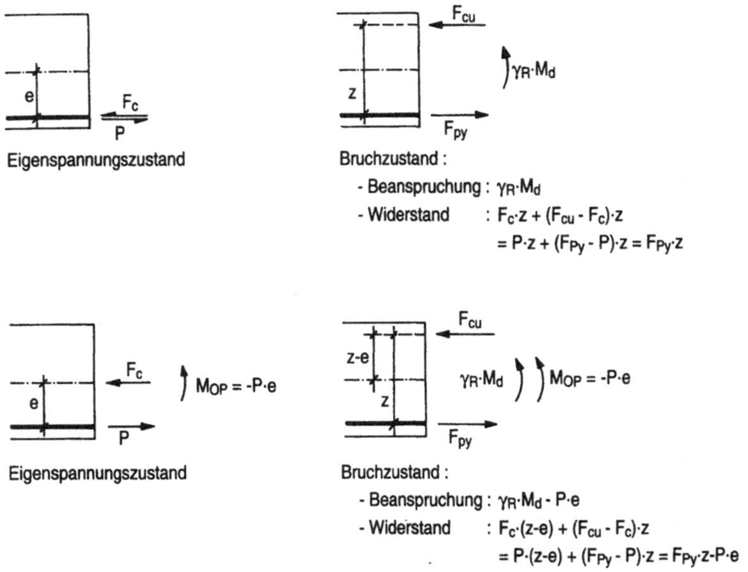

Abb. 5.4. Vorspannung im Bruchzustand

Der Nachweis der Tragsicherheit für Biegung lautet:

– ohne Berücksichtigung des Vorspannmomentes M_{0P}:

$$\gamma_R \cdot M_d \leq F_{Py} \cdot z,$$

– mit Berücksichtigung des Eigenspannungszustandes $M_{0P} = -P \cdot e$:

$$\gamma_R \cdot M_d - P \cdot e \leq P(z - e) + (F_{Py} - P)z,$$
$$\gamma_R \cdot M_d \leq P \cdot e + P(z - e) + (F_{Py} - P)z = F_{Py} \cdot z.$$

Die Zwangsschnittkräfte aus Vorspannung müssen im Bruchzustand nicht berücksichtigt werden, da die Verträglichkeitsbedingungen bei der Bildung von Fließgelenken nicht erfüllt werden müssen. Im Hinblick auf eine zweckmäßige Anordnung der Bewehrung, die im Gebrauchszustand eine „ausgewogene“ Beanspruchung ergibt, ist es aber empfehlenswert, die Zwangsschnittkräfte aus Vorspannung auch im Bruchzustand in vernünftigem Ausmaß zu berücksichtigen. Die Tragsicherheitsbedingung für Biegung lautet somit:

$$S_d + \gamma_P \cdot S_{sP} \leq \frac{1}{\gamma_R} R.$$

Dabei ist γ_P ein beliebig wählbarer Faktor (im Allgemeinen im Bereich von ca. 0,8 bis 1,4), der zwar für jede Zwängung (d. h. überzählige Größe des Grundsystems) verschieden gewählt werden kann, der aber selbstverständlich über den gesamten Bereich einer bestimmten Zwängung mit den daraus resultierenden Zwangsschnittkräften konstant sein muss.

Tabelle 5.1. Vergleich Last, Vorspannung und Zwängung

Einwirkung	Schnittkraft am statisch bestimmten Grundsystem (GS)	Überzählige Größe	Einfluss einer Steifigkeitsänderung durch Rissebildung
Last und Kräfte	je nach GS verschieden	je nach GS verschieden	kleine Schnittkraftumlagerungen
Vorspannung	unabhängig vom GS	unabhängig vom GS	kleine Schnittkraftumlagerungen
Zwängung	keine Schnittkraft	unabhängig vom GS	starke Abminderung der Schnittkraft

Eigenspannungen und Zwängungen

Eigenspannungen und Zwängungen aus Temperaturänderungen, Schwinden, Kriechen und Auflagerverschiebungen sind direkt proportional zur Steifigkeit. Steifigkeitsänderungen infolge von Rissbildung oder Kriechen haben deshalb einen entscheidenden Einfluss auf die Größe der Schnittkräfte. Deshalb besteht kein linearer Zusammenhang zwischen Einwirkung und Schnittkraft.

Im Gebrauchszustand werden die Schnittkräfte normalerweise nur zur Ermittlung der Rissbreiten und Verformungen benötigt. Da sich diese Größen bei Einwirkungen durch Eigenspannungen und Zwängungen viel einfacher und zuverlässiger auf geometrischem Weg bestimmen lassen, kann in der Regel auf die Ermittlung der Schnittkräfte aus Eigenspannungen und Zwängungen verzichtet werden.

Im Bruchzustand sind Eigenspannungen und Zwängungen bei duktilen Systemen im Allgemeinen nicht von Bedeutung. Mit der Ausbildung von Fließgelenken werden die entsprechenden Beanspruchungen abgebaut. Bei der Anordnung der Bewehrung können Eigenspannungen und Zwängungen allenfalls dann berücksichtigt werden, wenn sie eine permanente Beanspruchung zur Folge haben. Dies ist jedoch im Gegensatz zu Zwängungen aus Vorspannung nur in relativ seltenen Ausnahmen der Fall. Bei statisch unbestimmten Systemen werden die überzähligen Größen aus Lasten und Kräften, Vorspannung sowie üblichen Zwängungen oder Eigenspannungen sowohl von der Wahl des Grundsystems als auch von Steifigkeitsänderungen (z. B. wegen Rissbildung) grundsätzlich unterschiedlich beeinflusst (Tabelle 5.1).

5.3 Ermittlung des Querschnittswiderstands

5.3.1 Grundlagen

Die Ansätze zur Ermittlung des Querschnittwiderstands beruhen auf umfangreichen experimentellen Forschungsarbeiten, die vor allem in den letzten Jahrzehnten an verschiedenen Hochschulen durchgeführt worden sind. Die Ergebnisse dieser Untersuchungen haben inzwischen Eingang in internationale und nationale

Normenwerke gefunden. Die vorgeschlagenen Widerstandsmodelle sind zum Teil recht kompliziert. Einfache und durchschaubare Modelle sind grundsätzlich vorzuziehen. Der erforderliche Genauigkeitsgrad des Widerstandsmodells ist im Hinblick auf den Nachweis der Tragsicherheit mit demjenigen des Einwirkungsmodells zu vergleichen und zu beurteilen. Das Einwirkungsmodell muss einen relativ großen Streubereich abdecken und ist in Bezug auf Verkehrslasten nicht voraussehbaren entwicklungsbedingten Änderungen unterworfen. Der wirtschaftliche Vorteil komplexer Widerstandsmodelle ist zudem meistens unbedeutend und fällt daher nicht ins Gewicht, da Wirtschaftlichkeit, insbesondere bei Brücken, nicht eine Frage subtiler Bemessung ist, sondern vor allem von der Konzeption des Tragwerks und vom Bauvorgang abhängt.

Wichtig hingegen ist, dass bei der Ermittlung des Querschnittwiderstands die Interaktion der Schnittkräfte berücksichtigt wird. Auch diesbezüglich genügt es aber in der Regel, wenn jeweils der Größtwert einer Schnittkraft mit den zugehörigen Werten der übrigen Schnittkräfte kombiniert wird, zum Beispiel:

$$M_{\mathrm{max}},\ N_{\mathrm{zugeh}},\ V_{\mathrm{zugeh}},\ T_{\mathrm{zugeh}}.$$

Die maßgebende Schnittkraftkombination ist meistens ohne eingehende Untersuchungen aufgrund einer überschlägigen Abschätzung ersichtlich.

Der Querschnittswiderstand muss aufgrund des Spannungs-Dehnungs-Verhaltens der Baustoffe ermittelt werden. Dieses ist von verschiedenen sekundären Parametern (z. B. der Dehngeschwindigkeit) abhängig, die aber in Bezug auf den Querschnittswiderstand nicht von ausschlaggebender Bedeutung sind, weshalb man sich mit zweckmäßig vereinfachten rechnerischen Spannungs-Dehnungs-Beziehungen begnügt.

Dem Beton wird meistens ein Spannungs-Dehnungs-Verhalten gemäß Abb. 5.5 zugrunde gelegt. Zur Vereinfachung der Ermittlung der Druckkräfte kann das Diagramm durch einen rechteckigen Spannungsblock ersetzt werden:

$$\begin{aligned} \sigma_{\mathrm{c}} &= 0 \quad \text{für } |\varepsilon_{\mathrm{c}}| \leq |0{,}2\varepsilon_{\mathrm{cu}}|, \\ \sigma_{\mathrm{c}} &= f_{\mathrm{c}} \quad \text{für } |\varepsilon_{\mathrm{c}}| \geq |0{,}2\varepsilon_{\mathrm{cu}}|. \end{aligned}$$

Ausgehend vom charakteristischen Wert der Zylinderdruckfestigkeit f_{ck} (5%-Fraktile) für ein Betonalter von 28 Tagen werden in den Normen die Bemessungswerte der Betondruckfestigkeit f_{c} (in den Normen als f_{cd} bezeichnet) und der Schubspannungsgrenze τ_{c} (resp. τ_{cd}) festgelegt. Dabei werden über Umrechnungsfaktoren die Einflüsse der Zeitdauer und Geschwindigkeit der Einwirkung und das sprödere Bruchverhalten von Beton höherer Festigkeit sowie über einen Partialfaktor Abweichungen der effektiven Baustoffeigenschaften von den charakteristischen Werten berücksichtigt. Für einen Beton mit der Bezeichnung C40 gemäß aktuellen Normen, d. h. mit einer charakteristischen Zylinderdruckfestigkeit von 40 N/mm^2 (5%-Fraktile), betragen beispielsweise die Bemessungswerte der Druckfestigkeit 20,6 N/mm^2 und der Schubspannungsgrenze 0,7 N/mm^2.

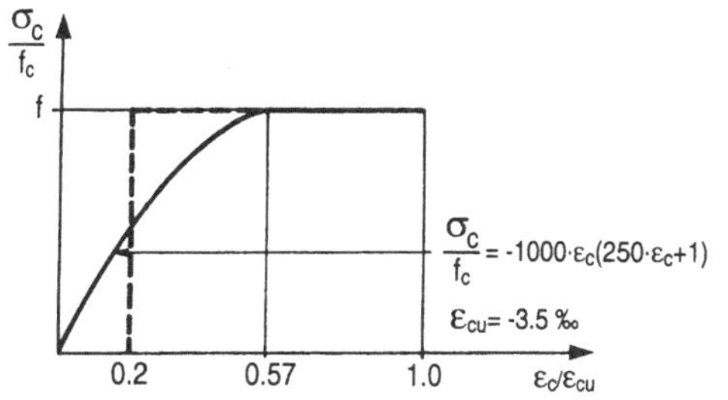

Abb. 5.5

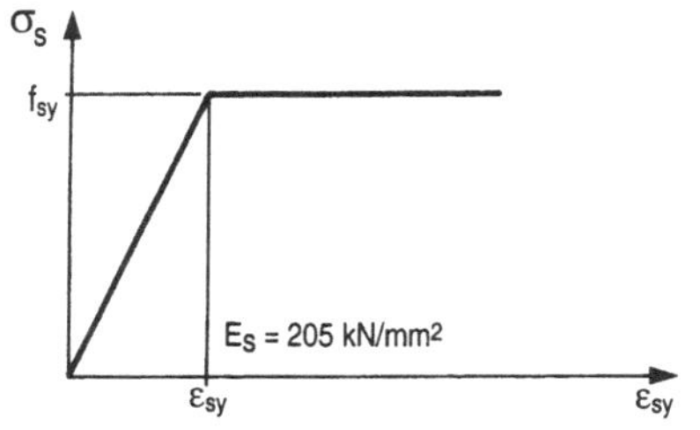

Abb. 5.6

Abb. 5.5. Spannungs-Dehnungs-Diagramm des Betons

Abb. 5.6. Spannungs-Dehnungs-Diagramm des Betonstahls

Für Betonstahl wird in der Regel ein rechnerisches Spannungs-Dehnungs-Diagramm mit bilinearer Charakteristik gemäß Abb. 5.6 angenommen, dessen Spannungshöchstwert dem Bemessungswert der Fließgrenze f_{sy} entspricht. Diese Annahme entspricht dem Verhalten von naturhartem Stahl gut. Kaltverformte Stähle weisen hingegen keine ausgeprägte Streckgrenze auf. Das Fließplateau wird erst bei Dehnungen erreicht, die mehr als 0,2 % der bleibenden Dehnung aufweisen; es liegt aber über dem als Fließgrenze definierten Wert. Da die Stahlsorte oft nicht von vornherein festgelegt werden kann, ist es zweckmäßig, sowohl für naturharten als auch für kaltverformten Stahl ein einheitliches Spannungs-Dehnungs-Diagramm anzunehmen. Auf die Berücksichtigung des Verfestigungsbereichs wird verzichtet. Gemäß den Normen entspricht der Bemessungswert f_{sy} (oder f_{sd}) der Fließgrenze von Betonstahl dem geprüften Mindestwert der Fließgrenze:

$$f_{sy} = f_{sy,min}.$$

Beim Spannstahl ist grundsätzlich zwischen naturharten Stangen einerseits und Drähten und Litzen andererseits zu unterscheiden. Für Stangen eignet sich die Annahme eines bilinearen Spannungs-Dehnungs-Diagramms, wobei auch hier der Spannungshöchstwert dem Bemessungswert der Fließgrenze f_{Py} (oder f_{Pd}) entspricht. Hiefür darf entweder der Mindestwert der Fließgrenze ($f_{Py} = f_{Py,min}$) angenommen werden oder er ist aus dem Prüfwert der Zugfestigkeit f_{Pt} (5%-Fraktile) abzuleiten:

$$f_{Py} = 0,8 f_{Pt} \quad \text{(Stangen)}.$$

Für Drähte und Litzen können die effektiven, auf den Mindestwert der Zugfestigkeit normierten Spannungs-Dehnungs-Diagramme verwendet werden. Gemäß den Normen wird auch bei diesen Stählen mit einem bilinearen Spannungs-Dehnungs-Diagramm gemäß Abb. 5.7 gerechnet. Der Bemessungswert der Fließgrenze wird in der Regel aus dem Prüfwert der Zugfestigkeit f_{Pt} (5%-Fraktile) abgeleitet:

$$f_{Py} = 0,9 f_{Pt} \quad \text{(Drähte und Litzen)}.$$

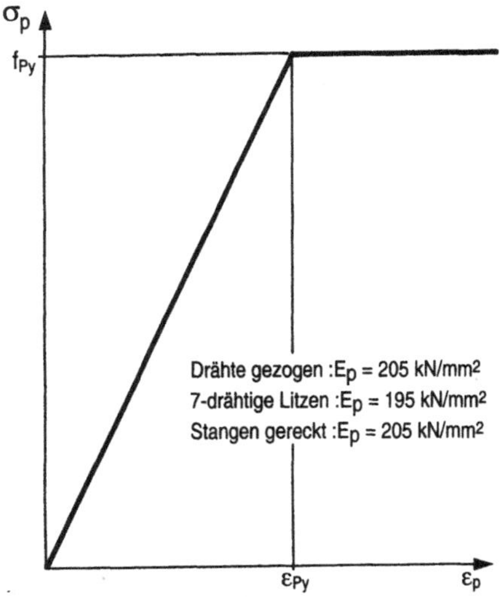

Abb. 5.7. Spannungs-Dehnungs-Diagramm des Spannstahls

Bei der Ermittlung des Querschnittwiderstands darf die Betonzugfestigkeit im Allgemeinen nicht berücksichtigt werden. Im Normalfall können Zwängungen oder Eigenspannungen unkontrollierbare Betonzugspannungen verursachen, die unter Umständen die Betonzugfestigkeit erreichen. Nur bei Zugbeanspruchungen quer zur Ebene in relativ dünnen Platten oder Scheiben ist ausnahmsweise eine Berücksichtigung der Betonzugfestigkeit möglich, da in diesem Fall Zugbeanspruchungen quer zur Platten- oder Scheibenebene aus Zwängungen oder Eigenspannungen praktisch ausgeschlossen sind.

Der Spannstahl in injizierten Hüllrohren und der Betonstahl zeigen nicht das gleiche Haftverhalten. Bei der Rissbildung steigen die Spannungen im Betonstahl, dessen Haftvermögen größer ist als dasjenige von Spannstahl, rascher an als im Spannstahl. Im Bruchzustand erreichen jedoch beide Stähle die Fließgrenze, so dass bei der Ermittlung des Querschnittwiderstandes dem verschiedenen Haftverhalten nicht Rechnung getragen werden muss.

Beim Spannstahl darf der Spannungszuwachs infolge der Stahlzusatzdehnung nur dann und nur so weit berücksichtigt werden, als es dem Verformungsverhalten entspricht. Bei Vorspannung ohne Verbund ergibt sich beispielsweise die Spannkraftzunahme im Spannglied aus der über die Länge zwischen den Ankern gleichmäßig verteilten Verlängerung des Spanngliedes.

Bei Schubbeanspruchung wird der Spannkraftzuwachs in Spanngliedern mit geringer Neigung gegenüber der Trägerachse vernachlässigt, sofern die Spannkraftzunahme nicht durch einen Dehnungszuwachs in Längsrichtung verursacht wird. Nur bei Spanngliedneigungen, die mehr als 45° zur Trägerachse betragen (vorgespannte Schubbewehrung), darf mit einem Spannkraftzuwachs infolge der Schubverformung gerechnet werden.

Schließlich wird bei der Ermittlung des Querschnittwiderstands normalerweise angenommen, die Bewehrung übertrage nur Zug- und Druckkräfte in der Bewehrungsrichtung. Auf die Berücksichtigung des Einflusses der Verdübelungskräfte wird verzichtet.

5.3.2 Querschnittswiderstand bei Biegung und Normalkraft

Die Ermittlung des Querschnittwiderstands erfolgt unter der Annahme, der Querschnitt bleibe bei der Verformung eben. Die inneren Kräfte im Beton und im Stahl sind demzufolge mit Hilfe der entsprechenden Spannungs-Dehnungs-Diagramme aufgrund eines ebenen Bruchdehnungszustandes zu bestimmen. Aus den inneren Kräften kann sodann der Bruchwiderstand (M_R, N_R) ermittelt werden.

Bei reiner Biegung ergibt sich der maßgebende Bruchdehnungszustand aus der Dehnungsbegrenzung am Druckrand (Abb. 5.8)

$$\varepsilon_c = \varepsilon_{cu} = -0{,}35\,\%$$

und aus der Normalkraftbedingung

$$N_R = 0, \quad \text{bzw.} \quad F_{cu} = F_{Py} + F_{sy}.$$

Die für die Schnittkraftumlagerungen erforderliche Duktilität des Querschnittes ist gewährleistet, wenn der Stahl im Bruchdehnungszustand etwa den 2,5-fachen Wert der Fließdehnung erreicht:

$$\varepsilon_s \cong 2{,}5\varepsilon_{sy}.$$

Dies entspricht bei einer Fließdehnung von 0.22 % einer Druckzonenhöhe von

$$x \cong 0{,}4d.$$

Mit einer starken Verbügelung der Druckzone lässt sich die Betonstauchung des Betons vergrößern. Bei dieser konstruktiven Maßnahme ist die erforderliche Duktilität auch noch bei einer Druckzonenhöhe von $x \cong 0{,}5d$ gewährleistet.

Sofern der Spannstahl nicht mit dem Beton in Verbund wirkt, darf bei der Berechnung des Querschnittwiderstands ohne spezielle Untersuchungen nur die vorhandene Vorspannkraft nach Abzug aller Verluste eingesetzt werden.

Bei Biegung mit Normalkraft wird normalerweise das vollständige M_R-N_R-Interaktions-Diagramm ermittelt, da die Berechnung von M_R auf einem bestimmten Normalkraftniveau oder von N_R auf einem bestimmten Momentenniveau nur iterativ durchgeführt werden kann. Die Ermittlung des vollständigen M_R-N_R-Interaktions-Diagramms erfolgt aufgrund typischer Bruchzustände (Abb. 5.9). Am

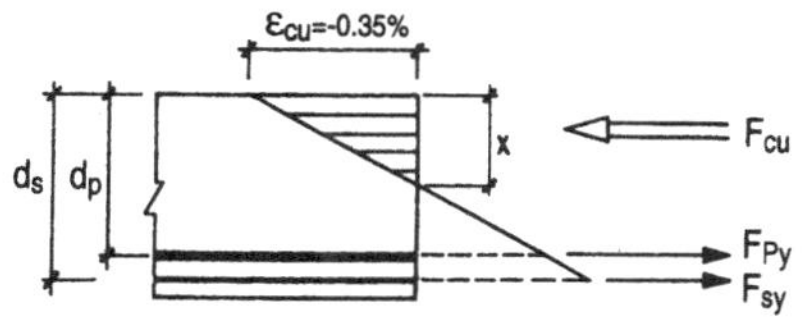

Abb. 5.8. Bruchdehnungszustand aus Dehnungsbegrenzung am Druckrand

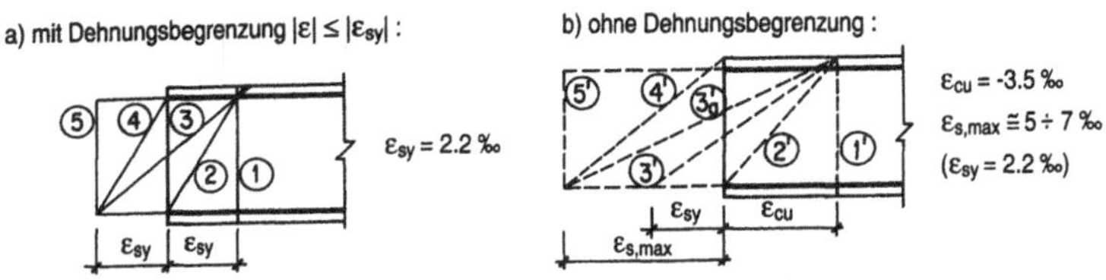

Abb. 5.9. Typische Bruchzustände. **a** Mit Dehnungsbegrenzung, **b** ohne Dehnungsbegrenzung

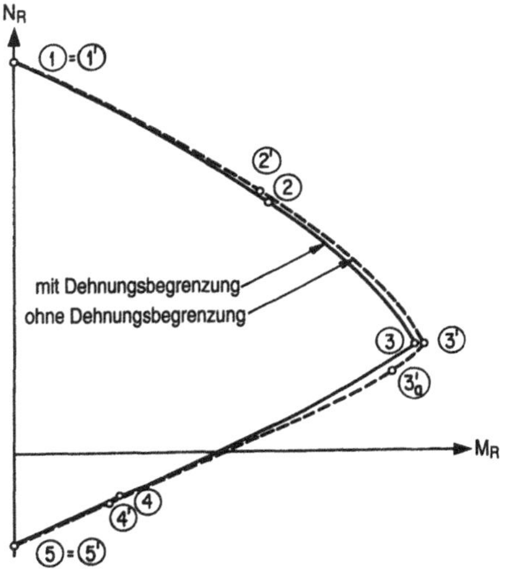

Abb. 5.10. M_R-N_R-Interaktionsdiagramm mit und ohne Dehnungsbegrenzung

Druckrand wird die Betonstauchung auf $\varepsilon_{cu} = -0,35\,\%$ begrenzt. Am Zugrand wird normalerweise mit einer Dehnungsbegrenzung von 0,5 % bis 0,7 % gerechnet. Ein typisches Interaktions-Diagramm ist in Abb. 5.10 dargestellt.

Bei schlanken Druckgliedern müssen die Schnittkräfte am verformten System ermittelt werden (Theorie 2. Ordnung). Die in Abb. 5.9b dargestellten Bruchzustände entsprechen großen Krümmungen ($1/r = 1/d \cdot (\varepsilon_c - \varepsilon_s)$) und demzufolge auch großen Systemverformungen und großen Momenten 2. Ordnung. Die maximale Traglast wird bereits früher, bei einem Verformungszustand mit kleineren Krümmungen, erreicht.

Wie eingehende Untersuchungen zeigten, ergibt sich der Höchstwert der Traglast etwa, wenn im meistbeanspruchten Schnitt die Stahldehnung der äußersten Bewehrungslage auf der Zug- oder auf der Druckseite des Querschnitts einen Wert in der Größenordnung der Stahlfließdehnung ε_{sy} erreicht. Dementsprechend kann bei schlanken Druckgliedern das M_R-N_R-Interaktions-Diagramm unter Berücksichtigung der Dehnungsbegrenzung $|\varepsilon| \leq \varepsilon_{sy}$ ermittelt werden, und im Bruchzustand darf mit einer Biegesteifigkeit von

$$EI_R = M_R \cdot r_R$$

gerechnet werden, d. h., der zur Ermittlung der Biegesteifigkeit verwendete Krümmungsradius ist bedeutend größer als im effektiven Bruchzustand.

Die Dehnungsbegrenzung ergibt im Allgemeinen nur unwesentlich abgeminderte Widerstandswerte. Es können somit näherungsweise auch für schlanke Druckglieder die Widerstandswerte ohne Dehnungsbegrenzung in Kombination mit der Biegesteifigkeit aufgrund der Krümmung bei Dehnungsbegrenzung verwendet werden (Abb. 5.9 und 5.10).

5.3.3 Querschnittswiderstand von Balken bei Querkraft

Zur Ermittlung des Querkraftwiderstands ist die einfache und übersichtliche Fachwerkanalogie nach wie vor zweckmäßig, obwohl aus verschiedenen Forschungsarbeiten verfeinerte Tragmodelle zur Verfügung stehen würden. Diese teilweise komplexen Tragmodelle rechtfertigen sich jedoch für die Bemessung nicht, denn die Wirtschaftlichkeit einer Brücke hängt viel mehr vom Tragwerkskonzept als von einer vermeintlich genauen Bemessung ab.

Bei der Fachwerkanalogie wird angenommen, dass die Querkraft allein durch den Steg übertragen wird. Das Fachwerkmodell besteht aus Betondruckdiagonalen und Stahlzuggliedern (Abb. 5.11).

Die Neigung der Druckdiagonalen α sollte nicht mehr als etwa 20° vom „natürlichen" Neigungswinkel von 45° der Hauptdruckspannungsrichtung abweichen, den die Druckkräfte im ungerissenen Zustand (bei Stegen in der Querschnittsachse) aufweisen. Bei reiner Biegung kann somit in einem nicht vorgespannten Träger die Neigung der Druckdiagonalen in einem Bereich von etwa $25° \leq \alpha \leq 65°$ frei gewählt werden. Wenn jedoch beispielsweise infolge Vorspannung im Steg eine bedeutende Normalkraft wirkt, sind dem flacheren „natürlichen" Neigungswinkel entsprechend noch kleinere Werte für die Diagonalenneigung möglich. Die einmal gewählte Diagonalenneigung kann über den gesamten Schubbereich als konstant angenommen werden.

Der Querkraftwiderstand wird einerseits durch das Zugtragvermögen der Bügel und Gurte und andererseits durch die Druckfestigkeit des Betons begrenzt. Beide Widerstände müssen überprüft werden, weil der kleinere der beiden maßgebend ist.

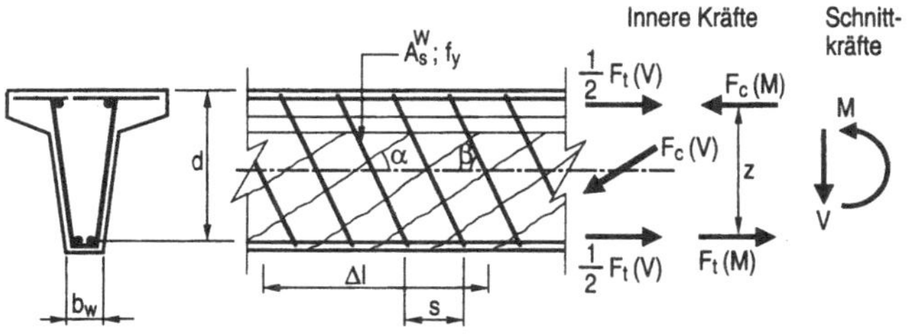

Abb. 5.11. Fachwerkmodell für Querkraftwiderstand

Die Maschenweite Δl des Fachwerks, das gemäß Abb. 5.11 auch als einfacher Strebenzug angesehen werden kann, beträgt bei einem Gurtabstand z (Hebelarm der inneren Kräfte), für den in der Regel näherungsweise $0{,}9d$ angenommen werden kann:

$$\Delta l = z \cdot (\cot \alpha + \cot \beta).$$

In diesem Element beträgt die Gesamtzugkraft, die durch Bügel aufzunehmen ist, $V/\sin \beta$, und die Gesamtdruckkraft, die vom Beton übertragen wird, beträgt $V/\sin \alpha$. Damit ist im Element der Länge Δl bei einem Bügelabstand s der folgende Bügelquerschnitt A_s^W zur Aufnahme der Querkraft erforderlich:

$$\frac{A_s^W \Delta l}{s} \cdot f_{sy} = \frac{V}{\sin \beta}.$$

Hieraus folgt für den Tragwiderstand der Bügel:

$$V_{R,s} = \frac{A_s^W f_{sy}}{s} z(\cot \alpha + \cot \beta) \sin \beta.$$

Zur Gewährleistung des Gleichgewichts am Element ist die Längszugkraft F_t erforderlich:

$$F_t(V) = V_{R,s}(\cot \alpha - \cot \beta) \geq 0.$$

Diese Längszugkraft greift je zur Hälfte im Zug- und Druckgurt an, wo sie den Gurtkräften infolge Biegung zu überlagern ist. Dabei ist im Druckgurt für die Aufnahme der Querkraft keine Längsbewehrung erforderlich, wenn die Zugkraft $\frac{1}{2}F_t(V)$ infolge der Querkraft vollständig von der Druckkraft $F_c(M)$ infolge des Biegemoments überdrückt wird. Der Zugwiderstand der Gurtungen hat somit einen wesentlichen Einfluss auf die Querkrafttragvermögen.

Die Schrägbügel einer Neigung β dürfen nicht flacher als 45° gegenüber der Balkenachse angeordnet werden. Bei gleichzeitiger Verwendung einer vertikalen und schrägen Bügelbewehrung kann die Schubbeanspruchung auf die beiden Bewehrungsanteile aufgeteilt werden. Falls aufgebogene Längsstäbe für die Aufnahme der Querkraft verwendet werden, muss die Kraftumlenkung in den Abbiegestellen gewährleistet sein.

Die Druckkraft $V/\sin \alpha$ fließt in der Diagonalenneigung durch den Steg. Der maßgebende Mindestquerschnitt beträgt (Abb. 5.12)

$$A_{c,\min} = b_{\min}^W \Delta l \sin \alpha = b_{\min}^W z(\cos \alpha + \cot \beta \sin \alpha).$$

Dabei ist bei Spanngliedern in Verbund, die im Steg verlaufen, die Stegbreite um die Hälfte der Spannglieddurchmesser zu vermindern.

Die Betondruckfestigkeit in Richtung der Druckdiagonalen wird durch Schubrissbildung geschwächt. Inwieweit bei der Rissbildung der Bügelabstand, die Bügelneigung, der „natürliche" Neigungswinkel der Druckdiagonalen und die

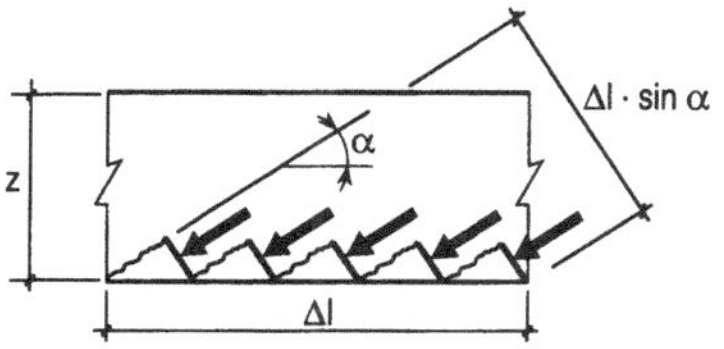

Abb. 5.12

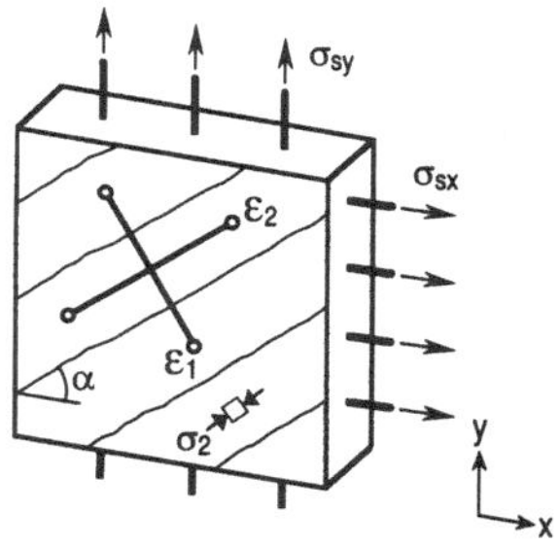

Abb. 5.13

Abb. 5.12. Modell für Mindestquerschnitt des Stegs

Abb. 5.13. Scheibenelement unter zweiachsiger Beanspruchung

angenommene Abweichung davon die Druckfestigkeit beeinflussen und dabei reduzieren, ist immer noch Gegenstand der Forschung. Für die Bemessung kann näherungsweise folgender Ansatz gewählt werden:

$$f_{c,\mathrm{red}} = k_c \cdot f_{cd}.$$

Im Fall von Trägerstegen mit geneigten Druckdiagonalen und entsprechend schief zur Druckrichtung verlaufender Bewehrung kann ein Beiwert $k_c = 0{,}6$ verwendet werden. Falls eine detailliertere Untersuchung vorgenommen werden soll, kann der Beiwert k_c anhand folgender Beziehung ermittelt werden [5.4]:

$$k_c = \frac{1}{1{,}05 + 80\varepsilon_1} \leq 0{,}7$$

mit $\varepsilon_1 = \varepsilon_x + (\varepsilon_x - \varepsilon_2)\cot^2\alpha$ mit ε_1 für die Hauptzugdehnung des Stegs, ε_x die mittlere Längsdehnung des Stegs und ε_2 die Hauptdehnung in Richtung des Druckfelds, wobei im Allgemeinen von $\varepsilon_2 = -\varepsilon_{c2}$ ausgegangen werden kann (Abb. 5.13).

Um ein Versagen der Betondruckdiagonalen zu verhindern, ist der Querkraftwiderstand begrenzt auf

$$V_{R,c} = f_{c,\mathrm{red}} A_{c,\,\min} \sin\alpha = f_{c,\mathrm{red}} b^{\mathrm{W}}_{\min} z(\cos\alpha + \cot\beta \sin\alpha)\sin\alpha.$$

Bei günstiger Wirkung von Spanngliedern mit einer Neigung von β_P wird der Querkraftwiderstand entsprechend der Querkraftkomponente der Spanngliedkraft vergrößert um

$$\Delta V_{R,P} = P \sin\beta_P,$$

wobei in der Regel mit der Spannkraft nach Abzug aller Verluste gerechnet wird ($P = P_\infty$).

Wie in Abschn. 5.3.1 erwähnt, darf bei Spanngliedern in Verbund der Spannungszuwachs infolge der Stahlzusatzdehnung nur dann und nur soweit berücksichtigt werden, als es dem Verformungsverhalten entspricht. Spannglieder mit einer

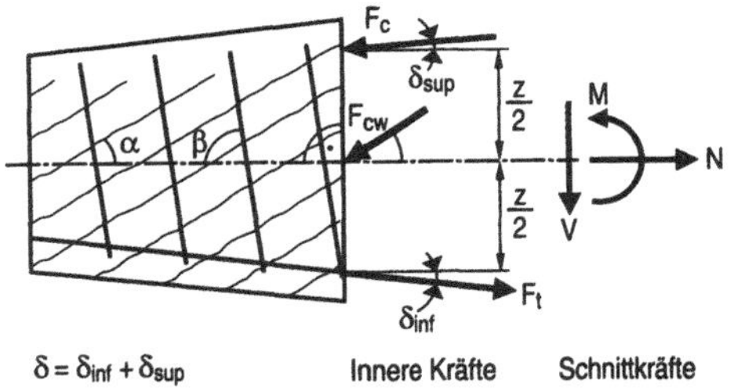

Abb. 5.14. Querkrafttragmodell für Träger mit variabler Höhe

Neigung von $\beta_P < 45°$ werden durch die Schubverformung allein nur unwesentlich gedehnt. Diese geringfügige Zusatzdehnung wird deshalb bei der Ermittlung des Querkraftwiderstands im Allgemeinen vernachlässigt.

Bei Balken mit variabler Höhe wird der Querkraftwiderstand durch die geneigten Gurtkräfte verändert. Grundsätzlich ist die Querkraft immer senkrecht zur Querschnittsachse gerichtet. Man kann somit näherungsweise davon ausgehen, dass der Zug- und der Druckgurt etwa die gleiche Neigung zur Trägerachse aufweisen (Abb. 5.14).

Bei vertikalen Bügeln beträgt die Elementlänge

$$\Delta l = z \frac{\tan \alpha}{\tan^2 \alpha - \tan^2 \frac{\delta}{2}}$$

Bei geringer Gurtneigung $\delta/2$ im Verhältnis zu α ergibt sich wieder näherungsweise $\Delta l = z \cot \alpha$. Die Gurtkräfte betragen $F = M/z$, und sie liefern je nach Richtung des Moments folgenden Zuwachs oder folgende Abminderung des Querkraftwiderstands:

$$\Delta V_{R,M} = \pm 2F \sin \frac{\delta}{2} \cong \pm \frac{M}{z} \sin \delta.$$

5.3.4 Querschnittswiderstand von Balken bei Torsion

Die Torsionstragfähigkeit wird bei Kastenquerschnitten und bei Vollquerschnitten durch einen geschlossenen Schubfluss aufgebaut. Die Berechnung kann an einem ideellen Hohlquerschnitt mit den Wandstärken t_{ef} durchgeführt werden. Bei Hohlquerschnitten entspricht t_{ef} im Allgemeinen den einzelnen Wandstärken, bei Vollquerschnitten kann die idelle Wandstärke zweckmäßig gewählt werden.

Der konstante Schubfluss v beträgt:

$$v = \frac{T}{2A_{ef}},$$

wobei A_{ef} gemäß Abb. 5.15 von der Mittellinie der Wandstärken gebildet wird. In den einzelnen Querschnittsscheiben entsteht somit eine Schubkraft V_i:

$$V_i = z_i^T \cdot v.$$

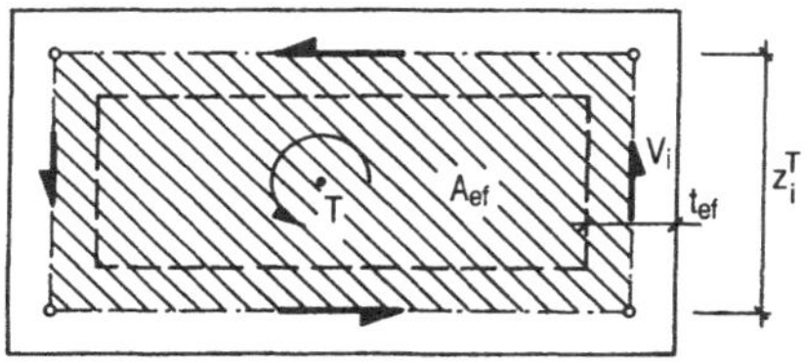

Abb. 5.15

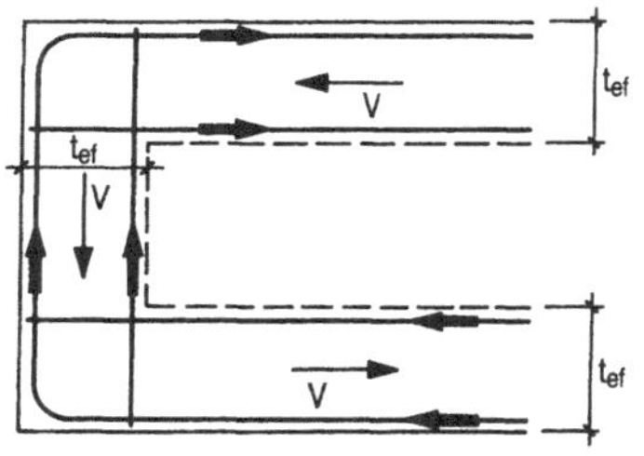

Abb. 5.16

Abb. 5.15. Rechnerische Querschnittsfläche A_{ef} bei Torsion

Abb. 5.16. Innenliegende Bewehrung bei Querschnittsscheiben

In jeder Einzelscheibe ist der Schubwiderstand im Prinzip gleich zu ermitteln wie bei der Querkraft V_R. Maßgebend für den Torsionswiderstand ist der kleinste Schubwiderstand einer Einzelscheibe. Es ist zudem zu beachten, dass in jeder Scheibe die Druckdiagonalen mit den entsprechenden Zuggliedern bzw. Bügeln einen Gleichgewichtszustand bilden. Um diesen zu gewährleisten, muss auch auf der Innenseite der Wandstärke t_{ef} eine entsprechende Bewehrung angeordnet werden (Abb. 5.16).

5.3.5 Biegewiderstand von Platten und Zugwiderstand von Scheiben

Für Platten wird die Biegetragfähigkeit im Prinzip analog wie für Balken berechnet. Mit a_s als bezogener Stahlquerschnitt ergibt sich gemäß Abb. 5.17 der bezogene Biegewiderstand m_R (Moment pro Längeneinheit) zu

$$m_R = a_s \cdot f_{sy} \cdot (d - 0{,}4x), \qquad \text{mit}\, x \cong 1{,}25\frac{a_s \cdot f_{sy}}{f_c}.$$

Mit dem mechanischen Bewehrungsgehalt

$$\omega = \frac{a_s}{d}\frac{f_{sy}}{f_c}$$

ergibt sich somit

$$m_R = \omega \cdot d^2 \cdot f_c \cdot \left(1 - \frac{\omega}{2}\right).$$

Das Schnittkraft-Umlagerungsvermögen ist insbesondere bei Platten mit zwei ausgeprägten Tragrichtungen größer als bei Balken. Ein beachtlicher Teil der

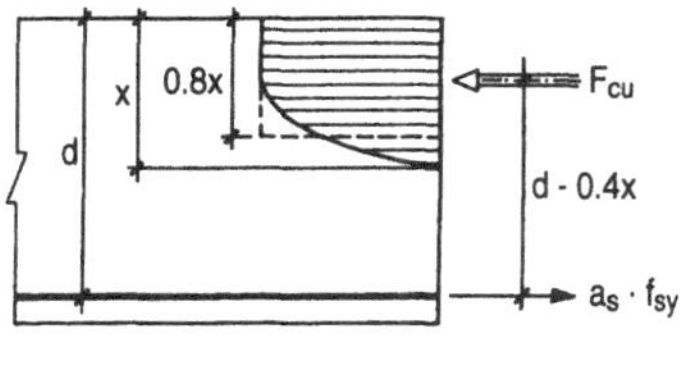

Abb. 5.17. Biegewiderstandsmodell

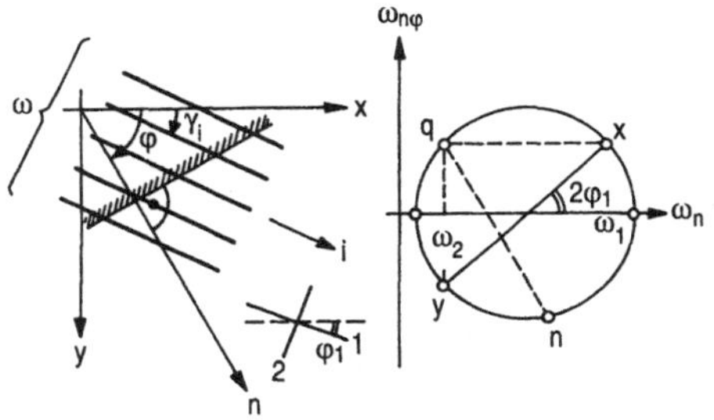

Abb. 5.18. Transformation des mechanischen Bewehrungsgehaltes

Schnittkräfte wird bereits bei der Rissbildung umgelagert. Zur Gewährleistung der erforderlichen Duktilität genügt der Nachweis:

$$x/d \leq 0{,}5.$$

Im Brückenbau, insbesondere bei Plattenbrücken, sind schiefwinklige Anordnungen der Bewehrung oder Mehrbahnen-Bewehrungen relativ häufig. Grundsätzlich lassen sich aus den mechanischen Bewehrungsgehalten ω_i (in den Bewehrungsrichtungen i) äquivalente orthogonale Bewehrungen ω_1 und ω_2 in den Hauptrichtungen bestimmen. Hiefür werden die bekannten Transformationsformeln verwendet. Aus der Bewehrungsrichtung i werden zunächst die fiktiven mechanischen Bewehrungsgehalte ω_x, ω_y und ω_{xy} ermittelt (Abb. 5.18):

$$\omega_x = \sum_i \omega_i \cdot \cos^2 \gamma_i,$$

$$\omega_y = \sum_i \omega_i \cdot \sin^2 \gamma_i,$$

$$\omega_{xy} = \sum_i \omega_i \cdot \sin \gamma_i \cdot \cos \gamma_i.$$

Daraus ergibt die Transformation die äquivalenten orthogonalen Bewehrungsgehalte ω_1 und ω_2 in den Hauptrichtungen ξ und η:

$$\omega_1 = \omega_\xi = \omega_x \cdot \cos^2 \varphi_1 + \omega_y \cdot \sin^2 \varphi_1 + \omega_{xy} \cdot \sin 2 \cdot \varphi_1,$$
$$\omega_2 = \omega_\eta = \omega_x \cdot \sin^2 \varphi_1 + \omega_y \cdot \cos^2 \varphi_1 - \omega_{xy} \cdot \sin 2 \cdot \varphi_1$$

mit

$$\tan 2 \cdot \varphi_1 = \frac{2 \cdot \omega_{xy}}{\omega_x - \omega_y}.$$

Dieser „Ersatzbewehrung“ entsprechen die in üblicher Weise zu bestimmenden Biegewiderstände $m_{R\xi}$ und $m_{R\eta}$:

$$m_{R\xi} = \omega_\xi \cdot d^2 \cdot f_c \left(1 - \frac{\omega_\xi}{2}\right), \qquad m_{R\eta} = \omega_\eta \cdot d^2 \cdot f_c \left(1 - \frac{\omega_\eta}{2}\right).$$

Der Zugwiderstand beliebig bewehrter Scheiben ist grundsätzlich analog zu ermitteln.

5.4 Tragsicherheit von Balken, Platten und Scheiben

5.4.1 Tragsicherheit von Balken

Bei Balken sind für die Bemessung der Bewehrung immer die Zugkräfte aus der gleichzeitigen Wirkung sämtlicher Schnittkräfte (Biegung, Normalkraft, Querkraft und Torsion) zu ermitteln. Zudem ist zur Gewährleistung der Tragsicherheit auch nachzuweisen, dass die entsprechenden Druckkräfte bei den vorhandenen Querschnittsabmessungen aufgenommen werden können.

5.4.2 Tragsicherheit biegebeanspruchter Platten

Der Nachweis der Tragsicherheit biegebeanspruchter Platten kann aufgrund der folgenden Bedingung erbracht werden:

$$m_{\mathrm{d}n} \leq m_{Rn}/\gamma_R \quad \text{bzw.} \quad m_{\mathrm{d}n} \geq -m'_{Rn}/\gamma_R.$$

Es bedeuten $m_{\mathrm{d}n}$ das Biegemoment aus Einwirkungen auf Bemessungsniveau, m_{Rn} den Biegewiderstand für positive Momente, m'_{Rn} den Biegewiderstand für negative Momente (Biegewiderstände sind immer positiv).

Hieraus ergeben sich für eine in den *orthogonalen Richtungen* x und y bewehrte Platte bei Berücksichtigung aller Richtungen n die Bedingungen:

$$\underbrace{\left(\frac{m_{Rx}}{\gamma_R} - m_{\mathrm{d}x}\right)}_{\geq 0} \underbrace{\left(\frac{m_{Ry}}{\gamma_R} - m_{\mathrm{d}y}\right)}_{\geq 0} - m_{\mathrm{d}xy}^2 \geq 0$$

und

$$\underbrace{\left(\frac{m'_{Rx}}{\gamma_R} + m_{\mathrm{d}x}\right)}_{\geq 0} \underbrace{\left(\frac{m'_{Ry}}{\gamma_R} + m_{\mathrm{d}y}\right)}_{\geq 0} - m_{\mathrm{d}xy}^2 \geq 0.$$

In der Regel wird wie folgt bemessen:

– Biegewiderstand für positive Momentenbeanspruchung

$$m_{Rx}/\gamma_R = m_{\mathrm{d}x} + |m_{\mathrm{d}xy}| \quad \text{und} \quad m_{Ry}/\gamma_R = m_{\mathrm{d}y} + |m_{\mathrm{d}xy}|.$$

Nur sofern $m_{\mathrm{d}x} < 0$ und $|m_{\mathrm{d}x}| > |m_{\mathrm{d}xy}|$ sind, wählt man $m_{Rx} = 0$ und

$$\frac{m_{Ry}}{\gamma_R} = m_{\mathrm{d}y} + \frac{m_{\mathrm{d}xy}^2}{-m_{\mathrm{d}x}},$$

bzw., sofern $m_{\mathrm{d}y} < 0$ und $|m_{\mathrm{d}y}| > |m_{\mathrm{d}xy}|$ sind, entsprechend $m_{Ry} = 0$ und

$$\frac{m_{Rx}}{\gamma_R} = m_{\mathrm{d}x} + \frac{m_{\mathrm{d}xy}^2}{-m_{\mathrm{d}y}}.$$

– Biegewiderstand für negative Momentenbeanspruchung

$$\frac{m'_{Rx}}{\gamma_R} = -m_{dx} + |m_{dxy}| \quad \text{und} \quad \frac{m'_{Ry}}{\gamma_R} = -m_{dy} + |m_{dxy}|,$$

wobei auch hier in den Ausnahmefällen

$$m_{dx} > 0 \quad \text{und} \quad |m_{dx}| > |m_{dxy}|,$$
$$m_{dy} > 0 \quad \text{und} \quad |m_{dy}| > |m_{dxy}|$$

die Biegewiderstände $m'_{Rx} = 0$ bzw. $m'_{Ry} = 0$ gewählt werden können.

Bei *schiefer Bewehrungsanordnung* oder bei Mehrbahnenbewehrung müssen die Bemessungsmomente m_d auf die Hauptrichtungen ξ und η der äquivalenten Ersatzbewehrung transformiert werden:

$$m_{d\xi} = m_{dx} \cdot \cos^2 \varphi_1 + m_{dy} \cdot \sin^2 \varphi_1 + m_{dxy} \cdot \sin 2 \cdot \varphi_1,$$
$$m_{d\eta} = m_{dx} \cdot \sin^2 \varphi_1 + m_{dy} \cdot \cos^2 \varphi_1 - m_{dxy} \cdot \sin 2 \cdot \varphi_1,$$
$$m_{d\xi\eta} = \frac{1}{2} \cdot (m_{dy} - m_{dx}) \cdot \sin 2 \cdot \varphi_1 + m_{dxy} \cdot \cos 2 \cdot \varphi_1.$$

Für diese transformierten Bemessungsmomente können die Fließbedingungen wieder in der angegebenen Form verwendet werden.

Bei Platten kann auf eine Schubbewehrung verzichtet werden, falls die bezogene Querkraft (Querkraft pro Längeneinheit) folgende Bedingung erfüllt:

$$V_d \leq \frac{1}{\gamma_R} \cdot \tau_c \cdot z.$$

Zusätzlich ist zu beachten, dass ein wesentlicher Anteil der Hauptbewehrung über die Auflager geführt und dort einwandfrei verankert werden muss. Falls die Querkraft den angegebenen Wert übersteigt, sind zusätzliche Untersuchungen und allenfalls die Anordnung einer Schubbewehrung erforderlich. In Bereichen, wo konzentrierte, senkrecht zur Plattenebene gerichtete Kräfte in die Platte eingeleitet werden (z. B. Auflager von Platten, Stützen auf Flachfundamenten), besteht Gefahr des Durchstanzens. Diesbezüglich müssen immer spezielle Untersuchungen durchgeführt werden.

An freien Plattenrändern, z. B. bei schiefen Plattenbrücken, treten oft große Drillmomente auf. Die Randzone ist dementsprechend zu bemessen (Abb. 5.19).

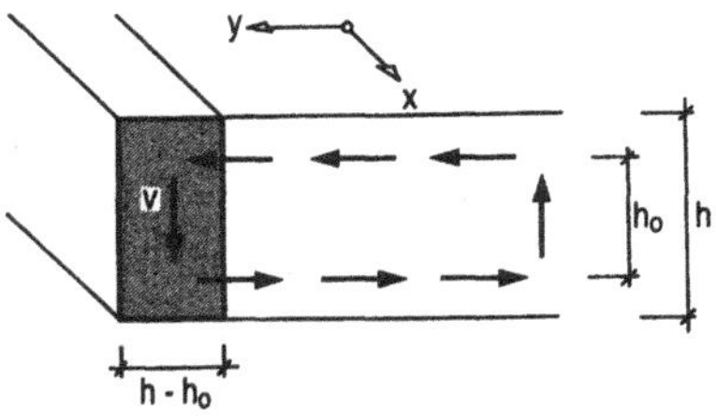

Abb. 5.19. Querkraft aus Drillung

Der Schubfluss v beträgt:

$$m_{xy} = v \cdot h_0, \quad \text{mit} \quad v = m_{xy}/h_0.$$

Damit ergibt sich im Randbalken infolge Drillung die zusätzliche Querkraft $V_x(m_{xy})$ zu

$$V_x(m_{xy}) = v \cdot h_0 = m_{xy}.$$

Die Randzone der Platte kann somit als Balken mit der Breite $h - h_0 \cong h/2$ berechnet und bewehrt werden, wobei die Schnittkräfte

$$M_x = m_x \frac{h}{2}, \qquad V_x = v_x \frac{h}{2} + m_{xy}$$

zu berücksichtigen sind. Die Plattenbewehrung muss im Randbalken einwandfrei verankert werden.

5.4.3 Tragsicherheit von Scheiben

Sofern die inneren Kräfte von Scheiben aufgrund eines einbeschriebenen Fachwerks oder aufgrund des Kraftflusses ermittelt werden, kann die Bewehrung entsprechend bemessen und angeordnet werden. Falls die Scheibenkräfte n_x, n_y, n_{xy} und n_{yx} hingegen nach der Scheibentheorie ermittelt werden, ist der Nachweis der Tragsicherheit aufgrund der Bedingung

$$n_{\mathrm{d}n} \leq n_{Rn}/\gamma_R$$

durchzuführen, wobei $n_{\mathrm{d}n}$ die Bemessungszugkraft und n_{Rn} den Zugwiderstand bedeutet (Abb. 5.20).

Bei Betrachtung aller Richtungen n ergibt sich für eine in den orthogonalen Richtungen x und y bewehrte Scheibe die zu biegebeanspruchten Platten analoge Bedingung:

$$\left(\frac{n_{Rx}}{\gamma_R} - n_{\mathrm{d}x}\right)\left(\frac{n_{Ry}}{\gamma_R} - n_{\mathrm{d}y}\right) - n_{\mathrm{d}xy}^2 \geq 0.$$

Für die Bemessung der schiefwinkligen Bewehrung und der Mehrbahnenbewehrung kann im Prinzip gleich vorgegangen werden wie bei Platten.

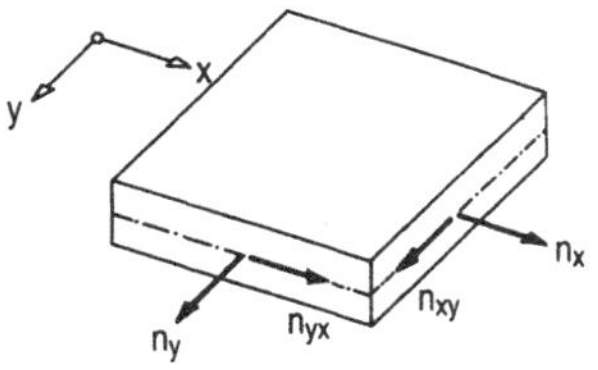

Abb. 5.20. Scheibenkräfte

5.5 Mindestbewehrung

5.5.1 Allgemeines

Der Gehalt an Mindestbewehrung von Stahlbetonbauten ist durch die Tragsicherheit und die Rissverteilung begründet. Es soll nämlich ein Versagen ohne Vorankündigung bei Erstrissbildung vermieden werden, indem die Mindestbewehrung genügend stark dimensioniert wird, damit sie mit der Fließkraft die während des Rissbildungsprozesses freigesetzten Betonzugkräfte in den Rissquerschnitten aufnehmen kann. Außerdem soll erreicht werden, dass eine gleichmäßige Rissverteilung erfolgen kann und die Rissbreiten infolge behinderter oder aufgezwungener Verformungen und Eigenspannungen begrenzt bleiben.

Grundsätzlich ist die Mindestbewehrung so zu bemessen, dass unter ständigen Einwirkungen (ständige Lasten und Vorspannung) sowie infolge von Zwängungen und Eigenspannungen eine festgelegte Rissbreite nicht überschritten wird. In einfachen Fällen, d. h. bei konstanter Rissschnittkraft und konstanter Zwangsbeanspruchung längs des Trägers, kann die Mindestbewehrung als Querschnittswert aufgrund der zulässigen Rissbreite für die Rissschnittkräfte ermittelt werden. Im Allgemeinen ist die Mindestbewehrung jedoch kein fester Querschnittswert. Sie muss unter Berücksichtigung des Verlaufs der Rissschnittkräfte infolge der ständigen Einwirkungen und des generellen Verlaufs der Zwangsbeanspruchung ermittelt werden.

Bei korrekter und sorgfältiger Bemessung sind aus Last- und Krafteinwirkung keine unzulässigen Risse zu befürchten. In der Regel genügt es, die Schnittkräfte aus Eigenlast und Vorspannung im Bauzustand und im Eingusszustand am elastischen System zu ermitteln, den Schnittkräften des Eingusszustands die elastischen Schnittkräfte aus Verkehrslast zu überlagern und die Spannungen im Betonstahl einer mittleren Rissbreite von 0,2 mm entsprechend zu beschränken. Die mittlere Rissbreite ist ein am Bauwerk nicht eindeutig messbarer Wert, und die Streuungen sind beträchtlich. Die mittlere Rissbreite ist somit als Rechenwert, d. h. als Bemessungsgrundlage für die Ermittlung und Anordnung der Bewehrung, aufzufassen.

Bei Zwängungen wird aufgrund der zulässigen Rissbreite und unter Berücksichtigung des Beanspruchungszustands aus ständigen Lasten und Vorspannung geometrisch die Verformungsfähigkeit bestimmt, die größer als die effektive Zwangsverformung sein muss.

Alle Methoden zur Ermittlung der Rissbreiten und Verformungen im gerissenen Zustand setzen generell voraus, dass die Stahlspannungen berechnet werden können oder bekannt sind. Im Gebrauchszustand ist jedoch die tatsächliche Größe der Stahlspannungen von zahlreichen, zum Teil sehr schwierig erfassbaren Einwirkungen und Einflüssen abhängig. Dazu gehören insbesondere:

- Spannkraftverluste infolge Reibung, Relaxation, Kriechen und Schwinden,
- Schnittkraftumlagerungen aus Systemwechseln bei der Tragwerksherstellung und infolge Steifigkeitsänderungen durch z. B. Rissbildung,

– Zwängungen und Eigenspannungen infolge Auflagerverschiebungen, Temperaturänderungen, Kriechen und Schwinden.

Eine „exakte“ Berechnung der Stahlspannungen ist somit illusorisch. Vernünftige Vereinfachungen sowohl bei der Berechnung der Stahlspannungen als auch bei der Ermittlung der Rissbreiten und Verformungen sind somit durchaus zulässig und sinnvoll.

5.5.2 Rissschnittkräfte bei Biegung mit Normalkraft

Im Brückenbau interessiert vor allem das Rissverhalten infolge der ständigen Einwirkungen (ständige Last und Vorspannung) sowie der Zwängungen und Eigenspannungen. Bei ständigen Einwirkungen allein wird die Betonzugfestigkeit in vorgespannten Bauteilen meistens nicht erreicht. Besonders wichtig ist deshalb das Rissverhalten bei Erreichen der Rissschnittkräfte infolge überlagerter Zwängung. Diese so genannte Risslast wird normalerweise unabhängig von der Größe der Zwängung nur unwesentlich überschritten. Bei zunehmender Zwängung bilden sich zwar mehr Risse, die Rissbreite bleibt aber annähernd konstant. Aufgrund des Beanspruchungszustands bei „Risslast“ wird deshalb auch die erforderliche Mindestbewehrung ermittelt.

Die Stahlspannungen können bei diesem Beanspruchungszustand relativ zuverlässig berechnet werden, da sie nicht aufgrund der Einwirkungen, sondern aufgrund der Betonzugfestigkeit des wirksamen homogenen Querschnitts bestimmt werden. Bei der Festlegung des Mindestbewehrungsgehalts ist die Abschätzung der während des Rissbildungsprozesses vorliegenden Betonzugfestigkeit sehr wichtig, weil deren Größe den erforderlichen Bewehrungsgehalts direkt beeinflusst. Die Abschätzung des Zeitpunkts der Rissbildung und des dann erreichten Werts der Betonzugfestigkeit ist jedoch mit beträchtlichen Unsicherheiten verbunden.

Rissbildung bei Biegung mit Normalkraft

Die Betonzugfestigkeit weist in einem Träger immer gewisse Streuungen auf; sie wird insbesondere durch Inhomogenität, Mikrorisse aus Eigenspannungen und Querbewehrung lokal geschwächt.

Bei zunehmender, dem Träger entlang konstant vorausgesetzter Beanspruchung entsteht an jener Stelle des Trägers, der die kleinste Betonzugfestigkeit aufweist, ein erster Riss. Die Schnittkräfte, die diesen Erstriss verursachen, werden als Rissschnittkräfte $S_r(N_r, M_r)$ bezeichnet:

$$N_r + M_r \cdot \frac{A_c}{W_c} = f_{ct} \cdot A_c.$$

Bei zentrischem Zug:

$$N_r = f_{ct} \cdot A_c.$$

Bei reiner Biegung:

$$M_r = f_{ct} \cdot W_c.$$

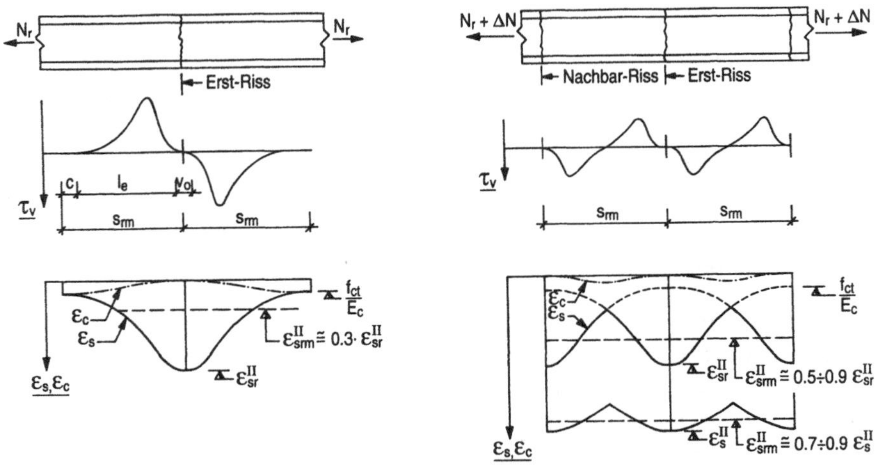

Abb. 5.21. Mechanismus der Rissbildung bei zentrischem Zug

Im Rissquerschnitt übernimmt die Bewehrung die der Rissschnittkraft entsprechende Zugkraft. Die zugehörige Stahlspannung wird mit σ_{sr}^{II} bezeichnet:

$$\sigma_{sr}^{II} = \sigma_{s}^{II}(N_r, M_r).$$

Durch die Verbundspannungen τ_v wird die Stahlzugkraft nach der so genannten Eintragungslänge l_e wieder auf den Betonquerschnitt übertragen. Nach einer relativ geringfügigen weiteren Steigerung der Beanspruchung (immer noch in der Größenordnung von S_r) bilden sich bei konstanter Beanspruchung entlang des Trägers weitere Risse (Abb. 5.21). Schließlich entsteht ein so genanntes abgeschlossenes Rissbild, da auch mit steigender Beanspruchung die Betonzugfestigkeit zwischen den Rissen nicht mehr erreicht wird. Näherungsweise kann angenommen werden, dass sich das abgeschlossene Rissbild bereits dann ausgebildet hat, wenn jeweils im Abstand s_{rm} ein Riss entstanden ist, denn wegen der auf die Hälfte verkürzten Haftlänge kann die Betonzugfestigkeit zwischen den Rissen auch bei größerer Beanspruchung im Allgemeinen nicht mehr erreicht werden. Unter diesen vereinfachenden Annahmen liegt die Stahlspannung bei abgeschlossenem Rissbild nach wie vor in der Größenordnung von σ_{sr}^{II}.

Die Elementlänge zwischen den Rissen des abgeschlossenen Rissbildes wird als mittlerer Rissabstand s_{rm} bezeichnet. Es handelt sich dabei um einen theoretischen Wert, der entsprechend der Betonzugfestigkeit beträchtlichen Streuungen unterworfen ist. Wenn der Abstand der Querbewehrung nicht wesentlich vom mittleren theoretischen Rissabstand abweicht, werden die Risse normalerweise bei der Querbewehrung entstehen. Zwischen den Rissen wird ein Teil der Zugkraft vom Beton übernommen. Die mittlere Stahlspannung auf der Elementlänge $-s_{rm}/2$ bis $+s_{rm}/2$ beträgt σ_{sm}^{II} und dementsprechend ist die mittlere Stahldehnung ε_{sm}^{II}. Die Betondehnung zwischen den Rissen (am Zugrand) kann vernachlässigt werden; Zugdehnung und Schwindverkürzung sind etwa von gleicher Größenordnung.

Damit beträgt die mittlere theoretische Rissbreite am Zugrand:

$$w_\mathrm{m} = \varepsilon_\mathrm{sm}^\mathrm{II} \cdot s_\mathrm{rm}.$$

Da die Stahlspannung (im Rissquerschnitt) von der Bildung des Erstrisses bis zum Erreichen des abgeschlossenen Rissbildes (bei konstanter Beanspruchung entlang des Trägers) nur unwesentlich zunimmt, verändert sich auch die Rissbreite nur unwesentlich, sie beträgt:

$$w_\mathrm{m}(S_\mathrm{r}) = \varepsilon_\mathrm{srm}^\mathrm{II} \cdot s_\mathrm{rm},$$

wobei $\varepsilon_\mathrm{srm}^\mathrm{II}$ die mittlere Stahldehnung unter Rissschnittkraft ist.

Bei konstanter Beanspruchung entlang des Trägers wird die Rissbreite von der Bildung des Erstrisses bis zum Erreichen des abgeschlossenen Rissbildes gleich bleiben und erst mit weiter zunehmender Beanspruchung anwachsen:

$$w_\mathrm{m}(S) = \varepsilon_\mathrm{sm}^\mathrm{II} \cdot s_\mathrm{rm}.$$

Bei variabler Beanspruchung entlang des Trägers wird der Erstriss an der Stelle der größten Beanspruchung entstehen. Weitere Risse können sich erst mit zunehmender Beanspruchung bilden, und die Rissbreite des Erstrisses wird auch der Beanspruchung entsprechend zunehmen.

Mittlere Stahldehnung. Die mittlere Stahldehnung $\varepsilon_\mathrm{sm}^\mathrm{II}$ ist von folgenden Parametern abhängig:

- Stahldehnung im Rissquerschnitt: $\varepsilon_\mathrm{s}^\mathrm{II}$,
- Verhältnis effektiver Stahlspannung $\sigma_\mathrm{s}^\mathrm{II}$ zu Stahlspannung bei Risslast $\sigma_\mathrm{sr}^\mathrm{II}$ (im Rissquerschnitt): $\sigma_\mathrm{s}^\mathrm{II}/\sigma_\mathrm{sr}^\mathrm{II}$,
- Verbundfestigkeit,
- Art der Lasteinwirkung (Dauerlast, wiederholte Last, Kurzzeitlast).

Der prinzipielle Verlauf der mittleren Stahldehnung $\varepsilon_\mathrm{sm}^\mathrm{II}$ und derjenige der mittleren Betondehnung $\varepsilon_\mathrm{cm}^\mathrm{II}$ in Funktion der Schnittkraft S sind in Abb. 5.22 dargestellt.

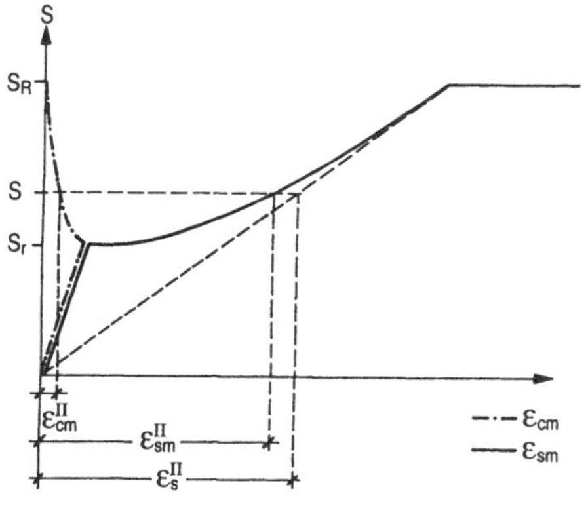

Abb. 5.22. Verlauf der mittleren Stahl- und Betondehnungen auf Bewehrungshöhe

Im Normalfall (Rippenstahl, Dauerlast) ergibt sich die mittlere Stahldehnung zu:

$$\varepsilon_{\mathrm{sm}}^{\mathrm{II}} = \left[1 - 0{,}5\left(\frac{\sigma_{\mathrm{sr}}^{\mathrm{II}}}{\sigma_{\mathrm{s}}^{\mathrm{II}}}\right)^2\right]\varepsilon_{\mathrm{s}}^{\mathrm{II}} = \lambda \cdot \varepsilon_{\mathrm{s}}^{\mathrm{II}}.$$

Der Faktor λ liegt im Bereich $0{,}5 \leq \lambda \leq 1{,}0$.

Näherungsweise kann angenommen werden (Abb. 5.21):

- Bei 1,0- bis 1,5-facher „Risslast" beträgt die mittlere Stahldehnung etwa $\varepsilon_{\mathrm{srm}}^{\mathrm{II}} = (0{,}5 \div 0{,}7)\varepsilon_{\mathrm{sr}}^{\mathrm{II}}$.
- Bei mehr als 1,5-facher „Risslast" erhöht sich der Wert auf $\varepsilon_{\mathrm{sm}}^{\mathrm{II}} = (0{,}7 \div 0{,}9)\varepsilon_{\mathrm{s}}^{\mathrm{II}}$.

Mittlerer Rissabstand. Der mittlere Rissabstand s_{rm} entspricht im Prinzip der Länge, die zum Aufbau der Rissbeanspruchung im Nachbarquerschnitt erforderlich ist. Dabei spielen im Wesentlichen folgende Parameter eine Rolle:

- f_{ct}, Betonzugfestigkeit;
- τ_{vm}, mittlere Verbundfestigkeit zwischen Stahl und Beton;
- $A_{\mathrm{c,ef}}$, wirksame Betonquerschnittsfläche, die von der eingetragenen Stahlzugkraft aufgerissen werden muss;
- k, Völligkeitskoeffizient der Spannungsverteilungs in der Betonquerschnittsfläche $A_{\mathrm{c,ef}}$ im homogenen Zustand;
- ρ, Bewehrungsgehalt;
- $\varnothing$, Stabdurchmesser;
- s, Stababstand;
- c, Überdeckung der Bewehrung.

Ferner haben aber auch alle Schwächungen der Betonquerschnittsfläche einen Einfluss auf den mittleren Rissabstand s_{rm}.

Die zum Aufreißen der wirksamen Betonquerschnittsfläche $A_{\mathrm{c,ef}}$ erforderliche Stahlzugkraft benötigt bei einer mittleren Verbundfestigkeit τ_{vm} die Eintragungslänge l_{e}, die sich näherungsweise wie folgt ermitteln lässt.

Aus

$$l_{\mathrm{e}} \cdot \varnothing \cdot \pi \cdot \tau_{\mathrm{vm}} = f_{\mathrm{ct}} \cdot k \cdot A_{\mathrm{c,ef}}$$

erhält man

$$l_{\mathrm{e}} = \frac{f_{\mathrm{ct}} \cdot k \cdot A_{\mathrm{c,ef}}}{\tau_{\mathrm{vm}} \cdot \pi \cdot \varnothing} \cong 0.4 \cdot \frac{k \cdot A_{\mathrm{c,ef}}}{\pi \cdot \varnothing}.$$

Der Quotient $f_{\mathrm{ct}}/\tau_{\mathrm{vm}}$ ist nahezu unabhängig von der Betonzugfestigkeit und beträgt bei Rippenstahl ca. 0,4. Der Faktor k entspricht dem Völligkeitskoeffizienten der Spannungsverteilung σ_{c} in der wirksamen Querschnittsfläche. Bei rechteckiger Spannungsverteilung ist $k = 1$ und bei dreieckförmiger Spannungsverteilung beträgt $k = 0{,}5$.

Die wirksame Betonquerschnittsfläche $A_{\mathrm{c,ef}}$ (Abb. 5.23) erhält man aus:

$$A_{\mathrm{c,ef}} = s \cdot h_{\mathrm{ef}}.$$

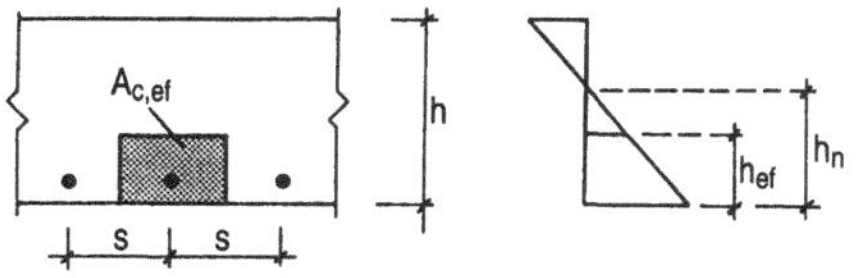

Abb. 5.23. Ermittlung von $A_{c,ef}$ bei Biegung mit Normalkraft

Tabelle 5.2. Wirksame Querschnittshöhe h_{ef}

Zug an einem Querschnittsrand $h_n \leq 0.75\,h$		Zug an beiden Querschnittsrändern $h_n \geq 1.0\,h$	
$h_n \leq 250$ mm	$h_{ef} = h_n$	$h/2 \leq 250$ mm	$h_{ef} = h/2$
$h_n \geq 250$ mm	$h_{ef} = 250$ mm	$h/2 \geq 250$ mm	$h_{ef} = 250$ mm

Ein Näherungswert für h_{ef} kann Tabelle 5.2 entnommen werden. Für Werte von h_n zwischen $0{,}75 \cdot h$ und $1{,}0 \cdot h$ kann linear interpoliert werden.

Für die Ermittlung des mittleren Rissabstandes müssen nebst der Eintragungslänge l_e auch noch die Längen des gestörten Verbundes $v_0 (v_0 \cong 5 \cdot \varnothing)$ und der Spannungsausbreitung vom Ende der Eintragungslänge bis zum Rand, die etwa der Bewehrungsüberdeckung c entspricht, berücksichtigt werden (Abb. 5.21):

$$s_{rm} = \frac{v_0}{2} + c + l_e = \frac{v_0}{2} + c + \frac{k \cdot A_{c,ef}}{8 \cdot \varnothing} [\mathrm{mm}].$$

5.5.3 Beispiele

Beispiel 5.1. Ermittlung der Rissbreite in der unteren Platte eines Kastenquerschnittes unter Risslast. Folgende Abmessungen und Kennwerte sind gegeben:

Plattendicke	$h = 180$ mm
Bewehrungsgehalt	$\rho = 0.6\,\%$
Stababstand	$s = 150$ mm
(Bewehrung oben und unten mit $\varnothing$ von 10 mm)	
Überdeckung	$c = 40$ mm
Betonzugfestigkeit	$f_{ct} = 2\,\mathrm{N/mm^2}$

Die Risslast der Platte beträgt je Meter Breite

$$N_r = f_{ct} \cdot A_c = 2 \cdot 180 \cdot 1000 = 360\,\mathrm{kN},$$

mit dem zugehörigen Stahlquerschnitt

$$A_{s,tot} = \rho \cdot A_c = 0{,}006 \cdot 180 \cdot 1000 = 1080\,\mathrm{mm^2}.$$

Daraus ergeben sich die Stahlspannung unter Risslast:

$$\sigma_{sr}^{II} = \frac{N_r}{A_{s,tot}} = 330\,\mathrm{N/mm^2}$$

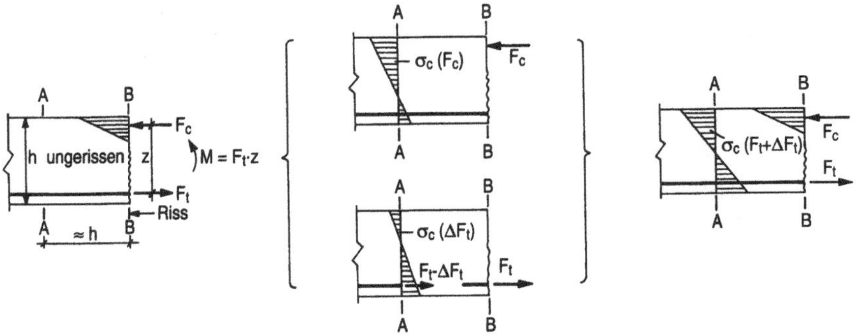

Abb. 5.24. Aufbau der Betonzugspannungen zwischen den Rissen

und die Stahldehnung im Rissquerschnitt:

$$\varepsilon_{\text{sr}}^{\text{II}} = \frac{\sigma_{\text{sr}}^{\text{II}}}{E_{\text{s}}} = 1{,}6 \cdot 10^{-3}.$$

Die mittlere Stahldehnung beträgt etwa:

$$\varepsilon_{\text{srm}}^{\text{II}} \cong 0{,}6\varepsilon_{\text{sr}}^{\text{II}} = 0{,}96 \cdot 10^{-3}.$$

Die Eintragungslänge ergibt sich zu:

$$l_{\text{e}} = \frac{k \cdot A_{\text{c,ef}}}{8 \cdot \varnothing} = \frac{1{,}0 \cdot 150 \cdot 90}{8 \cdot 10} = 170\,\text{mm}.$$

Damit kann der mittlere Rissabstand bestimmt werden (Annahme $v_0 \cong 40\,\text{mm}$):

$$s_{\text{rm}} = \frac{v_0}{2} + c + l_{\text{e}} = 20 + 40 + 170 = 230\,\text{mm},$$

und man erhält eine mittlere Rissbreite von:

$$w_{\text{m}} = s_{\text{rm}} \cdot \varepsilon_{\text{srm}}^{\text{II}} = 230 \cdot 0{,}96 \cdot 10^{-3} = 0{,}22\,\text{mm}.$$

Bei Biegung greift die Biegedruckkraft im Rissquerschnitt exzentrisch an. Ihre Ausbreitung im anschließenden ungerissenen Teil verursacht am Zugrand Zugspannungen, die sich den Zugspannungen infolge der Eintragung der Stahlzugkraft überlagern (Abb. 5.24).

Dieser günstige Einfluss auf die Größe des Rissabstandes wird im dargestellten Ansatz nicht berücksichtigt. Bei hohen Querschnitten ist er nicht von Bedeutung, da der Rissabstand im Allgemeinen wesentlich kleiner ist als die Querschnittshöhe h. Bei großen Biegedruckkräften in Querschnitten mit kleiner Höhe (z. B. vorgespannte Platten) ist jedoch die Berücksichtigung dieses Effektes wichtig, da allein dadurch eine kontinuierliche Rissbildung im Abstand von $1{,}0 \cdot h$ bis $1{,}5 \cdot h$ möglich ist.

Beispiel 5.2. Ermittlung der Mindestbewehrung für einen schwindbehinderten Plattenstreifen.

Abmessungen des Plattenstreifens:

Länge	$l = 10{,}0\,\mathrm{m}$
Breite	$b = 1{,}0\,\mathrm{m}$
Dicke	$h = 0{,}2\,\mathrm{m}$

Materialkennwerte:

Betonzugfestigkeit	$f_{ct} = 2\,\mathrm{N/mm^2}$
E-Modul Beton (inkl. Kriecheinfluss)	$E_c = 20\,\mathrm{kN/mm^2}$
Schwindmaß	$\varepsilon_{cs} = -0{,}02\,\%$
E-Modul Stahl	$E_s = 200\,\mathrm{kN/mm^2}$

Die zulässige mittlere Rissbreite wird auf $w_m = 0{,}2$ mm beschränkt.

Beim behinderten Schwinden würden die Betonzugspannungen am ungerissenen Querschnitt

$$\sigma_c = -\varepsilon_{cs} \cdot E_c = 4\,\mathrm{N/mm^2}$$

betragen. Die Betonzugfestigkeit $f_{ct} = 2\,\mathrm{N/mm^2}$ wird somit überschritten, und der Betonquerschnitt reißt auf.

Die erforderliche Mindestbewehrung wird nun so bestimmt, dass infolge der Risszugkraft N_r die zulässige mittlere Rissbreite $w_m = 0{,}2$ mm nicht überschritten wird. Dabei werden im vorliegenden Fall für die mittlere Stahldehnung ε_{srm}^{II} und den mittleren Rissabstand s_{rm} folgende Annahmen getroffen:

$$\varepsilon_{srm}^{II} = 0{,}6\,\varepsilon_{sr}^{II}, \quad s_{rm} = 200\,\mathrm{mm}.$$

Die Risszugkraft des Plattenstreifens beträgt:

$$N_r = A_c \cdot f_{ct} = 400\,\mathrm{kN},$$

und aus der zulässigen Rissbreite kann die zulässige Stahlspannung bestimmt werden:

$$w_m = \varepsilon_{srm}^{II} \cdot s_{rm} = 0{,}6\,\frac{\sigma_{s,zul}^{II}}{E_s}\,s_{rm},$$

$$\sigma_{s,zul}^{II} = \frac{w_m \cdot E_s}{0{,}6 \cdot s_{rm}} = 330\,\mathrm{N/mm^2}.$$

Der Querschnitt der erforderlichen Mindestbewehrung beträgt somit

$$A_{s,erf} = \frac{N_r}{\sigma_{s,zul}^{II}} = 1200\,\mathrm{mm^2},$$

was einem Mindest-Bewehrungsgehalt von

$$\rho_{erf}[\%] = \frac{A_{s,erf}}{A_c}100 = 0{,}6$$

entspricht.

Anschließend muss noch überprüft werden, ob mit der maximal möglichen Anzahl Risse, d. h. bei abgeschlossenem Rissbild und unter Beachtung der zulässigen Rissbreite, die der Zwängung entsprechende Verträglichkeitsbedingung erfüllt werden kann.

Die Verkürzung des freien, nicht behinderten Plattenstreifens infolge von Schwinden beträgt

$$\Delta l = l \cdot \varepsilon_{cs} = -2\text{mm}.$$

Unter Berücksichtigung der Betondehnung im ungerissenen Bereich gewinnt man aus der Verträglichkeitsbedingung

$$n \cdot w_m + \frac{f_{ct}}{E_c}(l - n \cdot s_{rm}) = -\Delta l$$

die Rissanzahl n von 5 bis 6. Aus dem Vergleich mit der möglichen Rissanzahl n_0 des abgeschlossenen Rissbildes

$$n_0 = l/s_{rm} = 50$$

wird ersichtlich, dass das abgeschlossene Rissbild nicht erreicht und die „Risslast" nicht überschritten wird.

Würde das Schwindmaß ε_{cs} bzw. die Zwängung Δl verdoppelt, ergäbe sich zwar eine größere Rissanzahl n, die Beanspruchung und die Rissbreite würden sich jedoch nur unwesentlich ändern (Abb. 5.25).

Die dargestellte Berechnung ist eine Näherung, da z. B. die Schwindbehinderung durch die Bewehrung und das Betonkriechen nicht berücksichtigt werden.

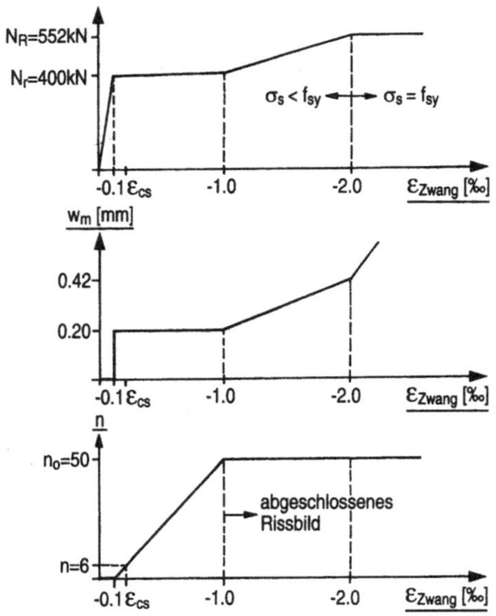

Abb. 5.25. Rissverhalten eines Plattenstreifens bei Zwängung mit zentrischem Zug

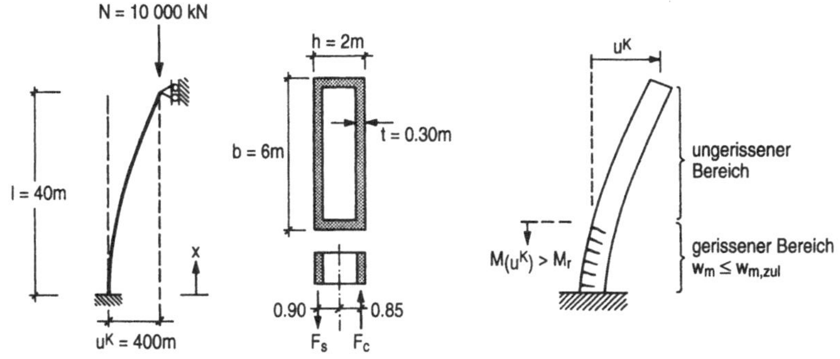

Abb. 5.26. Zwängung einer Stütze durch Stützenkopfverschiebung

Beispiel 5.3. Ermittlung der zur Rissbreitenbeschränkung erforderlichen Stützenbewehrung bei Zwängung (ohne Schnittkräfte nach Theorie 2. Ordnung). Bei einer im Fundament eingespannten Stütze mit Hohlkastenquerschnitt verursacht eine Stützenkopfauslenkung $u^{\mathrm{K}} = 400\,\mathrm{mm}$ eine Zwängung (Abb. 5.26)

Die entsprechende Biegebeanspruchung ist steifigkeitsabhängig und lässt sich deshalb nicht mit einfachen Mitteln berechnen. Die erforderliche Bewehrung wird dementsprechend direkt aufgrund eines Verformungsnachweises unter Berücksichtigung der zulässigen Rissbreite ermittelt, d. h., es wird nachgewiesen, dass mit der zulässigen Stützenverformung die Verträglichkeitsbedingung am Stützenkopf erfüllt werden kann.

Bei hohen Betonbeanspruchungen, die über dem elastischen Bereich des σ-ε-Verhaltens liegen, muss die zulässige Kurzzeit-Stauchung des Betons auf ca. 2 ‰ begrenzt werden, um Abplatzungen der Betondeckschicht zu vermeiden.

Die Normalkraft am Stützenkopf beträgt $N = 10.000\,\mathrm{kN}$. Die geometrischen Abmessungen sind aus Abb. 5.26 ersichtlich. Daraus ergeben sich folgende Querschnittswerte:

Querschnittsfläche	$A_\mathrm{c} = 4{,}44\,\mathrm{m}^2$
Trägheitsmoment	$I_\mathrm{c} = 2{,}76\,\mathrm{m}^4$
Widerstandsmoment	$W_\mathrm{c} = 2{,}76\,\mathrm{m}^3$

Materialkennwerte:

Betonzugfestigkeit	$f_\mathrm{ct} = 2\,\mathrm{N/mm}^2$
E-Modul Beton (inkl. Kriecheinfluss)	$E_\mathrm{c} = 20\,\mathrm{kN/mm}^2$
Schwindmaß	$\varepsilon_\mathrm{cs} = -0{,}02\,\%$
E-Modul Stahl	$E_\mathrm{s} = 200\,\mathrm{kN/mm}^2$

Bei einer zulässigen mittleren Rissbreite von

$$w_\mathrm{m} = 0{,}2\,\mathrm{mm}$$

und den folgenden Annahmen für die mittlere Stahldehnung $\varepsilon_{\text{srm}}^{\text{II}}$ und den mittleren Rissabstand s_{rm}:

$$\varepsilon_{\text{srm}}^{\text{II}} = 0{,}8\,\varepsilon_{\text{sr}}^{\text{II}}, \quad s_{\text{rm}} = 200\,\text{mm}$$

ergibt sich mit

$$w_{\text{m}} = \varepsilon_{\text{srm}}^{\text{II}} \cdot s_{\text{rm}} = 0{,}8\frac{\sigma_{\text{s,zul}}^{\text{II}}}{E_{\text{s}}} s_{\text{rm}} = 0{,}2\,\text{mm}$$

die zulässige Stahlspannung

$$\sigma_{\text{s,zul}}^{\text{II}} = 250\,\text{N/mm}^2.$$

Im ungerissenen Bereich der Stütze beträgt die Krümmung

$$\frac{1}{r} = \frac{\Delta\varepsilon_{\text{c}}}{h},$$

wobei $\Delta\varepsilon_{\text{c}}$ der Dehnungsdifferenz zwischen Zug- und Druckrand entspricht.

Im gerissenen Stützenbereich wird die Krümmung aus den Betondehnungen in der Mitte des Druckflansches

$$\varepsilon_{\text{c}}^{\text{II}} = \sigma_{\text{c}}^{\text{II}}/E_{\text{c}} + \varepsilon_{\text{cs}}$$

und der Stahldehnung im Schwerpunkt der Zugflanschbewehrung

$$\varepsilon_{\text{srm}}^{\text{II}} = 0{,}8\,\varepsilon_{\text{sr}}^{\text{II}} = 0{,}8\,\sigma_{\text{s,zul}}^{\text{II}}/E_{\text{s}}$$

ermittelt:

$$\frac{1}{r} = \frac{\varepsilon_{\text{srm}}^{\text{II}} - \varepsilon_{\text{c}}^{\text{II}}}{h_0},$$

wobei $h_0 \cong 1{,}75$ m beträgt und etwa dem Hebelarm der inneren Kräfte entspricht.

Die Stützenkopfauslenkung hat bei Vernachlässigung der Momente 2. Ordnung einen linearen Momentenverlauf zur Folge. Für die Berechnung der Verformungsfähigkeit der Stütze muss überdies noch eine Annahme für die Größe der Biegebeanspruchung getroffen werden. Im vorliegenden Fall wird als erste Schätzung angenommen, dass das Rissmoment im unteren Drittelspunkt der Stütze erreicht wird. An dieser Stelle beträgt die Normalkraft unter Berücksichtigung des Eigengewichtes der Stütze:

$$N = 12.960\,\text{kN}.$$

Das entsprechende Rissmoment beträgt aufgrund der durch die Betonzugfestigkeit begrenzten Randspannung

$$\sigma_{\text{c}} = f_{\text{ct}} = -\frac{N}{A_{\text{c}}} + \frac{M_{\text{r}}}{W_{\text{c}}} = 2\,\text{N/mm}^2,$$
$$M_{\text{r}} = 13.980\,\text{kNm}.$$

Damit ergibt sich an dieser Stelle im ungerissenen Querschnitt die Krümmung

$$\frac{1}{r} = \frac{\Delta\varepsilon_c}{h} = 0{,}25 \cdot 10^{-3}\,\mathrm{m}^{-1}.$$

Im gerissenen Querschnitt beträgt die Dehnung in der Mitte des Druckflansches

$$\varepsilon_c^{II} = \frac{\sigma_c^{II}}{E_c} + \varepsilon_{cs} = -0{,}6 \cdot 10^{-3}$$

und im Bewehrungsschwerpunkt des Zugflansches

$$\varepsilon_{srm}^{II} = 1{,}0 \cdot 10^{-3}.$$

Daraus ergibt sich eine Krümmung von

$$\frac{1}{r} = \frac{\varepsilon_{srm}^{II} - \varepsilon_c^{II}}{h_0} = 0{,}91 \cdot 10^{-3}.$$

Am Stützenfuß können die Schnittkräfte ohne weiteres bestimmt werden. Sie betragen

$$N = 14.400\,\mathrm{kN}, \quad M = 20.370\,\mathrm{kNm}.$$

Die Krümmung wird wieder analog ermittelt. Die Betonstauchung hat leicht zugenommen, die Stahldehnung ist der begrenzten Rissbreite entsprechend gleichgeblieben.

$$\frac{1}{r} = 0{,}99 \cdot 10^{-3}.$$

Die zulässige Stützenkopfauslenkung kann nun mit der Arbeitsgleichung aufgrund des Krümmungsdiagrammes berechnet werden (Abb. 5.27):

$$u_{zul}^{K} = \int_0^l \frac{1}{r}\bar{M}\,\mathrm{d}x = 480\,\mathrm{mm}.$$

Die Verformungsfähigkeit ist somit ausreichend. Der erforderliche Bewehrungsquerschnitt lässt sich aufgrund der Zugkraft F_s und der zulässigen Stahlspannung $\sigma_{s,zul}^{II}$ bestimmen:

$$A_s = F_s/\sigma_{s,zul}^{II}.$$

Er beträgt im Drittelspunkt

$$A_s = 5860\,\mathrm{mm}^2, \quad \text{mit}\ \rho = 0{,}32\,\%,$$

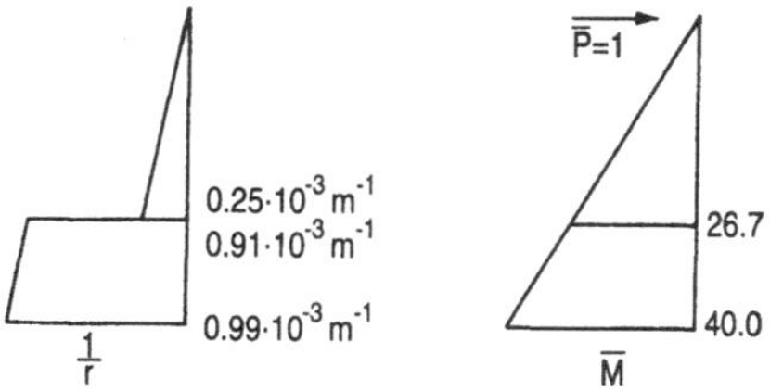

Abb. 5.27. Krümmungsdiagramm zur Ermittlung der Stützenkopfauslenkung

und am Stützenfuß:

$$A_s = 18.500\,\text{mm}^2, \quad \text{mit}\ \rho = 1{,}03\,\%,$$

wobei ρ dem auf den Flanschquerschnitt bezogenen Bewehrungsgehalt entspricht.

Beispiel 5.4. Untersuchung des Rissverhaltens infolge Zwängung durch Erwärmung der Fahrbahnplatte bei vorgespanntem Durchlaufträger. Der untersuchte unendlich lange Durchlaufträger weist eine konstante Spannweite von 40 m auf. Belastung, ständige Last g und Verkehrslast q, Anordnung der Vorspannung sowie Querschnittsabmessungen sind aus Abb. 5.28 ersichtlich.

Querschnittswerte:

Gesamt-Querschnittsfläche:	$A_c = 5{,}40\,\text{m}^2$
Querschnitt der unteren Kastenplatte (Feldmitte):	$A_{c,inf} = 0{,}90\,\text{m}^2$
Trägheitsmoment:	$I_c = 3{,}64\,\text{m}^4$
Widerstandsmomente:	$W_{c,sup} = 4{,}80\,\text{m}^3$
	$W_{c,inf} = 2{,}50\,\text{m}^3$

Materialkennwerte:

Beton: Zugfestigkeit	$f_{ct} = 2\,\text{N/mm}^2$
E-Modul (inkl. Kriecheinfluss)	$E_c = 20\,\text{kN/mm}^2$
Betonstahl: Fließgrenze	$f_{sy} = 460\,\text{N/mm}^2$
E-Modul	$E_s = 200\,\text{kN/mm}^2$
Spannstahl: Fließgrenze	$f_{Py} = 1520\,\text{N/mm}^2$
E-Modul	$E_P = 200\,\text{kN/mm}^2$

In Bezug auf die Vorspannung werden folgende Annahmen getroffen:

– Der Spannstahlquerschnitt und die Vorspannkraft sind im Feld und über der Stütze gleich groß.

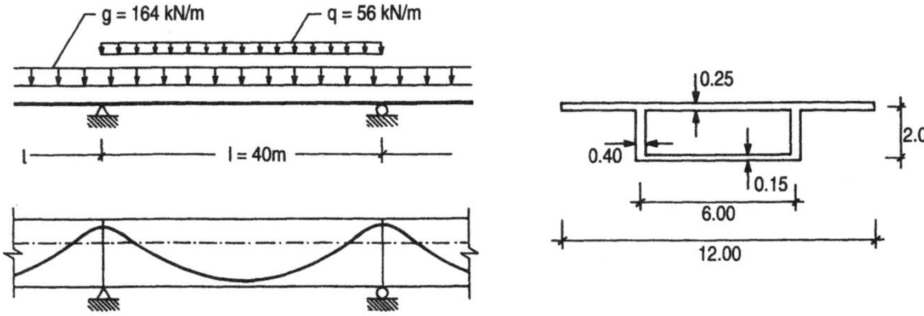

Abb. 5.28. Belastung, Vorspannungsanordnung, Querschnittsabmessungen

- Die Abschätzung des Spannstahlquerschnittes erfolgt aufgrund eines globalen Tragsicherheitsnachweises (ohne Berücksichtigung des Betonstahls):

$$|M_{\mathrm{d}}^{\mathrm{F}}| + |M_{\mathrm{d}}^{\mathrm{S}}| = 1{,}4\frac{(g+q)\cdot l^2}{8} \leq \frac{1}{1{,}3}(M_R^{\mathrm{F}} + M_R^{\mathrm{S}}).$$

- Die Vorspannung beträgt unter Berücksichtigung der Spannkraftverluste:

$$\sigma_{\mathrm{P},\infty} = 0{,}67 \cdot f_{\mathrm{Py}}.$$

Überdies wird über der Stütze mit einer Bewehrung von $A_{s,\mathrm{sup}} = 18.000\,\mathrm{mm}^2$ gerechnet, was einem auf die Querschnittsfläche der Fahrbahnplatte bezogenen Bewehrungsgehalt von $\rho_{\mathrm{sup}} = 0.6\,\%$ entspricht.

Als Parameter wird der Bewehrungsgehalt in Feldmitte gewählt, wobei der Stahlquerschnitt auf die Querschnittsfläche der unteren Kastenplatte bezogen wird.

$$\rho_{\mathrm{inf}}[\%] = \frac{A_{\mathrm{s,inf}}}{A_{\mathrm{c,inf}}}\,100.$$

Damit betragen die Biegewiderstände in Feldmitte und über der Stütze:

$$M_R^{\mathrm{F}} = (A_{\mathrm{P}} \cdot f_{\mathrm{Py}} + \rho_{\mathrm{inf}} \cdot A_{\mathrm{c,inf}} \cdot f_{\mathrm{sy}}) \cdot z,$$
$$M_R^{\mathrm{S}} = (A_{\mathrm{P}} \cdot f_{\mathrm{Py}} + A_{\mathrm{s,sup}} \cdot f_{\mathrm{sy}}) \cdot z,$$

wobei der Hebelarm der inneren Kräfte $z = 2{,}00\,\mathrm{m}$ für Betonstahl und Spannstahl im Feld und über der Stütze gleich groß angenommen wird.

Unter diesen Voraussetzungen wird das Rissverhalten (Rissbreite und Rissanzahl) der unteren Kastenplatte unter Berücksichtigung der ständigen Einwirkugen für verschiedene Temperaturänderungen ΔT in der Fahrbahnplatte ermittelt. Die Ergebnisse dieser Berechnung sind in Abb. 5.32 dargestellt.

Der Berechnungsvorgang umfasst folgende Schritte und wird als Beispiel für folgende Annahmen durchgeführt:

Vorspannung	$P_\infty = 9650\,\mathrm{kN}$
Bewehrung untere Kastenplatte	$A_{\mathrm{s,inf}} = 5400\,\mathrm{mm}^2$, $\rho_{\mathrm{inf}} = 0.6\,\%$
Temperaturänderung	$\Delta T = 30\,°\mathrm{C}$

Berechnungsvorgang:

- Ermittlung des positiven Rissmomentes M_{r} infolge der ständigen Einwirkungen (g und P_∞) und unter Berücksichtigung des Eigenspannungszustandes (am statisch bestimmten Grundsystem) infolge der Temperaturänderung ΔT (Abb. 5.29).
- Ermittlung der mittleren Rissbreite in der unteren Kastenplatte infolge der Risszugkraft: $N_{\mathrm{r}} = A_{\mathrm{c,inf}} \cdot f_{\mathrm{ct}} = 1800\,\mathrm{kN}$. Dabei wird vereinfachend angenommen, dass die gesamte Risszugkraft vom Betonstahl allein übernommen wird:

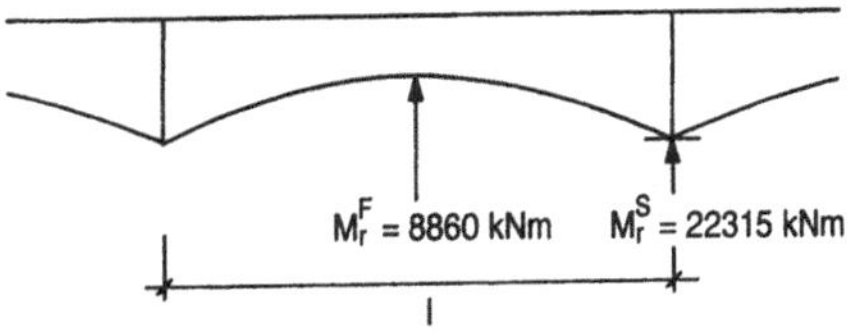

Abb. 5.29. Verlauf des positiven Rissmomentes

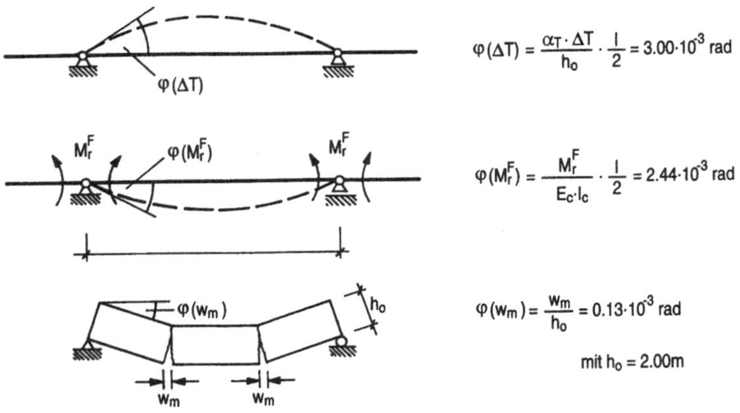

Abb. 5.30. Auflagerdrehwinkel $\varphi(\Delta T)$, $\varphi(M_r^F)$ und $\varphi(w_m)$

$w_m = \varepsilon_{srm}^{II} \cdot s_{rm}$. Mit

$$\varepsilon_{sr}^{II} = \frac{\sigma_{sr}^{II}}{E_s}, \quad \varepsilon_{srm}^{II} = 0{,}8 \cdot \varepsilon_{sr}^{II},$$

$$s_{rm} = 200\,\text{mm}, \quad \sigma_{sr}^{II} = \frac{N_r}{A_{s,inf}} = 330\,\text{N/mm}^2$$

folgt $w_m = 0{,}26\,\text{mm}$. Sofern σ_{sr}^{II} größer wäre als f_{sy}, würde die Bewehrung fließen und nur ein Riss entstehen.

- Ermittlung des Auflagerdrehwinkels φ am statisch bestimmten Grundsystem (Abb. 5.30)
  - infolge der Temperaturänderung ΔT: $\varphi(\Delta T)$,
  - infolge eines Zwangsmomentes, das dem minimalen Rissmoment (Rissmoment in Feldmitte M_r^F) entspricht: $\varphi(M_r^F)$,
  - infolge zweier symmetrisch zur Feldmitte vorhandener Risse mit der mittleren Rissbreite w_m: $\varphi(w_m)$.

$\varphi(\Delta T) < \varphi(M_r^F)$. Falls der Auflagerdrehwinkel infolge der Temperaturveränderung kleiner ist als der Auflagerdrehwinkel infolge des minimalen Rissmoments, entstehen theoretisch keine Risse, da die Verträglichkeitsbedingung für den Auflagerdrehwinkel mit einem Zwangsmoment erfüllt werden kann, das kleiner ist als das minimale Rissmoment M_r^F.

Dieser Fall darf aber bei praktischen Berechnungen nicht angenommen werden. Es ist möglich, daß die tatsächlichen Rissmomente infolge nicht erfasster Einwirkungen (z. B. Momentenumlagerungen aus Systemwechseln) kleiner sind, als oben ermittelt wurde.

$\varphi(\Delta T) > \varphi(M_r^F)$. Falls der Auflagerdrehwinkel infolge der Temperaturveränderung größer ist als der Auflagerdrehwinkel infolge des minimalen Rissmoments, müssen sich zur Erfüllung der Verträglichkeitsbedingungen Risse bilden. Das Zwangsmoment M_s ist etwas größer als das minimale Rissmoment M_r^F.

Die Verträglichkeitsbedingung lautet:

$$\varphi(\Delta T) + \varphi(M_s) = \frac{n}{2} \cdot \varphi(w_m),$$

mit

$$\varphi(M_s) = \frac{M_s}{E_c \cdot I_c} \cdot \frac{l - n \cdot s_{rm}}{2}.$$

Die Anzahl der Risse n, die notwendig ist, um die Verträglichkeit herzustellen, ist in der Regel relativ klein. Im dargestellten Beispiel ergeben sich sieben bis acht Risse. Dementsprechend ist auch die Länge des gerissenen Bereichs l_0 kurz, und das Zwangsmoment M_s ist nur unwesentlich größer als das minimale Rissmoment (Abb. 5.31).

Abbildung 5.32 zeigt das theoretische Rissverhalten der unteren Kastenplatte eines durchlaufenden Kastenträgers mit den Abmessungen gemäß Beispiel 5.4

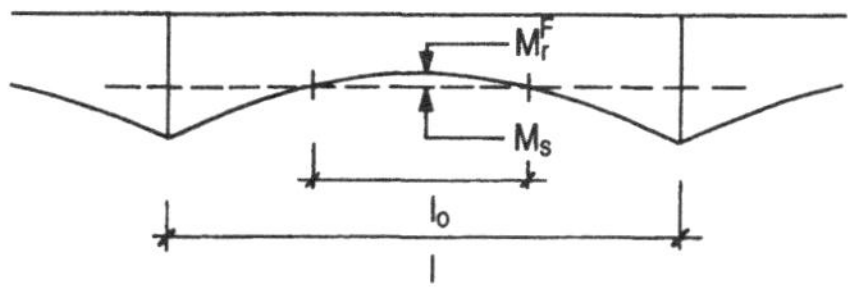

Abb. 5.31. Rissbildendes Zwangsmoment M_s

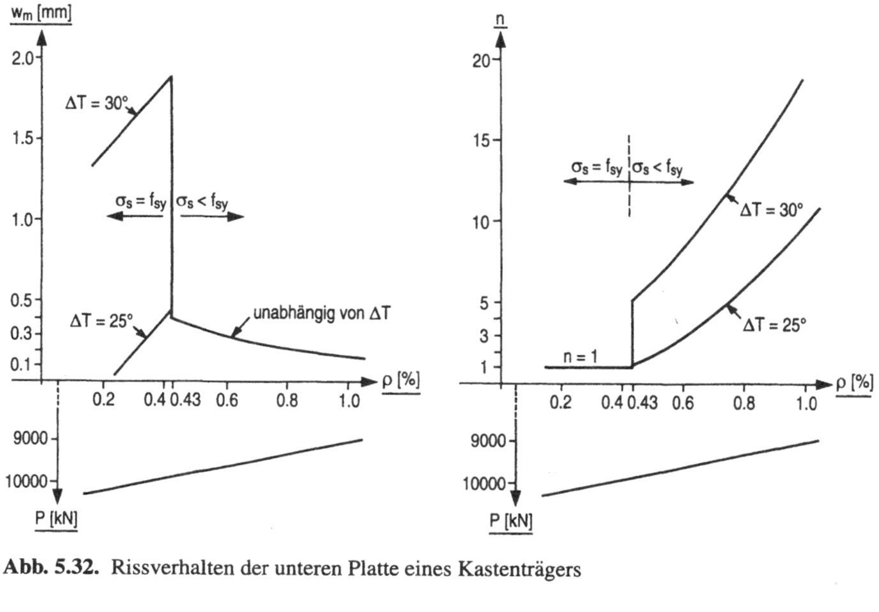

Abb. 5.32. Rissverhalten der unteren Platte eines Kastenträgers

infolge Erwärmung der Fahrbahnplatte. Dabei wurde bei konstanter Fließzugkraft $F_y = F_{Py} + F_{sy}$ und gleichbleibender Vorspannung σ_P das Verhältnis F_{Py}/F_{sy} variiert bzw. die Vorspannkraft mit zunehmendem Gehalt ρ an schlaffer Bewehrung abgemindert.

Wie die durchgeführte Untersuchung zeigt, muss in der unteren Platte eines Kastenträgers immer eine ausreichende Bewehrung zur Begrenzung der Rissbreiten infolge Zwängungen vorgesehen werden.

5.6 Anordnung der Bewehrung

5.6.1 Allgemeines

Grundsätzlich gilt es zu beachten, dass die Bewehrungsführung ein qualitativ einwandfreies Einbringen und Verarbeiten des Betons ermöglicht. Auch sollte immer der *Montagevorgang* für die Bewehrung studiert werden.

Beim Bestimmen der Betonabmessungen und der Platzverhältnisse für die konstruktive Durchbildung der Bewehrung gilt es von Anfang an, die *Bewehrungsüberdeckung* als kleinsten Abstand der Bewehrung von der Betonoberfläche für das jeweilige Bauteil festzulegen:

- Um die Übertragung der Verbundkräfte zwischen Bewehrung und Beton sowie eine einwandfreie Verarbeitung des Betons zu gewährleisten, sollte die Bewehrungsüberdeckung nicht kleiner sein als der Durchmesser des Größtkorns, des Bewehrungsstabs oder des Hüllrohrs des Spannglieds.
- Bei Spanngliedern mit sofortigem Verbund sollte die Bewehrungsüberdeckung wenigstens zwei Durchmesser des Spannglieds oder drei Durchmesser bei Verwendung gerippter Drähte betragen.
- Es gilt zu beachten, dass diese Mindestwerte der Bewehrungsüberdeckung wegen den Anforderungen an die Dauerhaftigkeit je nach Bauteil und dessen Exposition wesentlich größer sein können (Abschn. 5.11).

In einem Tragwerk lässt sich der Kraftfluss generell immer aufgrund eines *Fachwerkmodells* verfolgen. Damit kann ein einwandfreier, lückenloser Gleichgewichtszustand ermittelt werden. Die Zugkräfte werden der Bewehrung und die Druckkräfte idealisierten Betondruckgliedern zugewiesen. Mit dieser Betrachtungsweise ist es möglich, wichtige konstruktive Details wie Verankerungslängen der Bewehrung, die Ausbildung von Bewehrungsstößen oder die Anordnung von Querzugbewehrungen einwandfrei zu beurteilen und auszubilden.

5.6.2 Verankerungen und Bewehrungsstöße

Die Verankerung eines Bewehrungsstabes erfolgt immer durch Betondruckkräfte, die sich in der Verankerungszone auf den Stab abstützen und der Zugkraft entgegenwirken. Die Druckkräfte sind in einem Winkel von ca. 30° zum Zugstab gerichtet (Abb. 5.33).

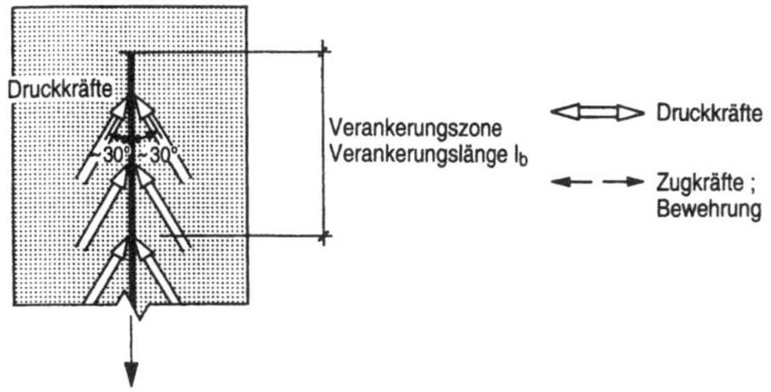

Abb. 5.33. Kraftfluss in der Verankerungszone.

Die erforderliche Verankerungslänge ist insbesondere von folgenden Parametern abhängig:

Größe der zu verankernden Zugkraft,
Stabdurchmesser,
Oberflächenbeschaffenheit des Stabes,
Ausbildung der Verankerung (mit/ohne Haken, Platte etc.),
Betonzugfestigkeit bzw. Haftfestigkeit,
Spannungszustand in der Verankerungszone (Querdruck/Querzug),
Lage des Bewehrungsstabes (stehend/liegend, oben/unten im Querschnitt),
Abstand des Stabes von der Betonoberfläche.

In den Normen wird im Allgemeinen die erforderliche Verankerungslänge für die maximale Stabzugkraft angegeben. Falls die Stabzugkraft nicht ausgenützt ist, kann die Verankerungslänge reduziert werden.

Bei Bewehrungsstößen wird die Zugkraft mit schief zur Bewehrung gerichteten Betondruckkräften unter einem Winkel von ca. 45° von einem Stab auf den anderen übertragen. Dadurch entsteht ein Querzug, der in der Regel von der konstruktiv vorhandenen Querbewehrung aufgenommen werden kann. Bei der Übertragung großer Zugkräfte, z. B. in Stößen von sehr starken Bewehrungsstäben oder Spanngliedern, muss die Querbewehrung jedoch für diesen Querzug bemessen werden (Abb. 5.34).

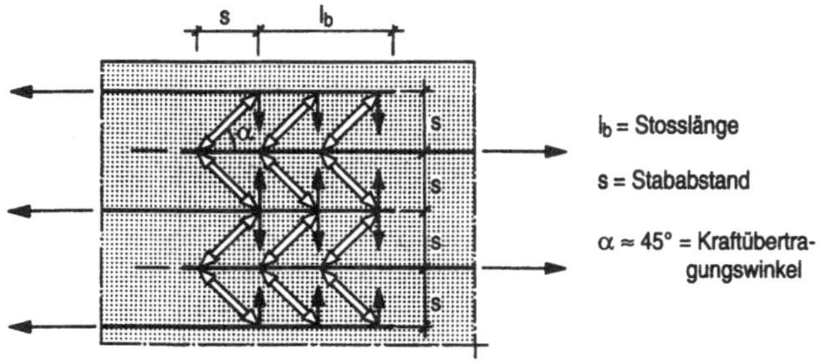

Abb. 5.34. Kraftfluss in einem Bewehrungsstoß.

Die erforderliche Stoßlänge setzt sich aus der Verankerungslänge l_b und dem Abstand s der gestoßenen Stäbe zusammen. Der Stababstand soll deshalb klein sein, bei der Übertragung großer Kräfte jedoch nicht kleiner als der Größtkorndurchmesser der Betonzuschlagstoffe.

Verankerungen und Bewehrungsstöße sind grundsätzlich nur dann wirksam, wenn die Übertragungsdruckkräfte den Zugkräften entgegenwirken. Diesem wichtigen Umstand muss bei der Ausbildung und Anordnung der Bewehrung Rechnung getragen werden.

5.6.3 Bewehrungsanordnung in Rahmenknoten

Die Fachwerkanalogie eignet sich sehr gut zur Ermittlung der Bewehrungsanordnung in Rahmenknoten, und zwar sowohl bei einfachen Rechteckquerschnitten als auch bei komplizierten aufgelösten Querschnitten. Im Folgenden werden der Kraftfluss und die entsprechende Bewehrungsanordnung an einigen Beispielen erläutert.

Beispiel 5.5. Rahmenecke mit Zug auf der Außenseite, Rechteckquerschnitt. Die Umlenkung der Zug- und der Druckkräfte erzeugt eine Diagonaldruckkraft; der Gleichgewichtszustand der inneren Kräfte ist damit einwandfrei gewährleistet. Beim dargestellten Bewehrungsstoß in Abb. 5.35 ist die Zugkraftübertragung durch Betondruckdiagonalen gewährleistet; sie wirken bei beiden Bewehrungen der Zugkraft entgegen. Der Bewehrungsstoß wird meistens in den Horizontalträger gelegt, die Betonierfuge befindet sich aus arbeitstechnischen Gründen auf dem Niveau der Unterkante des Horizontalträgers.

Beispiel 5.6. Rahmenecke mit Zug auf der Innenseite, Rechteckquerschnitt. Durch Übertragung der Druckkräfte auf die Bewehrung kann das Zugkraftgleichgewicht hergestellt werden. Falls der Verankerungsbereich bis zur äußeren Ecke nicht ausreicht, um die Druckkräfte aufzunehmen, wird ein Restanteil der Druckkräfte in der Ecke mit der Bewehrungszugkraft ins Gleichgewicht gebracht (Abb. 5.36a). In der Regel sollte die Bewehrung deshalb in der äußeren Ecke geschlossen werden. Die Bewehrungsanordnung gemäß Abb. 5.36b ist nur möglich, wenn eine ausreichende Verankerungslänge zur Verfügung steht. Falls die Bewehrung gestoßen werden muss, die Verankerungslänge l_b aber nicht ausreicht, müssen Zulagebügel gemäß Abb. 5.36c angeordnet werden.

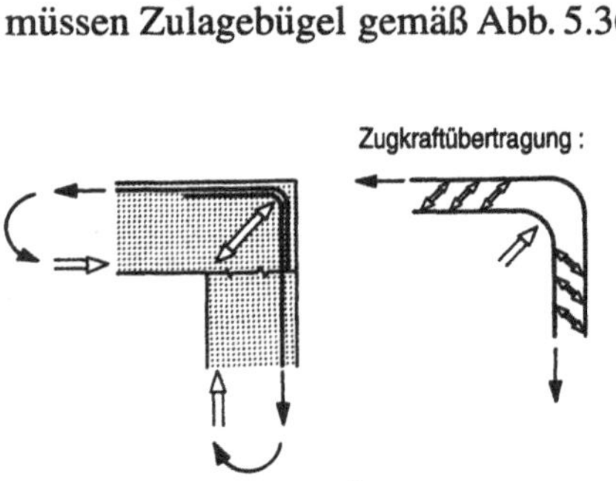

a b

Abb. 5.35 a, b. Rahmenecke mit Zug auf der Außenseite, Ausbildung des Bewehrungsstoßes.

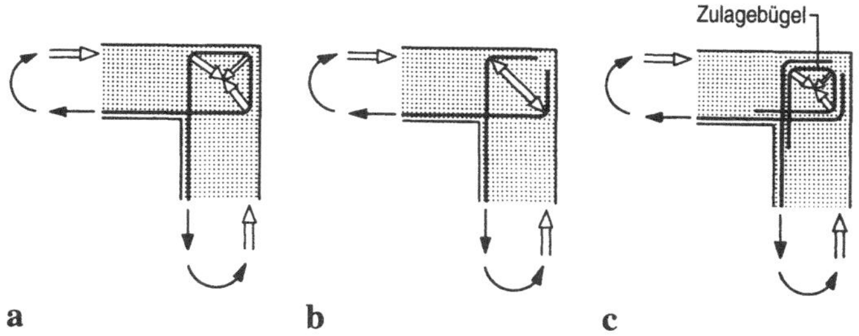

Abb. 5.36 a–c. Rahmenecke mit Zug auf der Innenseite

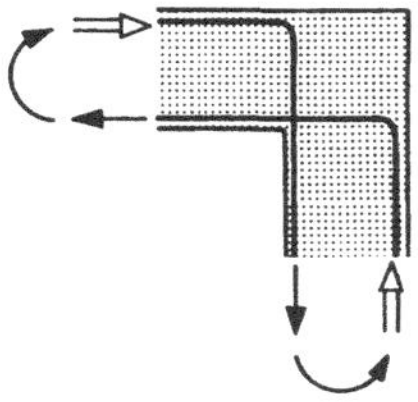

Abb. 5.37. Rahmenecke mit Zug auf der Innenseite, unzulässige Bewehrungsanordnung

Eine Bewehrungsanordnung gemäß Abb. 5.37 ist nicht möglich, da die Zugkraft der Bewehrung gar nicht aufgebaut werden kann.

Beispiel 5.7. T-Knoten mit Zug auf der Außenseite, Rechteckquerschnitt. Abbildung 5.38 a zeigt die konstruktiv richtige Stoßausbildung bei einem T-Knoten. Die Zugkraft der Horizontalbewehrung kann direkt auf die Vertikalbewehrung übertragen werden. Sofern die Bewehrungen im Stoß in der gleichen Lage angeordnet sind, entsteht nur ein relativ kleiner Querzug. Abbildung 5.38 b und c zeigt konstruktiv unzweckmäßige Bewehrungsanordnungen. In beiden Fällen kann die Zugkraft nicht direkt von der Horizontal- auf die Vertikalbewehrung übertragen werden, der Kraftfluss ist unterbrochen. Ein Gleichgewichtszustand lässt sich zwar konstruieren, er erfordert aber zusätzliche Horizontal- und Vertikalbewehrungen, sofern der Querzug nicht vom Beton übertragen werden kann. Zudem ist in Abb. 5.38 b die Verankerungslänge unter Umständen zu kurz.

Beispiel 5.8. Übertragung eines Momentes von Träger mit Kastenquerschnitt auf Stütze mit Rechteckquerschnitt. Die Übertragung des Differenzmomentes

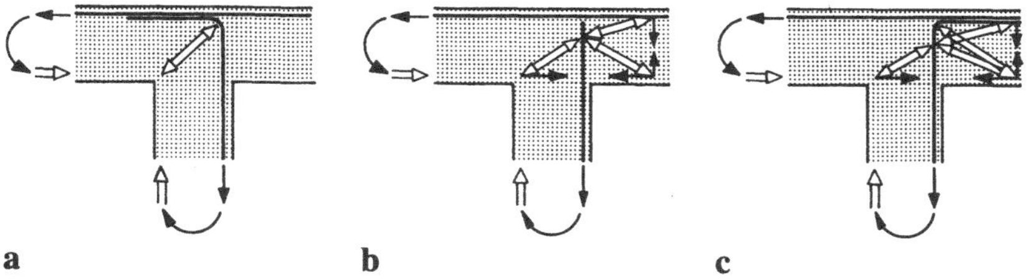

Abb. 5.38 a–c. T-Knoten mit Zug auf der Außenseite

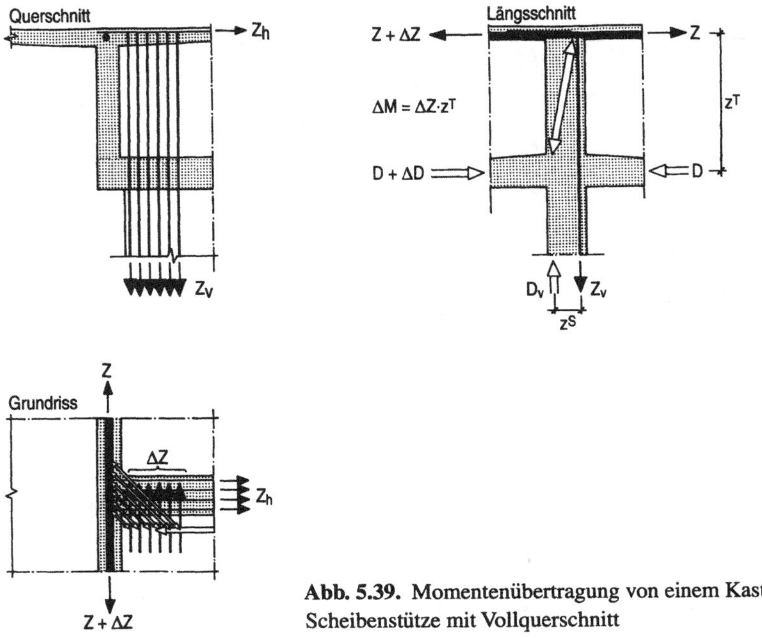

Abb. 5.39. Momentenübertragung von einem Kastenträger auf eine Scheibenstütze mit Vollquerschnitt

ΔM des Trägers auf die Stütze erfolgt im Prinzip gleich wie bei einem T-Knoten mit Rechteckquerschnitt (Abb. 5.39). Die Trägerbewehrung befindet sich in der Regel über dem Steg, die Stützenanschlussbewehrung jedoch im Flansch (Fahrbahnplatte). Demzufolge sind eine größere Verankerungslänge der Anschlussbewehrung und eine Querbewehrung zur Aufnahme des Querzuges Z_h erforderlich. Außerdem ist zu beachten, dass der Auflagerdruck erst am Stützenkopf voll wirksam wird; im oberen Bereich des Querträgers muss die Anschlussbewehrung die gesamte Zugkraft Z_v aufnehmen. Die Zugkraft Z_v ist im vertikalen Teil der Stützenanschlussbewehrung infolge der Wirkung der Diagonaldruckkraft wesentlich größer als ΔZ ($z^S \ll z^T$).

Beispiel 5.9. Übertragung eines Momentes von Träger mit Kastenquerschnitt auf Stütze mit Kastenquerschnitt. Eine Momentübertragung wie in Abb. 5.38a ist in diesem Falle nur möglich, wenn der Querträger entsprechend ausgebildet wird (Abb. 5.40). Wenn die Stützenflansche jedoch gemäß Abb. 5.41 als Querträgerscheiben im Träger weitergeführt werden, ist die Momentübertragung mit der in Abb. 5.41 eingezeichneten Anschlussbewehrung nicht möglich. Die Ablenkkraft der Zugkräfte im Anschluss Querträger–Fahrbahnplatte kann nicht mit der Ablenkkraft der Druckkräfte im Anschluss Querträger–Druckplatte ins Gleichgewicht gebracht werden. Es ist deshalb eine relativ komplizierte Momentenübertragung durch Schubflüsse in den Scheiben erforderlich. Der entsprechende Kraftfluss ist in Abb. 5.42 dargestellt. Die Bemessung und die korrekte Anordnung der Bewehrung sind aufgrund des dargestellten Kraftflusses ohne weiteres möglich.

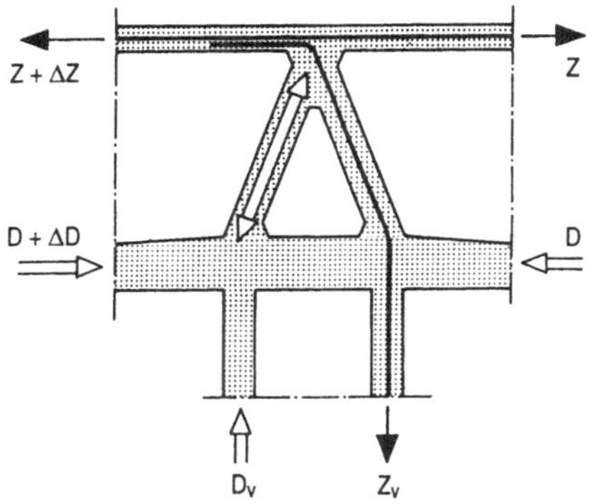

Abb. 5.40

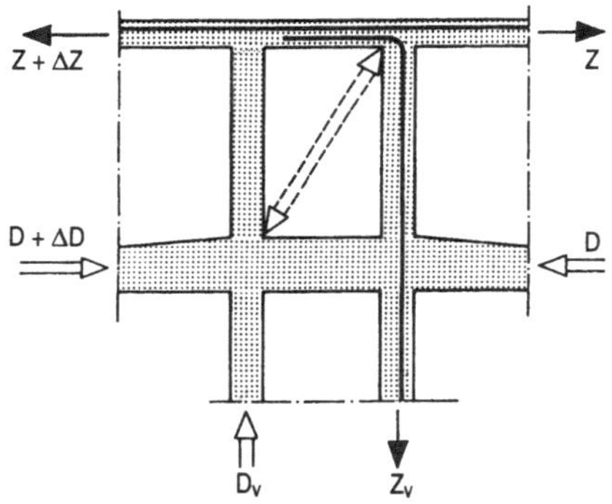

Abb. 5.41

Abb. 5.40. Momentenübertragung von einem Kastenträger auf eine Hohlstütze, Spezialquerträger

Abb. 5.41. Momentenübertragung von einem Kastenträger auf eine Hohlstütze, Normalquerträger

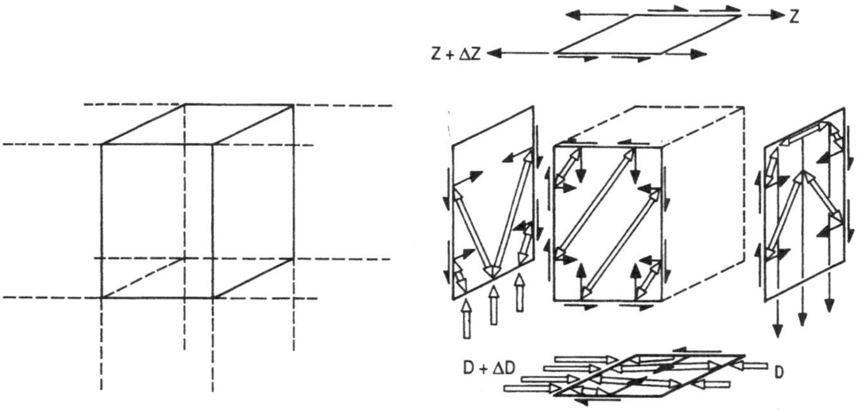

a **b**

Abb. 5.42 a, b. Momentenübertragung von einem Kastenträger auf eine Hohlstütze mit Schubflüssen. **a** Anschluss Kastenträger–Hohlstütze (schematisch), **b** Schubflüsse und erforderliche Bewehrung in Druckplatte, Querträger und Stegscheibe

Es ist zu beachten, dass überall dort, wo der Scheibenrand Schubkräfte aufweist, die Bewehrung im Verbindungsknoten bzw. Anschlusselement einwandfrei verankert werden muss, da sie bereits am Scheibenrand voll beansprucht wird.

5.6.4 Kraftfluss in Scheiben

Der Kraftfluss in Scheiben kann ebenfalls mit ausreichender Genauigkeit aufgrund eines geeigneten Fachwerkmodells ermittelt werden. Das Modell kann einfach und weitmaschig sein, es sollte aber in Bezug auf den Druckkraftverlauf nicht

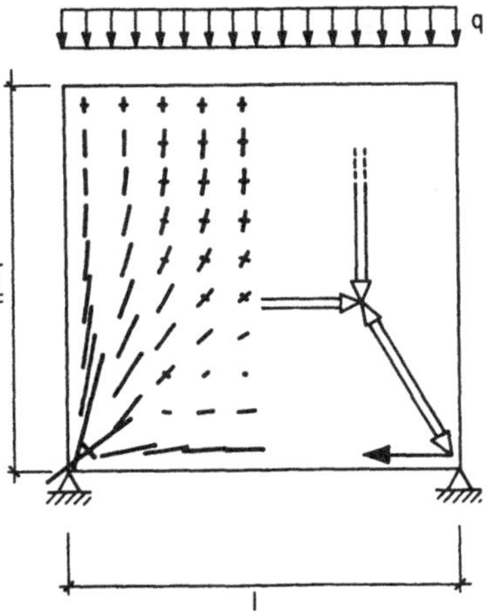

a

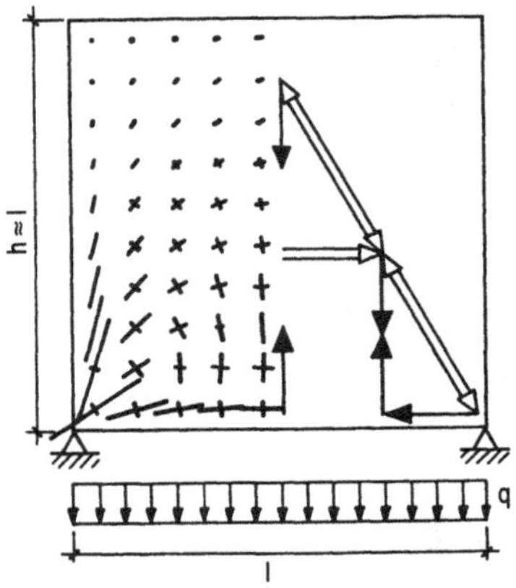

b

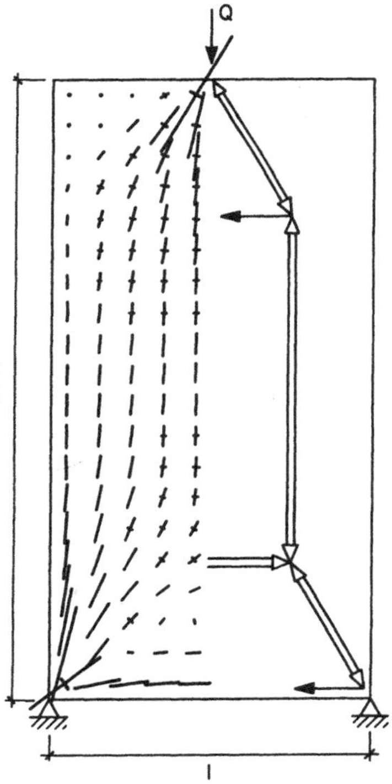

c

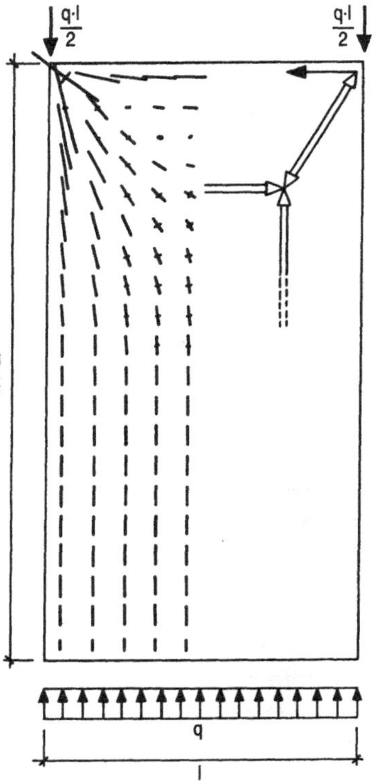

d

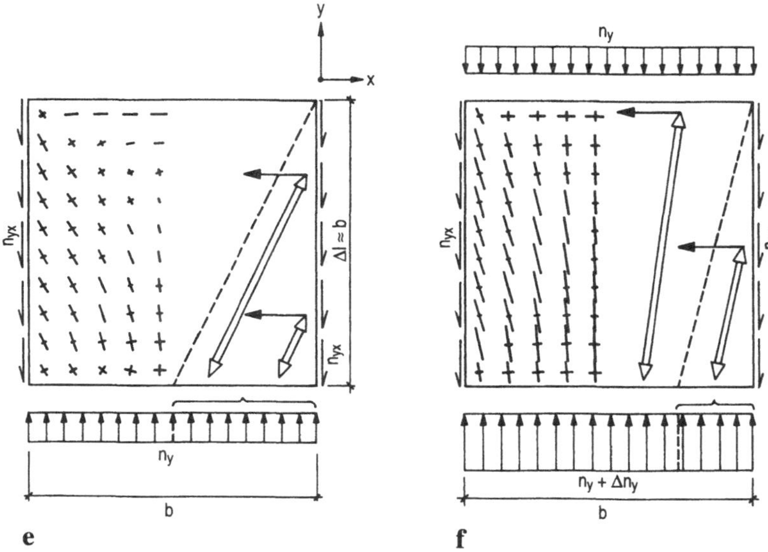

Abb. 5.43. Spannungstrajektorien und Fachwerkmodell. **a** Last greift oben an, **b** Last greift unten an, **c** hohe Scheibe mit Einzellast in Scheibenachse, **d** hohe Scheibe mit Einzellasten am Scheibenrand, **e** quadratische Scheibe, Krafteinleitung durch Randschubkräfte an unbelasteter Scheibe, **f** quadratische Scheibe, Krafteinleitung durch Randschubkräfte an belasteter Scheibe ($\Delta n_y \cdot b = 2 \cdot n_{xy} \cdot \Delta l$)

wesentlich vom „natürlichen“ Kraftfluss im homogen-isotropen Material abweichen. Im Wesentlichen sind folgende Hinweise zu beachten (Abb. 5.43):

- Der Kraftfluss soll einen kurzen Verlauf aufweisen und kleine Deformationen zur Folge haben. Knotenverschiebungen, die zu Klaffungen führen, müssen durch ergänzende Zugstäbe vermieden werden.
- Bei der Einleitung der konzentrierten Kräfte erfolgt die Druckkraftausbreitung im Mittel etwa unter einem Winkel von je 30° beidseits zur Kraftrichtung.
- Nach dem St.-Venant-Prinzip wird nach einer Störungszone, die der Höhe bzw. der Breite der Scheibe entspricht, die Spannungsverteilung des linearen Dehnungszustandes erreicht.

5.6.5 Kraftfluss in einem Träger mit aufgelöstem Querschnitt

Träger mit aufgelöstem Querschnitt (Hohlkasten und Plattenbalken) sind im Prinzip aus mehreren Scheiben zusammengesetzte zylindrische Schalentragwerke. Die Hauptschnittkräfte werden durch Membrankräfte aufgenommen. Der Aufbau der Membrankräfte lässt sich mit der Fachwerkanalogie klar überblicken. Die Krafteinleitung, ihre Ausbreitung und Weiterleitung erfolgen gleich wie bei Scheiben. Aufgrund dieser Überlegungen zeigt sich zum Beispiel deutlich, daß die Hauptbewehrung im Hinblick auf einen kurzen Kraftfluss und einen kleinen Aufwand an Querbewehrung in den Stegen oder in Stegnähe verankert werden muss (Abb. 5.44) oder dass eine am Trägerende in der unteren Kastenplatte verankerte Bewehrung

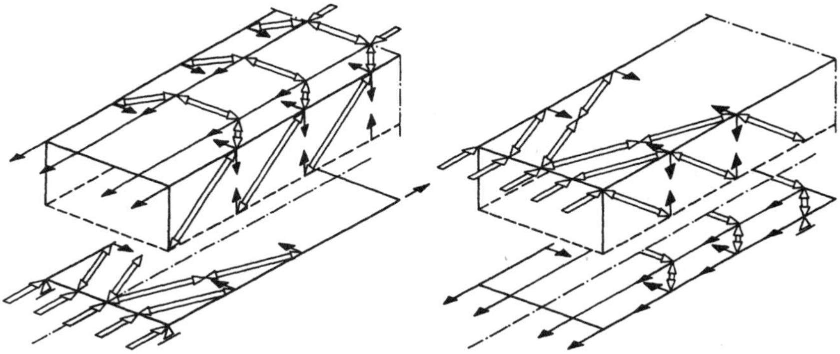

a b

Abb. 5.44a, b. Kraftfluss in Kastenträgern. **a** Kraftfluss über einem Zwischenauflager, **b** Kraftfluss im Feld und am Endauflager

nur bei entsprechend langem Überstand zur Erfüllung des Kräftegleichgewichtes beim Auflager beitragen kann.

5.7 Vorspannung

5.7.1 Ziel der Vorspannung und Spannverfahren

Das Ziel der Vorspannung besteht darin, eine künstliche Einwirkung auf das Tragwerk zu erzeugen, die den Spannungs- und Verformungszustand beeinflusst. Dabei wird selbstverständlich eine günstige Beeinflussung angestrebt.

Solche Einwirkungen können durch Zwängungen (z. B. Auflagerverschiebungen) oder durch Vorspannung von Stahleinlagen erzeugt werden.

Die „starre" Vorspannung durch *Zwängungen* ist problematisch. Sie wird durch Kriechen und Schwinden des Betons stark abgebaut und ist im Bruchzustand im Allgemeinen nicht mehr wirksam.

Die stark „federnde" Vorspannung mit *vorgedehnten Stahleinlagen* bleibt dagegen weitgehend erhalten, sofern die Stahlvordehnung wesentlich größer ist als die Betonverkürzung infolge von Schwinden und Kriechen. Dies bedingt einerseits die Verwendung hochfester Stahleinlagen und hat andererseits den Vorteil, dass die Zugfestigkeit dieser Stähle in der Regel voll ausgenützt werden kann.

Die für die Vorspannung verwendeten hochfesten Stähle bestehen aus Drähten mit 3 bis 10 mm Durchmesser, Litzen mit 13 bis 16 mm Nenndurchmesser oder Stangen mit 20 bis 36 mm Durchmesser. Drähte und Litzen werden meistens zu so genannten Spannkabeln zusammengefasst. Diese Stähle sind, auf die Festigkeit bezogen, wirtschaftlicher als normaler Betonstahl, und da das Einbetonieren einer hochfesten Bewehrung weniger Platz erfordert, lassen sich wegen des entsprechend schlankeren und leichteren Betonquerschnitts weitere Einsparungen erzielen.

Grundsätzlich werden zwei verschiedene Spannverfahren unterschieden:
die Vorspannung des erhärteten Betons (post-tensioning),
die Spannbettvorspannung (pre-tensioning).

Bei der *Vorspannung des erhärteten Betons* befindet sich die Spannbewehrung zunächst ungespannt in Hüllrohren oder Spannkanälen, die normalerweise in das Tragelement einbetoniert werden. Im Prinzip kann die Spannbewehrung aber auch außerhalb des Betonquerschnitts angeordnet werden. Nach dem Erhärten des Betons wird die Spannbewehrung in einer oder mehreren Spannetappen vorgespannt und mit speziellen Ankerköpfen verankert. Hüllrohre und Spannkanäle werden nach dem Vorspannen meistens ausinjiziert, um einen Verbund zwischen Spannbewehrung und Beton herzustellen. Das Injektionsmaterial muss zudem den Korrosionsschutz gewährleisten.

Vorspannung ohne Verbund ist grundsätzlich auch im Endzustand möglich. Sie weist unter Umständen konstruktive Vorteile auf. Jedoch lässt sich die Stahlfestigkeit nicht voll ausnützen. Selbstverständlich muss dem Korrosionsschutz auch in diesem Falle größte Aufmerksamkeit geschenkt werden.

Beim *Spannbettverfahren* wird die Spannbewehrung im so genannten Spannbett zwischen festen Blöcken gespannt. Erst dann wird das Betonelement gegossen, und nach seiner Erhärtung wird die Bewehrung von den Spannblöcken gelöst oder abgetrennt. Die Verankerung der vorgespannten Stahleinlagen, respektive das Eintragen der Spannkraft, erfolgt ausschließlich über Haft- oder Verbundspannungen an den Elementenden.

Bei der Vorfabrikation großer Serien ist das Spannbettverfahren wirtschaftlicher, da der Aufwand für die teuren Ankerköpfe und die Injektionen entfällt. Sehr oft wird aber auch das Spannbettverfahren mit der Vorspannung des erhärteten Betons kombiniert.

Die Herstellung weitgespannter Biegeträger ist aus wirtschaftlichen und technischen Gründen praktisch nur mit Vorspannung möglich. Bei einem schlaff bewehrten Träger wäre nicht nur die Anordnung der Bewehrung mit beträchtlichen Schwierigkeiten verbunden, es müsste auch mit sehr großen Verformungen gerechnet werden. Bei einer Schlankheit von $l/h = 20$ würde zum Beispiel ein Brückenträger (einfacher Balken) bereits bei einer Spannweite von 40 m unmittelbar nach dem Ausrüsten Durchbiegungen von 5 bis 6 cm aufweisen, und mit der Zeit würden diese Durchbiegungen infolge Schwinden und Kriechen des Betons auf 12 bis 15 cm anwachsen.

5.7.2 Vorspannkonzepte

Beim Entwurf einer Brücke muss die Wahl der Vorspannung hauptsächlich unter dem Gesichtspunkt des Tragverhaltens im Gebrauchszustand erfolgen. Vorspannkonzepte werden jeweils aufgrund von Anforderungen so festgelegt, dass die Aspekte der Gebrauchstauglichkeit (Risse, Verformungen), Bauvorgang (Herstellungstechnik) und Wirtschaftlichkeit ausgewogen berücksichtigt werden können.

- Aus wirtschaftlichen Gründen ist man bestrebt, insgesamt nur soviel Bewehrung (Spannstahl und [schlaffen] Betonstahl) aufzuwenden, wie zur Gewährleistung der Tragsicherheit erforderlich ist. In Bezug auf die Wirtschaftlichkeit spielt die Aufteilung in Spann- und Betonstahl eine geringe Rolle. Hingegen lassen sich örtliche Beanspruchungen mit Betonstahl kostengünstiger aufnehmen als mit Spannstahl.
- Durch die Vorspannung lässt sich die Rissbildung begrenzen oder gar vermeiden. Risse infolge Verkehrslast sind im Allgemeinen ungefährlich, weil sie sich nach der Entlastung wieder weitgehend schließen. Wird jedoch das Rissmoment in einem bestimmten Trägerbereich bereits unter ständiger Last wesentlich überschritten, entwickelt sich in diesem Bereich ein abgeschlossenes Rissbild mit zahlreichen Rissen, deren Breite hauptsächlich von der Stahlspannung und der Bewehrungsverteilung abhängig ist. In der Regel wählt man das Vorspannkonzept so, dass zumindest in der Fahrbahnplatte unter ständiger Last volle Vorspannung vorhanden ist und somit keine Risse auftreten. Aus Zwängungen und Eigenspannungen wird das Rissmoment an einem Brückenträger in der Regel nur unwesentlich überschritten, denn wenige kleine Risse genügen meistens zur Herstellung der Verträglichkeit.
- Bei zweckmäßiger Wahl der Vorspannung sind in der Regel die Verformungen des Tragwerks klein. Das Verformungsverhalten hat somit einen wesentlichen Einfluss auf die Wahl des Vorspannkonzepts, insbesondere bei Freivorbaubrücken oder weitgespannten Balkenbrücken mit teilweiser Vorspannung. Besonders verformungsempfindlich sind auch weit auskragende Konsolen von Fahrbahnplatten, die immer mit einer Quervorspannung ausgeführt werden sollten.

Grundsätzlich entscheidend für die Verformungen und die Rissbildung im lang- und kurzfristigen Gebrauchszustand ist der Vorspanngrad. Man unterscheidet zwischen voller, beschränkter und teilweiser Vorspannung.

- Volle Vorspannung liegt dann vor, wenn im Gebrauchszustand aufgrund der Tragwerksanalyse in Richtung der Spannbewehrung keine Zugspannungen im Beton nachgewiesen werden.
- Bei beschränkter Vorspannung dürfen die aufgrund der Tragwerksanalyse nachgewiesenen Zugspannungen im Beton begrenzte zulässige Werte nicht überschreiten. In jedem Fall muss ein Nachweis der Tragsicherheit durchgeführt werden.
- Teilweise Vorspannung erfordert keine Ermittlung der Betonzugspannungen, der Nachweis der Tragsicherheit genügt. Die teilweise Vorspannung kann somit den gesamten Bereich zwischen normal bewehrtem und voll vorgespanntem Stahlbeton umfassen.

Volle Vorspannung. Die Gefahr der Rissbildung ist bei voller Vorspannung für ständige Lasten und Verkehrslasten relativ klein. Immerhin können Zwängungen und Eigenspannungen auch in diesem Fall unerwünschte Zugspannungen und

Risse verursachen. Es ist deshalb notwendig, eine schlaffe Mindestbewehrung anzuordnen, die eine einwandfreie Rissverteilung gewährleistet. Beim Nachweis der Tragsicherheit darf diese schlaffe Bewehrung immer mit berücksichtigt werden.

Da eine schlaffe Mindestbewehrung immer notwendig ist und weil erhebliche Spannkraftverluste nicht immer vermeidbar sind, erfordert die volle Vorspannung oft einen beträchtlich größeren Bewehrungsaufwand, als allein zur Gewährleistung der Tragsicherheit erforderlich wäre.

Voll vorgespannte Träger mit schlanken T-Querschnitten verformen sich bei hoher Verkehrslast im Vergleich zur ständigen Last relativ stark. Dies kann beträchtliche, meist ungünstige Überhöhungen zur Folge haben.

Teilweise Vorspannung. Die Nachteile der vollen Vorspannung lassen sich mit teilweiser Vorspannung vermeiden. Der Bewehrungsaufwand wird in diesem Fall fast immer durch die Tragsicherheit bestimmt, und die Verformungen unter Dauerlast können klein gehalten werden. Nur in Ausnahmefällen muss die Vorspannung im Hinblick auf das Verformungsverhalten stärker bemessen werden, als die Tragsicherheit es erfordert.

Bei teilweiser Vorspannung ist immer die erforderliche schlaffe Mindestbewehrung vorzusehen. Falls das Rissmoment unter ständiger Last überschritten wird, muss ein Rissnachweis durchgeführt werden. Das Verformungsverhalten sollte allenfalls unter Berücksichtigung von Streuungen infolge Spannkraftverlusten und von Steifigkeitsabminderung infolge Rissbildung überprüft werden.

Die teilweise Vorspannung erfordert eine sorgfältige Kontrolle der Spannkräfte, denn Abweichungen von der vorgesehenen Vorspannung können in Bezug auf Rissbildung, Verformung und Ermüdung unangenehme Folgen haben.

Grundsätzlich sollten eher große Vorspanngrade gewählt werden, denn aus Untersuchungen geht hervor, dass Brücken mit anormalem Verhalten (starke Rissbildung, übergroße Verformungen) oft eine geringe Vorspannung aufweisen. Zudem führt eine Vergrößerung der Vorspannung um 10 oder 20 % nur zu einer unwesentlichen Erhöhung der Gesamtkosten. Über die Lebensdauer einer Brücke betrachtet kann eine großzügige Vorspannung sogar wirtschaftlicher sein, wenn sie zu einer Verringerung der Unterhaltskosten führt.

5.7.3 Konstruktive Hinweise

Bei den Kabelverankerungen werden große konzentrierte Kräfte in den Beton eingetragen. Diese Kräfte breiten sich unter einem Winkel von ca. 30° bis 45° zur Kraftrichtung aus. Der entsprechende Kraftfluss muss sorgfältig verfolgt werden. Bei Umlenkungen entstehen Querzugkräfte, die mit einer gut verteilten Querbewehrung aufgenommen werden müssen. Der Kraftfluss ist jeweils im Bauzustand unter ständiger Last und bei Bruchlast (Tragsicherheit) zu untersuchen.

In Abb. 5.45 wird anhand einiger Beispiele gezeigt, wie der Spannungszustand im Krafteinleitungsbereich mit einfachen Fachwerkmodellen aufgrund des Krafteinleitungswinkels, der Spanngliedkraft P und der Auflagerreaktion A

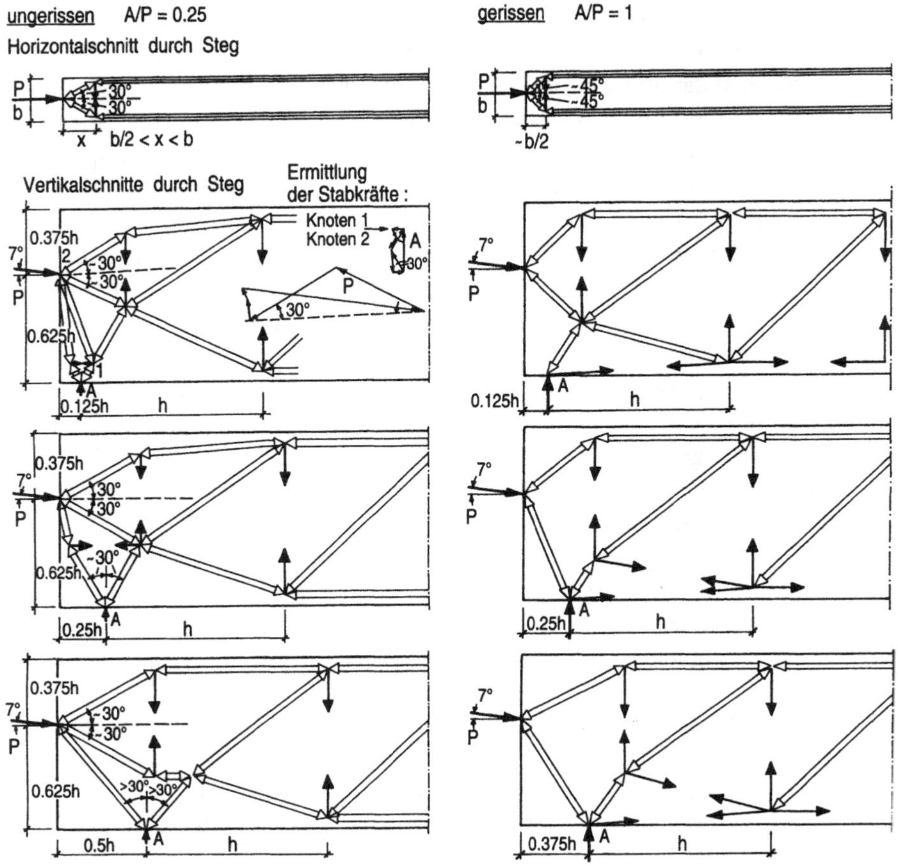

Abb. 5.45. Fachwerkmodelle für den Krafteinleitungsbereich

einerseits und dem Spannungszustand im Abstand h vom Auflager andererseits untersucht werden kann.

Die volle Wirksamkeit eines Spanngliedes als Biegebewehrungselement ist erst dann gewährleistet, wenn sich die der Stahlzugkraft entsprechende Betondruckkraft im Querschnitt ausgebreitet und zusammen mit der Zugkraft das innere Moment bzw. den Biegewiderstand aufgebaut hat. Die hierzu erforderliche Länge wird als Momentenaufbaulänge l_a bezeichnet.

Abbildung 5.46 zeigt einen durch positive Momente (Zug unten) beanspruchten Kastenträger und den Momentenanteil, der im Bruchzustand von einem Spannglied mit der Fließzugkraft F_{Py} aufgenommen werden kann. In Abb. 5.46a ist das Spannglied in der Mitte der unteren Kastenplatte verankert, in Abb. 5.46b sind zwei Spannglieder mit der halben Fließzugkraft an der Stegunterseite verankert. Im linken Kastenteil ist die Spannungsausbreitung nach der Elastizitätstheorie, im rechten Kastenteil ist die Kraftausbreitung aufgrund eines Fachwerkmodells

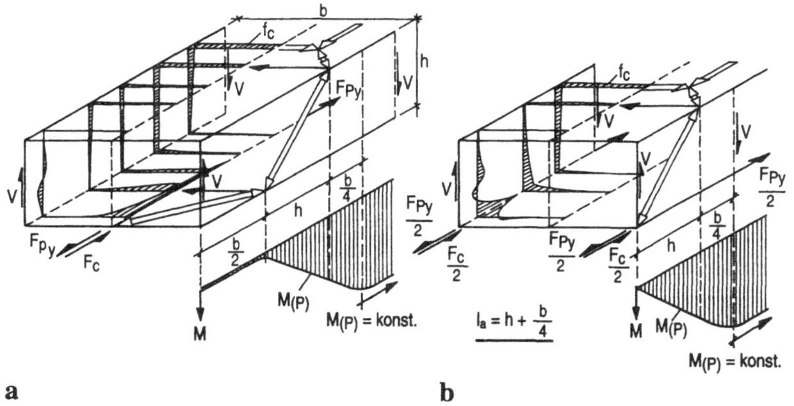

Abb. 5.46 a, b. Momentenaufbaulänge l_a bei unterschiedlicher Spanngliedanordnung

dargestellt. Dabei kann man davon ausgehen, dass sich die Druckkräfte ohne zusätzliche Schubbewehrung etwa unter einem Winkel von 45° ausbreiten. Die Momentenaufbaulänge ist nach der Elastizitätstheorie und aufgrund des Fachwerkmodells etwa gleich groß und beträgt für ein in Kastenmitte verankertes Spannglied

$$l_a \cong \frac{b}{2} + h + \frac{b}{4},$$

und für die im Steg verankerten Spannglieder

$$l_a \cong h + \frac{b}{4}.$$

Fast immer ist eine möglichst kurze Momentenaufbaulänge erwünscht, da sich damit bei gleicher Wirkung nicht nur die Spanngliedlänge, sondern auch die im Fall a zur Gewährleistung des Gleichgewichtes erforderliche Querbewehrung in der unteren Kastenplatte einsparen lassen. Wenn irgend möglich sollten deshalb Spannglieder in den Stegen selbst oder in unmittelbarer Nähe der Stege verankert werden. Dies gilt selbstverständlich auch für die schlaffe Bewehrung, sofern sie nicht zur Rissverteilung in der Platte dient.

Bei Kabelkrümmungen hat die Spanngliedzugkraft in der Krümmungsebene Ablenkkräfte q_P zur Folge (Abb. 5.47). Diese Ablenkkräfte wirken auf den Beton, und die dadurch verursachten lokalen Beanspruchungen müssen immer überprüft

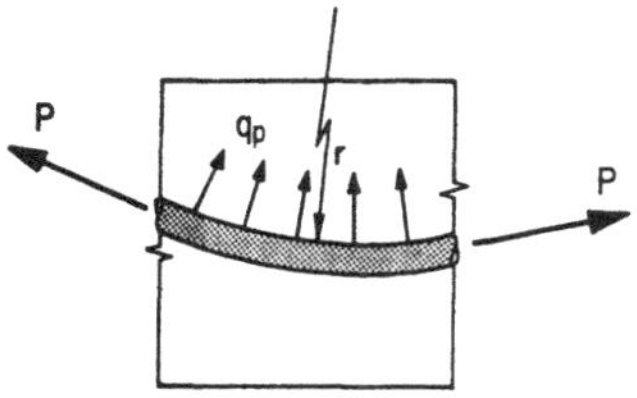

Abb. 5.47. Ablenkkräfte bei einer Kabelkrümmung ($q_P = P/r$ mit Krümmungsradius r)

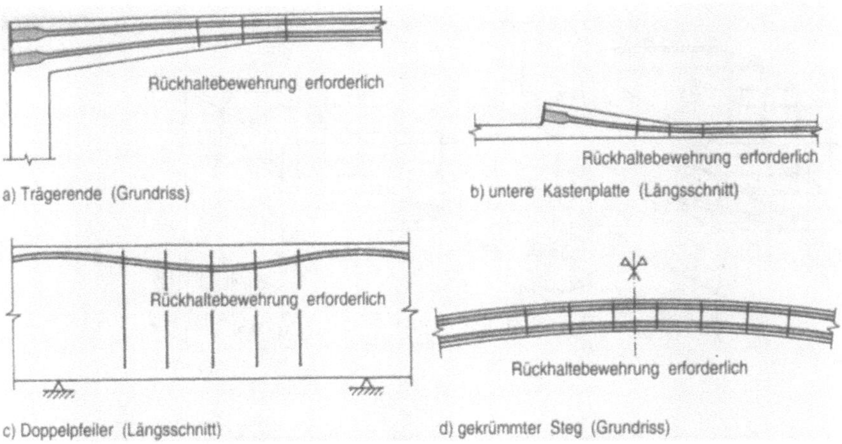

Abb. 5.48a–d. Rückhaltebewehrung bei gekrümmter Spanngliedführung

werden. Wo immer solche Kräfte in der Nähe der Betonoberfläche gegen die dünne Überdeckungsschicht gerichtet sind, müssen gekrümmte Spannglieder mit einer Rückhaltebewehrung im Betonquerschnitt verankert werden. Auch wenn die Ablenkkräfte klein sind und von dünnen „Haarnadeln" im Abstand von 0,2 m aufgenommen werden können, ist diese Rückhaltebewehrung zur Verhinderung des Herausreißens der Spannglieder unbedingt notwendig. Bei gleichmäßig gekrümmten Trägern darf nicht angenommen werden, die Spannglieder wiesen ebenfalls eine gleichmäßige Krümmung auf. Es können immer lokale Krümmungskonzentrationen auftreten, die bei fehlender Rückhaltebewehrung das Herausreißen der Spannglieder einleiten. Abbildung 5.48 zeigt anhand einiger für den Brückenbau typischer Fälle, wann Spannglieder ohne entsprechende Rückhaltebewehrung beim Spannen aus dem Beton herausgerissen werden können.

Bei gekrümmten Trägern (Achsrichtung) sind die krümmungseinwärts gerichteten Umlenkkräfte q_P der Stahlzugkraft P_x wegen des Eigenspannungszustandes gleich groß wie die Summe aller krümmungsauswärts gerichteter Umlenkkräfte dq_c der Betondruckspannungen σ_{cx}:

$$q_c = \int_{A_c} dq_c = \int_{A_c} \frac{1}{r} \sigma_{cx} \, dA_c .$$

Sofern der Träger einen kompakten Vollquerschnitt aufweist, entstehen infolge der gleich großen, aber entgegengesetzten Kräfte q_P und q_c Quernormalspannungen (Abb. 5.49). Die gefährlichen Querzugspannungen sind umso größer, je näher das Spannglied am Krümmungsinnenrand liegt.

Bei Trägern mit aufgelöstem Querschnitt entstehen nebst Quernormalspannungen auch Querbiegemomente (und Drehmomente, s. Kap. 6). Abbildung 5.50 zeigt einen gekrümmten, zentrisch vorgespannten I-Träger (ohne Lasteinwirkung).

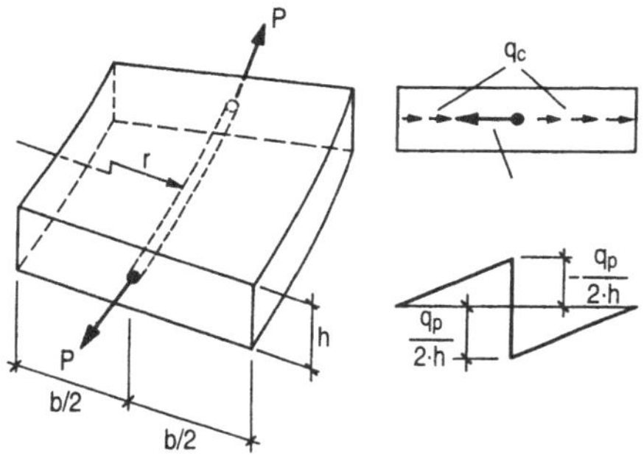

Abb. 5.49. Quernormalspannungen in einem gekrümmten Träger mit Vollquerschnitt

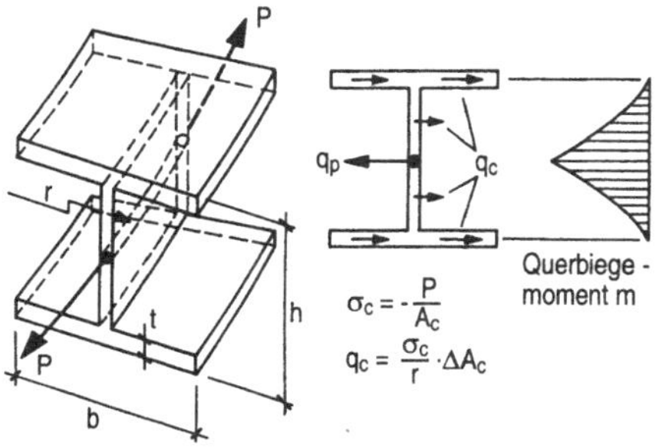

Abb. 5.50. Querbiegemomente eines gekrümmten, zentrisch vorgespannten I-Trägers

Hier entstehen vor allem infolge der Δq_c-Kräfte im Steg erhebliche Querbiegemomente. Sie betragen mit $t \ll h$ auf Spanngliedhöhe

$$m \cong \frac{P \cdot h}{8 \cdot r \cdot (2 \cdot b + h)}(4 \cdot b + h).$$

Auch lokale Spanngliedkrümmungen (Abb. 5.48a, b) verursachen Querbiegung, weil sich die der Stahlzugkraft entsprechende Betondruckkraft im Krümmungsbereich des Spanngliedes bereits teilweise oder ganz im Querschnitt ausgebreitet hat, und weil deshalb im Krümmungsbereich der Umlenkkraft aus Stahlzug lokal nur eine kleine Umlenkkraft aus Betondruck entgegenwirkt.

5.7.4 Berechnung vorgespannter Querschnitte

Vorspannung mit vorgespannten bzw. vorgedehnten Stahleinlagen verursacht im Querschnitt einen Eigenspannungszustand. Stahlzugkraft und Betondruckkraft (Integral der Betonspannungen) sind gleich groß und greifen bei statisch bestimmter Systemlagerung an derselben Stelle des Querschnittes gleichgerichtet an. Damit lassen sich die der Vorspannung entsprechenden Betonschnittkräfte und -spannungen sehr einfach ermitteln. Aufgrund des Eigenspannungszustandes ergeben sich – bei relativ kleiner Abweichung der Spannkraftrichtung von der

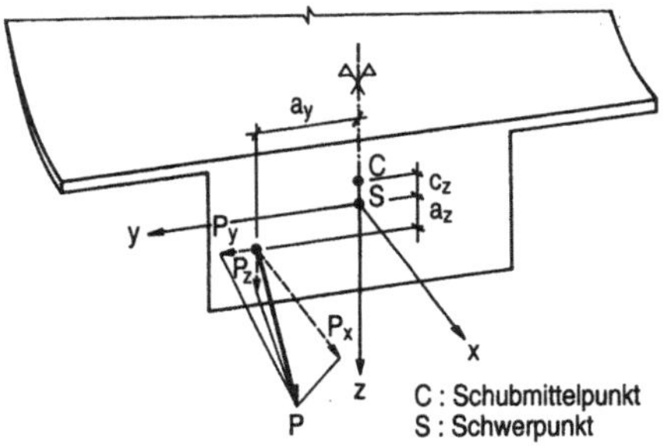

Abb. 5.51. Komponenten der Spannkraft

Querschnittsnormalen – folgende auf den Betonquerschnitt wirkende Schnittkräfte (Abb. 5.51):

$$N_c = -P_x, \qquad M_{c,x} = -P_x \left(a_y \frac{da_z}{dx} - a_z \frac{da_y}{dx} \right),$$

$$V_{c,y} = -P_x \frac{da_y}{dx}, \qquad M_{c,y} = -P_x \cdot a_z,$$

$$V_{c,z} = -P_x \frac{da_z}{dx}, \qquad M_{c,z} = P_x \cdot a_y,$$

$$T_c = -P_x \left[(a_y - c_y) \frac{da_z}{dx} - (a_z - c_z) \frac{da_y}{dx} \right].$$

Der Eigenspannungszustand verursacht Querschnittsverformungen, die bei statisch unbestimmten Systemen Zwängungen zur Folge haben. Diese speziellen Zwängungen infolge Vorspannung sind nicht direkt steifigkeitsabhängig, d. h., eine Steifigkeitsreduktion infolge Rissbildung hat nur einen unwesentlichen Einfluss auf die Zwängungen, da bei abnehmender Steifigkeit auch die Verformungen infolge des Eigenspannungszustandes aus Vorspannung umso größer werden. Die auf den Betonquerschnitt wirkenden Schnittkräfte des reinen Eigenspannungszustandes (statisch bestimmte Lagerung) werden mit S_{0P} bezeichnet, z. B. Moment M_{0P}. Die Zwangsschnittkräfte aus diesem Eigenspannungszustand werden mit S_{sP} bezeichnet, z.B. Zwangsmoment aus Vorspannung M_{sP}. Infolge Vorspannung wirkt somit auf den Betonquerschnitt bei statisch unbestimmter Lagerung die Schnittkraft

$$S_P = S_{0P} + S_{sP},$$

z. B. das Vorspannmoment $M_P = M_{0P} + M_{sP}$.

Im ungerissenen Zustand können die Spannungen aus Vorspannung im Allgemeinen am homogenen Betonquerschnitt ohne Berücksichtigung der schlaffen Bewehrung ermittelt werden. Für Näherungsberechnungen und Abschätzungen können die Vorspannmomente bei Durchlaufträgern sehr rasch und einfach aus den Umlenk- und Ankerkräften der Spannglieder ermittelt werden. Dabei wird vereinfachend angenommen, die Spannkraft eines durchgehenden Spanngliedes sei feldweise konstant. Die Spannkraftverluste infolge Reibung werden bei den

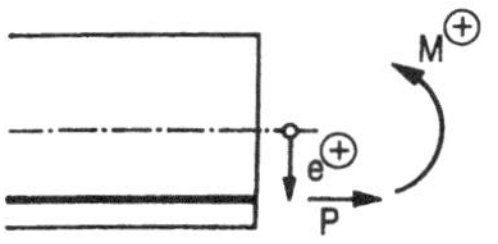

Abb. 5.52

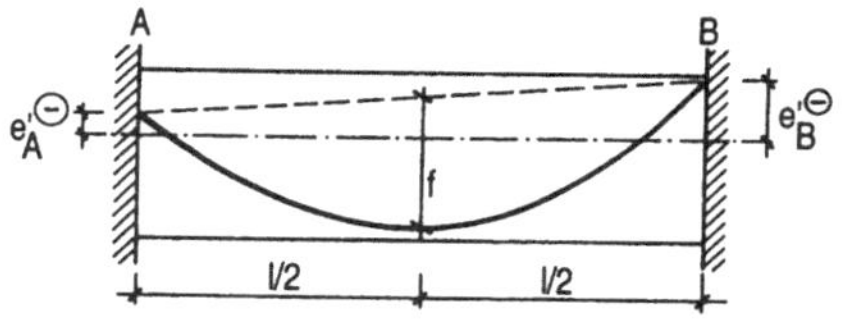

Abb. 5.53

Abb. 5.52. Vorzeichenkonvention

Abb. 5.53. Beidseits eingespannter Träger mit parabolisch angeordnetem Spannglied

Zwischenauflagern konzentriert, für die übrigen Spannkraftverluste wird feldweise ein konstanter Wert angenommen.

Wenn man den Träger mit den Umlenk- und Ankerkräften belastet, erhält man das gesamte Vorspannmoment

$$M_P = M_{0P} + M_{sP}.$$

Mit den Bezeichnungen gemäß Abb. 5.52 betragen das Eigenspannungsmoment:

$$M_{0P} = -P \cdot e$$

und das Zwangsmoment:

$$M_{sP} = M_P - M_{0P}.$$

Bei einem beidseitig eingespannten Träger mit konstanter Biegesteifigkeit EI, parabelförmiger Kabellage und konstanter Vorspannkraft P (vgl. Abb. 5.53) beträgt die Umlenkkraft aus Vorspannung:

$$q_P = -\frac{8 \cdot f \cdot P}{l^2},$$

und die exzentrisch angreifenden Ankerkräfte verursachen die Verankerungs- bzw. Eigenspannungsmomente:

$$M_{0P}(\mathrm{A}) = -P \cdot e_{\mathrm{A}}', \quad M_{0P}(\mathrm{B}) = -P \cdot e_{\mathrm{B}}'.$$

Zur Erfüllung der Verträglichkeitsbedingungen an den Trägerenden sind folgende Einspann- oder Zwangsmomente erforderlich:

$$M_{sP}(\mathrm{A}) = -\frac{q_P \cdot l^2}{12} - M_{0P}(\mathrm{A}) = P\left(\frac{2 \cdot f}{3} + e_{\mathrm{A}}'\right),$$

$$M_{sP}(\mathrm{B}) = -\frac{q_P \cdot l^2}{12} - M_{0P}(\mathrm{B}) = P\left(\frac{2 \cdot f}{3} + e_{\mathrm{B}}'\right).$$

Die Vorspannmomente in A und B betragen somit:

$$M_P(\mathrm{A}) = \tfrac{2}{3} \cdot P \cdot f, \quad M_P(\mathrm{B}) = \tfrac{2}{3} \cdot P \cdot f.$$

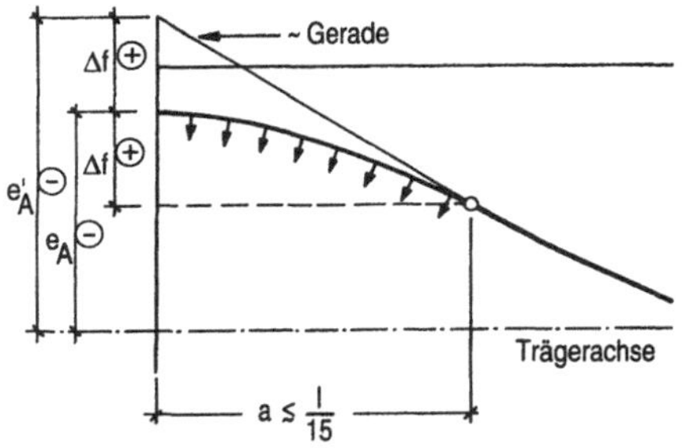

Abb. 5.54

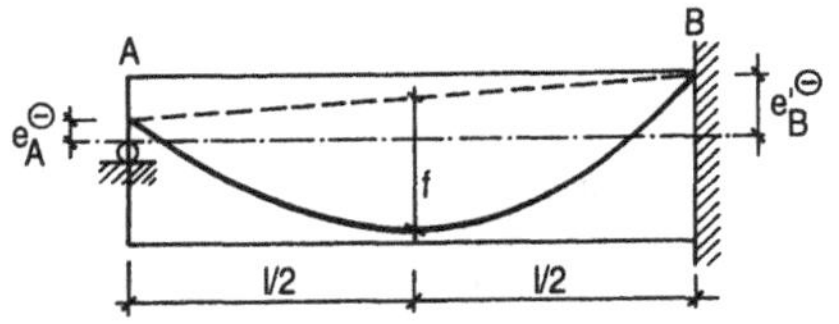

Abb. 5.55

Abb. 5.54. Gegenkrümmung des Spannglieds im Auflagerbereich

Abb. 5.55. Einseitig eingespannter Träger mit parabolisch angeordnetem Spannglied

Bei einer Gegenkrümmung des Spannglieds im Auflagerbereich (Abb. 5.54), betragen die Umlenkkräfte:

$$\bar{q}_P = \frac{8 \cdot \Delta f \cdot P}{4 \cdot a^2},$$

und die entsprechenden Vorspannmomente über den Auflagern lauten:

$$\bar{M}_P \cong -\frac{\bar{q}_P \cdot a^2}{2} = -P \cdot \Delta f.$$

Für einen beidseitig eingespannten Träger mit Gegenkrümmung der Kabel im Auflagerbereich ergeben sich somit folgende Momente:

$$\begin{aligned} M_{sP}(A) &= P\left(\tfrac{2}{3} \cdot f - \Delta f_A + e_A\right), & M_{sP}(B) &= P\left(\tfrac{2}{3} \cdot f - \Delta f_B + e_B\right), \\ M_{0P}(A) &= -P \cdot e_A, & M_{0P}(B) &= -P \cdot e_B, \\ M_P(A) &= P\left(\tfrac{2}{3} \cdot f - \Delta f_A\right), & M_P(B) &= P\left(\tfrac{2}{3} \cdot f - \Delta f_B\right). \end{aligned}$$

Bei einem analogen, jedoch nur einseitig in B eingespannten Träger (Abb. 5.55) erhält man das Zwangsmoment

$$M_{sP}(B) = -\frac{q_P \cdot l^2}{8} - \frac{1}{2} M_{0P}(A) - M_{0P}(B) = P\left(f + \frac{e_A}{2} + e_B{}'\right).$$

Eine Gegenkrümmung der Spannglieder in B kann näherungsweise wieder mit dem Vorspannmoment

$$\bar{M}_P(B) \cong -\frac{\bar{q}_P \cdot a^2}{2} = -P \cdot \Delta f$$

berücksichtigt werden. Im Normalfall ergeben sich somit bei den Auflagern folgende Momente:

$$
\begin{aligned}
M_{\mathrm{sP}}(\mathrm{A}) &= 0, & M_{\mathrm{sP}}(\mathrm{B}) &= P\Big(f + e_{\mathrm{B}} + \frac{e_{\mathrm{A}}}{2} - \Delta f_{\mathrm{B}}\Big),\\
M_{0\mathrm{P}}(\mathrm{A}) &= -P \cdot e_{\mathrm{A}}, & M_{0\mathrm{P}}(\mathrm{B}) &= -P \cdot e_{\mathrm{B}},\\
M_{\mathrm{P}}(\mathrm{A}) &= -P \cdot e_{\mathrm{A}}, & M_{\mathrm{P}}(\mathrm{B}) &= P\Big(f + \frac{e_{\mathrm{A}}}{2} - \Delta f_{\mathrm{B}}\Big).
\end{aligned}
$$

Aufgrund der Zwangsmomente bei fester Einspannung können nun die Zwangsmomente eines Durchlaufträgers mit Hilfe eines Momentenausgleiches einfach ermittelt werden.

5.7.5 Stahlspannungen bei typischen Beanspruchungszuständen

Am Beispiel eines teilweise vorgespannten Trägers unter reiner Biegung (Normalkraft $N = 0$) werden im Folgenden einerseits der generelle Verlauf der Stahldehnungen und Stahlspannungen und andererseits die Verteilung der Betonspannungen in Funktion der Querschnittsbeanspruchung durch ein Biegemoment M untersucht. Dabei wird vorausgesetzt, dass der Querschnitt ein duktiles Verhalten aufweist. Ohne einen nennenswerten Fehler zu begehen, werden der Berechnung zwei vereinfachende Annahmen zugrunde gelegt:

- Die Mitwirkung des Betons unter Zugbeanspruchung wird vernachlässigt ($f_{\mathrm{ct}} = 0$).
- Für Beton und Spannstahl sowie für Beton und schlaffen Stahl wird gleiches Verbundverhalten angenommen.

Unter diesen Voraussetzungen lassen sich bei wachsendem Biegemoment M folgende typische Beanspruchungs- und Dehnungszustände des Querschnitts unterscheiden: (1) reiner Eigenspannungszustand aus Vorspannung, (2) Initialspannungszustand, (3) Dekompression am Querschnittsrand, (4) Fließen des schlaffen Stahls, (5) Fließen des Spannstahls und des schlaffen Stahls, (6) Versagen des Querschnitts.

Reiner Eigenspannungszustand aus Vorspannung; $M = 0$ (Abb. 5.56). Das Biegemoment M ist null, die Betondruckspannungen und die Stahlzugspannungen im Spannstahl ergeben sich somit aus dem reinen Eigenspannungszustand. Das heißt, die resultierende Betondruckkraft F_{cE} liegt unter Vernachlässigung der geringfügigen Kraft im schlaffen Stahl auf der gleichen Höhe wie die Vorspannkraft F_{PE}. Dieser reine Eigenspannungszustand ist eigentlich nur theoretisch und tritt praktisch nicht auf, da üblicherweise beim Aufbringen der Vorspannung zumindest ein gewisser Anteil des Eigengewichtes bzw. ein entsprechendes Biegemoment wirksam wird.

Initialspannungszustand; $M = M_0$ (Abb. 5.57). Als Initialspannungszustand bezeichnet man den Spannungszustand unmittelbar nach dem Aufbringen der ini-

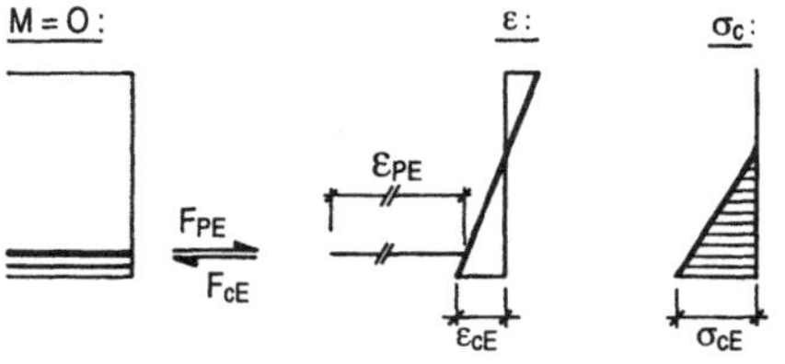

Abb. 5.56. Reiner Eigenspannungszustand aus Vorspannung, $M = 0$

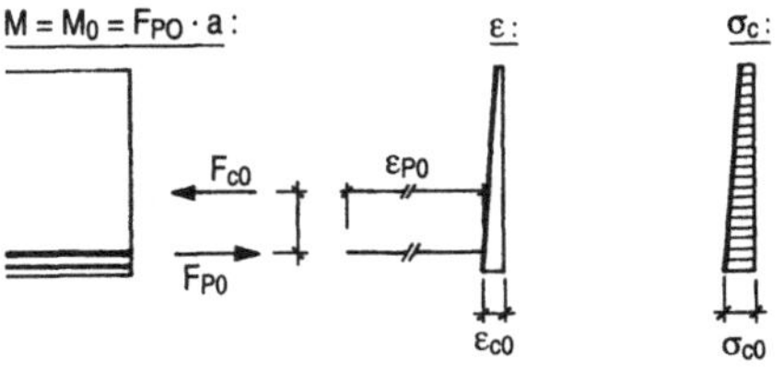

Abb. 5.57. Initialspannungszustand beim Aufbringen der Vorspannkraft, $M = M_0$

tialen Spannkraft F_{P0} (Stahlspannung σ_{P0}). In der Regel wird durch das Vorspannen das Lehrgerüst zumindest teilweise entlastet, und ein gewisser Anteil des Eigengewichtes wirkt als Auflast auf den Träger. Die vorgesehene initiale Spannung im Spannstahl wird deshalb immer gleichzeitig mit einem nicht genau bestimmbaren Moment M_0 (Anteil Eigengewicht) aufgebracht.

Dekompression am Querschnittsrand; $M = M_D$ (Abb. 5.58). Beim Erreichen des Dekompressionsmomentes M_D wird die Betonspannung σ_c am Querschnittsrand null. Der Querschnitt geht vom homogenen in den gerissenen Zustand über. Da in der Regel die Betonüberdeckung der schlaffen Bewehrung im Vergleich zur Querschnittshöhe gering ist, kann das Dekompressionsmoment M_{sD} (Dekompression auf der Höhe des schlaffen Stahls) mit M_D gleichgesetzt bzw. die Dehnung im schlaffen Stahl $\varepsilon_s(M_D) = 0$ angenommen werden.

Fließen des schlaffen Stahls; $M = M_{sy}$ (Abb. 5.59). Normalerweise erreicht der schlaffe Stahl vor dem Spannstahl die Fließgrenze $(f_{Py} - \sigma_{P0} > f_{sy})$. Das entsprechende Moment wird mit M_{sy} bezeichnet.

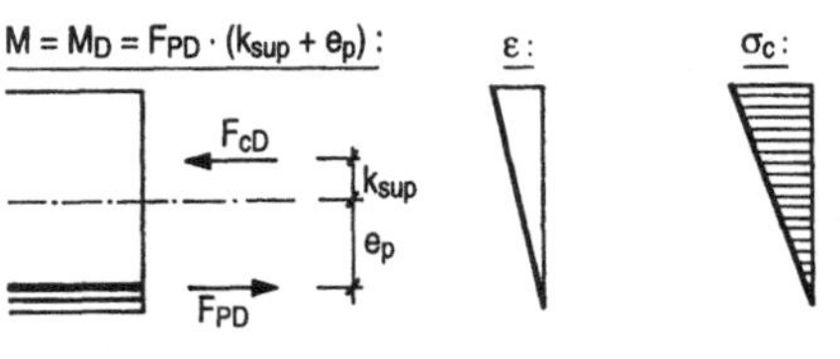

Abb. 5.58. Dekompression am Querschnittsrand, $M = M_D$

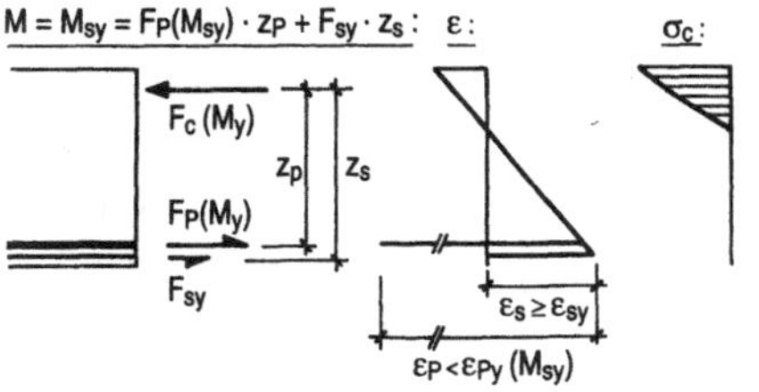

Abb. 5.59. Fließbeginn im schlaffen Stahl, $M = M_{sy}$

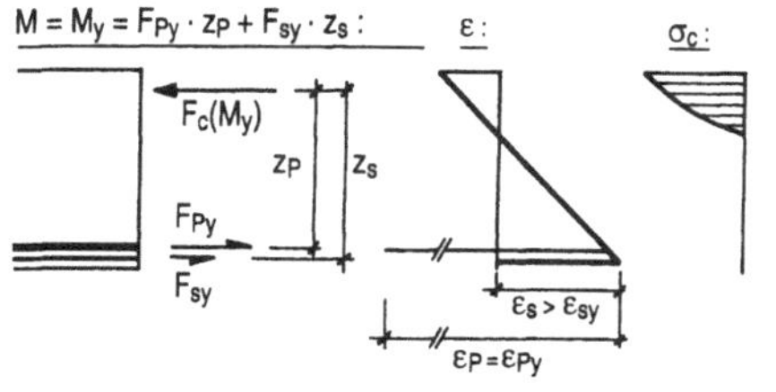

Abb. 5.60. Fließen des Spannstahls und des schlaffen Stahls, $M = M_y$

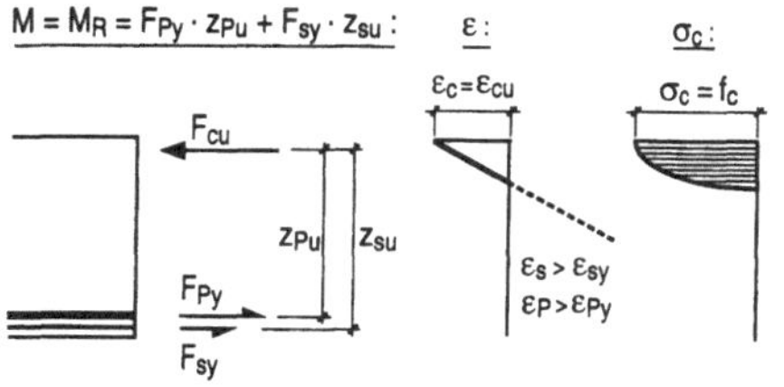

Abb. 5.61. Versagen des Querschnitts, $M = M_R$ (Querschnittswiderstand)

Fließen des Spannstahls und des schlaffen Stahls; $M = M_\text{y}$ (Abb. 5.60). Das Moment M_y beim Fließen beider Bewehrungen wird häufig auch als „plastisches Moment" bezeichnet. Zur Gewährleistung der Duktilität des Querschnitts darf dabei am Druckrand die Betondruckfestigkeit f_c noch nicht erreicht werden.

Versagen des Querschnitts; $M = M_R$ (Abb. 5.61). Nach Fließbeginn der gesamten Bewehrung bleiben die inneren Kräfte (F_Py und F_sy) konstant. Bei rasch zunehmenden Deformationen ist eine geringfügige Vergrößerung des inneren Hebelarmes z_p bzw. z_s und somit auch des Querschnittmomentes möglich. Beim Erreichen der Betonbruchstauchung ε_cu am Druckrand versagt schließlich der Querschnitt unter dem Bruchmoment M_R.

Im Folgenden wird der Spannungsverlauf σ_P bei zunehmendem Moment M für zwei typische Querschnitte, für verschiedene Verhältnisse $n = \sigma_\text{P0}/f_\text{Py}$ und jeweils für die Verhältnisse $\omega_\text{s}/\omega_\text{P} = 0$ bzw. 1 berechnet. ω bezeichnet den mechanischen Bewehrungsgehalt:

$$\omega_\text{s} = \frac{A_\text{s}}{b \cdot h} \frac{f_\text{sy}}{f_\text{c}}, \quad \omega_\text{P} = \frac{A_\text{P}}{b \cdot h} \frac{f_\text{Py}}{f_\text{c}}.$$

Beim Rechteckquerschnitt (Abb. 5.62a) wurde dabei ein totaler mechanischer Bewehrungsgehalt von $\omega_\text{s} + \omega_\text{P} = 0{,}15$ angenommen. Beim I-Querschnitt (Abb. 5.62b), der im Übrigen auch als Kastenquerschnitt mit zusammengerückten Stegen aufgefasst werden kann, wurde ein solcher von $\omega_\text{s} + \omega_\text{P} = 0{,}1$ angenommen.

Den Berechnungen wurden für Beton, Spannstahl und schlaffen Stahl idealisierte Materialkennlinien (σ-ε-Diagramme), wie sie aus den Abb. 5.63, 5.64 und 5.65 ersichtlich sind, zugrunde gelegt. Die ermittelten Beziehungen zwischen Biegebeanspruchung und Spannung im Spannstahl sind in Abb. 5.66 (Rechteckquerschnitt) und in Abb. 5.67 (I-Querschnitt) in dimensionsloser Darstellung aufgezeichnet. Auf der Abszisse ist das Verhältnis M/M_R und auf der Ordinate

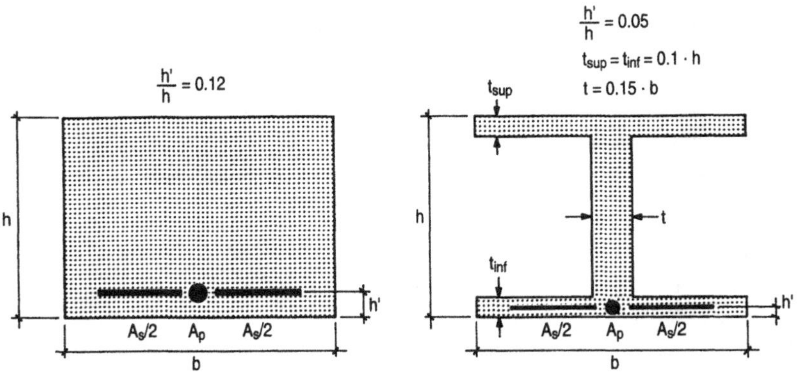

a b

Abb. 5.62. **a** Rechteckquerschnitt, **b** I-Querschnitt

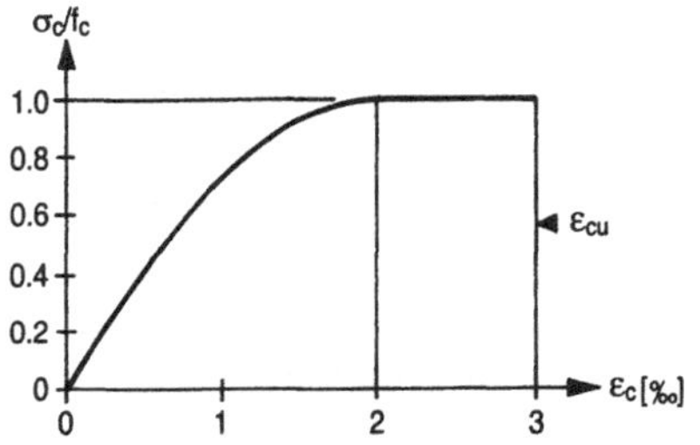

Abb. 5.63

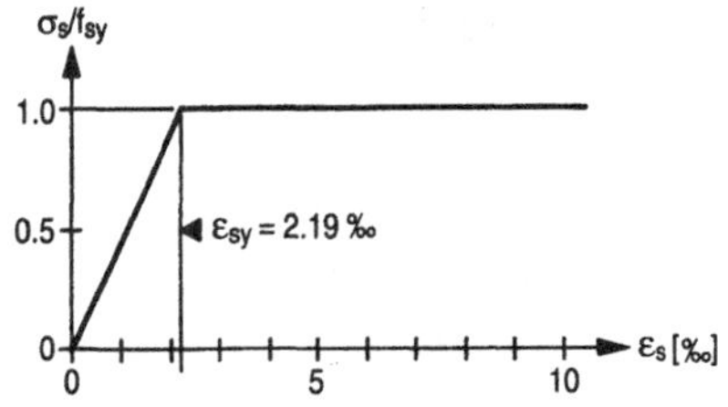

Abb. 5.64

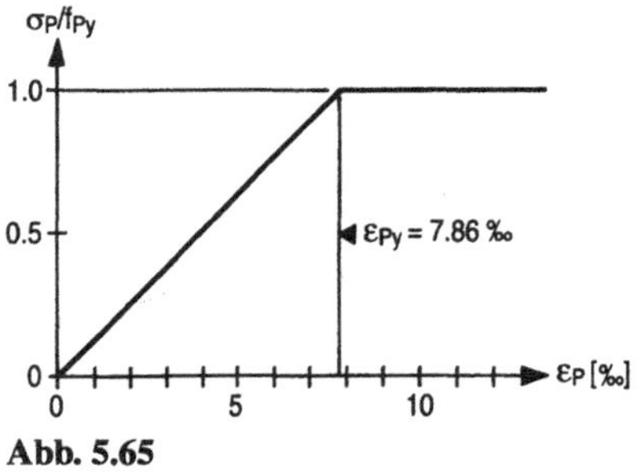

Abb. 5.65

Abb. 5.63. Idealisiertes Spannungs-Dehnungs-Diagramm des Betons

Abb. 5.64. Idealisiertes Spannungs-Dehnungs-Diagramm des schlaffen Stahls

Abb. 5.65. Idealisiertes Spannungs-Dehnungs-Diagramm des Spannstahls

ist die auf die Fließspannung f_{Py} bezogene Spannung σ_P im Spannstahl aufgetragen.

Vor dem Erreichen der Dekompression ist die Spannung im Spannstahl bzw. die vorhandene Stahlzugkraft größer als zur Aufnahme des Moments M notwendig wäre; der Querschnitt ist vorgespannt. Er befindet sich im ungerissenen, homogenen Zustand und weist eine dementsprechend große Steifigkeit auf. Der Spannungszuwachs im Spannstahl ist bei zunehmender Beanspruchung bis zum Erreichen der Dekompression gering.

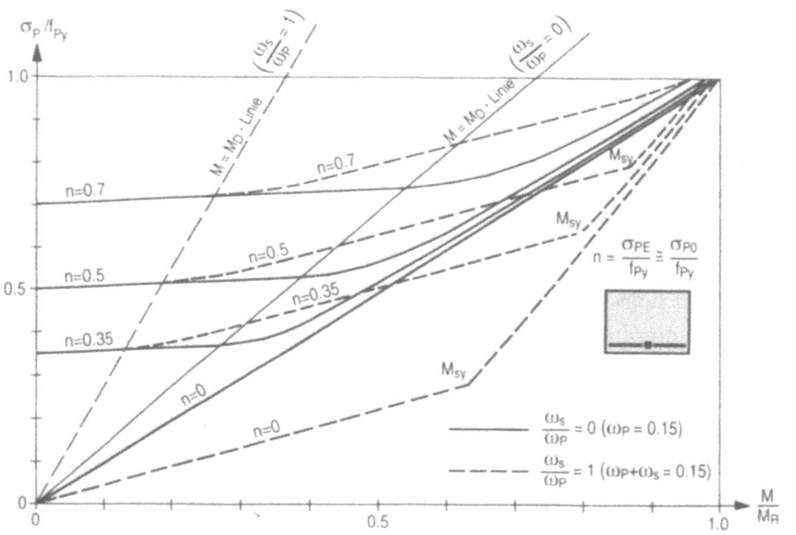

Abb. 5.66. Effektiver Spannungsverlauf im Spannstahl in Funktion der Beanspruchung M beim Rechteckquerschnitt

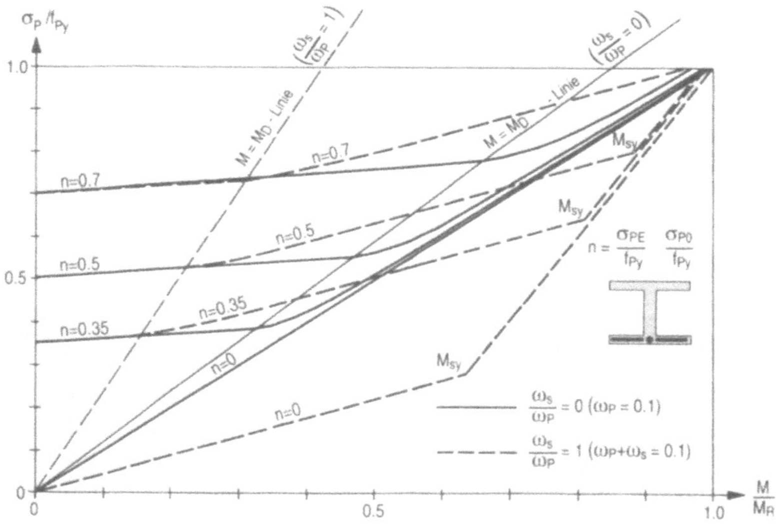

Abb. 5.67. Effektiver Spannungsverlauf im Spannstahl in Funktion der Beanspruchung M beim I-Querschnitt

Nach der Dekompression nimmt die Stahlspannung dem Moment entsprechend nahezu proportional zu, um das Gleichgewicht der inneren Kräfte herzustellen. Beim Erreichen der Dekompression ist die Spannung im schlaffen Stahl praktisch null, nachher nimmt sie im gleichen Maße wie die Spannstahlspannung zu, bis die Fließspannung f_{sy} erreicht ist.

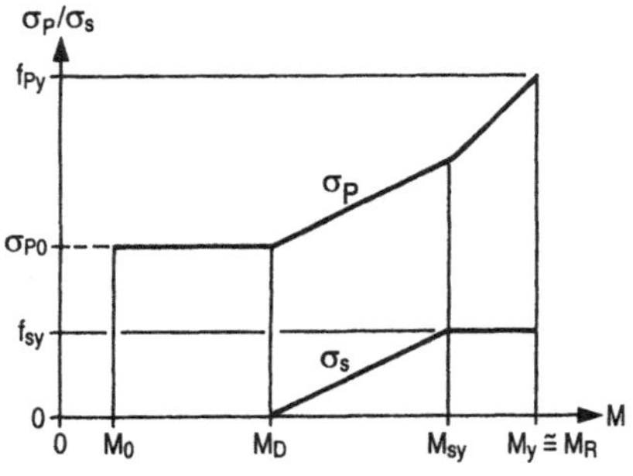

Abb. 5.68. Vereinfachter und idealisierter Verlauf der Stahlspannungen

In vielen Fällen, zum Beispiel bei komplizierten Querschnitten, bei überschlägigen Berechnungen, oder wenn eine genaue Kenntnis der Stahlspannungen nicht erforderlich ist, lohnt sich der Aufwand für die Bestimmung des effektiven Spannungsverlaufes kaum. Die Stahlspannungen können dann relativ genau anhand des in Abb. 5.68 skizzierten vereinfachten und linearisierten Spannungsverlaufes abgeschätzt werden. Dabei wird, ohne größere Fehler zu begehen, der Spannungszuwachs bis zur Dekompression vernachlässigt und das plastische Moment M_y wird dem Bruchmoment M_R gleichgesetzt. Die somit noch verbleibenden drei Fixpunkte (Dekompressionsmoment M_D, Fließmoment der schlaffen Bewehrung M_{sy} und Bruchmoment M_R) können in den meisten Fällen sehr einfach und mit geringem Aufwand ermittelt werden.

$$M_D \cong \sigma_{P0} \cdot A_P \cdot (e_P + k_{sup}),$$
$$M_{sy} \cong (\sigma_{P0} + f_{sy}) \cdot A_P \cdot z_{Pu} + f_{sy} \cdot A_s \cdot z_{su},$$
$$M_R \cong f_{Py} \cdot A_P \cdot z_{Pu} + f_{sy} \cdot A_s \cdot z_{su}.$$

5.7.6 Vorspannung ohne Verbund

Bei der Vorspannung des erhärteten Betons wirken die Spannkabel bis zur Ausführung der Injektion ohne Verbund. In dieser Phase muss beim Nachweis der Tragsicherheit die im Vergleich zum Endzustand meist wesentlich kleinere Querschnittstragfähigkeit (insbesondere bei Freivorbaubrücken und bei feldweise mit schweren Vorschubgerüsten hergestellten Balkenbrücken) berücksichtigt werden.

Bei speziellen Tragelementen und Tragwerken wird aber auch im Endzustand u. U. auf den Verbund des Spannstahls mit dem Beton verzichtet, z. B. bei der Quervorspannung von Fahrbahnplatten oder bei der Vorspannung von Brückenträgern aus vorfabrizierten Querschnittselementen mit Klebefugen. In diesen Fällen werden die Spannkabel mit einem Korrosionsschutzfett versehen in dichten Kunststoffhüllrohren verlegt. Der Spannstahl wird dadurch besonders gut gegen Korrosion geschützt, und die Spannkabel können dauernd überprüft und auch ausgewechselt werden. Die verbundfreie Quervorspannung der Fahrbahnplatte wird etwa als redundante Maßnahme im Hinblick auf die Gefährdung durch chloridinduzierte Korrosion vorgesehen. Bei der verbundfreien oder externen Vorspannung von Trägern aus vorfabrizierten Querschnittselementen lassen sich damit heikle Injektionsprobleme vermeiden (Auslaufen oder ins Nachbarrohr überfließendes Injektionsgut in den Elementfugen).

Der wesentliche Unterschied zwischen Vorspannung mit Verbund und Vorspannung ohne Verbund besteht darin, dass sich im ersten Fall die Spannungsänderung im Spannstahl aus dem entsprechenden Dehnungszustand im Querschnitt ergibt, während im zweiten Fall die Spannkabellängen-Änderung zwischen den Verankerungen für die Spannungsänderung im Spannstahl maßgebend ist.

Im Hinblick auf eine sichere Bemessung wird bei der Ermittlung des Spannstahlspannungszuwachses im Bruchzustand die Reibung zwischen Spannstahl und Hüllrohr (bzw. Beton) vernachlässigt; d. h., es wird meistens mit einem vollen Dehnungsausgleich zwischen den Verankerungen gerechnet.

Da im Bruchzustand der Dehnungszuwachs im Spannstahl aus der Längenänderung des Spannkabels berechnet wird, muss zunächst die entsprechende Trägerverformung ermittelt werden. Eine genaue Berechnung der Trägerverformung ist relativ kompliziert und aufwändig. Bei der Überprüfung des Bauzustandes (später injizierte und in Verbund wirkende Spannkabel) wird deshalb meistens darauf verzichtet, einen allfälligen Spannungszuwachs im Spannstahl zu berücksichtigen, und es wird bei der Ermittlung des Querschnittwiderstandes nur die effektive Vorspannkraft (nach Abzug der Reibungsverluste) in Rechnung gestellt.

Bei Tragwerken mit externer bzw. dauernd ohne Verbund wirkender Vorspannung ist es dagegen vorteilhaft, den Spannungszuwachs im Bruchzustand wenigstens näherungsweise zu ermitteln und zu berücksichtigen. Wichtiger als eine „genaue" Berechnung ist bei diesen Tragwerken, die Spannkabel so anzuordnen und zu verankern, dass bereits kleine Trägerverformungen einen beachtlichen Spannungszuwachs im Spannstahl bewirken. Dies bedeutet, dass die Spannkabel nur über ein Feld laufen sollten. Ein weiterer Vorteil kurzer Spannkabel besteht darin, dass der verformungsbedingte Reibungsweg bei den Umlenksätteln vermindert wird.

Sofern eine Bemessungsaufgabe vorliegt, werden in der üblichen Art die erforderlichen Querschnittswiderstände zur Gewährleistung der Tragsicherheit für einen statisch zulässigen Gleichgewichtszustand bestimmt. Dabei ist zu beachten, dass die Zugkraft eines verbundfreien Kabels auf der ganzen Kabellänge konstant ist. Der angenommene Gleichgewichtszustand ergibt auch die Lage der plastischen Gelenke.

Die Zugkraft in den verbundfreien Spannkabeln muss nun aufgrund der Trägerverformung im Bruchzustand in folgenden Schritten ermittelt werden: (1) Bestimmung des Dehnungszustandes in den einzelnen Trägerschnitten, (2) Berechnung der Spannkabelverlängerung, (3) Bestimmung des Spannungszuwachses im Spannstahl.

Bestimmung des Dehnungszustandes in den einzelnen Trägerschnitten. In den plastischen Gelenken ergibt sich der Dehnungszustand im Betonquerschnitt aus der zulässigen Bruchstauchung und der σ-ε-Beziehung des Betons. Da der Spannungszuwachs im Spannstahl abhängig ist von der Verformbarkeit des Trägers, sollte die Bruchstauchung – insbesondere in unverbügelten Bereichen – vorsichtig angesetzt und auf ca. 2 bis 2,5‰ begrenzt werden.

Krümmung:

$$1/r = \varepsilon_{\mathrm{cu}}/x$$

Dehnung in der Querschnittsachse:

$$\varepsilon_{\mathrm{a}} = \varepsilon_{\mathrm{cu}} \frac{e - x}{x},$$

wobei $\varepsilon_{\mathrm{cu}}$ die Bruchstauchung, x die Druckzonenhöhe und e den Abstand der Querschnittsachse zum Druckrand bedeutet.

In denjenigen Trägerbereichen, wo das Dekompressionsmoment M_{D} nicht erreicht wird, können die Krümmung und die Achsdehnung „elastisch" bestimmt werden. In den übrigen Schnitten ist die Ermittlung des Dehnungszustandes im Betonquerschnitt (unter Berücksichtigung der σ-ε-Beziehung des Betons und allenfalls in Verbund wirkender Bewehrung) mit beträchtlichem Aufwand verbunden und erfordert ein entsprechendes Rechenprogramm.

Eine einfache Näherung besteht darin, dass man zwischen den plastischen Gelenken und den Schnitten, wo das Dekompressionsmoment erreicht wird, für die Krümmung und die Achsdehnung einen linearen Verlauf annimmt und in Trägerbereichen, wo die Momente kleiner sind als das Dekompressionsmoment, die Krümmung und die Achsdehnung bei der Verformungsberechnung vernachlässigt bzw. null setzt.

Berechnung der Spannkabelverlängerung Δl_{P}. Die gesamte Längenänderung zwischen den Verankerungen eines verbundfreien Spannkabels besteht aus der Abstandsänderung zwischen den Ankern und der Verlängerung des Spannkabels infolge der Trägerdurchbiegung. Die Abstandsänderung zwischen den Verankerungen ist aus der Dehnung der Querschnittsschwerachse, der Sehnenverkürzung infolge Trägerdurchbiegung und der Verschiebung exzentrisch angeordneter Anker infolge der Achsneigung im Verankerungsquerschnitt zu ermitteln. Die Längenänderung der Querschnittsachse beträgt

$$\Delta l_{\mathrm{a}} = \int \varepsilon_{\mathrm{a}} \cdot \mathrm{d}x,$$

wobei ε_{a} die Achsdehnung bedeutet.

Die Sehnenverkürzung wird abschnittsweise aus der Trägerdurchbiegung ermittelt; sie beträgt für einen Achsabschnitt s_{a} mit δ^{r} bzw. δ^{l} als Durchbiegung am rechten bzw. linken Abschnittsende (Abb. 5.69)

$$\Delta s_{\mathrm{a}} = s_{\mathrm{a}}(1 - \cos\alpha) \cong s_{\mathrm{a}}(1 - 1 + \alpha^2/2),$$

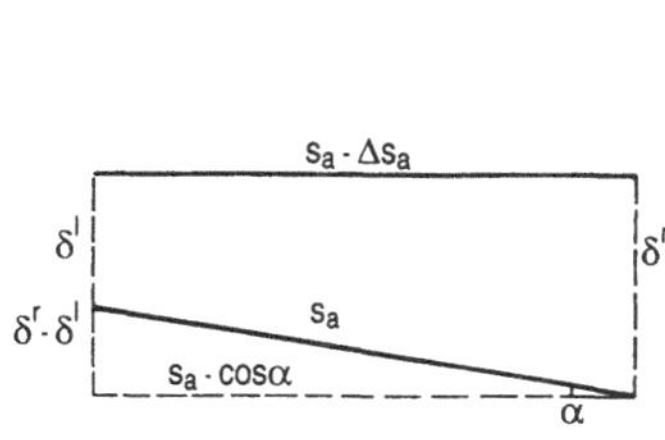

Abb. 5.69

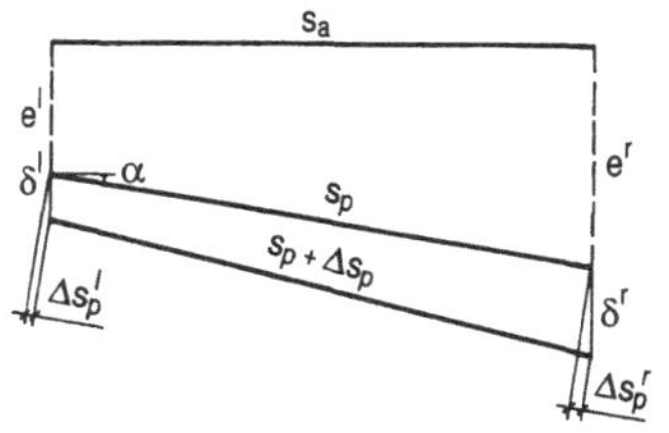

Abb. 5.70

Abb. 5.69. Sehnenverkürzung infolge Trägerdurchbiegung am Achsabschnitt

Abb. 5.70. Verlängerung der Spannkabel infolge Trägerdurchbiegung am Achsabschnitt

wobei

$$\alpha \cong \frac{\delta^{\mathrm{r}} - \delta^{\mathrm{l}}}{s_{\mathrm{a}}} \quad \text{und} \quad \Delta s_{\mathrm{a}} \cong \frac{(\delta^{\mathrm{r}} - \delta^{\mathrm{l}})^2}{2 \cdot s_{\mathrm{a}}},$$

und für exzentrisch angeordnete Anker (Exzentrizität e^{A}) ergibt sich infolge der Achsneigung $\varphi_{\mathrm{a}}^{\mathrm{A}}$ im Verankerungsquerschnitt

$$\Delta l^{\mathrm{A}} = e^{\mathrm{A}} \cdot \varphi_{\mathrm{a}}^{\mathrm{A}}.$$

Die Verlängerung des Spannkabels Δs_{P} infolge Trägerdurchbiegung wird ebenfalls abschnittsweise ermittelt und ergibt gemäß Abb. 5.70

$$\Delta s_{\mathrm{P}} = \Delta s_{\mathrm{P}}^{\mathrm{r}} + \Delta s_{\mathrm{P}}^{\mathrm{l}} = \alpha(\delta^{\mathrm{r}} - \delta^{\mathrm{l}}),$$

wobei

$$\alpha = \frac{e^{\mathrm{r}} - e^{\mathrm{l}}}{s_{\mathrm{a}}} \quad \text{und} \quad \Delta s_{\mathrm{P}} = \frac{e^{\mathrm{r}} - e^{\mathrm{l}}}{s_{\mathrm{a}}}(\delta^{\mathrm{r}} - \delta^{\mathrm{l}}),$$

mit δ^{r} und δ^{l} für die Trägerdurchbiegung am rechten bzw. linken Ende des Achsabschnittes s_{a} sowie e^{r} und e^{l} für die Kabelexzentrizität am rechten bzw. linken Ende des Achsabschnittes s_{a}.

Die gesamte Spannkabelverlängerung Δl_{P} erhält man durch Summation sämtlicher Teilbeträge.

Spannungszuwachs im Spannstahl. Infolge der Trägerverformung beträgt die zusätzliche Dehnung im Spannstahl

$$\Delta \varepsilon_{\mathrm{P}} = \Delta l_{\mathrm{P}} / l_{\mathrm{P}},$$

mit dem entsprechenden Spannungszuwachs

$$\Delta \sigma_{\mathrm{P}} = \Delta \varepsilon_{\mathrm{P}} \cdot E_{\mathrm{P}}.$$

Der Spannungszuwachs $\Delta \sigma_{\mathrm{P}}$ darf folgende Werte nicht überschreiten (Anfangsvorspannung σ_{P0}):

– Bemessungsgrundlage: Bemessungsmomente M_d:

$$\Delta\sigma_\mathrm{P} \leq \frac{1}{\gamma_R}(f_\mathrm{Py} - \sigma_\mathrm{P0}),$$

– Bemessungsgrundlage: Bruchmomente $M^* = \gamma_R \cdot M_\mathrm{d}$:

$$\Delta\sigma_\mathrm{P} \leq f_\mathrm{Py} - \sigma_\mathrm{P0}.$$

Aus der anfangs berechneten Bewehrungszugkraft und der ermittelten Stahlspannung kann nun der Bewehrungsquerschnitt bestimmt werden.

Wenn bei einem ausgeführten, verbundfrei vorgespannten Träger die Traglast zu ermitteln ist, muss zunächst der Spannungszuwachs geschätzt werden (z. B. $\Delta\sigma_\mathrm{P} = f_\mathrm{Py} - \sigma_\mathrm{P0}$). Damit lassen sich die Querschnittswiderstände und die Traglast berechnen. Anschließend muss aber aufgrund der Trägerverformung die Schätzung des Spannungszuwachses überprüft werden.

5.7.7 Spannkraftverluste

Die in jedem Querschnitt vorhandene effektive Vorspannkraft ist insbesondere für das Verformungsverhalten des Tragwerks von größter Bedeutung. Die im Dauerzustand wirksamen Schnittkräfte bestehen normalerweise aus einer relative kleinen Differenz zwischen Schnittkräften aus ständiger Last und Schnittkräften aus Vorspannung. Abweichungen von der vorgesehenen Spannkraft müssen deshalb immer im Vergleich zu diesen Differenzschnittkräften unter „Dauerlast" beurteilt werden. Besondere Aufmerksamkeit ist teilweise vorgespannten Tragwerken zu schenken, da im gerissenen Zustand unter Umständen auch mit einem beträchtlichen Abfall der Steifigkeit gerechnet werden muss.

Spannkraftverluste entstehen durch Reibung der Spannglieder im Hüllrohr beim Spannen; Betondehnungen nach dem Spannen, insbesondere infolge von Kriechen und Schwinden; Relaxation des Spannstahles nach dem Spannen.

Spannkraftverluste infolge Reibung. Die Spannkraftverluste infolge Reibung werden nach der Theorie der Seilreibung ermittelt. Der Spannkraftverlust im Abstand x von der Spannstelle beträgt:

$$\Delta P = P_0 \cdot (1 - \mathrm{e}^{-\mu \cdot \alpha(x)}).$$

Für Exponenten $\mu \cdot \alpha(x) < 0{,}2$ genügt die linearisierte Form:

$$\Delta P = P_0 \cdot \mu \cdot \alpha(x).$$

Es bedeuten ΔP den Spannkraftverlust, P_0 die Spannkraft an der Spannstelle, μ den Gleitreibungskoeffizienten, $\alpha(x)$ die Summe der Umlenkwinkel.

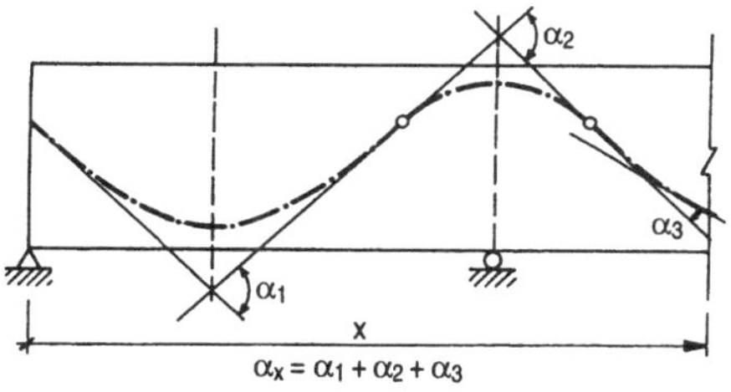

Abb. 5.71. Ermittlung der planmäßigen Umlenkwinkel

Die Summe der Umlenkwinkel ist aus den planmäßigen Umlenkwinkeln α_x (vertikal und horizontal) und aus den ungewollten Umlenkwinkeln (Verlegeungenauigkeiten) zu ermitteln (Abb. 5.71):

$$\alpha(x) = \alpha_x + x \cdot \Delta\alpha, \qquad (\alpha_x = \alpha_1 + \alpha_2 + \alpha_3 + \cdots).$$

$\Delta\alpha$ ist abhängig vom Abstand der Kabelhalter, von der Befestigung und Fixierung der Kabel und von der Sorgfalt beim Betonieren. Erfahrungsgemäß gilt:

$$\Delta\alpha \cong 0{,}005\,\mathrm{rad/m}.$$

Der Wert des Gleitreibungskoeffizienten μ schwankt, je nach Beschaffenheit und Stahleigenschaften der Spannglieder und Hüllrohre, in weiten Grenzen. Als Richtwert kann

$$\mu \cong 0{,}20$$

angenommen werden. Nahezu doppelt so große Werte können aber ohne weiteres auch auftreten.

Da die Voraussage der effektiven Reibungsverluste ohne eingehende Vorversuche mit großen Unsicherheiten verbunden ist, müssen die Reibungsverluste während des Spannens sorgfältig überprüft werden. Diese Kontrolle erfolgt aufgrund des vorausberechneten und des gemessenen Dehnweges des Spanngliedes und bei Spanngliedern mit zwei Spannstellen zusätzlich durch Messen der Abhebekraft, d. h. der Spannkraft, die den Verschiebebeginn des Spanngliedes an der Spannstelle einleitet. Die Dehnwegmessung ist bei einseitig gespannten Spanngliedern relativ unzuverlässig. Je nach Größe der Reibung in der Nähe der Spannstelle ergeben sich stark verschiedene Werte. Die Toleranzen für Dehnweg und Abhebespannkraft dürfen 5 % nicht überschreiten, andernfalls ist eine Überprüfung der berechneten Tragwerkdeformationen erforderlich.

Vor dem Ausrüsten des Tragwerks müssen die Spannprotokolle auf jeden Fall in Bezug auf die Reibungsverluste bzw. die Soll- und Ist-Spannkraft ausgewertet werden. Dabei ist systematischen Fehlern besondere Beachtung zu schenken.

Spannkraftverluste infolge von Kriechen und Schwinden. Die zeitabhängigen plastischen Betonverkürzungen infolge von Kriechen und Schwinden haben auch eine Verkürzung des Spannstahles und damit einen Verlust an Spannkraft zur Folge. Maßgebend für den Spannkraftverlust ist immer der Spannungszustand unter ständiger Last und Vorspannung. Bei der Ermittlung dieses Spannkraftverlustes sind grundsätzlich die folgenden vier Fälle zu unterscheiden.

Ungerissener Querschnitt, Spannstahl in Verbund. In diesem Normalfall ist der Beton auf Spannstahlhöhe vorgedrückt; die Änderungen der Betondehnungen in der ungestörten Verbundfaser werden direkt auf den Spannstahl übertragen. Der Spannkraftverlust kann damit in jedem Schnitt ermittelt werden. Bei zentrischer Beanspruchung durch eine Spannkraft P_0 und eine Normalkraft N ergibt sich der Spannkraftverlust ΔP aus der Dehnungsgleichheit:

$$\Delta\varepsilon_{\mathrm{P}} = \Delta\varepsilon_{\mathrm{c}},$$

$$\Delta\varepsilon_{\mathrm{P}} = \frac{\Delta P}{E_{\mathrm{P}} \cdot A_{\mathrm{P}}},$$

$$\Delta\varepsilon_{\mathrm{c}} = \frac{\sigma_{\mathrm{c},0}}{E_{\mathrm{c}}} \cdot \varphi + \varepsilon_{\mathrm{cs}} - \frac{\Delta P}{E_{\mathrm{c}} \cdot A_{\mathrm{c}}} \cdot (1 + \mu \cdot \varphi),$$

$$\sigma_{\mathrm{c},0} = -\frac{P_0 - N}{A_{\mathrm{c}}} < 0,$$

wobei φ die Kriechzahl des Betons, $\varepsilon_{\mathrm{cs}}$ das Schwindmaß und μ den Abminderungskoeffizienten der Kriechfunktion bedeutet. Die Kriechdehnung infolge der Anfangsspannung $\sigma_{\mathrm{c},0}$ wird mit der Kriechzahl φ berücksichtigt. Der Spannkraftverlust ΔP, der sich später entwickelt, hat eine Kriechdehnung zur Folge, die mit der um $\mu \cong 0.8$ abgeminderten Kriechzahl φ zu berücksichtigen ist. Damit erhält man für den Spannkraftverlust:

$$\Delta P = n \cdot \rho \cdot \frac{\sigma_{\mathrm{c},0} \cdot A_{\mathrm{c}} \cdot \varphi + \varepsilon_{\mathrm{cs}} \cdot E_{\mathrm{c}} \cdot A_{\mathrm{c}}}{1 + n \cdot \rho \cdot (1 + \mu \cdot \varphi)},$$

mit $n = E_{\mathrm{P}}/E_{\mathrm{c}}$ und $\rho = A_{\mathrm{P}}/A_{\mathrm{c}}$. Dieser Ausdruck kann auch als gute Näherung bei Biegung verwendet werden. Dabei entspricht $\sigma_{\mathrm{c},0}$ wieder der Anfangsspannung auf Spanngliedhöhe.

Gerissener Querschnitt, Spannstahl in Verbund. Sofern der Querschnitt bis auf Spannstahlhöhe reißt, ist die Spannung im Spannstahl größer als die Vorspannung. Sie entspricht der Spannung, die zur Gewährleistung des Gleichgewichtes der inneren Kräfte erforderlich ist. Der Beton ist auf Spannstahlhöhe spannungslos und weist keine Kriechverformungen auf. Das Schwinden hat auf Spannstahlhöhe ebenfalls keine Verkürzung des Spannstahles zur Folge. Bei Biegung ändert sich zwar die Spannung im Spannstahl infolge der Kriech- und Schwindverkürzung im Druckbereich geringfügig; diese Spannungsänderung kann aber ohne weiteres vernachlässigt werden. In diesem Fall führen Kriechen und Schwinden nur zu zusätzlichen Trägerverkürzungen und Durchbiegungen.

Übergangsbereich vom ungerissenen zum gerissenen Zustand. Wenn der Beanspruchungszustand infolge des Spannkraftverlustes vom ungerissenen in den gerissenen Zustand übergeht, kann die Spannung im Spannstahl nur auf jenen Wert absinken, der notwendig ist, um das Gleichgewicht der inneren Kräfte zu gewährleisten. Der Spannkraftverlust wird somit nur durch einen Teil der Schwindverkürzung verursacht und ist dementsprechend relativ klein.

Spannstahl ohne Verbund. In diesem Falle ist, sofern von Reibungskräften abgesehen wird, die gesamte Betonverkürzung zwischen den Ankern für die Ermittlung des Spannkraftverlustes maßgebend. Der Spannkraftverlust ist somit auf der gesamten Spanngliedlänge konstant.

Spannkraftverluste infolge von Spannstahlrelaxation. Die Spannstahlrelaxation $\Delta\sigma_{P,rel}$ ist, wie in Abschn. 3.2.2 dargestellt, einerseits von der verwendeten Stahlqualität und andererseits vom Verhältnis der Anfangsspannung zur Zugfestigkeit $\sigma_{P,0}/f_{Pt}$ abhängig. Die Stahlrelaxation verläuft schneller als das Kriechen und Schwinden des Betons. Bei der Stahlrelaxation werden 50 % des Endwertes bereits nach ca. 28 Tagen, beim Schwinden und Kriechen dagegen erst nach ca. 90 Tagen erreicht. Auf eine Untersuchung der Interaktionen von Relaxationsverlust und Spannungsverlust infolge von Kriechen und Schwinden kann im Hinblick auf den beträchtlichen Streubereich der Reibungs- und Baustoffkennwerte in jedem Fall verzichtet werden. Es genügt durchaus, wenn man den Relaxationsverlust $\Delta\sigma_{P,rel,\infty}$ aufgrund der Anfangsvorspannung $\sigma_{P,0}$ ermittelt und den Spannkraftverlust infolge von Kriechen und Schwinden aufgrund einer abgeminderten Anfangsvorspannung

$$\sigma_P = \sigma_{P,0} - 0{,}5 \cdot \Delta\sigma_{P,rel,\infty}$$

berechnet.

5.8 Langzeiteinwirkungen

5.8.1 Grundlagen

Unter Langzeiteinwirkungen wird im Folgenden der Einfluss von Kriechen und Schwinden des Betons und Relaxation des Spannstahls auf das Spannungs- und das Verformungsverhalten des Tragwerks verstanden.

Die Baustoffkennwerte und die Ansätze zur Berücksichtigung dieser Einwirkungen wurden in Abschn. 3.1.4 diskutiert und dargestellt. Die betreffenden Ansätze lauten für

- Kriechen des Betons: $\varepsilon_{cc}(t,\tau) = \varepsilon_{c,el,28} \cdot \varphi_n \cdot k_\tau \cdot f(t-\tau)$,
- Schwinden des Betons: $\varepsilon_{cs}(t,t_0) = \varepsilon_{cs,n} \cdot (g(t) - g(t_0))$,
- Spannstahlrelaxation: $\Delta\sigma_P = \Delta\sigma_P(\sigma_{P,0})$.

Langzeiteinwirkungen müssen in folgenden Fällen überprüft bzw. berücksichtigt werden: Verformungen, Schnittkraftumlagerungen bei Systemwechseln, Schnittkraft- und Spannungsänderungen bei Zwängungen und Eigenspannungen.

5.8.2 Verformungsberechnungen

Bei Brücken müssen die Verformungen immer überprüft werden. Insbesondere bei teilweiser Vorspannung können beträchtliche Durchbiegungen auftreten. Dabei spielen Kriechen, Schwinden und Spannstahlrelaxation eine wesentliche Rolle.

Die zeitabhängige elasto-plastische Betondehnung $\varepsilon_c(t)$ im Zeitraum 0 bis t wird bei einem zeitvariablen Spannungsverlauf (Belastungsbeginn zur Zeit $t = \tau_0$, Anfangsspannung σ_0) grundsätzlich nach dem Superpositionsgesetz von Boltzmann ermittelt:

$$\begin{aligned}\varepsilon_c(t) &= \varepsilon_{c,el} + \varepsilon_{cc}(t) + \varepsilon_{cs}(t) \\ &= \frac{\sigma(t)}{E_c} + \int_{\tau=\tau_0}^{\tau=t} \frac{\varphi_n}{E_{c,28}} \cdot \frac{\partial\sigma}{\partial\tau} \cdot k_\tau \cdot f(t-\tau) \cdot \mathrm{d}\tau + \varepsilon_{cs}(t).\end{aligned}$$

Bezüglich Kriechen ist somit der Einfluss jeder differentiellen Spannungstufe $\mathrm{d}\sigma$ mit Wirkungsbeginn zur Zeit τ mit dem entsprechenden Schonzeitfaktor k_τ über den gesamten Zeitraum $t - \tau$ zu berücksichtigen. Bei einer zeitlich begrenzten, konstanten Spannung σ_0 im Zeitraum $t = \tau_0$ bis $t = \tau_1$ gemäß Abb. 5.72 gilt:

$$\begin{aligned}\varepsilon_{cc}(t) &= \frac{\sigma_0}{E_{c,28}} \cdot \varphi_n \cdot k_{\tau_0} \cdot f(t-\tau_0) - \frac{\sigma_0}{E_{c,28}} \cdot \varphi_n \cdot k_{\tau_1} \cdot f(t-\tau_1) \\ &= \frac{\sigma_0}{E_{c,28}} \cdot \varphi_n \cdot (k_{\tau_0} \cdot f(t-\tau_0) - k_{\tau_1} \cdot f(t-\tau_1))\end{aligned}$$

mit dem Endwert für $t = \infty$,

$$\varepsilon_{cc,\infty} = \frac{\sigma_0}{E_{c,28}} \cdot \varphi_n \cdot (k_{\tau_0} - k_{\tau_1}).$$

Dieser Endwert entspricht der eigentlichen plastischen Kriechdehnung infolge einer während der Zeit $t = \tau_0$ bis $t = \tau_1$ konstant wirkenden Spannung.

Bei generellen Verformungsberechnungen wie z. B. der Abschätzung der Durchbiegung aus ständiger Last ist es im Allgemeinen nicht notwendig, den Einfluss jeder einzelnen Spannungstufe ($\Delta\sigma$ aus Konstruktionsgewicht und Anfangsvorspannung, eventuell weiteren Vorspannetappen, Belag, Spannkraftverlusten etc.) getrennt zu berücksichtigen. Man kann, da die Änderung des Spannungszutandes relativ klein ist, vom dauernd wirksamen Endspannungszustand σ_∞ ausgehen und unter Berücksichtigung des Schonzeitfaktors bei Erstbelastung die Betondehnung

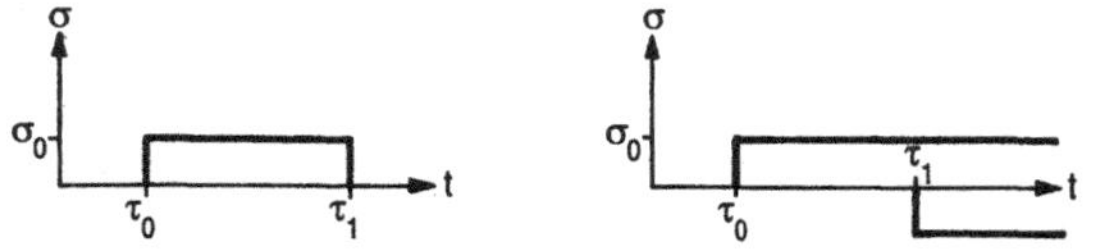

Abb. 5.72. Zeitvariabler Spannungsverlauf

mit einem fiktiven Elastizitätsmodul E_c' ermitteln. Sofern nur der Verformungsendwert interessiert, beträgt die gesamte elastisch plastische Betondehnung

$$\varepsilon_{c,\infty} \cong \frac{\sigma_\infty}{E_{c,28}}(1+\varphi_\infty) + \varepsilon_{cs,\infty} = \frac{\sigma_\infty}{E_c'} + \varepsilon_{cs,\infty},$$

mit

$$\varphi_\infty = k_{\tau 0}\varphi_n \quad \text{und} \quad E_c' = \frac{E_{c,28}}{1+\varphi_\infty}.$$

Besonders wichtig ist die Berücksichtigung des Kriecheinflusses bei Stabilitäts- und Spannungsproblemen 2. Ordnung. Die Traglast kann infolge der Verformungszunahme durch Kriechen wesentlich absinken.

5.8.3 Schnittkraftumlagerung bei Systemwechseln

Die modernen Bauvorgänge im Brückenbau haben sehr oft Systemwechsel zur Folge. Typische Beispiele sind die feldweise Trägerherstellung oder die Verbindung von Freivorbauträgern zu einem Rahmensystem.

Schnittkraftumlagerungen aus Systemwechseln sollten nicht getrennt für Eigengewicht und Vorspannung untersucht werden, da die Superposition als kleine Differenz großer Zahlen mit beträchtlichen Unsicherheiten verbunden ist. Es ist viel zweckmäßiger, zuerst die Schnittkräfte aus Eigengewicht und Vorspannung zu überlagern und die für die Schnittkraftumlagerung maßgebenden Kriechverformungen aufgrund des Differenzmomentes zu ermitteln. Aus dem Differenzmoment ist auch sofort ersichtlich, ob die Schnittkraftumlagerung überhaupt untersucht werden muss. Grundsätzlich sind globale Abschätzungen kaum weniger zuverlässig als subtile detaillierte Berechnungen. Selbst bei einem Systemwechsel von Freivorbau-Kragträgern zu einem Rahmensystem ist es durchaus zulässig, zur Berechnung der Umlagerungskräfte einen mittleren Kriechbeiwert für Eigengewicht und Vorspannung ohne jede Berücksichtigung der Spannungsvorgeschichte zugrunde zu legen.

Näherungsweise gilt:

$$\sigma_\infty = \sigma^A + 0{,}8(\sigma^E - \sigma^A),$$

wobei σ^A den Spannungszustand zu Beginn der Systemverbindung und σ^E den Spannungszustand des Eingusszustandes bedeutet.

Das zentrale Problem bei der mathematischen Erfassung von Kriecheinwirkungen besteht in der Ermittlung der Kriechverformungen infolge einer zeitlich veränderlichen Spannung, deren Verlauf aus Randbedingungen oder Verträglichkeitsbedingungen zu bestimmen ist.

Der älteste klassische Ansatz für die Lösung dieses Problems wurde von Dischinger entwickelt. Dischinger ging dabei von der vereinfachten und nicht ganz zutreffenden Annahme aus, die Kriechfunktionen aller Spannungsstufen ließen sich

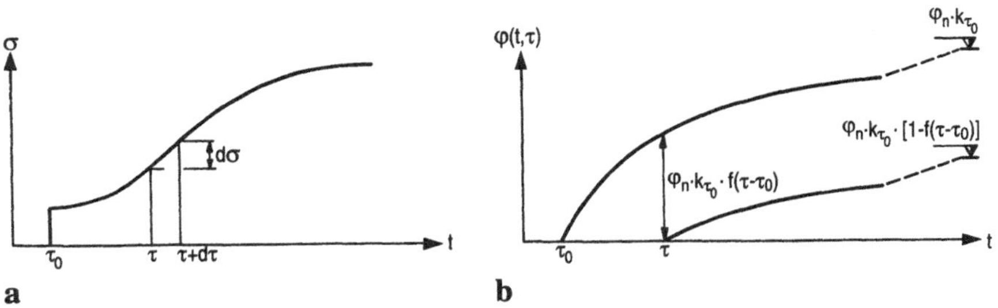

Abb. 5.73. Ansatz von Dischinger. **a** Zeitvariabler Spannungsverlauf, **b** Einheitskriechkurve für alle Spannungsstufen

auf die Kriechfunktion der Erstbelastung $\varphi(t,\tau_0)$ zurückführen (Abb. 5.73):

$$\begin{aligned}\varphi(t,\tau) &= \varphi(t,\tau_0) - \varphi(\tau,\tau_0)\\ &= \varphi_n \cdot k_{\tau_0} \cdot f(t-\tau_0) - \varphi_n \cdot k_{\tau_0} \cdot f(\tau-\tau_0)\\ &= \varphi_n \cdot k_{\tau_0} \cdot (f(t-\tau_0) - f(\tau-\tau_0)),\end{aligned}$$

wobei $\varphi(t,\tau_0)$ die Kriechfunktion bei Erstbelastung und $\varphi(\tau,\tau_0)$ den Wert der Kriechfunktion $\varphi(t,\tau_0)$ im Zeitpunkt τ bedeutet.

Mit dieser Annahme wird die Kriechfähigkeit des Betons mit zunehmendem Alter unterschätzt.

Bei einer Anfangsspannung σ_0 und einem beliebigen Spannungsverlauf $\sigma(t)$ ergibt sich damit zum Zeitpunkt t folgende Betondehnung:

– elastischer Anteil,

$$\varepsilon_{\mathrm{c,el}}(t) = \frac{\sigma_0}{E_\mathrm{c}} + \frac{1}{E_\mathrm{c}} \int_{\tau=\tau_0}^{\tau=t} \frac{\partial\sigma}{\partial\tau}\,\mathrm{d}\tau;$$

– Kriechanteil,

$$\varepsilon_{\mathrm{cc}}(t) = \frac{\sigma_0}{E_\mathrm{c}}\varphi(t,\tau_0) + \frac{1}{E_\mathrm{c}} \int_{\tau=\tau_0}^{\tau=t} (\varphi(t,\tau_0) - \varphi(\tau,\tau_0))\frac{\partial\sigma}{\partial\tau}\,\mathrm{d}\tau;$$

– Schwindanteil,

$$\varepsilon_{\mathrm{cs}}(t) = \varepsilon_{\mathrm{cs},n}(g(t) - g(t_0)).$$

Die Ableitung dieser Ausdrücke nach t ergibt die klassische Differentialgleichung:

$$\frac{\mathrm{d}\varepsilon_\mathrm{c}}{\mathrm{d}t} = \frac{1}{E_\mathrm{c}}\frac{\mathrm{d}\sigma}{\mathrm{d}t} + \frac{\sigma}{E_\mathrm{c}}\frac{\mathrm{d}\varphi}{\mathrm{d}t} + \frac{\mathrm{d}\varepsilon_{\mathrm{cs}}}{\mathrm{d}t}.$$

Damit lassen sich einfache Probleme ohne weiteres lösen. H. Rüsch hat auf der Basis der Differentialgleichung von Dischinger einen etwas verbesserten wirklichkeitsnaheren Ansatz entwickelt. In Bezug auf die Anwendung weist dieser verbesserte Ansatz aber keine Vorteile auf.

Tabelle 5.3. Abminderungskoeffizient μ

φ_n	$k_{\tau 0} = 1{,}5$	$k_{\tau 0} = 0{,}75$
$\varphi_n = 3{,}0$	$\mu = 0{,}85$	$\mu = 0{,}90$
$\varphi_n = 1{,}5$	$\mu = 0{,}80$	$\mu = 0{,}85$

Das Kriechstufenverfahren ist eine numerische Lösung der Differentialgleichung von Dischinger. Das Verfahren eignet sich gut für komplizierte Fälle, ist aber relativ aufwendig.

Am einfachsten und übersichtlichsten und in normalen Fällen ausreichend zuverlässig ist der Ansatz von Trost. Auch bei diesem Ansatz wird nur mit der Kriechfunktion der Erstbelastung $\varphi(t, \tau_0)$ gerechnet. Bei allen später auftretenden Spannungsstufen wird global mit der abgeminderten Kriechfunktion $\mu \cdot \varphi(t, \tau_0)$ gerechnet. Der Abminderungskoeffizient μ beträgt ca. 0,8 bis 0,9 (Tabelle 5.3).

Die Betondehnung kann mit diesem Ansatz sehr einfach ermittelt werden:

$$\varepsilon_c(t) = \frac{\sigma_0}{E_c}(1 + \varphi) + \frac{\sigma(t) - \sigma_0}{E_c}(1 + \mu \cdot \varphi)$$

mit $\varphi = \varphi(t, \tau_0) = \varphi_n \cdot k_{\tau 0} \cdot f(t - \tau_0)$.

Schnittkraftumlagerungen lassen sich damit rasch und zuverlässig berechnen. Die Verträglichkeitsbedingungen werden konsequent für einen beliebigen Zeitpunkt t oder auch für den Endwert $t = \infty$ formuliert. Normalerweise hat bei einzelnen Systemteilen ein Teil des Kriechens bereits vor dem Systemwechsel (Zeitpunkt τ_S) stattgefunden. Nach dem Systemwechsel ist in der Verträglichkeitsbedingung nur noch das Restkriechen $\varphi_{\text{Rest}}(t, \tau_0)$ zu berücksichtigen:

$$\varphi_{\text{Rest}}(t, \tau_0) = \varphi(t, \tau_0) - \varphi(\tau_S, \tau_0).$$

Das folgende Beispiel zeigt, wie im konkreten Fall vorzugehen ist.

Beispiel 5.10. Schnittkraftumlagerung bei Systemwechsel. Berechnet wird die Schnittkraftumlagerung nach dem Zusammenschluss von zwei Trägern über dem Zwischenauflager. Dabei wird folgender Bauvorgang angenommen (Abb. 5.74):

- Träger 1: Herstellung zur Zeit $t = 0$,
  Ausschalen zur Zeit $t = \tau_0$,
  Zusammenschluss zur Zeit $t = \tau_S$.
- Träger 2: Herstellung zur Zeit $t' = 0$,
  Anschluss im eingerüsteten Zustand an Träger 1, nach der Erhärtung ausgerüstet zur Zeit $\tau_0' \cong t' = 0$.

Die Verträglichkeitsbedingung lautet (für jeden Zeitpunkt):

$$\delta_{10}^{(1)} + \delta_{10}^{(2)} + X_1(t)\big(\delta_{11}^{(1)} + \delta_{11}^{(2)}\big) = 0.$$

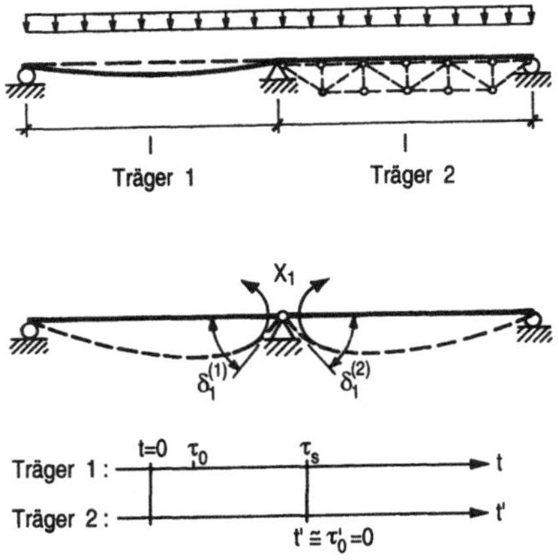

Abb. 5.74. System, Belastung und Grundsystem

Die Koeffizienten der Verträglichkeitsbedingung werden unter Berücksichtigung des Ansatzes von Trost formuliert:

$$X_1(t) = X_{10} + \Delta X_1(t),$$

mit X_{10} als der überzählige Größe beim Ausrüsten des Trägers 2 zur Zeit $\tau_0' \cong t' = 0$.

δ_{10} infolge Belastung:

$$\delta_{10}^{(1)}(t) = \delta_{10,\mathrm{el}}^{(1)} \varphi_{\mathrm{Rest}}^{(1)}(t,\tau_0) = \frac{g \cdot l^3}{24 \cdot EI} \varphi_{\mathrm{Rest}}^{(1)}(t,\tau_0),$$

$$\delta_{10}^{(2)}(t) = \delta_{10,\mathrm{el}}^{(2)}(1 + \varphi^{(2)}(t',\tau_0')) = \frac{g \cdot l^3}{24 \cdot EI}(1 + \varphi^{(2)}(t',\tau_0')).$$

δ_{11} infolge $X_{10} = 1$:

$$\delta_{11}^{(1)}(t) = \delta_{11,\mathrm{el}}^{(1)}(1 + \varphi^{(1)}(t,\tau_S)) = \frac{l}{3 \cdot EI}(1 + \varphi^{(1)}(t,\tau_S)),$$

$$\delta_{11}^{(2)}(t) = \delta_{11,\mathrm{el}}^{(2)}(1 + \varphi^{(2)}(t',\tau_0')) = \frac{l}{3 \cdot EI}(1 + \varphi^{(2)}(t',\tau_0')).$$

δ_{11} infolge $\Delta X_1(t) = 1$:

$$\delta_{11}^{(1)}(t) = \delta_{11,\mathrm{el}}^{(1)}(1 + \mu \cdot \varphi^{(1)}(t,\tau_S)) = \frac{l}{3 \cdot EI}(1 + \mu \cdot \varphi^{(1)}(t,\tau_S)),$$

$$\delta_{11}^{(2)}(t) = \delta_{11,\mathrm{el}}^{(2)}(1 + \mu \cdot \varphi^{(2)}(t',\tau_0')) = \frac{l}{3 \cdot EI}(1 + \mu \cdot \varphi^{(2)}(t',\tau_0')).$$

Dabei sind:

$$\begin{aligned}\varphi^{(1)}_{\text{Rest}}(t,\tau_0) &= k_{\tau_0}\cdot\varphi_n\cdot(f(t-\tau_0)-f(\tau_S-\tau_0)),\\ \varphi^{(1)}(t,\tau_S) &= k_{\tau_S}\cdot\varphi_n\cdot f(t-\tau_S),\\ \varphi^{(2)}(t',\tau_0') &= k_{\tau_0'}\cdot\varphi_n\cdot f(t'-\tau_0'),\end{aligned}$$

und die Endwerte betragen:

$$\begin{aligned}\varphi^{(1)}_{\text{Rest},\infty} &= k_{\tau_0}\cdot\varphi_n\cdot(1-f(\tau_S-\tau_0)),\\ \varphi^{(1)}_{\infty} &= k_{\tau_S}\cdot\varphi_n,\\ \varphi^{(2)}_{\infty} &= k_{\tau_0'}\cdot\varphi_n.\end{aligned}$$

Für $t=\infty$ lautet die Verträglichkeitsbedingung:

$$\frac{g\cdot l^3}{24\cdot EI}(1+\varphi^{(1)}_{\text{Rest},\infty}+\varphi^{(2)}_{\infty})+X_{10}\frac{l}{3\cdot EI}(2+\varphi^{(1)}_{\infty}+\varphi^{(2)}_{\infty})$$
$$+\Delta X_{1,\infty}\frac{l}{3\cdot EI}(2+\mu\cdot\varphi^{(1)}_{\infty}+\mu\cdot\varphi^{(2)}_{\infty})=0$$

Für $t=\tau_S$ und $\tau_0'\cong t'=0$ ergibt sich:

$$\begin{aligned}\varphi^{(1)}_{\text{Rest}}(t,\tau_0) &= 0,\\ \varphi^{(1)}(t,\tau_S) &= \varphi^{(2)}(t',\tau_0')=0,\\ \Delta X_1(t) &= 0,\end{aligned}$$

und $X_{10}=-g\cdot l^2/16$.

Für $t=\infty$ ergibt sich:

$$\frac{g\cdot l^3}{48\cdot EI}(2\cdot\varphi^{(1)}_{\text{Rest},\infty}-\varphi^{(1)}_{\infty}+\varphi^{(2)}_{\infty})+$$
$$+\Delta X_{1,\infty}\frac{l}{3\cdot EI}(2+\mu\cdot\varphi^{(1)}_{\infty}+\mu\cdot\varphi^{(2)}_{\infty})=0,$$

$$\Delta X_{1,\infty}=-\frac{g\cdot l^2}{16}\,\frac{2\cdot\varphi^{(1)}_{\text{Rest},\infty}-\varphi^{(1)}_{\infty}+\varphi^{(2)}_{\infty}}{2+\mu(\varphi^{(1)}_{\infty}+\varphi^{(2)}_{\infty})}.$$

Mit den Zahlenwerten $\varphi^{(1)}_{\text{Rest},\infty}=1{,}0$, $\varphi^{(1)}_{\infty}=1{,}5$, $\varphi^{(2)}_{\infty}=2{,}0$, $\mu=0{,}8$ wird:

$$\Delta X_{1,\infty}=-0{,}5\cdot\frac{g\cdot l^2}{16}\quad\text{(Abb. 5.75).}$$

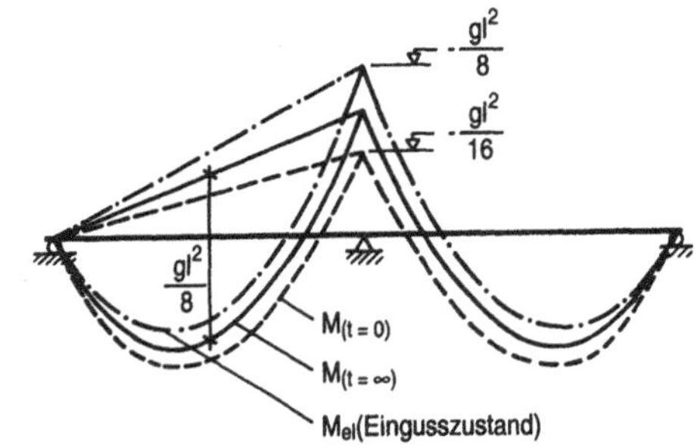

Abb. 5.75. Umlagerung der Momente nach dem Ausrüsten des Trägers 2

5.8.4 Spannungsumlagerung bei Zwängungen und Eigenspannungen

Zwängungen werden durch Auflagerverschiebungen bei statisch unbestimmten Systemen oder durch Behinderung der freien Systemverformung durch geometrische Randbedingungen verursacht. Man unterscheidet zeitunabhängige und zeitabhängige Zwängungen.

Zeitunabhängige Zwängungen entstehen z. B. durch eine einmalige Auflagerverschiebung v_i zur Zeit $t = t_0$.

Zeitabhängige Zwängungen sind die Folge einer zeitlich veränderlichen Auflagerverschiebung, z. B. Setzung. Meistens kann angenommen werden, dass eine Auflagerverschiebung den gleichen zeitlichen Verlauf aufweist wie das Kriechen:

$$v_i(t) = v_{i,\infty} \cdot \varphi(t)/\varphi_\infty.$$

Durch das Kriechen werden zeitunabhängige Zwängungen stark abgebaut, und zeitabhängige Zwängungen erreichen keineswegs den gleichen Wert wie bei rein elastischem Verhalten.

Die folgenden Beispiele zeigen die Berechnung des Verlaufs der Zwängung mit Hilfe des Ansatzes von Trost.

Beispiel 5.11. Relaxation bei zeitunabhängiger Zwängung. Zwängung zur Zeit $t = 0$:

$$\varepsilon_{c,0}, \quad \text{entsprechend } \sigma_0 = E_c \cdot \varepsilon_{c,0},$$

$$\varepsilon_c(t) = \frac{\sigma_0}{E_c} \cdot \varphi(t) + \frac{\Delta\sigma(t)}{E_c} \cdot (1 + \mu \cdot \varphi(t)) = 0,$$

$$\Delta\sigma(t) = -\sigma_0 \frac{\varphi(t)}{1 + \mu \cdot \varphi(t)},$$

$$\sigma(t) = \sigma_0 + \Delta\sigma(t) = \sigma_0 \left(1 - \frac{\varphi(t)}{1 + \mu \cdot \varphi(t)}\right).$$

Beispiel 5.12. Relaxation bei zeitabhängiger Zwängung. Zwängung zur Zeit t:

$$\varepsilon_{\mathrm{c}}(t), \quad \sigma_0 = 0,$$

$$\varepsilon_{\mathrm{c}}(t) = \varepsilon_{\mathrm{c},\infty}\frac{\varphi(t)}{\varphi_\infty} = \frac{\Delta\sigma(t)}{E_{\mathrm{c}}}(1 + \mu \cdot \varphi(t)),$$

$$\sigma(t) = \Delta\sigma(t) = \sigma_{\mathrm{el},\infty}\frac{\varphi(t)}{\varphi_\infty \cdot (1 + \mu \cdot \varphi(t))},$$

mit $\sigma_{\mathrm{el},\infty} = E_{\mathrm{c}}\varepsilon_{\mathrm{c},\infty}$.

Die gleichen Ausdrücke ergeben sich auch für Zwangsschnittkräfte S_{s}:
zeitunabhängige Zwängung,

$$S_{\mathrm{s}}(t) = S_{\mathrm{s},0}\left(1 - \frac{\varphi(t)}{1 + \mu \cdot \varphi(t)}\right);$$

zeitabhängige Zwängung,

$$S_{\mathrm{s}}(t) = S_{\mathrm{s,el},\infty}\frac{\varphi(t)}{\varphi_\infty(1 + \mu \cdot \varphi(t))}.$$

In vielen Fällen setzt sich die Zwängung aus einem zeitunabhängigen und einem zeitabhängigen Anteil zusammen, und es ergibt sich für $\varepsilon_{\mathrm{c}}(t_\infty) = \varphi_\infty\varepsilon_{\mathrm{c},0}$:

$$\sigma(t) = \sigma_0\left(1 - \frac{\varphi(t)}{1 + \mu \cdot \varphi(t)}\right) + \sigma_0\varphi_\infty\frac{\varphi(t)}{\varphi_\infty \cdot (1 + \mu \cdot \varphi(t))} = \sigma_0.$$

Beispiel 5.13. Zwängung in einer Stütze infolge einer Stützenkopfverschiebung durch Trägervorspannung (Abb. 5.76). Die Stützenkopfverschiebung δ_{P} beträgt

$$\delta_{\mathrm{P}} = \delta_{\mathrm{el}} + \delta_{\mathrm{cc}}(t),$$

wobei

$\delta_{\mathrm{el}} = \frac{P}{EA^{\mathrm{R}}}l$, einmalige elastische Stützenkopfverschiebung;

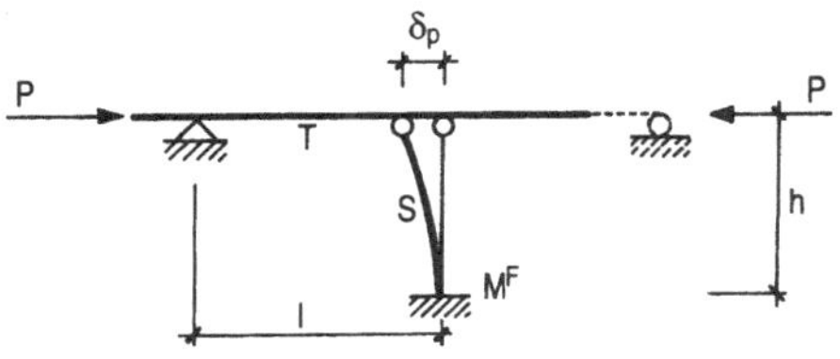

Abb. 5.76

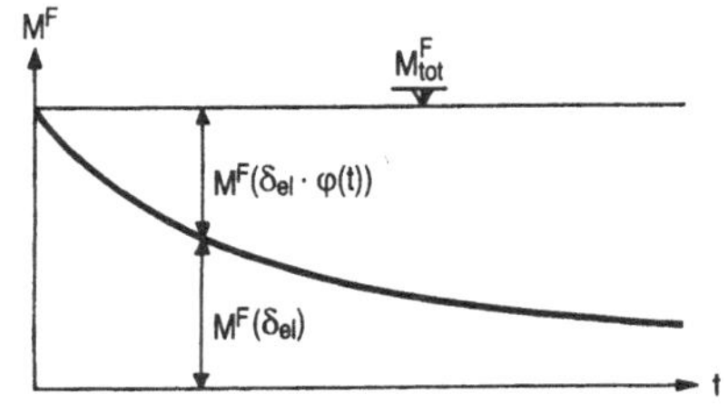

Abb. 5.77

Abb. 5.76. System und Zwangsverschiebung

Abb. 5.77. Zeitlicher Verlauf des Stützenfußmomentes M^{F}

$\delta_{cc}(t) = \delta_{el} \cdot \varphi(t)$, zeitabhängige Stützenkopfverschiebung infolge von Kriechen.

Das Zwangsmoment am Stützenfuß $M^F(t)$ beträgt bei der Stützensteifigkeit EI^S

infolge δ_{el}:

$$M^F(\delta_{el}) = \frac{3EI^S}{h^2}\delta_{el}\left(1 - \frac{\varphi(t)}{1 + \mu \cdot \varphi(t)}\right),$$

infolge $\delta_{el} \cdot \varphi(t)$:

$$M^F(\delta_{el} \cdot \varphi(t)) = \frac{3EI^S}{h^2}\varphi_\infty \delta_{el} \frac{\varphi(t)}{\varphi_\infty(1 + \mu \cdot \varphi(t))}.$$

Die Summe der beiden Anteile bleibt konstant (Abb. 5.77):

$$M^F_{tot} = \frac{3EI^S}{h^2}\delta_{el}.$$

Eigenspannungen sind Querschnittszwängungen: Die freie Verformung der Querschnittsfasern wird behindert durch das Ebenbleiben des Querschnitts, eine Voraussetzung, die einer geometrischen Randbedingung bzw. einer Verträglichkeitsbedingung entspricht. Eigenspannungen entstehen z. B. durch ungleichmäßige Temperatureinwirkungen oder durch das Zusammenwirken von Baustoffen mit verschiedenartigen Verformungseigenschaften. Auch in diesem Falle lässt sich der Einfluss des Kriechens auf den zeitlichen Verlauf der Eigenspannungen mit dem Ansatz von Trost einfach abschätzen.

Das folgende Beispiel zeigt die Ermittlung der Spannungsumlagerung bei Verbundquerschnitten.

Beispiel 5.14. Eigenspannungen in einem Verbundquerschnitt. Die Ergänzung vorfabrizierter Spannbetonträger mit einer Ortsbetonplatte zu einem Verbundquerschnitt ist eine im Brückenbau häufig angewandte Konstruktionsmethode (Abb. 5.78).

Das Berechnungsverfahren umfasst folgende Schritte:

- Ermittlung der anteiligen Schnittgrößen in Träger und Platte. (Bei aufbetonierten Ortsbetonplatten sind die Plattenschnittkräfte unmittelbar nach dem Betonieren der Platte null.)

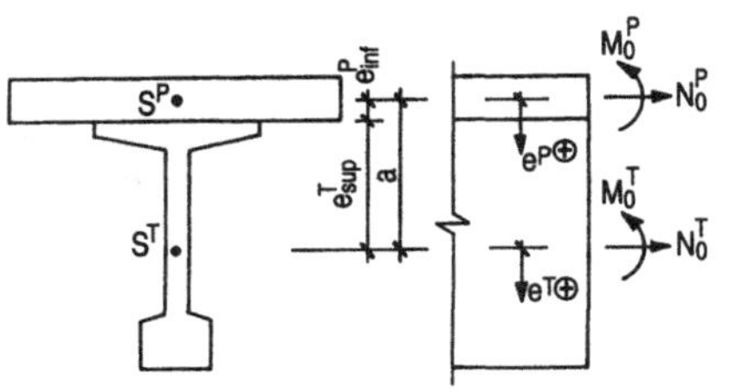

Abb. 5.78. Verbundquerschnitt: Vorfabrizierter Träger und aufbetonierte Fahrbahnplatte

- Am Träger und an der Platte werden die unbekannten Umlagerungsschnittkräfte angebracht.
- Die Berechnung der Umlagerungsschnittkräfte erfolgt mit Hilfe der Gleichgewichtsbedingungen:
  Summe der Umlagerungsschnittgrößen ist gleich 0
  (Eigenspannungszustand),
  und der zeitabhängigen Verträglichkeitsbedingung:
  Ebenbleiben des Querschnittes.

Die anteiligen Schnittgrößen N_0^{P}, M_0^{P}, N_0^{T} und M_0^{T} der Platte und des Trägers zur Zeit $t = 0$ werden mit Hilfe der Gleichgewichts- und Verträglichkeitsbedingungen (ebener Dehnungszustand) bestimmt. Mit diesen Ausgangsschnittgrößen ergeben sich die folgenden Querschnittsverdrehungen und Dehnungen in der Kontaktfaser (k) (allgemein formuliert für $N_0^{\mathrm{P}} \neq 0$, $M_0^{\mathrm{P}} \neq 0$):

$$\varepsilon_0^{\mathrm{P(k)}} = \frac{N_0^{\mathrm{P}}}{E^{\mathrm{P}} \cdot A^{\mathrm{P}}} + \frac{M_0^{\mathrm{P}}}{E^{\mathrm{P}} \cdot I^{\mathrm{P}}} \cdot e_{\mathrm{inf}}^{\mathrm{P}}, \quad \varepsilon_0^{\mathrm{T(k)}} = \frac{N_0^{\mathrm{T}}}{E^{\mathrm{T}} \cdot A^{\mathrm{T}}} + \frac{M_0^{\mathrm{T}}}{E^{\mathrm{T}} \cdot I^{\mathrm{T}}} \cdot e_{\mathrm{sup}}^{\mathrm{T}},$$

$$\vartheta_0^{\mathrm{P}} = \frac{M_0^{\mathrm{P}}}{E^{\mathrm{P}} \cdot I^{\mathrm{P}}}, \quad \vartheta_0^{\mathrm{T}} = \frac{M_0^{\mathrm{T}}}{E^{\mathrm{T}} \cdot I^{\mathrm{T}}}.$$

Infolge von Kriechen und Schwinden verformen sich Platte und Träger unterschiedlich. Die damit verbundene Unverträglichkeit im Dehnungszustand muss durch Umlagerungsschnittkräfte behoben werden.

Unter Berücksichtigung der Umlagerungskräfte ergeben sich (mit dem Ansatz von Trost) die folgenden zeitabhängigen Dehnungen und Querschnittsverdrehungen:

$$\Delta\varepsilon^{\mathrm{P(k)}}(t) = \varepsilon_0^{\mathrm{P(k)}} \cdot \varphi^{\mathrm{P}}(t) + \left(\frac{\Delta N^{\mathrm{P}}(t)}{E^{\mathrm{P}} \cdot A^{\mathrm{P}}} + \frac{\Delta M^{\mathrm{P}}(t)}{E^{\mathrm{P}} \cdot I^{\mathrm{P}}} \cdot e_{\mathrm{inf}}^{\mathrm{P}}\right) \times$$
$$\times (1 + \mu^{\mathrm{P}} \cdot \varphi^{\mathrm{P}}(t)) + \varepsilon_{\mathrm{cs}}^{\mathrm{P}}(t),$$

$$\Delta\vartheta^{\mathrm{P}}(t) = \vartheta_0^{\mathrm{P}} \cdot \varphi^{\mathrm{P}}(t) + \frac{\Delta M^{\mathrm{P}}(t)}{E^{\mathrm{P}} \cdot I^{\mathrm{P}}}(1 + \mu^{\mathrm{P}} \cdot \varphi^{\mathrm{P}}(t)),$$

$$\Delta\varepsilon^{\mathrm{T(k)}}(t) = \varepsilon_0^{\mathrm{T(k)}} \cdot \varphi^{\mathrm{T}}(t) + \left(\frac{\Delta N^{\mathrm{T}}(t)}{E^{\mathrm{T}} \cdot A^{\mathrm{T}}} + \frac{\Delta M^{\mathrm{T}}(t)}{E^{\mathrm{T}} \cdot I^{\mathrm{T}}} \cdot e_{\mathrm{sup}}^{\mathrm{T}}\right) \times$$
$$\times (1 + \mu^{\mathrm{T}} \cdot \varphi^{\mathrm{T}}(t)) + \varepsilon_{\mathrm{cs}}^{\mathrm{T}}(t),$$

$$\Delta\vartheta^{\mathrm{T}}(t) = \vartheta_0^{\mathrm{T}} \cdot \varphi^{\mathrm{T}}(t) + \frac{\Delta M^{\mathrm{T}}(t)}{E^{\mathrm{T}} \cdot I^{\mathrm{T}}}(1 + \mu^{\mathrm{T}} \cdot \varphi^{\mathrm{T}}(t)).$$

Mit den Gleichgewichtsbedingungen

$$\Delta N^{\mathrm{P}}(t) + \Delta N^{\mathrm{T}}(t) = 0,$$
$$\Delta M^{\mathrm{P}}(t) + \Delta M^{\mathrm{T}}(t) + a \cdot \Delta N^{\mathrm{T}}(t) = 0$$

und den Verträglichkeitsbedingungen

$$\Delta\varepsilon^{\mathrm{P(k)}}(t) = \Delta\varepsilon^{\mathrm{T(k)}}(t),$$
$$\Delta\vartheta^{\mathrm{P}}(t) = \Delta\vartheta^{\mathrm{T}}(t)$$

lassen sich nun die Umlagerungsschnittkräfte bestimmen.

Im Allgemeinen weist die Ortsbetonplatte keine Ausgangsschnittgrößen auf ($N_0^{\mathrm{P}} = M_0^{\mathrm{P}} = 0$), und wegen der sehr geringen Biegesteifigkeit der Platte im Gegensatz zu derjenigen des Trägers darf das Plattenumlagerungsmoment vernachlässigt werden ($\Delta M^{\mathrm{P}}(t) = 0$).

Damit entfällt die Bestimmungsgleichung:

$$\Delta\vartheta^{\mathrm{P}}(t) = \Delta\vartheta^{\mathrm{T}}(t),$$

und es bleiben zur Bestimmung von $\Delta N^{\mathrm{P}}(t)$, $\Delta N^{\mathrm{T}}(t)$ und $\Delta M^{\mathrm{T}}(t)$ die Gleichungen:

$$\Delta N^{\mathrm{P}}(t) + \Delta N^{\mathrm{T}}(t) = 0,$$
$$\Delta M^{\mathrm{P}}(t) + \Delta M^{\mathrm{T}}(t) + a \cdot \Delta N^{\mathrm{T}}(t) = 0,$$
$$\Delta\varepsilon^{\mathrm{P(k)}}(t) = \Delta\varepsilon^{\mathrm{T(k)}}(t).$$

Spannkraftverluste infolge von Schwinden und Kriechen des Betons sind Spannungsumlagerungen im Eigenspannungszustand „Vorspannung“. Es gibt verschiedene Berechnungsverfahrungen, um die Spannkraftverluste zu ermitteln. Die im Folgenden dargestellte Methode zeigt anschaulich den Mechanismus der Spannungsumlagerung. Man erkennt deutlich, dass ein Spannkraftverlust mit einer Vergrößerung des Hebelarms der inneren Kräfte kompensiert werden muss. Spannkraftverluste sind nicht möglich, wenn die Betondruckkraft F_{c} in extremer Lage am oberen Querschnittsrand angreift. Die vorhandene Stahlzugkraft ist zur Gewährleistung des Gleichgewichtes erforderlich (Stadium II) und kann nicht mehr abgemindert werden. Daraus folgt klar, dass die Spannkraftverluste bei teilweiser Vorspannung wesentlich kleiner sind als bei voller Vorspannung.

Beispiel 5.15. Ermittlung des Spannkraftverlustes (Abb. 5.79). Die Gleichgewichtsbedingung lautet:

$$(F_{\mathrm{c},0} - \Delta F_{\mathrm{c}}(t))(a + c + \Delta c(t)) = F_{\mathrm{c},0}(a + c),$$
$$\rightarrow \Delta c(t) \cong \frac{\Delta F_{\mathrm{c}}(t) \cdot (a + c)}{F_{\mathrm{c},0}}.$$

Die Verträglichkeitsbedingung auf Spannstahlhöhe (P) lautet:

$$\varepsilon_{\mathrm{c}}^{(\mathrm{P})}(t) = \varepsilon_{\mathrm{P}}(t),$$

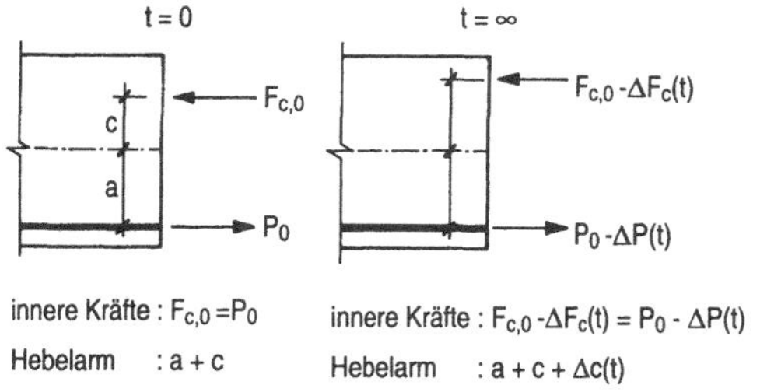

Abb. 5.79. Innere Kräfte und Hebelarme

$$\begin{aligned}\varepsilon_c^{(P)}(t) &= \varepsilon_{c,0}^{(P)} \cdot \varphi(t) - \frac{\Delta F_c(t)}{E_c \cdot A_c}(1 + \mu \cdot \varphi(t)) \\ &\quad + \frac{F_{c,0} \cdot \Delta c(t) - \Delta F_c(t) \cdot c}{E_c \cdot I_c} a(1 + \mu \cdot \varphi(t)) + \varepsilon_{cs}(t), \\ \varepsilon_P(t) &= -\frac{\Delta P(t)}{E_P \cdot A_P},\end{aligned}$$

wobei sowohl $\varepsilon_{c,0}$ negativ (Stauchung) als auch $\varepsilon_{cs}(t)$ negativ ist.

Daraus ergeben sich die folgenden Spannkraftverluste:

$$\Delta P(t) = \Delta F_c(t),$$

und mit $n = E_P/E_c$ und $\rho = A_P/A_c$ folgt:

$$\Delta P(t) = \frac{n \cdot \rho \cdot (\sigma_{c,0}^{(P)} \cdot A_c \cdot \varphi(t) + \varepsilon_{cs}(t) \cdot E_c \cdot A_c)}{1 + n \cdot \rho \cdot (1 + \mu \cdot \varphi(t)) \cdot (1 + a^2 \cdot A_c/I_c)}.$$

Vernachlässigt man die kleinen Größen $F_c \cdot \Delta c(t)$ und $\Delta F_c(t) \cdot c$, ergibt sich der einfachere Ausdruck

$$\Delta P(t) = \frac{n \cdot \rho \cdot (\sigma_{c,0}^{(P)} \cdot A_c \cdot \varphi(t) + \varepsilon_{cs}(t) \cdot E_c \cdot A_c)}{1 + n \cdot \rho \cdot (1 + \mu \cdot \varphi(t))}.$$

5.9 Tragsicherheit unter Ermüdungseinwirkungen

5.9.1 Allgemeines

Betontragwerke, die einer Vielzahl von Lastwechseln unterworfen sind, können – ähnlich wie Tragwerke aus anderen Baustoffen – eine Zerstörung des Materialgefüges oder das Versagen eines Bauteils erfahren, selbst wenn die aufgebrachten Beanspruchungen weit unterhalb des statischen Tragvermögens liegen. Dieses Phänomen wird als Ermüdung bezeichnet.

Vor allem bei Bahnbrücken ist der Anteil der Verkehrslasten an der Gesamtbeanspruchung im Tragwerk vergleichsweise hoch, und folglich ist der Ermüdung eine besondere Beachtung zu schenken. Bei Straßenbrücken ist der Nachweis der Ermüdungssicherheit zumindest für die direkt durch Radlasten beanspruchten Fahrbahnplatten erforderlich.

Mit dem Nachweis der Ermüdungssicherheit ist zu zeigen, dass die Ermüdungswirkung der Betriebslasten die Tragfähigkeit der Bauteile während der vorgesehenen Nutzungsdauer nicht beeinträchtigt. Mit einer entsprechenden Bemessung sollen also Ermüdungsschäden durch Vorhalten eines ausreichenden Ermüdungswiderstands ausgeschlossen werden.

Im Vergleich zu anderen Problemstellungen im Betonbau und zur Ermüdung im Stahlbau ist der Wissensstand über die Ermüdung von Betontragwerken recht bescheiden. Dies gilt es zu beachten, indem der ermüdungsgerechten konstruktiven Durchbildung der Bewehrung und dem qualitativ einwandfreien Einbringen und Verarbeiten des Betons genauso Beachtung geschenkt wird wie dem rechnerischen Nachweis, der noch auf stark vereinfachenden, vermutlich eher konservativen Annahmen beruht.

Mit folgenden konstruktiven Maßnahmen lässt sich die Gefahr des Auftretens von Ermüdungsschäden klein halten:

- Beim Entwurf des Tragwerks sollte die Einstufung der Bewehrungsarten in Ermüdungskategorien (Tabelle 3.2) dazu verwendet werden, Bewehrungen mit tiefen Ermüdungsfestigkeiten bereits im Entwurf zu erkennen und diese – falls nicht vermeidbar – in Bereichen kleiner Spannungsdifferenzen anzuordnen. Dies gilt insbesondere für Verankerungen und Kupplungen von Spanngliedern.
- Außerdem sind im Brückenbau Schweißungen der Bewehrung (z. B. geschweißte Bewehrungsnetze) wegen der deutlich verminderten Ermüdungsfestigkeit zu vermeiden. Falls kraftschlüssige Schweißungen von Bewehrungsstäben unumgänglich sind, sollten Stumpfstöße ausgeführt werden. Diese ermöglichen gegenüber Überlappungsstößen eine kontinuierlichere Kraftübertragung, was sich günstiger auf das Ermüdungsverhalten auswirkt. Heftschweißungen an Betonstahl, Spannstahl und Hüllrohren sind grundsätzlich zu vermeiden.
- Bei mechanischen Stabverbindungen sollte die Ermüdungsfestigkeit vorgängig mit Versuchen ermittelt werden.

Die Tragsicherheit unter Ermüdungseinwirkungen wird einzeln für den Bewehrungsstahl und für den Beton nachgewiesen [3.7].

5.9.2 Nachweis für Bewehrung aus Stahl

Ermüdungswirksame Beanspruchung. Für die Ermittlung des Bemessungswerts der Ermüdungswirkung im Bewehrungsstahl ist die Spannungsdifferenz als Absolutwert der Differenz der maximalen und minimalen Spannungen infolge der Ermüdungslasten in den entsprechend ungünstigen Stellungen maßgebend. Bei deren Ermittlung sind folgende Aspekte zu beachten:

- Die ermüdungswirksamen Spannungen bei Biegebeanspruchung werden am gerissenen Querschnitt unter Annahme des Ebenbleibens der Querschnitte und unter Voraussetzung linear elastischen Materialverhaltens berechnet. Das Zugverhalten von Beton wird dabei vernachlässigt.

- Bei vorgespannten Tragwerken im Verbund sollte für die Spannungsberechnung die effektiv vorhandene Vorspannkraft bekannt sein, denn bei Beanspruchungen oberhalb des Dekompressionsmomentes können die Spannungsdifferenzen beträchtliche Werte annehmen. Bei verbundlos vorgespannten Tragwerken müssen die Spannungen im Spannglied iterativ ermittelt werden.
- Unter Ermüdungslasten ist das Verbundverhalten von Beton- und Spannstahl unterschiedlich. Dies kann berücksichtigt werden, indem die Spannung im Betonstahl vereinfachend um den folgenden Faktor erhöht wird:

$$k = \frac{A_S + A_P}{A_S + A_P\sqrt{\xi(\phi_S/\phi_P)}},$$

wobei A_S und A_P die Querschnittsflächen des Beton- respektive Spannstahls, ϕ_S der größte Durchmesser des Betonstahls und $\phi_P = \sqrt{A_P}$ der äquivalente Durchmesser des Spannstahls sind. Das Verhältnis ξ der Verbundfestigkeit zwischen Spannstahl (in Verbund) und Betonstahl (Rippenstahl) beträgt näherungsweise:

$$\xi = \frac{6}{\sqrt[4]{A_P} \cdot f_{ctm}}$$

mit f_{ctm} als Mittelwert der Zugfestigkeit des Betons.
- Für Träger und Platten mit Schubbewehrung kann die Spannungsdifferenz in der Längs- und Bügelbewehrung in Anwendung an ein Fachwerkmodell ermittelt werden. Dabei kann der Neigungswinkel der Betondruckdiagonalen wie folgt angenommen werden:

$$\tan\alpha_{fat} = \sqrt{\tan\alpha} \leq 1,$$

wobei α der Neigungswinkel der Betondruckdiagonalen im Fachwerkmodell für den Grenzzustand der Tragfähigkeit ist.

Ermüdungswiderstand. Die Ermüdungsfestigkeit häufig vorkommender Bewehrungsarten wurde in Abschn. 3.2.4 behandelt, wo die Ermüdungskategorie $\Delta\sigma_{s,fat}$ als Ermüdungsfestigkeit bei 2 Millionen Lastwechseln sowie die Dauerfestigkeit $\Delta\sigma_{D,fat}$ als charakteristische Werte definiert wurden. Der Ermüdungswiderstand $R_{d,fat}$ einer Bewehrungsart ist durch diesen charakteristischen Wert gegeben, der noch um einen Widerstandsbeiwert γ_{fat} von beispielsweise 1,15 abgemindert wird.

Nachweisverfahren. Die Ermüdungssicherheit für Bewehrungsstahl sollte zunächst bezüglich der Dauerfestigkeit nachgewiesen werden. Es ist zu zeigen, dass alle Spannungsdifferenzen im Bewehrungsstahl unter häufig auftretenden Ermüdungslasten kleiner sind als die um den Ermüdungsbeiwert γ_{fat} abgeminderte Dauerfestigkeit $\Delta\sigma_{D,fat}$ der Bewehrung:

$$\Delta\sigma_{s,max}(Q_{fat}) \leq \frac{\Delta\sigma_{D,fat}}{\gamma_{s,fat}}.$$

Falls die Ermüdungssicherheit mit der Dauerfestigkeit nicht nachgewiesen werden kann, ist es möglich, einen so genannten Betriebsfestigkeitsnachweis zu führen:

$$\Delta\sigma_e = \lambda \Delta\sigma_s(Q_{fat}) \leq \frac{\Delta\sigma_{s,fat}}{\gamma_{s,fat}}.$$

Die äquivalente Spannungsdifferenz $\Delta\sigma_e$ beinhaltet den Betriebslastfaktor λ, der das Verhältnis der Spannungsdifferenzen infolge Betriebslasten und der nominellen Spannungsdifferenz infolge eines gegebenen Lastmodells für Ermüdungseinwirkungen beschreibt. Die Betriebslastfaktoren für Straßen- und Bahnverkehr sind in den Normen gegeben.

Mit diesem Verfahren kann der Einfluss der Betriebslasten einfach und rasch erfasst werden, ohne dass eine aufwändige Schadensakkumulationsrechnung durchgeführt werden muss.

5.9.3 Nachweis für Beton

Beim Nachweis für Beton gilt es zu bedenken, dass rechnerisch ermittelte Spannungsgrößen im Beton unter Ermüdungseinwirkungen immer nur eine grobe Annäherung an die effektiv vorhandenen Spannungen sind. Somit kann – streng genommen – ein rechnerischer Ermüdungsnachweis des Betons immer nur approximativ sein.

Es ist somit auch wenig sinnvoll, einen vermeintlich verfeinerten Nachweis zu führen, wie er in gewissen Normen vorgeschlagen wird, insbesondere auch weil das Ermüdungsverhalten von Beton noch zuwenig bekannt ist, um beipielsweise wirklichkeitsnahe Berechnungen der Schadensakkumulation durchzuführen.

Trotz dieser Ausgangslage ist es sinnvoll, mit Hilfe vereinfachter Nachweise das Beanspruchungsniveau von stark ermüdungsbeanspruchtem Beton zu erfassen und durch eine entsprechende Bemessung zu begrenzen.

Ein einfacher Nachweis in Druckfeldern besteht darin, zu zeigen, dass die maximale Druckspannung infolge ständiger Lasten sowie häufig auftretenden Temperatur- und Ermüdungslasten kleiner ist als 50 % des Bemessungswerts der Betondruckfestigkeit f_{cd}:

$$\sigma_{c,max}(\text{Ermüdung}) \leq 0{,}5\ f_{cd}.$$

Dabei können Biegedruckspannungen im Beton mit einem Spannungsblock, dessen Schwerpunkt mit demjenigen der dreiecksförmigen Spannungsverteilung zusammenfällt, ermittelt werden.

Betonermüdung unter Schubbeanspruchung ist bei Bauteilen ohne Schubbewehrung wie Fahrbahnplatten denkbar. Aus Ermüdungsversuchen an nicht schubbewehrten Plattenstreifen ist bekannt, dass ein eigentliches Betonversagen durch Ausbildung eines Schubrisses erst ab einem Belastungsniveau von mehr als 50 % der Traglast des Probekörpers auftritt [3.6]. Außerdem ist die nominelle Schubspannung τ_c keine relevante Kenngröße zur Beschreibung der Schubbeanspruchung unter Ermüdung, denn das Ermüdungsverhalten ist vom Riss- und Tragverhalten des Bauteils und nicht von einer Querschnittsgröße abhängig. Ein einfacher Ermüdungsnachweis für schubbeanspruchte Fahrbahnplatten ohne Schubbewehrung könnte somit darin bestehen, zu zeigen, dass die Ermüdungslast infolge ständiger Einwirkungen sowie häufig auftretenden Ermüdungslasten kleiner ist als 50 % der statischen Traglast der Platte.

Mit diesen beiden vereinfachten Nachweisen wird die ermüdungswirksame Beanspruchung im Beton auf ein Niveau begrenzt, so dass bei der Bemessung die Betonermüdung gegenüber der Tragsicherheit und Gebrauchstauglichkeit kaum relevant sein dürfte. Falls die Betonermüdung dennoch maßgebend werden sollte, ist es sinnvoller, die Bauteilabmessungen oder sogar das Tragwerkskonzept zu ändern als aufwändige und wenig wirklichkeitsnahe detaillierte Berechnungen durchzuführen.

5.10 Gebrauchstauglichkeit

5.10.1 Funktionstüchtigkeit und Benutzerkomfort

Die Funktionstüchtigkeit einer Brücke betrifft die Ausbildung des Fahrbahnraums und die Auswirkung des Bauwerkverhaltens auf die Fahrsicherheit, den Schutz des Benutzers und den Benutzerkomfort.

Leitschranken (Abschn. 8.7). Bei der Ausbildung des Fahrbahnraums von Straßenbrücken spielen die Leitschranken neben der Breite, dem Gefälle und der Belagsbeschaffenheit eine wesentliche Rolle. Die größte Verkehrssicherheit wird mit weichen elastischen Leitschranken erreicht. Sie bedingen aber eine Verbreiterung der Fahrbahn für den erforderlichen Raum bei Ausbiegung der Leitschranken. Diese Zusatzbreite kann allenfalls als begehbarer Streifen für die Instandhaltung genutzt werden. Meistens werden aber die Leitschranken als feste Brüstungsmauern mit einem den Aufprall absorbierenden Profil ausgebildet.

Außerdem muss durch eine entsprechende Ausbildung der Geländer und Leitschranken eine ausreichende Sicherheit von Personen gegen Absturz hergestellt werden.

Überflutung und Vereisung der Fahrbahn. Zur Vermeidung von Fahrbahnüberflutungen muss neben genügend eng angeordneten und ausreichend bemessenen Entwässerungsschächten auch auf der ganzen Brückenfläche ein Mindestgefälle von etwa 2 % vorgesehen werden.

Die Häufigkeit der Fahrbahnvereisung ist umso kleiner, je größer die Wärmeträgheit des Betonquerschnitts ist. Bei einem offenen Querschnitt ist die Unterseite der Fahrbahnplatte rascher abgekühlt als bei einem geschlossenen Querschnitt, da das Wärmeretentionsvermögen geringer ist. In Gegenden mit viel Schneefall wird durch eine entsprechende Ausbildung des Fahrbahngefälles und durch Anordnung von Entwässerungsschächten an beiden Brückenrändern vermieden, dass

Schmelzwasser quer über die Fahrbahn abfließt und beim Gefrieren die Verkehrssicherheit gefährdet.

Auch müssen unter Umständen Personen gegen herabfallendes Eis vom Fahrbahnrand oder von Tragelementen über der Fahrbahn durch Warnanlagen oder in extremen Fällen Heizeinrichtungen oder Schutznetze geschützt werden.

Tragwerksverformungen. Die Tragwerksverformungen als Abweichungen von der Solllinie haben bei Straßenbrücken im Allgemeinen nur beim Übergang von der Brücke auf die Strasse und bei Trägergelenken im Feld einen Einfluss auf den Betrieb und Fahrkomfort. Eine Begrenzung des Knickwinkels bei Fahrbahnübergängen und Gelenken ist im Hinblick auf den Fahrkomfort sinnvoll. Der Knickwinkel sollte bei Schnellstraßen nicht mehr als 0,4 % und bei üblichen Straßen nicht mehr als 0,8 % betragen, wobei die Größe des Knickwinkels unter ständigen Einwirkungen und unter Berücksichtigung der Langzeiteinwirkungen zu ermitteln ist. Knickwinkel entstehen bei allen Trägergelenken und beim Übergang vom Widerlager zum anschließenden Straßenbereich infolge Setzung der Hinterfüllung. Mit dem Einbau einer genügend langen Übergangsplatte (Abschn. 8.4) kann der Knickwinkel infolge Setzungsdifferenzen zwischen Widerlager und Hinterfüllung vermindert werden.

Verschiebeweg von Lager und Fugen. Für die Funktionstüchtigkeit der Lager und der Fugenkonstruktion ist das vorhandene Bewegungsspiel von größter Bedeutung. Bei der Ermittlung des Bewegungsspiels sind nicht nur die Verformungen der Tragkonstruktion, sondern auch mögliche Baugrundbewegungen zu beachten. Selbst bescheidene jährliche Setzungen und Kriechbewegungen können nach einigen Jahrzehnten gleiche Größenordnungen aufweisen wie die Tragwerksverformungen infolge Kriechen und Schwinden des Betons sowie der Temperaturänderungen. Die Überschreitung des Bewegungsspiels der Lager und Fugenkonstruktionen kann schwerwiegende Folgen haben, und die Wiederherstellung der Funktionstüchtigkeit dieser Bauteile kann mit einem großen Aufwand verbunden sein. Es ist deshalb angezeigt, die Verschiebungswege von Lager und Fugen großzügig zu bemessen, zumal diese Vorsichtsmaßnahme kostenmäßig kaum ins Gewicht fällt.

Schwingungen. Bei besonders schlanken Brücken mit Fußgängerverkehr sollte das Schwingungsverhalten gegenüber den physiologisch zumutbaren Schwingungen für den Komfort der Fußgänger überprüft werden (Abschn. 5.3.4). Dabei müssen neben den vertikalen auch die horizontalen Schwingungen untersucht werden. Demgegenüber haben Schwingungen im Allgemeinen bei Straßen- und Bahnbrücken (ausgenommen Bahnbrücken für Hochgeschwindigkeitszüge) keinen Einfluss auf den Fahrkomfort.

Seitenwinde. Extrem starke Seitenwinde können bei besonders exponierten Brücken Maßnahmen zur Gewährleistung einer sicheren Brückenüberfahrt oder zum Schutz des Benutzers erfordern. Beispielsweise bei Talbrücken für Hochgeschwindigkeitszüge kann gar eine eigentliche Windwarnanlage erforderlich werden. Als konstruktive Maßnahmen können an den Brückenrändern geeignet geformte Schutzwände oder -netze angebracht werden.

Funktionstüchtigkeit bei Verkehrsunfällen. Im Hinblick auf das Verhalten des Tragwerks bei Verkehrsunfällen müssen empfindliche Tragelemente eine angemessene Redundanz aufweisen. Bei Schrägkabelbrücken darf beispielsweise ein Fahrzeugbrand auf der Brücke nicht zum Einsturz des Bauwerks führen, und das Auswechseln eines Kabels sollte bei geringen Verkehrseinschränkungen möglich sein. Auch die Einheiten der Spannkabel sollten so gewählt werden, dass bei einem groben Baufehler (z. B. Korrosion infolge schlechter Injektion eines Kabelhüllrohrs) die Tragfähigkeit des Gesamtsystems höchstens etwa um 20 % abfällt.

Überwachung und Unterhalt. Zur Gewährleistung der Funktionstüchtigkeit der Brücke sind Inspektionsmöglichkeiten und Vorkehrungen für das Auswechseln der Lager, der Zugang zu allen Leitungen, insbesondere zu den Entwässerungsleitungen, sowie der Zugang zu den Widerlagernischen und Fugenkonstruktionen erforderlich.

5.10.2 Aussehen

Das Aussehen einer Brücke kann durch unkontrolliert abfließendes Wasser, Verschmutzung, Risse und Verformungen beeinträchtigt werden.

Vor allem die Widerlager, Fugen und Brückenränder erfordern eine sorgfältige konstruktive Ausbildung, damit das Aussehen nicht durch abfließendes Wasser und Schmutz beeinträchtigt wird. Die Anordnung von Tropfnasen ermöglicht ein kontrolliertes Ableiten des Wassers (Abschn. 5.11.6).

Die Rissbreite sollte auf einen nominellen Wert von maximal 0,5 mm begrenzt werden.

Was die Verformungen betrifft, so sind in Bezug auf das Aussehen in der Regel keine speziellen Anforderungen notwendig. Die sich aus den Anforderungen an die Funktionstüchtigkeit ergebenden Grenzwerte der Verformungen genügen.

Es gilt noch zu bemerken, dass ästhetische Unzulänglichkeiten und ausführungsbedingte Mängel keine Kriterien der Gebrauchstauglichkeit sind.

5.10.3 Rissverhalten

In Betontragwerken ist eine Rissbildung nur schwer vermeidbar, und feine Risse sind im Allgemeinen nicht nachteilig. Bei der Rissbildung gilt es zwischen inneren und äußeren Ursachen zu unterscheiden (Abschn. 3.3.4).

- *Innere Ursachen*: In der Bauphase können in den ersten Tagen nach dem Betonieren Risse entstehen, die vor allem auf die Hydratationswirkung des Zements und die Systemeigenschaften (statisches System, Verformungsbehinderung von Teilquerschnitten) zurückzuführen sind. Risse infolge Trocknungsschwinden sind den gleichen inneren Ursachen zuzuordnen. Sie treten in der Regel in den ersten zwei Jahren auf.
- *Äußere Ursachen*: Während der Nutzungsphase können Risse infolge Lasten und Kräfte sowie aufgezwungenen Verformungen (z. B. Setzungen, Temperaturvariationen) auftreten.

Für die Gebrauchstauglichkeit von Stahlbetonbrücken haben Risse Kriterien bezüglich des Aussehens und der Dichtigkeit zu genügen. Mit einer sorgfältig angeordneten Mindestbewehrung können die Anforderungen im Hinblick auf das Aussehen in der Regel bereits gewährleistet werden.

Für die Dichtigkeit sind die Anforderungen wesentlich strenger, indem eine mittlere Rissbreite von höchstens 0,1 mm gefordert werden muss. Dies bedeutet einen gegenüber der Mindestbewehrung wesentlich höheren Bewehrungsgehalt. Für die rechnerische Ermittlung der Rissbreiten und des erforderlichen Bewehrungsgehalts gelten die Angaben in Abschn. 5.5.

Die Rissbildung infolge innerer Ursachen sollte möglichst a priori durch Maßnahmen in der Betontechnologie und bei der Bauausführung vermieden oder begrenzt werden (Abschn. 3.3.4). Diese Maßnahmen sind allerdings heute noch nicht immer zuverlässig. Sie sollten mit A-posteriori-Maßnahmen ergänzt werden.

Risse infolge äußerer Ursachen können nur mit A-posteriori-Maßnahmen zur Begrenzung der Rissbreiten kontrolliert werden. Darunter ist zu verstehen:

- Einhalten der Mindestbewehrung gemäß Abschn. 5.5,
- eine zweckmäßige und ausgewogene Anordnung der Bewehrung und
- eine Vorspannung, mit der vor allem die Dichtigkeit, z. B. einer Fahrbahnplatte oder von Randabschlüssen, gewährleistet werden kann.

Für Risse infolge Bewehrungskorrosion, Frost-Tau-Wechsel oder durch innere chemische Reaktionen ist eine rechnerische Begrenzung der Rissbreite nicht erforderlich, weil diese Schädigungsvorgänge nicht von der Rissbreite allein abhängen (Abschn. 3.3). Diese Risse können durch Maßnahmen zur Gewährleistung der Dauerhaftigkeit (Abschn. 5.11) vermieden werden. Sie sind nicht Gegenstand der Gebrauchstauglichkeit.

5.10.4 Verformungsverhalten

Grundsätzliches

Bei Stahlbetonbrücken können zwei Arten von Verformungen unterschieden werden (Abb. 5.80):

- Unter ständigen Lasten (Eigenlasten des Tragwerks und Auflasten) treten Verformungen δ_1 unmittelbar nach Aufbringen der ständigen Lasten sowie unter Langzeiteinwirkung (Abschn. 5.8) auf. Mit einer Begrenzung dieser Verformungen werden die Anforderungen an die Funktionstüchtigkeit und das Aussehen gewährleistet.
- Die Verformungen δ_2 unter der Verkehrslast treten kurzfristig auf. Eine Begrenzung dieser Verformungen hat zum Ziel, eine genügende Steifigkeit des Tragwerks zu erzielen, damit der Benutzerkomfort nicht beeinträchtigt wird.

In Tabelle 5.4 sind Richtwerte der maximalen Durchbiegungen bezogen auf die Trägerachse zwischen zwei sich im Abstand L (Spannweite) befindlichen Auflagern gegeben.

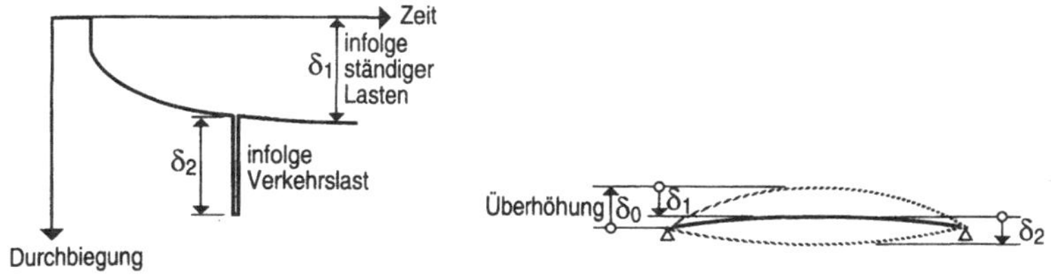

a b

Abb. 5.80. **a** Zeitlicher Verlauf der Durchbiegung; **b** Kompensation durch eine Überhöhung

Tabelle 5.4. Grenzwerte der Durchbiegung

Brückenart	Anforderung	
	Aussehen, Funktionstüchtigkeit δ_1	Steifigkeit, Komfort δ_2
Straßenbrücken	$L/700$	$L/600$
Bahnbrücken	$L/1000$	$L/800$
Fußgängerbrücken	$L/700$	$L/500$

Im Brückenbau müssen vor allem die Verformungen der Haupttragelemente infolge ständiger Lasten und Vorspannung unter Berücksichtigung der Auswirkungen von Schwinden und Kriechen überprüft werden.

Bei Bahnbrücken können wegen der relativ hohen Bahnlasten gegenüber den Eigenlasten auch die kurzfristigen Verformungen maßgebend werden. Bei Hochgeschwindigkeitsbahnen muss das Tragwerk eine relativ hohe Mindeststeifigkeit mit Grenzwerten der Durchbiegung δ_2 im Bereich von $L/1500$ bis $L/2000$ aufweisen.

In der Regel sind die Verformungen bei zweckmäßiger Wahl der Vorspannung klein. Trägerverformungen aus ständigen Lasten können in vielen Fällen ohne wesentliche Mehrkosten durch eine entsprechende Bemessung der Vorspannung so stark reduziert werden, dass sie von gleicher Größenordnung sind wie die Bauungenauigkeiten. Bei Freivorbaubrücken würde eine formtreue Vorspannung beträchtliche Mehrkosten verursachen; die zu erwartenden Verformungen infolge ständiger Lasten werden deshalb durch Überhöhungen δ_0 kompensiert.

Es empfiehlt sich, jeweils auch die Verformungen, die unmittelbar nach dem Ausrüsten auftreten, zu berechnen und zu messen. Mit dieser Kontrolle lassen sich allfällige Fehler in den Berechnungsannahmen wie z. B. falsche Annahmen für die Reibungsverluste der Vorspannung, frühzeitig aufdecken.

Grundlagen der Verformungsberechnung

Eine wichtige Grundlage der Verformungsberechnung sind die Baustoffkennwerte. Im Allgemeinen werden hiefür erfahrungsgestützte Mittelwerte verwendet. Nur in Ausnahmefällen, etwa bei hohen Genauigkeitsanforderungen im Freivorbau, sind Vorversuche zur Ermittlung der Baustoffkennwerte unumgänglich. Untersuchungen über das Schwind- und Kriechverhalten sind allerdings wegen der zahlreichen Parameter (u. a. Querschnittsabmessungen) kompliziert und aufwändig. Mit relativ großen Streuungen muss immer gerechnet werden, und deshalb ist es auch nicht sinnvoll, eine im Vergleich zur Zuverlässigkeit der Grundlagen unverhältnismäßig „genaue“ und aufwändige Verformungsberechnung durchzuführen.

Die Berechnung der Verformungen erfolgt grundsätzlich durch Integration der Elementverformungen. Man verwendet dazu in der Regel die Arbeitsgleichung in der Form

$$1 \cdot \delta = \int \bar{S}\,\mathrm{d}\lambda.$$

Dabei bedeuten $\bar{S}$ die Schnittkräfte des Belastungszustandes und $\mathrm{d}\lambda$ die Verformung des Stabelementes mit der Länge $\mathrm{d}x$ infolge der inneren Kräfte sowie Schwinden, Kriechen und Temperaturänderungen.

Grundsätzlich muss unterschieden werden, ob sich das Element im ungerissenen oder gerissenen Zustand befindet.

Verformungen im ungerissenen Zustand

Im ungerissenen Zustand wird die Elementverformung infolge der Hauptschnittkräfte mit Hilfe der Baustoff- und Querschnittswerte ermittelt. Die statische Kurzzeitverformung beträgt:

Dehnung,

$$\frac{\Delta \mathrm{d}x}{\mathrm{d}x} = \frac{N}{E_c \cdot A} + \alpha_T \cdot \Delta T;$$

Krümmung,

$$\frac{\mathrm{d}\varphi}{\mathrm{d}x} = \frac{M}{E_c \cdot I} + \alpha_T \frac{T_{\mathrm{inf}} - T_{\mathrm{sup}}}{h};$$

Schiebung,

$$\gamma_m = \frac{V}{G_c \cdot \alpha \cdot A_c};$$

Drillung,

$$\frac{\mathrm{d}\vartheta}{\mathrm{d}x} = \frac{T}{G_c \cdot K_c}.$$

Dehnung und Krümmung werden normalerweise aufgrund der ideellen Querschnittswerte A und I unter Berücksichtigung der Bewehrung mit einer Wertigkeit von $n = E_s/E_c \cong 5$ ermittelt.

Schiebung und Drillung werden dagegen meistens ohne Berücksichtigung der Bewehrung aufgrund des reinen Betonquerschnittes ermittelt. $\alpha \cdot A_c$ entspricht der bei Schub aus Querkraft maßgebenden Querschnittsfläche, z. B. bei Plattenbalken

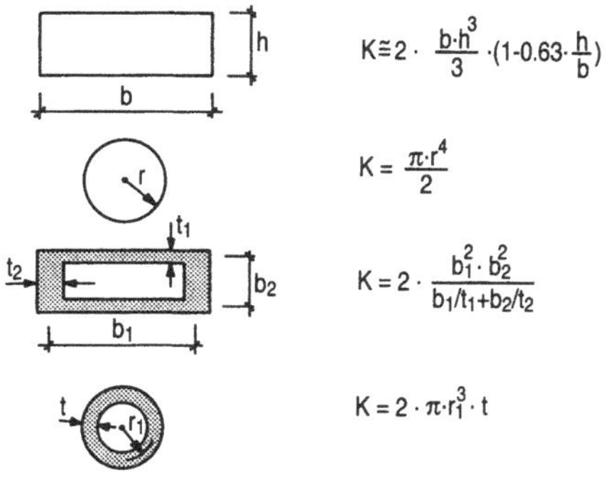

Abb. 5.81. Torsionskonstanten des ungerissenen Betonquerschnittes

und Kastenquerschnitten der effektiven Stegfläche. K_c bezeichnet die Torsionskonstante des Betonquerschnittes. In Abb. 5.81 sind die Torsionskonstanten der gebräuchlichsten Querschnittsformen angegeben.

Langzeitverformungen sind gemäß Abschn. 5.8 zu berechnen. In einfachen Fällen, z. B. bei annähernd konstanter Beanspruchung während der gesamten Zeitdauer, kann die Langzeitverformung unter Berücksichtigung einer mittleren Kriechzahl $\varphi(t,\tau)$ abgeschätzt werden:

$$\begin{aligned}\delta_c &= \delta_{c,el} + \delta_{cc} + \delta_{cs} \\ &= \delta_{c,el}(1+\varphi) + \delta_{cs}.\end{aligned}$$

Das Kriechen und Schwinden des Betons wird durch die Bewehrung behindert. Dieser Einfluss lässt sich durch die Abminderung der Kriech- und der Schwindzahl um den Faktor

$$k \cong 1 - 10\rho$$

berücksichtigen (ρ, Bewehrungsgehalt).

Verformungen im gerissenen Zustand

Im gerissenen bzw. teilweise gerissenen Zustand wird die Elementverformung infolge der Hauptschnittkräfte aus den entsprechenden Beton- und Stahldehnungen des Elementes ermittelt.

Die mittlere Stahldehnung beträgt näherungsweise:

$$\varepsilon_{sm}^{II} \cong 0{,}8\varepsilon_s^{II}.$$

Die Berechnung der Schiebung kann näherungsweise mit Hilfe eines Fachwerkmodells ermittelt werden, wobei für die Neigung der Druckdiagonalen etwa 45° angenommen wird.

Dementsprechend ergeben sich die folgenden Kurzzeit-Elementverformungen.

Dehnung:

$$\frac{\Delta dx}{dx} = \frac{\varepsilon_{inf} + \varepsilon_{sup}}{2},$$

wobei ε die Randdehnung bedeutet.

Krümmung (Element nur unten gerissen):

$$\frac{\mathrm{d}\varphi}{\mathrm{d}x} = \frac{\varepsilon^{\mathrm{II}}_{\mathrm{sm,inf}} - \varepsilon_{\mathrm{c,sup}}}{d},$$

wobei $\varepsilon^{\mathrm{II}}_{\mathrm{sm,inf}}$ die mittlere Stahldehnung, $\varepsilon_{\mathrm{c,sup}}$ die Beton-Randdehnung und d die statische Höhe bedeutet.

Schiebung (Wandelement mit vertikalen Bügeln):

$$\gamma_{\mathrm{m}} \cong V\left[\frac{4}{E_{\mathrm{c}} \cdot A_0} + \frac{0{,}8}{E_{\mathrm{s}} \cdot A^{\mathrm{W}}_{\mathrm{s}} \cdot z/s} + \frac{1}{4(E \cdot A)_{\mathrm{sup}}} + \frac{1}{4(E \cdot A)_{\mathrm{inf}}}\right],$$

wobei V die Schubkraft, $A_0 = t \cdot z$, t die Wandstärke, z den Gurtabstand, $A^{\mathrm{W}}_{\mathrm{s}}$ den Bügelquerschnitt, s den Bügelabstand und $(E \cdot A)$ die Gurt-Dehnsteifigkeit bedeutet.

Drillung:

$$\frac{\mathrm{d}\vartheta}{\mathrm{d}x} = \sum \bar{v} \cdot z_i \cdot \gamma_{\mathrm{m},i},$$

wobei $\gamma_{\mathrm{m},i}$ die Schiebung im Wandelement i des Kastenquerschnittes, $V_i = v \cdot z_i$ (Schubkraft im Wandelement i), v den Schubfluss infolge Torsion, z_i den Gurtabstand im Wandelement i und $\bar{v}$ den Schubfluss infolge $\bar{T} = 1$ bedeutet.

Die Schiebung kann im gerissenen Zustand ein Vielfaches der Schiebung im ungerissenen Zustand betragen. Sofern der gerissene Schubbereich des Trägers relativ klein ist, darf der Anteil der Schiebung an der Verformung vernachlässigt werden. Falls sich aber der gerissene Schubbereich über eine beträchtliche Länge des Trägers erstreckt, was z. B. bei Torsionsbeanspruchung oft vorkommt, muss der Anteil der Schiebung an der Verformung unbedingt berücksichtigt werden, d. h., beim Überschreiten der Torsionsrisslast können beträchtliche Verdrehungen auftreten.

Bei der Ermittlung der Langzeit-Elementverformungen sind die Betondehnungen der Kriech- und der Schwindverformung entsprechend zu vergrößern.

5.11 Gewährleistung der Dauerhaftigkeit

5.11.1 Grundsätzliches

Die Maßnahmen zur Gewährleistung der Dauerhaftigkeit haben zum generellen Ziel, eine Beeinträchtigung der Gebrauchstauglichkeit und Tragsicherheit des Bauwerks über seine Nutzungsdauer auszuschließen. Diese Maßnahmen sind beim Nachweis der Dauerhaftigkeit aufzuführen.

Beim Brückenentwurf gilt es zunächst, die Einwirkungen und entsprechenden Gefährdungen für die Dauerhaftigkeit nach Möglichkeit zu vermeiden. Den verbleibenden Gefährdungen für die Dauerhaftigkeit eines Bauteils kann projektspezifisch und entsprechend seiner Exposition mit einer Kombination von materialtechnologischen und konstruktiven Maßnahmen begegnet werden.

Die strategischen Ziele der Maßnahmen zur Gewährleistung der Dauerhaftigkeit bestehen im Wesentlichen darin:

- einen beständigen, möglichst dichten Beton herzustellen,
- einen genügenden Korrosionsschutz des Bewehrungsstahls zu gewährleisten,
- beständige, korrosionsresistente und funktionstüchtige Ausrüstungsteile einzubauen.

Nach Bauabschluss ist das Erstellen des Überwachungsplans und des Unterhaltsplans für die Durchführung der Überwachung und des geplanten Unterhalts eine weitere wichtige Maßnahme zur Gewährleistung der Dauerhaftigkeit von Stahlbetonbrücken.

Die nachfolgend detailliert beschriebenen Maßnahmen basieren auf der Annahme einer Nutzungsdauer der Brücke von etwa 100 Jahren. Entsprechend können Abweichungen erforderlich sein, beispielsweise für Brücken mit sehr kurzer oder langer Nutzungsdauer oder für solche, die außergewöhnlichen Einwirkungen ausgesetzt sind.

5.11.2 Materialtechnologische Maßnahmen

Die materialtechnologischen Maßnahmen zielen auf eine genügende Gefügebeständigkeit des Betons und Korrosionsbeständigkeit des Bewehrungsstahls hin. Sie beinhalten im Einzelnen:

- Verwendung von Ausgangsstoffen, welche gewissen Qualitätsanforderungen genügen und bei der Ausführung eine gleichbleibende, genügende Betonqualität ermöglichen;
- Erreichen eines genügenden Betonwiderstands gegenüber Frostwechseln und Angriffen chemischer Stoffe;
- Herstellung eines dichten Überdeckungsbetons;
- Einhalten einer genügenden Betonüberdeckung;
- Begrenzung der Rissbildung;
- Verwenden von Bewehrungsstahl mit einem erhöhten Korrosionswiderstand;
- Aufbringen eines Oberflächenschutzes auf den Beton.

5.11.3 Konstruktive Maßnahmen

Bereits beim Entwurf ist bei der konstruktiven Durchbildung die Größe und Geometrie der Bauteile grundsätzlich so zu wählen, dass eine gute Entwässerung erreicht wird, welche das Eindringen von Feuchtigkeit in den Beton klein hält oder gar verhindert. Zweckmäßig gewählte Ausrüstungsteile haben die gleiche Zielsetzung. Damit soll das Wasser, und dabei vor allem das chloridbelastete Wasser, als primäre Einwirkung, welche die Dauerhaftigkeit von Stahlbeton beeinträchtigen kann, möglichst ausgeschaltet werden. Für die Dauerhaftigkeit von Brücken sind die folgenden konstruktiven Maßnahmen relevant.

Abmessungen und Bewehrungsführung:

- Bei der konstruktiven Durchbildung der Bewehrung müssen günstige Bedingungen für die Betonverarbeitung vorgesehen werden. Dies betrifft beispielsweise das Ausmaß des Platzes, der für die vollständige Umhüllung der Bewehrung ausreichen muss, sowie planmäßige Betonier- und Vibrierlücken.
- Die Dicke der Bauteile im Boden oder im Wasser sollte mindestens 30 cm betragen.
- Alle Betonflächen sollten (insbesondere nach dem Betonieren) kontrolliert und überwacht werden können. Es sollten nie unzugängliche Hohlräume geschaffen oder verlorene (Holz-)Schalungen verwendet werden.

Entwässerung:

- Damit das Oberflächenwasser auf der Fahrbahn rasch abfließen kann, sollte das Gefälle der Fahrbahn nur in Ausnahmefällen 2 % unterschreiten.
- Bei Widerlagern, Fugen und Brückenrändern muss eine wirksame, gut zugängliche Entwässerung eingebaut werden, da nicht davon ausgegangen werden kann, dass Fugenkonstruktionen dauernd wasserdicht bleiben. Dies erfordert eine sorgfältige konstruktive Ausbildung (Abb. 5.82).
- Bei allen Hohlräumen sollten Entlüftungsöffnungen sowie an der tiefsten Stelle eine Entwässerungsöffnung vorgesehen werden.
- Schmutztaschen oder Kanten, auf denen Wasser liegen bleibt oder gestaut wird, sollten vermieden werden.

5.11.4 Betonwiderstand

Der Betonwiderstand wird je nach Exposition materialtechnologisch mit besonderen Betoneigenschaften und konstruktiv mit Schutzvorkehrungen gewährleistet. Den meisten Maßnahmen gemeinsam ist die Herstellung eines möglichst dichten Überdeckungsbetons und das Fernhalten von Wasser.

Dichtigkeit des Überdeckungsbetons. Für die Herstellung eines möglichst dichten Überdeckungsbetons braucht es zunächst einen Beton mit einem genügenden Mehlkorngehalt. Weiter sind eine Schalung mit einer gewissen Saugfähigkeit oder die Einlage von wasserabführenden Schalungsbahnen, eine gleichmäßige Verarbeitung und einwandfreie Verdichtung und Nachbehandlung des Betons erforderlich.

Die erreichte Dichtigkeit des Überdeckungsbetons sollte mit Permeabilitätsmessungen am Bauwerk überprüft werden. Dazu sind momentan verschiedene Messmethoden in Evaluation, wobei sich die Permeabilitätsmessung nach Torrent [5.5] als praxistauglich erwiesen hat. Allerdings sollten wegen der noch geringen Erfahrung die Richtwerte für die Beurteilung der gemessenen Werte sehr sorgfältig festgelegt werden. Falls die geforderte Dichtigkeit des Überdeckungsbetons nicht erreicht wurde, kann allenfalls als ergänzende Maßnahme ein Oberflächenschutz auf den Beton aufgebracht werden.

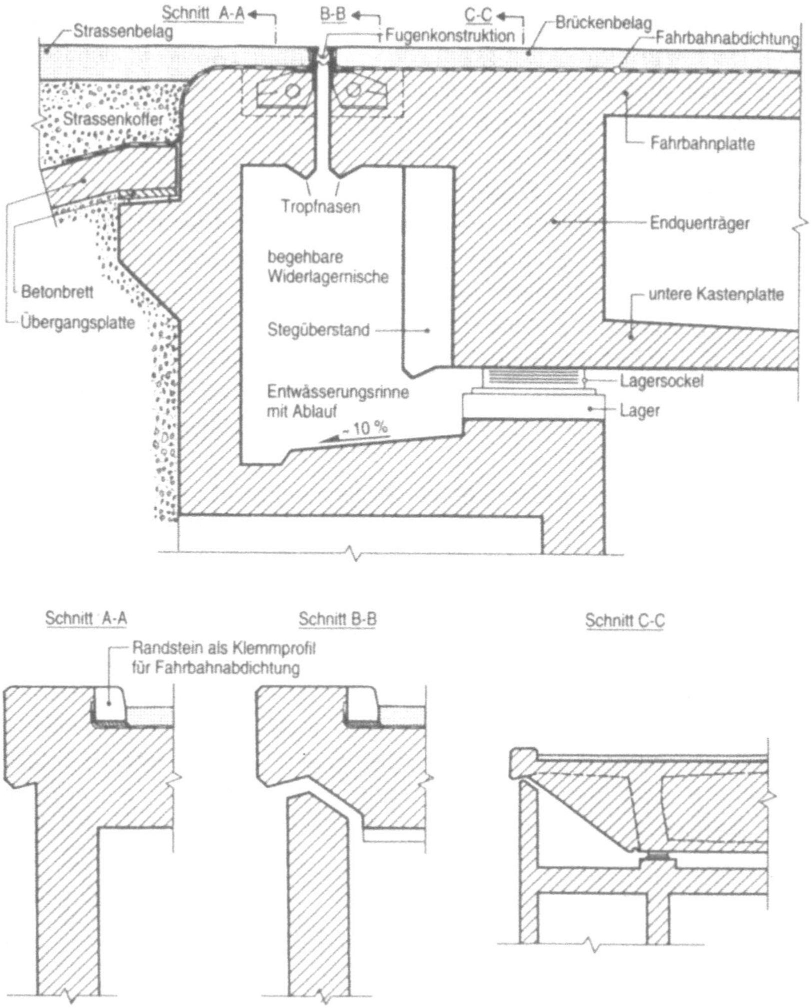

Abb. 5.82. Widerlagerausbildung

Frostbeständigkeit und Frost-Tausalz-Beständigkeit. Frostbeständiger Beton enthält möglichst wenig gefrierbares Wasser, und es muss genügend Expansionsraum vorhanden sein. Hauptvoraussetzung für einen frostbeständigen Beton sind:

- frostbeständige Zuschlagsstoffe, die mit dem Zementstein einen festen Verbund bilden,
- eine sorgfältige Verarbeitung und Nachbehandlung des Betons zur Vermeidung der Mikrorissbildung und damit zur Erzielung eines möglichst dichten Überdeckungsbetons
- sowie eine möglichst lange Erhärtungszeit vor der ersten Frosteinwirkung.

Ein dichter Beton mit geringer Kapillarporosität ($n^* \leq 6\,\%$) und einer gewissen Festigkeit (Mindest-Würfeldruckfestigkeit von $\geq 30\,N/mm^2$) weist in der Regel bei geeigneten Zusatzstoffen eine ausreichende Frostbeständigkeit auf.

Um einen frost-tausalz-beständigen Beton herzustellen, kann es – zusätzlich zu den Maßnahmen für frostbeständigen Beton – zweckmäßig sein, dem Beton künstliche Luftporen beizugeben. Durch Luftporen lässt sich nämlich die kapillare Saugwirkung beträchtlich vermindern, und es entstehen dadurch auch Expansionsräume für den Eisdruck. In diesem Sinne gelten Luftporen mit einem Durchmesser von $\leq 0.30\,mm$ als wirksam. Normalbeton enthält etwa 1 bis 2 Vol.-% Luftporen. Aufgrund von Erfahrungen sind Betone mit 3 bis 5,5 Vol.-% Luftporen frost-tausalz-beständig. Ein zu großer Luftporengehalt wirkt sich negativ auf die Betonfestigkeit aus. Beispielsweise 5 Vol.-% künstliche Luftporen vermindern die Druckfestigkeit von Normalbeton um etwa 5 bis $10\,N/mm^2$. Demzufolge sollten Luftporen nur zurückhaltend eingesetzt werden.

Für die Prüfung der Frost- und Frost-Tausalz-Beständigkeit stehen für Vorversuche und für die Prüfung auf der Baustelle und am Bauwerk verschiedene bewährte Methoden zur Verfügung. Wenn immer möglich, sollten dazu Betonproben, die aus dem Bauwerk selbst stammen oder unter ähnlichen Bedingungen hergestellt wurden, verwendet werden.

Beständigkeit gegen chemischen Angriff. Ähnlich wie bei der Frostbeständigkeit kann einer Gefügeschädigung des Betons durch chemischen Angriff mit Maßnahmen begegnet werden, die auf einen möglichst dichten Überdeckungsbeton und damit einen entsprechend hohen Eindringwiderstand für angreifende Stoffe und eindringendes Wasser hinzielen. Für Bauteile wie Fundamente, die in stark sulfathaltigem Baugrund sein können, sollte außerdem Zement mit hohem Sulfatwiderstand verwendet werden. Bei Gefahr von Alkali-Reaktion sollten die Zuschlagsstoffe mit Versuchen auf ihre potentielle Reaktivität hin untersucht werden.

5.11.5 Korrosionsschutz der Bewehrung

Allgemeines

Der mittelbare Korrosionsschutz der Bewehrung während der gesamten Nutzungsdauer der Brücke erfolgt in der Regel durch einen dichten Überdeckungsbeton und eine ausreichend dicke Bewehrungsüberdeckung. Der direkte, eigentliche Korrosionsschutz besteht aus einem oxydischen Schutzfilm, der sich im alkalischen Porenwasser-Medium spontan auf dem einbetonierten Stahl bildet und als Korrosionsinhibitor wirkt.

Bewehrungsüberdeckung

Um der Gefährdung durch Bewehrungskorrosion zu begegnen, werden in den Normen in Abhängigkeit von der Exposition die in Tabelle 5.5 angegebenen nominellen Werte für die Bewehrungsüberdeckung c_{nom} empfohlen. Diese Werte berücksichti-

Tabelle 5.5. Empfohlene Werte der Bewehrungsüberdeckung bei Gefährdung durch Bewehrungskorrosion (herkömmlicher Bewehrungsstahl)

Intensität der Exposition	Bewehrungsüberdeckung c_{nom} für	
	Betonstahl	Spannstahl
Gefährdung: Bewehrungskorrosion in karbonatisiertem Beton		
schwach	20	30
mittel	35	45
stark	40	50
Gefährdung: Bewehrungskorrosion induziert durch Chloride von Taumitteln (oder bei Kontakt mit Meerwasser)		
mittel	40	50
sehr stark	55	65

gen Ausführungstoleranzen. Sie gelten für herkömmlichen Bewehrungsstahl und setzen voraus, dass ein dichter Überdeckungsbeton hergestellt wird.

Bei Betonfertigteilen können diese Werte reduziert werden, falls der Wert durch eine Qualitätsüberwachung bestätigt wird. Bei Bewehrungs-Passlängen muss hingegen die Bewehrungsüberdeckung entsprechend der Biegetoleranz vergrößert werden. Bei Bauteilen wie Fundamenten, bei denen Beton auf vorbereiteten Untergrund eingebracht wird, sollte die Bewehrungsüberdeckung größer als 50 mm sein. Bei direkt gegen das Erdreich eingebrachtem Beton sollte die Bewehrungsüberdeckung wenigstens 90 mm betragen.

Auch kann es in Ausnahmefällen zweckmäßig sein, für eine starke Hauptbewehrung Überdeckungen bis zu 80 mm vorzusehen. In diesen Fällen und allgemein bei einem mehr als 50 mm dicken Überdeckungsbeton ist es angezeigt, den Überdeckungsbeton mit einer Oberflächenbewehrung zu sichern.

Zur Gewährleistung der vorgesehenen Überdeckung werden zwischen der Bewehrung und der Schalung Distanzhalter eingebaut. Damit die Distanzhalter nicht in die Schalung eingepresst werden können, müssen die Schalungen insbesondere auch bei Fugen aus hartem Material (Holz oder Stahl) bestehen.

Korrosionsresistente Werkstoffe für die Bewehrung

Seit ein paar Jahren wird hochlegierter, „nichtrostender" Betonstahl (Stahl 1.4571, 1.4462, 1.4301) oder weniger hoch legierter Betonstahl (Stahl 1.4003) mit erhöhtem Korrosionswiderstand im Brückenbau für Bauteile, die stark aggressiven Umgebungsbedingungen ausgesetzt sind, verwendet [5.6]. Verschiedene Forschungsarbeiten weisen auf einen äußerst wirkungsvollen Korrosionsschutz hin, indem beispielsweise die für die Depassivierung notwendigen Chloridkonzentrationen um ein Mehrfaches höher sind als für gewöhnlichen Bewehrungsstahl.

Nichtrostender Stahl und Stahl mit erhöhtem Korrosionswiderstand können ohne Bedenken wegen Kontaktkorrosion mit gewöhnlichem Bewehrungsstahl kombiniert werden, da beide Stahlsorten das in etwa gleiche elektro-chemische Potential aufweisen. Der Einsatz dieser Stähle darf aber nicht dazu verleiten, dass der Betonqualität und dem Korrosionsschutz der Spannbewehrung weniger Beachtung geschenkt werden. Dennoch kann bei Verwendung dieser Stähle eine Reduktion der Bewehrungsüberdeckung in Betracht gezogen werden.

Die Erfahrungen mit beschichteten und verzinkten Bewehrungsstäben sind eher negativ, da Beschädigungen der Beschichtung beim Verlegen der Bewehrung nicht vermeidbar sind. An diesen Fehlstellen kann es dann zur Makroelementbildung mit einem entsprechend starken Korrosionsvorgang kommen.

Eine andere Entwicklung geht in Richtung von Bewehrungsstäben aus Faserverbundwerkstoffen mit Glas-, Aramid- oder Kohlestofffasern, die gegenüber Korrosionsvorgängen unempfindlich sind. In diesem Fall bedarf es im Hinblick auf die Dauerhaftigkeit keiner besonderen Anforderungen an die Bewehrungsüberdeckung.

Der kathodische Korrosionsschutz kann, wenn er bei der Projektierung von allem Anfang an vorgesehen wird, eine interessante und kostengünstige Lösung sein, beispielsweise für Bauteile, die starken Chloridangriffen ausgesetzt sind. Auf diese Art ist ein kathodischer Schutz bereits eingebaut, wenn die chloridinduzierte Korrosion beginnen sollte.

Oberflächenschutzsysteme

Bei stark agressiven Einwirkungen wie Chloriden von Tausalzen im Spritzwasser oder Standwasser genügt eine Maßnahme allein in der Regel nicht, um einen genügenden Korrosionsschutz für die Bewehrung zu erreichen. Solchen Einwirkungen muss deshalb mit einer Kombination von Maßnahmen begegnet werden, besonders weil auch einzelne Fehlstellen bei der Ausführung unvermeidlich sind. Der Einsatz eines Schutzsystems, das an der Betonoberfläche angebracht wird, kann dabei eine wirkungsvolle Maßnahme sein.

Solche Oberflächenschutzsysteme haben zum Ziel, den Feuchtigkeitszutritt zu begrenzen, um eine allfällige Bewehrungskorrosion wegen ungenügender Betonfeuchtigkeit zu vermeiden. Hingegen sollten Oberflächenschutzsysteme die Gasdiffusion gewährleisten. (Ein Oberflächenschutzsystem kann folglich die Bewehrungskorrosion nicht wegen ungenügender Sauerstoffzufuhr vermeiden.)

In Abhängigkeit von der Stärke des Oberflächenschutzes werden die Schutzsysteme eingeteilt in:

- Imprägnierungen (nichtfilmbildende Hydrophobierung, filmbildende Versiegelung),
- Beschichtungen (starre und flexible Dünn- oder Dickbeschichtung),
- Abdichtungen (starre und flexible Abdichtungen).

Zwischen den einzelnen Oberflächenschutzsystemen besteht ein fließender Übergang (Abb. 5.83). Die Hauptunterschiede liegen im Umfang der Porenfüllung und in der Oberflächenschicht, die bei Versiegelungen etwa 0,1 bis 0,3 mm und bei Beschichtungen etwa 0,3 bis 2 mm beträgt.

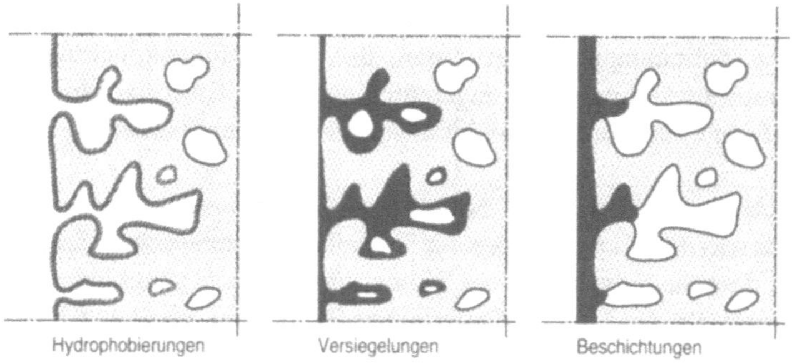

Abb. 5.83. Schematische Darstellung von Oberflächenschutzsystemen

Bei der Wahl des Oberflächenschutzsystems sind das Verbund- und Verformungsverhalten, vor allem das Rissüberbrückungsvermögen und der Elastizitätsmodul, auf die Verformungseigenschaften des Betonuntergrunds abzustimmen. Außerdem sollten unterschiedliche Diffusionseigenschaften von Betonuntergrund und Oberflächenschutzsystemen untersucht werden. Insbesondere bei wasser- oder wasserdampfdichten Oberflächenschutzsystemen kann es zu einer Zunahme der Betonfeuchtigkeit kommen.

Schließlich ist das Oberflächenschutzsystem auch im Hinblick auf die Ausführung sowie die Möglichkeit der Inspektion und Instandhaltung zu beurteilen.

Junger Beton weist ein noch erhöhtes Wasseraufnahmevermögen auf und ist folglich der Gefahr von Schädigungsvorgängen z. B. infolge Frost-Tau-Wechsel entsprechend stark ausgesetzt. Eine Hydrophobierung des jungen Betons kann eine sinnvolle Schutzmaßnahme sein, denn sie erschwert die Benetzung der Oberfläche des jungen Betons und verringert die kapillare Saugkraft gegenüber wässrigen Lösungen gegenüber unbehandeltem jungem Beton. Mit einer Hydrophobierung kann somit für den jungen Beton eine Schonzeit gegenüber starker Chlorideinwirkung erreicht werden.

5.11.6 Ausrüstungsteile

Lager, Fugenkonstruktionen, Entwässerungsleitungen, Abdichtungen und Beläge sind der Beanspruchung und der Abnützung besonders stark ausgesetzt und weisen deshalb normalerweise eine kürzere Lebensdauer auf als das Betontragwerk selbst. Die Funktionstüchtigkeit der Ausrüstungsteile ist jedoch für die Dauerhaftigkeit der Betonkonstruktion und die Gebrauchstauglichkeit der Brücke von großer Bedeutung. Für diese Bauteile empfiehlt es sich deshalb:

- qualitativ hochwertige Produkte aus korrosionsresistenten Baustoffen (gegebenenfalls unter Anwendung zusätzlicher Schutzvorkehrungen, Verwendung von nichtrostendem Stahl) zu verwenden,

- großzügige Abmessungen der Konstruktionsteile zu wählen und
- mit konstruktiven Maßnahmen dafür zu sorgen, dass Lager, Fugenkonstruktionen und Entwässerungsleitungen gut zugänglich sind und Konstruktionsteile ohne großen Aufwand gewartet oder allenfalls ersetzt werden können.

Lager. Lager sollten mindestens von zwei Seiten, Fugenkonstruktionen auch von unten zugänglich sein. Die Lager werden auf Sockeln auf einer erhöhten Lagerbank so angeordnet, dass sie einwandfrei vor Wasser und Schmutz geschützt sind. Für die beim Auswechseln der Lager erforderlichen Pressen ist genügend Platz vorzusehen.

Fugenkonstruktionen. Grundsätzlich sollte ein Tragsystem konzipiert werden, das möglichst wenig Dilatationsfugen erfordert. Falls Fugen notwendig sind, dann müssen diese mit schweren, gut verankerten und einwandfrei entwässerten Konstruktionen versehen sein. Fugen sind so auszubilden, dass sie ausgeschalt werden können. Oft ist es bei Fugen sinnvoll, einen Oberflächenschutz anzubringen. Es kann grundsätzlich nicht damit gerechnet werden, dass Fugenabdichtungen und Anschlüsse der Fahrbahnabdichtung dauernd wasserdicht bleiben. Man wird deshalb immer allfällig durchsickerndes Wasser fassen und ableiten.

Entwässerungsleitungen. Entwässerungsleitungen sollten wenn möglich offen, d. h. nicht einbetoniert geführt werden. Bei Querleitungen ist dies allerdings ein Nachteil in Bezug auf die Ästhetik. Einbetonierte Querleitungen müssen ein Mindestgefälle von etwa 2 % aufweisen. Dies bedingt meistens eine lokale Verstärkung der Fahrbahnkonsolen. Die Längsleitung wird bei aufgelösten Trägerquerschnitten hinter dem Konsolkopf, im Kasteninnern oder zwischen den Stegen beim Ansatz der Trägerstege angeordnet. Bei Plattenbrücken wird der Plattenquerschnitt so ausgebildet, dass die Leitung das Aussehen der Brücke möglichst nicht beeinträchtigt.

Die Funktionstüchtigkeit von Entwässerungsleitungen kann durch genügend große Abmessungen und ein ausreichendes Gefälle gewährleistet werden, wobei auch die Vereisungsgefahr der Leitungen beachtet werden sollte. Einlaufschächte mit Siphons müssen wegen der Gefahr der Eisbildung mit Heizdrähten ausgerüstet werden. Außerdem muss die Brandsicherheit mit einer bis in den Siphon des Ölabscheiders geschlossenen, feuersicheren Entwässerungsleitung gewährleistet werden.

Sammelrinnen und Rohrleitungen werden gut zugänglich ausgebildet, damit sie ohne Schwierigkeiten kontrolliert und gereinigt werden können. Grundsätzlich sollen eventuelle Leitungsbrüche sofort erkennbar sein. Sie dürfen z. B. durch Überflutungen des Kasteninnern keine Folgeschäden verursachen.

Tropfnasen, Tropfkanten und Röhrchen für die Belagsentwässerung. Bei allen Fugenkonstruktionen, Rohrdurchbrüchen oder Öffnungen im Fahrbahndeck sollten Tropfnasen vorgesehen werden. Bei vertikalen Rohrdurchbrüchen in Platten ist die Anordnung einer Tropfnase erforderlich, damit Wasser, das bei einem allfälligen Leck im Anschluss der Fahrbahnabdichtung zwischen Rohr und Beton durchsickert,

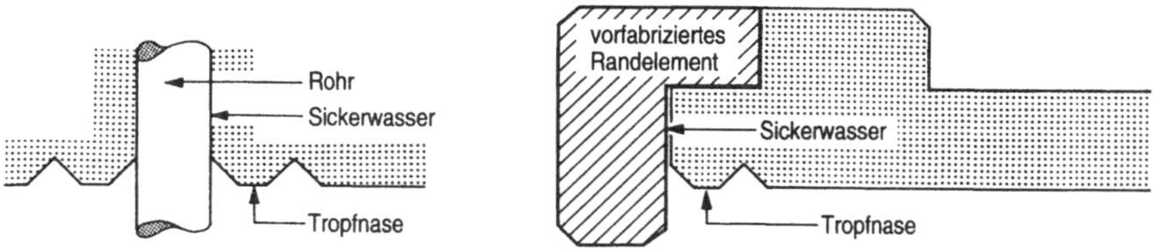

Abb. 5.84. Anordnung der Tropfnasen

abtropfen kann. Bei Randabdeckungen mit vorfabrizierten Elementen muss im Ortbeton zur Ableitung des Sickerwassers in den Elementfugen ebenfalls eine gut ausgebildete Tropfnase vorgesehen werden (Abb. 5.84).

Tropfkanten ermöglichen, Kondenswasser und Schnee kontrolliert abzuführen. Damit können auch unten liegende Betonteile geschützt werden. Die Röhrchen der Belagsentwässerung müssen Überstände von mindestens 3 cm aufweisen und dürfen nicht in einen Hohlkasten entwässern.

Abdichtungen und Beläge. Für den Fahrbahnaufbau sollte ein robustes, mit dem sorgfältig gereinigten und getrockneten Konstruktionsbeton vollflächig verklebtes Abdichtungs-Belags-System vorgesehen werden (Abschn. 8.6).

Stahlbauteile. Außenliegende Stahlbauteile wie Pfosten von Geländern sollten mit korrosionsresistenten (nichtrostenden) Schrauben im Beton befestigt (und niemals einbetoniert) werden.

6 Bemessung von Brückenträgern

6.1 Modellbildung und Lastverteilung

6.1.1 Allgemeine Gesichtspunkte

Statisches Modell

Träger mit aufgelöstem Querschnitt sind im Prinzip zylindrische Schalen, d. h. Flächentragwerke, die Membran- und Biegekräfte aufweisen. Eine „genaue" Berechnung nach der Theorie für elastische Schalen ist jedoch nicht sinnvoll. Einerseits, weil die Träger bereits herstellungsbedingt (Betonierabschnitte, differentielles Kriechen und Schwinden) und infolge von Temperatureinwirkungen unbekannte Eigenspannungen aufweisen, und andererseits, weil sich die Träger im Bruchzustand als inhomogenes, vollständig gerissenes Verbundelement aus Beton und Stahl verhalten. Die fundamentalen Voraussetzungen der Theorie für elastische Schalen werden damit nicht mehr erfüllt.

Die Ermittlung der inneren Kräfte wird deshalb an sinnvoll vereinfachten Modellen aufgrund von Gleichgewichtsbetrachtungen und vernünftigen Verträglichkeitsbedingungen durchgeführt.

Brückenträger können fast immer mit Hilfe der Stabstatik berechnet werden. Sofern die Querschnittsform bei der Verformung des Trägers weitgehend erhalten bleibt, darf der Gesamtquerschnitt als Einzelstab nach der Theorie für dünnwandige Stäbe berechnet werden. Falls die Querschnittsform bei der Verformung des Trägers, z. B. infolge Querbiegung, wesentlich verändert wird, muss der Gesamtquerschnitt in einzelne Elemente aufgelöst und der Brückenträger als Trägerrost berechnet werden.

Das jeweilige Modell ist einerseits von der Querschnittsform, der Aussteifung des Querschnittes und vom Verhältnis der Spannweite zur Querschnittsbreite und andererseits von der Belastung und der Lagerung abhängig.

Mit Hilfe des Prinzips der Lastumordnung lässt sich sehr einfach beurteilen, ob ein Träger als Einzelstab oder als Trägerrost zu berechnen ist (Abb. 6.1). Einzellige Kastenquerschnitte und zweistegige Plattenbalken können bei einer Vergleichs-Spannweite von $l_0 \geq 2(b_0 + h_0)$ immer als Einzelstab berechnet werden (Abb. 6.2).

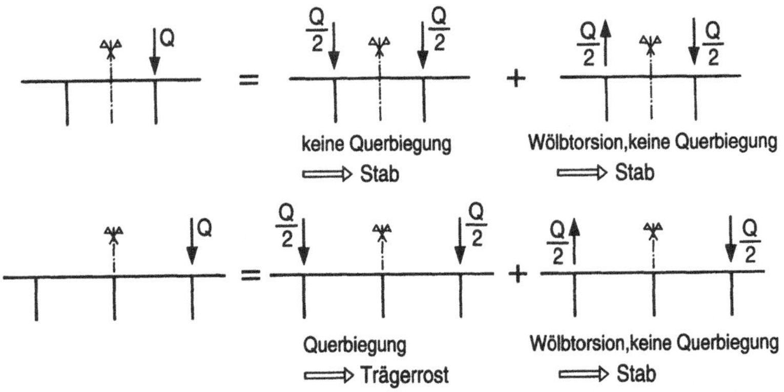

Abb. 6.1. Lastumordnungs-Prinzip zur Ermittlung des statischen Modells

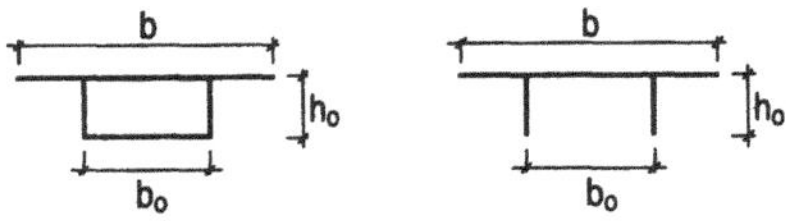

Abb. 6.2. Bezeichnungen der Querschnitt-Hauptabmessungen

Die Vergleichs-Spannweite l_0 beträgt

bei einfachen Balken: l_0 = effektive Spannweite,
bei Kragträgern: l_0 = doppelte Auskragung,
bei Durchlaufträgern: l_0 = Abstand der Momenten-Nullpunkte.

Exzentrische Lasten verursachen Biegung, Querkräfte und Torsion, wobei die Torsion bei geschlossenen Querschnitten durch St.-Venant-Torsion (Umlauftorsion) und bei offenen Querschnitten vorwiegend durch Wölbtorsion (Flanschbiegung) aufgenommen wird (Abb. 6.3 und 6.4).

Bei mehrzelligen Kastenquerschnitten oder bei Plattenbalken mit mehr als zwei Stegen werden die Schnittkräfte des Brückenträgers bei exzentrischer Belastung an einem Trägerrost-Modell ermittelt. Die Anzahl der Längsträger entspricht bei Kastenträgern der Anzahl der Zellen und bei Plattenbalken der Anzahl der Stege. Die Anzahl der von der Fahrbahnplatte gebildeten Querträger ist im Prinzip beliebig wählbar; in der Regel genügen etwa drei bis fünf Querträger pro Feld.

Mitwirkende Plattenbreite

Bruchzustand. Beim Nachweis der Tragsicherheit darf nur derjenige Teil des Druckflansches als mitwirkend berücksichtigt werden, der durch die Querbewehrung bzw. der Betonschubtragfähigkeit entsprechend einwandfrei an den Steg angeschlossen ist.

Im Zugbereich (Zugflansch) wird die Tragfähigkeit des Betons vernachlässigt. Die Längsbewehrung im Zugflansch darf jedoch als mitwirkend berücksichtigt werden, sofern die Fließzugkraft durch Querbewehrung bzw. der Betonschubtragfähigkeit entsprechend an den Steg angeschlossen ist.

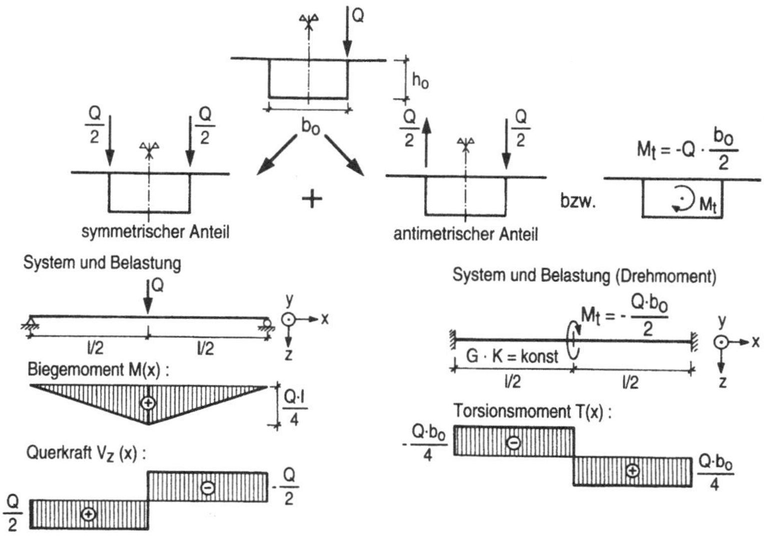

Abb. 6.3. Exzentrisch angreifende Einzellast

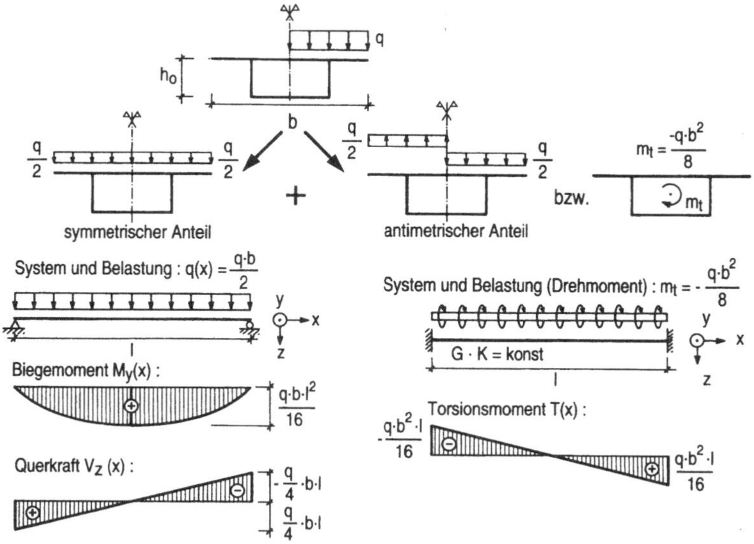

Abb. 6.4. Exzentrisch angreifende verteilte Last

Gebrauchszustand. Bei biegebeanspruchten dünnwandigen Querschnitten ist die Verteilung der Normalspannungen in den Flanschen, d. h. in den Platten des Plattenbalken- oder Kastenquerschnittes, nicht linear. Die Längsspannungen werden durch die zwischen Steg und Flansch wirkenden Schubspannungen aufgebaut, und der Flansch wirkt somit als Scheibe. Die Längsspannungen konzen-

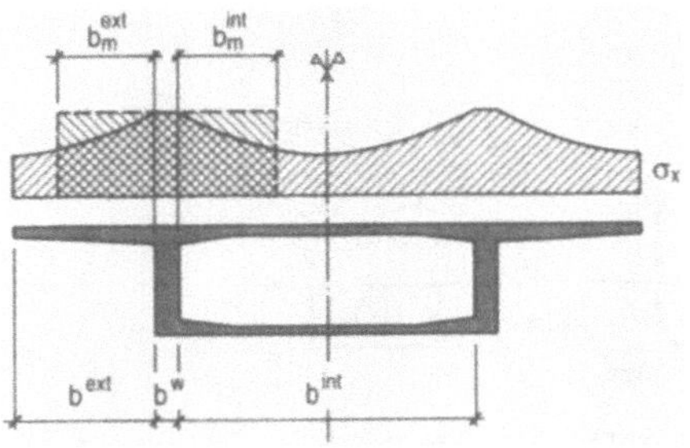

Abb. 6.5. Mitwirkende Plattenbreite bei Plattenbalken- und Kastenquerschnitten

trieren sich deshalb in Stegnähe und nehmen infolge der Schubverformungen mit zunehmender Entfernung vom Steg bzw. von der Krafteinleitung ab.

Zur Vereinfachung des Problems wird normalerweise eine so genannte mitwirkende Plattenbreite verwendet, die wie folgt definiert ist (Abb. 6.5):

Über die mitwirkende Breite sind die Längsspannungen konstant und entsprechen dem Größtwert der nach der Scheibentheorie ermittelten Spannungen.

Eingehende Untersuchungen der Spannungsverteilung in Plattenbalkenquerschnitten zeigen, dass die mitwirkende Plattenbreite im Wesentlichen von den folgenden Faktoren abhängig ist:

- Art der Belastung (verteilte Last, Einzellast etc.),
- Tragsystem (einfacher Balken, Durchlaufträger, Kragträger etc.),
- Querschnittsabmessungen und Spannweite des Trägers (Verhältnis Plattendicke zu Trägerhöhe, Verhältnis Plattenspannweite zu Trägerspannweite etc.).

Auf die genaue Ermittlung der mitwirkenden Plattenbreite kann im Allgemeinen verzichtet werden, weil diese nur bei der Berechnung von Verformungen eine gewisse Rolle spielt.

Näherungsweise darf mit folgenden Werten gerechnet werden:

- Mitwirkende Plattenbreite im Feld pro Steg:

$$b_m^{sup} = b^W + b_m^{int} + b_m^{ext},$$
$$b_m^{int} \cong l_0/6 \leq b^{int}/2,$$
$$b_m^{ext} \cong l_0/6 \leq b^{ext},$$

  wobei l_0 den Abstand zwischen den Momentennullpunkten bedeutet:
  Randfelder: $l_0 \cong 0{,}8l$,
  Mittelfelder: $l_0 \cong 0{,}6l$.
- Mitwirkende Plattenbreite der unteren Kastenplatte über Zwischenauflagern (Randsteg):

$$b_m^{inf} \cong b^W + b_m^{int},$$
$$b_m^{int} \cong l_0/10 \leq b^{int}/2.$$

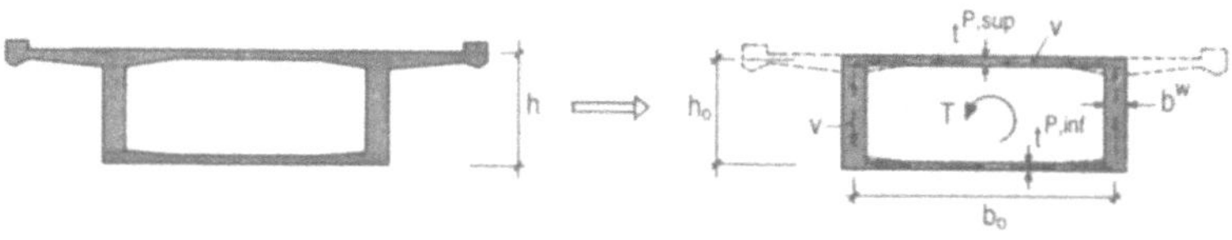

Abb. 6.6. St.-Venant-Torsion bei geschlossenen Querschnitten

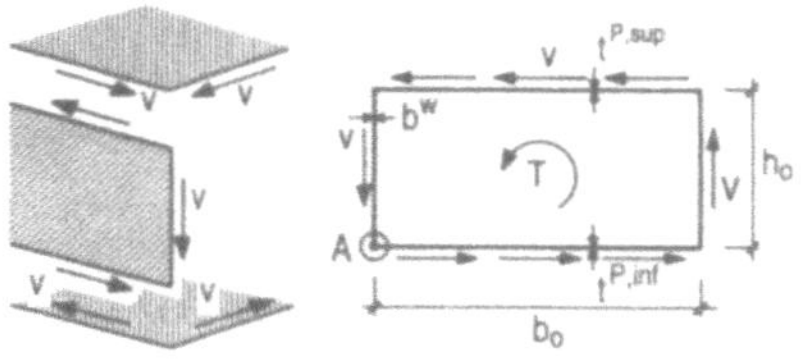

Abb. 6.7. Schubfluss bei geschlossenen Querschnitten

6.1.2 Lasteintragung und Torsion bei einzelligen Kastenquerschnitten

Bei Kastenquerschnitten wird das Torsionsmoment T [Nm] im Wesentlichen durch einen konstanten Schubfluss v [N/m] in den Kastenelementen aufgenommen. Diese Torsionsaufnahme wird üblicherweise als Umlauftorsion oder als St.-Venant-Torsion bezeichnet (Abb. 6.6).

Der umlaufende Schubfluss v in den Querschnittselementen ist gemäß dem Satz über die zugeordneten Schubspannungen am Scheibenelement, d. h. aus Gleichgewichtsgründen, konstant. Die Größe des Schubflusses v ergibt sich dabei aus einer Momentengleichgewichtsbedingung im Punkt A (Abb. 6.7):

$$(v \cdot b_0)h_0 + (v \cdot h_0)b_0 = T,$$
$$v = \frac{T}{2 \cdot A_0} \quad \text{mit} \quad A_0 = b_0 \cdot h_0.$$

Die Schubspannungen τ_i in den Kastenelementen betragen:

$$\tau_i = v/t_i.$$

Eine reine, zwängungsfreie Umlauftorsion ohne Querbiegung und Verwölbung des Querschnitts mit entsprechender Längsbiegung in den Kastenelementen ist nur bei bestimmten Verhältnissen von Höhe h_0 zu Breite b_0 des Kastens und der Steg- und Plattenstärken b^{W}, $t^{\mathrm{P,sup}}$ und $t^{\mathrm{P,inf}}$ möglich.

Die allgemeine Querschnittsverformung infolge Torsion ist in Abb. 6.8 dargestellt.

Bei wölbfreier Torsion bleibt die Querschnittsform erhalten. Ein symmetrischer Kastenquerschnitt mit gleich dicken Stegen erfährt in diesem Fall nur eine Verdrehung um den Schubmittelpunkt C. Es gilt:

$$\mathrm{d}\vartheta_{\mathrm{sup}} = \mathrm{d}\vartheta_{\mathrm{inf}} = \mathrm{d}\vartheta^{\mathrm{W}} = \mathrm{d}\vartheta.$$

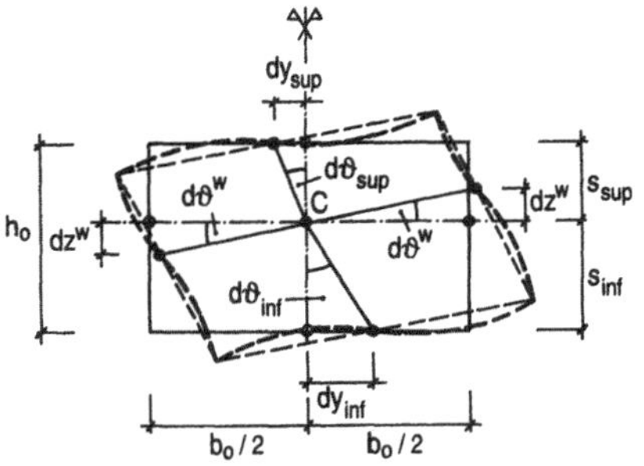

Abb. 6.8

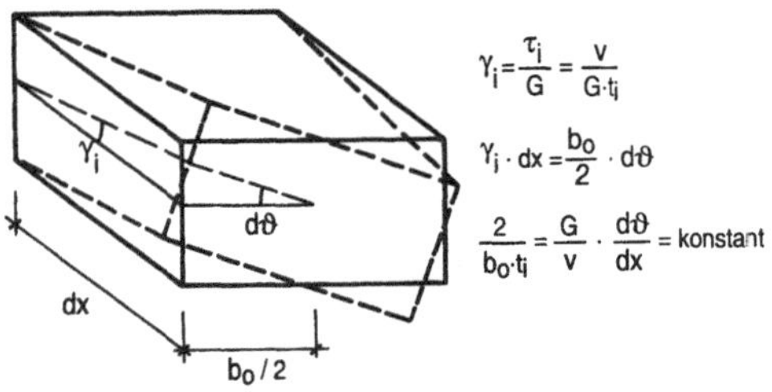

Abb. 6.9

Abb. 6.8. Allgemeine Querschnittsverformung infolge Torsion

Abb. 6.9. Verdrehung eines Kastenquerschnittes infolge reiner Umlauftorsion

Die Verschiebungen der Kastenscheiben $\mathrm{d}y$ und $\mathrm{d}z$ ergeben sich dabei allein aus der Schubverzerrung $\gamma_i = \tau_i / G$. Mit den Verträglichkeitsbedingungen $\mathrm{d}y(\gamma) = \mathrm{d}y(\mathrm{d}\vartheta)$ bzw. $\mathrm{d}z(\gamma) = \mathrm{d}z(\mathrm{d}\vartheta)$ folgt gemäß Abb. 6.8:

$$\mathrm{d}y_{\text{sup}} = \frac{v}{t^{\text{P,sup}} \cdot G} \mathrm{d}x = \mathrm{d}\vartheta_{\text{sup}} \cdot s_{\text{sup}} = \mathrm{d}\vartheta \cdot s_{\text{sup}},$$

$$\mathrm{d}y_{\text{inf}} = \frac{v}{t^{\text{P,inf}} \cdot G} \mathrm{d}x = \mathrm{d}\vartheta_{\text{inf}} \cdot s_{\text{inf}} = \mathrm{d}\vartheta \cdot s_{\text{inf}},$$

$$\mathrm{d}z^{\text{W}} = \frac{v}{b^{\text{W}} \cdot G} \mathrm{d}x = \mathrm{d}\vartheta^{\text{W}} \cdot b_0/2 = \mathrm{d}\vartheta \cdot b_0/2.$$

Daraus erhält man die Bedingung für eine wölbfreie Umlauftorsion:

$$b_0 \left(\frac{1}{t^{\text{P,sup}}} + \frac{1}{t^{\text{P,inf}}} \right) = h_0 \frac{2}{b^{\text{W}}}.$$

Bei Brückenträgern mit üblichen Querschnitten ist in der Regel die Umlauftorsion mit einer Zwangsverformung des Querschnittes und entsprechender Quer- und Längsbiegung der Kastenelemente verbunden. Diese zur Herstellung der Verträglichkeit notwendige Verwölbung bzw. Längsbiegung der Scheibenelemente infolge Zwängung ist im Allgemeinen jedoch sehr klein. Die Trägerverformung aus Torsionsbeanspruchung kann somit allein aufgrund des Verdrehungswiderstandes aus reiner Umlauftorsion ermittelt werden.

Der Verdrehungswiderstand eines Kastenquerschnittes für reine Umlauftorsion lässt sich im ungerissenen Zustand mit Hilfe der Arbeitsgleichung berechnen.

Die Querschnittsverdrehung $\mathrm{d}\vartheta$ (Abb. 6.9) ergibt sich aus der Arbeit der Scheibenkräfte des Belastungszustandes (BZ) und der Scheibenverschiebung aus dem Verschiebungszustand (VZ):

$$1\,\mathrm{d}\vartheta = \underbrace{\sum_i (\bar{v} b_i)}_{\text{BZ}} \cdot \underbrace{(\gamma_i\, \mathrm{d}x)}_{\text{VZ}},$$

$$\bar{v} \text{ infolge } \bar{T} = 1: \quad \bar{v} = \frac{1}{2 \cdot A_0},$$

$$\gamma_i \, dx \text{ infolge } T: \quad \gamma_i \, dx = \frac{\tau_i}{G} dx = \frac{v}{G \cdot t_i} dx = \frac{T}{2 \cdot A_0 \cdot G \cdot t_i} dx.$$

Daraus folgt:

$$1 \frac{d\vartheta}{dx} = \frac{T}{G \cdot K} = \sum_i \frac{b_i}{2 \cdot A_0} \cdot \frac{T}{2 \cdot A_0 \cdot G \cdot t_i} = \sum_i \frac{T}{4 \cdot G \cdot A_0^2} \cdot \left(\frac{b_i}{t_i}\right).$$

Der Verdrehungswiderstand bzw. die Torsionskonstante beträgt somit:

$$K = \frac{4 \cdot A_0^2}{\sum_i (b_i / t_i)}.$$

Die Einleitung der durch exzentrische Lasten verursachten Drehmomente M_t hat Kräfte zur Folge, die zur Gewährleistung des Gleichgewichtes erforderlich sind und die somit nicht vernachlässigt werden dürfen. Das Drehmoment M_t infolge der exzentrischen Lasten Q bildet mit der Schubfluss-Differenz Δv einen Gleichgewichtszustand (Abb. 6.10). Hieraus resultiert eine Ablenkkraft R, die im Träger Längsspannungen und Querbiegemomente erzeugt.

Sofern die Lasten außerhalb der Stege angreifen (Abb. 6.11), wird die Ablenkkraft R reduziert, weil die Konsolenmomente $(Q \cdot a)$ in den Kastenplatten Schubkräfte erzeugen, die der Schubfluss-Differenz entgegenwirken.

Die Längsbiegung in den Trägerscheiben kann mit der Faltwerktheorie aufgrund eines einfachen Modells betreffend das Tragverhalten des Trägers ermittelt werden (Abb. 6.12). Es wird angenommen, die Scheiben seien in den gemeinsamen Kanten durch Scharniere miteinander verbunden. Die Längsbiegung der Scheiben hat eine „rhombische" Querschnittsverformung zur Folge, die durch biegesteife Querrahmen behindert wird.

Da die Querschnittsverformung bzw. die Biegelinie der Stege affin zur Biegelinie eines entsprechend gelagerten Balkens ist und die Rückstellkräfte der Querrahmen proportional zur Stegeinsenkung sind, besteht eine Analogie zwischen dem vorliegenden Problem und einem Balken auf elastischer Bettung.

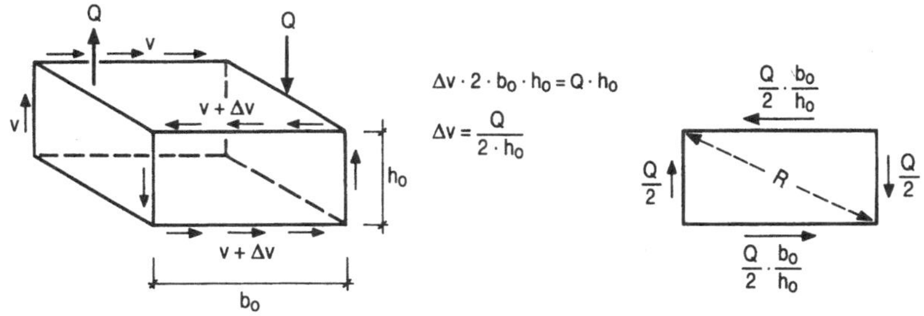

Abb. 6.10. Einleitung eines Drehmomentes bei Lastangriff in den Stegebenen

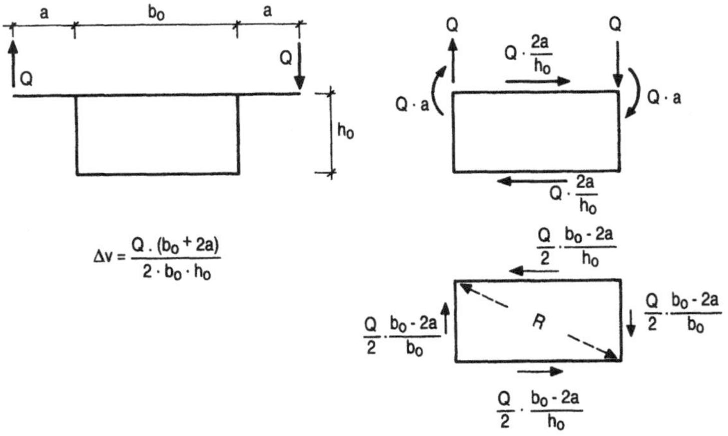

Abb. 6.11. Einleitung eines Drehmomentes bei Lastangriff außerhalb der Stege

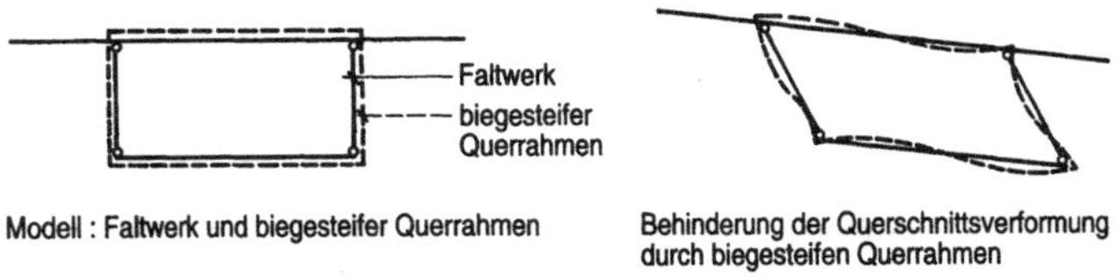

Abb. 6.12. Modell für das Tragverhalten des Trägers bei Quer- und Längsbiegung

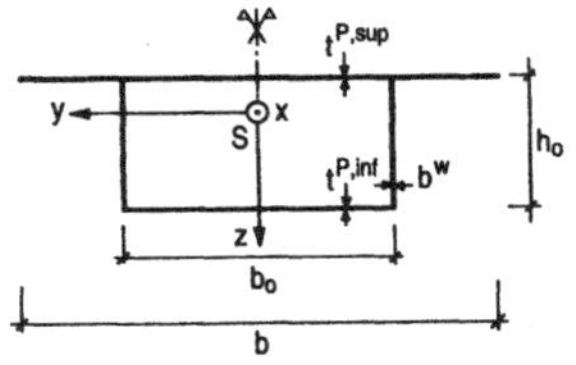

Abb. 6.13. Symmetrischer Kastenquerschnitt, Koordinatensystem

Die nachfolgenden Berechnungen gelten für einen symmetrischen Kastenquerschnitt mit gleich dicken Stegen (Abb. 6.13).

Faltwerk

Zur Formulierung der Scheibenkräfte am Faltwerk infolge der Ablenkkraft R wird zunächst ein statisch bestimmtes Grundsystem gebildet (Abb. 6.14). Man erhält somit ein System einzelner Balken, die mit den entsprechenden Komponenten R_h bzw. R_v belastet werden. Sie weisen die Scheibenmomente $M_{y,0}^{\mathrm{W}}$, $M_{z,0}^{\mathrm{P,sup}}$, $M_{z,0}^{\mathrm{P,inf}}$ und die Querkräfte $V_{z,0}^{\mathrm{W}}$, $V_{y,0}^{\mathrm{P,sup}}$, $V_{y,0}^{\mathrm{P,inf}}$ auf. Im Weiteren ist:

$$R_\mathrm{h} = R\frac{b_0}{\sqrt{b_0^2 + h_0^2}}, \quad R_\mathrm{v} = R\frac{h_0}{\sqrt{b_0^2 + h_0^2}}; \quad \frac{R_\mathrm{h}}{R_\mathrm{v}} = \frac{b_0}{h_0}.$$

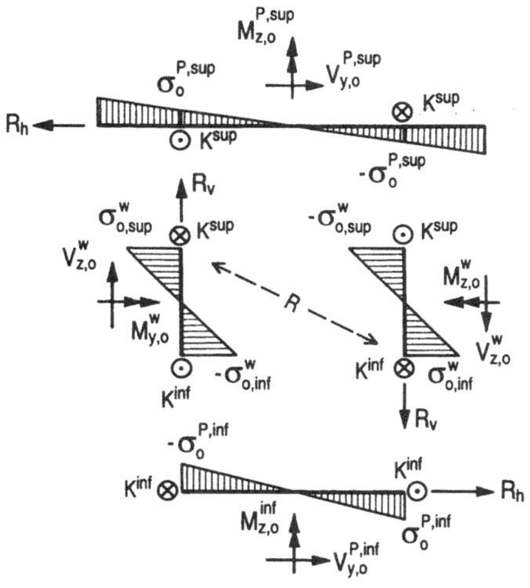

Abb. 6.14. Scheibenkräfte und Längsspannungen am Grundsystem

Daraus folgt:

$$M_{z,0}^{\mathrm{P,sup}} = -M_{z,0}^{\mathrm{P,inf}} = M_{y,0}^{\mathrm{W}} \frac{b_0}{h_0},$$

$$V_{y,0}^{\mathrm{P,sup}} = -V_{y,0}^{\mathrm{P,inf}} = V_{z,0}^{\mathrm{W}} \frac{b_0}{h_0}.$$

Als überzählige Größen werden die Kantenkräfte $K(x)$ mit einer zu den Biegemomenten $M_0(x)$ affinen Längsverteilung eingeführt. Diese Kantenkräfte oder Kantenschübe $K(x)$ bezeichnen das Integral der unbekannten und affin zur Querkraft $V_0(x)$ verteilten Schubspannungen $\tau_K(x)$ entlang den Schnittkanten vom Auflager bis zu einem beliebigen Schnitt x:

$$K(x) = \int_0^x \tau_K(x) \cdot t \, \mathrm{d}x \sim M_0(x),$$

$$\tau_K(x) = \frac{\mathrm{d}K(x)}{\mathrm{d}x} \frac{1}{t} \sim V_0(x).$$

Aus den Verträglichkeitsbedingungen für gleiche Längsdehnung an den gemeinsamen Kanten lassen sich die Kantenschübe K und die Scheibenkräfte im Faltwerk infolge einer Ablenkkraft R ermitteln. Da die Längsschübe affin zu den Scheibenmomenten $M_0(x)$ verlaufen, müssen die Verträglichkeitsbedingungen nur an einer (beliebigen) Stelle x, zum Beispiel $x = l/2$, formuliert werden.

Im vorliegenden einfachen Fall (symmetrischer Querschnitt) kann die Verteilung der Längsspannungen am Faltwerk sogar direkt angegeben werden (Abb. 6.15). Die Lage der Nulllinie mit dem Abstand a von der oberen Plattenmittelfläche ergibt sich aus der Bedingung:

$$M_z = \int_A \sigma_x \cdot y \, \mathrm{d}A = 0 \quad \text{bzw.} \quad M_z^{\mathrm{P,sup}} + M_z^{\mathrm{P,inf}} + N_x^{\mathrm{W}} \cdot b_0 = 0.$$

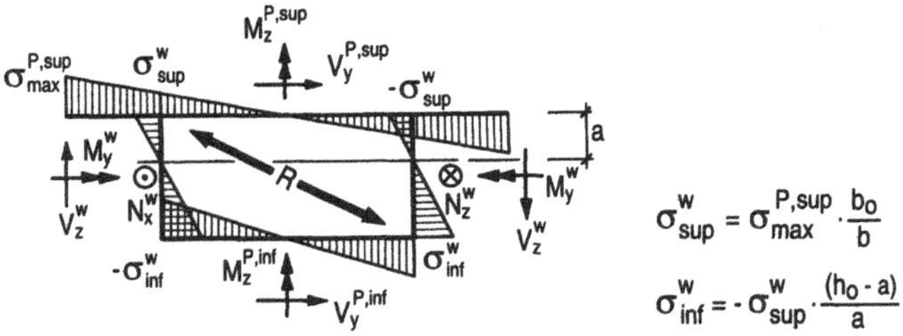

Abb. 6.15. Generelle Spannungsverteilung und Scheibenschnittkräfte des Faltwerkes infolge einer Ablenkkraft R

Die Scheibenmomente und die Scheibennormalkraft betragen:

$$\begin{aligned} M_z^{\mathrm{P,sup}} &= \sigma_{\max}^{\mathrm{P,sup}} \frac{b^2 \cdot t^{\mathrm{P,sup}}}{6}, \\ M_z^{\mathrm{P,inf}} &= -\sigma_{\max}^{\mathrm{P,sup}} \frac{b_0(h_0 - a)}{a \cdot b} \frac{b_0^2 \cdot t^{\mathrm{P,inf}}}{6}, \\ N_x^{\mathrm{W}} &= -\sigma_{\max}^{\mathrm{P,sup}} \frac{b_0(h_0 - 2 \cdot a)}{2 \cdot a \cdot b} h_0 \cdot b^{\mathrm{W}}. \end{aligned}$$

Daraus folgt für den Abstand a:

$$a = h_0 \frac{\left(1 + 3 \dfrac{h_0}{b_0} \dfrac{b^{\mathrm{W}}}{t^{\mathrm{P,inf}}}\right)}{1 + \dfrac{t^{\mathrm{P,sup}}}{t^{\mathrm{P,inf}}} \left(\dfrac{b}{b_0}\right)^3 + 6 \dfrac{h_0}{b_0} \dfrac{b^{\mathrm{W}}}{t^{\mathrm{P,inf}}}}.$$

Die Momente, die im Grundsystem von den Stegen aufgenommen werden, ($M_{y,0}^{\mathrm{W}}$), erfahren im Faltwerk eine Reduktion um den Anteil, der von den Flanschen übernommen wird:

$$M_y^{\mathrm{W}} = k^{\mathrm{W}} \cdot M_{y,0}^{\mathrm{W}}.$$

Der Reduktionsfaktor k^{W} beträgt im vorliegenden Fall:

$$k^{\mathrm{W}} = \frac{\left[\dfrac{1}{3}\left(1 + \dfrac{t^{\mathrm{P,inf}}}{t^{\mathrm{P,sup}}} \left(\dfrac{b_0}{b}\right)^3\right) + 2 \dfrac{h_0}{b_0} \dfrac{b^{\mathrm{W}}}{t^{\mathrm{P,sup}}} \left(\dfrac{b_0}{b}\right)^3\right]}{\left[\dfrac{1}{3} \dfrac{b_0}{h_0} \dfrac{t^{\mathrm{P,inf}}}{b^{\mathrm{W}}} + \dfrac{2}{3}\left(1 + \dfrac{t^{\mathrm{P,inf}}}{t^{\mathrm{P,sup}}} \left(\dfrac{b_0}{b}\right)^3\right) + \dfrac{h_0}{b_0} \dfrac{b^{\mathrm{W}}}{t^{\mathrm{P,sup}}} \left(\dfrac{b_0}{b}\right)^3\right]}.$$

Bei der Ermittlung der Querkräfte in den Faltwerkscheiben ist zu beachten, dass die Kantenschübe K nur eine Änderung der Schubspannungsverteilung bewirken, aber keine zusätzlichen Querkräfte erzeugen. Die Stegquerkräfte am Faltwerk infolge der Ablenkkraft R betragen somit

$$V_z(R) = V_z^{\mathrm{W}} = V_{z,0}^{\mathrm{W}},$$

bzw. mit der Differentialgleichung $V = \mathrm{d}M/\mathrm{d}x$

$$V_z(R) = \frac{\mathrm{d}M_{y,0}^{\mathrm{W}}}{\mathrm{d}x} = \frac{1}{k^{\mathrm{W}}}\frac{\mathrm{d}M_y^{\mathrm{W}}}{\mathrm{d}x}.$$

In der oberen und der unteren Kastenplatte betragen die Querkräfte

$$V_y(R) = \pm\frac{b_0}{h_0}V_z(R).$$

Querrahmen

Der Widerstand der Querrahmen in Bezug auf die rhombische Querschnittsverformung δ infolge einer Diagonalkraft r^{Q} [N/m] kann aufgrund der Biegemomente am geschlossenen Rahmen ermittelt werden.

Die Querbiegemomente am Rahmen mit der Einheitsbreite 1 werden mit der Stabstatik berechnet. Die Verteilung der Querbiegemomente und deren Werte in den Eckpunkten sind aus Abb. 6.16 ersichtlich. Mit der Arbeitsgleichung erhält man daraus die rhombische Querschnittsverformung δ zu

$$\delta = r^{\mathrm{Q}}\frac{h_0^3 \cdot b_0^2}{E \cdot (b^{\mathrm{W}})^3 \cdot (b_0^2 + h_0^2)}C_1,$$

mit

$$C_1 = \frac{\left[2\left((t^{\mathrm{P,sup}})^3 + (t^{\mathrm{P,inf}})^3 + \dfrac{b_0 \cdot (b^{\mathrm{W}})^3}{2 \cdot h_0}\right) + 3\dfrac{h_0}{b_0}\left(\dfrac{t^{\mathrm{P,inf}} \cdot t^{\mathrm{P,sup}}}{b^{\mathrm{W}}}\right)^3\right]}{\left[(t^{\mathrm{P,sup}})^3 + (t^{\mathrm{P,inf}})^3 + 6\dfrac{h_0}{b_0}\left(\dfrac{t^{\mathrm{P,inf}} \cdot t^{\mathrm{P,sup}}}{b^{\mathrm{W}}}\right)^3\right]}.$$

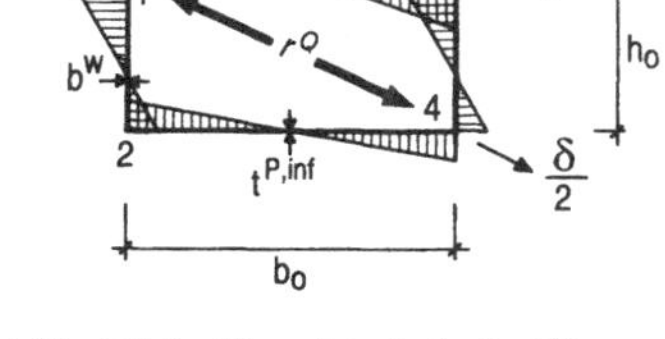

$$m_1^{\mathrm{Q}} = -m_3^{\mathrm{Q}} = r^{\mathrm{Q}} \cdot \frac{b_0 \cdot h_0}{2 \cdot \sqrt{b_0^2 + h_0^2}} \cdot \frac{\left[1 + 3 \cdot \dfrac{h_0}{b_0} \cdot \left(\dfrac{t^{\mathrm{P,inf}}}{b^{\mathrm{W}}}\right)^3\right]}{\left[1 + \left(\dfrac{t^{\mathrm{P,inf}}}{t^{\mathrm{P,sup}}}\right)^3 + 6 \cdot \dfrac{h_0}{b_0} \cdot \left(\dfrac{t^{\mathrm{P,inf}}}{b^{\mathrm{W}}}\right)^3\right]}$$

$$m_2^{\mathrm{Q}} = -m_4^{\mathrm{Q}} = r^{\mathrm{Q}} \cdot \frac{b_0 \cdot h_0}{2 \cdot \sqrt{b_0^2 + h_0^2}} \cdot \frac{\left[1 + 3 \cdot \dfrac{h_0}{b_0} \cdot \left(\dfrac{t^{\mathrm{P,sup}}}{b^{\mathrm{W}}}\right)^3\right]}{\left[1 + \left(\dfrac{t^{\mathrm{P,sup}}}{t^{\mathrm{P,inf}}}\right)^3 + 6 \cdot \dfrac{h_0}{b_0} \cdot \left(\dfrac{t^{\mathrm{P,sup}}}{b^{\mathrm{W}}}\right)^3\right]}$$

Abb. 6.16. Charakteristische Werte und Verteilung der Querbiegemomente

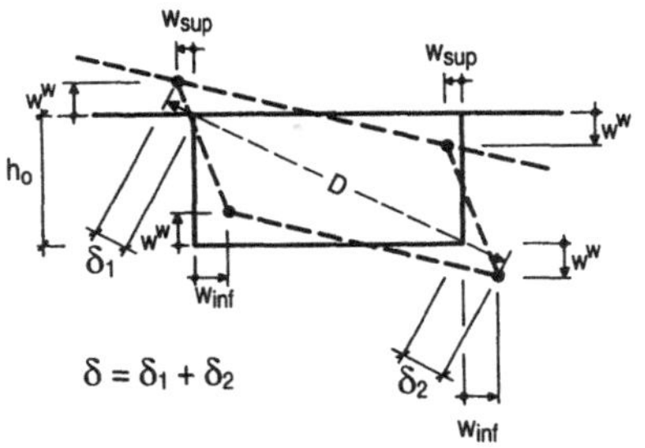

Abb. 6.17. Faltwerkverformung

Zur Formulierung der Gleichgewichtsbedingung für die Stege muss die Stegeinsenkung w^{W} ermittelt werden. Aus der Verformungsfigur des Faltwerks (Abb. 6.17) ergibt sich

$$\delta = \frac{h_0}{\sqrt{b_0^2 + h_0^2}} \left(2 \cdot w^{\mathrm{W}} + \frac{b_0}{h_0}(w_{\mathrm{sup}} + w_{\mathrm{inf}}) \right),$$

und aufgrund der Beziehung

$$\frac{2 \cdot w^{\mathrm{W}}}{b_0} = \frac{w_{\mathrm{sup}} + w_{\mathrm{inf}}}{h_0},$$

die sich aus den am Faltwerk um die horizontale und die vertikale Achse wirkenden Momenten und Steifigkeiten ableiten lässt, beträgt die Stegeinsenkung

$$w^{\mathrm{W}} = \delta \frac{\sqrt{b_0^2 + h_0^2}}{4 \cdot h_0}.$$

Diese Stegeinsenkung erzeugt in den Querrahmen eine diagonale Rückstellkraft von

$$r^{\mathrm{Q}} = w^{\mathrm{W}} \frac{4 \cdot E \cdot (b^{\mathrm{W}})^3 \cdot \sqrt{b_0^2 + h_0^2}}{C_1 \cdot h_0^2 \cdot b_0^2},$$

mit der auf den Steg wirkenden Vertikalkomponenten:

$$r_{\mathrm{v}}^{\mathrm{Q}} = r^{\mathrm{Q}} \frac{h_0}{\sqrt{b_0^2 + h_0^2}} = w^{\mathrm{W}} \frac{4 \cdot E \cdot (b^{\mathrm{W}})^3}{C_1 \cdot h_0 \cdot b_0^2} = w^{\mathrm{W}} \cdot c_f.$$

Gleichgewichtsbedingung am Stegelement

Die Gleichgewichtsbedingung am Stegelement lautet

$$EI^{\mathrm{W}} \cdot w^{\mathrm{W}} + (M^{\mathrm{W}})'' = 0,$$

und unter Berücksichtigung der Rückstellkraft der Querrahmen beträgt

$$(M^{\mathrm{W}})'' = k^{\mathrm{W}}((M_0^{\mathrm{W}})'' + r_{\mathrm{v}}^{\mathrm{Q}}) = k^{\mathrm{W}}(-r_{\mathrm{v}} + w^{\mathrm{W}} \cdot c_f).$$

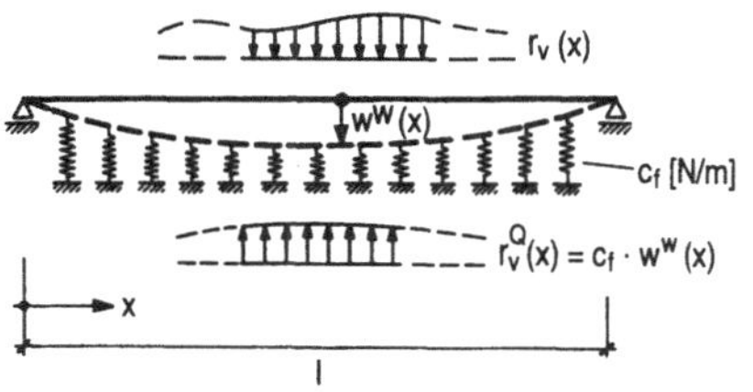

Abb. 6.18. Elastisch „gebetteter" Steg

Daraus ergibt sich die einem Balken auf elastischer Bettung entsprechende Differentialgleichung (Abb. 6.18):

$$\frac{EI^{\mathrm{W}}}{k^{\mathrm{W}}}(w^{\mathrm{W}})^{\mathrm{IV}} + w^{\mathrm{W}} \cdot c_f = r_{\mathrm{v}}.$$

Es bedeuten I^{W} das Trägheitsmoment des Steges, $I^{\mathrm{W}} = b^{\mathrm{W}} \cdot h_0^3/12$, r_{v} die vertikale Komponente der Ablenkkraft r infolge der Einleitung der Drehmomente aus einer verteilten Last q, E den Elastizitätsmodul und c_f die „Bettungsziffer".

Aus der Lösung $w^{\mathrm{W}}(x)$ dieser Differentialgleichung erhält man einerseits die Stegmomente und die Längsspannungen in den Eckpunkten:

$$\sigma_{\mathrm{sup}}^{\mathrm{W}} = \frac{M_y^{\mathrm{W}}}{I^{\mathrm{W}}}a = -E(w^{\mathrm{W}})'' \cdot a,$$

$$\sigma_{\mathrm{inf}}^{\mathrm{W}} = \frac{M_y^{\mathrm{W}}}{I^{\mathrm{W}}}(a - h_0) = E(w^{\mathrm{W}})''(a - h_0)$$

und andererseits die Diagonalkraft $r^{\mathrm{Q}}(x)$ der Querrahmen und die entsprechenden Querbiegemomente m_1^{Q} und m_2^{Q}:

$$r^{\mathrm{Q}}(x) = w^{\mathrm{W}}(x) \cdot c_f \frac{\sqrt{b_0^2 + h_0^2}}{h_0}.$$

Die Querkräfte $V(r)$ infolge der Ablenkkraft r betragen in den Stegen

$$V_z(r) = -\frac{EI^{\mathrm{W}}}{k^{\mathrm{W}}}(w^{\mathrm{W}})''' = \frac{\mathrm{d}M_y^{\mathrm{W}}}{\mathrm{d}x}\frac{1}{k^{\mathrm{W}}}$$

und in der oberen und der unteren Kastenplatte

$$V_y(r) = \pm\frac{b_0}{h_0}V_z(r).$$

Die Gesamtquerkräfte in den Scheibenelementen ergeben sich aus der Überlagerung der Querkräfte $V(T)$ aus der Umlauftorsion und den Querkräften $V(r)$ aus der Ablenkkraft r:

$$V_z = V_z(T) + V_z(r) \quad \text{und} \quad V_y = V_y(T) + V_y(r).$$

Beispiel 6.1. Torsion und Krafteinleitung bei einem einfachen Balken mit Kastenquerschnitt (Abb. 6.19). Ein einfacher Balken der Länge $l = 40\,\mathrm{m}$ mit Kastenquerschnitt und beidseits torsionsfester Lagerung (Querscheiben über den Auflagern) wird durch ein antimetrisches Kräftepaar Q belastet. Der Träger weist somit ein Torsionsmoment T auf, das im Kastenquerschnitt einen konstanten Schubfluss v erzeugt (Wölbtorsion wird vernachlässigt).

Die Querkräfte aus Umlauftorsion betragen in den Stegen (Abb. 6.20)

$$V_z(T) = v \cdot h_0 = \frac{T \cdot h_0}{2 \cdot A_0} = \frac{Q}{4},$$

und in der oberen und der unteren Kastenplatte

$$V_y(T) = v \cdot b_0 = \frac{Q}{4}\frac{b_0}{h_0}.$$

Die Einleitung des Drehmomentes, $M_t = -Q \cdot b_0$, hat eine konzentrierte Ablenkkraft R zur Folge (Abb. 6.21):

$$R = \frac{Q}{2 \cdot h_0}\sqrt{b_0^2 + h_0^2} \quad \text{bzw.} \quad R_v = \frac{Q}{2}.$$

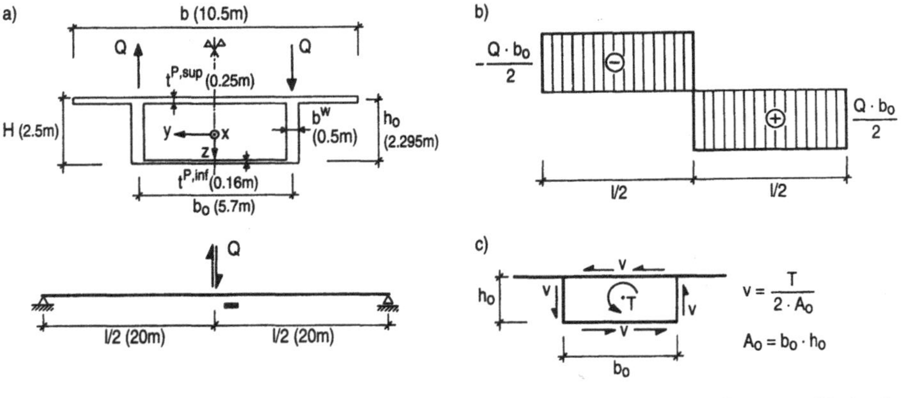

Abb. 6.19. **a** Querschnitt, System und Belastung; **b** Torsionsmoment T; **c** Schubfluss v aus Umlauftorsion

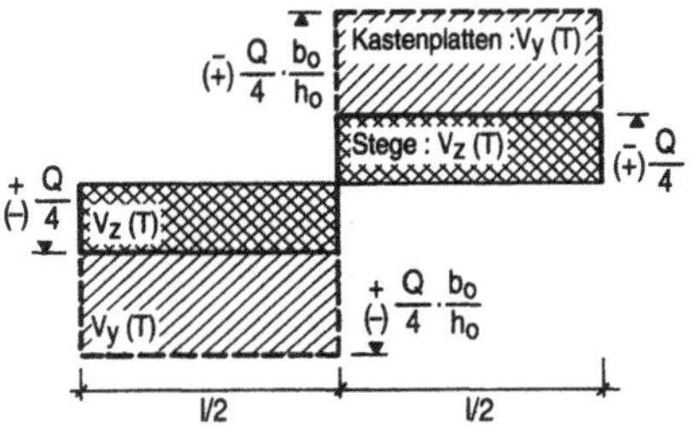

Abb. 6.20. Scheibenkräfte $V(T)$ aus Umlauftorsion im linken (rechten) Steg und in der oberen (unteren) Kastenplatte

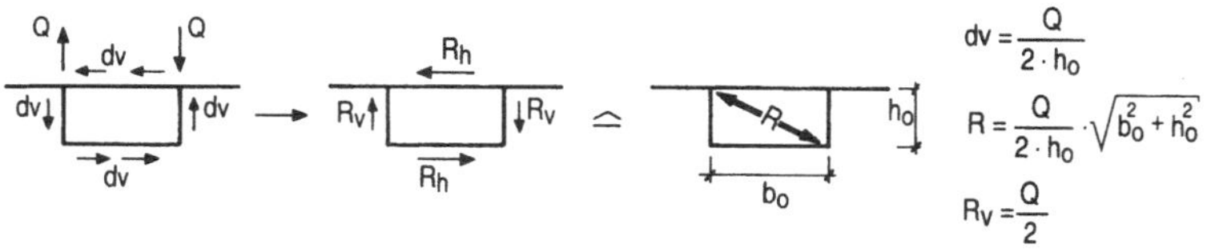

Abb. 6.21. Querschnittsbeanspruchung durch die diagonale Ablenkkraft R infolge der Krafteinleitung

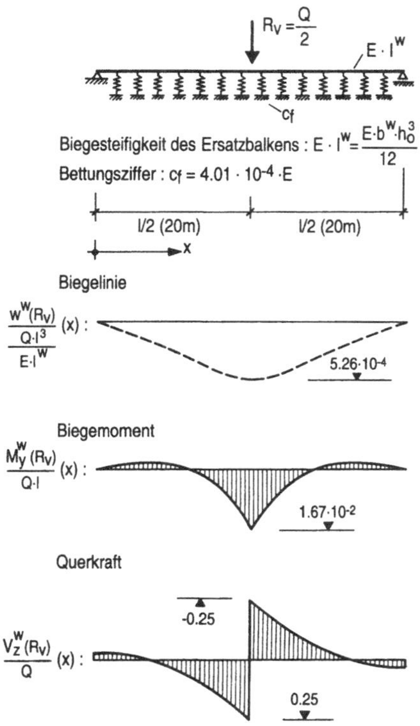

Abb. 6.22. System, Biegelinie und Schnittkräfte des elastisch „gebetteten“ Steges

Für den weiteren Berechnungsgang werden aus den in Abb. 6.19a festgelegten Querschnittsabmessungen folgende Querschnittswerte und -konstanten ermittelt:

- Trägheitsmoment eines Steges I^{W}: $I^{\mathrm{W}} = b^{\mathrm{W}} \cdot h_0^3/12 = 0{,}504\,\mathrm{m}^4$.
- Reduktionsfaktor k^{W}: $k^{\mathrm{W}} = 0{,}554$.
- Querrahmenkonstante C_1: $C_1 = 16{,}73$.
- „Bettungsziffer“ c_f: $c_f = 4{,}01 \cdot 10^{-4} \cdot E$ [N/mm^2].

Damit lässt sich die Differentialgleichung des durch die Querrahmen elastisch „gebetteten“ Faltwerksteges formulieren, deren Lösung die Biegelinie $w^{\mathrm{W}}(x)$ ergibt (Abb. 6.22).

Die höheren Ableitungen der Biegelinie ergeben das Steg-Biegemoment

$$M_y^{\mathrm{W}}(x) = -EI^{\mathrm{W}} \cdot (w^{\mathrm{W}})'',$$

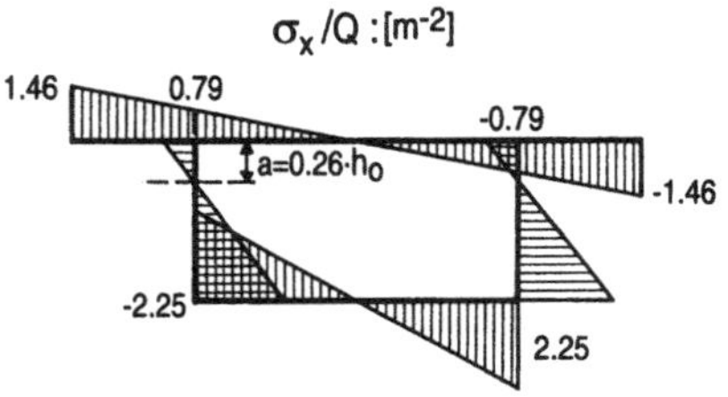

Abb. 6.23

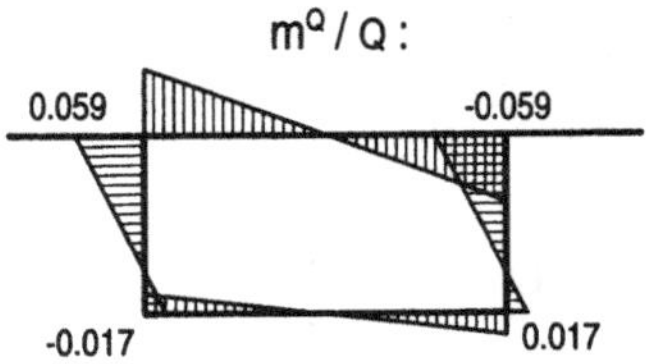

Abb. 6.24

Abb. 6.23. Längsspannungen σ_x in Trägermitte

Abb. 6.24. Querbiegemomente m^{Q} in Trägermitte

und die Steg-Querkraft infolge der Ablenkkraft R

$$V_z^{\mathrm{W}} = V_z(R) = -\frac{EI^{\mathrm{W}}}{k^{\mathrm{W}}}(w^{\mathrm{W}})'''.$$

Die Querkräfte in den Kastenplatten betragen

$$V_y(R) = \pm\frac{b_0}{h_0}\cdot V_z(R).$$

Für den Nulllinienabstand (von der Plattenmittelfläche) erhält man bei den vorliegenden Querschnittsabmessungen

$$a = 0{,}26\cdot h_0 = 0{,}60\,\mathrm{m},$$

und damit betragen die Längsbiegespannungen σ_x in den Faltwerkecken

$$\sigma_{\mathrm{sup}}^{\mathrm{W}} = \frac{M_y^{\mathrm{W}}}{I^{\mathrm{W}}}a \quad \text{bzw.} \quad \sigma_{\mathrm{inf}}^{\mathrm{W}} = \frac{M_y^{\mathrm{W}}}{I^{\mathrm{W}}}(a-h_0).$$

Deren Längsverteilung ist identisch mit derjenigen von M_y^{W}. Die Querbiegebeanspruchung m^{Q} des Querschnittes ergibt sich gemäß Abb. 6.16 direkt aus der Biegelinie des Steges, da m^{Q} proportional zu $r_{\mathrm{v}}^{\mathrm{Q}} = w^{\mathrm{W}}\cdot c_f$ ist. Die Zahlenwerte der Längsbiegespannungen und Querbiegemomente für den Querschnitt in Trägermitte sind aus Abb. 6.23 und 6.24 ersichtlich.

Die effektiven Querkräfte in den Querschnittscheiben ergeben sich durch Überlagerung der Querkräfte aus Umlauftorsion $V(T)$ (Abb. 6.20) mit den Querkräften des elastisch „gebetteten“ Steges bzw. den Querkräften $V(R)$ des Faltwerks infolge der Ablenkkraft R (Abb. 6.25):

$$V_z = V_z(T) + V_z(R) \quad \text{bzw.} \quad V_y = V_y(T) + V_y(R).$$

Wie die vorliegende Untersuchung zeigt, ist das Biegemoment M_y^{W} im Steg aus antimetrischer Last klein im Vergleich zum entsprechenden Stegmoment infolge

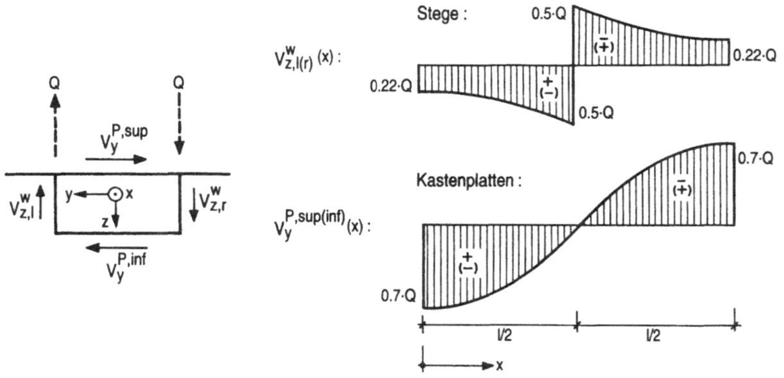

Abb. 6.25. Effektive Querkräfte in den Querschnittselementen

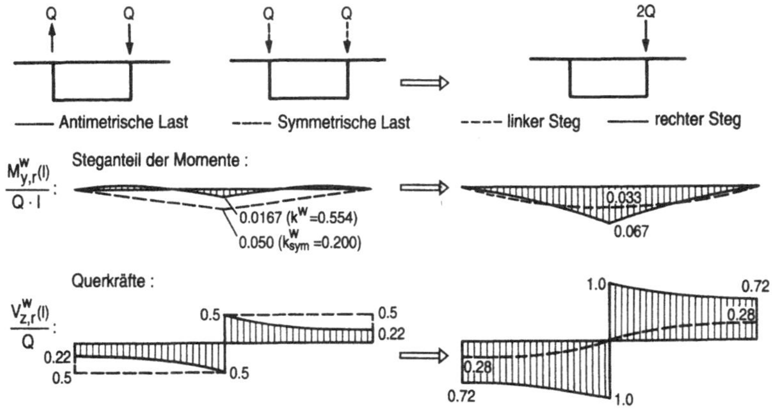

Abb. 6.26. Vergleich der Stegbeanspruchung bei antimetrischer und symmetrischer Belastung

einer symmetrischen Last $2Q$. Die Querkraft V_z^W im Steg ist dagegen im Bereich der Lasteinteilung in beiden Fällen etwa gleich groß (Abb. 6.26).

6.1.3 Lasteintragung und Torsion bei zweistegigen Plattenbalken

Bei offenen Querschnitten wird das Torsionsmoment zum Teil durch Querschnittsverwölbung, d. h. unterschiedliche Stegbiegung, und zum Teil durch St.-Venant-Torsion in den Querschnittselementen aufgenommen. Das Verhältnis von Wölbtorsion zu St.-Venant-Torsion hängt im Wesentlichen von den Querschnittsabmessungen und der Trägerspannweite ab und variiert entlang des Trägers. Normalerweise wird das Torsionsmoment hauptsächlich durch Querschnittsverwölbung aufgenommen (Abb. 6.27).

Eine genaue Ermittlung der Wölbspannungen ist im Allgemeinen relativ aufwändig und meistens auch gar nicht erforderlich.

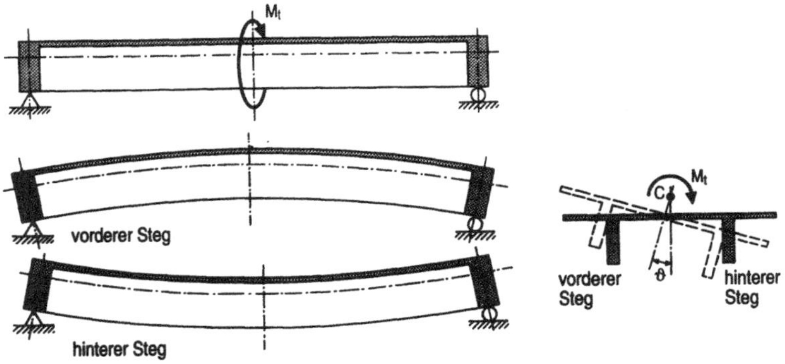

Abb. 6.27. Verwölbung eines offenen Querschnittes

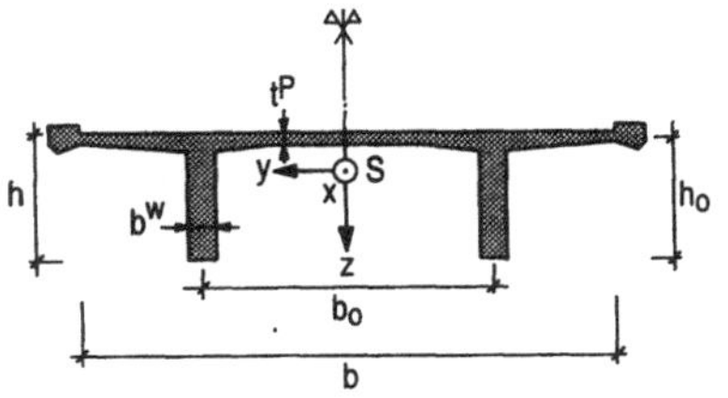

Abb. 6.28. Symmetrischer zweistegiger Plattenbalkenquerschnitt

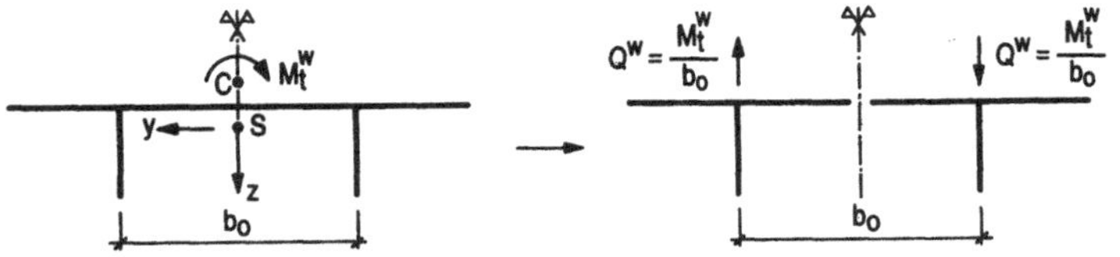

Abb. 6.29. Abschätzung der Wölbspannungen am unabhängigen Ersatzträger

Bei zweistegigen symmetrischen Plattenbalken (Abb. 6.28) lassen sich die Wölbspannungen sehr einfach wie folgt abschätzen: Der Querschnitt wird in der Symmetrieachse aufgeschnitten, und die Wölbanteile der Drehmomente M_t^{W} bzw. m_t^{W} (Anteil aus Drehmoment, das durch Wölbtorsion aufgenommen wird) werden durch äquivalente vertikale antimetrische Kräfte in den Stegebenen ersetzt (Abb. 6.29):

$$Q^{\mathrm{W}} = \pm \frac{M_t^{\mathrm{W}}}{b_0}, \quad q^{\mathrm{W}} = \pm \frac{m_t^{\mathrm{W}}}{b_0}.$$

Aus dieser Belastung können für die voneinander unabhängigen Ersatzträger die Momente $M_y(x)$ und die Querkräfte $V_z(x)$ sowie die entsprechenden Normal- und Schubspannungen (ohne Berücksichtigung der schiefen Biegung) ermittelt werden. Das Wölbtorsionsmoment $T^{\mathrm{W}}(x)$ am Gesamtquerschnitt beträgt

$$T^{\mathrm{W}}(x) = V_{z,\mathrm{r}}(x) \cdot b_0 = -V_{z,\mathrm{l}}(x) \cdot b_0.$$

Am Gesamtquerschnitt ist das Moment $M_z(x)$ allerdings nicht null. Das heißt, dass das Gleichgewicht nicht genau erfüllt ist und dass in der Symmetrieachse des Querschnittes die Verträglichkeitsbedingung bezüglich der Längsdehnungen verletzt wird.

Bei der Ermittlung der Schnittkräfte ist zu beachten, dass als Auflager des Ersatzträgers nur die torsionsfesten Trägerauflager berücksichtigt werden dürfen. Punktauflager in der Trägerachse sind z. B. für den Ersatzträger nicht wirksam.

Die Aufteilung der Drehmomente in die Anteile der Wölbtorsion und der St.-Venant-Torsion erfolgt im gleichen Verhältnis wie die Aufteilung des Torsionsmomentes. Aufgrund des Gleichgewichtes gilt

$$T(x) = T^{\mathrm{W}}(x) + T^{\mathrm{SV}}(x),$$

und im Sinne einer Abschätzung kann ein von x unabhängiges konstantes Aufteilungsverhältnis angenommen werden:

$$T(x) = T^{\mathrm{W}}(x) + T^{\mathrm{SV}}(x) = T^{\mathrm{W}}(x) \cdot (1 + k),$$

mit $k = T^{\mathrm{SV}}(x)/T^{\mathrm{W}}(x) = \text{konstant}$.

Damit ergeben sich:

$$Q^{\mathrm{W}} = \frac{M_t}{b_0(1+k)} \quad \text{und} \quad Q^{\mathrm{SV}} = \frac{kM_t}{b_0(1+k)}.$$

Die Konstante k lässt sich aus einer Verträglichkeitsbedingung ermitteln, z. B. gleiche Querschnittsverdrehung Θ_{m} in Trägermitte ($x = l/2$) infolge T^{W} (bzw. Q^{W}) und T^{SV}:

$$\Theta_{\mathrm{m}}^{\mathrm{W}} = \Theta_{\mathrm{m}}^{\mathrm{SV}} \quad \text{mit} \quad \Theta_{\mathrm{m}}^{\mathrm{W}} = \frac{w_{\mathrm{m,r}}}{b_0/2}.$$

Die Einsenkung $w_{\mathrm{m,r}}$ wird aufgrund der Biegemomente und der Biegesteifigkeit des rechten Ersatzträgers berechnet, und die Querschnittsverdrehung $\Theta_{\mathrm{m}}^{\mathrm{SV}}$ wird aufgrund der St.-Venant-Torsion und der Torsionskonstanten der Querschnittselemente ermittelt.

Bei zweistegigen symmetrischen Plattenbalken ist die Ermittlung der genauen Verteilung der Wölbspannungen im Querschnitt relativ einfach. Die Normalspannungen σ^{W} müssen folgende Gleichgewichtsbedingungen erfüllen:

$$N = \int_A \sigma^{\mathrm{W}} \,\mathrm{d}A = 0, \quad M_y = \int_A \sigma^{\mathrm{W}} \cdot z \,\mathrm{d}A = 0, \quad M_z = \int_A \sigma^{\mathrm{W}} \cdot y \,\mathrm{d}A = 0.$$

Aus den beiden ersten Bedingungen und aufgrund der Verformungsfigur (Abb. 6.27) ergibt sich die in Abb. 6.30 dargestellte antimetrische Verteilung der Wölbspannungen σ^{W}. Die Lage a_n der Nulllinie kann aus der dritten Gleichgewichtsbedingung, $M_z = 0$, ermittelt werden:

$$a_n = \frac{3 \cdot h_0^2 \cdot b_0^2 \cdot b^{\mathrm{W}}}{b^3 \cdot t^{\mathrm{P}} + 6 \cdot h_0 \cdot b_0^2 \cdot b^{\mathrm{W}}}.$$

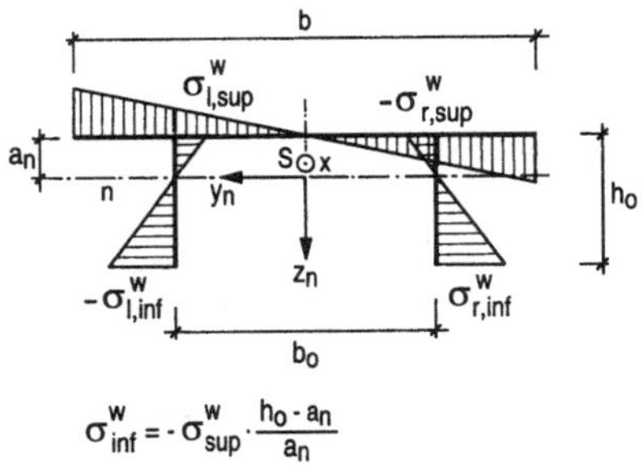

Abb. 6.30. Generelle Wölbspannungsverteilung σ^{W} beim zweistegigen Plattenbalken

Betrachtet man jeweils nur eine Hälfte des Querschnittes, dann können aus der Wölbbelastung Q^{W} bzw. q^{W} die Biegemomente $M_{y,n,\mathrm{l}} = -M_{y,n,\mathrm{r}}$ der linken und der rechten Querschnittshälfte und daraus analog zur Biegetheorie die Wölbnormalspannungen $\sigma_{\mathrm{l,r}}^{\mathrm{W,W}}$ in den Stegen ermittelt werden:

$$\sigma_{\mathrm{l}}^{\mathrm{W,W}} = \frac{M_{y,n,\mathrm{l}}}{\bar{I}_n} z,$$

mit dem ideellen Trägheitsmoment:

$$\bar{I}_n = \frac{b^{\mathrm{W}} \cdot a_n^3}{3}\left(1 + \frac{3 \cdot t^{\mathrm{P}} \cdot b^2}{2 \cdot b^{\mathrm{W}} \cdot b_0 \cdot a_n} + \left(\frac{h_0}{a_n} - 1\right)^3\right).$$

Damit ist auch die Spannungsverteilung in der Platte festgelegt:

$$\sigma^{\mathrm{W,P}}(y) = \sigma_{\mathrm{l,sup}}^{\mathrm{W,W}} \frac{2 \cdot y}{b_0}.$$

Die Schubspannungen in den Stegen betragen:

$$\begin{aligned}\tau_{\mathrm{l}}^{\mathrm{W,W}}(z) \cdot b^{\mathrm{W}} &= \int_z^{h_0 - a_n} \frac{\mathrm{d}\sigma_{\mathrm{l}}^{\mathrm{W,W}}}{\mathrm{d}x} b^{\mathrm{W}}\,\mathrm{d}z = \frac{\mathrm{d}M_{y,n,\mathrm{l}}}{\mathrm{d}x} \frac{b^{\mathrm{W}}}{\bar{I}_n} \int_z^{h_0 - a_n} z\,\mathrm{d}z \\ &= \frac{V_{z,\mathrm{l}} \cdot b^{\mathrm{W}}}{\bar{I}_n} \cdot \int_z^{h_0 - a_n} z\,\mathrm{d}z,\end{aligned}$$

und in der Platte:

$$\begin{aligned}\tau^{\mathrm{W,P}}(y) \cdot t^{\mathrm{P}} &= \int_y^{b/2} \frac{\mathrm{d}\sigma^{\mathrm{W,P}}}{\mathrm{d}x} t^{\mathrm{P}}\,\mathrm{d}y = \frac{\mathrm{d}M_{y,n,\mathrm{l}}}{\mathrm{d}x} \cdot \frac{2 \cdot a_n \cdot t^{\mathrm{P}}}{b_0 \cdot \bar{I}_n} \cdot \int_y^{b/2} y\,\mathrm{d}y \\ &= V_{z,\mathrm{l}} \frac{2 \cdot a_n \cdot t^{\mathrm{P}}}{b_0 \cdot \bar{I}_n} \int_y^{b/2} y\,\mathrm{d}y,\end{aligned}$$

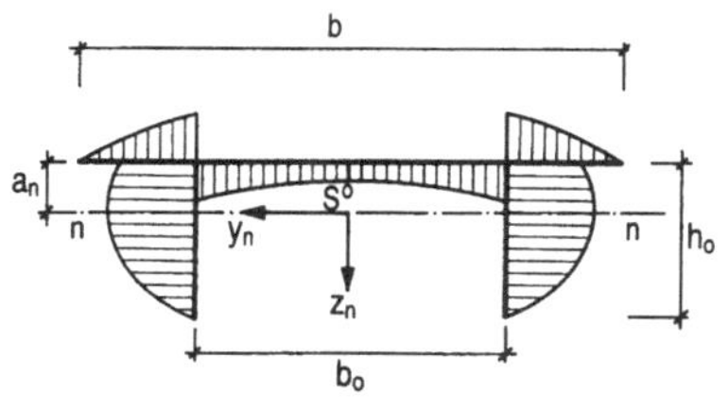

Abb. 6.31. Generelle Wölbschubflussverteilung $\tau^W \cdot t$ beim zweistegigen Plattenbalken

wobei zwischen den Stegen noch der konstante Schubfluss

$$\tau_{\text{sup}}^{W,W} \cdot b^W = \frac{V_{z,1} \cdot b^W \cdot (h_0^2 - 2 \cdot a_n \cdot h_0)}{2 \cdot \bar{I}_n}$$

aus den Stegen dazu zu addieren ist (Abb. 6.31).

Die Aufteilung der Torsionsmomente in Wölb- und St.-Venant-Anteile müsste streng genommen aufgrund der Verträglichkeit für gleiche Querschnittsverdrehung in jedem Punkt der Stabachse ermittelt werden, was auf eine Differentialgleichung führt. Man kann sich aber normalerweise auch in diesem Fall mit einer generellen, längs der Stabachse konstanten Aufteilung entsprechend einer einzigen Verträglichkeitsbedingung (z. B. in Trägermitte) begnügen, wie in diesem Abschnitt noch gezeigt wird.

Beispiel 6.2. Torsion und Krafteinleitung bei einem einfachen Balken mit Plattenbalkenquerschnitt (Abb. 6.32). Ein einfacher Balken der Länge $l = 40$ m mit Plattenbalkenquerschnitt und beidseits torsionsfester Lagerung (Querscheiben über den Auflagern) wird durch ein antimetrisches Kräftepaar belastet. Das entsprechende Torsionsmoment wird durch Querschnittsverwölbung und St.-Venant-

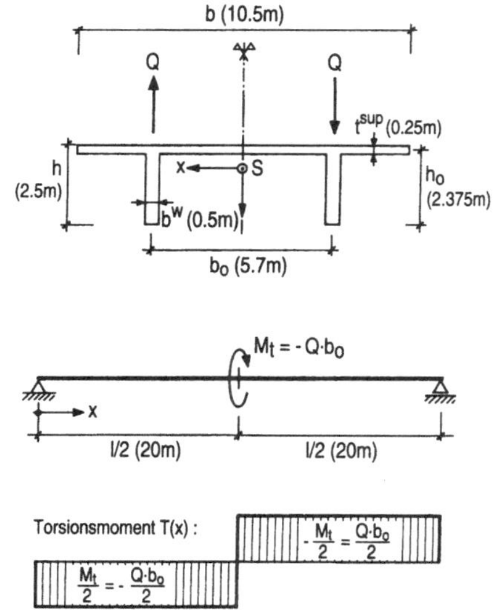

Abb. 6.32. Querschnitt, System, Belastung und Torsionsmoment $T(x)$

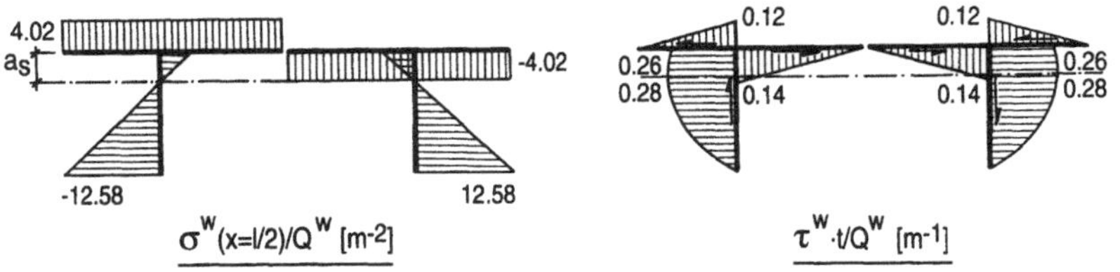

Abb. 6.33. Grobe Abschätzung der Wölbspannungen durch Aufschneiden des Querschnittes in der Symmetrieachse

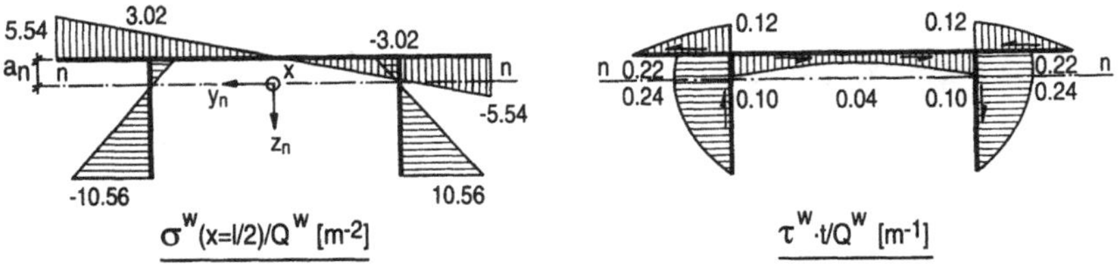

Abb. 6.34. Genauere Verteilung der Wölbspannungen

Torsion aufgenommen. Die St.-Venant-Torsionskonstante K beträgt:

$$K \cong \tfrac{1}{3}((t^{\mathrm{P}})^3 \cdot b + 2 \cdot (b^{\mathrm{W}})^3 \cdot h_0) = 0{,}25\,\mathrm{m}^4.$$

Die grobe Abschätzung der Wölbspannungen durch Aufschneiden des Querschnittes in der Symmetrieachse ergibt die in Abb. 6.33 dargestellten Normalspannungen (in Trägermitte) und Schubspannungen (in der linken Trägerhälfte). Aus den Querschnittsabmessungen erhält man für den Schwerpunktabstand (von der Plattenmittelfläche) und für das Trägheitsmoment einer Querschnittshälfte:

$$a_{\mathrm{S}} = 0{,}575\,\mathrm{m}, \quad I = 1{,}43\,\mathrm{m}^4.$$

Der Gleichgewichtsfehler beträgt im vorliegenden Fall nur:

$$M_z = 0{,}32 Q^{\mathrm{W}}.$$

Die genaue Verteilung der Wölbspannungen ist in Abb. 6.34 dargestellt. Der Nulllinienabstand (von der Plattenmittelfläche) und das ideelle Trägheitsmoment einer Querschnittshälfte betragen:

$$a_n = 0{,}528\,\mathrm{m}, \quad \bar{I}_n = 1{,}75\,\mathrm{m}^4.$$

Für das Verhältnis von Wölbtorsion zu St.-Venant-Torsion ergibt sich aufgrund der in Trägermitte formulierten Verträglichkeitsbedingung für die Querschnittsverdrehung (Abb. 6.35):

$$T^{\mathrm{W}} : T^{\mathrm{SV}} = 2 : 1,$$

bzw. $Q^{\mathrm{W}} = 0{,}67 Q$ und $Q^{\mathrm{SV}} = 0{,}33 Q$.

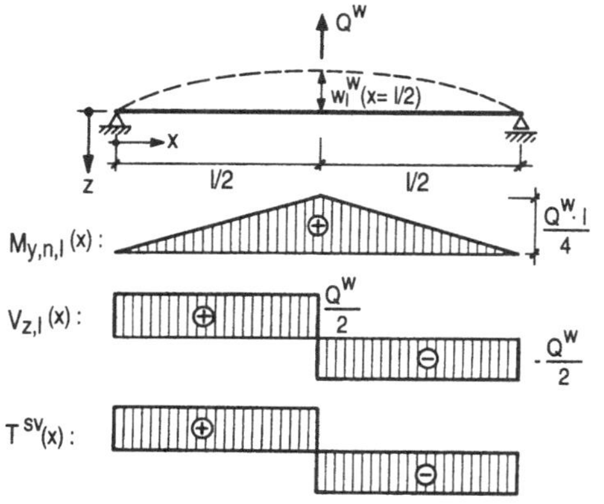

Abb. 6.35. Verformung und Schnittkräfte des Ersatzträgers (linke Trägerhälfte) für die Verträglichkeitsbedingung

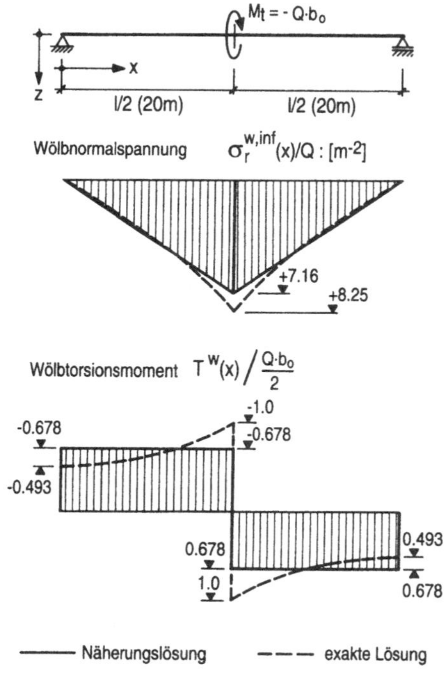

Abb. 6.36. Verlauf der Wölbnormalspannungen $\sigma_r^W(x)$ und des Wölbtorsionsmomentes $T^W(x)$

Gemäß der generellen Aufteilung des Torsionsmomentes ist der Verlauf der Wölbnormalspannungen entlang des Trägers affin zum Verlauf der Momente $M_{y,n}$, und der Verlauf der Wölbschubspannungen ist affin zum Verlauf der Querkraft V_z (Abb. 6.36). In Abb. 6.36 ist als Vergleich auch der „genaue" Verlauf der Wölbnormal- und der Wölbschubspannungen eingetragen. Es ist daraus ersichtlich, dass die generelle Aufteilung befriedigende Werte liefert. Beim Nachweis der Tragsicherheit genügt ohnehin eine grobe Schätzung des Verhältnisses T^W / T^{SV} von etwa 2 : 1 bei Spannweiten über 50 m und 3 : 1 bei Spannweiten unter 50 m.

6.1.4 Modellbildung bei mehrzelligen Kastenquerschnitten, mehrstegigen Plattenbalken und Platten

Bei offenen Querschnitten entspricht die Anzahl Längsträger der Anzahl Stege. Die Fahrbahnplatte übernimmt die Funktion der Querträger. Im Allgemeinen genügen für die Modellbildung $n = 3$ bis 5 Querträger pro Feld. Die Querträgerbreite beträgt dementsprechend $l/(n+1)$. Eigentliche Querträger, d. h. eingebaute Stege, sind als Plattenbalken zu berücksichtigen. Als mitwirkende Plattenbreite kann etwa $b_m = \Delta b/2$ (mit Δb für den Abstand zwischen den Längsträgern) angenommen werden.

Bei geschlossenen Querschnitten empfiehlt es sich, jeweils den Kasten einer Zelle als Längsträger zu betrachten. Die Querträger werden von der oberen und der unteren Kastenplatte gebildet. Deren Tragverhalten entspricht im Prinzip demjenigen eines Virendeel-Trägers.

Bei Vollplatten kann das Trägerrost-Modell aus relativ wenigen Einzelelementen gebildet werden. Die Anzahl Längsträger ist dem Verhältnis l/b (Spannweite zu Plattenbreite) entsprechend festgelegt. Bei $2 \lesssim l/b \lesssim 3$ genügt ein Trägerrost-Modell mit vier Längsträgern, bei $l/b \gtrsim 3$ kann die Anzahl Längsträger auf drei reduziert werden.

Eine wichtige Grundlage zur Ermittlung eines vernünftigen Gleichgewichtszustandes ist die Festlegung der Biege-, Schub- und Torsionssteifigkeit der einzelnen Stäbe. Im Prinzip werden die Steifigkeiten am homogenen Querschnitt ermittelt. Im Hinblick auf eine Änderung der Steifigkeit bei Rissbildung bzw. Plastifizierung im Bruchzustand sind jedoch Vereinfachungen durchaus zulässig. Grundsätzlich ist zu beachten:

- Steifigkeiten, die Schnittkräften entsprechen, die zur Gewährleistung des Gleichgewichtes erforderlich sind und die die Systemverformung wesentlich beeinflussen, können am homogenen Querschnitt ermittelt werden;
- für Steifigkeiten, die Schnittkräften entsprechen, die zwar auch zur Gewährleistung des Gleichgewichtes erforderlich sind, aber die Systemverformung nur unwesentlich beeinflussen, kann ein sehr großer Wert ($\cong\infty$) angenommen werden;
- für Steifigkeiten, die Schnittkräften entsprechen, die zur Gewährleistung des Gleichgewichtes nicht erforderlich sind, kann ein sehr kleiner Wert ($\cong 0$) angenommen werden (diese Annahme ergibt entsprechend kleine Schnittkräfte).

Abbildungen 6.37 bis 6.39 zeigen, wie Trägerroste in Bezug auf System und Steifigkeit modelliert werden können. Besondere Beachtung ist der Ermittlung der „Schubsteifigkeit“ von Querträgern mehrzelliger Kastenquerschnitte zu schenken: Aufgrund der Zellendeformation infolge einer über die Zellenbreite konstanten Querkraft wird eine fiktive Schubverformung des Querträgers bestimmt.

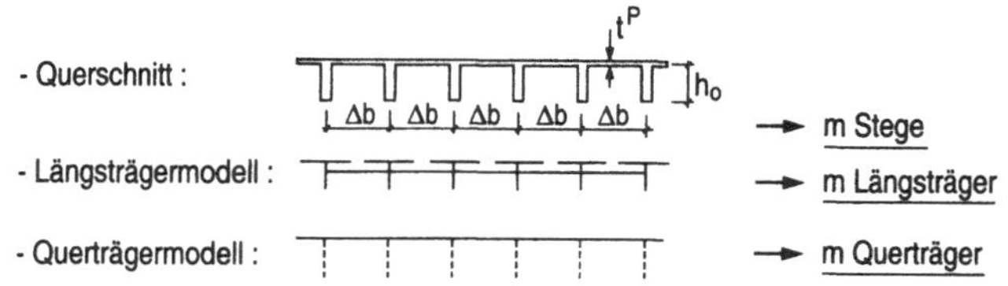

Steifigkeiten	Längsträger	Querträger ($\Delta l = \frac{l}{n+1}$: Querträgerbreite)
Biegesteifigkeiten	$EI^{LT} \cong \frac{EI_{tot}}{m}$	$EI^{QT} \cong \frac{1}{12} \cdot E \cdot \Delta l \cdot (t^P)^3$ (Platte)
Schubsteifigkeiten	$G\,\alpha\,A^{LT} \cong \infty$	$G\,\alpha\,A^{QT} \cong \infty$
Torsionssteifigkeiten	$GK^{LT} \cong \frac{GK_{tot}}{m}$	$GK^{QT} \cong 0$

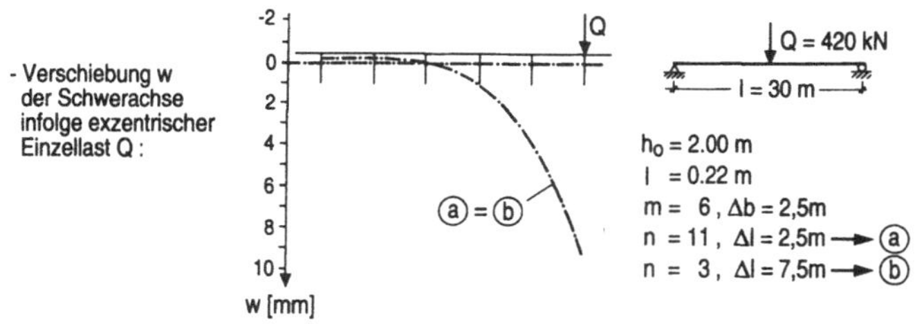

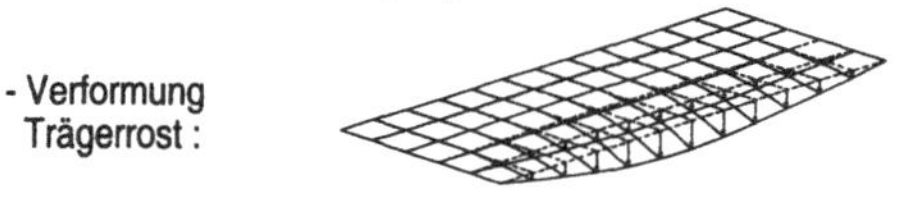

Abb. 6.37. Modellierung eines mehrstegigen offenen Querschnittes

6.2 Tragfunktion der Querschnittselemente

Die Querschnittselemente eines Brückenträgers (Fahrbahnplatte, Trägerstege, untere Kastenplatte) üben gleichzeitig verschiedene Tragfunktionen aus. Grundsätzlich lassen sich Beanspruchungen aus der Tragfunktion in Längsrichtung (L), den Stabschnittkräften, und der Tragfunktion in Querrichtung (Q), der Querbiegung, unterscheiden.

Ein wesentlicher Vorteil der Stabstatik besteht darin, dass die Beanspruchungen aus den verschiedenen Tragfunktionen getrennt ermittelt werden. Dadurch wird die Berechnung übersichtlicher, und die Berechnungskontrolle wird erleichtert. Überdies können aber auch eventuell erforderliche konstruktive Maßnahmen zur Verminderung der Beanspruchung effizient konzipiert werden.

Die größte Beanspruchung bei den verschiedenen Tragfunktionen ergibt sich meistens aus unterschiedlichen Lastanordnungen. Zudem ist die Querbiegebeanspruchung im Allgemeinen auf einen lokalen Bereich beschränkt, so dass der Widerstand in Bezug auf die Membrankräfte kaum beeinträchtigt wird. Man kann

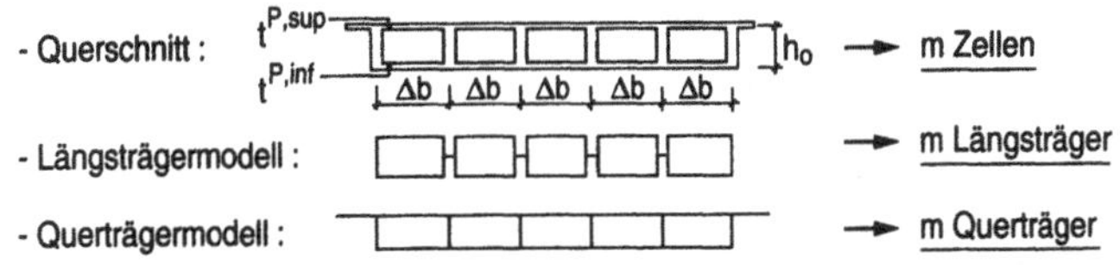

Steifigkeiten	Längsträger	Querträger ($\Delta l = \frac{l}{n+1}$:Querträgerbreite)
Biegesteifigkeiten	$EI^{LT} \cong \frac{EI_{tot}}{m}$	M=1, M=1, $\Delta\varphi = \frac{1}{EI^{QT}} \cdot \Delta b$ $EI^{QT} = \frac{\Delta b}{\Delta\varphi} \cong E \cdot \Delta l \cdot h_o^2 \cdot \frac{t^{P,sup} \cdot t^{P,inf}}{t^{P,sup} + t^{P,inf}}$
Schubsteifigkeiten	$G\alpha A^{QT} \cong \infty$	V=1, V=1, $\gamma \cdot \Delta b = \frac{1}{G\alpha A^{QT}} \cdot \Delta b$ $G\alpha A^{QT} = \frac{1}{\gamma} \cong E \cdot \frac{\Delta l}{\Delta b^2} \cdot [(t^{P,sup})^3 + (t^{P,inf})^3]$
Torsionssteifigkeiten	$GK^{LT} \cong \frac{GK_{tot}}{m}$	$GK^{QT} \cong 0$

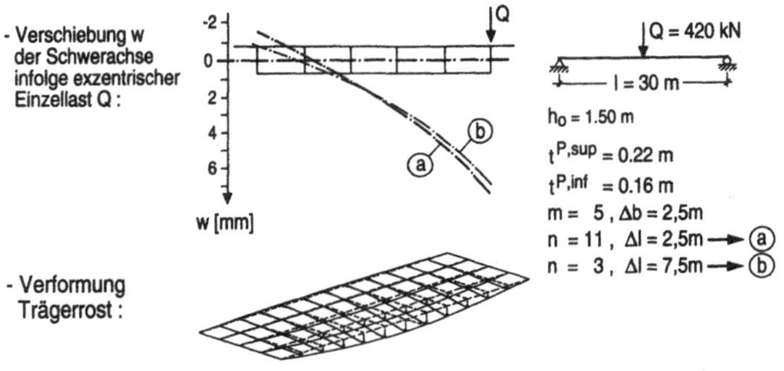

Abb. 6.38. Modellierung eines mehrzelligen Kastenquerschnittes

sich deshalb meistens damit begnügen, die Bemessung für die ungünstigere Kombination der beiden folgenden Tragfunktionen durchzuführen:

- größte Beanspruchung aus der Tragfunktion in Längsrichtung (L) und Dauerbeanspruchung aus der Tragfunktion in Querrichtung (Q);
- größte Beanspruchung aus der Tragfunktion in Querrichtung (Q) und Dauerbeanspruchung aus der Tragfunktion in Längsrichtung (L).

Bei den einzelnen Tragelementen, der Fahrbahnplatte, den Trägerstegen und der unteren Kastenplatte, sind die Beanspruchungen aus den folgenden Tragfunktionen zu ermitteln.

Fahrbahnplatte

1. Tragfunktion (Q) als Platte zur Ableitung der Fahrbahnbelastung auf die Trägerstege.
   Beanspruchung: Biegung quer und längs sowie Schub senkrecht zur Plattenebene.

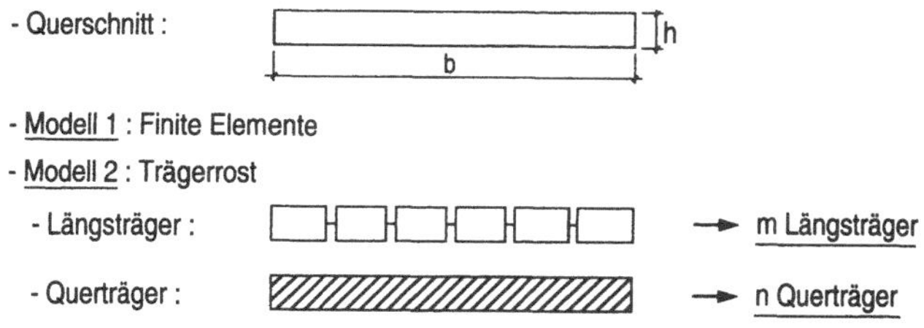

Steifigkeiten	Längsträger	Querträger $(\Delta l = \frac{l}{n+1}$: Querträgerbreite)
Biegesteifigkeiten	$EI^{LT} \cong \frac{EI_{tot}}{m}$	$EI^{QT} \cong \frac{1}{12} \cdot E \cdot \Delta l \cdot h^3$
Schubsteifigkeiten	$G\alpha A^{LT} \cong \infty$	$G\alpha A^{QT} \cong \infty$
Torsionssteifigkeiten	$GK^{LT} \cong \frac{GK_{tot}}{m}$	$GK^{QT} \cong \frac{1}{3} \cdot G \cdot \Delta l \cdot h^3$ für $h << \Delta l$

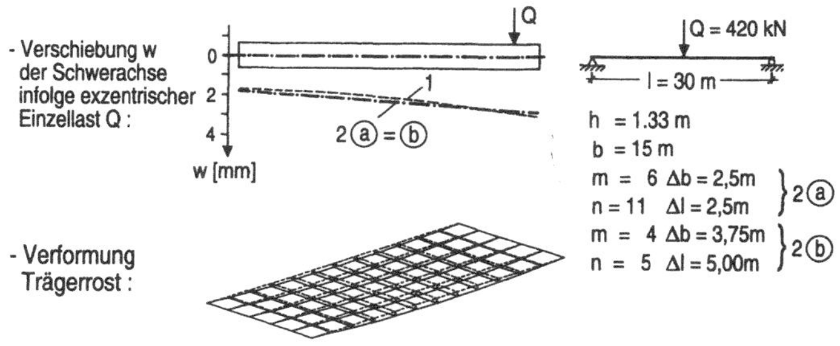

Abb. 6.39. Modellierung eines Plattenquerschnittes

2. Tragfunktion (Q) als Querschnittselement zur Erhaltung der Querschnittsform, z. B. bei exzentrischer Trägerbelastung.
   Beanspruchung: Biegung quer sowie Schub senkrecht zur Plattenebene.
3. Tragfunktion (L) als Zug- oder als Druckgurt des Gesamtquerschnittes bei Trägerbeigung um die horizontale Querschnittsachse.
   Beanspruchung: Normalkräfte längs sowie Schubkräfte in der Plattenebene.
4. Tragfunktion (L) als Schubscheibe des Gesamtquerschnittes bei Trägertorsion.
   Beanspruchung: Normalkräfte längs sowie Schubkräfte in der Plattenebene.
5. Tragfunktion (L) als Steg des Gesamtquerschnittes bei Biegung um die vertikale Querschnittsachse, z. B. infolge von Wind und Erdbeben.
   Beanspruchung: Normalkräfte längs sowie Schubkräfte in der Plattenebene.

Maßgebend für die Plattenbemessung ist in der Regel die Beanspruchung aus der Tragfunktion 1. Normalerweise ist die Querschnittsfläche der Fahrbahnplatte wesentlich größer, als zur Aufnahme der Biegedruckkräfte aus der Tragfunktion 3 erforderlich wäre. Über den Stegen ist die Plattenbewehrung nur auf einem kurzen lokalen Bereich (der maßgebenden Laststellung entsprechend) infolge von Biegung aus der Tragfunktion 1 voll ausgenützt. Zur Aufnahme der Schubkräfte aus den Tragfunktionen 3 und 4 steht deshalb außerhalb dieses kurzen Bereichs im Allgemeinen genügend Bewehrung zur Verfügung.

Trägerstege

1. Tragfunktion (L) als Steg des Gesamtquerschnittes bei Biegung um die horizontale Querschnittsachse.
   Beanspruchung: Schubkräfte in der Stegebene sowie Normalkräfte längs. Außer bei Brücken mit Verkehrslast auf der unteren Kastenplatte sind die vertikalen Normalkräfte vernachlässigbar.
2. Tragfunktion (L) als Schubscheibe des Gesamtquerschnittes bei Trägertorsion.
   Beanspruchung: Normalkräfte längs sowie Schubkräfte in der Stegebene.
3. Tragfunktion (L) als Zug- oder als Druckgurt des Gesamtquerschnittes bei Biegung um die vertikale Querschnittsachse, z. B. infolge von Wind und Erdbeben.
   Beanspruchung: Normalkräfte längs sowie Schubkräfte in der Stegebene.
4. Tragfunktion (Q) als Querschnitts-Rahmenelement zur Einspannung der Fahrbahnplatte und der eventuell vorhandenen unteren Kastenplatte sowie zur Erhaltung der Querschnittsform, z. B. bei exzentrischer Trägerbelastung.
   Beanspruchung: Biegung quer sowie Schub senkrecht zur Stegebene. Bei offenen Querschnitten Torsion infolge Einspannung der Fahrbahnplatte.

Maßgebend für die Bemessung der Trägerstege ist die ungünstigste Kombination aus den Tragfunktionen 1, 2 und 4. Dabei ist die größte Schubbeanspruchung mit der Querbiegung aus ständiger Last bzw. die größte Querbiegung mit der Schubbeanspruchung aus ständiger Last zu kombinieren.

Untere Kastenplatte

1. Tragfunktion (Q) als Platte zur Ableitung der Plattenbelastung (im Allgemeinen nur Eigengewicht) auf die Trägerstege.
   Beanspruchung: Biegung (vorwiegend) quer sowie Schub senkrecht zur Plattenebene.
2. Tragfunktion (Q) als Querschnitts-Rahmenelement zur Erhaltung der Querschnittsform, z. B. bei exzentrischer Trägerbelastung.
   Beanspruchung: Biegung quer sowie Schub senkrecht zur Plattenebene.
3. Tragfunktion (L) als Druck- oder als Zuggurt des Gesamtquerschnittes bei Trägerbiegung um die horizontale Querschnittsachse.
   Beanspruchung: Normalkräfte längs sowie Schubkräfte in der Plattenebene.
4. Tragfunktion (L) als Schubscheibe des Gesamtquerschnittes bei Trägertorsion.
   Beanspruchung: Normalkräfte längs sowie Schubkräfte in der Plattenebene.
5. Tragfunktion (L) als Steg des Gesamtquerschnittes bei Biegung um die vertikale Querschnittachse, z. B. infolge von Wind und Erdbeben.
   Beanspruchung: Normalkräfte längs sowie Schubkräfte in der Plattenebene.

Die Bemessung der unteren Kastenplatte unterscheidet sich grundsätzlich von derjenigen der Fahrbahnplatte. Die Tragfunktion 1 spielt eine untergeordnete Rolle.

Maßgebend für die Bemessung der Bewehrung sind meistens die Schubkräfte aus den Tragfunktionen 3, 4 und 5, denen die Querbiegung aus den Tragfunktionen 1 und 2 zu überlagern ist. Die Dicke der unteren Kastenplatte beim Steganschluss wird ebenfalls aus der größten Schubbeanspruchung ermittelt.

6.3 Berechnung und Bemessung der Querschnittselemente

6.3.1 Fahrbahnplatte

Grundsätzliche Überlegungen

Die Beanspruchungen einer Fahrbahnplatte sind außerordentlich komplex. Nebst der statischen Belastung muss mit beträchtlichen dynamischen Einwirkungen (Stöße und Schläge infolge Radlasten), mit hohen Temperaturdifferenzen an der Plattenoberfläche sowie bei defekter Abdichtung außerdem mit Bewehrungskorrosion gerechnet werden. Das der Berechnung zugrunde gelegte statische Plattenmodell weist immer gewisse Vereinfachungen auf, und es ist deshalb nicht zu empfehlen, bei der Bemessung der Platte alle Tragreserven, z. B. Membrankräfte und Schnittkraftumlagerungen, auszuschöpfen. Die Schnittkräfte aus Lasten sollten im Hinblick auf ein günstiges Rissverhalten in Anlehnung an die Elastizitätstheorie ermittelt werden. Auch bei relativ kleinen Plattenspannweiten ist – bei vertretbaren Mehrkosten – eine formtreue Vorspannung empfehlenswert.

Die Dicke der Fahrbahnplatte sollte einerseits im Hinblick auf komplexe Beanspruchungen durch Stöße und Schläge und andererseits zur Erleichterung der Betonverarbeitung nicht möglichst klein gewählt werden. Dünne, nicht quer vorgespannte Platten erfordern ein außerordentlich dichtes Bewehrungsnetz.

Bei üblichen Kastenquerschnitten mit ca. 6 m Stegabstand und je ca. 3 m Auskragung sollte die Plattendicke zwischen den Stegen 0,2 m und beim Brüstungsanschluss 0,22 m nicht unterschreiten (Abb. 6.40). Über den Stegen sind Verstärkungen von ca. 0,1 m erforderlich, da an dieser Stelle das Bewehrungsgeflecht aus Plattenbewehrung und Stegbügeln besonders dicht ist.

Eine „zusätzliche" Plattendicke von 10 mm ist in Bezug auf den Korrosionswiderstand bereits bedeutsam und fällt kostenmäßig kaum ins Gewicht. Das entsprechende zusätzliche Eigengewicht beträgt etwa 2 % des Trägergewichtes. Dies entspricht bei ca. 50 m Trägerspannweite unter Berücksichtigung der etwas geringeren Plattenbewehrung und der größeren Längsvorspannung einem Mehraufwand von höchstens 0.1 ‰ der Gesamtbaukosten.

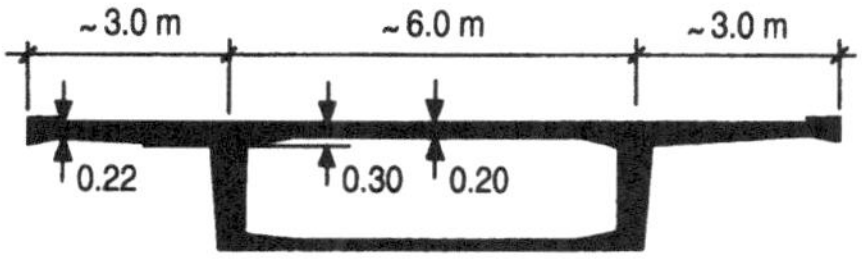

Abb. 6.40. Mindestabmessungen der Fahrbahnplatte bei „üblichen" Kastenquerschnitten von Straßenbrücken

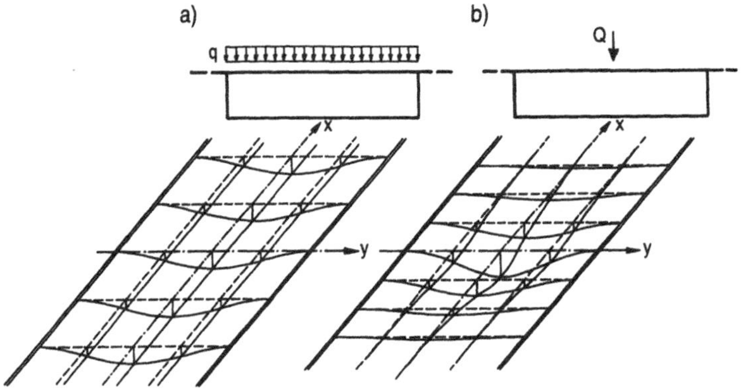

Abb. 6.41. Biegeflächen zweiseitig eingespannter Fahrbahnplatten unter gleichmäßig verteilter Last (**a**) und unter Einzellast (**b**)

Fahrbahnplatten erfordern einen relativ hohen Bewehrungsaufwand. Der Gehalt an äquivalenter schlaffer Bewehrung (Spannstahl der Festigkeit entsprechend berücksichtigt) beträgt bei üblichen Abmessungen ca. 140 kg Stahl je Kubikmeter Beton. Dies entspricht etwa 65 % der gesamten schlaffen Bewehrung des Brückenträgers. Die Bemessung und die konstruktive Anordnung der Bewehrung sind dementsprechend sorgfältig durchzuführen.

Im Allgemeinen weisen Brückenträger nur bei den Auflagern (Widerlager und Zwischenstützen) und bei Gelenken Querträger auf. Die Fahrbahnplatten sind somit im Wesentlichen zweiseitig gelagerte Plattenstreifen. Nur im Einflussbereich der Querträger muss die dreiseitige Lagerung berücksichtigt werden.

Bei zweiseitiger Lagerung entsteht unter gleichmäßig verteilter Belastung eine zylindrische Biegefläche. Das heißt, dass in Längsrichtung keine Krümmungen und somit auch keine Biegemomente auftreten (Abb. 6.41). Dementsprechend kann die Platte bei dieser Belastung als Balken berechnet werden. Unter Einzellast entsteht jedoch eine Biegefläche, die außer den Krümmungen in y-Richtung auch fast ebenso große Krümmungen in x-Richtung aufweist. Die entsprechenden Momente in x- und in y-Richtung sind somit bei Einzellast annähernd von gleicher Größenordnung.

Grundlagen der Plattentheorie

Voraussetzungen. Die Theorie elastischer Platten beruht auf folgenden Voraussetzungen:

- Der Baustoff ist homogen, isotrop und linear elastisch.
- Die Punkte auf einer Normalen zur Mittelfläche bleiben auch nach der Verformung auf einer Normalen (Ebenbleiben des Querschnittes).
- Die Plattendicke ist verglichen mit den übrigen Plattenabmessungen klein.
- Die Plattendurchbiegungen sind verglichen mit der Plattendicke klein.

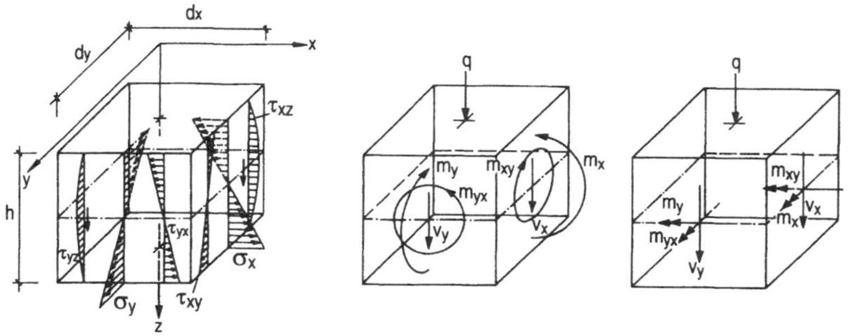

Abb. 6.42. Spannungen und Schnittkräfte am Plattenelement

Bei der Ermittlung der Schnittkräfte von Stahlbetonplatten kann der Einfluss der Querdehnungszahl ν des Betons vernachlässigt werden, da auch ohne Berücksichtigung der Querdehnung ein Gleichgewichtszustand gewährleistet werden kann. Die Berücksichtigung der Querdehnung bei gerissenem Querschnitt zeigt, dass im Gebrauchszustand der durch Querdehnung erzeugte Zwang im Stahl Zusatzspannungen von 10 bis 20 N/mm^2 zur Folge hat. Im Bruchzustand, d. h. beim Nachweis der Tragsicherheit, hat die Querdehnung keinen Einfluss.

Spannungen und Schnittkräfte am Plattenelement. Da bei reiner Plattentragfunktion (Belastung senkrecht zur Plattenebene) keine parallel zur Plattenebene wirkenden Normal- oder Schubkräfte auftreten, weisen die Normalspannungen σ_x und σ_y sowie die parallel zur Plattenebene wirkenden Schubspannungen τ_{xy} und τ_{yx} eine antimetrisch dreieckförmige Verteilung auf (Abb. 6.42).

Index- und Vorzeichenkonvention
1. Index = Ort (Normale zur Schnittfläche),
2. Index = Richtung der Spannung,
Zug positiv, Druck negativ,
Spannungen positiv im Sinn der Richtungskoordinate; bei antimetrischer Verteilung zunehmend mit wachsender z-Koordinate.

Bezeichnungen für Spannungen und Schnittkräfte
– Spannungen
Normalspannungen in x- und y-Richtung: σ_x, σ_y
Schubspannungen in z-Richtung: τ_{xz}, τ_{yz}
Schubspannungen in x- und y-Richtung: τ_{yx}, τ_{xy}
– Schnittkräfte
Biegemomente: m_x, m_y
Drillmomente: m_{xy}, m_{yx}
Querkräfte: v_x, v_y

Die Schnittkräfte, die Spannungen und die Plattendurchbiegungen w sind wie folgt miteinander verknüpft, wobei die Querdehnung ν vernachlässigt wird:

$$m_x = \int_{-h/2}^{+h/2} \sigma_x \cdot z \cdot \mathrm{d}z \qquad = -D\frac{\partial^2 w}{\partial x^2},$$

$$m_y = \int_{-h/2}^{+h/2} \sigma_y \cdot z \cdot \mathrm{d}z \qquad = -D\frac{\partial^2 w}{\partial y^2},$$

$$\left.\begin{aligned} m_{xy} &= \int_{-h/2}^{+h/2} \tau_{xy} \cdot z \cdot \mathrm{d}z \\ m_{yx} &= \int_{-h/2}^{+h/2} \tau_{yx} \cdot z \cdot \mathrm{d}z \end{aligned}\right\} \quad = -D\frac{\partial^2 w}{\partial x \cdot \partial y},$$

wobei $D = E \cdot h^3/12$.

Die Biegemomente m_x und m_y verhalten sich (wie bei Balken) proportional zur entsprechenden Krümmung (2. Ableitung von w). Die Drillmomente $m_{xy} = m_{yx}$ sind proportional zur Verdrehung (2. gemischte Ableitung von w). Aus der Form der Biegefläche können somit Rückschlüsse auf die qualitative Momentenbeanspruchung gezogen werden.

Gleichgewichtsbedingungen am Plattenelement (Abb. 6.43)
Momentengleichgewicht:

$$\left(\frac{\partial m_x}{\partial x}\mathrm{d}x\right)\mathrm{d}y + \left(\frac{\partial m_{yx}}{\partial y}\mathrm{d}y\right)\mathrm{d}x - (v_x \mathrm{d}x)\,\mathrm{d}y = 0$$

$$\left(\frac{\partial m_y}{\partial y}\mathrm{d}y\right)\mathrm{d}x + \left(\frac{\partial m_{xy}}{\partial x}\mathrm{d}x\right)\mathrm{d}y - (v_y \mathrm{d}y)\,\mathrm{d}x = 0$$

Kräftegleichgewicht:

$$\left(\frac{\partial v_x}{\partial x}\mathrm{d}x\right)\mathrm{d}y + \left(\frac{\partial v_y}{\partial y}\mathrm{d}y\right)\mathrm{d}x + q(\mathrm{d}x \cdot \mathrm{d}y) = 0$$

Aus Gl. (3) ergibt sich nach Einsetzen der Ausdrücke für v_x und v_y

$$\frac{\partial^2 m_x}{\partial x^2} + 2\frac{\partial^2 m_{xy}}{\partial x \cdot \partial y} + \frac{\partial^2 m_y}{\partial y^2} = -q.$$

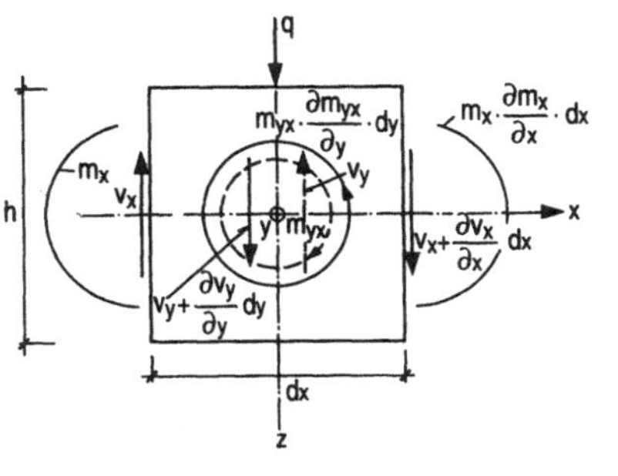

Abb. 6.43. Gleichgewicht am Plattenelement

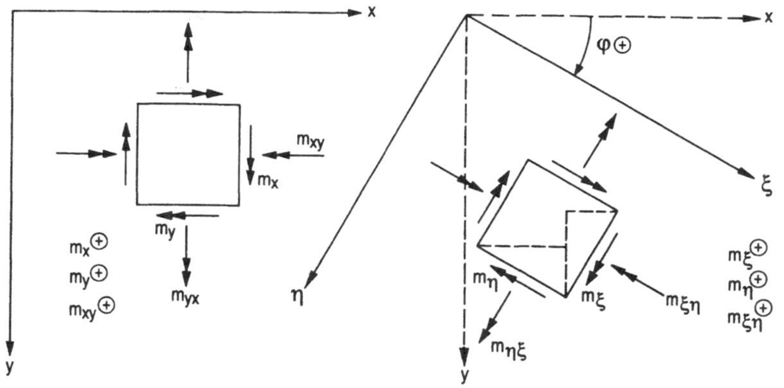

Abb. 6.44. Vorzeichenkonvention für Momente und transformierte Koordinaten

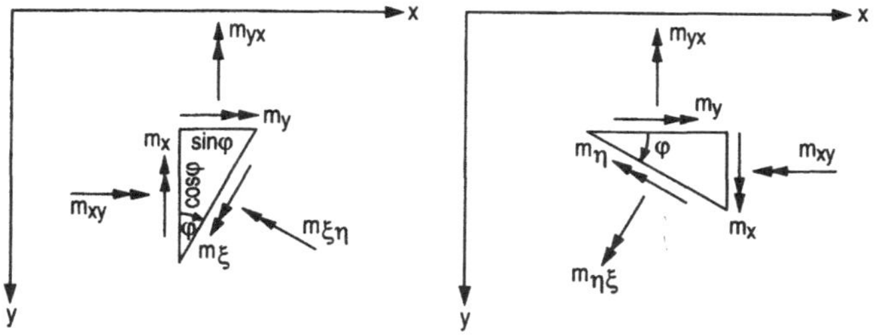

Abb. 6.45. Vorzeichenkonvention und Momente in beliebig gerichteten Schnittflächen

Mit den Schnittkraft-Dehnungs-Beziehungen erhält man die Plattendifferentialgleichung:

$$\frac{\partial^4 w}{\partial x^4} + 2\frac{\partial^4 w}{\partial x^2 \cdot \partial y^2} + \frac{\partial^4 w}{\partial y^4} = \frac{q}{D}.$$

Transformationsformeln für die Plattenmomente (Abb. 6.44 und 6.45). Die Biege- und Drillmomente einer beliebig gerichteten Schnittfläche können mit einer analogen Transformation wie Spannungen in einem ebenen Spannungszustand bestimmt werden.

Es ergeben sich folgende Transformationsformeln:

$$m_\xi = m_x \cdot \cos^2\varphi + m_y \cdot \sin^2\varphi + m_{xy} \cdot \sin 2 \cdot \varphi,$$
$$m_\eta = m_x \cdot \sin^2\varphi + m_y \cdot \cos^2\varphi - m_{xy} \cdot \sin 2 \cdot \varphi,$$
$$m_{\xi\eta} = \tfrac{1}{2} \cdot (m_y - m_x) \cdot \sin 2 \cdot \varphi + m_{xy} \cdot \cos 2 \cdot \varphi.$$

Ermittlung der Plattenschnittkräfte

Die Plattenschnittkräfte werden in einigen für die Bemessung der gesamten Platte relevanten Punkten für die jeweils maßgebende Lastanordnung berechnet. Den

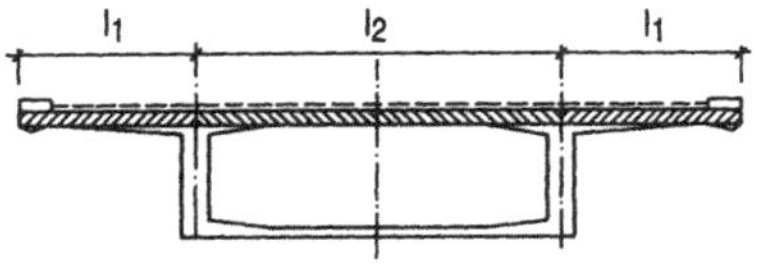

Abb. 6.46. Querschnittsmodell für starr gelagerte Platten

Schnittkräften der Platte mit nicht senkbaren Auflagern ist die Querbiegung aus der Querschnittsverformung infolge Auflagersenkung zu überlagern.

Bei einzelligen Kasten und zweistegigen Plattenbalken von üblicher Breite ist die Querbiegung meistens so klein, dass sie vernachlässigt werden kann. Die Senkbarkeit der Plattenauflager ist somit im Allgemeinen nur bei mehrzelligen Kasten oder mehrstegigen Plattenbalken zu berücksichtigen. Für die Berechnung der Schnittkräfte starr gelagerter Platten können passende Finite-Element-Programme verwendet werden.

Statische Modelle für starr gelagerte Platten

In Bezug auf die Steifigkeitsverhältnisse der Platte sind Vereinfachungen durchaus zulässig, d. h., normale Konsolenköpfe oder Plattenvouten (Abb. 6.46) müssen nicht berücksichtigt werden. Als Berechnungsmodell kann eine Platte von konstanter Dicke benützt werden. Dies entspricht einer kleinen Schnittkraftumlagerung in Bezug auf die Quer- und die Längsrichtung. Ein Gleichgewichtszustand ist aber auf jeden Fall gewährleistet. Nur bei durchgehenden Brüstungen ist es angezeigt, die entsprechende Randverstärkung zu berücksichtigen.

In Bezug auf geometrische Randbedingungen der Platte sind je nach Querschnittsausbildung folgende Fälle zu unterscheiden:

- Geschlossene Querschnitte. Bei geschlossenen Querschnitten ist die Einspannung der Platte in den Trägerstegen normalerweise so groß, daß für die mit den Stegen verbundenen Plattenränder, unabhängig von der Art der Belastung, eine feste Einspannung angenommen werden darf (Abb. 6.47).

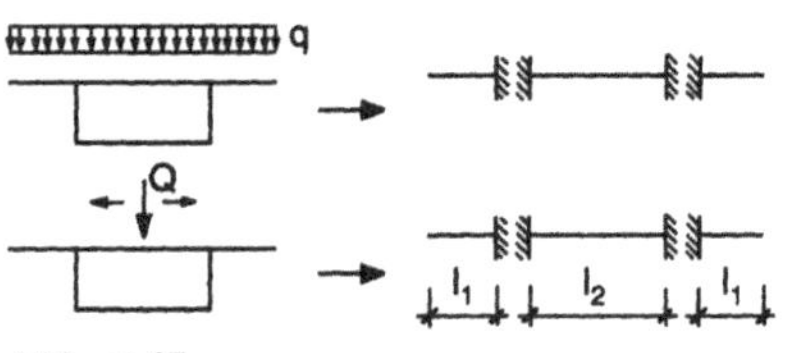

Abb. 6.47

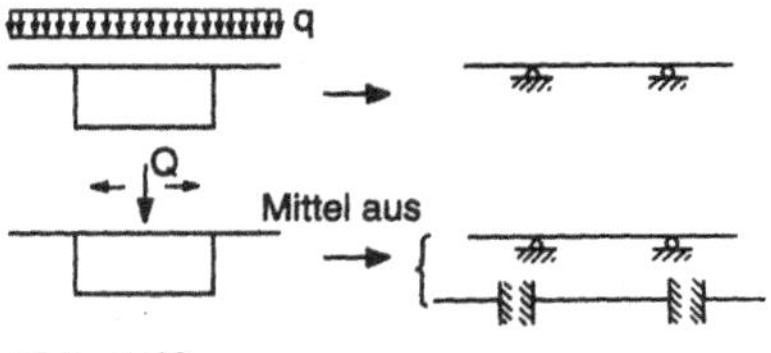

Abb. 6.48

Abb. 6.47. Lagerungsmodell für geschlossene Querschnitte bei gleichmäßig verteilter Belastung und Einzellast

Abb. 6.48. Lagerungsmodell für offene Querschnitte bei gleichmäßig verteilter Belastung und Einzellast

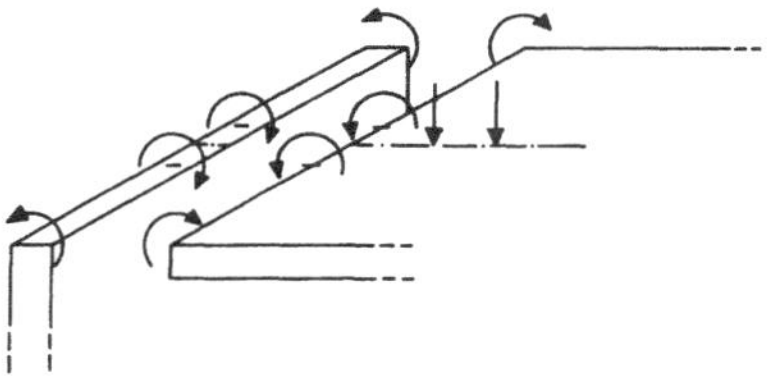

Abb. 6.49. Einspannung der Platte in den Trägerstegen bei Einzellasten

– Offene Querschnitte. Bei offenen Querschnitten ist es zweckmäßig, die geometrischen Randbedingungen der Belastungsart bzw. der versteifenden Wirkung der Trägerstege anzupassen. Bei gleichmäßig verteilter Belastung reicht die Torsionssteifigkeit der Trägerstege zumindest im Normalbereich für eine feste Einspannung des Plattenrandes nicht aus, und eine verdrehungssteife Einspannung des Plattenauflagers ist nur in der Nähe der Querträger gewährleistet (Abb. 6.48). Bei Einzellasten ist hingegen die Einspannung der Platte in den Trägerstegen relativ groß, weil die Stege selbst wieder in benachbarten Plattenbereichen eingespannt sind und weil ihre Torsionsbeanspruchung somit auf einen relativ kurzen Bereich beschränkt ist (Abb. 6.49). Bei der Bemessung der Stege ist die von der Platteneinspannung verursachte Torsion selbstverständlich zu berücksichtigen.

Lastverteilfläche bei Einzellasten

Die Aufstandsfläche der Raddrücke wird in jeder Richtung um den Betrag der Lastausbreitung vergößert. Im Belag kann eine Lastausbreitung unter einer Neigung von 2 : 1 angenommen werden, in der Platte selbst beträgt die Neigung etwa 1 : 1. Die Lastverteilfläche wird auf die Mittelebene der Platte bezogen (Abb. 6.50).

Auswertung von Einflussfeldern

Einflussfelder werden als Schichtlinienpläne dargestellt. Die Schichtlinienhöhen entsprechen den Einflusswerten κ der Schnittkraft im Einflusspunkt. Bei Momenten-Einflussfeldern sowie konzentrierten Auflagerreaktionen ist κ dimensionslos, bei Einflussfeldern für Querkräfte hat κ die Dimension m^{-1}. Bei Einflussfeldern von zweiseitig gelagerten Platten ist die x-Koordinate im Allgemeinen senkrecht zur Trägerachse gerichtet. Die gesuchte Schnittkraft ergibt sich als Produkt aus der Flächenlast q und dem maßstäblich ermittelten Volumen V des Einflussfeldes über der Lastverteilfläche.

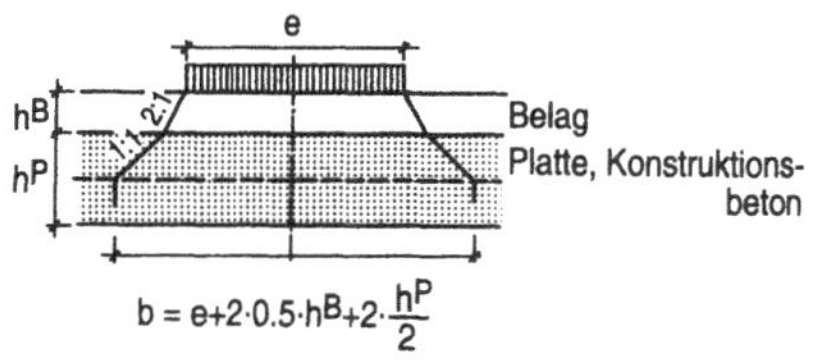

Abb. 6.50. Lastverteilfläche bei Einzellasten

Zum Beispiel für ein Moment:

Biegemoment:	[Nm/m′] infolge einer gleichmäßig verteilten Flächenlast q [N/m^2].
Flächenlast $q(x,y)$:	$q = $ konstant [N/m^2].
Lastverteilfläche A (maßstäblich):	[m^2].
Einflusswerte $\kappa(x,y)$:	dimensionslos.
Volumen des Einflussfeldes V:	$V = \int \kappa(x,y) \cdot \mathrm{d}A$ [m^2].
Biegemomente m:	$m = q \cdot V$ [Nm/m′].

Den Voraussetzungen entsprechend erreichen die Biegemomente und Querkräfte unter einer punktförmigen Einzellast für Einflusspunkte im Plattenfeld einen unendlich großen Wert. Siehe z. B. geschlossene Lösungen für Kreisplatten unter Einzellast:

$$m_r = \frac{Q}{4 \cdot \pi} \cdot \left(\ln\frac{a}{r} - 1\right), \quad m_\varphi = \frac{Q}{4 \cdot \pi} \cdot \ln\frac{a}{r}, \quad \text{mit } \nu = 0.$$

Die Einflussfelder für die Schnittkräfte weisen deshalb im Einflusspunkt eine unendlich hohe Spitze auf (Singularitätenschlauch). Das Volumen des Singularitätenschlauchs ist jedoch endlich. In den Einflussfeldern sind meistens so viele Schichtlinien eingetragen, dass das Volumenverhältnis von Singularitätenschlauch zu Zylinder der obersten Schichtlinie sehr klein ist. Das heißt: Sofern die Lastverteilfläche größer ist als die von der obersten Schichtlinie umfasste Fläche, kann das Volumen des Singularitätenschlauchs vernachlässigt werden.

Das Volumen des über dem belasteten Bereich befindlichen Teils des Einflussfeldes kann auf verschiedene Arten ermittelt werden:

- Lotrechte Parallelschnitte; ungerade Anzahl in gleicher Distanz; Summation durch Anwendung der Simpson'schen Regel.
- Horizontalschnitte entsprechend den Schichtlinien; Summation wie oben.
- Aufteilung der Lastverteilfläche in Teilbereiche ΔA_i und Ermittlung des Mittelwertes $\bar{\kappa}_i$ für die einzelnen Teilbereiche: $V = \sum_{i=1}^{n} \bar{\kappa}_i \cdot \Delta A_i$.

Das letztgenannte Verfahren ist nicht so „genau“ wie die beiden anderen, führt jedoch sehr rasch zu brauchbaren Resultaten.

Beispiel 6.3. Ermittlung des Biegemomentes m_x eines beidseitig eingespannten Plattenstreifens

Spannweite des Plattenstreifens: $l = 6{,}0$ m.
Belastung: 2 Achslasten, Radlast $Q = 120$ kN (Abb. 6.51).
Aufstandsfläche: $0{,}5 \cdot 0{,}5$ m^2.
Lastverteilfläche: $0{,}8 \cdot 0{,}8$ m^2.
Stützweite im Einflussfeld (Abb. 6.52): 8,8 cm.
Maßstab für Beispiel 6.3: 6 m $\hat{=}$ 8,8 cm; 1 m $\hat{=}$ 1,47 cm.

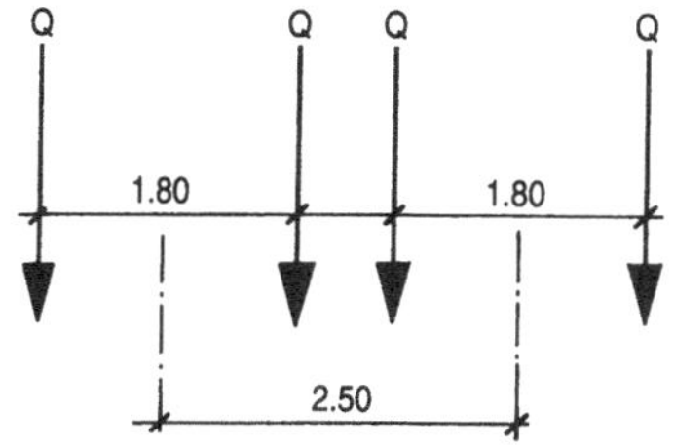

Abb. 6.51. Anordnung von zwei Achslasten

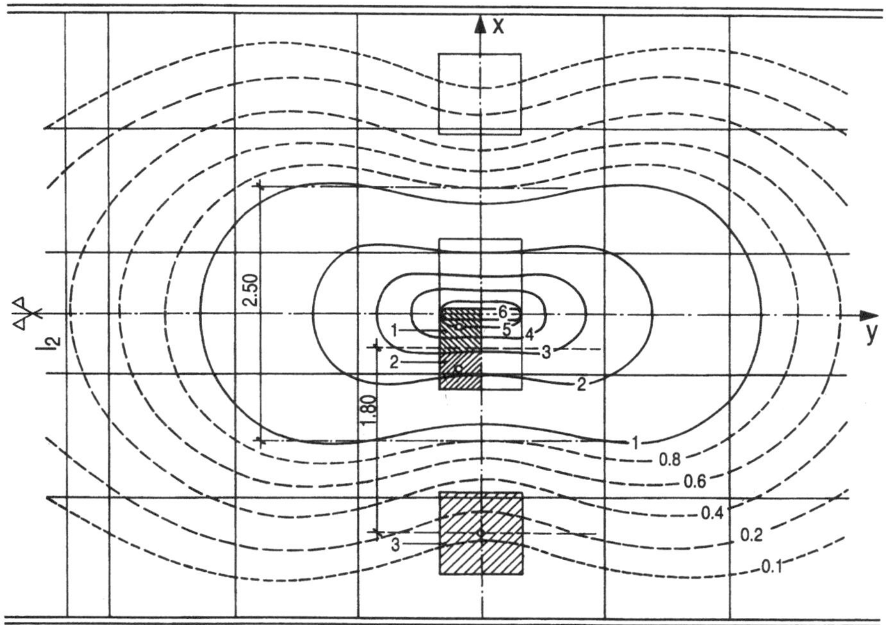

Abb. 6.52. Auswertung der Momenteneinflussfläche für eine Belastung gemäß Abb. 6.51 (Einflusswerte 8π-fach)

Teilbereich 1:

Lastanteil	$\Delta q_1 = 120/4 = 30\,\text{kN}$
mittlerer Einflusswert	$\bar{\kappa}_1 = 4{,}9 \cdot 1/(8 \cdot \pi) = 0{,}195$
Momenten-Anteil	$\Delta m_1 = \Delta q_1 \cdot \bar{\kappa}_1 = 5{,}85\,\text{kNm/m}'$

Teilbereich 2:

Lastanteil	$\Delta q_2 = 120/4 = 30\,\text{kN}$
mittlerer Einflusswert	$\bar{\kappa}_2 = 2{,}3 \cdot 1/(8 \cdot \pi) = 0{,}0915$
Momenten-Anteil	$\Delta m_2 = \Delta q_2 \cdot \bar{\kappa}_2 = 2{,}75\,\text{kNm/m}'$

Teilbereich 3:

Lastanteil	$\Delta q_3 = 120\,\text{kN}$
mittlerer Einflusswert	$\bar{\kappa}_3 = 0{,}13 \cdot 1/(8 \cdot \pi) = 0{,}0052$
Momenten-Anteil	$\Delta m_3 = \Delta q_3 \cdot \bar{\kappa}_3 = 0{,}62\,\text{kNm/m}'$
Totales Biegemoment	$m_x = 4 \cdot \Delta m_1 + 4 \cdot \Delta m_2 + 2 \cdot \Delta m_3 = 36\,\text{kNm/m}'$

Grenzwerte der Biegemomente

Die Tabellenwerke enthalten nur Einflussfelder für relativ wenige spezielle Plattenpunkte. Für die übrigen Bereiche der Platte müssen deshalb die Momentengrenzwerte infolge von Einzellasten (Radlasten) z. B. mit den folgenden vereinfachten Annahmen abgeschätzt werden.

- Feldplatte

  $m^+_{x,\,max}$ und $m^+_{y,\,max}$: Aus den Einflussfeldern für einen Punkt auf der Mittelachse der Feldplatte.

  $m^-_{x,\,min}$: Aus den Einflussfeldern für Randeinspannung.

  Für Zwischenpunkte dürfen die in Abb. 6.53 angegebenen Näherungen verwendet werden.

- Konsolen

  $m^-_{x,\,min}$: Aus den Einflussfeldern für Randeinspannung und Mitte Konsole.

  $m^+_{x,\,max}$: Aus den Einflussfeldern für Mitte Konsole.

  $m^+_{y,\,max}$ und $m^-_{y,\,min}$: Aus den Einflussfeldern für Mitte Konsole und freien Rand.

  Für Zwischenpunkte dürfen die in Abb. 6.54 angegebenen Näherungen verwendet werden.

- Feldplatte im Querträgerbereich

  $m^-_{y,\,min}$: Aus den Einflussfeldern für Randeinspannung (Platte dreiseitig gelagert).

  Für Zwischenpunkte dürfen die in Abb. 6.55 angegebenen Näherungen verwendet werden.

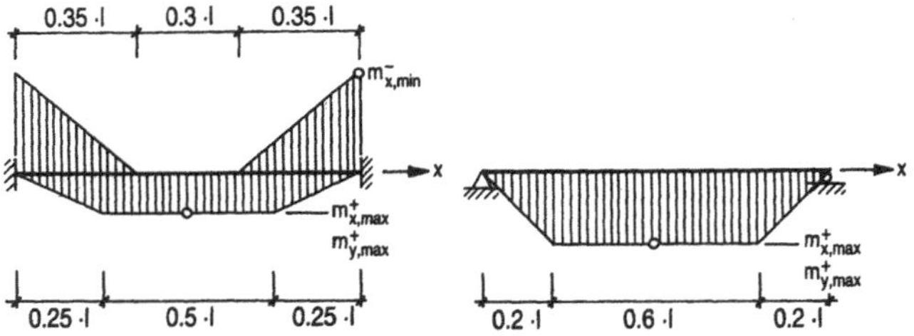

Abb. 6.53. Momenten-Grenzwertlinie infolge von Einzellasten für die Feldplatte

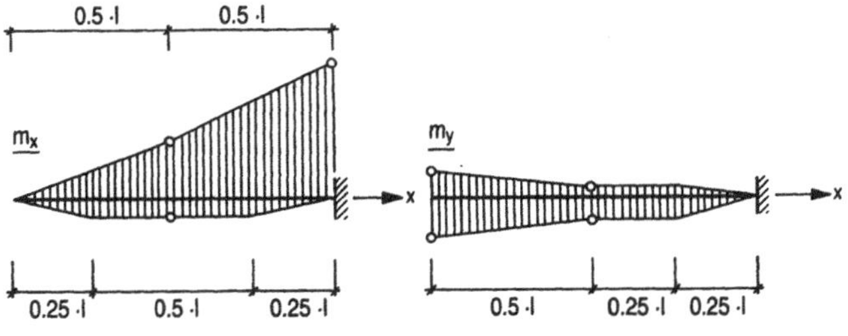

Abb. 6.54. Momenten-Grenzwertlinie infolge von Einzellasten für Konsolen

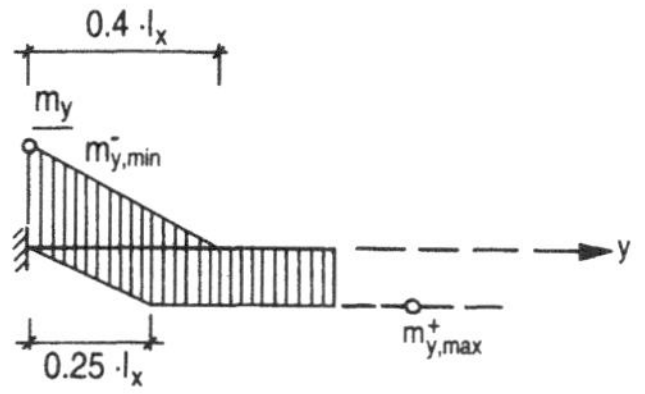

Abb. 6.55. Momenten-Grenzwertlinie infolge von Einzellasten für die Feldplatte im Querträgerbereich

Einspannung der Platten in den Trägerstegen

In den Modellen der Abb. 6.47 bis 6.49 wurde angenommen, die Fahrbahnplatte (Konsole und Feldplatte) sei ganz oder teilweise in den Trägerstegen eingespannt, d. h., die Differenz des Einspannmomentes von Konsole und Feldplatte werde auf den Trägersteg übertragen. Mit dieser vereinfachenden Annahme lässt sich zwar immer ein Gleichgewichtszustand gewährleisten; in einzelnen Fällen ist jedoch eine etwas genauere Untersuchung, die den effektiven Steifigkeitsverhältnissen Rechnung trägt, wünschenswert.

Bei geschlossenen Querschnitten ist der Trägersteg unten von der unteren Kastenplatte gehalten. Die Differenz des Einspannmomentes von Konsole und Feldplatte wird somit vom Trägersteg durch Querbiegung aufgenommen. Da die Steghöhe in der Regel wesentlich kleiner ist als die Plattenspannweite und weil die Stege zudem dicker sind als die Platte, wird der weitaus größte Teil des Differenzmomentes in die Stege eingeleitet. Für eine etwas genauere Untersuchung kann der Steifigkeit von Platte und Steg entsprechend ein Momentenausgleich nach Stabtheorie durchgeführt werden (Abb. 6.56).

Bei offenen Querschnitten wird mit dem vorgeschlagenen Modell angenommen, bei blockierten Knoten werde mit Stegtorsion generell die Hälfte des Differenzmomentes auf benachbarte Plattenbereiche übertragen (Abb. 6.57).

Eine Näherungsberechnung kann allenfalls mit einem Stabmodell durchgeführt werden; sie beruht auf folgenden Annahmen (Abb. 6.58):

- Die Platte wird in vier Ersatzträger der Breite a aufgeteilt.
- Der Abstand a entspricht der Hälfte des Einspannmomenten-Bereichs unter Annahme einer Lastausbreitung von 45°.
- Gesamtes Einspannmoment der Konsole infolge der Einzellasten: $2 \cdot M^K$.

Damit ergibt sich aus der Verträglichkeitsbedingung für die äußeren Ersatzträger:

$$\delta_1 = \delta_{10} + X_1 \cdot \delta_{11} = 0,$$

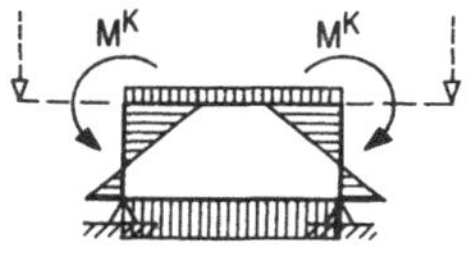

Abb. 6.56. Aufteilung der Konsolmomente auf Steg und Feldplatte nach Stabtheorie bei geschlossenen Querschnitten

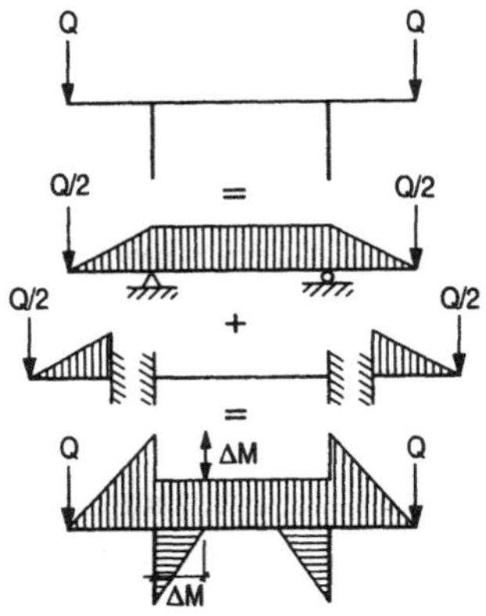

Abb. 6.57. Abschätzung des Stegmomentes ΔM infolge Konsolbelastung bei einem offenen Querschnitt

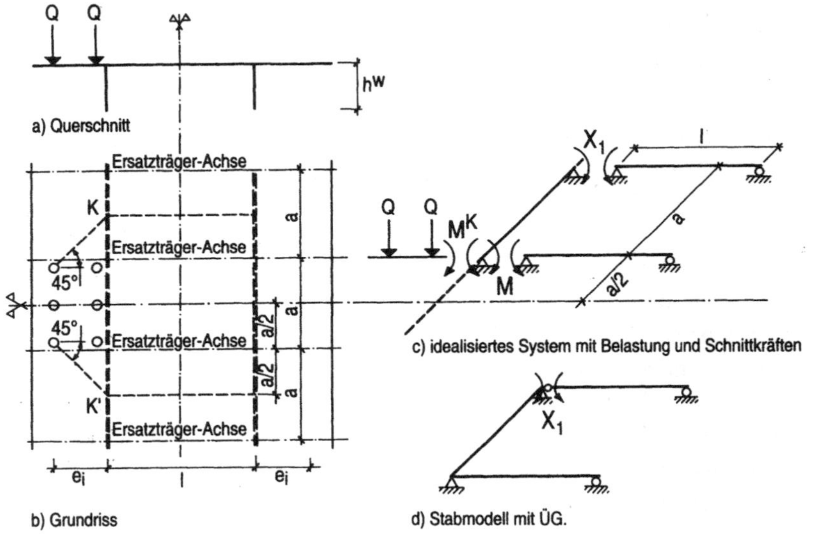

Abb. 6.58. Ermittlung der elastischen Einspannung der Konsolen bei einem offenen Querschnitt

wobei

$$\delta_{10} = -\frac{M^{\mathrm{K}} \cdot l}{3 \cdot EI^{\mathrm{P}}}, \quad \delta_{11} = \frac{2 \cdot l}{3 \cdot EI^{\mathrm{P}}} + \frac{a}{GK^{\mathrm{W}}}, \quad X_1 = M^{\mathrm{K}} \cdot \frac{1}{2 + 3 \cdot \frac{a \cdot EI^{\mathrm{P}}}{l \cdot GK^{\mathrm{W}}}},$$

und das Randmoment der inneren Ersatzträger beträgt:

$$M = M^{\mathrm{K}} \left(1 - \frac{1}{2 + 3 \frac{a \cdot EI^{\mathrm{P}}}{l \cdot GK^{\mathrm{W}}}} \right).$$

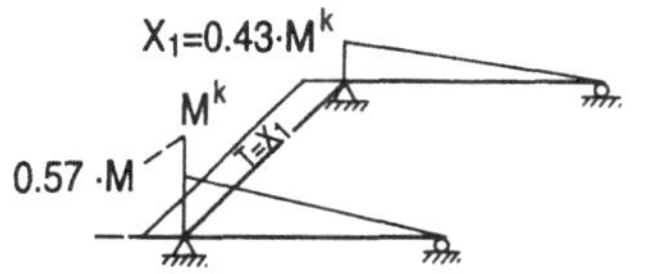

Abb. 6.59. Momente in den Ersatzträgern infolge des Konsolenmomentes M^{K}

Beispiel 6.4. Näherungsberechnung der elastischen Einspannung der Konsole bei offenem Querschnitt

– Steg: Höhe $h^{\mathrm{W}} = 2{,}0\,\mathrm{m}$
  Breite $b^{\mathrm{W}} = 0{,}5\,\mathrm{m}$
  $K^{\mathrm{W}} = 0{,}28(b^{\mathrm{W}})^3 h^{\mathrm{W}} = 0{,}070\,\mathrm{m}^4$
– Platte: Ersatzträgerabstand $a = 3{,}5\,\mathrm{m}$
  Dicke $t^{\mathrm{P}} = 0{,}25\,\mathrm{m}$
  $I^{\mathrm{P}} = a(t^{\mathrm{P}})^3/12 = 0{,}0046\,\mathrm{m}^4$
  Plattenspannweite $l = 5{,}0\,\mathrm{m}$
– Überzählige Größe:

$$X_1 = M^{\mathrm{K}} \frac{1}{2 + 3\frac{3{,}5 \cdot 0{,}0046}{5 \cdot 0{,}4 \cdot 0{,}07}} = 0{,}43 M^{\mathrm{K}}, \quad \text{mit } G = 0{,}4E$$

– Randmoment für die inneren Ersatzträger (Abb. 6.59):

$$M = M^{\mathrm{K}}(1 - X_1) = 0{,}57 M^{\mathrm{K}}$$

6.3.2 Trägerstege

Ermittlung der Stegdicke

Für die Wahl der Stegdicke sind vor allem herstellungstechnische und konstruktive Anforderungen ausschlaggebend. So muss z. B. zwischen den Hüllrohren der Spannkabel von Ortsbetonträgern eine Einfüll- oder Vibrierlücke von mindestens 8 cm Breite angeordnet werden (Abb. 6.60).

Im Bereich der Widerlager und Stützen sind für die Anordnung der Verankerungen oder Kupplungen der Spannkabel oft Verbreiterungen der Stege erforderlich (Abb. 6.61).

In statischer Hinsicht ist die Stegbreite meistens nur in einem relativ kurzen Bereich in der Nähe von Zwischenauflagern (Stützen) voll ausgenützt. Die erforderliche Stegdicke $b^{\mathrm{W}}_{\mathrm{erf}}$ beträgt gemäß den Angaben im Abschn. 5.3.3 bei vertikalen Bügeln:

$$b^{\mathrm{W(v)}}_{\mathrm{erf}} = \frac{A^{\mathrm{W}}_{\mathrm{s,v}} \cdot f_{\mathrm{sy}}}{s} \frac{1}{f_{\mathrm{c,red}} \cdot \sin^2\alpha},$$

und bei Schrägbügeln:

$$b^{\mathrm{W(d)}}_{\mathrm{erf}} = \frac{A^{\mathrm{W}}_{\mathrm{s,d}} \cdot f_{\mathrm{sy}}}{s} \frac{\sin\beta}{f_{\mathrm{c,red}} \cdot \sin^2\alpha},$$

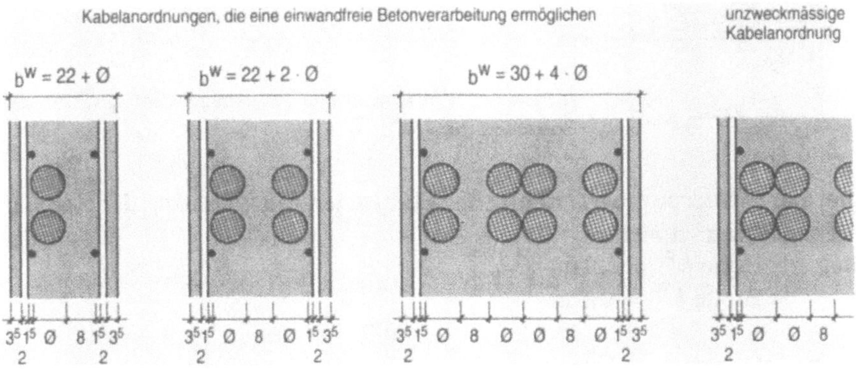

Abb. 6.60. Konstruktiv erforderliche Stegbreite b^W [cm]

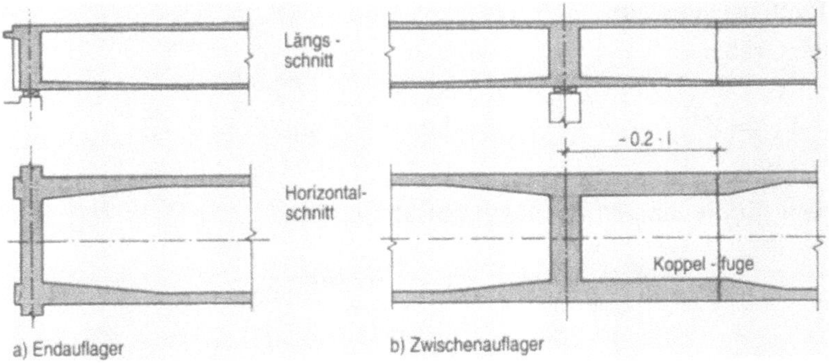

Abb. 6.61. Stegverstärkungen im Auflagerbereich

wobei s den Bügelabstand und α den Neigungswinkel der Betondruckdiagonalen (Abb. 6.64) bedeutet.

Bei gleichem Schubwiderstand V_R der Bügelbewehrung ist bei Schrägbügeln eine entsprechend kleinere Stegdicke erforderlich. So folgt mit den Beziehungen aus Abschn. 5.3.3, wenn β der Neigungswinkel der Schrägbügel ist:

$$b_{\text{erf}}^{\text{W(d)}} = b_{\text{erf}}^{\text{W(v)}} \frac{\cot \alpha}{(\cot \alpha + \cot \beta) \cdot \sin \beta}$$

und im Speziellen mit $\alpha = \beta = 45°$:

$$b_{\text{erf}}^{\text{W(d)}} = b_{\text{erf}}^{\text{W(v)}} \cdot 1/\sqrt{2}.$$

Bemessung der Stege bei Schub mit Querbiegung

Die Stege von Brückenträgern werden nebst dem Schub (Querkraft) aus der Längstragrichtung auch durch eine von der Fahrbahnplatte übertragene Querbiegung beansprucht. Die erforderliche Bügelbewehrung muss dabei aber nicht für Schub und Querbiegung getrennt ermittelt und dann überlagert werden. Sie kann direkt entsprechend der Beanspruchungskombination bemessen und angeordnet werden.

Sofern die Stegbreite b^{W} durch den Schubdruck nicht voll ausgenützt ist, verlagert sich, wie Versuche gezeigt haben, die durch $b_{\mathrm{erf}}^{\mathrm{W}}$ festgelegte Schubdruckzone gegen den Druckbereich der Querbiegung. Dadurch entsteht eine ungleiche Bügelbeanspruchung durch Schub, womit der entlastete Bügel in der Lage ist, zusätzliche Zugkräfte aus Querbiegung aufzunehmen.

Bei vertikaler Bügelbewehrung ($\beta = 90°$) kann die Berechnung an einem vereinfachten Modell durchgeführt werden. Es werden folgende Bezeichnungen verwendet:

V_R	Schubwiderstand der Bügelbewehrung,
m_R	Querbiegewiderstand,
$B_{\mathrm{r}}, B_{\mathrm{l}}$	Bügelkräfte rechts bzw. links,
$b_{\mathrm{erf}}^{\mathrm{W}}$	erforderliche Stegbreite zur Aufnahme der Schubdruckkraft,
α	Neigungswinkel der Betondruckdiagonalen,
z	Hebelarm der inneren Kräfte im Träger,
s	Bügelabstand.

Bei der Modellbildung und der Berechnung sind zwei grundsätzlich verschiedene Fälle zu unterscheiden: die Bügelzugkraft aus Schub ist im einen Fall größer und im anderen Fall kleiner als die Druckkraft aus Querbiegung.

Fall 1. Die Stegbeanspruchung beruht vorwiegend auf Schub, und die entsprechende Bügelzugkraft B_{l} ist größer als die Druckkraft aus Querbiegung (Abb. 6.62). Das heißt, dass infolge Querbiegung keine zusätzliche Betondruckkraft, sondern lediglich eine Reduktion bzw. Vergrößerung der Bügelzugkräfte B_{l} bzw. B_{r} um den Betrag m_R/b_0 entsteht.

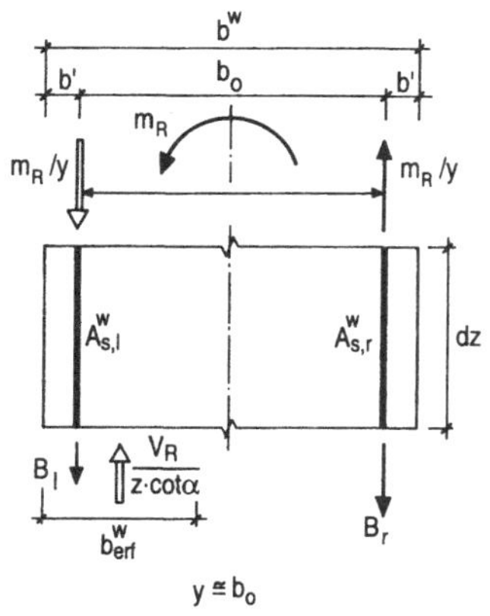

$$\frac{V_R}{z \cdot \cot\alpha} \cdot \left(b_0 - \frac{b_{\mathrm{erf}}^{\mathrm{w}}}{2} + b'\right) \geq m_R$$

Abb. 6.62. Stegbeanspruchung vorwiegend durch Schub (Fall 1)

Aus dem Komponentengleichgewicht und dem Momentengleichgewicht bezüglich der Bewehrungslage links folgt somit gemäß Abb. 6.62:

$$\frac{V_R}{z \cdot \cot\alpha} - B_\mathrm{l} - B_\mathrm{r} = 0,$$
$$B_\mathrm{r} \cdot b_0 - \frac{V_R}{z \cdot \cot\alpha}\left(\frac{b^\mathrm{W}_\mathrm{erf}}{2} - b'\right) - m_R = 0,$$

und daraus folgen die Bügelzugkräfte

$$B_\mathrm{r} = \frac{V_R}{z \cdot b_0 \cdot \cot\alpha}\left(\frac{b^\mathrm{W}_\mathrm{erf}}{2} - b'\right) + \frac{m_R}{b_0},$$
$$B_\mathrm{l} = \frac{V_R}{z \cdot b_0 \cdot \cot\alpha}\left(b_0 - \frac{b^\mathrm{W}_\mathrm{erf}}{2} + b'\right) - \frac{m_R}{b_0}.$$

Die Tragsicherheit ist gewährleistet mit

$$S_\mathrm{d}(V,m) \leq \frac{1}{\gamma_R} R(V_R,m_R),$$

wobei S_d die Bemessungsschnittkräfte, R den Widerstand und γ_R den Widerstandsfaktor bedeutet.

Die erforderlichen Bügelquerschnitte $A^\mathrm{W}_\mathrm{s,r}$ und $A^\mathrm{W}_\mathrm{s,l}$ betragen mit dem Bügelabstand s

$$A^\mathrm{W}_\mathrm{s,l} \geq s\frac{B_\mathrm{l}}{f_\mathrm{sy}} \quad \text{und} \quad A^\mathrm{W}_\mathrm{s,r} \geq s\frac{B_\mathrm{r}}{f_\mathrm{sy}}.$$

Fall 2. Die Stegbeanspruchung wird vorwiegend durch Querbiegung verursacht. Dabei ist die Bügelzugkraft B_l aus Schub kleiner als die Druckkraft aus Querbiegung (Abb. 6.63). Zur Gewährleistung des Gleichgewichtes ist deshalb eine zusätzliche Betondruckkraft F_cu erforderlich, d. h., die Bügelzugkraft B_l wird überdrückt, und die Betondruckkraft aus Schub ($V_R/(z\cot\alpha)$) verlagert sich zur Stegmitte hin.

Aus dem Komponentengleichgewicht und dem Momentengleichgewicht bezüglich des Schwerpunktes der Betondruckkraft F_cu folgt gemäß Abb. 6.63:

$$\frac{V_R}{z \cdot \cot\alpha} + F_\mathrm{cu} - B_\mathrm{r} = 0,$$
$$\frac{V_R}{z \cdot \cot\alpha}\left(\frac{b^\mathrm{W}_\mathrm{erf} + b_1}{2}\right) + m_R - B_\mathrm{r}\left(b^\mathrm{W} - b' - \frac{b_1}{2}\right) = 0,$$

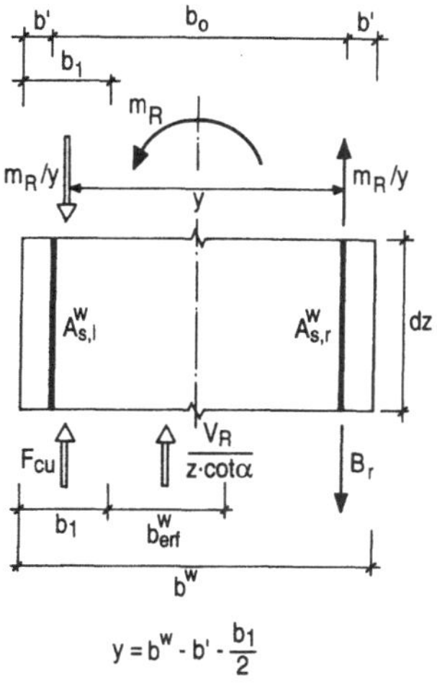

Abb. 6.63. Stegbeanspruchung vorwiegend durch Querbiegung (Fall 2)

wobei $b_1 = F_{\mathrm{cu}}/f_{\mathrm{c}}$. Die Bügelzugkraft B_{r} ergibt sich daraus zu:

$$B_{\mathrm{r}} = \frac{m_R + \frac{V_R}{z \cdot \cot\alpha}\left(\frac{b^{\mathrm{W}}_{\mathrm{erf}}+b_1}{2}\right)}{\left(b^{\mathrm{W}} - b' - \frac{b_1}{2}\right)}.$$

Die Tragsicherheit ist gewährleistet mit

$$S_{\mathrm{d}}(V,m) \leq \frac{1}{\gamma_R} R(V_R, m_R).$$

Der erforderliche Bügelquerschnitt $A^{\mathrm{W}}_{\mathrm{s,r}}$ beträgt

$$A^{\mathrm{W}}_{\mathrm{s,r}} \geq s \frac{B_{\mathrm{r}}}{f_{\mathrm{sy}}}.$$

Aus diesen Bedingungen erhält man in Abhängigkeit der Bügelbewehrungen $A^{\mathrm{W}}_{\mathrm{s,l}}$ und $A^{\mathrm{W}}_{\mathrm{s,r}}$ die Bestimmungsgleichungen für den verfügbaren Querbiegewiderstand m_R, je nach benötigtem Schubwiderstand V_R oder umgekehrt.

Eine rein mathematische Ermittlung der erforderlichen Bügelquerschnitte aufgrund der genannten Beziehungen ist relativ aufwändig. Es ist daher zweckmäßig, die Beziehung zwischen dem Querbiegewiderstand m_R und dem Schubwiderstand V_R graphisch als Interaktions-Diagramm für Querbiegung und Schub darzustellen.

Um eine normierte und dimensionslose Darstellung zu ermöglichen, werden dazu folgende Bezugsgrößen eingeführt:

$$V_{R0} = f_{\mathrm{c,red}} \cdot b^{\mathrm{W}} \cdot z \cdot \sin\alpha \cdot \cos\alpha,$$
$$m_{R0} = \omega_0 \cdot (b_0 + b')^2 \cdot f_{\mathrm{c}}(1 - \omega_0/2).$$

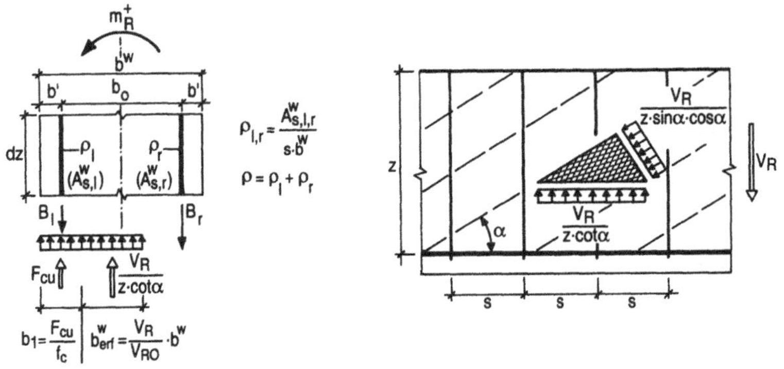

Abb. 6.64. Stegbeanspruchung; verwendete Bezeichnungen und Vorzeichenkonvention

Für den Bewehrungsgehalt werden folgende Bezugsgrößen verwendet (Abb. 6.64):

– ρ_0, erforderlicher geometrischer Bewehrungsgehalt, der bei voller Ausnützung der Stegbreite b^{W} notwendig ist, um die entsprechende Schubdruckkraft $V_{R0}/(z \cdot \cot\alpha)$ aufzunehmen:

$$\rho_0 = \frac{A^{\mathrm{W}}_{\mathrm{s,tot}}}{s \cdot b^{\mathrm{W}}} = \frac{1}{s \cdot b^{\mathrm{W}}} \frac{V_{R0}}{f_{\mathrm{sy}} \cdot z \cdot \cot\alpha} s = \frac{f_{\mathrm{c,red}}}{f_{\mathrm{sy}}} \sin^2\alpha;$$

– ω_0, mechanischer Bewehrungsgehalt (bezüglich der statischen Höhe des Querbiegemomentes), der sich bei symmetrischer Anordnung der ρ_0 entsprechenden Bügel ergibt:

$$\omega_0 = \frac{\rho_0}{2} \cdot \frac{b^{\mathrm{W}}}{b_0 + b'} \cdot \frac{f_{\mathrm{sy}}}{f_{\mathrm{c}}} = \frac{f_{\mathrm{c,red}} \cdot \sin^2\alpha}{2 \cdot f_{\mathrm{c}}} \cdot \frac{b^{\mathrm{W}}}{b_0 + b'}.$$

Damit lassen sich dimensionslose Interaktions-Diagramme für Schub- und Querbiegung ermitteln. Im Folgenden sind für typische Parameterwerte

$$f_{\mathrm{c,red}}/f_{\mathrm{c}} = 0{,}67, \quad b'/b^{\mathrm{W}} = 0{,}1, \quad \alpha = 45^\circ \quad \text{(vertikale Bügel } \beta = 90^\circ)$$

drei Interaktions-Diagramme (Abb. 6.65–6.67) für verschiedene Anordnungen der Bügelbewehrung bzw. Verhältnisse $\rho_{\mathrm{r}}/\rho_{\mathrm{l}}$ dargestellt:

$$\rho = \rho_{\mathrm{r}} + \rho_{\mathrm{l}} = \frac{A^{\mathrm{W}}_{\mathrm{s,r}}}{b^{\mathrm{W}} \cdot s} + \frac{A^{\mathrm{W}}_{\mathrm{s,l}}}{b^{\mathrm{W}} \cdot s} = \frac{A^{\mathrm{W}}_{\mathrm{s,tot}}}{b^{\mathrm{W}} \cdot s},$$

wobei ρ den gesamten geometrischen Bügelbewehrungsgehalt des Steges (Abb. 6.64) bedeutet.

Die für die Diagramme verwendeten Bezeichnungen und Vorzeichenkonvention gehen ebenfalls aus Abb. 6.64 hervor.

Die Bemessung und die Bestimmung der Anordnung der Bügelbewehrung können in der Folge anhand der Interaktions-Diagramme sehr einfach durchgeführt

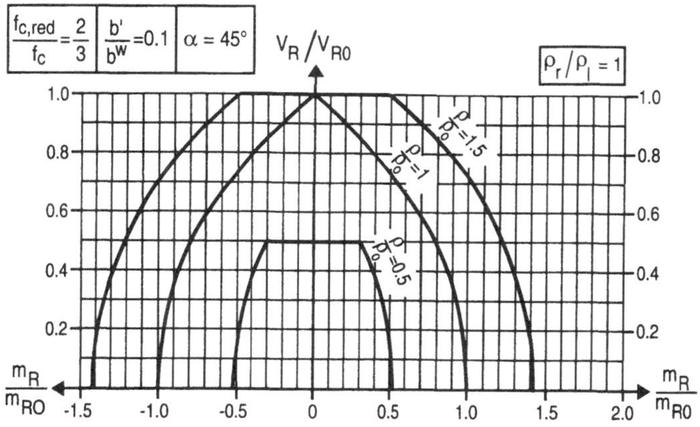

Abb. 6.65. Interaktions-Diagramm Schub–Querbiegung für $\rho_r/\rho_l = 1$

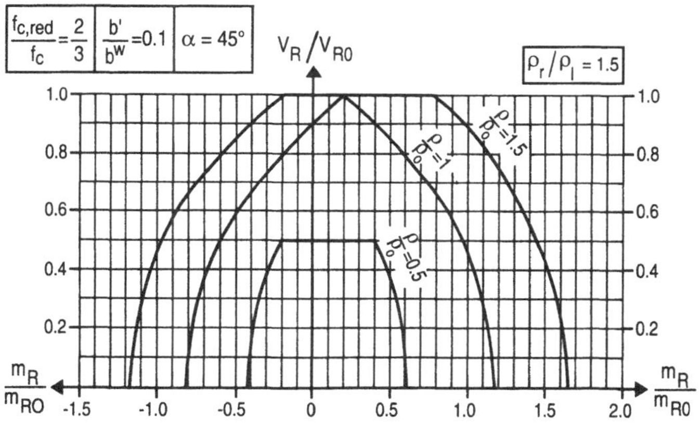

Abb. 6.66. Interaktions-Diagramm Schub–Querbiegung für $\rho_r/\rho_l = 1{,}5$

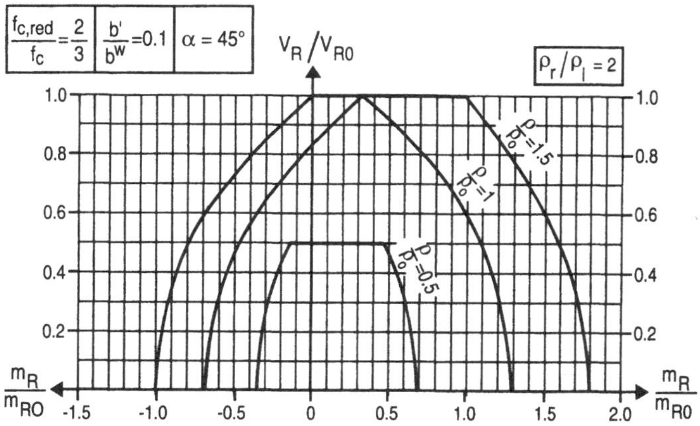

Abb. 6.67. Interaktions-Diagramm Schub–Querbiegung für $\rho_r/\rho_l = 2$

werden. Aufgrund der gewählten Stegabmessungen b^{W} und der Bewehrungslage b_0 bzw. b', der Festigkeitswerte f_c, f_{sy} bzw. $f_{c,red}$ sowie des gewählten Neigungswinkels der Druckdiagonalen α ergeben sich gemäß den vorgängig aufgeführten Beziehungen die Bezugsgrößen ρ_0 bzw. ω_0 und daraus V_{R0} und m_{R0}.

Die aufgrund der vorhandenen Beanspruchungskombination benötigten Widerstände V_R und m_R ergeben durch Division mit den Bezugsgrößen die dimensionslosen Koordinaten $(m_R/m_{R0}, V_R/V_{R0})$ des Bemessungspunktes im ρ_r/ρ_l entsprechenden Interaktions-Diagramm. Der erforderliche Gesamtgehalt an Bügelbewehrung, resp. der bezogene Wert ρ/ρ_0, lässt sich dann durch Interpolation aus den vorhandenen Kurven bestimmen.

6.3.3 Untere Kastenplatte

Die Dicke der unteren Kastenplatte im Stützbereich des Trägers wird durch statische und im Feldbereich durch konstruktive und herstellungstechnische Kriterien festgelegt. Damit sich der Träger im Stützbereich ausgesprochen duktil verhält, sollte der Normalkraftwiderstand der unteren Kastenplatte (auch ohne den über der Platte liegenden Druckbereich der Stege) größer sein als die Fließzugkraft der Trägerbewehrung, die zur Aufnahme der negativen Stützmomente erforderlich ist. Eine reichlich bemessene Druckplatte hat kaum Auswirkungen auf die Wirtschaftlichkeit, da das Gewicht der Platte im Stützbereich nur sehr kleine Trägermomente verursacht. Im Feldbereich sollte die untere Kastenplatte mindestens 0,15 m dick sein, damit eine einwandfreie Verarbeitung des Betons gewährleistet werden kann und Platte und Träger nicht zu große Schwind- und Temperaturunterschiede aufweisen. Es empfiehlt sich, die Platte mit flachen Vouten, die sich ohne Konterschalung ausführen lassen, an die Stege anzuschließen. Die Ermittlung der Voutenstärke ist aus Abb. 6.68 ersichtlich. Damit beträgt die pro Längeneinheit

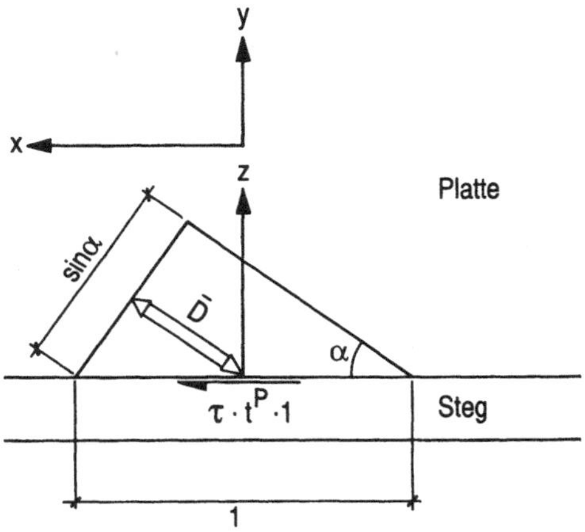

Abb. 6.68. Druckeinleitung in die untere Kastenplatte

eingeleitete Druckkraft $\bar{D}$:

$$\bar{D} = \frac{\tau \cdot t^{P}}{\cos\alpha},$$

und infolge des durch $f_{c,red}$ (Abschn. 5.3.3) begrenzten schiefen Druckwiderstandes der Platte ergibt sich

$$\frac{\bar{D}}{t^{P} \cdot \sin\alpha} \leq f_{c,red}, \quad \tau_{max} \leq f_{c,red} \cdot \sin\alpha \cdot \cos\alpha.$$

Aus dem im Bruchzustand vorhandenen Schubfluss v^* zwischen Steg und Platte folgt

$$t^{P}_{erf} \geq \frac{v^*}{\tau_{max}} = \frac{v^*}{f_{c,red} \cdot \sin\alpha \cdot \cos\alpha}.$$

Der natürliche Einleitwinkel α_0 kann mit Hilfe des Mohr'schen Spannungskreises berechnet werden. Meistens sind die Normalspannungen in y-Richtung so klein, dass sie vernachlässigt werden können. In diesem Fall beträgt α_0 aufgrund der Spannungen σ_x^* und τ_{xy}^* im Bruchzustand

$$\tan 2 \cdot \alpha_0 = \frac{2 \cdot \tau_{xy}^*}{\sigma_x^*}.$$

Aus der Querzugkraft Z ergibt sich die erforderliche Querbewehrung (mit Stababstand s):

$$A_s = \frac{s \cdot v^* \cdot \tan\alpha}{f_{sy}}.$$

Die zur Einleitung des Schubflusses erforderliche Querbewehrung kann zwischen den Stegen dem Verlauf des (Quer-)Schubflusses entsprechend abgestuft werden. Die einwandfreie Verankerung der Querbewehrung in den Stegen ist außerordentlich wichtig, da sie durch Querkraft und Querbiegung unmittelbar am Steganschluss am stärksten beansprucht wird.

Zur Verminderung der Voutenstärke empfiehlt es sich, entweder die Druckfestigkeit der Platte nicht ganz auszunutzen ($\sigma_x^* < f_c$) oder den Einleitwinkel α etwas größer zu wählen als α_0 und damit eine kleine Verstärkung der Querbewehrung in Kauf zu nehmen. Die Bemessung für Schub und Querbiegung wird gleich wie bei den Stegen durchgeführt.

6.3.4 Querträger

Übersicht

Man unterscheidet zwei verschiedene Querträgertypen:

- Querträger bei Auflagern und Gelenken,
- Querträger im Feld.

Die Funktion der Auflager- und Gelenkquerträger besteht darin, die vom Träger ankommenden Kräfte auf die Lager oder Stützen überzuleiten. Auflagerquerträger werden in der Regel eher kräftig ausgebildet, da ihr Gewicht keine Momente im Träger verursacht.

Feldquerträger haben die Aufgabe, den Trägerquerschnitt auszusteifen, damit die Form des Trägerquerschnitts erhalten bleibt. Bei mehrstegigen Querschnitten tragen sie zur Lastverteilung bei, und insbesondere bei gekrümmten Brücken ermöglichen sie eine direkte Überleitung der Drehmomente in Trägertorsion, wodurch die Querbiegung im Träger wesentlich vermindert wird. Feldquerträger werden meistens schlank ausgebildet, da die Schubbeanspruchung normalerweise klein ist und da das Querträgergewicht im Träger Biegung erzeugt.

Auf Feldquerträger kann meistens verzichtet werden. Die Fahrbahnplatte übt bei kleinem Stegabstand bereits eine beträchtliche lastverteilende Wirkung aus, und normale Kastenquerschnitte gekrümmter Brücken sind in der Regel so steif, dass die Querbiegung bei relativ kleiner Krümmung oder Spannweite ohne wesentlichen Mehraufwand aufgenommen werden kann. Bei gekrümmten Brücken mit offenem Querschnitt sind jedoch Querträger viel zweckmäßiger als die zur Aufnahme der Querbiegung erforderliche Verstärkung der Fahrbahnplatte und Stege.

Auflagerquerträger sind nicht immer unbedingt erforderlich; sie können mit entsprechenden konstruktiven Maßnahmen wie direkte Lagerung und Querschnittsverstärkungen vermieden werden. In der Regel ist es jedoch zweckmäßiger und wirtschaftlicher, bei Auflagern und Gelenken Querträger einzubauen.

Bei speziellen Bauverfahren (z. B. offene Querschnitte, hergestellt mit Vorschubrüstung) ist es unter Umständen vorteilhafter, auf den Einbau von Querträgern zu verzichten. Oft werden die Querträger während der Trägerherstellung weggelassen und erst nach dem Vorziehen der Schalung eingebaut. In diesem Fall ordnet man in der Fahrbahnplatte provisorische Aussparungen für das Betonieren der Querträger an. In die Stege und in die untere Kastenplatte werden relativ dünne Anschlussbügel eingelegt, die nach dem Vorziehen der Schalung in die richtige Lage gebogen werden.

Querträger können grundsätzlich als Scheiben oder als Rahmen ausgebildet werden (Abb. 6.69).

Bei Rahmenquerträgern ist das Innere des Kastens durchgehend gut zugänglich, was vor allem das Umsetzen der inneren Schalung bedeutend vereinfacht. Scheibenquerträger weisen nur Durchstiegsöffnungen auf. Die innere Schalung muss deshalb durch Aussparungen, die später geschlossen werden, ausgebaut werden. Bei Rahmenquerträgern muss die Querbeanspruchung durch Biegung

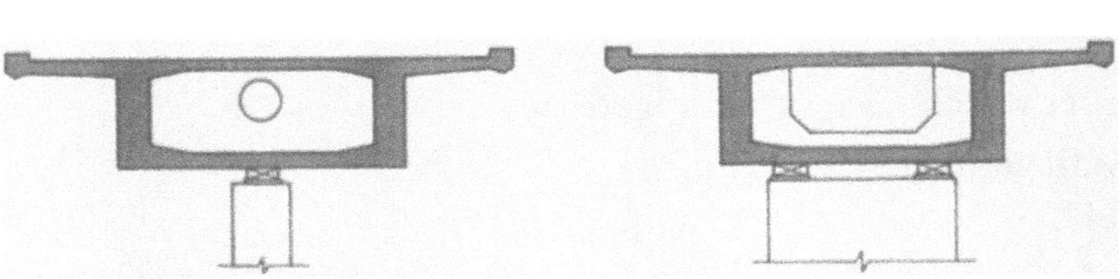

Abb. 6.69. Querträgerausbildung als Scheibe oder als Rahmen

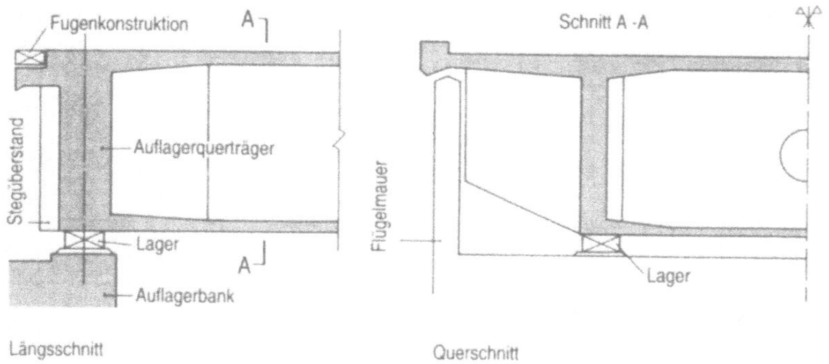

Abb. 6.70. Endquerträger

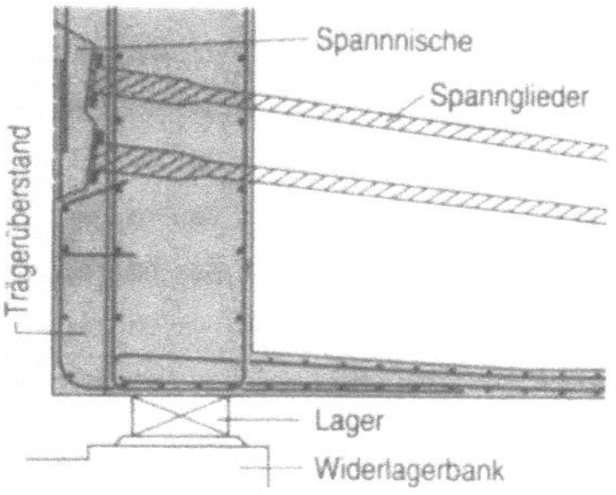

Abb. 6.71. Bewehrungsdetail beim Endquerträger

aufgenommen werden. Dies erfordert eine bedeutend stärkere Bewehrung als bei Scheibenquerträgern, die die Querbeanspruchung durch Schub aufnehmen.

Endquerträger

Endquerträger weisen normalerweise eine Dicke von 0,6 bis 0,8 m auf. Sie werden im Allgemeinen über die ganze Querschnittsbreite durchgeführt, womit eine solide Stützung der Fahrbahnkonsolen und eine einwandfreie Verankerung der Fugenkonstruktion erreicht wird (Abb. 6.70 und 6.71).

Bei Endquerträgern wird man die Lager, wenn immer möglich, unmittelbar unter dem Schnittpunkt der Trägerstegachse und der Querträgerachse anordnen (direkte Lagerung). Dadurch lassen sich in den Querträgern große Biege- und Schubbeanspruchungen infolge der Stegquerkräfte V_z vermeiden. Es müssen dann nur noch die Beanspruchungen infolge der vom Träger abgegebenen horizontalen Querkraft V_y und der Torsion T berücksichtigt werden.

Horizontale Querkräfte V_y werden z. B. durch quer zur Brückenachse gerichtete Wind- und Erdbebenkräfte oder bei Durchlaufträgern durch Zwängung bei einseitiger Sonneneinstrahlung verursacht.

Torsionsmomente entstehen bei geraden Brücken aus exzentrischen Verkehrslasten oder Zwängung durch Widerlagerverdrehung um die Brückenachse infolge

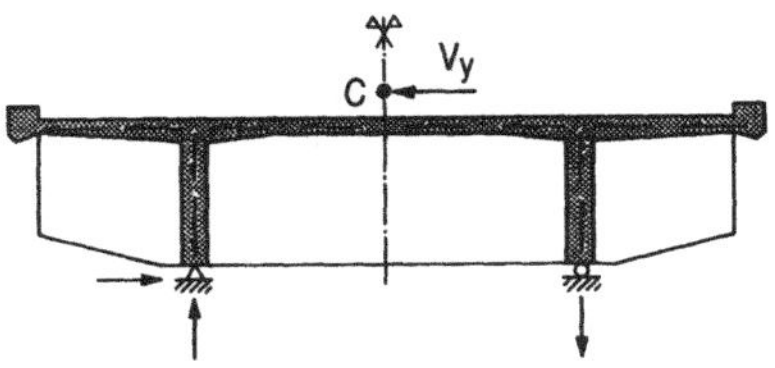

Abb. 6.72. Offener Querschnitt; Schubfluss und Querträger-Auflagerreaktionen infolge von V_y

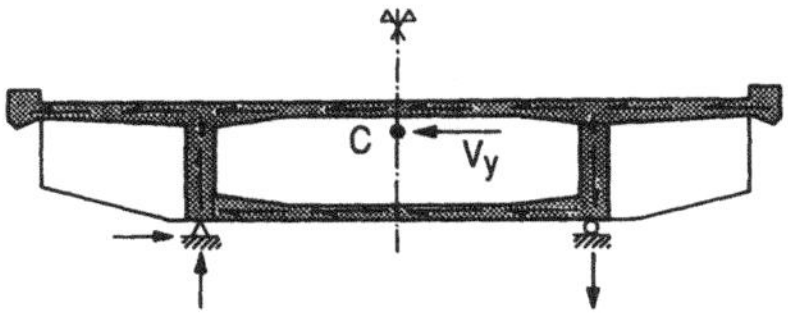

Abb. 6.73. Geschlossener Querschnitt; Schubfluss und Querträger-Auflagerreaktionen infolge von V_y

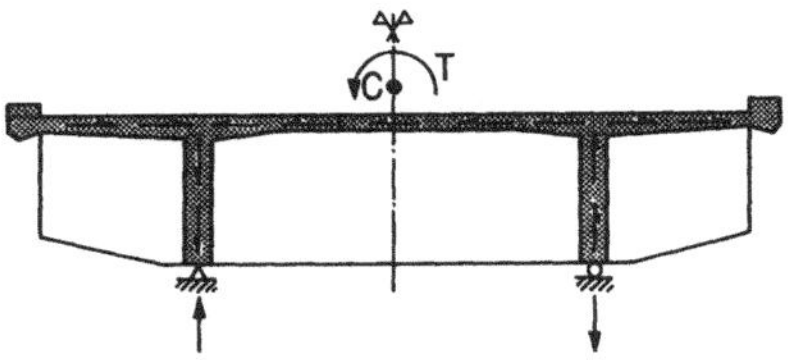

Abb. 6.74. Offener Querschnitt; Schubfluss und Querträger-Auflagerreaktionen infolge von T

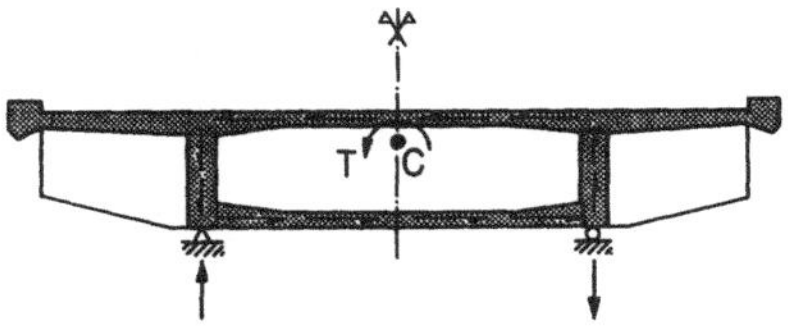

Abb. 6.75. Geschlossener Querschnitt; Schubfluss und Querträger-Auflagerreaktionen infolge von T

unterschiedlicher Setzungen. Bei gekrümmten und schiefen Brücken verursachen auch Eigengewicht und zentrische Verkehrslast Torsionsmomente (siehe Kap. 9).

In den Abb. 6.72–6.75 sind für offene und geschlossene Querschnitte die generellen Schubflüsse, die von den Querschnittselementen des Trägers auf den Querträger übertragen werden, sowie die entsprechenden Auflagerreaktionen des Querträgers eingezeichnet. Die Beanspruchungen des Querträgers können an einem in den Querträger eingeschriebenen Fachwerkmodell (bei Gleichgewicht von Schubfluss und Auflagerreaktionen) ermittelt werden. Bei Scheibenquerträgern wählt man in der Regel ein relativ engmaschiges Bewehrungsnetz und unter 45° geneigte Betondruckdiagonalen. Damit lassen sich die von der Fahrbahnplatte abgegebenen Schubkräfte an den unteren Rand des Querträgers ableiten, von wo sie allenfalls mit entsprechender Bewehrung auf das horizontal unverschiebliche Lager übertragen werden müssen. Schubkräfte, die außerhalb der Querträgerauflager angreifen, erzeugen Querträgerbiegung.

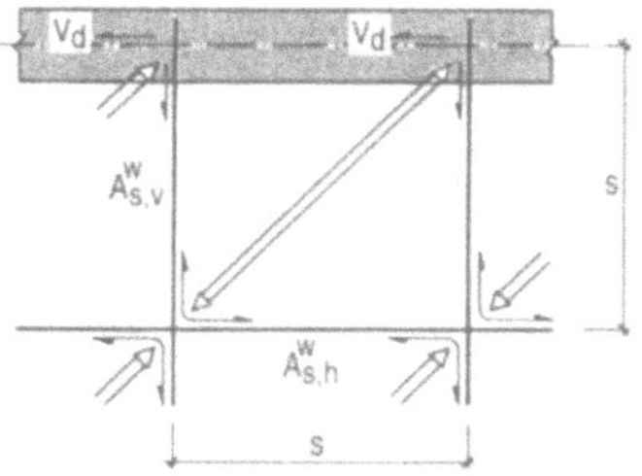

Abb. 6.76. Ableitung des Bemessungsschubflusses v_d mit einem orthogonalen Bügelnetz

Bei reinem Schub betragen die vertikale und die horizontale Bewehrung ($A^W_{s,v}$ und $A^W_{s,h}$) gemäß Abb. 6.76:

$$A^W_{s,v} = A^W_{s,h} = s \cdot \frac{v_d \cdot \gamma_R}{f_{sy}},$$

wobei v_d den Bemessungsschubfluss, γ_R den Widerstandsfaktor und s den Stababstand bedeutet.

Die vertikalen und die horizontalen Bügel müssen in den Platten und den Stegen des Querschnitts einwandfrei verankert werden. Die größte Beanspruchung der Bewehrung tritt bereits am Platten- bzw. am Stegrand auf.

Es ist nicht sinnvoll, die Mindestbewehrung des Querträgers für die „Risslast" des Querträgers zu bemessen. Man bemisst sie für die „Risslast" des Trägers, da mit dem Aufreißen des Trägers die Zwängungen aus Torsion und horizontaler Querkraft bereits stark abgebaut werden. Die Mindestbewehrung des Querträgers ist somit für einen Schubfluss im Träger von

$$v = f_{ct} \cdot t \quad (t, \text{ Plattendicke im Träger})$$

zu bemessen. Mit $f_{ct} \cong 2\,\text{N/mm}^2$ und einer Plattendicke von $t = 0{,}25\,\text{m}$ ergibt sich ein Schubfluss von ca. $500\,\text{kN/m}'$, und bei einem Stababstand von $s = 0{,}3\,\text{m}$ und $f_{sy} = 460\,\text{N/mm}^2$ resultiert für die Bügelbewehrung

$$A^W_{s,v} = A^W_{s,h} \cong 3{,}3\,\text{cm}^2,$$

was etwa zweischnittige Bügel mit Durchmesser 16 mm ergibt.

Querträger bei Gelenken

Querträger bei Gelenken erfüllen im Prinzip dieselben Aufgaben wie die Endquerträger; sie werden aber im Allgemeinen etwas schlanker ausgebildet (Dicke von 0,4 bis 0,6 m). In konstruktiver Hinsicht ist zu beachten, dass die Zugänglichkeit zu den Lagern und eine Fugenentwässerung gewährleistet sind (Abb. 6.77).

Querträger bei Zwischenauflagern

Die Funktion der Querträger über den Zwischenauflagern besteht ebenfalls in der Ableitung der Trägerkräfte auf die Lager bzw. Stützen. Bei indirekter Lagerung

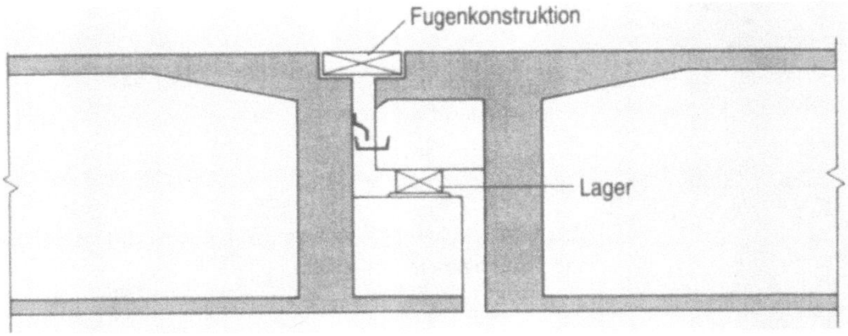

Abb. 6.77. Querträgerausbildung bei einem Gerbergelenk

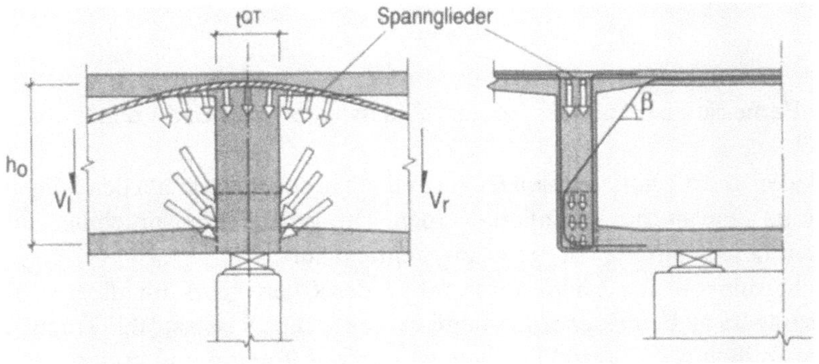

Abb. 6.78. Modell für eine indirekte Lagerung von Querträgern bei Zwischenauflagern

müssen außer Torsion und horizontalen Querkräften aber auch vertikale Querkräfte übertragen werden. Die Querträgerbreite ist deshalb von der Lagerungsart abhängig:

- direkte Lagerung: $b_{\min} \cong 0{,}4$ bis $0{,}6\,\mathrm{m}$
- indirekte Lagerung: $b_{\min}$ entspricht ungefähr der doppelten statisch erforderlichen Breite der Hauptträgerstege
- biegesteifer Stützenanschluss: $b_{\min}$ zumindest gleich groß wie Stützendicke

Im Modell für indirekte Lagerung (Abb. 6.78) wird angenommen, dass im Bruchzustand die von den Stegen abgegebenen Querkräfte im unteren Drittel des Querträgers angreifen und dort durch eine Aufhängebewehrung übernommen werden müssen. Nur die im Querträgerbereich auftretende Umlenkkraft der Spannglieder kann mit einer horizontalen Bewehrung direkt zu den Lagern abgeleitet werden.

Die im unteren Drittel des Querträgers angreifende Querkraft beträgt

$$V_{\mathrm{d}}(g+q) - 0{,}8Q(P),$$

wobei $V_{\mathrm{d}}(g+q)$ die Querkraft des lastabgebenden Steges auf Bemessungsniveau und $Q(P)$ die Umlenkkraft der Spannglieder im Bereich $2h_0/2$ bedeutet.

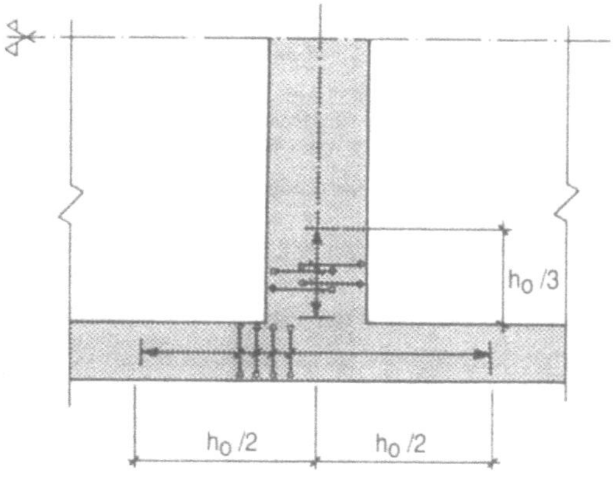

Abb. 6.79. Aufhängebewehrung bei indirekter Lagerung

Somit ergibt sich für die erforderliche Aufhängebewehrung

$$(A^{W}_{s,v} + A^{W}_{s,d} \cdot \sin\beta) \cdot \frac{f_{sy}}{\gamma_R} \geq V_d(g+q) - 0{,}8Q(P),$$

wobei $A^{W}_{s,v}$ die Querschnittsfläche der vertikalen Bügel im wirksamen Bereich (Abb. 6.79) und $A^{W}_{s,d}$ die Querschnittsfläche der geneigten Bewehrung bedeutet.

Bei indirekter Lagerung werden die Querträger durch Schub und Biegung sehr hoch beansprucht. Zur Vermeidung einer extrem dichten schlaffen Bewehrung ist es zweckmäßig, solche Querträger zumindest teilweise vorzuspannen. Die festen Anker der Spannglieder werden zur Reduktion der Aufhängebewehrung möglichst tief im Steg angeordnet (Abb. 6.80). Da die Querträger vor dem Entfernen des Lehrgerüstes vorgespannt werden, muss bei den beweglichen Ankern der erforderliche Raum für das Ansetzen der Spannpressen berücksichtigt werden. Die Reihenfolge der Spannetappen in Quer- und in Längsrichtung ist im Spannprogramm zu

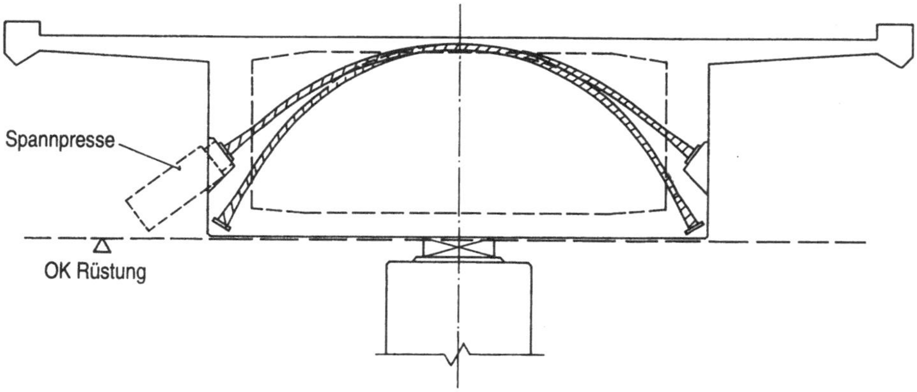

Abb. 6.80. Querträgervorspannung bei indirekter Lagerung

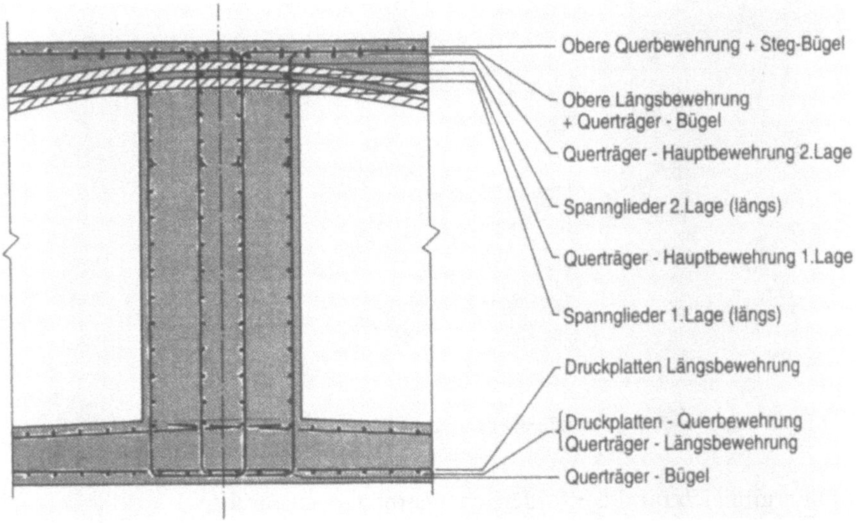

Abb. 6.81. Bewehrungsanordnung im Kreuzungspunkt Steg-Querträger

vermerken. Normalerweise wird die Vorspannung der ersten Spannetappe bei den Querträger-Spanngliedern aufgebracht.

Die Anordnung der Bewehrung im Kreuzungspunkt des Stegs mit dem Querträger muss wegen der hohen Bewehrungsdichte sehr sorgfältig geplant werden. In Abb. 6.81 wird gezeigt, wie die Bewehrung in diesem heiklen Bereich angeordnet werden kann. Sofern der Träger mit den Stützen biegesteif verbunden wird, ist eine lückenlose Ermittlung des Kraftflusses erforderlich. Es ist zu beachten, dass die Biegezugkräfte des Trägers im Wesentlichen in den Spanngliedern über den Stegen konzentriert sind, während die Biegedruckkräfte des Trägers in der unteren Kastenplatte gleichmäßig verteilt sind. Das Differenz-Biegemoment wird durch innere Kräfte im Querträger, die unter sich im Gleichgewicht sein müssen, in Stützenbiegung übergeleitet. Die vertikale Trägerquerkraft in den Trägerstegen geht – normalerweise auf einem anderen Weg – in die Stützennormalkraft über. Biegung und Normalkraft überlagern sich deshalb unter Umständen erst in einem Schnitt unterhalb des Stützenkopfes vollständig, d. h., am Stützenkopf und im Querträger darf die Stützen-Biegebewehrung nicht um den Normalkraftanteil abgemindert werden. Abschnitt 5.6 enthält Angaben, wie der Kraftfluss im Querträger bei biegesteif angeschlossenen Stützen ermittelt werden kann.

Feldquerträger

Weil Feldquerträger die Schalungsarbeiten erschweren, werden sie nur dann eingebaut, wenn sich dadurch eindeutige wirtschaftliche Vorteile erzielen lassen. Die Dicke der Feldquerträger beträgt ca. 0,3 m. Falls Feldquerträger zwecks besserer Lastverteilung eingebaut werden, ermittelt man die Schnittkräfte aufgrund eines Trägerrost-Modells.

Feldquerträger, die bei gekrümmten Brücken eingebaut werden, um die Ablenkkräfte in den Platten ($q = m_t/h_0 = M/r \cdot h_0$) in den St.-Venant-Torsionsschubfluss überzuleiten, weisen einen reinen Schubspannungszustand auf. Die Wirkung dieser Querträger ist beträchtlich, da bereits mit einem relativ kleinen Schubfluss bedeutende Drehmomente eingeleitet werden können. Es empfiehlt sich deshalb, solche Querträger vorzusehen, sobald die Querbiegung (infolge von Drehmomenteinleitung) eine spezielle Bewehrung erfordert.

7 Brückenunterbau

7.1 Brückenpfeiler

7.1.1 Allgemeines

Bis zu einer mittleren Brückenhöhe von ca. 30 m sind die Pfeilerkosten relativ klein und betragen höchstens 5 % der Gesamtkosten. Die Pfeilerform hat jedoch insbesondere bei langen Brücken einen großen Einfluss auf die Transparenz und das Aussehen der Brücke, weshalb bei der Wahl des Pfeilerquerschnittes oft ästhetische Überlegungen ausschlaggebend sind. Aus herstellungstechnischen Gründen werden die Pfeiler meistens mit konstantem Querschnitt ausgebildet. Nur bei sehr hohen Brücken empfiehlt sich im Hinblick auf Ästhetik und Wirtschaftlichkeit eine dem Beanspruchungsverlauf entsprechende Querschnittsänderung. Das kann zum Beispiel ein parabolischer Anzug in einer oder eventuell sogar in beiden Querschnittsachsen sein. Sämtliche Pfeiler einer Brücke weisen in der Regel unabhängig von der jeweiligen Höhe die gleiche Querschnittsform auf.

Einzelpfeiler, d. h. ein Pfeiler pro Auflagerachse, sehen normalerweise am besten aus. Das Verhältnis von Pfeilerbreite zu Brückenbreite sollte dabei etwa folgende Werte aufweisen: Bei schmalen Brücken mit einer Breite von weniger als 12 m ca. 1 : 2,5 bis 1 : 3 und bei breiten Brücken mit einem Großquerschnitt von etwa 25 m Breite ca. 1 : 3,5 bis 1 : 4. In vielen Fällen sind Einzelpfeiler allerdings ungeeignet oder gar nicht möglich. Dies gilt insbesondere bei niedrigen Brücken oder bei Zwillingsbrücken. Anstelle unverhältnismäßig breiter Einzelpfeiler ist hier eine Auflösung in Stützenpaare vorzuziehen. Mehr als zwei Pfeiler pro Auflagerachse sollten aber wenn möglich vermieden werden.

Pfeilerkopfverbreiterungen durch so genannte Hammerköpfe sind formal heikel. Die einwandfreie Gestaltung solcher Hammerköpfe ist unter Berücksichtigung von Höhe und Breite der Pfeiler architektonisch sehr anspruchsvoll.

Die Pfeilerdicke wird so gewählt, dass auch die höchsten Pfeiler nicht eine übermäßige Schlankheit aufweisen. Bei unverschieblichem Pfeilerkopf sollte die Schlankheit ($\lambda = l_k / i$) im Endzustand nicht mehr als ca. 50 bis 70 betragen. Im Bauzustand, d. h. bei völlig freistehendem Pfeiler, ergeben sich dementsprechend Schlankheitswerte bis ca. 220. Pfeiler von derartiger Schlankheit sind allerdings nur möglich, wenn keine Auflasten übernommen werden müssen. Bei Freivorbaubrücken, bei denen die Pfeiler im Bauzustand durch das Trägergewicht hoch belastet werden, muss die Schlankheit entsprechend kleiner sein oder der Pfeilerkopf muss zur Verminderung der Schlankheit horizontal fixiert werden.

7.1.2 Analyse von Stahlbetonstützen nach Theorie 2. Ordnung

Grundsätzliche Überlegungen

Die Traglast schlanker Stahlbetonstützen kann nur bei Berücksichtigung der geometrischen und der materialbedingten Nichtlinearitäten zuverlässig ermittelt werden. Die geometrische Nichtlinearität wird durch die Rückwirkung der Stützenverformung auf die Schnittkräfte verursacht; die materialbedingte Nichtlinearität ist eine Folge der Rissbildung und der Materialplastifizierung bei hohen Beanspruchungen verbunden mit einer starken Abminderung der Biegesteifigkeit.

Wegen der geometrischen Nichtlinearität müssen die Gleichgewichtsbedingungen am verformten System formuliert werden (Abb. 7.1), und weil das Superpositionsgesetz nicht mehr gültig ist, können die Schnittkräfte nicht mehr mit einfachen baustatischen Methoden ermittelt werden.

Für genaue Berechnungen wird unter der Voraussetzung linear elastischen Materialverhaltens zunächst die Differentialgleichung der Biegelinie integriert. Die Schnittkräfte können sodann aus den entsprechenden Ableitungen der Biegelinie ermittelt werden. Dieses Vorgehen ist aber nur möglich, wenn die Biegesteifigkeit längs der Stützenachse konstant ist. Bei variabler Biegesteifigkeit lässt sich die Differentialgleichung nicht mit einfachen Mitteln integrieren. In solchen Fällen ist es viel zweckmäßiger, die Stützenverformung und die Schnittkräfte mit Näherungsverfahren (z. B. Methode von Vianello) zu berechnen.

Die materialbedingte Nichtlinearität kann dadurch berücksichtigt werden, dass der Verformungsberechnung diejenige Sekantenbiegesteifigkeit zugrunde gelegt wird, die der entsprechenden Schnittkraftkombination $M - N$ entspricht. Bei der Berechnung der Traglast ist dies im kritischen Schnitt die Sekantenbiegesteifigkeit EI_R, die den Bruchschnittkräften M_R und N_R entspricht. In allen anderen Schnitten werden die Bruchschnittkräfte nicht erreicht, und die Sekantenbiegesteifigkeit ist demzufolge größer. Wenn nun im Sinne einer Näherung auf der gesamten

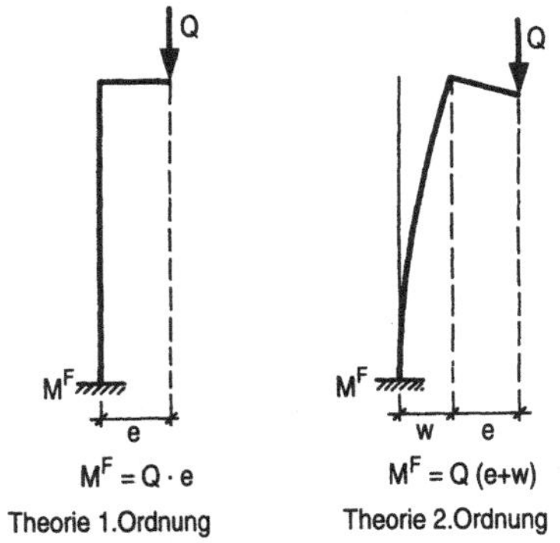

Abb. 7.1. Momente 1. und 2. Ordnung in einer exzentrisch belasteten Stütze

Stützenlänge mit der Sekantenbiegesteifigkeit EI_R gerechnet wird, werden die Stabverformungen überschätzt und man erhält einen unteren Grenzwert für die Traglast.

Für die Berechnung der Traglast schlanker Stützen kann somit die materialbedingte Nichtlinearität dadurch erfasst werden, dass im gesamten Beanspruchungsbereich mit dem den Bruchschnittkräften entsprechenden unteren Grenzwert der Sekantenbiegesteifigkeit gerechnet wird, und aufgrund dieser Linearisierung des Materialverhaltens lässt sich die geometrische Nichtlinearität mit den üblichen Methoden der Theorie 2. Ordnung berücksichtigen.

Integration der Differentialgleichung der Biegelinie bei konstanter Biegesteifigkeit längs der Stützenachse

Die Vorzeichenkonvention ist aus Abb. 7.2 ersichtlich.

$w(x)$	Biegelinie
$w'(x) = \mathrm{d}w/\mathrm{d}x$	Neigung der Biegelinie
$w''(x) = \mathrm{d}^2w/\mathrm{d}x^2 \cong 1/r$	Krümmung der Biegelinie (Glieder höherer Ordnung vernachlässigt)
r	Krümmungsradius
$w''(x) = -\mathrm{d}\varphi/\mathrm{d}x$	

Beziehung zwischen Biegemoment, Krümmung und Biegesteifigkeit. Bei linear elastischem Materialverhalten und unter Berücksichtigung des Ebenbleibens des Querschnittes gilt:

$$\mathrm{d}\varphi = \frac{M}{EI} \cdot \mathrm{d}x .$$

Daraus ergeben sich die Beziehungen

$$w'' = -\frac{M}{EI}, \quad EI = |M \cdot r| .$$

Differentialgleichung der Biegelinie. Aus der Beziehung zwischen Moment und Krümmung erhält man bei konstanter Biegesteifigkeit längs der Stützenachse

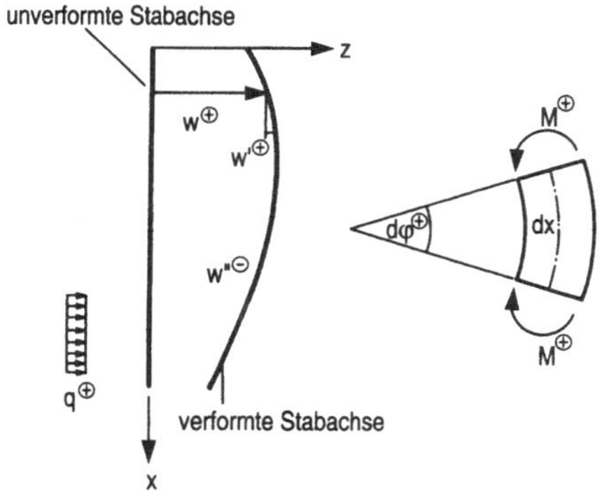

Abb. 7.2. Vorzeichenkonvention

durch zweimaliges Ableiten die Differentialgleichung 4. Ordnung der Biegelinie:

$$w^{\mathrm{IV}} + \frac{M''}{EI} = 0.$$

Das Biegemoment M besteht aus zwei Anteilen:

- Anteil 1. Ordnung:
  M_1, Biegemoment am unverformten System (Theorie 1. Ordnung).
  $M_1'' = -q$, gemäß Gleichgewichts-Differentialgleichung für unverformte Systeme.
- Anteil 2. Ordnung:
  $M_2 = a_1 + a_2 \cdot x + Q \cdot w$, Biegemoment infolge der Achsiallast Q und der Systemverformung bei statisch unbestimmter Lagerung.
  $M_2'' = Q \cdot w''$.

Damit lautet die Differentialgleichung der Biegelinie nach der Theorie 2. Ordnung unter den erwähnten Voraussetzungen:

$$w^{\mathrm{IV}} + \frac{Q}{EI} w'' = -\frac{M_1''}{EI}.$$

Integration der Differentialgleichung der Biegelinie. Die vollständige Lösung der Differentialgleichung besteht aus dem Integral w^{H} der homogenen Differentialgleichung und einem partikulären Integral w^{P}.

Lösung der homogenen Differentialgleichung:

$$w^{\mathrm{H}} = C_1 \cdot \sin \kappa \cdot x + C_2 \cdot \cos \kappa \cdot x + C_3 \cdot x + C_4,$$

mit $\kappa = \sqrt{Q/EI}$.

Das partikuläre Integral w^{P} berücksichtigt den Einfluss der Störfunktion M_1''. Bei Unstetigkeiten von M_1'' muss die Integration abschnittsweise durchgeführt werden. Die vollständige Lösung besteht aus der Summe von Homogen- und Partikuläranteil und lautet somit:

$$w = w^{\mathrm{H}} + w^{\mathrm{P}}.$$

Die Integrationskonstanten C_i werden aus den Randbedingungen ermittelt.

Schnittkräfte. Die Schnittkräfte resultieren durch Ableiten der Biegelinie w:

$$M = -EI \cdot w'',$$
$$V = M' = -EI \cdot w'''.$$

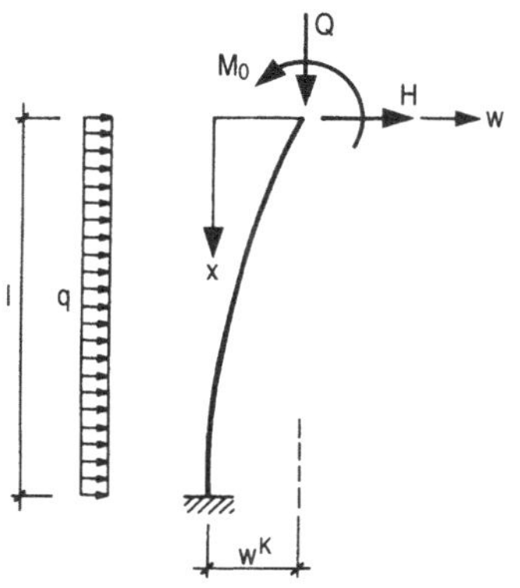

Abb. 7.3. System zu Beispiel 7.1

Beispiele mathematisch geschlossener Lösungen

Beispiel 7.1. Berechnung einer unten eingespannten, oben freien Stütze mit gleichmäßig verteilter Querbelastung und allgemeiner Last am Stützenkopf (Abb. 7.3)

$$\begin{aligned}
&M_1 = M_0 - H \cdot x - \frac{q \cdot x^2}{2}, \\
&M_1'' = -q, \\
&M_2 = Q(w - w^{\mathrm{K}}), \quad w^{\mathrm{K}} = w(x = l), \\
&M_2'' = Q \cdot w''.
\end{aligned}$$

Differentialgleichung der Biegelinie:

$$w^{\mathrm{IV}} + \frac{Q}{EI} w'' = -\frac{M_1''}{EI} = \frac{q}{EI}.$$

Schnittkräfte:

$$\begin{aligned}
M &= M_1 + M_2 = M_0 - H \cdot x - \frac{q \cdot x^2}{2} + Q(w - w^{\mathrm{K}}) = -EI \cdot w'', \\
V &= M' \qquad = -H - q \cdot x + Q \cdot w' \qquad = -EI \cdot w'''.
\end{aligned}$$

Integration der Differentialgleichung:

- Homogenanteil,

$$w^{\mathrm{H}} = C_1 \cdot \sin \kappa \cdot x + C_2 \cdot \cos \kappa \cdot x + C_3 \cdot x + C_4$$

  mit $\kappa = \sqrt{Q/EI}$.
- Partikuläranteil,

$$w^{\mathrm{P}} = c \cdot x^2, \quad w^{\mathrm{P}'} = 2 \cdot c \cdot x, \quad w^{\mathrm{P}''} = 2 \cdot c.$$

In die Differentialgleichung eingesetzt:

$$\frac{Q}{EI}2c = \frac{q}{EI} \to c = \frac{q}{2 \cdot Q},$$
$$w^{\mathrm{P}} = \frac{q}{2 \cdot Q}x^2.$$

Die vollständige Lösung der Differentialgleichung lautet somit:

$$w = C_1 \cdot \sin\kappa \cdot x + C_2 \cdot \cos\kappa \cdot x + C_3 \cdot x + C_4 + \frac{q}{2 \cdot Q}x^2,$$
$$w' = C_1 \cdot \kappa \cdot \cos\kappa \cdot x - C_2 \cdot \kappa \cdot \sin\kappa \cdot x + C_3 + \frac{q}{Q}x,$$
$$w'' = -C_1 \cdot \kappa^2 \cdot \sin\kappa \cdot x - C_2 \cdot \kappa^2 \cdot \cos\kappa \cdot x + \frac{q}{Q},$$
$$w''' = -C_1 \cdot \kappa^3 \cdot \cos\kappa \cdot x + C_2 \cdot \kappa^3 \cdot \sin\kappa \cdot x,$$
$$w^{\mathrm{IV}} = C_1 \cdot \kappa^4 \cdot \sin\kappa \cdot x + C_2 \cdot \kappa^4 \cdot \cos\kappa \cdot x.$$

Bestimmung der Integrationskonstanten aus den Randbedingungen:

– an der Stelle $x = 0$:

$$w = w^{\mathrm{K}}$$
$$M = M_0 = -EI \cdot w'' \quad \to \quad w'' = -\frac{M_0}{EI},$$
$$V = -H + Q \cdot w' = -EI \cdot w''' \quad \to \quad w''' = \frac{1}{EI}(H - Q \cdot w');$$

– an der Stelle $x = l$:

$$w = 0,$$
$$w' = 0.$$

Die Auflösung dieses Gleichungssystems ergibt folgende Werte für die Integrationskonstanten:

$$C_1 = \frac{1}{Q \cdot \kappa \cdot \cos\kappa \cdot l}\left[\left(M_0 + \frac{q}{Q}EI\right) \cdot \kappa \cdot \sin\kappa \cdot l - H - q \cdot l\right],$$
$$C_2 = \frac{1}{Q}\left(M_0 + \frac{q}{Q}EI\right),$$
$$C_3 = H/Q,$$
$$C_4 = w^{\mathrm{K}} - \frac{1}{Q}\left(M_0 + \frac{q}{Q}EI\right).$$

Durch Einsetzen der Integrationskonstanten erhält man z. B. folgende Schnittkräfte am Stützenfuß ($x = l$):

$$M = \frac{1}{\cos\kappa \cdot l}\left[\left(M_0 + \frac{q}{Q} \cdot EI\right) - (H + q \cdot l)\frac{\sin\kappa \cdot l}{\kappa}\right] - \frac{q}{Q}EI,$$
$$V = -(H + q \cdot l).$$

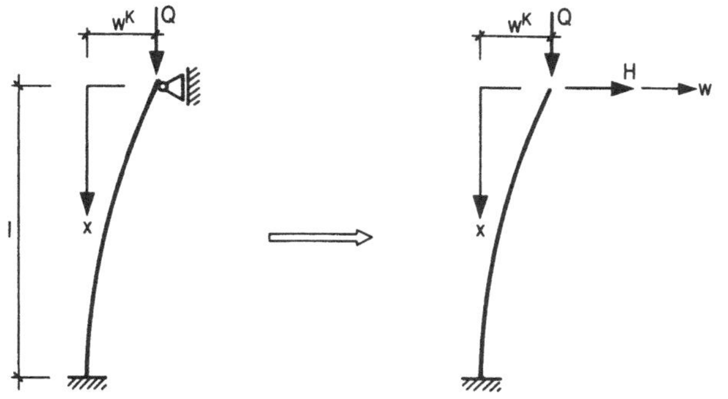

Abb. 7.4. System zu Beispiel 7.2

Beispiel 7.2. Berechnung der Rückstellkraft H einer unten eingespannten, oben gelenkig angeschlossenen Stütze infolge einer Stützenkopfverschiebung w^{K}. Zur Lösung dieses Problems wird das Lager am Stützenkopf entfernt und eine Horizontalkraft H eingeführt, die so zu berechnen ist, dass der Stützenkopf die Verschiebung w^{K} aufweist (Abb. 7.4).

$$\begin{aligned} M_1 &= -H \cdot x, \\ M_1'' &= 0, \\ M_2 &= Q(w - w^{\mathrm{K}}), \\ M_2'' &= Q \cdot w''. \end{aligned}$$

Differentialgleichung der Biegelinie:

$$w^{\mathrm{IV}} + \frac{Q}{EI} w'' = 0.$$

Schnittkräfte:

$$\begin{aligned} M &= M_1 + M_2 = -H \cdot x + Q(w - w^{\mathrm{K}}), \\ V &= M' \qquad\;\; = -H + Q \cdot w'. \end{aligned}$$

Integration der Differentialgleichung:

$$w = w^{\mathrm{H}} = C_1 \cdot \sin\kappa \cdot x + C_2 \cdot \cos\kappa \cdot x + C_3 \cdot x + C_4.$$

Bestimmung der Integrationskonstanten aus den Randbedingungen:

– an der Stelle $x = 0$:

$$\begin{aligned} && w &= w^{\mathrm{K}}, \\ M = 0 = -EI \cdot w'' &\quad\rightarrow & w'' &= 0, \\ V = -H + Q \cdot w' = -EI \cdot w''' &\quad\rightarrow & w''' &= \frac{1}{EI}(H - Q \cdot w'); \end{aligned}$$

– an der Stelle $x = l$:

$$w = 0,$$
$$w' = 0.$$

Die Auflösung des Gleichungssystems ergibt:

$$\begin{aligned} C_1 &= \frac{-H}{Q \cdot \kappa \cdot \cos \kappa \cdot l}, \\ C_2 &= 0, \\ C_3 &= H/Q, \\ C_4 &= w^{\mathrm{K}}. \end{aligned}$$

Die Biegelinie entspricht der Funktion:

$$w = -\frac{H}{Q}\left(\frac{\sin \kappa \cdot x}{\kappa \cdot \cos \kappa \cdot x} - x\right) + w^{\mathrm{K}}.$$

Die Stützenkopfauslenkung w^{K} wird mit folgender Horizontalkraft erreicht:

$$\text{für } x = l \rightarrow w = 0$$
$$H = \frac{Q \cdot \kappa}{\tan \kappa \cdot l - \kappa \cdot l} w^{\mathrm{K}}.$$

Mit obiger Formel kann auch die Knicklast Q_{E} einer oben freien Stütze bestimmt werden, da beim Erreichen der Knicklast die Horizontalkraft H null wird:

$$H = 0 \rightarrow \tan \kappa \cdot l = \infty, \quad \text{d. h., } \kappa \cdot l = n\frac{\pi}{2}.$$

Mit $n = 1$ ergibt sich der erste Eigenwert:

$$l\sqrt{\frac{Q}{EI}} = \frac{\pi}{2} \rightarrow Q = Q_{\mathrm{E}} = \frac{\pi^2 \cdot EI}{4 \cdot l^2}.$$

Beispiel 7.3. Berechnung der Knicklast einer unten eingespannten und oben gelenkig gelagerten Stütze (Abb. 7.5)

$$\begin{aligned} M_1 &= 0, \\ M_1'' &= 0, \\ M_2 &= H \cdot x + Q \cdot w \quad \text{(statisch unbestimmt)}, \\ M_2'' &= Q \cdot w''. \end{aligned}$$

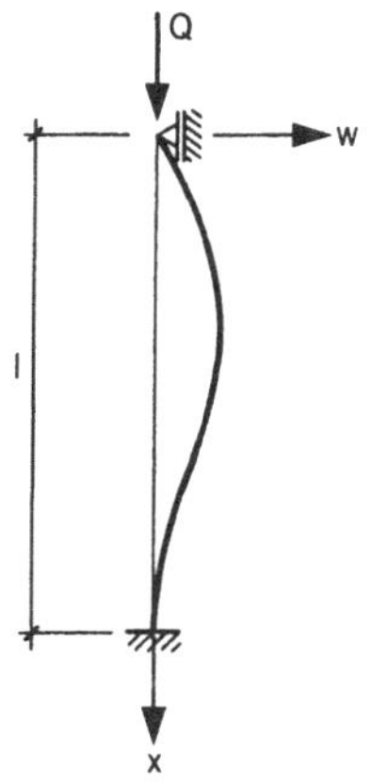

Abb. 7.5. System zu Beispiel 7.3

Differentialgleichung der Biegelinie:

$$w^{\mathrm{IV}} + \frac{Q}{EI} w'' = -\frac{M_1''}{EI} = 0.$$

Integration der Differentialgleichung:

$$w = w^{\mathrm{H}} = C_1 \cdot \sin \kappa \cdot x + C_2 \cdot \cos \kappa \cdot x + C_3 \cdot x + C_4.$$

Bestimmung der Integrationskonstanten aus den Randbedingungen:

– an der Stelle $x = 0$:

$$w = 0,$$
$$M = 0 \quad \rightarrow \quad w'' = 0;$$

– an der Stelle $x = l$:

$$w = 0,$$
$$w' = 0.$$

Das Gleichungssystem für die Integrationskonstanten lautet:

$$\begin{array}{llll} \circ & + C_2 & \circ & + C_4 = 0, \\ \circ & + C_2 \cdot \kappa^2 & \circ & \circ = 0, \\ C_1 \cdot \sin \kappa \cdot l & + C_2 \cdot \cos \kappa \cdot l & + C_3 \cdot l & + C_4 \cdot l = 0, \\ C_1 \cdot \kappa \cdot \cos \kappa \cdot l & - C_2 \cdot \kappa \cdot \sin \kappa \cdot l & + C_3 & \circ = 0. \end{array}$$

Die Knicklast Q_{E} erhält man aus nichttrivialen Lösungen des homogenen Gleichungssystems für die Integrationskonstanten. Da C_2 und C_4 null sind, muss die Determinante der Bestimmungsgleichungen für C_1 und C_3 null sein:

$$\sin \kappa \cdot l - \kappa \cdot l \cdot \cos \kappa \cdot l = 0 \rightarrow \kappa \cdot l = \tan \kappa \cdot l = 1{,}43 \cdot \pi.$$

Mit $\kappa \cdot l = l\sqrt{Q/EI}$ ergibt sich:

$$Q = Q_{\mathrm{E}} = \frac{1{,}43^2 \cdot \pi^2 \cdot EI}{l^2},$$

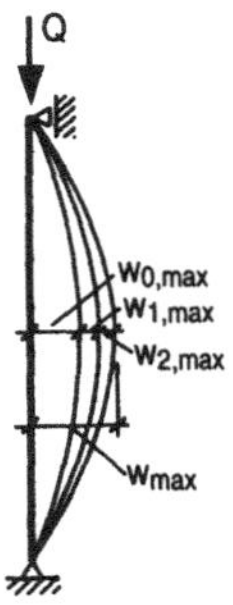

Abb. 7.6. Durchbiegungen 1. und 2. Ordnung

und die Knicklänge beträgt:

$$Q_E = \frac{\pi^2 \cdot EI}{l_k^2} \rightarrow l_k = \frac{l}{1{,}43} = 0{,}7l.$$

Näherungsberechnungen; Verfahren von Vianello

Bei einer oben und unten gelenkig gelagerten Stütze mit der Anfangsdurchbiegung $w_0(x)$ beträgt das Moment 1. Ordnung infolge der Axiallast Q (Abb. 7.6)

$$M_0 = Q \cdot w_0.$$

Die durch dieses Moment verursachte zusätzliche Durchbiegung beträgt nach der Theorie 1. Ordnung

$$w_1(x) = \frac{M_0 \cdot l^2}{c_1 \cdot EI} = \frac{Q \cdot w_0 \cdot l^2}{c_1 \cdot EI} = \alpha_1 \cdot w_0.$$

In gleicher Weise kann nun, immer nach der Theorie 1. Ordnung, die Durchbiegung infolge $M_1 = Q \cdot w_1$ bestimmt werden:

$$w_2(x) = \frac{M_1 \cdot l^2}{c_2 \cdot EI} = \frac{Q \cdot w_1 \cdot l^2}{c_2 \cdot EI} = \alpha_2 \cdot w_1.$$

Sofern w_0 und w_1 affin zueinander sind, ist

$$\alpha_1 = \alpha_2 = \cdots = \alpha \quad \text{und} \quad c_1 = c_2 = \cdots = c.$$

Damit beträgt die Gesamtdurchbiegung der Stütze

$$w(x) = w_0 \cdot (1 + \alpha + \alpha^2 + \cdots),$$

bzw.

$$w(x) = w_0 \cdot \frac{1}{1 - \alpha}.$$

Für $\alpha = 1$ wird die Gesamtdurchbiegung unendlich groß, d. h., die Stütze knickt aus. $w(x)$ entspricht somit der Knickfigur, und $w_0, w_1, \ldots$ sind affin zur Knickfigur verlaufende Durchbiegungen.

Aus

$$\frac{Q \cdot l^2}{c \cdot EI} = \alpha \quad \text{und} \quad \frac{Q_E \cdot l^2}{c \cdot EI} = \alpha = 1$$

folgen

$$\alpha = Q/Q_E$$

und die beiden grundlegenden Gleichungen

$$w_1 = \frac{Q}{Q_E} w_0, \quad w = w_0 \frac{1}{1 - Q/Q_E}.$$

Die erste Gleichung dient zur Berechnung der Knicklast Q_E bzw. der Knicklänge l_k. Diese Gleichung besagt, dass unter der Knicklast $Q = Q_E$ die nach der Theorie 1. Ordnung berechnete Durchbiegung w_1 infolge der Momente $M_0 = Q_E \cdot w_0$ gleich groß ist wie die Anfangsdurchbiegung w_0.

Für $Q = Q_E$ gilt:

$$w_1(x) = w_0(x).$$

Die zweite Gleichung dient zur Berechnung der Gesamtdurchbiegung bei einer beliebigen Axiallast Q.

Beide Gleichungen gelten allgemein, d. h. auch dann, wenn die Stütze statisch unbestimmt gelagert ist ($M_0 = a_1 + a_2 \cdot x + Q \cdot w_0$) oder wenn die Biegesteifigkeit längs der Stütze variiert. Die wichtigen Gleichungen

$$w_1 = \frac{Q}{Q_E} w_0 \quad \text{und} \quad w = w_0 \frac{1}{1 - Q/Q_E}$$

sind mathematisch exakt, wenn die Anfangsdurchbiegung affin zur Knickfigur ist. Sie eignen sich sehr gut für Näherungsberechnungen, wenn $w_0(x)$ die gleichen Randbedingungen aufweist wie die Knickfigur, aber nicht genau affin dazu verläuft. In diesem Fall beschränkt man sich auf den Durchbiegungsvergleich in einem Schnitt, z. B. für

$$Q = Q_E \rightarrow w_{1,\max} = w_{0,\max}.$$

Zur Ermittlung der Knicklast kann somit die Anfangsdurchbiegung w_0 dem Verlauf der Knickfigur entsprechend angenommen werden, oder in schwierigen Fällen (stark variable Biegesteifigkeit) kann man sie als Biegelinie infolge einer Querbelastung berechnen. Ob man hierfür eine Einzellast oder eine verteilte Last verwendet, hat in der Regel keine große Bedeutung.

Zur näherungsweisen Ermittlung der Durchbiebung w kann die Biegelinie w_1 infolge der Momente 1. Ordnung als Anfangsdurchbiegung betrachtet werden:

$$w = w_1 \frac{1}{1 - Q/Q_E}.$$

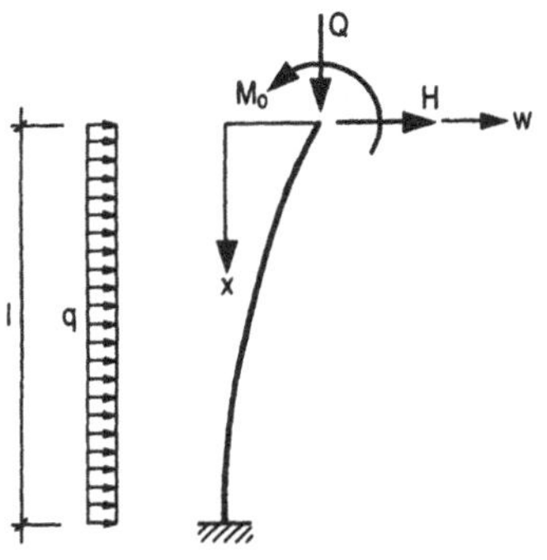

Abb. 7.7. System zu Beispiel 7.4

Die Gesamtauslenkung w_{tot} der Stütze besteht dann aus der allenfalls vorhandenen Anfangsauslenkung w_0 (ohne Lasteinwirkung) und der Durchbiegung 2. Ordnung w:

$$w_{\text{tot}} = w_0 + w.$$

Beispiel 7.4. Unten eingespannte, oben freie Stütze mit konstanter Querbelastung und allgemeiner Last am Stützenkopf (Abb. 7.7). Auslenkung w_1^{K} des Stützenkopfes infolge der Momente 1. Ordnung:

$$w_1^{\text{K}} = \frac{q \cdot l^4}{8 \cdot EI} + \frac{H \cdot l^3}{3 \cdot EI} - \frac{M_0 \cdot l^2}{2 \cdot EI} = \frac{l^2}{EI} \cdot \left(\frac{q \cdot l^2}{8} + \frac{H \cdot l}{3} - \frac{M_0}{2} \right).$$

Euler'sche Knicklast:

$$Q_{\text{E}} = \frac{\pi^2 \cdot EI}{4 \cdot l^2}.$$

Auslenkung w^{K} 2. Ordnung am Stützenkopf:

$$w^{\text{K}} = \frac{l^2}{EI} \left(\frac{q \cdot l^2}{8} + \frac{H \cdot l}{3} - \frac{M_0}{2} \right) \frac{1}{1 - \dfrac{4 \cdot Q \cdot l^2}{\pi^2 \cdot EI}}.$$

Moment M^{F} 2. Ordnung am Stützenfuß:

$$M^{\text{F}} = -\left(\frac{q \cdot l^2}{2} + H \cdot l - M_0 + Q \cdot w^{\text{K}} \right).$$

Die exakte Lösung (Differentialgleichung) stimmt für das obige Beispiel nahezu mit der Näherungslösung überein. (In Abb. 7.8 sind die Kurven identisch.)

Beispiel 7.5. Rückstellkraft H einer unten eingespannten, oben gelenkig angeschlossenen Stütze infolge einer Stützenkopfverschiebung w^{K} (Abb. 7.9). Auslenkung w_1^{K} des Stützenkopfes infolge der Momente 1. Ordnung:

$$w_1^{\text{K}} = \frac{H \cdot l^3}{3 \cdot EI}.$$

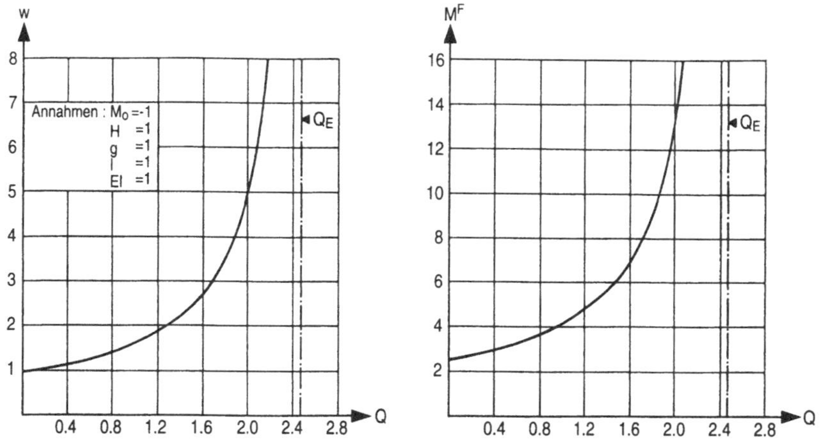

Abb. 7.8. w-Q-Diagramm, M^{F}-Q-Diagramm zu Beispiel 7.4. Die exakte Lösung und die Näherungslösung sind nahezu identisch (Abweichungen weniger als 5‰)

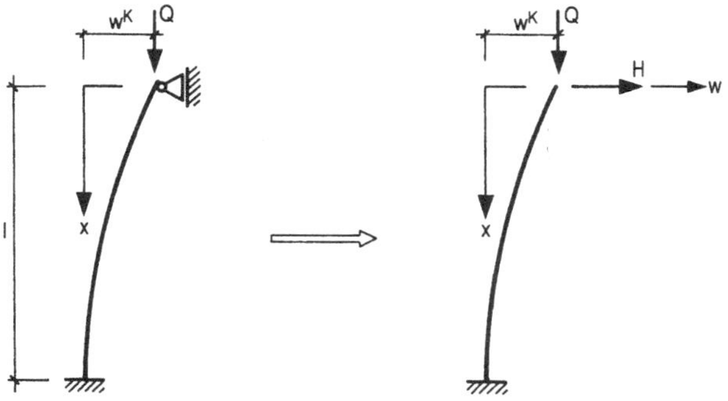

Abb. 7.9. System zu Beispiel 7.5

Euler'sche Knicklast:

$$Q_{\mathrm{E}} = \frac{\pi^2 \cdot EI}{4 \cdot l^2}.$$

Auslenkung w^{K} 2. Ordnung am Stützenkopf:

$$w^{\mathrm{K}} = \frac{H \cdot l^3}{3 \cdot EI} \frac{1}{1 - \dfrac{4 \cdot Q \cdot l^2}{\pi^2 \cdot EI}}.$$

Rückstellkraft H:

$$H = \frac{3 \cdot EI}{l^3} w^{\mathrm{K}} \left(1 - \frac{4 \cdot Q \cdot l^2}{\pi^2 \cdot EI}\right).$$

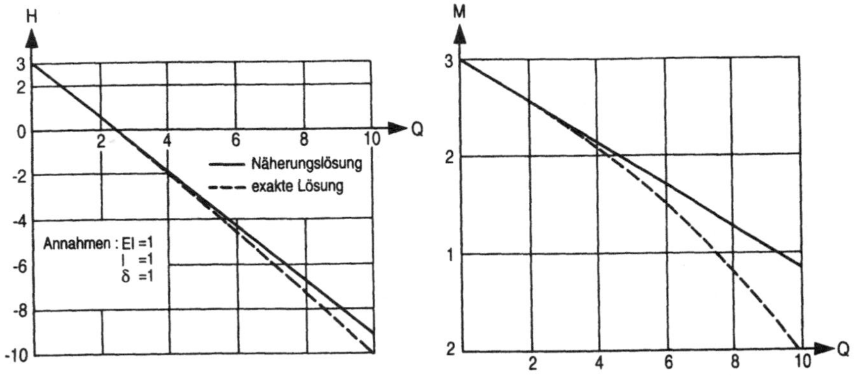

Abb. 7.10. H-Q-Diagramm, M-Q-Diagramm zu Beispiel 7.5

Die Differenz zwischen Näherungslösung und exakter Lösung ist aus Abb. 7.10 ersichtlich.

Moment M^F 2. Ordnung am Stützenfuß:

$$M^F = -(H \cdot l + Q \cdot w^K)$$
$$= -\left[\frac{3 \cdot EI}{l^2} w^K \left(1 - \frac{4 \cdot Q \cdot l^2}{\pi^2 \cdot EI}\right) + Q \cdot w^K\right].$$

Beispiel 7.6. Knicklast einer unten eingespannten, oben gelenkig gelagerten Stütze (Abb. 7.11). Anfangsexzentrizität w_0 ist die Biegelinie infolge Querbelastung $H = 1$ im Punkt 2. Der Vergleich von w_0 und w_1 wird im Schnitt 2 durchgeführt. Die Berechnung der Durchbiegung $w_{1,2}$ erfolgt mit der Arbeitsgleichung, wobei die Momente des Verschiebungszustandes (VZ) am statisch bestimmten Grundsystem und die Momente des Belastungszustandes (BZ) am statisch

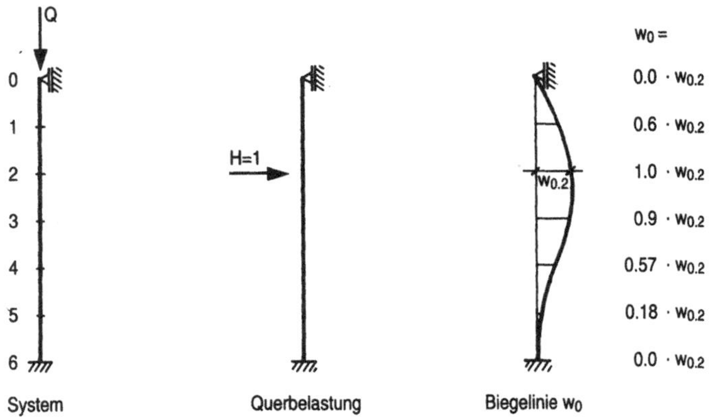

Abb. 7.11. Biegelinie infolge einer Querbelastung $H = 1$

Tabelle 7.1. Integration nach Simpson zu Beispiel 7.6

Schnitt	M	$\bar{M}$	n	$M \cdot \bar{M} \cdot n$
0	0,0	0,0	1	0,0
1	0,631	0,086	4	0,218
2	1,0	0,173	2	0,346
3	0,928	0,093	4	0,344
4	0,575	0,012	2	0,014
5	0,184	−0,068	4	−0,050
6	0,0	−0,148	1	0,0
Faktor	$Q_E \cdot w_{0,2}$	l		$\sum M \cdot \bar{M} \cdot n = 0{,}872 \cdot Q_E \cdot w_{0,2} \cdot l$

unbestimmten System ermittelt werden (Tabelle 7.1):

$$w_{1,2} = \int_0^l \frac{M \cdot \bar{M}}{EI} \cdot dx.$$

M (VZ) am statisch bestimmten System: $M = Q_E \cdot w_0$,
$\bar{M}$ (BZ) am statisch unbestimmten System: $\bar{M}$ infolge $H = 1$ im Schnitt 2.

Im Vergleichspunkt 2 ist mit $\Delta x = l/6$:

$$w_{1,2} = 0{,}872 \cdot Q_E \cdot w_{0,2} \cdot l \frac{\Delta x}{3 \cdot EI} = 0{,}0485 \cdot Q_E \cdot w_{0,2} \frac{l^2}{EI}.$$

Mit $w_{1,2} = w_{0,2}$ folgt $Q_E = 20{,}6EI/l^2$.
Der genaue Wert beträgt $Q_E = 20{,}2EI/l^2$.

7.1.3 Bruchwiderstand bei Biegung mit Normalkraft

Grundlagen

Bei Biegung mit Normalkraft wird der Bruchwiderstand R durch bestimmte Kombinationen dieser beiden Kräfte festgelegt. Er lässt sich deshalb am einfachsten in einem M-N-Interaktions-Diagramm darstellen. Die Bruchschnittkräfte M_R und N_R werden normalerweise aufgrund folgender Voraussetzungen ermittelt:

- Der Querschnitt bleibt eben, d.h. lineare bzw. ebene Dehnungsverteilung über den Querschnitt.
- Der Beton überträgt keine Zugspannungen.
- Die Beziehungen zwischen Spannungen und Dehnungen werden idealisierten Spannungs-Dehnungs-Diagrammen entnommen.
- Als Materialfestigkeit wird der entsprechende Rechenwert angenommen.

Für Beton wird meistens ein parabelförmiges Spannungs-Dehnungs-Diagramm verwendet. Dieses Diagramm hat bei der Spannungsintegration allerdings einen

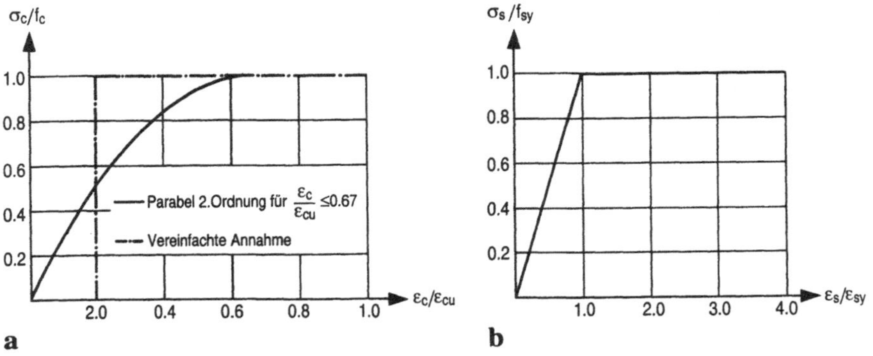

Abb. 7.12. Idealisierte Spannungs-Dehnungs-Diagramme für Beton (**a**) und Stahl (**b**)

relativ großen Rechenaufwand zur Folge, und ohne wesentliche Einbuße an Genauigkeit kann auch mit der in Abb. 7.12 dargestellten, sehr stark vereinfachten Annahme gerechnet werden: Bei einem Dehnungsverhältnis $\varepsilon_c/\varepsilon_{cu} \leq 0{,}2$ werden die Betondruckspannungen vernachlässigt, und bei $\varepsilon_c/\varepsilon_{cu} \geq 0{,}2$ wird mit dem Bemessungswert der Betondruckfestigkeit f_c gerechnet.

Für Betonstahl wird in der Regel ein bilineares Spannungs-Dehnungs-Diagramm verwendet, d. h., es wird eine lineare Spannungszunahme bis zum Erreichen der Fließgrenze ε_{sy} angenommen. Für größere Dehnungen wird mit dem Bemessungswert der Fließgrenze f_{sy} gerechnet (Abb. 7.12).

Interaktions-Diagramm der Bruchschnittkräfte

Zur Ermittlung eines Punktes des M-N-Interaktions-Diagramms der Bruchschnittkräfte wird zunächst ein Dehnungszustand angenommen, der zum Bruch des Querschnittes führt. Dann werden die diesem Dehnungszustand entsprechenden Spannungen ermittelt, und durch Spannungsintegration ergibt sich eine Kombination der Bruchschnittkräfte M_R, N_R. Dehnungszustände, die zum Bruch des Querschnittes führen, sind dadurch charakterisiert, dass mindestens an einem Querschnittsrand entweder die maximale Betonstauchung ε_{cu} oder die maximale Stahldehnung $\varepsilon_{s,max}$ erreicht wird (Abb. 7.13).

Bei diesen effektiven Bruch-Dehnungs-Zuständen sind die Deformationen sehr groß. Schlanke Druckglieder weisen demzufolge sehr große Momente 2. Ordnung und eine entsprechend kleinere Traglast auf. Aus diesem Grund wird bei der Berech-

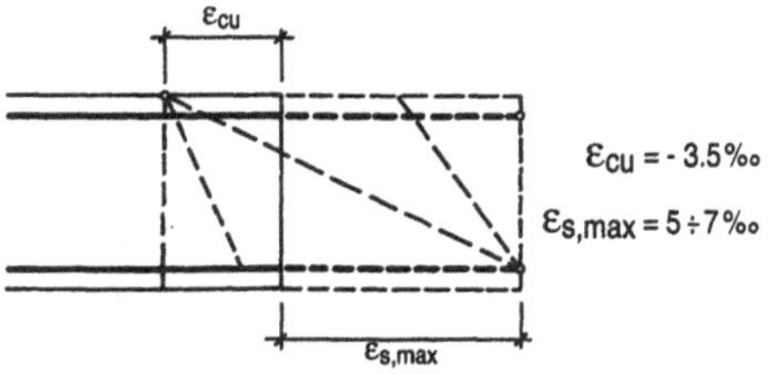

Abb. 7.13. Bruch-Dehnungs-Zustände; effektiver Querschnittswiderstand

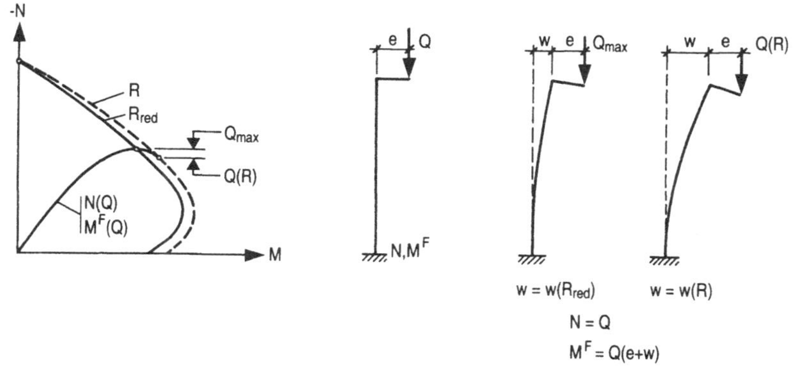

Abb. 7.14. Traglast bei effektivem und reduziertem Querschnittswiderstand

nung schlanker Druckglieder angenommen, der Querschnittswiderstand sei bereits erschöpft, wenn im Stahl auf der Zug- oder auf der Druckseite des Querschnittes die Fließdehnung erreicht wird. Dementsprechend wird mit einem reduzierten Querschnittswiderstand gerechnet, der, wie Vergleichsberechnungen zeigen, nur wenige Prozente kleiner ist als der effektive. Da in diesem Zustand die Deformationen und die Momente 2. Ordnung jedoch wesentlich kleiner sind als im effektiven Bruchzustand, ergibt sich mit dieser Annahme, die als optimale Dehnungsbegrenzung bezeichnet wird, eine höhere Traglast, die bei der Laststeigerung auf jeden Fall erreicht wird (Abb. 7.14).
Mit der Dehnungsbegrenzung für herkömmlichen Betonstahl ($f_{sy} = 460\,\mathrm{N/mm^2}$)

$$\varepsilon_{s,\,max} = \varepsilon_{sy} = \frac{f_{sy}}{E_s} = 2{,}2\,‰$$

ergeben sich die in Abb. 7.15 dargestellten Dehnungszustände für die Ermittlung des bei schlanken Druckgliedern maßgebenden reduzierten Querschnittwiderstandes.

Zur Ermittlung des Interaktions-Diagramms der Bruchschnittkräfte M_R, N_R (Abb. 7.20) genügen in der Regel die folgenden vier charakteristischen Dehnungszustände (Abb. 7.16–7.19). Dabei kann für die Betonspannungen gemäß der stark vereinfachten Spannungs-Dehnungs-Beziehung (Abb. 7.12) ein rechteckiger Spannungsblock angenommen werden.

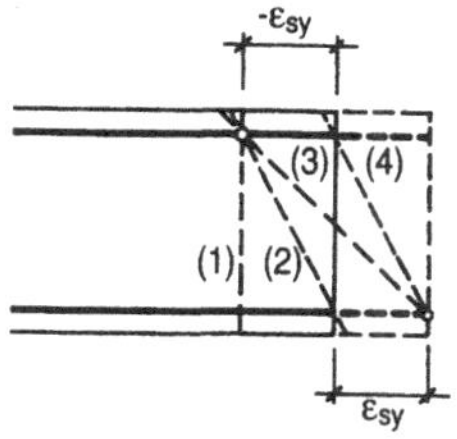

Abb. 7.15. Dehnungsbegrenzung zur Ermittlung des reduzierten Querschnittswiderstandes

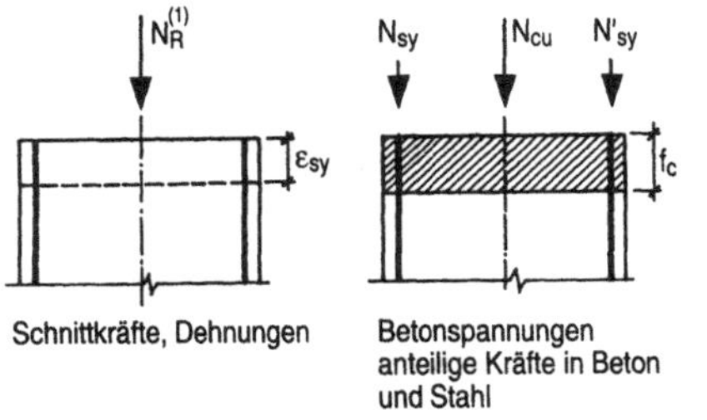

Abb. 7.16. Dehnungszustand 1

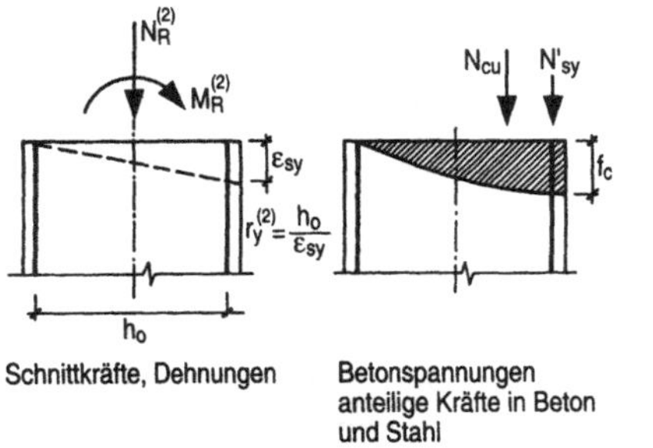

Abb. 7.17. Dehnungszustand 2

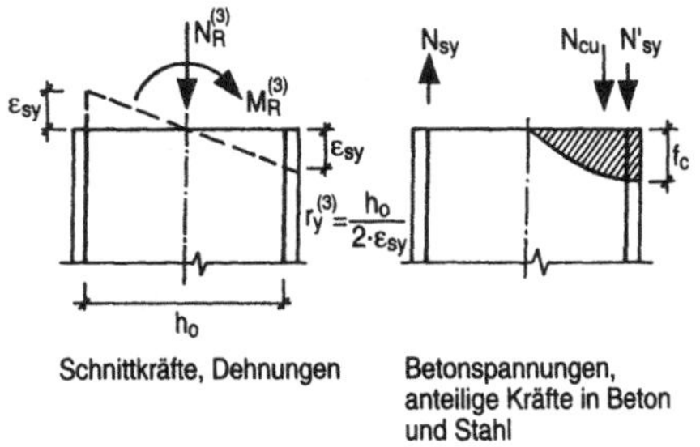

Abb. 7.18. Dehnungszustand 3

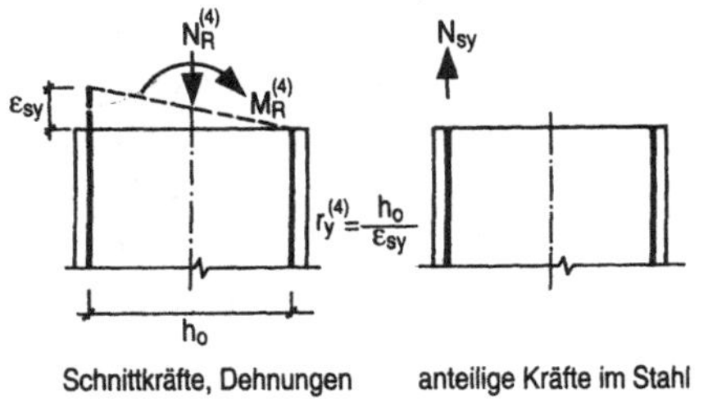

Abb. 7.19. Dehnungszustand 4

Die Differenz zwischen dem effektiven und dem reduzierten Bruchwiderstand ist meistens so klein, dass unter Berücksichtigung der ungünstigen Annahmen (Überschätzung der Deformationen und Momente 2. Ordnung infolge Vernachlässigung der Mitwirkung des Betons zwischen den Rissen) auch bei schlanken Druckgliedern mit dem effektiven Bruchwiderstand gerechnet werden kann.

Für übliche Querschnittsformen kann der Querschnitts-Bruchwiderstand mit Bemessungshilfen ermittelt werden (Computerprogramme, Tabellen). Die Bruch-

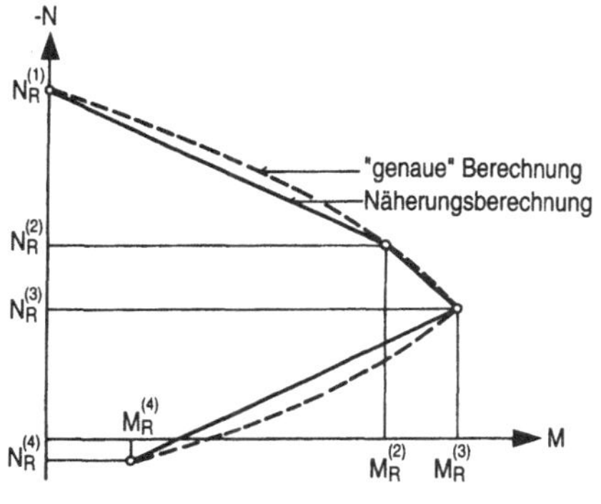

Abb. 7.20. M-N-Interaktionsdiagramm

schnittkräfte und der Bewehrungsgehalt werden dabei oft als bezogene Größen angegeben:

$$n_R = \frac{N_R}{b \cdot h \cdot f_c} \qquad \text{bezogene Bruch-Normalkraft}$$

$$m_R = \frac{M_R}{b \cdot h^2 \cdot f_c} \qquad \text{bezogenes Bruch-Moment}$$

$$\omega_{tot} = \frac{A_{s,tot}}{b \cdot h} \cdot \frac{f_{sy}}{f_c} \qquad \text{mechanischer Bewehrungsgehalt}$$

Interaktions-Diagramm bei vorgespannten Druckgliedern

Bei vorgespannten Druckgliedern kann der Querschnittswiderstand in der Regel mit vereinfachenden Annahmen genügend genau ermittelt werden. Im Normalfall, d. h. Spannstahl auf der Biegezugseite angeordnet, erreicht der Spannstahl unter Berücksichtigung der Vordehnung die Fließdehnung etwa gleichzeitig wie der in der gleichen Querschnittslage angeordnete Betonstahl (Abb. 7.21).

Bei der Ermittlung des Interaktions-Diagramms der Bruchschnittkräfte können somit Spannstahl und Betonstahl gleichwertig berücksichtigt werden. Die Vorspannkräfte P und M_P haben lediglich eine Verschiebung des Nullpunkts des Interaktions-Diagrammes zur Folge (Abb. 7.22).

Auf der Biegedruckseite erreicht der Spannstahl nie die Fließstauchung, da hier die Betonstauchung maßgebend ist. Da der Spannstahlanteil auf der Biegedruckseite in der Regel klein ist, kann auch in diesem Fall das Interaktions-Diagramm der Bruchschnittkräfte mit den üblichen Dehnungsbegrenzungen ermittelt werden.

Die Verformungen des Druckglieds sind unter Berücksichtigung der Momente aus Last und Vorspannung zu berechnen.

7.1.4 Biegesteifigkeit von Stahlbetonquerschnitten

Die Biegesteifigkeit eines Stahlbetonquerschnittes ist wegen der Rissbildung und der Nichtlinearität der Spannungs-Dehnungs-Diagramme von Beton und Stahl

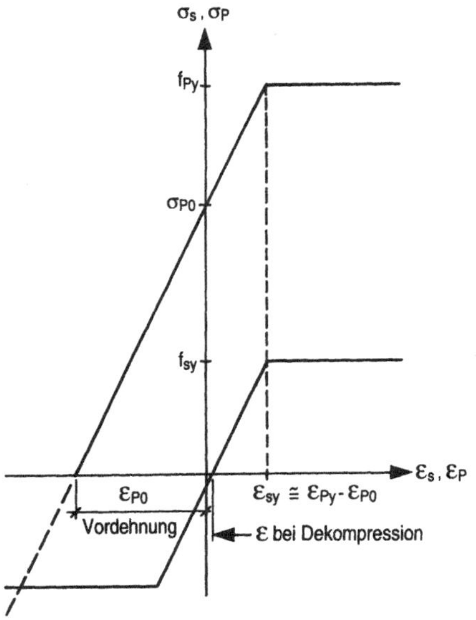

Abb. 7.21

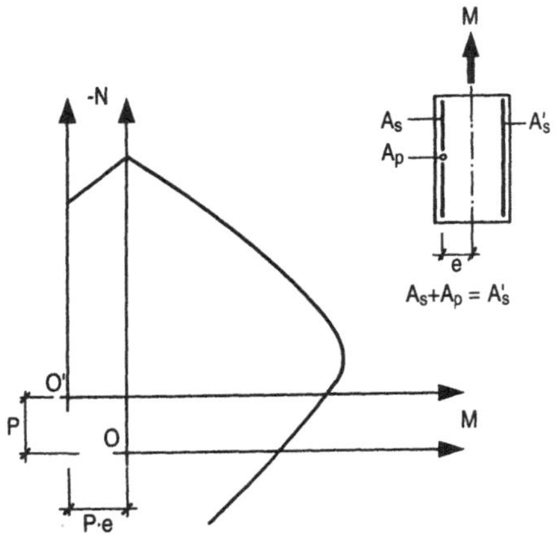

Abb. 7.22

Abb. 7.21. Vorgespannte Druckglieder; Spannungs-Dehnungs-Verhalten von Betonstahl und Spannstahl

Abb. 7.22. Vorgespannte Druckglieder; Interaktions-Diagramm mit verschobenem Nullpunkt 0′

von der Beanspruchung (Größe und Verhältnis von M und N) und Beanspruchungsdauer (Kriechen) abhängig.

Grundsätzlich unterscheidet man zwischen der Tangentensteifigkeit EI^{T} und der Sekantensteifigkeit EI^{S}:

$$\text{Tangentensteifigkeit } EI^{\mathrm{T}} = \left|\frac{\mathrm{d}M}{\mathrm{d}(1/r)}\right| = \tan\alpha^{\mathrm{T}},$$

$$\text{Sekantensteifigkeit } EI^{\mathrm{S}} = \left|\frac{M}{1/r}\right| = |M \cdot r| = \tan\alpha^{\mathrm{S}}.$$

Die Tangentensteifigkeit ergibt sich aus dem Verhältnis der Momentenänderung $\mathrm{d}M$ zur Krümmungsänderung $\mathrm{d}(1/r)$. Die Sekantensteifigkeit entspricht der mittleren, im Bereich von 0 bis M wirksamen Steifigkeit. Bei wiederholter Belastung sind die Tangentensteifigkeit und die Sekantensteifigkeit ungefähr gleich groß. Sie entsprechen dann einer so genannten Entlastungssteifigkeit $EI^{\mathrm{E}} = \tan\alpha^{\mathrm{E}}$, die wegen der bleibenden Deformationen größer ist als die Sekantensteifigkeit bei Erstbelastung.

Maßgebend für die Ermittlung der Verformungen eines Druckglieds ist die Sekantensteifigkeit bei Erstbelastung (Abb. 7.23).

Abbildung 7.24 zeigt die Sekantensteifigkeit in Funktion der Schnittkräfte M und N. Die schraffierte Fläche entspricht der Sekantensteifigkeit beim Erreichen der Bruchschnittkräfte.

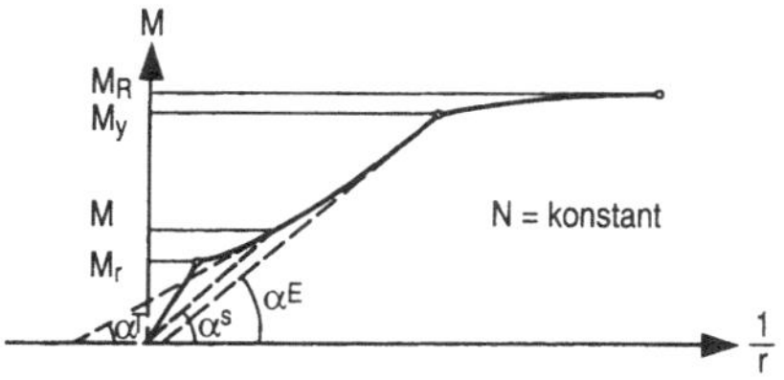

Abb. 7.23

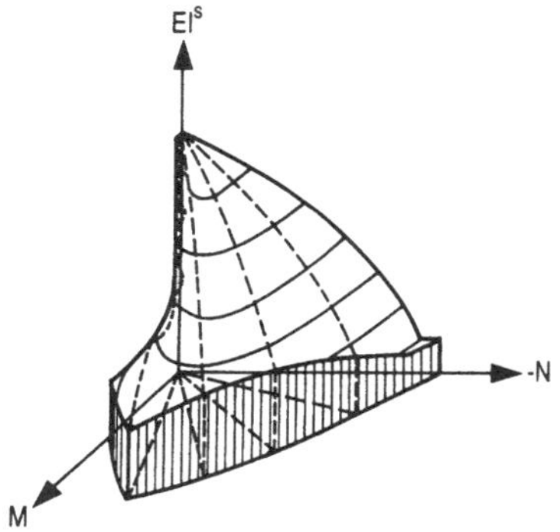

Abb. 7.24

Abb. 7.23. Momenten-Krümmungs-Diagramm bei konstanter Normalkraft; Erstbelastung

Abb. 7.24. Sekantensteifigkeit EI^S in Funktion von M und N

Der Verlauf des Momenten-Krümmungs-Diagramms, das in Abb. 7.23 für eine konstante Normalkraft aufgezeichnet ist, weist zwei je nach Bewehrungsgehalt mehr oder weniger ausgeprägte Unstetigkeiten auf. Der erste Knick tritt beim Erreichen des Rissmomentes M_r auf. Hier geht die Steifigkeit des homogenen Querschnittes in die Steifigkeit des gerissenen Querschnittes über. Der zweite Knick bei M_y zeigt den Fließbeginn in der äußersten Bewehrungslage an. Je nach Bewehrungsgehalt und Konzentration der Bewehrung am Querschnittsrand ist das Bruchmoment M_R nur unwesentlich größer als das Fließmoment M_y; die Krümmung nimmt dagegen in diesem Bereich stark zu. Das bedeutet für schlanke Druckglieder, dass die Krümmung und damit auch das Moment 2. Ordnung im Bereich $M > M_y$ im Allgemeinen wesentlich rascher anwachsen als der Querschnittswiderstand. Die Tragfähigkeit eines schlanken Druckglieds ist beim Erreichen von M_y meistens erschöpft.

Bei schlanken Druckgliedern werden deshalb die Verformungen und die Momente 2. Ordnung auf Grund der Sekantensteifigkeit 0 bis M_y, d. h. der Sekantensteifigkeit bei Fließbeginn des Stahls in der äußersten Bewehrungslage berechnet:

$$EI_y = r_y \cdot M_y \quad \text{bzw.} \quad ei_y = \frac{r_y}{h} \cdot m_y.$$

Der in Abb. 7.25 aufgezeigte Verlauf der Steifigkeit EI_y kann im Prinzip mit den gleichen charakteristischen Dehnungszuständen wie für die Bruchschnittkräfte ermittelt werden (vgl. Abb. 7.16–7.19).

$$\text{Dehnungszustand 2:} \quad r_y^{(2)} = h_0/\varepsilon_{sy},$$

$$\text{Dehnungszustand 3:} \quad r_y^{(3)} = h_0/(2 \cdot \varepsilon_{sy}),$$

$$\text{Dehnungszustand 4:} \quad r_y^{(4)} = h_0/\varepsilon_{sy}.$$

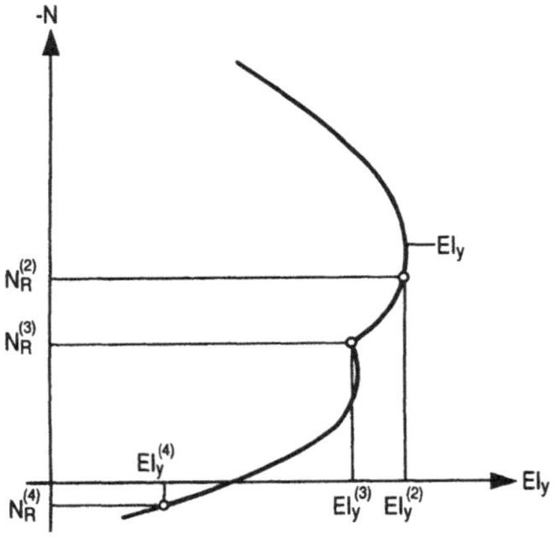

Abb. 7.25. Steifigkeit EI_y beim Erreichen des reduzierten Querschnittwiderstandes

Bezüglich der Größe der Verformung ist vor allem die Krümmung im kritischen und am stärksten beanspruchten Bereich maßgebend. Die Krümmungen in den weniger stark beanspruchten Bereichen liefern entsprechend dem Belastungszustand der Arbeitsgleichung nur einen geringen Beitrag an die Verformung. Zur Vereinfachung der Berechnung wird deshalb auch in den weniger stark beanspruchten Bereichen mit der Biegesteifigkeit EI_y gerechnet. Die Verformungsberechnung beruht somit auf einem unteren Grenzwert der Biegesteifigkeit. Die Momente 2. Ordnung werden überschätzt, und die Bemessung liegt auf der sicheren Seite.

In Tabellenwerken ist neben den Bruchschnittkräften n_R und m_R auch der bezogene Krümmungsradius beim Erreichen des plastischen Moments m_y dargestellt. Damit kann die Steifigkeit ei_y für die Ermittlung der Momente 2. Ordnung sehr einfach ermittelt werden:

$$ei_y = \frac{r_y}{h} m_y \cong \frac{r_y}{h} m_R.$$

Bei sehr großen Brückenpfeilern lohnt es sich allerdings, die Verformungen und die Momente 2. Ordnung aufgrund einer genauer ermittelten Biegesteifigkeit zu berechnen. Zu diesem Zweck kann man zunächst die Momente M aufgrund der Biegesteifigkeit EI_y ermitteln und in einem zweiten Schritt die diesen Momenten entsprechende Biegesteifigkeit berechnen.

$$EI = |M \cdot r(M)|.$$

Bei der Berechnung des Krümmungsradius $r(M)$ kann die Mitwirkung des Betons zwischen den Rissen durch eine entsprechende Abminderung der Stahldehnung bzw. mit Hilfe der mittleren Stahldehnung ε_{sm} erfasst werden (Tabelle 7.2).

Langzeiteinwirkungen haben zur Folge, dass das Spannungs-Dehnungs-Diagramm des Betons bei gleichbleibender Festigkeit durch das Betonkriechen gestreckt wird. Die zeitabhängige Betondehnung $\varepsilon_c(t)$ beträgt bei einer Kriechzahl

Tabelle 7.2. Abminderung der Stahldehnung infolge Mitwirkung des Betons zwischen den Rissen

Biegemoment	Mittlere Stahldehnung ε_{sm}	
	kleiner Bewehrungsgehalt	großer Bewehrungsgehalt
$M \leq 2M_r$	$0{,}7\varepsilon_s^{II}(M)$	$0{,}8\varepsilon_s^{II}(M)$
$2M_r \leq M \leq M_y$	$0{,}9\varepsilon_s^{II}(M)$	$1{,}0\varepsilon_s^{II}(M)$

$\varphi(t)$ unter konstanter Langzeiteinwirkung

$$\varepsilon_c(t) = \varepsilon_{c,el}(1 + \varphi(t)),$$

mit dem Endwert

$$\varepsilon_{c,\infty} = \varepsilon_{c,el}(1 + \varphi_\infty).$$

Der effektive Querschnittswiderstand wird durch das Kriechen nur unwesentlich abgemindert. Eine Dehnungsbegrenzung $\varepsilon_{s,\max} \leq \varepsilon_{sy}$ würde bei einem gestreckten Spannungs-Dehnungs-Diagramm für Beton einen stark reduzierten Querschnittswiderstand und eine entsprechend kleinere Traglast ergeben. Die maximale Traglast wird aber erst bei einem Querschnittswiderstand mit Dehnungen $\varepsilon > \varepsilon_{sy}$ erreicht. Die Ermittlung der optimalen Dehnungsbegrenzung in Bezug auf den Querschnittswiderstand und die Krümmung ist sehr schwierig. Auf jeden Fall sind die Verformungen beim Erreichen der maximalen Langzeit-Traglast größer als bei der Kurzzeit-Traglast. Man kann deshalb der Traglastberechnung den üblichen Kurzzeit-Querschnittswiderstand zugrunde legen und die Verformungen mit einer zusätzlich abgeminderten Langzeit-Biegesteifigkeit ermitteln:

$$EI_y(\varphi) = k_\varphi \cdot EI_y.$$

Diese Abminderung beträgt für $\varphi = 2$ bereits etwa 0,5 bis 0,6 bei einem Verhältnis von 0,3 zwischen bezogener Bruchnormalkraft n_R und Bruchnormalkraft n_{R0} bei zentrischem Druck.

Langzeit- und Kurzzeit-Einwirkungen können wie folgt kombiniert werden. Beide Lastanteile werden als Kurzzeit-Einwirkung betrachtet, wobei die Anfangsexzentrizität infolge Langzeiteinwirkung jedoch um den plastischen Verformungsanteil vergrößert wird. Dieser Anteil kann sehr einfach durch einen Vergleich ermittelt werden.

Die Gesamtverformung $w(G)$ infolge der Langzeitlast $N(G)$ beträgt:

$$w(G) = w_1(G)\frac{1}{1 - N(G)/Q_E(\varphi)} = \bar{w}_1(G)\frac{1}{1 - N(G)/Q_E},$$

mit

$$Q_E = \frac{\pi^2 \cdot EI_y(\varphi)}{l_k^2}, \quad Q_E = \frac{\pi^2 \cdot EI_y}{l_k^2};$$

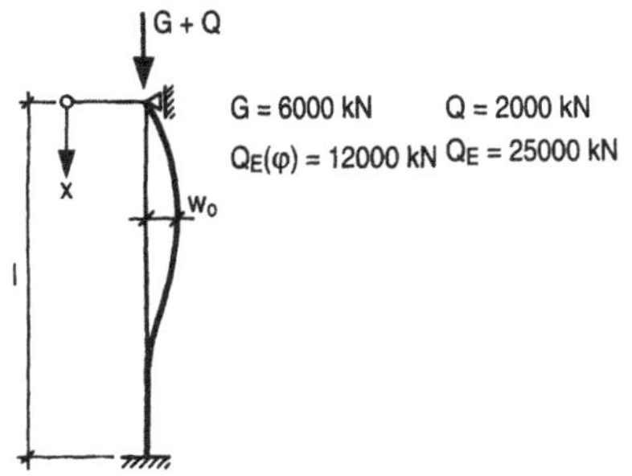

Abb. 7.26. System und Lasten zu Beispiel 7.7

$w_1(G)$ ist die Verformung nach der Theorie 1. Ordnung berechnet mit $EI_y(\varphi)$, $EI_y(\varphi)$ ist die Langzeit-Biegesteifigkeit auf dem Normalkraftniveau $N(G)$ und EI_y ist die Kurzzeit-Biegesteifigkeit auf dem Normalkraftniveau N_{tot}.

Aus diesem Vergleich ergibt sich

$$\bar{w}_1(G) = w(G)(1 - N(G)/Q_E).$$

Die Gesamtverformung infolge $N_{tot} = N(G) + N(Q)$, mit $N(G)$ als Kurzzeitlast berücksichtigt, ergibt somit

$$w = (\bar{w}_1(G) + w_1(Q))\frac{1}{1 - N_{tot}/Q_E}.$$

Beispiel 7.7. Zentrisch belastete Stütze mit Anfangsexzentrizität w_0, Langzeitlast G, Kurzzeitlast Q (Abb. 7.26)

$$\begin{aligned}
w(G) &= w_0 \frac{G}{Q_E(\varphi)} \frac{1}{1 - G/Q_E(\varphi)} = 1{,}0 w_0,\\
\bar{w}_1(G) &= w(G) \cdot (1 - G/Q_E) = 0{,}76 w_0,\\
w_1(Q) &= w_0 \cdot Q/Q_E = 0{,}08 w_0,\\
w(G+Q) &= (\bar{w}_1(G) + w_1(Q))\frac{1}{1 - (G+Q)/Q_E} = 1{,}23 w_0,\\
w_{tot} &= w_0 + w(G+Q) = 2{,}23 w_0.
\end{aligned}$$

7.1.5 Zwängungen

Durch Auflagerverschiebungen oder Eigenspannungen entstehen bei statisch unbestimmten Systemen Zwängungen, da die geometrischen Randbedingungen (Verträglichkeitsbedingungen) nur mit entsprechenden Auflagerreaktionen erfüllt werden können. Die Zwangsschnittgrößen sind somit proportional zur Systemsteifigkeit. Sie nehmen ab, wenn die Verformbarkeit des Tragwerks infolge von Rissbildung, Materialplastizität und Kriechen anwächst.

Im Bruchzustand ist die Bedeutung der Zwängungen im Allgemeinen klein; bei ausreichender Systemduktilität müssen die Verträglichkeitsbedingungen nicht erfüllt werden. Schlanke Druckglieder bilden diesbezüglich aber eine Ausnahme. Die Verformung aus Zwängung muss hier berücksichtigt werden, da sie eine Vergrößerung der Momente 2. Ordnung zur Folge hat.

Im Gebrauchszustand ist die durch Zwängungen verursachte Rissbildung zu überprüfen. Dies erfolgt, wie in Abschn. 5.5.3 gezeigt wurde, auf geometrischem Weg, da sich die Nichtlinearität infolge der Rissbildung mit statischen Methoden nicht befriedigend erfassen lässt.

Die nachfolgende Untersuchung zeigt, wie Zwängungen beim Tragsicherheitsnachweis für schlanke Druckglieder berücksichtigt werden können und wie sie sich auf die Momente 2. Ordnung auswirken.

Beispiel 7.8. Berechnung einer zentrisch belasteten Stütze ohne Zwängung und mit Zwängung infolge einer Stützenkopfverschiebung w^K

1. *Zwängungsfreie Stütze* (Abb. 7.27)
Ausbiegung 2. Ordnung:

$$w(w_0) = w_1(w_0) \cdot \frac{1}{1 - Q/Q_E} = w_0 \frac{Q}{Q_E} \frac{1}{1 - Q/Q_E} = w_0 \frac{Q}{Q_E - Q}.$$

Gesamtauslenkung w_{tot}:

$$w_{tot} = w_0 + w(w_0) = w_0 \left(1 + \frac{Q}{Q_E - Q}\right) = w_0 \frac{1}{1 - Q/Q_E}.$$

Momente 2. Ordnung:

$$M = Q \cdot w_{tot} - H \cdot x.$$

Der Horizontalschub $H(w_0)$ ist aus der Verträglichkeitsbedingung $w^K = 0$ zu ermitteln:

$$w^K = \int \bar{M} \frac{M}{EI} \mathrm{d}x = 0, \quad \text{mit } \bar{M} = -1 \cdot x.$$

Für eine konstante Biegesteifigkeit beträgt das größte Moment im Drittelspunkt $x \cong l/3$:

$$M = 0{,}733 \cdot Q \cdot w_{0,\max} \cdot \frac{1}{1 - Q/Q_E}.$$

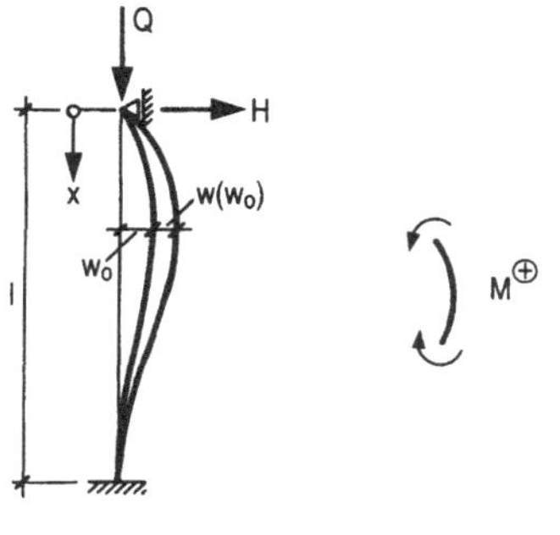

Abb. 7.27. System zu Beispiel 7.8; zwängungsfreie Stütze

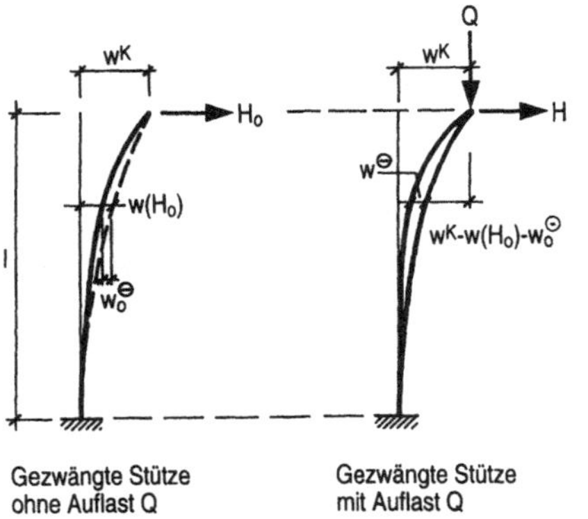

Abb. 7.28. System zu Beispiel 7.8; gezwängte Stütze

2. *Gezwängte Stütze mit einer Stützenkopfverschiebung* w^{K} *und einer Anfangsexzentrizität* $w_0^{\ominus}$ (Abb. 7.28)

Zur Vereinfachung der Berechnung lässt sich die Ausbiegung w_{tot} infolge w_0 und w^{K} in zwei Anteile aufteilen:

$$\begin{aligned} w_{\text{tot}} &= w_0 + w(w_0) + w(w^{\mathrm{K}}), \\ w_0 + w(w_0) &= w_0 \frac{1}{1 - Q/Q_{\mathrm{E}}}, \\ w(w^{\mathrm{K}}) &= w_1(w^{\mathrm{K}}) \cdot \frac{1}{1 - Q/Q_{\mathrm{E}}}. \end{aligned}$$

Dabei ist $w_1(w^{\mathrm{K}})$ die Ausbiegung 1. Ordnung infolge der Momente

$$M_1(w^{\mathrm{K}}) = -Q(w^{\mathrm{K}} - w(H_0)) - H_1 x,$$

wobei H_1 aus der Verträglichkeitsbedingung am Stützenkopf zu ermitteln ist. Da am Stützenkopf die Ausbiegung w^{K} beträgt, ergibt sich mit der Arbeitsgleichung

$$w^{\mathrm{K}} = \int \bar{M} \frac{M_1(w^{\mathrm{K}})}{EI} \, \mathrm{d}x, \quad \text{mit } \bar{M} = -1x.$$

Die Momente 2. Ordnung betragen

$$\begin{aligned} M(w_0, w^{\mathrm{K}}) &= -Q(w^{\mathrm{K}} - w(H_0) - w_0 - w(w_0) - w(w^{\mathrm{K}})) - Hx \\ &= -Q(w^{\mathrm{K}} - w(H_0) - w_0 - w) - Hx, \end{aligned}$$

wobei H wiederum aus der Verträglichkeitsbedingung am Stützenkopf zu ermitteln ist.

$$w^{\mathrm{K}} = \int \bar{M} \frac{M(w_0, w^{\mathrm{K}})}{EI} \, \mathrm{d}x, \quad \text{mit } \bar{M} = -1x.$$

Im vorliegenden Beispiel weist die Stütze im oberen Drittelspunkt infolge Zwängung zusätzliche Momente auf. Die durch den Querschnittswiderstand (M_R, N_R) festgelegte Traglast wird demzufolge früher erreicht als bei der ungezwängten Stütze (Abb. 7.29).

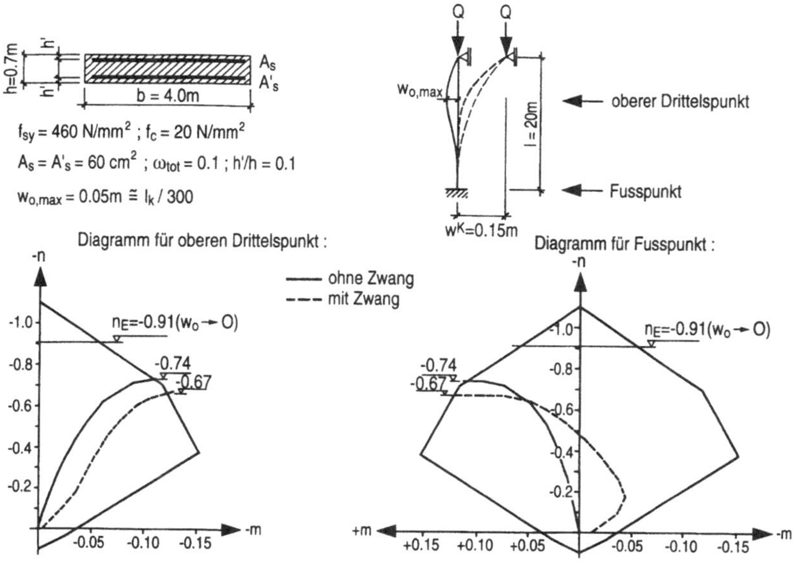

Abb. 7.29. Traglast einer Stütze mit und ohne Zwang

7.1.6 Tragsicherheitsnachweis

Mit der generellen Bedingung

$$S_{\mathrm{d}} = S(\gamma_S \cdot Q) \leq \frac{1}{\gamma_R} R \quad \text{(Bemessungsniveau)}$$

lässt sich auch bei schlanken Druckgliedern eine ausreichende Tragsicherheit gewährleisten. Dabei bedeutet S_{d} die Schnittkraftkombination M, N infolge der γ_S-fachen Lasten. Je nachdem, ob die ständige Last günstig oder ungünstig wirkt, muss sie mit einem tiefen oder hohen Lastfaktor γ_S in Rechnung gestellt werden. Alle übrigen Lasteinwirkungen werden mit dem der jeweiligen Normvorschrift entsprechenden hohen Lastfaktor berücksichtigt. Der rechnerische Querschnittswiderstand R wird um den Widerstandsbeiwert γ_R abgemindert, d. h., das Interaktionsdiagramm der Bruchschnittkräfte wird gleichmäßig um γ_R reduziert ($1/\gamma_R \cdot M_R$ und $1/\gamma_R \cdot N_R$).

Um Unsicherheiten in Bezug auf die Biegesteifigkeit Rechnung zu tragen, muss die der Verformungsberechnung zugrunde gelegte Biegesteifigkeit ebenfalls um den Widerstandsbeiwert γ_R abgemindert werden:

$$EI_{\mathrm{d}} = EI_y / \gamma_R.$$

Meistens wird der Tragsicherheitsnachweis auf dem „Bruchniveau" durchgeführt, weil in der Regel der Querschnittswiderstand M_R, N_R ermittelt wird (z. B. in Tabellenwerken):

$$S^* = \gamma_R \cdot S(\gamma_S \cdot Q) \leq R \quad \text{bzw.} \quad S^* = S(\gamma_S \cdot \gamma_R \cdot Q) \leq R.$$

S^* entspricht somit der Schnittkraftkombination infolge der $(\gamma = \gamma_R \cdot \gamma_S)$-fachen Lasten. Beim Tragsicherheitsnachweis auf „Bruchniveau“ wird die rechnerische Biegesteifigkeit EI_y nicht abgemindert.

Beide Nachweisformate für die Tragsicherheit sind gleichwertig:

– Bemessungsniveau

$$N_\mathrm{d} = \gamma_S \cdot Q \leq \frac{1}{\gamma_R} N_R,$$

$$M_\mathrm{d} = \gamma_S \cdot M_1 + \gamma_S \cdot Q \cdot \eta \cdot w_{1,\mathrm{d}} \frac{1}{1 - \gamma_S \cdot Q / Q_{\mathrm{E,d}}} \leq \frac{1}{\gamma_R} M_R.$$

– Bruchniveau

$$N^* = \gamma_R \cdot \gamma_S \cdot Q \leq N_R,$$

$$M^* = \gamma_R \cdot \gamma_S \cdot M_1 + \gamma_R \cdot \gamma_S \cdot Q \cdot \eta \cdot w_1^* \frac{1}{1 - \gamma_R \cdot \gamma_S \cdot Q / Q_\mathrm{E}} \leq M_R,$$

mit

$$w_{1,\mathrm{d}} = \frac{\gamma_S \cdot Q}{EI_y / \gamma_R} \alpha \cdot l^3, \quad w_1^* = \frac{\gamma_R \cdot \gamma_S \cdot Q}{EI_y} \alpha \cdot l^3$$

und

$$\frac{\gamma_S \cdot Q}{Q_{\mathrm{E,d}}} = \frac{\gamma_S \cdot Q}{\pi^2 \cdot EI_y / \gamma_R} l_\mathrm{k}^2, \quad \frac{\gamma_R \cdot \gamma_S \cdot Q}{Q_\mathrm{E}} = \frac{\gamma_R \cdot \gamma_S \cdot Q}{\pi^2 \cdot EI_y} l_\mathrm{k}^2.$$

Bei schlanken Druckgliedern mit festgelegten Abmessungen des Betonquerschnittes werden in der Regel der Bewehrungsquerschnitt geschätzt und die Tragsicherheit nachgewiesen. Hierfür ermittelt man zunächst auf dem Niveau der γ_R-fachen Bemessungsnormalkraft $n^* = \gamma_R \cdot n_\mathrm{d}$ das Bruchmoment m_R und den bezogenen Krümmungsradius r_y/h entsprechend dem angenommenen Bewehrungsgehalt ω. Daraus ergibt sich die Biegesteifigkeit ei_y, womit nun die Momente 2. Ordnung m^* berechnet werden können.

Die Tragsicherheit ist nachgewiesen, wenn auf dem Normalkraftniveau $n^* = n_R$ das Moment m^* kleiner ist als m_R, denn mit der m_R entsprechenden Biegesteifigkeit ei_y wird m^* überschätzt, da $ei(n^*, m^*)$ größer ist als $ei_y(n_R, m_R)$. Falls wegen zu großer Tragreserven der Bewehrungsquerschnitt reduziert werden soll, muss die Berechnung mit einem kleineren Bewehrungsquerschnitt wiederholt werden. Der n^*, m^* entsprechende Bewehrungsgehalt ist auf keinen Fall ausreichend.

In einfachen Fällen kann eine direkte Bemessung der Bewehrung aufgrund einer rasch konvergierenden Berechnung durchführt werden:

– Man ermittelt zunächst den bezogenen Krümmungsradius r_y/h auf dem Niveau der γ_R-fachen Bemessungsschnittkraft $n^* = \gamma_R \cdot n_\mathrm{d}$ bei einem mittleren mechanischen Bewehrungsgehalt von ca. $\omega_\mathrm{tot} \cong 0{,}2$.

- Damit ergibt sich für die Biegesteifigkeit in Funktion des gesuchten Moments 2. Ordnung m^* ein erster Wert:

$$ei_y = \frac{r_y}{h} m^*.$$

- Das Moment 2. Ordnung m^* lässt sich nun berechnen, und mit

$$m^* = m_R$$

findet man im Nachweispunkt $n^* = n_R$, $m^* = m_R$ einen korrigierten Wert für r_y/h, mit dem die Berechnung zu wiederholen ist.

7.1.7 Spezialfälle

Stützen im Bauzustand

Bis zur Ausführung des Überbaus stehen die Stützen meistens vollkommen frei. Der Stützenkopf ist in horizontaler Richtung nicht gehalten. Die Knicklänge l_k entspricht somit bei fester Einspannung im unverdrehbaren Fundament der doppelten Stützenhöhe h. Dementsprechend weisen Stützen im Bauzustand unter Umständen eine sehr große Schlankheit auf:

$$\lambda = l_k/i \quad \text{bis ca. } 240.$$

Die Belastung besteht aus dem Eigengewicht der Stütze und den Windkräften. Der Anfangsexzentrizität w_0 und der Ausbiegung w entsprechend kann bei Stützen mit konstantem Querschnitt angenommen werden, dass ein Drittel des Stützen-Eigengewichtes am Stützenkopf angreift. Allfällige elastische Fundamentverdrehungen sind im statischen Modell, das der Berechnung zugrunde gelegt wird, zu berücksichtigen (Abb. 7.30).

Da das Stützengewicht im maßgebenden Schnitt am Stützenfuß einen günstigen oder einen ungünstigen Einfluss haben kann, muss die Tragsicherheit gemäß Abschn. 7.1.6 mit zwei verschiedenen Lastfaktoren γ_S für das Stützengewicht

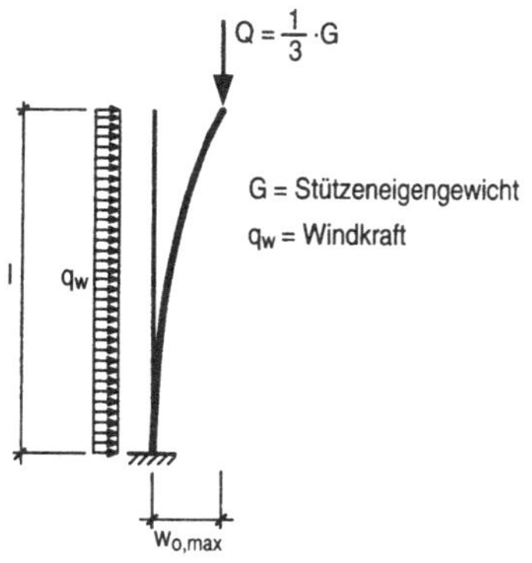

Abb. 7.30. Statisches Modell für Stützen im Bauzustand

nachgewiesen werden. Der Sicherheitsfaktor $\gamma = \gamma_R \cdot \gamma_S$ kann somit für das Stützengewicht und die Windkraft verschieden sein.

Die Stützenkopfausbiegung beträgt im Bauzustand ohne Berücksichtigung von Fundamentverdrehungen nach der Theorie 2. Ordnung:

$$w^{K*} = w_{0,\max} + \left(\frac{\gamma \cdot q_w \cdot l^4}{8 \cdot EI} + \frac{\gamma \cdot Q}{Q_E} w_{0,\max}\right) \frac{1}{1 - \gamma \cdot Q/Q_E}.$$

Damit ergeben sich am Stützenfuß die Bruchschnittkräfte:

$$N^* = -\gamma \cdot G, \quad M^* = -\frac{\gamma \cdot q_w \cdot l^2}{2} - \gamma \cdot Q \cdot w^{K*}.$$

Stützen mit verschieblichen Lagern auf dem Stützenkopf

Verschiebungen des Überbaus infolge Vorspannung, Schwinden, Temperatur u. a. verursachen Reibungskräfte in den Lagern, die bei der Stützenberechnung berücksichtigt werden müssen. Bei normalen und qualitativ einwandfreien Rollen- oder Gleitlagern beträgt die Reibungskraft R ca. 5 % des Auflagerdrucks infolge der ständigen Last des Überbaus.

Als Belastung sind somit das Eigengewicht der Stütze, der maximale Auflagerdruck des Überbaus, die Lagerreibung und die Windkräfte zu berücksichtigen (Abb. 7.31).

Damit beträgt die Stützenkopfausbiegung im Bruchzustand (ohne Berücksichtigung von Fundamentverdrehungen)

$$w^{K*} = w_{0,\max} + \left(\frac{\gamma \cdot q_w \cdot l^4}{8 \cdot EI_y} + \frac{\gamma \cdot R \cdot l^3}{3 \cdot EI_y} + \frac{\gamma \cdot Q}{Q_E} \cdot w_{0,\max}\right) \frac{1}{1 - \gamma \cdot Q/Q_E},$$

mit den Bruchschnittkräften am Stützenfuß

$$N^* = -\gamma(G + A_{\max}), \quad M^* = -\frac{\gamma \cdot q_w \cdot l^2}{2} - \gamma \cdot R \cdot l - \gamma \cdot Q \cdot w^{K*}.$$

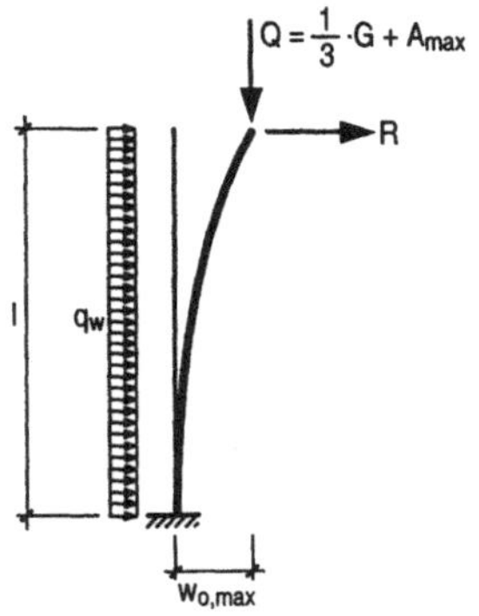

Abb. 7.31. Statisches Modell für Stützen mit verschieblichem Lager auf dem Stützenkopf

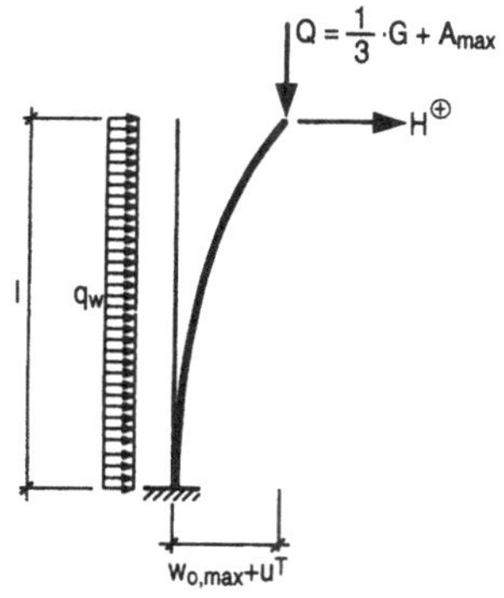

Abb. 7.32. Stütze mit blockiertem Lager und aufgezwungener Überbauverschiebung u^{T}

Aufgrund dieser Berechnung könnte die Stützenkopfausbiegung $w^{\mathrm{K}*}$ größer sein als die größtmögliche Verschiebung u^{T} des Überbaus am Stützenkopf, und die Reibungskraft würde in diesem Fall nicht mehr treibend, sondern in umgekehrter Richtung stützend wirken ($R < 0$). Die stützend bzw. günstig wirkende Reibungskraft muss dabei auf 0,5 bis 1,0 % des Auflagerdrucks aus ständiger Last begrenzt werden. Man kann deshalb auch annehmen, der Stütze werde bei blockiertem Lager die Überbauverschiebung u^{T} aufgezwungen (Abb. 7.32). Eine ausreichende Tragsicherheit ist in diesem Fall gewährleistet, wenn die gemäß der Abschn. 7.1.3 und 7.1.4 ermittelten Bruchschnittkräfte kleiner sind als der Querschnittswiderstand:

$$n^* \leq n_R, \quad m^* \leq m_R,$$

und wenn gleichzeitig auch die Bedingung

$$H^* \gtrsim -(0{,}01 \text{ bis } 0{,}005) \cdot A(g)$$

erfüllt ist.

7.1.8 Stützenberechnung bei verschieblichen Systemen, „schwimmend gelagerte" Brückenträger

Grundsätzliche Hinweise

Bei schwimmend gelagerten Brückenträgern werden die Horizontalkräfte in Brückenlängsrichtung (Bremsschub, Anfahrkräfte, Längswind, Erdbebenkräfte u. a.) durch Stützenbiegung in den Baugrund abgetragen, während bei fixierter Lagerung die am Träger angreifenden Horizontalkräfte direkt über ein Widerlager abgeleitet werden. Fixiert gelagerte Systeme sind deshalb stabil, und bei allen Stützen, die mit dem Träger verbunden sind, ist der Stützenkopf in Brückenlängsrichtung gehalten. Die Knicklänge der Stützen wird dadurch wesentlich vermindert. Bei schwimmender Lagerung muss hingegen die Systemstabilität durch die Stützen gewährleistet werden, deren Kopf in Brückenlängsrichtung nicht gehalten ist und die demzufolge eine entsprechend große Knicklänge aufweisen. Aus diesen

Gründen sind fixiert gelagerte Systeme meistens wirtschaftlicher. Eine schwimmende Lagerung ist in der Regel nur bei langen Brücken zweckmäßig. Hingegen sind Brückenabschnitte, die durch Fugen beidseitig von den Widerlagerbereichen getrennt sind, fast immer als verschiebliche Systeme ausgebildet.

Die Ermittlung des Bewegungszentrums der Verschiebungen aus Temperaturänderungen, Schwinden und Kriechen ist bei schwimmender Lagerung immer mit beträchtlichen Unsicherheiten verbunden. Dies muss bei der Bemessung des Bewegungsspiels der verschieblichen Lager und der Fugenkonstruktionen berücksichtigt werden.

Verschiebliche Lager auf den Stützen werden deshalb mit Anschlägen zur Begrenzung des Bewegungsspiels versehen. Diese Maßnahmen können allenfalls Zwängungen in den Stützen verursachen, die bei der Bemessung zu berücksichtigen sind. Auf einem Widerlager kann das Bewegungsspiel für Lager und Fugen ohne weiteres auch mit Anschlägen begrenzt werden. Falls bei einem fugenlosen Träger aber das Bewegungsspiel auf beiden Widerlagern begrenzt wird, sind unbedingt reichlich bemessene Verschiebungswege vorzusehen. Nebst den mit einem Sicherheitsfaktor von ca. 1,4 vergrößerten Trägerverformungen sind auch horizontale Widerlagerverschiebungen aus ungleichmäßigen Setzungen oder Erddruck zu berücksichtigen.

Knickstabilität bei verschieblichen Systemen

Bei verschieblich gelagerten Balkenbrücken kann aufgrund der Knicksicherheit abgeschätzt werden, ob das Tragsystem in Längsrichtung eine ausreichende Steifigkeit aufweist. γ_E bezeichnet den für sämtliche Stützenauflasten konstanten Faktor beim Erreichen der System-Knicklast und sollte mindestens ca. 2 bis 3 betragen. Bei der Berechnung der System-Knicklast müsste für die Biegesteifigkeit der einzelnen Stützen EI_y auf dem Niveau der γ_E-fachen Stützenauflast verwendet werden. Im Sinne einer Abschätzung kann hierfür auch ein unterer Grenzwert

$$EI_y \cong 220 \cdot h \cdot M_R$$

eingesetzt werden.

Die System-Knicklast ist erreicht, wenn bei einer beliebigen Trägerverschiebung $u^T = w^K$ (Stützenkopfverschiebung) die Summe der von den Stützen auf den Träger übertragenen Horizontalschübe null wird.

Mit dem zuverlässigen Näherungsansatz

$$w = w_1 \cdot \frac{1}{1 - \gamma_E \cdot Q/Q_E}$$

kann der Horizontalschub H am Stützenkopf bei γ_E-fachem Auflagerdruck Q für verschieden gelagerte Stützen berechnet werden. Aus der Bedingung:

$$\sum H = 0$$

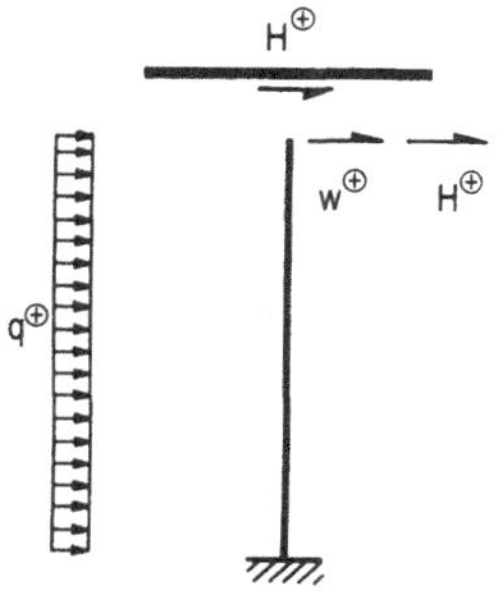

Abb. 7.33. Verschiebliche Systeme; Vorzeichenkonvention

ergibt sich sodann der Knicksicherheits-Faktor γ_E.

Die Vorzeichenkonvention ist aus Abb. 7.33 ersichtlich.

Horizontalschub am Stützenkopf

- Stütze unten eingespannt, oben gelenkig angeschlossen (Abb. 7.34)
  Verschiebung am Stützenkopf:

$$w^K = w_1^K \frac{1}{1 - \gamma_E \cdot Q/Q_E}, \quad \text{mit } w_1^K = \frac{H \cdot l^3}{3 \cdot EI_y}, \; Q_E = \frac{\pi^2 \cdot EI_y}{4 \cdot l^2}.$$

  Horizontalschub:

$$H = \frac{3 \cdot EI_y}{l^3} w^K \left(1 - \frac{\gamma_E \cdot Q}{Q_E}\right) = \frac{12 \cdot w^K}{\pi^2 \cdot l}(Q_E - \gamma_E \cdot Q).$$

- Stütze unten und oben fest eingespannt (Abb. 7.35):
  Verschiebung am Stützenkopf:

$$w^K = w_1^K \frac{1}{1 - \gamma_E \cdot Q/Q_E}, \quad \text{mit } w_1^K = \frac{H \cdot l^3}{12 \cdot EI_y}, \; Q_E = \frac{\pi^2 \cdot EI_y}{l^2}.$$

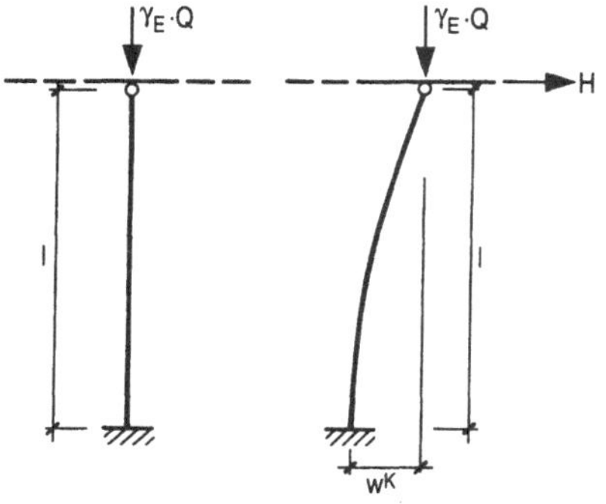

Abb. 7.34

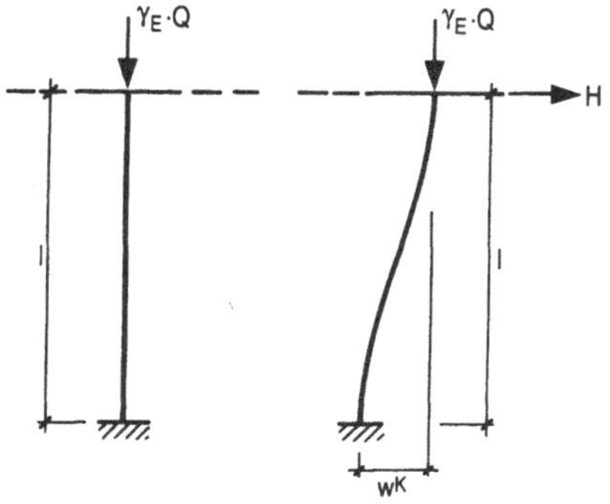

Abb. 7.35

Abb. 7.34. Gelenkig angeschlossene Stütze; Horizontalschub H bei System-Knicklast

Abb. 7.35. Fest eingespannte Stütze; Horizontalschub H bei System-Knicklast

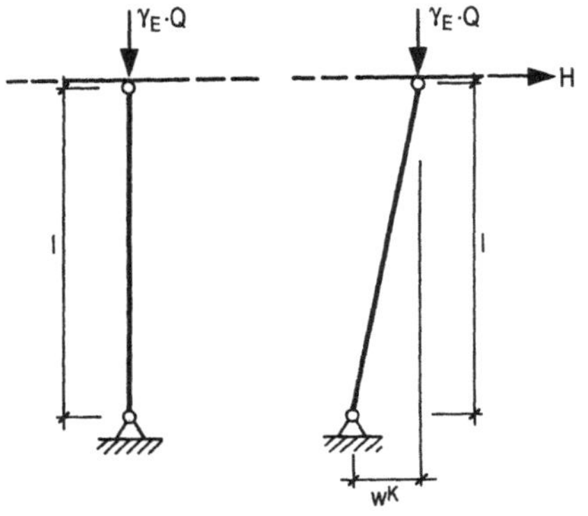

Abb. 7.36. Pendelstütze; Horizontalschub H bei System-Knicklast

Horizontalschub:

$$H = \frac{12 \cdot EI_y}{l^3} \cdot w^K \left(1 - \frac{\gamma_E \cdot Q}{Q_E}\right) = \frac{12 \cdot w^K}{\pi^2 \cdot l} \cdot (Q_E - \gamma_E \cdot Q).$$

Der Ausdruck für den Horizontalschub lautet immer gleich. Die unterschiedliche Lagerung wird ausschließlich mit der entsprechenden Knicklast der Stütze erfasst.

– Pendelstütze (Abb. 7.36):
Horizontalschub:

$$H = -\frac{w^K}{l}\gamma_E \cdot Q.$$

Da alle Stützenkopfverschiebungen gleich groß sind ($u^T = w^K$), folgt mit der Bedingung

$$\sum H = 0$$

unter der Berücksichtigung sämtlicher Stützen des Systems:

$$\frac{12}{\pi^2} w^K \left[\sum \frac{Q_{E,i}}{l_i} - \gamma_E \left(\sum \frac{Q_i}{l_i} + \frac{\pi^2}{12} \sum \frac{Q_j}{l_j} \right) \right] = 0.$$

Damit ergibt sich für den Knicklast-Faktor γ_E:

$$\gamma_E = \frac{\sum Q_{E,i}/l_i}{\sum Q_i/l_i + \frac{\pi^2}{12} \cdot \sum Q_j/l_j}.$$

Die statisch unbestimmt gelagerten, stabilisierenden Stützen werden mit dem Index i, die statisch bestimmt gelagerten Pendelstützen mit dem Index j bezeichnet. $Q_{E,i}$ ist die Knicklast der Einzelstütze. Sie ist mit EI_y und der Lagerungsart bei verschieblichem Stützenkopf zu ermitteln.

Aufgrund der System-Knicklast kann die Tragfähigkeit (bzw. System-Bruchlast) nicht beurteilt werden. Infolge von Auflagerexzentrizitäten, Windkräften und Längsschüben am Brückenträger wird die Tragfähigkeit in kritischen Schnitten bereits wesentlich unter der Systemknicklast erreicht.

Berechnung der System-Bruchlast

Die genaue Berechnung der Bruchlast eines schwimmend gelagerten Systems ist unter Berücksichtigung sämtlicher Einflüsse (abschnittsweise Herstellung des Überbaus, Kriechverhalten der Stützen etc.) außerordentlich kompliziert. Der damit verbundene große Rechenaufwand lohnt sich nicht, da die Grundlagen wie Baufortschritt, klimatische Verhältnisse während der Bauausführung, Baustoffkennwerte, Baugrundeigenschaften u. a. nicht genau bekannt sind und/oder erhebliche Streuungen aufweisen. Die im Folgenden dargestellte Berechnung beruht deshalb auf wesentlichen Vereinfachungen, genügt aber für den Nachweis der Tragsicherheit.

Bei der Ermittlung der System-Bruchlast kann im Allgemeinen angenommen werden, dass mit der Ausbildung eines Fließgelenkes bzw. mit dem Erreichen des Querschnittwiderstandes in einem beliebigen Schnitt einer einzelnen Stütze auch der System-Widerstand erschöpft ist. Diese Annahme ergibt einen unteren Grenzwert der System-Bruchlast, weil bei einem mehrfach statisch unbestimmten System mit der Ausbildung eines einzigen Fließgelenkes noch kein Mechanismus entsteht. Wegen des Einflusses 2. Ordnung ist aber nach der Ausbildung des ersten Fließgelenkes im Allgemeinen nur noch eine geringe Laststeigerung möglich.

Durch Vorspannung, Schwinden und Temperaturänderungen im Träger entstehen erzwungene Stützenkopfverschiebungen u^{T}. Diese Verschiebungen werden unter Berücksichtigung des jeweiligen Bauvorganges ermittelt, wobei man zur Vereinfachung der Berechnung annehmen kann, dass sich die Biegesteifigkeit der Stützen im Verlauf der Bauausführung nicht ändert. In der Regel können die erzwungenen Stützenkopfverschiebungen auf Grund der Stützenbiegesteifigkeit im ungerissenen Zustand berechnet werden. Den erzwungenen Stützenverformungen wird nun noch die ungünstig (normalerweise vergrößernd) wirkende Anfangsexzentrizität w_0^{K} überlagert. Dementsprechend beträgt die Anfangs-Stützenkopfverschiebung:

$$w_A^{\mathrm{K}} = u^{\mathrm{T}} + w_0^{\mathrm{K}}.$$

Die Anfangsverformung der Stützen entspricht im Wesentlichen der Knickfigur des Systems.

Die am Träger und an den Stützen angreifenden Horizontalkräfte in Brückenlängsrichtung verursachen unter Berücksichtigung des Einflusses 2. Ordnung eine Systemverschiebung vom Betrag w^{K}, der bei sämtlichen Stützen gleich groß ist. Mit dem zugehörigen Horizontalschub am Stützenkopf lassen sich dann die Schnittkräfte in den einzelnen Stützen ermitteln. Die Berechnung des Horizontalschubes erfolgt aufgrund der Stützenbiegesteifigkeit im Bruchzustand, d. h. mit EI_{y} auf dem Niveau der γ-fachen Stützen-Normalkraft. Falls in einzelnen Stützen oder Stützenbereichen beim Auftreten des ersten Fließgelenkes (unterer Grenzwert der

System-Bruchlast) der gerissene Zustand II nicht erreicht wird, kann in einem zweiten Berechnungsgang für diese Stützen bzw. Stützenbereiche mit der Biegesteifigkeit des homogenen Stützenquerschnittes gerechnet werden. Damit resultiert unter Umständen eine bedeutende Erhöhung der System-Bruchlast.

Im Folgenden wird der Horizontalschub am Stützenkopf für verschiedene Lagerungsarten der Stütze unter Berücksichtigung der Anfangs-Stützenkopfverschiebung $w_{\mathrm{A}}^{\mathrm{K}}$ und einer auf die Stütze wirkenden, gleichmäßig verteilten Belastung q in Brückenlängsrichtung berechnet. Der Einfluss 2. Ordnung lässt sich dabei am einfachsten mit der Näherungsformel

$$w = w_1 \frac{1}{1 - Q/Q_{\mathrm{E}}}$$

erfassen. Die Berechnung im Bruchzustand erfolgt mit den γ-fachen Einwirkungen (Q^*, q^*, H^* etc.).

Horizontalschub am Stützenkopf

– Stütze unten eingespannt, oben gelenkig angeschlossen (Abb. 7.37):

$$w_1 = w_1(H^*) + w_1(q^*) + w_1(w_{\mathrm{A}}^{\mathrm{K}}).$$

Stützenkopfverschiebung nach Theorie 1. Ordnung:

$$w_1^{\mathrm{K}}(H^*) = \frac{H^* \cdot l^3}{3 \cdot EI_{\mathrm{y}}},$$

$$w_1^{\mathrm{K}}(q^*) = \frac{q^* \cdot l^4}{8 \cdot EI_{\mathrm{y}}},$$

$$w_1^{\mathrm{K}}(w_{\mathrm{A}}^{\mathrm{K}}) = \frac{Q^*}{Q_{\mathrm{E}}} \cdot w_{\mathrm{A}}^{\mathrm{K}}.$$

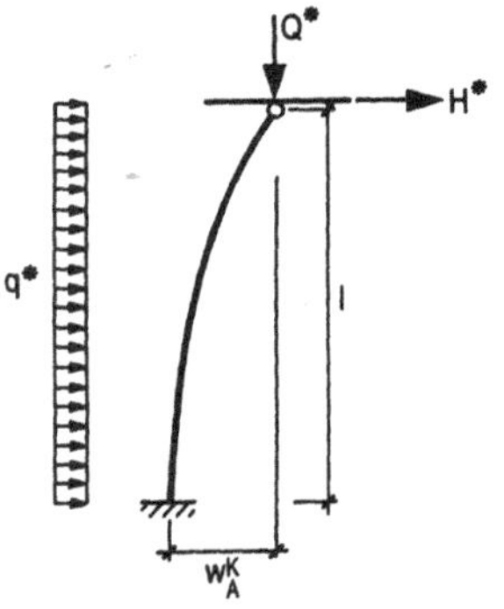

Abb. 7.37

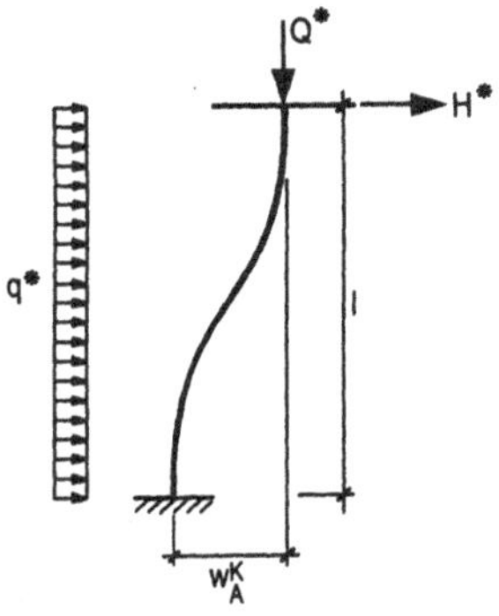

Abb. 7.38

Abb. 7.37. Gelenkig angeschlossene Stütze mit Querbelastung q^* und Anfangs-Stützenkopfverschiebung $w_{\mathrm{A}}^{\mathrm{K}}$; Horizontalschub H^* bei System-Bruchlast

Abb. 7.38. System-Bruchlast; biegesteif angeschlossene Stütze mit Querbelastung

Dabei enthält Q nebst dem Auflagerdruck des Trägers auch noch einen Anteil des Stützengewichtes; bei der vorliegenden Lagerungsart ca. 1/3 von G. Nach der Theorie 2. Ordnung ergibt sich somit die Stützenkopfverschiebung

$$w^{\mathrm{K}} = \left(\frac{H^* \cdot l^3}{3 \cdot EI_{\mathrm{y}}} + \frac{q^* \cdot l^4}{8 \cdot EI_{\mathrm{y}}} + \frac{Q^*}{Q_{\mathrm{E}}} w_{\mathrm{A}}^{\mathrm{K}}\right) \frac{1}{1 - Q^*/Q_{\mathrm{E}}},$$

mit $Q_{\mathrm{E}} = (\pi^2 \cdot EI_{\mathrm{y}})/(4 \cdot l^2)$. Daraus folgt

$$w^{\mathrm{K}}(Q_{\mathrm{E}} - Q^*) = \frac{\pi^2}{12} \cdot \left(H^* \cdot l + \frac{3 \cdot q^* \cdot l^2}{8} + \frac{12}{\pi^2} Q^* \cdot w_{\mathrm{A}}^{\mathrm{K}}\right),$$

und der Horizontalschub beträgt

$$H^* = w^{\mathrm{K}} \frac{12}{\pi^2}\left(\frac{Q_{\mathrm{E}}}{l} - \frac{Q^*}{l}\right) - \frac{3 \cdot q^* \cdot l}{8} - \frac{12}{\pi^2} \frac{Q^*}{l} w_{\mathrm{A}}^{\mathrm{K}}.$$

– Stütze unten und oben fest eingespannt (Abb. 7.38):
Stützenkopfverschiebung nach der Theorie 1. Ordnung:

$$w_1^{\mathrm{K}}(H^*) = \frac{H^* \cdot l^3}{12 \cdot EI_{\mathrm{y}}},$$

$$w_1^{\mathrm{K}}(q^*) = \frac{q^* \cdot l^4}{24 \cdot EI_{\mathrm{y}}},$$

$$w_1^{\mathrm{K}}(w_{\mathrm{A}}^{\mathrm{K}}) = \frac{Q^*}{Q_{\mathrm{E}}} w_{\mathrm{A}}^{\mathrm{K}}.$$

Die Stützenkopfverschiebung nach der Theorie 2. Ordnung beträgt somit

$$w^{\mathrm{K}} = \left(\frac{H^* \cdot l^3}{12 \cdot EI_{\mathrm{y}}} + \frac{q^* \cdot l^4}{24 \cdot EI_{\mathrm{y}}} + \frac{Q^*}{Q_{\mathrm{E}}} \cdot w_{\mathrm{A}}^{\mathrm{K}}\right) \frac{1}{1 - Q^*/Q_{\mathrm{E}}},$$

mit $Q_{\mathrm{E}} = \pi^2 \cdot EI_{\mathrm{y}}/l^2$. Daraus folgt

$$w^{\mathrm{K}}(Q_{\mathrm{E}} - Q^*) = \frac{\pi^2}{12}\left(H^* \cdot l + \frac{q^* \cdot l^2}{2} + \frac{12}{\pi^2} \cdot Q^* \cdot w_{\mathrm{A}}^{\mathrm{K}}\right).$$

Der entsprechende Horizontalschub beträgt

$$H^* = w^{\mathrm{K}} \frac{12}{\pi^2}\left(\frac{Q_{\mathrm{E}}}{l} - \frac{Q^*}{l}\right) - \frac{q^* \cdot l}{2} - \frac{12}{\pi^2} \frac{Q^*}{l} w_{\mathrm{A}}^{\mathrm{K}}.$$

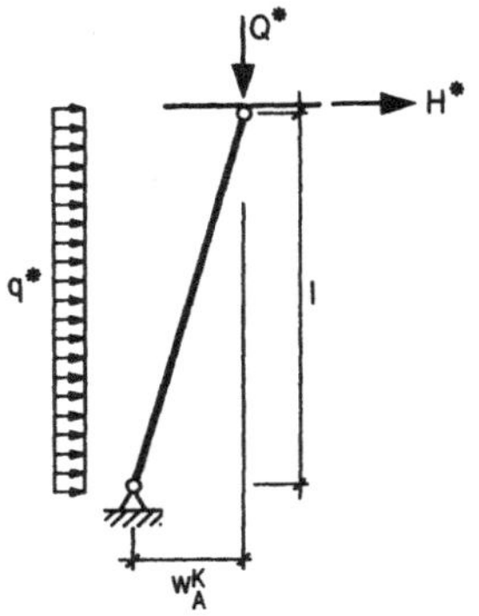

Abb. 7.39. System-Bruchlast; Pendelstütze mit Querbelastung

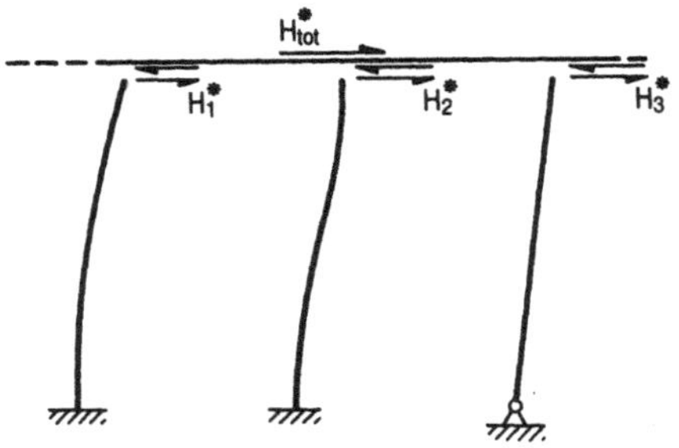

Abb. 7.40. Auf Träger und Stützenköpfe wirkende Horizontalkräfte H^* bei System-Bruchlast

- Pendelstütze (Abb. 7.39):
  Bei einer Pendelstütze beträgt der Horizontalschub

$$H^* = -\frac{Q^*}{l}(w_A^K + w^K) - \frac{q^* \cdot l}{2}.$$

Bezeichnet man mit H_{tot} die Summe aller am Träger in Brückenlängsrichtung angreifenden Horizontalkräfte (Bremskraft, Streichwind, Erdbebenkraft etc. und die im entgegengesetzten Sinn wirkende minimale Lagerreibung von verschieblichen Lagern auf den Widerlagern oder auf den Stützen), so ergibt sich am Träger folgende Gleichgewichtsbedingung (Abb. 7.40):

$$H_{tot}^* - \sum H_i^* = 0.$$

Mit dieser Gleichgewichtsbedingung kann die unbekannte Stützenkopfverschiebung 2. Ordnung w^K berechnet werden. Durch Einsetzen von w^K in die Beziehung zwischen w^K und H^* ergibt sich für jede Stütze der wirksame Horizontalschub H_i^*, mit welchem die Stützenschnittkräfte berechnet werden können.

Schließlich muss noch untersucht werden, ob die Bruchsicherheit

$$S^*(M^*, N^*) \leq R$$

in sämtlichen Stützenquerschnitten erfüllt ist.

Sprengwerk-Brücken

Sprengwerk-Brücken sind verschiebliche Rahmensysteme. Horizontale Krafteinwirkungen in Brückenlängsrichtung werden vorwiegend über Biegung des Brückenträgers in die Auflager abgeleitet. Die Momentengrenzwerte sind somit durch Überlagerung der vertikalen und horizontalen Krafteinwirkungen zu ermitteln.

Durch den Einfluß 2. Ordnung werden die Verschiebungen in Brückenlängsrichtung und die sie verursachenden Biegemomente vergrößert. Diese Vergrößerung muss berücksichtigt werden, falls die System-Knicklast relativ klein ist.

Die Trägerverschiebung 2. Ordnung in Brückenlängsrichtung (u^{T}) kann näherungsweise wie folgt ermittelt werden:

$$u^{\mathrm{T}} = u_1^{\mathrm{T}} \frac{1}{1 - 1/\gamma_{\mathrm{E}}},$$

wobei u_1^{T} die Trägerverschiebung in Brückenlängsrichtung nach Theorie 1. Ordnung und γ_{E} den Knicklast-Faktor bedeutet.

Die Momente, welche die Trägerverschiebung verursachen, betragen somit nach der Theorie 2. Ordnung:

$$M = M_1 \frac{u^{\mathrm{T}}}{u_1^{\mathrm{T}}} = M_1 \frac{1}{1 - 1/\gamma_{\mathrm{E}}}.$$

Bei symmetrischen Systemen können die vertikalen Lasten durch Lastumordnung immer in einen symmetrischen und einen antimetrischen Anteil aufgeteilt werden (Abb. 7.41).

Die System-Knicklast $Q_{\mathrm{E}} = \gamma_{\mathrm{E}}\, Q^{\mathrm{S}}$ wird aus dem symmetrischen Lastanteil ermittelt.

Falls bei einer Momentenumlagerung im Bruchzustand über den Stützen bereits das Fließmoment erreicht wird, muss dies bei der Berechnung der Biegemomente aus antimetrischen Lasten berücksichtigt werden. Die System-Knicksicherheit ist unter Berücksichtigung der vorhandenen Fließgelenke zu ermitteln (Abb. 7.42).

Die System-Knicklast $Q_{\mathrm{E}} = \gamma_{\mathrm{E}} \cdot Q^{\mathrm{S}}$ wird nach der Deformationsmethode mit Axialkraft ermittelt. Sie ist erreicht, wenn die Determinante des Gleichungssystems für die unbekannten Knotendrehwinkel und -verschiebungen null wird.

In einfachen Fällen lässt sich die System-Knicklast mit dem Verfahren von Vianello direkt berechnen. Sie ist erreicht, wenn bei einer angenommenen Anfangsverschiebung δ_0 (entsprechend der System-Knickfigur) die nach der Theorie 1.

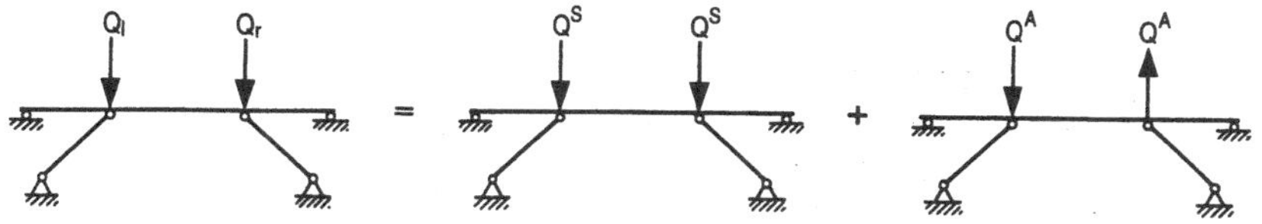

Abb. 7.41. Lastumordnung in symmetrischen und antimetrischen Anteil bei einem symmetrischen Sprengwerk

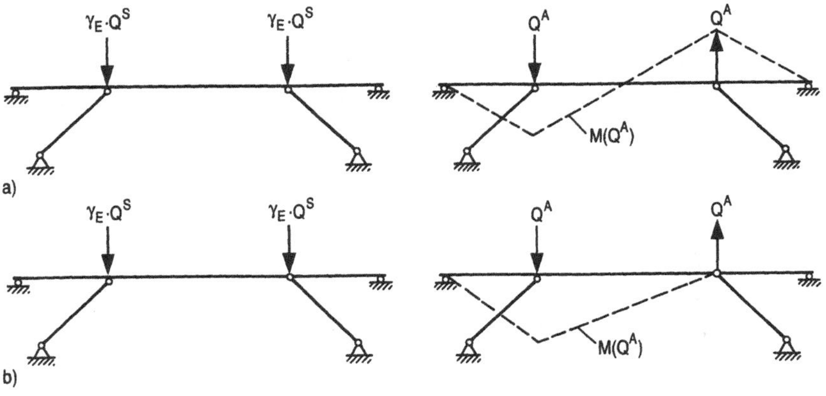

Abb. 7.42. **a** System ohne Fließgelenk über der Stütze, **b** System mit Fließgelenk über der Stütze

Ordnung berechnete Verschiebung δ_1 gleich groß ist wie δ_0:

$$\delta_1(\gamma_E \cdot Q^S, \delta_0) = \delta_0 .$$

Beispiel 7.9. Sprengwerk ohne Fließgelenk (Abb. 7.43). Anfangsauslenkung δ_0; Berechnung von δ_1 nach Theorie 1. Ordnung mit der Arbeitsgleichung (Abb. 7.44)

Momente des Verschiebungszustandes: M (Abb. 7.45).
Momente des Belastungszustandes: $\bar{M}$ (Abb. 7.46).

$$\delta_1 = \int_0^{l/2} \bar{M} \frac{M}{EI} \cdot \mathrm{d}x = \frac{1}{3 \cdot EI_y} Q^S \frac{\delta_0}{\tan \alpha} \frac{(a \cdot c/2)^2}{b \cdot (a + c/2)} .$$

Mit $\delta_1(\gamma_E \cdot Q^S, \delta_0) = \delta_0$ ergibt sich für den Knicklast-Faktor:

$$\gamma_E = \frac{3 \cdot EI_y \cdot b \cdot (a + c/2) \cdot \tan \alpha}{Q^S \cdot (a \cdot c/2)^2} .$$

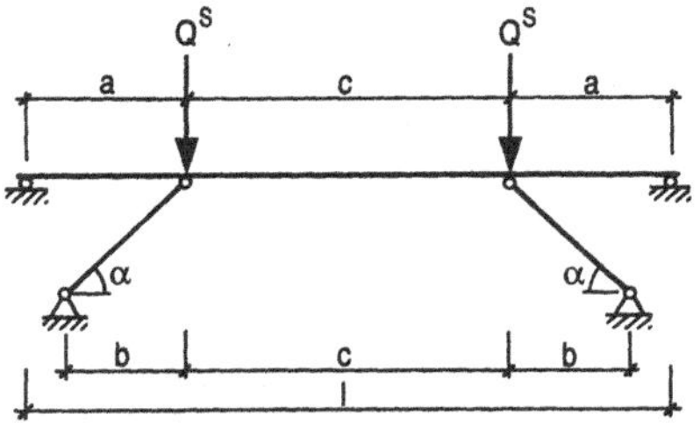

Abb. 7.43

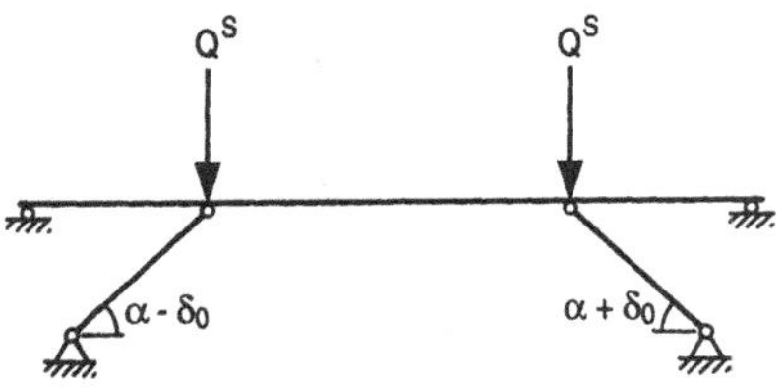

Abb. 7.44

Abb. 7.43. System zu Beispiel 7.9; Sprengwerk ohne Fließgelenk

Abb. 7.44. Anfangsauslenkung δ_0 der Stiele

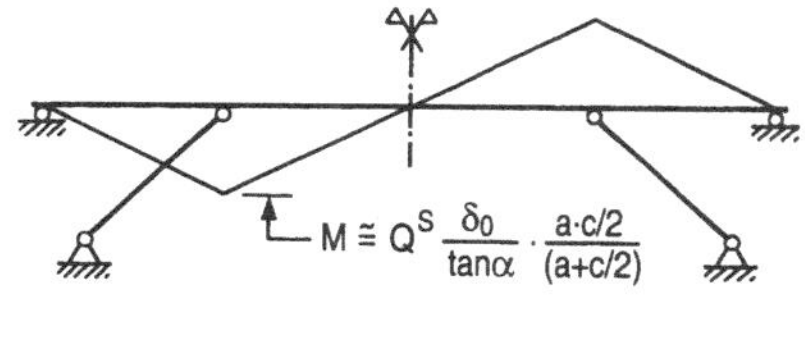

Abb. 7.45

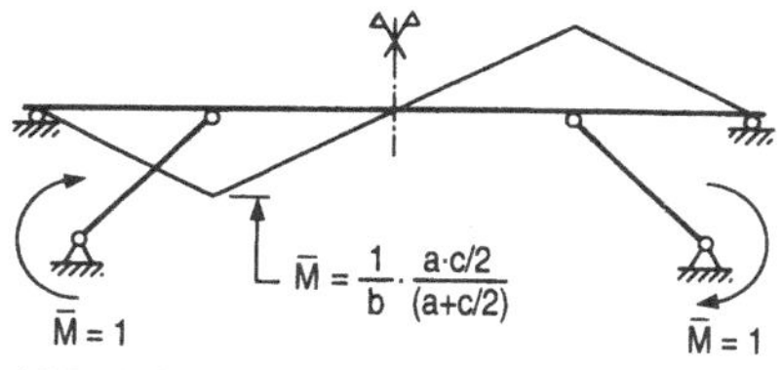

Abb. 7.46

Abb. 7.45. Verschiebungszustand

Abb. 7.46. Belastungszustand

Beispiel 7.10. Sprengwerk mit Fließgelenk (Abb. 7.47). Die Anfangsauslenkung δ_0 kann gleich angenommen werden wie beim Beispiel 7.9. Damit ergeben sich folgende Momente für den Verschiebungs- und den Belastungszustand:
Momente des Verschiebungszustandes: M (Abb. 7.48).
Momente des Belastungszustandes: $\bar{M}$ (Abb. 7.49).

$$\delta_1 = \int_0^{l/2} \bar{M} \cdot \frac{M}{EI_y} \cdot \mathrm{d}x = \frac{1}{6 \cdot EI_y} \cdot Q^S \cdot \frac{\delta_0 \cdot (a \cdot c)^2 \cdot (a+c)}{\tan\alpha \cdot 2 \cdot b \cdot (a+c/2)^2}.$$

In diesem Falle ergibt sich mit $\delta_1(\gamma_E \cdot Q^S, \delta_0) = \delta_0$ für den Knicklast-Faktor:

$$\gamma_E = \frac{6 \cdot EI_y \cdot b \cdot (a+c/2)^2 \cdot \tan\alpha}{Q^S \cdot (a \cdot c)^2 \cdot (a+c)}.$$

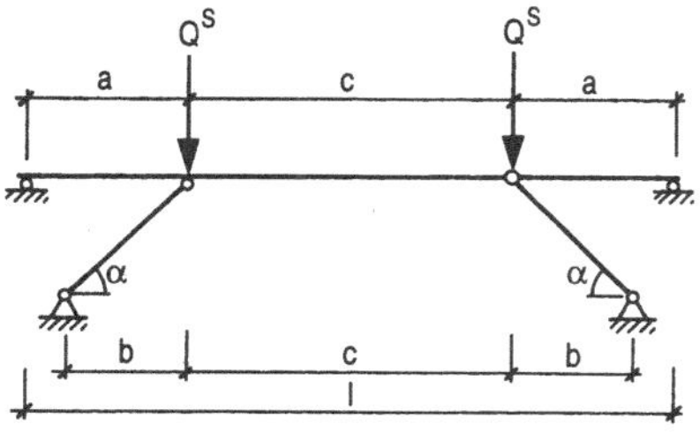

Abb. 7.47. System zu Beispiel 7.10; Sprengwerk mit Fließgelenk

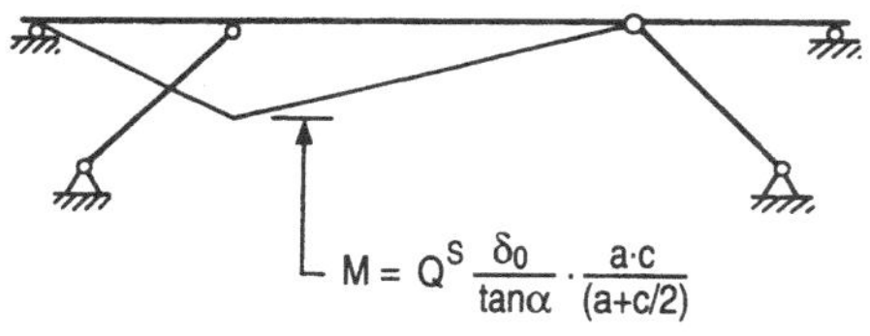

Abb. 7.48

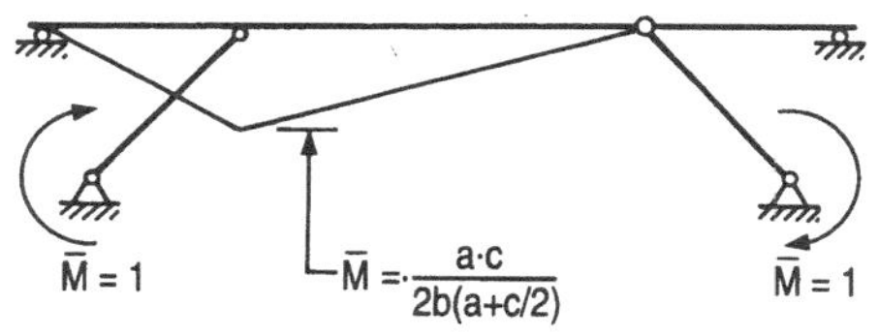

Abb. 7.49

Abb. 7.48. Verschiebungszustand

Abb. 7.49. Belastungszustand

7.2 Fundationen

7.2.1 Allgemeines

Beim Entwurf einer Brücke spielen das Fundationssystem und die Interaktion von Unterbau und Überbau in statischer und wirtschaftlicher Hinsicht immer eine wesentliche Rolle. Die Fundationen beanspruchen einen relativ großen Anteil der Gesamtbaukosten. Je nach Topographie, Baugrundbeschaffenheit und hydrologischen Verhältnissen betragen die Fundationskosten 30 bis 80 % der Kosten für den Überbau. Die Ermittlung des geeignetsten Fundationssystems und die sorgfältige Berechnung und Bemessung der Fundationselemente sind deshalb ebenso wichtig wie die Projektierung des Überbaus. Grundlage hiefür ist eine eingehende Abklärung der Schichtfolgen, der Baugrundeigenschaften und hydrologischen Verhältnisse durch Sondierbohrungen, Piezometermessungen und eventuell langfristige Kriechmessungen in verschiedenen Tiefen.

Bei der Bemessung der Fundationselemente ist zu beachten, dass die Baugrundkennwerte relativ große Streuungen aufweisen. Das Ziel der diesbezüglichen Labormessungen liegt deshalb vor allem in der Abklärung des Streubereichs dieser Werte.

Die wichtigsten Kriterien für die Ausbildung und die Bemessung der Fundamente sind die Baugrundtragfähigkeit bzw. die Baugrundstabilität, die Kippstabilität und das Setzungsverhalten.

Der einfachste Fundationstyp ist das hochliegende Flachfundament. Falls sich der Baugrund für diese wirtschaftlichste Fundationsart jedoch nicht eignet, sind Tieffundationen erforderlich, die im Prinzip mit Schächten, Senkkasten oder Pfählen ausgeführt werden können.

7.2.2 Flachfundamente

Flachfundamente erfordern in geringer Tiefe einen guten, tragfähigen Baugrund und bei geneigtem Terrain eine ausreichende Hangstabilität. Die Lage der Fundamentsohle wird so gewählt, dass sie durchwegs unter der Frosttiefe liegt und dass das Fundament überall eine Überschüttung von mindestens 0,5 m aufweist. Die maßgebenden Kriterien für die Ermittlung der Fundamentabmessungen sind:

- Fundamentsetzungen;
- Kippstabilität für Stützen im Bauzustand; Stützen, die am Kopf ein verschiebliches Lager aufweisen; stabilisierende Stützen bei schwimmend gelagertem Überbau;
- Baugrundtragfähigkeit bzw. Baugrundstabilität bei geneigtem Terrain.

Fundamentsetzungen müssen in der Regel nur unter ständiger Lasteinwirkung ermittelt werden. Hiefür kann man Druckspannungs-Einflusskarten verwenden. Die zulässige Fundamentsetzung ergibt sich meistens aus der Begrenzung der Beanspruchungen im Überbau im Hinblick auf Rissbildung oder aus der Beschränkung des Unterhaltaufwandes für die Lagernachstellung. Oft ist es zweckmäßig, den Baugrund im Bereich der Fundamente durch Tiefenvibration zu verdichten oder durch Injektionen zu verfestigen.

Die Kippsicherheit wird für die maßgebende Einwirkungskombination aus γ_S-facher ständiger Last und γ_S-fachen treibenden Kräften bzw. Lasten nachgewiesen, wobei allenfalls unterschiedliche Lastfaktoren zu berücksichtigen sind. Das Kippen erfolgt, wenn in der Randzone des Fundamentes die Baugrundtragfähigkeit erreicht wird. Zur Gewährleistung einer ausreichenden Kippsicherheit ist somit auch mit einem reduzierten Tragwiderstand des Baugrundes zu rechnen. Beim Nachweis der Kippsicherheit muss der Einfluss 2. Ordnung infolge der Stützen- und Baugrundverformung berücksichtigt werden. Beim praktischen Vorgehen nimmt man normalerweise aufgrund des Spannungs-Deformations-Diagrammes des Bodens eine maximal zulässige Fundament-Randpressung an und weist nach, dass diese Randpressung bei der maßgebenden Einwirkungskombination unter Berücksichtigung des Einflusses 2. Ordnung nicht überschritten wird.

In Anbetracht der relativ kleinen zulässigen Fundamentsetzungen unter ständiger Last ist die Baugrundtragfähigkeit selten maßgebendes Kriterium bei der Ermittlung der Fundamentabmessungen. Bei geneigtem Terrain kann hingegen die Baugrundstabilität kritisch werden. Die erforderliche Stabilität muss aufgrund der ungünstigsten Gleitfläche bei γ_S-facher Fundamentbelastung nachgewiesen werden.

Die Fundamentplatte ist bei maximaler Auflast und größter Exzentrizität der Bodenpressungen auf Biegung und Schub zu bemessen. In der Regel wird die Dicke der Fundamentplatte beim Stützenanschluss so gewählt, dass keine spezielle Schubbewehrung erforderlich ist. Dies ist normalerweise der Fall, wenn die

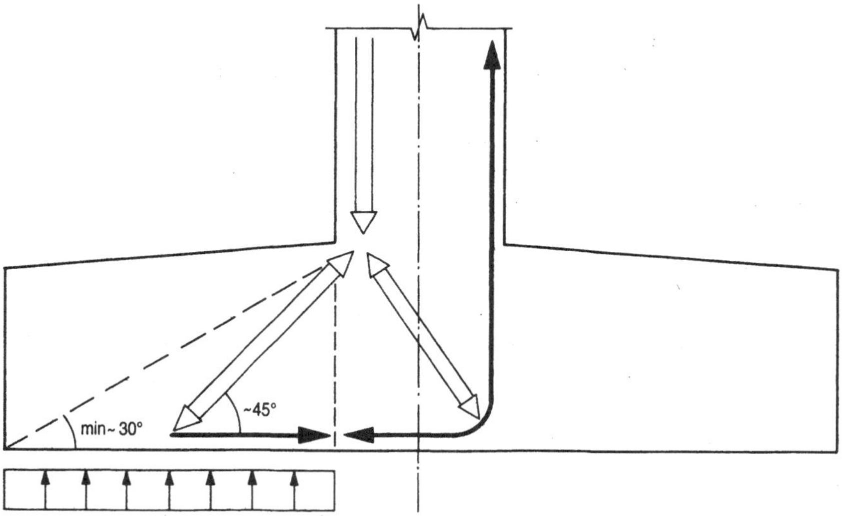

Abb. 7.50. Plattendicke eines Flachfundamentes ohne spezielle Schubbewehrung

Druckdiagonale infolge der außerhalb der Stütze angreifenden Bodenpressungen unter einem Winkel von ca. 45° und die Druckdiagonale infolge der Randpressungen unter einem Winkel von ca. 30° in die Stütze eingeleitet werden können. Die Plattenoberseite wird derart abgeschrägt, dass sich der Beton ohne Konterschalung einwandfrei verdichten lässt. Die erforderliche Fundamentbewehrung kann meistens aufgrund eines Fachwerkmodelles ermittelt werden; sie ist am Fundamentrand einwandfrei zu verankern (Abb. 7.50).

Flachfundamente, die nicht an der Oberfläche, aber in relativ geringer Tiefe liegen, werden in geböschten oder gesprießten Baugruben ausgeführt. Bei trockenen Baugruben wird meistens eine Trägerbohlenwand (Rühlwand) als Sprießung verwendet. Bei Wasserandrang besteht der vertikale Baugrubenabschluss in sandig-kiesigem Material aus Spund- oder Schlitzwänden; in steinig-blockigem Material eignen sich gebohrte Pfahlwände am besten. Tiefliegende Flachfundamente werden als Schächte oder als Senkkasten ausgeführt.

7.2.3 Schachtfundamente

Schachtfundamente weisen vor allem folgende Vorteile auf:

- Der Baugrund ist auf der ganzen Fundamenttiefe einsehbar und kontrollierbar.
- Die Fundationstiefe kann während der Ausführung ohne Schwierigkeiten der effektiven Baugrundbeschaffenheit entsprechend festgelegt werden.
- Bei geringer Baugrundstabilität (z. B. Fundamente in geneigtem Terrain) kann zumindest ein Teil der Brückenlast durch das Gewicht des Schachtaushubes kompensiert werden.

Schachtfundamente eignen sich vor allem bei relativ kohäsivem Baugrund und tiefliegendem Grundwasserspiegel. Sie können aber auch bei entsprechender Ringwandsicherung (Sprießung oder Bodenverfestigung mit Injektionen) in nicht kohäsivem Baugrund ausgeführt werden. Sofern die Bodendurchlässigkeit relativ klein ist, kann der Grundwasserspiegel (z. B. mit Hilfe von Filterbrunnen) unter die Fundamentsohle abgesenkt werden.

Die Schachtform und der Schachtdurchmesser sind praktisch beliebig wählbar. Der Durchmesser sollte allerdings nicht zu klein sein, damit der Aushub wenn möglich maschinell erfolgen kann. Meistens wird der Schachtquerschnitt als Kreis oder in geneigtem Terrain dem unterschiedlichen Wanddruck entsprechend als Ellipse ausgebildet. Änderungen des Schachtinnenquerschnittes entlang der Schachttiefe sind im Allgemeinen unzweckmäßig, da für die Ausführung der Schachtwand normalerweise eine formkonstante Hängeschalung verwendet wird. Nur die Fundamentplatte kann, sofern sich der Baugrund dafür eignet, geringfügig ausgeweitet werden.

Man unterscheidet grundsätzlich „stehende" und „schwimmende" Schachtfundamente.

- Bei stehenden Schächten wird die gesamte Stützenlast durch die Fundamentplatte in den Baugrund übertragen. Die Schachtwand dient hauptsächlich als

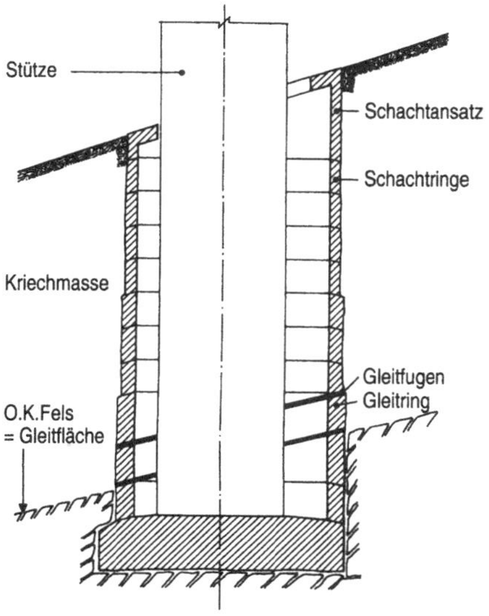

Abb. 7.51. Stehender Schacht in einem Kriechhang

Baugrubensicherung, eventuell als Schutz für die Stütze gegen Erdkriechdruck oder zur Hohlraumbildung (Lastverminderung) (Abb. 7.51). Durch die Verbindung von Stütze und Schachtdeckel erreicht man eine solide Stützeneinspannung an der Terrainoberfläche und eine entsprechende Reduktion der Knicklänge der Stütze.

Bei schwimmenden Schächten wird ein beträchtlicher Teil der Stützenlast durch Wandreibung in den Baugrund übertragen. In diesem Fall wird die Stütze mit einer massiven Platte auf den Schacht aufgesetzt und/oder auf der gesamten Schachttiefe mit der Schachtwand verbunden (Abb. 7.52a,b).

Schächte, die u. a. zum Ziel haben, durch Hohlraumbildung den Baugrund zu entlasten, müssen unbedingt entwässert werden. Es empfiehlt sich, zur Vermeidung von Verstopfungen durch Versinterung den Querschnitt der Entwässerungsleitung reichlich zu bemessen.

Die Herstellung des Schachtes erfolgt im Unterfangungsverfahren. Die Ringhöhe beträgt je nach Baugrund-Kohäsion ca. 0,8 bis 1,5 m. In steilem Gelände wird um den Schachtansatz zunächst eine ca. 0,3 m dicke, im Baugrund verankerte Betonplatte hergestellt, damit die obersten Sektorringe ohne besondere Schwierigkeiten ausgeführt werden können (Abb. 7.53).

Die Größe des Ringdruckes kann wie folgt abgeschätzt werden:

Im ungestörten Boden entspricht die horizontale Spannung dem Ruhedruckzustand (Abb. 7.54):

$$\sigma_h = K_0 \cdot \sigma_v .$$

Die vertikale Spannung in der Tiefe z beträgt:

$$\sigma_v = \gamma \cdot z, \quad \text{mit } \gamma = \text{Raumgewicht}.$$

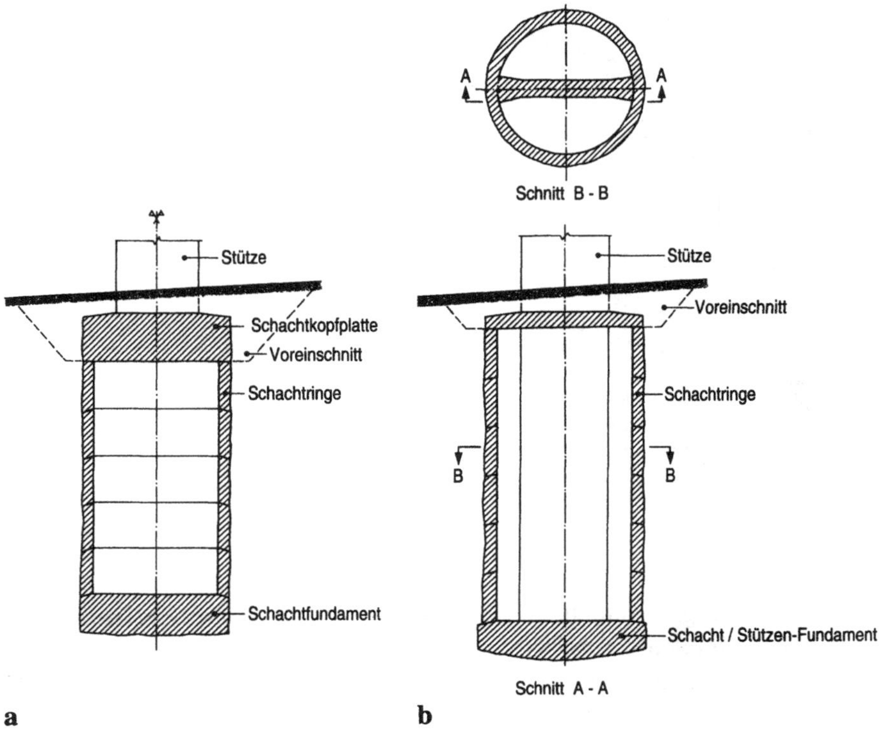

Abb. 7.52. Schwimmender Schacht. **a** Stütze auf Schachtkopfplatte abgestellt, **b** Stütze mit Schachtwand verbunden

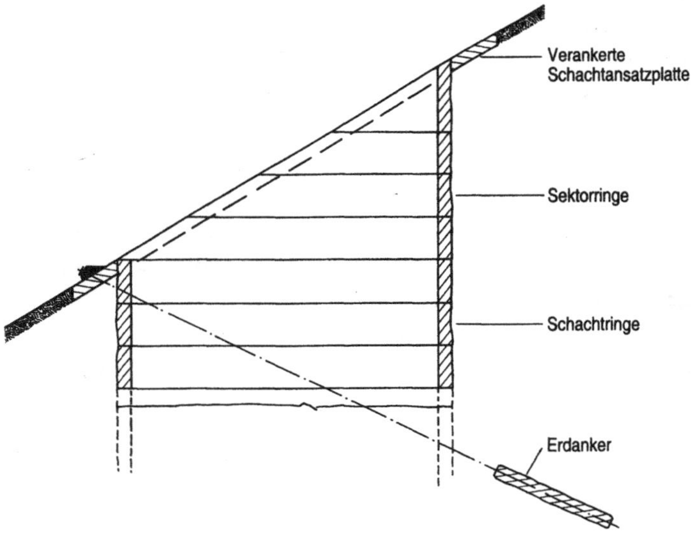

Abb. 7.53. Ausbildung des Schachtansatzes in geneigtem Terrain

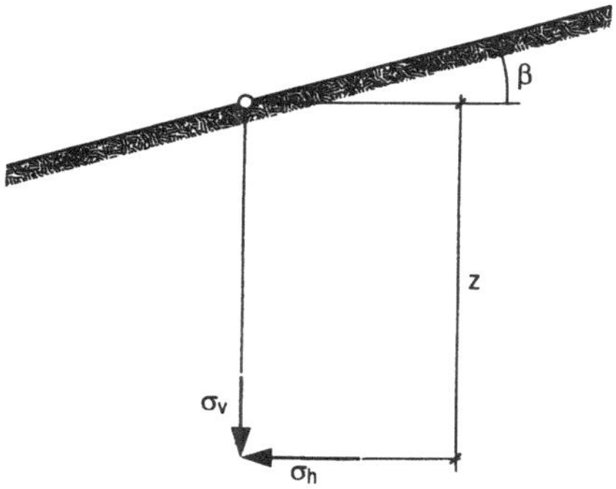

Abb. 7.54. Ruhedruck in geneigtem Terrain

Für den Ruhedruckbeiwert K_0 kann etwa folgender Wert angenommen werden:

$$K_0 = K_a \cdot (1 + \sin(\varphi - \beta)).$$

Talseits wird zur Gewährleistung des Gleichgewichtzustandes immer ein gleich großer passiver Erddruck aktiviert.

Bei der Ausführung der Schachtringunterfangung entsteht lokal eine Druckumlagerung. Der Horizontaldruck wird durch horizontale und vertikale Gewölbe im Boden rund um den Schacht aufgenommen. Die vertikale Gewölbewirkung verschwindet mit fortschreitender Schachtausführung; die horizontale Gewölbewirkung bleibt jedoch auch nach Fertigstellung des Schachtes weitgehend erhalten.

Unter Berücksichtigung dieser Gewölbewirkung beträgt der Ringdruck:

$$\sigma^R = A \cdot \sigma_h.$$

Für den Abminderungsfaktor A wird – bei Vernachlässigung der Kohäsion – in der Grundbauliteratur folgender Wert angegeben:

$$A = \frac{1 - \exp\left(-K_a \cdot \frac{z}{r} \cdot \tan\varphi\right)}{\frac{z}{r} \cdot \tan\varphi}.$$

Es bedeuten K_a den aktiven Erddruckbeiwert,

$$K_a = \frac{\cos^2\varphi}{\left(1 + \sqrt{\frac{\sin\varphi \cdot \sin(\varphi - \beta)}{\cos\beta}}\right)^2},$$

β den Böschungswinkel, φ den Material-Reibungswinkel und r den Schachtradius. Der Ringdruck beträgt somit (bergseits):

$$\sigma^R = K_a \cdot r \cdot \gamma \cdot (1 + \sin(\varphi - \beta)) \cdot \frac{1 - \exp\left(-K_a \cdot \frac{z}{r} \cdot \tan\varphi\right)}{\tan\varphi}.$$

Bei schwimmenden Schächten kann als vertikale Wandreibung etwa

$$\tau^R = \tfrac{2}{3} \cdot \sigma^R \cdot \tan\varphi$$

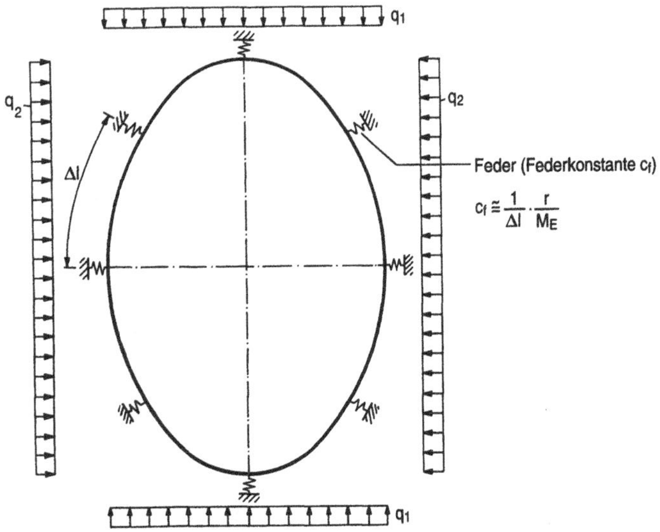

Abb. 7.55. Statisches Modell zur Berechnung der Schachtwand

eingesetzt werden. Die Aktivierung der vertikalen Wandreibung bedingt eine entsprechende Schachtsetzung.

Die Berechnung der Schachtwand kann aufgrund eines statischen Modells gemäß Abb. 7.55 durchgeführt werden. Die Beanspruchung der Schachtwand muss normalerweise nach der Theorie 2. Ordnung ermittelt werden. Die Knicknormalkraft N_E beträgt näherungsweise:

$$N_E = N \cdot w_0 / w_1 ,$$

wobei w_0 die Anfangsexzentrizität affin zur Knickfigur bzw. Schachtwanddurchbiegung infolge von q nach der Theorie 1. Ordnung und w_1 die Schachtwanddurchbiegung infolge von N und w_0 nach der Theorie 1. Ordnung bedeutet.

Für q_1 und q_2 sind unterschiedliche Extremwerte zu berücksichtigen. Die Federkonstante c_f lässt sich näherungsweise aus dem Schachtradius r und dem M_E-Wert (Steifezahl des Bodens) wie folgt ermitteln:

$$\bar{c}_f \cong \frac{r}{M_E} \quad \text{(kontinuierliche Stützung)}, \quad c_f = \frac{\bar{c}_f}{\Delta l} \quad \text{(Federn im Abstand } \Delta l\text{)}.$$

Bei Kriechbewegungen im Terrain sollte man zunächst immer anstreben, den Hang durch ein ausgedehntes Entwässerungssystem gesamthaft zu stabilisieren. Die Drainagebohrungen können an der Terrainoberfläche und in den Schächten angesetzt werden.

Sofern sich im Boden eine ausgesprochene Gleitfläche feststellen lässt, wird die Schachtwand im Bereich der Gleitfläche durch zwei bis drei zur Gleitfläche parallele Fugen getrennt, damit der obere Teil der Schachtwand zwanglos die

Kriechbewegungen des Hanges mitmachen kann. Als Fugeneinlage eignen sich z. B. ca. 50 mm dicke Steinwollekissen (siehe Abb. 7.51).

Falls der stabile Baugrund in sehr großer Tiefe liegt, ist es unter Umständen zweckmäßiger, die Schächte schwimmend auf dem Niveau des Lastausgleichs (Schachthohlraum–Brückenlast) zu fundieren und die Stützen auf der Schachtkopfplatte so zu lagern, dass die zu erwartenden Kriechbewegungen durch Lagerregulierung kompensiert werden können.

Kriechbewegungen im Baugrund verändern den anfänglichen Schachtringdruck. Je nach Konfiguration der Gleitfläche ist eine Vergrößerung oder eine Verkleinerung des Ringdruckes möglich. Da die Konfiguration der Gleitfläche meistens nicht eindeutig ermittelt werden kann, empfiehlt es sich, mit einem Ansteigen des Ringdruckes zu rechnen. In der Regel ist es wirtschaftlicher, die Schachtwand kräftig, d. h. mit relativ großer Sicherheit zu bemessen. Das spätere Einziehen eines Verstärkungsringes erfordert in Bezug auf die Dicke des Verstärkungsringes und die Ringschalung von Anfang an einen größeren Schachtdurchmesser. Eine periodische Messung der Schachtwanddeformation sollte in heiklen Fällen vorgesehen werden.

7.2.4 Senkkastenfundamente

Falls der (Grund-)Wasserspiegel nicht abgesenkt werden kann, ist die klassische Schachtherstellung nicht möglich. In sandig-kiesigem Baugrund mit Steinen bis etwa 200 mm Durchmesser eignen sich unter diesen Umständen Senkkastenfundamente (Abb. 7.56). Für Senkkasten wird meistens ein kreisförmiger Querschnitt gewählt, da damit das günstigste Verhältnis von Querschnittsfläche zu Umfang

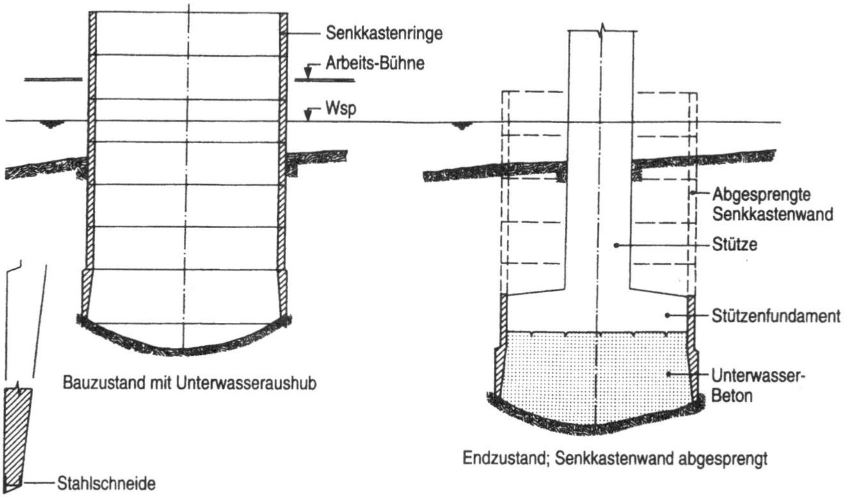

Abb. 7.56. Senkkastenfundation

erreicht wird. Die Senkkastenwände werden etappenweise über Terrain bzw. über dem Wasserspiegel betoniert und durch Aushub im Kasteninnern kontinuierlich abgesenkt. Solange der Wasserandrang nicht zu groß ist und kein hydraulischer Grundbruch befürchtet werden muss, wird der Aushub im Trockenen ausgeführt. Nachher ist Unterwasseraushub mit einem Greifer erforderlich. Der Baugrund darf nicht zu hart gelagert sein und keine Blöcke aufweisen, da Sprengarbeiten mit Tauchereinsatz sehr aufwendig sind. Zur Verminderung der Wandreibung kann vom Kasteninnern aus zwischen Kastenwand und Terrain eine Bentonitsuspension eingepresst werden. Diese Maßnahme eignet sich allerdings nicht bei kiesigem Baugrund, da die Gefahr besteht, dass die Stützflüssigkeit unter der Senkkastenschneide in den Kasten einfließt. Bei kiesig-steinigem Baugrund kann man zwischen Kastenwand und Terrain z. B. Stroh einstopfen, um die Wandreibung zu reduzieren. Das unterste Kastensegment weist einen um ca. 100 bis 200 mm erweiterten Außendurchmesser auf und ist mit einer starken Stahlschneide versehen.

Wenn der Senkkasten das vorgesehene Absenkniveau erreicht hat, wird die Sohle mit einem unter Wasser hergestellten massiven Betonpfropfen abgedichtet. Das Einbringen des Unterwasserbetons muss unmittelbar nach Fertigstellung des Aushubs erfolgen, damit sich an der Sohle kein Schlamm absetzen kann. Andernfalls muss der abgesetzte Schlamm vor dem Betonieren abgesaugt werden.

Nach der Erhärtung des Unterwasserbetons wird der Senkkasten ausgepumpt, wobei dessen Stabilität, unter Berücksichtigung des Auftriebs, nachzuweisen ist. Die eigentliche Fundamentplatte und der Pfeileransatz können anschließend im trockengelegten Schacht normal erstellt werden. Bei Flusspfeilern wird der oberste Teil des Schachtes, je nach Kolkgefahr, bis ca. 4 m unter Terrain abgesprengt.

Senkkasten können in besonderen Fällen in sandig-kiesigem Baugrund als Schlitzwände und in grobsteinigem Baugrund als gebohrte Pfahlwände ausgeführt werden. Nach Fertigstellung der Wand wird der unterste Bereich des Kastens mit Injektionen abgedichtet, damit der Aushub im trockengelegten Kasten ausgeführt werden kann.

7.2.5 Pfahlfundationen

Charakteristiken

Das Angebot an Pfahlsystemen ist den unterschiedlichen Anforderungen und Baugrundverhältnissen entsprechend außerordentlich groß. Überall dort, wo keine Horizontalverschiebungen im Boden zu erwarten sind und wo sich die Pfählungsinstallationen ohne besonders großen Aufwand einrichten lassen, eignen sich Pfähle sehr oft am besten für Tiefgründungen.

Man bezeichnet Pfähle im Wesentlichen nach folgenden Kriterien:

- Art und Ort der Herstellung: Fertigpfähle oder Ortspfähle;
- Art und Weise der Einbringung in den Boden: Rammpfähle oder Bohrpfähle;
- Art und Weise der Lastübertragung in den Boden: schwimmende Pfähle oder stehende Pfähle.

Fertigpfähle können aus Holz, Stahl oder Stahlbeton bestehen. Die Abmessungen dieser Pfähle sind den Transport- und Einbringungsmöglichkeiten entsprechend stark begrenzt. Deshalb weisen Fertigpfähle auch nur eine relativ beschränkte Tragkraft auf. Holzpfähle werden sehr oft für provisorische Bauten (Lehrgerüste) verwendet. Sofern sie sich dauernd unter dem (Grund-)Wasserspiegel befinden, sind sie dauerhaft und eignen sich dank hoher Wirtschaftlichkeit auch für kleine Brückenfundamente. Für Stahlpfähle werden meistens Walzträger verwendet. Sie eignen sich am besten zur Lastübertragung in eine tragfähige Schicht. Stahlbetonpfähle bestehen im Hinblick auf das Transportgewicht normalerweise aus Schleuderbetonrohren; sie sind in der Regel wirtschaftlicher als Stahlpfähle.

Die Gebrauchstragfähigkeit der Fertigpfähle kann je nach Baugrund und Pfahlquerschnitt zwischen ca. 100 und 1000 kN variieren.

Ortspfähle werden während des Einbringvorgangs in den Boden hergestellt und bestehen aus Beton, Stahlbeton oder Injektionsmörtel (Injektionspfähle). Der Durchmesser üblicher Ortspfähle beträgt etwa 0,5 bis 1,5 m. Die Pfahllänge ist im Prinzip nicht beschränkt, so dass die Pfahltragfähigkeit voll ausgenützt werden kann. Nach der Herstellung sollten Ortspfähle in Bezug auf Fehlstellen (Einschnürungen) überprüft werden.

Die Gebrauchstragfähigkeit normaler Ortspfähle kann je nach Pfahlquerschnitt 1000 bis 10.000 kN betragen.

Rammpfähle werden durch Rammen, Vibrieren oder Einpressen in den Boden eingebracht. Durch die Volumenverdrängung und Vibration wird der Boden verdichtet. Der Eindringwiderstand liefert bereits einen guten Aufschluss über die Tragfähigkeit des Pfahles. Der Durchmesser und die Länge der Rammpfähle sind begrenzt, und deren Herstellung ist nur möglich, wenn der Boden keine Rammhindernisse wie Blöcke und verkittete Schichten aufweist. Außerdem ist zu beachten, dass das Einbringen von Rammpfählen in sensitive Böden einen Strukturzusammenbruch zur Folge haben kann.

Bei Bohrpfählen wird das Pfahlvolumen durch „Bohren“, Spülen o. Ä. aus dem Boden entfernt, bevor der Pfahl im Bohrloch erstellt wird. Normalerweise wird ein Bohrrohr mit einer Drehschwinge- oder Drehvorrichtung – mit fortschreitendem Greiferaushub im Rohr – in den Boden getrieben. Dabei können Rammhindernisse durch Meißeln überwunden werden. Bei grobblockigem Material wird das Rohr durch Fräsen abgeteuft, und bei sandigem Material kann der Bohrinhalt mit einem Spiralbohrer ausgehoben werden. Beim Betonieren des Pfahles wird das Bohrrohr wieder hochgezogen. Unterwasserpfähle sollten auch unter Wasser betoniert werden, da beim Hochziehen des Bohrrohres im ausgepumpten Zustand Wassereinbrüche möglich sind. Anstelle eines Bohrrohres kann unter Umständen wie bei der Herstellung von Schlitzwänden eine Stützflüssigkeit verwendet werden.

Schwimmende Pfähle übertragen die Last vom Bauwerk in den tiefer liegenden Boden hauptsächlich über Mantelreibung Q_M. Wichtig ist deshalb eine hohe Reibung zwischen Pfahl und Baugrund. Bei stehenden Pfählen wird die Last dagegen zum größten Teil erst an der Pfahlspitze über den Spitzenwiderstand Q_S in eine Baugrundschicht mit hoher Tragfähigkeit übertragen. Sehr oft erfolgt die Lastübertragung mit Mantelreibung und Spitzenwiderstand.

Folgerungen

Für schwimmende Pfahlfundationen werden in der Regel Rammpfähle verwendet, da durch das Einbringen der Pfähle der Boden verdichtet und die Mantelreibung erhöht wird. Überdies vermittelt der Eindringwiderstand bereits einen ersten Aufschluss über die Tragfähigkeit der Pfähle. Für relativ kleine verteilte Lasten sind bei eher kurzer Pfahllänge Fertigpfähle und Injektionspfähle am geeignetsten. Bei größeren konzentrierten Lasten und längeren Pfählen verwendet man hingegen mit Vorteil Ortsbeton-Rammpfähle, die zur Vergrößerung des Spitzenwiderstandes mit einer Zwiebel an der Pfahlkopfspitze ausgebildet werden. Nur in Ausnahmefällen, z. B. bei sensitiven Böden, Böden mit Rammhindernissen, sehr tief liegenden tragenden Schichten oder sehr großen konzentrierten Lasten, werden schwimmende Pfahlfundationen mit Ortsbeton-Bohrpfählen ausgeführt. Zur Ermittlung der Tragfähigkeit ist dann eine genaue Kontrolle des Bohrgutes erforderlich. Überdies empfiehlt es sich, bei diesen Pfählen eine Probebelastung durchzuführen, die bei großkalibrigen Pfählen allerdings sehr aufwendig ist.

Ein besonderes Problem, das bei schwimmenden Pfahlfundationen beachtet werden muss, ist die Gruppenwirkung des Pfahlrostes. Grundsätzlich sollten die Pfähle einen gegenseitigen Achsabstand aufweisen, der ungefähr dem dreifachen Pfahldurchmesser entspricht. Zur Berechnung von Fundamentsetzung und Fundamenttragfähigkeit kann angenommen werden, dass sich der Pfahlrost ähnlich verhält wie ein Flachfundament mit entsprechenden Abmessungen.

Für stehende Pfahlfundationen auf Fels eignen sich am besten Ortsbeton-Bohrpfähle. Bei diesen Pfählen kann die Pfahlspitze einwandfrei in den Fels eingebunden werden. Sofern die feste Schicht aus Lockermaterial besteht, ist zu überprüfen, ob der Spitzenwiderstand allein genügt, um die Tragfähigkeit zu gewährleisten oder ob zusätzlich noch ein wesentlicher Betrag an Mantelreibung erforderlich ist. Je nachdem sind Ortsbeton-Bohrpfähle oder Ortsbeton-Rammpfähle geeigneter. Bei stehenden Pfahlfundamenten muss immer untersucht werden, ob durch Nachsetzung der obersten Bodenschichten eine negative Mantelreibung erzeugt wird. Negative Mantelreibung kann die Pfahlbelastung unter Umständen beträchtlich erhöhen.

Normalerweise werden die Pfahlköpfe und der Stützenfuß durch ein sogenanntes Pfahlbankett miteinander verbunden. Im Prinzip ist es aber auch möglich, Stützen als verlängerte Pfähle auszubilden. Dabei ist jedoch zu beachten, dass Pfähle in Bezug auf die Lage und die Neigung wesentlich größere Planabweichungen aufweisen als übliche, an Ort hergestellte Bauteile.

Sofern unter einer Stütze ein Einzelpfahl oder eine einzige Pfahlreihe angeordnet wird, muss die Stützeneinspannung durch Pfahlbiegung gewährleistet werden. Dies bedeutet, dass der Boden in den obersten Schichten Horizontalpressungen aufnehmen muss. Die größten Biegemomente des Stützen-Pfahl-Systems entstehen somit unter dem Stützenfuß im Einspannungsbereich des Pfahles. Stützen, die am Kopf ein verschiebliches Lager aufweisen, und Stützen, die einen schwimmend gelagerten Überbau stabilisieren, sollten wenn möglich nicht auf diese Art fundiert werden. Stützen, deren Kopf durch einen fixiert gelagerten Überbau gehalten ist, lassen sich hingegen ohne weiteres mit einem einreihigen Pfahlrost fundieren.

Bei zwei- oder mehrreihigen Pfahlrosten wird die Stützeneinspannung hauptsächlich durch die Pfahlnormalkräfte gewährleistet. Die Pfahlbiegung ist demzufolge klein und bei vertikalen Pfählen nur zur Herstellung des Gleichgewichts in Bezug auf die Horizontalschübe am Pfahlkopf erforderlich.

Bei Fertigpfählen und Injektionspfählen werden Horizontalschübe am Pfahlkopf meistens von Schrägpfählen aufgenommen. Normale Ortsbetonpfähle lassen sich im Hinblick auf die Fixierung der Bewehrung und das Einbringen des Betons weniger gut ausbilden als Schrägpfähle. Bei vertikalen Pfählen werden die am Pfahlkopf angreifenden Horizontal- und Biegekräfte durch horizontale Pfahlbettung aufgenommen. Dementsprechend ist die Pfahlberechnung nach der Theorie des elastisch gebetteten Balkens durchzuführen.

7.3 Brückenpfeiler in Gewässern

7.3.1 Allgemeines

Die Kolkbildung (oder Unterspülung) bei umströmten Pfeilern und Widerlagern ist eine der Hauptursachen von Setzungen des Brückenunterbaus. Bei der Bemessung und konstruktiven Ausbildung von Pfeiler und Fundament müssen folglich die Kolkbildung und Setzungen infolge Unterspülung als Gefährdungsbild untersucht werden. Dazu sollte die zu erwartende Kolktiefe bekannt sein.

Die theoretische Erfassung und Vorhersage der Kolkbildung bei umströmten Brückenpfeilern ist komplex. Trotz bedeutender Forschungsanstrengungen kann nur eine Tendenz vorausgesagt werden. Immerhin beruhen alle heute zur Verfügung stehenden Theorien zur Ermittlung der zu erwartenden Kolktiefe auf den gleichen Einflussgrößen, wobei diese Einflüsse je nach Theorie etwas anders gewichtet werden.

7.3.2 Kolkarten und Kolkbildung

Zum Verständnis der Vorgänge, die zu Kolk führen, wird zwischen folgenden *Kolkarten* unterschieden:

- *Allgemeine Sedimenterosion* (der allgemeine Kolk) in Flüssen tritt infolge eines erhöhten Sedimenttransports bei Hochwasser auf. Zum allgemeinen Kolk gehört insbesondere auch die Sedimenterosion in Kurven bei Flussläufen.
- *Kolk infolge Querschnittsveränderung* erfolgt durch Störungen in der Strömung, die durch einen oder mehrere Pfeiler, die den Flussquerschnitt verengen, verursacht werden.

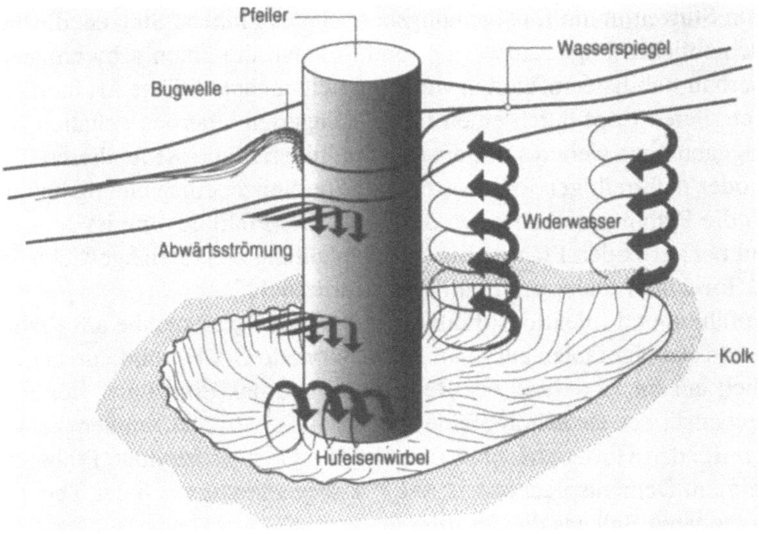

Abb. 7.57. Strömungsmodell bei umströmtem zylindrischem Pfeiler

- *Örtlicher Kolk* entsteht unmittelbar bei einem Pfeiler infolge der Strömungsveränderungen, die von ihm verursacht werden. Er ist abhängig vom Flusssediment, der Pfeilergeometrie, der Anordnung der Pfeiler und den Strömungsverhältnissen.

Alle drei Kolkarten müssen bei der Ermittlung der maximalen Kolktiefe berücksichtigt werden.

Bei der *Kolkbildung* wird ein Pfeiler gemäß folgender Vorgänge unterspült (Abb. 7.57). Die Strömung staut sich am Kopf des Brückenpfeilers, und es bildet sich eine Bugwelle, wobei die horizontale Fließgeschwindigkeit am Pfeiler von oben nach unten abnimmt. Somit nimmt auch der Druck am Pfeiler von oben nach unten ab, so dass ein nach unten gerichteter Druckgradient entsteht. Dadurch wird eine Abwärtsströmung von der Oberfläche Richtung Pfeilerfuß induziert, die wie ein Strahl auf die Flusssohle wirkt, worauf die Bildung des Kolklochs am Pfeilerfuß beginnt.

Zunächst entsteht ein scharfkantiger Schlitz beim Pfeiler. Mit der Zeit brechen jedoch die Kanten dieses Schlitzes nach und das Kolkloch wird keilförmig. Die Abwärtsströmung wird an der Sohle des Kolklochs reflektiert, und es entstehen dadurch im Loch Wirbel, die Flussgrundmaterial mitreißen und wegtransportieren. Die Wirbel entwickeln sich entlang der Seiten des Pfeilers flussabwärts und verwandeln sich in eine allgemeine Turbulenz. Einige Pfeilerdurchmesser unterhalb des Pfeilers verlieren diese Wirbel dann deutlich an Intensität. Hinter dem Pfeiler entsteht eine Aufwärtsströmung vom Pfeilerfuß Richtung Wasseroberfläche. Diese Strömung reißt wiederum Flussgrundmaterial mit und lagert es hinter dem Pfeiler ab.

Die Kolkbildung hängt von den Eigenschaften des Flusssediments, der Pfeilergeometrie und der Kanalgeometrie ab. Bei der Bestimmung der theoretischen Kolktiefe muss zwischen Kolkbildung bei Sedimenttransport und Kolkbildung ohne Sedimenttransport unterschieden werden. Die *Einflussgrößen*, die den Kolk bestimmen, sind jedoch in beiden Fällen dieselben.

- *Kornverteilung des Flussgrundes* (Bestimmung der Ausgangskolktiefe):
  - Bei Kolk ohne Sedimenttransport nimmt die Kolktiefe bei einem gegebenen Durchmesser des Sedimentguts mit zunehmender Standardabweichung der Kornverteilung ebenfalls zu, d. h., je unterschiedlicher die Korngrößen der Flusssohle sind, desto kleiner ist die zu erwartende Kolktiefe.
  - Bei Kolk mit Sedimenttransport entwickelt sich der Kolk schneller und ungleichmäßig, da sich das Kolkloch immer wieder teilweise mit Sedimentgut füllt. Auch hier hängt die Kolkentwicklung stark von der Kornverteilung des Flussgrunds ab. Bei gleichförmigen Sedimenten ist die zu erwartende Kolktiefe wesentlich größer.
- *Pfeiler und Sedimentgröße*. Bei einer gegebenen Pfeilerbreite ist die Kolktiefe bei feinem Sedimentgut unabhängig von der Sedimentgröße. Bei gröberem Flussmaterial sind einzelne Steine so grob, dass der Erosionsprozess behindert wird. Bei noch gröberem Material bildet sich eine Deckschicht auf der Flusssohle, welche die Bildung von Kolk stark behindert. Die Pfeilergröße hat keinen Einfluss auf die zu erwartende Kolktiefe. Hingegen ist das Volumen des Kolklochs von der Pfeilergröße abhängig; es nimmt proportional zur 3. Potenz des Pfeilerdurchmessers zu. Je größer das Volumen des Kolklochs ist, desto länger dauert es, bis sich das Kolkloch entwickelt hat.
- *Strömungstiefe*. Je seichter die Strömungen sind, umso kleiner ist die Kolktiefe. Je feiner das Sedimentgut bei gegebener Pfeilerbreite ist, umso kleiner ist der Einfluss der Strömungstiefe auf die Kolktiefe.
- *Pfeilerstellung zur Strömung*. Pfeiler werden oft in einem Winkel angeströmt, was grundsätzlich die Gefahr der Kolkbildung erhöht. Falls der Anströmwinkel nicht kleiner als 5° bis 10° gehalten werden kann, sollte ein zylinderförmiger Pfeiler gewählt werden.
- *Pfeilerform*. Die Kolktiefe hängt von der Pfeilerform und vom Verhältnis der Länge zur Breite des Pfeilers ab. In Tabellenwerken sind entsprechend der Pfeilergeometrie Faktoren aufgeführt, mit denen die Ausgangskolktiefe für gleichmäßiges Sediment multipliziert werden muss. Rechteckige Pfeilerformen mit einer keilförmig geformten Nase oder elliptische Pfeiler sind günstiger als rechteckige Pfeiler. Am günstigsten sind zylindrische Pfeiler.

Ein mögliches Vorgehen, um die theoretische Kolktiefe (Tiefe der Unterspülung) abzuschätzen, besteht darin, zunächst eine Ausgangskolktiefe für Kolk mit und ohne Sedimenttransport zu bestimmen. Die Ausgangskolktiefe wird dann mit den einzelnen Faktoren der verschiedenen Einflüsse multipliziert. Je nach Theorie ist die Gewichtung dieser Einflüsse unterschiedlich.

7.3.3 Maßnahmen gegen Kolkbildung

Grundsätzlich kann die Gefährdung der Unterspülung von Pfeilern das Tragwerkskonzept einer Brücke wesentlich beeinflussen. Kolkbildung kann vermieden werden, indem vor allem durch konstruktive Maßnahmen die Wirbeltätigkeit unmittelbar am Brückenpfeiler behindert wird. Der Gefahr einer Kolkbildung kann mit den folgenden Maßnahmen begegnet werden.

Die Stellung im Fluss sowie Form und Abmessungen der Pfeiler sollen so gewählt werden, dass Wirbel in ihrer Entwicklung räumlich gestört und eingeengt werden.

Die Lage von Flach- und Schachtfundamenten sollte tiefer gewählt werden als die zu erwartende Tiefe der Unterspülung. Dies gilt auch für den Übergang zwischen dem Fundament und den Pfahlköpfen von Pfahlfundationen.

Das Pfeilerfundament kann mit einem Blockwurf oder einer massiven zusammengebundenen Steinpackung auf der Flusssohle rund um den Pfeiler gegen Unterspülung geschützt werden (Kolkschutz).

Beim Bau von Fundament und Pfeiler ist darauf zu achten, dass ein qualitativ einwandfreier Beton hergestellt wird. Insbesondere muss dieser Beton dicht und abriebfest sein, und er darf keine Kiesnester aufweisen. Folglich sollten Betonierarbeiten unter Wasser möglichst vermieden werden. (Betonierarbeiten unter Wasser sind schwieriger und weniger gut kontrollierbar. Die Qualität hängt auch wesentlich von der Taucherequipe ab.)

Die der Strömung ausgesetzten Betonoberflächen können mit Stahleinlagen gegen Abrieb geschützt werden.

Ein genügender Korrosionsschutz der Bewehrung im Pfeiler ist vor allem im Bereich zwischen den beiden extremen Wasserständen sicherzustellen.

8 Ausrüstungsteile

8.1 Allgemeines

Das einwandfreie Funktionieren von Ausrüstungsteilen wie Lager, Dilatationsfugen, Entwässerungsleitungen, Leitschranken, Abdichtungen und Beläge ist für die Dauerhaftigkeit der Betonkonstruktion und die Gebrauchstauglichkeit der Brücke von großer Bedeutung. Ausrüstungsteile sind der Beanspruchung und Abnützung besonders ausgesetzt. Sie sind daher bei unsorgfältiger Projektierung und unsachgemäßer Ausführung oft Auslöser von unvorhergesehenen, kostspieligen Unterhaltsarbeiten.

Ausrüstungsteile bestehen in der Regel aus hochwertigen Produkten und speziell ausgebildeten Bauteilen, für die robuste Abmessungen gewählt werden sollten. Der Exposition und dem Schutz gegenüber Feuchtigkeit ist, insbesondere bei Kontakt mit Salzwasser, größte Beachtung zu schenken. Im Hinblick auf die Inspektion und den Unterhalt müssen die Ausrüstungsteile gut zugänglich und kontrollierbar sein. Ihre allfällige Auswechslung sollte mit geringem Aufwand möglich sein.

Qualitätsbedingte Mehrkosten, beispielsweise bei Verwendung von nichtrostendem Stahl, sind im Vergleich zu den Gesamtbaukosten unbedeutend und lohnen sich auf jeden Fall im Hinblick auf Unterhalt und Nutzungsdauer.

8.2 Lager

8.2.1 Funktionsweise und Bezeichnung der Lager

Lager ermöglichen (theoretisch kräftefrei) bestimmte Rotationen und Verschiebungen im Tragsystem. Die Konzentration des Kraftflusses im Bereich der Lager verursacht hohe örtliche Beanspruchungen und Spreizkräfte in der Betonkonstruktion, die mit einer entsprechend bemessenen und angeordneten Bewehrung aufgenommen werden müssen.

Das Bewegungsspiel der Lager (Verschiebungen und Rotationen) muss reichlich bemessen werden, da die Überschreitung der zulässigen Lagerbewegung schwerwiegende Folgen für Lager und Tragwerk haben kann. Bei verschieblichen Lagern empfiehlt es sich, den Verschiebungsweg durch massive Anschläge zu blockieren, damit die zulässigen Verschiebungen auch bei außergewöhnlichen Einwirkungen (wie z. B. Erdbeben) nicht überschritten werden können.

Die unvermeidlichen Reibungskräfte müssen insbesondere bei verschieblichen

Lagern bei der Bemessung von Tragwerk und Lagerverankerungen berücksichtigt werden. Für Rollenlager und teflonbeschichtete Gleitlager können dabei näherungsweise folgende Grenzwerte des Reibungskoeffizienten μ angenommen werden: für die maximale Haftreibung $\mu = 5\,\%$ und für die minimale Gleitreibung $\mu = 1\,\%$. Diese nominellen Werte sind beim Nachweis der Tragfähigkeit mit einem Sicherheitsbeiwert von beispielsweise 0,8 oder 1,5 zu multiplizieren, je nachdem ob die Reibung günstig oder ungünstig wirkt.

Jeder Lagerpunkt weist insgesamt sechs Reaktionen R und Bewegungsfreiheitsgrade F auf (Abb. 8.1). Reaktionen und Freiheitsgrade sind komplementär, d. h., jeder Reaktion R entspricht ein Freiheitsgrad F. Die Summe der Reaktionen und Freiheitsgrade ist konstant:

$$R + F = 6.$$

Die Bezeichnung der Lager erfolgt den Freiheitsgraden entsprechend. In den Plänen können z. B. die in Abb. 8.2 dargestellten Symbole verwendet werden.

Die Lagermontage sollte möglichst früh morgens erfolgen, wenn die ganze Brücke eine nahezu gleichmäßige Temperatur aufweist. Dazu ist eine Tabelle mit den Voreinstellmassen für jedes Lager in Abhängigkeit der gemessenen Brückentemperatur zweckmäßig.

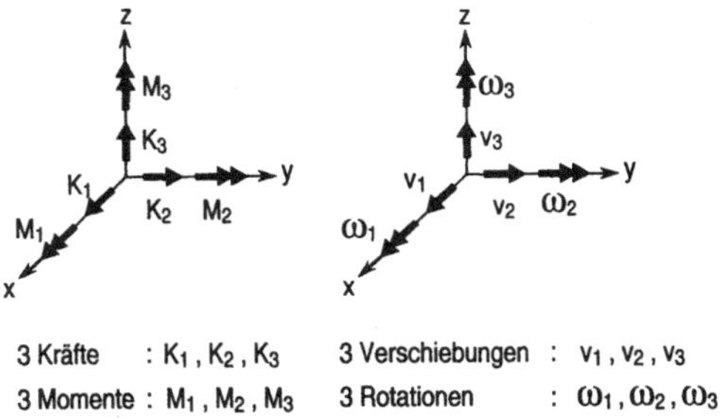

Abb. 8.1. Reaktionen R und Bewegungsfreiheitsgrade F in einem Lagerpunkt

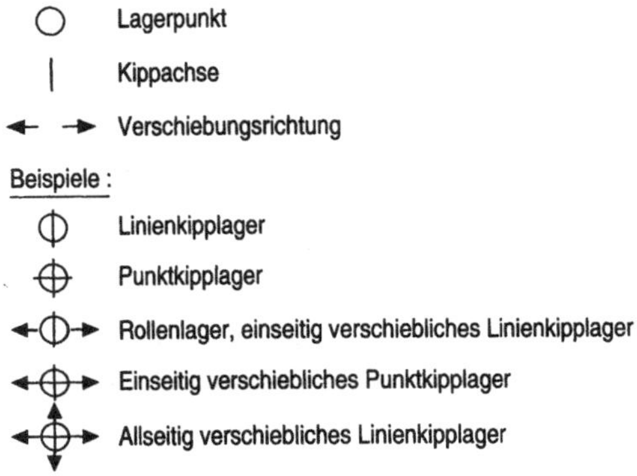

Abb. 8.2. Lagersymbole

Bei der Inspektion eines Lagers sollten

- dessen genügende Bewegbarkeit nachgewiesen, die korrekte Position des Lagers selbst und der einzelnen Lagerteile untereinander kontrolliert,
- unkontrollierte Bewegungen des Lagers sowie Risse und Verformungen der Lagerteile entdeckt,
- Risse in den benachbarten Bauteilen des Unter- und Überbaus aufgenommen sowie
- der Zustand der Verankerungen, Gleit- und Rollobeflächen, der Abdichtungen und des Korrosionsschutzes festgestellt werden.

Planbare Unterhaltsmaßnahmen beinhalten das Reinigen und Schmieren von Lagern und das Ausbessern oder Erneuern des Korrosionsschutzes.

8.2.2 Lagertypen

Verformungslager sind die einfachsten Lager (Abb. 8.3a). Sie bestehen im Wesentlichen aus einer Elastomerschicht, die aus natürlichem oder künstlichem Gummi gefertigt ist. Sie wirkt als weiche Schicht zwischen Unter- und Überbau und ermöglicht Verschiebungen und Rotationen in alle Richtungen. Damit die Elastomerschicht unter Vertikallasten nicht zu sehr ausgedrückt wird, was zu unerwünschten großen vertikalen Verschiebungen führen würde, ist der Elastomerblock mit horizontal angeordneten dünnen Stahlblechen bewehrt.

Stahllager sind die ältesten Lagertypen. Ihr Funktionsprinzip besteht darin, dass eine flache Platte auf einer anderen Stahlplatte mit einer gekrümmten Oberfläche rollt. Falls diese Oberfläche kugelförmig ist, spricht man von Punktkipplager, die für vertikale Lagerreaktionen von 500 bis 2500 kN eingesetzt werden. Bei einer zylinderförmig gekrümmten Oberfläche handelt es sich um Linienkipplager (Abb. 8.3b), die für Lagerreaktionen von 200 bis 20.000 kN verwendet werden. Rollenlager (Abb. 8.3c) bestehen aus einer Rolle sowie einer oberen und einer unteren Platte. Sie ermöglichen Rotationen und Verschiebungen.

Die Punkt- oder Linien-Lagerung führt im Kontaktbereich theoretisch zu unendlichen Spannungen im Stahl. Im 19. Jahrhundert hat der Physiker Hertz dieses Problem untersucht und analytisch eine endliche Kreis- respektive Rechteck-Kontaktfläche ermittelt, die sich durch die elastische Verformung der Teile ergibt. Damit können für die Lagerbemessung die örtlich auftretenden Spannungskonzentrationen, die Hertz'schen Pressungen, ermittelt werden.

Topflager wurden in den 1950er Jahren erfunden. Sie kombinieren die beiden erwünschten Eigenschaften eines Lagers, nämlich eine Rotationsfähigkeit mit sehr kleinem Widerstand und die Übertragung der Auflagerreaktion über eine definierte Fläche.

Topflager bestehen aus einem Stahltopf, in dem sich ein Neoprenkissen befindet, das sich unter hohen Pressungen wie eine beinahe inkompressible Flüssigkeit verhält (Abb. 8.3d). Dadurch wird eine sehr große vertikale Steifigkeit erreicht. Ausschlaggebend für das Funktionieren eines Topflagers ist die Abdichtung über

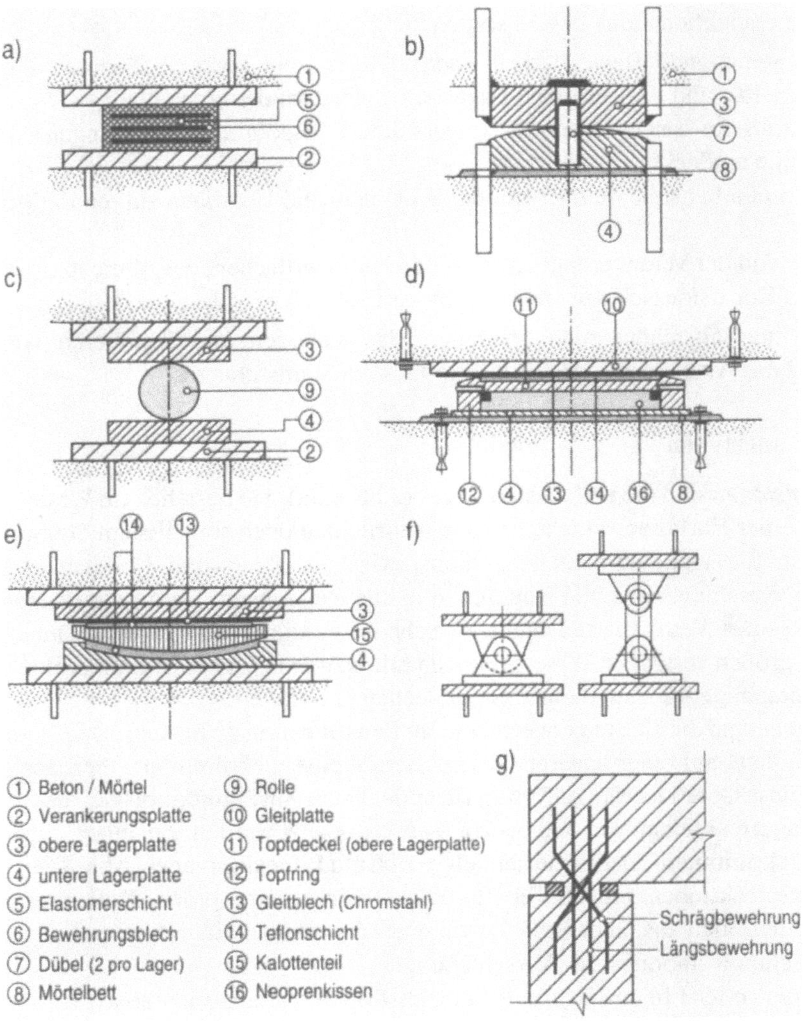

Abb. 8.3. **a** Verformungslager, **b** festes Linienkipplager, **c** Rollenlager, **d** Neotopfgleitlager, **e** Kalottengleitlager, **f** Blattlager mit und ohne Pendelstab, **g** Stahlbetongelenk (schematisch)

dem Topfring. Falls diese Abdichtung undicht ist, entweicht das Neoprenkissen wie eine Flüssigkeit. Topflager eignen sich für Lagerreaktionen von 1000 bis 100.000 kN. Der Standardtyp eines Topflagers ermöglicht nur Rotationen, und die vertikalen Kräfte werden über die Neoprenkissen, die horizontalen Kräfte von der oberen Lagerplatte zum Topfring abgetragen. Mit einem Gleitblech, einer Schicht aus thermoplatischen Polytetrafluorethylen (PTFE, Teflon) und Führungsvorrichtungen können zusätzlich Verschiebungsrichtungen eingebaut werden (Abb. 8.3d).

Stahl-Neopren-Topflager haben sich im Stahlbetonbrückenbau gut bewährt und sind kostengünstig. Sie werden jedoch in der Regel nur bei kleinen Lagerbewegungen verwendet. Zum sorgfältigen Einbau dieser Lager gehört, dass diese vor dem Einbau fixiert werden, damit beim Betonieren des Überbaus keine ungewollten Verschiebungen auftreten.

Kalottenlager bestehen aus einem Topf, der Kalotte und der oberen Platte (Abb. 8.3e). Die Gleitflächen, die aus einer Teflonschicht zwischen Kalotte und oberer Platte sowie zwischen Topf und Kalotte bestehen, ermöglichen Verschiebungen zwischen den einzelnen Teilen. Mit zusätzlichen Führungs- oder Fixierungsvorrichtungen können horizontale Verschiebungen eingeschränkt werden. Der Einsatzbereich von Kalottenlagern ist gleich wie für Topflager.

Blattlager können sowohl Druck- als auch Zugauflagerreaktionen aufnehmen (Abb. 8.3f). Diese Lager ermöglichen die Kraftübertragung einzig in einer Ebene, und weitere Lager müssen angeordnet werden, falls Auflagerreaktionen in mehreren Richtungen aufzunehmen sind.

Stahlbetongelenke (Abb. 8.3g) weisen bei sachgemäßer Konstruktion und Ausführung eine hohe Dauerhaftigkeit auf. Bei entsprechender Ausbildung sind Rotationen bis 1,5 % möglich. Betongelenke müssen immer einen Mindest-Normaldruck aufweisen, und der Abstand zwischen Gelenkhals und Querschnittsrand darf ein Mindestmaß nicht unterschreiten. Besonders wichtig sind die Bemessung und Anordnung der zur Lastausbreitung erforderlichen Querbewehrung unter und über dem Gelenk. Der Nachteil der Betongelenke besteht darin, dass Über- und Unterbau nicht getrennt sind und somit Nachstellkorrekturen ausgeschlossen sind.

8.2.3 Einfluss auf das statische System

Temperaturänderungen, Schwinden, Kriechen, Auflagerverschiebungen und Vorspannung verursachen bei statisch bestimmten Systemen schnittkraftfrei eine Änderung der geometrischen Systemform. Diese „freie" Verformung wird bei statisch unbestimmten Systemen durch die überzähligen statischen Bindungen behindert, und es entstehen Zwangsschnittkräfte.

Mit dem Einbau von Lagern können beliebige statische Bindungen gelöst werden. Der Grad der statischen Unbestimmtheit des Systems und die Zwangsbeanspruchungen werden dadurch reduziert. Mit der Reduktion der statischen Unbestimmtheit ist jedoch meistens auch eine Verminderung der Systemtragfähigkeit verbunden. Man wird deshalb nur Lager vorsehen, wenn die Einsparungen infolge verminderter Zwangsbeanspruchung eindeutig größer sind als der entsprechende Mehraufwand für die Lager und die Gewährleistung der erforderlichen Tragsicherheit. Dabei ist auch zu berücksichtigen, dass die Lager kontrolliert, unterhalten und unter Umständen vorzeitig ersetzt werden müssen.

Das folgende Beispiel (Abb. 8.4) zeigt, wie durch den Einbau von Lagern einerseits Zwangsschnittkräfte vermindert, andererseits der Aufwand zur Gewährleistung der Tragsicherheit erhöht wird.

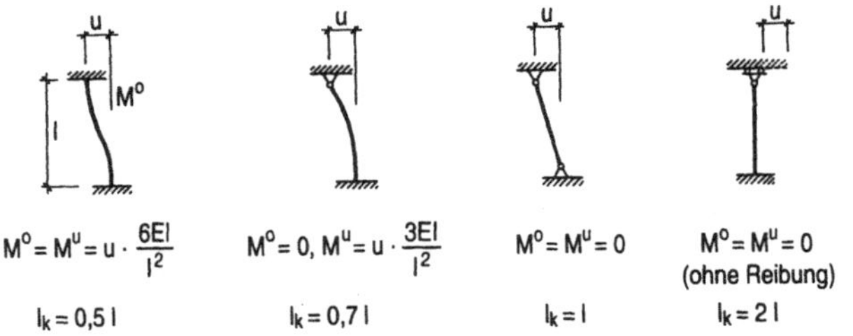

Abb. 8.4. Zwängungen und Knicklängen bei verschiedenartiger Stützenlagerung

Bei Rahmensystemen wird die Längsverschiebung des Trägers infolge von Temperaturänderungen, Schwinden und Vorspannung den relativ weichen elastischen Stützen aufgezwungen. In den Stützen entstehen dadurch Zwangsschnittkräfte, deren Größe von der Lagerungsart bzw. dem Grad der statischen Unbestimmtheit der Stützen abhängig ist. Je nach Lagerungsart der Stützen kann die Zwangsbeanspruchung beliebig vermindert werden, andererseits wird dadurch aber die Knicklänge der Stützen vergrößert, was einen entsprechenden Mehraufwand zur Gewährleistung der Tragsicherheit erfordert.

8.2.4 Verschiebungen des Brückenüberbaus

Bei der Ermittlung der erzwungenen Stützenkopfverschiebungen oder der Bewegungsspiele verschieblicher Lager müssen die Verschiebungen des Brückenunterbaus und des Brückenüberbaus berücksichtigt werden.

Eine einigermaßen zuverlässige Abschätzung der kurz- und langfristigen Fundamentverschiebungen und -verdrehungen erfordert eingehende geotechnische Untersuchungen und Langzeitmessungen zur Feststellung allfälliger Kriechbewegungen des Baugrundes.

Die Verschiebungen des Brückenüberbaus lassen sich demgegenüber einfacher ermitteln. Voraussetzung hierzu ist allerdings eine zuverlässige Bestimmung des Bewegungszentrums. Das ist derjenige Ort des Trägers, der bei Temperaturänderungen, Schwinden und Kriechen keine Verschiebungen aufweist. Bei fixierter Lagerung bzw. unverschieblichen Rahmensystemen befindet sich das Bewegungszentrum beim unverschieblichen Lager. Bei langen, feldweise hergestellten Trägern ist es unter Umständen zweckmäßig, die Trägerherstellung beim zunächst blockierten verschieblichen Endauflager zu beginnen und die Lagerblockierung erst dann zu lösen, wenn beim gegenüberliegenden Endauflager das unverschiebliche Lager erreicht wird. Bei schwimmender Lagerung bzw. verschieblichen Systemen wird das Bewegungszentrum aufgrund einer Gleichgewichtsbedingung am Rahmensystem ermittelt, d. h., es wird eine unbekannte Trägerverschiebung so bestimmt, dass die Summe der auf den Träger wirkenden Horizontalschübe der Stützen null wird. Die angenommene Stützensteifigkeit spielt dabei allerdings eine wesentliche Rolle. Sie ist abhängig von den Einspannverhältnissen im Baugrund, der Rissbildung, dem Kriechverhalten u. a., so dass auch die berechnete Lage des Bewegungszentrums gewisse Unsicherheiten aufweist. Überdies ist zu beachten, dass das Bewegungszentrum seine Lage bei abschnittweiser Trägerherstellung in jeder Bauphase ändert, sofern der Träger während der Herstellung nicht bei einem Widerlager fixiert wird.

Längsverschiebungen im Brückenüberbau

Bei der Ermittlung der Längsverschiebungen im Brückenüberbau sind folgende Einwirkungen zu berücksichtigen: Temperaturänderungen, Schwinden, Vorspannung, Widerlagerverschiebungen und Krafteinwirkungen.

Temperaturänderungen. In Gegenden mit gemäßigtem Klima muss etwa mit querschnittswirksamen Temperaturen von –20 °C bis +30 °C gerechnet werden. Da die Trägerherstellung in der Regel bei mittleren Temperaturen von 10 °C bis 20 °C erfolgt, sind Abkühlungen um 30 °C bis 40 °C und Erwärmungen um 10 °C bis 20 °C möglich. Dementsprechend betragen Dehnungen aus Temperaturänderungen etwa:

$$\varepsilon_{\mathrm{c}}(\Delta T) \cong -0{,}04\,\% \text{ bis } +0{,}02\,\%.$$

Schwinden. Das Endschwindmaß eines qualitativ guten Betons beträgt bei einer Luftfeuchtigkeit von 60 % bis 80 % und einer mittleren Querschnittsdicke von 0,3 m etwa

$$\varepsilon_{\mathrm{cs},\infty} \cong -0{,}025\,\%.$$

Vorspannung. Die Dehnungen aus Vorspannung P bestehen aus einem elastischen Anteil und einem plastischen bzw. Kriechanteil. Die elastische Dehnung im Querschnittsschwerpunkt beträgt:

$$\varepsilon_{\mathrm{c,el}}(P) = \frac{\sigma_{\mathrm{c},\infty}(P)}{E_{\mathrm{c}}} = \frac{P}{A_{\mathrm{c}} \cdot E_{\mathrm{c}}}.$$

Für den plastischen Anteil ergibt sich bei einem durchschnittlichen Endkriechwert von $\varphi_\infty \cong 2{,}5$:

$$\varepsilon_{\mathrm{cc}}(P) = \varphi_\infty \cdot \varepsilon_{\mathrm{c,el}}(P) \cong 2{,}5 \cdot \frac{P}{A_{\mathrm{c}} \cdot E_{\mathrm{c}}}.$$

Bei einer elastischen Dehnung aus Vorspannung von $-0.01\,\%$, was einem häufigen Wert entspricht, ergibt sich allein aus den lastfreien Einwirkungen (Temperaturänderungen, Schwinden, Vorspannung) eine Langzeit-Enddehnung von:

$$\varepsilon_{\mathrm{c},\infty} \cong -0.1\,\%,$$

d. h., bei einer Trägerlänge von 100 m muss mit einer Verkürzung von ca. 0,1 m gerechnet werden. Je nach Baustoffkennwerten, Vorspannung und Bauvorgang sind allerdings beträchtliche Abweichungen von diesem Durchschnittswert möglich.

Widerlagerverschiebungen. Bei Widerlagern auf Lockermaterial muss immer mit einer gewissen Widerlagerverschiebung gerechnet werden. Das Widerlager kann sich unter Erddruck in Brückenrichtung neigen. Es ist aber auch möglich, dass sich ein Widerlager infolge Dammsetzung rückwärts verdreht.

Krafteinwirkungen. Brems- und Anfahrkräfte müssen bei schwimmend gelagerten Trägern berücksichtigt werden. Die Ermittlung der entsprechenden Verschiebungen ist im Hinblick auf die Stützensteifigkeit mit gewissen Unsicherheiten verbunden.

Die nominellen Werte der Verschiebungen des Über- und des Unterbaus sind bei der Bemessung des erforderlichen Bewegungsspiels der Lager mit einem Beiwert von ca. 1,5 zu vergrößern. Die Realisierung eines reichlich bemessenen Lagerverschiebungsweges verursacht nur unwesentliche Kosten. Wie bereits erwähnt, ist auch bei reichlich bemessenem Verschiebungsweg eine Blockierung der Lagerbewegung durch massive Anschläge zu empfehlen, da der Ausfall eines Lagers mit einem beträchtlichen Reparaturaufwand verbunden ist.

Einfluss der Trägerkrümmung

Temperaturänderungen und Schwinden haben eine Volumenänderung zur Folge, d. h., der Brückenträger verformt sich infolge dieser Einwirkungen gleichermaßen in Längs- und in Querrichtung. Die Längsvorspannung verursacht hingegen nur eine Verkürzung in Längsrichtung. Dieses unterschiedliche Dehnungsverhalten wirkt sich bei gerkrümmten Trägern auf die Richtung des Verschiebungsweges aus (Abb. 8.5).

Mit

$$s = \frac{s_a + s_i}{2} \quad \text{und} \quad s = r \cdot \varphi \quad \text{sowie} \quad b \cdot \varphi = s_a - s_i$$

folgt

$$r = \frac{s_a + s_i}{2 \cdot \varphi} = \frac{b}{2} \frac{s_a + s_i}{s_a - s_i}.$$

Bezeichnet man die geometrischen Größen
vor der Verformung mit φ_0, r_0, b_0 und s_0,
nach der Verformung mit φ, r, b und s

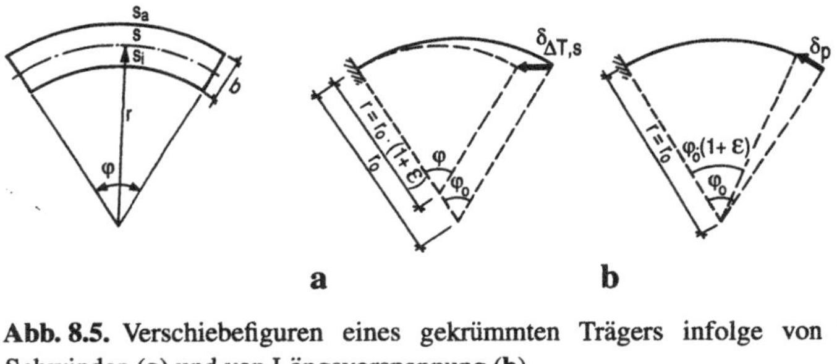

a **b**

Abb. 8.5. Verschiebefiguren eines gekrümmten Trägers infolge von Temperaturänderung und Schwinden (**a**) und von Längsvorspannung (**b**)

resultiert

- bei Temperaturänderungen und Schwinden: Aus $b = b_0(1+\varepsilon)$ und $s = s_0(1+\varepsilon)$ folgt nach der Verformung

$$r = \frac{b}{2}\frac{s_a + s_i}{s_a - s_i} = r_0(1+\varepsilon),$$

$$\varphi = \frac{s}{r} = \frac{s_0}{r_0} = \varphi_0;$$

- für Längsvorspannung: Aus $b = b_0$ und $s = s_0(1+\varepsilon)$ folgt nach der Verformung

$$r = \frac{b}{2}\frac{s_a + s_i}{s_a - s_i} = r_0,$$

$$\varphi = \frac{s}{r} = \frac{s_0(1+\varepsilon)}{r_0} = \varphi_0(1+\varepsilon).$$

Bei gekrümmten Trägern können unter Umständen beide Trägerenden unverschieblich gelagert werden. Infolge von Temperaturänderungen, Schwinden und Vorspannung entstehen dabei Zwangsmomente um die z-Achse, die aber bei stark gekrümmten Trägern nur relativ kleine Beanspruchungen verursachen. Insbesondere bei stark gekrümmten Auf- und Abfahrtsrampen können auf den Widerlagern ohne weiteres unverschiebliche Lager eingebaut werden. Damit erübrigen sich bei den Rampenwiderlagern Fugenkonstruktionen.

8.2.5 Anordnung der Lager

Die zur Beschränkung der Zwangsbeanspruchung notwendigen Lager werden so angeordnet, dass alle Horizontalkräfte (Brems- und Anfahrkräfte, Fliehkräfte, Wind- und Erdbebenkräfte) einwandfrei auf Widerlager und Stützen abgeleitet werden können. Eigentliche Auflager werden horizontal eingebaut, damit keine Horizontalschübe auf den Über- und den Unterbau abgegeben werden. Bei fixiert gelagerten Trägern befindet sich das unverschiebliche Lager in der Regel auf dem tiefer liegenden Widerlager, damit die Längsentwässerungsleitung ohne Dilatation an die Fallleitung angeschlossen werden kann. Zur Aufnahme großer Horizontalschübe empfiehlt es sich, eigentliche Horizontalkraft-Lager vorzusehen.

Quer zur Brückenachse ist der Dehnungsunterschied zwischen Über- und Unterbau (Pfeilerkopf oder Widerlagerbank) in der Regel sehr klein. Da die Lager immer ein kleines Spiel aufweisen, kann bis zu einem Lagerabstand von ca. 10 m auf die Berücksichtigung des entsprechenden Dehnweges verzichtet werden.

Lager müssen immer zugänglich, kontrollierbar und auswechselbar angeordnet werden. Das Ansetzen der Pressen wird durch eine horizontale Auflagerbank wesentlich erleichtert. Dies bedingt entsprechende Überstände am Überbau.

Abbildungen 8.6 und 8.7 zeigen, wie die Lagerbank bei Quer- und Längsgefälle ausgebildet werden kann. Es sind im Prinzip immer Trägerüberstände (keine Einbuchtungen) vorzusehen.

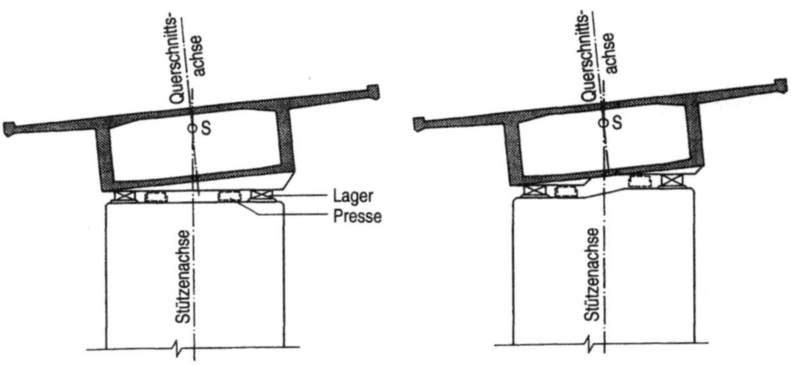

Abb. 8.6. Ausbildung der Lagerbank bei Quergefälle

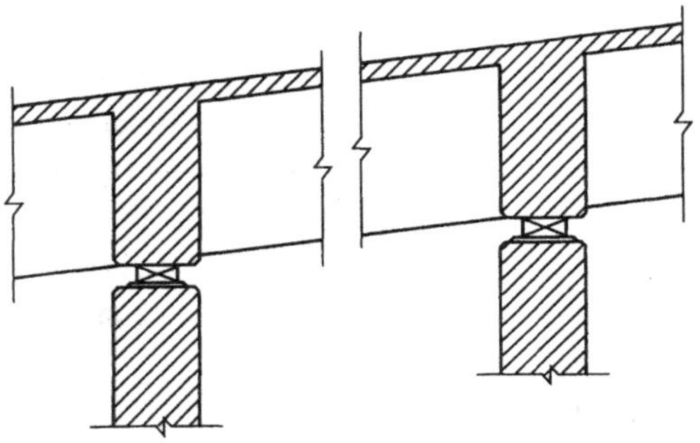

Abb. 8.7. Ausbildung der Lagerbank bei Längsgefälle

8.3 Dilatationsfugen

Die Ausbildung der Dilatationsfugen ist immer mit zahlreichen speziellen Problemen verbunden. Bei Straßenbrücken stellt die stählerne Fugenkonstruktion ein „hartes" Element im Fahrbahnbelag dar. Durch die Radstöße wird der Belag vor und nach der Stahlkonstruktion allmählich ausgewalzt. Der Fahrkomfort wird dadurch beeinträchtigt, und der Anschluss der Abdichtung und die Verankerungen der Fugenkonstruktion werden durch die dauernden Stöße der Räder sehr hohen Beanspruchungen ausgesetzt. Bei größeren Unebenheiten besteht zudem die Gefahr, daß sich die Pflugbalken der Schneeräumungsfahrzeuge an der Fugenkonstruktion verfangen und dadurch erhebliche Beschädigungen verursachen. Auf jeden Fall muss damit gerechnet werden, dass der Anschluss der Abdichtung abreißt und die Verankerungszone der Fugenkonstruktion gefährlichen Feuchtigkeitseinwirkungen ausgesetzt ist. Dilatationsfugen von Straßenbrücken werden deshalb wenn möglich bei den Widerlagern und außerhalb des Krafteinleitungsbereiches angeordnet. Hier kann die Fahrbahnplatte für den Einbau einer schweren, widerstandsfähigen Fungenkonstruktion problemlos massiv verstärkt werden, und die Ausbildung einer einwandfreien Fugenentwässerung bereitet ebenfalls keine konstruktiven Schwierigkeiten.

In Gerbergelenken befindet sich die Fuge im Krafteinleitungsbereich. Der zulässige Fugendehnweg ist je nach Trägerhöhe beschränkt, und die einwandfreie konstruktive Ausbildung von Gerbergelenken ist sehr anspruchsvoll.

Auf Widerlagern mit unverschieblichen Lagern sollten in der Regel keine Fugenkonstruktionen eingebaut werden. Der Träger kann hier über die Widerlagerwand hinausgeführt und direkt hinterfüllt werden.

In Bezug auf die fugenlose Länge der Brücke oder einzelner Brückenabschnitte besteht zwischen Straßen- und Bahnbrücken ein grundlegender Unterschied: Bei Straßenbrücken ist die Fugenausbildung an sich relativ heikel, die Größe des Dehnweges ist dabei von untergeordneter Bedeutung. Bei Bahnbrücken bereitet demgegenüber die Ausbildung einer einwandfreien dichten Fuge unter dem Schotterbett keine besonderen Schwierigkeiten, aber große Dehnwege erfordern relativ komplizierte und unterhaltsanfällige Gleisdilatationen (Abb. 8.8).

Dilatationsfugen können ohne besondere Maßnahmen etwa wie in Tabelle 8.1 angegeben festgelegt werden.

Für die eigentliche Fungenkonstruktion werden meistens Spezialprodukte verwendet. Schwere Stahlkonstruktionen haben sich besser bewährt als leichte Fugenabdeckungen. Im Hinblick auf die starken dynamischen Beanspruchungen durch

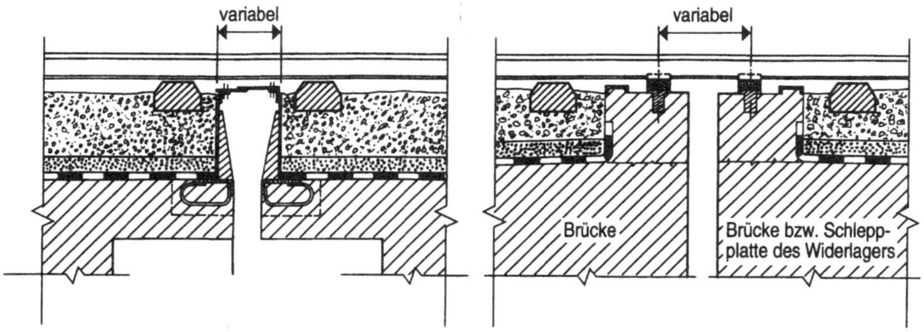

Abb. 8.8. **a** Normal-Dilatationsfuge für Eisenbahnbrücken. **b** Spezialdilatation bei langen fugenlosen Abschnitten von Eisenbahnbrücken

Tabelle 8.1. Festlegung von Dilatationsfugen

Konstruktion	Ungefähre fugenlose Brücken(abschnitts)länge [m]	
	Straßenbrücken	Bahnbrücken
Fixierte Lagerung	600	200
Schwimmende Lagerung	1000	300
Gerbergelenke (Trägerhöhe von $\gtrsim$ 2,5 m)	500	200

Radstöße muss der Ausbildung von Auflager, Verankerung und Anschluss der Abdichtung der Fugenkonstruktion besondere Aufmerksamkeit geschenkt werden.

Bei Straßenbrücken sind bei Dilatationswegen bis ±10 mm und über festen Auflagern mit kleinen Rotationen keine eigentlichen Fugenkonstruktionen notwendig. Diese kleinen Dilatationswege sind beispielsweise bei Plattenkonstruktionen bis etwa 20 m Stützweite gegeben, wenn diese durch Verformungslager gestützt sind. Zur Sicherung des Belags wird ein Überbauanschluss als *verformbare Fuge* eingebaut, dessen Elastizität die Längenänderungen auffangen kann (Abb. 8.9a).

Bei größeren Dilatationswegen werden vier Konstruktionsarten von Dilatationsfugen unterschieden:

- *Fugenkonstruktion mit einem Gummiprofil* für Dilatationswege von ±25 mm bis ±40 mm (Abb. 8.9b). Die Dichtigkeit der Fuge wird mit einem dehn- und zusammendrückbaren Gummiprofil erreicht, das in einem Stahlprofil entweder eingespannt, verklebt oder verschraubt ist. Diese Fugenart hat den Vorteil, dass sie einfach und robust ist und keine beweglichen Teile aufweist.
- *Fugenkonstruktion mit mehreren Gummiprofilen* (Neoprenschläuche) für Dilatationswege von n-mal ±35 mm (wobei n die Anzahl an Gummiprofilen ist) (Abb. 8.9c). Die auf Querträgern aufgelegten Stahllamellen sind über einen Mechanismus derart verschieblich, dass sie mit sich ändernder Fugenöffnung immer den gleichen Abstand zueinander aufweisen. Die Dichtigkeit der Fuge wird durch die Gummiprofile (Neoprenschläuche) gewährleistet. Neben den Vorteilen einer kostengünstigen Konstruktion, die relativ wenig Unterhalt erfordert, muss das Risiko einer Beschädigung oder Blockierung des Bewegungsmechanismus für die Lamellen beachtet werden.
- *Rollverschluss-Fugenübergang* für Dilatationswege von ±50 mm bis ±300 mm (Abb. 8.9d). Diese vom Maschinenbau inspirierte Fugenkonstruktion bietet eine dauernd ebene Rolloberfläche, was für den Fahrkomfort günstig ist. Diese Konstruktion ist allerdings nicht dicht, weist eine große Anzahl beweglicher Teile auf und die Korrosionsgefahr ist groß. Der Unterhalt ist entsprechend aufwändig.
- *Fingerblech-Fugenkonstruktion* für Dilatationswege von ±200 mm (Abb. 8.9e). Mit dieser Konstruktion kann eine relativ große Fugenöffnung ohne bewegliche Teile überbrückt werden. Jedoch ist diese Konstruktion nicht dicht und die Gefahr des Einklemmens von Schmutzteilen erfordert einen großen Aufwand für die Instandhaltung.

Bei offenen Fugenkonstruktionen (Rollverschlüsse und Fingerbleche) ist unbedingt eine gut zugängliche und wartungsfreundliche Entwässerung erforderlich. Auch bei geschlossenen Konstruktionen mit Gummiprofilen muss mit Undichtigkeiten

---

Abb. 8.9a–d. Dilatationsfugen für Straßenbrücken (schematisch). **a** Verformbare Fuge, **b** Fuge mit einem Gummiprofil, **c** Fuge mit mehreren Gummiprofilen, **d** Rollverschluss-Fugenübergang, **e** Fingerblech-Fugenkonstruktion

a)

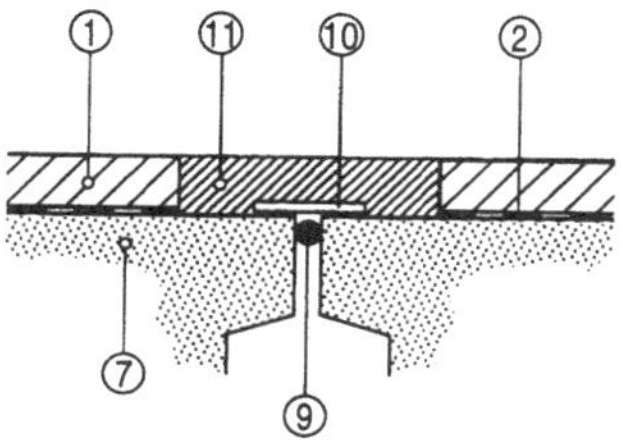

b)

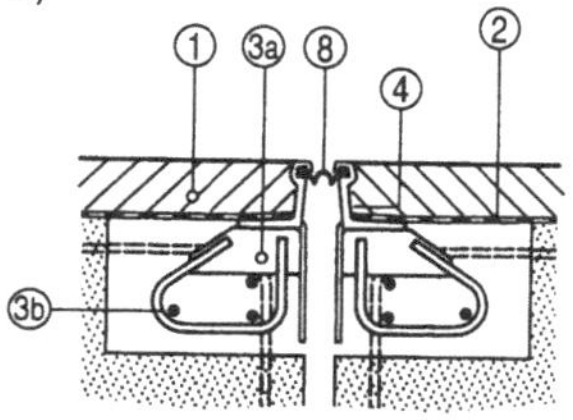

c)

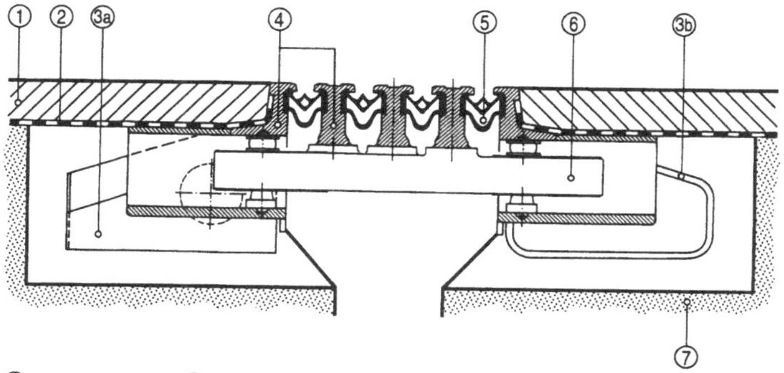

① Belag
② Abdichtung
③a Ankerscheibe
③b Ankerbügel
④ Stahlprofil
⑤ Neoprenschläuche
⑥ Querbalken
⑦ Betonkonsolen
⑧ Gummiprofil
⑨ Dichtung
⑩ Deckblech
⑪ Elastomerbitumen

d)

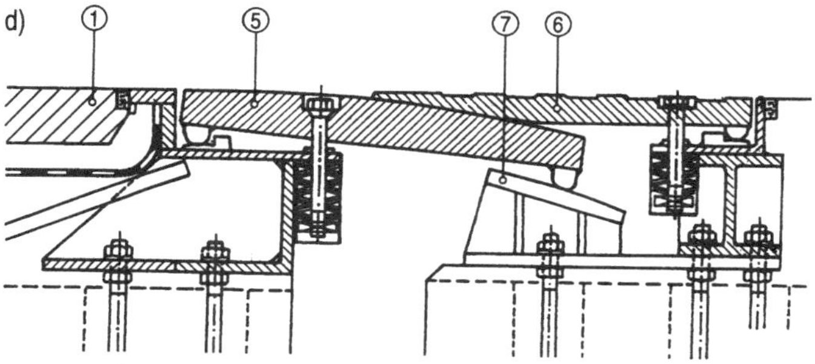

e)

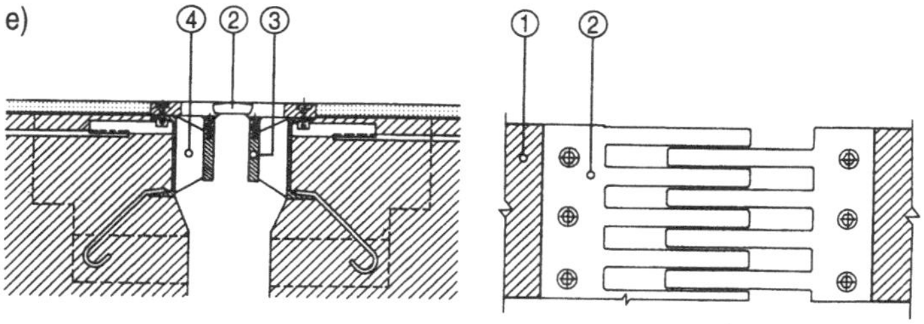

① Belag
② Fingerplatten
③ Stützleiste
④ Konsole
⑤ Pendelplatte
⑥ Zungenplatte
⑦ Verschiebungsbahn

gerechnet werden. Zur Aufnahme des durchsickernden Wassers genügt eine Entwässerungsrinne auf der Auflagerbank.

Für die Bemessung der Dilatationsfugen müssen die extremen Werte der erwarteten Bewegungen und die Einstellung der Fugenkonstruktion bei ihrem Einbau bestimmt werden. Die Verschieberichtung der Lager und der Fugenkonstruktion muss übereinstimmen. Wenn möglich wird die Verschieberichtung senkrecht zur Fuge vorgesehen, weil damit die Ausbildung der Fugenkonstruktion erleichtert wird.

Anforderungen an Dilatationsfugen beinhalten eine möglichst geringe Lärmentwicklung bei der Überfahrt von Fahrzeugen, die Sicherstellung der Fahrbahnebenheit im Fugenbereich, die Aufnahme der Beanspruchungen durch den Verkehr und eine möglichst geringe Behinderung der Bewegungen des Brückenüberbaus. Auch sollten Fugenkonstruktionen gut zugänglich und einzelne Teile leicht auswechselbar sein. Der Anschluss der Fahrbahnabdichtung an die Fuge sowie die Dichtigkeit oder die kontrollierte Entwässerung der Fugenkonstruktion sind entscheidend für die Dauerhaftigkeit von Fuge und benachbarter Betonkonstruktion.

Die Fugenkonstruktion wird mit einer Hilfskonstruktion eingestellt und fixiert. Sie sollte möglichst in den frühen Morgenstunden bei gleichmäßiger Brückentemperatur eingebaut werden. Die Einstellung der Fugenöffnung beim Einbau ist abhängig von der gemessenen Brückentemperatur.

Bei der Inspektion von Dilatationsfugen sollte zunächst die Fugenöffnung gemessen und mit dem Sollwert verglichen werden. Der Zustand der Gummiprofile ist vor allem im Hinblick auf die Dichtigkeit zu kontrollieren. Bezüglich der Stahlteile ist der Zustand des Korrosionsschutzes aufzunehmen und falls notwendig gleich auszubessern. Außerdem sollte nach allfälligen Ermüdungsrissen in den Stahlteilen Ausschau gehalten und die Funktionstüchtigkeit der beweglichen Teile überprüft werden. Schließlich sollte der Belagsbereich in unmittelbarer Nähe der Fuge auf Risse und Verformungen hin untersucht werden.

Fugenkonstruktionen müssen ausgewechselt werden, falls beschädigte bewegliche Teile und Ermüdungsschäden nicht mehr repariert werden können. Die Gummiprofile müssen in regelmäßigen Abständen ersetzt werden, was mit Vorteil von der Fahrbahn aus gemacht wird.

8.4 Übergang von Brücke zu offener Strecke

Im Übergangsbereich von der Brücke zur offenen Strecke kann es zu unterschiedlichen Bewegungen in vertikaler Richtung infolge differentieller Setzungen zwischen Brücke und angrenzender Fahrbahn kommen. Diese Bewegungen können im angrenzenden Fahrbahnbereich zu Schäden führen, die den Komfort und die Sicherheit des Straßenbenützers beeinträchtigen können.

Falls die erwarteten differentiellen Setzungen groß sind, kann eine Schleppplatte (Abb. 8.10) vorgesehen werden, die den Übergang von der Brücke zur offenen Strecke entschärft. Diese Schleppplatte sollte eine Stärke von mindestens 30 cm

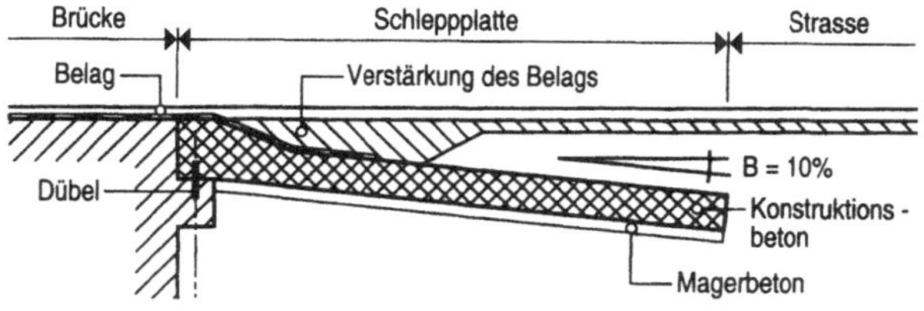

Abb. 8.10. Schleppplatte (schematisch)

aufweisen. Die Plattenlänge beträgt je nach Bodenqualität und Verkehrsart zwischen etwa 3 bis 8 m.

Bei kürzeren Brücken ist es denkbar, den Brückenträger mit dem Widerlager und der Schleppplatte monolithisch zu verbinden. Dabei wirkt die mit starken Abmessungen versehene Schleppplatte als Energievernichter und als Verankerung des ins Erdreich auslaufenden Trägers. Mit einer solchen Konstruktion kann auf ein festes Lager mit einer entsprechenden Widerlagerausbildung verzichtet werden.

8.5 Entwässerung

Die Entwässerung soll das anfallende Regenwasser rasch und vollständig ableiten, und zwar nicht nur aus Gründen der Verkehrssicherheit, sondern auch damit der Belag möglichst rasch austrocknen kann. In der Regel wird das Wasser über das Entwässerungssystem bis in die Kanalisation abgeleitet. Einlaufschächte mit Freifallabläufen sollten im Hinblick auf die Beeinträchtigungen und die Schäden unter der Brücke oder möglicher Gewässerverunreinigungen vermieden werden. Einlaufschächte und Leitungen müssen aus einem abriebfesten möglichst chloridresistenten Werkstoff bestehen. Normalerweise wird für die Einlaufschächte Grauguss und für die Leitungen ein möglichst zäher Kunststoff (z. B. Hartpolyäthylen, HDPE) verwendet.

Es muss beachtet werden, dass beispielsweise nach einem Unfall eines Tanklastwagens auf der Brücke entflammbare und explosive Flüssigkeiten auf die Fahrbahn auslaufen und in das Entwässerungssystem, in den Brückenkasten oder die Umwelt gelangen können. Dem Risiko einer Umweltverschmutzung oder einer Beeinträchtigung der Betonkonstruktion durch Brand oder Explosion kann mit feuerfesten Werkstoffen für die Entwässerungsleitungen und eventuell durch eine Luftabdichtung begegnet werden.

Die Einlaufschächte sollten unabhängig von der Niederschlagsintensität im Hinblick auf eine rasche Wasserableitung an beiden Fahrbahnrändern in Abständen von ca. 15 m angeordnet werden. Mit den Einlaufschächten am höheren Brückenrand wird verhindert, dass Schmelzwasser quer über die Fahrbahn fließt. Die Schächte sind dreiteilig ausgebildet: sie bestehen aus der Tasse, dem Rahmen und dem Rost (Abb. 8.11). Die Tasse weist einen Flansch auf, an dem die Abdichtung aufgeklebt wird. Der Rahmen ist in der Höhe verstellbar, um eine einwandfreie Anpassung an die Belagsoberfläche zu ermöglichen. Das Leitungssystem sollte

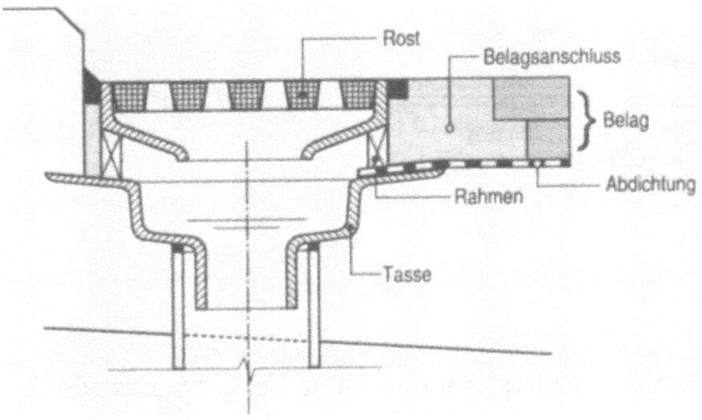

Abb. 8.11. Einlaufschacht mit Anschluss von Abdichtung und Belag (schematisch)

durchwegs ein Mindestgefälle von 2 % aufweisen. Der Leitungsdurchmesser ist der Niederschlagsintensität entsprechend zu bemessen.

Die Anordnung der Querleitungen erfordert Lisenen an der Unterseite der Fahrbahnkonsolen. Es empfiehlt sich, die Querleitungen in Futterrohre einzulegen, damit sie allenfalls ausgewechselt werden können. Falls auf eine saubere Untersicht der Brücke nicht viel Wert gelegt werden muss, können die Querleitungen auch offen geführt werden.

Die Längsleitung sollte aus ästhetischen und unterhaltstechnischen Gründen immer zwischen den Stegen bzw. im Kasteninnern angeordnet werden.

Bei Plattenbrücken wird das gesamte Leitungssystem einbetoniert. Die Leitung ist nicht mehr ersetzbar, und es müssen demzufolge stärkere Rohre verwendet werden.

Eine regelmäßige Wartung des Leitungssystems ist unbedingt erforderlich. In Abständen von ca. 50 m bis 70 m sind hierfür Reinigungsschächte am Fahrbahnrand und Spülstutzen bei allen Anschlüssen der Querleitung an die Längsleitung vorzusehen.

8.6 Abdichtung und Belag

Die Ausbildung der Fahrbahndecke bestehend aus Abdichtung und Belag ist für die Dauerhaftigkeit und den Unterhalt einer Brücke von größter Bedeutung.

Die Abdichtung soll die Betonoberfläche der Fahrbahnplatte vor allem gegen die starken chemisch-physikalischen Einwirkungen durch Tausalze und Frost schützen. Auf eine Abdichtung kann nicht verzichtet werden, weil der Oberflächenbeton der Fahrbahnplatte fast nie durchwegs eine genügende Dichtigkeit aufweist, um die Frost-Tausalz-Beständigkeit und einen genügenden Widerstand gegen Chlorideintrag des Betons zu leisten.

Der Belag bildet die Verschleißschicht der Fahrbahnfläche und hat zudem die Aufgabe, die empfindliche Abdichtung zu schützen und die Temperaturschwankungen in der Abdichtungsschicht zu vermindern.

Neben der Wasserundurchlässigkeit sind die wichtigsten Anforderungen an die Abdichtung die Beständigkeit gegen Tausalze, Chloridlösungen, Öle, Fette und Säuren, die Alterungsbeständigkeit bei tiefen und hohen Temperaturen, ein bestimmtes Rissüberbrückungsvermögen sowie eine einfache Reparaturmöglichkeit. Die Anforderungen an den Belag betreffen unter anderem eine gewisse Pneuhaftung und eine geringe Lärmentwicklung.

Bei Straßenbrücken wird zwischen vollflächig verklebter und schwimmender Abdichtung unterschieden.

Vollflächig verklebte Abdichtung. Vollflächig verklebte Abdichtungen (Abb. 8.12a werden entweder mit aufgespritzten oder aufgespachtelten Kunststoff-

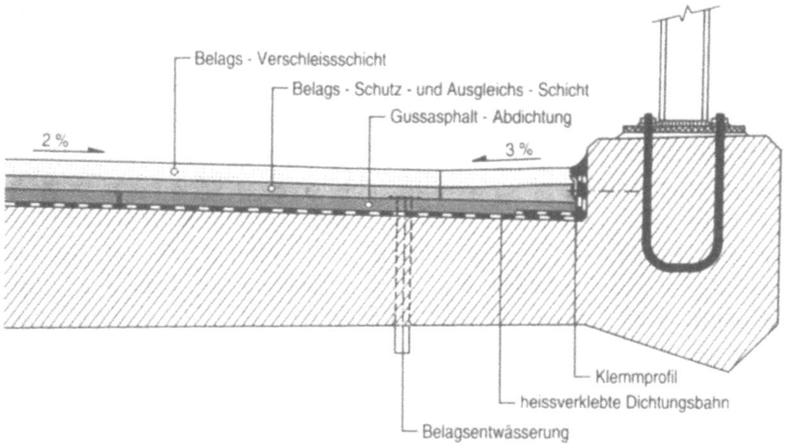

a

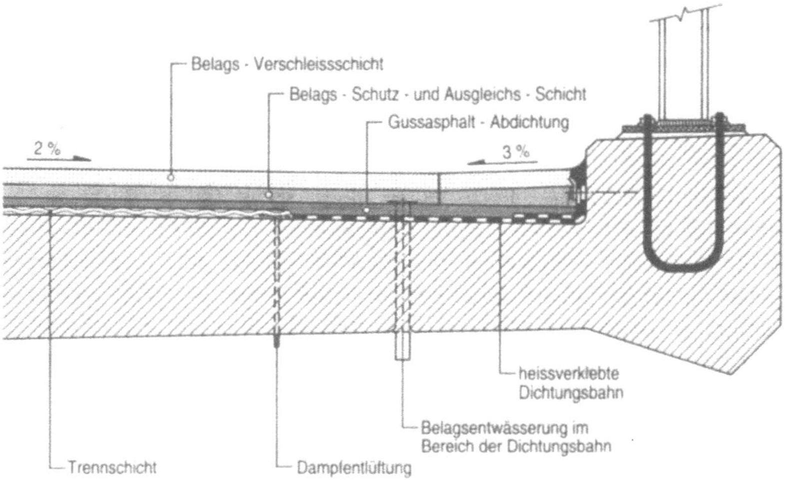

b

Abb. 8.12. Ausbildung von Abdichtung und Belag am Brückenrand. **a** Vollverklebte Abdichtung, **b** schwimmende Abdichtung mit Randverschlus (nur für Ausnahmefälle)

abdichtungen (Dicke von 1 bis 3 mm) oder heißverklebten Polymer-Bitumen-Dichtungsbahnen ausgeführt. Die Betonoberfläche muss durch Hochdruckwasserstrahlen und Austrocknen vorbehandelt werden. Bei der Herstellung der Abdichtung kann es zur Bildung einzelner Blasen kommen, die aufgestochen und verklebt werden können. Einige wenige derartige Fehlstellen sind bei einer vollflächig verklebten Abdichtung nicht gefährlich. Der Belag besteht aus der Ausgleichsschutzschicht und der Verschleißschicht. Es empfiehlt sich, die Schutzschicht in Gussasphalt auszuführen. Die gesamte Belagsdicke beträgt etwa 80 mm.

Vollflächig verklebte Abdichtungssysteme sind relativ teuer und schwierig in der Ausführung. Bei sorgfältiger Herstellung ist dieses System aber am wirkungsvollsten und zweckmäßigsten. Wegen der vollflächigen Verklebung können eventuelle Fehlstellen nur sehr begrenzte Schäden zur Folge haben.

Blasen unter der Abdichtung können nur selten gänzlich vermieden werden, obwohl sie bei einem gut getrockneten Beton nicht entstehen sollten. Auch muss beachtet werden, dass bei Einbringung mit dem Flammverfahren Zerstörungen an der Betonoberfläche durch Temperaturschock entstehen können.

Schwimmende Abdichtung und heißverklebte Abdichtungsbahnen in sämtlichen Randzonen. Die eigentliche Abdichtung besteht in der Regel aus einer etwa 25 mm dicken Gussasphaltschicht, die schwimmend auf einer Trennschicht aus Ölpapier oder Glasvlies aufgetragen wird (Abb. 8.12b). Die Trennschicht muss durch den Beton nach unten entlüftet werden. Sämtliche Randzonen sowie die Anschlüsse an Fahrbahnübergänge, Entwässerungselemente und Aufbordungen müssen unter der Gussasphaltschicht mit einer heißverklebten Abdichtungsschicht aus Mastix oder Polymerbitumenbahnen verschlossen werden. Die Breite dieser Randabdichtungen, die mit dem Gussasphalt über eine Haftbrücke verklebt sind, sollte etwa 0,5 bis 1 m betragen. Damit sich die Randabdichtung nicht vom Beton löst, muss der Beton durch Hochdruckwasserstrahlen vorbehandelt und anschließend gut ausgetrocknet werden. Zusätzliche Dichtungsbahnen sollten auch im Bereich der Hüllrohrentlüftungen der Spannglieder quer über die Fahrbahn gezogen werden. Der Belag besteht aus einer Ausgleichsschutzschicht und einer Verschleißschicht und sollte mindestens etwa 60 mm dick sein.

Die Ausbildung des Systems einer schwimmenden Abdichtung ist relativ einfach und kostengünstig. Bei Beschädigungen besteht allerdings die Gefahr, dass relativ große Bereiche durch Salzwasser unterwandert werden, ohne dass man den Ort des Schadens genau feststellen kann. Durch Abschottung der Fahrbahnfläche mit den erwähnten Querdichtungsbahnen lässt sich das Ausmaß des unterwanderten Bereichs begrenzen. Schadhafte Bereiche können durch Wasseraustritt in den Dampfdruckentlüftungen festgestellt werden.

Wegen der Gefahr der Unterwanderung durch Salzwasser sollten schwimmende Abdichtungen nur in Ausnahmefällen ausgeführt werden!

Das Wasser, das über das Porensystem des Belags an der Oberfläche einer Abdichtung ankommt, sollte abgeführt werden. Dazu werden Entwässerungsröhrchen an den Tiefpunkten und im Bereich der Fugen vorgesehen. Bei schwimmenden

Abdichtungen ist eine Dampfentlüftung zur Lüftung und Druckentlastung der Trennschicht notwendig. Diese kann mit den Entwässerungsröhrchen kombiniert werden. Die Röhrchen für die Entwässerung und Entlüftung sollten einen Überstand von wenigstens 30 mm aufweisen.

Betonbeläge sind etwa 80 bis 100 mm dick und üblicherweise mit einem Bewehrungsnetz versehen. Sie sind mit der Fahrbahnplatte über Haftverbund monolithisch verbunden und tragen so zum Tragwiderstand der Fahrbahnplatte bei. Betonbeläge werden in gewissen Ländern wie den USA häufig, in andern Ländern wie der Schweiz nur selten ausgeführt.

Die Dauerhaftigkeit hängt wesentlich davon ab, ob Wasser ins Betoninnere sowie an die Grenzschicht zwischen Betonbelag und Fahrbahnplatte gelangen kann. Wasser kann ins Betoninnere eintreten über das Porensystem einer wenig dichten äußeren Betonschicht an der Oberfläche, über unsachgemäß ausgeführte Fugen sowie über Risse, die senkrecht zu und entlang der Grenzschicht infolge Verformungsbehinderung des Betonbelags durch die Fahrbahnplatte auftreten können. Vor allem bei Infiltration von chloridbelastetem Wasser besteht ein beträchtliches Risiko von Frostschäden an der Betonoberfläche sowie von Bewehrungskorrosion im Betonbelag und in der Fahrbahnplatte.

8.7 Randabschluss und Leitschranken

Der Randabschluss ist ein wichtiger Teil der Fahrbahnplatte, der das Aussehen der Brücke beeinflusst, die Fahrbahn seitlich begrenzt und in dem die Leitschranken und Lärmschutzelemente verankert werden. Der Randabschluss weist eine Tropfnase auf, um die untenliegenden Flächen der Betonkonstruktion gegen Wasserlauf von (chloridbelastetem) Oberflächenwasser zu schützen.

Randabschlüsse sind dauernd starken klimatischen und chemischen Einwirkungen ausgesetzt. Es ist deshalb besonders wichtig, einen frost-tausalz-beständigen Beton, eine Bewehrungsüberdeckung von wenigstens 40 mm und eventuell Betonstahl mit erhöhtem Korrosionswiderstand einzubauen. Obwohl Randabschlüsse praktisch immer monolithisch mit der Fahrbahnplatte verbunden sind, wird ihre mittragende Mitwirkung beim Nachweis der Tragfähigkeit nicht berücksichtigt, weil die Tragfähigkeit auch während eines eventuellen Ersatzes des Randabschlusses gewährleistet sein muss.

Für Straßenbrücken gibt es eine Vielzahl von Randabschlüssen, die auf zwei grundsätzliche Arten zurückgeführt werden können, nämlich der Konsolkopf mit aufgesetzter Leitplanke und die massive Leitmauer (z. B. Typ New Jersey) (Abb. 8.13). Die Wahl für die eine oder andere Art hängt von folgenden Kriterien ab: Schutz einer Anlage oder von Dritten unter der Brücke, Brückenlänge, Art des Verkehrsträgers, Lärmschutzmaßnahmen, Ästhetik der Brücke.

Brückengeländer dienen dazu, den Absturz von Personen zu verhindern. Sie sind somit nicht für die Aufnahme von Fahrzeuganprall dimensioniert. Im Allgemeinen beträgt die Höhe der Geländer 1,10 m.

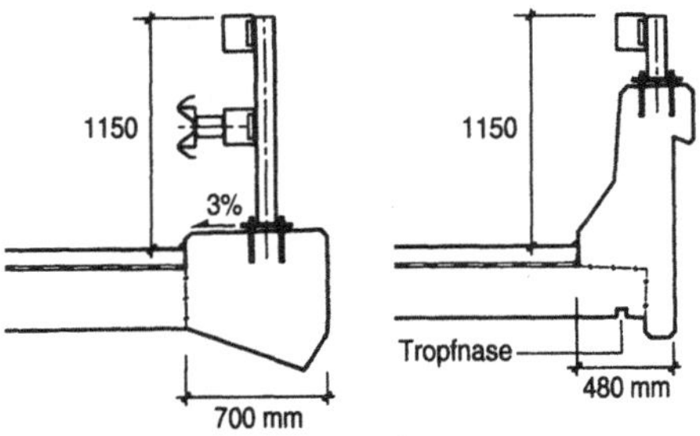

a b

Abb. 8.13. Randabschlüsse. **a** Konsolkopf mit Leitplanke, **b** massive Leitmauer

Die Befestigung der Geländer- und Leitschrankenpfosten erfolgt mit aufgeschraubten Platten, indem in den Konsolkopf oder die Leitmauer in Schablonen hergestellte, miteinander verbundene Ankerschrauben aus nichtrostendem Stahl einbetoniert werden. Der mit der Grundplatte verschweißte Pfosten wird sodann in der richtigen Lage aufgeschraubt. Die Anschlussschrauben sollten einen Durchmesser von mindestens 16 mm aufweisen und auf jeden Fall tragfähiger sein als der Pfosten, damit bei Unfällen nur der Pfosten ausgewechselt werden muss. In Aussparungen versetzte einbetonierte Geländer- oder Leitschrankenpfosten haben sich in der Regel nicht bewährt.

9 Entwurf, Konstruktion und Ausführung spezieller Tragsysteme

9.1 Übersicht

Die gebräuchlichsten Tragsysteme, die im Folgenden bezüglich Entwurf, Konstruktion und Ausführung erläutert werden, sind

Balkenbrücken in Ortsbeton
Balkenbrücken aus vorfabrizierten Elementen
Freivorbaubrücken
Bogenbrücken
Rahmenbrücken
Plattenbrücken
schiefe Brücken
gekrümmte Brücken
Schrägkabelbrücken

Die Eignung eines Tragsystems ist im gegebenen Fall von verschiedenen Faktoren wie z. B. Topographie, Geologie, Brückenhöhe, Lichtraumprofil, Bauzeit abhängig.

Balkenbrücken in Ortsbeton eignen sich vor allem bei kleineren und mittleren Spannweiten. Dabei spielen die Lehrgerüstkosten eine wesentliche Rolle. Konventionelle Lehrgerüste erfordern meistens Zwischenabstützungen. Topographie, Geologie, Brückenhöhe und Lichtraumprofile haben deshalb einen großen Einfluss auf die Gerüstkosten.

Mechanisierte Gerüste benötigen normalerweise keine Zwischenabstützungen. Die Gerüstkosten sind unabhängig von Topographie und Beschaffenheit des Terrains. Der Einsatz der komplizierten mechanisierten Gerüste lohnt sich aber nur bei sehr langen Brücken.

Bei geeigneter Linienführung kann der Brückenträger auch im Taktschiebeverfahren hergestellt werden. Der erforderliche Montageaufwand ist besonders bei schwierigen Terrainverhältnissen bedeutend kleiner als die entsprechenden Lehrgerüstkosten.

Balkenbrücken aus vorfabrizierten Trägerelementen sind insbesondere bei kleinen Spannweiten und großer Brückenlänge wirtschaftlich. Am einfachsten ist die Montage, wenn Träger von 25 m bis 35 m Länge auf einer Baustraße an die

Einbaustelle transportiert und dort mit Pneukranen versetzt werden können. Die Vor-Kopf-Montage von Trägern mit 40 m bis 50 m Spannweite erfordert bereits relativ aufwändige Einbaugerüste und lohnt sich deshalb nur bei langen Brücken. Die Fahrbahnplatte dieser Brücken wird meistens ganz oder teilweise in Ortsbeton ausgeführt. Die einzelnen Felder werden über den Zwischenauflagern oft zu einem Durchlaufträger verbunden. Durch Vermeidung von Fugen oder Gelenken wird die Qualität des Tragwerkes wesentlich verbessert.

Träger aus vorfabrizierten Querschnittselementen werden normalerweise mit außenliegender Vorspannung ohne Verbund ausgeführt. Bei einem zweckmäßig konzipierten Montagevorgang lässt sich mit diesem Herstellungsverfahren ein außerordentlich rascher Baufortschritt erzielen.

Freivorbaubrücken eignen sich bei großen Spannweiten, schwierigen topographischen Verhältnissen und großer Brückenhöhe. Die Brückenlänge spielt keine Rolle. Die Bauzeit lässt sich insofern beeinflussen als der Freivorbau bei verschiedenen Stützen gleichzeitig ausgeführt werden kann. Bis zu Spannweiten von ca. 100 m können Freivorbauträger auch mit vorfabrizierten Querschnittselementen ausgeführt werden. Das Versetzen der Trägerelemente erfordert allerdings aufwändige Montagegeräte, die nur bei sehr langen Brücken wirtschaftlich eingesetzt werden können.

Bogenbrücken sind nur bei speziellen topographischen oder geologischen Verhältnissen wirtschaftlich, z. B., wenn bei annähernd V-förmigem Terrainverlauf im Bereich der großen Brückenhöhe die Erstellung von Stützen sehr aufwändig oder unerwünscht ist. Der Bogen kann auf einem Lehrgerüst oder im Freivorbau ausgeführt werden. Beide Bauverfahren sind relativ teuer. Durch die Wahl kleinerer Spannweiten im Bereich der Zufahrten sind zwar erhebliche Einsparungen möglich. Dies ist aber nur dann der Fall, wenn die Fundationsverhältnisse günstig sind und das Lehrgerüst des Trägers ohne Zwischenabstützung von Stütze zu Stütze gespannt werden kann.

Rahmensysteme als Sprengwerk, V-Stiel- oder Zweigelenkrahmen konzipiert werden in der Regel nur bei relativ kleinen Hauptspannweiten ausgeführt. Dieser Brückentyp eignet sich besonders für Überführungen. Gerüste für Sprengwerke mit großer Spannweite sind teuer. Es ist meistens wesentlich wirtschaftlicher, mit vertikalen Stützen eine größere Stützenhöhe in Kauf zu nehmen. Zweigelenkrahmen mit Spannweiten über 60 m sind in Ausnahmefällen zur Überquerung eines Flusses zweckmäßig.

Plattenbrücken sind in Bezug auf die Herstellung sehr einfach, erfordern aber bereits bei Spannweiten von ca. 30 m einen beachtlichen Materialaufwand. Brücken mit Plattenquerschnitt eignen sich deshalb vor allem für Überführungen mit beschränkter Bauhöhe. Besonders zweckmäßig sind Vollplatten für schiefe Überführungen, da in diesem Fall die Bewehrung ohne Schwierigkeiten der Haupttragrichtung entsprechend angeordnet werden kann.

Schiefe Brücken erfordern bei Überführungswinkeln, die von 90° abweichen, die kleinste Spannweite. Sie gewährleisten optimale Lichtraumverhältnisse und lassen sich einwandfrei in die topographischen Gegebenheiten einfügen. Die Herstellung schiefer Brücken ist jedoch immer mit zusätzlichen bautechnischen Problemen verbunden. Insbesondere bei kurzen Brücken kann der Aufwand für die langen und relativ komplizierten Widerlager stark ins Gewicht fallen.

Mit Schrägkabelbrücken können im Stahlbetonbau Spannweiten bis ca. 700 m erreicht werden. Da die Last zunächst in Querrichtung auf die Kabelebenen übertragen werden muss, ist dieses Tragsystem bei schmalen Brücken zweckmäßiger als bei breiten Brücken. Das Verhältnis von Spannweite zu Brückenbreite sollte mehr als ca. 12 bis 15 betragen. Am wirtschaftlichsten sind in der Regel zwei Kabelebenen mit vielen Schrägkabel in kurzem Abstand. In diesem Fall kann der Träger einen schlanken Plattenquerschnitt aufweisen, der nur kleine Biegemomente aufnimmt und im Wesentlichen als Druckgurt wirkt. Die Herstellung im Freivorbau ist einfach. Hinsichtlich Wirtschaftlichkeit ist die Optimierung von Spannweiteneinteilung, Pylonhöhe und Kabelanordnung von entscheidender Bedeutung. Wichtige Probleme sind die Systemstabilität, die Ermüdungsfestigkeit und der Korrosionsschutz der Kabel.

9.2 Balkenbrücken in Ortsbeton

9.2.1 Konzeptionelle Aspekte

Trägerhöhe

Der Spannweitenbereich üblicher Balkenbrücken in Ortsbeton reicht bis etwa 80 m. Die Trägerhöhe ist meistens konstant, da damit die Herstellung, insbesondere die Gerüst- und Schalungsarbeiten, wesentlich erleichtert wird. Bei konstanter Trägerhöhe sollten auch die Spannweiten eines Durchlaufträgers nicht zu stark variieren. Eine ausgewogene Beanspruchung in den einzelnen Feldern ergibt nicht nur den kleinsten Materialaufwand, sie erleichtert auch die Anordnung der Vorspannung.

Bei der Wahl der Trägerhöhe spielen nebst der Wirtschaftlichkeit auch ästhetische Gesichtspunkte (Abschn. 2.4.3) und unter Umständen Lichtraumprofile eine wesentliche Rolle. Ein charakteristisches Maß bei der Wahl der Trägerhöhe ist die effektive Trägerschlankheit l/h, wobei l die Spannweite eines Innenfeldes und h die Trägerhöhe ist. Durchlaufträger mit konstanter Höhe (Parallelgurtträger) weisen Schlankheiten von 12 bis 35 auf.

Die wirtschaftlichste Trägerschlankheit liegt etwa bei 15. Bei einer Schlankheit von 20 bis 22 erhöhen sich die Kosten für den Brückenüberbau infolge des wesentlich größeren Spannstahlaufwandes trotz der etwas geringeren Schalungsfläche bereits um ca. 10 %. Taktschiebebrücken weisen wegen der wechselseitigen Biegebeanspruchung im Bauzustand eine sehr geringe Schlankheit von 13 bis 15 auf. Dies ist bei niedrigen Brücken ein gewisser Nachteil in Bezug auf die Ästhetik. Konventionell hergestellte Balkenbrücken sind in der Regel schlanker; je nach Brückenlänge beträgt die Schlankheit etwa 17 bis 22. Schlankheiten von 25 bis 30 erfordern bei Trägern mit aufgelöstem Querschnitt einen beträchtlichen Mehraufwand, der sich meistens nur durch äußere Bedingungen (z. B. vorgeschriebene Lichtraumprofile) rechtfertigen lässt. Zur Einhaltung eines einzelnen Lichtraumprofils kann es deshalb zweckmäßig sein, ein spezielles Vouten-Feld vorzusehen, anstatt auf der ganzen Brückenlänge eine unwirtschaftlich niedrige Trägerhöhe beizubehalten. Bei großen Trägerschlankheiten muss das Verformungs- und eventuell auch das Schwingungsverhalten überprüft werden. Extrem große Schlankheiten sollten auf jeden Fall nur bei kleinen Spannweiten in Betracht gezogen werden.

Bezüglich Ästhetik spielt die visuelle Schlankheit, das Verhältnis der sichtbaren Trägerlänge L_V zur optisch wirksame Trägerhöhe h_V, eine wesentliche Rolle. Die visuelle Schlankheit lässt sich durch geeignete Profilierung des Trägers, z. B. mit großen Auskragungen der Fahrbahnplatte, geneigten Trägerstegen und schmalen, in den Trägerschatten gestellten Stützen steigern. Eine Quantifizierung der visuellen Schlankheit ist zwar grundsätzlich nicht möglich, als Gestaltungsgrundlage ist sie jedoch bei der Wahl der Trägerhöhe in Erwägung zu ziehen. Kurze Brücken mit kleinen Spannweiten wirken jedenfalls bei einer effektiven Schlankheit von weniger als 20 bis 22 bereits relativ schwerfällig. Lange Brücken sind diesbezüglich viel weniger empfindlich. Hohe Brücken können in der Regel auf einer großen Länge überblickt werden. Sofern der Träger gut profiliert und schmal ist, kann in diesem Fall eine effektive Schlankheit von 15 auch ästhetisch durchaus befriedigen. Bei niedrigen Brücken ist nebst der visuellen Schlankheit auch die Lichtraumschlankheit, das Verhältnis von Brückenhöhe H zu Trägerhöhe h, zu beachten. Die Lichtraumschlankheit sollte aus ästhetischen Erwägungen nicht kleiner als ca. 5 sein.

Lagerung

Balkenbrücken mit einer Länge bis ca. 300 m werden meistens fixiert gelagert, d. h. der Träger wird bei einem Widerlager unverschieblich gehalten. Damit lassen sich Längsschübe mit kleinstem Aufwand in den Baugrund abtragen, und es ist nur eine Dilatationsfuge erforderlich. Bei langen Brücken ist in Anbetracht der großen Verschiebungswege des Trägers im Allgemeinen eine schwimmende Lagerung zweckmäßig. Falls eine Brücke auf setzungsempfindlichem Baugrund fundiert werden muss, wird der Träger durch Lager auf den Stützen vollständig vom Unterbau gelöst. Zu große Setzungen können in diesem Fall durch Anheben der Lager ausgeglichen werden. Bei setzungsfreier Gründung ist es im Allgemeinen zweckmäßig, einige Stützen monolithisch-biegesteif mit dem Überbau zu verbinden. Eine einwandfreie Knotenausbildung erfordert jedoch bei kräftigen Stützen einen beträchtlichen konstruktiven Aufwand.

9.2.2 Querschnittsausbildung

Die konstruktive Gestaltung und Optimierung der Querschnittsform wird vor allem von folgenden Punkten beeinflusst:

Brückenbreite und Trägerhöhe
Herstellungsverfahren
Anordnung der Längsvorspannung
Raumnutzung zwischen den Stegen
Ästhetik

Grundsätzlich sind für Ortsbetonbalkenbrücken offene oder geschlossene Querschnitte möglich (Plattenbalken oder Hohlkasten). Offene Querschnitte sind etwas leichter und einfacher in der Herstellung, und die Rohbaukosten sind dementsprechend kleiner. Andererseits sind offene Querschnitte weicher, d. h., die Biege- und die Torsionssteifigkeit sind bei gleicher Trägerhöhe kleiner als bei Kastenquerschnitten. Der Hauptnachteil der offenen Querschnitte besteht aber darin, dass für Raumnutzung und Revisionen zwischen den Stegen Hängegerüste eingebaut werden müssen, die kaum billiger sind als die untere Kastenplatte geschlossener Querschnitte. Falls zwischen den Stegen zahlreiche Leitungen verlegt werden müssen, wird dem Kastenquerschnitt aus praktischen und ästhetischen Gründen der Vorzug gegeben, zumal bei dieser Querschnittsform die Vereisungsgefahr der Fahrbahn wegen der höheren Wärmeretention etwas geringer ist.

Auch bei offenen Querschnitten wird im Stützbereich fast immer eine untere Kastenplatte vorgesehen, um die Druckzone zur Aufnahme der negativen Momente zu vergrößern.

Die optimale Anzahl von Stegen ist bei offenen und geschlossenen Querschnitten von der Brückenbreite und der Trägerhöhe abhängig. Dabei sind die folgenden Gesichtspunkte zu beachten.

- Im Hinblick auf das Tragverhalten und den Bewehrungsaufwand in Längsrichtung werden Querschnitte bevorzugt, die ein günstiges Verhältnis von Biegesteifigkeit zu Querschnittsfläche bzw. Eigengewicht aufweisen: Eine Querschnittsform mit möglichst großem Trägheitsradius $i = \sqrt{I/A}$ ergibt kleinere Trägerverformungen und Spannungsschwankungen infolge von Verkehrslast. Das sind Querschnitte mit einer möglichst kleinen Gesamtstegbreite. Da die Stege aus konstruktiven Gründen eine Mindestdicke aufweisen und zumindest im Feldbereich bezüglich Schub kaum ausgenützt werden können, sind Querschnitte mit möglichst wenig Stegen am zweckmäßigsten.
- Aufgrund der eigentlichen Querschnittskosten wird die Anzahl der Stege so gewählt, daß der Aufwand für Schalung, Beton und Stahl möglichst klein wird. Bei großem Stegabstand erfordert die weitgespannte Fahrbahnplatte einen relativ großen Bewehrungsaufwand, dem andererseits je nach Trägerhöhe mehr oder weniger große Einsparungen an Schalung, Beton und Bewehrung für die Stege gegenüberstehen. In wirtschaftlicher Hinsicht ist somit für die Ermittlung der optimalen Anzahl von Stegen das Verhältnis der Brückenbreite zur Trägerhöhe maßgebend. Abbildung 9.1 zeigt, in welchem Bereich zweistegige Querschnitte wirtschaftlich sind.

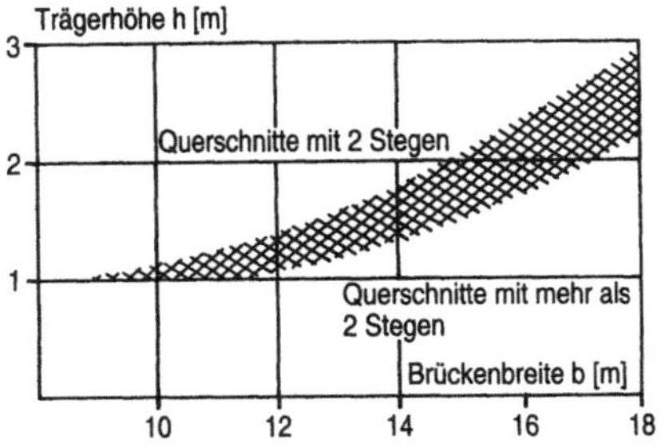

Abb. 9.1. Steganzahl in Abhängigkeit von Querschnittsbreite und Trägerhöhe

– Aus herstellungstechnischen Gründen sind zweistegige Querschnitte am günstigsten. Nach dem Erstellen der Außenschalung kann die gesamte Trog- bzw. Stegbewehrung ungehindert verlegt werden. Unter Umständen muss die Anzahl der Stege aus konstruktiven Gründen vergrößert werden, wenn z. B. alle Spannglieder (ohne Stegverbreiterung) in einem Schnitt verankert werden und infolge geringer Trägerhöhe in der Stegfläche nicht genügend Platz für die Anordnung der Spanngliedverankerungen vorhanden ist.

Im Großbrückenbau kann es zweckmäßig sein, für die gesamte Breite von Autobahnen (beide Fahrrichtungen) einen einzigen zweistegigen Großquerschnitt vorzusehen. Solche Großquerschnitte weisen besonders bei hohen Brücken beträchtliche wirtschaftliche und ästhetische Vorteile auf. Da die weitauskragenden Fahrbahnkonsolen mit einem Nachlaufgerüst erstellt werden, muss das eigentliche Lehr- oder Vorfahrgerüst nur den relativ schmalen Kasten aufnehmen. Die Trägerhöhe kann ohne Nachteile bezüglich Ästhetik sehr hoch gewählt werden, da sich der Kasten im Schatten der großen Auskragungen befindet. Anstelle von Doppelstützen für Zwillingsbrücken genügt dann auch ein Einzelpfeiler, der wegen der größeren Breite bei hohen Brücken bezüglich Querwind und Erdbeben wesentlich tragfähiger und bedeutend wirtschaftlicher ist als Doppelstützen. Diese Vorteile überwiegen bei weitem den Mehraufwand an Bewehrung für die weitgespannte Fahrbahnplatte. Großquerschnitte wirken in der Untersicht bedeutend schmaler als Zwillingsquerschnitte, und die schräge Durchsicht ist dank der Einzelpfeiler auch wesentlich besser.

Bei niedrigen Brücken eignen sich Großquerschnitte im Allgemeinen nicht. Die Einsparungen am Lehrgerüst und an den Pfeilern sind bedeutend kleiner, und aus ästhetischen Gründen kann auch nicht die wirtschaftlich optimale Trägerhöhe gewählt werden. Für Hochstraßen eignet sich deshalb der Doppelkasten-Querschnitt mit durchgehender Fahrbahnplatte am besten, wobei unter Umständen die Kasten als überbreite Stege ausgeführt werden.

Der Hauptnachteil der Großquerschnitte besteht darin, dass bei bedeutenden Reparaturen oder beim Abbruch die gesamte Brücke gesperrt werden muss.

9.2.3 Vorspannkonzepte

Konzept 1: Volle Vorspannung für ständige Last

Die Vorspannung wird so bestimmt, dass unter ständiger Last, nach Abzug aller Spannkraftverluste, im ganzen Trägerbereich keine Zugspannungen auftreten. Die zusätzlich erforderliche schlaffe Bewehrung wird sodann aufgrund der erforderlichen Tragsicherheit ermittelt, muss aber in allen durch Zwängungen und Eigenspannungen gefährdeten Bereichen größer sein als die zur Rissbreitenbeschränkung notwendige Mindestbewehrung. Das Verformungsverhalten ist insbesondere bei weitgespannten schlanken Trägern speziell zu überprüfen, und allenfalls ist die Vorspannung zu verstärken. Die schlaffe Mindestbewehrung muss aber beibehalten werden, auch wenn dies aufgrund der Tragsicherheitsbedingung nicht notwending wäre.

Bei diesem Vorspannkonzept kann das Rissmoment unter ständiger Last und Zwangseinwirkungen zwar erreicht, aber nur unwesentlich überschritten werden. Demzufolge entstehen nur vereinzelte Risse, deren Breite durch die Mindestbewehrung beschränkt ist.

Konzept 2: Volle Vorspannung für ständige Last nur im Stützbereich des Trägers

In diesem Fall wird die Vorspannung so bestimmt, dass unter ständiger Last, nach Abzug aller Spannkraftverluste, nur im Stützbereich des Trägers keine Zugspannungen auftreten. Dies lässt sich z. B. mit übergreifenden Spanngliedern über den Zwischenstützen sehr einfach erreichen. Die schlaffe Bewehrung wird nach den gleichen Kriterien bemessen wie bei Konzept 1.

Mit diesem Vorspannkonzept können Risse in der Fahrbahnplatte weitgehend vermieden werden. An der weniger stark gefährdeten Trägerunterseite wird dagegen eine größere Anzahl kleiner Risse in Kauf genommen. Falls das Rissmoment bereits unter ständiger Last wesentlich überschritten wird, entwickelt sich ein abgeschlossenes Rissbild.

Das Konzept führt in der Regel zu einem sehr wirtschaftlichen Bewehrungsaufwand. Es eignet sich vor allem für kleine Spannweiten ($l \leq 40\,\text{m}$). Bei großen Spannweiten und schlanken Trägern sind wegen der relativ schwachen Vorspannung im Feld große, allenfalls unzulässige Trägerdeformationen zu erwarten.

9.2.4 Vorbemessung

Die Bewehrung kann in einer ersten Abschätzung aufgrund der erforderlichen System-Tragsicherheit ermittelt werden. Dabei wird zunächst mit einer Mindestbewehrung von ca. 0.6 % in den Kastenplatten gerechnet, und als Hebelarm der inneren Kräfte kann generell etwa $z = h - 3/4 \cdot (t^{\text{P,sup}} + t^{\text{P,inf}})$ angenommen werden. Das Verhältnis des Spannstahlquerschnitts im Stützbereich zu demjenigen im Feldbereich ergibt sich aus der vorgesehenen Spanngliedanordnung (Abb. 9.2).

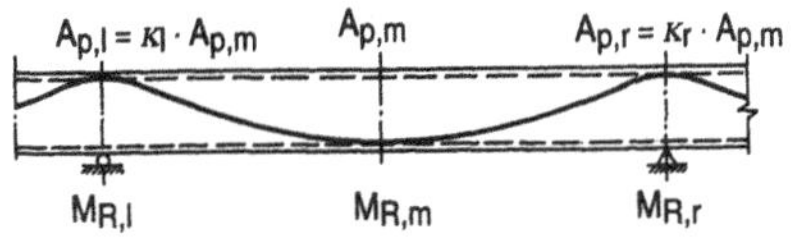

Abb. 9.2. Genereller Spanngliedverlauf

Die erforderliche System-Tragsicherheit ist gewährleistet mit

$$M_d^0 \leq \frac{1}{\gamma_R}\left(M_{R,\mathrm{m}} + \frac{M_{R,\mathrm{l}} + M_{R,\mathrm{r}}}{2}\right),$$

wobei M_d^0 das Bemessungsmoment eines einfachen Balkens infolge von ständiger Last g und von Verkehrslast q, Q und M_R den Biegebruchwiderstand $M_R \cong (A_s \cdot f_{sy} + A_P \cdot f_{Py})z$ bedeutet.

Mit dieser Schätzung und unter Berücksichtigung der vorgesehenen Anordnung der Spannglieder lassen sich die Abmessungen der Querschnittselemente (Stegdicke, Ausbildung der Stege im Stütz- und im Kupplungsbereich der Spannglieder, Dicke der unteren Kastenplatte) endgültig festlegen.

Im folgenden Berechnungsgang können nun die Vorspannung und die schlaffe Bewehrung dem gewählten Vorspannkonzept entsprechend definitiv bemessen werden.

9.2.5 Anordnung der Spannbewehrung

Einfache Balken

Bei einfachen Balken werden die Spannglieder normalerweise über die ganze Trägerlänge durchgezogen und am Trägerende verankert (Abb. 9.3). Falls der Träger nur einen kurzen Auflagerüberstand aufweist, werden die Spannglieder im Trägerfuß verankert. Man erreicht damit einen direkten Kraftfluss und eine gute Auflagersicherung. Andererseits ist eine etwas stärkere Schubbewehrung erforderlich, da die Spanngliedneigung im Schubbereich sehr klein ist ($P \cdot \sin\alpha \cong 0$). Bei Trägern mit großem Auflagerüberstand können die Spannglieder etwa in Höhe der Trägerachse verankert werden; die geneigten Spannglieder erhöhen den Schubwiderstand (Abb. 9.4).

Sofern an beiden Trägerenden vorgespannt werden kann, ist es zweckmäßig, die beweglichen und festen Anker der Spannglieder wechselseitig anzuordnen.

Eine der Biegebeanspruchung entsprechende Abstufung der Spannbewehrung erbringt kaum wirtschaftliche Vorteile. Den Einsparungen an Kabellänge steht

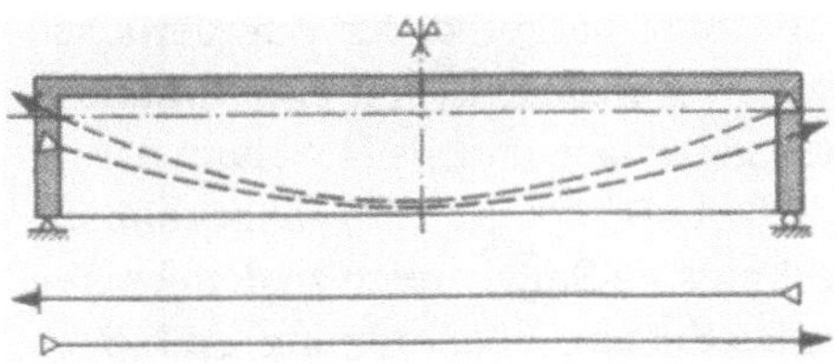

Abb. 9.3. Generelle Spanngliedanordnung bei einfachen Balken

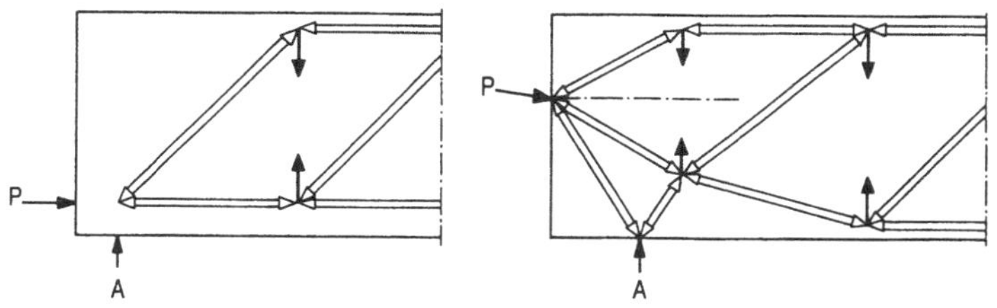

Abb. 9.4. Kraftfluss bei Spanngliedverankerung am Trägerfuß bzw. auf Höhe der Trägerachse (Gebrauchszustand)

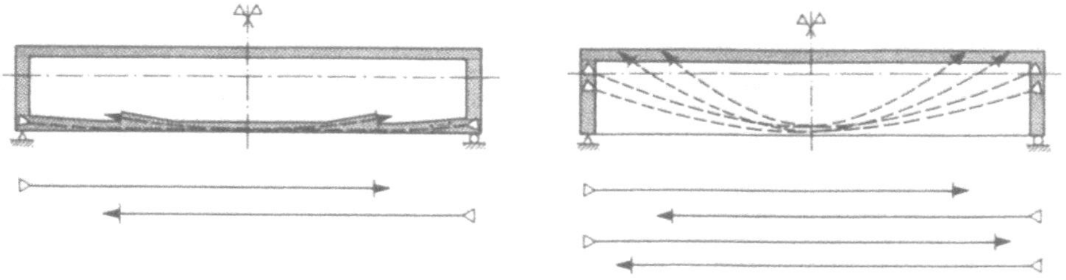

Abb. 9.5. Generelle Spanngliedanordnung bei nicht zugänglichen Trägerenden

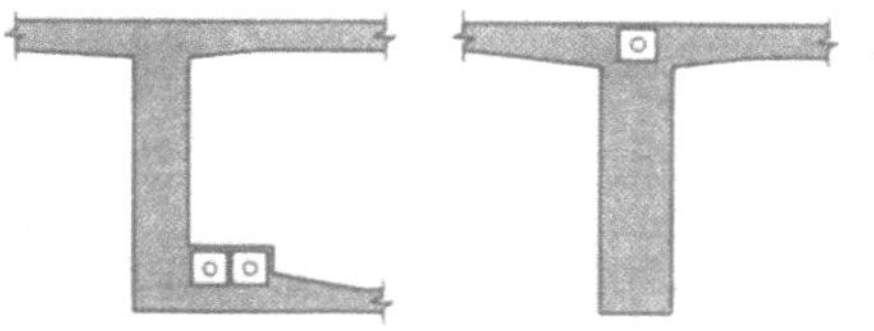

Abb. 9.6. Spanngliedverankerung im Querschnitt bei nicht zugänglichen Trägerenden

ein Mehraufwand für konstruktive und herstellungstechnische Komplikationen gegenüber. Spannglieder mit Verankerungen im Feld werden deshalb nur dann vorgesehen, wenn die Trägerenden für das Ansetzen der Spannpressen nicht zugänglich sind (z. B. bei Einhängeträgern). In diesem Fall müssen die beweglichen Anker an der Trägeroberseite oder bei Kastenträgern eventuell über der unteren Kastenplatte angeordnet werden (Abb. 9.5 und 9.6). Bei Verankerungen an der Trägeroberseite wird die Konsolbewehrung im Bereich der Spann-Nischen unterbrochen und muss nach dem Vorspannen gestoßen werden. Der Aufwand und die Qualitätseinbuße bei diesen Maßnahmen sind nicht zu unterschätzen.

Falls die Anker in der unteren Kastenplatte angeordnet werden, empfiehlt es sich, im Bereich $z/2$ vor den Ankern nebst der Schubbewehrung eine zusätzliche Aufhängebewehrung vorzusehen, die etwa 20 % der Ankerkraft aufnehmen kann (Abb. 9.7).

Durchlaufträger

Die ideelle Spanngliedachse (Schwerpunkt der Spannbewehrung) weist in der Regel feldweise einen annähernd parabolischen Verlauf auf. In einem kurzen Be-

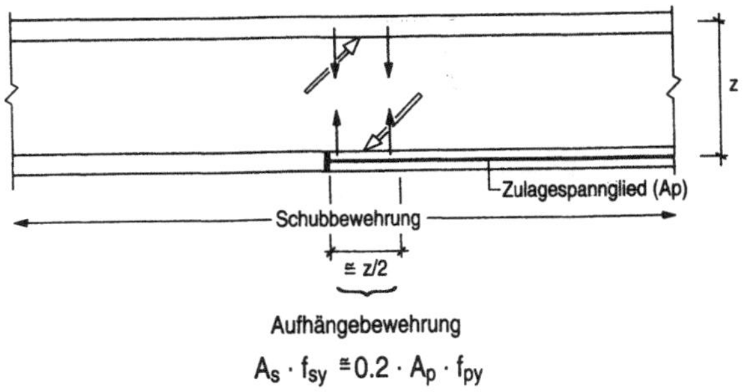

Abb. 9.7. Aufhängebewehrung bei unten liegenden Zwischenverankerungen

reich wird die Spanngliedachse mit einem kleinen Krümmungsradius (im Allgemeinen $r \cong 3\,\mathrm{m}$ bis $5\,\mathrm{m}$) über die Zwischenstützen geführt. Die konstruktiv zulässige Exzentrizität wird im Feld und über den Zwischenstützen nach Möglichkeit voll ausgenützt.

Die Umlenkkräfte der Vorspannung wirken der ständigen Last entgegen. Der Anteil an ständiger Last, der durch die Umlenkkräfte „ausbalanciert" wird, sollte in jedem Feld etwa gleich groß sein.

Umlenkkräfte im Feld:

$$q_P = \frac{8 \cdot f \cdot P}{l^2},$$

Umlenkkräfte im Stützbereich:

$$\bar{q}_P = -\frac{2 \cdot \Delta f \cdot P}{a^2}.$$

Für kleine Krümmungsradien im Stützbereich ($r \cong 3\,\mathrm{m}$ bis $5\,\mathrm{m}$) und $a \ll l$ gilt näherungsweise (Abb. 9.8):

$$a \cong \frac{4 \cdot r}{l/f} \quad \text{und} \quad \Delta f \cong \frac{2 \cdot a}{l/f} = \frac{8 \cdot r}{(l/f)^2}.$$

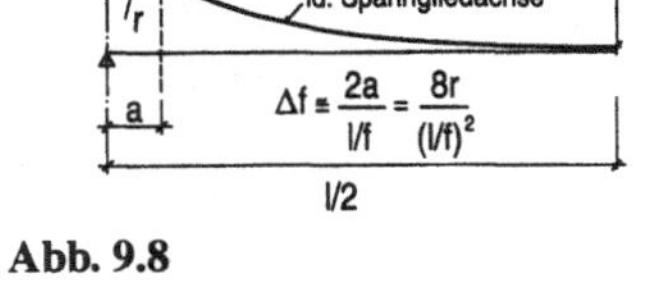

Abb. 9.8

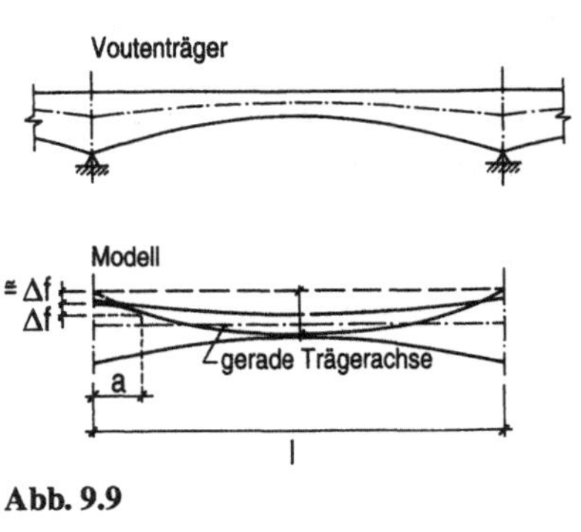

Abb. 9.9

Abb. 9.8. Spanngliedanordnung im Stützbereich von Durchlaufträgern

Abb. 9.9. Generelle Spanngliedanordnung bei Voutenträgern

Zur Ermittlung der Parabel-Pfeilhöhe f kann in einem ersten Schritt für das Verhältnis l/f die Trägerschlankheit l/h eingesetzt werden. Damit ergibt sich ein erster Wert für Δf, und aufgrund der konstruktiven Möglichkeiten bezüglich Spanngliedexzentrizität im Feld und über der Stütze können f und damit auch a und Δf endgültig bestimmt werden.

Bei Voutenträgern wird für die ideelle Spanngliedachse meistens auch ein parabelförmiger Verlauf gewählt. Die entsprechende Parabel kann an einem einfachen Trägermodell mit gerader Achse festgelegt werden (Abb. 9.9).

Kurze Durchlaufträger mit Herstellung in einem Guss. Bei Durchlaufträgern über zwei bis drei Felder, die vor dem Betonieren auf der ganzen Länge geschalt und bewehrt werden, ist es meistens nicht zweckmäßig, alle Spannglieder über die ganze Brückenlänge durchzuziehen. Die Vorspannung kann ohne Komplikationen abgestuft und der Beanspruchung in den einzelnen Feldern angepasst werden (Abb. 9.10). Dabei ist es zweckmäßig, die beweglichen Anker an den Trägerenden anzuordnen und die festen Anker nicht durchgehender Spannglieder im lokal verstärkten Stegbereich bei den Zwischenauflagern einzubetonieren. Bei großen Spannweiten werden unter Umständen auch Zulagespannglieder über den

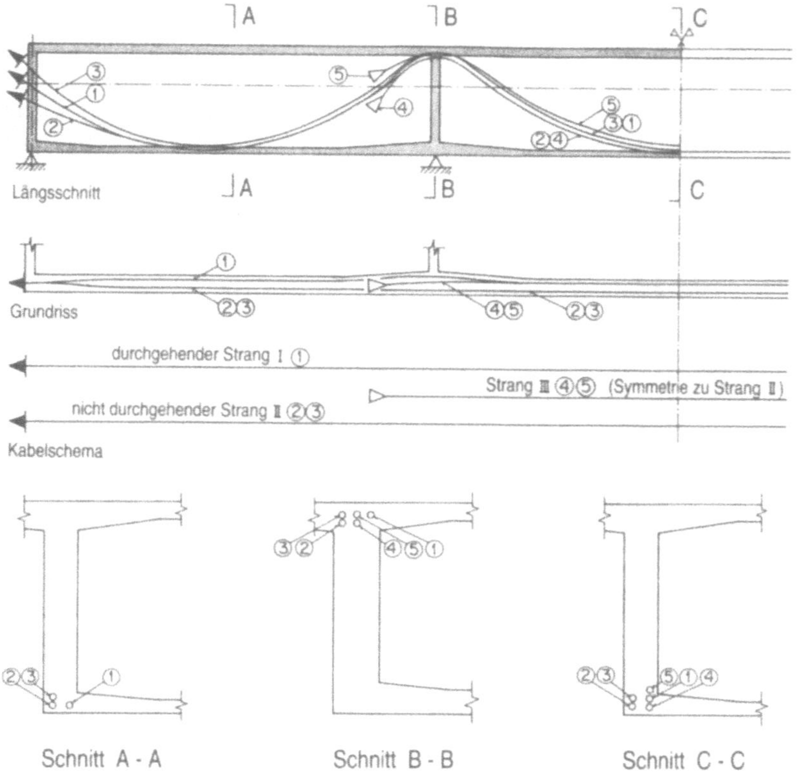

Abb. 9.10. Beispiel für die Spanngliedanordnung bei einem Dreifeldträger

Zwischenauflagern oder im Feld angeordnet. Diese Zulagen können in die obere und die untere Kastenplatte eingelegt werden. Die Verankerungen sollten sich im Hinblick auf eine rasche und wirksame Krafteinleitung möglichst nahe bei den Stegen befinden.

Lange Durchlaufträger mit feldweiser Herstellung. Bei feldweiser Herstellung von Durchlaufträgern werden nicht immer alle Spannglieder vor dem Ausrüsten vorgespannt, und die gespannten Spannglieder werden oft erst zu einem späteren Zeitpunkt injiziert, d. h. die Injektion wird meistens für mehrere Felder gleichzeitig durchgeführt. Bei fehlender Verbundwirkung darf aber im Bruchzustand nur die effektive Spannkraft als wirksame Spannstahlzugkraft angenommen werden. Bei diesem Herstellungsverfahren ist deshalb die Überprüfung der Tragsicherheit im Bauzustand außerordentlich wichtig.

Bei sorgfältiger Kontrolle von Belastung und Vorspannkraft und sofern das Riss- und das Verformungsverhalten zu keinen Bedenken Anlass geben, kann eine reduzierte Tragsicherheit genügend sein.

Im Folgenden werden einige Beispiele der Spanngliedführung und der Anordnung von Spanngliedkupplungen dargestellt.

Beispiel 9.1. Volle Abspannung der Spannglieder. Am Ende jedes Abschnitts werden alle Spannglieder verankert, vorgespannt und gekoppelt (Abb. 9.11).

Vorteile. Keine Stegverbreiterung, falls die Verankerungen übereinander angeordnet sind.

Nachteile. Die Spannglieder weisen an der Koppelfuge eine starke vertikale Spreizung auf, was große Umlenkwinkel und Reibungsverluste zur Folge hat. Die

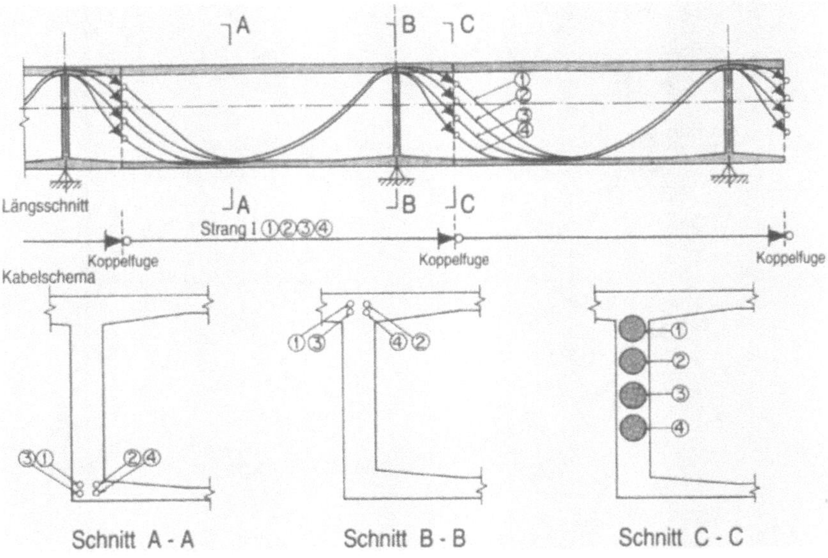

Abb. 9.11. Volle Abspannung der Spannglieder in der Koppelfuge

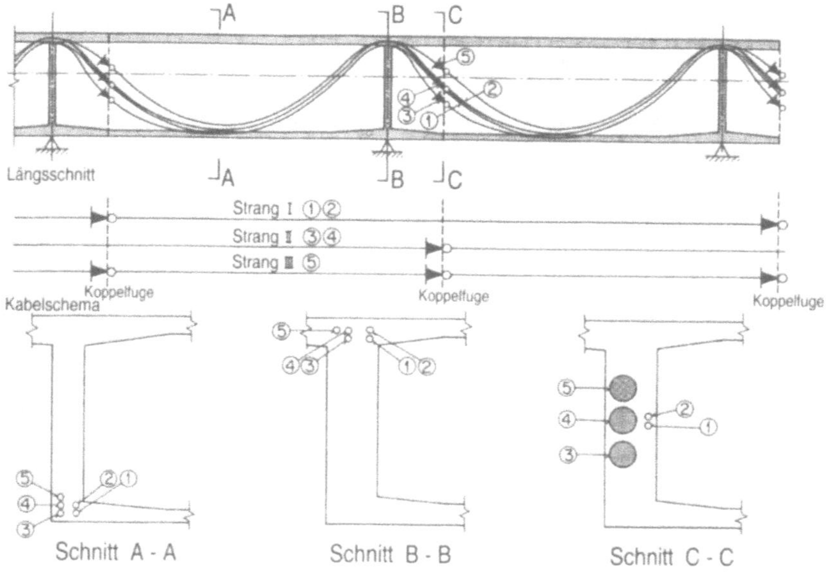

Abb. 9.12. Teilweise Abspannung der Spannglieder in der Koppelfuge

starke konzentrierte Krafteinleitung in der Koppelfuge erfordert eine Verstärkung der schlaffen Bewehrung.

Beispiel 9.2. Teilweise Abspannung der Spannglieder. Ein Teil der Spannglieder (ca. zwei Drittel) wird am Ende des ausgeführten Abschnittes verankert, vorgespannt und gekoppelt. Die restlichen Spannglieder (ca. ein Drittel) werden nicht vorgespannt, sondern über den nächsten Abschnitt weitergeführt und erst in der folgenden Koppelfuge verankert (Abb. 9.12). Diese Spannglieder müssen in den Betonierabschnitt eingelegt werden; der überstehende Teil wird aber erst von der Bobine abgewickelt, wenn das nächste Feld eingerüstet und geschalt ist. Dieses Vorgehen ist in der Regel billiger als die Anordnung verschieblicher Kupplungen.

Vorteile. Die Spannglieder müssen in der Koppelfuge weniger gespreizt werden als bei voller Abspannung mit übereinander angeordneten Verankerungen. Die Stegverbreiterung ist kleiner als bei nebeneinander angeordneten Verankerungen, und die einzuleitende Spannkraft in der Koppelfuge ist kleiner als bei voller Abspannung.

Nachteile. Eine Stegverbreiterung im Bereich der Zwischenauflager ist meistens erforderlich. Die Tragsicherheit sowie das Riss- und Verformungsverhalten im Bauzustand müssen unbedingt überprüft werden.

Beispiel 9.3. Übergreifungsstoß im Bereich der Zwischenauflager. Bei dieser Spanngliedanordnung werden die Kupplungen durch Übergreifungsstöße bei den Zwischenauflagern ersetzt (Abb. 9.13). Falls die Stoßlänge genügend lang ist, wird im Stützbereich die doppelte Vorspannkraft wirksam. In Bezug auf die Anordnung der Spanngliedverankerungen sind zwei Varianten möglich.

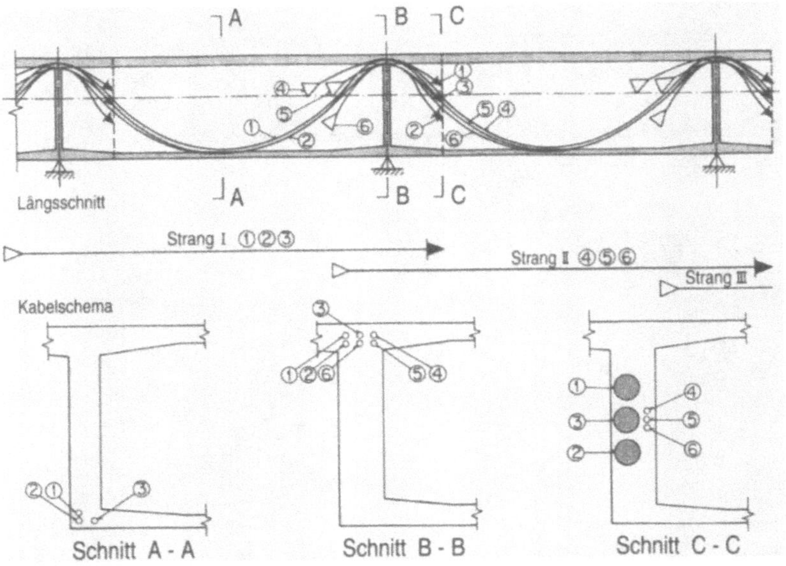

Abb. 9.13. Übergreifungsstoß der Spannglieder im Stützbereich

Variante 1. Die beweglichen Anker befinden sich in der Stirnfläche der Koppelfuge, die festen Anker der gestoßenen Spannglieder für den folgenden Abschnitt werden in den Steg einbetoniert. Damit lassen sich unter Umständen Stegverbreiterungen vermeiden, aber sämtliche Spannglieder des noch nicht erstellten Feldes müssen im Stützbereich einbetoniert werden und verbleiben mit der freien Länge bis zur Ausführung des folgenden Feldes auf den Bobinen.

Variante 2. Die Stege werden im Stoßbereich mit einer Lisene ausgebildet. Die Spanngliedverankerungen befinden sich in den Stirnflächen der Lisenen. Für die Spannglieder des noch nicht erstellten Feldes müssen im Stoßbereich nur die Hüllrohre eingelegt werden, die Spannglieder selbst können zu gegebener Zeit eingestoßen oder eingezogen werden. Die beweglichen Anker sind auch nach der Trägerherstellung zugänglich, und ein Nachspannen ist somit unmittelbar vor dem Injizieren noch möglich.

Vorteile. Volle Feldvorspannung im Bauzustand. Keine Kupplungen und bei genügend großer Stoßlänge doppelte Spannkraft im Stützbereich. Bei der Variante 2 ist zudem das Spannprogramm frei wählbar. Die Spannkraftverluste aus Kriechen und Schwinden lassen sich damit beträchtlich vermindern.

Nachteile. Bei der Variante 1 müssen die Spannglieder des noch nicht geschalten Feldes im Stützbereich bereits verlegt und einbetoniert werden. Bei der Variante 2 sind Steglisenen erforderlich. Die Spanngliedkreuzung im Stoßbereich ist etwas kompliziert.

Beispiel 9.4. Kombinationen. Die dargestellten Systeme lassen sich beliebig miteinander kombinieren (Abb. 9.14). Eine dem Bauvorgang angepasste klare und

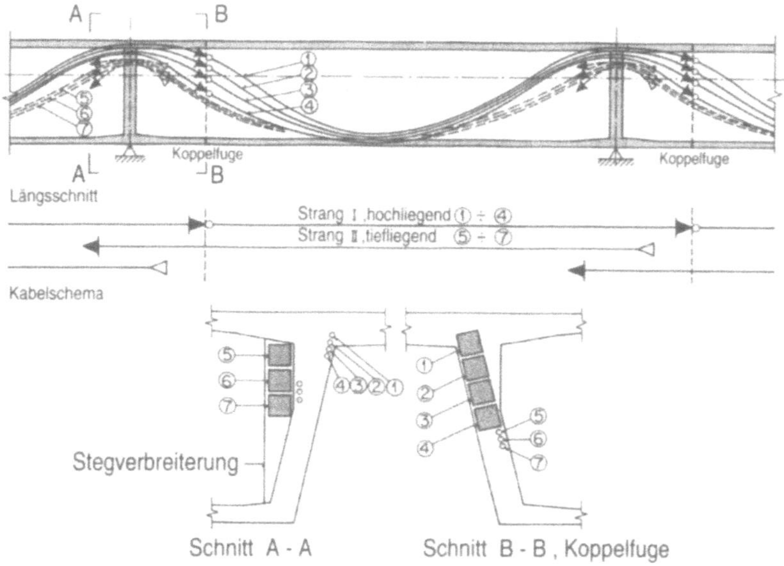

Abb. 9.14. Spanngliedanordnung in den Randfeldern der Felsenaubrücke, Bern

übersichtliche Spanngliedanordnung ist im Hinblick auf kleine Spannkraftverluste aus Reibung und im Interesse einer einfachen störungsfreien Bauausführung von Bedeutung.

Taktschiebebrücken. Die Fabrikationseinrichtung besteht aus unverschieblich gelagerten Stahlträgern unter den Stegen des Brückenträgers und einer senkbaren bzw. ausschwenkbaren Schalung für die untere Kastenplatte und die Trägerkonsolen. Auf den Stahlträgern werden Gleitbleche als Schalelemente verwendet, und die Kontaktfläche zwischen den Stahlträgern und den Gleitblechen wird zur Verminderung der Reibung beim Trägervorschub mit einem geeigneten Gleitmittel geschmiert.

Die Vorschubeinrichtung wird meistens auf dem Brückenwiderlager installiert. Sie besteht aus den am Widerlager fixierten Zug-Druck-Pressen und einem geführten Gleitschuh, auf dem Hubpressen montiert sind. An der Unterseite des Gleitschuhs wird eine Teflonschicht befestigt; die Gleitbahn besteht aus einem Chromstahlblech. Der Kopf des Hubpressen-Kolbens wird zur Übertragung der Schubkräfte aufgeraut oder mit einer Reibungseinlage versehen.

Beim Vorschub wird der Brückenträger zunächst mit den Hubpressen um 1 bis 2 mm angehoben und von den definitiven Brückenlagern abgehoben. Dann erfolgt der Vorschub mit den Zug-Druck-Pressen. Nach dem Ausfahren der Pressen werden die Hubpressen entlastet, bis der Träger auf den Brückenlagern aufliegt. Der Gleitschuh lässt sich hierauf wieder mit den Zug-Druck-Pressen in die Ausgangslage zurückverschieben.

Bei diesen Brücken besteht die Vorspannung normalerweise aus zwei Anteilen: einer nahezu zentrischen Vorspannung mit geraden Spanngliedern in der oberen

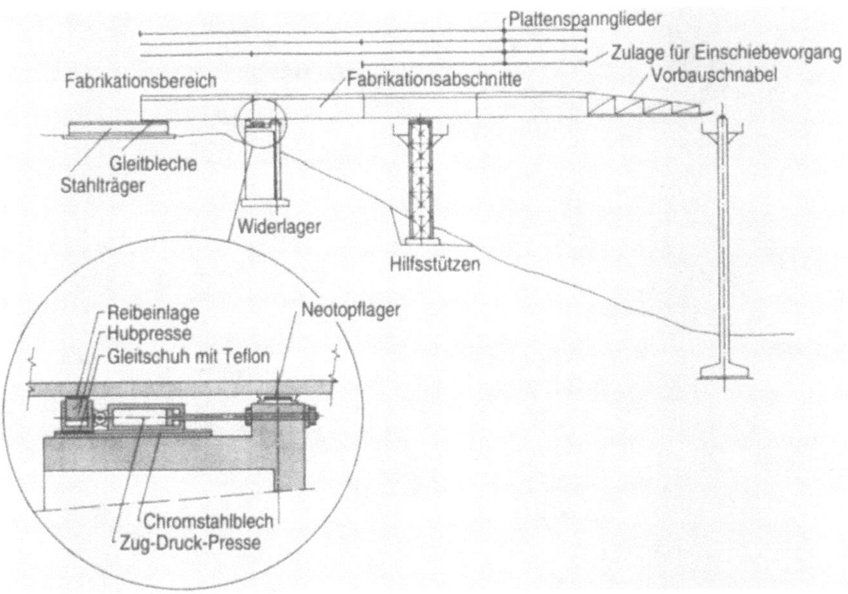

Abb. 9.15. Bauvorgang, Fabrikations- und Vorschubeinrichtung und Anordnung der Plattenspannglieder beim Taktschiebeverfahren

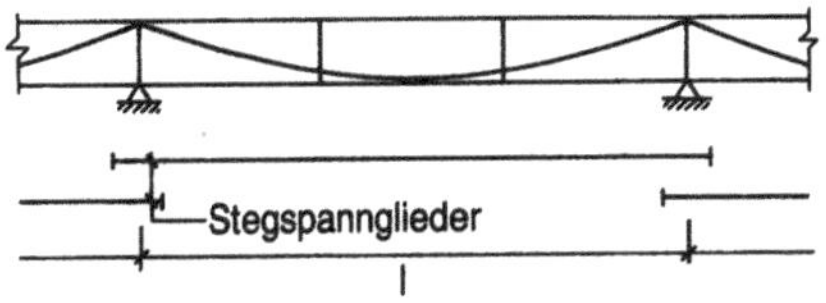

Abb. 9.16. Anordnung der Stegspannglieder beim Taktschiebeverfahren

und der unteren Kastenplatte (Abb. 9.15) für die verschiedenen Bauzustände des Einschiebevorganges (Plattenspannglieder A_P^{sup} und A_P^{inf}) und der parabelförmigen, exzentrischen Vorspannung mit Spanngliedern in den Trägerstegen (Abb. 9.16) als Ergänzung für den Endzustand (Stegspannglieder A_P^{exz}). Das Verhältnis von Steg- zu Plattenvorspannung beträgt etwa:

$$A_P^{exz} \cong 1{,}0 \text{ bis } 1{,}2 \cdot (A_P^{sup} + A_P^{inf}).$$

Die Plattenspannglieder werden in den Abschnittsfugen gekoppelt. Je nach Ausbildung des Fabrikations- und Widerlagerbereichs können diese Spannglieder zwei bis drei Abschnitte durchlaufen.

Die Stegspannglieder werden nachträglich eingezogen und meistens über den Zwischenstützen mit einer kurzen Überlappung gestoßen.

In den verschiedenen Bauzuständen weist die Biegebeanspruchung während des Einschiebevorganges den in Abb. 9.17 dargestellten charakteristischen Verlauf auf. Zur Vermeidung großer negativer Biegemomente im vordersten Trägerbereich wird die Trägerspitze mit einem Vorbauschnabel verlängert. Daraus ergibt sich

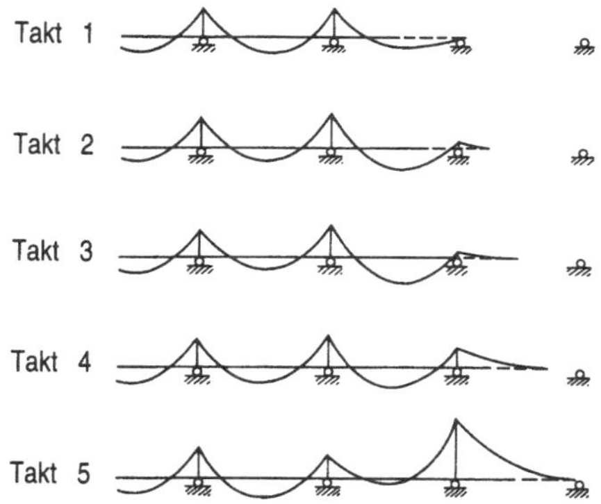

Abb. 9.17. Biegebeanspruchung beim Einschiebevorgang

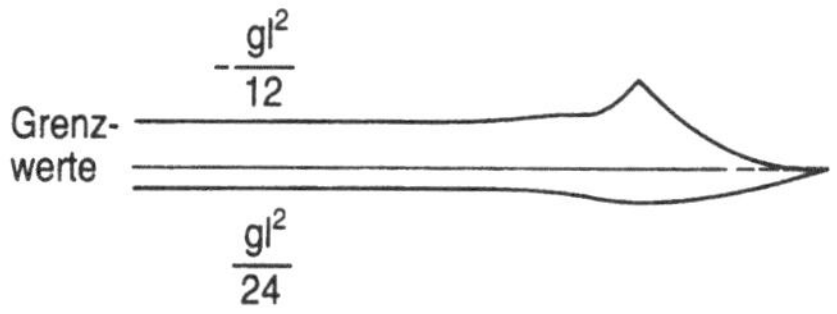

Abb. 9.18. Grenzwertlinie der Biegebeanspruchung beim Einschiebevorgang

die in Abb. 9.18 dargestellte Grenzwertlinie. Im vordersten Bereich des Trägers ist deshalb eine verstärkte Plattenvorspannung erforderlich.

9.3 Balkenbrücken aus vorfabrizierten Elementen

9.3.1 Konzeptionelle Aspekte

Der Hauptvorteil „vorfabrizierter Brücken" besteht in der kurzen Bauzeit für den Brückenüberbau. Bei langen Brücken und gut organisierter Montage sind Leistungen von 3000 m^2 Brückenfläche pro Monat durchaus möglich. Die kurze Bauzeit und die Vermeidung von Lehrgerüsten sind oft auch mit beträchtlichen wirtschaftlichen Vorteilen verbunden. Nachteilig können sich im Hinblick auf die Dauerhaftigkeit die zahlreichen Betonierfugen, die große Querschnittsoberfläche mit den vielen Kanten und die geringe Dicke der Querschnittselemente auswirken. Die Herstellung der dünnwandigen und feingliedrig bewehrten, vorfabrizierten Bauteile stellt hohe Anforderungen an die Ausführungssorgfalt. Besonders in Feldfabriken steht nicht immer routiniertes und gut ausgebildetes Personal zur Verfügung; eingehende Herstellungskontrollen sind deshalb unerlässlich.

Die vorfabrizierten Elemente können entweder aus Trägern oder Querschnittssegmenten bestehen. Damit sich die Vorfabrikation lohnt, sollte eine Trägerserie bei Spannweiten bis ca. 30 m mindestens 40 gleiche Elemente umfassen. Für längere Träger und für Überbauten aus Querschnittssegmenten sind relativ aufwändige Fabrikations- und Montageeinrichtungen erforderlich, die nur bei langen Brücken wirtschaftlich eingesetzt werden können.

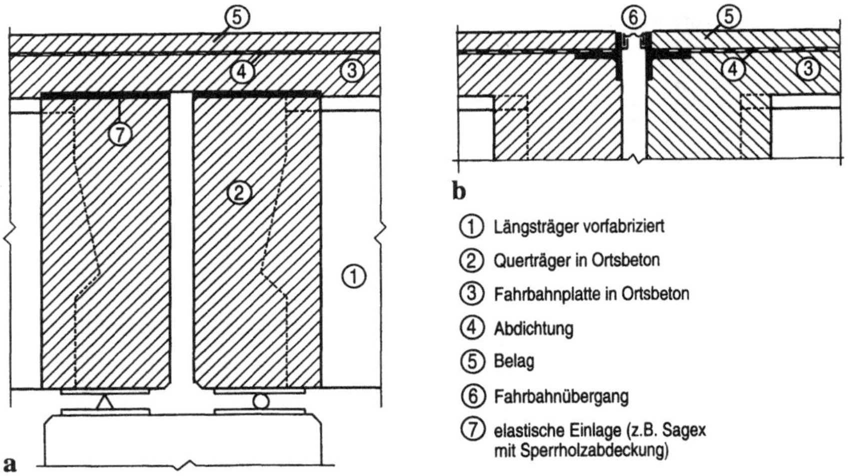

Abb. 9.19. **a** Trägerkette mit Gelenkplatten; **b** Einfeldbalken mit Fugen

Die Trägerhöhe wird nach den gleichen Gesichtspunkten festgelegt wie bei Ortsbetonbrücken. In ästhetischer Hinsicht ist zu beachten, daß die Fahrbahnkonsolen in der Regel klein sind, was die visuelle Trägerschlankheit nachteilig beeinflusst.

Brücken aus Trägerelementen sollten über den Zwischenauflagern biegesteif verbunden und zu einem Durchlaufträger zusammengefügt werden.

Einfeldbalken mit Fugen über den Zwischenauflagern (Abb. 9.19) haben sich bezüglich Dauerhaftigkeit, Aussehen und Fahrkomfort nicht bewährt. Die Dichtigkeit des Anschlusses der Abdichtung und der Neoprenprofile in der Fugenkonstruktion lässt sich auf die Dauer kaum gewährleisten. Durchsickerndes Wasser gefährdet die Trägerenden, die Lager und den Stützenkopf. Konstruktiv problematisch sind überdies die Verankerung der leichten Fugenkonstruktionen, die unzugänglichen Trägerenden und insbesondere die bezüglich Krafteinleitung heikle Anordnung der Lager unmittelbar am Trägerende bzw. am Stützenrand.

Trägerketten mit so genannten Gelenkplatten über den Zwischenauflagern (Abb. 9.19) haben sich ebenfalls nicht einwandfrei bewährt. Der Fahrkomfort ist zwar wesentlich besser als bei Fugen, aber die Fahrbahnabdichtung wird im Laufe der Zeit über den Gelenken bzw. den meist gerissenen Gelenkplatten schadhaft, worauf auch hier das durchsickernde Wasser die Gelenkplatten, Trägerenden, Lager und Stützenköpfe gefährdet. Nebst der problematischen Lageranordnung ist in diesem Falle auch das Anheben der Träger zur Lagerauswechslung mit Schwierigkeiten verbunden.

Das Zusammenfügen der einzelnen Trägerfelder zu einem Durchlaufsystem (Abb. 9.20) hat sich in Bezug auf Fahrkomfort und Dauerhaftigkeit am besten bewährt. Mit einem geeigneten Vorspannkonzept lassen sich Risse in der Fahrbahnplatte, insbesondere auch im Stützbereich, weitgehend vermeiden.

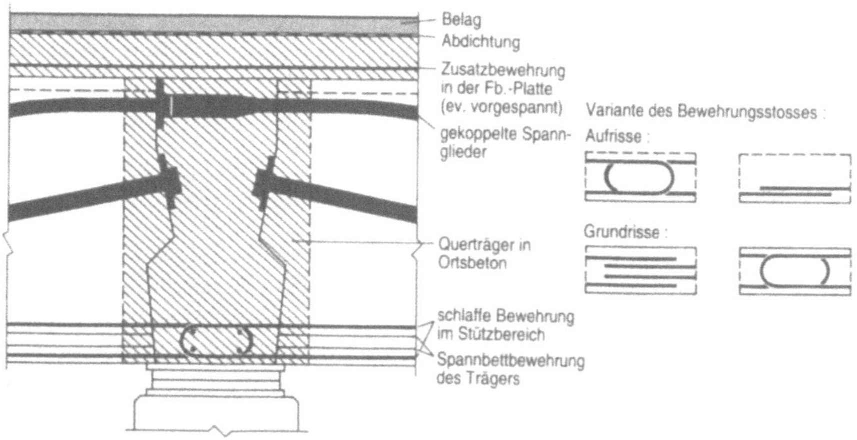

Abb. 9.20. Ausbildung einer biegesteifen Trägerverbindung

Am Brückenende und bei allen Zwischenauflagern werden die vorfabrizierten Träger mit einem kräftigen Querträger in Ortsbeton verbunden. Mit Hilfe der Querträger ist eine indirekte Lagerung mit einer kleinen Anzahl qualitativ hochwertiger Lager auf schmalen Stützen möglich. Für die Trägermontage ist allerdings bei den Stützen ein kleines Montagegerüst erforderlich. Eine direkte Lagerung der einzelnen Träger und das Weglassen eines Montagegerüstes würden breite Stützen oder Stützen mit Hammerkopf erfordern. Beide Ausführungen sind in ästhetischer Hinsicht fragwürdig. Die Kabelkupplung soll tief liegen, damit die Wechselbeanspruchungen in der Kupplung klein bleiben und Zugspannungen an der Trägerunterseite vermieden werden. Das Trägerende muss zur Übertragung der Querkräfte einen kräftigen Absatz aufweisen.

Bei sehr langen Brücken sind für Zwischendilatationen verbreiterte Stützen oder Doppelstützen erforderlich.

Gekrümmte Brücken werden mit polygonal angeordneten Trägern ausgeführt. Dementsprechend ist die seitliche Auskragung der Fahrbahnplatte variabel. Parallel gestellte Stützen oder konische Querträger ermöglichen die Verwendung gleich langer Träger auf der ganzen Brückenbreite (Abb. 9.21). Parallel gestellte Stützen sind bei Hangbrücken auch aus fundationstechnischen Gründen zweckmäßig. Mit

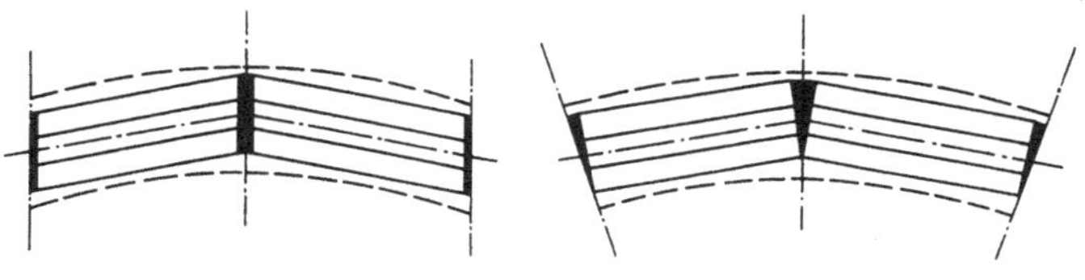

Abb. 9.21. Anordnung der Stützen und Ausbildung der Querträger bei gekrümmten Brücken

relativ einfachen Maßnahmen lässt sich aber auch die Trägerschalung so ausbilden, dass die Trägerlänge ohne große Aufwendungen in einem gewissen Bereich variiert werden kann.

9.3.2 Querschnittsausbildung

Vorfabrizierte Träger

Der Trägerquerschnitt ist im Prinzip festgelegt durch Fabrikationstechnik, Spannsystem, Montage und Herstellung der Fahrbahnplatte. Die Fabrikation der Träger erfolgt meistens in einer Stahlschalung; der Beton wird mit Außenvibratoren verdichtet. Bei genügend großen Serien lohnt sich auch bei Feldfabrikation die Einrichtung eines Spannbettes, so dass mindestens ein Teil der Vorspannung im Spannbettverfahren mit vorgespannten Drähten oder Litzen aufgebracht werden kann. Die restliche Vorspannung besteht aus Spanngliedern in Hüllrohren, die allenfalls erst nach der Montage der Träger bzw. erst nach dem Betonieren der Fahrbahnplatte gespannt werden. Solche Zusatzspannglieder können über den Zwischenstützen gekoppelt und als Kontinuitätsvorspannung verwendet werden.

Das Trägergewicht spielt im Hinblick auf die Transport- und Montagekosten eine wesentliche Rolle. Es ist grundsätzlich möglich, den Trägeroberflansch als Fahrbahnplatte zu verwenden. Dadurch erhöht sich aber das Trägergewicht beträchtlich, und die Montage wird zusätzlich erschwert, weil die Träger nicht das genau gleiche Verformungsverhalten aufweisen. Bevor die Oberflansche der einzelnen Träger verbunden werden können, muss deshalb meistens, z. B. mit einem Montage-Stahlträger in Feldmitte, ein Verformungsausgleich erzwungen werden. Einfacher und im Allgemeinen zweckmäßiger ist deshalb die nachträgliche Ausführung der Fahrbahnplatte in Ortsbeton.

Aufgrund dieser Überlegungen ergibt sich folgende Form für den optimalen Trägerquerschnitt:

- Der Trägerunterflansch ist kompakt, damit der Beton in der geschlossenen Schalung gut verdichtet werden kann, und so bemessen, dass einerseits genügend Platz für eine gute Verteilung der Spannbettvorspannung vorhanden ist und andererseits die Druckspannungen im Montagezustand und die Trägerverformung nicht zu groß werden.
- Die Stegdicke beträgt bei reiner Spannbettvorspannung, ohne Spannglieder in den Stegen, 18 cm bis 22 cm. Sie muss auf 22 cm bis 25 cm verstärkt werden, falls in den Stegen Spannglieder verlaufen.
- Der Trägeroberflansch ist breit und dünn. Die Schalungskosten werden dadurch nicht wesentlich erhöht. Der breite Trägeroberflansch trägt aber zu einer bedeutenden Verbesserung der Kippstabilität im Montagezustand und zu einem guten Verbund mit der Ortsbeton-Fahrbahnplatte bei.

An den Trägerenden wird der Steg etwa auf die Breite des Trägerunterflansches verstärkt (Abb. 9.22). Diese Stegverstärkung ist für die Einleitung der Vorspann-

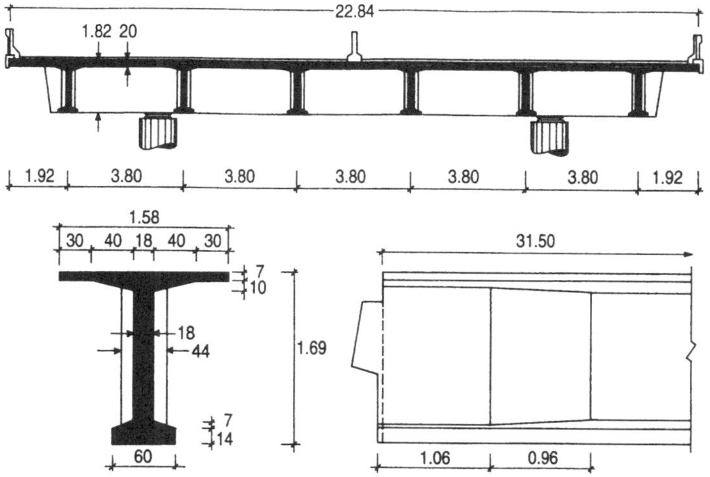

Abb. 9.22. Trägerquerschnitt beim Viaduc d'Yverdon (CH)

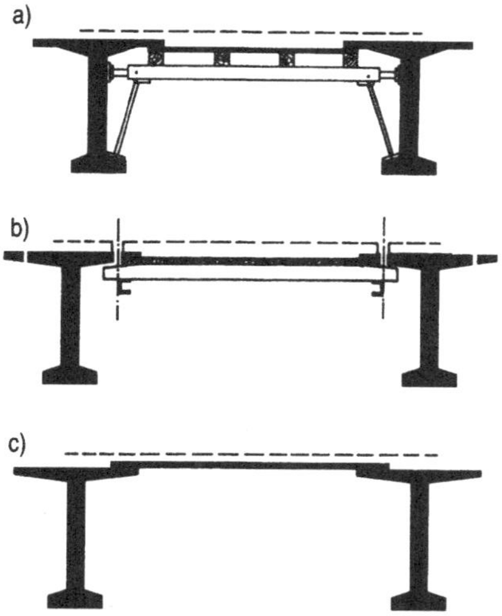

Abb. 9.23. Schalung der Fahrbahnplatte: **a** auf Unterflansch abgestützt; **b** aufgehängt; **c** mittels Betonbrett

kräfte und für eine einwandfreie Kraftübertragung von den vorfabrizierten Trägern auf die Auflagerquerträger notwendig. Sie erhöht zudem die Schubtragfähigkeit der Träger im Auflagerbereich.

Für die Erstellung der Fahrbahnplatte können zwischen den Trägerflanschen aufgehängte Schalungen oder Betonbretter verwendet werden (Abb. 9.23). Es ist in Bezug auf die Tragfähigkeit und die Steifigkeit der Betonbretter zweckmäßig, diese im Spannbettverfahren vorzuspannen; die entsprechende Bewehrung kann bei der Bemessung der Fahrbahnplatte vollständig mit berücksichtigt werden.

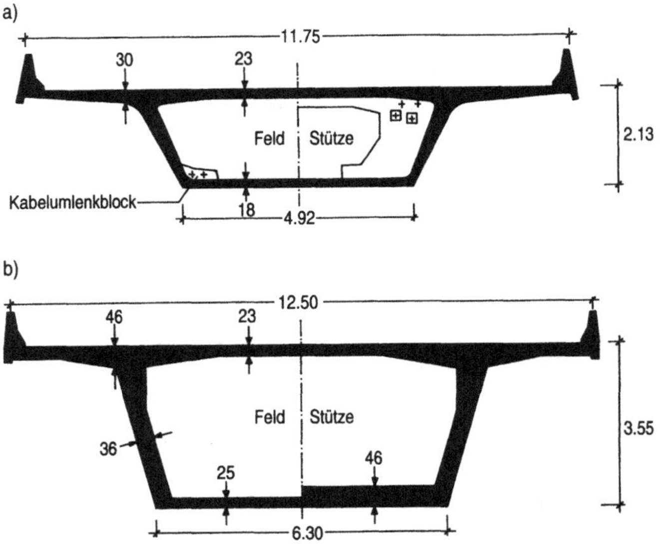

Abb. 9.24a, b. Trägerquerschnitte bei Brücken aus vorfabrizierten Segmenten. **a** Long Key Bridge, USA: Außenliegende Vorspannung ohne Verbund, **b** Kishwaukee River Bridge, USA: Herstellung im Freivorbau

Vorfabrizierte Querschnittssegmente

Für Träger aus vorfabrizierten Querschnittssegmenten werden grundsätzlich ähnliche Querschnittsformen verwendet wie für Ortsbetonbrücken (Abb. 9.24). Da die Segmentfugen in der Regel geklebt und ohne durchgehende schlaffe Bewehrung ausgeführt werden, ist eine volle Vorspannung für ständige Last und Verkehrslast unumgänglich. Beim entsprechend großen Aufwand an Spannstahl genügt deshalb zur Gewährleistung der erforderlichen Tragsicherheit in der Regel auch eine außenliegende Vorspannung ohne Verbund. Die Stegdicke kann damit auf das statisch erforderliche Minimum abgemindert werden, was sich wiederum günstig auf das Elementgewicht auswirkt. Bei feldweise angeordneter außenliegender Vorspannung sind allerdings im Hinblick auf die Spannkrafteinleitung im Auflagerbereich Kastensegmente erforderlich. Die Stege werden oft extrem dünn, eventuell mit Versteifungsrippen und unter Umständen auch fachwerkartig ausgebildet.

9.3.3 Vorspannkonzepte

Vorfabrizierte Träger

Wie bei Ortsbetonbrücken wird angestrebt, dass sich in der Fahrbahnplatte unter ständiger Last möglichst wenig Risse bilden. Allfällige Risse an der Trägerunterseite sind wesentlich weniger gefährlich. Die Rissbreite ist auf jeden Fall klein, denn der kompakte Trägerfuß muss immer mit verteilter Bewehrung (Spannbett- und/oder schlaffe Bewehrung) gut durchsetzt sein. Die Vorspannung ist somit so festzulegen, dass die Fahrbahnplatte im Endzustand unter ständiger Last voll vorgespannt ist.

Der Spannungszustand in Brücken aus vorfabrizierten Trägern wird durch zwei spezielle Phänomene beeinflusst: Durch die Eigenspannungen und Spannungsumlagerungen infolge der nachträglich in Ortsbeton hergestellten Fahrbahnplatte und durch die Momentenumlagerung infolge des Systemwechsels vom einfachen Balken zum Durchlaufträger. Die Quantifizierung des wirklichen Spannungszustandes ist schwierig und wegen der Streuung der Baustoffkennwerte mit großen Unsicherheiten verbunden. Beachtet man aber, dass Eigenspannungen durch Kriechen stark abgebaut werden und dass sich Schnittkraftumlagerungen in Richtung des Eingusszustandes entwickeln, kann der End-Spannungszustand näherungsweise als Mittel zwischen Montage- und Eingusszustand bestimmt werden.

Mit der wirksamen Bewehrung im Montagezustand muss für den einfachen Balken unter Konstruktionsgewicht von Träger und Fahrbahnplatte eine ausreichende Tragsicherheit gewährleistet werden. Die entsprechende Bauzustands-Vorspannung ist dabei so festzulegen, dass sie im Endzustand einer einigermaßen formtreuen Vorspannung entspricht. In diesem Falle haben Konstruktionsgewicht und Bauzustands-Vorspannung keine wesentlichen Momentenumlagerungen zur Folge, d. h., die Schnittkräfte des einfachen Balkens bleiben weitgehend erhalten. Die Kontinuitätsvorspannung und die Bewehrung über den Auflagern können nun so bestimmt werden, dass im Stützbereich des Durchlaufträgers infolge Belagsgewicht keine Zugspannungen auftreten.

Aufgrund der gesamthaft vorhandenen Bewehrung ist zudem nachzuweisen, dass die erforderliche Tragsicherheit gewährleistet ist.

Die Kontinuitätsvorspannung und die Vorspannung über den Auflagern verursachen positive Momente über den Stützen. Diese Momente müssen mit einer einwandfrei gestoßenen Bewehrung an der Trägerunterseite aufgenommen werden (Abb. 9.20).

Vorfabrizierte Querschnittssegmente

Um die Gefahr der Rissbildung in den geklebten Segmentfugen möglichst klein zu halten, wird die Vorspannung so bemessen, dass auch bei voller Verkehrslast und unter Berücksichtigung aller Spannkraftverluste durchwegs eine Druckreserve von 0,5 bis 1,5 N/mm^2 vorhanden ist. Die Größe der Druckreserve wird im Hinblick auf voraussichtliche Zwangsbeanspruchungen festgelegt. Maßgebend sind normalerweise ungleichmäßige Temperaturänderungen im Querschnitt infolge von Sonneneinstrahlung.

9.3.4 Vorbemessung

Das Konstruktionsgewicht g_0, d. h. das Gewicht von Träger und Fahrbahnplatte, wirkt im Bauzustand am einfachen Balken. Daraus ergibt sich in Feldmitte das Bemessungsmoment $M_d^F(g_0)$. Das Belagsgewicht Δg und die Verkehrslast q wirken dagegen am System des Endzustandes, d. h. in der Regel am Durchlaufträger. Die entsprechenden Bemessungsmomente sind in Feldmitte $M_d^F(\Delta g, q)$ und über den Stützen $M_d^S(\Delta g, q)$.

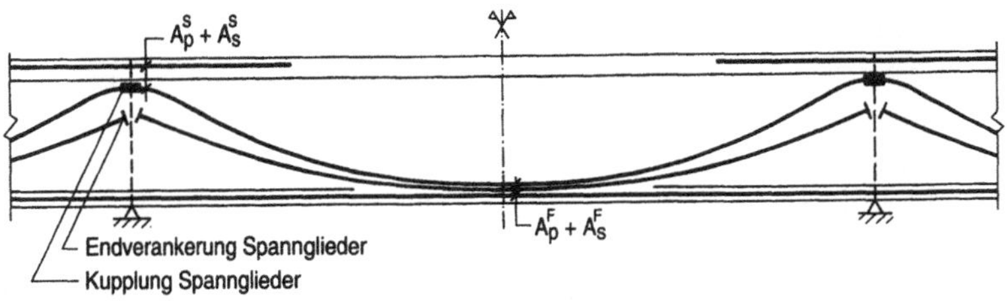

Abb. 9.25. Hauptbewehrung von Brücken aus vorfabrizierten Trägern

Die Hauptbewehrung kann bei Durchlaufträgern aus folgenden Anteilen bestehen (Abb. 9.25):

- im Feld
  Trägervorspannung im Bauzustand mit dem Querschnitt $A^{\mathrm{F}}_{\mathrm{P},0}$
  Schlaffe Bewehrung im Trägerfuß mit dem Querschnitt $A^{\mathrm{F}}_{\mathrm{s}}$
  Kontinuitätsvorspannung (am Durchlaufträger wirkend) mit dem Querschnitt $A^{\mathrm{F}}_{\mathrm{P},K}$
- über den Stützen
  Kontinuitätsvorspannung, Zusatzspannglieder in der Fahrbahnplatte, schlaffe Bewehrung in der Fahrbahnplatte, insgesamt mit dem Querschnitt $A^{\mathrm{S}}_{\mathrm{P}} + A^{\mathrm{S}}_{\mathrm{s}}$.

  Die Biegewiderstände betragen somit:

- im Feld
  Bauzustand $M^{\mathrm{F}}_{R,0}$ (Abb. 9.26):

$$M^{\mathrm{F}}_{R,0} \cong (A^{\mathrm{F}}_{\mathrm{P},0} \cdot f_{\mathrm{Py}} + A^{\mathrm{F}}_{\mathrm{s}} \cdot f_{\mathrm{sy}}) z_0.$$

  Dabei kann für z_0 der Abstand zwischen Mitte Trägerfuß und Mitte Oberflansch angenommen werden.
  Endzustand M^{F}_{R} (Abb. 9.27):

$$M^{\mathrm{F}}_{R} \cong (A^{\mathrm{F}}_{\mathrm{P}} \cdot f_{\mathrm{Py}} + A^{\mathrm{F}}_{\mathrm{s}} \cdot f_{\mathrm{sy}}) z \quad \text{mit} \quad A^{\mathrm{F}}_{\mathrm{P}} = A^{\mathrm{F}}_{\mathrm{P},0} + A^{\mathrm{F}}_{\mathrm{P},K}.$$

  Der Hebelarm der inneren Kräfte entspricht nun etwa dem Abstand zwischen Mitte Trägerfuß und Mitte Fahrbahnplatte.
- über den Stützen M^{S}_{R} (Abb. 9.28):

$$M^{\mathrm{S}}_{R} \cong (A^{\mathrm{S}}_{\mathrm{P}} \cdot f_{\mathrm{Py}} + A^{\mathrm{S}}_{\mathrm{s}} \cdot f_{\mathrm{sy}}) \cdot z'.$$

  Der Hebelarm z' der inneren Kräfte entspricht etwa dem Abstand zwischen Bewehrungsschwerpunkt und Trägerfußoberkante.

Bei der Schätzung des Hebelarmes z' sind die Lage und der Fließkraftanteil der Kontinuitätsvorspannung, der Zusatzvorspannung und der schlaffen Bewehrung in der Fahrbahnplatte zu beachten. Näherungsweise kann für z' der Abstand zwischen Mitte Trägeroberflansch und Trägerfuß angenommen werden.

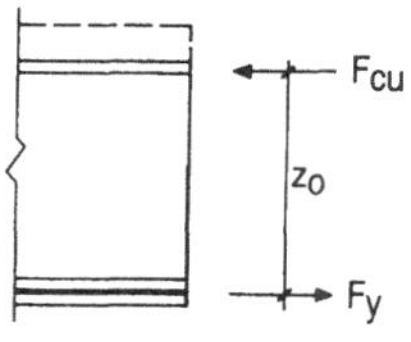

Abb. 9.26

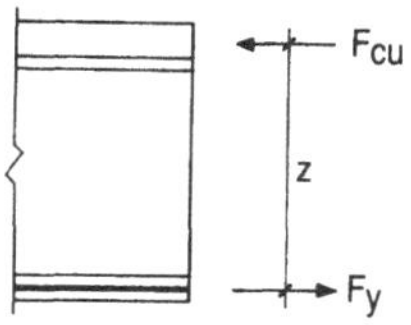

Abb. 9.27

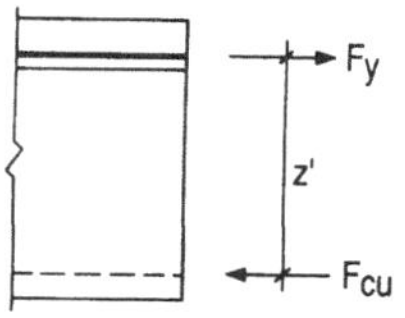

Abb. 9.28

Abb. 9.26. Biegewiderstand im Bauzustand in Feldmitte

Abb. 9.27. Biegewiderstand im Endzustand in Feldmitte

Abb. 9.28. Biegewiderstand im Endzustand im Stützbereich

Die erforderliche Hauptbewehrung lässt sich damit aufgrund der beiden folgenden Tragsicherheitsnachweise abschätzen.

Im Bauzustand:

$$M_{\mathrm{d}}^{\mathrm{F}}(g_0) \leq \frac{1}{\gamma_R} \cdot M_{R,0}^{\mathrm{F}}.$$

Im Endzustand:

$$M_{\mathrm{d}}^{\mathrm{F}}(g_0) + M_{\mathrm{d}}^{\mathrm{F}}(\Delta g,q) - M_{\mathrm{d}}^{\mathrm{S}}(\Delta g,q) \leq \frac{1}{\gamma_R} \cdot (M_R^{\mathrm{F}} + M_R^{\mathrm{S}}).$$

Wie in Abschn. 9.3.3 erwähnt, sollte die Bauzustandsvorspannung so bemessen werden, daß sich die Momente aus Konstruktionsgewicht im Endzustand nur unwesentlich umlagern. Auf jeden Fall sollte die Bauzustandsvorspannung nicht so stark sein, dass sich durch Umlagerung positive Stützmomente aufbauen. Dies lässt sich mit einer groben Abschätzung des Dehnungszustandes in Feldmitte des einfachen Balkens (Grundsystem) überprüfen.

Es kann näherungsweise angenommen werden, dass sich aufgrund der Spannungsumlagerung vom vorfabrizierten Träger auf die Ortsbetonplatte im Verbundquerschnitt zur Zeit $t = \infty$ etwa folgender Spannungszustand einstellt:

Platte: $\sigma_{\infty}^{\mathrm{P}} \cong \frac{1}{2} \cdot \sigma^{\mathrm{E,P}}$,

Träger: $\sigma_{\infty}^{\mathrm{T}} \cong \frac{1}{2} \cdot (\sigma_0 + \sigma^{\mathrm{E,T}})$,

mit σ_0 als den Spannungen im Träger unmittelbar nach dem Betonieren der Fahrbahnplatte und σ^{E} als den Spannungen im Eingussquerschnitt (einfacher Balken).

Nach dem Betonieren der Platte sind die weiteren Dehnungen (Zusatzdehnungen $\Delta\varepsilon$) in der Verbundfaser von Platte und Träger gleich groß:

$$\Delta\varepsilon_{\mathrm{c,sup}}^{\mathrm{T}} = \Delta\varepsilon_{\mathrm{c}}^{\mathrm{P}}.$$

Die Zusatzdehnungen am oberen und am unteren Querschnittsrand des Trägers, die die Trägerkrümmung im Endzustand (Grundsystem) festlegen, betragen somit näherungsweise:

$$\Delta\varepsilon_{\mathrm{c,sup},\infty}^{\mathrm{T}} = \Delta\varepsilon_{\mathrm{c},\infty}^{\mathrm{P}} \cong \frac{1}{2} \cdot \frac{\sigma^{\mathrm{E,P}}}{E} \cdot (1 + 0{,}8 \cdot \varphi_{\infty}^{\mathrm{P}}) + \varepsilon_{\mathrm{cs},\infty}^{\mathrm{P}},$$

mit $\varphi_{\infty}^{\mathrm{P}}$ als dem Endkriechwert der Platte und $\varepsilon_{\mathrm{cs},\infty}^{\mathrm{P}}$ als dem Endschwindmaß der Platte;

$$\Delta\varepsilon_{\mathrm{c,inf},\infty}^{\mathrm{T}} \cong \frac{1}{2} \cdot \frac{\sigma_{\mathrm{inf}}^{\mathrm{E,T}}}{E} \cdot (1 + 0{,}8 \cdot \varphi_{\infty}^{\mathrm{T}}) - \frac{1}{2} \cdot \frac{\sigma_{0,\mathrm{inf}}^{\mathrm{T}}}{E} \cdot (1 - 1{,}2 \cdot \varphi_{\infty}^{\mathrm{T}}) + \Delta\varepsilon_{\mathrm{cs},\infty}^{\mathrm{T}},$$

mit $\varphi_{\infty}^{\mathrm{T}}$ als dem Endkriechwert des Trägers (Belastungsalter: ab Verbundzeitpunkt) und $\Delta\varepsilon_{\mathrm{cs},\infty}^{\mathrm{T}}$ als dem Restschwindmaß des Trägers (Schwinden: nach Verbundherstellung).

Sofern die Zusatzdehnungen am oberen und am unteren Querschnittsrand des Trägers etwa gleich groß sind, liegt annähernd eine formtreue Vorspannung im Endzustand vor, und die Momentenumlagerung ist unwesentlich.

Damit sich im Laufe der Zeit keine positiven Stützmomente aufbauen, sollte in Feldmitte die Stauchung am oberen Querschnittsrand größer sein als am unteren.

9.4 Freivorbaubrücken

9.4.1 Konzeptionelle Aspekte

Die Trägerherstellung im Freivorbau ist insbesondere bei großen Spannweiten, großer Brückenhöhe und schwierigen topographischen und geologischen Verhältnissen wirtschaftlich. Die Kosteneinsparungen werden teils durch das Tragsystem und teils durch die spezielle Herstellungstechnik ermöglicht:

- Die Vorspannung kann sehr einfach der Beanspruchung entsprechend abgestuft werden.
- Das Vorbaugerüst muss nur für einen kurzen Trägerabschnitt ausgelegt werden, und die Tragwirkung bereits ausgeführter Trägerabschnitte lässt sich beim Weiterbau unmittelbar und voll ausnützen.
- Die Schalung kann mit geringfügigen Abänderungen und Anpassungen mehrfach wiederverwendet werden.
- Mit der taktmäßigen Wiederholung gleicher Arbeitsabläufe ist ein Lerneffekt verbunden, der eine beachtliche Reduktion des Lohnaufwandes pro Materialeinheit ermöglicht.

Der wirtschaftliche Spannweitenbereich liegt über ca. 70 m. Bei großen Spannweiten kann der Anteil von Lehrgerüst und Schalung am Kostenaufwand für den „rohen“ Überbau, der bei üblichen Ortsbetonbrücken ca. 40 % beträgt, unabhängig von der Brückenhöhe und den topographischen Verhältnissen auf 25 bis 35 % gesenkt werden. Bei kleineren Spannweiten überwiegen dagegen die Aufwendungen für die relativ teuren Grundetappen (Stützbereiche) und für die Montage der Vorbaugerüste die Vorteile des Freivorbaus.

Beim normalen Freivorbau werden die Kragträger symmetrisch zur Einspannstelle auf dem Pfeiler in Etappen von ca. 3 m bis 5 m Länge vorgebaut. Der Arbeitsablauf für eine Etappe umfasst folgende Teilarbeiten:

- Vorspannen des zuletzt betonierten Trägerabschnittes (nach etwa zwei Tagen Erhärtungszeit);
- Verschieben des Gerüstes in die neue Arbeitsstellung;
- Verankern von Gerüst und Schalung am vorgespannten tragfähigen Trägerende; Richten der Schalung;
- Einziehen der Spannglieder in die im bereits ausgeführten Teil des Trägers einbetonierten Hüllrohre, Verlegen der Bewehrung für den neuen Trägerabschnitt;
- Betonieren des neuen Trägerabschnittes.

Freivorbaubrücken werden zunächst als Kragträger hergestellt und anschließend zu einem Rahmensystem verbunden. Die Verbindung der Teilsysteme im Feld kann grundsätzlich durch einen biegesteifen Zusammenschluss, ein Gelenk oder allenfalls auch einen kurzen Einhängeträger hergestellt werden.

Gelenksysteme sind im Allgemeinen wirtschaftlicher als biegesteife Rahmentragwerke, weil eine Momentenumlagerung infolge Kriechen vom kräftigen Stützbereich auf den schwächeren Feldbereich ausgeschlossen ist. Jedoch weisen Gelenksysteme bezüglich Gebrauchstauglichkeit Nachteile auf, indem große Knickwinkel in der Fahrbahnnivelette infolge der auch nach dem Zusammenschluss noch beträchtlichen Kriechdeformationen unvermeidlich sind. Gelenke mit Dilatationen führen zudem zu schwierigen Fugenkonstruktionen, die einen beträchtlichen Unterhaltsaufwand erfordern und den Fahrkomfort beeinträchtigen. Freivorbaubrücken mit Gelenken haben sich bezüglich Gebrauchstauglichkeit und Dauerhaftigkeit nicht bewährt. Biegesteife Rahmentragwerke sind somit auf jeden Fall vorzuziehen.

Allenfalls kann ein vorgespanntes Betongelenk in der Fahrbahnplatte als Gelenksystem ohne Dilatation eine noch machbare Lösung bieten (Abb. 9.29), denn der Fahrbahnbelag kann ohne Unterbruch durchgezogen werden, was für den Fahrkomfort von Vorteil ist. Jedoch sollte für eine dauerhafte Fahrbahnabdichtung in der Gelenkzone wegen der Gelenkrotationen infolge von Verkehrslast, Temperatur u. a. der Gelenkhals mit einem korrosionsfesten Abdeckblech geschützt

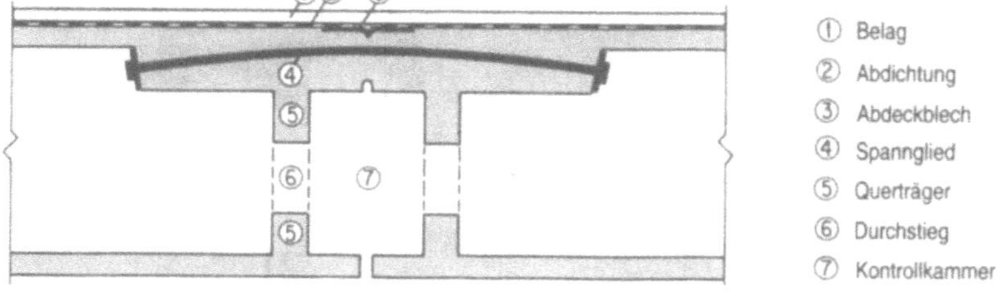

Abb. 9.29. Vorgespanntes Betongelenk

werden. Zudem lässt sich mit eingebauten Entwässerungsröhrchen die Dichtigkeit im Gelenkhals überprüfen, und unter dem Gelenk sollte eine begehbare Kammer vorgesehen werden.

Dem Tragsystem entsprechend werden Freivorbaubrücken meistens als Voutenträger ausgebildet. Die Trägerschlankheit beträgt an der Einspannstelle $l/h \cong 17$ und in Feldmitte $l/h \cong 50$.

Ausnahmsweise können auch Parallelflanschträger im Freivorbau ausgeführt werden. Die Trägerhöhe wird in diesem Falle nach den gleichen Grundsätzen festgelegt wie bei entsprechenden Ortsbetonträgern. Die Momentenumlagerungen beim Systemwechsel Kragträger – Durchlaufträger sind relativ groß. Dies bedingt einen zusätzlichen Aufwand an Spannstahl, und die Anordnung der Spannglieder ist relativ kompliziert.

9.4.2 Querschnittsausbildung

Der Trägerquerschnitt wird wegen der großen negativen Momente meistens als Kasten ausgebildet, und möglichst viele Querschnittsabmessungen werden im Hinblick auf eine einfache und rationelle Schalarbeit konstant gehalten.

Stege. Die Stege sind im Allgemeinen vertikal. Geneigte Stege erschweren das Betonieren und haben bei Voutenträgern eine variable Breite der unteren Kastenplatte zur Folge. Veränderliches Quergefälle kann am besten durch rhombische Querschnittsänderung berücksichtigt werden (Abb. 9.30). In den Stegen werden meistens wenige oder keine Spannglieder angeordnet. Sofern nicht konstruktive Gesichtspunkte, z. B. Spanngliedverankerungen oder Betonierlücken, maßgebend sind, wird die Stegdicke aufgrund der erforderlichen Schubtragfähigkeit festgelegt. Mit schrägen Spanngliedern, die sich bei weitgespannten Freivorbaubrücken mit hohen Stegen sehr einfach einbauen lassen, kann die Schubtragfähigkeit beträchtlich erhöht werden. Die minimale Dicke vertikaler Stege ohne Spannglieder beträgt ca. 0,35 m.

Fahrbahnplatte. Die Fahrbahnplatte wird in üblicher Weise ausgebildet. In Bezug auf die Plattendicke ist jedoch zu beachten, dass die Spannglieder der Trägervorspannung hauptsächlich in der Fahrbahnplatte angeordnet werden müssen und dass die von den zahlreichen Hüllrohren gebildeten Löcher die Schubtragfähigkeit der Platte (in horizontaler und vertikaler Richtung) empfindlich schwächen. Sofern die Längsspannglieder im Anschlussbereich der Platte mit dem Steg (außerhalb der Stegbügel) verankert werden, muss diese Zone eine ausreichende Dicke aufweisen (Abb. 9.31).

Untere Kastenplatte. Die untere Kastenplatte (Druckplatte) weist eine variable Dicke auf, was für die konstruktive Ausbildung der Stegschalung jedoch be-

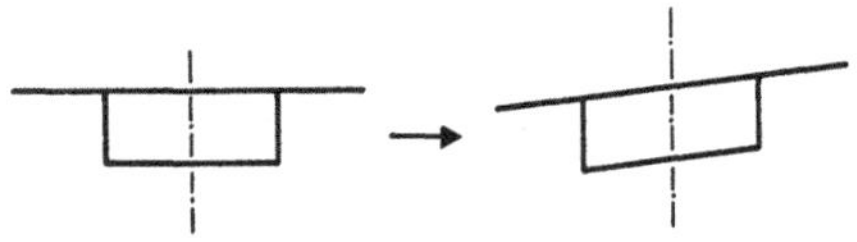

Abb. 9.30. Querschnittsausbildung bei Quergefälle

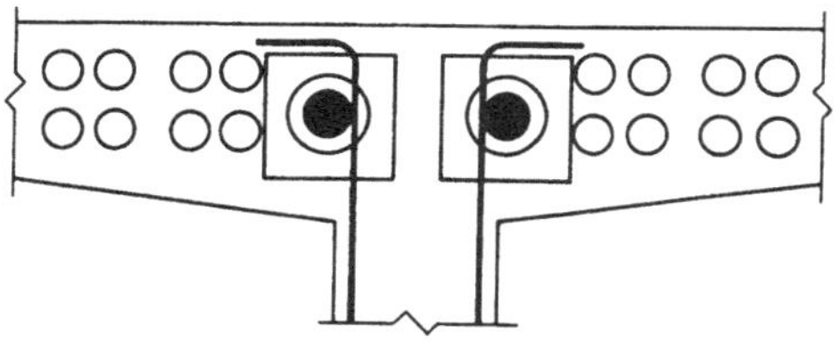

Abb. 9.31. Spanngliedverankerung im Anschlussbereich der Platte mit dem Steg

langlos ist. Die erforderliche Plattendicke an der Einspannstelle wird aufgrund der Tragsicherheit bei Volllast bestimmt. Im Feld nimmt die Plattenstärke der Beanspruchung entsprechend linear ab; die Mindestdicke sollte ca. 0,16 m betragen.

Variation der Trägerhöhe. Bei Voutenträgern hat die Variation der Trägerhöhe zwischen den beiden vorgängig festgelegten Abmessungen der Querschnittshöhe an der Einspannstelle und in Feldmitte einen wesentlichen Einfluss auf die maximale Schubbeanspruchung bzw. die statisch erforderliche Stegdicke und den Aufwand an Längs- und Schubbewehrung.

Bei weitgespannten Brücken kann es zweckmäßig sein, die Trägerhöhe so zu variieren, dass der Träger bei Volllast im Endzustand auf einem großen Bereich eine konstante Schubbeanspruchung aufweist. Bei dieser „ausgeglichenen" Schubbeanspruchung ergeben sich die kleinste statisch erforderliche Stegdicke, eine gleichbleibende Schubbewehrung und wegen des linearen Verlaufs der Zug- und der Druckkraft in den Flanschen auch eine gleichbleibende Abstufung der Vorspannung bei konstanter Etappenlänge.

Der Bemessungsschubfluss $\tau_d \cdot b^W$ kann am gerissenen Querschnitt gemäß Abb. 9.32 ermittelt werden (mit b^W für die Stegdicke; Trägerachse näherungsweise horizontal angenommen). Die beiden Ausdrücke in Abb. 9.32 sind gleichbedeutend.

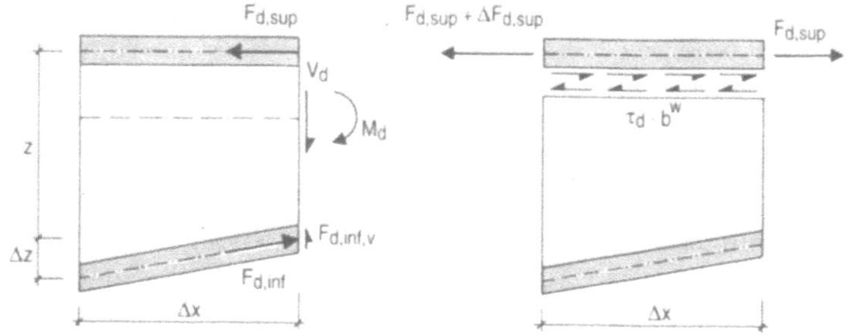

$$\tau_d \cdot b^W = \frac{1}{z} \cdot (V_d - F_{d,inf,v})$$

$$= \frac{1}{z} \cdot \left(V_d - \frac{M_d}{z} \cdot \frac{\Delta z}{\Delta x}\right)$$

$$\tau_d \cdot b^W = \frac{\Delta F_{d,sup}}{\Delta x}$$

Abb. 9.32. Ermittlung des Bemessungsschubflusses

Mit

$$M_\text{d} + \Delta M_\text{d} = (F_{\text{d,sup}} + \Delta F_{\text{d,sup}})(z + \Delta z)$$
$$\cong F_{\text{d,sup}} \cdot z + F_{\text{d,sup}} \cdot \Delta z + \Delta F_{\text{d,sup}} \cdot z$$

folgt

$$M_\text{d} = F_{\text{d,sup}} \cdot z \quad \text{und} \quad \Delta M_\text{d} = F_{\text{d,sup}} \cdot \Delta z + \Delta F_{\text{d,sup}} \cdot z,$$

und mit

$$V_\text{d} = \frac{\Delta M_\text{d}}{\Delta x}$$

ergibt sich

$$\tau_\text{d} \cdot b^\text{W} = \frac{1}{z}\left(V_\text{d} - \frac{M_\text{d}}{z}\frac{\Delta z}{\Delta x}\right)$$
$$= \frac{1}{z}\left(\frac{\Delta F_{\text{d,sup}}}{\Delta x} z + F_{\text{d,sup}}\frac{\Delta z}{\Delta x} - F_{\text{d,sup}}\frac{\Delta z}{\Delta x}\right) = \frac{\Delta F_{\text{d,sup}}}{\Delta x}.$$

Träger mit rasch abnehmender Höhe weisen im Feld den Größtwert der Schubbeanspruchung auf. Dieser Wert ist maßgebend für die statisch erforderliche Stegdicke, die normalerweise auf der gesamten Trägerlänge beibehalten wird. Der Aufwand an Längsbewehrung ist dem Zugkraftverlauf bzw. der rasch abnehmenden Trägerhöhe entsprechend relativ groß. Andererseits ist der Aufwand an Schubbewehrung relativ klein, da im Bereich mit großer Trägerhöhe eine geringere Schubbeanspruchung vorhanden ist.

Träger mit weniger rasch abnehmender Höhe zeigen eine „ausgeglichene“ Schubbeanspruchung. Demzufolge ist die statisch erforderliche Stegdicke bei dieser Variation der Trägerhöhe am geringsten. Der Aufwand an Längsbewehrung ist der rasch abnehmenden Zugkraftlinie entsprechend klein. Andererseits ist aber der Aufwand an Schubbewehrung größer, weil auch im Bereich mit großer Trägerhöhe der Größtwert der Schubbeanspruchung vorhanden ist.

Der Aufwand an Längsbewehrung ist im Wesentlichen proportional zum Integral

$$\int_0^{l/2} F_{\text{d,sup}}\, \text{d}x.$$

Die statisch erforderliche Stegdicke und der Querschnitt der Schubbewehrung sind proportional zum Bemessungsschubfluss

$$\tau_\text{d} \cdot b^\text{W} = \frac{\text{d}F_{\text{d,sup}}}{\text{d}x}.$$

Der Aufwand an Schubbewehrung ist dementsprechend im Wesentlichen proportional zum Integral

$$\int_0^{l/2} \frac{\text{d}F_{\text{d,sup}}}{\text{d}x} h(x)\, \text{d}x.$$

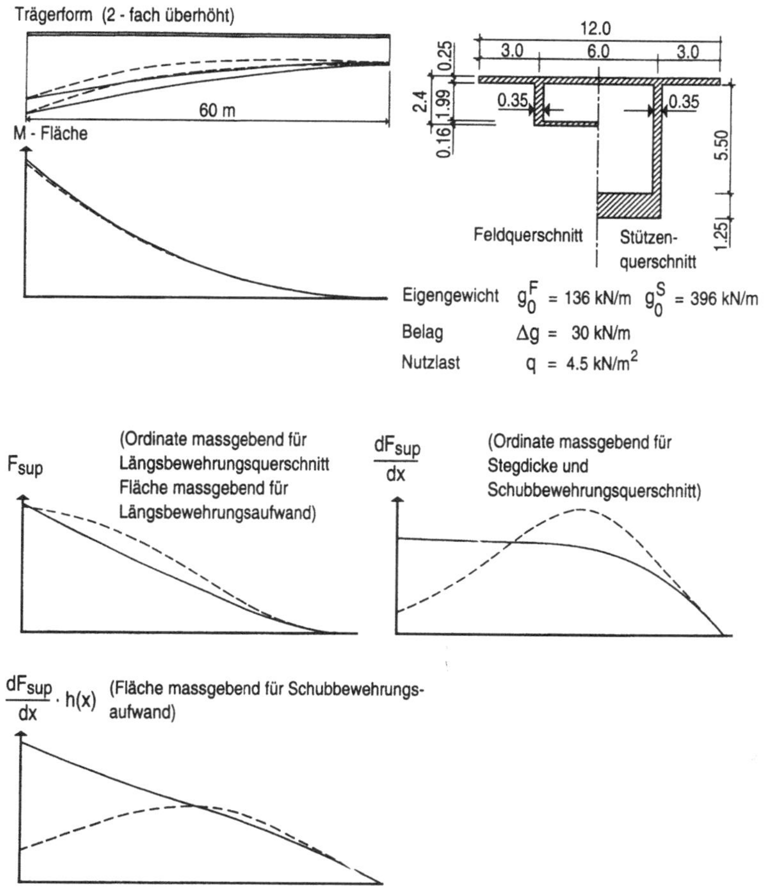

Abb. 9.33. Einfluss der Trägerform auf Stegdicke, Längs- und Schubbewehrung

Abbildung 9.33 zeigt, wie der Aufwand an Längsbewehrung, die Stegdicke und der Aufwand an Schubbewehrung durch die Variation der Trägerhöhe beeinflusst werden.

9.4.3 Vorspannkonzept

Bei Freivorbaubrücken sind die Momente aus ständiger Last (M_g) im Bereich der Einspannstelle in der Regel größer als jene aus Vorspannung (M_P), sofern der Querschnitt der Spannbewehrung aufgrund eines Tragsicherheitsnachweises ermittelt wurde.

Die Tragsicherheitsbedingung lautet ohne Berücksichtigung der schlaffen Bewehrung (Abb. 9.34):

$$\gamma \cdot (M_g + M_q) \leq A_P \cdot f_{Py} \cdot z \quad (\gamma, \text{„globaler" Sicherheitsfaktor}).$$

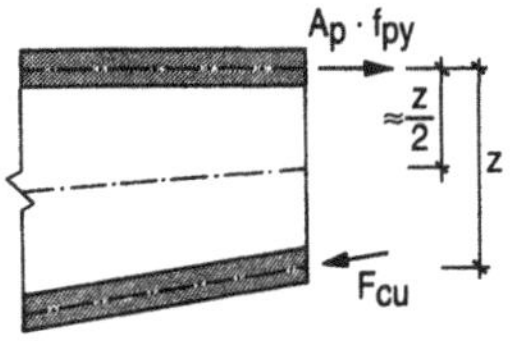

Abb. 9.34. Biegekräfte im Bruchzustand

Mit

$$M_q \cong 0{,}2 \cdot M_g$$

folgt für A_P:

$$A_P \cong \frac{1{,}2 \cdot \gamma \cdot M_g}{z \cdot f_{Py}}.$$

Das Vorspannmoment beträgt

$$M_P \cong A_P \cdot \sigma_P \cdot \frac{z}{2} = 0{,}6 \cdot \gamma \cdot \frac{\sigma_P}{f_{Py}} \cdot M_g.$$

Im Allgemeinen ist $0{,}6 \cdot \gamma \cdot \sigma_P / f_{Py} < 1$, d. h., $|M_P| < |M_g|$.

Der Dehnungszustand unter Dauerlast hat somit unter Umständen beträchtliche elastische und plastische Trägerdurchbiegungen zur Folge, die während des Vorbaus durch Überhöhungen ausgeglichen werden müssen und die bei durchlaufenden Rahmensystemen eine unerwünschte Momentenumlagerung vom kräftigen Stützbereich in den schwächeren Feldbereich bewirken. Damit die Trägerdeformation und die damit verbundenen Probleme und Nachteile möglichst klein bleiben, wird der Spannstahlanteil an der Gesamtbewehrung so groß wie möglich gewählt. Dies hat zudem den Vorteil, dass die Fahrbahnplatte eine große Längsvorspannung aufweist und dass wenig schlaffe Längsbewehrung in der Fahrbahnplatte erforderlich ist. Die schlaffe Längsbewehrung ist ohnehin relativ teuer, weil der Stoßanteil bei kurzen Vorbauabschnitten groß ist. Zudem erschwert sie das Verlegen und Anfügen der Hüllrohre wegen der Überstände am Etappenende. Man wird somit zunächst die zur Rissverteilung erforderliche schlaffe Mindest-Längsbewehrung bestimmen (im Allgemeinen 0,6 bis 0,8 % des Plattenquerschnittes) und dann aufgrund des Tragsicherheitsnachweises den erforderlichen Spannstahlquerschnitt ermitteln.

In den meisten Fällen wird mit diesem Vorspannkonzept für ständige Last und für einen wesentlichen Verkehrslastanteil eine volle Vorspannung erreicht.

9.4.4 Vorbemessung und spezielle Bemessungshinweise

Abschätzung der Hauptbewehrung

Die Plattendicken und der Anschlussbereich der Platte mit dem Steg müssen oft aufgrund der Anzahl und Größe der Spannglieder bestimmt werden. Mit einer Abschätzung der Hauptbewehrung können die Querschnittsabmessungen über der Stütze und im Feld endgültig festgelegt werden.

Bei gelenkig verbundenen Rahmensystemen lässt sich die erforderliche Bewehrung an der Einspannstelle sehr einfach aus einem Tragsicherheitsnachweis für Volllast am Kragträger ermitteln:

$$M_{\mathrm{d}}^{\mathrm{S}}(g+q) \leq \frac{1}{\gamma_R}(A_{\mathrm{P}}^{\mathrm{S}} \cdot f_{\mathrm{Py}} + A_{\mathrm{s}}^{\mathrm{S}} \cdot f_{\mathrm{sy}})z.$$

z entspricht etwa dem Abstand zwischen Mitte Fahrbahnplatte und Mitte unterer Kastenplatte. Für $A_{\mathrm{s}}^{\mathrm{S}}$ kann die Mindestbewehrung der Fahrbahnplatte angenommen werden.

Die erforderliche Bewehrung im Feldbereich ist im Allgemeinen sehr klein.

Bei gelenklosen Rahmensystemen müssen die Momenten-Grenzwerte über der Stütze und im Feld ermittelt werden.

Das Stützmoment besteht aus folgenden Anteilen:

- Einspannmoment am Kragträger infolge Konstruktionsgewicht: $M^{\mathrm{S}}(g_0)$.
- Umlagerungsmoment infolge von Kriechen, verursacht durch den Systemwechsel: ΔM.
- Stützmoment am Rahmensystem infolge von Belag und Verkehrslast: $M^{\mathrm{S}}(\Delta g, q)$.
- Zwangsmoment aus Feld- und Kontinuitätsvorspannung: $M_{\mathrm{s}}(P_{\mathrm{F,K}})$.

Die Umlagerungs- und Zwangsmomente sind im Vergleich zu den Stützmomenten aus Last klein. Es handelt sich um positive Momente, die die Stützmomente aus Last reduzieren. Für die Abschätzung der Bewehrung können diese Anteile vernachlässigt werden.

Das Feldmoment besteht aus folgenden Anteilen:

- Umlagerungsmoment infolge von Kriechen, verursacht durch den Systemwechsel: ΔM.
- Feldmoment am Rahmensystem infolge von Belag und Verkehrslast: $M^{\mathrm{F}}(\Delta g, q)$.
- Zwangsmoment aus Feld- und Kontinuitätsvorspannung: $M_{\mathrm{s}}(P_{\mathrm{F,K}})$.

Das Umlagerungsmoment erreicht bei Voutenträgern nach Abschluss der Kriechverformung, bei einer Steifigkeit $E_{\mathrm{c}} \cdot I_{\mathrm{c}}$ in Feldmitte von 0,05 bis 0,1 der Steifigkeit am Auflager, einen Wert von:

$$\Delta M \cong -[0{,}1 \div 0{,}15 \cdot (M^{\mathrm{S}}(g_0) + M^{\mathrm{S}}(P_0))]$$
$$\Delta M \cong -[0{,}02 \div 0{,}03 \cdot M^{\mathrm{S}}(g_0)].$$

Die Größe der Zwangsmomente ist von verschiedenen Parametern abhängig (Steifigkeitsverhältnisse, Länge der Feldvorspannung, Verlauf der Kontinuitätsvorspannung u. a.). Für die Vorbemessung können bei Voutenträgern etwa folgende Werte angenommen werden:

Zwangsmoment aus Feldvorspannung P_{F}:

$$M_{\mathrm{s}}(P_{\mathrm{F}}) \cong -0{,}75 M_{0P}^{\mathrm{F}}(P_{\mathrm{F}}),$$

Zwangsmoment aus Kontinuitätsvorspannung P_K:

$$M_s(P_K) \cong -0{,}5 M^F_{0P}(P_K).$$

Für eine zweckmäßige Bewehrungsverteilung kann man die erforderliche Vorspannung in Feldmitte aufgrund der Tragsicherheitsbedingung wie folgt ermitteln:

$$M^F_d(\Delta g, q) + \Delta M + M_s(P_{F,K}) \leq \frac{1}{\gamma_R}(A^F_P \cdot f_{Py} + A^F_s \cdot f_{sy}) \cdot z,$$

wobei A^F_P den Querschnitt der Feld- und Kontinuitätsvorspannung, A^F_s die schlaffe Bewehrung in der unteren Kastenplatte, z den Hebelarm der inneren Kräfte (ungefähr der Abstand von Mitte untere Platte bis Mitte obere Platte), M^F_d das Bemessungsmoment in Feldmitte infolge von Belag und Verkehrslast, ΔM das Umlagerungsmoment und $M_s(P_{F,K})$ das Zwangsmoment aus Feld- und Kontinuitätsvorspannung bedeutet.

Schubwiderstand geneigter und im Steg verankerter Längsspannglieder

Spannglieder, die in die Stege hinuntergezogen und dort verankert werden, leisten einen Beitrag an den Schubwiderstand. Dieser Beitrag ist jedoch nur in dem über der Verankerung liegenden Stegbereich wirksam. Im darunter liegenden Bereich des Steges muss der entsprechende Schubwiderstand durch Bügel aufgebaut werden.

Der Schubwiderstandsanteil eines im Steg verankerten Spanngliedes beträgt (Abb. 9.35):

$$\Delta V_{R,\mathrm{sup}}(P) = P \cdot \sin\beta.$$

Das Schubtragverhalten von Stegen mit geneigten Spanngliedern im oberen Stegbereich lässt sich aus einem vereinfachten Fachwerkmodell ableiten (Abb. 9.36).

Dem Schubwiderstand des geneigten Spanngliedes $\Delta V_{R,\mathrm{sup}}(P)$ im oberen Stegbereich Δz_{sup}

$$\Delta V_{R,\mathrm{sup}}(P) = P \cdot \sin\beta = \tau \cdot b^W \cdot \Delta z_{\mathrm{sup}}$$

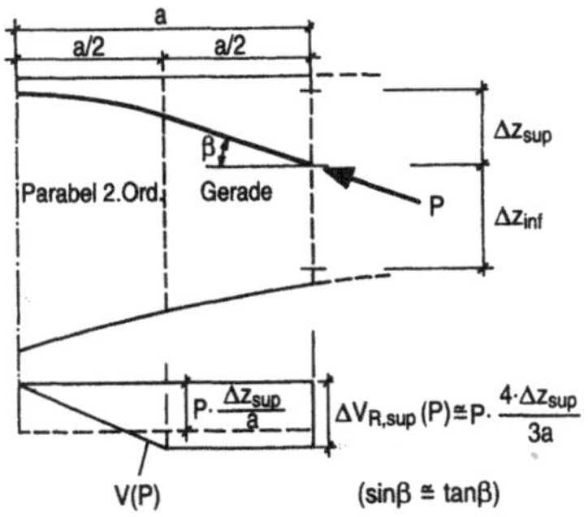

Abb. 9.35. Schubwiderstandsanteil eines im Steg verankerten Spanngliedes

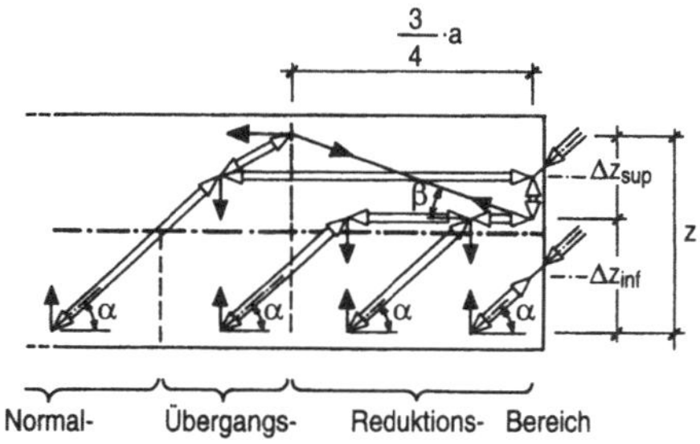

Abb. 9.36. Aufbau des Schubwiderstandes im Fachwerkmodell

entspricht im unteren Stegbereich Δz_{inf} ein erforderlicher Bügelquerschnitt A_{s}^{W} von:

$$\frac{A_{\text{s}}^{\text{W}} \cdot f_{\text{sy}}}{s} \cdot \Delta z_{\text{inf}} \cdot \cot\alpha = \tau \cdot b^{\text{W}} \cdot \Delta z_{\text{inf}},$$

$$A_{\text{s,erf}}^{\text{W}} = \frac{\tau \cdot b^{\text{W}} \cdot s \cdot \tan\alpha}{f_{\text{sy}}} = \frac{P \cdot \sin\beta \cdot s \cdot \tan\alpha}{\Delta z_{\text{sup}} \cdot f_{\text{sy}}},$$

wobei s der Abstand der Bügel ist.

Im Normalbereich des Trägers (außerhalb der Wirkungszone des geneigten Spanngliedes) entspricht der Schubbeanspruchung $\tau \cdot b^{\text{W}}$ ein Bügelquerschnitt A_{s}^{W} von:

$$\frac{A_{\text{s}}^{\text{W}} \cdot f_{\text{sy}}}{s} z \cdot \cot\alpha = \tau \cdot b^{\text{W}} \cdot z,$$

$$A_{\text{s,erf}}^{\text{W}} = \frac{\tau \cdot b^{\text{W}} \cdot s \cdot \tan\alpha}{f_{\text{sy}}} = \frac{P \cdot \sin\beta \cdot s \cdot \tan\alpha}{\Delta z_{\text{sup}} \cdot f_{\text{sy}}}.$$

Der Bügelquerschnitt, der dem Schubwiderstand des geneigten Spanngliedes entspricht, bleibt somit im Reduktions-, im Übergangs- und im Normalbereich des Trägers konstant.

Im Reduktionsbereich müssen die Bügel in der oberen Stegzone Δz_{sup} verankert werden, im Übergangsbereich sind sie allmählich bis in den Obergurt hochzuziehen, und im Normalbereich umfassen die Bügel den Ober- und den Untergurt.

Sofern β kleiner ist als 45°, ist für P nur die effektive Vorspannkraft einzusetzen. Bei größerer Spanngliedneigung kann P die Fließzugkraft erreichen. Die Gurtzugkraft ist jeweils aus dem Fachwerkmodell zu ermitteln.

Der gesamte Schubwiderstand setzt sich aus dem beschriebenen Anteil des geneigten Spanngliedes, den entsprechenden im unteren Stegbereich angeordneten Bügeln, den eigentlichen durchgehenden Bügeln, die auch im Reduktionsbereich beide Gurtungen umfassen, und dem Anteil der geneigten Untergurt-Druckkraft $F_{\text{d,inf}}$ zusammen.

9.4.5 Anordnung der Vorspannung

Die Längsvorspannung besteht im Prinzip aus drei Spanngliedgruppen (Abb. 9.38):
Kragarmvorspannung
Feldvorspannung
Kontinuitätsvorspannung

Kragarmvorspannung

Die Kragarmvorspannung ist die Hauptbewehrung des Systems. Sie wird in die Fahrbahnplatte verlegt, der Beanspruchung entsprechend abgestuft und jeweils an den Etappenenden im Anschlussbereich der Platte mit dem Steg bzw. in den Stegen selbst verankert. Spannglieder, die über den Stegen angeordnet sind, erschweren das Betonieren der hohen Stege. Die Verankerung der Spannglieder in den Stegen erfordert eine den Ankerplatten angepasste Stegdicke. Spannglieder, die beidseits der Stege in der Platte verlaufen, müssen bei einer Verankerung in den Stegen die Stegbügelebene durchqueren. Diese Ausführungserschwernisse überwiegen im Allgemeinen die geringen Einsparungen an Stegschubbewehrung, die eine Spanngliedverankerung in den Stegen ermöglicht.

Spannglieder werden in der Fahrbahnplatte wenn möglich so angeordnet, dass an den Etappenenden stets die gleiche Stirnschalung (Löcher für Spannkabel) verwendet werden kann. Der freie Abstand zwischen den Hüllrohren sollte aus ausführungstechnischen Gründen 80 mm nicht unterschreiten.

Im Weiteren muss überprüft werden, ob der Plattenschub zwischen den Hüllrohren übertragen werden kann. Zur Vermeidung des Aufspaltens der Platte in der Spanngliedebene muss die Fahrbahnplatte ausreichend verbügelt werden (Abb. 9.37). Auch den horizontalen Schubspannungen ist (insbesondere im Bauzustand; Einleitung der Spannkräfte) Beachtung zu schenken.

Im Hinblick auf das Betonieren der Fahrbahnplatte und zur Vermeidung spezieller Kabelhalter ist es oft zweckmäßig, die Spannglieder direkt auf die untere Plattenbewehrung zu legen und den daraus entstehenden kleinen Verlust an Exzentrizität der Bewehrung in Kauf zu nehmen. Selbstverständlich muss bezüglich Plattenbiegung eine ausreichende Dicke der Biegedruckzone gewährleistet sein.

Damit bei eventuellen Undichtigkeiten der Hüllrohre der erforderliche Hohlraum für das Einziehen der Spannbewehrung erhalten bleibt, werden die Hüllrohre in der jeweiligen Betonieretappe mit PVC-Rohren ausgesteift. Sofern diese Füllrohre genügend steif sind, kann bei kurzen Etappen unter Umständen auf Hüllrohrunterstützungen (Kabelhalter) verzichtet werden.

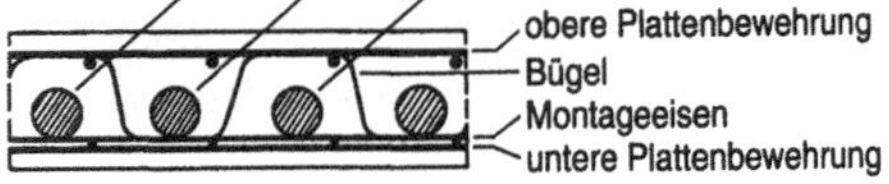

Abb. 9.37. Bügelbewehrung in der Fahrbahnplatte

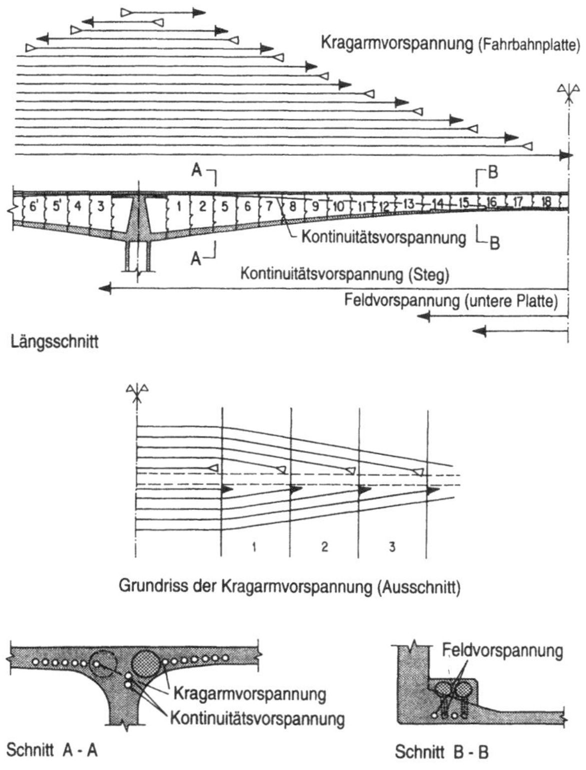

Abb. 9.38. Generelle Spanngliedanordnung bei einem Freivorbau

Feldvorspannung

Die Feldvorspannung dient zur Aufnahme positiver Momente im mittleren Drittelbereich des Feldes. Die erforderlichen Hüllrohre werden in die untere Kastenplatte neben den Stegen verlegt. Die Plattenverstärkung für die Spanngliedverankerung wird möglichst nahe an den Stegen angeordnet und mit diesen einwandfrei verbunden. Die Umlenkkräfte der Feldspannglieder infolge der gewölbten Trägerunterseite müssen bei der Bemessung der unteren Kastenplatte berücksichtigt werden.

Kontinuitätsvorspannung

Bei Durchlaufträgern kann ausnahmsweise eine Kontinuitätsvorspannung in den Trägerstegen vorgesehen werden. Diese Spannglieder eignen sich besonders gut als Reservevorspannung, d. h., je nach Verformungszustand nach dem Fugenschluss können in die verlegten, reichlich bemessenen Hüllrohre mehr oder weniger starke Spannglieder eingezogen werden. Das Betonieren der Stege wird allerdings durch die eingelegten Hüllrohre etwas erschwert. Zur Beschränkung der Einziehlänge werden die Kontinuitätsspannglieder in der Grundetappe übergreifend gestoßen und seitlich an den Stegen verankert.

9.4.6 Ermittlung der Überhöhungen und Schalungskoten

Mit Überhöhungen werden die Verformungen von Gerüst und Tragwerk so ausgeglichen, dass die Soll-Lage der Fahrbahnnivelette im Betriebszustand der Brücke möglichst genau erreicht wird. Überhöhungen entsprechen somit den Verformungen, die während der Herstellung und nach dem Ausrüsten unter ständigen Einwirkungen und allenfalls einem kleinen Anteil aus Verkehrslast und ungleichmäßiger Temperaturänderung entstehen; d. h., in einem bestimmten Trägerpunkt i ist die erforderliche Überhöhung gleich groß wie die Einsenkung, die dieser Trägerpunkt im weiteren zeitlichen Verlauf bis etwa zur Hälfte der Lebensdauer der Brücke aufweist. Die verformungsrelevanten Baustoffkennwerte (E-Modul, Schwinden und Kriechen des Betons, Stahlrelaxation) und die Verformungen des Baugrundes spielen dabei eine wesentliche Rolle.

Bei Freivorbaubrücken sind die Einsenkungen infolge des besonderen Herstellungsverfahrens und des Vorspannkonzeptes relativ groß. Für die Ermittlung der Überhöhungen müssen insbesondere folgende Verformungen berücksichtigt werden:

- Einsenkung des Vorbaugerüstes beim Betonieren der Vorbauetappen;
- Verformungen des Systems im Bauzustand (Kragträger) infolge der im Freivorbau hergestellten Trägeretappen, des Vorbaugerüstes und des Fungenschlusses;
- Verformungen des Systems im Endzustand infolge der Feld- und Kontinuitätsvorspannung, des Belages und allenfalls eines kleinen Anteils aus Verkehrslast und ungleichmäßiger Temperaturänderung;
- Senkung der Trägerauflager infolge der Verformung der Stützen und Setzung des Baugrundes.

Die Schalungskote am Ende der zu betonierenden Etappe $i + 1$ wird aus der Überhöhungslinie Δ_{i+1} des Trägers (Sollüberhöhung in $i + 1$) und der Einsenkung Δ^0_{i+1} in $i + 1$ infolge des Betonierens und Vorspannens der Etappe $i + 1$ bestimmt (Abb. 9.39).

Ermittlung der Überhöhung Δ^0_{i+1}

Die Überhöhung Δ^0_{i+1} kompensiert folgende Einsenkungen:

Verformung des Vorbaugerüstes beim Betonieren der Etappe $i + 1$;
Einsenkung des Kragträgers 0, i im Punkt $i + 1$ infolge des Betonierens und Vorspannens der Etappe $i + 1$.

Die Einsenkung des Gerüstes bzw. der Schalung am Ende der zu betonierenden Etappe kann normalerweise zuverlässig berechnet werden. Das Verformungsverhalten des Gerüstes lässt sich zudem durch Messungen zu Beginn des Freivorbaus überprüfen. Die Schalung der Vorbauetappe wird bei der Betonierfuge mit dem Kragträger verbunden. Damit lassen sich Relativverschiebungen in der Betonierfuge vermeiden, und das Vorbaugerüst muss nur die Hälfte des Etappengewichtes aufnehmen. Die Gerüsteinsenkung muss soweit beschränkt werden, dass die Stege beim Betonieren der Fahrbahnplatte nicht in der Betonierfuge abreißen.

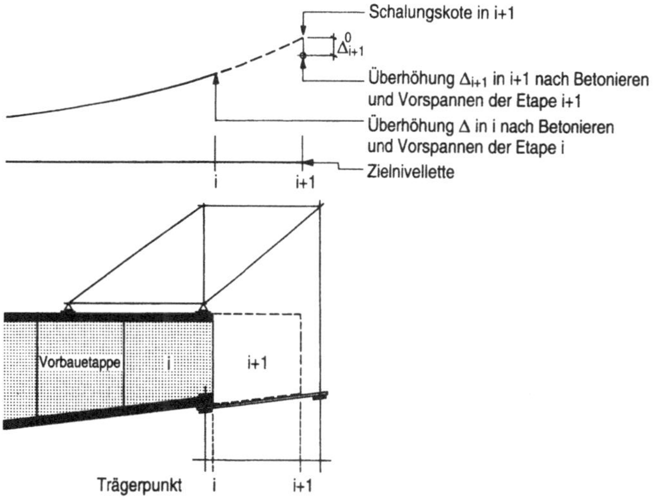

Abb. 9.39. Bauzustand vor dem Betonieren der Etappe $i + 1$

Die Ermittlung der Einsenkung des Kragträgers im Punkt $i + 1$ infolge des Betonierens und Vorspannens der Etappe $i + 1$ bereitet keine Schwierigkeiten. Der Träger ist ungerissen. Bei der Anwendung der Arbeitsgleichung wird für den Belastungszustand die Einheitslast $\bar{Q} = 1$ im Punkt $i + 1$ angesetzt.

Ermittlung der Überhöhungslinie Δ_i

Grundsätzlich entspricht die Überhöhung Δ_i der Einsenkung δ_i, die der Trägerpunkt i nach seiner Herstellung bis etwa zur halben Lebensdauer der Brücke aufweist. Diese Einsenkung besteht aus drei Anteilen:

Kragträgereinsenkung im Freivorbau (Bauzustand) δ_i^{B};
Kragträgereinsenkung nach dem Freivorbau durch Fugenschluss δ_i^{F};
Systemeinsenkung im Endzustand nach dem Fugenschluss δ_i^{E}.

Kragträgereinsenkung im Freivorbau δ_i^{B}. Die Einsenkung eines Punktes i beträgt nach seiner Herstellung bis zur Fertigstellung der Etappe n und der Entfernung des Vorbaugerüstes (L):

$$\begin{aligned}\delta_i^{\mathrm{B}(i,n)} \cong\; & (1 + \Delta\varphi) \cdot \delta_i^{\mathrm{B}(0,n)}(g_0, P) - (1 - \Delta\varphi) \cdot \delta_i^{\mathrm{B}(0,i)}(g_0, P) \\ & + \Delta\varphi \cdot \delta_i^{\mathrm{B}(n)}(L) - \delta_i^{\mathrm{B}(i)}(L).\end{aligned}$$

Es bedeuten gemäß Abb. 9.40 $\delta_i^{B(0,n)}(g_0, P)$ die Einsenkung in i infolge g_0 und P auf der ganzen Kragträgerlänge, $\delta_i^{B(0,i)}(g_0, P)$ die Einsenkung in i infolge g_0 und P auf der Kragträgerlänge 0 bis i, $\delta_i^{B(n)}(L)$ die Einsenkung in i infolge Vorbaugerüst in n und $\delta_i^{B(i)}(L)$ die Einsenkung in i infolge Vorbaugerüst in i.

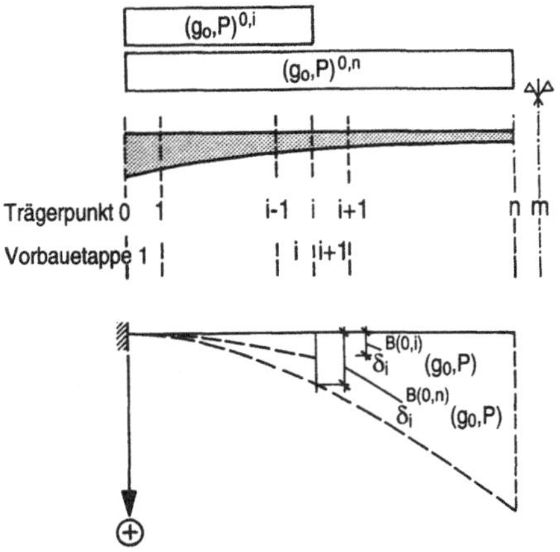

Abb. 9.40. Biegelinien im Bauzustand ohne Kriecheinfluss

Für den Teilkriechwert $\Delta\varphi$ können folgende Werte eingesetzt werden:

i im ersten Viertel des Kragträgers: $\Delta\varphi \cong 0{,}1 \cdot \varphi$,
i im dritten Viertel des Kragträgers: $\Delta\varphi \cong 0{,}05 \cdot \varphi$,
i am Kragträgerende: $\Delta\varphi = 0$.

Die Vorspannung P wird mit dem in der Bauphase i bis n wirkenden Mittelwert berücksichtigt. In dieser Bauphase sind auch allfällige Setzungen und Stützenverformungen zu berücksichtigen, die nach der Herstellung des Punktes i bis zum Fugenschluss eintreten.

Kragträgereinsenkung nach dem Freivorbau durch Fugenschluss δ_i^F. Nach dem Entfernen des Vorbaugerüstes erfährt der Punkt i bis nach dem Betonieren des Fugenschlusses m Einsenkungen durch folgende Einflüsse:

Spannkraftverluste in der Bauphase n bis m,
Kriechen in der Bauphase n bis m,
Gewicht der Fugenschluss-Etappe m.

Diese Einsenkungen werden am Kragträger-System ermittelt.

Systemeinsenkungen im Endzustand nach dem Fugenschluss δ_i^E. Nach dem Fugenschluss wirkt das System im Endzustand. Die Kriecheinsenkungen aus Konstruktionsgewicht und Kragarmvorspannung werden deshalb unter Berücksichtigung der Umlagerungsmomente ermittelt. Alle andern Einsenkungen werden am System im Endzustand berechnet. In dieser Endphase verursachen folgende Einflüsse Systemeinsenkungen:

Restkriechen infolge von Konstruktionsgewicht und Kragarmvorspannung;
restliche Spannkraftverluste der Kragarmvorspannung,
Feld- und Kontinuitätsvorspannung unter Berücksichtigung der Spannkraftverluste,
Belag und Brüstungen,
eventuell Anteile aus Verkehrslast und ungleichmäßiger Temperatur,
Restsetzungen und Stützenverformungen nach dem Fugenschluss.

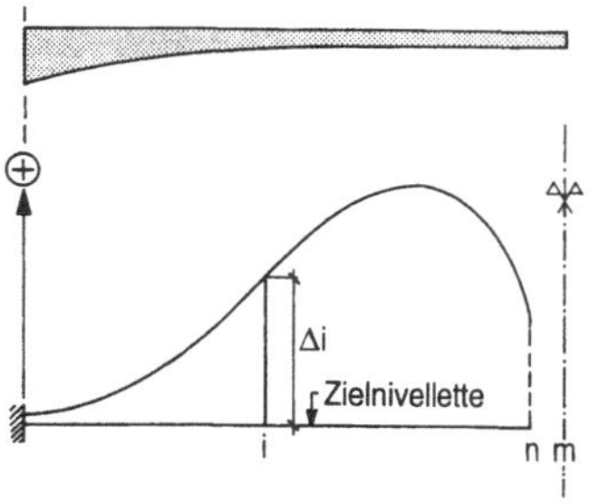

Abb. 9.41. Überhöhungslinie Δi

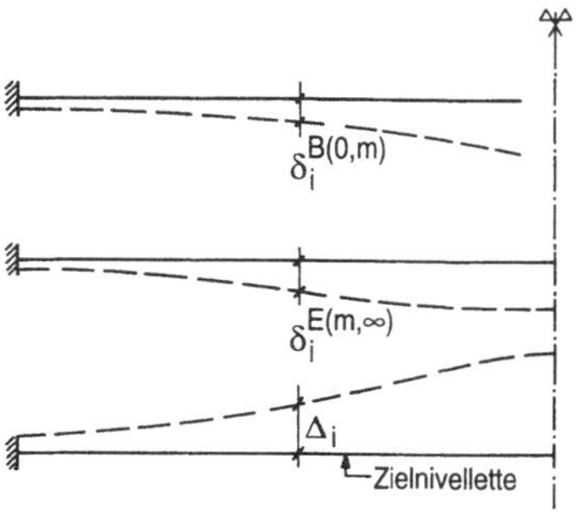

Abb. 9.42. Biegelinien und Überhöhungen beim Freivorbau mit vorfabrizierten Segmenten

Mit der Ermittlung der Überhöhungen in etwa vier bis sechs Punkten des Kragträgers lässt sich die gesamte Überhöhungslinie Δ_i, die generell den in Abb. 9.41 dargestellten Verlauf aufweist, auf der gesamten Kragträgerlänge zuverlässig aufzeichnen.

Falls der Freivorbau mit vorfabrizierten Segmenten ausgeführt wird, gestaltet sich die Überhöhungsberechnung einfacher. Es müssen lediglich die Biegelinie des Kragträgers beim Fugenschluss $\delta_i^{\mathrm{B}(0,m)}$ und die Biegelinie des Systems im Endzustand $\delta_i^{\mathrm{E}(m,\infty)}$ ermittelt werden. Aus diesen beiden Biegelinien ergibt sich die erforderliche Überhöhungskurve Δ_i, die bei der Herstellung der Trägersegmente zu berücksichtigen ist (Abb. 9.42).

Das Problem beim Freivorbau mit vorfabrizierten Trägersegmenten liegt vor allem in der sehr genauen Ausrichtung der Segmente der Grundetappe. Verstellbare Lager sind diesbezüglich vorteilhaft.

9.5 Bogenbrücken

9.5.1 Konzeptionelle Aspekte

Bogenbrücken sind nur bei speziellen topographischen und geologischen Verhältnissen wirtschaftlich, z. B., wenn ein markanter Abschnitt im Brückenbereich aus technischen oder ästhetischen Gründen stützenfrei überspannt werden muss, während im übrigen Brückenbereich kleine Spannweiten zweckmäßig und wirtschaftlich sind. Dies trifft etwa bei Brücken über Flüsse, Schluchten oder ausgeprägte Taleinschnitte zu. Im Bogenbereich sind die Kosten für Gerüst und Schalung wesentlich höher als bei Balkenbrücken.

Wirtschaftliche Bogenspannweiten liegen bei etwa 50 bis 200 m. Im Hinblick auf die Beanspruchungen und Verformungen aus Schwinden, Kriechen, Temperaturänderungen und Widerlagerverschiebungen spielt das Pfeilverhältnis f/l eine wesentliche Rolle. Bogen mit sehr kleinem Pfeilverhältnis sind diesbezüglich empfindlich. Zur Verminderung der Zwangsbeanspruchung kann es in diesem Fall zweckmäßig sein, bei den Kämpfern und im Bogenscheitel Gelenke vorzusehen. Die Langzeitverformungen und insbesondere der Knickwinkel im Scheitelgelenk sind aber bei flachen Bogen relativ groß und müssen überprüft werden.

Die Pfeilhöhe des Bogens kann etwa im Bereich von $l/10$ bis $l/2$ liegen. Pfeilhöhen unter $l/10$ sollten auch bei starren Bogenwiderlagern wegen der zu erwartenden Langzeitverformung vermieden werden. Bei einer Pfeilhöhe von mehr als $l/4$ können die Zwangsbeanspruchungen normalerweise auch bei relativ steifen, eingespannten Bogen ohne weiteres aufgenommen werden. Pfeilhöhen über $l/2$ sind aus ästhetischen und wirtschaftlichen Gründen kaum vertretbar.

Die Fahrbahn ist bei Bogenbrücken in der Regel aufgeständert. Sie kann aber auch, z. B. bei sehr niedrigen Brücken, am Bogen aufgehängt werden (Abb. 9.43). In diesem Falle besteht der Bogen aus zwei kräftigen Rippen über den Fahrbahnrändern. In den Tragebenen der Bogenrippen übernehmen Hänger die Fahrbahnlasten, die mit Querträgern oder direkt mit der Fahrbahnplatte in die Tragebenen hinausgeleitet werden. Dieses Tragsystem ist allerdings aus wirtschaftlichen und ästhetischen Gründen etwas problematisch. Es eignet sich wesentlich besser für Stahlbrücken.

Bogen, Stützen und Fahrbahnträger bilden ein Rahmensystem. Der Träger sollte über dem Bogen mindestens fünf Felder aufweisen, andernfalls ist ein vereinfachtes System, z. B. in Form eines Sprengwerkes, sinnvoller. Es empfiehlt sich, die Bogenachse möglichst genau der Stützlinie aus ständiger Last anzugleichen.

Die Zufahrtsbereiche werden auch bei einer allfälligen Krümmung im Grundriss, wenn immer möglich, fugenlos mit dem Bogenbereich verbunden. Das fugenlose Rahmensystem weist eine bessere Stabilität auf, und die Ausbildung einwandfreier Fugen ist im relativ niedrigen Träger konstruktiv schwierig. Das Bewegungszentrum des Systems befindet sich im Bogenscheitel, der Träger muss deshalb längsverschieblich gelagert werden.

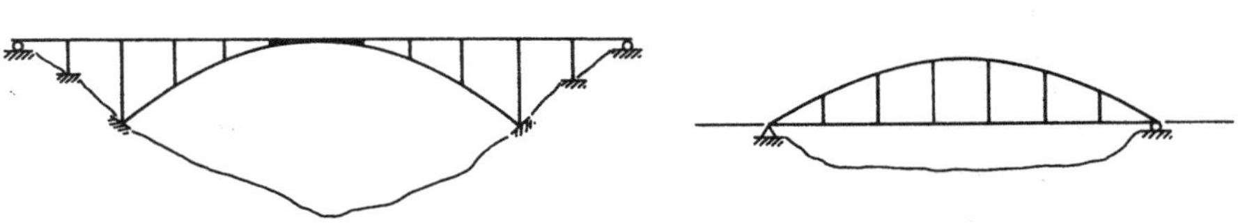

Abb. 9.43. Bogenbrücken mit aufgeständerter bzw. aufgehängter Fahrbahn

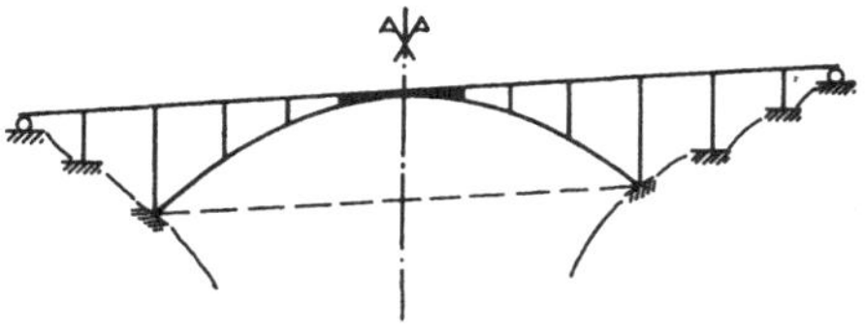

Abb. 9.44. Anordnung der Bogenkämpfer bei geneigter Fahrbahn

Manchmal ist es jedoch vorteilhaft, die Bogenbrücke an einem Widerlager über ein festes Lager festzuhalten, denn dadurch kann dem Tragwerk eine beträchtliche Längssteifigkeit verliehen werden.

Die Biegebeanspruchung im Bogenbereich besteht im Prinzip aus zwei Anteilen:

den Trägermomenten des unverschieblichen Systems,
den Rahmenmomenten infolge der Systemverschiebung.

Die Trägermomente des unverschieblichen Systems lassen sich einfach ermitteln; der Fahrbahnträger verhält sich wie ein durchlaufender Balken.

Durch die Verformung des Bogens infolge der Normalkraft entsteht auch bei einem Stützlinienbogen infolge von ständiger Last eine Systemeinsenkung, die im Träger und Bogen Zwangsmomente zur Folge hat. Die eigentlichen Rahmenmomente werden aber durch die Systemverschiebung aus Verkehrslast verursacht. Sie verteilen sich im Wesentlichen der Steifigkeit entsprechend auf Bogen und Träger. Momente im Bogen können wegen der „natürlichen Vorspannung" durch die Bogennormalkraft (bei gleicher Querschnittshöhe) mit kleinerem Bewehrungsaufwand aufgenommen werden als im Träger.

Steife kräftige Bogen haben den Vorteil, dass das Bogen-Lehrgerüst unmittelbar nach der Fertigstellung des Bogens ausgebaut werden kann. Schlanke leichte Bogen erfordern ein entsprechend leichtes Lehrgerüst; wegen der geringeren Biegetragfähigkeit und Stabilität schlanker Bogen muss aber das Lehrgerüst bedeutend länger, d. h. bis zur Fertigstellung des Fahrbahnträgers, eingebaut bleiben.

Im Allgemeinen wird der Fahrbahnträger so ausgebildet, dass er im Zufahrtsbereich höchstens eine Schlankheit von 12 bis 15 aufweist. In Anbetracht dieser geringen Schlankheit kann dem Fahrbahnträger im Bogenbereich von den Rahmenmomenten ein Anteil zugewiesen werden, der etwa von gleicher Größenordnung ist wie die Momente im Zufahrtsbereich. Der restliche Anteil der Rahmenmomente muss vom Bogen aufgenommen werden. Aufgrund dieser Überlegung lässt sich die erforderliche Mindeststeifigkeit des Bogens abschätzen.

Für die Lage der Bogenkämpfer sind topographische, geologische und herstellungstechnische Gesichtspunkte entscheidend. Die Verbindungslinie der Bogenkämpfer sollte aus ästhetischen Gründen parallel zum Fahrbahnträger verlaufen (Abb. 9.44). Über den Bogenkämpfern werden normalerweise Stützen angeordnet. Damit erübrigen sich für diese Stützen spezielle Fundamente, und die Bogennormalkraft wird steiler in den Baugrund eingeleitet.

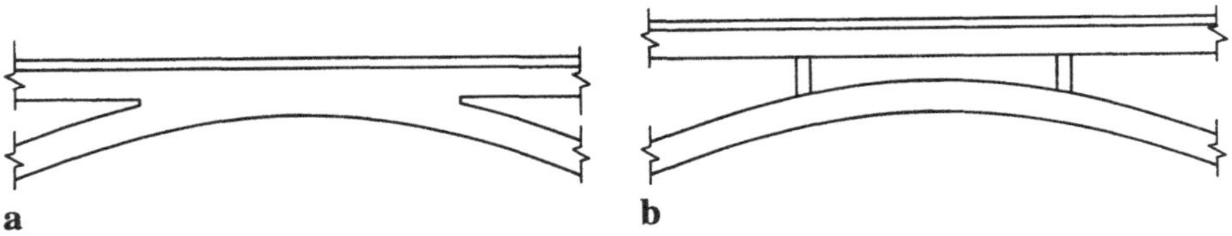

Abb. 9.45. Scheitelbereich: **a** Bogen und Träger „verschmolzen", **b** Träger abgesetzt

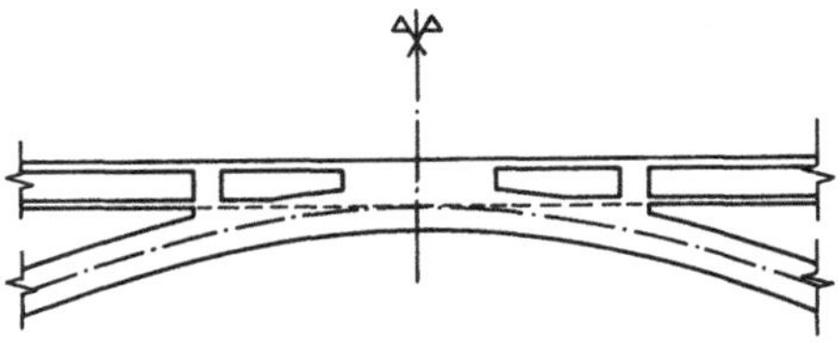

Abb. 9.46. Verschmolzene Scheitelpartie

Im Scheitel kann der Bogen vom Fahrbahnträger abgesetzt oder mit ihm „verschmolzen" werden. Längs-Horizontalschübe im Fahrbahnträger lassen sich bei verschmolzener Scheitelpartie besser in das Rahmensystem einleiten und über den Bogen in den Baugrund abtragen. Falls der Träger vom Bogen abgesetzt wird, sollte in der Scheitelpartie aus ästhetischen Überlegungen ein Feld und nicht eine Stütze angeordnet werden (Abb. 9.45).

Bei verschmolzener Scheitelpartie ist der Bogen normalerweise gleich breit wie der Träger. Eine befriedigende Gestaltung dieses ästhetisch heiklen Bereichs lässt sich meistens mit einem tangentialen Anschluss der Bogenachse an die Trägerunterseite erreichen (Abb. 9.46).

9.5.2 Querschnittsausbildung

Der Fahrbahnträger weist wegen der Rahmenwirkung normalerweise im ganzen Bogenbereich positive und negative Momente von annähernd gleicher Größenordnung auf. Der Trägerquerschnitt wird deshalb bei großen Bogenspannweiten als Kasten und bei kleineren Spannweiten allenfalls auch als Plattenbalken ausgebildet. Wenn die Steifigkeit des Bogens jedoch stark überwiegt, übernimmt der Fahrbahnträger nur einen kleinen Anteil der Rahmenmomente und verhält sich im Wesentlichen wie ein Durchlaufträger. In diesem Fall kann der Querschnitt der Feldweite entsprechend als Plattenbalken oder als Platte ausgebildet werden.

Die Querschnittsform des Bogens ist vor allem abhängig von der Bogenspannweite und dem Steifigkeitsverhältnis von Bogen zu Träger. Bei Stabbogen werden dünnwandige Plattenquerschnitte bevorzugt. Maßgebend für die erforderliche Plattendicke ist die Knicksicherheit der Bogensegmente zwischen den Stützen. Der dünne Querschnitt hat den Vorteil, dass für die Herstellung des Bogens ein leichtes Gerüst verwendet werden kann. Das Gerüst kann aber erst nach der Fertigstellung des Trägers ausgebaut werden, da der freitragende Bogen eine völlig ungenügende Stabilität aufweist. Der Stützenabstand ist bei Stabbogen klein. Die Herstellung der zahlreichen Stützen erfordert einen großen Aufwand.

Steife eingespannte Bogen werden je nach Spannweite mit Rippen-, Platten- oder Kastenquerschnitt ausgebildet.

Rippenbogen sind im Spannweitenbereich bis 150 m am wirtschaftlichsten. Das Verhältnis von Materialaufwand zu Biegetragfähigkeit ist bei hochgestellten Rechteckquerschnitten günstig. Außerdem erfordert diese Querschnittsform einen relativ kleinen und einfach ausführbaren Anteil an Konterschalung im Bereich, wo die Bogenoberseite steiler als ca. 20° ist.

Plattengewölbe wirken schlank und elegant. Sie benötigen aber ein kräftiges Lehrgerüst. Das Verhältnis von Materialaufwand zu Biegetragfähigkeit ist besonders bei breiten Gewölben ungünstig. Aus wirtschaftlichen Gründen sind Plattengewölbe nur bei schmalen Brücken und Spannweiten bis ca. 120 m vertretbar.

Bei großen Bogenspannweiten sind Kastenquerschnitte am zweckmäßigsten. Der Schalungsaufwand ist zwar relativ groß, aber das Verhältnis von Materialaufwand zu Biegetragfähigkeit ist sehr günstig, und der freitragende Bogen weist dementsprechend normalerweise eine ausreichende Stabilität auf. Wegen des geringen Gewichtes eignet sich diese Querschnittsform auch besonders gut für die Herstellung des Bogens im Freivorbau mit Abspannung.

9.5.3 Vorspannkonzept

Die teilweise Vorspannung des Trägers wird so bemessen, dass unter ständiger Last keine Betonzugspannungen auftreten und die Spannbewehrung zusammen mit der erforderlichen Mindestbewehrung gerade ausreicht, um in den Trägerbereichen mit den kleinsten Beanspruchungen aus Verkehrslast die Bruchsicherheit zu gewährleisten. In den übrigen Trägerbereichen wird der höheren Beanspruchung entsprechend eine schlaffe Zulagebewehrung angeordnet.

Mit diesem Konzept lassen sich Risse unter ständiger Last weitgehend vermeiden, und dank der Vorspannung weist der Träger eine höhere Biegesteifigkeit auf, was sich im Hinblick auf die Momente 2. Ordnung günstig auswirkt.

Die Spannbewehrung besteht normalerweise aus zwei Anteilen: den Spanngliedern in den Stegen (Stegvorspannung) und den Spanngliedern in der oberen und der unteren Kastenplatte (Plattenvorspannung).

Die Stegvorspannung weist in jedem Trägerfeld einen parabolischen Verlauf auf. Sie wird so bemessen, dass die Umlenkkräfte aus Vorspannung etwa gleich groß sind wie die ständige Last des Trägers. Die Spannglieder in den Platten werden in Stegnähe angeordnet. Sie decken etwa den durchgehend vorhandenen Anteil der Momente aus Verkehrslast ab. Der restliche Anteil wird von der schlaf-

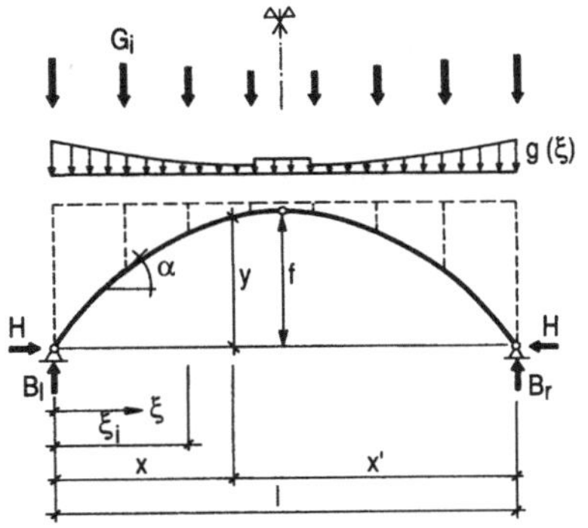

Abb. 9.47. Stützlinie für ständige Lasten

fen Bewehrung aufgenommen, die dem Momentenverlauf entsprechend abgestuft ist.

9.5.4 Vorbemessung

Im Hinblick auf ein günstiges Tragverhalten des Systems wird die Bogenachse möglichst genau der Stützlinie aus ständiger Last angeglichen. Die Berechnung der Stützlinie erfolgt für einen fiktiven Dreigelenkbogen mit Gelenken in den Kämpfern und im Scheitel. Träger und Stützen wirken als konzentrierte Lasten auf den Bogen. Dementsprechend weist die Stützlinie bei den Stützen Knicke auf. Diese Knicke sind aber relativ klein, und es empfiehlt sich nicht, sie durch eine stetige Bogenkrümmung auszugleichen. Die natürliche, „momentenfreie" Bogenform wirkt auch in ästhetischer Hinsicht überzeugend.

Zur Ermittlung der Stützlinie wird zunächst der Horizontalschub H aus der Gelenkbedingung im Bogenscheitel bestimmt. Hierauf lassen sich die Ordinaten der momentenfreien Bogenachse berechnen (Abb. 9.47).

Momente am einfachen Balken mit der Spannweite l:

$$M_0(x).$$

Horizontalschub aus der Gelenkbedingung im Bogenscheitel:

$$H = M_0^{\mathrm{G}}/f.$$

Momente am Dreigelenkbogen:

$$M = M_0(x) - H \cdot y.$$

Bedingung für Stützlinienbogen (Bogenordinaten):

$$M = M_0(x) - H \cdot y = 0 \quad y = \frac{M_0(x)}{M_0^{\mathrm{G}}} f.$$

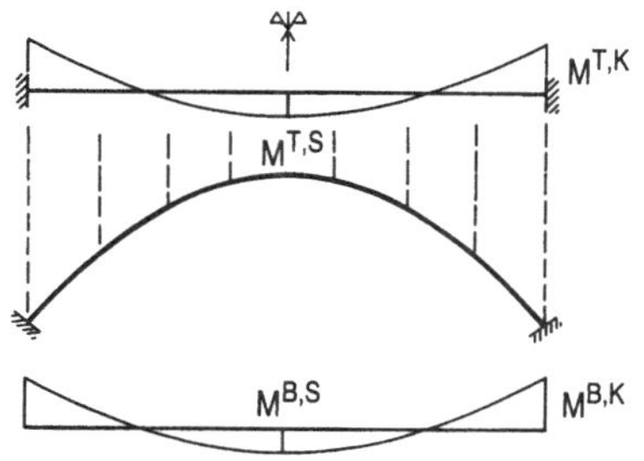

Abb. 9.48. Momente infolge Scheitelsenkung

Für die Vorbemessung kann das gesamte Gewicht von Bogen, Stützen und Träger gleichmäßig auf die Bogenspannweite verteilt werden ($\bar{g}$). Damit ergibt sich der Horizontalschub aus ständiger Last näherungsweise zu

$$H(\bar{g}) \cong \frac{\bar{g} \cdot l^2}{8 \cdot f}.$$

Infolge der Bogen-Normalkraft

$$N(\bar{g}) = \frac{1}{\cos\alpha} H(\bar{g})$$

verformt sich der Bogen, und mit einer relativ groben Abschätzung ergibt sich für die Scheiteleinsenkung:

$$\delta^{S} \cong \frac{H(\bar{g})}{E \cdot A^{B,S}} \frac{l \cdot (1 + 3 \cdot (f/l)^2)}{4 \cdot f/l},$$

mit $A^{B,S}$ als Bogenquerschnitt im Scheitel.

Bei einem eingespannten Bogen, dessen Träger über den Kämpferstützen eingespannt ist, verursacht diese Scheitelsenkung etwa folgende Momente (Abb. 9.48):

$$M^{T,S} = -\frac{1}{2} M^{T,K} \cong \frac{16 \cdot EI^{T}}{l^2} \delta^{S}, \quad M^{B,S} = -\frac{1}{2} M^{B,K} \cong \frac{16 \cdot EI^{B}}{l^2} \delta^{S}.$$

Diesen Zwangsmomenten infolge der Bogeneinsenkung aus ständiger Last überlagern sich im Fahrbahnträger die Momente am durchlaufenden Balken. Zwangsmomente entstehen auch, wenn der Bogen im Freivorbau erstellt wird: Nach dem Bogenschluss im Scheitel verformt sich der Bogen infolge von Kriechen, und es baut sich ein Spannungszustand auf, der sich weitgehend demjenigen des Eingusszustandes (Herstellung auf Gerüst) annähert.

Beim Stabbogen ist die Biegesteifigkeit des Bogens vernachlässigbar klein im Vergleich zu derjenigen des Trägers; umgekehrt ist beim freitragenden Bogen

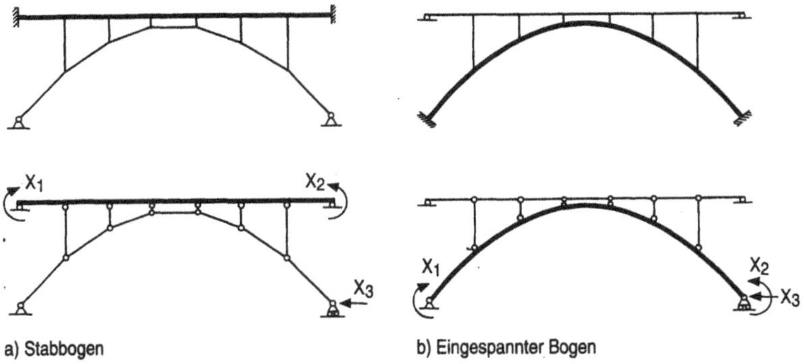

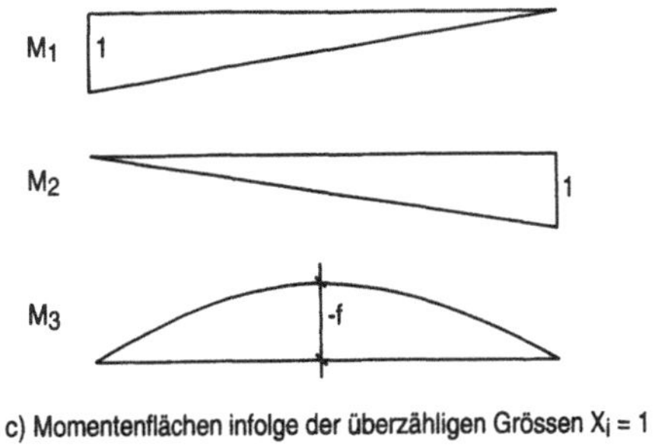

Abb. 9.49. Grundsystem und überzählige Größen beim Stabbogen und beim freitragenden eingespannten Bogen

die Biegesteifigkeit des Trägers vernachlässigbar klein im Vergleich zu derjenigen des Bogens. Stabbogen und freitragender Bogen sind Grenzsysteme in Bezug auf das Tragverhalten des Rahmensystems. Beim Stabbogen werden die Rahmenmomente infolge der Systemverschiebung ausschließlich vom Fahrbahnträger und beim freitragenden Bogen ausschließlich vom Bogen aufgenommen. Im Allgemeinen beteiligen sich allerdings Träger und Bogen an der Aufnahme der Rahmenmomente.

Größe und Verlauf der Rahmenmomente sind bei Stabbogen mit Trägereinspannung über den Kämpferstützen und freitragenden eingespannten Bogen im Prinzip gleich. Bei analogen Grundsystemen ergeben sich für die Verschiebungen δ_{ik} und die überzähligen Größen X_i, unter der Annahme

$$EI^{\mathrm{B}} \cdot \cos\alpha = EI^{\mathrm{B,S}} = \text{konst.},$$

für die Biegesteifigkeit des Bogens dieselben Werte (Abb. 9.49)

Stabbogen:

$$\delta_{ik} = \int_0^l M_i \frac{M_k}{EI^{\mathrm{T}}}\, \mathrm{d}\xi .$$

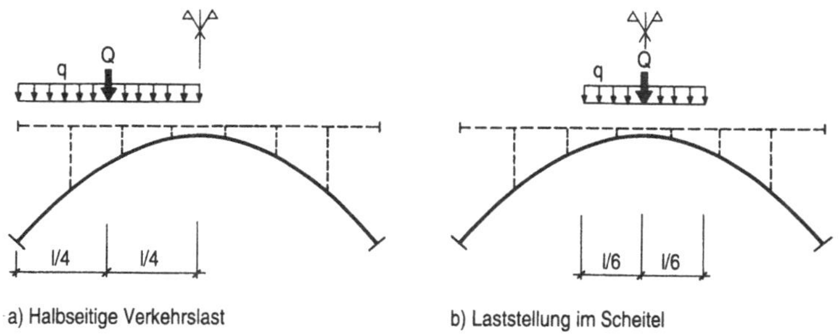

Abb. 9.50. Laststellungen für die Abschätzung der Rahmenmomente aus Verkehrslast

Eingespannter Bogen:

$$\delta_{ik} = \int_0^l M_i \frac{M_k}{EI^{\mathrm{B}}}\,\mathrm{d}s = \int_0^l M_i \frac{M_k}{EI^{\mathrm{B,S}}}\,\mathrm{d}\xi .$$

Im allgemeinen Fall, d. h., wenn sich Träger und Bogen gemeinsam an der Aufnahme der Biegemomente beteiligen, können die Momente M zunächst an einem Grenzsystem (Stabbogen oder freitragender Bogen) ermittelt und dann im Sinne einer Näherungslösung den Steifigkeiten entsprechend auf Träger und Bogen verteilt werden:

Trägermomente: $M^{\mathrm{T}} = M \cdot I^{\mathrm{T}}/(I^{\mathrm{T}} + I^{\mathrm{B,S}})$,
Bogenmomente: $M^{\mathrm{B}} = M \cdot I^{\mathrm{B,S}}/(I^{\mathrm{T}} + I^{\mathrm{B,S}})$.

Diesen Rahmenmomenten müssen beim Träger noch die Momente am durchlaufenden Balken (unverschiebliches System) überlagert werden.

Die Größenordnung der Rahmenmomente aus Verkehrslast (im Kämpfer, Bogenviertel und Scheitel) lässt sich mit zwei wichtigen Laststellungen abschätzen (Abb. 9.50 und 9.51):

Verkehrslast auf einer Bogenhälfte (halbseitige Verkehrslast),
Verkehrslast auf einem Drittel der Bogenspannweite im Scheitel.

Diese schematischen Laststellungen ergeben nicht die Momenten-Grenzwerte. Diese müssen bei der genauen Berechnung aufgrund der maßgebenden Laststellungen ermittelt werden.

Falls der Träger über den Kämpfern nicht gestützt ist und somit eine größere „Rahmenspannweite" aufweist als der Bogen, ändert sich die Größenordnung der Momente und deren Verteilung auf Bogen und Träger im Bogenviertel und im Bogenscheitel nicht wesentlich. Im Kämpferbereich übernimmt dagegen der Bogen (bei etwa gleicher Steifigkeit von Bogen und Träger) fast den ganzen Betrag der aufgrund der Bogenspannweite ermittelten Rahmenmomente.

Die Momente 2. Ordnung können bei einem eingespannten Bogen mit vorgespanntem Fahrbahnträger wie folgt abgeschätzt werden.

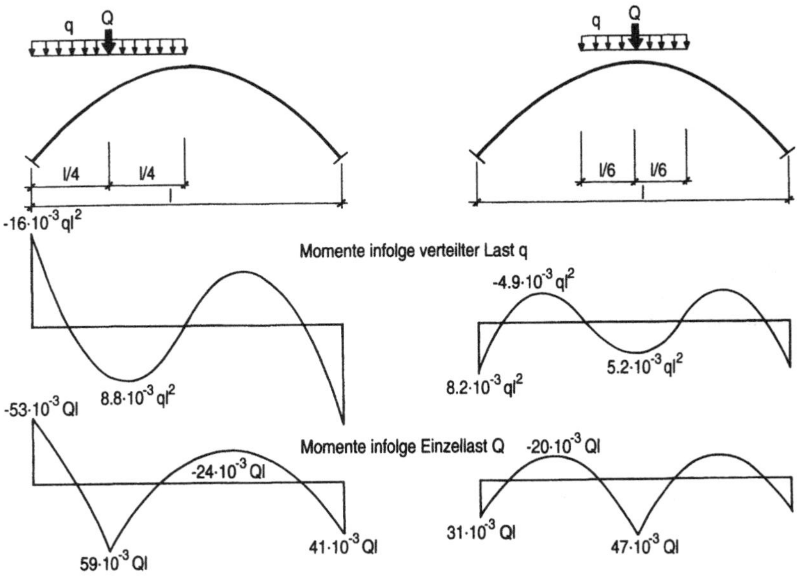

Abb. 9.51. Rahmenmomente am eingespannten Bogen infolge Verkehrslast

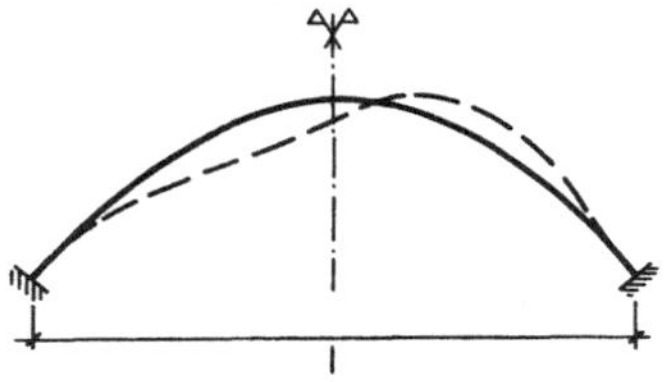

Abb. 9.52. Antimetrische Bogenknickfigur

Die größten Rahmenmomente entstehen in der Regel bei halbseitiger Verkehrslast. Diesem Lastfall entspricht eine antimetrische Bogenknickfigur (Abb. 9.52). Sofern die Biegesteifigkeit des Bogens in Richtung der Kämpfer genügend stark anwächst ($EI^{B} \cdot \cos\alpha = EI^{B,S}$), kann die Berechnung der Momente 2. Ordnung an einem geraden Ersatzträger durchgeführt werden (Abb. 9.53).

Man wird somit bei halbseitiger Verkehrslast zunächst die Auslenkung 1. Ordnung ermitteln und hieraus die Verformung 2. Ordnung bestimmen. Die Tragsicherheit muss im Bruchzustand nachgewiesen werden, und dementsprechend ist auch die im Bruchzustand wirkende Biegesteifigkeit anzunehmen. Sofern die Bogenform der Stützlinie entspricht und der Fahrbahnträger vorgespannt ist, genügt für eine Vorberechnung die Annahme

$$EI_y \cong \tfrac{1}{4} \cdot E_c \cdot I_c = \tfrac{1}{4} \cdot (EI^{B,S} + EI^{T}).$$

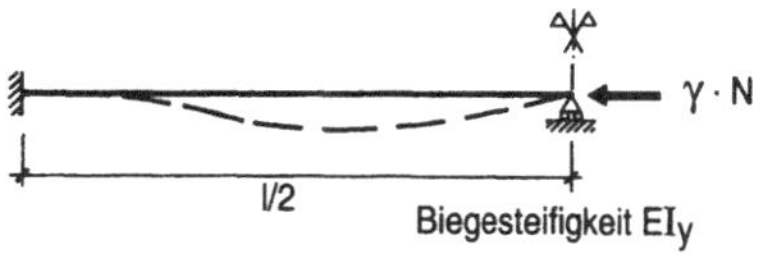

Abb. 9.53. Ersatzträger für die Abschätzung der Momente 2. Ordnung

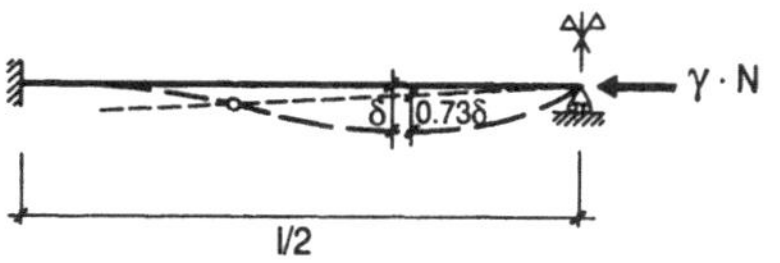

Abb. 9.54. Knickfigur des Ersatzträgers

Die Auslenkung 1. Ordnung (im Bruchzustand) beträgt näherungsweise

$$\delta_1 = \frac{\gamma \cdot M_{\max} \cdot (l/2)^2}{13 \cdot EI_y}$$

mit $M_{\max}$ als größtem Rahmenfeldmoment aus halbseitiger Verkehrslast und γ als „globalem" Sicherheitsfaktor.

Die Knick-Normalkraft des Bogens beträgt:

$$N_E = \frac{\pi^2 \cdot EI_y}{l_k^2} = \frac{\pi^2 \cdot EI_y}{(0{,}7 \cdot l/2)^2}.$$

Damit erhält man für die Auslenkung 2. Ordnung:

$$\delta = \delta_1 \cdot \frac{1}{1 - \gamma \cdot N/N_E}$$

mit N als der Bogen-Normalkraft, und das Moment 2. Ordnung, das der Steifigkeit entsprechend auf Bogen und Träger zu verteilen ist, beträgt (Abb. 9.54)

$$\Delta M = 0{,}73 \cdot \delta \cdot \gamma \cdot N.$$

9.5.5 Anordnung der Vorspannung

Die Vorspannung im Bogenbereich besteht normalerweise aus Spanngliedern in den Stegen (Stegvorspannung) und Spanngliedern in der oberen und der unteren Kastenplatte (Plattenvorspannung) (Abb. 9.55).

Die Stegvorspannung wird etwa so bemessen, dass die Umlenkkräfte aus Vorspannung annähernd gleich groß sind wie die ständige Last des Fahrbahnträgers. Die beweglichen Anker der Spannglieder sollten bei den Kämpferstützen angeordnet werden. Damit wird erreicht, dass die volle Spanngliedexzentrizität im ganzen

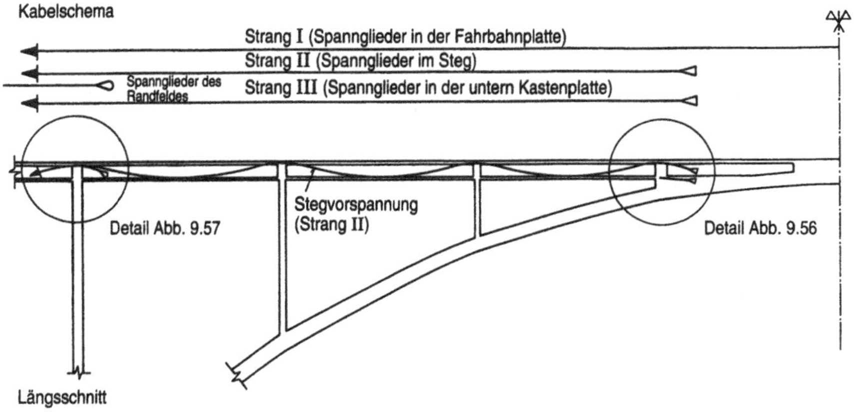

Abb. 9.55. Generelle Spanngliedanordnung bei einer Bogenbrücke

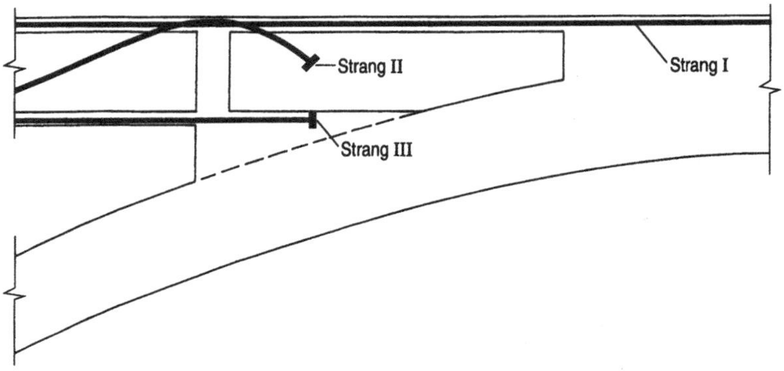

Abb. 9.56. Spanngliedanordnung im Scheitelbereich

Träger ausgenützt werden kann, da in Richtung Bogenscheitel die Spannkraft (infolge Reibung) und normalerweise auch die Feldweiten abnehmen.

Die Plattenvorspannung wird in Stegnähe angeordnet. Die Spannglieder in der unteren Kastenplatte können im Zusammenschluss von Bogen und Träger verankert werden (Abb. 9.56). Die Spannglieder in der oberen Kastenplatte werden in der Regel über den gesamten Bogenbereich durchgezogen, damit ihre günstige Wirkung in der durch den Bogen exzentrisch gedrückten Scheitelzone ausgenützt werden kann.

Die beweglichen Anker aller Spannglieder im Bogenbereich werden in der Stirnfläche einer massiven Stegverbreiterung vor den Kämpferstützen angeordnet (Abb. 9.57). In der Fahrbahnplatte ist eine provisorische Öffnung für das Ansetzen der Spannpressen erforderlich, die nach dem Spannen und Injizieren zubetoniert wird. Das Übergreifen der Spannglieder aus dem Zufahrts- und Bogenbereich wirkt

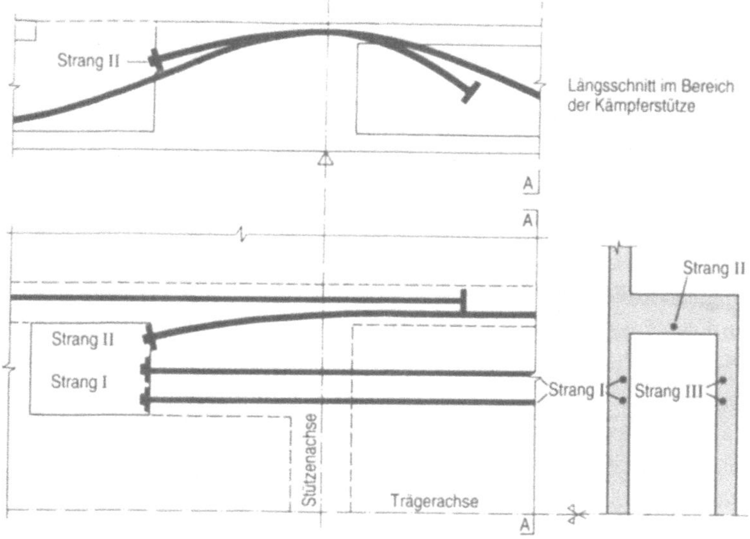

Abb. 9.57. Spanngliedverankerungen im Bereich der Kämpferstütze

sich insofern günstig aus, als über den Kämpferstützen immer die größten Momente auftreten.

9.6 Rahmenbrücken

9.6.1 Konzeptionelle Aspekte

Rahmen sind im Wesentlichen stark vereinfachte Bogentragwerke. Die häufigsten Rahmenformen sind Sprengwerke, einfeldrige Rechteck- oder Trapezrahmen und V-Stiel-Brücken.

Mit einem Sprengwerk kann z. B. bei kleinen und mittleren Spannweiten das aufwändige, ausführungstechnisch schwierige Bogentragwerk ersetzt werden. Sprengwerke sind besonders dann zweckmäßig, wenn mit einer Verkürzung der Hauptöffnung durch geneigte Stützen auf der ganzen Brückenlänge ausgeglichene wirtschaftliche Trägerspannweiten erreicht werden können (Abb. 9.58).

Rahmenbrücken eignen sich auch gut für die Überquerung eines einzigen, im Vergleich zur Brückenhöhe relativ großen Feldes (Abb. 9.59). Die Aktivierung des Horizontalschubes bewirkt einen günstigen Momentenausgleich im Träger. Zudem lassen sich die Brückenwiderlager bei Spannweiten bis ca. 50 m in die Tragkonstruktion integrieren, so dass auf Fugen und Lager am Brückenende verzichtet werden kann. Aus diesen Gründen sind Einfeldrahmen meistens wirtschaftlicher und in Bezug auf Unterhalt günstiger als einfache Balken. Wegen der Einspannung über den Rahmenstützen kann der Träger in Feldmitte mit einer

Abb. 9.58. Günstige Topographie für Sprengwerke

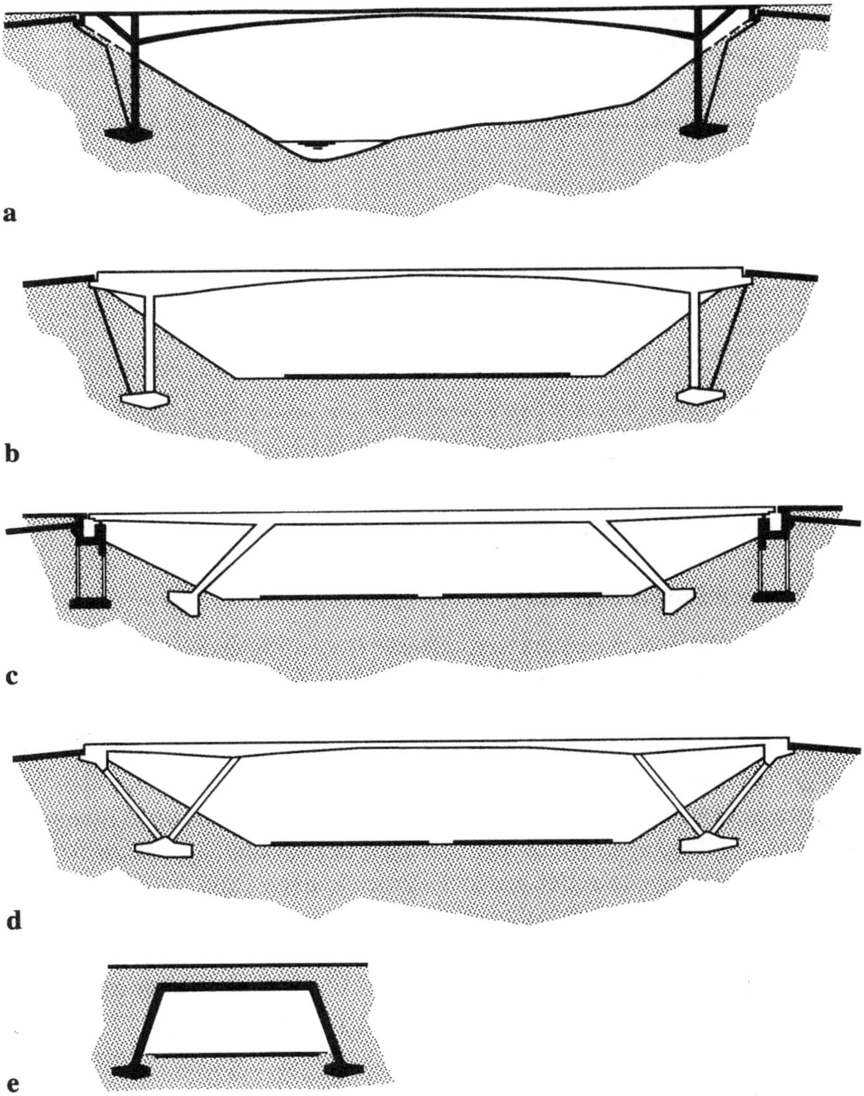

a

b

c

d

e

Abb. 9.59. **a** Zweigelenkrahmen mit aufgelöstem Querschnitt, **b** Zweigelenkrahmen mit Plattenquerschnitt, **c** Sprengwerk, **d** V-Stielbrücke, **e** eingespannter Trapezrahmen für kleine Unterführungen

höheren Schlankheit ausgebildet werden, was bei niedrigen Brücken ästhetisch besonders vorteilhaft ist.

Der Spannweitenbereich von Einfeldrahmen reicht ohne weiteres bis ca. 70 m. Bei größeren Spannweiten bereitet die Aufnahme des Horizontalschubes unter Umständen Schwierigkeiten.

Einfeldrahmen werden in der Regel als Zweigelenkrahmen ausgebildet, wobei die Gelenkwirkung durch die Formgebung der Stützen (nach unten stark abnehmende Biegesteifigkeit) und nur in Ausnahmefällen durch eigentliche Gelenklager erreicht wird. Der Stützenquerschnitt besteht normalerweise aus einer vertikalen oder leicht gegen das Rahmenfeld geneigten Wand mit aufgesetzten Rippen. Die Rahmenecke muss zur Aufnahme der Umlenkkräfte (Zugumlenkkräfte aus den Träger- und den Stützenstegen; Druckumlenkkräfte aus der Stützenwand und der unteren Trägerplatte) mit einem geneigten Querträger ausgesteift werden. Die meistens sehr starke erforderliche Querträgerbewehrung kann mit Hilfe eines Fachwerkmodells für das Gleichgewicht der Umlenkkräfte ermittelt werden.

Die Trägerhöhe beträgt etwa $l/17$ am Auflager und $l/50$ in Feldmitte. Bei Spannweiten über ca. 50 m wird der Träger normalerweise durchgehend als Kasten ausgebildet. Im Spannweitenbereich von 25 m bis 50 m kann der Kastenquerschnitt wegen der geringen Trägerhöhe in Feldmitte aus ausführungstechnischen Gründen nicht durchgezogen werden. Im Feld wird deshalb auf einer Länge von ca. drei Vierteln der Spannweite die untere Kastenplatte weggelassen und der Querschnitt als Plattenbalken ausgebildet. Für Spannweiten von weniger als ca. 25 m sind Vollplatten-Querschnitte am geeignetsten.

Bis zu einer Brückenlänge von ca. 50 m kann auf die Ausbildung von Dilatationsfugen verzichtet werden. Die Rahmenstützen werden direkt hinterfüllt, und die Übergangsplatte wird meistens mit einem Neoprenstreifen auf den Endquerträgern gelagert. Bei dieser Ausbildung des Brückendes ist ein Riss im Fahrbahnbelag unvermeidlich. Mit einem Frässchnitt, der anschließend bituminös vergossen wird, können Belagsschäden an der Rissstelle weitgehend vermieden werden. Diese einfachen Maßnahmen erfordern wesentlich weniger Unterhalt als ein Fahrbahnübergang mit einer Fugenkonstruktion.

Bei längeren Brücken sind Dilatationsfugen unumgänglich. Die Rahmenstützen werden in diesem Falle in Widerlagernischen eingebaut (Abb. 9.60).

Bei kleinen Unterführungen mit Spannweiten bis ca. 15 m werden auch die in die Fundamente eingespannten Rahmenstützen nur mit Plattenquerschnitt ausgebildet. Diese kleinen Rahmenbauwerke werden im Hinblick auf die Homogenität der Fahrbahn meistens überschüttet. Die Dicke der Überschüttung beträgt ca. 0,8 m.

Überführungen im Spannweitenbereich von 30 m bis 35 m werden oft als so genannte V-Stiel-Brücken ausgeführt. Mit den fachwerkförmig angeordneten Stützen wird eine starke Trägereinspannung erreicht. Die im Vergleich zum Träger sehr schlanken Stützen können biegesteif mit dem Träger und dem Fundament verbunden werden, da sie nur unbedeutende Biegebeanspruchungen aufweisen.

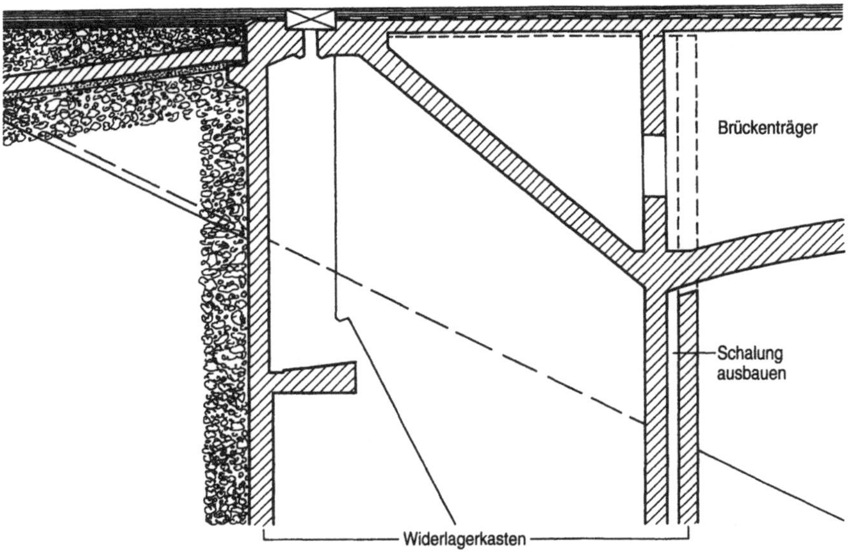

Abb. 9.60. Brückenende bei großen Zweigelenkrahmen mit Fugenkonstruktion

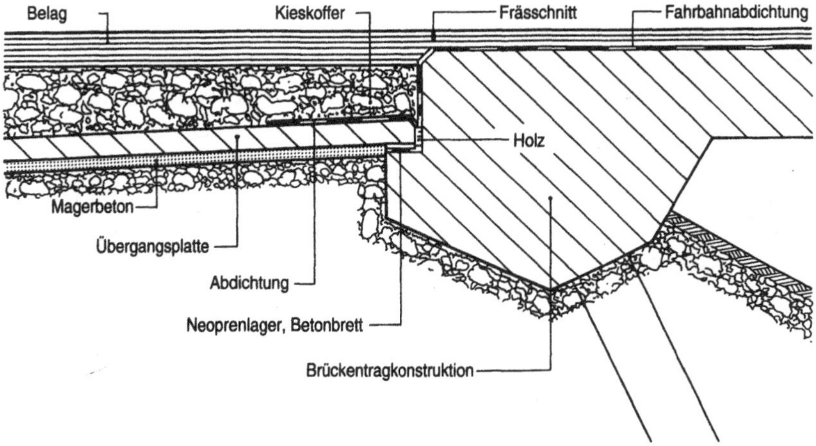

Abb. 9.61. Brückenende bei V-Stiel-Brücken

Die Zugstützen werden von der Böschung überdeckt; sie sollten aber mit einer Halbschale gegen den Setzungsdruck der Einschüttung geschützt werden. Der Trägerquerschnitt kann je nach Spannweite und zulässiger Bauhöhe als Kasten oder Vollplatte ausgebildet werden. Die Trägerenden stoßen fugenlos direkt an die Hinterfüllung. Damit entfallen eigentliche Widerlager (Abb. 9.61).

Bei V-Stiel-Brücken und Sprengwerk-Brücken (Abb. 9.62) sollten die Spannweiten und die Neigung der Stützen immer so festgelegt werden, dass die Tragwerksform der Stützlinie aus ständiger Last entspricht. Damit lassen sich bei den

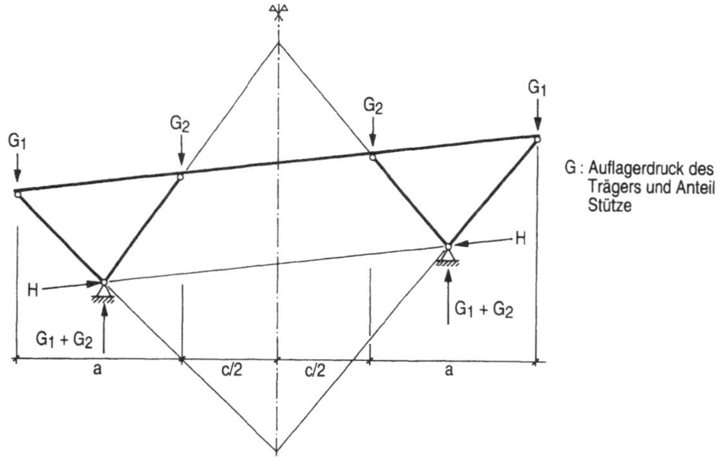

a

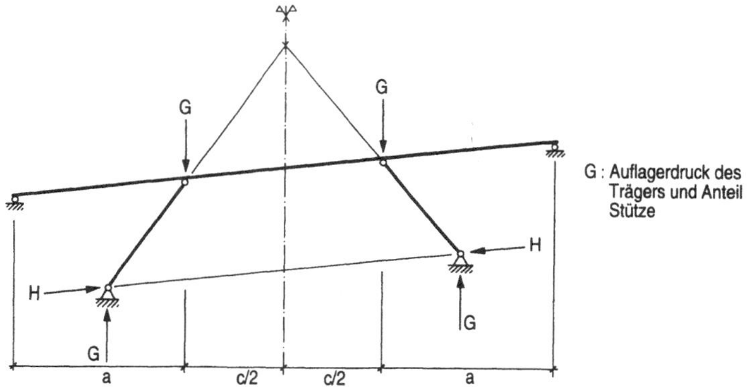

b

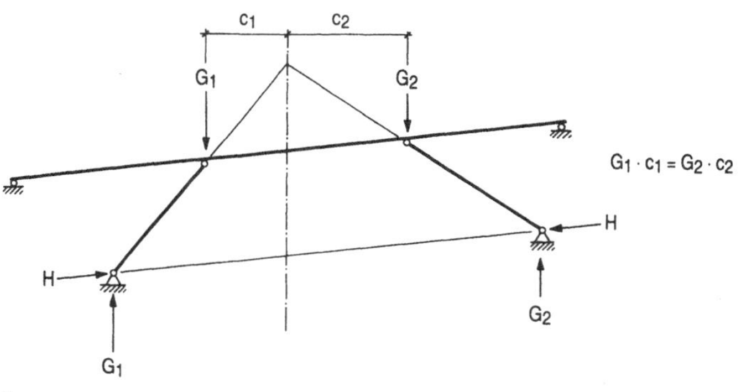

c

Abb. 9.62. **a** Schiefsymmetrische V-Stiel-Brücke, **b** schiefsymmetrisches Sprengwerk, **c** asymmetrisches Sprengwerk

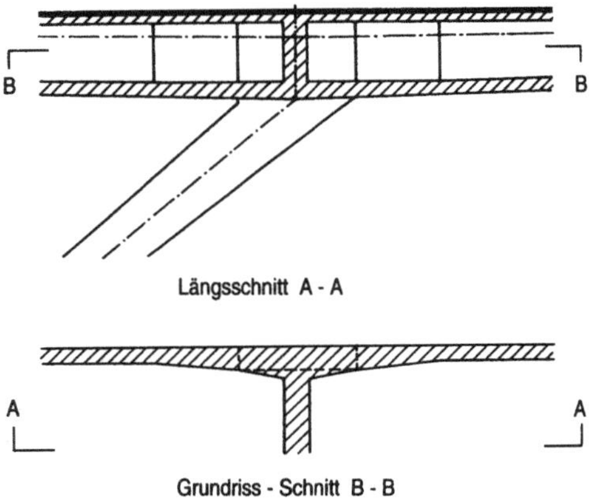

Abb. 9.63. Querträgerausbildung beim Anschluss der Sprengwerkstützen

Stützenanschlüssen Einsenkungen infolge von Trägerbiegung aus ständiger Last vermeiden, und es entsteht bei diesem Lastfall im Prinzip der gleiche Momentenverlauf wie bei einem Durchlaufträger.

Die Verbindungslinie der Stützenkämpfer (Schnittpunkt der Stützen mit der Terrainlinie) sollte aus ästhetischen Gründen wenn möglich parallel zur Fahrbahnnivellette verlaufen.

Querträger über den schiefen Stützen werden vertikal eingebaut und weisen in der Regel die gleiche Breite auf wie der Stützenanschluss am Träger (Abb. 9.63).

9.6.2 Vorspannkonzepte und Anordnung der Spannglieder

Vorspannkonzepte

Weitgespannte Rahmenbrücken sind verformungsempfindlich. Bei Voutenträgern ist die Steifigkeit in Feldmitte relativ klein, und es muss unter Umständen mit erheblichen Momentenumlagerungen gerechnet werden, weil der Horizontalschub durch Schwinden, Kriechen und allfällige Fundamentverschiebungen erheblich abgebaut werden kann. Diesen Besonderheiten muss das Vorspannkonzept Rechnung tragen. Es empfiehlt sich deshalb, bei ständiger Last und unter Berücksichtigung der Spannkraftverluste und der zeitabhängigen Verminderung des Horizontalschubes in Feldmitte einen nahezu zentrischen Spannungszustand anzustreben.

V-Stiel-Brücken im Spannweitenbereich von 30 m bis 35 m sind weniger verformungsempfindlich. Bei Überführungen muss aber damit gerechnet werden, dass die Trägerunterseite intensiven Einwirkungen durch versprühtes Salzwasser ausgesetzt ist. Aus diesem Grunde sollten Risse auch an der Trägerunterseite durch eine volle Vorspannung bei ständiger Last vermieden werden.

Bei Plattenrahmen mit Spannweiten von ca. 10 m für Durchlässe und kleine Unterführungen kann auf eine Vorspannung in Tragrichtung verzichtet werden, da das Verhalten des Tragwerks weder durch Verformungen noch durch gefährliche

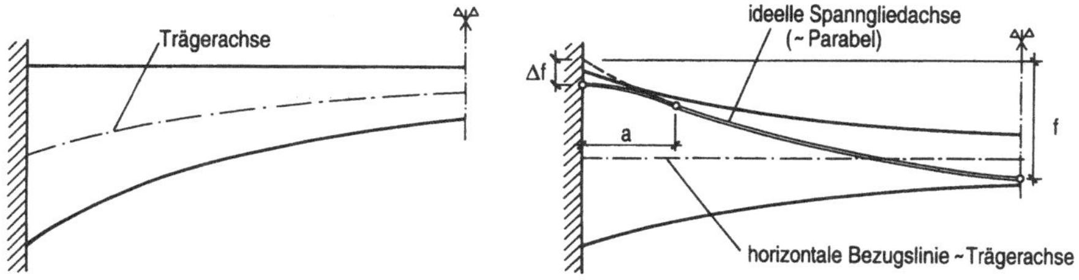

Abb. 9.64. Praktische Ermittlung des Spanngliedverlaufes bei Voutenträgern

Biegerisse beeinträchtigt wird. Wesentlich wichtiger ist bei langen Unterführungen eine ausreichende Vorspannung in Längsrichtung, damit Trennrisse infolge von Schwinden und Temperatur vermieden werden.

Anordnung der Spannglieder

Bei Zweigelenkrahmen werden die Spannglieder meistens über die ganze Trägerlänge durchgezogen, da in Feldmitte eine relativ starke Vorspannung erwünscht ist. Auch bei Voutenträgern sollten die Umlenkkräfte aus Vorspannug annähernd affin zum Trägergewicht sein. Bei der praktischen Entwurfsarbeit werden die gekrümmte Achse eines Voutenträgers als horizontale Bezugslinie und der obere Trägerrand der Trägerhöhe entsprechend gevoutet aufgezeichnet. In diesem einfachen Modell kann ein zweckmäßiger Verlauf der Spannglieder übersichtlich festgelegt werden (Abb. 9.64).

Die Rahmenstützen werden in der Regel nur bei relativ großen Trägerspannweiten vorgespannt. In den breiten kräftigen Stützenstegen lässt sich auch eine starke schlaffe Bewehrung einwandfrei anordnen. An der Oberseite der Rahmenecke wird die Stützenbewehrung mit den Spanngliedern des Trägers auf einer reichlich bemessenen Übergreifungslänge gestoßen. Den großen gestoßenen Kräften entsprechend ist auch eine starke Spreizbewehrung erforderlich.

Sprengwerk- und V-Stiel-Brücken, deren Form der Stützlinie entspricht, weisen bei den Stützenanschlüssen an den Träger aus ständiger Last nur sehr kleine normalkraftbedingte Einsenkungen auf. Der Verlauf der Spannglieder kann somit im gleichen Sinne festgelegt werden wie bei Durchlaufträgern.

9.7 Plattenbrücken

9.7.1 Konzeptionelle Aspekte

Bei Plattenbrücken ist das Verhältnis von Konstruktionsgewicht zu Biegesteifigkeit bzw. Biegewiderstand relativ ungünstig. Da die Dicke von Vollplatten höchstens etwa 0,8 m beträgt, ist der Spannweitenbereich von Plattenbrücken entsprechend stark begrenzt. Dank der geringen Bauhöhe, der zweidimensional isotropen Tragwirkung und der sehr einfachen Herstellung eignen sich Plattenbrücken beson-

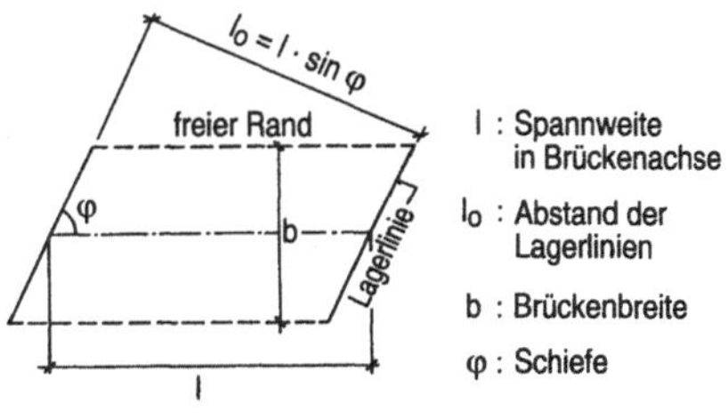

Abb. 9.65. Bezeichnungen für schiefe Platten

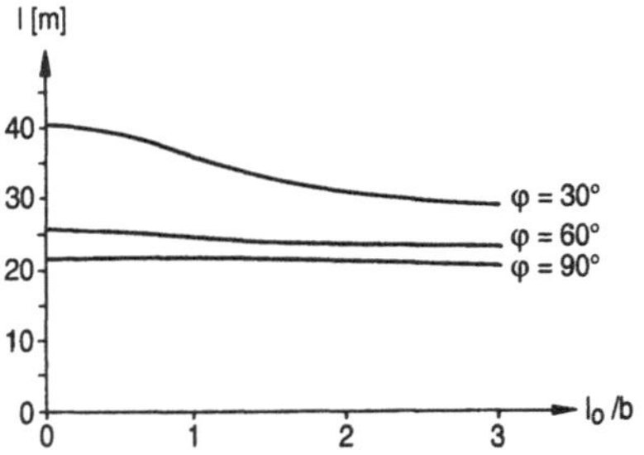

Abb. 9.66. Maximale Spannweite l von 0,8 m dicken, frei drehbar gelagerten Platten

ders gut für Überführungsbauwerke, die oft eine komplizierte schiefe Grundrissform aufweisen.

Die wichtigsten Kennwerte schiefer Platten sind Spannweite, Breite und Winkel zwischen Brückenachse und Lagerlinien (Abb. 9.65).

Die größte Spannweite l in der Brückenachse beträgt bei einer beidseitig frei drehbar gelagerten Vollplatte von 0,8 m Dicke je nach Schiefe φ und Verhältnis l_0/b ca. 20 bis 40 m (Abb. 9.66). Bei Rahmen und durchlaufenden Platten kann die Spannweite noch um 10 % bis 20 % vergrößert werden.

Plattenbrücken weisen bezüglich Beanspruchung wesentlich andere Verhältnisse auf als normale Hochbaudecken. Die Biegemomente aus ständiger Last sind im Allgemeinen etwa fünfmal größer als das Rissmoment der Platte, d. h., bei schlaff bewehrten Platten entwickelt sich bereits unter ständiger Last in großen Bereichen ein abgeschlossenes Rissbild. Da die Durchbiegungskennzahl $l \cdot \lambda^3$ ($\lambda = l/h$) zudem außerordentlich groß ist, sind vor allem die freien Ränder äußerst verformungsempfindlich. Es empfiehlt sich deshalb, Plattenbrücken vorzuspannen und die Verformungen sorgfältig zu überprüfen.

Bei schiefen Platten weicht die Haupttragrichtung bei ständiger Last nur unwesentlich von der Verbindungsnormalen zu den Lagerlinien ab (Abb. 9.67). Platten, die im Vergleich zur Spannweite breit sind, weisen im Mittelbereich das gleiche Tragverhalten auf wie ein entsprechender unendlich langer Plattenstreifen. Nur im Bereich der freien Ränder ist eine spezielle Untersuchung erforderlich.

Fugen und Lager sollten bei Plattenbrücken wenn möglich vermieden werden. Bei Einfeldbrücken kann die Platte mit den Widerlagerwänden zu einem Rahmensystem verbunden werden. Sofern die Platte vorgespannt ist, sind die Einspannmomente aus ständiger Last und Vorspannung im Gebrauchszustand sehr klein. Die

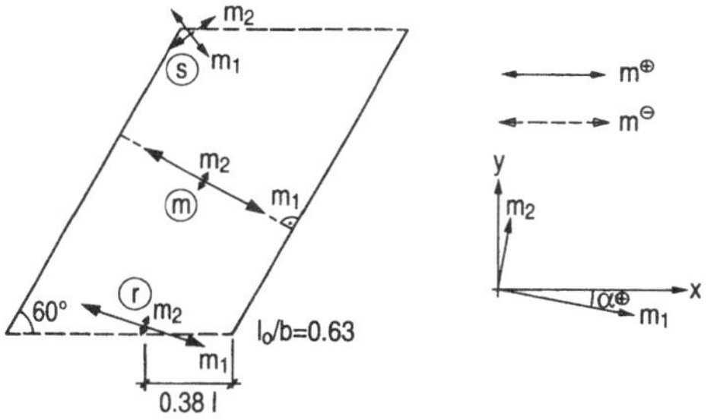

Bemessungs-punkte *	m1	m2	α
ⓜ	1.000	0.164	29.00
ⓡ	1.048	-0.104	18.30
ⓢ	0.448	-0.480	51.00
	$\cdot q l_0^2/8$	$\cdot q l_0^2/8$	

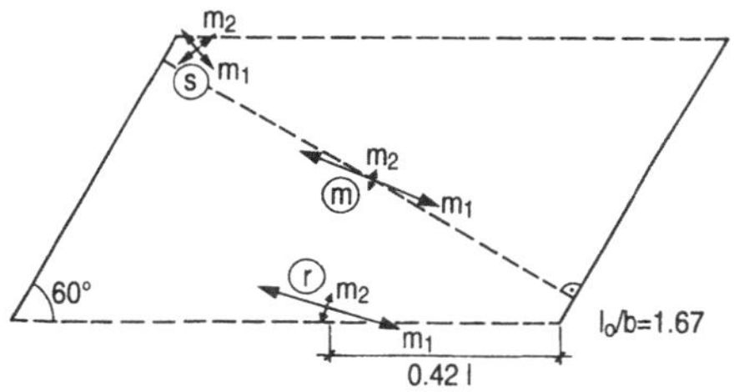

Bemessungs-punkte *	m1	m2	α
ⓜ	1.060	0.016	22.00
ⓡ	1.088	-0.096	16.80
ⓢ	0.272	-0.304	47.50
	$\cdot q l_0^2/8$	$\cdot q l_0^2/8$	

* siehe Abb.9.81

Abb. 9.67. Hauptmomente m_1 und m_2 einer schiefen Platte bei gleichmäßig verteilter Last

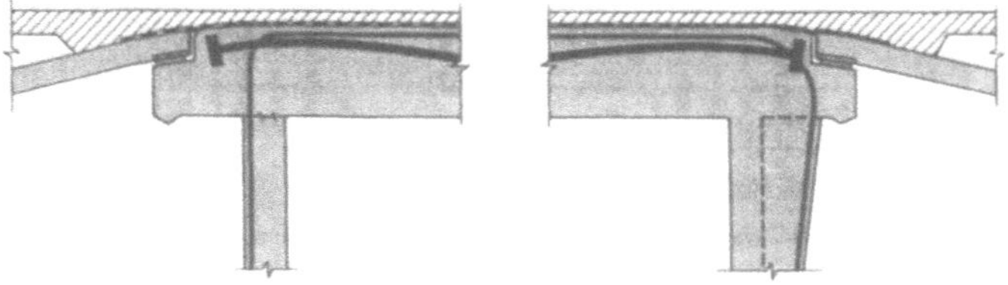

Abb. 9.68. Ausbildung der Widerlagerwand von Plattenrahmen; Rahmenecke

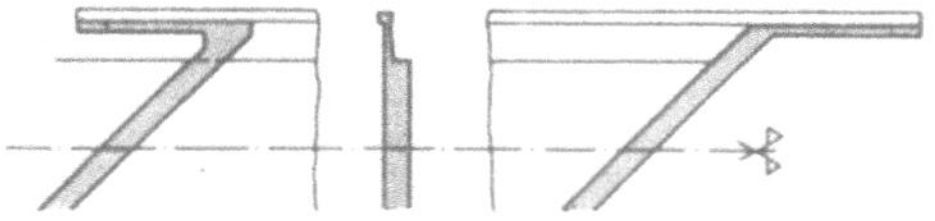

Abb. 9.69. Anschluss der Widerlagerwand an die Brückenplatte im Grundriss

Dicke der Widerlagerwände kann somit kleiner sein als die Plattendicke (Abb. 9.68 und 9.69). Allenfalls kann die Widerlagerwand auch mit Rippen verstärkt werden, die senkrecht zur Widerlagerwand angeordnet sind und sich nach unten verjüngen.

Bei langen durchlaufenden Platten müssen zumindest auf einer Widerlagerwand Lager angeordnet werden. Man verwendet hiezu (allseitig kippbare) Punktlager in einem Abstand, der ca. drei- bis fünfmal der Plattendicke entspricht. Je ein Lager wird in den Eckpunkten der Platte angeordnet, und mit einem Hauptlager, das sich in der Regel in der Brückenachse befindet, wird die zulässige Verschieblichkeit der Platte festgelegt. Alle übrigen Lager der betreffenden Auflagerlinie werden allseits frei verschieblich ausgebildet.

Insbesondere bei den Ecklagern müssen die Schubspannungen der Platte auf

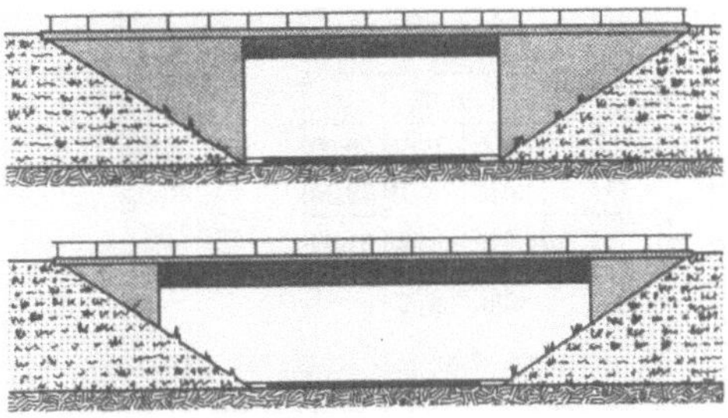

Abb. 9.70. Optische Wirkung der Flügelmauern

Durchstanzgefahr untersucht werden. Allenfalls ist in der Platte eine Randverstärkung und nicht eine Verkürzung des Lagerabstandes vorzusehen.

Bei Überführungen ist die Ausbildung der Widerlager-Flügelmauern ein ästhetisch heikles und wichtiges Problem. Grundsätzlich sollten Flügelmauern in angemessenem Verhältnis zur Trägerhöhe stehen. Dies kann durch eine entsprechende Verlängerung der Brücke erreicht werden, was aber unter Umständen einen erheblichen Mehraufwand erfordert (Abb. 9.70).

Kleine Überführungen können als Trapezrahmen ausgebildet werden. Trapezrahmen lassen sich besonders gut in Dämme einfügen (Abb. 9.71).

Große Flügelmauern parallel zum obenliegenden Verkehrsträger wirken vom unteren Verkehrsträger aus betrachtet schwerfällig. Andererseits haben Flügelmauern parallel zum unteren Verkehrsträger ein grabenartiges Aussehen zur Folge.

Eine bessere Wirkung kann erzielt werden, wenn die Flügelmauern trichterförmig ausgebildet oder in eine obere und eine untere Flügelmauer aufgelöst werden (Abb. 9.72).

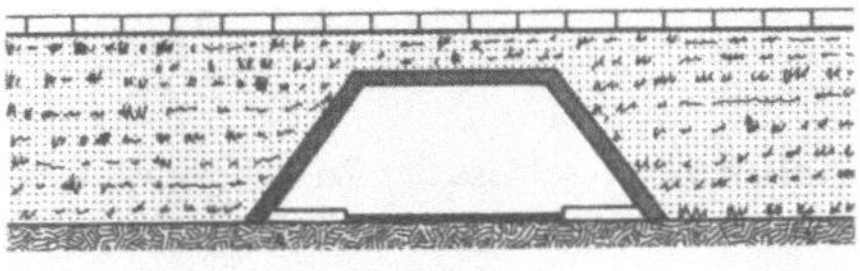

Abb. 9.71. Trapezrahmen-Überführung

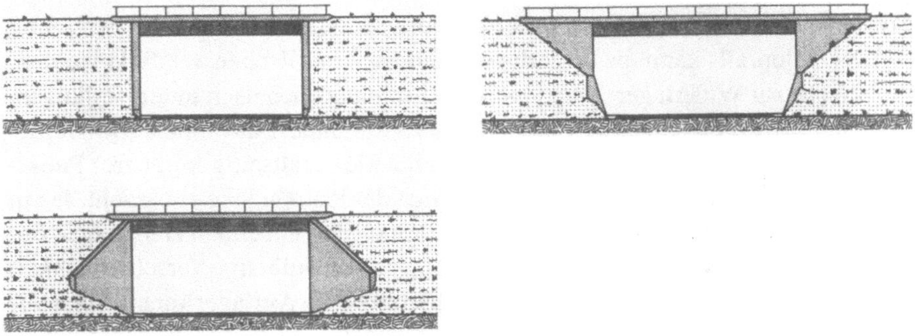

Abb. 9.72. Gestaltungsmöglichkeiten für Flügelmauern

9.7.2 Querschnittsausbildung

Vollquerschnitte sind ausführungstechnisch besonders einfach und eignen sich wegen der zweidimensionalen isotropen Tragwirkung sehr gut bei komplizierten Grundrissformen mit stark unterschiedlichen Richtungen der Hauptmomente. Die Plattendicke sollte aus wirtschaftlichen Gründen auf etwa 0,8 m beschränkt werden.

Platten mit Hohlkörpern sind zwar etwas leichter, aber ausführungstechnisch schwierig und heikel in Bezug auf die Dauerhaftigkeit. Die Aussparungskörper müssen während des Betonierens gegen Auftrieb verankert werden. Zudem sind alle Aussparungskörper mit Belüftungs- und Entwässerungsöffnungen zu versehen. Die Gewichtseinsparung wiegt bei den verhältnismäßig kleinen Spannweiten diese ausführungstechnischen Mehraufwendungen nicht auf.

Falls eine Plattendicke von 0,8 m bei der vorhandenen Spannweite nicht ausreicht, empfiehlt es sich, auf einen mehrzelligen aufgelösten Querschnitt von mehr als ca. 1 m Höhe überzugehen (Abb. 9.73). Als Schalung der Fahrbahnplatte können vorfabrizierte vorgespannte Betonbretter von ca. 50 mm Dicke verwendet werden, die auch als Hauptbewehrung der fertigen Fahrbahnplatte dienen. Sämtliche Zellen müssen zugänglich sein. Hierfür sind in der unteren Kastenplatte zahlreiche elliptische Einstiegsöffnungen vorzusehen.

Bei geraden Brücken kann der freie Rand konsolenartig ausgebildet werden (Abb. 9.74).

Bei schiefen Brücken mit einem langen freien Rand sollte auf Konsolen verzichtet werden. Der freie Rand weist die größten Beanspruchungen auf und ist dementsprechend verformungsempfindlich. Eine Querschnittsschwächung bzw. Mehrbelastung durch die Konsolen ist deshalb unzweckmäßig.

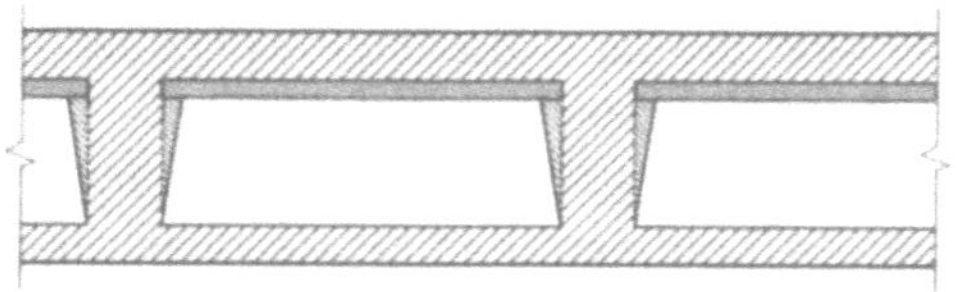

Abb. 9.73. Plattenbrücke mit mehrzelligem Querschnitt

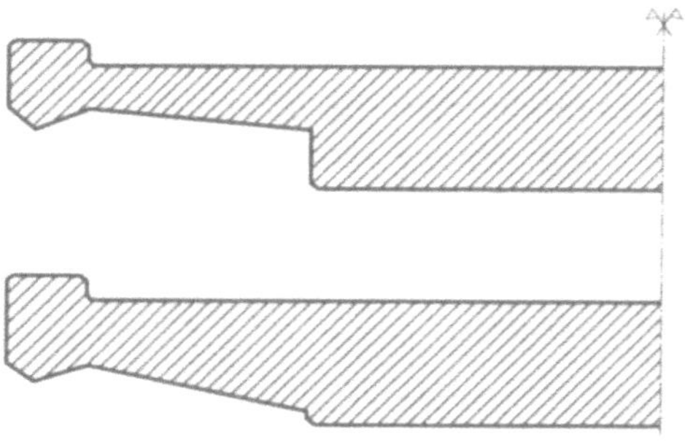

Abb. 9.74. Ausbildung des freien Randes bei Plattenbrücken

9.7.3 Vorspannkonzept

Bei Platten ist es in der Regel weder sinnvoll noch erforderlich, eine zweidimensional angeordnete Vorspannung so zu ermitteln, dass in der ganzen Platte, z. B. bei ständiger Last, keine Zugspannungen auftreten. Aus ausführungstechnischen Gründen besteht die Vorspannung meistens nur aus wenigen Bahnen mit möglichst gleich langen parallelen Spanngliedern. Dabei wird angestrebt, dass unter ständiger Last ein ausgewogener Spannungszustand entsteht, damit das Rissmoment der Platte höchstens lokal überschritten wird und die Verformungen insbesondere entlang der freien Ränder klein bleiben. Dies kann erreicht werden, wenn die Umlenkkräfte der Vorspannung auf der ganzen Plattenfläche möglichst direkt der ständigen Last entgegenwirken und dabei etwa 60 % bis 80 % der Last ausbalancieren.

9.7.4 Bemessung

Bei Platten ist es in der Regel nicht zweckmäßig, die Bewehrung aufgrund der elastischen Schnittkraftverteilung zu bemessen und anzuordnen. Schon durch Rissbildung entstehen wegen der zweidimensionalen Tragwirkung der Platte bereits im elastischen Zustand unter Umständen beträchtliche Schnittkraftumlagerungen und eine Abminderung der Beanspruchungsspitzen. Die Schnittkraftverteilung kann mit der Bewehrungsanordnung in hohem Maße beeinflusst werden.

Aus konstruktiven Gründen wird die Hauptbewehrung in relativ wenigen Bahnen konzentriert, und eine Schnittkraftverlagerung auf diese Bewehrungsbahnen ist beim Nachweis der Tragsicherheit durchaus zulässig. Das Verhalten der Platte im Gebrauchszustand wird dadurch nicht ungünstig beeinflusst. Den nach der Theorie dünner elastischer Platten ermittelten Schnittkräften können somit lastfreie Spannungszustände überlagert werden, die die statischen Randbedingungen erfüllen und die Schnittkräfte auf die Bewehrungsbahnen umlagern.

Die elastischen Schnittkräfte werden normalerweise mit Finite-Elemente-Programmen ermittelt. Das Eigengewicht von Konsolen wird als Randbelastung ($v_{\text{Rand}}, m_{\text{Rand}}$) berücksichtigt. Die Schnittkräfte aus Verkehrslast ergeben sich aufgrund einiger maßgebender Laststellungen (z. B. Vollast, einseitige Last, schachbrettförmige Last bei durchlaufenden Platten).

Lastfreie Spannungszustände werden ebenfalls nach der Plattentheorie als Lösungen der homogenen Platten-Differentialgleichung ermittelt. Die Gleichgewichts-Differentialgleichung für einen lastfreien Spannungszustand lautet:

$$\frac{\partial v_x}{\partial x} + \frac{\partial v_y}{\partial y} = 0,$$

und mit

$$v_x = \frac{\partial m_x}{\partial x} + \frac{\partial m_{xy}}{\partial y}, \quad v_y = \frac{\partial m_y}{\partial y} + \frac{\partial m_{xy}}{\partial x}$$

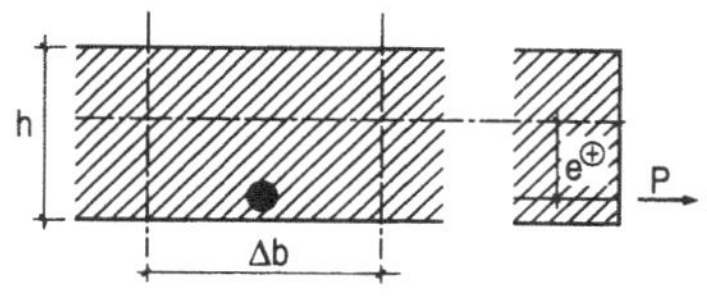

Abb. 9.75. Modell zur Berechnung des Vorspannmomentes im Querschnitt

folgt

$$\frac{\partial^2 m_x}{\partial x^2} + 2 \cdot \frac{\partial^2 m_{xy}}{\partial x \cdot \partial y} + \frac{\partial^2 m_y}{\partial y^2} = 0.$$

Geeignete lastfreie Spannungszustände, die die Schnittkräfte auf die Bewehrungsbahnen umlagern, ergeben sich durch die Überlagerung der Schnittkräfte aus folgenden Zuständen:

- Statisches System, unabhängige Balken in Richtung der jeweiligen Bewehrungsbahnen: Balkenschnittkräfte infolge einer beliebigen Last q.
- Statisches System, Platte: Plattenschnittkräfte infolge der Last $-q$.

Zwangsmomente aus Vorspannung entsprechen ebenfalls günstigen lastfreien Spannungszuständen, da sie eine Schnittkraftumlagerung auf die Spannglieder bewirken. Die Zwangsmomente aus Vorspannung lassen sich immer als Differenz zwischen den Vorspannmomenten im System und den Vorspannmomenten im Querschnitt ermitteln und werden im Bemessungsmoment mit einem beliebigen Faktor γ_P berücksichtigt (im Allgemeinen $\gamma_P \cong 0{,}8$ bis 1,4):

$$m_{sP} = m_P - m_{0P}.$$

Die Vorspannmomente im System werden aus den Umlenk- und den Ankerkräften der Spannglieder berechnet, wobei die gleichen Rechenprogramme wie bei den Lasteinwirkungen verwendet werden können. Das Vorspannmoment im Querschnitt beträgt (Abb. 9.75)

$$m_{0P} = -P \cdot e/\Delta b.$$

Δb entspricht dabei der mitwirkenden Plattenbreite, die bei der Ermittlung des Biegewiderstandes eines Spanngliedes angenommen wird; $\Delta b \lesssim 2 \cdot h$ bzw. Spanngliedabstand.

Beispiel 9.5. Zweiseitig frei drehbar gelagerte Rechteckplatte mit der Hauptbewehrung in den Randstreifen, Ermittlung eines geeigneten lastfreien Spannungszustandes (Abb. 9.76 und 9.77)

- Abmessungen: Spannweite $l = 1{,}5b$; Plattenbreite b; Breite der Randstreifen $b_0 = b/8$.
- Belastung: ständige Last g.

Lastfreier Spannungszustand zur teilweisen Umlagerung der Plattenmomente m_x auf die Randstreifen. Annahme für die „Umlagerungslast“:

$$q = 0{,}65g\frac{b}{2 \cdot b_0}.$$

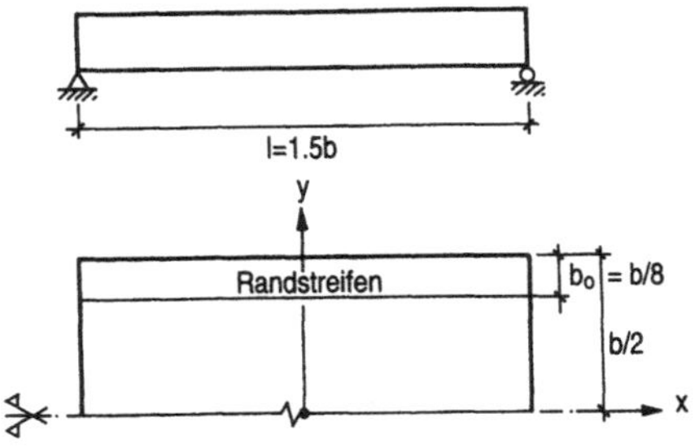

Abb. 9.76. System, Hauptabmessungen, Koordinaten

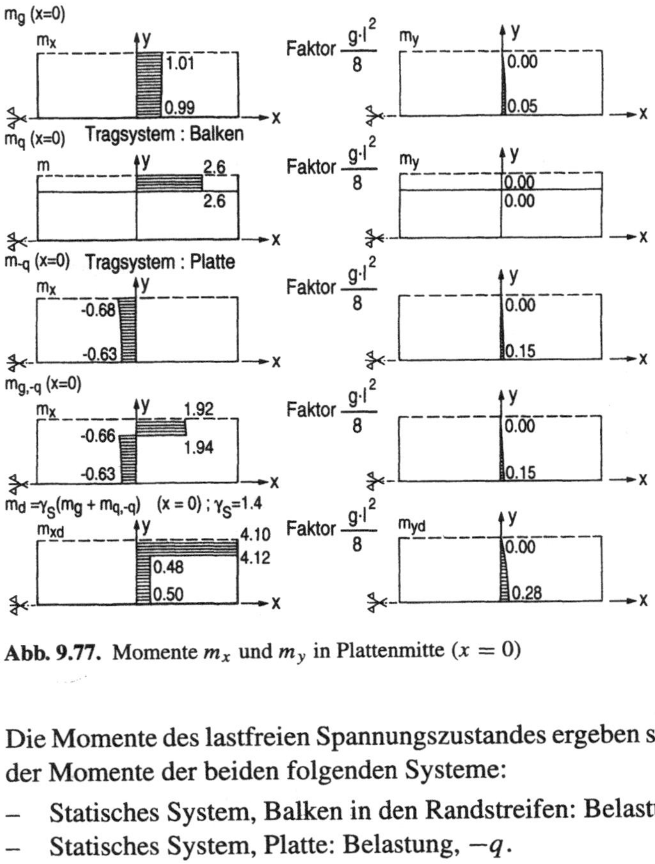

Abb. 9.77. Momente m_x und m_y in Plattenmitte ($x = 0$)

Die Momente des lastfreien Spannungszustandes ergeben sich durch Überlagerung der Momente der beiden folgenden Systeme:

- Statisches System, Balken in den Randstreifen: Belastung, q.
- Statisches System, Platte: Belastung, $-q$.

Für die Ermittlung der Bemessungsmomente siehe Abb. 9.77.

Beispiel 9.6. Zweiseitig frei drehbar gelagerte Rechteckplatte mit Vorspannung im Mittelstreifen, Ermittlung der Bemessungsmomente unter Berücksichtigung der Zwangsmomente aus Vorspannung (Abb. 9.78 und 9.79)

- Abmessungen: Spannweite $l = 1{,}5b$; Plattenbreite b; Breite des Mittelstreifens $b_0 = b/4$.
- Belastung: ständige Last g; gleichmäßig verteilte Last $q = 0{,}25g$.

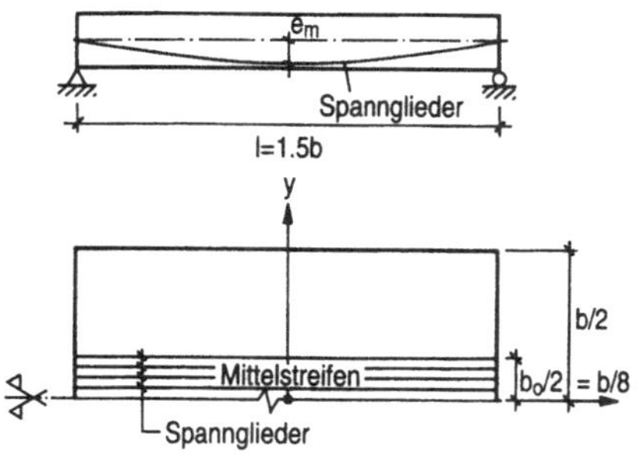

Abb. 9.78. System, Hauptabmessungen, Anordnung der Vorspannung, Koordinaten

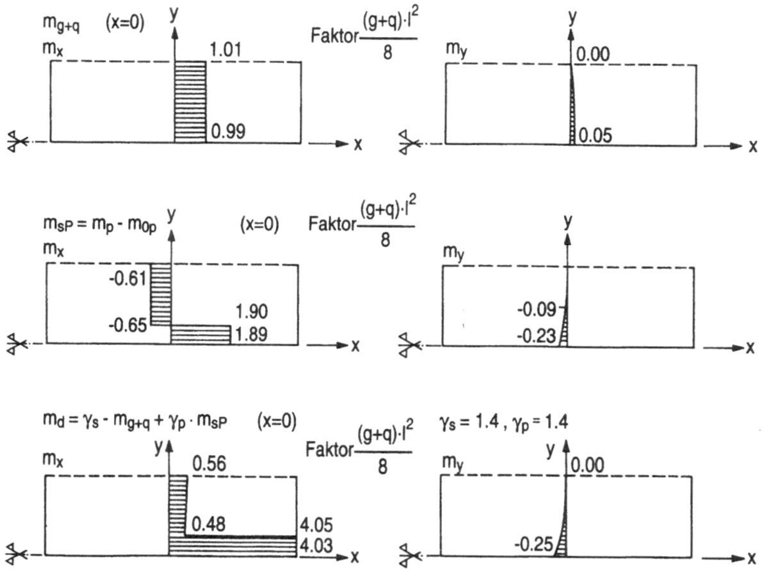

Abb. 9.79. Momente m_x und m_y in Plattenmitte ($x = 0$)

- Vorspannung: Vorspannkraft P; Exzentrizität in Plattenmitte e_{m}; Umlenkkraft aus Vorspannung:

$$q_P = \frac{8 \cdot e_{\mathrm{m}} \cdot P}{b_0 \cdot l^2} = 0{,}8 \cdot g \cdot \frac{b}{b_0}, \qquad \gamma_P = 1{,}4 \text{ (gewählt).}$$

Beispiel 9.7. Schiefe, zweiseitig frei drehbar gelagerte vorgespannte Platte, Ermittlung der Bemessungsmomente in den Hauptrichtungen (Abb. 9.80 und 9.81)

- Abmessungen: Spannweite $l = 20\,\mathrm{m}$; Plattenbreite $b = 0{,}5l = 10\,\mathrm{m}$; Plattendicke $d = 0{,}8\,\mathrm{m}$; Schiefe $\varphi = 45°$.
- Belastung: ständige Last $g = 10\,\mathrm{kN/m^2}$; gleichmäßig verteilte Last $q = 0{,}25\,g = 2{,}5\,\mathrm{kN/m^2}$.

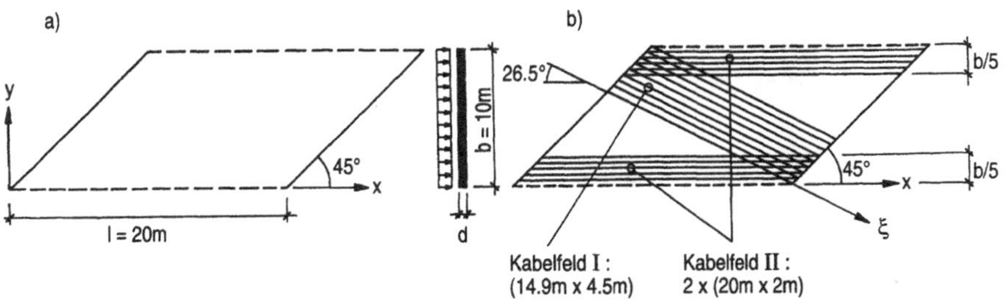

Abb. 9.80. **a** System, Hauptabmessungen, Belastung, **b** Anordnung der Vorspannung

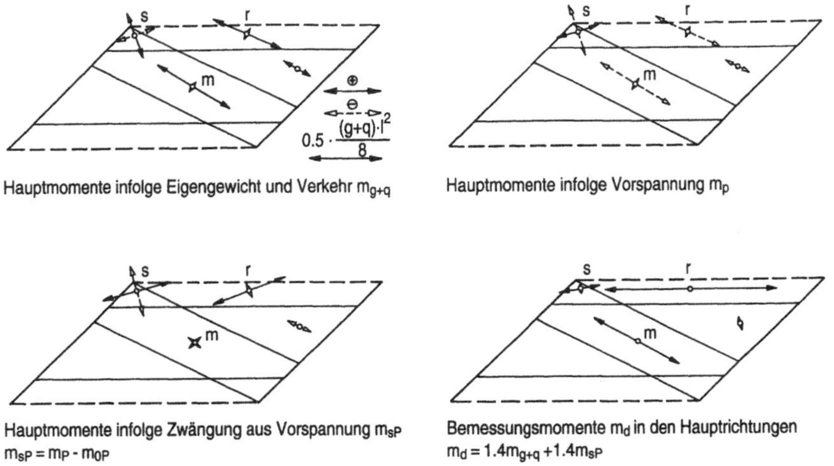

Abb. 9.81. Hauptmomente in den Punkten m, r und s einer schiefen, frei drehbar gelagerten Platte

– Vorspannung: Vorspannung $q_P = -0{,}8 \cdot (g + q) = -10{,}0\,\text{kN/m}^2$ (Pfeilhöhe $f = 0{,}3\,\text{m}$); $\gamma_P = 1{,}4$ (gewählt).
Der Nachweis der Tragsicherheit erfolgt nach den im Kap. 5 enthaltenen Angaben.

Die Bemessung wird nur in den maßgebenden Punkten einzelner Plattenbereiche für positive und negative Momente durchgeführt. Die derart ermittelte Bewehrung wird im entsprechenden Plattenbereich beibehalten (Abb. 9.82).

9.7.5 Anordnung der Bewehrung

Die Optimierung des Bewehrungsaufwands ist bei schiefen Platten sehr schwierig. Jede Laststellung ergibt in sämtlichen Plattenpunkten andere Hauptmomenten-Richtungen. Die effizienteste Bewehrungsanordnung würde demzufolge sehr kompliziert und einen großen Verlegeaufwand erfordern. Es ist daher zweckmäßiger, eine regelmäßige, ausführungstechnisch einfache Bewehrungsanordnung vorzusehen und allenfalls einen etwas größeren Stahlaufwand in Kauf zu nehmen.

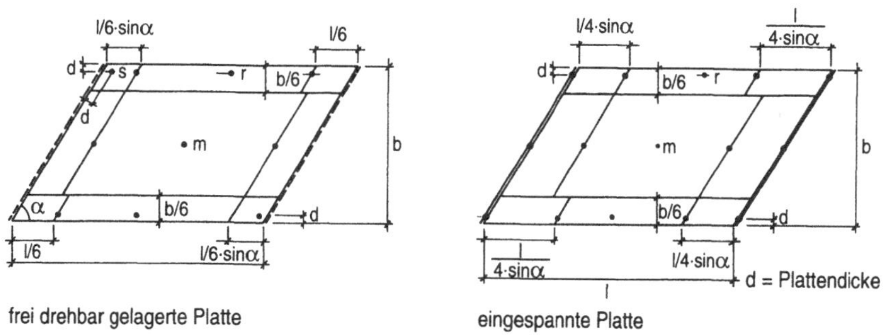

Abb. 9.82. Plattenbereiche mit Bemessungspunkten einer zweiseitig frei drehbar gelagerten und einer zweiseitig eingespannten Platte

Die Vorspannung wird in einzelnen Bahnen, wenn möglich mit parallel verlaufenden Spanngliedern angeordnet. Bei Platten mit Punktauflagern ist es im Hinblick auf die Vergrößerung des Durchstanzwiderstands zweckmäßig, die Vorspannbahnen konzentriert über die Stützen zu führen. Grundsätzlich wird man versuchen, die Vorspannung in die Haupttragrichtung der Platte zu legen. Dies ist aber nur im mittleren Plattenbereich und bei relativ breiten Platten möglich. Im Hinblick auf die Verformungsempfindlichkeit der freien Ränder müssen immer randparallele Vorspannbahnen angeordnet werden. Im Aufriss weisen die Spannglieder normalerweise einen parabolischen Verlauf auf. Die Spannkraftexzentrizität muss nicht affin zum Momentenverlauf aus ständiger Last sein. Mit einer mehr oder weniger konstanten Kabelkrümmung wird ein Teil des Plattengewichtes durch die Umlenkkräfte der Vorspannung ausbalanciert, so dass die Vorspannmomente „von selbst" einen annähernd affinen Verlauf zu den Momenten aus ständiger Last annehmen. Es ist auch nicht erforderlich, dass sämtliche Plattenbereiche mit Spanngliedern durchsetzt werden. Durch die Zwangsmomente aus Vorspannung werden die Plattenmomente in die mit Spanngliedern durchsetzten Plattenbereiche umgelagert.

Abbildungen 9.83 und 9.84 zeigen mögliche Anordnungen der Vorspannung in schiefen Platten.

Nebst den Spanngliedern muss in allen Plattenbereichen auch immer eine schlaffe Mindestbewehrung angeordnet werden. Sie dient zur Rissverteilung und darf beim Nachweis der Tragsicherheit mit berücksichtigt werden. Die schlaffe Bewehrung wird im Allgemeinen orthogonal angeordnet, bei schmalen bzw. langen Platten parallel und senkrecht zur Brückenachse, bei breiten bzw. kurzen Platten dagegen parallel und senkrecht zu den Auflagerlinien.

Die Plattenränder werden mit einer randparallelen Längsbewehrung und einer Bügelbewehrung verstärkt. Die Bügel sind für den überlagerten Schubfluss aus Querkraft und Drillung zu bemessen und müssen mit der Querbewehrung der Platte einwandfrei gestoßen werden (Abb. 9.85).

In den stumpfen Ecken der Platte ist meistens eine obere Eckbewehrung erforderlich. Sie kann am einfachsten gemäß der in Abb. 9.85 dargestellten Art ausgebildet werden.

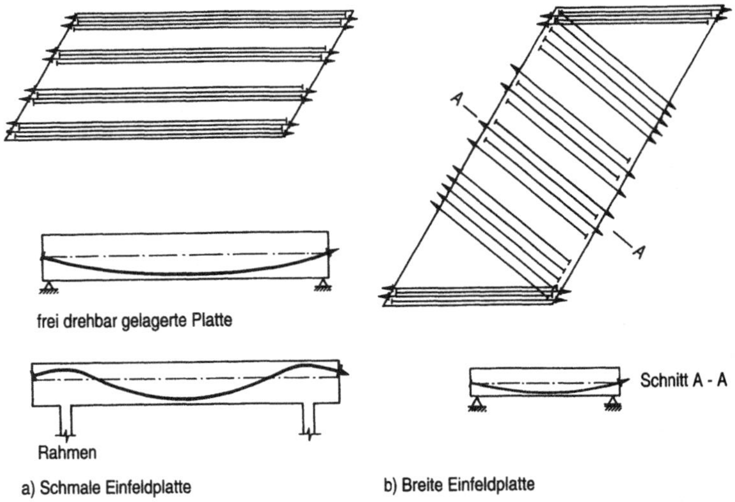

Abb. 9.83. Spanngliedanordnung bei Einfeldplatten

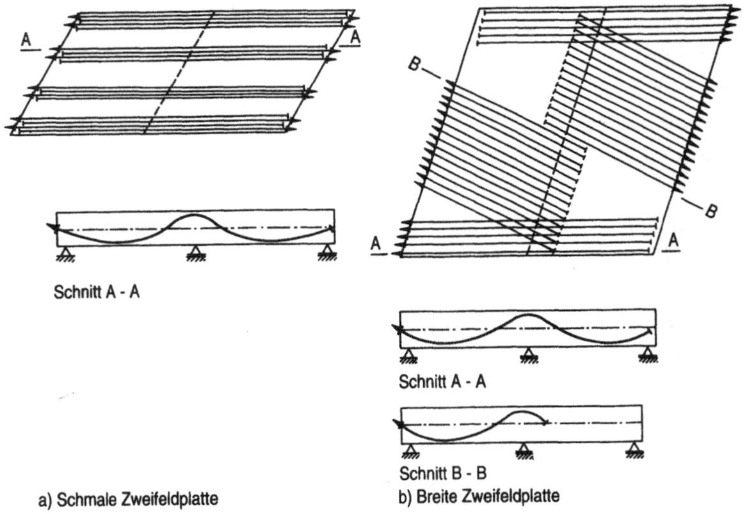

Abb. 9.84. Spanngliedanordnung bei Mehrfeldplatten

Die Berechnung der Stahlspannungen im Gebrauchszustand (zur Ermittlung der Rissbreite) ist problematisch, weil mit der Rissbildung immer auch eine unter Umständen beträchtliche Schnittkraftumlagerung verbunden ist. Sofern in einzelnen Plattenbereichen das Rissmoment bei ständiger Last und Vorspannung stark überschritten wird, sollte eine Verstärkung der Vorspannung in Betracht gezogen werden.

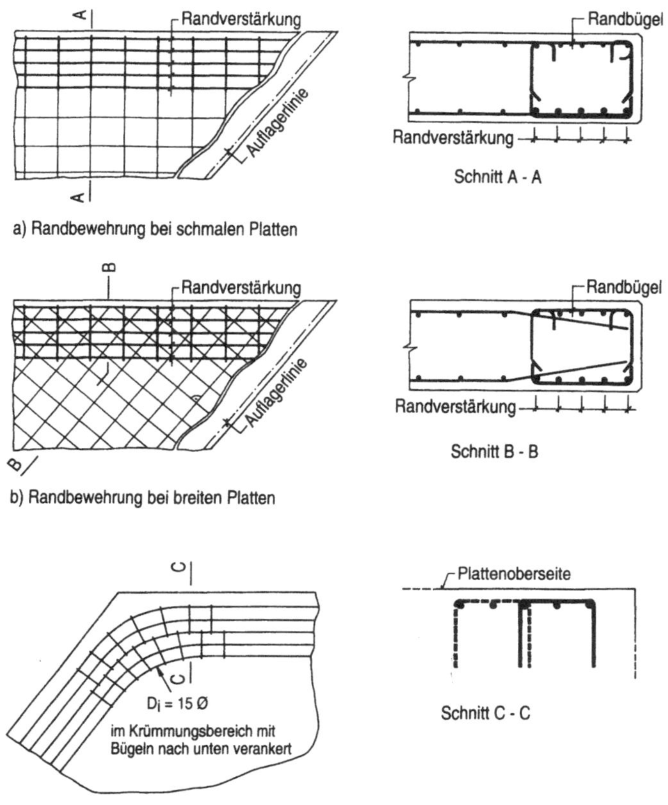

c) Obere Eckbewehrung in der stumpfen Ecke

Abb. 9.85. Bewehrungsanordnung bei schiefen Platten

9.8 Schiefe Trägerbrücken

9.8.1 Konzeptionelle Aspekte

Bei schiefwinkligen Überführungen und Flussbrücken weist die schiefe Lagerung des Trägers folgende Vorteile auf:

- Die Widerlager und Stützen lassen sich einwandfrei der Topographie anpassen.
- Gegebene Lichtraumprofile können bei optimalem Durchblick mit der kürzest möglichen Brückenlänge oder Spannweite überquert werden.
- Bei Flussbrücken können die Pfeiler in die Flussrichtung gestellt und mit einem hydraulisch günstigen Querschnitt ausgebildet werden. Das Durchflussprofil wird dadurch nur geringfügig beeinträchtigt, und die kleinere Kolktiefe kann sich vorteilhaft auf die Pfeilerfundation auswirken.

Andererseits erfordern schiefe Brücken lange komplizierte Widerlager mit teuren Fugenübergangskonstruktionen, und der Aufwand für Lehrgerüst und Träger-

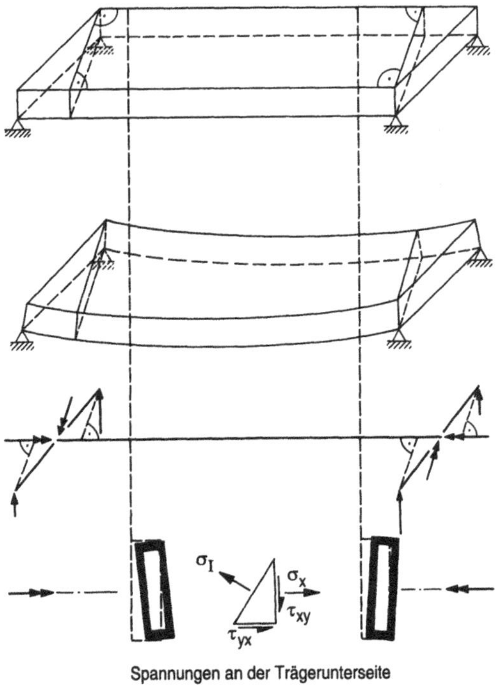

Abb. 9.86. Tragverhalten bei schiefer Lagerung

schalung ist im Allgemeinen etwas größer als bei normal gelagerten Brücken.

Das Tragverhalten wird, wie das in Abb. 9.86 dargestellte einfache Beispiel zeigt, vom Verhältnis der Torsionsteifigkeit zur Biegesteifigkeit beeinflusst. Bei einem schief gelagerten Träger entsteht wegen der unterschiedlichen Einsenkung der Querschnittsränder eine Querschnittsverdrehung. Sie verursacht eine der Torsionssteifigkeit entsprechende Zwangstorsion, die bei den Auflagern durch Kräftepaare eingeleitet wird. Diese Kräftepaare erzeugen nebst der Torsion auch ein Einspannmoment.

An der Trägerober- und -unterseite liegt die Richtung der größeren Hauptspannung aus Biegung und Torsion zwischen der Trägerachse und der Normalen zu den Lagerlinien. Daraus ist ersichtlich, dass schief gelagerte Träger die Tendenz haben, die Lasten auf dem kürzesten Weg zu den Auflagern abzutragen. Die Lager in den stumpfen Ecken werden dadurch stärker belastet als jene in den spitzen Ecken.

Bei offenen Querschnitten ist die eigentliche Torsionssteifigkeit klein, und deshalb verursacht die Querschnittsverdrehung aus unterschiedlicher Stegeinsenkung nur eine sehr kleine Zwangstorsion.

Durch den Auflagerquerträger wird die Rotation um die Normale zur Auflagerlinie (ω_n) blockiert. Falls durch Trägereinspannung zudem die Rotation um die Normale zur Trägerachse (ω_y) blockiert wird, kann sich der Träger auch nicht um die Trägerachse verdrehen (Abb. 9.87). Die Einspannung ist somit biege- und torsionsfest. Beidseits eingespannte Träger weisen demzufolge keine Querschnittsver-

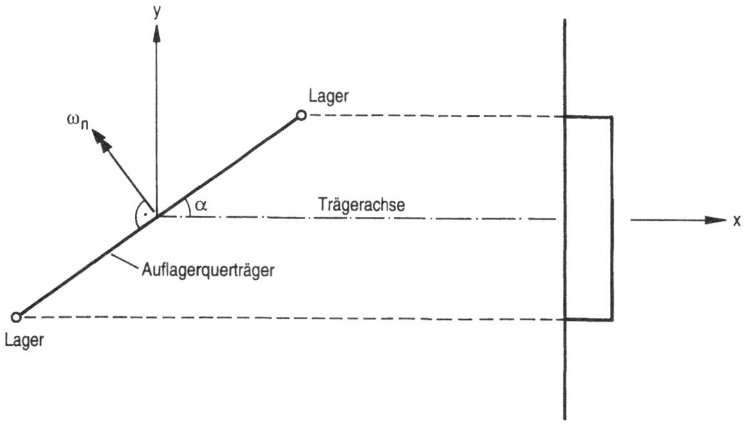

Abb. 9.87. Schiefe Lagerung eines Trägers; Querträger in der Auflagerachse

drehung und keine Zwangstorsion auf. Sie verhalten sich wie normal gelagerte eingespannte Träger.

Die Biege- und die Torsionssteifigkeit werden mit der Rissbildung verändert. Bei reiner Torsion fällt die Torsionssteifigkeit wegen der Rissbildung rund um den Querschnitt stark ab. In Verbindung mit Biegung ist der Steifigkeitsabfall kleiner, da sich in der Biegedruckzone kaum Schubrisse ausbilden.

Bei vorgespannten Trägern sind die Verformungen und somit auch die Zwangstorsion aus Last und Vorspannung meistens so klein, dass im Gebrauchszustand die Reduktion der Torsionssteifigkeit nicht wesentlich größer ist als jene der Biegesteifigkeit. Es muss deshalb nicht mit einem plötzlichen Abfall der Trägereinspannung und einer entsprechenden Momentenumlagerung gerechnet werden. Im Bruchzustand, d. h. beim Nachweis der Tragsicherheit spielt das effektive Verhältnis der Biegesteifigkeit zur Torsionssteifigkeit keine wesentliche Rolle, sofern sich der Träger in Bezug auf Biegung und Torsion duktil verhält.

Endquerträger werden der Lagerlinie entsprechend als schiefe Scheiben ausgebildet. Sie müssen als festes Auflager für die Fugenübergangskonstruktion und für die in den spitzen Ecken weit auskragende Fahrbahnplatte bis an den Konsolrand hinausgeführt werden (Abb. 9.88). Alle spitzen und konkaven Ecken werden aus herstellungstechnischen Gründen mit einer Fläche von ca. 0,2 m Breite gebrochen.

Bei Kastenquerschnitten besteht die Aufgabe der Endquerträger vor allem darin, das von den unterschiedlichen Auflagerkräften gebildete Moment $X = \frac{1}{2}(A_2 - A_1)b_0'$ als Schubfluss in den Träger einzuleiten (Abb. 9.89). Dieser Schubfluss verursacht im Träger das Einspannmoment $M = X \cdot \cos\alpha$ und das Torsionsmoment $T = X \cdot \sin\alpha$. Der Endquerträger weist somit hauptsächlich Schubbeanspruchungen auf.

Bei offenen Querschnitten erzeugen die meist sehr kleinen unterschiedlichen Auflagerkräfte Biege- und Torsionsmomente in den Trägerstegen. Dadurch wird der Endquerträger auf Biegung beansprucht (Abb. 9.90).

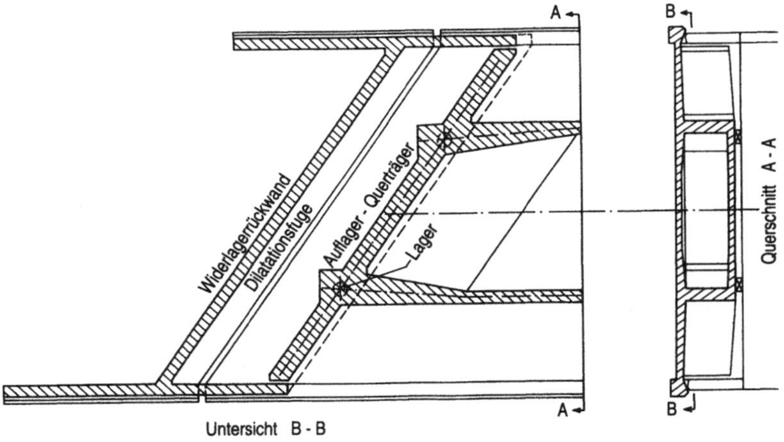

Abb. 9.88. Ausbildung des Endquerträgers

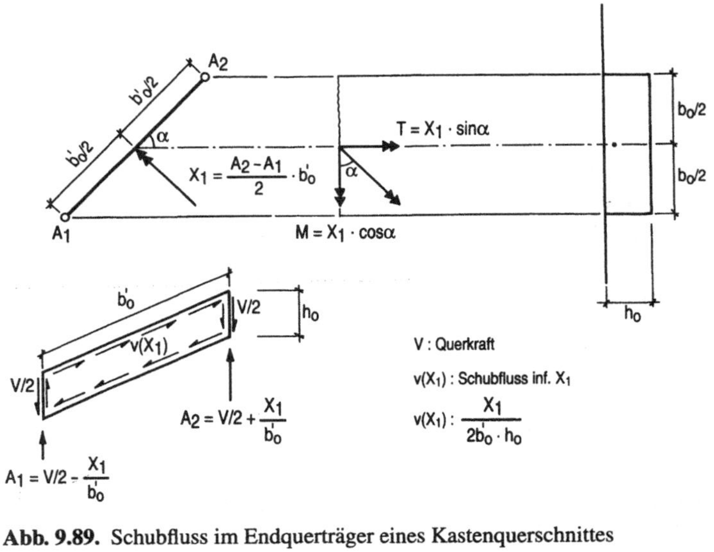

Abb. 9.89. Schubfluss im Endquerträger eines Kastenquerschnittes

Querträger über den Zwischenstützen können entsprechend der Lagerlinie schief oder jeweils über den Auflagern als senkrecht zur Trägerachse angeordnete Querscheiben ausgebildet werden (Abb. 9.91).

Die Lagerung schiefer Brücken erfolgt im Prinzip nach den gleichen Grundsätzen wie bei senkrecht zur Trägerachse gelagerten Brücken. Wenn möglich wird auf einem Widerlager ein festes Lager angeordnet, damit das System in Längsrichtung fixiert ist.

Bei schwimmender Lagerung wird die Steifigkeit schiefer scheibenförmiger Stützen zur Aufnahme des Querwindes q_W nicht voll wirksam. Ein großer Teil der

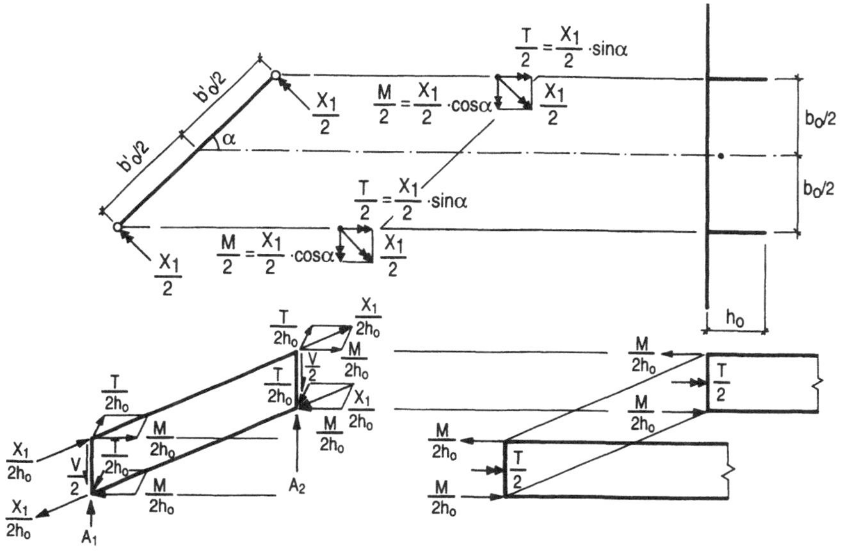

Abb. 9.90. Biegung im Endquerträger eines offenen Querschnittes

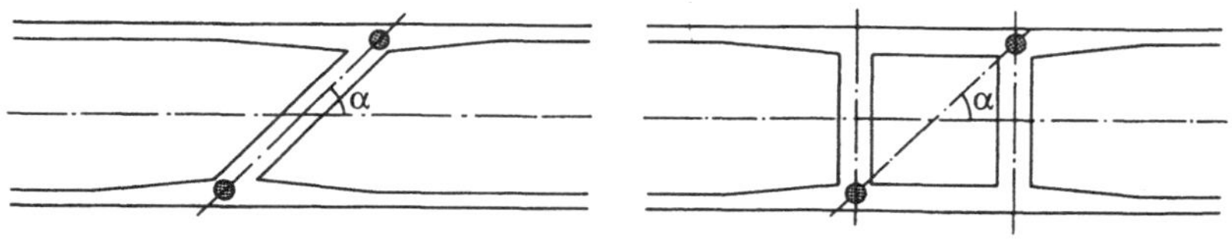

Abb. 9.91. Querträgeranordnung über den Zwischenstützen bei schiefer Lagerung

Windkraft wirkt, da er nicht vom Träger auf die Widerlager abgegeben werden kann, über die kleine Stützensteifigkeit (Abb. 9.92).

Die Verschieberichtung der Lager ist bei langen Brücken immer parallel zur Brückenachse. Bei den Fugen entstehen deswegen Tangentialverschiebungen. Dadurch wird die konstruktive Ausbildung der Fugenkonstruktion erschwert. Um diese Schwierigkeit zu vermeiden, wird die Verschieberichtung bei kurzen Brücken unter Umständen senkrecht zur Fuge gewählt. Die daraus resultierende Querverschiebung kann bei kurzen Brücken in Kauf genommen werden.

Die Kippachse ist bei schiefen Querträgern immer identisch mit der Lagerlinie. Auch bei Brücken mit offenem Querschnitt ist die Querträgerverformung so klein, dass sie in Bezug auf die Lagerausbildung vernachlässigt werden kann. Bei Zwischenauflagern mit Querscheiben ist die Kippachse je nach Trägerbelastung verschieden. In diesem Falle sind immer Punktkipplager erforderlich.

Bei sehr schiefen Brücken ist es unter Umständen zweckmäßig, den Brückenträger auf speziellen, im Grundriss trapezförmig ausgebildeten Widerlagern senkrecht zur Brückenachse zu lagern (Abb. 9.93a). Die effektive Brückenlänge

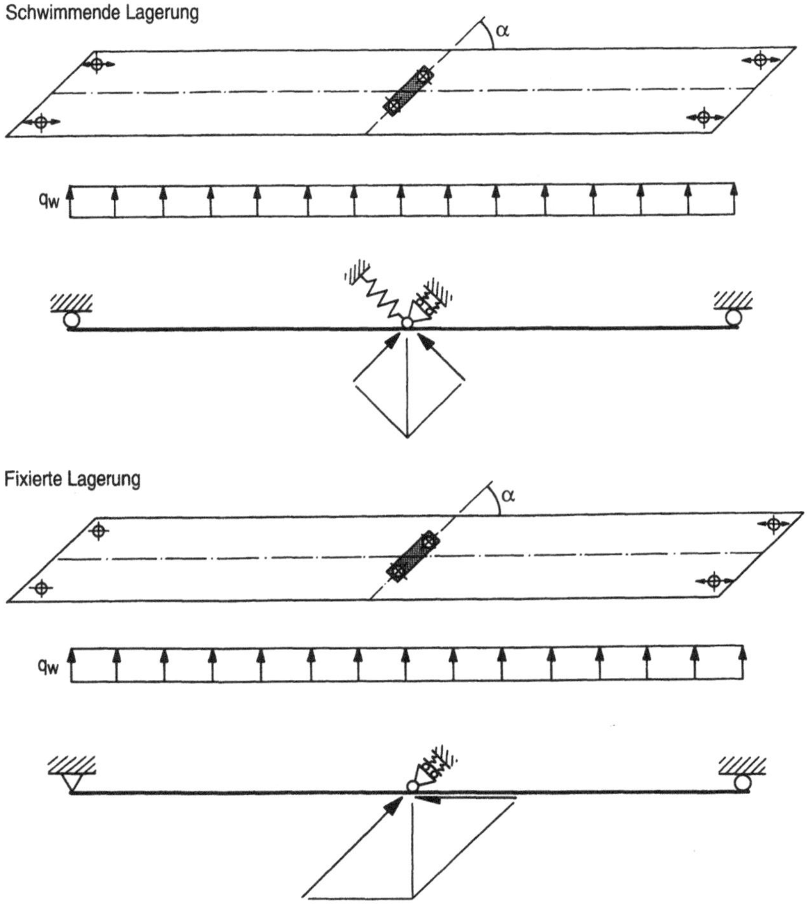

Abb. 9.92. Modelle für verschiedene Lagerungsarten bei Brücken mit schiefen Stützscheiben

wird dadurch etwas vergrößert, aber es lassen sich damit lange aufwändige Widerlagerbauwerke und komplizierte teure Fugenkonstruktionen vermeiden.

Bei Zwillingsbrücken werden die Widerlager der Einzelbrücken meistens der Schiefe entsprechend gestaffelt und in der normalen einfachen Form mit Lagerlinien senkrecht zur Brückenachse ausgebildet (Abb. 9.93b).

9.8.2 Ermittlung der Schnittkräfte

Einfeldträger

Die Bemessung schiefer Trägerbrücken kann bei einem Verhältnis $l/b \gtrsim 1{,}5$ (l, Spannweite; b, Querschnittsbreite) mit Hilfe der Stabstatik durchgeführt werden. Je nachdem ob der Träger einen offenen oder geschlossenen Querschnitt aufweist, ist jedoch das statische Modell verschieden.

a)

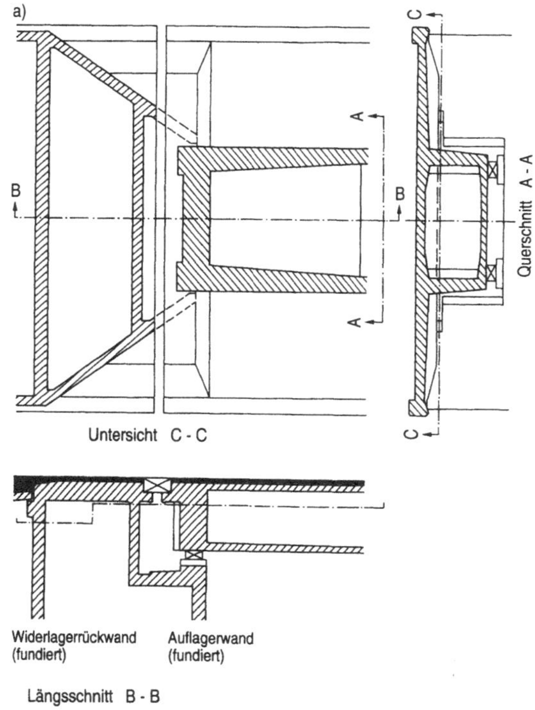

b)

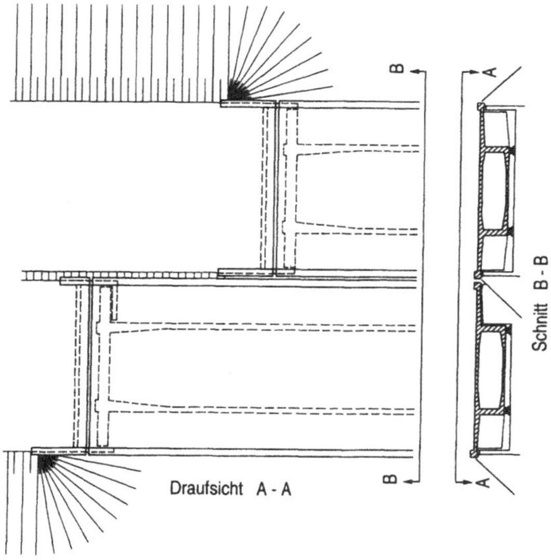

Abb. 9.93. Widerlagerausbildung. **a** Trapezförmiger Grundriss, **b** gestaffelte Widerlager von Zwillingsbrücken

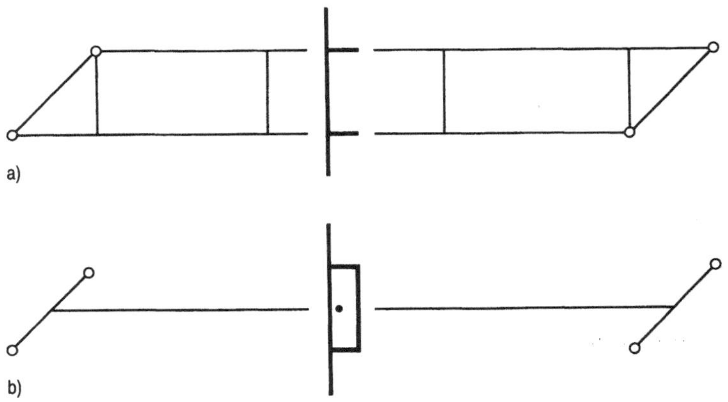

Abb. 9.94. **a** Stabmodell für Träger mit offenem Querschnitt, **b** Stabmodell für Träger mit geschlossenem Querschnitt

Bei Trägern mit offenem Querschnitt besteht das Stabmodell aus einem Trägerrost. In diesem Modell werden die Längsträger von den Trägerstegen und die Querträger von den Auflagerquerträgern und der Fahrbahnplatte gebildet (Abb. 9.94a). Damit erhält man die Schnittkräfte in den einzelnen Querschnittselementen und nicht, wie üblich, die Schnittkräfte des gesamten Querschnitts.

Für die Vorbemessung können die Hauptträgerstege unabhängig voneinander, d. h. ohne Querträgerverbindung berechnet werden.

Träger mit geschlossenem Querschnitt können als schief gelagerte Stäbe modelliert werden (Abb. 9.94b). Man erhält damit die Schnittkräfte des Gesamtquerschnitts und verteilt sie anteilig auf die Trägerstege.

Das Stabmodell für Träger mit geschlossenem Querschnitt darf nur zur Ermittlung der Schnittkräfte des Trägers verwendet werden. Für die Berechnung der Querträger sind lokale Untersuchungen erforderlich. Im Stabmodell wird angenommen, dass die Querträger starr sind und keine Verformungen aufweisen.

Schief gelagerte Einfeldträger mit geschlossenem Querschnitt lassen sich am einfachsten mit der Kraftmethode berechnen. Das Stabmodell ist in Bezug auf vertikale Belastung (vier Auflagerreaktionen, drei Gleichgewichtsbedingungen) einfach statisch unbestimmt. Ein geeignetes statisch bestimmtes Grundsystem ergibt sich durch Lösen der biegesteifen Verbindung zwischen Längs- und Querträger in B (Abb. 9.95a).

Die Biege- und die Torsionsmomente im Grundsystem infolge der überzähligen Größe $X_1 = 1$ sind in Abb. 9.95b dargestellt.

Beispiel 9.8. Schief gelagerter Einfeldträger mit gleichmäßig verteilter Last q (Abb. 9.96). Aus der Verträglichkeitsbedingung

$$\delta_1 = \delta_{10} + X_1 \cdot \delta_{11} = 0 \quad \text{mit } \delta_{ik} = \int \bar{M} \frac{M}{EI} \, \mathrm{d}x + \int \bar{T} \frac{T}{GK} \, \mathrm{d}x$$

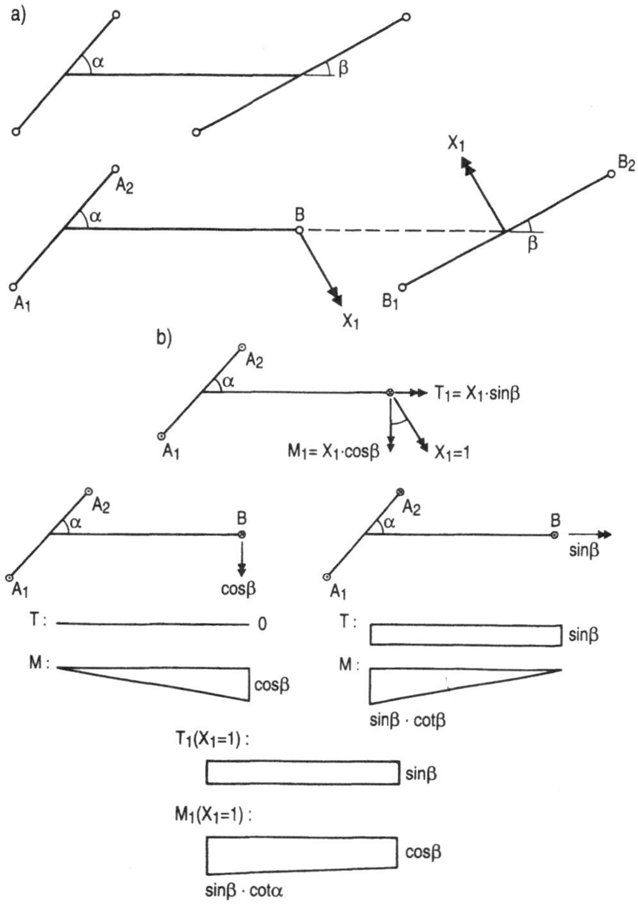

Abb. 9.95. **a** Stabmodell und Grundsystem für einen schief gelagerten Einfeldträger mit geschlossenem Querschnitt, **b** Biegemoment M und Torsionsmoment T infolge von $X_1 = 1$

ergibt sich für die überzählige Größe X_1:

$$X_1 = -\frac{q \cdot l^2}{8} \frac{\cot\alpha + \cot\beta}{\sin\beta \cdot (\cot^2\alpha + \cot\alpha \cdot \cot\beta + \cot^2\beta + 3 \cdot \kappa)},$$

wobei $\kappa = EI/GK$.

Bei gleichmäßiger Schiefe $\alpha = \beta$ folgt hieraus

$$X_1 = -\frac{q \cdot l^2}{8} \frac{2 \cdot \cot\alpha}{3 \cdot \sin\alpha \cdot (\cot^2\alpha + \kappa)},$$

und die Biege- und die Torsionsmomente in den Auflagerpunkten A und B betragen:

$$M^{\mathrm{A}} = M^{\mathrm{B}} = X_1 \cdot \cos\alpha, \quad T^{\mathrm{A}} = T^{\mathrm{B}} = X_1 \cdot \sin\alpha.$$

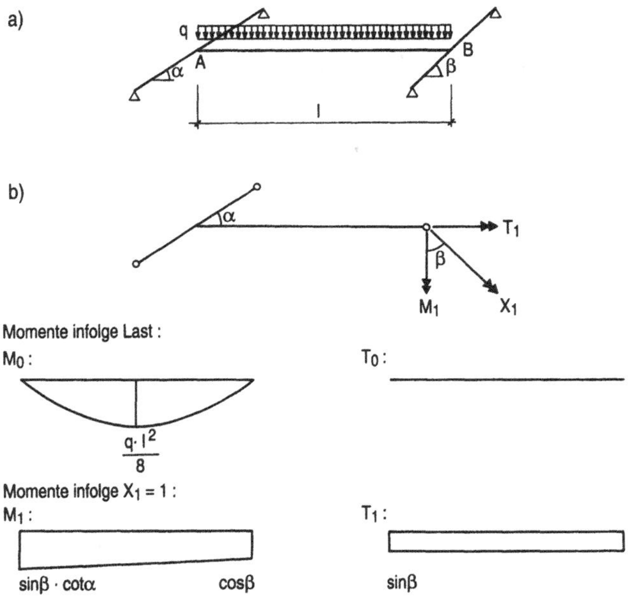

Abb. 9.96. **a** Stabmodell und Belastung, **b** Biege- und Torsionsmomente im Grundsystem

Die Trägereinspannung bei den Auflagern und die Trägertorsion vergrößern sich mit gleichgerichtet zunehmender Schiefe bei beiden Auflagern und abnehmendem Verhältnis κ (Biegesteifigkeit zu Torsionssteifigkeit) des Trägers.

Wenn die Lagerlinien nicht die gleiche Schiefe aufweisen, sind die Stegspannweiten verschieden, und die auf den Gesamtquerschnitt bezogenen Schnittkräfte müssen anteilig auf die Trägerstege verteilt werden (Abb. 9.97).

Diese Aufteilung ist nicht ganz korrekt; die Abweichungen zu einer „genauen" Berechnung mit Hilfe der Schalentheorie sind jedoch unbedeutend.

Am Auflagerquerträger greift das Moment X_1 als Umlaufschubfluss an (Abb. 9.98).

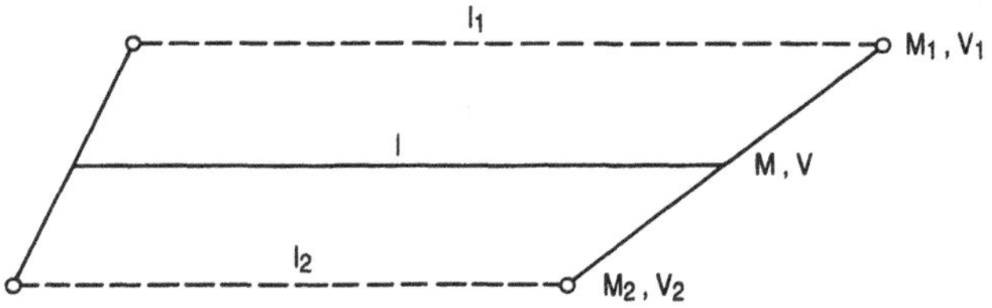

Biegemomente: $M_1 \cong M \cdot \dfrac{l_1^2}{l_1^2 + l_2^2}$ Querkräfte: $V_1 \cong V \cdot \dfrac{l_1}{l_1 + l_2}$

$M_2 \cong M \cdot \dfrac{l_2^2}{l_1^2 + l_2^2}$ $V_2 \cong V \cdot \dfrac{l_2}{l_1 + l_2}$

Abb. 9.97. Verteilung der Gesamtschnittkräfte auf die Trägerstege

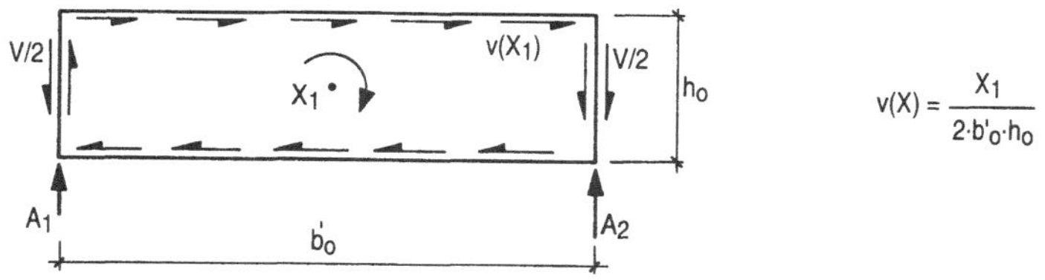

Abb. 9.98. Schubfluss im Auflagerquerträger

Der entsprechende Bemessungsschubfluss $v_\mathrm{d}(X_1)$ wird in der Regel mit einem orthogonalen Netz aus Bügeln und Längsstäben vom Querträger in die Auflagerreaktionen A_1 und A_2 abgeleitet. Diese Bewehrung muss an den Rändern des Querträgers einwandfrei verankert werden.

Bügel:

$$v_\mathrm{d}(X_1) \leq \frac{1}{\gamma_R} \cdot \frac{A_\mathrm{s}^\mathrm{W} \cdot f_\mathrm{sy}}{s^\mathrm{W}},$$

Längsstäbe:

$$v_\mathrm{d}(X_1) \leq \frac{1}{\gamma_R} \cdot \frac{A_\mathrm{s}^\mathrm{L} \cdot f_\mathrm{sy}}{s^\mathrm{L}}$$

mit s^W als dem Abstand der Bügel und s^L als dem Abstand der Längsstäbe.

In der oberen und der unteren Kastenplatte bildet der Schubfluss $v(X_1)$ einen Gleichgewichtszustand mit den Zug- und den Druckkräften in den Platten. Diese Kräfte lassen sich unter Berücksichtigung der vorgesehenen Bewehrungsanordnung aufgrund von Fachwerkmodellen sehr einfach ermitteln.

Beispiel 9.9. Fachwerkmodelle zur Ermittlung der Zug- und Druckkräfte in den Kastenplatten infolge des Schubflusses $v(X_1)$. Die geometrischen und statischen Verhältnisse am Trägerauflager sind aus Abb. 9.99 ersichtlich. Die Auflagerschiefe α beträgt 45°, dementsprechend sind das Biege- und das Torsionsmoment gleich groß ($M = T$), und das Moment X_1 beträgt $X_1 = M \cdot \sqrt{2}$.

– Obere Kastenplatte
  Bei orthogonaler Bewehrungsanordnung in der Kastenplatte und einer Neigung der Druckdiagonalen von 45° zur Trägerachse ergeben sich gemäß Abb. 9.100

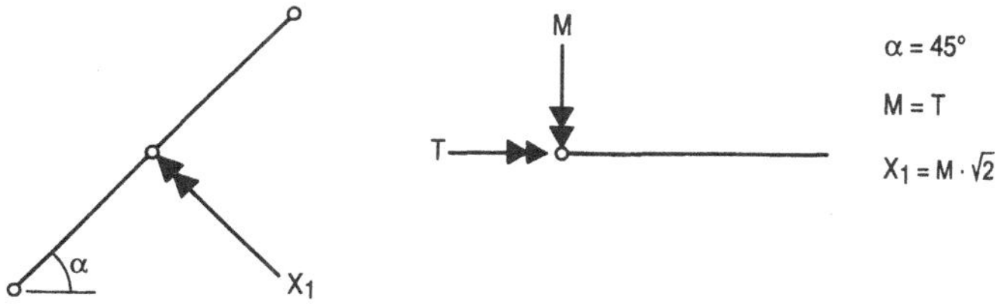

Abb. 9.99. Geometrie und Schnittkräfte im Übergang vom Querträger zum Brückenträger

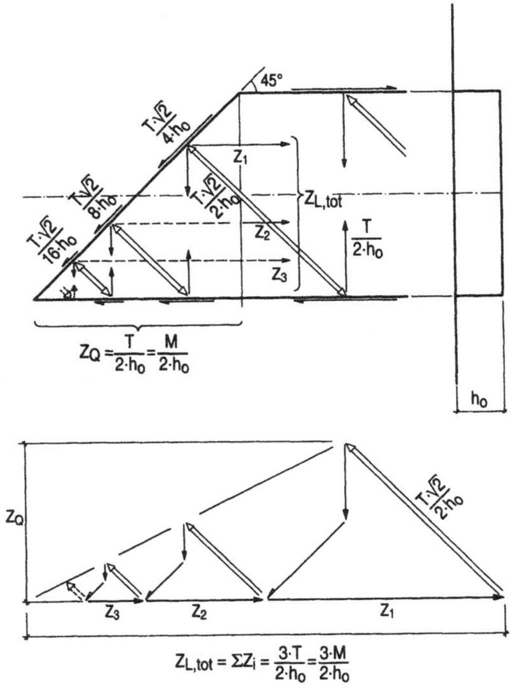

Abb. 9.100. Fachwerkmodell für die obere Kastenplatte

folgende Zugkräfte in Längs- und Querrichtung:

Zugkraft längs Z_L
aus Biegung: $Z_L(M) = \frac{M}{h_0}$,
aus Torsion: $Z_L(T) = \frac{T}{2 \cdot A_0} b_0 = \frac{T}{2 \cdot h_0}$ mit $A_0 = b_0 \cdot h_0$;
$\Rightarrow Z_{L,\mathrm{tot}} = \frac{3}{2} \frac{M}{h_0}$.

Zugkraft quer Z_Q
aus Torsion: $Z_Q(T) = \frac{T}{2 \cdot A_0} b_0 = \frac{T}{2 \cdot h_0} = \frac{M}{2 \cdot h_0}$.

Der Schubfluss $v(X_1)$ beträgt beim Plattenanschluss an den Querträger:

$$v(X_1) = \frac{X_1}{2 \cdot b_0' \cdot h_0} = \frac{M \cdot \sqrt{2}}{2 \cdot b_0 \cdot \sqrt{2} \cdot h_0} = \frac{M}{2 \cdot b_0 \cdot h_0},$$

und für die gesamte Schubkraft $V(X_1)$ auf der Anschlusslänge b_0' ergibt sich:

$$V(X) = v(X) \cdot b_0' = \frac{M}{2 \cdot h_0} \sqrt{2}.$$

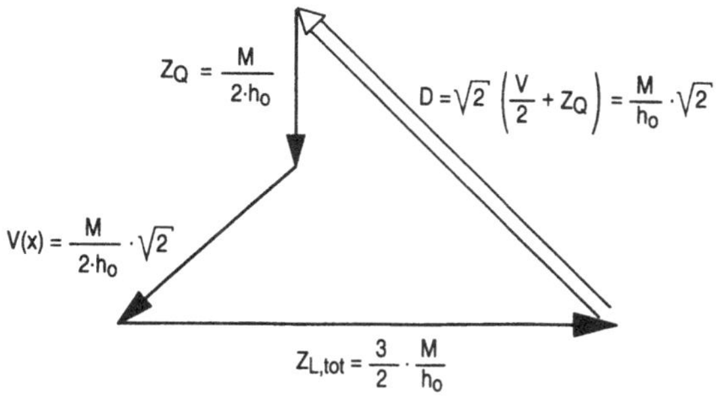

Abb. 9.101. Kräftegleichgewicht im Plattenanschluss an den Querträger

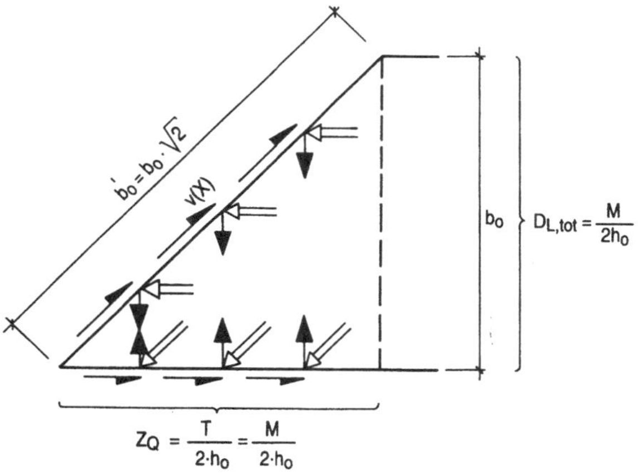

Abb. 9.102

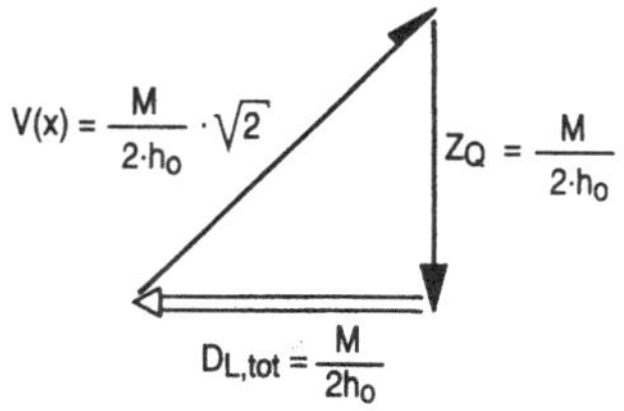

Abb. 9.103

Abb. 9.102. Fachwerkmodell für die untere Kastenplatte

Abb. 9.103. Kräftegleichgewicht im Plattenanschluss an den Querträger

Damit ist das Kräftegleichgewicht im Plattenanschluss an den Querträger erfüllt (Abb. 9.101).

– Untere Kastenplatte
  In der unteren Kastenplatte überwiegt bei der vorhandenen Auflagerschiefe und der vorgesehenen orthogonalen Bewehrungsanordnung in Längsrichtung die Biegedruckkraft gegenüber der Torsionszugkraft. Gemäß Abb. 9.102 ergeben sich folgende Druck- und Zugkräfte in Längs- und Querrichtung:

  Druckkraft längs D_L:
  aus Biegung: $D_L(M) = \frac{M}{h_0}$,
  aus Torsion: $D_L(T) = -\frac{T}{2 \cdot A_0} b_0 = -\frac{T}{2 \cdot h_0}$;
  $\Rightarrow D_{L,tot} = \frac{M}{2 \cdot h_0}$.

  Zugkraft quer Z_Q
  aus Torsion: $Z_Q = \frac{T}{2 \cdot A_0} b_0 = \frac{T}{2 \cdot h_0} = \frac{M}{2 \cdot h_0}$.

Im Plattenanschluss an den Querträger beträgt die gesamte Schubkraft $V(X)$ auf der Anschlusslänge b_0' wieder:

$$V(X) = v(X) \cdot b_0' = \frac{M}{2 \cdot h_0}\sqrt{2}.$$

Das Kräftegleichgewicht im Plattenanschluss an den Querträger ist in Abb. 9.103 dargestellt.

Durchlaufträger

Bei offenen Querschnitten hat die Querträgerausbildung über den Zwischenstützen praktisch keinen Einfluss auf das Tragverhalten. Für die Berechnung eignen sich Trägerrostmodelle am besten; man erhält damit wie bei Einfeldträgern die Schnittkräfte in den Trägerstegen, den Endquerträgern und der Fahrbahnplatte.

Träger mit geschlossenem Querschnitt weisen je nach Querträgerausbildung ein verschiedenartiges Tragverhalten auf.

Bei schiefen Querträgern werden der Träger als zentraler Stab und die schiefen Querträger als starre Querstäbe modelliert. Sofern einzelne Querträger biegesteif mit den Stützen verbunden sind, kann die Einspannung in den Stützen mit einer Torsionsfeder berücksichtigt werden (Abb. 9.104).

Die am Gesamtquerschnitt ermittelten Biegemomente und Querkräfte können der Schiefe entsprechend auf die Stege verteilt werden, da sich die Trägerstege zu gleichen Teilen an der Aufnahme der Gesamtschnittkräfte beteiligen.

Die Auswirkung schiefer Querträger auf die Trägerbeanspruchung ist relativ klein. Da der Träger über den Zwischenstützen meist nur kleine Auflagerdrehwinkel aufweist, sind die Zwangstorsion und der Biegemomentensprung unbedeutend. Für Vorberechnungen kann die schiefe Lagerung vernachlässigt und die Momentenverteilung eines normal gelagerten Durchlaufträgers angenommen werden.

Senkrecht zur Brückenachse angeordnete Querscheiben können im statischen Modell als starre seitliche Auskragungen an der Trägerachse berücksichtigt werden. Die Auskragungslänge entspricht dabei dem Abstand der Auflager von der Trägerachse (Abb. 9.105).

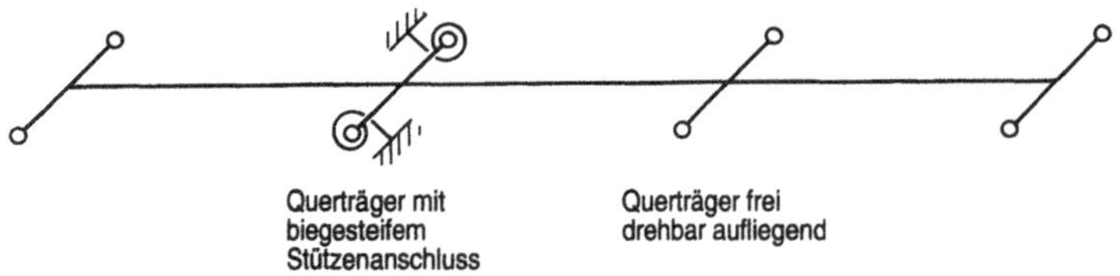

Abb. 9.104. Statisches Modell für Durchlaufträger mit schiefen Querträgern

Abb. 9.105. Statisches Modell für Durchlaufträger mit Querscheiben

Abb. 9.106. Trägerrostmodell für Durchlaufträger mit Querscheiben

Dieses Modell liefert selbstverständlich nur die Gesamtschnittkräfte. Die unterschiedliche Biegebeanspruchung der Trägerstege infolge der Querschnittsverwölbung wird damit nicht erfasst.

Für die Berechnung von Trägern mit geschlossenem Querschnitt und Querscheiben eignen sich deshalb Trägerrostmodelle besser. Die Biege- und Torsionssteifigkeit des Gesamtquerschnitts werden dabei je zur Hälfte auf die Trägerstege verteilt, und die Querscheiben werden als biegestarr und torsionsweich angenommen (Abb. 9.106).

Die Stege weisen in den der Schiefe entsprechenden Schnitten unterschiedliche Momente und Querkräfte auf. Insgesamt sind die Stütz- und Feldmomente etwas kleiner als bei schiefen Querträgern, da ein Teil der Auflagerkraft über die Querscheiben auf den nicht direkt gestützten Steg übertragen wird.

In bezug auf den Mittelwert der Momente und Querkräfte in zwei senkrecht zur Trägerachse gegenüberliegenden Schnitten zeigen Trägerrostmodell und Stabmodell eine sehr gute Übereinstimmung. Auch die Torsionsmomente sind praktisch gleich, wenn nebst den Torsionsmomenten der beiden Stege, die zusammen das Trägertorsionsmoment bilden, auch die Torsion aus den gegenüberliegenden antimetrischen Querkraftanteilen (Wölbtorsion) berücksichtigt wird.

Beispiel 9.10. Berechnung der Biege- und Torsionsmomente für die drei Tragmodelle mit Schubspannungen im Kastenquerschnitt. Das Tragverhalten eines Zweifeldträgers mit verschiedenartiger Querträgerausbildung ist aufgrund der beschriebenen Modelle in Abb. 9.107 dargestellt. In Abb. 9.107a und b sind die anteiligen Stegmomente und das Torsionsmoment des Gesamtquerschnitts aufgetragen. In Abb. 9.107c wurden die Stegmomente schief auf die Trägerachse projiziert eingezeichnet.

Die Querkräfte und Torsionsmomente des Trägers werden durch Schubflüsse in den Platten und Stegen auf die Querscheiben übertragen. Der resultierende, an den Scheiben angreifende Schubfluss wird aus der Differenz der beidseits der Scheiben vorhandenen Querkräfte und dem Torsionsmoment ermittelt (Abb. 9.108).

Der Schubfluss aus den symmetrischen Querkraftanteilen lässt sich in der üblichen Art sehr einfach bestimmen. Der Schubfluss aus den antimetrischen Querkraftanteilen ergibt sich durch Überlagerung eines antimetrischen Schubflusses mit einem „überzähligen" St.-Venant-Schubfluss rund um den Querschnitt aus folgenden Bedingungen: Die Schubkräfte in den Stegen müssen den Stegquerkräften entsprechen, und in der oberen und in der unteren Platte muss die resultierende Schubkraft null sein. Für das Torsionsmoment kann ein St.-Venant-Schubfluss rund um den Querschnitt angenommen werden.

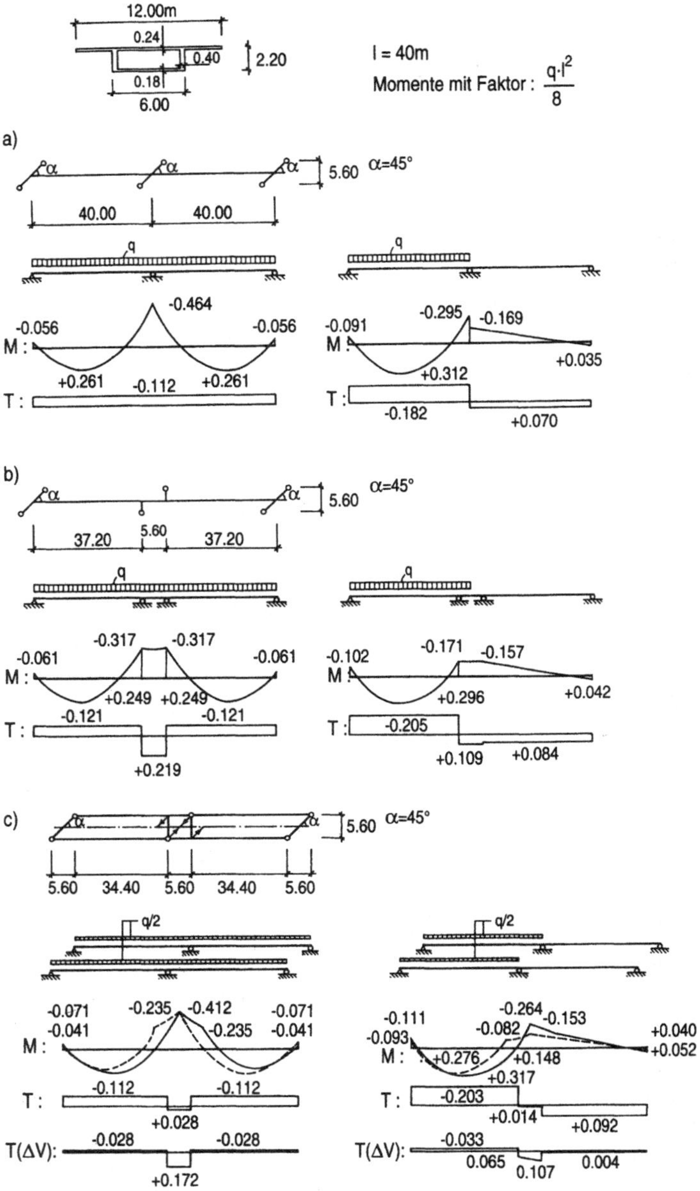

Abb. 9.107a–c. Biege- und Torsionsmomente für die drei Tragmodelle infolge der Last q, berechnet an einem Zweifeldträger

Vereinfachend kann bei der Berechnung der Scheibenbeanspruchung der Platten-Schubfluss aus Querkraft vernachlässigt werden, da die resultierende Schubkraft in beiden Platten null ist; d. h., die Scheibenbeanspruchung wird nur aus den Stegquerkräften und den Schubkräften des St.-Venant-Schubflusses aus Torsion ermittelt und ergibt für die Scheiben eine reine Schubbeanspruchung.

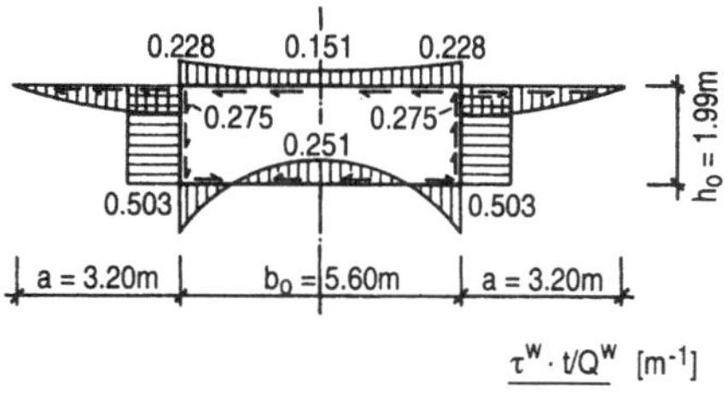

Abb. 9.108. Schubspannungen im Kastenquerschnitt

Rahmen

Schiefe Einfeldbrücken können auch als Rahmen ausgebildet werden. In diesem Fall weist der Träger meistens eine variable Höhe auf (Voutenträger). Er wirkt dadurch schlanker und eleganter als ein einfacher Balken mit konstanter Trägerhöhe. Die Widerlagerwände werden mit Rippen verstärkt. Mit einer nach unten stark abnehmenden Rippenhöhe kann eine annähernd gelenkige Verbindung mit der Fundamentplatte erreicht werden. Dadurch lassen sich Zwängungen infolge von Trägerverkürzungen wesentlich reduzieren (Abb. 9.109).

Stabmodelle eines schiefen Rahmens sind hochgradig statisch unbestimmt. Beim nachfolgend vorgeschlagenen Stabmodell werden die Widerlagerwände 1-2-4-5 bzw. 6-7-9-10 in Rahmen aufgelöst, wobei für die einzelnen Stäbe vereinfachend folgende Steifigkeiten angenommen werden können (Abb. 9.110): Rahmenriegel 2-4 bzw. 7-9: biege- und torsionsstarr.

Rahmenstiele 1-2, 4-5 bzw. 6-7, 9-10:

- Biegesteifigkeit: in der Rahmenebene starr, senkrecht zur Rahmenebene halbe Biegesteifigkeit der Widerlagerwand.
- Torsionssteifigkeit: halbe Torsionssteifigkeit der gesamten Widerlagerwand.

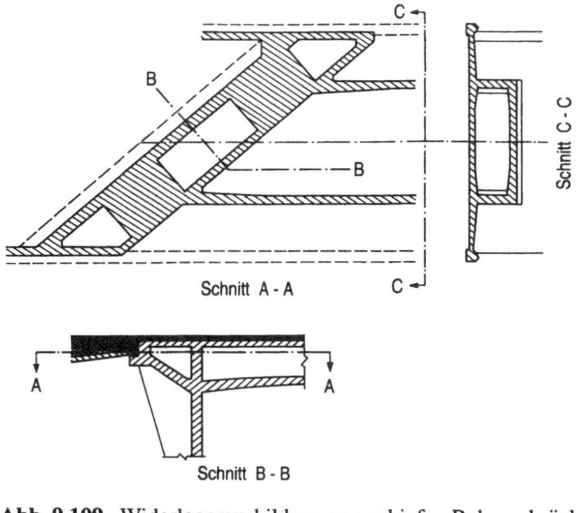

Abb. 9.109. Widerlagerausbildung von schiefen Rahmenbrücken

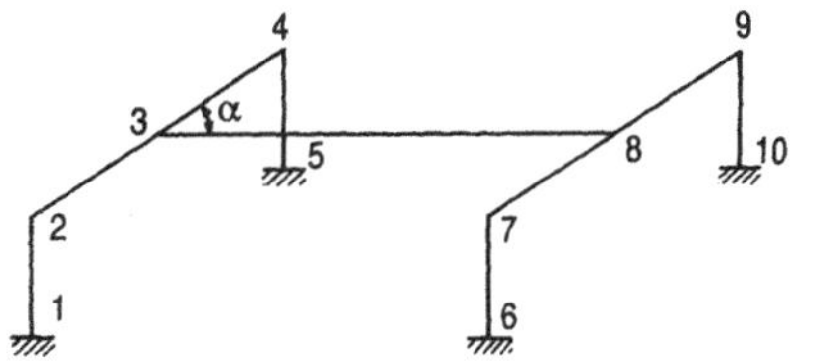

Abb. 9.110. Stabmodell für schiefe Rahmentragwerke

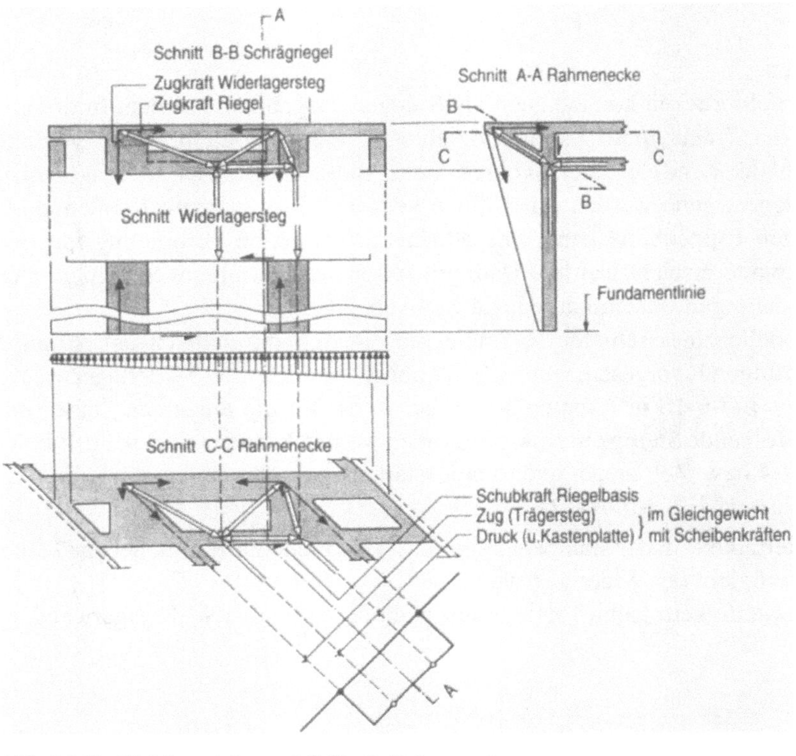

Abb. 9.111. Gleichgewichtsmodell für die Rahmenecke

Besondere Aufmerksamkeit erfordert die Ausbildung der Rahmenecke. Die Anschlussbewehrung aus den Widerlagerwänden in die Träger wird parallel zu den Spanngliedern des Trägers angeordnet. Die Zugumlenkkräfte in der Rahmenecke müssen mit einem massiven schräggestellten Riegel in die Verbindung der Widerlagerwand mit der unteren Kastenplatte des Trägers geführt werden (Abb. 9.111).

Längenänderungen des Brückenträgers infolge von Vorspannung, Schwinden und Temperatur verursachen eine Verdrehung der Widerlagerwände (Abb. 9.112). Damit die Längsverkürzung des Trägers nicht zu sehr behindert wird, sollten die Widerlagerwände verdrehungsweich ausgebildet werden. Die Flügelmauern werden deshalb durch Fugen von den Widerlagerwänden getrennt oder im obersten Bereich der Widerlagerwände nur als Konsolen ausgebildet.

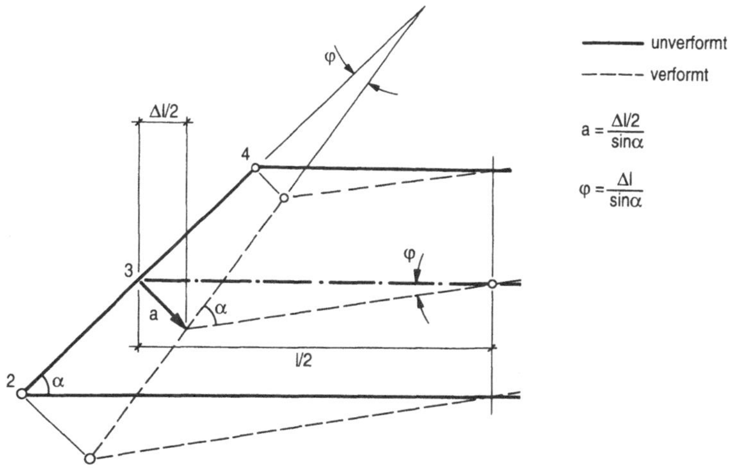

Abb. 9.112. Verschiebung der Widerlagerwand infolge Trägerverkürzung; Draufsicht

Bei Spannungsberechnungen sind die Zugkräfte, die durch die Behinderung der Längsverformung entstehen, zu berücksichtigen.

9.8.3 Vorspannkonzepte und Anordnung der Spannglieder

In der Regel wird das Vorspannkonzept für schiefe Trägerbrücken nach den gleichen Gesichtspunkten festgelegt wie bei normal gelagerten Ortsbeton-Balkenbrücken. Volle Vorspannung unter ständiger Last, d. h. annähernd formtreue Vorspannung, hat nebst der Vermeidung von Zugspannungen im Dauerzustand den Vorteil, dass die Auflagerdrücke in den stumpfen und spitzen Ecken nicht wesentlich verschieden sind; dementsprechend treten auch nur kleine Torsionsmomente auf.

Bei den Endauflagern ist es in statischer Hinsicht zweckmäßig, die Spannglieder so hoch wie möglich zu verankern. Dabei sind aber die konstruktiven Probleme im Zusammenhang mit dem Einbau der Fugenkonstruktionen zu beachten.

Beispiel 9.11. Momente infolge Vorspannung eines Einfeldträgers (Schiefe $\alpha = 45°$, $\kappa = EI/GK = 1{,}7$) (Abb. 9.113).
Kabellage 1:

$$M_P^{\mathrm{A}} = 0{,}25 \cdot P \cdot f, \quad M_P^{\mathrm{m}} = -0{,}75 \cdot P \cdot f.$$

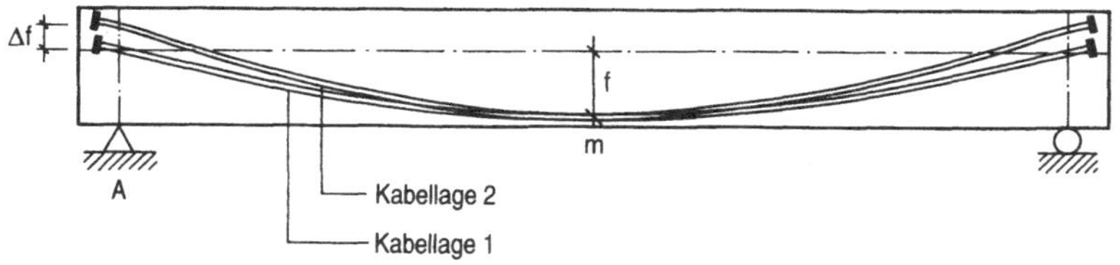

Abb. 9.113. Anordnung der Spannglieder

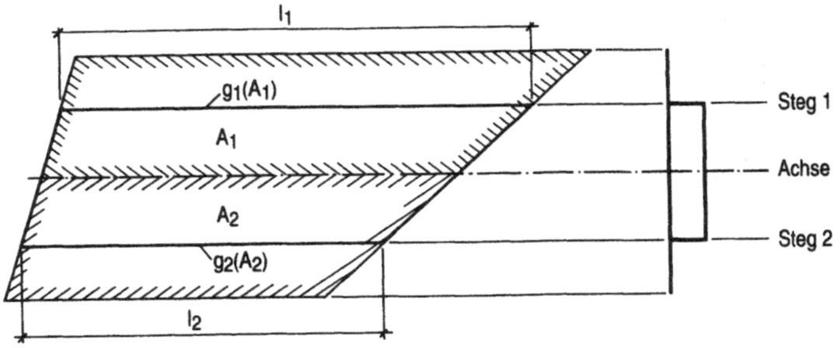

Spannkraft Steg 1 : $P_1 \cong \frac{g_1 \cdot l_1^2}{8 \cdot f_1}$

Spannkraft Steg 2 : $P_2 \cong \frac{g_2 \cdot l_2^2}{8 \cdot f_2}$

Abb. 9.114. Vorspannung bei ungleich langen Stegen

Kabellage 2:

$$M_P^{\mathrm{A}} = 0{,}25 \cdot P \cdot f + 0{,}88 \cdot P \cdot \Delta f, \quad M_P^{\mathrm{m}} = -0{,}75 \cdot P \cdot f - 0{,}12 \cdot P \cdot \Delta f.$$

Falls die Stege in einem Feld ungleich lang sind, werden Kraft und Exzentrizität der Vorspannung in jedem Feld so festgelegt, dass die Umlenkkraft der Spannglieder proportional zur ständigen Last des betreffenden Steges ist (Abb. 9.114).

Bei Durchlaufträgern werden die Spannglieder unabhängig vom Trägerquerschnitt und unabhängig von der Ausbildung der Querträger immer so angeordnet, dass die Umlenkkraft q_P der ständigen Last entgegenwirkt. Der ausbalancierte Lastanteil wird möglichst direkt, d. h. mittels einer starken Gegenkrümmung, ausschließlich auf die unmittelbar gestützten Auflager abgegeben (Abb. 9.115).

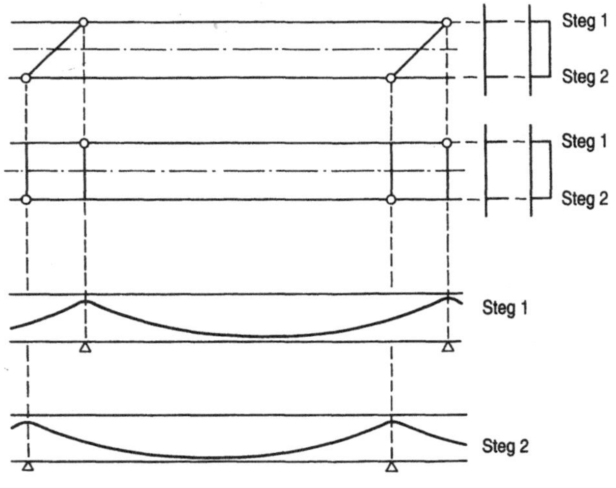

Abb. 9.115. Anordnung der Vorspannung bei Durchlaufträgern

Die schlaffe Bewehrung wird in den Querschnittselementen des Trägers als orthogonales Netz parallel und senkrecht zur Trägerachse angeordnet. Damit entspricht die Bewehrungslage den Richtungen der größten Hauptmomente in den Normalbereichen der Platten.

9.9 Gekrümmte Brücken

9.9.1 Konzeptionelle Aspekte

Bei der heute üblichen flüssigen Linienführung im Straßenbau sind Krümmungen im Brückenbereich sehr häufig. Dabei ist es, abgesehen von Brücken aus vorfabrizierten Trägerelementen, herstellungstechnisch einfacher und ästhetisch vorteilhafter, den Brückenträger der Linienführung entsprechend gekrümmt auszubilden, als die Fahrbahnplatte auf feldweise geraden Stegen mit variabler Auskragung der Krümmung anzupassen.

Gekrümmte Träger weisen auch bei zentrischer Belastung Torsion auf; sie übernimmt die Drehmomente, die von den krümmungsbedingten Ablenkkräften der Biegedruck- und -zugkräfte verursacht werden. Diese so genannte Gleichgewichtstorsion wird bei geschlossenen Querschnitten vorwiegend durch einen Umlaufschubfluss und bei offenen Querschnitten hauptsächlich durch Querschnittsverwölbung, d. h. unterschiedliche Stegbiegung, aufgenommen.

Die Einleitung der Drehmomente, d. h. ihre Umwandlung in den Umlaufschubfluss bzw. die unterschiedliche Stegbiegung, hat Querbeanspruchungen zur Folge. Sie können bei geschlossenen Querschnitten normalerweise vom Querschnittsrahmen aufgenommen werden. Bei offenen Querschnitten ist dagegen der Einbau zahlreicher teurer Querträger kaum vermeidbar. Aus wirtschaftlichen Gründen werden deshalb für gekrümmte Träger Kastenquerschnitte bevorzugt.

Der Verlauf und die Größe der Drehmomente werden im Wesentlichen von den Biegemomenten festgelegt. Beim Nachweis der Tragsicherheit darf deshalb nicht mit einer Momentenumlagerung gerechnet werden, ohne dass gleichzeitig die entsprechende Änderung in der Größe und im Verlauf der Drehmomente und somit auch der Torsionsmomente berücksichtigt wird. Durch Momentenumlagerung, wie z. B. Reduktion der Stützmomente zu Lasten der Feldmomente, wird die Torsionsbeanspruchung bei Durchlaufträgern mit konstanter Höhe vergrößert; bei Freivorbauträgern kann hingegen eine geringfügige Reduktion der Torsionsmomente an der Einspannstelle erreicht werden (Abb. 9.116).

In konstruktiver Hinsicht ist zu beachten, dass die entlang der konkaven Oberfläche der Stege verlaufende Bewehrung, insbesondere die Spannglieder, zurückverankert werden muss, damit sie nicht aus den Stegen herausgerissen wird. Die Rückverankerungskraft beträgt

$$q_r = Z/r,$$

mit Z als der Zugkraft in der Bewehrung und r als dem Krümmungsradius.

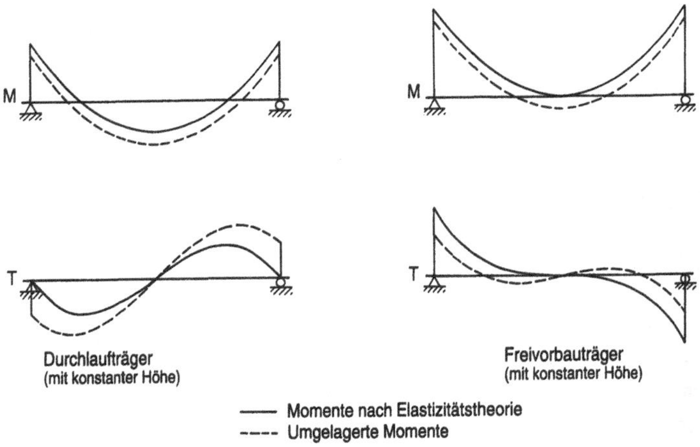

Abb. 9.116. Einfluss einer Umlagerung der Biegemomente auf die Torsionsmomente

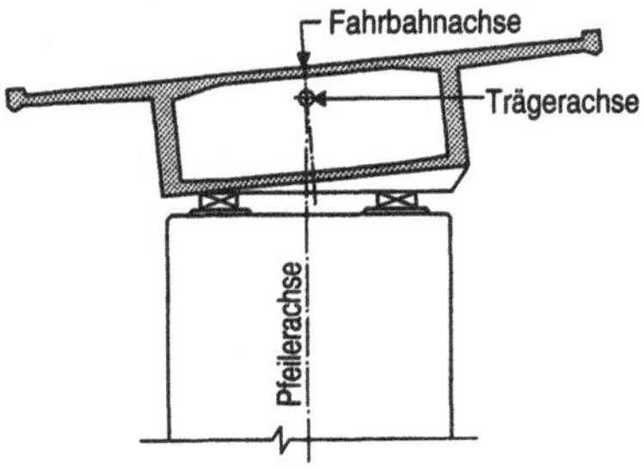

Abb. 9.117. Achsen gekrümmter Brücken

Es ist zu beachten, dass der Krümmungsradius r örtlich kleiner sein kann als der Krümmungsradius des Steges.

Die unterschiedliche Länge auf der Kurvenaußen- und -innenseite ist beim Auszug der Bewehrung zu berücksichtigen. In den Plänen muss zudem klar unterschieden werden zwischen Fahrbahnachse, Trägerachse und Pfeilerachse (Abb. 9.117).

Die räumlichen Gleichgewichtsbedingungen für Vertikallasten

$$\sum V_z = 0, \quad \sum M_x = 0, \quad \sum M_y = 0$$

können bei einem gekrümmten Träger im Prinzip mit drei Vertikallagern, die nicht auf einer Geraden liegen, erfüllt werden. Damit ist der Träger statisch bestimmt gelagert und stabil (Abb. 9.118). Diese Punktlagerung ist jedoch unzweckmäßig. Sie hat unverhältnismäßig große Biege- und Torsionsbeanspruchungen längs des ganzen Trägers zur Folge. Das Tragsystem ist entsprechend verformungsempfindlich.

Gekrümmte Brücken sollten bei den Widerlagern durch Anordnung von mindestens zwei Lagern stets torsionsfest eingespannt werden. Zur Vermeidung

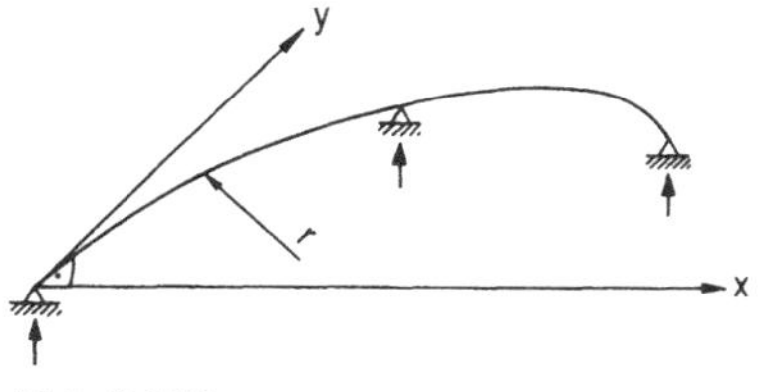

Abb. 9.118

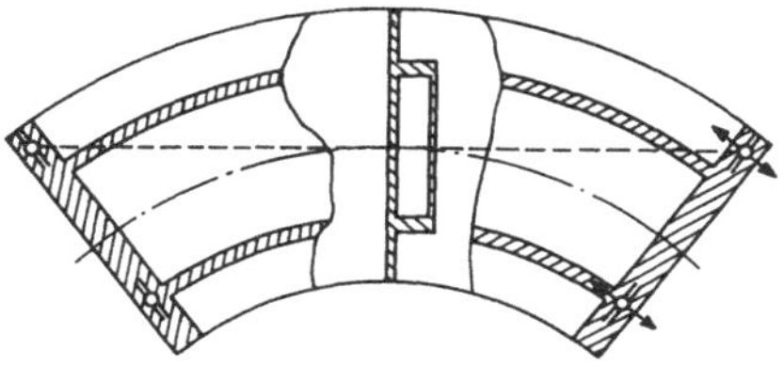

Abb. 9.119

Abb. 9.118. Statisch bestimmte Lagerung eines gekrümmten Zweifeldträgers

Abb. 9.119. Lageranordnung eines stark gekrümmten Einfeldträgers

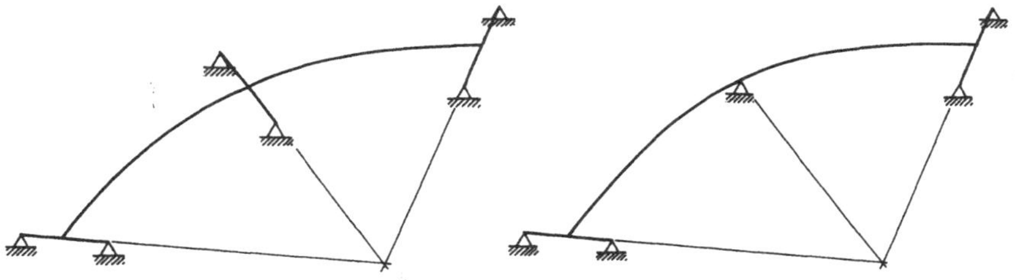

a **b**

Abb. 9.120a, b. Lagerungsarten für Durchlaufträger. **a** Torsionsfeste Lager bei allen Auflagern, 3-fach statisch unbestimmt. **b** Torsionsfeste Lagerung bei Widerlagern und Punktlagerung bei Zwischenauflager, 2-fach statisch unbestimmt

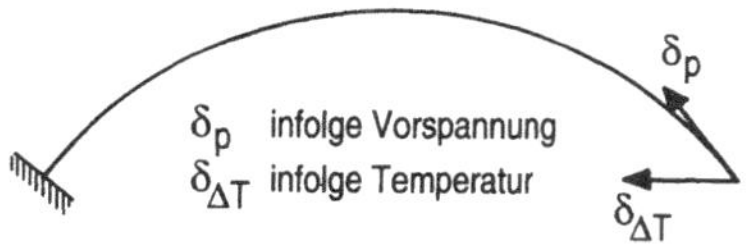

Abb. 9.121. Verschiebungsvektoren am freien Ende eines gekrümmten Trägers (Grundriss)

negativer Auflagerdrücke müssen die Lager unter Umständen außerhalb der Trägerstege unter dem seitlich verlängerten Endquerträger angeordnet werden (Abb. 9.119).

Bei Durchlaufträgern ist es im Hinblick auf Beanspruchung und Verformung vorteilhaft, wenn der Brückenträger auch bei den Zwischenauflagern torsionsfest gelagert ist. Punktlagerung bei den Zwischenstützen hat dagegen den Vorteil, dass bei schiefen Überbrückungen günstigere Lichtraumverhältnisse entstehen (Abb. 9.120).

Die Verschiebungsvektoren am freien Ende eines gekrümmten „Kragträgers" infolge von Temperatur und Vorspannung sind, wie Abb. 9.121 zeigt, verschieden gerichtet.

Zur Vermeidung von Querverschiebungen in den Fugenkonstruktionen ist es im Allgemeinen zweckmäßiger, die Verschiebungsrichtung am verschieblichen Trägerende in tangentialer Richtung festzulegen. Bei Durchlaufträgern entstehen dadurch Zwängungen infolge von Temperaturverschiebungen (Abb. 9.122).

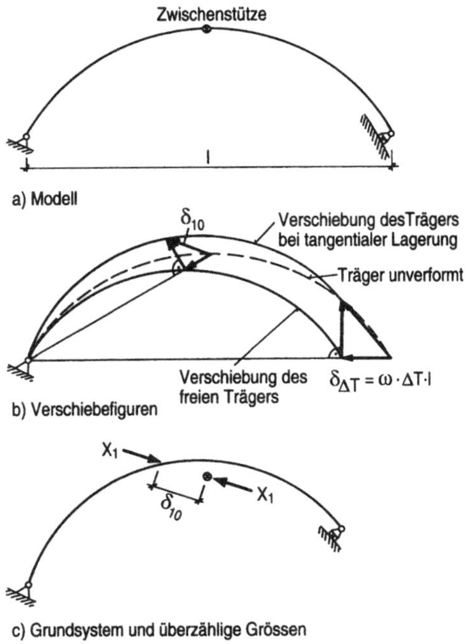

Abb. 9.122a–c. Zwängung infolge Trägerverschiebung

Normalerweise verursachen diese Zwängungen weder im Träger noch in den Stützen große Beanspruchungen. Lager und Fugen müssen selbstverständlich die gleiche Verschieberichtung aufweisen.

Bei einem Durchlaufträger (Abb. 9.122) lautet die Verträglichkeitsbedingung im dargestellten Grundsystem:

$$\delta_1 = \delta_{10} + X_1 \cdot \left(\delta_{11}^{\mathrm{T}} + \delta_{11}^{\mathrm{S}}\right) = 0,$$

mit δ_{11}^{T} als der Verschiebung des Trägers infolge $X_1 = 1$ und δ_{11}^{S} als der Verschiebung der Stütze infolge $X_1 = 1$.

Daraus lassen sich die überzählige Größe X_1 und die entsprechenden Zwangsbeanspruchungen im Träger und in der Stütze ermitteln.

Bei stark gekrümmten Brücken kann auf verschiebliche Lager bei den Widerlagern verzichtet werden. Längenänderungen des Trägers verursachen in diesem Fall nebst relativ kleinen Normalkräften Biegemomente um die Vertikalachse. Die entsprechenden Zwangsbeanspruchungen erfordern aber unter Umständen nicht einmal eine zusätzliche Bewehrung.

9.9.2 Berechnung gekrümmter Träger

Im Allgemeinen ist der Krümmungsradius entlang der Brücke variabel. Für die Berechnung darf aber mindestens feldweise ein konstanter mittlerer Radius angenommen werden.

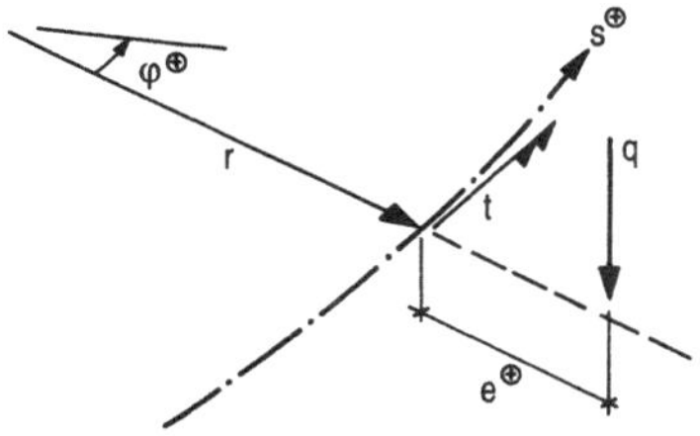

Abb. 9.123. Vorzeichenkonvention für Geometrie und Kräfte

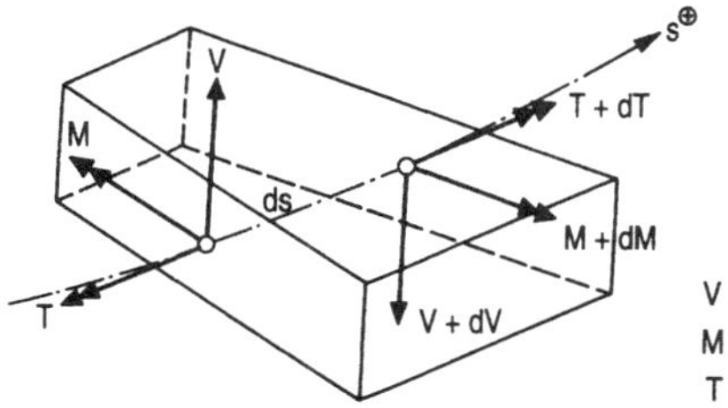

Abb. 9.124. Schnittkräfte am Trägerelement

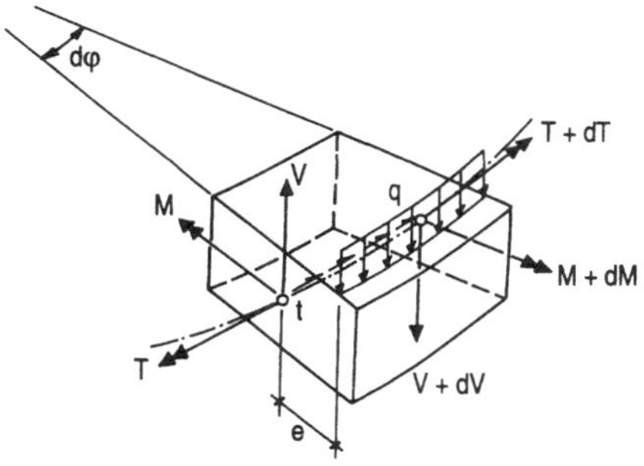

Abb. 9.125. Gleichgewichtsbedingungen am Trägerelement

Das im Folgenden dargestellte Berechnungsverfahren gilt für kreisförmig gekrümmte Träger. Geometrie, Lasten und Schnittkräfte werden gemäß Abb. 9.123 und Abb. 9.124 definiert.

Die Gleichgewichtsbedingungen an einem kreisförmig gekrümmten Trägerelement lauten somit (Abb. 9.125)

$$\begin{aligned} \mathrm{d}V + q\,\mathrm{d}s &= 0, \\ \mathrm{d}T + M\,\mathrm{d}\varphi + (e \cdot q + t)\,\mathrm{d}s &= 0, \\ \mathrm{d}M - T\,\mathrm{d}\varphi - V\,\mathrm{d}s &= 0. \end{aligned}$$

Aus den Gleichgewichtsbedingungen folgt mit $r\,\mathrm{d}\varphi = \mathrm{d}s$:

$$\begin{aligned} \mathrm{d}V/\mathrm{d}s &= -q, \\ \mathrm{d}T/\mathrm{d}s + M/r &= -e \cdot q - t, \\ \mathrm{d}M/\mathrm{d}s - T/r &= V. \end{aligned}$$

Durch Elimination der ersten Gleichung erhält man die Gleichgewichts-Differentialgleichung des gekrümmten Trägers:

$$\frac{\mathrm{d}^2 M}{\mathrm{d}s^2} = -\left(q - \frac{1}{r}\frac{\mathrm{d}T}{\mathrm{d}s}\right),$$
$$\frac{\mathrm{d}T}{\mathrm{d}s} = -\left(\frac{M}{r} + e \cdot q + t\right) = -m_t.$$

Unter der Voraussetzung $l < r$, wobei l der auf der abgewickelten Stabachse gemessenen Spannweite entspricht, kann in der Gleichung

$$\frac{\mathrm{d}^2 M}{\mathrm{d}s^2} = -\left(q - \frac{1}{r}\frac{\mathrm{d}T}{\mathrm{d}s}\right)$$

die „Belastung" $(1/r)(\mathrm{d}T/\mathrm{d}s)$ gegenüber q zunächst vernachlässigt werden, denn es ist

$$-\frac{1}{r}\frac{\mathrm{d}T}{\mathrm{d}s} = \frac{M}{r^2} + \frac{e \cdot q}{r} + \frac{t}{r}$$
$$= \frac{1}{r^2}\frac{q \cdot l^2}{c} + \frac{e \cdot q}{r} + \frac{t}{r} \ll q.$$

Somit verbleibt:

$$\mathrm{d}^2 M/\mathrm{d}s^2 = -q,$$

d. h., die Biegemomente können mit guter Näherung wie bei einem geraden Träger mit den üblichen baustatischen Methoden berechnet werden, wobei dessen Spannweite der abgewickelten Stabachse entspricht. In einem zweiten Berechnungsschritt kann mit der „korrigierten" Belastung

$$q - \frac{1}{r}\frac{\mathrm{d}T}{\mathrm{d}s} = q + \left(\frac{M}{r^2} + \frac{e \cdot q}{r} + \frac{t}{r}\right)$$

eine zweite Näherung für die Biegemomente ermittelt werden. Die Konvergenz dieser Iteration ist außerordentlich gut.

Die Gleichung

$$\mathrm{d}T/\mathrm{d}s = -(M/r + e \cdot q + t) = -m_t$$

ist im Prinzip gleich wie bei einem geraden Träger, der mit den Drehmomenten m_t belastet wird (Abb. 9.126). In der Regel liefern die Biegemomente mit M/r den größten Anteil an das Drehmoment m_t. Die Torsionsmomente T können somit unter Vernachlässigung der Krümmung ebenfalls mit baustatischen Methoden ermittelt werden (Beispiel 9.12).

Bei statisch unbestimmten Trägern ist die Verträglichkeit im Allgemeinen nicht genau erfüllt. Das Verfahren ergibt nur bei einem Steifigkeitsverhältnis

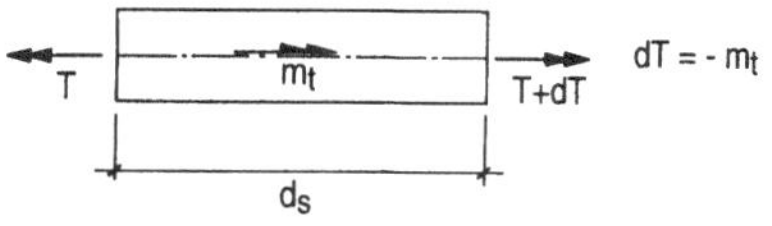

Abb. 9.126. Torsionsgleichgewicht am geraden Trägerelement

$EI/GK = 0$ die exakte Lösung. Das Gleichgewicht ist jedoch gewährleistet, d. h., es wird allenfalls eine kleine Momentenumlagerung in Kauf genommen.

Beispiel 9.12. Kreisförmig gekrümmter Träger, beidseitig torsionsfest, einseitig biegefest eingespannt, konstante Belastung q, Spannweite l, Radius r, $l/r = 0{,}2$, $EI/GK = 1{,}0$ (Abb. 9.127)

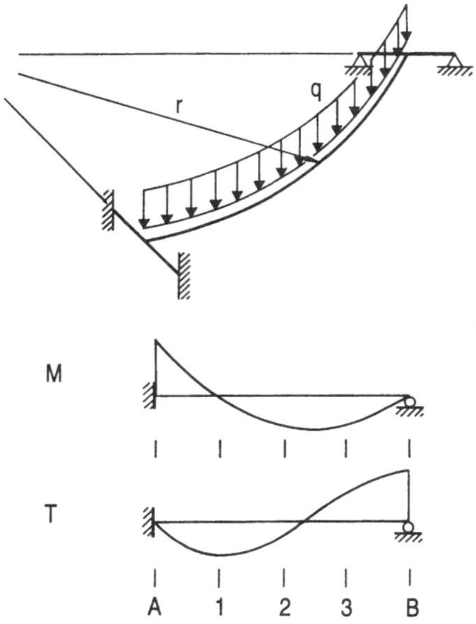

	1. Näherung		exakte Lösung	
Schnitt	M^1	T^1	M	T
A	-125.00	0.00	-125.50	-0.02
1	0.00	2.87	-0.28	2.86
2	62.50	0.78	62.46	1.05
3	62.50	-2.34	62.55	-2.34
B	0	-4.17	0	-4.16
	$q \cdot l^2 \cdot 10^{-3}$			

Abb. 9.127. Biege- und Torsionsmomente: 1. Näherung (Näherungsberechnung), exakte Lösung

9.9.3 Einleitung der Drehmomente

Am gekrümmten Trägerelement der Länge ds resultiert aus den verschieden gerichteten Biegemomenten M und $M + \mathrm{d}M$ der Momentenvektor m_t ds (Abb. 9.128).

Zum gleichen Ergebnis gelangt man, wenn die Druck- und die Zugspannungen aus Biegung in die Druck- und die Zugkräfte D und Z zusammengefasst und daraus die Ablenkkräfte q_D ds und q_Z ds berechnet werden (Abb. 9.129).

Die Ablenkkräfte betragen

$$q_D \,\mathrm{d}s = D \,\mathrm{d}\varphi, \qquad q_D = \frac{D}{r} = \frac{M}{z \cdot r},$$

$$q_Z \,\mathrm{d}s = -Z \,\mathrm{d}\varphi, \quad q_Z = -\frac{Z}{r} = -\frac{M}{z \cdot r}.$$

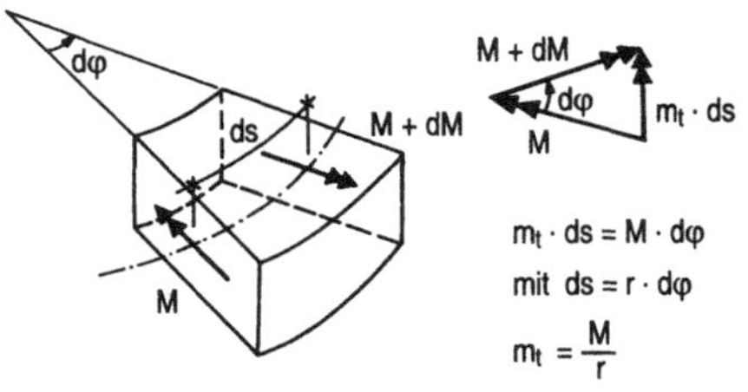

Abb. 9.128

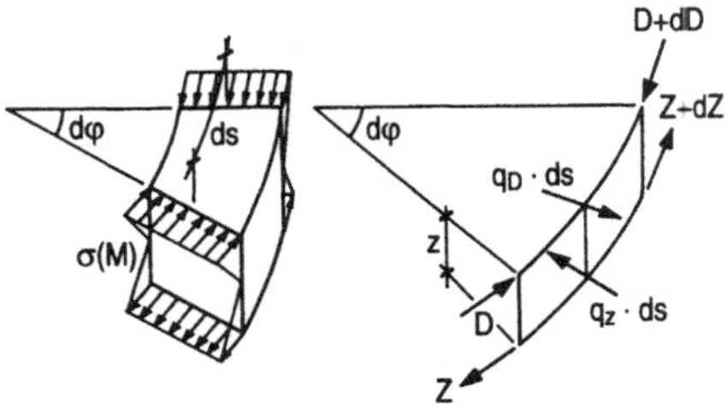

Abb. 9.129

Abb. 9.128. Biegemomente am Trägerelement

Abb. 9.129. Ablenkkräfte infolge Trägerkrümmung

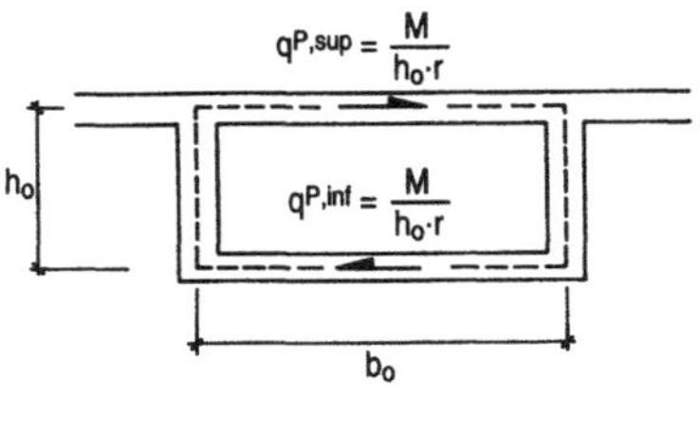

Abb. 9.130. Ablenkkräfte in den Kastenplatten infolge der Biegedruck- und Biegezugkräfte

Damit ergibt sich das Drehmoment

$$m_t \, \mathrm{d}s = q_D \cdot z \, \mathrm{d}s = -q_Z \cdot z \, \mathrm{d}s, \quad m_t = q_D \cdot z = -q_Z \cdot z = M/r.$$

Bei Kastenquerschnitten entstehen aus der Umlenkung der Druck- und der Zugkräfte in den Kastenplatten je Längeneinheit die Ablenkkräfte (Abb. 9.130):

$$q^{\mathrm{P,sup}} = \frac{M}{h_0 \cdot r} \quad \text{und} \quad q^{\mathrm{P,inf}} = -\frac{M}{h_0 \cdot r}.$$

Das resultierende Drehmoment

$$m_t = M/r$$

ist mit der Ableitung des Torsionsmomentes im Gleichgewicht:

$$\mathrm{d}T/\mathrm{d}s = -m_t = -M/r.$$

Unter der Annahme, die Torsion werde vorwiegend durch den Umlaufschubfluss

$$v = \frac{T}{2 \cdot b_0 \cdot h_0}$$

aufgenommen, beträgt der differentielle Schubfluss (Abb. 9.131):

$$\mathrm{d}v = \frac{\mathrm{d}T}{2 \cdot b_0 \cdot h_0}$$

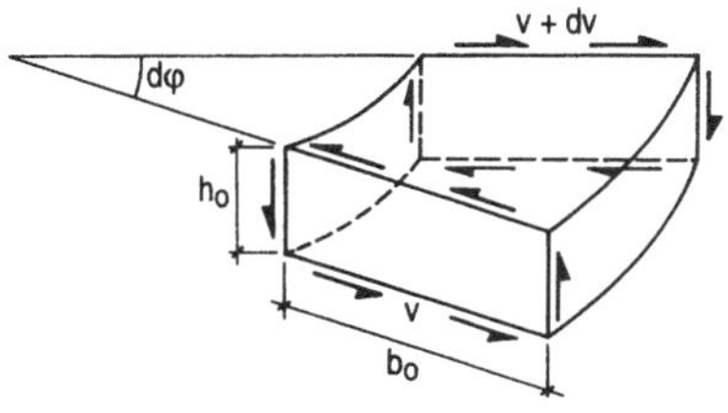

Abb. 9.131. Schubfluss an den Schnittflächen eines Trägerelementes

und aus der Gleichgewichtsbedingung ergibt sich für den differentiellen Schubfluss je Längeneinheit:

$$\frac{\mathrm{d}v}{\mathrm{d}s} = \frac{\mathrm{d}T}{\mathrm{d}s}\frac{1}{2 \cdot b_0 \cdot h_0} = -\frac{m_t}{2 \cdot b_0 \cdot h_0} = -\frac{M}{2 \cdot b_0 \cdot h_0 \cdot r},$$

mit den entsprechenden Scheibenkräften gemäß Abb. 9.132.

Die Überlagerung mit den Ablenkkräften $q^{\mathrm{P,sup}}$ und $q^{\mathrm{P,inf}}$ ergibt schließlich die in Abb. 9.133 dargestellten Schübe je Längeneinheit in den Querschnittsscheiben des Kastenträgers.

Diese aus der Einleitung der Drehmomente resultierenden Schubkräfte verursachen Querbiegung und Längsspannungen im Träger, die im Abschn. 6.1.2 ausführlich dargestellt sind.

Falls die Querbiegung in den Kastenelementen sehr große Beanspruchungen erzeugt, ist es unter Umständen wirtschaftlicher, Querträger einzubauen. Die Ablenkkräfte $q^{\mathrm{P,sup}}$ und $q^{\mathrm{P,inf}}$ werden dann von den Kastenplatten (über Längsbiegung) auf die Querträger übertragen und dort als konzentrierte Drehmomente in den Querschnitt eingeleitet.

Bei offenen Querschnitten lässt sich das Drehmoment infolge der Trägerkrümmung

$$m_t = M/r$$

ebenfalls aus den Ablenkkräften der Biegezug- und Biegedruckkräfte ermitteln.

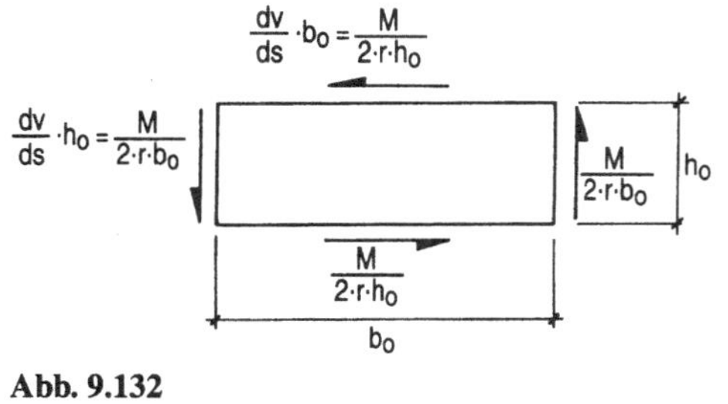

Abb. 9.132

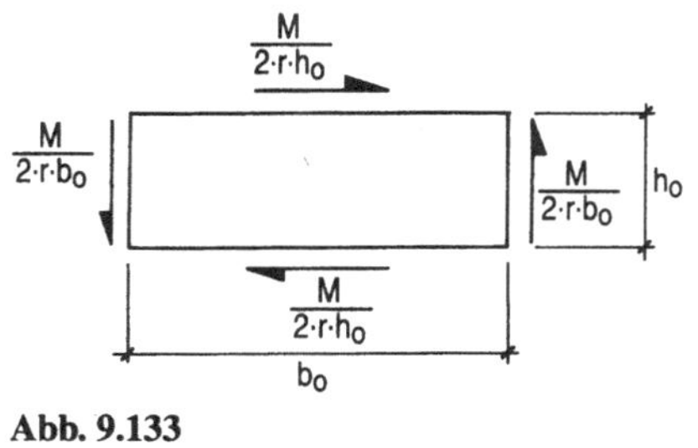

Abb. 9.133

Abb. 9.132. Scheibenkräfte je Längeneinheit infolge des differentiellen Schubflusses

Abb. 9.133. Schübe je Längeneinheit an den Querschnittsscheiben

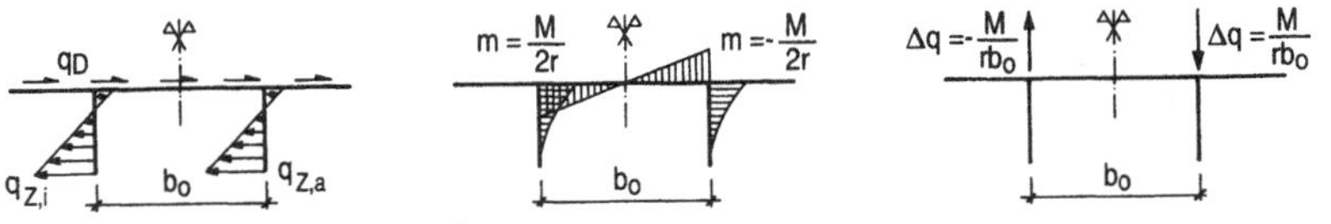

Abb. 9.134. **a** Ablenkkräfte infolge der Biegedruck- und Biegezugkräfte, **b** Querbiegemoment m infolge der Ablenkkräfte (1. Näherung), **c** Unterschiedliche Stegbelastung Δq infolge der Drehmomente $m_t = M/r$

Die Torsion wird bei offenen Querschnitten hauptsächlich durch Querschnittsverwölbung aufgenommen. Das Drehmoment m_t kann somit bei einem zweistegigen Plattenbalken näherungsweise in die entgegengesetzt gerichteten Stegbelastungen

$$\Delta q = \frac{m_t}{b_0} = \frac{M}{r \cdot b_0}$$

aufgeteilt werden (Abb. 9.134). Die Gesamtbelastung q wird ebenfalls je zur Hälfte auf beide Stege verteilt, und die entsprechende Stegzugkraft wird näherungsweise für beide Stege unabhängig voneinander ermittelt.

Die Stegzugkraft beträgt im kurveninnenseitigen Steg

$$Z_{\mathrm{i}} = \frac{1}{z}\left(\frac{M}{2} - M(\Delta q)\right) \quad \text{mit der Ablenkkraft } q_{Z,\mathrm{i}} = Z_{\mathrm{i}}/r,$$

im kurvenaußenseitigen Steg

$$Z_{\mathrm{a}} = \frac{1}{z}\left(\frac{M}{2} + M(\Delta q)\right) \quad \text{mit der Ablenkkraft } q_{Z,\mathrm{a}} = Z_{\mathrm{a}}/r.$$

Erste Näherung: $Z_{\mathrm{i}} = Z_{\mathrm{a}} = \frac{M}{2 \cdot z}$.

Damit ergibt sich für das Einspannmoment m des Steges in der Fahrbahnplatte beim kurveninnenseitigen Steg:

$$m_{\mathrm{i}} \cong q_{Z,\mathrm{i}} \cdot z = \frac{1}{r} \cdot \left(\frac{M}{2} - M(\Delta q)\right)$$

und beim kurvenaußenseitigen Steg:

$$m_{\mathrm{a}} \cong q_{Z,\mathrm{a}} \cdot z = \frac{1}{r} \cdot \left(\frac{M}{2} + M(\Delta q)\right).$$

Beispiel 9.13. Gekrümmte Brücke; einfacher Balken; Spannweite $l = 30\,\mathrm{m}$; Krümmungsradius $r = 200\,\mathrm{m}$; Belastung, ständige Last $g = 150\,\mathrm{kN/m'}$; offener Querschnitt mit Stegabstand $b_0 = 6{,}5\,\mathrm{m}$.
Moment in Trägermitte:

$$M = g \cdot l^2/8 = 150 \cdot 30^2/8 = 16.900\,\mathrm{kNm}.$$

Drehmoment in Trägermitte:

$$m_t = M/r = 16.900/200 = 85\,\mathrm{kNm/m'}.$$

Sekundäre Stegbelastung in Trägermitte:

$$\Delta q = m_t/b_0 = 85/6{,}5 = 13\,\mathrm{kN/m'},$$

wobei die Verteilung von Δq längs der Stege parabolisch verläuft.
Sekundäre Stegmomente (1. Näherung):

$$M(\Delta q) = \Delta q \cdot l^2/9{,}6 = 13 \cdot 30^2/9{,}6 = 1200\,\mathrm{kNm}.$$

Einspannmomente der Stege in die Fahrbahnplatte
innenseitig:

$$m_\mathrm{i} = \frac{1}{r}\left(\frac{M}{2} - M(\Delta q)\right) = \frac{1}{200}(8450 - 1200) = 36\,\mathrm{kNm/m'},$$

außenseitig:

$$m_\mathrm{a} = \frac{1}{r}\left(\frac{M}{2} + M(\Delta q)\right) = \frac{1}{200}(8450 + 1200) = 48\,\mathrm{kNm/m'}.$$

Es ist zu beachten, dass bei positiven Momenten (Zug unten) die Außenstege stärker belastet werden, währenddem bei negativen Momenten (Zug oben) die Innenstege mehr Last aufnehmen.

9.9.4 Vorspannung

Die von der Vorspannung im Betonquerschnitt erzeugten Schnittkräfte lassen sich bei statisch bestimmter Lagerung am einfachsten aus dem Eigenspannungszustand $F_\mathrm{c} = -P$ ermitteln (Abb. 9.135).

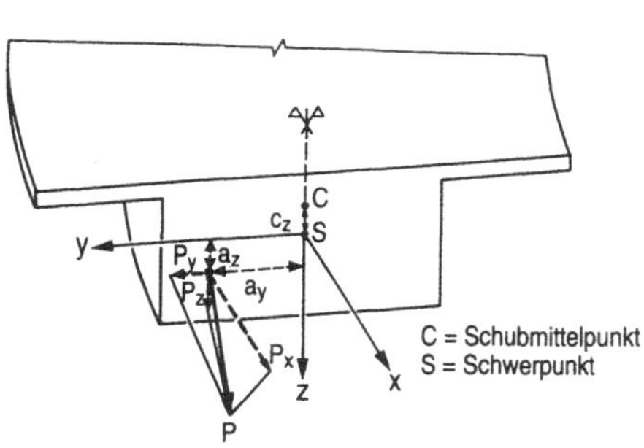

Abb. 9.135. Komponenten der Spannkraft P

Die Kraftdyname der Spannkraft P im Querschnittsschwerpunkt lautet bei einem gegenüber der Trägerachse relativ schwach geneigten Spannglied:

$$\begin{aligned} P_x &\cong P, & M_x &= P_z \cdot a_y - P_y \cdot a_z, \\ P_y &= P_x\, \mathrm{d}a_y/\mathrm{d}x, & M_y &= P_x \cdot a_z, \\ P_z &= P_x\, \mathrm{d}a_z/\mathrm{d}x, & M_z &= -P_x \cdot a_y, \end{aligned}$$
$$T = M_x - P_z \cdot c_y + P_y \cdot c_z = P_z(a_y - c_y) - P_y(a_z - c_z).$$

Aufgrund des Eigenspannungszustandes $F_c + P = 0$ ergibt sich damit folgende auf den Betonquerschnitt wirkende Kraftdyname:

$$\begin{aligned} N_c &= -P_x, & M_{c,x} &= -P_x \cdot \left(a_y \frac{\mathrm{d}a_z}{\mathrm{d}x} - a_z \frac{\mathrm{d}a_y}{\mathrm{d}x}\right), \\ V_{c,y} &= -P_x \frac{\mathrm{d}a_y}{\mathrm{d}x}, & M_{c,y} &= -P_x \cdot a_z, \\ V_{c,z} &= -P_x \frac{\mathrm{d}a_z}{\mathrm{d}x}, & M_{c,z} &= P_x \cdot a_y, \end{aligned}$$
$$T_c = -P_x[(a_y - c_y)\, \mathrm{d}a_z/\mathrm{d}x - (a_z - c_z)\, \mathrm{d}a_y/\mathrm{d}x].$$

Bei mehreren Spanngliedern ist die Summe der Anteile der einzelnen Spannglieder zu berücksichtigen.

Die auf ein Trägerelement – infolge von Trägerkrümmung und Spanngliedverlauf – wirkenden Umlenkkräfte der Spannglieder sind im Gleichgewicht mit den entsprechenden im Betonquerschnitt wirkenden Kräften, d. h. mit den Ablenkkräften der Betonnormalspannungen infolge der Trägerkrümmung und mit dem differentiellen Schubfluss. Da diese Kräfte nicht am gleichen Ort des Querschnittes angreifen, entstehen Querbeanspruchungen, die nicht den Charakter von Zwängungen haben und die deshalb auch im Bruchzustand sinngemäß zu berücksichtigen sind.

Die Ermittlung dieser Querbeanspruchungen ist aufgrund der beiden folgenden Gleichgewichtsbetrachtungen durchzuführen.

Die Umlenkkräfte der Spannglieder infolge der Trägerkrümmung in der x, y-Ebene

$$q^{\mathrm{K}}_{P,y} = -P_x/r$$

sind im Gleichgewicht mit den Ablenkkräften der Betonnormalspannungen infolge von N_c, $M_{c,y}$ und von $M_{c,z}$:

$$q^{\mathrm{K}}_{c,y} = -\frac{1}{r}\sigma_x(N_c, M_{c,y}, M_{c,z}).$$

Die Umlenkkräfte der Spannglieder infolge des von der Trägerachse abweichenden Spanngliedverlaufs

$$q^{\mathrm{A}}_{P,y} = \mathrm{d}P_y/\mathrm{d}x = P_x \frac{\mathrm{d}^2 a_y}{\mathrm{d}x^2} \quad \text{und} \quad q^{\mathrm{A}}_{P,z} = \mathrm{d}P_z/\mathrm{d}x = P_x\, \mathrm{d}^2 a_z/\mathrm{d}x^2$$

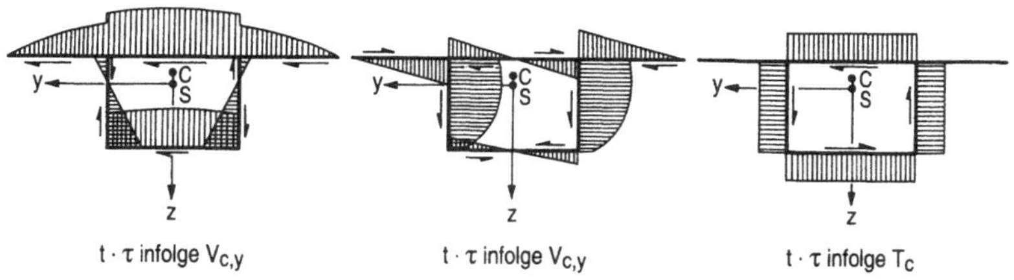

Abb. 9.136. Schubfluss τt am Kastenquerschnitt infolge von $V_{c,y}$, $V_{c,z}$ und T_c

sind im Gleichgewicht mit dem differentiellen Schubfluss im Betonquerschnitt infolge von $V_{c,y}$, $V_{c,z}$ und von T_c:

$$\frac{dv}{dx} = \frac{dv}{dx}(V_{c,y}, V_{c,z}, T_c).$$

Das auf den Schubmittelpunkt bezogene Drehmoment der Spannglied-Umlenkkräfte $q^A_{P,y}$ und $q^A_{P,z}$ beträgt dabei:

$$\begin{aligned} m_{t,P} &= -q^A_{P,y}(a_z - c_z) + q^A_{P,z}(a_y - c_y) \\ &= P_x\left[-\frac{d^2a_y}{dx^2}(a_z - c_z) + \frac{d^2a_z}{dx^2}(a_y - c_y)\right]. \end{aligned}$$

Abbildung 9.136 zeigt den generellen Verlauf des Schubflusses $t\tau$ an der Schnittfläche eines Kastenquerschnitts infolge von $V_{c,y}$, $V_{c,z}$ und von T_c.

Zur Ermittlung der Querbeanspruchungen ist es meistens nicht notwendig, den genauen Verlauf des differentiellen Schubflusses zu berechnen. Es genügt, die entsprechenden Schubkräfte zu bestimmen, die mit $q^A_{P,y}$ und $q^A_{P,z}$ den Gleichgewichtszustand bilden:

- $V_{c,y}$ verursacht in der oberen und der unteren Kastenplatte Scheibenkräfte, die mit der Summe $q^A_{P,y}$ in C (aus sämtlichen Spanngliedern) im Gleichgewicht sind;
- $V_{c,z}$ verursacht in den Stegen Scheibenkräfte, die mit der Summe $q^A_{P,z}$ in C (aus sämtlichen Spanngliedern) im Gleichgewicht sind;
- T_c verursacht entsprechend der Umlauftorsion in den Platten und Stegen Scheibenkräfte, die mit dem auf den Schubmittelpunkt C bezogenen Drehmoment aus $q^A_{P,y}$ und $q^A_{P,z}$ im Gleichgewicht sind.

Der differentielle Schubfluss weist bei Trägern mit konstantem Querschnitt die gleiche Verteilung auf wie der entsprechende Schubfluss infolge der Querkräfte $V_{c,y}$ und $V_{c,z}$ bzw. des Torsionsmomentes T_c.

Bei Trägern mit variablem Querschnitt werden die Scheibenkräfte beidseits des Querschnittelements ermittelt. Daraus lassen sich die differentiellen Scheibenkräfte bestimmen.

Bei statisch unbestimmter Lagerung können die Zwangsmomente aus Vorspannung auch mit dem zu Beginn dieses Abschnitts beschriebenen einfachen

Näherungsverfahren ermittelt werden. Dabei berechnet man zunächst die Biege-Zwangsmomente M_{sP} am „geraden" Träger und daraus die Dreh-Zwangsmomente

$$m_{t,sP} = M_{sP}/r.$$

Damit können nun auch die Torsions-Zwangsmomente T_{sP} ermittelt werden, wobei zu beachten ist, dass Torsionsmomente aus Vorspannung T_{0P} auch Torsions-Zwangsmomente zur Folge haben können.

9.9.5 Vorspannkonzept und Anordnung der Spannglieder

Das Vorspannkonzept wird normalerweise nach den gleichen Gesichtspunkten festgelegt wie bei geraden Balkenbrücken. In der Fahrbahnplatte sollten jedenfalls Zugspannungen unter ständiger Last vermieden werden. Dabei ist zu beachten, dass die Torsion die Zugspannungen aus Biegung vergrößert.

Die Anordnung der Spannglieder erfolgt im Prinzip ebenfalls gleich wie bei geraden Brücken. Es ist zwar grundsätzlich möglich, mit einer geeigneten Spanngliedführung nebst Biegung und Querkraft auch die Torsion günstig zu beeinflussen.

Die Vorspannung, die der Torsion entgegenwirken soll, kann bei Kastenquerschnitten durch Spannglieder in den Stegen oder in den Kastenplatten erzeugt werden. Aus dem Verlauf des Torsionsmomentes, z. B. infolge ständiger Last, kann der erforderliche Verlauf der Spannglieder ermittelt werden.

Das von einem Spannglied (P_i) erzeugte Torsionsmoment beträgt (bei statisch bestimmter Lagerung)

$$T_c(P_i) = -P_{x,i}[(a_y - c_y)\,\mathrm{d}a_z/\mathrm{d}x - (a_z - c_z)\,\mathrm{d}a_y/\mathrm{d}x].$$

Sofern $(a_y - c_y)$ bei den Stegspanngliedern bzw. $(a_z - c_z)$ bei den Plattenspanngliedern längs des Trägers konstant ist, lässt sich die Neigung $\mathrm{d}a_z/\mathrm{d}x$ bzw. $\mathrm{d}a_y/\mathrm{d}x$ der einzelnen Spannglieder aus dem Verlauf des aufzunehmenden Torsionsmomentes so berechnen, dass dieses auf der ganzen Trägerlänge kompensiert wird.

Bei einfachen Balken ist es möglich, durch unterschiedlichen Verlauf der Spannglieder in den Stegen das gewünschte Torsionsmoment zu erzeugen, ohne dass dadurch die „Biegewirkung" der Vorspannung verändert wird (Abb. 9.137).

Die Kompensation der Torsion aus Last mit Stegspanngliedern vergrößert aber die Querbeanspruchung (Abb. 9.138). Der Einsparung an Torsionsbewehrung steht somit ein Mehraufwand an Bewehrung zur Aufnahme der Querbiegung gegenüber.

Mit Plattenspanngliedern kann sowohl Torsion als auch Querbiegung kompensiert werden (Abb. 9.139). Dieses Bewehrungskonzept erfordert mehr Spannstahl, ermöglicht aber Einsparungen in Bezug auf die Querbeanspruchung.

In der Regel verzichtet man darauf, die Torsion aus Last ganz oder teilweise mit Vorspannung zu kompensieren. In jedem Fall sind nur geringe Bewehrungseinsparungen möglich, denen zudem fast immer ausführungstechnische Komplikationen gegenüberstehen.

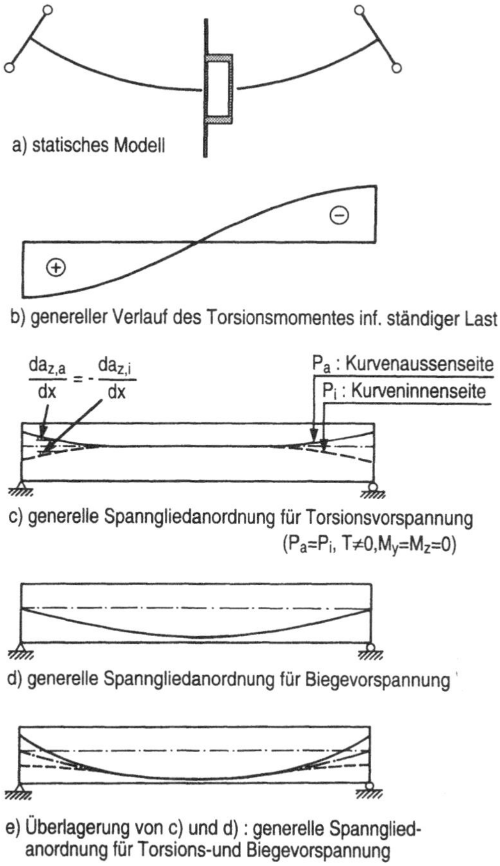

Abb. 9.137 a–b. Anordnung der Vorspannung bei einfachen Balken zur Kompensation von Biegung und Torsion

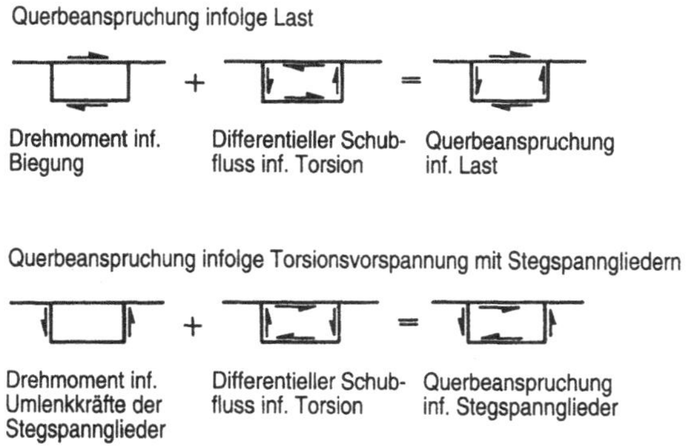

Abb. 9.138. Querbeanspruchung eines Trägerelementes infolge von Last und Torsions-Vorspannung mit Stegspanngliedern

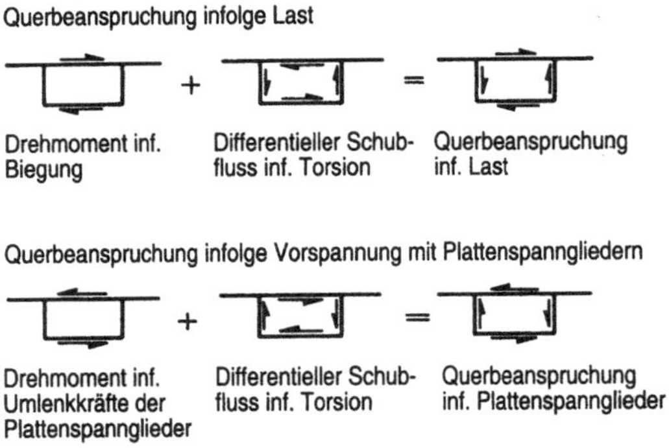

Abb. 9.139. Querbeanspruchung eines Trägerelements infolge von Last und Torsions-Vorspannung mit Plattenspanngliedern

Bei Durchlaufträgern ist es nicht möglich, durch unterschiedlichen Verlauf der Stegspannglieder ein Torsionsmoment zu erzeugen, das jenem aus ständiger Last entgegenwirkt, ohne dabei eine reduzierte „Biegewirkung" in Kauf zu nehmen (Abb. 9.140).

Im Allgemeinen ist es nicht sinnvoll, die „Biegewirkung" der Vorspannung abzumindern, um mit den Stegspanngliedern ein Torsionsmoment zu erzeugen. Wenn bei Durchlaufträgern die Torsion aus Last durch Vorspannung kompensiert werden soll, ist es zweckmäßiger, hierfür Plattenspannglieder vorzusehen (Abb. 9.141).

Beim Tragsicherheitsnachweis wird die Wirkung der Vorspannung bzw. der Spannbewehrung aus formalen Gründen als Widerstandsbeiwert und nicht als Schnittkraftanteil erfasst. Falls jedoch die Tragsicherheit unter Berücksichtigung der Interaktion verschiedener Schnittkräfte nachgewiesen werden muss, ist es meistens übersichtlicher, bezüglich Querkraft und Torsion „effektive" Schnittkräfte nach Abzug des betreffenden Schnittkraftanteils aus Längsvorspannung zu ermitteln:

$$V_{\mathrm{d,eff}} = V_{\mathrm{d}} + V_P, \quad T_{\mathrm{d,eff}} = T_{\mathrm{d}} + T_P.$$

Aufgrund des Biegemomentes M_{d} und der „effektiven" Querkraft und Torsion wird hierauf der erforderliche Widerstand für die Gurt-Zug-Kraft und die Gurt-Druck-Kraft ermittelt oder nachgewiesen.

Der Tragsicherheitsnachweis für Schub und Querbiegung wird aufgrund des erforderlichen Widerstandes der Bügel und der geneigten Druckkraft analog, d. h. für „effektive" Schnittkräfte durchgeführt. Da unterschiedlich geneigte Stegspannglieder bezüglich Querbeanspruchung eine Widerstandsverminderung zur Folge hätten, ist es übersichtlicher, mit den „effektiven" Querbiegemomenten zu rechnen:

$$m_{\mathrm{d,eff}} = m_{\mathrm{d}} + m_P.$$

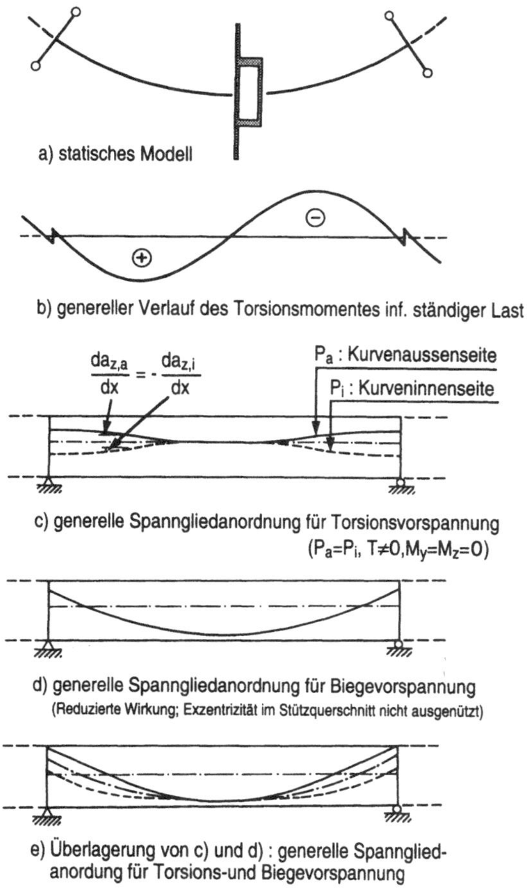

Abb. 9.140a–e. „Theoretische" Anordnung der Spannglieder bei Durchlaufträgern zur Kompensation von Biegung und Torsion

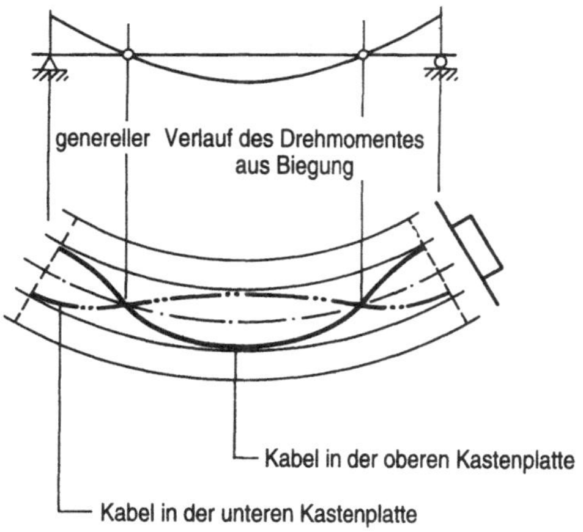

Abb. 9.141. Generelle Anordnung der Plattenspannglieder von Durchlaufträgern zur Kompensation der Torsion aus Last

Bei der Ermittlung der „effektiven“ Bemessungsschnittkräfte ($V_{d,eff}$, $T_{d,eff}$, $m_{d,eff}$) können die Anteile aus Vorspannung (V_P, T_P, m_P) aus folgenden Vorspannkräften ermittelt werden:
bei einer Verminderung der „effektiven“ Schnittkraft: aus P_∞;
bei einer Vergrößerung der „effektiven“ Schnittkraft: aus $1{,}2 \cdot P_\infty$.

9.10 Schrägkabelbrücken

9.10.1 Einleitung

Schrägkabelbrücken erschließen der Betonbauweise Spannweitenbereiche, die weit über diejenigen von Balkenbrücken hinausgehen und die von Bogenbrücken nur in günstigen Verhältnissen erreicht werden können.

Schrägkabelbrücken sind bei Spannweiten zwischen 300 und 600 m meistens wirtschaftliche Tragsysteme. Sie können jedoch bereits bei Spannweiten vom mehr als 150 m wirtschaftlicher sein als Balken- und Bogenbrücken. Bei beschränkter Bauhöhe sind Schrägkabelbrücken wegen der geringen Trägerhöhe auch im Spannweitenbereich von unter 150 m oftmals zweckmäßig, denn Trogbrücken und Bogen mit aufgehängter Fahrbahn sind relativ teuer und in ästhetischer Hinsicht oft unbefriedigend.

Schrägkabelbrücken beinhalten eine große Vielfalt von Tragwerken, die sich aus einer beinahe unbegrenzten Variation der drei Haupttragelemente ergeben:

- das *Kabeltragwerk* in Bezug auf die Anzahl der Kabelebenen und den Abstand der Kabelverankerungen am Pylon und am Träger;
- die *Pylone* in Bezug auf die Anzahl, Höhe, Neigung und Gestaltung;
- der *Träger* in Bezug auf die Querschnittsausbildung und die Bauweise.

Ein grundlegendes Verständnis des Zusammenwirkens und des Tragverhaltens dieser Haupttragelemente ist eine unabdingbare Voraussetzung für den Entwurf.

Häufig ausgeführte Systeme sind symmetrische Dreifeldsysteme mit zwei Pylonen und unsymmetrische Zweifeldsysteme mit nur einem Pylon (Abb. 9.142). In der Regel sind 2-Pylonsysteme wirtschaftlicher.

Schrägkabelbrücken sind transparente Tragsysteme, die bezüglich der Gestaltung sehr anspruchsvoll sind. Dies betrifft insbesondere die Kabelanordnung und die Pylonausbildung. Ein wirtschaftlich und ästhetisch optimaler Entwurf zeich-

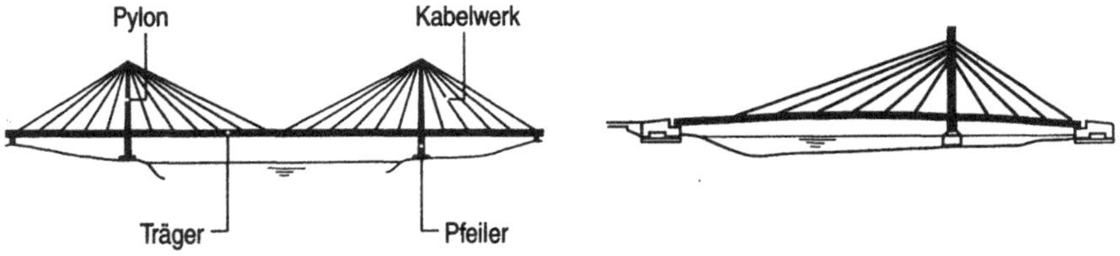

Abb. 9.142. Häufig ausgeführte Tragsysteme von Schrägkabelbrücken

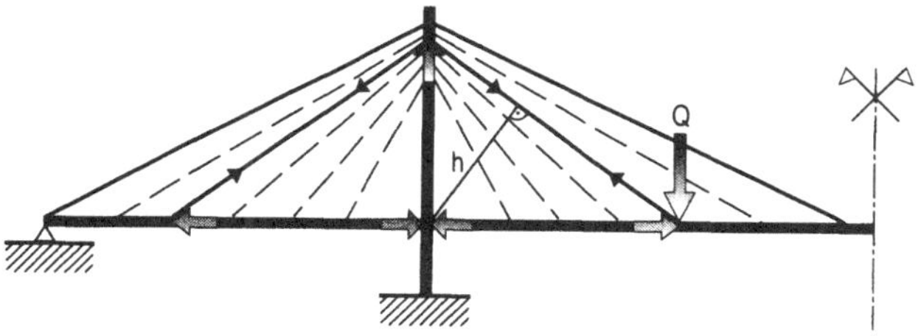

Abb. 9.143. Kräfteverlauf in Schrägkabelbrücke

net sich dadurch aus, dass die Haupttragelemente technisch und gestalterisch harmonisch zusammenspielen.

Beim Entwurf von Schrägkabelbrücken muss eine größere Anzahl von Einflussgrößen berücksichtigt werden als bei anderen Brückenarten. Er stellt somit eine größere Herausforderung an den Ingenieur dar.

9.10.2 Grundlegendes zum Tragverhalten

Bei Schrägkabelbrücken handelt es sich im Prinzip um Kragträger mit externer Vorspannung, wobei die Kabel die Zuggurte bilden, der Träger die Druckkräfte aufnimmt und die Querkräfte über die Vertikalkomponente der Kabelkräfte aufgenommen werden (Abb. 9.143).

Der wesentliche Unterschied zum Freivorbauträger besteht darin, dass beim Freivorbauträger der Zuggurt aus Beton vorgespannt und somit sehr steif ist. Demgegenüber ist bei Schrägkabelbrücken der Zuggurt sehr weich, denn er besteht einzig aus Kabeln.

Der innere Hebelarm h, d. h. die Distanz zwischen den Kabeln und dem Träger, sollte dort am größten sein, wo das größte Kragmoment vorkommt. Dieses tritt an der Schnittstelle zwischen Pylon und Träger auf. An der Verbindungsstelle der Kragträger reduziert sich die Systembiegesteifigkeit auf die Biegesteifigkeit des Trägers, die im Vergleich zu jener bei den Pylonen in der Regel verschwindend klein ist.

Das Kragsystem von Schrägkabelbrücken ist in sich stabil. Der Träger eines symmetrischen Dreifeldsystems könnte am Pylon und in Hauptfeldmitte ein Gelenk aufweisen. Oftmals ist jedoch ein gewisser Biegewiderstand des Träger erwünscht, vor allem bei kabelunterstützten Randfeldern.

Unter Eigengewicht sollte das Tragsystem weitgehend ausbalanciert sein, d. h., es sollte praktisch keine Biegebeanspruchung in Pylon und Träger auftreten. Die infolge Verkehrslast auftretenden Momente sollten hauptsächlich dem Pylon und weniger dem Träger zugewiesen werden.

Das Tragsystem bestehend aus dem Kabelwerk, den Pylonen und dem Träger ist hochgradig statisch unbestimmt. Da sich die Kabelkräfte gegenseitig beeinflussen, lassen sich die Schnittkräfte im Träger nicht mit einfachen Mitteln abschätzen. Als statisches Modell kann in der Regel ein ebenes System angenommen werden. Die

Berechnung wird nur dann nach der Theorie 2. Ordnung durchgeführt, wenn die Eigenlast größer ist als etwa 5 % der Systemknicklast.

Damit im Gebrauchszustand keine Überbeanspruchungen auftreten, müssen die Schnittkräfte aus der Systemverformung berücksichtigt werden. Es empfiehlt sich deshalb, die für die Bemessung maßgebenden Grenzwerte der Schnittkräfte nach der Elastizitätstheorie zu ermitteln. Durch Variation der Steifigkeitsannahmen für die Pylone und den Träger können dabei Schnittkraftumlagerungen berücksichtigt werden.

Die Beanspruchungen aus Temperatur, Schwinden und Kriechen sind beim Nachweis der Tragfähigkeit und des Gebrauchszustands meistens nicht relevant, sofern eine ausreichende Mindestbewehrung vorgesehen ist.

Die Pylone sind im Allgemeinen die kritischen Tragelemente des Systems. Denn mit der Entwicklung eines Mechanismus in einem Pylon ist die Systemtragfähigkeit praktisch erschöpft, da die Beanspruchungen 2. Ordnung stark anwachsen und der Träger im Allgemeinen nur geringe Stabilisierungsreserven aufweist.

Plastische Gelenke im Träger sind dagegen wesentlich weniger gefährlich, sofern die Pylonstabilität gewährleistet ist. Das Kabel-Pylon-System erfährt in der Regel nur kleine Zusatzbeanspruchungen, wenn der Träger nicht mehr in der Lage ist, weitere Momente aus der Systemverformung aufzunehmen.

9.10.3 Kabeltragwerk

Kabelanordnung

Grundsätzlich gibt es drei Arten von Kabelanordnungen: Fächer, Harfen und Halbfächer (Abb. 9.144).

Fächer haben den Vorteil, dass bei gehaltener Pylonspitze nur kleine Biegemomente im Pylon auftreten. Damit wäre an sich eine Pendelstütze möglich. Außerdem kann ein großer innerer Hebelarm (Distanz von Kabel zu Träger) erreicht werden, wodurch eine möglichst geringe Druckkraft im Träger erzeugt wird, was besonders bei sehr großen Spannweiten günstig ist.

Fächer haben den Nachteil der engen Platzverhältnisse an der Pylonspitze für die Kabelverankerungen. Außerdem ergeben sich lange und steile Kabel in

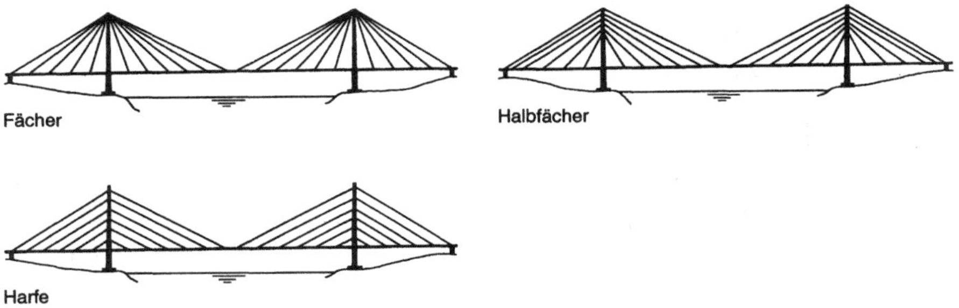

Abb. 9.144. Arten der Kabelanordnung

Pylonnähe, die wenig wirksam sind, insbesondere wenn der Träger beim Pylon (vertikal) gelagert ist. Zudem ergibt sich bei mehr als zwei Kabelebenen ein Kabelgewirr.

Harfen haben formale Vorteile. Sie wirken auch bei mehr als zwei Kabelebenen ruhig und geordnet. Die konstruktive Durchbildung der Verankerung am Träger und am Pylon wiederholt sich, was in der Regel eine herstellungstechnische Vereinfachung ist.

Der große Nachteil von Harfen ist der insgesamt relativ kleine innere Hebelarm, was eine entsprechend große Normalkraft im Träger und somit einen teuren Träger zur Folge hat. Außerdem wird die horizontale Komponente der Kabelkraft über die gesamte Höhe des Pylons verteilt, was zu einer entsprechend großen Biegebeanspruchung im Pylon führt.

Halbfächer sind eine Zwischenlösung mit verteilter Anordnung der Kabelverankerungen im obersten Pylonbereich. Unterschiedliche horizontale Kraftkomponenten in den Kabeln führen zu Biegebeanspruchungen im Pylon. Je kleiner die Länge, über welcher die Kabel verankert sind, umso kleiner sind diese Biegemomente im Pylon zur Aufrechterhaltung des Gleichgewichts. Diese Länge ist gewöhnlich durch die konstruktive Gestaltung der Verankerungsdetails gegeben.

Aus formalen Gründen sollten nicht mehr als zwei Kabelebenen gewählt werden. Zudem sollten Doppelkabel aus formalen Gründen nur bei Harfen oder Verankerungsabständen am Träger von mehr als 10 bis 15 m verwendet werden.

Elastizitätsmodul und Durchhang von Kabeln

Der Elastizitätsmodul $E_{T,0}$ des vertikalen geraden Kabels beträgt bei Stangen und Paralleldrähten etwa 205 kN/mm^2, bei Parallellitzen 195 kN/mm^2, bei verschlossenen gereckten Spiralkabeln 165 kN/mm^2 und bei Litzenkabeln 150 kN/mm^2.

Die Elastizität der Kabel wird vom Kabeldurchhang beeinflusst, der seinerseits von der Stahlspannung und der horizontalen Spannweite des Kabels abhängt. Unter Berücksichtigung des Kabeldurchhangs beträgt der ideelle Elastizitätsmodul $E_{T,id}$ des Kabels (Abb. 9.145):

$$E_{T,id} = \frac{E_{T,0}}{1 + \dfrac{g_T^2 \cdot l_h^2 \cdot E_{T,0}}{12 \cdot \sigma_T^3}}$$

mit $E_{T,0}$ für den Elastizitätsmodul des vertikalen geraden Kabels, σ_T die Stahlspannung im Kabel, l_h die horizontale Spannweite des Kabels, $g_T = G_T/(A_T l_h)$ [N/m^3] das Gewicht des Kabels inklusive Korrosionsschutz G_T, bezogen auf den Querschnitt A_T und die horizontale Spannweite des Kabels.

Der ideelle Elastizitätsmodul der Kabel hat einen wesentlichen Einfluss auf die Systemsteifigkeit, indem mit abnehmendem Elastizitätsmodul der Kabel nicht nur die Momente 1. Ordnung anwachsen, sondern wegen der kleineren Systemstabilität auch wesentlich größere Momente 2. Ordnung entstehen.

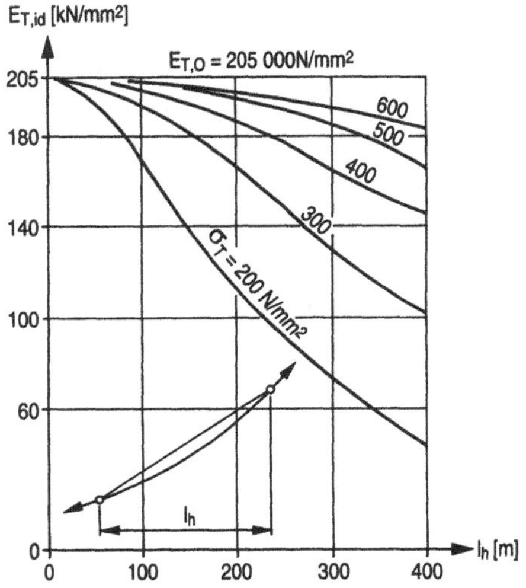

Abb. 9.145. Ideeller Elastizitätsmodul $E_{\mathrm{T,id}}$ (nach Leonhardt [9.3])

Da der ideelle Elastizitätsmodul von der dritten Potenz der Stahlspannung abhängig ist, empfiehlt es sich, insbesondere bei großen Spannweiten Stahl von möglichst hoher Festigkeit zu verwenden.

Tragvermögen und Vorspannung der Kabel

Das Tragvermögen der Kabel ist aufgrund der größten Stahlspannung aus ständigen Lasten und Verkehrslast üblicherweise wie folgt nachzuweisen:

$$\sigma_{\mathrm{T,max}}(g + q) \leq 0{,}45 f_{\mathrm{p0,1k}} \text{ oder } 0{,}50 f_{\mathrm{pk}}$$

mit $f_{\mathrm{p0,1k}}$ für die charakteristische Fließgrenze und f_{pk} für die charakteristische Zugfestigkeit des Stahls. Die heute zuverlässigen Korrosionsschutzsysteme, die Möglichkeit der Inspektion und Auswechslung der Kabel sowie das allgemein gutmütige Tragverhalten der Kabel im Grenzzustand rechtfertigen es, einen ähnlichen Sicherheitsabstand zuzulassen wie für andere Tragelemente und die maximal zulässige Spannung bis auf $0{,}55 f_{\mathrm{p0.1k}}$ zu erhöhen. Neben beträchtlichen Kosteneinsparungen kann dadurch der ideelle Elastizitätsmodul erhöht und somit die Kabeldurchbiegung reduziert werden, was vor allem für Brücken mit großen Spannweiten vorteilhaft ist.

In der Regel werden die Kabel so vorgespannt, dass unter ständiger Last annähernd die Biegemomente eines bei den Kabelverankerungen gestützten Durchlaufträgers entstehen. Den Momenten aus ständiger Last M_g überlagern sich somit die Momente infolge der Kabelvorspannung M_{T}. Das Bemessungsmoment lautet somit $M_{\mathrm{d}} = \gamma_{\mathrm{S}}(M_g + M_{\mathrm{T}})$ mit γ_{S} als Teilsicherheitsbeiwert für Einwirkungen. Das Verhältnis M_g / M_{T} wird am ausgeführten Tragwerk aufgrund der Trägerverformung kontrolliert und ist keinen signifikanten Streuungen unterworfen.

Die Kraft infolge Vorspannung der Kabel beträgt ungefähr 70 % der maximal auftretenden Kabelkraft. Unter Betriebsbedingungen sind Kabelkräfte von mehreren Tausend Kilonewton nicht unüblich.

Da die Kabel normalerweise als ganze Einheiten vorgespannt werden, sind in der Regel große Pressen notwendig, die mit einer speziellen Ausrüstung versetzt werden müssen. Der Ausbildung und Anordnung der Spannanker muss deshalb eine besondere Aufmerksamkeit gewidmet werden. Insbesondere muss genügend Platz für die Pressen und Zugang für künftige Inspektionen vorhanden sein.

Die Vorspannung der Kabel bei Verformungskontrolle ist einfacher und zuverlässiger als die Vorspannung unter Kraftkontrolle.

Bei der Montage eines Trägersegments werden die Kabel zunächst derart vorgespannt, dass das Eigengewicht des Trägersegments von der vertikalen Kraftkomponente im Kabel aufgenommen werden kann. Nach der Fertigstellung des gesamten Tragwerks müssen die erforderlichen Längenänderungen jedes Kabels berechnet werden. Die Länge jedes Kabels wird dann in einem zweiten Spannvorgang geändert.

Die Berechnung der notwendigen Kabellänge muss alle wesentlichen Parameter einschließen, nämlich die momentane und endgültige Lage der Verankerungen am Träger und am Pylon sowie die momentanen und endgültigen Spannungen im Stahl unter ständigen Lasten.

Ermüdung von Kabeln

Bei Schrägkabelbrücken muss für die Kabel eine ausreichende Ermüdungsfestigkeit nachgewiesen werden. Die Spannungsdifferenzen unter Ermüdungslast sind in den Kabeln bedeutend größer als in vorgespannten Spanngliedern üblicher Spannbetonbrücken.

Die Ermüdungseinwirkung besteht aus den Kabelschwingungen, die vor allem durch Wind verursacht werden, und der Ermüdungslast aus Verkehr. Die Kabelschwingungen lassen sich mit dem Einbau von Dämpfungselementen bei den Verankerungen oder mit der Anordnung eigentlicher Dämpfungskabel stark reduzieren. In konstruktiver Hinsicht ist zu beachten, dass an der Verankerung selbst keine Kabelbiegung auftritt.

Bei Schrägkabelbrücken ist zu beachten, dass der Lasteinflussbereich für die normalen Kabel und die Rückhaltekabel verschieden ist. Zur Ermittlung der Spannungsdifferenzen genügt bei normalen Kabeln beispielsweise ein Schwerlastwagen von 400 kN. Im Hinblick auf den großen Lasteinflussbereich für die Rückhaltekabel sollte neben dem Schwerlastwagen auch etwa 30 % der gleichmäßig verteilten Verkehrslast q berücksichtigt werden.

Für die Ermüdungsfestigkeit von Kabeln ist das konstruktive Detail der Kabelverankerung maßgebend. Insbesondere muss die Verankerung so beschaffen sein, dass an der Verankerung selbst keine Drahtbrüche auftreten. Diesbezüglich weisen normale Vorspannanker in der Regel einen ungenügenden Ermüdungswiderstand auf. Anker für Schrägkabel sind im Prinzip so ausgebildet, dass die Vorspannkraft über die Endverankerungsplatte und die Zugkraft aus Verkehrslast über eine relativ lange Injektionsstrecke auf die Verankerungsplatte im Beton abgegeben werden.

Der rechnerische Nachweis der Ermüdungsfestigkeit kann gemäß Abschn. 5.9.2 geführt werden.

Korrosionsschutz

Die Kabel sind in Bezug auf die Dauerhaftigkeit und die Unterhaltskosten das empfindlichste Tragelement von Schrägkabelbrücken. Der Korrosionsschutz hat dementsprechend eine sehr große Bedeutung. Anstriche allein genügen nicht, und es müssen mehrere Barrieren als Schutz gegen die Korrosion geschaffen werden.

Kabel sind normalerweise in Polyethylen-Hüllrohren (PE-Rohre) eingeschlossen, die nach der Montage mit einer Zementsuspension oder mit Fett injiziert werden. Der große Vorteil der PE-Rohre besteht darin, dass die Kabel mit den Ankern im Werk fabriziert, auf Bobinen aufgerollt transportiert und relativ einfach montiert werden können. PE-Rohre können allerdings bereits nach mehreren Jahren reißen, vor allem dann wenn sie bei mangelnder Sorgfalt beim Transport, Montage und Injektion gedehnt werden. Eine vorsichtige Handhabung beim Einbau der Kabel ist somit eine wichtige Voraussetzung für einen guten Korrosionsschutz.

Als zweite Barriere können die Stahldrähte galvanisiert werden. Als dritte Barriere gegen Korrosion kann jede Litze einzeln in einem Hüllrohr eingeschlossen werden. Diese Maßnahme beseitigt auch die Korrosionsgefahr des gesamten Kabelquerschnitts bei beschädigtem Außenhüllrohr.

Einen guten Korrosionsschutz bieten auch dicke Außenhüllrohre aus nichtrostendem Stahl. Allerdings sind Stahlhüllrohre relativ schwer und eignen sich nur für Kabel, die auf der Baustelle zusammengesetzt werden.

Der Zustand des Hüllrohrmaterials kann relativ einfach verfolgt werden, indem Teile aus identischem Material entlang dem Brückengeländer gelagert und den gleichen klimatischen Bedingungen ausgesetzt werden wie die Hüllrohre der Kabel. Der Zustand dieser Rohrteile kann dann jederzeit untersucht werden, und es kann auch Probenmaterial für die Materialprüfung entnommen werden.

Obwohl Schrägkabelbrücken immer so konzipiert sein müssen, dass ein Kabel ersetzt werden kann, muss beachtet werden, dass der eigentliche Ersatz eines Kabels dennoch schwierig und aufwändig ist. Kabel werden nur dann ersetzt, wenn klare Zeichen einer fortgeschrittenen Schadensbildung entdeckt werden.

9.10.4 Pylon

Pylonhöhe

Die Pylonhöhe kann aufgrund der Kosten für Kabel, Pylon und Träger optimiert werden. Allerdings hat eine Abweichung von 10 % von der optimalen Trägerhöhe keinen wesentlichen Einfluss auf die Gesamtkosten. Es sollten daher vorwiegend gestalterische Gesichtspunkte beachtet werden, wenn die Pylonhöhe gewählt wird.

Die wirtschaftlich günstige Pylonhöhe befindet sich bei etwa 0,4 bis 0,5 mal

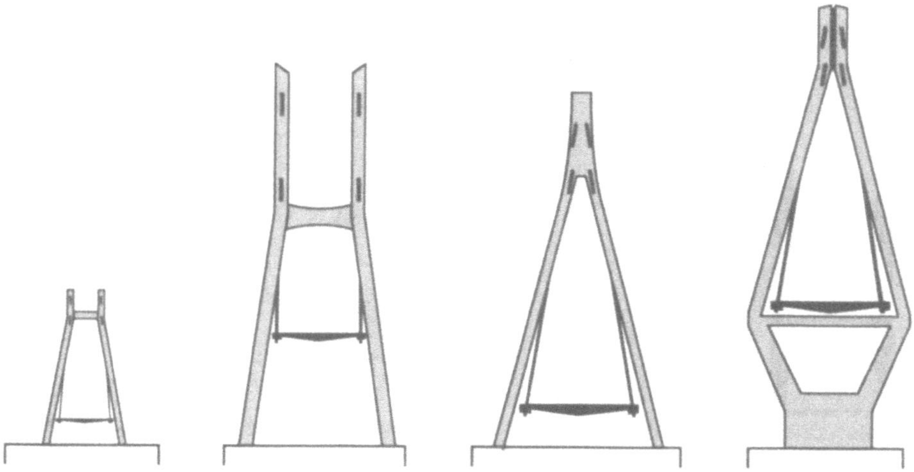

Abb. 9.146. Formen von „Klammerpylonen" für schmale und breite Fahrbahnen sowie für niedrige und hohe Brücken

die Länge der größten Trägerauskragung. Bei großen Spannweiten sind somit hohe Pylone mit Kabelverankerungen möglichst im obersten Pylonbereich erforderlich, um die Druckkräfte im Träger zu begrenzen. Niedrige Pylone mit flachen Kabeln ergeben große Kabelkräfte und Druckkräfte im Träger, was höhere Kosten für Kabel und Träger zur Folge hat. Außerdem ist die Reduktion der Pylonhöhe durch die entsprechend größer werdenden Verformungen des Tragsystems begrenzt.

In Längsrichtung werden die Pylone durch die an der Pylonspitze verankerten Rückhaltekabel stabilisiert. Die Biegesteifigkeit der Pylone in Längsrichtung kann somit relativ klein sein. Unterschiedliche Kabelkräfte aus Verkehrslast sollten vorwiegend auf die Rückhaltekabel übertragen werden können, ohne dass dabei in den Pylonen große Biegebeanspruchungen entstehen. Die Mindeststeifigkeit der Pylone wird durch die erforderliche Knickstabilität bestimmt.

Pylonausbildung

Die Pylonform hängt wesentlich von der Beanspruchung in Querrichtung ab. Sie sollte normalerweise so gewählt werden, dass die Komponenten der Kabelkräfte genau in der Achse des Pylons liegen und folglich die Querbiegung im Pylon infolge Eigenlast und Verkehrslast null oder sehr klein ist. Dies kann vergleichsweise einfach mit A- und H-Pylonen erreicht werden (Abb. 9.146).

A-Pylone (ohne oder mit aufgesetzter Nadel) sind in Querrichtung stabil, wobei eine aufgesetzte Nadel – wie bei einem Zentralpylon – durch Querbiegung beansprucht wird. In den Pylonstielen verankerte Kabel sollten auf der Höhe der Fahrbahnebene eine kleine Exzentrizität gegenüber dem Pylonstiel aufweisen, denn Kabelverankerungen für Kabel, deren vertikale Projektion stark von der Achse der Pylonstiele abweicht, sind schalungstechnisch sehr schwierig auszuführen.

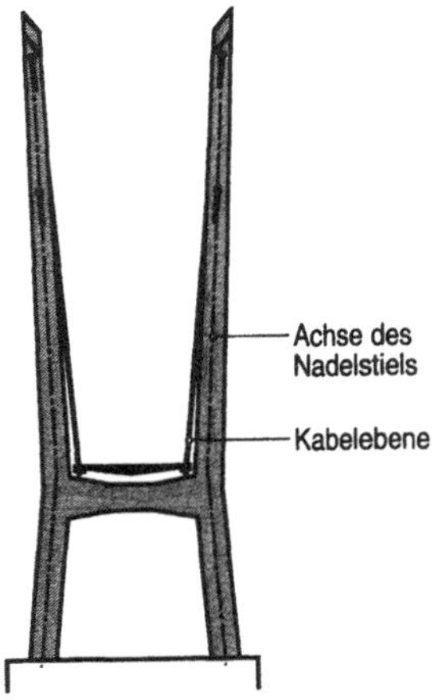

Abb. 9.147. Nadelpylon mit nach außen geneigten Nadelstielen

Im Hinblick auf die Torsionssteifigkeit um die Trägerachse sind A-Pylone statisch effizient, denn Pylon, Kabelwerk und Träger bilden ein räumliches Fachwerk, das deutliche und insbesondere in Bezug auf das Schwingungsverhalten des Systems erwünschte Unterschiede in den Biege- und der Torsionseigenfrequenzen aufweist.

H-Pylone ermöglichen eine starke Reduktion der Querbiegung. Die Stiele von H-förmigen Pylonen sind oft derart nach innen geneigt, damit die Kabelverankerungen in Stieloberteil und am Träger genau aufeinander zentriert werden können (Abb. 9.146). Eine einseitige Nutzlast verursacht dennoch Querbiegung im Pylon.

Nadelpylone sind einfach ausführbar, hingegen sind die Achsen von vertikalen Nadelstielen außerhalb der Kabelverankerungen entlang des Trägers angeordnet. Dies erzeugt auch unter Eigenlasten eine nach innen gerichtete Querbiegung, die mit nach außen geneigten Stielen reduziert oder eliminiert werden kann (Abb. 9.147). Die Momente im Pylon infolge Eigenlast wiegen dabei die Momente infolge Kabelkräften auf. Die statisch effizienteste Neigung der Stiele ist normalerweise auch gestalterisch am überzeugendsten. Allerdings verursachen die Kabelkräfte infolge einseitiger Verkehrslast dennoch Querbiegung im Pylon.

Bei Anordnung eines *Zentralpylons* in Fahrbahnmitte und mit *einer Kabelebene* ist ein torsionssteifer Kastenträger erforderlich, der insbesondere bei großen Spannweiten aufwändig ist (Abb. 9.148a). Bei *zwei Kabelebenen*, die je am Trägerrand verankert sind, ist hingegen kein Torsionswiderstand im Träger erforderlich (Abb. 9.148b). Jedoch erfordert das Lichtraumprofil der Fahrbahn wegen der geneigten Kabelebenen eine größere Trägerbreite, die unter Umständen für Gehwege nutzbar gemacht werden kann. Ein Zentralpylon muss zur Aufnahme einseitiger Verkehrslasten eine große Seitenstabilität aufweisen, was eventuell mit Seitenabspannkabeln erreicht werden kann.

Grundsätzlich sind Zwischenformen im Sinne eines Übergangs vom torsionssteifen Kastenträger bei einer Kabelebene zum torsionsweichen Träger bei zwei am Trägerrand verankerten Kabelebenen denkbar.

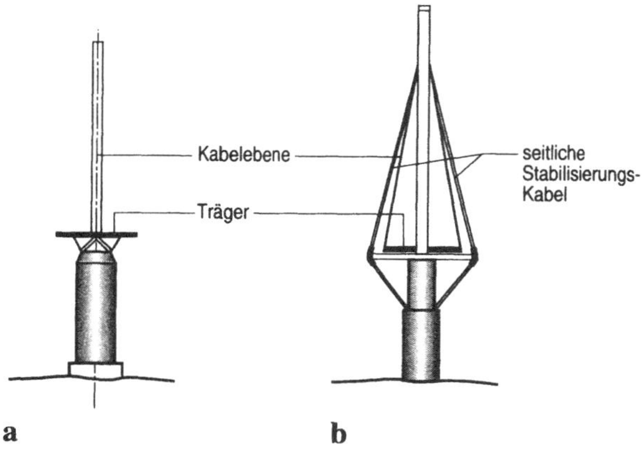

Abb. 9.148. Zentralpylone in Fahrbahnmitte mit einer Kabelebene (z. B. Brotonne-Brücke, schematisch) (**a**) oder mit zwei Kabelebenen (z. B. Ting-Kau-Brücke, schematisch) (**b**)

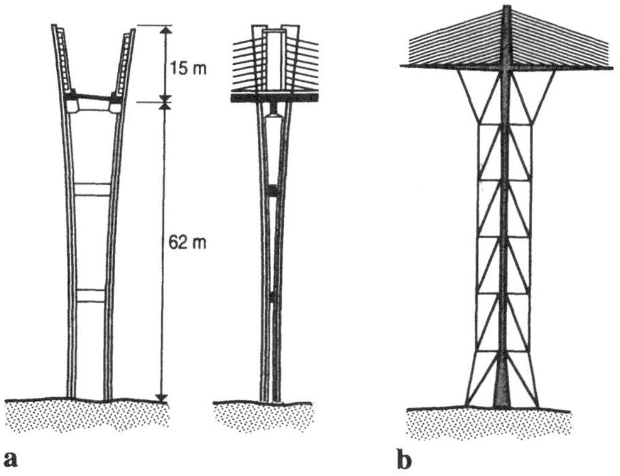

Abb. 9.149a, b. Pylon–Pfeiler-Systeme für hohe Brücken. **a** Pfeiler der Sunnibergbrücke (schematisch), **b** Konzeptvorschlag mit verspanntem Pfeiler

Andere Formen wie gebogene Portale sind technisch ebenfalls machbar und unter Umständen gestalterisch attraktiv.

Pylon–Pfeiler-Systeme für hohe Brücken

Übliche Pylone sind bei hohen Brücken ästhetisch meistens unbefriedigend. Das System Pylon–Pfeiler sollte oberhalb und unterhalb des Trägers einheitlich sein, und der Pylon (oberhalb des Trägers) sollte nicht wesentlich höher sein als die Breite der Straßenfläche (Abb. 9.149a).

Die Pylonhöhe kann allerdings nicht beliebig reduziert werden, weil die Steifigkeit in Längsrichtung der Kabel sehr klein wird und die Durchbiegungen unter Verkehrslasten entsprechend groß werden. Verhältnisse von Hauptspannweite

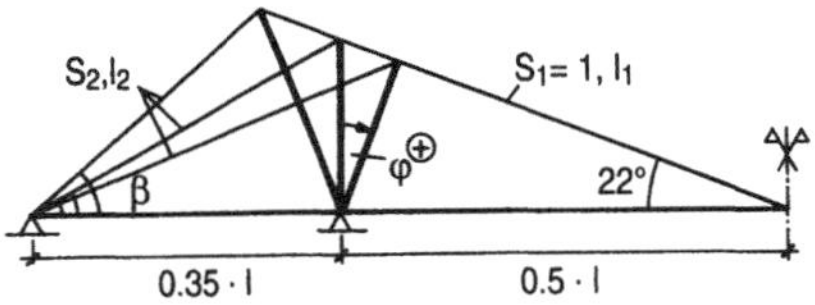

φ	β	S2	S1· l1 + S2·l2
-20°	42°	0.8	0.92 · l
0°	30°	1.1	0.98 · l
+20°	23°	1.4	1.10 · l

Abb. 9.150. Kabelkräfte und Kabelaufwand bei unterschiedlicher Pylonneigung

zu Pylonhöhe von etwa 10 zu 1 sind dennoch möglich, falls der Pylon steif ist (Abb. 9.149b) und der Träger in Längsrichtung gehalten ist. Pylone, die als Wände konzipiert sind, haben den Vorteil, dass deren oberer Kragarmteil durch das Eigengewicht genügend stark vorgespannt ist und daher nur wenig zusätzliche Bewehrung für die Aufnahme der Verkehrslast notwendig ist. Zudem ist auch keine Rückverankerung des Pylons notwendig.

Kurze Pylone (mit Kabeln in Harfenanordnung) ergeben große Druckkräfte im Träger. Damit der Träger diese Kräfte aufnehmen kann, ohne dass er verstärkt werden muss, müssen die Spannweiten relativ kurz gehalten werden.

Die Längshalterung des Trägers im Pfeiler führt zu einer Rahmenwirkung im Tragwerk mit einer entsprechenden Abminderung der Biegemomente im unteren Pfeilerbereich.

Geneigte Pylone

Geneigte Pylone bewegen den größten Hebelarm vom Schnittpunkt zwischen Träger und Pylon weg. Rückwärts geneigte Pylone erfordern bei gleichem System-Hebelarm über dem Auflager höhere Pylone; bei vorwärts geneigten Pylonen nimmt die Systemhöhe von der Pylonspitze zum Auflager hin ab, d. h., die Rückhaltekabel werden wesentlich stärker beansprucht als bei vertikalen Pylonen (Abb. 9.150). Geneigte Pylone sind somit statisch weniger effizient. Sie sind auch schwieriger auszuführen als vertikale Pylone.

9.10.5 Träger

Beanspruchungen

Bei der Ausbildung des Trägerquerschnitts sind einerseits das Tragverhalten in Längs- und Querrichtung, andererseits aber auch das Herstellungsverfahren, außergewöhnliche Situationen (z. B. Kabelausfall) und das dynamische Verhalten zu beachten.

Es lassen sich zwei Arten von Biegebeanspruchungen des Trägers unterscheiden:

- Die gleichgewichtsbedingten Momente aus ständiger Last entsprechen bei zweckmäßiger Kabelvorspannung denjenigen eines Durchlaufträgers, der jeweils bei den Kabelverankerungen gestützt ist.
- Die zwangsbedingten Momente infolge der Systemverformung aus ständiger Last entstehen dadurch, dass der Träger sich infolge der Normalkraft verkürzt

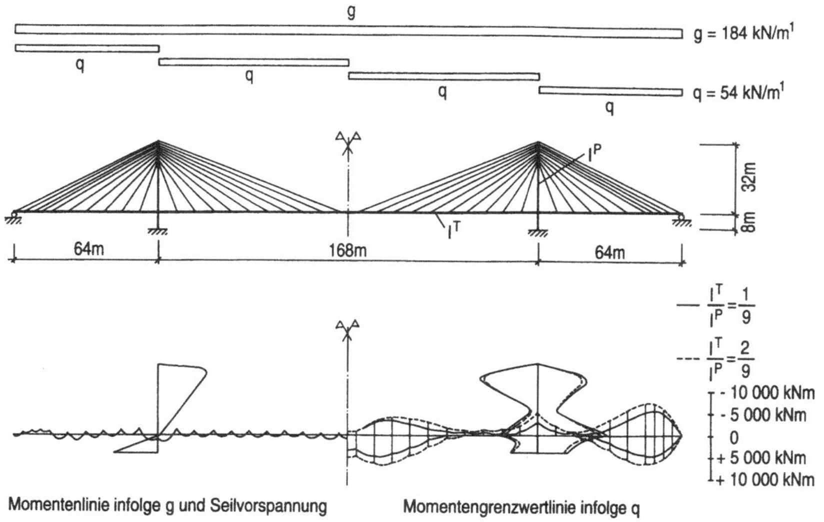

Abb. 9.151. Vergleich der Momentengrenzwertlinien bei unterschiedlicher Trägersteifigkeit

und der Kabelgeometrie entsprechend einsinkt. Nach Beendigung der Trägerherstellung lassen sich diese zwangsbedingten Momente aus ständiger Last durch eine zusätzliche Regulierung der Kabelvorspannung weitgehend beseitigen. Wegen der Kriechverkürzung des Trägers bauen sie sich aber im Laufe der Zeit wieder bis auf etwa 2/3 des unter Berücksichtigung der Kabelvorspannung vorhandenen Eingusszustands auf.

Die Verkehrslast verursacht bei feldweiser Anordnung wegen des relativ weichen Kabeltragwerks beträchtliche Systemverformungen. Mit zunehmender Biegesteifigkeit des Trägers wachsen demzufolge die zwangsbedingten Momente stark an. Abbildung 9.151 zeigt an einem Beispiel wie die Biegemomente im Träger unter zwei typischen Lastfällen mit zunehmender Biegesteifigkeit des Trägers anwachsen. Der Träger entlastet zwar dabei das Kabel-Pylon-System, aber die entsprechenden Einsparungen sind unwesentlich.

Der Bewehrungsaufwand lässt sich nicht allein aufgrund der Momente beurteilen. Mit zunehmender Trägersteifigkeit wächst auch der Hebelarm der inneren Kräfte, und das Tragsystem in Querrichtung hat ebenfalls einen wesentlichen Einfluss auf den Bewehrungsgehalt im Träger.

Trägerquerschnitte

Am geeignetsten sind in der Regel schlanke Träger mit günstiger Tragwirkung in Querrichtung. Dabei wird die Schlankheit durch die Knickstabilität und die Tragfähigkeit bei einem Kabelausfall begrenzt.

Bei Schrägkabelbrücken mit zwei Kabelebenen sind für schmale Träger (mit einer Breite von weniger als 12 m) und für kleine und mittlere Spannweiten randverstärkte Plattenquerschnitte zweckmäßig (Abb. 9.152). Der Biegewiderstand der

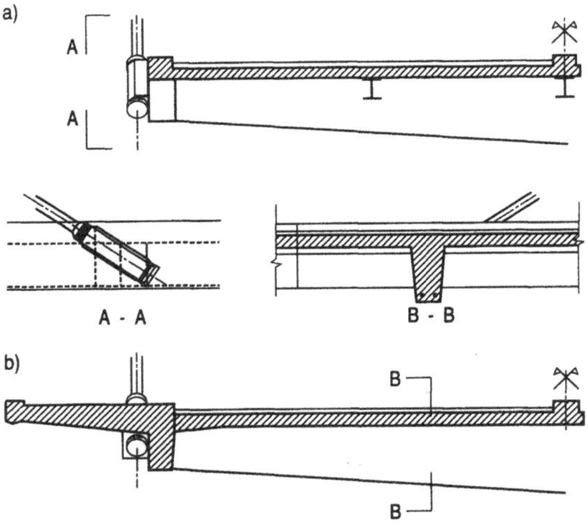

Abb. 9.152a, b. Trägerquerschnitte mit Randverstärkung. **a** Stahl-Beton-Verbundträger, **b** Träger aus vorfabrizierten Betonelementen

Randverstärkung muss dabei genügend groß sein für den Freivorbau, und er muss das Auswechseln von Kabeln unter Aufrechterhaltung des Verkehrs ermöglichen. Falls die Kabelebenen mehr als 12 m auseinanderliegen, ist es oft wirtschaftlich, auf der Höhe der Verankerungen Querträger anzuordnen oder gar eigentliche Plattenbalkenquerschnitte mit Querträgern auszubilden.

Bei Schrägkabelbrücken mit nur einer Kabelebene muss der Trägerquerschnitt zur Aufnahme der Torsion bei einseitiger Verkehrslast als torsionssteifer Kasten ausgebildet werden (Abb. 9.148a). Kastenquerschnitte sind oft auch für die aerodynamische Stabilität günstig. Außerdem erlaubt der große Biegewiderstand, die Kabelverankerungen entlang des Trägers relativ weit voneinander anzubringen.

Um die Eigenlasten der Kragträger der Hauptspannweite und des kürzeren Randfelds auszubalancieren, ist es zweckmäßig, visuell identische Querschnitte mit unterschiedlichem Eigengewicht zu verwenden. Beispielsweise kann in den Randfeldern eine dickere Fahrbahnplatte ausgeführt werden als im Hauptfeld, oder es können unterschiedliche Baustoffe für die Haupt- und Randfelder verwendet werden, z. B. ein Verbundquerschnitt für die Hauptspannweite und ein Betonquerschnitt für die Randfelder.

Fahrbahnplatte

Der Druckwiderstand der Fahrbahnplatte ist für die Tragfähigkeit und Wirtschaftlichkeit von großer Bedeutung. In Brückenlängsrichtung ist die Platte relativ schlank und bedeutenden Biegemomenten infolge Eigengewicht und konzentrierter Verkehrslast unterworfen. Untersuchungen zweiter Ordnung der Platte müssen die

Biegesteifigkeit der Platte berücksichtigen, die dem effektiven Beanspruchungszustand entspricht.

Die Stärke der Fahrbahnplatte wird normalerweise aufgrund der maßgebenden Biegemomente und Anforderungen an die konstruktive Durchbildung und die Dauerhaftigkeit bestimmt. Danach wird der axiale Druckwiderstand der Platte für die gewählte Plattenstärke und vorhandene Bewehrung ermittelt. Der Druckwiderstand kann deutlich erhöht werden, indem die Bewehrung erhöht oder in Längsrichtung versteifende Bauteile angebracht werden. Es ist jedoch relativ teuer, den Druckwiderstand über eine Plattenverstärkung zu erhöhen, da diese Maßnahme wegen der Erhöhung des Eigengewichts des Trägers das gesamte Tragwerk beeinflusst.

Bauvorgang

Der Bauvorgang hat einen entscheidenden Einfluss auf die Form des Querschnitts. Querschnitte in Verbundbauweise sind zweckmäßig, falls die Bauteile vom Pylon aus über den Träger an den Ort des Zusammenbaus gebracht werden müssen (Abb. 9.152a). Dabei werden zunächst die Stahlrandträger einer Länge von einem oder gar zwei Abständen der Verankerungen montiert. Danach werden Quer- und sekundäre Längsträger montiert, bevor die Schrägkabel eingesetzt und gespannt werden. Danach werden vorfabrizierte Plattenelemente auf die Flansche der Stahlträger aufgesetzt, und die Verbundwirkung wird durch Ausgießen der Aussparungen, in denen die Verbunddübel auf den Stahlflansch vorgängig aufgeschweißt wurden, hergestellt.

Vorfabrizierte Segmente in Betonbauweise eignen sich, falls relativ schwere Bauteile unmittelbar unterhalb des Zusammenbauortes (z. B. mit einem Boot) gebracht und zum Träger hochgehoben werden können (Abb. 9.152b). Die Querträger befinden sich in Segmentmitte, und die Fahrbahnplatte weist beidseitig eine Kragplatte auf. Die Segmente werden mit dem vorgängig erstellten Trägerteil über eine verklebte Fuge und Vorspannglieder in den Randträgern verbunden. In Plattenfugen wird die schlaffe Bewehrung mit übergreifenden Bügeln gestoßen, und die Öffnung wird mit Ortsbeton gefüllt.

Beim Vorbau des Trägers muss das Kabel am Etappenende aktiviert werden, bevor der ganze Vorbauabschnitt betoniert wird. Dies ist beispielsweise mit dem Vorziehen der Querschnitts-Randpartie in Form eines Stahlrandträgers (vor allem bei großen Verankerungsabständen), eines vorfabrizierten Betonträgers oder in Ortsbeton (Abb. 9.153) möglich. Bei Verbundträgern ist der Randträger immer ein Stahl-Kastenträger.

9.10.6 Kabelverankerungen

Verankerungen am Pylon

Innenliegende Verankerungen. Bei Pylonen mit hohlem Querschnitt ist es am einfachsten und zweckmäßigsten, die Verankerungen innenliegend und über Lift oder

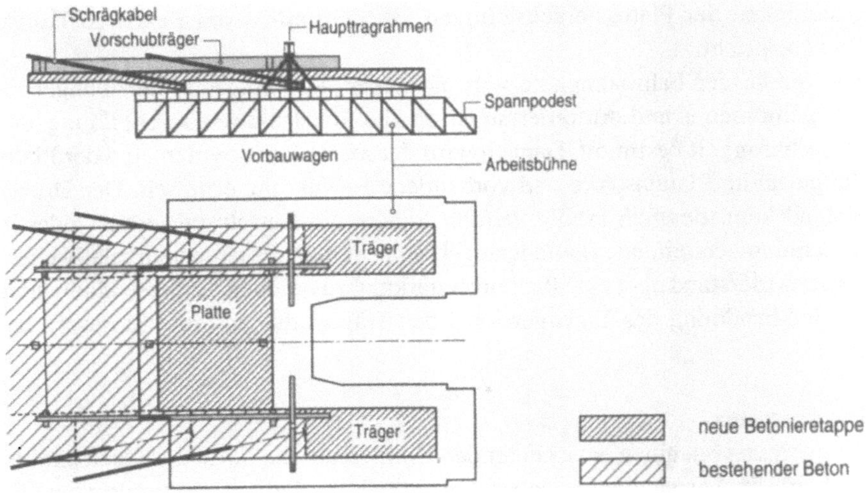

Abb. 9.153. Vorbau des Trägers mit Vorziehen des Randträgers (Beispiel Sunnibergbrücke, schematisch)

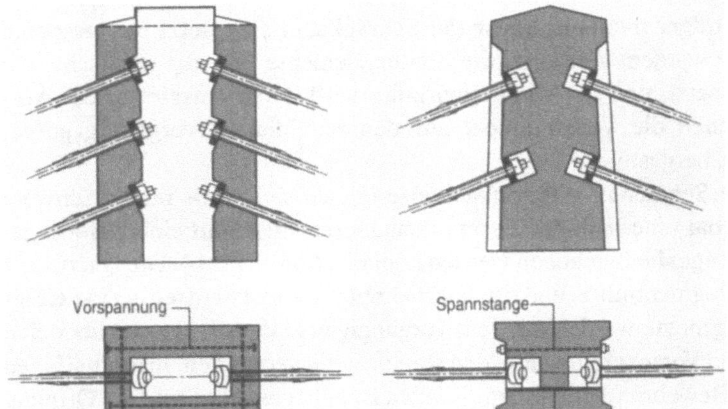

Abb. 9.154. Innenliegende (**a**) und außenliegende Verankerung (**b**) am Pylon

Treppen zugänglich anzuordnen (Abb. 9.154a). Bei genügendem Platz im Pylon können auch bewegliche Spannköpfe angeordnet werden, falls die Pressen leicht verschieb- und ansetzbar sind. Die Pressen können beispielsweise an der Pylonspitze aufgehängt und einfach zu den jeweiligen Ankerköpfen gebracht werden.

Meistens werden direkte Stahlverbindungen zwischen den Verankerungen ausgeführt. Nur bei großen Wandstärken erfolgt die Verbindung über den (vorgespannten) Betonquerschnitt des Pylons.

Innenliegende Verankerungen sind vorteilhaft, da sie gut zugänglich und witterungsgeschützt sind. Zudem wird bei der Inspektion der Verankerungen der Verkehr auf der Brücke nicht beeinträchtigt.

Die Anordnung von innenliegenden Verankerungen erfordert jedoch einen relativ großen offenen Raum im Querschnitt. Die entsprechenden äußeren Abmessungen des Pylonquerschnitts sind daher einzig bei größeren Brücken effizient und ästhetisch befriedigend.

Außenliegende Verankerungen. Bei kleinen Pylonen ist der Querschnitt in der Regel voll (massiv) und die Verankerungen werden außen angeordnet (Abb. 9.154b). Eine wirtschaftliche Lösung besteht darin, die festen Verankerungen der Kabel in Nischen einzuhängen, die im Pylon eingelassenen sind und quer mit Spannstangen oder einem Stahlbauteil miteinander verbunden werden. Über diese Querverbindungen werden die Horizontalkomponenten der jeweils angreifenden Kabelkräfte automatisch ausgeglichen. Diese Verankerungsart ermöglicht eine einfache Kabelmontage und Kabelauswechslung, jedoch ist ein einwandfreier Korrosionsschutz dieser Konstruktion sehr wichtig.

Da die Pylonhöhe kaum höher als 40 m ist, sind die Verankerungen mit Hebebühnen-Fahrzeugen für die Inspektion und den Unterhalt zugänglich. Dennoch ist das Anbringen und Verschieben der Pressen oft schwierig, und der Verkehr muss zumindest teilweise eingeschränkt werden.

Verankerungen am Träger

Bei Betonträgern erfolgt die Verankerung an den Trägerrändern oft über Betonnocken, die sich unter den Konsolen befinden (Abb. 9.155). Aus statischer Sicht ist dabei ein genügender Durchstanzwiderstand wichtig. Für die Dauerhaftigkeit sind eine einwandfreie Abdichtung der Hüllrohr-Durchdringung, eine ausreichende Bewehrungsüberdeckung (vor allem der Durchstanzbewehrung) und ein Betonschutz der Konsoloberfläche wichtig. Es empfiehlt sich, für das Versetzen der Pressen und die Inspektion der Verankerungen eine fest installierte, bewegbare Plattform unter dem Träger anzubringen.

Bei Brücken mit nur einer Kabelebene werden die Spannanker oft im Kastenträger angeordnet (Abb. 9.148a). Diese Anordnung ermöglicht auch einen guten

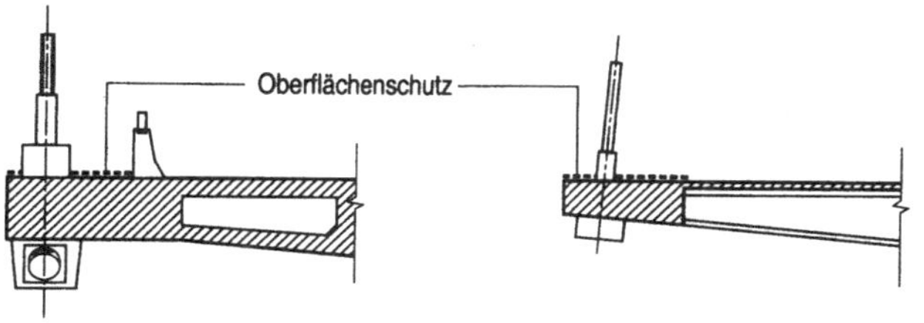

Abb. 9.155. Verankerungen am Träger

Schutz für die Verankerungen, und die Pressen können leicht von Verankerung zu Verankerung transportiert werden.

Der Abstand der Kabelverankerungen am Träger wird so festgelegt, dass einerseits wirtschaftliche Kabeleinheiten verwendet werden können und andererseits die Trägerherstellung im Freivorbau keine besonderen Schwierigkeiten bereitet.

Kleine Kabeleinheiten sind relativ teuer, weil sie ein ungünstiges Kostenverhältnis von Stahlquerschnitt zu Korrosionsschutz, Verankerung und Montage aufweisen. Im Hinblick auf die Kabelkosten sollte deshalb der Abstand der Kabelverankerung am Träger nicht kleiner als etwa 6 m sein.

9.10.7 Grundsätzliche Systemkonzeption

Biegebeanspruchungen in Pylon und Träger

In der Regel treten in Pylon und Träger Biegebeanspruchungen auf. Dies ist beispielsweise der Fall, wenn die Verkehrslast einzig auf die Hauptspannweite einwirkt und das Kragmoment und die entsprechenden horizontalen Komponenten der Kabelkräfte beiderseits des Pylons unterschiedlich sind. Meistens ist der Pylon aufgrund von Lagerung und Abmessungen steifer als der Träger und nimmt demzufolge auch mehr Biegung auf.

Die Pylone müssen deswegen auch gehalten werden, indem sie im Fundament eingespannt werden. Um das Einspannmoment im Fundament zu reduzieren, werden die Pylonspitzen üblicherweise mit Rückhaltekabeln elastisch gehalten, die direkt am Auflager oder im Randfeld über Zwischenunterstützungen verankert sind.

Die größten Kräfte in den Rückhaltekabeln treten dann auf, wenn die Verkehrslast einzig über die gesamte Hauptspannweite einwirkt. Wenn die Verkehrslast allein auf den beiden Randfeldern angeordnet ist, sind die Kräfte in den Rückhaltekabeln am kleinsten.

Die Rückverankerung der Pylonspitze ist die effizienteste Art, um das maximale Kragmoment des Hauptfeldes aufzunehmen. Dies kann jedoch zu einer ästhetisch und ausführungstechnisch unerwünschten Kabelkonzentration für die Rückverankerung führen. Um dies zu vermeiden, kann der Träger im Randfeld beispielsweise mit einem Betonquerschnitt schwerer ausgebildet werden als im Hauptfeld, wo ein leichterer Verbundquerschnitt ausgeführt werden kann.

Die Systemtragfähigkeit wird wesentlich durch die Interaktion zwischen Pylon und Träger beeinflusst. Biegung im Pylon kann auf Kosten einer erhöhten Biegung im Träger reduziert werden. Meistens sind jedoch auch relativ kurze Pylone, die an ihrer Spitze durch eine Rückverankerung und im Fundament gehalten sind, statisch immer noch vorteilhafter als der lange schlanke Träger. Es ist somit vorteilhafter, Biegebeanspruchungen mit dem Pylon als mit dem Träger aufzunehmen.

Randfelder ohne Zwischenunterstützungen

Falls in den Randfeldern keine Zwischenunterstützungen möglich sind und der Biegewiderstand im Träger klein ist, müssen folgende zwei Momentenbedingungen

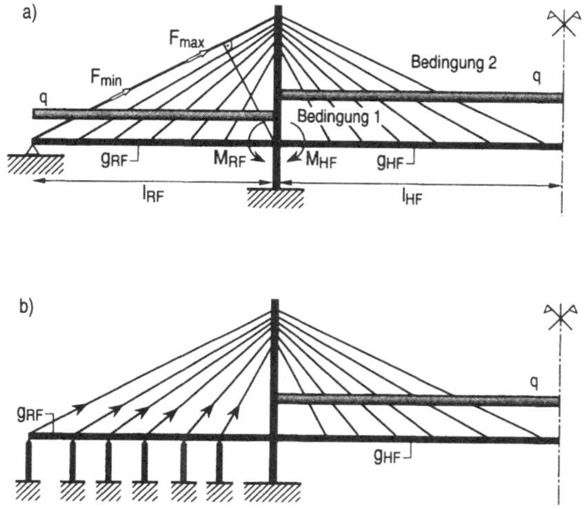

Abb. 9.156. **a** Randfeld ohne Zwischenunterstützung, **b** Randfeld mit Zwischenunterstützungen

erfüllt werden (Abb. 9.156a):

$$M_{HF}(g) > M_{RF}(g+q) + M_{RV}(F_{min}) \quad \text{(Bedingung 1)},$$
$$M_{HF}(g+q) > M_{RF}(g) + M_{RV}(F_{max}) \quad \text{(Bedingung 2)}$$

mit M_{HF} für das Kragmoment des Hauptfelds, M_{RF} das Kragmoment des Randfelds, M_{RV} das Moment aus Rückverankerung, F_{min} und F_{max} die minimale und die maximale Kabelkraft, g das Eigengewicht und q die Verkehrslast.

Um diese Bedingungen zu erfüllen, muss das Randfeld deutlich kleiner sein als der Kragarm des Hauptfelds und es ist eine starke Rückverankerung erforderlich (große Kraftschwankungen).

Für ein symmetrisches Dreifeldsystem kann das Verhältnis von Haupt- zu Randfeldlänge auch über das Gleichgewicht der Momente am Pylon abgeschätzt werden. Unter Annahme eines biegeweichen Trägers ergibt sich folgender Ausdruck:

$$\frac{l_{RF}}{l_{HF}} = \frac{1}{2}\sqrt{\frac{1-\xi(1+q/g_{HF})}{(g_{RF}/g_{HF})(1-\xi)+q/g_{HF}}}$$

mit l_{RF} und l_{HF} als Längen des Rand- und des Hauptfelds, g_{RF} und g_{HF} als Eigengewicht des Rand- und des Hauptfelds und q ist die Verkehrslast. Das Verhältnis ξ von minimaler zu maximaler Spannung in den Rückhaltekabeln liegt ungefähr zwischen 0,2 und 0,3. Um die im Auflager zu verankernde vertikale Komponente der Rückhaltekraft zu begrenzen, werden normalerweise Werte nahe 0,3 gewählt.

Je kleiner die Randspannweite, umso größer sind die Kabelkräfte in den Randspannweiten und somit auch die Kräfte, die am Pylon angreifen.

Randfelder mit Zwischenunterstützungen

Das Systemkonzept mit Zwischenunterstützungen in den Randfeldern ist wesentlich einfacher als das ohne Zwischenunterstützungen, indem die Differenz zwischen maximaler und minimaler Kraft in den Rückhaltekabeln wesentlich reduziert ist.

Mit einem schweren Randfeld kann das maximale Kragmoment des Hauptfeldes $M_{\mathrm{HF}}(g+q)$ ohne spezielle Rückverankerung kompensiert werden. Das Randfeld kann nämlich die überschüssige Last, die unter Eigengewicht und Verkehrslast zum Ausgleich des Hauptfelds notwendig ist, unter Eigengewicht auf die Zwischenstützen abgeben. Somit müssen die Rückhaltekabel nicht direkt an den Zwischenstützen verankert werden.

Die Länge der Randfelder ist bei diesem Systemkonzept beliebig, und somit ist eine große Bandbreite von Verhältnissen zwischen Rand- und Hauptfeldlänge möglich.

Lagerung

Das primäre Ziel der Lageranordnung besteht darin, die Horizontalkräfte in Längsrichtung aufzunehmen. In zweiter Linie und insbesondere bei einem schlanken Pfeiler–Pylon-System kann mit einem entsprechenden Lagerungskonzept die Knicklänge reduziert werden.

Grundsätzlich sollten Lagerungsanordnungen, die keine horizontale Halterung liefern, vermieden werden.

Es können zwei grundlegende Lagerungskonzepte unterschieden werden.

Konzept 1. Pylon und Pfeiler bilden ein einheitliches Element; allenfalls ist der Träger vom Pylon/Pfeiler getrennt. Bei diesem Konzept kann je nach Lagerung bezüglich horizontaler Verschieblichkeit die Steifigkeit des Tragsystems wie folgt beeinflusst werden (Abb. 9.157):

- Fall A. Die Steifigkeit ist groß, falls der Träger am benachbarten Widerlager und bezüglich des Pylons unverschieblich gehalten ist.
- Fälle B und C. Eine mittlere Steifigkeit kann erzielt werden, indem der Träger

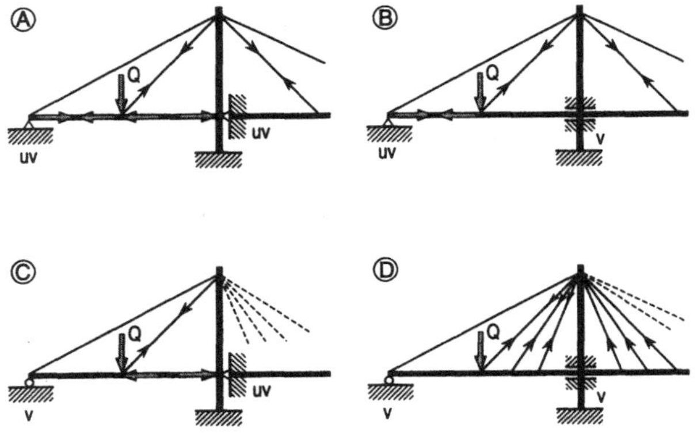

Abb. 9.157. Fälle A–D der Lageranordnung für Lagerungskonzept I. uv, Träger unverschieblich; v, Träger verschieblich

am Widerlager unverschieblich und bezüglich des Pylons verschieblich (B) oder am Widerlager verschieblich und bezüglich des Pylons unverschieblich (C) gehalten wird.

– Fall D. Die Steifigkeit des Tragsystems ist sehr gering, falls der Träger am Widerlager und bezüglich des Pylons verschieblich ist. Auch ergeben sich dabei in der Regel viel zu große Momente im Pylon, insbesondere infolge Verkehrslast.

Bei Dreifeldsystemen mit 2 Pylonen sollten möglichst die Fälle A und C kombiniert werden. Diese Kombination ist vor allem bei relativ hohen, schlanken Pfeilern günstig. Unter Umständen können auch die Fälle A und D kombiniert werden, wobei auf die Knicklänge des Pylons besonders zu achten ist. Bei niedrigen, nicht zu steifen Pfeilern ist die Kombination der Fälle C und C zweckmäßig.

Eine Kombination der Fälle B oder C mit dem Fall D ist in der Regel sehr ungünstig, da die Steifigkeit des gesamten Tragsystems gering bleibt. Eine Kombination der Fälle A und A oder der Fälle A und B ist möglich, falls in Brückenmitte ein verschiebliches Gelenk ausgebildet wird. Die Kombination von B und B ergibt relativ große Verschiebungen in Brückenmitte, was ebenfalls eine Gelenkausbildung erforderlich macht.

Konzept 2. Der Überbau (Pylon und Träger) ist durch ein Lager vom Unterbau (Pfeiler und Widerlager) getrennt. Dies ist insbesondere bei niedrigen Brücken zweckmäßig. Bei diesem Lagerungskonzept wird der Überbau analog gelagert wie bei Freivorbaubrücken.

Knickstabilität

Die Träger und Pylone weisen unter ständigen Lasten große Druckkräfte auf. Das Stabilitätsversagen kann somit durch den Träger oder die Pylone eingeleitet werden. Der Träger wird durch die Eigenlast und das elastische Kabeltragwerk stabilisiert. Die Knickfigur weist je nach Trägerschlankheit, Trägerlagerung und Ausbildung des Kabeltragwerks eine andere Form auf. Ein schlanker Träger kann bei den Randfeldauflagern, wo bei relativ großer Kabellänge oder -elastizität durch die Rückhaltekabel eine große Druckkraft in den Träger eingeleitet wird, starke kurze Knickwellen zeigen.

Die Knickstabilität der Pylone lässt sich wesentlich erhöhen, indem der Träger auf den Randfeldauflagern unverschieblich gelagert oder mit einem Pylon horizontal verbunden wird.

Gekrümmte Schrägkabelbrücken

Bei Schrägkabelbrücken mit einem gekrümmten Träger ist eine große Querbiegebeanspruchung unvermeidbar. Sogar bei Brücken mit relativ geringer Krümmung kann die Exzentrizität der Kabelverankerungen am Träger gegenüber dem Schnittpunkt von Pylon und Träger beträchtlich sein. Die dadurch erzeugte Querbiegung kann durch eine asymmetrische Ausbildung der Pylone reduziert werden

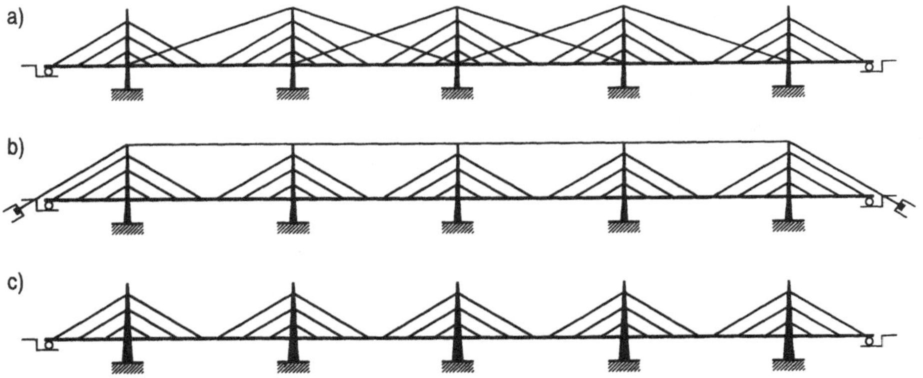

Abb. 9.158. Stabilisierungsmöglichkeiten für Pylone

(Abb. 9.149a). Auch können die Spitzen der Pylone mit nach außen geführten Rückhaltekabeln gehalten werden.

Pylone als Portalrahmen mit einem entsprechend starken Querträger über der Fahrbahn sind in der Regel ästhetisch unbefriedigend. Und da außerdem die Krümmung die konstruktive Ausbildung der Kabelverankerungen beim Träger erschwert und strenge Anforderungen bezüglich des Lichtraumprofils für den Verkehr eingehalten werden müssen, sind übliche Schrägkabelbrücken normalerweise für gekrümmte Verkehrsbahnen nicht zweckmäßig.

Stabilisierung von Schrägkabelbrücken mit mehreren Spannweiten
Das statische Problem mehrfeldriger Schrägkabelbrücken besteht darin, dass die einzelnen Kragsysteme in Bezug auf feldweise Verkehrslast stabilisiert werden müssen. Dafür bieten sich drei Lösungen an (Abb. 9.158):

- Stabilisierung der Pylonspitzen mit massiver Reduktion der Pylonmomente durch Stabilisierungskabel zu den benachbarten Pylonfüßen;
- Stabilisierung der Pylonspitze mit massiver Reduktion der Pylonmomente durch Überspannung mit Stabilisierungskabeln, die hinter den Endwiderlagern fest verankert sind;
- Stabilisierung jedes einzelnen Kragsystems mit biegesteifen Pylonen.

Es gilt zu beachten, dass die Tragfähigkeit des Tragsystems mit der zweitgenannten Stabilisierungsvariante bei Verkehrslasten, die auf jedem Feld über die halbe Spannweite jeweils auf der gleichen Seite angeordnet sind, relativ schnell erschöpft ist. Außerdem sind bei kurzen Pylonen die ersten beiden Stabilisierungsvarianten wenig effizient.

9.10.8 Schwingungsverhalten

Schrägkabelbrücken sind wenig empfindlich auf Schwingungen infolge Verkehrslast. Dies ist darauf zurückzuführen, dass sich die Biegeformen, die durch ein sich bewegendes Fahrzeug erzeugt werden, dauernd ändern, denn das Spannungs-Dehnungs-Verhalten der Kabel ist wegen des Kabeldurchhangs nichtlinear. Dieser Effekt 2. Ordnung hat zur Folge, dass sich die Eigenfrequenz mit zunehmender Amplitude ändert und sich immer vom ersten Modus des Tragwerks unterscheidet. Außerdem weisen die Frequenzen verschiedener Schwingungsformen relativ kleine Unterschiede auf. Eine Erregerlast kann deshalb mehrere Schwingungsformen annähernd gleich stark anregen, wobei sich diese Schwingungen überlagern und gegenseitig behindern.

Demgegenüber sind die Biegeformen infolge des gleichen Fahrzeugs bei andern Brückenarten wie Balken- oder Bogenbrücken dem ersten Modus, unabhängig vom Standort des Fahrzeugs, ziemlich ähnlich, weshalb diese Brückenarten auf Schwingungen eher empfindlich sind.

Wind kann durch zyklisch auftretende Böen oder Wirbelablösungen am Tragwerk Schwingungen anregen. In diesem Fall weist die erste Eigenform mit der Verformung aus der Erregerlast auch eine recht gute Übereinstimmung auf. Durch Wind erzeugte Schwingungen müssen deshalb sorgfältig untersucht werden, insbesondere die Schwingungen der freien Kragträger während dem Bau.

Für Schrägkabelbrücken im Betriebszustand, die sich in einem gemäßigten Klima befinden, sind gefährliche windinduzierte Schwingungen unwahrscheinlich, falls die Hauptspannweite kleiner ist als die 20fache Breite des Trägers. Schwingungen mit großen Amplituden sind kaum möglich, da sich im Tragwerk wegen des bereits erwähnten Effekts 2. Ordnung mit zunehmender Amplitude eine Frequenzänderung einstellt, die zu einer Resonanzreduktion führt.

Schrägkabelbrücken mit schlanken Trägern sind empfindlich in Bezug auf Flattern, da die ersten Schwingungsformen für Biegung und Torsion beinahe die gleiche Frequenz aufweisen.

9.10.9 Bauausführung

Schrägkabelbrücken werden normalerweise im Freivorbau hergestellt. Bei kleinen niedrigen Brücken ist allerdings die Herstellung auf einem Lehrgerüst wirtschaftlicher, weil die Kabel für die ganze Brücke in einem Arbeitsgang montiert und vorgespannt werden können. Dies vereinfacht und verbilligt die Arbeit der Spannfirma ganz wesentlich.

Die Berechnung der Überhöhungen und der Kabelvorspannkräfte im Bauzustand ist relativ aufwändig. Oft ist nach oder unmittelbar vor dem Fugenschluss eine Regulierung der Kabelvorspannung erforderlich. Angestrebt wird ein Zustand, bei dem der Träger genau der Überhöhungskurve entspricht, die zur Kompensierung der Einsenkung aus Belagsgewicht, Restkriechen und Restschwinden erforderlich ist. Der Träger sollte in diesem Zustand die Momente eines bei den Kabelverankerungen gestützten Durchlaufträgers aufweisen. Für diesen Zustand können die Kabelkräfte S_i^{E} und die Kabellängen s_i relativ einfach berechnet werden. Die Vertikalkomponente der Kabelkraft entspricht ziemlich genau dem Konstruktions-

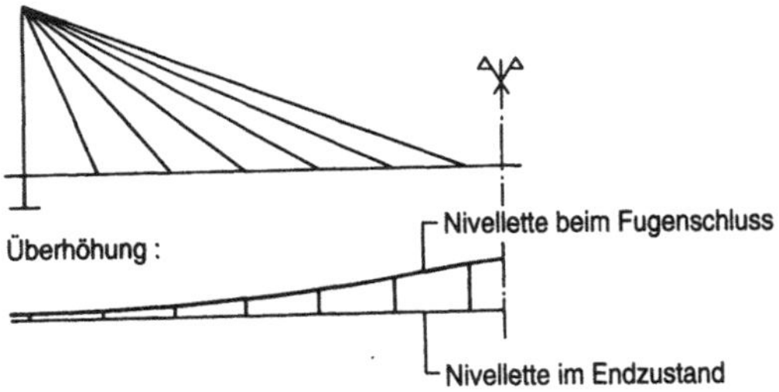

Abb. 9.159. Erforderliche Überhöhung beim Fugenschluss

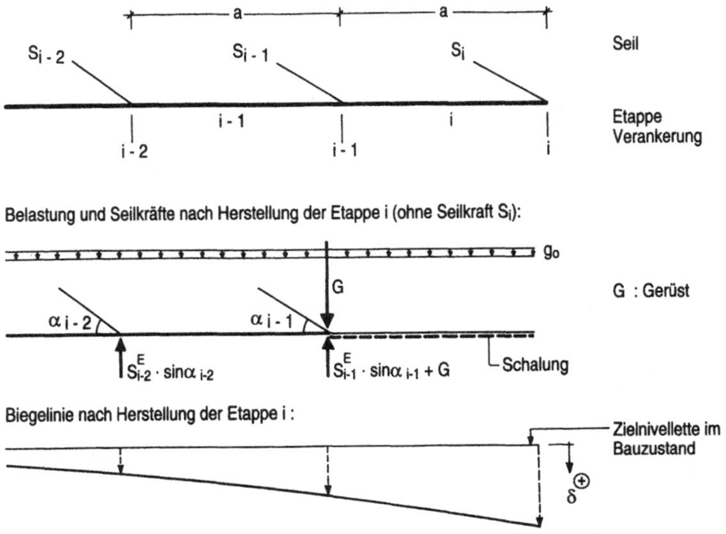

Abb. 9.160. Biegelinie nach der Herstellung der Etappe *i*

gewicht der aufgehängten Trägeretappe. Mit den Rückhaltekabeln auf die Randfeldauflager wird die Horizontalkraft am Pylon ausbalanciert.

Im Folgenden wird ein Berechnungsverfahren dargestellt, das die Ermittlung der Kabelvorspannkraft im Bauzustand ermöglicht. Die Berechnung ist allerdings relativ aufwändig. Immerhin lohnt sich der Rechenaufwand im Vergleich zur mühsamen Kabelregulierung.

Ermittlung der Überhöhungen und der Schalungskoten

Beim Fugenschluss muss der Träger eine Überhöhung aufweisen, die die Durchbiegung aus Belag und die Einsenkung aus Restkriechen und Restschwinden kompensieren muss (Abb. 9.159).

Die in diesem Zustand erforderliche Kabelvorspannung S_i^{E} und die Kabellänge s_i lassen sich ohne weiteres berechnen. Nach der Herstellung der Etappe i wird das i-te Kabel montiert und mit der Kabelkraft S_i^0 vorgespannt. Diese Vorspannkraft

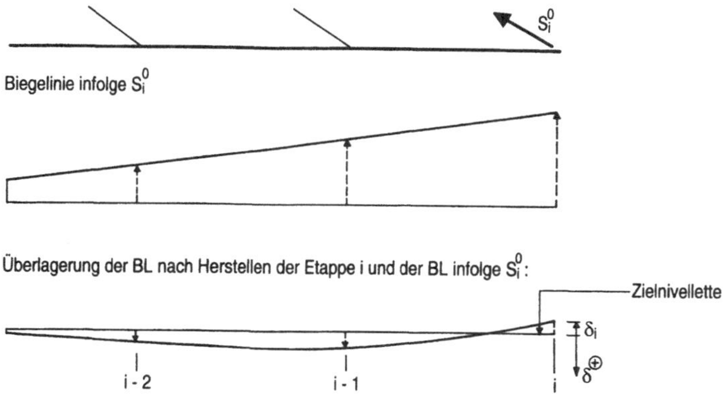

Abb. 9.161. Biegelinie nach der Vorspannung mit S_i^0

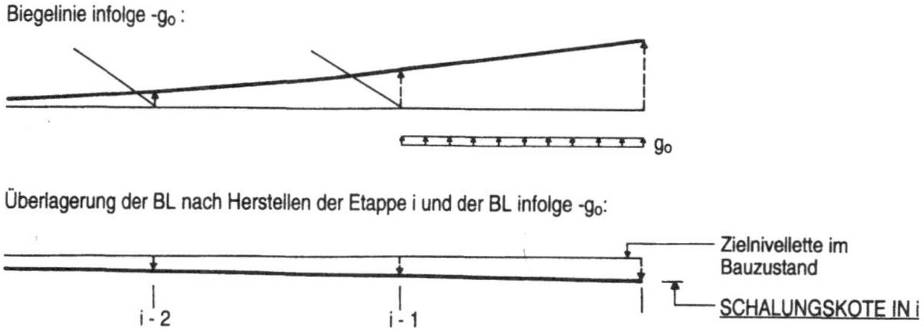

Abb. 9.162. Ermittlung der Schalungskote in *i*

muss so gewählt werden, dass sich nach der Kompensation der Einsenkung δ_i und unter Berücksichtigung der horizontalen Trägerverschiebung Δl_i^{T} im Punkt i die Kabelkraft S_i^{E} einstellt.

Die Einsenkung δ_i wird gemäß Abb. 9.160 aus der Biegelinie im Bauzustand ermittelt. Im i-ten Kabel beträgt die Kabelkraft S_i^0; in den bereits montierten Kabeln kann in erster Näherung mit folgenden Kabelkräften gerechnet werden:

$$S_{i-1} \cong S_{i-1}^{\mathrm{E}} + \frac{G}{\sin \alpha_{i-1}} \quad (G, \text{ Gewicht des Gerüsts}),$$

$$S_{i-2} \cong S_{i-2}^{\mathrm{E}} \quad \text{etc.}$$

Die horizontale Trägerverschiebung Δl_i^{T} entspricht der Verkürzung des Trägerabschnitts 0 bis i im Zeitintervall Fertigstellung der Etappe i bis Fugenschluss. Dabei sind Schwinden und Kriechen in diesem Zeitintervall sowie die elastische Trägerverkürzung infolge der Etappen $i+1$ bis Fugenschluss zu berücksichtigen.

Die Kabelvorspannung S_i^0 ergibt sich somit aus der folgenden Bestimmungsgleichung:

$$S_i^0 - \frac{EA_i}{s_i}\delta_i \cdot \sin \alpha_i - \frac{EA_i}{s_i}\Delta l_i^{\mathrm{T}} \cdot \cos \alpha_i = S_i^{\mathrm{E}},$$

mit s_i als der Kabellänge des i-ten Kabels und A_i als dem Kabelquerschnitt des i-ten Kabels.

Die Ermittlung von S_i^0 kann nur iterativ durchgeführt werden. Man muss S_i^0 annehmen und damit die Einsenkung δ_i berechnen sowie die Bestimmungsgleichung für S_i^0 überprüfen.

Die Schalungskote in i vor dem Betonieren der i-ten Etappe kann aus der Biegelinie im Bauzustand (Abb. 9.161) ermittelt werden. Vor der Herstellung der i-ten Etappe muss die Schalungskote in i um den Betrag der Einsenkung in i infolge Gerüstverformung, $g_{0,i}$ und S_i^0 über der Zielkote δ_i (gemäß Abb. 9.162) nach Fertigstellung der Etappe i liegen. Dabei ist zu berücksichtigen, dass $g_{0,i}$ über das Gerüst und S_i^0 über die Trägeretappe i auf das Tragsystem wirken.

10 Erhaltung

10.1 Einführung

Die Erhaltung umfasst alle Tätigkeiten und Maßnahmen zur Gewährleistung der Sicherheit und des zuverlässigen Funktionierens einer Brücke über deren Nutzungsdauer von üblicherweise 80 bis 100 Jahren (Abb. 10.1). Eine fachgerechte Erhaltung einer Brücke setzt eine klare Formulierung der Anforderungen voraus, indem die Art und Dauer der Nutzung, insbesondere die Verkehrslasten, festgelegt sowie die angestrebten Werte (z. B. kultureller Wert) formuliert werden.

Die Erhaltungsmaßnahmen am Brückenbauwerk betreffen drei Haupttätigkeiten: Überwachung, Unterhalt und Veränderung.

Die *Überwachung* hat zum Ziel, den Zustand einer Brücke festzustellen und zu bewerten:

- Mit *Beobachtungen* wird die Gebrauchstauglichkeit kontrolliert.
- Mit *Inspektionen* wird der Zustand durch gezielte Untersuchungen festgestellt und bewertet.
- Mit *Kontrollmessungen* werden ausgewählte Kenngrößen oder die Entwicklung von Schäden messtechnisch verfolgt.

Der *Unterhalt* hat zum Ziel, die Sicherheit und Gebrauchstauglichkeit der Brücke für eine festgelegte Dauer zu wahren oder wiederherzustellen:

- Die *Instandhaltung* (Synonyme: betrieblicher Unterhalt, Wartung) dient der Wahrung der Gebrauchstauglichkeit der Brücke durch regelmäßige und einfache Maßnahmen.
- Bei der *Instandsetzung* (Synonyme: Instandstellung, baulicher Unterhalt, Reparatur) wird die Sicherheit und Gebrauchstauglichkeit der Brücke für eine festgelegte Dauer wiederhergestellt. Die Instandsetzung umfasst Eingriffe größeren Umfangs.

Da mit Unterhaltsmaßnahmen keine Veränderung der Nutzung oder der ursprünglichen Werte eines Bauwerks angestrebt wird, sind die Aufwendungen für den Unterhalt Bestandteil der laufenden Betriebsrechnung einer öffentlichen Verwaltung oder einer Unternehmung.

Die *Veränderung* hat zum Ziel, die Brücke an neue Anforderungen oder Vorschriften anzupassen. Entsprechend dem Ausmaß des Eingriffs werden drei Arten von Veränderungen unterschieden:

- Die *Anpassung* (Synonym: Modernisierung) beinhaltet beispielsweise Maß-

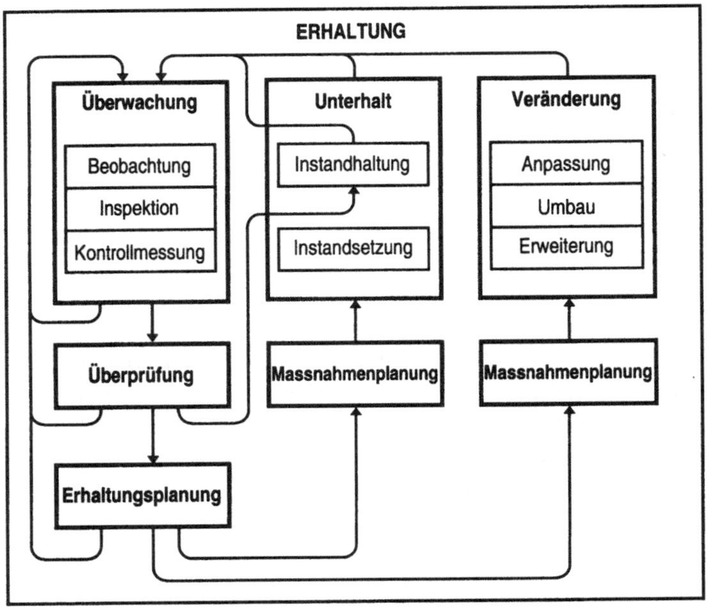

Abb. 10.1. Haupttätigkeiten der Erhaltung von Brücken und ihr Zusammenhang

nahmen zur Steigerung des Komforts und der Sicherheit des Benutzers oder die Anpassung des Tragwiderstands (Verstärkungen) an höhere Lasten.

- Bei wesentlichen, sichtbaren Eingriffen wie z. B. dem Ersatz des Brückenüberbaus spricht man von einem *Umbau.*
- Bei der *Erweiterung* werden dem Bauwerk zusätzliche Bauwerksteile hinzugefügt, z. B. bei einer Verbreiterung der Fahrbahn.

Im Unterschied zu Unterhaltsmaßnahmen haben Veränderungen zum Ziel, die Nutzung und den ursprünglichen Wert zu verändern. Es handelt sich also um *Investitionen*, welche üblicherweise im Rahmen eines übergeordneten Investitionsprogramms für eine Infrastrukturanlage getätigt werden.

Eine Instandsetzung oder eine Veränderung basiert auf einem Projekt, das von den Ergebnissen der *Überprüfung* der bestehenden Brücke ausgeht. Bei der *Maßnahmenplanung* (d. h. Projektierung der Erhaltungsmaßnahme) stehen – genau gleich wie bei Neubauten – die statisch-konstruktiven Aspekte im Mittelpunkt, wobei Bodenmechanik und Materialtechnologie wichtige Begleitwissenschaften sind.

Der Entscheid für eine Instandsetzung oder Veränderung einer einzelnen Brücke ist heute oft integraler Teil einer Erhaltungsplanung. Diese hat zum Ziel, die Erhaltung über einen festgelegten Zeitraum mittels einer Variantenstudie zu optimieren und ein Erhaltungskonzept auszuarbeiten.

Brücken sind in der Regel Teil einer übergeordneten Verkehrsanlage, deren Erhaltung heute mit so genannten Management-Systemen geplant wird. Das Ziel der Erhaltungsplanung und von Brückenmanagement-Systemen als Hilfsmittel besteht darin, Entscheidungsgrundlagen für den optimalen Einsatz der finanziellen Mittel für die Erhaltung einer Vielzahl von Brücken, z. B. eines Autobahnnetzes, zu liefern.

Die Grundlage für eine objektive Entscheidungsfindung bilden Daten und deren Analyse, indem folgende Ergebnisse aufbereitet werden:

- Informationen über die Brückensubstanz, d. h. über Bauwerksteile, statisches System, Verkehrsaufkommen usw.;
- Informationen über den gegenwärtigen Zustand der Brücken mit Prognosen der Zustandsentwicklung;
- Informationen über die durchgeführten Erhaltungsmaßnahmen;
- Prognosen über die Konsequenzen verschiedener technisch plausibler Erhaltungsmaßnahmen, d. h. ihre technischen und finanziellen Konsequenzen;
- Benutzerkosten und volkswirtschaftliche Konsequenzen, falls die Nutzung der Brücke nicht gewährleistet werden kann.

Es ist also Aufgabe dieser informatisierten Brückenmanagement-Systeme, aufgrund sachlicher und objektiver Argumente neben Entscheidungshilfen für Erhaltungsmaßnahmen auch langfristige Prognosen und Prioritäten bereitzustellen.

Bei der Erhaltung von Brückenbauwerken ist das alleinige Betrachten von Baukosten und Aspekten der Ökonomie unzureichend. Der Entscheidungsprozess und die Grundlagen für die Projektierung der Erhaltungsmaßnahmen beinhalten auch eine Beurteilung des Erhaltungswerts des Bauwerks, die neben materiellen auch immaterielle Werte berücksichtigt.

Mit einer Erhaltungsmaßnahme soll mit einer geschickten Lösung möglichst viel Mehrwert aus einer bestehenden Brücke herausgeholt werden. Dies gilt auch für die Gestaltung, die besonders beim Umbau durch die Verbindung von bestehender Bausubstanz mit neuen Bauteilen zu interessanten Wechselwirkungen und neuartigen Lösungen führen kann.

Ein ganzheitliche Betrachtungsweise ist wichtig, handelt es sich doch bei Brücken um Objekte, die mehreren Generationen dienen. Neben ökonomischen Aspekten gilt es im Sinne einer nachhaltigen Entwicklung auch gesellschaftliche und umweltrelevante Aspekte zu berücksichtigen.

10.2 Überwachung und Instandhaltung

Eine sorgfältig geplante und systematisch durchgeführte Überwachung und Instandhaltung erlaubt, allfällige Mängel und Schäden möglichst frühzeitig zu erkennen und zu beheben. Dies ist eine Voraussetzung, um die vorgesehene Nutzungsdauer einer Brücke zu erreichen. Grundsätzlich sollte der Projektverfasser einen objektspezifischen Plan für die Überwachung und die Instandhaltung ausarbeiten.

Mit *Beobachtungen* wird die Gebrauchstauglichkeit durch einfache und regelmäßige Kontrollen überprüft. Diese sollten wenigstens alljährlich – üblicherweise zusammen mit der Instandhaltung – erfolgen und beinhalten gezielte Kontrollen und visuelle Beobachtungen bezüglich der Entwässerung, Verformungen und Rissen oder Bauteilen mit Spritz- und Kontaktwasser.

Die *Instandhaltung* beinhaltet einzig die *geplanten* Tätigkeiten, deren Aufwand vorhersehbar ist. Diese Tätigkeiten betreffen beispielsweise die Reinigung von Fahrbahn, Entwässerung und Drainage sowie die Behebung kleiner Schäden. Auch können lokale Ausbesserungen an Belag, Leitschranken, Entwässerungen und Drainagen sowie Reparaturen von Korrosionsstellen notwendig sein.

Die *Inspektionen* (oder Brückenprüfung) bezwecken, den Zustand der Brücke durch gezielte, in der Regel visuelle Untersuchungen festzustellen *(Zustandsaufnahme)* und zu bewerten *(Zustandsbewertung)*. Es werden drei Arten von Inspektionen unterschieden:

- Die *Hauptinspektionen* sollten mindestens alle sechs Jahre erfolgen. Sie erstrecken sich über die gesamte Brücke und betreffen vor allem die Aufnahme von Rissen, Verformungen und Korrosionsstellen sowie die Kontrolle der Lager und Fugen.
- Mit *Zwischeninspektionen* wird bei Bedarf das Verhalten ausgewählter Teile der Brücke in engeren zeitlichen Abständen verfolgt. Die Zwischeninspektionen werden entsprechend den Erkenntnissen angepasst und, falls nicht mehr erforderlich, wieder eingestellt.
- Die *Sonderinspektionen* stellen Ausnahmen dar und werden nur dann durchgeführt, wenn die Brücke wesentliche Nutzungsänderungen erfahren hat oder außergewöhnlichen Einwirkungen wie Hochwasser oder Erdbeben ausgesetzt war.

Mit *Kontrollmessungen* werden ausgewählte Kenngrößen oder die Entwicklung von Schäden messtechnisch verfolgt. Das Ziel ist, eine Schadenentwicklung möglichst frühzeitig zu erkennen. Kontrollmessungen werden periodisch oder permanent durchgeführt und betreffen ausgewählte Teile der Brücke. Bei der Überwachung einer Schadenentwicklung, welche die Sicherheit beeinträchtigt, sind ein *Meldewert* und ein *Alarmwert* festzulegen.

Überwachung und Instandhaltung sollten möglichst ohne Nutzungseinschränkung (Sperren einzelner Fahrspuren, Außerbetriebsetzung der Brücke) durchgeführt werden können, so dass keine indirekten, volkswirtschaftlichen Kosten (Benutzerkosten) durch Zeit- und Ressourcenverluste infolge Umleitung oder Verkehrsstau entstehen.

Bei Brücken als Bauwerken der öffentlichen Infrastruktur wird die Überwachung und Instandhaltung in der Regel durch permanent angestelltes Personal durchgeführt. Die gesamten Kosten für die Überwachung und den planbaren Unterhalt einer Brücke betragen bei einer Nutzungsdauer von 100 Jahren etwa 15 % der Neubaukosten (Abschn. 2.3.4).

10.3 Überprüfung

10.3.1 Einleitung

Die Überprüfung einer Brücke hat zum Ziel, den Bauwerkszustand basierend auf den Ergebnissen der Überwachung und anhand vertiefter Untersuchungen zu beurteilen sowie Empfehlungen für das weitere Vorgehen vorzuschlagen. Die Überprüfung ist vor allem dann erforderlich, wenn

- eine Instandsetzung, eine Veränderung oder ein Ersatz des Bauwerks in Erwägung gezogen wird,
- aufgrund der Überwachung eine ungenügende Sicherheit vermutet wird,
- eine wesentliche Nutzungsänderung wie z. B. eine Erhöhung der Verkehrslasten vorgesehen ist.

Die Überprüfung einer Brücke (Abb. 10.2) besteht zunächst aus der Erfassung, Analyse und Beurteilung des ausgeführten *Bauprojekts*. Die Überprüfung des *Brückenbauwerks* besteht aus der Zustandsaufnahme mit einer Aussage über die Gebrauchstauglichkeit aufgrund der aktuellen Nutzungsanforderungen, dem Nachweis einer genügenden *Tragsicherheit* gemäß den aktuellen Sicherheitsanforderungen sowie einer Prognose der *Zustandsentwicklung* mit einer Aussage zur Restnutzungsdauer.

Bei der Überprüfung ist immer zuerst das Bauprojekt zu beurteilen. Bei der Untersuchung des Brückenbauwerks, der Tragsicherheit und der Zustandsentwicklung empfiehlt sich ein *stufenweises Vorgehen* mit einer generellen ersten Stufe,

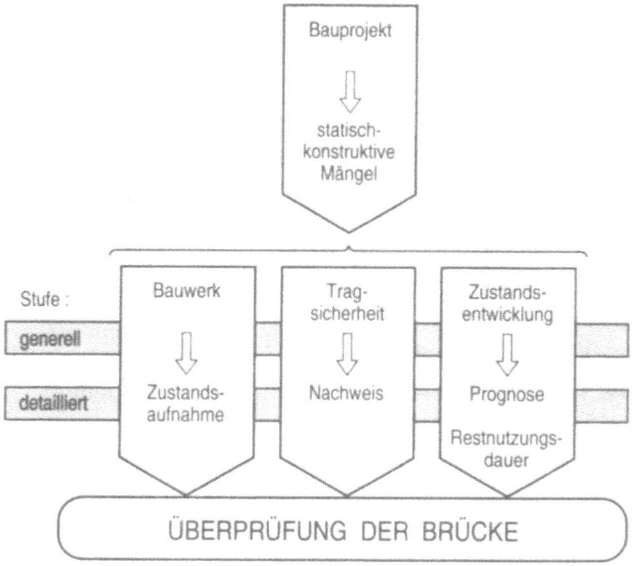

Abb. 10.2. Ablauf der Überprüfung einer Brücke

um die maßgebenden Teile der Brücke zu erkennen. In einer zweiten Stufe werden diese maßgebenden Teile vertieft untersucht.

Eine effiziente Brückenerhaltung beruht auf einer genauen Überprüfung der bestehenden Brücke, bevor Entscheidungen über bauliche Maßnahmen gefällt werden, denn die Bandbreite der Eingriffsvarianten (und damit der Kosten) kann sehr groß sein. Nur aufgrund einer ganzheitlichen Betrachtung können technisch einwandfreie und wirtschaftliche Erhaltungsmaßnahmen getroffen werden. Zu dieser umfassenden Überprüfung einer Brücke gehört auch eine Beurteilung der ästhetischen Qualitäten, der kulturellen Werte und rechtlichen Bedingungen.

10.3.2 Überprüfung des Bauprojekts

Die Überprüfung des Bauprojekts besteht aus der Analyse und Beurteilung

- der Tragwerksanalyse, Bemessung und konstruktiven Durchbildung bei der Projektierung sowie
- der Pläne für die Bauausführung der Brücke.

Es handelt sich dabei um rein statisch-konstruktive Fragestellungen, wobei sich bereits aufgrund des Studiums der Ausführungspläne schadenanfällige Stellen lokalisieren lassen. Oft vorkommende statisch-konstruktive Fragestellungen betreffen die konstruktive Durchbildung von Bauteilen und Systemen, die Stabilität in Bezug auf Erdbeben und Wind, Biege- und Schubtragfähigkeit in Haupttragrichtung, den Anschluss der unteren Kastenplatte, die Krafteinleitung an den Trägerenden, die Fahrbahnplatte, die Aufhängebewehrung bei indirekter Lagerung von Trägern sowie potentielle Mängel.

Konstruktive Durchbildung von Bauteilen und Systemen. Ältere Brücken weisen in Bezug auf die konstruktive Durchbildung oft folgende Mängel auf:

ungeeignete Systeme für Abdichtung und Belag
unzugängliche Hohlräume
ungenügend abgedichtete Fahrbahnplattendurchbrüche
unterläufige Konsolköpfe
salzwasserexponierte Bauteile mit ungenügenden Bewehrungsüberdeckungen
unzweckmäßige, ungeschützte oder unzugängliche Lager
unzweckmäßige oder schlecht entwässerte Fugenkonstruktionen
ungenügend entwässerte Widerlagernischen
heikle oder untaugliche Brückenentwässerungen
Belagsentwässerungen ohne Tropfüberstände
einbetonierte Geländer- und Leitplankenpfosten

Stabilität in Bezug auf Erdbeben und Wind. Die Stabilität in Quer- und Längsrichtung ist bei älteren Brücken nicht immer ausreichend, und die Herstellung einer genügenden Stabilität ist meistens mit einem erheblichen Aufwand verbunden. Dieser Aufwand ist oftmals notwendig, wenn die Brücke Zwischendilatationen aufweist, d. h., wenn die Brücke zwischen den Endwiderlagern nicht fugen-

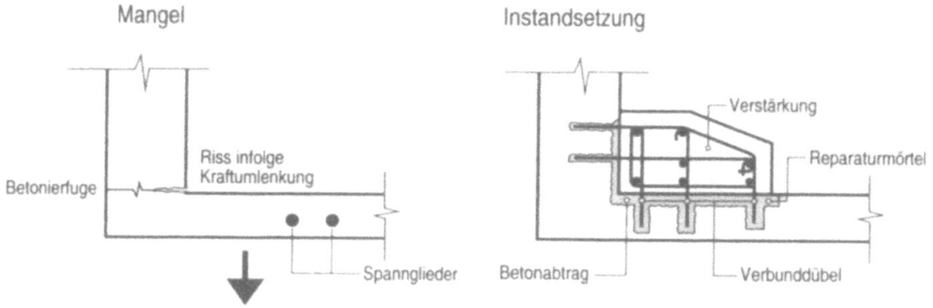

Abb. 10.3. Anschluss der unteren Kastenplatte

los durchläuft. Bei Brücken ohne Zwischendilatationen können dagegen (infolge Erdbeben) oft gewisse Schäden an den Fugenkonstruktionen in Kauf genommen werden. Ein Absturz des Trägers vom Widerlager muss jedoch unbedingt verhindert werden.

Biege- und Schubtragfähigkeit in Haupttragrichtung. Die Biegetragfähigkeit ist bei älteren, voll vorgespannten Brücken auch bei einer Erhöhung der Eigenlast fast immer gewährleistet. Der Schubtragfähigkeit kann jedoch oft – selbst ohne Erhöhung der Eigenlast – nur unter Verwendung von weiterführenden Widerstandsmodellen, z. B. aus der Plastizitätstheorie [5.4], nachgewiesen werden.

Anschluss der unteren Kastenplatte (Abb. 10.3). Bei der Kontrolle von Brückenprojekten, vor allem aus den 60er und 70er Jahren, zeigte sich häufig, dass die Bewehrung der unteren Kastenplatte nur für die Plattenquerbiegung, nicht aber für die viel wichtigere Einleitung der Schubkräfte oder von Umlenkkräften infolge Vorspannung bemessen worden war.

Krafteinleitung an den Trägerenden (Abb. 10.4). Die Trägerenden weisen oft einen zu kleinen Lagerüberstand und eine hinter den Lagern zu kurz verankerte Bewehrung auf. Die Verankerungsplatten der Spannkabel können sich direkt über, manchmal sogar vor den Lagern befinden. In diesen Fällen kann die Auflagerkraft nur über Zugkräfte im Beton eingeleitet werden.

Fahrbahnplatte. Da die Bewehrung der Fahrbahnplatte (nach alten Normen) meistens möglichst knapp bemessen wurde, ist immer wenigstens eine generelle Überprüfung erforderlich.

Aufhängebewehrung bei indirekter Lagerung von Trägern. Bei indirekter Lagerung von Trägern ist oft die Aufhängebewehrung (Abb. 10.5) ungenügend.

Potentielle Mängel. Potentielle Mängel ergeben sich aus höheren Sicherheitsansprüchen, neuen Erkenntnissen, Umgebungsveränderungen, Naturgefahren (Hochwasser, Erdrutsche, Steinschlag, Lawinen usw.), Anprallgefahr, Feuergefahr, Erd-Kriechdruck auf Fundationen oder der Gefahr der Unterspülung von Pfeilern. Diese Mängel sind im Hinblick auf Risiko, Sicherheit und Kosten zu beurteilen.

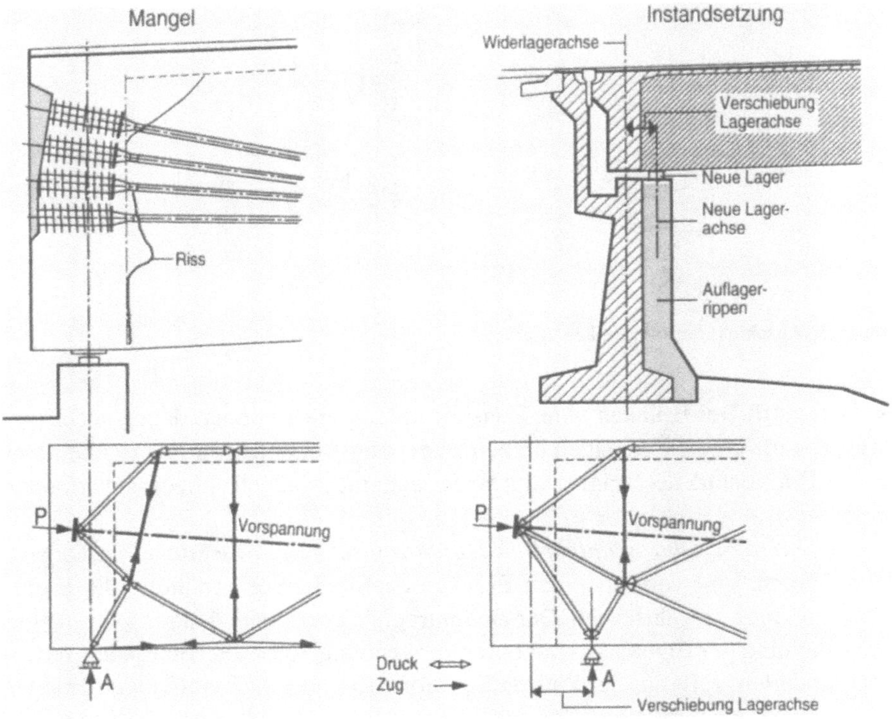

Abb. 10.4. Krafteinleitung am Trägerende

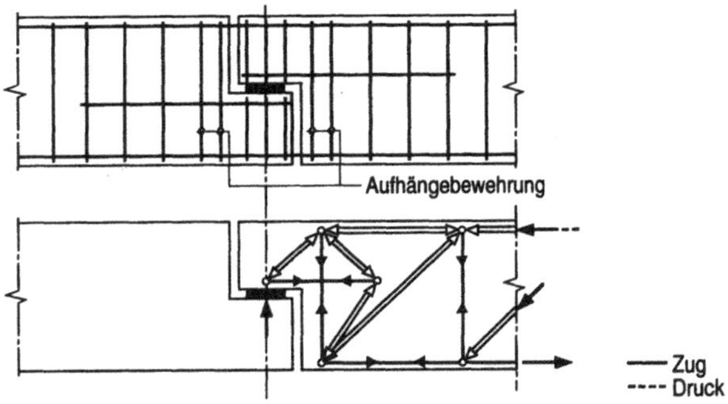

Abb. 10.5. Indirekte Lagerung von Trägern

10.3.3 Überprüfung des Brückenbauwerks

Die Überprüfung des Brückenbauwerks beruht auf einem Untersuchungsprojekt und besteht aus der Zustandsaufnahme, Untersuchung und Beurteilung des Bauwerks. Dabei handelt es sich um konstruktive, materialtechnische und bodenmechanische Probleme, wobei die Ursachen von Schäden immer zu ergründen sind. Es gilt zudem zu berücksichtigen, dass zum Zeitpunkt der Planung nicht unbedingt alle die Dauerhaftigkeit gefährdenden Einwirkungen vorausgesehen werden konnten und einzelne Komponenten wie gewisse Ausrüstungsteile eine kürzere Lebensdauer aufweisen als die Stahlbetonkonstruktion.

Bei der Zustandsaufnahme werden alle Mängel und Schäden erhoben. Dies erfolgt visuell, durch Abklopfen mit dem Hammer sowie durch Messungen und Probenentnahmen aufgrund eines speziellen Plans. Es sollten vor allem folgende Mängel, Schäden und Konstruktionsteile untersucht werden:

Risse und Verformungen (Durchbiegungen)
System für Abdichtung und Belag
Fehl- und Ausbesserungsstellen im Beton, mangelhafte Betonierfugen
Korrosionszustand von Beton und Bewehrung
Verschleißteile
bewegliche mechanische Teile (Lager, Fugenkonstruktionen)
Baugrundverschiebungen, Setzungen, Erd-Kriechdrücke
Hochwasser- und Kolkschutz

Diese Mängel und Schäden sind auf Verschleiß, eine unzweckmäßige, unsorgfältige oder fehlerhafte Planung oder Ausführungsfehler, die bei der Bauwerksabnahme nicht erkannt oder nachher ungenügend repariert wurden, zurückzuführen.

Bei der Beurteilung sind häufig folgende Aspekte zu behandeln: Risse und Verformungen, das System für Abdichtung und Belag, die Korrosion der Bewehrung aus Betonstahl und die Korrosion der Spannstahlbewehrung.

Risse und Verformungen. Risse mit einer mittleren Breite von mehr als 0,3 mm und übermäßige Verformungen sind meistens Anzeichen für Schäden oder unvorhergesehene Beanspruchungen. Erst wenn die Ursachen dieser Indikatoren abgeklärt sind, lässt sich beurteilen, ob solche Risse und Verformungen für die Tragsicherheit, Gebrauchstauglichkeit und Dauerhaftigkeit relevant sind.

System für Abdichtung und Belag. Nichtverklebte Fahrbahnplattenabdichtungen haben sich im Brückenbau nicht bewährt, da Risse in der Abdichtung zu einer nicht kontrollierbaren Unterläufigkeit von Salzwasser führen können. Solche Systeme sollten so rasch wie möglich ersetzt werden.

Auch verklebte Abdichtungen können mit der Zeit (durch Ablösungen) unterläufig werden. Am wahrscheinlichsten ist die Unterläufigkeit am seitlich tieferen Fahrbahnrand. Mit brückenunterseitigen Potentialmessungen entlang dieses Randes lässt sich relativ rasch und einfach ermitteln, wie hoch die Wahrscheinlichkeit von unterläufigen Stellen ist. Risse in der verklebten Abdichtung werden meistens durch Risse (auch Betonierfugen) in der Fahrbahnplatte verursacht.

Wasserführende Trennrisse in der Fahrbahnplatte sind leicht zu erkennen. Sie führen in der Regel zu Bewehrungskorrosion. Risse in der Abdichtung, die in der Betonplatte nicht durchgehen, können hingegen kaum festgestellt werden. Gefährlich können solche Risse jedoch sein, wenn durch sie Wasser zu den Spanngliedern vor-

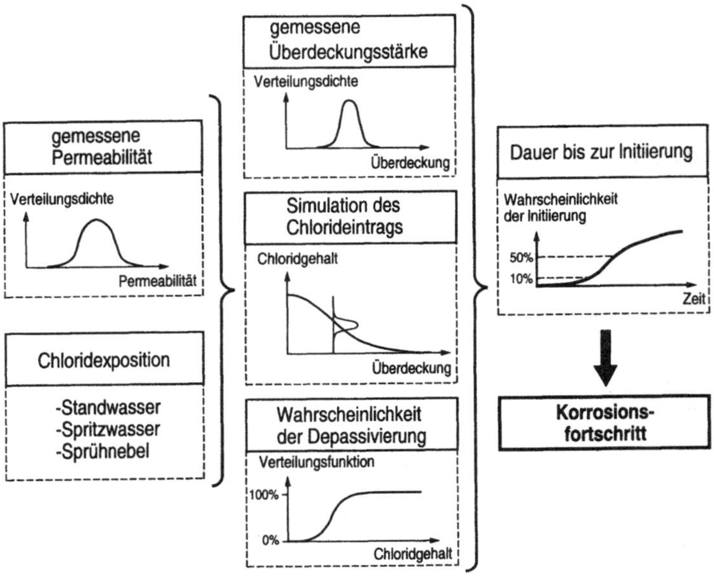

Abb. 10.6. Probabilistischer Ansatz zur Bestimmung der Wahrscheinlichkeit der Depassivierung bei chloridinduzierter Korrosion, nach Lit. 10.2

dringen kann, und zwar insbesondere dann, wenn die Risse parallel über (schlecht ausinjizierten) Spanngliedern verlaufen.

Korrosion der Bewehrung aus Betonstahl. Für die Beurteilung der Betonstahlkorrosion ist es in der Regel notwendig, Karbonatisierungstiefen und Chloridprofile zu ermitteln und Potentialfeldmessungen durchzuführen. Die Eindringtiefe der Karbonatisierung und der Chloridionen wächst zeitabhängig degressiv und strebt in der Regel einem Endwert zu. Bei Stahlbeton im Spritz- und Kontaktwasserbereich von chloridhaltigem Wasser ist bis in eine Tiefe von 50 mm mit einem korrosionskritischen Chloridgehalt zu rechnen.

Die für die *Depassivierung* der Bewehrung aus Betonstahl maßgebenden Parameter wie Permeabilität und Stärke des Überdeckungsbetons, Karbonatisierungstiefe und Chloridprofil weisen jedoch erhebliche Streuungen auf. Es ist daher sinnvoll, in typischen Bereichen aufgrund einer repräsentativen Anzahl Messungen die Verteilungen der Parameter abzuschätzen, um danach die Wahrscheinlichkeit der Depassivierung zu bestimmen (Abb. 10.6).

Bei der Beurteilung der Gefährdung, die von korrodierendem Betonstahl ausgeht, sollte untersucht werden, inwieweit die Bewehrung für das Tragvermögen des betroffenen Bauteils und damit für die *Tragsicherheit* überhaupt relevant ist. Dies lässt sich über eine Abschätzung der korrosionsbedingten Reduktion des Betonstahlquerschnitts und des Tragwiderstands des Bauteils beurteilen. Die Feuchtigkeitsverhältnisse an der Betonoberfläche und im Betoninnern sind wesentlich, um beurteilen zu können, ob und mit welcher Fortschrittsgeschwindigkeit depassivierter Betonstahl korrodiert.

Die Fortschrittsgeschwindigkeit der *chloridinduzierten Korrosion* ist bei Exposition durch Spritzwasser und Standwasser generell schnell, und gefährlicher Lochfraß ist wahrscheinlich. Bei kleinen Stabdurchmessern und bei Fahrbahnplatten ist außerdem die Lochfraßkorrosion an der Betonoberfläche durch Abplatzungen oder Roststellen meistens nicht erkennbar. Wenn eine sicherheitsrelevante Bewehrung eine Wahrscheinlichkeit der Depassivierung von 10 bis 15 % aufweist, sollte folglich eine Instandsetzung ausgeführt werden. Gefährdet sind diesbezüglich vor allem Fahrbahnplatten mit unzureichender Abdichtung und Betonflächen mit Salzwasserkontakt wie Wasserrückflussbereiche an Brückenrändern, Belagsentwässerungen ohne Tropfwasserüberstand, Windspritzwasser aus Freifallentwässerungen, schlecht ausgebildete Dilatationsfugen, defekte Abdichtungen bei Entwässerungsschächten oder Einstiegöffnungen in der Fahrbahnplatte.

Bei *Korrosion infolge Karbonatisierung* ist die Korrosionsgeschwindigkeit generell langsam, aber stark verschieden bei beregneten und nicht beregneten Betonflächen. An Stellen mit geringer Bewehrungsüberdeckung und relativ tiefer Karbonatisierung, wo die Depassivierung somit schon vor Jahren erfolgt ist, lassen sich am freigelegten Stab sowohl die stark vom Mikroklima und den Betoneigenschaften abhängige Korrosionsgeschwindigkeit als auch die Gefahr von Abplatzungen zuverlässig abschätzen. Abplatzungen sind abhängig vom Verhältnis von Stabdurchmesser zu Bewehrungsüberdeckung, Mikroklima, Betonqualität und Stababstand.

Korrosion der Spannstahlbewehrung. Hinweise auf mögliche Gefährdungsbilder für Chloridinfiltration in Spannglieder sind in Abb. 10.7 gegeben. Eine hohe Gefährdung für Spannstahlkorrosion besteht

- bei schlecht ausgeführten Injektionen; besondere Gefahrenstellen sind dabei Spanngliedhochlagen über den Stützen und Endverankerungen (insbesondere Endverankerungen in der Fahrbahnplatte);
- bei direkter Chloridbelastung von Spanngliedern in Hochlage über den Stützen und bei Spanngliedern in der Fahrbahnplatte;
- bei schlecht zubetonierten Spannnischen (insbesondere Spannnischen in der Fahrbahnplatte);
- entlang von Stegflächen mit Salzwasserkontakt;
- bei Hohlraumbildungen im Beton infolge zu enger Spanngliedanordnung (insbesondere in der Tieflage der Spannglieder in Feldmitte).

Da die Vorspannung einen entscheidenden Einfluss auf den Spannungszustand in einem Querschnitt hat, kündigen sich Drahtbrüche von sicherheitsrelevantem Ausmaß fast immer mit Rissen und übermäßigen Verformungen an. Dies gilt insbesondere bei Drahtbrüchen über den Stützen. Somit sind bei Korrosion der Hauptvorspannung, die in der Regel aus zahlreichen Kabeleinheiten besteht, sicherheitsrelevante Überraschungen kaum zu erwarten.

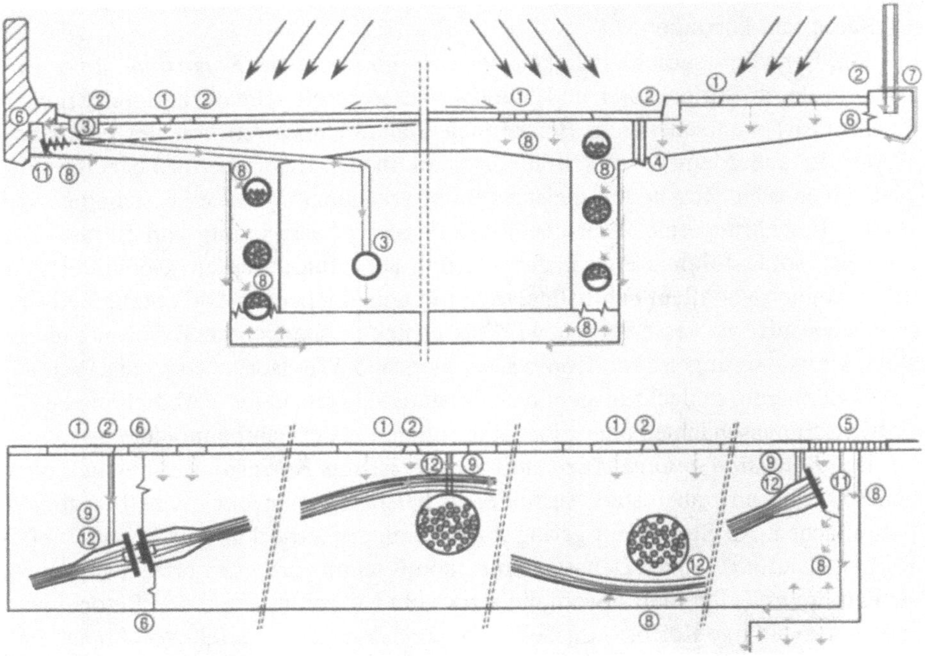

Abb. 10.7. Gefährdungsbilder für Chloridinfiltration in Spannglieder, nach Lit. 10.3. *1–7, Nichttragende Bauteile*: 1, schadhafter Belag (z. B. Risse); 2, fehlende oder schadhafte Abdichtung und Anschlüsse; 3, schadhafte Einlaufschächte und Entwässerungsleitungen; 4, mangelhaft ausgeführte Entwässerung oder Entlüftung von Belag und Abdichtung; 5, schadhafte Dilatationsfuge; 6, Betonierfuge zwischen undichten Bauteilen; 7, Einlass für Verankerungen (z. B. elektrische Leitungen, Pfosten). *8–12, Schutzsystem gegen die Korrosion*: 8, ungenügende Bewehrungsüberdeckung; 9, ungenügend (oder nicht) injizierte Injektions- und Druckentlastungsröhrchen; 10, undichtes, korrodiertes oder beschädigtes Hüllrohr; 11, undichte Verfüllung der Verankerungsnische; 12, Injektionsmangel im Bereich der Verankerung sowie der Hoch- und Tiefpunkte des Spannglieds

10.3.4 Nachweis der Tragsicherheit

Die für die Projektierung und Ausführung von Neubauten erstellten Normen sind im Prinzip nur sinngemäß für die Überprüfung von bestehenden Brücken anwendbar. In der ersten, generellen Stufe der Überprüfung können jedoch die Normen für Neubauten dazu verwendet werden, um die für den Nachweis der Tragsicherheit maßgebenden Bauteile zu ermitteln.

In der zweiten, detaillierten Stufe der Überprüfung werden die maßgebenden Kennwerte für die Einwirkungen und Tragwiderstände aufgrund der spezifischen Anforderungen an das Tragwerk und des Bauwerkszustands aktualisiert. Dieses Vorgehen liegt darin begründet, dass die zu untersuchende Brücke existiert und die Kenntnisse je nach Bedürfnis, z. B. mit einer genaueren Zustandsuntersuchung, verbessert werden können. Für den Nachweis der Tragsicherheit müssen dann die charakteristischen Werte für die aktualisierten Einwirkungen und Tragwiderstände festgelegt werden.

Der Nachweis der Tragsicherheit einer bestehenden Brücke kann sich als schwierig erweisen. Der Ingenieur befindet sich in einem Tätigkeitsbereich, der von den Normen nur noch implizit abgedeckt ist und somit wieder vermehrt Grundlagenwissen und die Anwendung neuester Erkenntnisse verlangt. Dies gilt vor allem in Situationen, wo die Tragsicherheit zunächst nicht nachgewiesen werden kann, das Bauwerk aber ein normales Tragverhalten und keinerlei Anzeichen einer Überbeanspruchung zeigt.

Falls schließlich eine genügende Tragsicherheit nicht nachgewiesen werden kann, können neben baulichen Maßnahmen zur Erhöhung des Tragwiderstands (Verstärkungen) unter Umständen auch betriebliche Maßnahmen wie die Intensivierung der Überwachung oder eine Nutzungseinschränkung ergriffen werden, um die erforderliche Tragsicherheit wiederherzustellen.

10.3.5 Prognose der Restnutzungsdauer

Mit der Prognose der Zustandsentwicklung wird die technisch zulässige Restnutzungsdauer und die voraussichtliche Zustandsentwicklung abgeschätzt, wobei die zu erwartenden Veränderungen der Baustoffeigenschaften, des Tragwerkverhaltens, der Einwirkungen und der Gefährdungen zu berücksichtigen sind. Die geschätzte technische Restnutzungsdauer ist mit der aus der Nutzung geforderten Restnutzungsdauer als Sollwert zu vergleichen.

10.4 Instandsetzung

10.4.1 Grundsätzliches

Instandsetzungen von Betonbrücken sind vorwiegend auf Mängel und Schäden der Ausrüstungsteile (Entwässerung, Fahrbahnübergänge, Lager) sowie auf Schäden infolge Bewehrungskorrosion und Gefügezerstörungen im Beton zurückzuführen. Dazu kommen Aufwendungen für das Beheben statisch-konstruktiver Mängel. Eine ungenügende Tragsicherheit ist nur in seltenen Fällen der Grund einer Instandsetzung. Folglich ist es vor allem die ungenügende Dauerhaftigkeit, die für den Unterhaltsaufwand und die Nutzungsdauer einer Brücke von ausschlaggebender Bedeutung ist.

Bei der Erarbeitung des Instandsetzungsprojekts stehen statisch-konstruktive Fragen im Vordergrund. Die Wahl der Methode für die Instandsetzung und den Schutz von Stahlbeton bereitet in der Regel keine wesentlichen Schwierigkeiten. Eine Instandsetzung kann folgende Hauptarbeiten beinhalten:

- Instandsetzung und Oberflächenschutz der Stahlbetonkonstruktion;
- Erneuerung des Systems für Abdichtung und Belag;

- Reparatur oder Ersatz von Lagern, Dilatationsfugen und Teilen für die Entwässerung;
- Verstärkungen als Maßnahmen zur Wiederherstellung einer genügenden Tragsicherheit und zur Behebung statisch-konstruktiver Mängel

Die Erneuerung des Systems für Abdichtung und Belag oder der Ersatz von Ausrüstungsteilen gehört zu den planbaren Instandsetzungen, die etwa alle 30 Jahre notwendig sind. Demgegenüber dürfen frühzeitige Instandsetzungen von Korrosionsschäden an der schlaffen Bewehrung, von Spannkabelkorrosion, z. B. infolge mangelhafter und schadhafter Abdichtung der Fahrbahn, oder von übermäßigen Verformungen bei Freivorbaubrücken nicht als „normale" Instandsetzungen betrachtet werden, denn sie können nach heutigen Kenntnissen mit entsprechenden Maßnahmen beim Bau der Brücke vermieden werden.

Bei der Projektierung und Ausführung sollte dem Einfluss von Instandsetzungsmaßnahmen auf das Erscheinungsbild der Brücke eine besondere Aufmerksamkeit geschenkt werden. So sollten Instandsetzung und Oberflächenschutz des Stahlbetons möglichst den Charakter der ursprünglichen Brücke respektieren, wobei „Altersspuren" ohne weiteres sichtbar bleiben dürfen. „Verstärkungen" sollten nicht als solche erkennbar sein. Einzig bei unter Denkmalschutz stehenden Brücken kann es gerechtfertigt sein, neue Bausubstanz deutlich von der bestehenden Bausubstanz abzugrenzen.

Bei der Instandsetzung muss oft die Nutzung eingeschränkt werden, indem Fahrspuren verengt oder gar gesperrt werden. Die dadurch entstehenden indirekten Kosten, insbesondere die Benutzerkosten, sollten beim Vergleich von Instandsetzungsvarianten berücksichtigt werden.

10.4.2 Statisch-konstruktive Instandsetzungsmaßnahmen

Grundsätzlich sollten zunächst alle Mängel in der konstruktiven Durchbildung, die zu Schäden führen können, behoben werden. Beispielsweise sollten unzugänglichen Hohlräume geöffnet und Belagsentwässerungsröhrchen mit einem genügenden Überstand versehen werden. Nachfolgend sind häufig vorkommende statisch-konstruktive Instandsetzungsmaßnahmen aufgeführt.

Bei älteren Brücken sind die Verformungen aus Schwinden und Kriechen weitgehend abgeklungen. Oft können deshalb durch Elimination von Lagern und Dilatationsfugen konstruktive Details, welche für die Dauerhaftigkeit empfindlich sind, aufgehoben werden, und in speziellen Fällen lässt sich damit sogar die Systemtragfähigkeit beträchtlich erhöhen.

Eine Erhöhung des Biegewiderstands der Haupttragelemente ist meistens nur dann erforderlich, wenn die Lasten (infolge Verstärkung der Fahrbahnplatte, Fahrbahnverbreiterung oder größere Belagsstärke) beträchtlich erhöht werden. Die einfachste Systemverstärkung besteht darin, dass der Biegewiderstand nur über den Stützen mit schlaffer Bewehrung in der aufgedoppelten Fahrbahnplatte vergrößert wird. Falls diese Maßnahme nicht genügt, kann eine Verstärkung, z. B. mit externen

Spannkabeln, zweckmäßig sein. Bei offenen Querschnitten kann im Stützenbereich zwischen den Stegen eine untere Kastenplatte eingebaut werden.

Ein einwandfreier Anschluss der unteren Kastenplatte lässt sich mit einer Plattenverstärkung entlang der Stege erreichen, die mit Klebedübeln einerseits an die Stege und andererseits an die vorhandene Platte angeschlossen ist (Abb. 10.3).

Für die Vergrößerung des Querkraftwiderstands genügt oft eine innenseitige Stegverstärkung von 15 bis 20 cm Dicke mit der erforderlichen Bügelbewehrung, die mit Klebedübeln an die obere und untere Kastenplatte angeschlossen ist. Die Stegverstärkung mit der neuen Bewehrung verlagert das Fachwerkmodell für den Querkraftwiderstand auf die Steginnenseite und entlastet so die Schubbewehrung auf der Stegaußenseite.

Bei einem zu kurzen Überstand am Trägerende ist es am einfachsten und wirkungsvollsten, neue Auflagerrippen an das Widerlager anzubetonieren, auf die dann vorgeschobene Lager aufgesetzt werden können, die unter den Stegen angeordnet sind (Abb. 10.4). Diese Maßnahme kann gleichzeitig auch als Absturzsicherung bei Erdbebeneinwirkung dienen.

Verstärkungen der Fahrbahnplatte sind bei einer Verbreiterung oder bei chloridinduzierten Korrosionsschäden an der oberen Plattenbewehrung erforderlich. Zu diesem Zweck wird die Plattenoberfläche stark aufgerauht oder bis auf die Bewehrung abgetragen. In der 8 bis 10 cm dicken Neubetonschicht kann die erforderliche Zusatzbewehrung (aus Beton- und/oder Spannstahl) untergebracht werden.

Wenn eine Verstärkung der Aufhängebewehrung notwendig ist, müssen meistens die Auflagerquerträger zur Aufnahme der zusätzlich erforderlichen Aufhängebewehrung beidseitig verbreitert werden.

Bei beinahe allen statisch-konstruktiven Maßnahmen wird bestehender und neuer Beton kraftschlüssig verbunden. Zu diesem Zweck muss der bestehende Beton stark aufgeraut und ausreichend gewässert werden, und er darf vor dem Aufbringen des Neubetons nicht austrocknen. Dadurch kann ein monolithisches Tragverhalten des Beton-Beton-Verbundbauteils erreicht werden. Schubdübel sind notwendig, falls der Schub aus den Zugkräften der neuen Bewehrung nicht über die Verbundfuge allein in den bestehenden Beton eingetragen werden kann. Die Dübel sollten je nach Dicke des Neubetons eine genügend große Verankerungsplatte aufweisen, damit sie nicht aus dem Beton herausgerissen werden können.

10.4.3 Betoninstandsetzung und Oberflächenschutzmaßnahmen

Depassivierung infolge Karbonatisierung. Der Leitparameter der langzeitlich mittleren Korrosionsgeschwindigkeit ist der mittlere Feuchtigkeitsgehalt in der oberflächennahen Betonschicht. Das Ziel der Oberflächenschutzmaßnahmen besteht deshalb im Prinzip darin, die Feuchtigkeit in dieser Betonschicht auf einen Wert zu vermindern, bei dem die Bewehrungskorrosion sehr langsam oder gar nicht mehr abläuft.

Die natürliche Austrocknung wird unterbrochen durch den kapillaren Wassertransport bei direkter Beregnung, durch Kondenswasserbildung sowie durch Adsorption und Diffusion. Am wichtigsten ist die direkte Beregnung, aber auch die Kondenswasseraufnahme kann beträchtlich sein. (An versiegelten Brückenträgern kann beobachtet werden, wie bei bestimmten Wetterlagen erstaunlich große Mengen an Kondenswasser abtropfen.)

- In nicht beregneten Bereichen ist bei trockenem Mikroklima die Korrosionsgeschwindigkeit klein, und somit ist auch bei großer Depassivierungswahrscheinlichkeit keine Schutzmaßnahme erforderlich.
- In nicht beregneten Bereichen ist bei großer Depassivierungswahrscheinlichkeit und feuchtem Mikroklima mit etwas größerer Korrosionsgeschwindigkeit eine Versiegelung sinnvoll. Versiegelungen sind dampfdurch-, aber wasserundurchlässig. Damit wird die Aufnahme von Kondenswasser verhindert.
- In beregneten Bereichen ist die Feuchtigkeitsaufnahme groß, und die Korrosionsgeschwindigkeit ist dementsprechend auch größer. Deshalb ist bereits bei einer relativ kleinen Depassivierungswahrscheinlichkeit eine Versiegelung zweckmäßig. Bei großer Depassivierungswahrscheinlichkeit kann mit Blick auf die Tragsicherheit eine Beschichtung auf Zementbasis sinnvoll sein.

Depassivierung infolge Chloridinfiltration. Bei Depassivierung durch Chloride muss mit gefährlichem Lochfraß gerechnet werden. Bei einer sicherheitsrelevanten Bewehrung sollte bereits bei einer relativ kleinen Depassivierungswahrscheinlichkeit von 10 bis 15 % der Überdeckungsbeton abgetragen werden, um das Ausmaß der lochfraßgeschädigten Bewehrung festzustellen und um die erforderliche Zusatzbewehrung zu ermitteln.

Die Reprofilierung erfolgt, wenn nur eine kleine Zusatzbewehrung erforderlich ist, mit Spritzbeton, mit dem heute ein einwandfreier Verbund zum bestehenden Beton hergestellt werden kann. Starke Zusatzbewehrungen erfordern entsprechend viel Platz; bei geneigten Flächen ist es deshalb vorteilhafter, einen 15 bis 20 cm dicken Vorsatzbeton und bei horizontalen Flächen (Fahrbahnplatten) einen 8 bis 10 cm dicken Überbeton vorzusehen.

10.5 Bauwerksdokumente

Bauwerksdokumente sind eine unentbehrliche Grundlage für eine effiziente Bauwerkserhaltung, wobei der Umfang und Inhalt der Bauwerksdokumente selbstverständlich der Art und Nutzung des Bauwerks angepasst werden.

Die *Projektdokumente* umfassen alle nach Abschluss der Bauarbeiten abzuliefernden Dokumente. In den *Anweisungen* sind die für den Eigentümer und Benutzer bestimmten Informationen über das Bauwerk zusammengefasst. Die *Nutzungsanweisungen* enthalten beispielsweise Kategorien der Nutzlasten, zulässige Belastungen oder spezielle rechtliche Randbedingungen.

Zu den *Dokumenten für die Bauwerkserhaltung* gehören:

- Verzeichnisse der Dokumente, der durchgeführten Inspektionen und Kontrollmessungen;

- Verzeichnisse der Überprüfungen sowie der durchgeführten Unterhaltsarbeiten (Instandhaltung und Instandsetzung) und Veränderungen;
- Nutzungsplan und Sicherheitsplan;
- Überwachungsplan und Unterhaltsplan;
- Übersichtsplan des Bauwerks;
- eventuell weitere, bauwerksspezifische Dokumente.

Zitierte und weiterführende Literatur

1 Entwicklung des Betonbrückenbaus

1.1 Leonhardt F (1982) Brücken: Ästhetik und Gestaltung. Deutsche Verlags-Anstalt, Stuttgart

1.2 Structural Engineering International, Journal of the International Association for Bridge and Structural Engineering. International Association for Bridge and Structural Engineering, Zürich, 1991–

1.3 Structural Engineering International 6: 74–95, 1996. Beiträge von F. Leonhardt, R. Walther, M. Virlogeux, T. Y. Lin, J. Schlaich and H. Schober, A. Rito sowie C. Menn zum Thema „aesthetics in structural engineering“

1.4 Brühwiler E (2001) Ten years of *Structural Engineering International*: your favourite structure. Structural Engineering International 11: 6–17

1.5 Stiglat K (1997) Brücken am Weg: frühe Brücken aus Eisen und Beton in Deutschland und Frankreich. Ernst, Berlin

1.6 Bennett D (1999) Les ponts: histoire et techniques. Editions Eyrolles, Paris

1.7 Delhumeau G, Gubler J, Legeault R, Simonet C (1993) Le béton en représentation: la mémoire photographique de l'entreprise Hennebique 1890–1930. Hazan, Institut français d'architecture, Paris

1.8 Marti P (Hrsg) (1996) Robert Maillart: Betonvirtuose. vdf Hochschulverlag an der ETH Zürich, Zürich

1.9 Vogel T, Marti P (Hrsg) (1997) Christian Menn: Brückenbauer. Birkhäuser, Basel

1.10 Brown DJ (1994) Brücken: kühne Konstruktionen über Flüsse, Täler, Meere. Callwey, München

1.11 Walther R, Houriet B, Isler W, Moïa P (1985) Ponts haubanés. Presses Polytechniques Romandes, Lausanne

1.12 Mörsch E (Hrsg) (1958) Brücken aus Stahlbeton und Spannbeton: Entwurf und Konstruktion, 6. Aufl, neu bearbeitet von H Bay, K Deininger, F Leonhardt. Wittwer, Stuttgart

1.13 Holgate A (1997) The art of structural engineering: the work of Jörg Schlaich and his team. Edition Menges, Stuttgart

1.14 Picon A (Hrsg) (1997) L'art de l'ingénieur. Editions du Centre Georges Pompidou, Paris

1.15 International Federation for Structural Concrete (2000) Guidance for good bridge design: guide to good practice. International Federation for Structural Concrete, Lausanne (FIB Bulletin, Bd 9)

2 Entwurf

2.1 Leonhardt F (1996) The significance of aesthetics in structures. Structural Engineering International 6: 74–76

2.2 Menn C (1996) The place of aesthetics in bridge design. Structural Engineering International 6: 93–95

2.3 Bill M (1949) Robert Maillart. Verlag für Architektur, Zürich

2.4 Billington DB (1979) Robert Maillart's bridges: the art of engineering. Princeton University Press, Princeton, NJ
2.5 Schlaich J (1986) Zur Gestaltung der Ingenieurbauten oder Die Baukunst ist unteilbar. Bauingenieur 61: 49–61

3 Baustoffe

3.1 Neville AM (1996) Properties of concrete, 4. und abschl. Aufl. Wiley, New York
3.2 Reinhardt HW (1973) Ingenieurbaustoffe. Ernst, Berlin
3.3 Cementbulletin. Technische Forschung und Beratung für Zement und Beton, Wildegg, 1990–2001
3.4 Rüsch H, Stöckl S (1969) Versuche an wendelbewehrten Stahlbetonsäulen unter kurz- und langzeitig wirkenden zentrischen Lasten. Ernst, Berlin (Deutscher Ausschuss für Stahlbeton, H 205)
3.5 Hillerborg A (1983) Analysis of a single crack. In: Wittmann FH (Hrsg) Fracture mechanics of concrete. Elsevier, Amsterdam, S 223–249
3.6 Schläfli M (1999) Ermüdung von Brückenfahrbahnplatten aus Stahlbeton. Dissertation Nr. 1998, Ecole Polytéchnique Fédérale de Lausanne, Lausanne, Schweiz
3.7 Brühwiler E, Eskola L, Hajdin R, Kunz P, Reber J-J, Sigrist V (1997) Ermüdung von Betonbauten. Schweizerischer Ingenieur- und Architekten-Verein, Zürich (SIA-Dokumentation, D 0133)
3.8 Bernard O (2000) Corportement à long terme d'éléments de structure formés de bétons d'âges différents. Dissertation Nr. 2283, Ecole Polytéchnique Fédérale de Lausanne, Lausanne, Schweiz
3.9 Bernard O, Denarié E, Brühwiler E (2001) Comportement au jeune âge du béton et limitation de la fissuration traversante des structures hybrides. Département fédéral de l'environnement, des transports, de l'energie et de la communication, Office fédéral des routes, Bern (Département fédéral de l'environnement, des transports, de l'energie et de la communication, Office fédéral des routes, 563)
3.10 Andrade C, Kropp J (2000) Second International RILEM Workshop on Testing and Modelling of the Chloride Ingress into Concrete. RILEM Publications, Cachan, Frankreich (RILEM procedings PRO, Bd 19)
3.11 Keller T (1991) Dauerhaftigkeit von Stahlbetontragwerken: Transportmechanismen – Auswirkung von Rissen. Birkhäuser, Basel (Bericht, Institut für Baustatik und Konstruktion, ETH Zürich, Nr 184)
3.12 Rösli A (1984) Frost- und Frost-Tausalz-Beständigkeit von Beton. In: Beständigkeit von Stahlbeton. Schweizerischer Ingenieur- und Architekten-Verein, Zürich, S 21–34 (SIA Dokumentation, 72)

4 Einwirkungen

4.1 Broquet C, Bailey SF, Brühwiler E, Fafard M (1999) Dynamic amplification factors in deck slabs of reinforced concrete road bridges. In: Fryba L, Naprstek J (Hrsg) Structural dynamics: EURODYN '99. Balkema, Rotterdam, S 795–799
4.2 Broquet C (1999) Comportement dynamique des dalles de roulement des ponts en béton sollicités par le trafic routier. Dissertation Nr. 1964, Ecole Polytéchnique Fédérale de Lausanne, Lausanne, Schweiz
4.3 Fryba L (1996) Dynamics of railway bridges. Telford, London
4.4 Mancel F (1999) Cedypia: analytical software for calculating dynamic effects on railway bridges. In: Fryba L, Naprstek J (Hrsg) Structural dynamics: EURODYN '99. Balkema, Rotterdam, S 669–674

4.5 Grob J, Hajdin N (1993) Train derailment and its impact on structures. Structural Engineering International 3: 88–94
4.6 Dyrbye C, Hanson S (1997) Wind loads on structures. Wiley, New York
4.7 Larsen A (1998) Computer simulation of wind-structure interaction in bridge aerodynamics. Structural Engineering International 8: 105–111
4.8 Silveira AP, Branco FA, Castanheta M (2000) Statistical analysis of thermal actions for concrete bridge design. Structural Engineering International 10: 33–38
4.9 Bachmann H (1995) Erdbebensicherung von Bauwerken. Birkhäuser, Basel
4.10 Lang H-J, Huder J (1982) Bodenmechanik und Grundbau. Springer, Berlin Heidelberg New York

5 Grundlagen der Tragwerksanalyse, Bemessung und konstruktiven Durchbildung

5.1 Leonhardt F, Mönning E (1984) Vorlesungen über Massivbau, Teil 1: Grundlagen zur Bemessung im Stahlbetonbau, 3. Aufl. Springer, Berlin Heidelberg New York Tokyo
5.2 Schlaich J, Schäfer K (1984) Konstruieren im Stahlbetonbau. In: Betonkalender 1984, Teil 2. Ernst, Berlin, S 787–1006
5.3 Muttoni A, Schwartz J, Thürlimann B (1997) Bemessung von Betontragwerken mit Spannungsfeldern. Birkhäuser, Basel
5.4 Marti P, Alvarez M, Kaufmann W, Sigrist V (1999) Tragverhalten von Stahlbeton. Institut für Baustatik und Konstruktion, Eidgenössische Technische Hochschule Zürich, Zürich (IBK Special Publications, SP-008)
5.5 Torrent R, Ebensperger L (1992) Studie über Methoden zur Messung und Beurteilung der Kennwerte des Überdeckungsbetons auf der Baustelle. Eidgenössisches Verkehrs- und Energiewirtschaftsdepartement, Bundesamt für Straßenbau, Bern (Eidgenössisches Verkehrs- und Energiewirtschaftsdepartement, Bundesamt für Straßenbau, 506)
5.6 Hunkeler F (2000) Einsatz von nichtrostenden Bewehrungsstählen im Betonbau. Vereinigung Schweizerischer Straßenfachleute, Zürich (Eidgenössisches Departement für Umwelt, Verkehr, Energie und Kommunikation, Bundesamt für Straßen, 543)

6 Bemessung von Brückenträgern

6.1 Schlaich J, Scheef H (1982) Beton-Hohlkastenbrücken. International Bridge and Structural Engineering Association, Zürich (Structural Engineering Documents, Nr 1)

7 Bemessung des Brückenunterbaus

7.1 Menn C, Kammenhuber J, Oelhafen U, Grenacher M, Bonomo R, Gruber L (1977) Berechnung und Bemessung von Stützen und Stützensystemen. Autografie zum Fortbildungskurs für Bauingenieure, 24.–25. März 1977, Institut für Baustatik und Konstruktion, Eidgenössische Technische Hochschule Zürich, Zürich
7.2 Klöckner W, Engelhardt K. Schmidt H-G (1982) Gründungen. In: Betonkalender 1982, Teil 2. Ernst, Berlin, S 697–958
7.3 Bundesamt für Straßen, Bundesamt für Verkehr, Bundesamt für Wasserwirtschaft, Schweizerische Bundesbahnen (1998) Sicherheit von Bauwerken im Wasser: Empfehlungen für die Überwachung und Hinweise für den Neubau. Bundesamt für Straßen, Bundesamt für Verkehr, Bundesamt für Wasserwirtschaft, Schweizerische Bundesbahnen, Bern (Eidgenössische Drucksachen- und Materialzentrale, Publikation Nr 804.202.d)

8 Ausrüstungsteile

8.1 Ramberger G (2002) Structural bearings and expansion joints for bridges. International Association of Bridge and Structural Engineering, Zürich (Structural Engineering Documents, Nr 6)

8.2 Favre R (1995) Equipments des ponts. Vervielfältigtes Manuskript, Département de Génie Civil, Ecole Polytechnique Fédérale de Lausanne, Lausanne

9 Tragsysteme

9.1 Menn C (1994) Conceptual design of cable-stayed bridges. In: International Conference IABSE-FIP Cable-stayed and Suspension Bridges, Deauville, Frankreich, 1994, S 181–194

9.2 Walther R, Houriet B, Isler W, Moïa P (1985) Ponts haubanés. Presses Polytechniques Romandes, Lausanne

9.3 Leonhardt F, Zellner W (1980) Cable stayed bridges. IABSE Surveys S-13/80

9.4 Gimsing NJ (1983) Cable supported bridges: concept and design. Wiley, New York

10 Erhaltung

10.1 Menn C (1995) Zustandserfassung und Zustandsbeurteilung bei Betonbrücken. Vereinigung Schweizerischer Straßenfachleute, Zürich (Eidgenössisches Verkehrs- und Energiewirtschaftsdepartement, Bundesamt für Straßenbau, 513)

10.2 Roelfstra G, Hajdin R, Brühwiler E (2001) Modèle d'évolution de l'état des ponts-routes en béton armé. Département fédéral de l'environnement, des transports, de l'énergie et de la communication, Office fédéral des routes, Bern (Département fédéral de l'environnement, des transports, de l'énergie et de la communication, Office fédéral des routes, 560)

10.3 Hunkeler F, Ungricht H, Matt P (1998) Korrosionsschäden an Spannstählen in Spanngliedern und vorgespannten Boden- und Felsankern. Eidgenössisches Departement für Umwelt, Verkehr, Energie und Kommunikation, Bundesamt für Straßen, Bern (Eidgenössisches Departement für Umwelt, Verkehr, Energie und Kommunikation, Bundesamt für Straßen, 534)

Sachverzeichnis

Bildnachweis

Abbildungen 1.1, 1.10, 1.13, 1.15, 1.16, 1.27, 1.41, 1.44: Eugen Brühwiler

Abbildungen 1.2, 1.32: D. Bennett, Les ponts: histoire et techniques, Editions Eyrolles, Paris 1999, S. 105, 57

Abbildungen 1.3, 1.12, 1.20, 1.25, 1.50: D. J. Brown, Brücken: kühne Konstruktionen über Flüsse, Täler, Meere, Callwey, München 1994, S. 42, 119, 123, 125, 131

Abbildung 1.4: M. Widmer, Eisenbahnbrücken, Transpress, Stuttgart 1996, S. 16

Abbildung 1.5: Schweizerische Eisenbahn-Revue Bd. 1999, S. 321

Abbildungen 1.6, 1.9, 1.21: K. Stiglat, Brücken am Weg: frühe Brücken aus Eisen und Beton in Deutschland und Frankreich, Ernst, Berlin 1997, S. 130, 149, 159

Abbildung 1.7: M. Ladner, Statische Belastungsversuche bis zum Bruch an der Monier-Brücke in Wildegg. Eidgenössische Materialprüfungs- und Versuchsanstalt Bericht 30.245, 1974

Abbildung 1.8: G. Delhumeau u. a., Le beton en représentation: la mémoire photographique de l'enterprise Hennebique 1890–1930, Hazan, Institut français d' architecture, Paris 1993, S. 26

Abbildung 1.11: Verein Schweizerischer Zement-, Kalk- und Gips-Fabrikanten, Jahresbericht 1995, S. 12

Abbildung 1.14: P. Marti (Hrsg.), Robert Maillart: Betonvirtuose, vdf Hochschulverlag an der ETH Zürich, Zürich 1996, S. 72

Abbildung 1.17: Gebäudeversicherung des Kantons Bern (Hrsg.), Berner Brücken, Gebäudeversicherung des Kantons Bern, Ittigen-Bern 1997, S. 25

Abbildung 1.18: E. Mörsch (Hrsg.), Brücken aus Stahlbeton und Spannbeton: Entwurf und Konstruktion, 6. Aufl., Wittwer, Stuttgart 1958, S. 387

Abbildungen 1.19, 1.23, 1.29, 1.35: F. Leonhardt, Brücken: Ästhetik und Gestaltung, Deutsche Verlags-Anstalt, Stuttgart 1982, S. 231, 232, 163, 271

Abbildung 1.22: High-Point Rendel Consulting Engineers, London.

Abbildung 1.24: C. Menn, Stahlbetonbrücken, 2. Aufl., Springer, Wien New York 1990, S. 24

Abbildung 1.26: T. Vogel, P. Marti (Hrsg.), Christian Menn: Brückenbauer, Birkhäuser, Basel 1997, S. 62

Abbildungen 1.28, 1.30 rechts: Polensky & Zöllner, 1880–1980: Vergangenheit, die Zukunft hat, Polensky & Zöllner, Frankfurt am Main 1980, S. 51 (2)

Abbildung 1.30 links: Deutscher Ausschuss für Stahlbeton, Festschrift 75 Jahre Deutscher Ausschuss für Stahlbeton, Ernst, Berlin 1982, S. 65

Abbildung 1.31: Lilo Tobler

Abbildungen 1.33, 1.51: Bernard F. Gardel

Abbildung 1.34: Z. Perisic u. a., Serbian construction industry, Belgrad 1997, S. 121

Abbildungen 1.36, 1.38: R. Walther u. a., Ponts haubanés, Presses Polytechniques Romandes, Lausanne 1985, S. 15, 93

Abbildung 1.37: Deutscher Beton-Verein, Beton – Baustoff des Jahrhunderts, Deutscher Beton-Verein, Wiesbaden 1998, S. 103

Abbildung 1.39: Laboratoire de construction en béton, École Polytechnique Fédérale de Lausanne

Abbildungen 1.40 links, 1.58 rechts: Orlando Mosch

Abbildungen 1.40 rechts, Einbandvorderseite: Christian Menn

Abbildungen 1.42, 1.46, 1.47, 1.49, 1.52: Structural Engineering International Bd. 7, S. 283; Bd. 9, S. 102; Bd. 7, S. 164; Bd. 7, S. 179; Bd. 8, S. 172

Abbildung 1.43: Renaud Favre

Abbildung 1.45: F. Asensio Cerver (Hrsg.), Bridges, Atrium, Barcelona 1992, S. 90

Abbildung 1.48: Bridge Design and Engineering H. 4, S. 8, Boily

Abbildung 1.53: International Federation for Structural Concrete, Guidance for good bridge design: guide to good practice, International Federation for Structural Concrete, Lausanne 2000, S. 72

Abbildung 1.54: Bouygues Travaux Publics, St Quentin en Yvelines

Abbildung 1.55: Ingenieurbüro Calatrava, Zürich

Abbildung 1.56: Carlos Fernandez Casado S.L., Oficina de Proyectos, Madrid

Abbildung 1.57: A. Holgate, The art of structural engineering: the work of Jörg Schlaich and his team, Edition Menges, Stuttgart 1997, S. 215

Abbildung 1.58 links: Photo Comet

Abbildungen 2.4, 2.5: R. Maillart: Leichte Eisenbeton-Brücken in der Schweiz, Sonderdruck aus Der Bauingenieur, Jg. 12, H. 10

FSC
www.fsc.org
MIX
Papier | Fördert
gute Waldnutzung
FSC® C083411

Kolibri 360 GmbH
Ferdinand-Jühlke-Straße 7
99095 Erfurt, Deutschland
produktsicherheit@kolibri360.de